찐합격

당신도 이번에 반드시 합격합니다!

전기④-12 | 실기

12개년 과년도 소방설비기사

12개년 과년도 출제문제

우석대학교 소방방재학과 교수 공하성

BM (주)도서출판 성안당

원퀵으로 기출문제를 보내고 원퀵으로 소방책을 받자!!

2025 소방설비산업기사, 소방설비기사 시험을 보신 후 기출문제를 재구성하여 성안당 출판사에 15문제 이상 보내주신 분에게 공하성 교수님의 소방시리즈 책 중 한 권을 무료로 보내드립니다.

독자 여러분들이 보내주신 재구성한 기출문제는 보다 더 나은 책을 만드는 데 큰 도움이 됩니다.

이메일 coh@cyber.co.kr(최옥현) | ※메일을 보내실 때 성함, 연락처, 주소를 꼭 기재해 주시기 바랍니다.

- 무료로 제공되는 책은 독자분께서 보내주신 기출문제를 공하성 교수님이 검토 후 보내드립니다.
- 책 무료 증정은 조기에 마감될 수 있습니다.

도서 A/S 안내

성안당에서 발행하는 모든 도서는 저자와 출판사, 그리고 독자가 함께 만들어 나갑니다.

좋은 책을 펴내기 위해 많은 노력을 기울이고 있습니다. 혹시라도 내용상의 오류나 오탈자 등이 발견되면 "좋은 책은 나라의 보배"로서 우리 모두가 함께 만들어 간다는 마음으로 연락주시기 바랍니다. 수정 보완하여 더 나은 책이 되도록 최선을 다하겠습니다.

성안당은 늘 독자 여러분들의 소중한 의견을 기다리고 있습니다. 좋은 의견을 보내주시는 분께는 성안당 쇼핑몰의 포인트(3,000포인트)를 적립해 드립니다.

잘못 만들어진 책이나 부록 등이 파손된 경우에는 교환해 드립니다.

저자 문의 : http://pf.kakao.com/_TZKbxj
Daum cafe.daum.net/firepass
NAVER cafe.naver.com/fireleader

본서 기획자 e-mail : coh@cyber.co.kr(최옥현)

홈페이지 : http://www.cyber.co.kr 전화 : 031) 950-6300

머리말

God loves you, and has a wonderful plan for you.

안녕하십니까?

우석대학교 소방방재학과 교수 공하성입니다.

지난 30년간 보내주신 독자 여러분의 아낌없는 찬사에 진심으로 감사드립니다.

앞으로도 변함없는 성원을 부탁드리며, 여러분들의 성원에 힘입어 항상 더 좋은 책으로 거듭나겠습니다.

이 책의 특징은 학원 강의를 듣듯 정말 자세하게 설명해 놓았습니다. 책을 한 장 한 장 넘길 때마다 확연하게 느낄 것입니다.

또한, 기존 시중에 있는 다른 책들의 잘못 설명된 점들에 대하여 지적해 놓음으로써 여러 권의 책을 가지고 공부하는 독자들에게 혼동의 소지가 없도록 하였습니다.

일반적으로 소방설비기사의 기출문제를 분석해보면 문제은행식으로 과년도 문제가 매년 거듭 출제되고 있습니다. 그러므로 과년도 문제만 풀어보아도 충분히 합격할 수가 있습니다.

이 책은 여기에 중점을 두어 국내 최다의 과년도 문제를 실었습니다. 과년도 문제가 응용문제를 풀 수 있는 가장 좋은 문제입니다.

또한, 각 문제마다 아래와 같이 중요도를 표시하였습니다.

별표 없는 것	출제빈도 10%	★	출제빈도 30%
★★	출제빈도 70%	★★★	출제빈도 90%

본 책에는 <u>일부 잘못된 부분이 있을 수 있으며,</u> 잘못된 부분에 대해서는 발견 즉시 성안당(www.cyber.co.kr) 또는 예스미디어(www.ymg.kr)에 올리도록 하고, 새로운 책이 나올 때마다 늘 수정 · 보완하도록 하겠습니다. 원고 정리를 도와준 안재천 교수님, 김혜원 님에게 감사를 드립니다.

끝으로 이 책에 대한 모든 영광을 그 분께 돌려드립니다.

공하성 올림

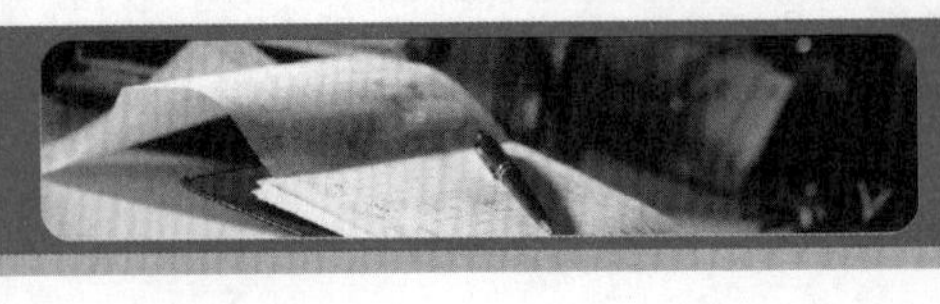

소방설비기사 출제경향분석

(최근 10년간 출제된 과년도 문제 분석)

1. 자동화재탐지설비	30.3%
2. 자동화재속보설비	0.1%
3. 비상경보설비	0.7%
4. 비상방송설비	2.4%
5. 누전경보기	7.3%
6. 가스누설경보기	1.4%
7. 유도등 · 유도표지	3.5%
8. 비상조명등	0.4%
9. 비상콘센트설비	3.0%
10. 무선통신보조설비	3.6%
11. 옥내소화전설비	1.0%
12. 옥외소화전설비	
13. 스프링클러설비	4.5%
14. 물분무소화설비	
15. 포소화설비	
16. 이산화탄소 소화설비	3.8%
17. 할론소화설비	4.3%
18. 분말소화설비	0.5%
19. 제연설비	1.5%
20. 연결송수관설비	
21. 소방전기설비	7.3%
22. 배선시공기준	11.8%
23. 시퀀스회로	7.6%
24. 배연창설비	0.3%
25. 자동방화문설비	
26. 방화셔터설비	
27. 옥내배선기호	4.7%

수험자 유의사항

1. 문제지를 받는 즉시 응시 종목의 문제가 맞는지 확인하셔야 합니다.
2. 답안지 내 인적사항 및 답안작성(계산식 포함)은 검정색 필기구만을 계속 사용하여야 합니다.
3. 답안정정 시에는 **두 줄(=)**을 긋고 다시 기재 가능하며, **수정테이프 사용** 또한 **가능**합니다.
4. 계산문제는 반드시 '계산과정'과 '답'란에 정확히 기재하여야 하며 **계산과정이 틀리거나 없는 경우 0점 처리**됩니다.
   ※ 연습이 필요 시 연습란을 이용하여야 하며, 연습란은 채점대상이 아닙니다.
5. 계산문제는 **최종결과** 값(답)에서 **소수 셋째자리에서 반올림**하여 **둘째자리**까지 구하여야 하나 개별 문제에서 소수처리에 대한 별도 요구사항이 있을 경우, 그 요구사항에 따라야 합니다.
6. 답에 단위가 없으면 오답으로 처리됩니다. (단, 문제의 요구사항에 단위가 주어졌을 경우는 생략되어도 무방합니다.)
7. 문제에서 요구한 가지 수 이상을 답란에 표기한 경우, **답란기재 순**으로 **요구한 가지 수**만 채점합니다.

CONTENTS

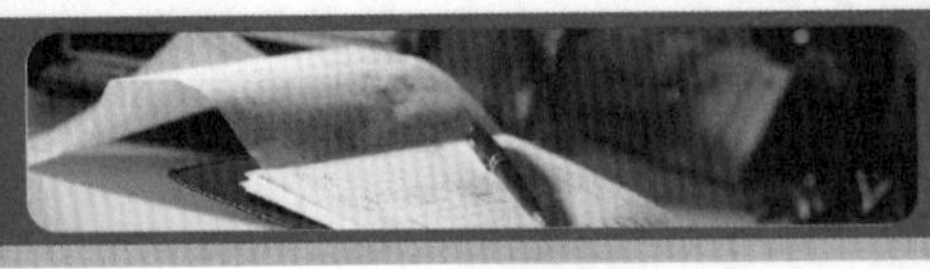

초스피드 기억법

과년도 기출문제

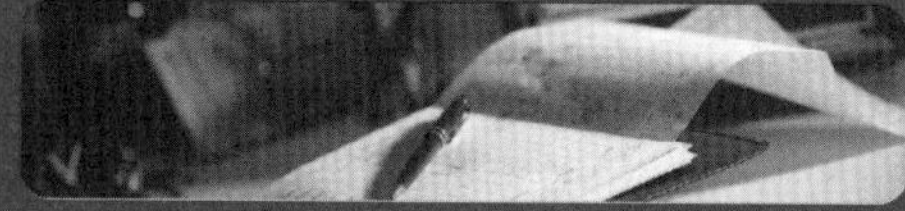

차 례

책선정시유의사항

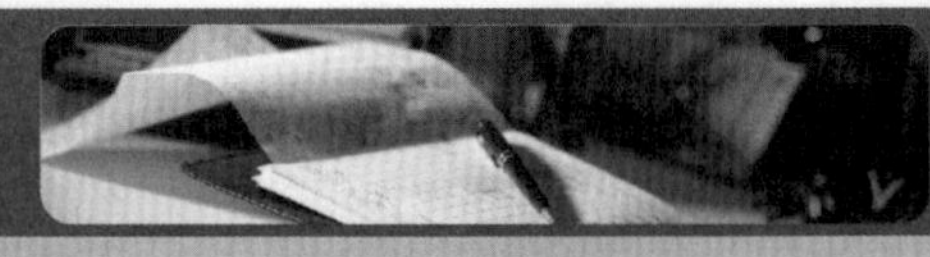

첫째 **저자의 지명도를 보고 선택할 것**
(저자가 책의 모든 내용을 집필하기 때문)

둘째 **문제에 대한 100% 상세한 해설이 있는지 확인할 것**
(해설이 없을 경우 문제 이해에 어려움이 있음)

셋째 **과년도문제가 많이 수록되어 있는 것을 선택할 것**
(국가기술자격시험은 대부분 과년도문제에서 출제되기 때문)

넷째 **핵심내용을 정리한 요점노트가 있는지 확인할 것**
(요점노트가 있으면 중요사항을 쉽게 구분할 수 있기 때문)

시험안내

소방설비기사 실기(전기분야) 시험내용

구 분	내 용
시험 과목	소방전기시설 설계 및 시공실무
출제 문제	12~18문제
합격 기준	60점 이상
시험 시간	3시간
문제 유형	필답형

이 책의 특징

(2) **자동화재 탐지설비의 발신기 설치기준**(NFSC 203⑨)

❶ 소방대상물의 **층**마다 설치하고, **수평거리가** 25[m] 이하가 되도록 할 것
❷ **조작**이 쉬운 장소에 설치하고 스위치는 **바**닥에서 0.8~1.5[m] 이하의 높이에 설치

● 초스피드 기억법 

층수발조바(층계위의 조수 발좀봐.)

반드시 암기해야 할 사항은 기억법을 적용하여 한 번에 암기되도록 함

각 문제마다 중요도를 표시하여 ★이 많은 것은 특별히 주의 깊게 보도록 하였음

각 문제마다 배점을 표시하여 배점기준을 파악할 수 있도록 하였음

★★★
문제 06

어느 건물의 자동화재탐지설비의 수신기를 보니 스위치 주의등이 점멸하고 있었다. 어떤 경우에 점멸하는지 그 원인을 2가지만 예를 들어 설명하시오.

득점	배점
	4

○
○

해답 ① 지구경종 정지스위치 ON시
② 주경종 정지스위치 ON시

해설 **스위치 주의등 점멸**시의 **원인**
① 지구경종 정지스위치 ON시
② 주경종 정지스위치 ON시
③ 자동복구 스위치 ON시
④ 도통시험 스위치 ON시
등으로 각 스위치가 ON상태에서 점멸한다.

특히, 중요한 내용은 별도로 정리하여 쉽게 암기할 수 있도록 하였음

중요

교차회로방식

구분	설명
정의	하나의 방호구역 내에 2 이상의 화재감지기 회로를 설치하고 인접한 2 이상의 화재감지기가 동시에 감지되는 때에 스프링클러 설비가 작동되도록 하는 방식
적용설비	① 분말소화설비 ② CO^2 소화설비 ③ 할론 소화설비 ④ 준비작동식 스프링클러 설비 ⑤ 일제살수식 스프링클러 설비 ⑥ 청정소화약제 소화설비

참고

실드선의 **단면** 및 **외형**

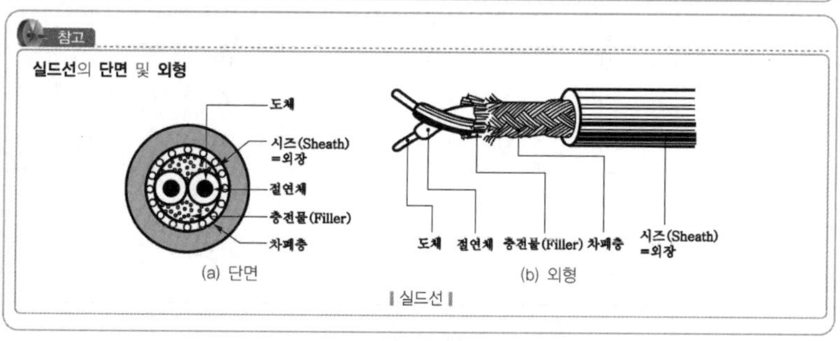

(a) 단면 (b) 외형

‖ 실드선 ‖

이 책의 공부방법

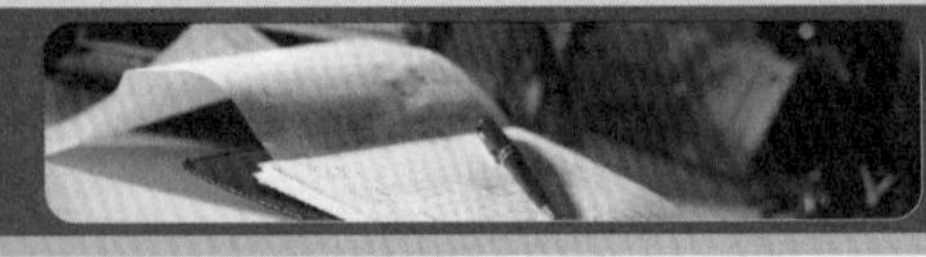

첫째, 요점노트를 읽고 숙지한다.
(요점노트에서 평균 60% 이상이 출제되기 때문에 항상 휴대하고 다니며 틈날 때마다 눈에 익힌다.)

둘째, 초스피드 기억법을 읽고 숙지한다.
(특히 혼동되면서 중요한 내용들은 기억법을 적용하여 쉽게 암기할 수 있도록 하였으므로 꼭 기억한다.)

셋째, 이 책의 출제문제 수를 파악하고, 시험 때까지 5번 정도 반복하여 공부할 수 있도록 1일 공부 분량을 정한다.
(이때 너무 무리하지 않도록 1주일에 하루 정도는 쉬는 것으로 하여 계획을 짜는 것이 좋겠다.)

넷째, 암기할 사항은 확실하게 암기할 것
(대충 암기할 경우 실제시험에서는 답안을 작성하기 어려움)

다섯째, 시험장에 갈 때에도 책과 요점노트는 반드시 지참한다.
(가능한 한 대중교통을 이용하여 시험장으로 향하는 동안에도 요점노트를 계속 본다.)

여섯째, 시험장에 도착해서는 책을 다시 한번 훑어본다.
(마지막 5분까지 최선을 다하면 반드시 한 번에 합격할 수 있다.)

일곱째, 설치기준은 초스피드 기억법에 있는 설치기준을 암기할 것
(좀 더 쉽게 암기할 수 있도록 구성해 놓았기 때문)

단위환산표

단위환산표(전기분야)

명 칭	기 호	크 기	명 칭	기 호	크 기
테라(tera)	T	10^{12}	피코(pico)	p	10^{-12}
기가(giga)	G	10^{9}	나노(nano)	n	10^{-9}
메가(mega)	M	10^{6}	마이크로(micro)	μ	10^{-6}
킬로(kilo)	k	10^{3}	밀리(milli)	m	10^{-3}
헥토(hecto)	h	10^{2}	센티(centi)	c	10^{-2}
데카(deka)	D	10^{1}	데시(deci)	d	10^{-1}

〈보기〉

- $1\text{km}=10^{3}\text{m}$
- $1\text{mm}=10^{-3}\text{m}$
- $1\text{pF}=10^{-12}\text{F}$
- $1\mu\text{m}=10^{-6}\text{m}$

단위읽기표

단위읽기표(전기분야)

여러분들이 고민하는 것 중 하나가 단위를 어떻게 읽느냐 하는 것일 듯합니다. 그 방법을 속시원하게 공개해 드립니다.

(알파벳 순)

단위	단위 읽는 법	단위의 의미(물리량)
[Ah]	암페어 아워(Ampere hour)	축전지의 용량
[AT/m]	암페어 턴 퍼 미터(Ampere Turn per meter)	자계의 세기
[AT/Wb]	암페어 턴 퍼 웨버(Ampere Turn per Weber)	자기저항
[atm]	에이 티 엠(atmosphere)	기압, 압력
[AT]	암페어 턴(Ampere Turn)	기자력
[A]	암페어(Ampere)	전류
[BTU]	비티유(British Thermal Unit)	열량
[C/m^2]	쿨롱 퍼 제곱 미터(Coulomb per meter square)	전속밀도
[cal/g]	칼로리 퍼 그램(calorie per gram)	융해열, 기화열
[cal/g℃]	칼로리 퍼 그램 도씨(calorie per gram degree Celsius)	비열
[cal]	칼로리(calorie)	에너지, 일
[C]	쿨롱(Coulomb)	전하(전기량)
[dB/m]	데시벨 퍼 미터(deciBel per meter)	감쇠정수
[dyn], [dyne]	다인(dyne)	힘
[erg]	에르그(erg)	에너지, 일
[F/m]	패럿 퍼 미터(Farad per meter)	유전율
[F]	패럿(Farad)	정전용량(커패시턴스)
[gauss]	가우스(gauss)	자화의 세기
[g]	그램(gram)	질량
[H/m]	헨리 퍼 미터(Henry per meter)	투자율
[HP]	마력(Horse Power)	일률
[Hz]	헤르츠(Hertz)	주파수
[H]	헨리(Henry)	인덕턴스
[h]	아워(hour)	시간
[J/m^3]	줄 퍼 세제곱 미터 (Joule per meter cubic)	에너지 밀도
[J]	줄(Joule)	에너지, 일
[kg/m^2]	킬로그램 퍼 제곱 미터(kilogram per meter square)	화재하중
[K]	케이(Kelvin temperature)	켈빈온도
[lb]	파운드(pound)	중량
[m^{-1}]	미터 마이너스 일제곱(meter−)	감광계수
[m/min]	미터 퍼 미뉴트(meter per minute)	속도
[m/s], [m/sec]	미터 퍼 세컨드(meter per second)	속도
[m^2]	제곱 미터(meter square)	면적

단위읽기표

단위	단위 읽는 법	단위의 의미(물리량)
〔maxwell/m^2〕	맥스웰 퍼 제곱 미터(maxwell per meter square)	자화의 세기
〔mol〕, 〔mole〕	몰(mole)	물질의 양
〔m〕	미터(meter)	길이
〔N/C〕	뉴턴 퍼 쿨롱(Newton per Coulomb)	전계의 세기
〔N〕	뉴턴(Newton)	힘
〔N·m〕	뉴턴 미터(Newton meter)	회전력
〔PS〕	미터마력(PferdeStarke)	일률
〔rad/m〕	라디안 퍼 미터(radian per meter)	위상정수
〔rad/s〕, 〔rad/sec〕	라디안 퍼 세컨드(radian per second)	각주파수, 각속도
〔rad〕	라디안(radian)	각도
〔rpm〕	알피엠(revolution per minute)	동기속도, 회전속도
〔S〕	지멘스(Siemens)	컨덕턴스
〔s〕, 〔sec〕	세컨드(second)	시간
〔V/cell〕	볼트 퍼 셀(Volt per cell)	축전지 1개의 최저 허용전압
〔V/m〕	볼트 퍼 미터(Volt per meter)	전계의 세기
〔Var〕	바르(Var)	무효전력
〔VA〕	볼트 암페어(Volt Ampere)	피상전력
〔vol%〕	볼륨 퍼센트(volume percent)	농도
〔V〕	볼트(Volt)	전압
〔W/m^2〕	와트 퍼 제곱 미터(watt per meter square)	대류열
〔W/m^2·K^3〕	와트 퍼 제곱 미터 케이 세제곱(Watt per meter square Kelvin cubic)	스테판 볼츠만 상수
〔W/m^2·℃〕	와트 퍼 제곱 미터 도씨(Watt per meter square degree Celsius)	열전달률
〔W/m^3〕	와트 퍼 세제곱 미터(Watt per meter cubic)	와전류손
〔W/m·K〕	와트 퍼 미터 케이(Watt per meter Kelvin)	열전도율
〔W/sec〕, 〔W/s〕	와트 퍼 세컨드(Watt per second)	전도열
〔Wb/m^2〕	웨버 퍼 제곱 미터(Weber per meter square)	자화의 세기
〔Wb〕	웨버(Weber)	자극의 세기, 자속, 자화
〔Wb·m〕	웨버 미터(Weber meter)	자기모멘트
〔W〕	와트(Watt)	전력, 유효전력(소비전력)
〔°F〕	도에프(degree Fahrenheit)	화씨온도
〔°R〕	도알(degree Rankine temperature)	랭킨온도
〔Ω^{-1}〕	옴 마이너스 일제곱(ohm-)	컨덕턴스
〔Ω〕	옴(ohm)	저항
〔℧〕	모(mho)	컨덕턴스
〔℃〕	도씨(degree Celsius)	섭씨온도

단위읽기표

(가나다 순)

단위의 의미(물리량)	단위	단위 읽는 법
각도	〔rad〕	라디안(radian)
각주파수, 각속도	〔rad/s〕, 〔rad/sec〕	라디안 퍼 세컨드(radian per second)
감광계수	〔m^{-1}〕	미터 마이너스 일제곱(meter－)
감쇠정수	〔dB/m〕	데시벨 퍼 미터(deciBel per meter)
기압, 압력	〔atm〕	에이 티 엠(atmosphere)
기자력	〔AT〕	암페어 턴(Ampere Turn)
길이	〔m〕	미터(meter)
농도	〔vol%〕	볼륨 퍼센트(volume percent)
대류열	〔W/m^2〕	와트 퍼 제곱 미터(watt per meter square)
동기속도, 회전속도	〔rpm〕	알피엠(revolution per minute)
랭킨온도	〔°R〕	도알(degree Rankine temperature)
면적	〔m^2〕	제곱 미터(meter square)
무효전력	〔Var〕	바르(Var)
물질의 양	〔mol〕, 〔mole〕	몰(mole)
비열	〔cal/g℃〕	칼로리 퍼 그램 도씨(calorie per gram degree Celsius)
섭씨온도	〔℃〕	도씨(degree Celsius)
속도	〔m/min〕	미터 퍼 미뉴트(meter per minute)
속도	〔m/s〕, 〔m/sec〕	미터 퍼 세컨드(meter per second)
스테판 볼츠만 상수	〔$W/m^2 \cdot K^3$〕	와트 퍼 제곱 미터 케이 세제곱(Watt per meter square Kelvin cubic)
시간	〔h〕	아워(hour)
시간	〔s〕, 〔sec〕	세컨드(second)
에너지 밀도	〔J/m^3〕	줄 퍼 세제곱 미터(Joule per meter cubic)
에너지, 일	〔cal〕	칼로리(calorie)
에너지, 일	〔erg〕	에르그(erg)
에너지, 일	〔J〕	줄(Joule)
열량	〔BTU〕	비티유(British Thermal Unit)
열전달률	〔$W/m^2 \cdot$℃〕	와트 퍼 제곱 미터 도씨(Watt per meter square degree Celsius)
열전도율	〔W/m·K〕	와트 퍼 미터 케이(Watt per meter Kelvin)
와전류손	〔W/m^3〕	와트 퍼 세제곱 미터(Watt per meter cubic)
위상정수	〔rad/m〕	라디안 퍼 미터(radian per meter)
유전율	〔F/m〕	패럿 퍼 미터(Farad per meter)
융해열, 기화열	〔cal/g〕	칼로리 퍼 그램(calorie per gram)

단위읽기표

단위의 의미(물리량)	단위	단위 읽는 법
인덕턴스	[H]	헨리(Henry)
일률	[HP]	마력(Horse Power)
일률	[PS]	미터마력(PferdeStarke)
자계의 세기	[AT/m]	암페어 턴 퍼 미터(Ampere Turn per meter)
자극의 세기, 자속, 자화	[Wb]	웨버(Weber)
자기모멘트	[Wb·m]	웨버 미터(Weber meter)
자기저항	[AT/Wb]	암페어 턴 퍼 웨버(Ampere Turn per Weber)
자화의 세기	[gauss]	가우스(gauss)
자화의 세기	[maxwell/m^2]	맥스웰 퍼 제곱 미터(maxwell per meter square)
자화의 세기	[Wb/m^2]	웨버 퍼 제곱 미터(Weber per meter square)
저항	[Ω]	옴(ohm)
전계의 세기	[N/C]	뉴턴 퍼 쿨롱(Newton per Coulomb)
전계의 세기	[V/m]	볼트 퍼 미터(Volt per meter)
전도열	[W/sec], [W/s]	와트 퍼 세컨드(Watt per second)
전력, 유효전력(소비전력)	[W]	와트(Watt)
전류	[A]	암페어(Ampere)
전속밀도	[C/m^2]	쿨롱 퍼 제곱 미터(Coulomb per meter square)
전압	[V]	볼트(Volt)
전하(전기량)	[C]	쿨롱(Coulomb)
정전용량(커패시턴스)	[F]	패럿(Farad)
주파수	[Hz]	헤르츠(Hertz)
중량	[lb]	파운더(pound)
질량	[g]	그램(gram)
축전지 1개의 최저 허용전압	[V/cell]	볼트 퍼 셀(Volt per cell)
축전지의 용량	[Ah]	암페어 아워(Ampere hour)
컨덕턴스	[S]	지멘스(Siemens)
컨덕턴스	[℧]	모(mho)
컨덕턴스	[Ω^{-1}]	옴 마이너스 일제곱(ohm−)
켈빈온도	[K]	케이(Kelvin temperature)
투자율	[H/m]	헨리 퍼 미터(Henry per meter)
피상전력	[VA]	볼트 암페어(Volt Ampere)
화씨온도	[°F]	도에프(degree Fahrenheit)
화재하중	[kg/m^2]	킬로그램 퍼 제곱 미터(kilogram per meter square)
회전력	[N·m]	뉴턴 미터(Newton meter)
힘	[dyn], [dyne]	다인(dyne)
힘	[N]	뉴턴(Newton)

시험안내 연락처

기관명	주 소	전화번호
서울지역본부	02512 서울 동대문구 장안벚꽃로 279(휘경동 49-35)	02-2137-0590
서울서부지사	03302 서울 은평구 진관3로 36(진관동 산100-23)	02-2024-1700
서울남부지사	07225 서울시 영등포구 버드나루로 110(당산동)	02-876-8322
서울강남지사	06193 서울시 강남구 테헤란로 412 T412빌딩 15층(대치동)	02-2161-9100
인천지사	21634 인천시 남동구 남동서로 209(고잔동)	032-820-8600
경인지역본부	16626 경기도 수원시 권선구 호매실로 46-68(탑동)	031-249-1201
경기동부지사	13313 경기 성남시 수정구 성남대로 1217(수진동)	031-750-6200
경기서부지사	14488 경기도 부천시 길주로 463번길 69(춘의동)	032-719-0800
경기남부지사	17561 경기 안성시 공도읍 공도로 51-23	031-615-9000
경기북부지사	11801 경기도 의정부시 바대논길 21 해인프라자 3~5층(고산동)	031-850-9100
강원지사	24408 강원특별자치도 춘천시 동내면 원창 고개길 135(학곡리)	033-248-8500
강원동부지사	25440 강원특별자치도 강릉시 사천면 방동길 60(방동리)	033-650-5700
부산지역본부	46519 부산시 북구 금곡대로 441번길 26(금곡동)	051-330-1910
부산남부지사	48518 부산시 남구 신선로 454-18(용당동)	051-620-1910
경남지사	51519 경남 창원시 성산구 두대로 239(중앙동)	055-212-7200
경남서부지사	52733 경남 진주시 남강로 1689(초전동 260)	055-791-0700
울산지사	44538 울산광역시 중구 종가로 347(교동)	052-220-3277
대구지역본부	42704 대구시 달서구 성서공단로 213(갈산동)	053-580-2300
경북지사	36616 경북 안동시 서후면 학가산 온천길 42(명리)	054-840-3000
경북동부지사	37580 경북 포항시 북구 법원로 140번길 9(장성동)	054-230-3200
경북서부지사	39371 경상북도 구미시 산호대로 253(구미첨단의료 기술타워 2층)	054-713-3000
광주지역본부	61008 광주광역시 북구 첨단벤처로 82(대촌동)	062-970-1700
전북지사	54852 전북 전주시 덕진구 유상로 69(팔복동)	063-210-9200
전북서부지사	54098 전북 군산시 공단대로 197번지 풍산빌딩 2층(수송동)	063-731-5500
전남지사	57948 전남 순천시 순광로 35-2(조례동)	061-720-8500
전남서부지사	58604 전남 목포시 영산로 820(대양동)	061-288-3300
대전지역본부	35000 대전광역시 중구 서문로 25번길 1(문화동)	042-580-9100
충북지사	28456 충북 청주시 흥덕구 1순환로 394번길 81(신봉동)	043-279-9000
충북북부지사	27480 충북 충주시 호암수청2로 14 충주농협 호암행복지점 3~4층(호암동)	043-722-4300
충남지사	31081 충남 천안시 서북구 상고1길 27(신당동)	041-620-7600
세종지사	30128 세종특별자치시 한누리대로 296(나성동)	044-410-8000
제주지사	63220 제주 제주시 복지로 19(도남동)	064-729-0701

※ 청사이전 및 조직변동 시 주소와 전화번호가 변경, 추가될 수 있음

응시자격

기사 : 다음의 어느 하나에 해당하는 사람

1. **산업기사** 등급 이상의 자격을 취득한 후 응시하려는 종목이 속하는 동일 및 유사 직무분야에서 **1년 이상** 실무에 종사한 사람
2. **기능사** 자격을 취득한 후 응시하려는 종목이 속하는 동일 및 유사 직무분야에서 **3년 이상** 실무에 종사한 사람
3. 응시하려는 종목이 속하는 동일 및 유사 직무분야의 다른 종목의 기사 등급 이상의 자격을 취득한 사람
4. 관련학과의 대학졸업자 등 또는 그 졸업예정자
5. **3년제 전문대학** 관련학과 졸업자 등으로서 졸업 후 응시하려는 종목이 속하는 동일 및 유사 직무분야에서 **1년 이상** 실무에 종사한 사람
6. **2년제 전문대학** 관련학과 졸업자 등으로서 졸업 후 응시하려는 종목이 속하는 동일 및 유사 직무분야에서 **2년 이상** 실무에 종사한 사람
7. 동일 및 유사 직무분야의 **기사** 수준 기술훈련과정 이수자 또는 그 이수예정자
8. 동일 및 유사 직무분야의 **산업기사** 수준 기술훈련과정 이수자로서 이수 후 응시하려는 종목이 속하는 동일 및 유사 직무분야에서 **2년 이상** 실무에 종사한 사람
9. 응시하려는 종목이 속하는 동일 및 유사 직무분야에서 **4년 이상** 실무에 종사한 사람
10. 외국에서 동일한 종목에 해당하는 자격을 취득한 사람

산업기사 : 다음의 어느 하나에 해당하는 사람

1. **기능사** 등급 이상의 자격을 취득한 후 응시하려는 종목이 속하는 동일 및 유사 직무분야에 **1년 이상** 실무에 종사한 사람
2. 응시하려는 종목이 속하는 동일 및 유사 직무분야의 다른 종목의 산업기사 등급 이상의 자격을 취득한 사람
3. 관련학과의 **2년제** 또는 **3년제 전문대학**졸업자 등 또는 그 졸업예정자
4. 관련학과의 대학졸업자 등 또는 그 졸업예정자
5. 동일 및 유사 직무분야의 산업기사 수준 기술훈련과정 이수자 또는 그 이수예정자
6. 응시하려는 종목이 속하는 동일 및 유사 직무분야에서 **2년 이상** 실무에 종사한 사람
7. 고용노동부령으로 정하는 기능경기대회 입상자
8. 외국에서 동일한 종목에 해당하는 자격을 취득한 사람

※ 세부사항은 한국산업인력공단 **1644-8000**으로 문의바람

초스피드 기억법

상대성 원리

아인슈타인이 '상대성 원리'를 발견하고 강연회를 다니기 시작했다. 많은 단체 또는 사람들이 그를 불렀다.

30번 이상의 강연을 한 어느 날이었다. 전속 운전기사가 아인슈타인에게 장난스럽게 이런말을 했다.

"박사님! 전 상대성 원리에 대한 강연을 30번이나 들었기 때문에 이제 모두 암송할 수 있게 되었습니다. 박사님은 연일 강연하시느라 피곤하실 텐데 다음번에는 제가 한번 강연하면 어떨까요?"

그 말을 들은 아인슈타인은 아주 재미있어 하면서 순순히 그 말에 응하였다.

그래서 다음 대학을 향해 가면서 아인슈타인과 운전기사는 옷을 바꿔입었다.

운전기사는 아인슈타인과 나이도 비슷했고 외모도 많이 닮았다.

이때부터 아인슈타인은 운전을 했고 뒷자석에는 운전기사가 앉아 있게 되었다.

학교에 도착하여 강연이 시작되었다.

가짜 아인슈타인 박사의 강의는 정말 훌륭했다. 말 한마디, 얼굴표정, 몸의 움직임까지도 진짜 박사와 흡사했다.

성공적으로 강연을 마친 가짜 박사는 많은 박수를 받으며 강단에서 내려오려고 했다. 그 때 문제가 발생했다. 그 대학의 교수가 질문을 한 것이다.

가슴이 '쿵'하고 내려앉은 것은 가짜 박사보다 진짜 박사쪽이었다.

운전기사 복장을 하고 있으니 나서서 질문에 답할 수도 없는 상황이었다.

그런데 단상에 있던 가짜 박사는 조금도 당황하지 않고 오히려 빙그레 웃으며 이렇게 말했다.

"아주 간단한 질문이오. 그 정도는 제 운전기사도 답할 수 있습니다."

그러더니 진짜 아인슈타인 박사를 향해 소리쳤다.

"여보게나? 이 분의 질문에 대해 어서 설명해 드리게나!"

그 말에 진짜 박사는 안도의 숨을 내쉬며 그 질문에 대해 차근차근 설명해 나갔다.

인생을 살면서 아무리 어려운 일이 닥치더라도 결코 당황하지 말고 침착하고 지혜롭게 대처하는 여러분들이 되시길 바랍니다.

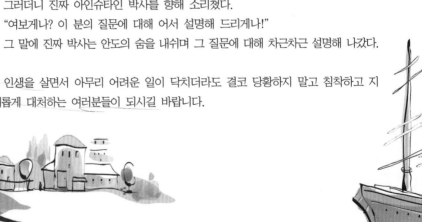

1 경보설비의 종류

경보설비
- 자동화재 탐지설비 · 시각경보기
- 자동화재 속보설비
- 가스누설경보기
- 비상방송설비
- 비상경보설비(비상벨설비, 자동식 사이렌설비)
- 누전경보기
- 단독경보형 감지기
- 통합감시시설
- 화재알림설비

● 초스피드 기억법

경자가비누단(**경자가 비누**를 **단**독으로 쓴다.)

2 고정방법

구 분	공기관식 감지기	정온식 감지선형 감지기
직선부분	35〔cm〕 이내	50〔cm〕 이내
굴곡부분	5〔cm〕 이내	10〔cm〕 이내
접속부분	5〔cm〕 이내	10〔cm〕 이내
굴곡반경	5〔mm〕 이상	5〔cm〕 이상

● 초스피드 기억법

35공(**삼삼오**오 짝을 지어 **공**부한다.)
정감5(**정감**있고 **오**붓하게)

3 감지기의 부착높이

부착높이	감지기의 종류
4〔m〕 미만	• 차동식(스포트형, 분포형) • 보상식 스포트형 • 정온식(스포트형, 감지선형) ─ 열감지기 • 이온화식 또는 광전식(스포트형, 분리형, 공기흡입형) : 연기감지기 • 열복합형 • 연기복합형 • 열연기복합형 ─ 복합형 감지기 • 불꽃감지기 기억법 열연불복 4미

Key Point

※ 자동화재탐지설비
① 감지기
② 수신기
③ 발신기
④ 중계기
⑤ 음향장치
⑥ 표시등
⑦ 전원
⑧ 배선

※ 공기관식의 구성요소
① 공기관
② 다이어프램
③ 리크구멍
④ 접점
⑤ 시험장치

※ 공기관
① 두께 : 0.3〔mm〕 이상
② 바깥지름 : 1.9〔mm〕 이상

4~8[m] 미만	• 차동식(스포트형, 분포형) • 보상식 스포트형 • 정온식(스포트형, 감지선형) 특종 또는 1종 — 열감지기 • 이온화식 1종 또는 2종 • 광전식(스포트형, 분리형, 공기흡입형) 1종 또는 2종 — 연기감지기 • 열복합형 • 연기복합형 • 열연기복합형 — 복합형 감지기 • 불꽃감지기 기억법 8미열 정특1 이광12 복불
8~15[m] 미만	• 차동식 분포형 • 이온화식 1종 또는 2종 • 광전식(스포트형, 분리형, 공기흡입형) 1종 또는 2종 • 연기복합형 • 불꽃감지기 기억법 15분 이광12 연복불
15~20[m] 미만	• 이온화식 1종 • 광전식(스포트형, 분리형, 공기흡입형) 1종 • 연기복합형 • 불꽃감지기 기억법 이광불연복2
20[m] 이상	• 불꽃감지기 • 광전식(분리형, 공기흡입형) 중 아날로그방식 기억법 불광아

※ 8~15[m] 미만 설치 가능한 감지기
① 차동식 분포형
② 이온화식 1·2종
③ 광전식 1·2종
④ 연기복합형

※ 연기복합형(연복합형) 감지기
이온화식+광전식을 겸용한 것으로 두 가지 기능이 동시에 작동되면 신호를 발함

4 반복시험 횟수

횟 수	기 기
1000회	감지기 · 속보기
2000회	중계기
5000회	전원스위치 · 발신기
10000회	비상조명등, 기타의 설비 및 기기

※ 속보기
감지기 또는 P형 발신기로부터 발신하는 신호나 중계기를 통하여 송신된 신호를 수신하여 관계인에게 화재발생을 경보함과 동시에 소방관서에 자동적으로 전화를 통한 해당 소방대상물의 위치 및 화재발생을 음성으로 통보하여 주는 것

• 초스피드 기억법

감속1 (감속하면 1등 한다.)
중2 (중이염)
5전발

Key Point

5 대상에 따른 음압

음 압	대 상
40[dB] 이하	① 유도등 · 비상조명등의 소음
60[dB] 이상	① 고장표시장치용 ② 전화용 부저 ③ 단독경보형 감지기(건전지 교체 음성안내)
70[dB] 이상	① 가스누설경보기(단독형 · 영업용) ② 누전경보기 ③ 단독경보형 감지기(건전지 교체 음향경보)
85[dB] 이상	① 단독경보형 감지기(화재경보음)
90[dB] 이상	① 가스누설경보기(공업용) ② 자동화재탐지설비의 음향장치

● 초스피드 기억법

유비음4 (유비는 음식 중 사발면을 좋아한다.)
고전음6 (고전음악을 유창하게 해.)
9공자

＊ 유도등
평상시에 상용전원에 의해 점등되어 있다가, 비상시에 비상전원에 의해 점등된다.

＊ 비상조명등
평상시에 소등되어 있다가 비상시에 점등된다.

6 수평거리 · 보행거리

(1) 수평거리

수평거리	기기
수평거리 25[m] 이하	① 발신기 ② 음향장치(확성기) ③ 비상콘센트(지하상가 · 지하층 바닥면적 3000[m^2] 이상)
수평거리 50[m] 이하	① 비상콘센트(기타)

● 초스피드 기억법

발음2비지 (발음이 비슷하지)

＊ 수평거리
최단거리 · 직선거리 또는 반경을 의미한다.

(2) 보행거리

보행거리	기기
보행거리 15[m] 이하	① 유도표지
보행거리 20[m] 이하	② 복도통로유도등 ③ 거실통로유도등 ④ 3종 연기감지기
보행거리 30[m] 이하	① 1 · 2종 연기감지기

● 초스피드 기억법

보통2 (보통이 아니네요!)

＊ 보행거리
걸어서 가는 거리

7 비상전원 용량

설비의 종류	비상전원 용량
• 자동화재탐지설비 • 비상경보설비 • 자동화재속보설비	10분 이상
• 유도등 • 비상조명등 • 비상콘센트설비 • 제연설비 • 물분무소화설비 • 옥내소화전설비(30층 미만) • 특별피난계단의 계단실 및 부속실 제연설비(30층 미만) • 스프링클러설비(30층 미만) • 연결송수관설비(30층 미만)	20분 이상
• 무선통신보조설비의 증폭기	30분 이상
• 옥내소화전설비(30~49층 이하) • 특별피난계단의 계단실 및 부속실 제연설비(30~49층 이하) • 연결송수관설비(30~49층 이하) • 스프링클러설비(30~49층 이하)	40분 이상
• 유도등 · 비상조명등(지하상가 및 11층 이상) • 옥내소화전설비(50층 이상) • 특별피난계단의 계단실 및 부속실 제연설비(50층 이상) • 연결송수관설비(50층 이상) • 스프링클러설비(50층 이상)	60분 이상

• 초스피드 기억법

경자비1 (**경자**라는 이름은 **비일**비재하게 많다.)
3증(3**중**고)

※ **비상전원**
상용전원 정전시에 사용하기 위한 전원

※ **예비전원**
상용전원 고장시 또는 용량부족시 최소한의 기능을 유지하기 위한 전원

8 주위온도 시험

주위온도	기 기
-20~70〔℃〕	경종, 발신기(옥외형)
-20~50〔℃〕	변류기(옥외형)
-10~50〔℃〕	기타
0~40〔℃〕	가스누설경보기(분리형)

• 초스피드 기억법

분04 (**분**양소)

※ **변류기**
누설전류를 검출하는 데 사용하는 기기

※ **자동화재속보설비**
자동화재탐지설비와 연동

9 스포트형 감지기의 바닥면적

(단위 : 〔m^2〕)

부착높이 및 소방대상물의 구분		차동식·보상식 스포트형 1종	차동식·보상식 스포트형 2종	정온식 스포트형 특종	정온식 스포트형 1종	정온식 스포트형 2종
4〔m〕 미만	내화구조	90	70	70	60	20
	기타구조	50	40	40	30	15
4〔m〕 이상 8〔m〕 미만	내화구조	45	35	35	30	–
	기타구조	30	25	25	15	–

(감지기의 종류)

※ **정온식 스포트형 감지기**
일국소의 주위 온도가 일정한 온도 이상이 되는 경우에 작동하는 것으로서 외관이 전선으로 되어 있지 않은 것

10 연기감지기의 바닥면적

(단위 : [m^2])

부착높이	감지기의 종류	
	1종 및 2종	3종
4[m] 미만	150	50
4~20[m] 미만	75	설치할 수 없다.

11 절연저항시험(절대! 절대! 중요!)

절연저항계	절연저항	대 상
직류 250[V]	0.1[MΩ] 이상	• 1경계구역의 절연저항
직류 500[V]	5[MΩ] 이상	• 누전경보기 • 가스누설경보기 • 수신기 • 자동화재속보설비 • 비상경보설비 • 유도등(교류입력측과 외함간 포함) • 비상조명등(교류입력측과 외함간 포함)
	20[MΩ] 이상	• 경종 • 발신기 • 중계기 • 비상콘센트 • 기기의 절연된 선로간 • 기기의 충전부와 비충전부간 • 기기의 교류입력측과 외함간(유도등·비상조명등 제외)
	50[MΩ] 이상	• 감지기(정온식 감지선형 감지기 제외) • 가스누설경보기(10회로 이상) • 수신기(10회로 이상으로서 중계기가 10 이상인 것)
	1000[MΩ] 이상	• 정온식 감지선형 감지기

12 소요시간

기 기	시 간
P·R형 수신기	5초 이내
중계기	5초 이내
비상방송설비	10초 이하
가스누설경보기	60초 이내

● 초스피드 기억법

시중5 (**시중**을 드시**오**!), 6가(**육**체미**가** 뛰어나다.)

중요

축적형 수신기

전원차단시간	축적시간	화재표시감지시간
1~3초 이하	30~60초 이하	60초(차단 및 인가 1회 이상 반복)

Key Point

※ 연기감지기
화재시 발생하는 연기를 이용하여 작동하는 것으로서 주로 계단, 경사로, 복도, 통로, 엘리베이터, 전산실, 통신기기실에 쓰인다.

※ 경계구역
소방대상물 중 화재신호를 발신하고 그 신호를 수신 및 유효하게 제어할 수 있는 구역

※ 정온식 감지선형 감지기
일국소의 주위 온도가 일정한 온도 이상이 되는 경우에 작동하는 것으로서 외관이 전선으로 되어 있는 것

13 수신기의 적합기준(NFPC 203 5조, NFTC 203 2.2.1)

① 해당 특정소방대상물의 경계구역을 각각 표시할 수 있는 회선수 이상의 수신기를 설치할 것

② 해당 특정소방대상물에 가스누설탐지설비가 설치된 경우에는 가스누설탐지설비로부터 가스누설신호를 수신하여 가스누설경보를 할 수 있는 수신기를 설치할 것 (가스누설탐지설비의 수신부를 별도로 설치한 경우는 제외)

중요

축적형 수신기의 설치
(1) **지하층 · 무창층**으로 환기가 잘 되지 않는 장소
(2) 실내 면적이 **40〔m²〕 미만**인 장소
(3) 감지기의 부착면과 실내 바닥의 거리가 **2.3〔m〕 이하**인 장소

14 설치높이

기 기	설치높이
기타 기기	바닥에서 **0.8~1.5〔m〕** 이하
시각경보장치	바닥에서 **2~2.5〔m〕** 이하(단, 천장의 높이가 **2〔m〕 이하**인 경우에는 천장으로부터 **0.15〔m〕 이내**의 장소에 설치)

15 누전경보기의 설치방법

정격전류	경보기 종류
60〔A〕 초과	1급
60〔A〕 이하	1급 또는 2급

※ 변류기의 설치
① 옥외인입선의 제1 지점의 부하측
② 제2종의 접지선측

(1) 변류기는 옥외인입선의 **제1지점**의 **부하측** 또는 **제2종**의 **접지선측**에 설치할 것
(2) 옥외전로에 설치하는 변류기는 **옥외형**을 사용할 것

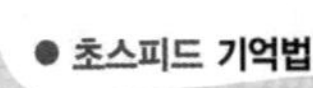

● 초스피드 기억법

1부접2누 (일부는 접이식 의자에 누워있다.)

16 누전경보기

※ 공칭작동전류치
누전경보기를 작동시키기 위하여 필요한 누설전류의 값으로서 제조자에 의하여 표시된 값

공칭작동전류치	감도조정장치의 조정범위
200〔mA〕 이하	1〔A〕 이하(1000〔mA〕)

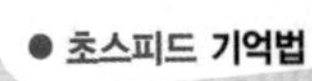

● 초스피드 기억법

누공2 (누구나 공짜이면 좋아해.)
누감1 (누가 감히 일부러 그럴까?)

참고

검출누설전류 설정치 범위

경계전로	제2종 접지선
100~400〔mA〕	400~700〔mA〕

17 설치높이

유도등 · 유도표지	설치높이
• 복도통로유도등 • 계단통로유도등 • 통로유도표지	1〔m〕 이하
• 피난구유도등 • 거실통로유도등	1.5〔m〕 이상

18 설치개수

(1) 복도 · 거실 통로유도등

$$\text{개수} \geq \frac{\text{보행거리}}{20} - 1$$

(2) 유도표지

$$\text{개수} \geq \frac{\text{보행거리}}{15} - 1$$

(3) 객석유도등

$$\text{개수} \geq \frac{\text{직선부분 길이}}{4} - 1$$

19 비상콘센트 전원회로의 설치기준

구 분	전 압	용 량	플러그접속기
단상 교류	220〔V〕	1.5〔kVA〕 이상	접지형 2극

① 1 전용회로에 설치하는 비상콘센트는 10개 이하로 할 것
② 풀박스는 1.6〔mm〕 이상의 철판을 사용할 것

● 초스피드 기억법

10콘(시큰둥!)

Key Point

※ 조도
① 객석유도등 : 0.2〔lx〕 이상
② 통로유도등 : 1〔lx〕 이상
③ 비상조명등 : 1〔lx〕 이상

※ 통로유도등
백색바탕에 녹색문자

※ 피난구유도등
녹색바탕에 백색문자

※ 풀박스
배관이 긴 곳 또는 굴곡 부분이 많은 곳에서 시공을 용이하게 하기 위하여 배선 도중에 사용하여 전선을 끌어들이기 위한 박스

20 감지기의 적응장소

정온식 스포트형 감지기	연기감지기	차동식 스포트형 감지기
① 영사실 ② 주방 · 주조실 ③ 용접작업장 ④ 건조실 ⑤ 조리실 ⑥ 스튜디오 ⑦ 보일러실 ⑧ 살균실	① 계단·경사로 ② 복도·통로 ③ 엘리베이터 승강로(권상기실이 있는 경우에는 권상기실) ④ 린넨슈트 ⑤ 파이프피트 및 덕트 ⑥ 전산실 ⑦ 통신기기실	① 일반 사무실

※ 린넨슈트
병원, 호텔 등에서 세탁물을 구분하여 실로 유도하는 통로

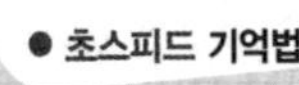

● 초스피드 기억법

영주용건 정조스 보살(영주의 용건이 정말 죠스와 보살을 만나는 것이냐?)

21 전원의 종류

1. 상용전원 : 평상시 주전원으로 사용되는 전원
2. 비상전원 : 상용전원 정전 때를 대비하기 위한 전원
3. 예비전원 : 상용전원 고장시 또는 용량부족시 최소한의 기능을 유지하기 위한 전원

22 옥내소화전설비, 자동화재탐지설비의 공사방법

1. 가요전선관공사
2. 합성수지관공사
3. 금속관공사
4. 금속덕트공사
5. 케이블공사

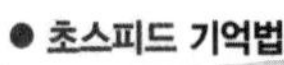

● 초스피드 기억법

옥자가 합금케(옥자가 합금을 캐냈다.)

Key Point

23 대상에 따른 전압

전 압	대 상
0.5〔V〕 이하	• 경계전로의 전압강하
0.6〔V〕 이하	• 완전방전
60〔V〕 초과	• 접지단자 설치
100~300〔V〕 이하	• 보안기의 작동전압
300〔V〕 이하	• 전원변압기의 1차 전압 • 유도등 · 비상조명등의 사용전압
600〔V〕 이하	• 누전경보기의 경계전로 전압

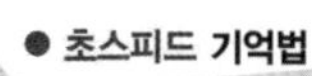

● 초스피드 기억법

변3(변상해), 누6(누룩)

24 공식

(1) 부동충전방식

❶ 2차전류

$$2차전류 = \frac{축전지의 정격용량}{축전지의 공칭용량} + \frac{상시부하}{표준전압}〔A〕$$

❷ 축전지의 용량

㉮ 시간에 따라 방전전류가 일정한 경우

$$C = \frac{1}{L} KI〔Ah〕$$

여기서, C : 축전지용량
L : 용량저하율(보수율)
K : 용량환산시간〔h〕
I : 방전전류〔A〕

㉯ 시간에 따라 방전전류가 증가하는 경우

$$C = \frac{1}{L}[K_1 I_1 + K_2(I_2 - I_1) + K_3(I_3 - I_2) + \cdots\cdots + K_n(I_n - I_{n-1})]〔Ah〕$$

여기서, C : 25〔℃〕에서의 정격방전율 환산용량〔Ah〕
L : 용량저하율(보수율)
$K_1 \cdot K_2 \cdot K_3$: 용량환산시간〔h〕
$I_1 \cdot I_2 \cdot I_3$: 방전전류〔A〕

＊ 부동충전방식
축전지와 부하를 충전기에 병렬로 접속하여 충전과 방전을 동시에 행하는 방식

＊ 용량저하율(보수율)
축전지의 용량저하를 고려하여 축전지의 용량산정시 여유를 주는 계수로서, 보통 0.8을 적용한다.

＊ 전압강하의 정의
입력전압과 출력전압의 차

＊ 전압강하

1. 단상 2선식

$$e = V_s - V_r = 2IR$$

2. 3상 3선식

$$e = V_s - V_r = \sqrt{3}\, IR$$

여기서,
e : 전압강하[V]
V_s : 입력전압[V]
V_r : 출력전압[V]
I : 전류[A]
R : 저항[Ω]

(2) 전선

① 전선의 단면적

전기방식	전선 단면적
단상 2선식	$A=\frac{35.6LI}{1{,}000e}$
3상 3선식	$A=\frac{30.8\,LI}{1{,}000e}$

여기서, A : 전선의 단면적[mm²]
L : 선로길이[m]
I : 전부하전류[A]
e : 각 선간의 전압강하[V]

● 초스피드 기억법

308(삼촌의 공이 팔에…)

② 전선의 저항

$$R=\rho\,\frac{l}{A}$$

여기서, R : 전선의 저항[Ω]
ρ : 전선의 고유저항[Ω · mm²/m]
A : 전선의 단면적[mm²]
l : 전선의 길이[m]

참고

고유저항(specific resistance)

전선의 종류	고유저항[Ω · mm²/m]
알루미늄선	$\frac{1}{35}$
경동선	$\frac{1}{55}$
연동선	$\frac{1}{58}$

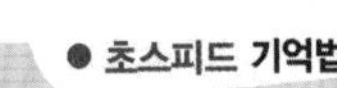

● 초스피드 기억법

경5(경호)

Key Point

(3) 전동기의 용량

❶ 일반설비의 전동기 용량산정

$$P\eta t = 9.8KHQ$$

여기서, P : 전동기 용량[kW]
η : 효율
t : 시간[s]
K : 여유계수
H : 전양정[m]
Q : 양수량[m^3]

❷ 제연설비(배연설비)의 전동기 용량산정

$$P = \frac{P_T Q}{102 \times 60\eta} K$$

여기서, P : 배연기 동력[kW]
P_T : 전압(풍압)[mmAq, mmH_2O]
Q : 풍량[m^3/min]
K : 여유율
η : 효율

단위환산

① 1[Lpm] = 10^{-3}[m^3/min]
② 1[mmAq] = 10^{-3}[m]
③ 1[HP] = 0.746[kW]
④ 1000[L] = 1[m^3]

※ **Lpm**
'Liter per minute'의 약자이다.

(4) 전동기의 속도

❶ 동기속도

$$N_S = \frac{120f}{P} \text{ [rpm]}$$

여기서, N_S : 동기속도[rpm]
P : 극수
f : 주파수[Hz]

❷ 회전속도

$$N = \frac{120f}{P}(1-S) \text{ [rpm]}$$

여기서, N : 회전속도[rpm]
P : 극수
f : 주파수[Hz]
S : 슬립

※ **슬립**
유도전동기의 회전자 속도에 대한 고정자가 만든 회전자계의 늦음의 정도를 말하며, 평상운전에서 슬립은 4~8[%] 정도 되며 슬립이 클수록 회전속도는 느려진다.

Key Point

※ 역률개선용 전력용 콘덴서
전동기와 병렬로 연결

(5) 역률개선용 전력용 콘덴서의 용량

$$Q_c = P(\tan\theta_1 - \tan\theta_2) = P\left(\frac{\sin\theta_1}{\cos\theta_1} - \frac{\sin\theta_2}{\cos\theta_2}\right) \text{[kVA]}$$

여기서, Q_C : 콘덴서의 용량[kVA]
P : 유효전력[kW]
$\cos\theta_1$: 개선 전 역률
$\cos\theta_2$: 개선 후 역률
$\sin\theta_1$: 개선 전 무효율($\sin\theta_1 = \sqrt{1-\cos\theta_1^{\ 2}}$)
$\sin\theta_2$: 개선 후 무효율($\sin\theta_2 = \sqrt{1-\cos\theta_2^{\ 2}}$)

(6) 자가발전설비

① 발전기의 용량

$$P_n > \left(\frac{1}{e} - 1\right) X_L P \text{ [kVA]}$$

여기서, P_n : 발전기 정격출력[kVA]
e : 허용전압강하
X_L : 과도 리액턴스
P : 기동용량[kVA]

② **발**전기용 **차**단용량

$$P_s = \frac{1.25 P_n}{X_L} \text{ [kVA]}$$

여기서, P_s : 발전기용 차단용량[kVA]
P_n : 발전기 용량[kVA]
X_L : 과도 리액턴스

● 초스피드 기억법 

발차125 (**발**에 물이 **차**면 **일일이 오**도록 하라.)

(7) 조명

$$FUN = AED$$

여기서, F : 광속[lm], U : 조명률
N : 등개수, A : 단면적[m²]
E : 조도[lx], D : 감광보상률$\left(D = \frac{1}{M}\right)$
M : 유지율

※ 감광보상률
먼지 등으로 인하여 빛이 감소되는 것을 보상해 주는 비율

(8) 실지수

$$K = \frac{XY}{H(X+Y)}$$

여기서, X : 가로의 길이〔m〕
Y : 세로의 길이〔m〕
H : 작업대에서 광원까지의 높이(광원의 높이)〔m〕

25 설치기준

(1) 자동화재 탐지설비의 수신기 설치기준

① **수위실** 등 상시 사람이 상주하는 곳(관계인이 쉽게 접근할 수 있고 관리가 용이한 장소에 설치 가능)
② **경계구역 일람도** 비치(주수신기 설치시 기타 수신기는 제외)
③ 조작스위치는 바닥에서 0.8~1.5〔m〕의 위치에 설치
④ 하나의 경계구역은 하나의 **표시등**·**문자**가 표시될 것
⑤ **감지기**, **중계기**, **발신기**가 작동하는 경계구역을 표시

● 초스피드 기억법 

수경바표감(**수경**야채는 **바**로 **표**창장 **감**이오.)

(2) 자동화재 탐지설비의 발신기 설치기준(NFPC 203 9조, NFTC 203 2.6.1)

① 소방대상물의 **층**마다 설치하고, **수평거리가** 25〔m〕 이하가 되도록 할 것
② **조작**이 쉬운 장소에 설치하고 스위치는 **바**닥에서 0.8~1.5〔m〕 이하의 높이에 설치

● 초스피드 기억법 

층수발조바(**층**계 위의 **조수 발좀봐**.)

(3) 자동화재 탐지설비의 감지기 설치기준

① 실내로의 공기유입구로부터 1.5〔m〕 이상의 거리에 설치(차동식 분포형 제외)
② **천장** 또는 **반자**의 옥내의 면하는 부분에 설치
③ **보상식 스포트형 감지기**는 정온점이 감지기 주위의 평상시 최고온도보다 20〔℃〕 이상 높은 것으로 설치
④ **정온식 감지기**는 다량의 화기를 단속적으로 취급하는 장소에 설치 (**주방**·**보일러실** 등)
⑤ **스포트형 감지기**의 경사제한 각도는 45°

(4) 연기감지기 설치장소

① **계**단·경사로 및 에스컬레이터 경사로
② **복**도(30〔m〕 미만 제외)

Key Point

＊ 실지수(방지수)
방의 크기와 모양에 대한 광속의 이용척도를 나타내는 수치

＊ 경계구역 일람도
회로배선이 각 구역별로 어떻게 결선되어 있는지 나타낸 도면

＊ 설치높이

기 기	설치높이
기타 기기	바닥에서 0.8~1.5〔m〕 이하
시각 경보 장치	바닥에서 2~2.5〔m〕 이하 (단, 천장의 높이가 2〔m〕 이하인 경우에는 천장으로부터 0.15〔m〕 이내의 장소에 설치)

＊ 발신기 설치제외 장소
지하구

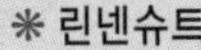

③ 엘리베이터 승강로(권상기실이 있는 경우에는 권상기실), 린넨슈트, 파이프피트 및 덕트, 기타 이와 유사한 장소

④ 천장 · 반자의 높이가 15~20〔m〕 미만

⑤ 다음에 해당하는 특정소방대상물의 취침 · 숙박 · 입원 등 이와 유사한 용도로 사용되는 거실

㉮ 공동주택 · 오피스텔 · 숙박시설 · 노유자시설 · 수련시설

㉯ 교육연구시설 중 **합숙소**

㉰ **의료시설**, 근린생활시설 중 입원실이 있는 **의원 · 조산원**

㉱ 교정 및 군사시설

㉲ 근린생활시설 중 **고시원**

※ 린넨슈트
병원, 호텔 등에서 세탁물을 구분하여 실로 유도하는 통로

● 초스피드 기억법

연계복천엘

(5) 자동화재 탐지설비의 중계기 설치기준

※ 중계기
수신기와 감지기 사이에 설치

① **수신기**와 **감지기** 사이에 설치(단, 수신기에서 **도통시험**을 하지 않을 때)

② **과전류 차단기** 설치(수신기를 거쳐 전원공급이 안될 때)

③ 조작 및 점검에 편리하고 **화재** 및 **침수** 등의 재해로 인한 피해를 받을 우려가 없는 장소에 설치

④ **상용전원** 및 **예비전원**의 시험을 할 수 있을 것

⑤ 전원의 정전이 즉시 수신기에 표시되도록 할 것

※ 중계기의 시험
① 상용전원시험
② 예비전원시험

● 초스피드 기억법

수과조중상정(수학 · 과학 · 조리학은 중상위 정도)

(6) 감지기회로의 도통시험을 위한 종단저항의 기준

※ 종단저항
① 설치목적 : 도통시험
② 설치장소 : 수신기함 또는 발신기함 내부

① **점검** 및 **관리**가 쉬운 장소에 설치

② 전용함 설치시 바닥에서 1.5〔m〕 이내의 높이에 설치

③ 감지기회로의 **끝 부분**에 설치하며, 종단감지기에 설치할 경우 구별이 쉽도록 해당 감지기의 기판 및 감지기 외부 등에 별도의 표시를 할 것

● 초스피드 기억법

종점감전

(7) 자동화재 탐지설비의 음향장치의 구조 및 성능기준

① **감지기 · 발신기**의 작동과 연동

② 정격 전압의 80〔%〕에서 음향을 발할 것

③ 음량은 중심에서 1〔m〕 떨어진 곳에서 90〔dB〕 이상

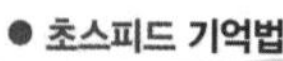

● 초스피드 기억법

감발음89(**감발**의 차이로 **음식**을 **팔고** 샀다.)

Key Point

※ 계단 · 경사로의 1경계구역
높이 : 45[m] 이하

(8) 자동화재 탐지설비의 경계구역 설정기준

① 1경계구역이 2개 이상의 **건축물**에 미치지 않을 것
② 1경계구역이 2개 이상의 **층**에 미치지 않을 것(단, **2개층**의 면적 **500**[m^2] 이하는 제외)
③ 1경계구역의 면적은 **600**[m^2](내부전체가 보일 경우 **1000**[m^2] 이하) 이하로 하고, 1변의 길이는 **50**[m] 이하로 할 것

※ 피난구 유도등
피난구 또는 피난경로로 사용되는 출입구를 표시하여 피난을 유도하는 등

(9) 피난구 유도등의 설치 장소

① **옥내**로부터 직접 지상으로 통하는 출입구 및 그 부속실의 출입구
② **직**통계단 · 직통계단의 **계단실** 및 그 부속실의 출입구
③ **출**입구에 이르는 **복도** 또는 **통로**로 통하는 출입구
④ **안전구획**된 거실로 통하는 출입구

● 초스피드 기억법

피옥직안출

※ 증폭기
신호 전송시 신호가 약해져 수신이 불가능해지는 것을 방지하기 위해서 증폭하는 장치

(10) 무선통신보조설비의 증폭기 및 무선중계기의 설치 기준(NFPC 505 8조, NFTC 505 2.5.1)

① 비상전원용량은 **30분** 이상
② 증폭기 및 무선중계기 설치시 적합성 평가를 받은 제품 설치
③ 증폭기의 전면에 **전압계** · **표시등**을 설치할 것(전원 여부 확인)
④ 전원은 **축전지설비**, **전기저장장치** 또는 **교류전압 옥내간선**으로 할 것(**전용**배선)

※ 전기저장장치
외부 전기에너지를 저장해 두었다가 필요한 때 전기를 공급하는 장치

● 초스피드 기억법

3무증표축전(**상무**님이 **증표**로 **축전**을 보냈다.)

(11) 무선통신보조설비의 분배기 · 분파기 · 혼합기 설치 기준

① **먼**지 · 습기 · 부식 등에 이상이 없을 것
② **임**피던스 50[Ω]의 것
③ **점**검이 편리하고 **화**재 등의 피해 우려가 없는 장소

● 초스피드 기억법

무먼임점화

26 설치 제외 장소

(1) 자동화재 탐지설비의 감지기 설치 제외 장소

① 천장 또는 반자의 높이가 20[m] 이상인 곳(감지기의 부착 높이에 따라 적응성이 있는 장소 제외)

❷ **헛간** 등 외부와 기류가 통하여 화재를 유효하게 감지할 수 없는 장소
❸ **목욕실** · 화장실 기타 이와 유사한 장소
❹ **부식성**가스 체류 장소
❺ **프레스공장 · 주조공장** 등 감지기의 **유지관리**가 어려운 장소

＊ 누전경보기의 수신부 설치 장소
옥내의 점검에 편리한 장소

＊ 통로유도등
① 복도통로유도등
피난통로가 되는 복도에 설치하는 통로유도등으로서 피난구의 방향을 명시하는 것
② 거실통로유도등
거주, 집무, 작업, 집회, 오락 그 밖에 이와 유사한 목적을 위하여 계속적으로 사용하는 거실, 주차장 등 개방된 통로에 설치하는 유도등으로 피난의 방향을 명시하는 것
③ 계단통로유도등
피난통로가 되는 계단이나 경사로에 설치하는 통로유도등으로 바닥면 및 디딤 바닥면을 비추는 것

＊ 비상조명등
화재발생 등에 따른 정전시에 안전하고 원활한 피난활동을 할 수 있도록 거실 및 피난통로 등에 설치되어 자동 점등되는 조명등

(2) 누전경보기의 수신부 설치 제외 장소

❶ 온도변화가 급격한 장소
❷ 습도가 높은 장소
❸ 가연성의 증기, 가스 등 또는 부식성의 증기, 가스 등의 다량 체류 장소
❹ **대전류회로, 고주파발생회로** 등의 영향을 받을 우려가 있는 장소
❺ 화약류 제조, 저장, 취급 장소

● **초스피드 기억법**

온습누가대화(**온**도 · **습**도가 높으면 **누가 대화**하냐?)

(3) 피난구 유도등의 설치제외 장소

❶ 옥내에서 직접 지상으로 통하는 출입구(바닥면적 1000[m^2] 미만 층)
❷ **대각선 길이**가 15[m] 이내인 구획된 실의 출입구
❸ 비상조명등 · 유도표지가 설치된 거실 출입구(거실 각 부분에서 출입구까지의 **보행거리** 20[m] 이하)
❹ 출입구가 **3 이상**인 거실(거실 각 부분에서 출입구까지의 **보행거리** 30[m] 이하는 주된 출입구 **2개 외**의 출입구)

(4) 통로유도등의 설치제외 장소

❶ 길이 30[m] 미만의 복도 · 통로(구부러지지 않은 복도 · 통로)
❷ 보행거리 20[m] 미만의 복도 · 통로(출입구에 **피난구 유도등**이 설치된 복도 · 통로)

(5) 객석유도등의 설치제외 장소

❶ **채광**이 충분한 객석(**주간**에만 사용)
❷ **통**로유도등이 설치된 객석(거실 각 부분에서 거실 출입구까지의 **보행거리** 20[m] 이하)

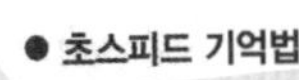

채객보통(**채**소는 **객**관적으로 **보통**이다.)

(6) 비상조명등의 설치제외 장소

❶ 거실 각 부분에서 출입구까지의 **보행거리** 15[m] 이내
❷ **공동주택 · 경기장 · 의원** · 의료시설 · **학교 거실**

(7) **휴대용 비상조명등의 설치제외 장소**

① 복도 · 통로 · 창문 등을 통해 **피**난이 용이한 경우(**지상 1층 · 피난층**)

② **숙박시설**로서 복도에 비상조명등을 설치한 경우

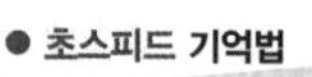

휴피(**휴**지로 **피** 닦아.)

27 도 면

(1) 자동화재 탐지설비

① 일제명동방식(일제경보방식), 발화층 및 직상 4개층 우선경보방식

배 선	가닥수 산정
• 회로선	**종단저항수** 또는 **경계구역번호 개수** 또는 **발신기세트**수마다 1가닥씩 추가
• 공통선	**회로선 7개** 초과시마다 1가닥씩 추가
• 경종선	**층수**마다 1가닥씩 추가
• 경종표시등공통선	1가닥(조건에 따라 1가닥씩 추가)
• 응답선(발신기선)	1가닥
• 표시등선	

일제명동방식=일제경보방식

② 구분명동방식(구분경보방식)

배 선	가닥수 산정
• 회로선	**종단저항수** 또는 **경계구역번호 개수** 또는 **발신기세트수**마다 1가닥 추가
• 공통선	**회로선 7개** 초과시마다 1가닥씩 추가
• 경종선	**동**마다 1가닥씩 추가
• 경종표시등공통선	1가닥(조건에 따라 1가닥씩 추가)
• 응답선(발신기선)	1가닥
• 표시등선	

(2) 스프링클러설비

① 습식 · 건식

배 선	가닥수 산정
• 유수검지스위치	**알람체크밸브** 또는 **건식밸브**수마다 1가닥씩 추가
• 탬퍼스위치	
• 사이렌	
• 공통	1가닥

Key Point

*** 휴대용 비상조명등**
화재발생 등으로 정전시 안전하고 원활한 피난을 위하여 피난자가 휴대할 수 있는 조명등

*** 경보방식**
① 일제경보방식
층별 구분 없이 일제히 경보하는 방식
② 발화층 및 직상 4개층 우선경보방식
화재시 안전한 대피를 위하여 위험한 층부터 우선적으로 경보하는 방식
③ 구분경보방식
동별로 구분하여 경보하는 방식

*** 유수검지스위치와 같은 의미**
① 알람스위치
② 압력스위치

*** 탬퍼스위치와 같은 의미**
① 밸브폐쇄확인스위치
② 밸브개폐확인스위치
③ 모니터링스위치
④ 밸브모니터링스위치
⑤ 개폐표시형 밸브모니터링스위치

Key Point

❷ 준비작동식

배 선	가닥수 산정
• 전원 ⊕	1가닥
• 전원 ⊖	
• 감지기공통	(조건에 따라 1가닥 추가)
• 감지기 A	**준비작동식 밸브**수마다 1가닥씩 추가
• 감지기 B	
• 밸브기동(SV)	
• 밸브개방확인(PS)	
• 밸브주의(TS)	
• 사이렌	
• 수동기동	(조건에 따라 1가닥씩 추가)

(3) CO_2 및 할론소화설비 · 분말소화설비

배 선	가닥수 산정
• 전원 ⊕	1가닥
• 전원 ⊖	
• 방출지연스위치	
• 감지기공통	(조건에 따라 1가닥 추가)
• 복구스위치	
• 감지기 A	**수동조작함수**마다 1가닥씩 추가
• 감지기 B	
• 기동스위치	
• 사이렌	
• 방출표시등	
• 도어스위치	(조건에 따라 **수동조작함수**마다 1가닥씩 추가)

(4) 제연설비

❶ 전실제연설비(특별피난계단의 계단실 및 부속실 제연설비) : NFPC 501A, NFTC 501A에 따름

배 선	가닥수 산정
• 전원 ⊕	1가닥
• 전원 ⊖	
• 감지기공통	(조건에 따라 1가닥 추가)
• 복구스위치	(**복구방식** 또는 **수동복구방식**을 채택할 경우 1가닥 추가)
• 지구	**급기댐퍼** 또는 **배기댐퍼수**마다 1가닥씩 추가
• 기동(급배기댐퍼 기동)	
• 확인(배기댐퍼 확인)	
• 확인(급기댐퍼 확인)	
• 확인(수동기동 확인)	

❋ SV(밸브기동)
① 'Solenoid Valve'의 약자이다.
② 밸브개방
③ 솔레노이드밸브
④ 솔레노이드밸브 기동

❋ PS(압력스위치)
① 'Pressure Switch'의 약자이다.
② 밸브개방확인

❋ TS(탬퍼스위치)
① 'Tamper Switch'의 약자이다.
② 밸브주의

❋ 사이렌
실내에 설치하여 인명을 대피시킨다.

❋ 방출표시등
실외에 설치하여 출입을 금지시킨다.

❋ 전실제연설비
전실 내에 신선한 공기를 유입하여 연기가 계단쪽으로 확산되는 것을 방지하기 위한 설비

Key Point

② 상가제연설비(거실제연설비) : NFPC 501, NFTC 501에 따름

배 선	가닥수 산정
• 전원 ⊕	1가닥
• 전원 ⊖	
• 감지기공통	(조건에 따라 1가닥 추가)
• 복구스위치	(**복구방식** 또는 **수동복구방식**을 채택할 경우 1가닥 추가)
• 지구	**급기댐퍼** 또는 **배기댐퍼수**마다 1가닥씩 추가
• 기동(급기댐퍼 기동)	
• 기동(배기댐퍼 기동)	
• 확인(급기댐퍼 확인)	
• 확인(배기댐퍼 확인)	

28 박스 사용처(절대 중요! 중요!)

※ 박스의 종류
① 4각박스
② 8각박스
③ 스위치박스

(1) 4각박스

① 4방출 이상인 곳

② 한쪽면 2방출 이상인 곳

③ 간선배관
- **발**신기세트
- **제**어반
- **부**수신기
- **수**신기
- **수**동조작함
- **슈**퍼비죠리판넬

● 초스피드 기억법

4발제부수슈(**네팔**에 있는 **제부**가 **수술**했다.)

(2) 8각박스

4각박스 이외의 곳
- 감지기
- 사이렌
- 방출표시등
- 알람체크밸브
- 건식밸브
- 준비작동식 밸브
- 유도등

문제에서 박스에 대한 조건이 있는 경우에는 조건에 의해 박스의 개수를 산출할 것

에디슨의 한마디

어느 날, 연구에 몰입해 있는 에디슨에게 한 방문객이 아들을 데리고 찾아와서 말했습니다.

"선생님, 이 아이에게 평생의 좌우명이 될 만한 말씀 한마디만 해 주십시오."

그러나 연구에 몰두해 있던 에디슨은 입을 열 줄 몰랐고, 초조해진 방문객은 자꾸 시계를 들여다보았습니다.

유학을 떠나는 아들의 비행기 탑승시간이 가까웠기 때문입니다.

그때, 에디슨이 말했습니다.

"시계를 보지 말라."

시계를 보지 않는다는 데는 많은 의미가 있습니다. 자신의 일에 즐겨 몰두해 있는 사람이라면 결코 시계를 보지 않을 것입니다.

허리를 펴며 "벌써 시간이 이렇게 됐나?"라고, 아무렇지 않은 듯 말하지 않을까요?

•「지하철 사랑의 편지」 중에서•

과년도 출제문제

2024년

소방설비기사 실기(전기분야)

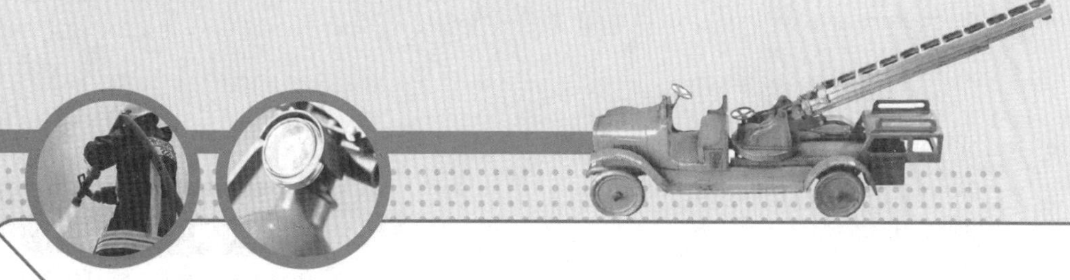

** 수험자 유의사항 **

1. 문제지를 받는 즉시 응시 종목의 문제가 맞는지 확인하셔야 합니다.
2. 답안지 내 인적사항 및 답안작성(계산식 포함)은 검정색 필기구만을 계속 사용하여야 합니다.
3. 답안정정 시에는 **두 줄(=)**을 긋고 다시 기재 가능하며, **수정테이프 사용** 또한 **가능**합니다.
4. 계산문제는 반드시 '계산과정'과 '답'란에 정확히 기재하여야 하며 **계산과정이 틀리거나 없는 경우 0점 처리**됩니다.
   ※ 연습이 필요 시 연습란을 이용하여야 하며, 연습란은 채점대상이 아닙니다.
5. 계산문제는 **최종결과** 값(답)에서 **소수 셋째자리에서 반올림**하여 **둘째자리**까지 구하여야 하나 개별 문제에서 소수처리에 대한 별도 요구사항이 있을 경우, 그 요구사항에 따라야 합니다.
6. 답에 단위가 없으면 오답으로 처리됩니다. (단, 문제의 요구사항에 단위가 주어졌을 경우는 생략되어도 무방합니다.)
7. 문제에서 요구한 가지 수 이상을 답란에 표기한 경우, **답란기재 순**으로 **요구한 가지 수**만 채점합니다.

2024. 4. 27 시행

2024년 기사 제1회 필답형 실기시험

자격종목	시험시간	형별	수험번호	성명	감독위원 확인
소방설비기사(전기분야)	3시간				

※ 다음 물음에 답을 해당 답란에 답하시오.(배점 : 100)

☆☆☆

문제 01

연축전지과 알칼리축전지에 대한 다음 각 물음에 답하시오. (23.7.문12, 23.4.문1, 21.11.문1, 20.10.문14)

득점	배점
	8

유사문제부터 풀어보세요. 실력이 팍!팍! 올라갑니다.

(가) 다음은 연축전지에 대한 반응식이다. 빈칸에 들어갈 알맞은 것을 적으시오.

$$PbO_2 + 2H_2SO_4 + Pb \underset{\text{충전}}{\overset{\text{방전}}{\rightleftarrows}} (\quad) + 2H_2O + PbSO_4$$

(나) 연축전지와 알칼리축전지의 공칭전압은 각각 몇 V/cell인지 쓰시오.

○ 연축전지 :

○ 알칼리축전지 :

(다) 그림과 같은 충전방식을 쓰시오.

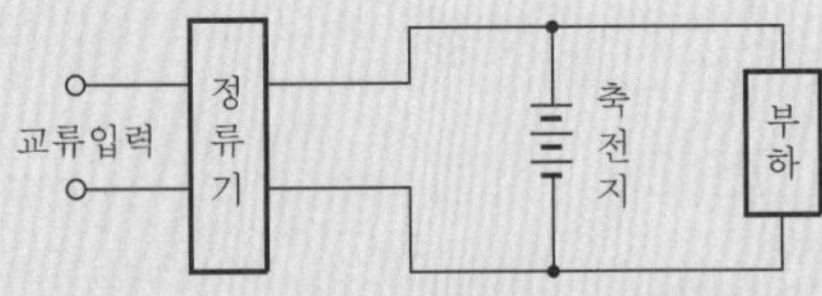

(라) 200V의 비상용 조명부하를 60W 100등, 30W 70등을 설치하려고 한다. 연축전지 HS형 110cell, 시간은 30분, 최저축전지온도는 5℃, 최저허용전압은 195V일 때 점등에 필요한 축전지의 용량[Ah]을 구하시오. (단, 보수율은 0.8, 용량환산시간계수는 1.2이다.)

○ 계산과정 :

○ 답 :

해답 (가) $PbSO_4$

(나) ① 연축전지 : 2V/cell

② 알칼리축전지 : 1.2V/cell

(다) 부동충전방식

(라) 축전지 용량

○ 계산과정 : $I = \frac{(60 \times 100) + (30 \times 70)}{200} = 40.5\text{A}$

$$C = \frac{1}{0.8} \times 1.2 \times 40.5 = 60.75\text{Ah}$$

○ 답 : 60.75Ah

해설 (가) **연축전지**(lead-acid battery)의 종류에는 **클래드식**(CS형)과 **페이스트식**(HS형)이 있으며 충전시에는 **수소가스**(H_2)가 발생하므로 반드시 **환기**를 시켜야 한다. 충 · 방전시의 화학반응식은 다음과 같다.

구 분	반 응
전체반응	$PbO_2 + 2H_2SO_4 + Pb \underset{충전}{\overset{방전}{\rightleftarrows}} \mathbf{PbSO_4} + 2H_2O + PbSO_4$
양극반응(양극판)	$PbO_2 + H_2SO_4 \underset{충전}{\overset{방전}{\rightleftarrows}} PbSO_4 + H_2O + O$
음극반응(음극판)	$Pb + H_2SO_4 \underset{충전}{\overset{방전}{\rightleftarrows}} PbSO_4 + H_2$

(나) **연축전지**와 **알칼리축전지**의 **비교**

구 분	연축전지	알칼리축전지
공칭전압 질문 (나)	2.0V[V/cell]	1.2V[V/cell]
방전종지전압	1.6V[V/cell]	0.96V[V/cell]
기전력	2.05~2.08V[V/cell]	1.32V[V/cell]
공칭용량(방전율)	10Ah(10시간율)	5Ah(5시간율)
기계적 강도	약하다.	강하다.
과충방전에 의한 전기적 강도	약하다.	강하다.
충전시간	길다.	짧다.
종류	클래드식, 페이스트식	소결식, 포켓식
수명	5~15년	15~20년

중요

공칭전압의 **단위**는 **V**로도 나타낼 수 있지만 좀 더 정확히 표현하자면 **V/셀(cell)**이다.

(다) **충전방식**

충전방식	설 명
보통충전방식	필요할 때마다 표준시간율로 충전하는 방식
급속충전방식	보통 충전전류의 **2배**의 **전류**로 충전하는 방식
부동충전방식 질문 (다)	① 전지의 자기방전을 보충함과 동시에 상용부하에 대한 전력공급은 충전기가 부담하되, 부담하기 어려운 일시적인 대전류부하는 축전지가 부담하도록 하는 방식으로 **가장 많이 사용**된다. ② 축전지와 부하를 충전기(정류기)에 병렬로 접속하여 충전과 방전을 동시에 행하는 방식이다. 표준부동전압 : **2.15~2.17V** 교류입력(교류전원) / 정류기(충전기) / 축전지 / 부하(상시부하) ▌부동충전방식▐ • 교류입력=교류전원=교류전압 • 정류기=정류부=충전기(충전지는 아님)
균등충전방식	각 축전지의 전위차를 보정하기 위해 1~3개월마다 10~12시간 1회 충전하는 방식이다. 균등충전전압 : **2.4~2.5V**
세류충전 (트리클충전) **방식**	**자기방전량**만 항상 **충전**하는 방식
회복충전방식	축전지의 과방전 및 방치상태, 가벼운 설페이션현상 등이 생겼을 때 기능회복을 위하여 실시하는 충전방식 ※ **설페이션**(sulfation) : 충전이 부족할 때 축전지의 극판에 백색 황색연이 생기는 현상

(라) ① **기호**

- V : 200V
- P : 60W×100등+30W×70등
- C : ?
- L : 0.8
- K : 1.2

② **전류**

$$I=\frac{P}{V}$$

여기서, I : 전류〔A〕
P : 전력〔W〕
V : 전압〔V〕

전류 $I=\frac{P}{V}=\frac{(60\text{W}\times100\text{등})+(30\text{W}\times70\text{등})}{200\text{V}}\fallingdotseq 40.5\text{A}$

- 문제에서 계산과정의 소수점에 관한 조건이 없으면 이때에는 소수점 **3째자리**까지 구하면 된다.

③ **축전지**의 **용량**

$$C=\frac{1}{L}KI$$

여기서, C : 축전지용량〔Ah〕
L : 용량저하율(보수율)
K : 용량환산시간계수
I : 방전전류〔A〕

축전지의 용량 $C=\frac{1}{L}KI=\frac{1}{0.8}\times1.2\times40.5\text{A}=60.75\text{Ah}$

중요

보수율(용량저하율, 경년용량저하율)
(1) 부하를 만족하는 용량을 감정하기 위한 계수
(2) 용량저하를 고려하여 설계시에 미리 보상하여 주는 값
(3) 축전지의 용량저하를 고려하여 축전지의 용량산정시 여유를 주는 계수

☆

문제 02

가로 20m, 세로 15m인 방재센터에 동일한 비상조명등이 40개 설치되어 있다. 비상조명등이 모두 점등되었을 때 광속〔lm〕을 구하시오. (단, 비상조명등 1개의 조도는 100lx, 조명률 50%, 유지율은 85%이다.)
(12.11.문4)

○ 계산과정 :
○ 답 :

득점	배점
	4

해답

○ 계산과정 : $\frac{(20\times15)\times100\times\left(\frac{1}{0.85}\right)}{40\times0.5}=1764.705\fallingdotseq1764.71\text{lm}$

○ 답 : 1764.71lm

해설 (1) **기호**

- A : (20×15)m²
- N : 40개
- F : ?
- E : 100lx
- U : 50%=0.5
- M : 85%=0.85

(2)

$$FUN = AED$$

여기서, F : 광속〔lm〕
U : 조명률
N : 등개수
A : 단면적〔m²〕
E : 조도〔lx〕
D : 감광보상률$\left(D=\frac{1}{M}\right)$
M : 유지율(조명유지율)

광속 F는

$$F=\frac{AED}{NU}=\frac{AE\left(\frac{1}{M}\right)}{NU}$$

$$=\frac{(20\times 15)\mathrm{m}^2\times 100\mathrm{lx}\times\left(\frac{1}{0.85}\right)}{40개\times 0.5}=1764.705 ≒ 1764.71\,\mathrm{lm}$$

 참고

주의사항
(1) 등개수 산정시 **소수**가 발생하면 반드시 **절상**할 것
(2) **천장높이**를 **고려**하지 **않는 것**에 주의할 것. 왜냐하면 천장높이는 이미 **조명률**에 적용되었기 때문이다. (천장높이를 고려하지 않는 이유를 기억해 두면 참 지식이 될 수 있다.)

★★★
 문제 03

부착높이 15m 이상 20m 미만에 설치가능한 감지기 4가지를 쓰시오. (23.11.문5, 20.10.문5, 15.11.문12)

○
○
○
○

득점	배점
	4

 해답 ① 이온화식 1종
② 광전식(스포트형, 분리형, 공기흡입형) 1종
③ 연기복합형
④ 불꽃감지기

해설 **감지기**의 **부착높이**

부착높이	감지기의 종류
4m 미만	• 차동식(스포트형, 분포형) • 보상식 스포트형 • 정온식(스포트형, 감지선형) — **열**감지기 • 이온화식 또는 광전식(스포트형, 분리형, 공기흡입형) : **연**기감지기 • 열복합형 • 연기복합형 • 열연기복합형 — **복**합형 감지기 • **불**꽃감지기 기억법 **열연불복 4미**
4~8m 미만	• 차동식(스포트형, 분포형) • 보상식 스포트형 • **정**온식(스포트형, 감지선형) **특**종 또는 1종 — **열**감지기 • **이**온화식 1종 또는 2종 • **광**전식(스포트형, 분리형, 공기흡입형) 1종 또는 2종 — 연기감지기 • 열복합형 • 연기복합형 • 열연기복합형 — **복**합형 감지기 • **불**꽃감지기 기억법 **8미열 정특1 이광12 복불**
8~15m 미만	• 차동식 **분**포형 • **이**온화식 1종 또는 2종 • **광**전식(스포트형, 분리형, 공기흡입형) 1종 또는 2종 • **연**기**복**합형 • **불**꽃감지기 기억법 **15분 이광12 연복불**
15~20m 미만 질문	• **이**온화식 1종 • **광**전식(스포트형, 분리형, 공기흡입형) 1종 • **연**기**복**합형 • **불**꽃감지기 기억법 **이광불연복2**
20m 이상	• **불**꽃감지기 • **광**전식(분리형, 공기흡입형) 중 **아**날로그방식 기억법 **불광아**

☆☆☆ **문제 04**

지상 10m되는 곳에 1000m^{3}의 저수조가 있다. 이 저수조에 양수하기 위하여 펌프효율이 80%, 여유계수가 1.2, 용량이 15kW인 전동기를 사용한다면 몇 분 후에 저수조에 물이 가득 차겠는지 구하시오. (단, 답안 작성시 소수점은 버릴 것) (20.10.문13, 18.11.문1, 10.10.문9)

○ 계산과정 :

○ 답 :

득점	배점
	4

해답 ○ 계산과정 : $\dfrac{9.8\times1.2\times10\times1000}{15\times0.8}=9800\text{초}=\dfrac{9800}{60}=163.3 \fallingdotseq 163\text{분}$

○ 답 : 163분

기호

- H : 10m
- Q : 1000m^3
- η : 80%=0.8
- K : 1.2
- P : 15kW
- t : ?

전동기의 **용량**

$$P=\frac{9.8KHQ}{\eta t}$$

여기서, P : 전동기용량〔kW〕, η : 효율, t : 시간〔s〕, K : 여유계수(전달계수), H : 전양정〔m〕, Q : 양수량(유량)〔m^3〕

$$t=\frac{9.8KHQ}{P\eta}=\frac{9.8\times1.2\times10\times1000}{15\times0.8}=9800\text{초}$$

1분=60초이므로 $\frac{9800\text{초}}{60}=163.3 ≒ 163\text{분}$

- 〔단서〕에 의해 소수점 버림

(1) **전동기**의 **용량**을 **구하는 식**

① 일반적인 설비 : **물** 사용설비

t(시간)〔s〕인 경우	t(시간)〔min〕인 경우	비중량 또는 밀도가 주어진 경우
$P=\frac{9.8KHQ}{\eta t}$	$P=\frac{0.163KHQ}{\eta}$	$P=\frac{\gamma HQ}{1000\eta}K$
여기서, P : 전동기용량〔kW〕 η : 효율 t : 시간〔s〕 K : 여유계수(전달계수) H : 전양정〔m〕 Q : 양수량(유량)〔m^3〕	여기서, P : 전동기용량〔kW〕 η : 효율 H : 전양정〔m〕 Q : 양수량(유량)〔m^3/min〕 K : 여유계수(전달계수)	여기서, P : 전동기용량〔kW〕 η : 효율 γ : 비중량(물의 비중량 9800N/m^3) H : 전양정〔m〕 Q : 양수량(유량)〔m^3/s〕 K : 여유계수

② 제연설비(배연설비) : **공기** 또는 **기류** 사용설비

$$P=\frac{P_T\,Q}{102\times60\eta}K$$

여기서, P : 배연기(전동기) (소요)동력〔kW〕
P_T : 전압(풍압)〔mmAq, mmH$_2$O〕
Q : 풍량〔m^3/min〕
K : 여유율(여유계수, 전달계수)
η : 효율

주의

제연설비(배연설비)의 전동기 소요동력은 반드시 위의 식을 적용하여야 한다. 주의! 또 주의!

(2) **아주 중요한 단위환산**(꼭! 기억하시라!)

① 1mmAq=10^{-3}mH$_2$O=10^{-3}m
② 760mmHg=10.332mH$_2$O=10.332m
③ 1Lpm=10^{-3}m^3/min
④ 1HP=0.746kW

☆☆☆

문제 05

다음은 비상콘센트설비의 화재안전성능기준에 대한 내용이다. 각 물음에 답하시오.

(20.11.문1, 19.4.문13, 17.11.문11, 14.4.문12, 13.7.문11, 13.4.문16, 12.7.문4, 11.5.문4)

득점	배점
	6

(가) 하나의 전용회로에 설치하는 비상콘센트는 7개이다. 이 경우 전선의 용량은 비상콘센트 몇 개의 공급용량을 합한 용량 이상의 것으로 하여야 하는가?

(나) 비상콘센트의 보호함 상부에 설치하는 표시등의 색은 무슨 색인가?

(다) 비상콘센트설비의 전원부와 외함 사이를 500V 절연저항계로 측정할 때 30MΩ으로 측정되었다. 절연저항의 적합여부와 그 이유를 쓰시오.

○ 적합여부 :

○ 이유 :

해답 (가) 3개

(나) 적색

(다) ○ 적합여부 : 적합

○ 이유 : 20MΩ 이상이므로

해설 (가) 하나의 전용회로에 설치하는 비상콘센트는 **10개** 이하로 할 것(전선의 용량은 최대 **3개**)

설치하는 비상콘센트 수량	전선의 용량산정시 적용하는 비상콘센트 수량	전선의 용량
1개	1개 이상	1.5kVA 이상
2개	2개 이상	3kVA 이상
3~10개	3개 이상 질문 (가)	4.5kVA 이상

(나) **비상콘센트 보호함**의 **시설기준**(NFPC 504 5조, NFTC 504 2.2.1)

① 비상콘센트를 보호하기 위하여 **비상콘센트 보호함**을 설치하여야 한다.

② 보호함에는 **쉽게** 개폐할 수 있는 **문**을 설치하여야 한다.

③ 비상콘센트의 보호함 **표면**에 **"비상콘센트"**라고 표시한 표지를 하여야 한다.

④ 비상콘센트의 보호함 **상부**에 **적색**의 **표시등**을 설치하여야 한다(단, 비상콘센트의 보호함을 **옥내소화전함** 등과 접속하여 설치하는 경우에는 **옥내소화전함** 등의 **표시등**과 **겸용**할 수 있음). 질문 (나)

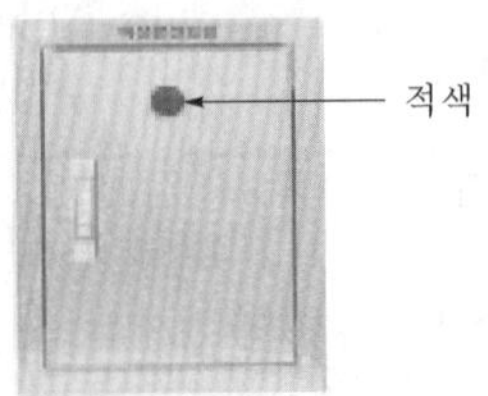

‖ 비상콘센트 보호함 ‖

용어

비상콘센트설비

화재시 **소화활동** 등에 필요한 **전원**을 **전용회선**으로 공급하는 설비

(다) **절연저항시험**

절연저항계	절연저항	대 상
직류 250V	0.1MΩ 이상	• 1경계구역의 절연저항
직류 500V	5MΩ 이상	• 누전경보기 • 가스누설경보기 • 수신기 • 자동화재속보설비 • 비상경보설비 • 유도등(교류입력측과 외함 간 포함) • 비상조명등(교류입력측과 외함 간 포함)
	20MΩ 이상	• 경종 • 발신기 • 중계기 • **비상콘센트** 질문 (다) • 기기의 절연된 선로 간 • 기기의 충전부와 비충전부 간 • 기기의 교류입력측과 외함 간(유도등 · 비상조명등 제외)
	50MΩ 이상	• 감지기(정온식 감지선형 감지기 제외) • 가스누설경보기(10회로 이상) • 수신기(10회로 이상)
	1000MΩ 이상	• 정온식 감지선형 감지기

☆☆☆

문제 06

자동화재탐지설비 및 시각경보장치의 화재안전기준 중 감지기회로의 도통시험을 위한 종단저항 설치기준 3가지를 쓰시오.

득점	배점
	4

○

○

○

해답 ① 점검 및 관리가 쉬운 장소에 설치
② 바닥에서 1.5m 이내의 높이에 설치(전용함 설치시)
③ 감지기회로의 끝부분에 설치하며, 종단감지기에 설치할 경우에는 구별이 쉽도록 해당 감지기의 기판 및 감지기 외부 등에 별도의 표시를 할 것

해설 **감지기회로**의 **도통시험**을 위한 **종단저항 설치기준**(NFPC 203 11조, NFTC 203 2.8.1.3)
(1) **점검** 및 **관리**가 쉬운 장소에 설치할 것
(2) **전**용함을 설치하는 경우 그 설치높이는 바닥으로부터 **1.5m** 이내로 할 것
(3) **감**지기회로의 **끝부분**에 설치하며, 종단감지기에 설치할 경우에는 구별이 쉽도록 해당 감지기의 기판 및 감지기 외부 등에 별도의 표시를 할 것

기억법 **종점감전**

☆☆☆

문제 07

그림과 같은 시퀀스회로에서 푸시버튼스위치 PB를 누르고 있을 때 타이머 T_1(설정시간 : t_1), T_2(설정시간 : t_2), 릴레이 X_1, X_2, 표시등 PL에 대한 타임차트를 완성하시오. (단, T_1은 1초, T_2는 2초이며 설정시간 이외의 시간지연은 없다고 본다.)

(21.11.문16, 20.11.문18, 20.10.문17, 16.11.문9, 16.11.문5, 16.4.문13)

득점	배점
	6

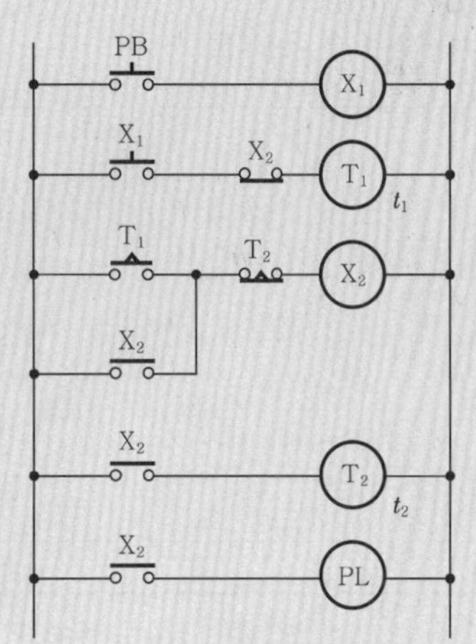

	t_1	t_2		t_1	t_2		t_1	t_2	
PB	▨	▨	▨	▨	▨	▨	▨	▨	▨
X_1	▨	▨	▨	▨	▨	▨	▨	▨	▨
T_1									
X_2									
T_2									
PL									

해답

	t_1	t_2		t_1	t_2		t_1	t_2	
PB	▨	▨	▨	▨	▨	▨	▨	▨	▨
X_1	▨	▨	▨	▨	▨	▨	▨	▨	▨
T_1	▨			▨			▨		
X_2		▨	▨		▨	▨		▨	▨
T_2		▨	▨		▨	▨		▨	▨
PL		▨	▨		▨	▨		▨	▨

해설 (1) **동작설명**

① 푸시버튼스위치 PB를 누르면 릴레이 (X_1)이 여자된다. 이때 X_1 a접점이 닫혀서 **타이머 (T_1)이 통전**된다. (그러므로 T_1는 t_1 시간동안 빗금을 치면 된다.)

② (T_1)의 설정시간 t_1 후 T_1 한시 a접점이 닫혀서 **릴레이 (X_2)가 여자**된다. (그러므로 X_2는 t_2 시간동안 빗금을 치면 된다.) 이때 X_2 a접점이 닫혀서 자기유지되고 **타이머 (T_2)가 통전**되며, **표시등 (PL)이 점등**된다. (그러므로 T_2와 PL은 t_2 시간동안 빗금을 치면 된다.) 이와 동시에 X_2 b접점이 열려서 (T_1)이 소자되며 T_1 한시 a접점이 열린다.

③ (T_2)의 설정시간 t_2 후 T_2 한시 b접점이 열려서 (X_2)가 소자되며, X_2 b접점이 다시 닫혀서 (T_1)이 다시 통전된다.

④ PB를 누르고 있는 동안 위의 ②, ③과정을 반복한다.

(2) **논리식 vs 시퀀스회로**

논리식	시퀀스회로
$X_1 = PB$	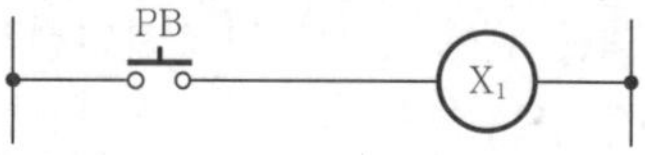 PB, X_1
$T_1 = X_1 \cdot \overline{X_2}$	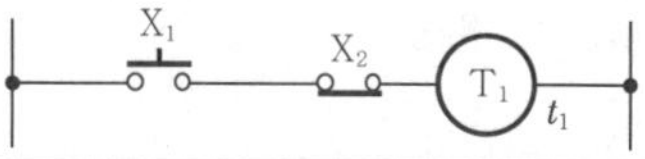 X_1, X_2, T_1, t_1
$X_2 = (T_1 + X_2) \cdot \overline{T_2}$	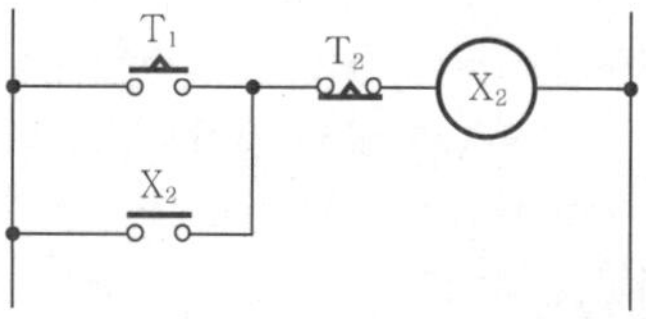 T_1, T_2, X_2, X_2
$T_2 = X_2$	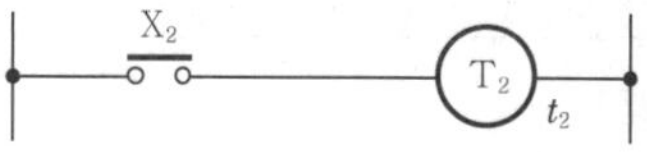 X_2, T_2, t_2
$PL = X_2$	 X_2, PL

중요

시퀀스회로와 **논리회로**의 관계

회 로	시퀀스회로	논리식	논리회로
직렬회로	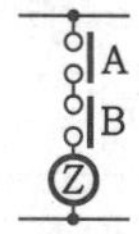 A, B, Z	$Z = A \cdot B$ $Z = AB$	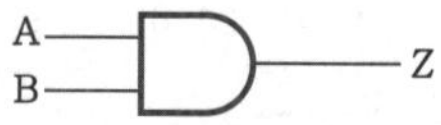 A, B, Z
병렬회로	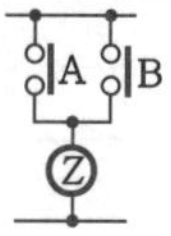 A, B, Z	$Z = A + B$	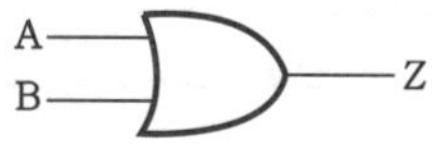 A, B, Z
a접점	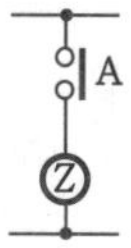 A, Z	$Z = A$	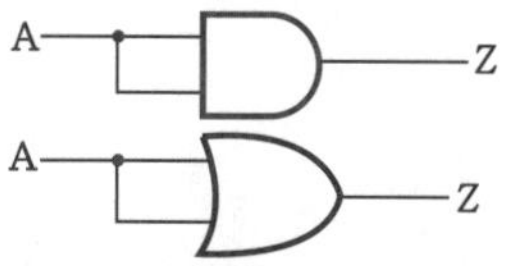 A, Z A, Z
b접점	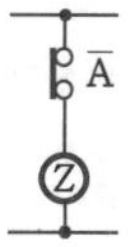 $\overline{A}$, Z	$Z = \overline{A}$	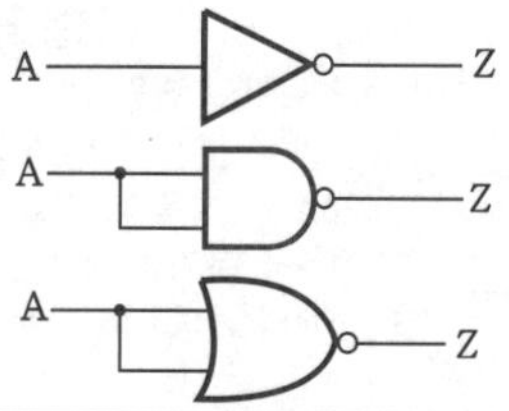 A, Z A, Z A, Z

☆☆☆
문제 08

다음은 누전기경보기의 화재안전기술기준 중 설치방법에 대한 내용이다. 다음 빈칸에 알맞은 답을 적으시오.

(21.7.문6, 19.4.문2, 18.11.문13, 17.11.문7, 14.11.문1, 14.4.문16, 11.11.문8, 11.5.문8, 10.10.문17, 09.7.문4, 06.11.문1, 98.8.문9)

득점	배점
	6

경계전로의 정격전류가 (①)를 초과하는 전로에 있어서는 1급 누전경보기를, (①) 이하의 전로에 있어서는 (②) 누전경보기 또는 (③) 누전경보기를 설치할 것. 다만, 정격전류가 (①)를 초과하는 경계전로가 분기되어 각 분기회로의 정격전류가 (①) 이하가 되는 경우 해당 분기회로마다 (③) 누전경보기를 설치할 때에는 해당 경계전로에 (②) 누전경보기를 설치한 것으로 본다.

① 60A
② 1급
③ 2급

- ① 60A에서 'A'까지 꼭! 써야 정답!
- ②③ 1급, 2급에서 '급'까지 꼭! 써야 정답!

(1) 누전경보기를 구분하는 **정격전류** : **60A**
경계전로의 정격전류가 **60A**를 **초과**하는 전로에 있어서는 **1급 누전경보기**를, **60A 이하**의 전로에 있어서는 **1급** 또는 **2급 누전경보기**를 설치할 것. 다만, 정격전류가 60A를 초과하는 경계전로가 분기되어 각 분기회로의 정격전류가 60A 이하가 되는 경우 해당 분기회로마다 2급 누전경보기를 설치할 때에는 해당 경계전로에 **1급 누전경보기**를 설치한 것으로 본다.

정격전류	종 별
60A 초과	1급
60A 이하	1급 또는 2급

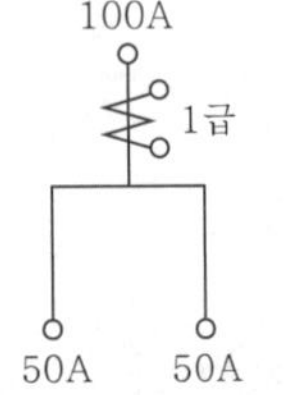

‖1급 누전경보기‖

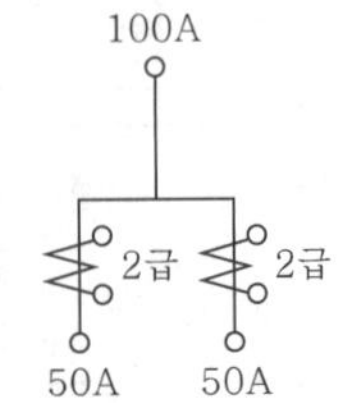

‖1급 누전경보기를 설치한 것으로 보는 경우‖

(2) 누전경보기의 **전원**(NFPC 205 6조, NFTC 205 2.3.1)
① 전원은 분전반으로부터 **전용회로**로 하고, 각 극에 **개폐기** 및 **15A** 이하의 **과전류차단기**(**배선용 차단기**는 **20A** 이하)를 설치할 것
② 전원을 **분기**할 때에는 다른 차단기에 따라 전원이 **차단되지** 않도록 할 것
③ 전원의 개폐기에는 누전경보기용임을 표시한 **표지**를 할 것

문제 09

다음의 표와 같이 두 입력 A와 B가 주어질 때 주어진 논리소자의 명칭과 출력에 대한 진리표를 완성하시오. (단, ①~⑦은 각각 세로가 모두 맞아야 정답으로 채점된다.) (11.07.문15)

득점	배점
	7

명 칭		AND	①	②	③	④	⑤	⑥	⑦
입 력		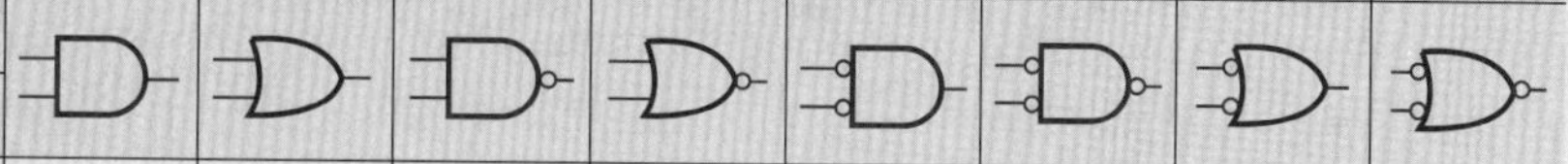							
A	B								
0	0	0							
0	1	0							
1	0	0							
1	1	1							

해답

명 칭		AND	OR	NAND	NOR	NOR	OR	NAND	AND
입 력		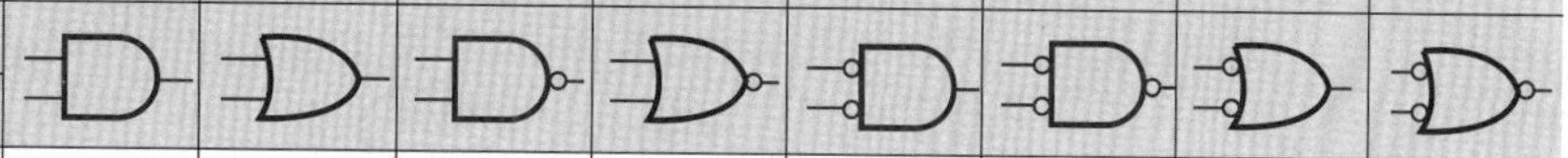							
A	B								
0	0	0	0	1	1	1	0	1	0
0	1	0	1	1	0	0	1	1	0
1	0	0	1	1	0	0	1	1	0
1	1	1	1	0	0	0	1	0	1

해설 (1) **시퀀스회로**와 **논리회로**

명 칭	시퀀스회로	논리회로	진리표
AND 회로	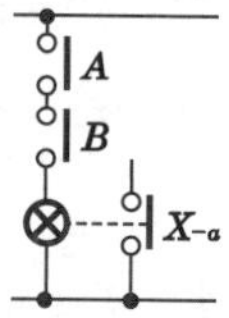 A, B, X_{-a}	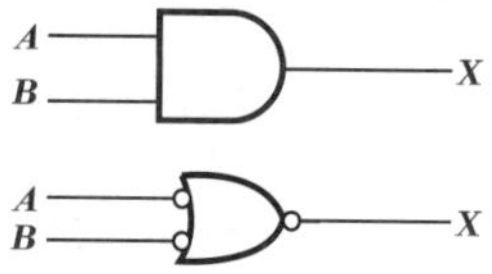 A, B, X $X=A \cdot B$	A B C 0 0 **0** 0 1 **0** 1 0 **0** 1 1 **1**
OR 회로	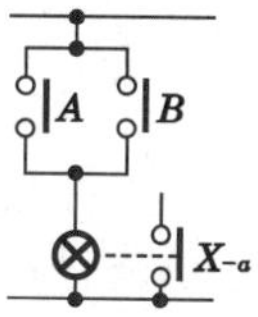 A, B, X_{-a}	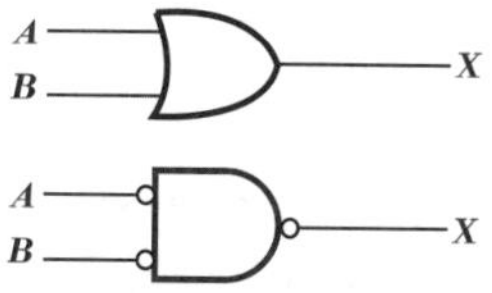 A, B, X $X=A+B$	A B C 0 0 **0** 0 1 **1** 1 0 **1** 1 1 **1**
NOT 회로	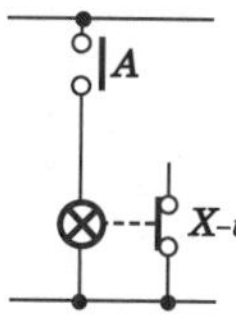 A, X_{-b}	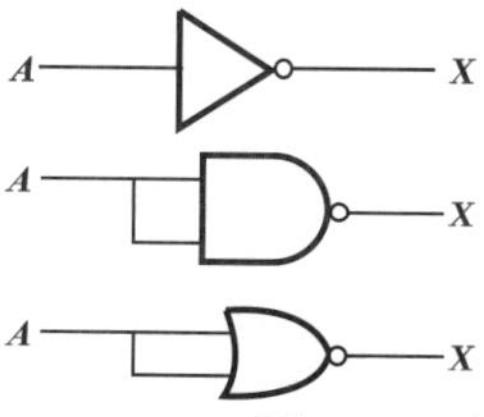 A, X $X=\overline{A}$	A X 0 **1** 1 **0**

NAND 회로		$X = \overline{A \cdot B}$	A B C / 0 0 1 / 0 1 1 / 1 0 1 / 1 1 0
NOR 회로		$X = \overline{A + B}$	A B C / 0 0 1 / 0 1 0 / 1 0 0 / 1 1 0

(2) **치환법**

- AND 회로 → OR 회로, OR 회로 → AND 회로로 바꾼다.
- 버블(Bubble)이 있는 것은 버블을 없애고, 버블이 없는 것은 버블을 붙인다.
  (버블(Bubble)이란 작은 동그라미를 말한다.)

논리회로	치 환	명 칭
버블	➡	NOR 회로
	➡	OR 회로
	➡	NAND 회로
	➡	AND 회로

☆☆☆

문제 10

비상콘센트설비의 화재안전기술기준에 관한 내용이다. 빈칸에 알맞은 내용을 적으시오.

(23.4.문6, 22.5.문8, 19.4.문3, 18.6.문8, 14.4.문8, 08.4.문6)

득점	배점
	3

- 비상콘센트설비의 전원회로는 단상교류 (①)인 것으로서, 그 공급용량은 1.5kVA 이상인 것으로 할 것
- 비상콘센트의 플러그접속기는 (②) 플러그접속기(KS C 8305)를 사용해야 한다.
- 비상콘센트의 플러그접속기의 (③)에는 접지공사를 해야 한다.

해답 ① 220V
② 접지형 2극
③ 칼받이 접지극

해설 (1) **비상콘센트설비**

종 류	전 압	공급용량	플러그접속기
단상 교류	220V 질문 ①	1.5kVA 이상	접지형 2극 질문 ②

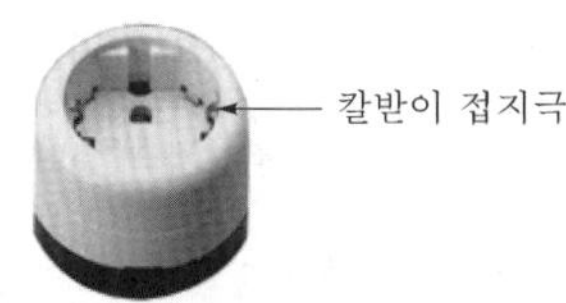

‖ 접지형 2극 플러그접속기 ‖

(2) 하나의 전용회로에 설치하는 비상콘센트는 **10개** 이하로 할 것(전선의 용량은 **3개** 이상일 때 **3개**)

설치하는 비상콘센트 수량	전선의 용량 산정시 적용하는 비상콘센트 수량	전선의 용량
1	1개 이상	1.5kVA 이상
2	2개 이상	3.0kVA 이상
3~10	3개 이상	4.5kVA 이상

(3) 전원회로는 각 층에 있어서 **2 이상**이 되도록 설치할 것(단, 설치하여야 할 층의 콘센트가 **1개**인 때에는 하나의 회로로 할 수 있다.)

(4) 플러그접속기의 **칼받이 접지극**에는 **접지공사**를 하여야 한다. (감전보호가 목적이므로 **보호접지**를 해야 한다.) 질문 ③

(5) 풀박스는 **1.6mm** 이상의 철판을 사용할 것

(6) 절연저항은 **전원부**와 **외함** 사이를 **직류 500V 절연저항계**로 측정하여 **20MΩ** 이상일 것

(7) 전원으로부터 각 층의 비상콘센트에 분기되는 경우에는 **분기배선용 차단기**를 보호함 안에 설치할 것

(8) 바닥으로부터 **0.8~1.5m** 이하의 높이에 설치할 것

(9) 전원회로는 주배전반에서 **전용회로**로 하며, 배선의 종류는 **내화배선**, 그 밖의 배선은 **내화배선** 또는 **내열배선**일 것

전원회로의 배선	그 밖의 배선
내화배선	내화배선 또는 내열배선

※ **풀박스**(pull box) : 배관이 긴 곳 또는 굴곡부분이 많은 곳에서 시공을 용이하게 하기 위하여 배선 도중에 사용하여 전선을 끌어들이기 위한 박스

☆☆☆

문제 11

다음은 단독경보형감지기의 화재안전성능기준 중 설치기준에 관련된 내용이다. 빈칸에 알맞은 내용을 쓰시오. (21.7.문9, 16.4.문3, 14.11.문6)

득점	배점
	5

○ 각 실마다 설치하되, 바닥면적 (①)m^2를 초과하는 경우에는 (①)m^2마다 (②) 이상 설치하여야 한다.

○ 최상층의 (③)의 천장에 설치할 것

○ (④)를 주전원으로 사용하는 단독경보형감지기는 정상적인 작동상태를 유지할 수 있도록 주기적으로 건전지를 교환할 것

○ 상용전원을 주전원으로 사용하는 단독경보형감지기의 (⑤)는 제품검사에 합격한 것을 사용할 것

해답
① 150
② 1개
③ 계단실
④ 건전지
⑤ 2차 전지

• ② 1개에서 **'개'**까지 써야 정답!

해설 **단독경보형 감지기**의 **설치기준**(NFPC 201 5조, NFTC 201 2.2.1)

(1) 각 실(이웃하는 실내의 바닥면적이 각각 **30m² 미만**이고, 벽체 상부의 전부 또는 일부가 개방되어 이웃하는 실내와 공기가 상호 유통되는 경우에는 이를 1개의 실로 본다.)마다 설치하되, 바닥면적 150m²를 초과하는 경우에는 150m²마다 1개 이상을 설치할 것
(2) 최상층의 **계단실**의 천장(**외기**가 **상통**하는 **계단실**의 경우 제외)에 설치할 것
(3) **건전지**를 주전원으로 사용하는 단독경보형 감지기는 정상적인 **작동상태**를 유지할 수 있도록 **건전지**를 교환할 것
(4) 상용전원을 주전원으로 사용하는 단독경보형 감지기의 **2차 전지**는 제품검사에 합격한 것을 사용할 것

중요

단독경보형 감지기의 **구성**
(1) 시험버튼
(2) 음향장치
(3) 작동표시장치

음향장치
시험버튼 및 작동표시장치

‖ 단독경보형 감지기 ‖

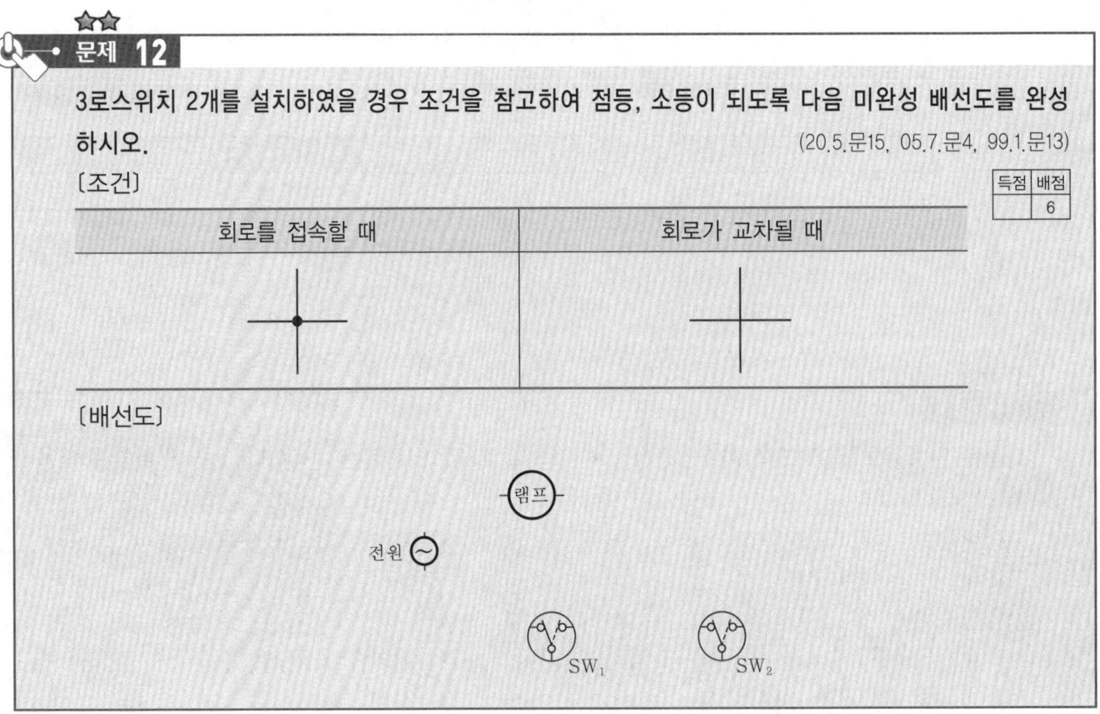

문제 12

3로스위치 2개를 설치하였을 경우 조건을 참고하여 점등, 소등이 되도록 다음 미완성 배선도를 완성하시오. (20.5.문15, 05.7.문4, 99.1.문13)

득점	배점
	6

〔조건〕

회로를 접속할 때	회로가 교차될 때

〔배선도〕

해답

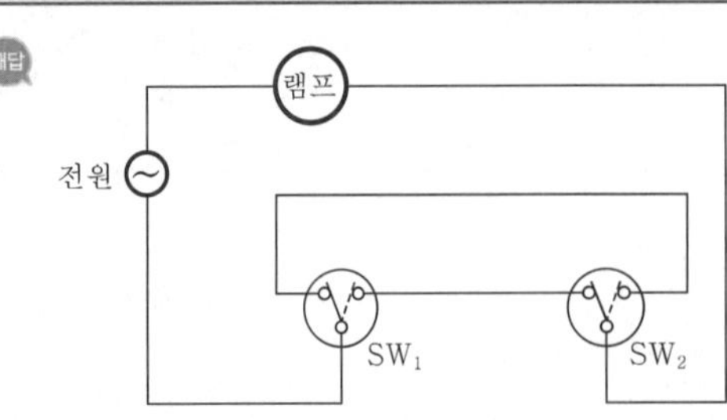

해설 **동작설명**

3로스위치 SW_2를 오른쪽으로 밀면 램프가 점등되고 3로스위치 SW_1을 오른쪽으로 밀면 램프가 소등된다. 이 상태에서 SW_1 또는 SW_2를 왼쪽으로 밀면 램프가 점등된다. 그러므로 SW_1과 SW_2로 2개소 점등, 소등이 가능하다.

다음과 같이 그려도 정답

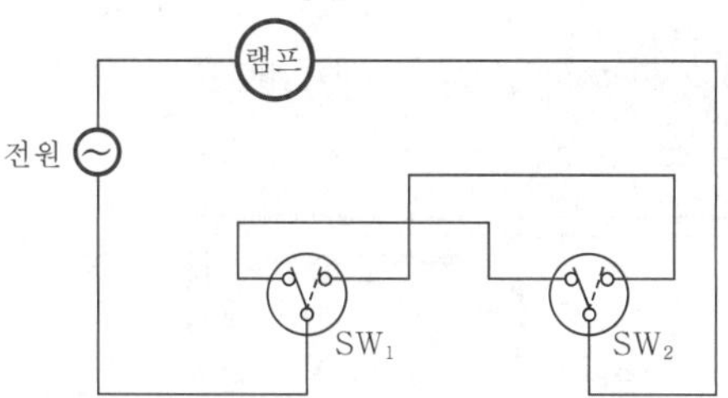

중요

(1) **2개소 점등점멸회로**

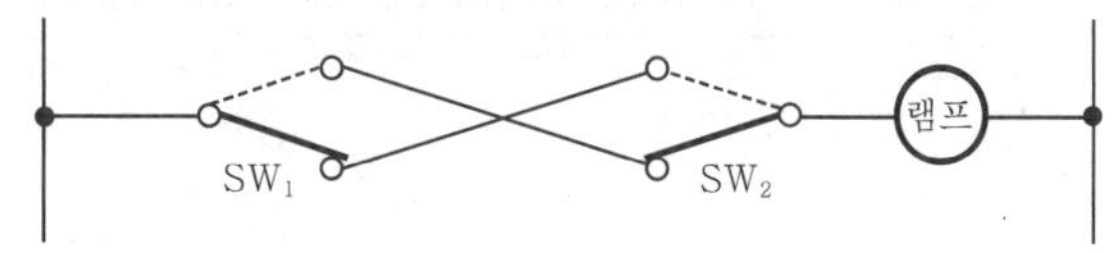

‖ 시퀀스회로 ‖

(2) **옥내배선기호**

명 칭	그림기호	적 요
점멸기	●	• 2극 스위치 : $●_{2P}$ • 단로 스위치 : ● • 3로 스위치 : $●_3$ • 4로 스위치 : $●_4$ • 플라스틱 : $●_P$ • 파일럿램프 내장 : $●_L$ • 방수형 : $●_{WP}$ • 방폭형 : $●_{EX}$ • 타이머붙이 : $●_T$

☆☆☆

문제 13

특정소방대상물에 자동화재탐지설비용 공기관식 차동식 분포형 감지기를 설치하고자 한다. 다음 각 물음에 답하시오. (19.11.문5, 14.11.문9, 11.5.문14, 04.10.문9)

(가) 일반구조인 경우와 내화구조인 경우의 공기관 상호간의 거리는 각각 몇 m 이하이어야 하는가?

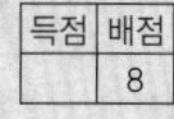

득점	배점
	8

○ 일반구조 :

○ 내화구조 :

(나) 하나의 검출 부분에 접속하는 공기관의 길이는 몇 m 이하이어야 하는가?

(다) 바닥으로부터의 높이 조건을 상세히 적으시오.

(라) 감지구역마다 공기관의 노출 부분의 길이는 몇 m 이상이어야 하는가?

해답 (가) ○ 일반구조 : 6m

○ 내화구조 : 9m

(나) 100m

(다) 바닥으로부터 0.8m 이상 1.5m 이하의 위치에 설치

(라) 20m

해설

- (개) : 일반구조=비내화구조=기타구조
- (대) : [문제]에서 바닥으로부터라고 하였으므로 '**0.8m 이상 1.5m 이하의 위치에 설치**'만 써도 정답!

공기관식 차동식 분포형 감지기의 **설치기준**(NFPC 203 7조 ③항, NFTC 203 2.4.3.7)

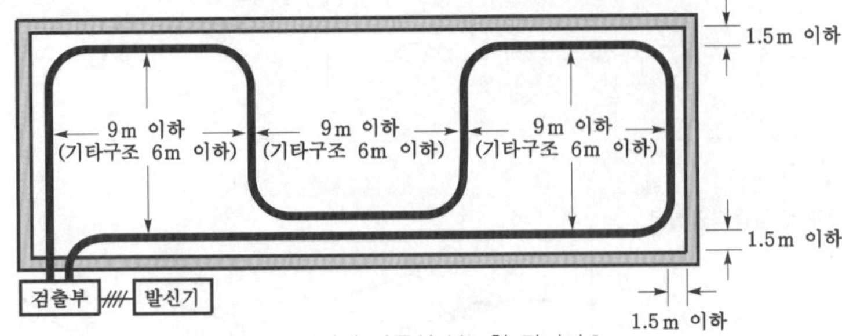

‖ 공기관식 차동식 분포형 감지기 ‖

(1) 공기관의 노출부분은 감지구역마다 <u>20m</u> 이상이 되도록 설치한다. 질문 (라)
(2) 공기관과 감지구역의 각 변과의 수평거리는 <u>1.5m</u> 이하가 되도록 한다.
(3) 공기관 상호간의 거리는 일반구조는 <u>6m</u>(내화구조는 <u>9m</u>) 이하가 되도록 한다. 질문 (개)
(4) 하나의 검출부에 접속하는 공기관의 길이는 <u>100m</u> 이하가 되도록 한다. 질문 (내)
(5) 검출부는 **5°** 이상 경사되지 않도록 한다.
(6) **검출부**는 바닥으로부터 **0.8~1.5m** 이하의 위치에 설치한다. 질문 (대)
(7) 공기관은 도중에서 <u>**분기**하지 않도록</u> 한다.
(8) **경사제한각도**

공기관식 차동식 분포형 감지기	스포트형 감지기
5° 이상	**45°** 이상

★★★
문제 14

누전경보기의 화재안전기술 중 전원에 대한 기준 3가지를 적으시오.

(21.7.문6, 19.4.문2, 18.11.문13, 17.11.문7, 14.11.문1, 14.4.문16, 11.11.문8, 11.5.문8, 10.10.문17, 09.7.문4, 06.11.문1, 98.8.문9)

득점	배점
	5

○
○
○

해답 ① 분전반으로부터 전용회로로 하고, 각 극에 개폐기 및 15A 이하의 과전류차단기(배선용 차단기는 20A 이하의 것으로 각 극을 개폐할 수 있는 것) 설치
② 분기할 때는 다른 차단기에 따라 전원이 차단되지 않도록 할 것
③ 개폐기에는 "누전경보기용"이라고 표시한 표지를 할 것

해설 **누전경보기**의 **전원**(NFPC 205 6조, NFTC 205 2.3.1)

(1) 분전반으로부터 **전용회로**로 하고, 각 극에 **개폐기** 및 **15A** 이하의 **과전류차단기**(**배선용 차단기**는 **20A** 이하의 것으로 각 극을 개폐할 수 있는 것) 설치
(2) 전원을 분기할 때에는 다른 차단기에 따라 전원이 차단되지 않도록 할 것
(3) 전원의 개폐기에는 누전경보기용임을 표시한 표지를 할 것

중요

(1) **누전경보기**를 구분하는 **정격전류** : **60A**

정격전류	종 별
60A 초과	1급
60A 이하	1급 또는 2급

(2) **누전경보기**의 **용어 정의**(NFPC 205 3조, NFTC 205 1.7)

용 어	설 명
누전경보기	내화구조가 아닌 건축물로서 **벽**, **바닥** 또는 **천장**의 전부나 일부를 **불연재료** 또는 **준불연재료**가 아닌 재료에 **철망**을 넣어 만든 건물의 전기설비로부터 **누설전류**를 탐지하여 **경보**를 발하며 **변류기**와 **수신부**로 구성된 것
수신부	변류기로부터 검출된 **신호**를 **수신**하여 누전의 발생을 해당 특정소방대상물의 **관계인**에게 **경보**하여 주는 것(**차단기구**를 갖는 것 포함)
변류기	경계전로의 **누설전류**를 자동적으로 **검출**하여 이를 누전경보기의 수신부에 송신하는 것

☆☆☆

문제 15

비상방송을 할 때에는 자동화재탐지설비의 지구음향장치의 작동을 정지시킬 수 있는 미완성 결선도를 다음 범례를 이용하여 조건에 따라 완성하시오. (17.4.문9, 12.11.문16, 97.8.문13)

득점	배점
	5

〔범례〕

: 발신기스위치(PB_{-on}) : 자동절환스위치

: 복구스위치(PB_{-off}) : 계전기(X_1, X_2)

: 감지기(LS) : 지구경종

〔조건〕

① PB_{-on}스위치 또는 LS가 동작하면 계전기 X_1이 여자되어 자기유지된다.

② 계전기 X_1이 여자됨에 따라 지구경종이 작동한다.

③ 자동절환스위치가 비상방송설비로 절환되면 릴레이 X_2가 여자되어 지구경종이 정지된다. 평상시에는 자동절환위치가 자동화재탐지설비에 연결되어 있다.

④ PB_{-off}스위치가 동작하면 릴레이 X_1이 소자된다.

〔그림〕

회로 접속	회로 교차
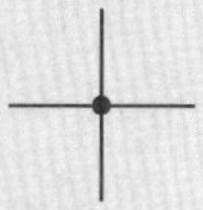	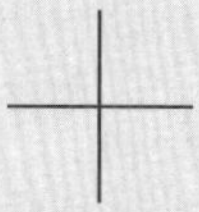

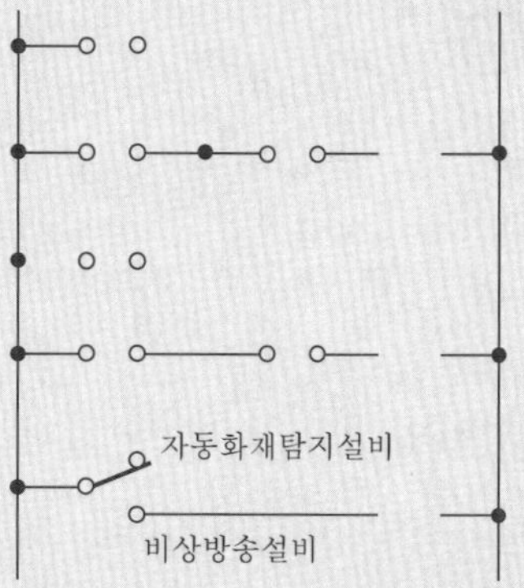

자동화재탐지설비

비상방송설비

해답

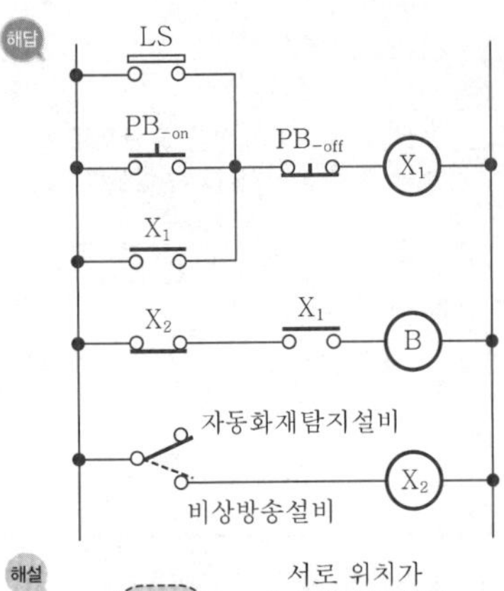

해설

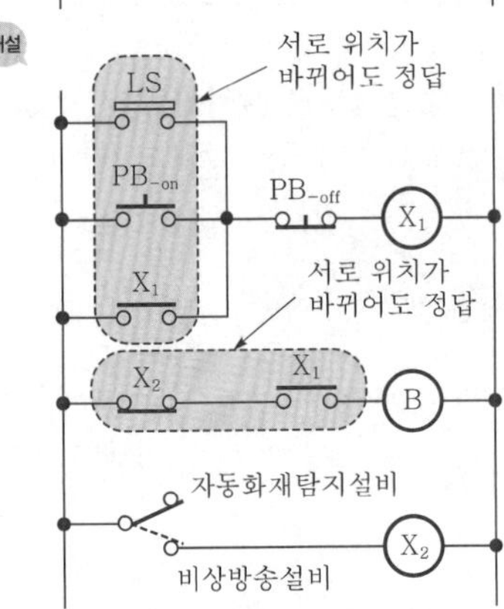

• 미완성 결선도를 완성하는 문제는 하나라도 연결이 잘못되면 부분점수가 없으니 거듭 주의해서 연결할 것

다음과 같이 그려도 정답!

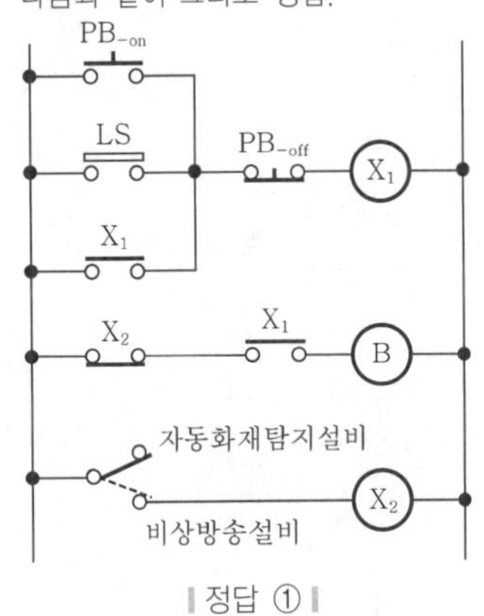

| 정답 ① |

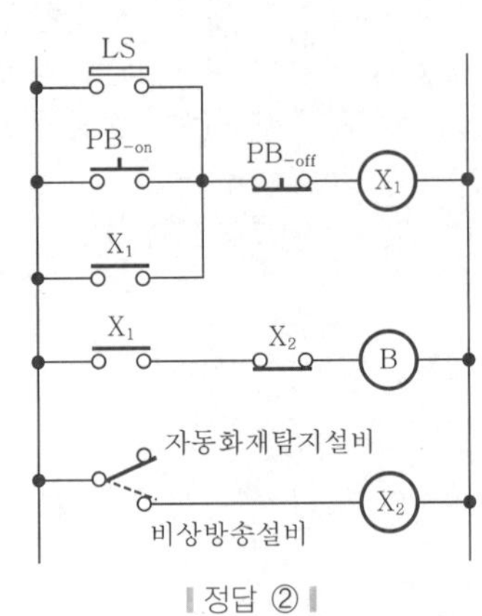

| 정답 ② |

중요

자동화재탐지설비와 **연동**한 **비상방송설비**의 **도면**

자동절환스위치( )를 비상방송설비 쪽으로 이동하면 릴레이 X_2가 여자되고 X_2 b접점에 의하여 지구경종이 작동을 정지하며, 비상방송설비에 있는 X_2 a접점이 폐로되어 비상방송을 할 수 있다.

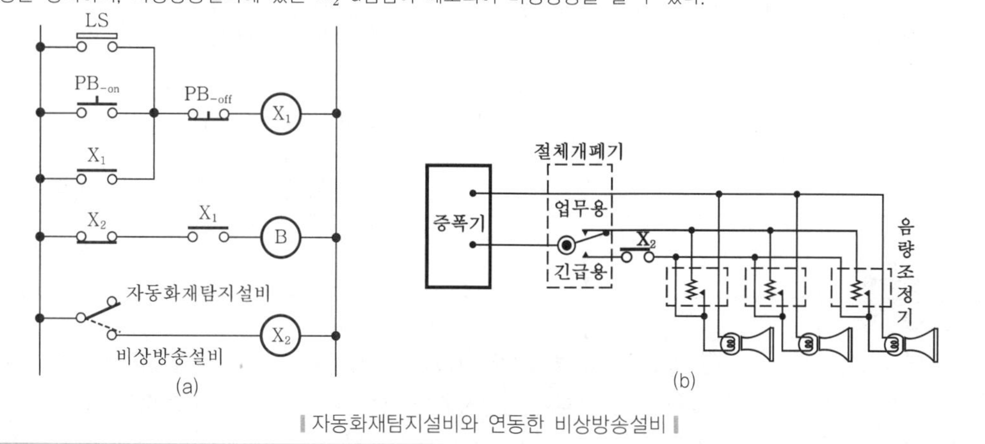

‖ 자동화재탐지설비와 연동한 비상방송설비 ‖

☆☆☆ 문제 16

화재에 의한 열, 연기 또는 불꽃(화염) 이외의 요인에 의하여 자동화재탐지설비가 작동하여 화재경보를 발하는 것을 "비화재보(Unwanted Alarm)"라 한다. 즉, 자동화재탐지설비가 정상적으로 작동하였다고 하더라도 화재가 아닌 경우의 경보를 "비화재보"라 하며 비화재보의 종류는 다음과 같이 구분할 수 있다. (18.11.문9, 17.11.문3, 07.7.문15)

득점	배점
	8

> 주위상황이 대부분 순간적으로 화재와 같은 상태(실제 화재와 유사한 환경이나 상황)로 되었다가 정상상태로 복귀하는 경우(일과성 비화재보 : Nuisance Alarm)

위 설명 중 일과성 비화재보로 볼 수 있는 Nuisance Alarm에 대한 방지책을 4가지만 쓰시오.

○
○
○
○

해답 ① 비화재보에 적응성이 있는 감지기 사용
② 환경적응성이 있는 감지기 사용
③ 감지기 설치수의 최소화
④ 연기감지기의 설치 제한

해설 **일과성 비화재보(Nuisance Alarm)**의 **방지책**
(1) **비화재보**에 **적응성**이 있는 감지기 사용
(2) **환경적응성**이 있는 감지기 사용
(3) **감지기** 설치수의 **최소화**
(4) **연기감지기**의 설치 제한
(5) 경년변화에 따른 **유지보수**
(6) **아날로그 감지기**와 인텔리전트 수신기의 사용

비교

구 분	종 류
① **지하구**(지하공동구)에 **설치**하는 **감지기** ② **교차회로방식**으로 하지 않아도 되는 감지기 ③ **일과성 비화재보(Nuisance Alarm)**시 **적응성 감지기**	① **불**꽃감지기 ② **정**온식 **감**지선형 감지기 ③ **분**포형 감지기 ④ **복**합형 감지기 ⑤ **광**전식분리형 감지기 ⑥ **아**날로그방식의 감지기 ⑦ **다**신호방식의 감지기 ⑧ **축**적방식의 감지기 기억법 불정감 복분(복분자) 광아다축

☆☆☆

문제 17

지하 3층, 지상 11층인 어느 특정소방대상물에 설치된 자동화재탐지설비의 음향장치의 설치기준에 관한 사항이다. 다음 표와 같이 화재가 발생하였을 경우 우선적으로 경보하여야 하는 층을 빈칸에 표시하시오. (단, 공동주택이 아니며, 경보표시는 ●를 사용한다. 각각 세로부분이 모두 맞아야 정답으로 채점된다.)

(20.11.문17, 18.4.문14, 10.10.문15)

득점	배점
	6

구 분	3층 화재시	2층 화재시	1층 화재시	지하 1층 화재시	지하 2층 화재시	지하 3층 화재시
7층						
6층						
5층						
4층						
3층	●					
2층		●				
1층			●			
지하 1층				●		
지하 2층					●	
지하 3층						●

해답

구 분	3층 화재시	2층 화재시	1층 화재시	지하 1층 화재시	지하 2층 화재시	지하 3층 화재시
7층	●					
6층	●	●				
5층	●	●	●			
4층	●	●	●			
3층	●	●	●			
2층		●	●			
1층			●	●		
지하 1층			●	●	●	●
지하 2층			●	●	●	●
지하 3층			●	●	●	●

해설 **자동화재탐지설비의 음향장치 설치기준**(NFPC 203 8조, NFTC 203 2.5.1.2)

(1) 주음향장치는 수신기의 내부 또는 그 직근에 설치할 것

(2) **11층**(공동주택 **16층**) **이상**인 특정소방대상물

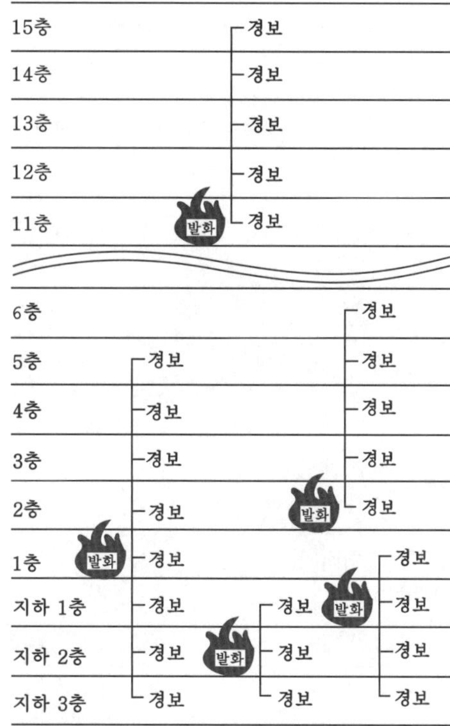

‖ 발화층 및 직상 4개층 우선경보방식 ‖

발화층	경보층	
	11층(공동주택 16층) 미만	11층(공동주택 16층) 이상
2층 이상 발화	전층 일제경보	• 발화층 • 직상 4개층
1층 발화		• 발화층 • 직상 4개층 • 지하층
지하층 발화		• 발화층 • 직상층 • 기타의 지하층

☆☆☆

문제 18

3ϕ 380V, 60Hz, 4P, 50HP의 전동기가 있다. 다음 각 물음에 답하시오. (20.10.문6, 14.7.문3, 11.11.문9)

득점	배점
	5

(가) 동기속도[rpm]를 구하시오.

○ 계산과정 :

○ 답 :

(나) 회전수가 1730rpm일 때 슬립[%]을 구하시오.

○ 계산과정 :

○ 답 :

해답 (가) ○ 계산과정 : $\frac{120\times60}{4}=1800\text{rpm}$

○ 답 : 1800rpm

(나) ○ 계산과정 : $1-\frac{1730}{1800}=0.03888=3.888\%\fallingdotseq3.89\%$

○ 답 : 3.89%

- 슬립을 %로 물어보았으므로 0.0389로 답하지 말 것. 특히 주의!

해설 **기호**

- f : 60Hz
- P : 4극
- N_s : ?
- N : 1730rpm
- s : ?

(가) **동기속도**

$$N_s=\frac{120f}{P}$$

여기서, N_s : 동기속도〔rpm〕
f : 주파수〔Hz〕
P : 극수

$\therefore\ N_s=\frac{120f}{P}=\frac{120\times60\text{Hz}}{4}=1800\text{rpm}$

(나) **회전속도**(회전수)

$$N=\frac{120f}{P}(1-s)=N_s(1-s)$$

여기서, N : 회전속도(회전수)〔rpm〕
f : 주파수〔Hz〕
P : 극수
s : 슬립
N_s : 동기속도〔rpm〕

$N=N_s(1-s)$

$\frac{N}{N_s}=1-s$

$s=1-\frac{N}{N_s}=1-\frac{1730\text{rpm}}{1800\text{rpm}}=0.03888=3.888\%=3.89\%$

용어

슬립(slip)
유도전동기의 **회전자속도**에 대한 **고정자**가 만든 **회전자계**의 **늦음**의 **정도**를 말하며, 평상시 운전에서 슬립은 **4~8%** 정도가 되며, 슬립이 클수록 회전속도는 느려진다.

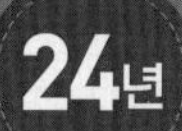

24년 2024. 7. 28 시행

▌2024년 기사 제2회 필답형 실기시험▌

자격종목	시험시간	형별	수험번호	성명	감독위원 확인
소방설비기사(전기분야)	3시간				

※ 다음 물음에 답을 해당 답란에 답하시오.(배점 : 100)

☆☆

문제 01

자동화재탐지설비 및 시각경보장치의 화재안전기준에서 배선의 설치기준에 관한 다음 각 물음에 답하시오.

(20.10.문8, 10.7.문16)

득점	배점
	6

유사문제부터 풀어보세요. 실력이 팍!팍! 올라갑니다.

(가) 감지기회로 및 부속회로의 전로와 대지 사이 및 배선 상호간의 절연저항은 1경계구역마다 직류 250V의 절연저항측정기를 사용하여 측정한 절연저항이 몇 MΩ 이상이 되도록 하여야 하는가?

○

(나) 피(P)형 수신기 및 지피(G.P.)형 수신기의 감지기회로의 배선에 있어서 하나의 공통선에 접속할 수 있는 경계구역은 몇 개 이하로 하여야 하는가?

○

(다) 감지기회로의 도통시험을 위한 종단저항 설치기준 2가지를 쓰시오.

○

○

해답 (가) 0.1MΩ

(나) 7개

(다) ① 점검 및 관리가 쉬운 장소에 설치할 것

② 전용함을 설치하는 경우 그 설치높이는 바닥으로부터 1.5m 이내로 할 것

해설 (가) 자동화재탐지설비의 배선(NFPC 203 11조, NFTC 203 2.8.1.5)

전원회로의 **전로**와 **대지** 사이 및 **배선 상호간**의 절연저항은 전기사업법 제67조에 따른 기술기준이 정하는 바에 의하고, 감지기회로 및 부속회로의 전로와 대지 사이 및 배선 상호간의 절연저항은 1경계구역마다 **직류 250V**의 **절연저항측정기**를 사용하여 측정한 절연저항이 **0.1MΩ** 이상이 되도록 할 것

▌절연저항시험(정대! 정대! 중요)**▌**

절연저항계	절연저항	대 상
직류 250V	0.1MΩ 이상	• 1경계구역의 절연저항
직류 500V	5MΩ 이상	• 누전경보기 • 가스누설경보기 • 수신기 • 자동화재속보설비 • 비상경보설비 • 유도등(교류입력측과 외함 간 포함) • 비상조명등(교류입력측과 외함 간 포함)

절연저항계	절연저항	대 상
직류 500V	20MΩ 이상	• 경종 • 발신기 • 중계기 • 비상콘센트 • 기기의 절연된 선로 간 • 기기의 충전부와 비충전부 간 • 기기의 교류입력측과 외함 간(유도등 · 비상조명등 제외)
	50MΩ 이상	• 감지기(정온식 감지선형 감지기 제외) • 가스누설경보기(10회로 이상) • 수신기(10회로 이상)
	1000MΩ 이상	• 정온식 감지선형 감지기

(나) **P형 수신기** 및 **GP형 수신기**의 감지기회로의 배선에 있어서 하나의 공통선에 접속할 수 있는 경계구역은 **7개 이하**로 할 것

- **하나의 공통선에 접속할 수 있는 경계구역을 제한하는 이유** : 공통선이 단선될 경우 공통선에 연결된 회로가 모두 단선되기 때문

(다) **감지기회로의 도통시험을 위한 종단저항 설치기준**(NFPC 203 11조, NFTC 203 2.8.1.3)
① **점검** 및 **관리**가 쉬운 장소에 설치할 것
② **전용함**을 설치하는 경우 그 설치높이는 바닥으로부터 **1.5m** 이내로 할 것
③ 감지기회로의 끝부분에 설치하며, 종단감지기에 설치할 경우에는 구별이 쉽도록 해당 감지기의 기판 및 감지기 외부 등에 별도의 표시를 할 것

☆☆☆
문제 02

옥내소화전설비의 비상전원으로 자가발전설비 또는 축전지설비를 설치할 때 비상전원 설치기준 3가지를 쓰시오. (19.4.문7 · 9, 17.6.문5, 13.7.문16, 08.11.문1 비교)

득점	배점
	6

○
○
○

해답 ① 점검에 편리하고 화재 및 침수 등의 재해로 인한 피해를 받을 우려가 없는 곳에 설치
② 옥내소화전설비를 유효하게 20분 이상 작동
③ 비상전원을 실내에 설치하는 때에는 그 실내에 비상조명등 설치

해설 **옥내소화전설비**의 **비상전원의 설치기준**(NFPC 102 8조, NFTC 102 2.5.3)
① **점검**에 편리하고 화재 및 침수 등의 재해로 인한 피해를 받을 우려가 없는 곳에 설치
② 옥내소화전설비를 유효하게 **20분** 이상 작동할 수 있을 것
③ 상용전원으로부터 전력의 공급이 중단된 때에는 자동으로 비상전원으로부터 전력을 공급받을 수 있을 것
④ 비상전원의 설치장소는 다른 장소와 **방화구획**하여야 하며, 그 장소에는 비상전원의 공급에 필요한 기구나 설비 외의 것을 두지 말 것(단, **열병합 발전설비**에 필요한 기구나 설비 제외)
⑤ 비상전원을 실내에 설치하는 때에는 그 실내에 **비상조명등** 설치

중요

각 **설비**의 **비상전원 종류**

설 비	비상전원	비상전원 용량
• 자동화재**탐**지설비	• **축**전지설비 • 전기저장장치	**10분** 이상(30층 미만) **30분** 이상(30층 이상)
• 비상**방**송설비	• 축전지설비 • 전기저장장치	

• 비상**경**보설비	• 축전지설비 • 전기저장장치	**10분** 이상
• **유**도등	• 축전지	**20분** 이상 ※ 예외규정 : **60분** 이상 (1) **11층** 이상(지하층 제외) (2) 지하층 · 무창층으로서 **도매시장 · 소매시장 · 여객자동차터미널 · 지하철역사 · 지하상가**
• **무**선통신보조설비	명시하지 않음	**30분** 이상 기억법 **탐경유방무축**
• 비상콘센트설비	• 자가발전설비 • 축전지설비 • 비상전원수전설비 • 전기저장장치	**20분** 이상
• **스**프링클러설비 • **미**분무소화설비	• **자**가발전설비 • **축**전지설비 • **전**기저장장치 • 비상전원**수**전설비(차고 · 주차장으로서 스프링클러설비(또는 미분무소화설비)가 설치된 부분의 바닥면적 합계가 1000m^2 미만인 경우)	**20분** 이상(30층 미만) **40분** 이상(30~49층 이하) **60분** 이상(50층 이상) 기억법 **스미자 수전축**
• 포소화설비	• 자가발전설비 • 축전지설비 • 전기저장장치 • 비상전원수전설비 – 호스릴포소화설비 또는 포소화전만을 설치한 차고 · 주차장 – 포헤드설비 또는 고정포방출설비가 설치된 부분의 바닥면적(스프링클러설비가 설치된 차고 · 주차장의 바닥면적 포함)의 합계가 1000m^2 미만인 것	**20분** 이상
• **간**이스프링클러설비	• 비상전원**수**전설비	**10분**(숙박시설 바닥면적 합계 300~600m^2 미만, 근린생활시설 바닥면적 합계 1000m^2 이상, 복합건축물 연면적 1000m^2 이상은 **20분**) 이상 기억법 **간수**
• 옥내소화전설비 • 연결송수관설비	• 자가발전설비 • 축전지설비 • 전기저장장치	**20분** 이상(30층 미만) **40분** 이상(30~49층 이하) **60분** 이상(50층 이상)
• 제연설비 • 분말소화설비 • 이산화탄소소화설비 • 물분무소화설비 • 할론소화설비 • 할로겐화합물 및 불활성기체 소화설비 • 화재조기진압용 스프링클러설비	• 자가발전설비 • 축전지설비 • 전기저장장치	**20분** 이상

• 비상조명등	• 자가발전설비 • 축전지설비 • 전기저장장치	**20분** 이상 ※ 예외규정 : **60분** 이상 (1) **11층** 이상(지하층 제외) (2) 지하층 · 무창층으로서 **도매시장 · 소매시장 · 여객자동차터미널 · 지하철역사 · 지하상가**
• 시각경보장치	• 축전지설비 • 전기저장장치	명시하지 않음

☆☆☆

문제 03

다음은 어느 특정소방대상물의 평면도이다. 건축물의 주요구조부는 내화구조이고, 층의 높이는 4.5m 일 때 다음 각 물음에 답하시오. (단, 차동식 스포트형 감지기 1종을 설치한다.)

(21.7.문12, 19.11.문10, 17.6.문12, 15.7.문2, 13.7.문2, 11.11.문16, 09.7.문16, 07.11.문8)

득점	배점
	8

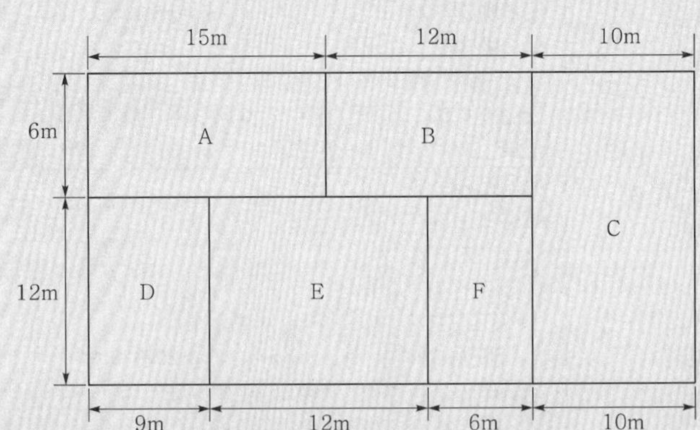

(가) 각 실별로 설치하여야 할 감지기수를 구하시오.

구 분	계산과정	답
A		
B		
C		
D		
E		
F		

(나) 총 경계구역수를 구하시오.

○ 계산과정 :

○ 답 :

해답 (가)

구 분	계산과정	답
A	$\frac{15\times 6}{45}$=2개	2개
B	$\frac{12\times 6}{45}=1.6$ ≒2개	2개
C	$\frac{10\times(6+12)}{45}$=4개	4개
D	$\frac{9\times 12}{45}=2.4$ ≒3개	3개
E	$\frac{12\times 12}{45}=3.2$ ≒4개	4개
F	$\frac{6\times 12}{45}=1.6$ ≒2개	2개

(나) ○ 계산과정 : $\frac{(15+12+10)\times(6+12)}{600}=1.1$ ≒2경계구역

○ 답 : 2경계구역

해설 (가) **감지기 1개**가 담당하는 **바닥면적**

(단위 : m^2)

부착높이 및 특정소방대상물의 구분		감지기의 종류				
		차동식 · 보상식 스포트형		정온식 스포트형		
		1종	2종	특 종	1종	2종
4m 미만	내화구조	90	70	70	60	20
	기타 구조	50	40	40	30	15
4m 이상 8m 미만	내화구조 →	45	35	35	30	설치 불가능
	기타 구조	30	25	25	15	

기억법
차 보 정
9 7 7 6 2
5 4 4 3 ①
④ ③ ③ 3 ×
3 ② ② ① ×
※ 동그라미(○) 친 부분은 뒤에 5가 붙음

• [문제 조건] **4.5m**, **내화구조**, **차동식 스포트형 1종**이므로 감지기 1개가 담당하는 바닥면적은 **45m²**

구 분	계산과정	답
A	$\frac{\text{적용면적}}{45\text{m}^2}=\frac{(15\times 6)\text{m}^2}{45\text{m}^2}$=2개	2개
B	$\frac{\text{적용면적}}{45\text{m}^2}=\frac{(12\times 6)\text{m}^2}{45\text{m}^2}=1.6$ ≒2개	2개
C	$\frac{\text{적용면적}}{45\text{m}^2}=\frac{[10\times(6+12)]\text{m}^2}{45\text{m}^2}$=4개	4개
D	$\frac{\text{적용면적}}{45\text{m}^2}=\frac{(9\times 12)\text{m}^2}{45\text{m}^2}=2.4$ ≒3개	3개
E	$\frac{\text{적용면적}}{45\text{m}^2}=\frac{(12\times 12)\text{m}^2}{45\text{m}^2}=3.2$ ≒4개	4개
F	$\frac{\text{적용면적}}{45\text{m}^2}=\frac{(6\times 12)\text{m}^2}{45\text{m}^2}=1.6$ ≒2개	2개

(나) 경계구역$=\dfrac{\text{적용면적}}{600\text{m}^2}=\dfrac{(15+12+10)\text{m}^2\times(6+12)\text{m}^2}{600\text{m}^2}=1.1\fallingdotseq$2경계구역(절상)

• 한 변의 길이는 50m 이하이므로 길이는 고려할 필요없고 경계구역 면적만 고려하여 **600m²**로 나누면 된다.

아하! 그렇구나 각 층의 경계구역 산정

① 여러 개의 **건축물**이 있는 경우 각각 **별개**의 **경계구역**으로 한다.
② 여러 개의 **층**이 있는 경우 각각 **별개**의 **경계구역**으로 한다. (단, **2개층**의 면적의 합이 **500m² 이하**인 경우는 **1경계구역**으로 할 수 있다.)
③ **지하층**과 **지상층**은 **별개**의 **경계구역**으로 한다. (**지하 1층**인 경우에도 **별개**의 **경계구역**으로 한다. 주의! 또 주의!)
④ 1경계구역의 면적은 **600m² 이하**로 하고, 한 변의 길이는 **50m 이하**로 한다.
⑤ **목욕실 · 화장실** 등도 **경계구역 면적**에 **포함**한다.
⑥ **계단 및 엘리베이터**의 **면적**은 **경계구역 면적**에서 **제외**한다.

☆☆☆
문제 04

공기관식 차동식 분포형 감지기의 설치도면이다. 다음 각 물음에 답하시오. (단, 주요구조부를 내화구조로 한 소방대상물인 경우이다.) (20.11.문9, 16.11.문6, 08.4.문8)

득점	배점
	8

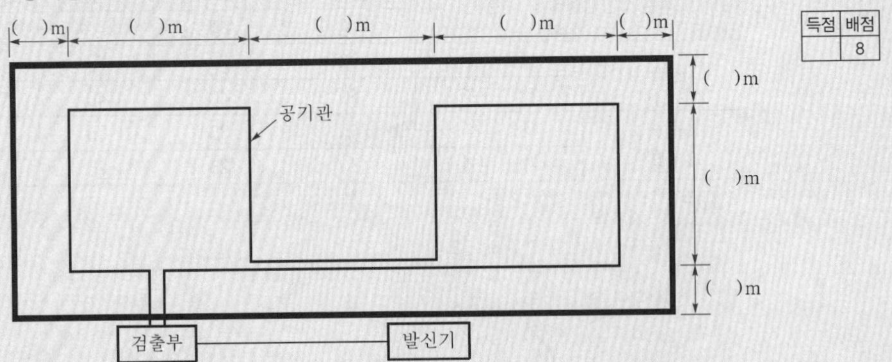

(가) 내화구조일 경우의 공기관 상호간의 거리와 감지구역의 각 변과의 거리는 몇 m 이하가 되도록 하여야 하는지 도면의 (　　) 안을 쓰시오.

(나) 공기관의 노출부분의 길이는 몇 m 이상이 되어야 하는지 쓰시오.
○

(다) 종단저항을 발신기에 설치할 경우 차동식 분포형 감지기의 검출기와 발신기 간에 연결해야 하는 전선의 가닥수를 도면에 표기하시오.

(라) 검출부의 설치높이를 쓰시오.
○

(마) 검출부분에 접속하는 공기관의 길이는 몇 m 이하로 하여야 하는지 쓰시오.
○

(바) 공기관의 재질을 쓰시오.
○

(사) 검출부의 경사도는 몇 도 미만이어야 하는지 쓰시오.
○

해답 (가), (다)

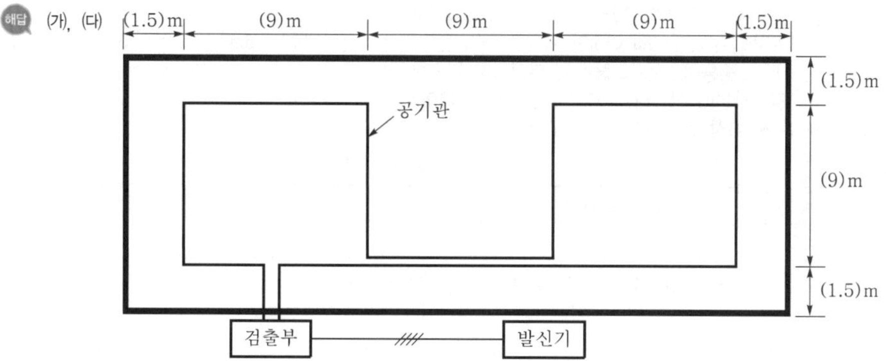

(나) 20m

(라) 바닥에서 0.8~1.5m 이하

(마) 100m

(바) 중공동관(동관)

(사) 5도

해설

- (가) : **내화구조**이므로 공기관 상호간의 거리는 **9m** 이하이다.
- (다) : 검출부는 **'일반감지기'**로 생각하면 배선하기가 쉽다. 다음의 실제배선을 보라!

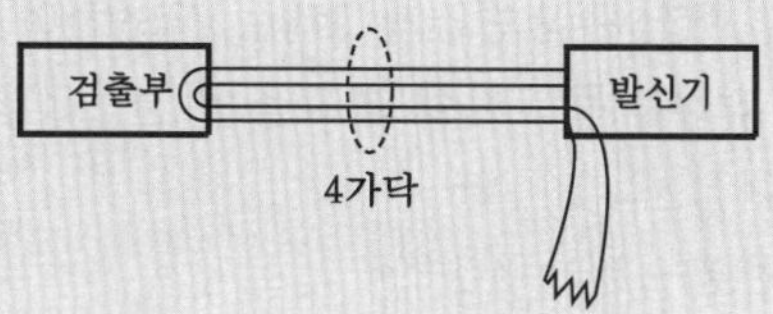

‖ 종단저항이 발신기에 설치되어 있는 경우 ‖

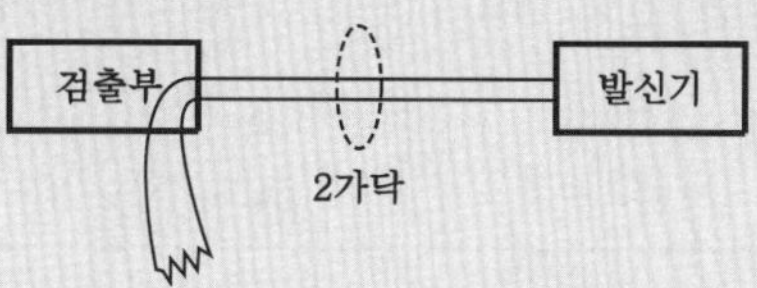

‖ 종단저항이 검출부에 설치되어 있는 경우 ‖

- (라) : 단순히 검출부의 설치높이라고 물어보면 **'바닥에서'**라는 말을 반드시 쓰도록 한다.
- (바) : **'동관'**이라고 답해도 좋지만 정확하게 **'중공동관'**이라고 답하도록 하자!(재질을 물어보았으므로 동관이라고 써도 답은 맞다.)

공기관식 차동식 분포형 감지기의 **설치기준**

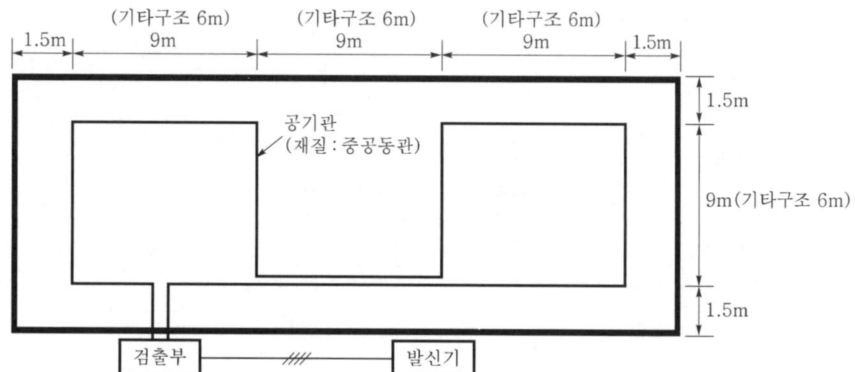

(1) 노출부분은 감지구역마다 **20m** 이상이 되도록 할 것
(2) 각 변과의 수평거리는 **1.5m** 이하가 되도록 하고, 공기관 상호간의 거리는 **6m**(내화구조는 **9m**) 이하가 되도록 할 것
(3) 공기관(재질 : 중공동관)은 **도중**에서 분기하지 않도록 할 것
(4) 하나의 검출부분에 접속하는 공기관의 길이는 **100m** 이하로 할 것
(5) 검출부는 **5° 이상** 경사되지 아니하도록 부착할 것

‖ 경사제한각도 ‖

차동식 분포형 감지기	스포트형 감지기
5° 이상	**45°** 이상

(6) 검출부는 바닥에서 **0.8~1.5m** 이하의 위치에 설치할 것

용어

중공동관
가운데가 비어 있는 구리관

문제 05

지상 25m되는 곳에 수조가 있다. 이 수조에 분당 20m³의 물을 양수하는 펌프용 전동기를 설치하여 3상 전력을 공급하려고 한다. 단상 변압기 그대로 V결선하여 이용하고자 한다. 펌프 효율이 70%이고, 펌프측 동력에 15%의 여유를 둔다고 할 때 다음 각 물음에 답하시오. (단, 펌프용 3상 농형 유도전동기의 역률은 85%로 가정한다.)

(12.11.문15)

득점	배점
	4

(가) 펌프용 전동기의 용량은 몇 kW인가?
○ 계산과정 :

(나) 3상 전력을 공급하고자 단상 변압기 2대를 V결선하여 이용하고자 한다. 단상 변압기 1대의 용량은 몇 kVA인가?
○ 계산과정 :

해답

(가) ○ 계산과정 : $\dfrac{9.8\times1.15\times25\times20}{0.7\times60}=134.166 \fallingdotseq 134.17\text{kW}$

○ 답 : 134.17kW

(나) ○ 계산과정 : $\dfrac{134.17}{\sqrt{3}\times0.85}=91.1313 \fallingdotseq 91.13\text{kVA}$

○ 답 : 91.13kVA

해설

주어진 값

- H : 25m
- Q : 20m³
- η : 70%=0.7
- K : 15%=1.15(100%+15%=115%=1.15)
- t : 1min=60s(문제에서 **분당**이라고 했으므로 1min)
- $\cos\theta$: 85%=0.85
- P : ?
- P_V : ?

(가) **전동기**의 **용량**

$$P\eta t = 9.8KHQ$$

여기서, P : 전동기 용량[kW]
η : 효율
t : 시간[s]
K : 여유계수
H : 전양정[m]
Q : 양수량[m^3]

$$P=\frac{9.8KHQ}{\eta t}=\frac{9.8\times1.15\times25\times20}{0.7\times60}=134.166 \fallingdotseq 134.17\text{kW}$$

- 단위가 kW이므로 kW에는 역률이 이미 포함되어 있기 때문에 전동기의 **역률**은 **적용**하지 **않는 것**에 유의하여 전동기의 용량을 산정할 것

(나) **V결선시 단상 변압기 1대의 용량**

$$P=\sqrt{3}\,P_V\cos\theta$$

여기서, P : △ 또는 Y 결선시의 전동기 용량(유효전력)[kW]
P_V : V결선시의 단상변압기 1대의 용량[kVA]
$\cos\theta$: 역률

V결선시의 단상 변압기 1대의 용량 P_V는

$$P_V=\frac{P}{\sqrt{3}\cos\theta}=\frac{134.17}{\sqrt{3}\times0.85}=91.133 \fallingdotseq 91.13\text{kVA}$$

- V결선은 변압기 사고시 응급조치 등의 용도로 사용된다.

참고

V결선

변압기 1대의 이용률	출력비
$U=\frac{\sqrt{3}\,V_PI_P\cos\theta}{2\,V_PI_P\cos\theta}=\frac{\sqrt{3}}{2}=0.866$ ∴ 86.6%	$\frac{P_V}{P_\triangle}=\frac{\sqrt{3}\,V_PI_P\cos\theta}{3\,V_PI_P\cos\theta}=\frac{\sqrt{3}}{3}=0.577$ ∴ 57.7%

☆ 문제 06

다음은 한국전기설비규정(KEC)에서 규정하는 전기적 접속에 대한 내용이다. ( ) 안에 알맞은 말을 넣으시오.

득점	배점
	5

(가) 배선설비가 바닥, 벽, 지붕, 천장, 칸막이, 중공벽 등 건축구조물을 관통하는 경우, 배선설비가 통과한 후에 남는 개구부는 관통 전의 건축구조 각 부재에 규정된 (①)에 따라 밀폐하여야 한다.

(나) 내화성능이 규정된 건축구조부재를 관통하는 (②)는 제1에서 요구한 외부의 밀폐와 마찬가지로 관통 전에 각 부의 내화등급이 되도록 내부도 밀폐하여야 한다.

(다) 관련 제품 표준에서 자기소화성으로 분류되고 최대 내부단면적이 (③)mm^2 이하인 전선관, 케이블트렁킹 및 (④)은 다음과 같은 경우라면 내부적으로 밀폐하지 않아도 된다.
- 보호등급 IP33에 관한 KS C IEC 60529(외곽의 방진보호 및 방수보호등급)의 시험에 합격한 경우
- 관통하는 건축 구조체에 의해 분리된 구획의 하나 안에 있는 배선설비의 단말이 보호등급 IP33에 관한 KS C IEC 60529[외함의 밀폐 보호등급 구분(IP코드)]의 시험에 합격한 경우

(라) 배선설비는 그 용도가 (⑤)을 견디는데 사용되는 건축구조부재를 관통해서는 안 된다. 다만, 관통 후에도 그 부재가 하중에 견딘다는 것을 보증할 수 있는 경우는 제외한다.

해답 ① 내화등급
② 배선설비
③ 710
④ 케이블덕팅시스템
⑤ 하중

해설 **배선설비 관통부**의 **밀봉**(KEC 232.3.6)

(1) 배선설비가 바닥, 벽, 지붕, 천장, 칸막이, 중공벽 등 건축구조물을 관통하는 경우, 배선설비가 통과한 후에 남는 개구부는 관통 전의 건축구조 각 부재에 규정된 **내화등급**에 따라 **밀폐**

(2) 내화성능이 규정된 건축구조부재를 관통하는 **배선설비**는 제1에서 요구한 외부의 밀폐와 마찬가지로 관통 전에 각 부의 내화등급이 되도록 내부도 밀폐

(3) 관련 제품 표준에서 **자기소화성**으로 분류되고 최대 내부단면적이 710mm^2 이하인 전선관, **케이블트렁킹** 및 **케이블덕팅시스템**은 다음과 같은 경우라면 내부적으로 밀폐하지 않아도 된다.

㉠ 보호등급 IP33에 관한 KS C IEC 60529(외곽의 방진 보호 및 방수 보호 등급) 의 시험에 합격한 경우

㉡ 관통하는 건축 구조체에 의해 분리된 구획의 하나 안에 있는 배선설비의 단말이 보호등급 IP33에 관한 KS C IEC 60529[외함의 밀폐 보호등급 구분(IP코드)]의 시험에 합격한 경우

(4) 배선설비는 그 용도가 **하중**을 견디는데 사용되는 건축구조부재를 관통해서는 안 된다.(단, 관통 후에도 그 부재가 하중에 견딘다는 것을 보증할 수 있는 경우는 제외)

(5) "(1)" 또는 "(2)"를 충족시키기 위한 밀폐 조치는 그 밀폐가 사용되는 배선설비와 같은 등급의 외부영향에 대해 견디고, 다음 요구사항을 모두 충족하여야 한다.

㉠ **연소 생성물**에 대해서 관통하는 건축구조부재와 같은 수준에 견딜 것

㉡ 물의 침투에 대해 설치되는 **건축구조부재**에 요구되는 것과 동등한 보호등급을 갖출 것

㉢ 밀폐 및 배선설비는 밀폐에 사용된 재료가 최종적으로 결합 조립되었을 때 습성을 완벽하게 막을 수 있는 경우가 아닌 한 배선설비를 따라 이동하거나 밀폐 주위에 모일 수 있는 **물방울**로부터의 보호조치를 갖출 것

㉣ 다음의 어느 한 경우라면 ㉢의 요구사항이 충족될 수 있다.

- 케이블 클리트, 케이블 타이 또는 케이블 지지재는 밀폐재로부터 **750mm** 이내에 설치하고 그것들이 밀폐재에 인장력을 전달하지 않을 정도까지 밀폐부의 화재측의 지지재가 손상되었을 때 예상되는 기계적 하중에 견딜 수 있다.
- 밀폐 방식 그 자체가 지지 기능을 갖도록 설계한다.

☆☆☆

문제 07

차동식 스포트형 감지기의 구조에 관한 다음 그림에서 주어진 번호의 명칭을 쓰시오.

(19.11.문2, 17.6.문8, 15.11.문16, 14.4.문7)

득점	배점
	4

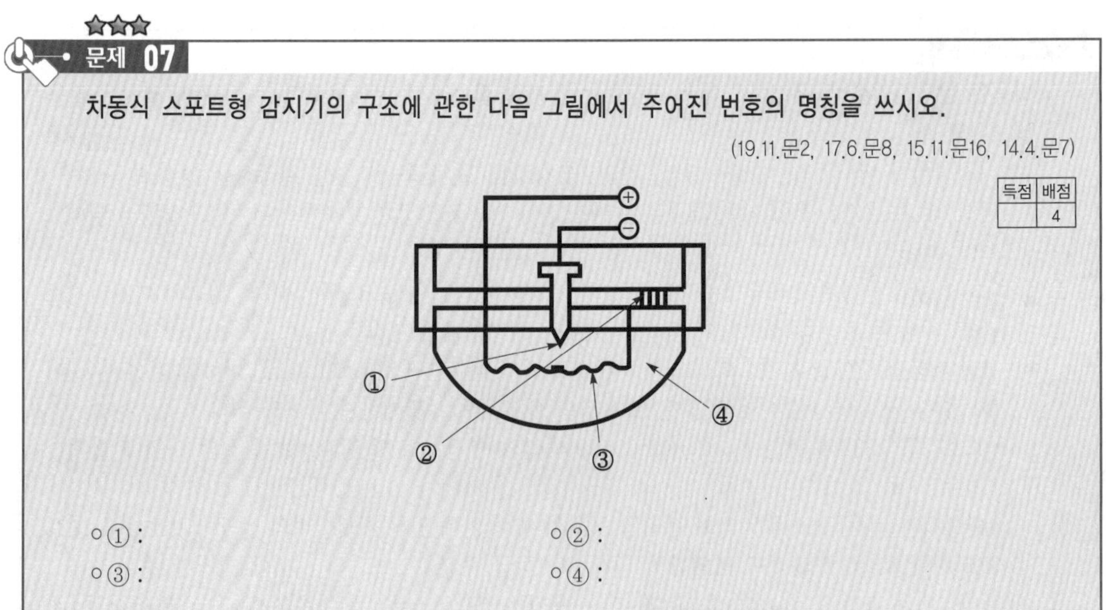

○①:　　　　○②:

○③:　　　　○④:

해답 ① 고정접점
② 리크공
③ 다이어프램
④ 감열실

해설 **차동식 스포트형 감지기**(공기의 팽창 이용)
(1) **구성요소**

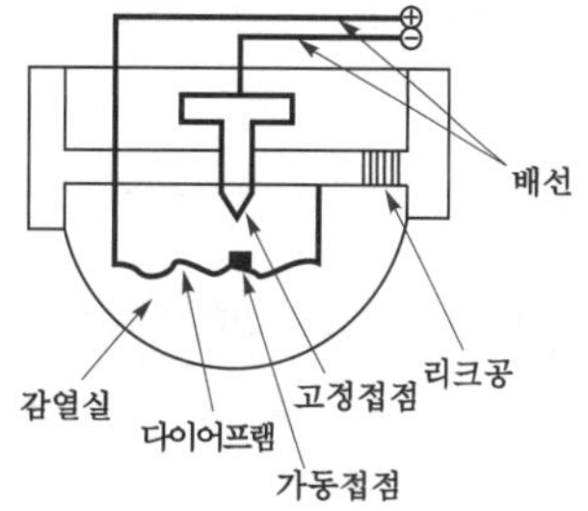

‖ 차동식 스포트형 감지기(공기의 팽창 이용) ‖

- ① '**접점**'이라고 써도 되지만 보다 정확한 답은 '**고정접점**'이므로 **고정접점**이라고 확실하게 답하자!
- ② 리크공=리크구멍
- ③ 다이어프램=다이아후렘
- ④ 감열실=공기실

구성요소	설 명
고정접점	• 가동접점과 **접**촉되어 화재**신**호 발신 • 전기접점으로 **PGS합금**으로 구성
리크공(leak hole)	• **감지기**의 **오동작 방지** • 완만한 온도상승시 열의 조절구멍
다이어프램(diaphragm)	• 공기의 팽창에 의해 **접**점이 잘 **밀**려 올라가도록 함 • 신축성이 있는 금속판으로 인청동판이나 황동판으로 만들어짐
감열실(chamber)	• **열**을 **유**효하게 받음
배선	• 수신기에 화재신호를 보내기 위한 전선
가동접점	• 고정접점에 접촉되어 화재신호를 발신하는 역할

기억법 **접접신**
리오
다접밀
감열유

(2) **동작원리**
화재발생시 감열부의 공기가 팽창하여 **다이어프램**을 밀어 올려 접점을 붙게 함으로써 수신기에 신호를 보낸다.

☆☆
문제 08

이산화탄소 소화설비의 음향경보장치를 설치하려고 한다. 다음 각 물음에 답하시오.
(21.4.문14, 99.1.문8)

(가) 방호구역 또는 방호대상물이 있는 구획의 각 부분으로부터 하나의 확성기까지의 수평거리는 몇 m 이하로 하여야 하는가?
○

득점	배점
	4

(나) 소화약제의 방사 개시 후 몇 분 이상 경보를 발하여야 하는가?
○

해답 (가) 25m
(나) 1분

해설 **이산화탄소설비**의 **음향경보장치**(NFPC 106 13조, NFTC 106 2.10)
(1) 방호구역 또는 방호대상물이 있는 구획의 각 부분으로부터 하나의 확성기까지의 **수평거리**는 **25m** 이하가 되도록 할 것
(2) 제어반의 **복구스위치**를 조작하여도 경보를 계속 발할 수 있는 것으로 할 것
(3) 소화약제의 방사 개시 후 **1분** 이상까지 경보를 계속할 수 있는 것으로 할 것

☆
문제 09

가스누설경보기를 설치하여야 하는 대상을 5가지 쓰시오. (단, 가스시설이 설치된 경우만 해당한다.)

득점	배점
	5

○
○
○
○
○

해답 ① 문화 및 집회시설
② 종교시설
③ 판매시설
④ 운수시설
⑤ 의료시설

해설 **가스누설경보기**를 **설치**하여야 하는 **특정소방대상물**(소방시설법 시행령 [별표 4])
(1) 문화 및 집회시설
(2) 종교시설
(3) 판매시설
(4) 운수시설
(5) 의료시설
(6) 노유자시설
(7) 수련시설
(8) 운동시설
(9) 숙박시설
(10) 물류터미널
(11) 장례시설

☆☆
문제 10

다음은 비상콘센트 보호함의 시설기준이다. ( ) 안에 알맞은 것은? (19.4.문13, 13.7.문11)

득점	배점
	5

○ 보호함에는 쉽게 개폐할 수 있는 (㉠)을 설치하여야 한다.
○ 비상콘센트의 보호함 표면에 (㉡)라고 표시한 표지를 하여야 한다.
○ 비상콘센트의 보호함 상부에 (㉢)의 (㉣)을 설치하여야 한다. 다만, 비상콘센트의 보호함을 옥내소화전함 등과 접속하여 설치하는 경우에는 (㉤) 등의 표시등과 겸용할 수 있다.

해답 ㉠ 문
㉡ 비상콘센트
㉢ 적색
㉣ 표시등
㉤ 옥내소화전함

해설 **비상콘센트 보호함**의 **시설기준**(NFPC 504 5조, NFTC 504 2.2.1)

① 비상콘센트를 보호하기 위하여 **비상콘센트 보호함**을 설치하여야 한다.
② 보호함에는 **쉽게** 개폐할 수 있는 **문**을 설치하여야 한다.
③ 비상콘센트의 보호함 **표면**에 "**비상콘센트**"라고 표시한 표지를 하여야 한다.
④ 비상콘센트의 보호함 **상부**에 **적색**의 **표시등**을 설치하여야 한다.(단, 비상콘센트의 보호함을 **옥내소화전함** 등과 접속하여 설치하는 경우에는 **옥내소화전함** 등의 **표시등**과 **겸용**할 수 있다.)

‖ 비상콘센트 보호함 ‖

용어

비상콘센트설비
화재시 소방대의 **조명용** 또는 소화활동상 필요한 **장비**의 **전원설비**

☆☆☆
문제 11

다음은 화재안전기준에 따른 내화배선의 공사방법에 관한 사항이다. ( ) 안에 알맞은 말을 쓰시오.

(21.11.문12, 17.4.문11, 15.7.문7, 13.4.문18)

득점	배점
	5

(1) 금속관 · 2종 금속제 가요전선관 또는 (①)에 수납하여 내화구조로 된 벽 또는 바닥 등에 벽 또는 바닥의 표면으로부터 (②)mm 이상의 깊이로 매설하여야 한다. 다만, 다음의 기준에 적합하게 설치하는 경우에는 그러하지 아니하다.
  ○ 배선을 내화성능을 갖는 배선전용실 또는 배선용 샤프트 · 피트 · 덕트 등에 설치하는 경우
  ○ 배선전용실 또는 배선용 샤프트 · 피트 · 덕트 등에 다른 설비의 배선이 있는 경우에는 이로부터 (③)cm 이상 떨어지게 하거나 소화설비의 배선과 이웃하는 다른 설비의 배선 사이에 배선지름(배선의 지름이 다른 경우에는 가장 큰 것을 기준으로 한다.)의 (④)배 이상의 높이의 불연성 격벽을 설치하는 경우

(2) 내화전선은 (⑤) 공사의 방법에 따라 설치해야 한다.

해답 ① 합성수지관
② 25
③ 15
④ 1.5
⑤ 케이블

해설 **배선**에 **사용**되는 **전선**의 **종류** 및 **공사방법**(NFTC 102 2.7.2)

(1) **내화배선**

사용전선의 종류	공사방법
① 450/750V 저독성 난연 가교 폴리올레핀 절연전선(HFIX) ② 0.6/1kV 가교 폴리에틸렌 절연 저독성 난연 폴리올레핀 시스 전력 케이블 ③ 6/10kV 가교 폴리에틸렌 절연 저독성 난연 폴리올레핀 시스 전력용 케이블 ④ 가교 폴리에틸렌 절연 비닐시스 트레이용 난연 전력 케이블 ⑤ 0.6/1kV EP 고무절연 클로로프렌 시스 케이블 ⑥ 300/500V 내열성 실리콘 고무절연전선(180℃) ⑦ 내열성 에틸렌-비닐아세테이트 고무절연 케이블 ⑧ 버스덕트(bus duct) ⑨ 기타 전기용품안전관리법 및 전기설비기술기준에 따라 동등 이상의 내화성능이 있다고 주무부장관이 인정하는 것	**금속관·2종 금속제 가요전선관** 또는 **합성수지관**에 수납하여 내화구조로 된 벽 또는 바닥 등에 벽 또는 바닥의 표면으로부터 **25mm** 이상의 깊이로 매설(단, 다음의 기준에 적합하게 설치하는 경우는 제외) 기억법 금가합25 ① 배선을 **내**화성능을 갖는 배선**전**용실 또는 배선용 **샤**프트·**피**트·**덕**트 등에 설치하는 경우 기억법 내전샤피덕 ② 배선전용실 또는 배선용 샤프트·피트·덕트 등에 **다**른 설비의 배선이 있는 경우에는 이로부터 **15cm** 이상 떨어지게 하거나 소화설비의 배선과 이웃하는 다른 설비의 배선 사이에 배선지름(배선의 지름이 다른 경우에는 가장 큰 것을 기준으로 한다)의 **1.5배** 이상의 높이의 **불연성 격벽**을 설치하는 경우 기억법 다15
내화전선	**케이블공사**

[비고] 내화전선의 내화성능은 KS C IEC 60331-1과 2(온도 **830℃** / 가열시간 **120분**) 표준 이상을 충족하고, 난연성능 확보를 위해 KS C IEC 60332-3-24 성능 이상을 충족할 것

중요

소방용 케이블과 **다른 용도**의 **케이블**을 **배선전용실**에 **함께 배선**할 **경우**

(1) 소방용 케이블을 내화성능을 갖는 배선전용실 등의 내부에 소방용이 아닌 케이블과 함께 노출하여 배선할 때 소방용 케이블과 다른 용도의 케이블 간의 피복과 피복 간의 이격거리는 **15cm** 이상이어야 한다.

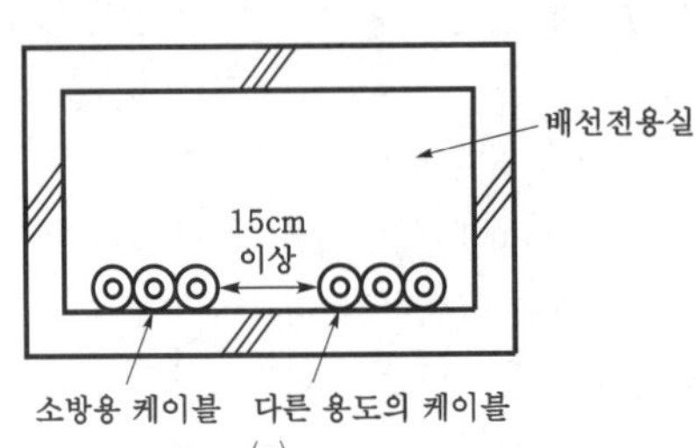

(a)

점검구
(60분+방화문
또는 60분 방화문)
배선전용실
15cm 이상
소방용 케이블
다른 용도의 케이블

(b)

▌소방용 케이블과 다른 용도의 케이블 이격거리▐

(2) 불연성 격벽을 설치한 경우에 격벽의 높이는 **가장 굵은 케이블 지름**의 **1.5배** 이상이어야 한다.

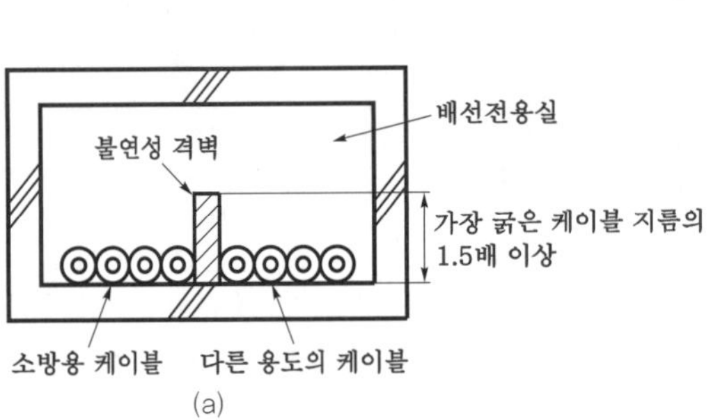

(a)

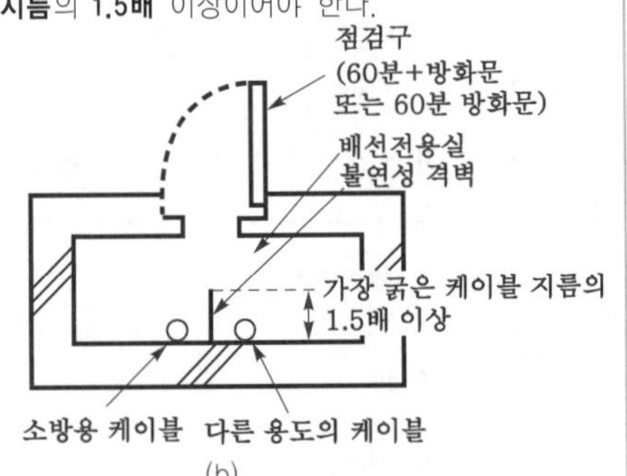

(b)

▌불연성 격벽을 설치한 경우▐

(2) **내열배선**

사용전선의 종류	공사방법
① 450/750V 저독성 난연 가교 폴리올레핀 절연전선(HFIX) ② 0.6/1kV 가교 폴리에틸렌 절연 저독성 난연 폴리올레핀 시스 전력 케이블 ③ 6/10kV 가교 폴리에틸렌 절연 저독성 난연 폴리올레핀 시스 전력용 케이블 ④ 가교 폴리에틸렌 절연 비닐시스 트레이용 난연 전력 케이블 ⑤ 0.6/1kV EP 고무절연 클로로프렌 시스 케이블 ⑥ 300/500V 내열성 실리콘 고무절연전선(180℃) ⑦ 내열성 에틸렌-비닐 아세테이트 고무절연 케이블 ⑧ 버스덕트(bus duct) ⑨ 기타 전기용품안전관리법 및 전기설비기술기준에 따라 동등 이상의 내열성능이 있다고 주무부장관이 인정하는 것	**금속관 · 금속제 가요전선관 · 금속덕트** 또는 **케이블**(불연성 덕트에 설치하는 경우에 한한다) **공사**방법에 따라야 한다. (단, 다음의 기준에 적합하게 설치하는 경우는 제외) ① 배선을 내화성능을 갖는 배선전용실 또는 배선용 샤프트 · 피트 · 덕트 등에 설치하는 경우 ② 배선전용실 또는 배선용 샤프트 · 피트 · 덕트 등에 다른 설비의 배선이 있는 경우에는 이로부터 **15cm** 이상 떨어지게 하거나 소화설비의 배선과 이웃하는 다른 설비의 배선 사이에 배선지름(배선의 지름이 다른 경우에는 지름이 가장 큰 것을 기준으로 한다)의 **1.5배** 이상의 높이의 **불연성 격벽**을 설치하는 경우
내화전선	**케이블공사**

문제 12

공사비 산출내역서 작성시 표준품셈표에서 정하는 공구손료의 적용범위를 쓰시오. (19.4.문4, 14.7.문18)

○

득점	배점
	3

해답 직접노무비의 3% 이내

해설 **공구손료 및 잡재료 등**

구 분	적 용	정 의
공구손료	① **직접노무비**의 **3%** 이내 ② **인력품**(노임할증과 작업시간 증가에 의하지 않은 품할증 제외)의 **3%** 이내	① **공구**를 사용하는 데 따른 **손실**비용 ② **일반공구** 및 **시험용 계측기구류**의 손료로서 공사 중 상시 일반적으로 사용하는 것(단, 철공공사, 석공사 등의 특수공구 및 검사용 특수계측기류의 손실비용은 별도 적용)
소모 · 잡자재비 (잡재료 및 소모재료)	① **전선**과 **배관자재**의 **2~5%** 이내 ② **직접재료비**의 **2~5%** 이내 ③ **주재료비**의 **2~5%** 이내	① 적용이 어렵고 금액이 작은 소모품 ② **잡재료** : 소량이나 소금액의 재료는 명세서작성이 곤란하므로 일괄 적용하는 것(예 나사, 볼트, 너트 등) ③ **소모재료** : 작업 중에 소모하여 없어지거나 작업이 끝난 후에 모양이나 형태가 변하여 남아 있는 재료(예 납땜, 왁스, 테이프 등)
배관부속재	**배관**과 **전선관**의 **15%** 이내	배관공사시 사용되는 부속재료(예 커플링, 새들 등)

- 직접노무비=인력품(노임할증과 작업시간 증가에 의하지 않은 품할증 제외)
- 전선과 배관자재=직접재료비=주재료비
- 소모 · 잡자재비=잡재료 및 소모재료=잡품 및 소모재료

☆
문제 13

비상콘센트설비의 상용전원회로의 배선은 다음의 경우에 어디에서 분기하여 전용배선으로 하는지를 설명하시오. (11.7.문12)

(가) 저압수전인 경우 :
(나) 특고압수전 또는 고압수전인 경우 :

득점	배점
	4

해답 (가) 인입개폐기 직후에서
(나) 전력용 변압기 2차측의 주차단기 1차측 또는 2차측에서

해설 **비상콘센트설비**의 **상용전원회로**의 배선
(1) **저압수전**인 경우에는 **인입개폐기**의 **직후**에서 분기하여 **전용배선**으로 하여야 한다.

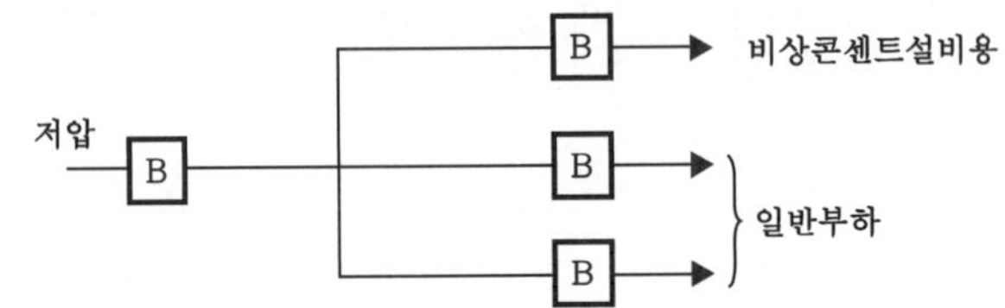

(2) **특고압수전** 또는 **고압수전**인 경우에는 전력용 변압기 2차측의 **주차단기 1차측** 또는 **2차측**에서 분기하여 **전용배선**으로 하여야 한다.

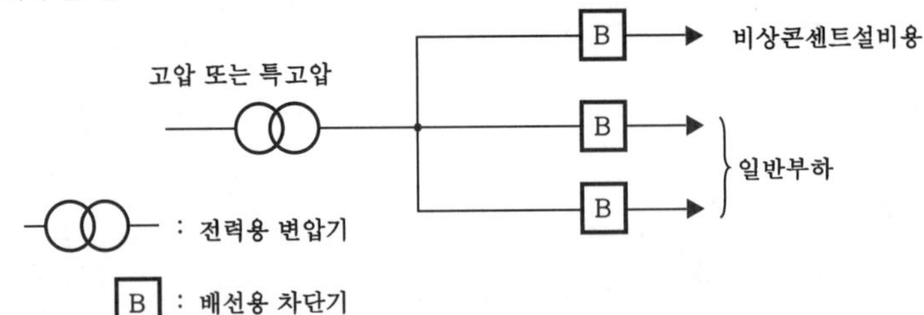

☆
문제 14

열전대식 차동식 분포형 감지기는 제어백효과를 이용한 감지기이다. 다음 각 물음에 답하시오. (15.4.문9)

(가) 제어백효과를 설명하시오.
(나) 열전대의 정의를 쓰시오.
(다) 열전대의 재료로 가장 우수한 금속은 무엇인지 쓰시오.

득점	배점
	6

해답 (가) 서로 다른 두 금속을 접속하여 접속점에 온도차를 주면 열기전력 발생하는 효과
(나) 서로 다른 종류의 금속을 접속하여 온도차에 의해 열기전력 발생
(다) 백금

해설 **열전효과**(Thermoelectric effect)
(가) **제어백효과**(Seebeck effect) : 제백효과
① 서로 다른 두 금속을 접속하여 접속점에 **온도차**를 주면 **열기전력**이 발생하는 효과
② **온도변화**에 따른 **열팽창률**이 다른 두 금속을 붙여 사용하는 방법
③ 다른 종류의 금속선으로 된 폐회로의 **두 접합점**의 **온도**를 달리하였을 때 발생하는 효과

• 위 3가지 중 1가지만 답하면 정답

비교

효 과	설 명
펠티에효과(Peltier effect)	**두 종류**의 **금속**으로 된 회로에 **전류**를 흘리면 각 접속점에서 열의 흡수 또는 발생이 일어나는 현상
톰슨효과(Thomson effect)	균질의 철사에 **온도구배**가 있을 때 여기에 전류가 흐르면 열의 흡수 또는 발생이 일어나는 현상

(나) **열전대**
① 서로 다른 종류의 금속을 접속한 것으로 **제어백 효과**에 따라 열기전력이 발생하는 것
② 서로 다른 **두 금속**을 접속하여 **온도차**를 주면 **열기전력** 발생

• 위 2가지 중 한가지만 답하면 정답

(다) **열전대**의 **재료**
① **백금**(가장 우수한 금속)
② 니켈-크로뮴 합금
③ 니켈-알루미늄 합금

☆☆☆
문제 15

다음은 누전경보기의 형식승인 및 제품검사의 기술기준에 대한 내용이다. 각 물음에 답하시오.

(22.5.문3, 21.11.문4, 20.11.문3, 19.11.문7, 19.6.문9, 17.6.문12, 16.11.문11, 13.11.문5, 13.4.문10, 12.7.문11)

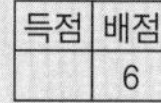

득점	배점
	6

(가) 전구는 사용전압의 몇 %인 교류전압을 20시간 연속하여 가하는 경우 단선, 현저한 광속변화, 흑화, 전류의 저하 등이 발생하지 않아야 하는가?
(나) 전구는 몇 개 이상을 병렬로 접속하여야 하는가?
(다) 누전경보기의 공칭작동전류치는 몇 mA 이하이어야 하는가?

해답 (가) 130%
(나) 2개 이상
(다) 200mA 이하

해설 (가), (나) **누전경보기**의 **형식승인** 및 **제품검사**의 **기술기준 4조**
부품의 구조 및 기능
(1) 전구는 사용전압의 **130%**인 교류전압을 **20시간** 연속하여 가하는 경우 단선, 현저한 광속변화, 흑화, 전류의 저하 등이 발생하지 아니할 것 질문 (가)
(2) 전구는 **2개** 이상을 **병렬**로 접속하여야 한다(단, **방전등** 또는 **발광다이오드**는 제외). 질문 (나)
(3) 전구에는 적당한 **보호커버**를 설치하여야 한다(단, **발광다이오드**는 제외).
(4) 주위의 밝기가 **300 lx** 이상인 장소에서 측정하여 앞면으로부터 **3m** 떨어진 곳에서 켜진 등이 확실히 식별될 것
(5) **소켓**은 접촉이 확실하여야 하며 쉽게 전구를 교체할 수 있도록 부착
(6) 누전화재의 발생을 표시하는 표시등(누전등)이 설치된 것은 등이 켜질 때 **적색**으로 표시되어야 하며, 누전화재가 발생한 경계전로의 위치를 표시하는 표시등(지구등)과 기타의 표시등은 다음과 같아야 한다.

• 누전등 • 누전등 및 지구등과 쉽게 구별할 수 있도록 부착된 기타의 표시등	• 누전등이 설치된 수신부의 지구등 • 기타의 표시등
적색	적색 외의 색

(다)

공칭작동전류치	감도조정장치의 조정범위
누전경보기의 **공칭작동전류치**(누전경보기를 작동시키기 위하여 필요한 누설전류의 값으로서 제조자에 의하여 표시된 값)는 **200mA** 이하(누전경보기의 형식승인 및 제품검사의 기술기준 7조) 질문 (다)	감도조정장치를 갖는 누전경보기에 있어서 감도조정장치의 조정범위는 최소치 **0.2A**, 최대치가 **1A** 이하(누전경보기의 형식승인 및 제품검사의 기술기준 8조)

☆☆☆

문제 16

그림과 같은 논리회로를 보고 다음 각 물음에 답하시오.

(20.5.문1, 16.11.문5, 16.4.문13, 05.10.문4, 04.7.문4, 03.7.문13, 02.4.문7)

득점	배점
	8

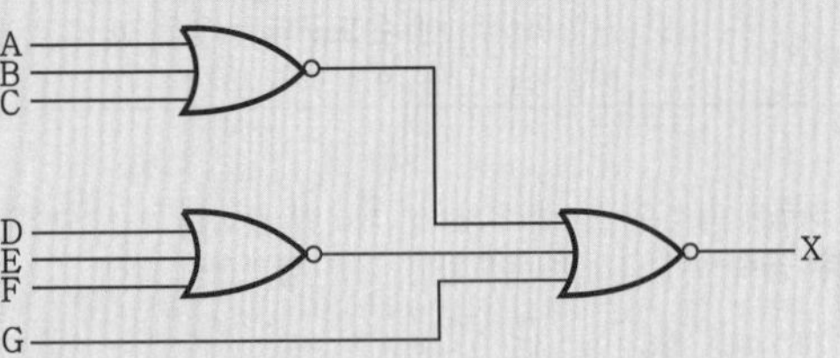

(가) 논리식으로 표현하시오.

(나) AND, OR, NOT 회로를 이용한 등가회로로 그리시오.

(다) 유접점(릴레이)회로로 그리시오.

해답 (가) $X = (A+B+C) \cdot (D+E+F) \cdot \overline{G}$

(나)

(다)

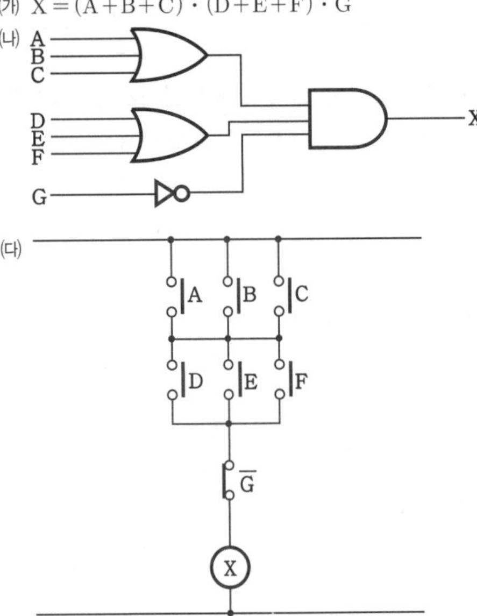

해설 (가) 논리대수식을 불대수를 이용하여 간소화하면 다음과 같다.

$$X = \overline{\overline{(A+B+C)} + \overline{(D+E+F)} + G}$$
$$= (\overline{\overline{A}} + \overline{\overline{B}} + \overline{\overline{C}}) \cdot (\overline{\overline{D}} + \overline{\overline{E}} + \overline{\overline{F}}) \cdot \overline{G}$$
$$= (A+B+C) \cdot (D+E+F) \cdot \overline{G}$$

중요

드모르간의 **정리**

① 바(−)가 홀수개인 경우 +→ ·, ·→+로 변경하고, 바(−)가 짝수개인 경우 그대로 둔다.

② 긴 바(——)를 자른다.

③ 바(−)가 홀수개면 1개만 남기고, 짝수개면 바(−)를 없앤다.

참고

불대수(boolean algebra)

임의의 회로에서 일련의 기능을 수행하기 위한 가장 최적의 방법을 결정하기 위하여 이를 수식적으로 표현하는 방법

중요

불대수의 **정리**

정 리	논리합	논리곱	비 고
(정리 1)	X+0=X	X · 0=0	–
(정리 2)	X+1=1	X · 1=X	
(정리 3)	X+X=X	X · X =X	
(정리 4)	$\overline{X}$+X=1	$\overline{X}$ · X=0	
(정리 5)	$\overline{X}$+Y=Y+$\overline{X}$	X · Y=Y · X	교환법칙
(정리 6)	X+(Y+Z)=(X+Y)+Z	X(YZ)=(XY)Z	결합법칙
(정리 7)	X(Y+Z)=XY+XZ	(X+Y)(Z+W)= XZ+XW+YZ+YW	분배법칙
(정리 8)	X+XY=X	X+$\overline{X}$Y=X+Y	흡수법칙
(정리 9)	$\overline{(X+Y)}$=$\overline{X}$ · $\overline{Y}$	$\overline{(X \cdot Y)}$=$\overline{X}$+$\overline{Y}$	드모르간의 정리

※ **스위칭회로**(switching circuit) : 회로의 개폐 또는 접속 등을 변환시키기 위한 것

(나), (다) **최소화한 스위칭회로**

시퀀스	논리식	논리회로	시퀀스회로(스위칭회로)
직렬회로	Z = A · B Z = AB		
병렬회로	Z = A + B		
a접점	Z = A		
b접점	Z = $\overline{A}$		

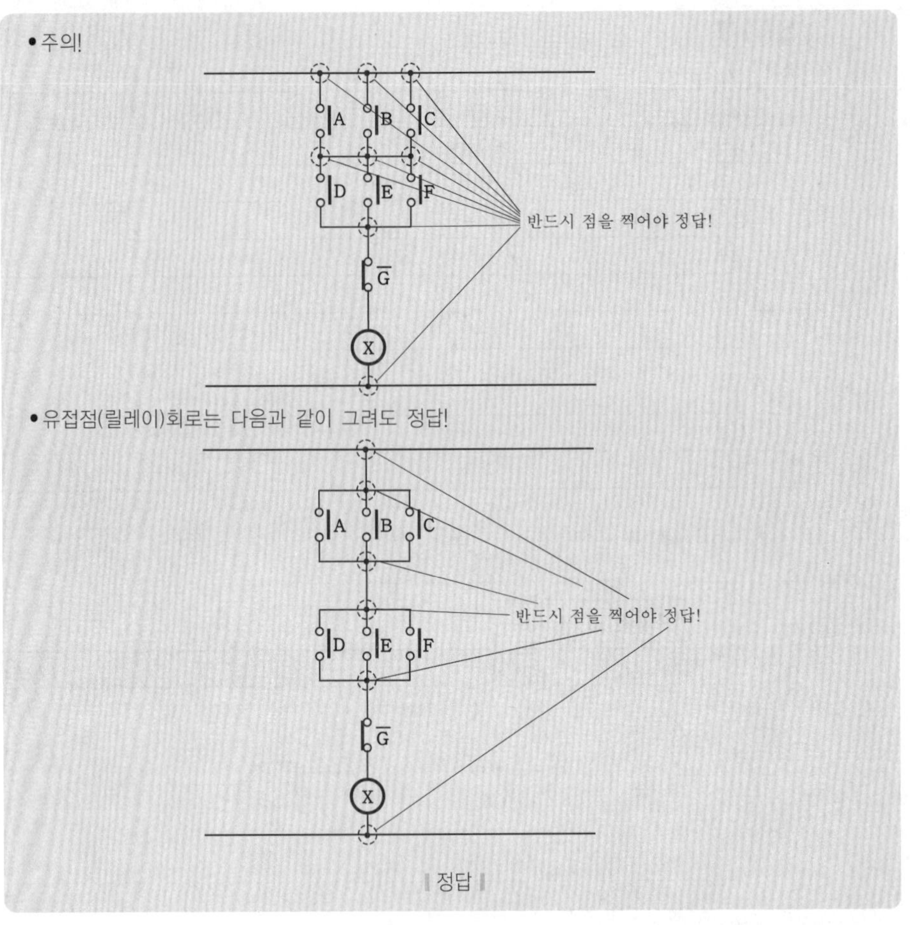

‖ 정답 ‖

☆☆☆

문제 17

자동화재탐지설비의 발신기에서 표시등=30mA/1개, 경종=50mA/1개로 1회로당 80mA의 전류가 소모되며, 지하 1층, 지상 5층의 각 층별 2회로씩 총 12회로인 공장에서 P형 수신반 최말단 발신기까지 600m 떨어진 경우 다음 각 물음에 답하시오. (18.4.문15, 16.6.문6, 14.7.문2, 11.7.문2)

득점	배점
	8

(가) 표시등 및 경종의 최대소요전류와 총 소요전류를 구하시오.
- ○ 표시등의 최대소요전류 :
- ○ 경종의 최대소요전류 :
- ○ 총 소요전류 :

(나) 2.5mm^2의 전선을 사용한 경우 최말단 경종 동작시 전압강하는 얼마인지 계산하시오.
- ○ 계산과정 :
- ○ 답 :

(다) 자동화재탐지설비의 음향장치는 정격전압의 몇 % 전압에서 음향을 발할 수 있어야 하는가?

(라) (나)의 계산에 의한 경종 작동여부를 설명하시오.
- ○ 이유 :
- ○ 답 :

해답 (가) ○ 표시등의 최대소요전류 : $30 \times 12 = 360\text{mA} = 0.36\text{A}$ ○ 답 : 0.36A
○ 경종의 최대소요전류 : $50 \times 12 = 600\text{mA} = 0.6\text{A}$ ○ 답 : 0.6A
○ 총 소요전류 : $0.36 + 0.6 = 0.96\text{A}$ ○ 답 : 0.96A

(나) ○ 계산과정 : $e = \dfrac{35.6 \times 600 \times 0.46}{1000 \times 2.5} = 3.93\text{V}$

○ 답 : 3.93V

(다) 80%

(라) ○ 이유 : $V_r = 24 - 3.93 = 20.07\text{V}$

20.07V로서 $24 \times 0.8 = 19.2\text{V}$ 이상이므로

○ 답 : 정상 작동

해설 (가) ① **표시등의 최대소요전류**

일반적으로 1회로당 표시등은 1개씩 설치되므로

$30\text{mA} \times 12$개 $= 360\text{mA} = 0.36\text{A}$

- 문제에서 전체 **12회로**이므로 **표시등**은 **12개**이다.
- 1000mA=1A이므로 360mA=**0.36A**이다.
- 단위가 주어지지 않았으므로 **360mA**라고 답해도 맞다.

② **경종의 최대소요전류**

일반적으로 1회로당 경종은 1개씩 설치되므로

$50\text{mA} \times 12$개 $= 600\text{mA} = 0.6\text{A}$

- [문제]에서 지상 5층으로 **11층** 미만이므로 **일제경보방식** 적용
- 일반적으로 1회로당 경종은 1개씩 설치되고 일제경보방식이므로 각 층에 **2회로**×**6개층**(지하 1층, 지상 5층)=**12개**이다.
- 1000mA=1A이므로 600mA=**0.6A**이다.
- 단위가 주어지지 않았으므로 **600mA**라고 답해도 맞다.

③ **총 소요전류**

총 소요전류=표시등의 최대소요전류+경종의 최대소요전류=0.36A+0.6A=0.96A

(나) **전선단면적**(단상 2선식)

$$A = \frac{35.6LI}{1000e}$$

여기서, A : 전선단면적[mm^2]
L : 선로길이[m]
I : 전류[A]
e : 전압강하[V]

경종 및 표시등은 **단상 2선식**이므로 전압강하 e는

$$e = \frac{35.6LI}{1000A} = \frac{35.6 \times 600 \times 0.46}{1000 \times 2.5} = 3.93\text{V}$$

- L(**600m**) : 문제에서 주어진 값
- I(**0.46A**) : (가)에서 구한 **표시등 최대소요전류(0.36A)**와 **최말단 경종전류**(50mA×2개=100mA=**0.1A**)의 합이다. (가)에서 구한 총 소요전류의 합인 0.96A를 곱하지 않도록 특히 주의하라!

〈비교〉

14.7.문2(나), 11.7.문2(다)	18.4.문15(나), 16.6.문6(다)
경종이 작동하였다고 가정했을 때 최말단에서의 전압강하(경종에서 전류가 최대로 소모될 때 즉, 지상 1층 경종동작시 전압강하를 구하라는 문제)	최말단 경종동작시 전압강하(지상 11층 경종동작시 전압강하를 구하라는 문제)
지상 1층 경종동작	지상 11층 경종동작

- A(**2.5mm^2**) : 문제에서 주어진 값

(다) **자동화재탐지설비 음향장치**의 **구조** 및 **성능 기준**(NFPC 203 8조, NFTC 203 2.5.1.4)

(1) 정격전압의 **80%** 전압에서 음향을 발할 것
(2) 음량은 **1m** 떨어진 곳에서 **90dB** 이상일 것
(3) **감지기·발신기**의 작동과 **연동**하여 작동할 것

(라) **전압강하**

$$e = V_s - V_r$$

여기서, e : 전압강하[V]
V_s : 입력전압(정격전압)[V]
V_r : 출력전압[V]

출력전압 V_r는

$V_r = V_s - e = 24 - 3.93 = 20.07\text{V}$

• 자동화재탐지설비의 정격전압 : **직류 24V**이므로 $V_s = 24\text{V}$

자동화재탐지설비의 정격전압은 **직류 24V**이고, 정격전압의 **80%** 이상에서 동작해야 하므로
동작전압=24×0.8=19.2V
출력전압은 **20.07V**로서 정격전압의 **80%**인 **19.2V** 이상이므로 **경종**은 **작동**한다.

중요

(1) **전압강하**(일반적으로 저항이 주어졌을 때 적용. 단, 예외도 있음)

단상 2선식	3상 3선식
$e = V_s - V_r = 2IR$	$e = V_s - V_r = \sqrt{3}\,IR$
여기서, e : 전압강하[V], V_s : 입력전압[V], V_r : 출력전압[V], I : 전류[A], R : 저항[Ω]	

(2) **전압강하**(일반적으로 저항이 주어지지 않았을 때 적용. 단, 예외도 있음)
① **정의** : 입력전압과 출력전압의 차
② **저압수전시 전압강하** : **조명 3%**(기타 5%) 이하(KEC 232.3.9)

전기방식	전선단면적	적응설비
단상 2선식	$A = \dfrac{35.6LI}{1000e}$	• 기타설비(경종, 표시등, 유도등, 비상조명등, 솔레노이드밸브, 감지기 등)
3상 3선식	$A = \dfrac{30.8LI}{1000e}$	• 소방펌프 • 제연팬
단상 3선식, 3상 4선식	$A = \dfrac{17.8LI}{1000e'}$	–

여기서, L : 선로길이[m]
I : 전부하전류[A]
e : 각 선간의 전압강하[V]
e' : 각 선간의 1선과 중성선 사이의 전압강하[V]

☆☆☆
문제 18

P형 1급 수신기와 감지기와의 배선회로에서 종단저항은 4.7kΩ, 배선저항은 28Ω, 릴레이저항은 12Ω이며, 회로전압이 DC 24V일 때 다음 각 물음에 답하시오.

(22.7.문9, 20.10.문10, 18.11.문5, 16.4.문9, 15.7.문10, 12.11.문17, 07.4.문5)

득점	배점
	5

(가) 평소 감시전류는 몇 mA인가?
○ 계산과정 :
○ 답 :

(나) 감지기가 동작할 때(화재시)의 전류는 몇 mA인가?
○ 계산과정 :
○ 답 :

해답 (가) ○ 계산과정 : $I=\frac{24}{4.7\times10^3+12+28}=5.063\times10^{-3}\text{A}=5.063\text{mA}\fallingdotseq5.06\text{mA}$

○ 답 : 5.06mA

(나) ○ 계산과정 : $I=\frac{24}{12+28}=0.6\text{A}\fallingdotseq600\text{mA}$

○ 답 : 32mA

해설 **주어진 값**

- 종단저항 : 4.7kΩ=4.7×10³Ω(1kΩ=1×10³Ω)
- 배선저항 : 28Ω
- 릴레이저항 : 12Ω
- 회로전압(V) : 24V
- 감시전류 : ?
- 동작전류 : ?

(가) **감시전류** I 는

$$I=\frac{\text{회로전압}}{\text{종단저항}+\text{릴레이저항}+\text{배선저항}}=\frac{24\text{V}}{(4.7\times10^3+12+28)\Omega}$$

$=5.063\times10^{-3}\text{A}$

$=5.063\text{mA}$

$\fallingdotseq5.06\text{mA}$

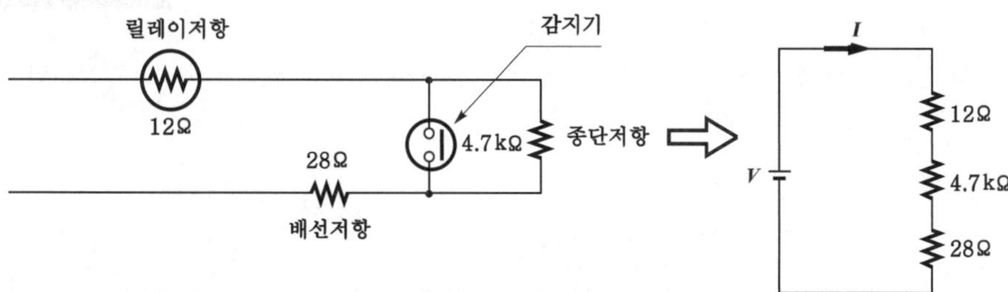

(나) **동작전류** I 는

$$I=\frac{\text{회로전압}}{\text{릴레이저항}+\text{배선저항}}=\frac{24\text{V}}{(12+28)\Omega}=0.6\text{A}\fallingdotseq600\text{mA}$$

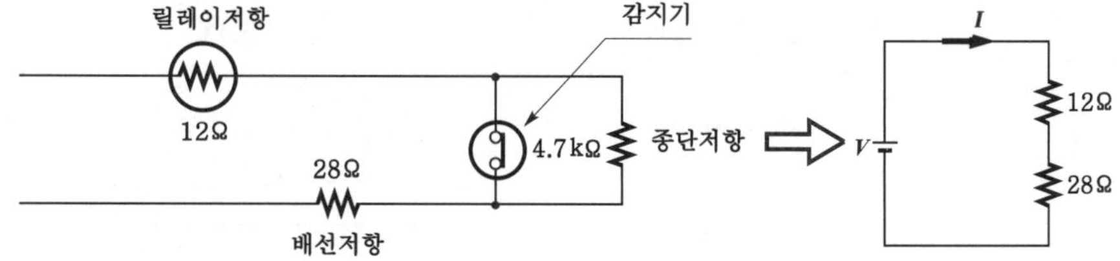

▌2024년 기사 제3회 필답형 실기시험▌

자격종목	시험시간	형별	수험번호	성명	감독위원 확 인
소방설비기사(전기분야)	3시간				

※ 다음 물음에 답을 해당 답란에 답하시오.(배점 : 100)

☆☆☆

문제 01

주어진 도면은 유도전동기 기동 · 정지회로의 미완성 도면이다. 다음 각 물음에 답하시오.

(20.11.문15, 19.4.문12, 09.10.문10)

득점	배점
	8

유사문제부터 풀어보세요.
실력이 팍!팍! 올라갑니다.

〔동작설명〕

① 전원을 투입하면 표시램프 GL이 점등되도록 한다.

② 전동기 기동용 푸시버튼스위치를 누르면 전자접촉기 MC가 여자되고, MC-a접점에 의해 자기유지되며 RL이 점등된다. 동시에 전동기가 기동되고, GL등이 소등된다.

③ 전동기가 정상운전 중 정지용 푸시버튼스위치를 누르거나 열동계전기가 작동되면 전동기는 정지하고 최초의 상태로 복귀한다.

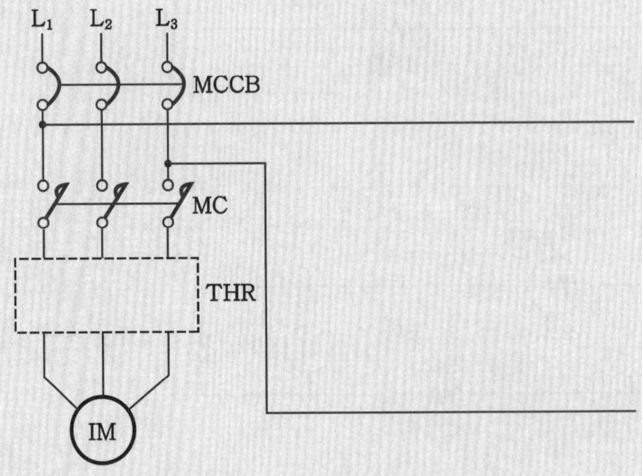

(가) 주어진 보기의 접점을 이용하여 미완성된 보조회로(제어회로)를 완성하시오.

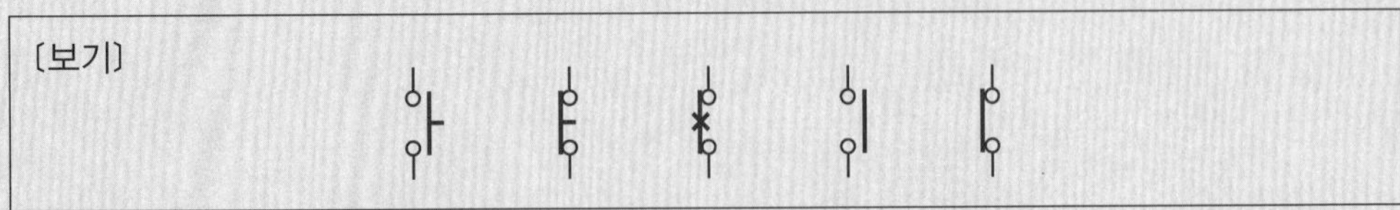

(나) 주회로에 대한 점선의 내부를 주어진 도면에 완성하시오.

(다) 열동계전기(THR)는 어떤 경우에 작동하는지 쓰시오.

○

해답 (가), (나)

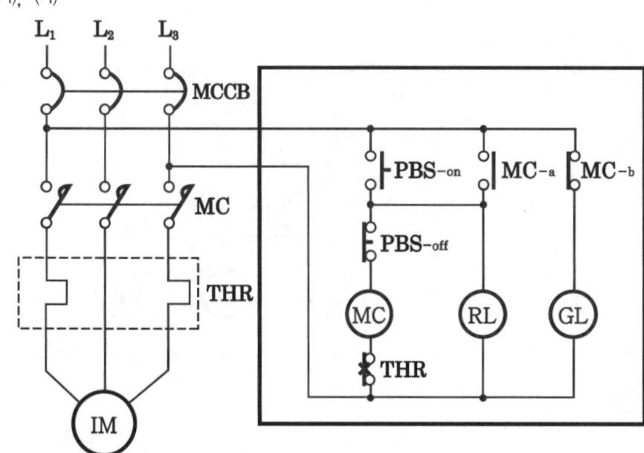

(다) 전동기에 과부하가 걸릴 때

해설 (가), (나)

- 접속부분에는 반드시 점(•)을 찍어야 정답!
- (GL)이 소등된다는 말이 있으므로 (GL) 위의 MC-b 접점도 반드시 추가해야 한다.

① 다음과 같이 도면을 그려도 모두 정답!

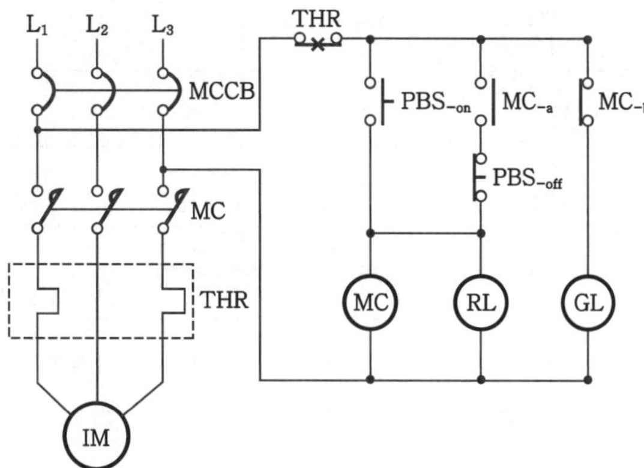

‖ 도면 1 ‖

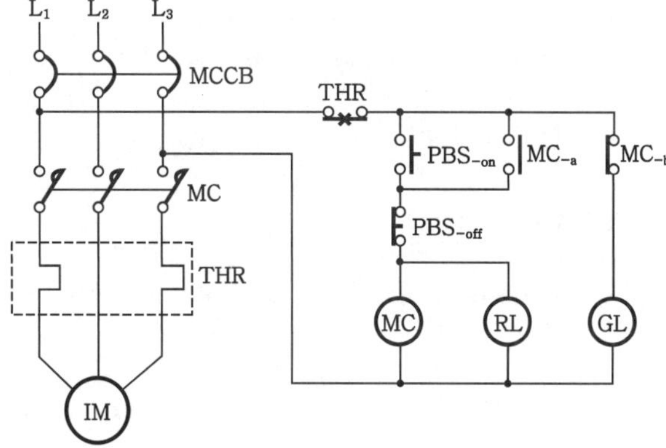

‖ 도면 2 ‖

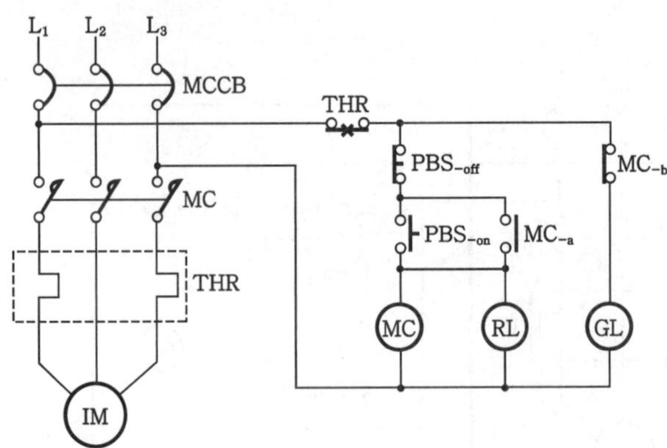

‖ 도면 3 ‖

② **범례**

심 벌	명 칭
	배선용 차단기(MCCB)
	전자접촉기 주접점(MC)
	열동계전기(THR)
GL	정지표시등
RL	기동표시등
	전자접촉기 보조 a접점(MC_{-a})
	전자접촉기 보조 b접점(MC_{-b})
	열동계전기 b접점(THR)
MC	전자접촉기 코일
	기동용 푸시버튼스위치(PBS_{-on})
	정지용 푸시버튼스위치(PBS_{-off})

(다) **열동계전기**가 **동작**되는 경우

① 전동기에 **과부하**가 걸릴 때

② 전류조정 다이얼 세팅치를 적정 전류(정격전류)보다 **낮게 세팅**했을 때

③ 열동계전기 단자가 접촉불량으로 **과열**되었을 때

- 한 가지만 쓰라고 하면 '**전동기에 과부하가 걸릴 때**'라고 답하라! 왜냐하면 이것이 가장 주된 작동이유이기 때문이다.
- '**전동기에 과전류가 흐를 때**'도 답이 된다.
- '**전동기에 과전압이 걸릴 때**'는 틀린 답이 되므로 주의하라!
- **열동계전기의 전류조정 다이얼 세팅** : **정격전류의 1.15~1.2배**에 세팅하는 것이 원칙이다. 실제 실무에서는 이 세팅을 제대로 하지 않아 과부하보호용 열동계전기를 설치하였음에도 불구하고 전동기(motor)를 소손시키는 경우가 많으니 세팅치를 꼭 기억하여 실무에서 유용하게 사용하기 바란다.

용어

열동계전기 vs 전자식 과전류계전기

구 분	열동계전기 (Thermal Relay ; THR)	전자식 과전류계전기 (Electronic Over Current Relay ; EOCR)
정의	전동기의 **과부하 보호용** 계전기	열동계전기와 같이 전동기의 **과부하 보호용** 계전기
작동구분	기계식	전자식
외형	‖ 열동계전기 ‖	‖ 전자식 과전류계전기 ‖

☆☆☆

문제 02

누전경보기의 형식승인 및 제품검사의 기술기준을 참고하여 다음 각 물음에 답하시오.

(22.5.문3, 21.11.문4, 20.11.문3, 19.11.문7, 19.6.문9, 17.6.문12, 16.11.문11, 13.11.문5, 13.4.문10, 12.7.문11)

득점	배점
	5

(가) 감도조정장치를 갖는 누전경보기의 최대치는 몇 A인가?

○

(나) 다음은 변류기의 전로개폐시험에 대한 내용이다. 빈칸을 완성하시오.

> 변류기는 출력단자에 부하저항을 접속하고, 경계전로에 해당 변류기의 정격전류의 150%인 전류를 흘린 상태에서 경계전로의 개폐를 (　)회 반복하는 경우 그 출력전압치는 공칭작동전류치의 42%에 대응하는 출력전압치 이하이어야 한다.

(다) 변류기는 직류 500V의 절연저항계로 시험을 하는 경우 5MΩ 이상이어야 한다. 이때 측정위치 3곳을 쓰시오.

○

○

○

 (가) 1A
(나) 5
(다) ① 절연된 1차 권선과 2차 권선
② 절연된 1차 권선과 외부금속부
③ 절연된 2차 권선과 외부금속부

 (가)

공칭작동전류치	감도조정장치의 조정범위
누전경보기의 **공칭작동전류치**(누전경보기를 작동시키기 위하여 필요한 누설전류의 값으로서 제조자에 의하여 표시된 값)는 **200mA** 이하(누전경보기의 형식승인 및 제품검사의 기술기준 7조)	감도조정장치를 갖는 누전경보기에 있어서 감도조정장치의 조정범위는 최소치 **0.2A**, 최대치가 **1A** 이하(누전경보기의 형식승인 및 제품검사의 기술기준 8조)

(나) **전로개폐시험**
변류기는 출력단자에 부하저항을 접속하고, 경계전로에 당해 변류기의 정격전류의 150%인 전류를 흘린 상태에서 경계전로의 개폐를 **5회** 반복하는 경우 그 출력전압치는 공칭작동전류치의 42%에 대응하는 출력전압치 이하이어야 한다.

(다)
- (다) 측정위치를 물어보았으므로 **'~의 절연저항'**까지는 안 써도 정답

누전경보기의 변류기 절연저항시험(누전경보기 형식승인 및 제품검사의 기술기준 19조)
변류기는 **직류 500V**의 절연저항계로 다음에 따른 시험을 하는 경우 **5MΩ 이상**이어야 한다.
① 절연된 **1차 권선**과 **2차 권선** 간의 절연저항
② 절연된 **1차 권선**과 **외부금속부** 간의 절연저항
③ 절연된 **2차 권선**과 **외부금속부** 간의 절연저항

중요

절연저항시험(절대! 절대! 중요)

절연저항계	절연저항	대 상
직류 250V	0.1MΩ 이상	• 1경계구역의 절연저항
직류 500V	5MΩ 이상	• **누전경보기** • 가스누설경보기 • 수신기 • 자동화재속보설비 • 비상경보설비 • 유도등(교류입력측과 외함 간 포함) • 비상조명등(교류입력측과 외함 간 포함)
	20MΩ 이상	• 경종 • 발신기 • 중계기 • 비상콘센트 • 기기의 절연된 선로 간 • 기기의 충전부와 비충전부 간 • 기기의 교류입력측과 외함 간(유도등 · 비상조명등 제외)
	50MΩ 이상	• 감지기(정온식 감지선형 감지기 제외) • 가스누설경보기(10회로 이상) • 수신기(10회로 이상)
	1000MΩ 이상	• 정온식 감지선형 감지기

☆☆
문제 03

예비전원설비로 이용되는 축전지에 대한 다음 각 물음에 답하시오. (16.4.문15, 08.11.문8)

(가) 자기방전량만을 항상 충전하는 방식의 명칭을 쓰시오.

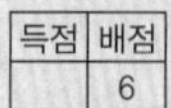

득점	배점
	6

○

(나) 비상용 조명부하 200V용, 50W 80등, 30W 70등이 있다. 방전시간은 30분이고, 축전지는 HS형 110cell이며, 허용최저전압은 190V, 최저축전지온도가 5℃일 때 축전지용량[Ah]을 구하시오. (단, 경년용량저하율은 0.8, 용량환산시간은 1.2h이다.)

○ 계산과정 :

○ 답 :

(다) 연축전지와 알칼리축전지의 공칭전압[V]을 쓰시오.

○ 연축전지 :

○ 알칼리축전지 :

해답 (가) 세류충전방식

(나) ○ 계산과정 : $I=\frac{50\times80+30\times70}{200}=30.5\text{A}$

$C=\frac{1}{0.8}\times1.2\times30.5=45.75\text{Ah}$

○ 답 : 45.75Ah

(다) ○ 연축전지 : 2V

○ 알칼리축전지 : 1.2V

해설

● (가) **'트리클충전방식'**도 정답!

(가) **충전방식**

구 분	설 명
보통충전방식	필요할 때마다 표준시간율로 충전하는 방식
급속충전방식	보통 충전전류의 **2배**의 **전류**로 충전하는 방식
부동충전방식	① 전지의 자기방전을 보충함과 동시에 상용부하에 대한 전력공급은 충전기가 부담하되, 부담하기 어려운 일시적인 대전류부하는 축전지가 부담하도록 하는 방식으로 **가장 많이 사용**된다. ② 축전지와 부하를 충전기(정류기)에 병렬로 접속하여 충전과 방전을 동시에 행하는 방식이다. 표준부동전압 : **2.15~2.17V** 교류입력(교류전원) / 정류기(충전기) / 축전지 / 부하(상시부하) ‖ 부동충전방식 ‖
균등충전방식	각 축전지의 전위차를 보정하기 위해 1~3개월마다 10~12시간 1회 충전하는 방식이다. 균등충전전압 : **2.4~2.5V**
세류충전 (트리클충전) **방식**	**자기방전량**만 항상 **충전**하는 방식 [질문 (가)]
회복충전방식	축전지의 과방전 및 방치상태, 가벼운 설페이션현상 등이 생겼을 때 기능회복을 위하여 실시하는 충전방식 ※ **설페이션**(sulfation) : 충전이 부족할 때 축전지의 극판에 백색 황색연이 생기는 현상

(나) ① **기호**

- V : 200V
- P : 50W×80등+30W×70등
- L : 0.8
- K : 1.2

② **전류**

$$I=\frac{P}{V}$$

여기서, I : 전류〔A〕
P : 전력〔W〕
V : 전압〔V〕

전류 $I=\frac{P}{V}$

$$=\frac{50\times 80+30\times 70}{200}=30.5\text{A}$$

③ **축전지**의 **용량**

$$C=\frac{1}{L}KI$$

여기서, C : 축전지용량〔Ah〕
L : 용량저하율(보수율)
K : 용량환산시간〔h〕
I : 방전전류〔A〕

축전지의 용량 $C=\frac{1}{L}KI$

$$=\frac{1}{0.8}\times 1.2\times 30.5=45.75\text{Ah}$$

(다) **연축전지**와 **알칼리축전지**의 비교

구 분	연축전지	알칼리축전지
공칭전압	2.0V/cell	1.2V/cell
방전종지전압	1.6V/cell	0.96V/cell
기전력	2.05~2.08V/cell	1.32V/cell
공칭용량	10Ah	5Ah
기계적 강도	약하다.	강하다.
과충방전에 의한 전기적 강도	약하다.	강하다.
충전시간	길다.	짧다.
종류	클래드식, 페이스트식	소결식, 포켓식
수명	5~15년	15~20년

중요

공칭전압의 **단위**는 V로도 나타낼 수 있지만 좀 더 정확히 표현하자면 **V/cell**이다.

☆☆
문제 04

다음 도면을 보고 각 물음에 답하시오. (16.11.문3, 15.7.문17, 10.4.문17, 08.11.문17)

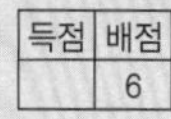

득점	배점
	6

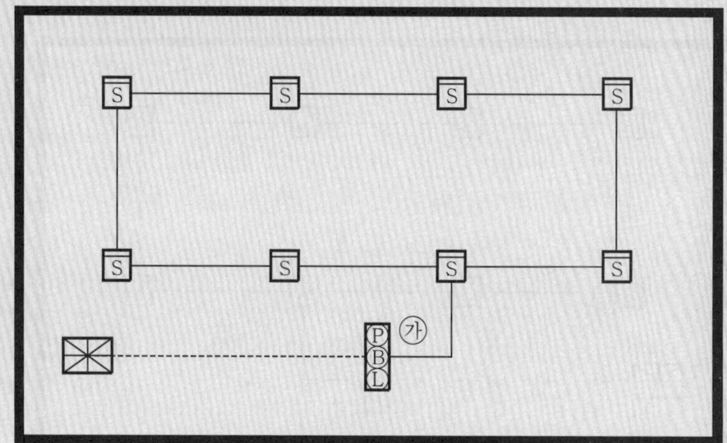

(가) ㉮는 수동으로 화재신호를 발신하는 P형 발신기세트이다. 발신기세트와 수신기 간의 배선길이가 15m인 경우 전선은 총 몇 m가 필요한지 산출하시오. (단, 층고, 할증 및 여유율 등은 고려하지 않는다.)

○ 계산과정 :

○ 답 :

(나) 상기 건물에 설치된 감지기가 2종인 경우 8개의 감지기가 최대로 감지할 수 있는 감지구역의 바닥면적[m^2] 합계를 구하시오. (단, 천장높이는 5m인 경우이다.)

○ 계산과정 :

○ 답 :

(다) 감지기와 감지기 간, 감지기와 P형 발신기세트 간의 길이가 각각 10m인 경우 전선관 및 전선물량을 산출과정과 함께 쓰시오. (단, 층고, 할증 및 여유율 등은 고려하지 않는다.)

품 명	규 격	산출과정	물량[m]
전선관	16C		
전선	2.5mm^2		

해답 (가) ○ 계산과정 : $15 \times 6 = 90$m

○ 답 : 90m

(나) ○ 계산과정 : $75 \times 8 = 600\text{m}^2$

○ 답 : 600m^2

(다)

품 명	규 격	산출과정	물량[m]
전선관	16C	10×8=80m 10×1=10m	90m
전선	2.5mm^2	10×8×2=160m 10×1×4=40m	200m

해설 (가)

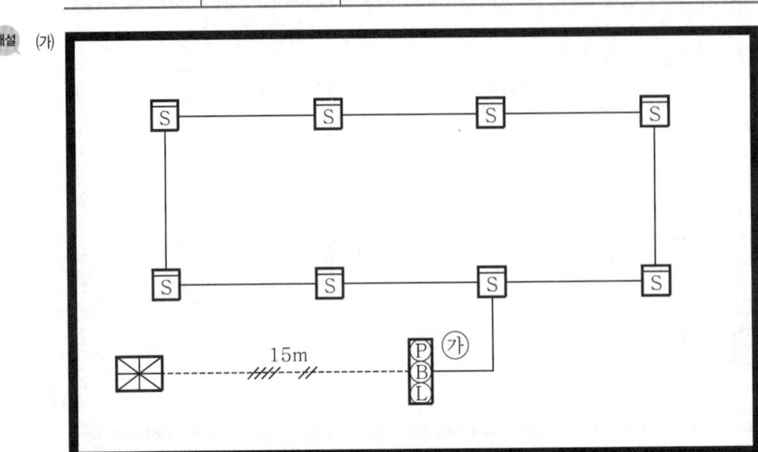

- 수동조작함, 슈퍼비조리판넬 등이 없고, 발신기세트와 수신기만 있으므로 **자동화재탐지설비**로 보고 **송배선식**으로 계산(교차회로 방식 아님)
- 15m×6가닥=90m
- 6가닥 내역 : 회로선 1, 회로공통선 1, 경종선 1, 경종표시등공통선 1, 표시등선 1, 응답선 1

(나) **연기감지기**의 **부착높이**(NFPC 203 7조, NFTC 203 2.4.3.10.1) : **면적** 개념

부착높이	감지기의 종류	
	1종 및 2종	3종
4m 미만	150	50
4~20m 미만 →	75	–

부착높이가 **5m**인 연기감지기(2종)의 1개가 담당하는 바닥면적은 **75m^2**이므로
75m^2×8개=600m^2

- **8개** : 문제에서 주어진 값
- **600m^2** : 연기감지기 1개가 담당하는 바닥면적이 최대 **75m^2**이므로 75m^2×8개=**600m^2**(문제에서 최대로 감지할 수 있는 감지구역이라고 했으므로 **75m^2** 적용)
- 도면은 **복도** 또는 **통로**가 아니므로 **'보행거리'** 개념으로 감지기를 설치해서는 안 된다. **면적 개념**으로 감지기를 설치하여야 한다.
- 이 문제에서는 **반자**에 대한 언급이 없으므로 **'부착높이=천장높이'**를 같은 개념으로 보면 된다.

(다)

구 분	규 격	산출내역	수신기와 발신기세트 사이의 물량을 제외한 길이[m]
전선관	16C	감지기와 감지기 사이의 거리 **10m×8**=80m 감지기와 발신기세트 사이의 거리 **10m×1**=10m	90m
전선	2.5mm^2	감지기와 감지기 사이의 거리 **10m×8×2가닥**=160m 감지기와 발신기세트 사이의 거리 **10m×1×4가닥**=40m	200m

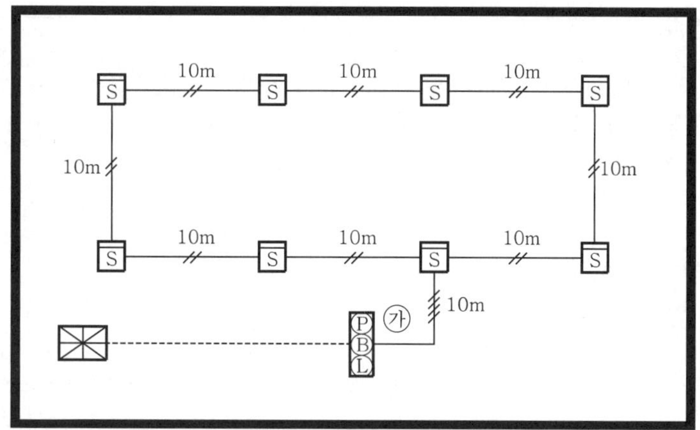

가닥수	내 역
2가닥	지구선 1, 공통선 1
4가닥	지구선 2, 공통선 2

- 문제에서 요구하는 대로 **감지기**와 **감지기 간**, **감지기**와 **P형 발신기세트** 간의 길이만 산정한다.
- **발신기세트**와 **수신기 간**의 전선관 및 전선물량은 산출하지 않는 것에 주의하라!

비교

송배선식과 **교차회로방식**

구 분	송배선식	교차회로방식
목적	**감지기회로**의 **도통시험**을 용이하게 하기 위하여	감지기의 **오동작** 방지
원리	배선의 도중에서 분기하지 않는 방식	하나의 담당구역 내에 **2 이상**의 **감지기회로**를 설치하고 **2 이상**의 **감지기회로**가 **동시**에 **감지**되는 때에 설비가 작동하는 방식
적용설비	• 자동화재탐지설비 • 제연설비	• **분**말소화설비 • **할**론소화설비 • **이**산화탄소 소화설비 • **준**비작동식 스프링클러설비 • **일**제살수식 스프링클러설비 • **할**로겐화합물 및 불활성기체 소화설비 • **부**압식 스프링클러설비 기억법 **분할이 준일할부**
가닥수 산정	종단저항을 수동발신기함 내에 설치하는 경우 **루프(loop)**된 곳은 **2가닥**, **기타 4가닥**이 된다. 수동 발신기함 루프(loop) ▮송배선식▮	**말단**과 **루프**(loop)된 곳은 **4가닥**, **기타 8가닥**이 된다. 수동 발신기함 말단 루프(loop) ▮교차회로방식▮

문제 05

3상 380V, 전전압기동시 기동전류 135A, 기동토크 150%인 전동기가 있다. 이 전동기를 Y-△ 기동할 경우 기동전류와 기동토크를 구하시오.

득점	배점
	4

(가) 기동전류[A]
 ○ 계산과정 :
 ○ 답 :

(나) 기동토크[%]
 ○ 계산과정 :
 ○ 답 :

해답

(가) ○ 계산과정 : $135 \times \frac{1}{3} = 45\text{A}$
 ○ 답 : 45A

(나) ○ 계산과정 : $150 \times \frac{1}{3} = 50\%$
 ○ 답 : 50%

해설

- 유도전동기의 Y-△ 기동방식에서 기동전류와 기동토크는 전전압기동시의 $\frac{1}{3}$로 줄어든다.

(가)

- 기동전류 : 135A(문제에서 주어짐)

$$\frac{\text{Y결선 선전류}}{\triangle\text{결선 선전류}} = \frac{I_Y}{I_\triangle} = \frac{\frac{V_l}{\sqrt{3}Z}}{\frac{\sqrt{3}V_l}{Z}} = \frac{1}{3}\left(\therefore \text{ Y결선을 하면 기동전류는 △결선에 비해 } \frac{1}{3}\text{로 감소한다.}\right)$$

기동전류 $I = 135\text{A} \times \frac{1}{3} = 45\text{A}$

(나)

- 기동토크 : 150%(문제에서 주어짐)
- $P = \sqrt{3}\, V_l I_l \cos\theta = 9.8\omega\tau$

 $I_l \propto \tau$

선전류(I_l)는 토크(τ)에 비례하므로 Y결선은 △결선보다 기동토크가 $\frac{1}{3}$로 감소한다.

기동토크 $\tau = 150\% \times \frac{1}{3} = 50\%$

- 기동전류=시동전류
- 전전압기동=직접기동=직입기동

중요

(1) **3상 전력**

$$P = \sqrt{3}\, V_l I_l \cos\theta = 9.8\omega\tau$$

여기서, P : 3상 전력[W], V_l : 선간전압[V]
 I_l : 선전류[A], $\cos\theta$: 역률
 ω : 각속도[rad/s], τ : 토크[kg · m]

(2) **Y결선, △결선의 선전류**

$$I_l \propto \tau$$

Y결선 선전류	△결선 선전류
$I_{\rm Y} = \frac{V_l}{\sqrt{3}\,Z}$ 여기서, $I_{\rm Y}$: 선전류〔A〕 V_l : 선간전압〔V〕 Z : 임피던스〔Ω〕	$I_\triangle = \frac{\sqrt{3}\,V_l}{Z}$ 여기서, $I_\triangle$: 선전류〔A〕 V_l : 선간전압〔V〕 Z : 임피던스〔Ω〕

용어

Y-Δ 기동방식

(1) 전동기의 기동전류를 작게 하기 위하여 Y결선으로 기동하고 일정 시간 후 Δ결선으로 운전하는 방식

(2) 전전압기동시 전류가 많이 소모되므로 Y결선으로 전전압기동의 $\frac{1}{3}$ 전류로 기동하고 Δ결선으로 전환하여 운전하는 방법

☆☆

문제 06

비상조명등의 설치기준에 관한 다음 각 물음에 답하시오. (19.6.문19, 12.11.문2)

(가) 다음 빈칸을 완성하시오.

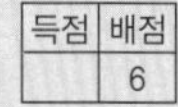

득점	배점
	6

○ 조도는 비상조명등이 설치된 장소의 각 부분의 바닥에서 (①)lx 이상이 되도록 할 것

○ 예비전원을 내장하는 비상조명등에는 평상시 점등 여부를 확인할 수 있는 (②)를 설치하고 해당 조명등을 유효하게 작동시킬 수 있는 용량의 축전지와 예비전원 충전장치를 내장할 것

①:

②:

(나) 예비전원을 내장하지 않은 비상조명등의 비상전원 설치기준 2가지를 쓰시오.

○

○

해답 (가) ① 1 ② 점검스위치

(나) ① 점검에 편리하고 화재 및 침수 등의 재해로 인한 피해를 받을 우려가 없는 곳에 설치할 것

② 상용전원으로부터 전력공급이 중단된 때에는 자동으로 비상전원으로부터 전력공급을 받을 수 있도록 할 것

해설 (가) **비상조명등**의 **설치기준**(NFPC 304 4조, NFTC 304 2.1)

① 특정소방대상물의 각 **거실**과 그로부터 지상에 이르는 **복도·계단** 및 그 밖의 **통로**에 설치할 것

② 조도는 비상조명등이 설치된 장소의 각 부분의 바닥에서 1lx 이상이 되도록 할 것 보기 ①

③ 예비전원을 내장하는 비상조명등에는 평상시 점등 여부를 확인할 수 있는 **점검스위치**를 설치하고 해당 조명등을 유효하게 작동시킬 수 있는 용량의 **축전지**와 **예비전원 충전장치**를 내장할 것 보기 ②

④ 비상전원은 비상조명등을 **20분** 이상 유효하게 작동시킬 수 있는 용량으로 할 것

예외규정

비상조명등의 **60분 이상 작동용량**

(1) **11층** 이상(지하층 제외)

(2) 지하층·무창층으로서 **도매시장·소매시장·여객자동차터미널·지하역사·지하상가**

⑤ 예비전원을 내장하지 않은 비상조명등의 비상전원은 **자가발전설비**, **축전지설비** 또는 **전기저장장치**를 설치할 것

(나)

예비전원을 내장하지 않은 비상조명등의 비상전원 설치기준(NFPC 304 4조, NFTC 304 2.1.1.4)	비상콘센트설비의 비상전원 중 자가발전설비의 설치기준(NFPC 504 4조, NFTC 504 2.1.1.3)
① **점검**이 편리하고 화재 및 침수 등의 재해로 인한 피해를 받을 우려가 없는 곳에 설치 ② 상용전원으로부터 전력의 공급이 중단된 때에는 **자동**으로 **비상전원**으로부터 전력을 공급받을 수 있도록 할 것 ③ 비상전원의 설치장소는 다른 장소와 **방화구획**하여야 하며, 그 장소에는 비상전원의 공급에 필요한 기구나 설비 외의 것을 두지 말 것(**열병합발전설비**에 필요한 기구나 설비 제외) ④ 비상전원을 실내에 설치하는 때에는 그 실내에 **비상조명등** 설치	① **점검**에 편리하고 화재 및 침수 등의 재해로 인한 피해를 받을 우려가 없는 곳에 설치 ② 비상콘센트설비를 유효하게 **20분** 이상 작동할 수 있을 것 ③ 상용전원으로부터 전력의 공급이 중단된 때에는 자동으로 비상전원으로부터 전력을 공급받을 수 있을 것 ④ 비상전원의 설치장소는 다른 장소와 **방화구획**하여야 하며, 그 장소에는 비상전원의 공급에 필요한 기구나 설비 외의 것을 두지 말 것(단, **열병합발전설비**에 필요한 기구나 설비 제외) ⑤ 비상전원을 실내에 설치하는 때에는 그 실내에 **비상조명등** 설치

☆☆

문제 07

연기감지기에 대한 사항이다. 다음 각 물음에 답하시오. (20.11.문12, 13.11.문16)

득점	배점
	6

(가) 광전식 스포트형 감지기(산란광식)의 작동원리를 쓰시오.

○

(나) 광전식 분리형 감지기(감광식)의 작동원리를 쓰시오.

○

(다) 광전식 스포트형 감지기의 적응장소 2가지를 쓰시오. (단, 환경은 연기가 멀리 이동해서 감지기에 도달하는 장소로 한다.)

○

○

해답 (가) 화재발생시 연기입자에 의해 난반사된 빛이 수광부 내로 들어오는 것을 감지
(나) 화재발생시 연기입자에 의해 수광부의 수광량이 감소하므로 이를 검출하여 화재신호 발신
(다) ① 계단 ② 경사로

해설 (가), (나) **광전식 스포트형 감지기**와 **광전식 분리형 감지기**

광전식 스포트형 감지기(산란광식)	광전식 분리형 감지기(감광식)
화재발생시 연기입자에 의해 **난반사**된 빛이 수광부 내로 들어오는 것을 감지하는 것으로 이러한 검출방식을 **산란광식**이라 한다.	화재발생시 연기입자에 의해 수광부의 수광량이 **감소**하므로 이를 검출하여 화재신호를 발하는 것으로 이러한 검출방식을 **감광식**이라 한다.
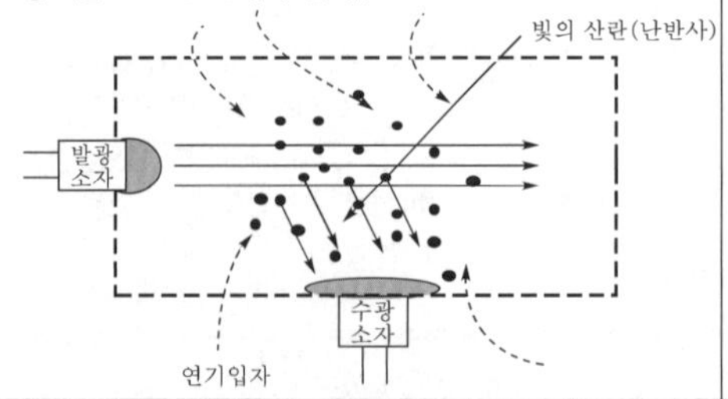	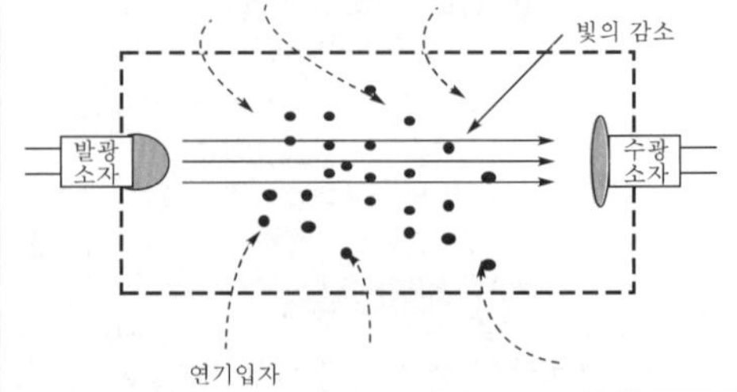

• 난반사=산란

(다) **설치장소별 감지기 적응성**(NFTC 203 2.4.6(2))

설치장소		적응 연기감지기				비 고
환경상태	적응장소	광전식 스포트형	광전아날로그식 스포트형	광전식 분리형	광전아날로그식 분리형	
연기가 멀리 이동해서 감지기에 도달하는 장소	계단, 경사로	○	○	○	○	**광전식 스포트형 감지기** 또는 **광전아날로그식 스포트형 감지기**를 설치하는 경우에는 해당 감지기회로에 **축적기능**을 **갖지 않는** 것으로 할 것

중요

감지기의 **적응장소**

정온식 스포트형 감지기	연기감지기 (광전식 스포트형 감지기)	차동식 스포트형 감지기
① **영**사실 ② **주**방 · 주조실 ③ **용**접작업장 ④ **건**조실 ⑤ **조**리실 ⑥ **스**튜디오 ⑦ **보**일러실 ⑧ **살**균실	① **계단** · 경사로 ② 복도 · 통로 ③ 엘리베이터 승강로(권상기실이 있는 경우에는 권상기실) ④ 린넨슈트 ⑤ 파이프피트 및 덕트 ⑥ 전산실 ⑦ 통신기기실	일반 **사무실**

기억법 **영주용건 정조스 보살**(**영주**의 **용건**이 **정**말 **조스**와 **보살**을 만나는 것이냐?)

☆☆☆

문제 08

다음은 국가화재안전기준에서 정하는 옥내소화전설비의 전원 및 비상전원 설치기준에 대한 설명이다. (   ) 안에 알맞은 용어를 쓰시오. (19.4.문7, 17.6.문5, 13.7.문16, 08.11.문1)

득점	배점
	6

○ 비상전원은 옥내소화전설비를 유효하게 (①)분 이상 작동할 수 있어야 한다.
○ 비상전원을 실내에 설치하는 때에는 그 실내에 (②)을(를) 설치하여야 한다.
○ 상용전원이 저압수전인 경우에는 (③)의 직후에서 분기하여 전용 배선으로 하여야 한다.

①:
②:
③:

해답 ① 20
② 비상조명등
③ 인입개폐기

해설 (1) **옥내소화전설비**의 **비상전원 설치기준**(NFPC 102 8조, NFTC 102 2.5.3)
① **점검**에 편리하고 화재 및 침수 등의 재해로 인한 피해를 받을 우려가 없는 곳에 설치
② 옥내소화전설비를 유효하게 **20분** 이상 작동할 수 있을 것 보기 ①
③ 상용전원으로부터 전력의 공급이 중단된 때에는 자동으로 비상전원으로부터 전력을 공급받을 수 있을 것
④ 비상전원의 설치장소는 다른 장소와 **방화구획**하여야 하며, 그 장소에는 비상전원의 공급에 필요한 기구나 설비 외의 것을 두지 말 것(단, **열병합발전설비**에 필요한 기구나 설비 제외)
⑤ 비상전원을 실내에 설치하는 때에는 그 실내에 **비상조명등** 설치 보기 ②

(2) **옥내소화전설비**의 **상용전원회로**의 **배선**

저압수전	특고압수전 또는 고압수전
인입개폐기의 **직후**에서 분기하여 **전용 배선**으로 할 것 보기 ③ 저압 B → B → 옥내소화전설비용, B →, B → 일반부하 여기서, B : 배선용 차단기(용도 : 인입개폐기)	전력용 변압기 2차측의 **주차단기 1차측**에서 분기하여 **전용 배선**으로 할 것 고압 또는 특고압 → B → 옥내소화전설비용, B →, B → 일반부하 여기서, ⊙⊙ : 전력용 변압기 B : 배선용 차단기

• 특고압수전 또는 고압수전 : 옥내소화전설비는 **'주차단기 1차측에서 분기'**, 비상콘센트설비는 **'주차단기 1차측 또는 2차측에서 분기'**로 다름. 주의!

비교

비상콘센트설비의 **상용전원회로**의 배선

저압수전	특고압수전 또는 고압수전
인입개폐기의 **직후**에서 분기하여 **전용 배선**으로 할 것	전력용 변압기 2차측의 **주차단기 1차측 또는 2차측**에서 분기하여 **전용 배선**으로 할 것

☆☆☆

문제 09

어떤 건물의 사무실 바닥면적이 700m^{2}이고, 천장높이가 4m로서 내화구조이다. 이 사무실에 차동식 스포트형(2종) 감지기를 설치하려고 한다. 최소 몇 개가 필요한지 구하시오.

(20.10.문2, 19.6.문4, 17.11.문12, 13.11.문3)

○ 계산과정 :

○ 답 :

득점	배점
	4

해답 ○ 계산과정 : $\frac{350}{35}+\frac{350}{35}=20$개

○ 답 : 20개

해설 **감지기 1개**가 담당하는 **바닥면적**(NFPC 203 7조, NFTC 203 2.4.3.9.1)

(단위 : m^2)

부착높이 및 특정소방대상물의 구분		감지기의 종류				
		차동식 · 보상식 스포트형		정온식 스포트형		
		1종	2종	특 종	1종	2종
4m 미만	내화구조	90	70	70	60	20
	기타구조	50	40	40	30	15
4m 이상 8m 미만	내화구조	45	→ 35	35	30	설치 불가능
	기타구조	30	25	25	15	

기억법
9 7 7 6 2
5 4 4 3 ①
④ ③ ③ 3
3 ② ② ①
※ 동그라미(○) 친 부분은 뒤에 5가 붙음

- (문제조건)이 **4m**, **내화구조**, **차동식 스포트형 2종**이므로 감지기 1개가 담당하는 바닥면적은 **35m²**이다.
- 감지기개수 산정시 1경계구역당 감지기개수를 산정하여야 하므로 $\frac{700\text{m}^2}{35\text{m}^2}$로 계산하면 틀린다. 600m² 이하로 적용하되 감지기의 개수가 최소가 되도록 감지구역을 설정한다.
- 먼저 $\frac{700\text{m}^2}{35\text{m}^2}$ 등의 **전체 바닥면적**으로 나누어 보면 **최소 감지기개수**는 쉽게 알 수 있다. 이렇게 최소 감지기개수를 구한 후 **감지구역**을 **조정**하여 감지기의 개수가 최소가 나오도록 하면 되는 것이다.

최소 감지기개수 $= \frac{\text{적용면적}}{35\text{m}^2} = \frac{700\text{m}^2}{35\text{m}^2} = 20$개(최소개수)

∴ 최종 감지기개수 $= \frac{350\text{m}^2}{35\text{m}^2} + \frac{350\text{m}^2}{35\text{m}^2} = 20$개

- 최종답안에서 소수점이 발생하면 절상!

문제 10

다음은 단독경보형 감지기의 설치기준이다. (　　) 안에 알맞은 내용을 채우시오. (16.4.문3, 14.11.문6)

득점	배점
	6

(가) 각 실마다 설치하되, 바닥면적이 (①)m²를 초과하는 경우에는 (②)m²마다 1개 이상 설치하여야 한다.

(나) 이웃하는 실내의 바닥면적이 각각 (③)m² 미만이고, 벽체의 상부의 전부 또는 일부가 개방되어 이웃하는 실내와 공기가 상호 유통되는 경우에는 이를 (④)개의 실로 본다.

(다) 최상층의 (⑤)의 천장(외기가 상통하는 (⑥)의 경우 제외)에 설치할 것

(라) 상용전원을 주전원으로 사용하는 단독경보형 감지기의 (⑦)는 법 제40조에 따라 제품검사에 합격한 것을 사용할 것

해답
(가) ① 150　　② 150
(나) ③ 30　　④ 1
(다) ⑤ 계단실　　⑥ 계단실
(라) ⑦ 2차 전지

해설 **단독경보형 감지기**의 **설치기준**(NFPC 201 5조, NFTC 201 2.2.1)

(1) 각 실(이웃하는 실내의 바닥면적이 각각 (**30**)**m² 미만**이고 벽체 상부의 전부 또는 일부가 개방되어 이웃하는 실내와 공기가 상호 유통되는 경우에는 이를 (**1**)**개**의 실로 본다.)마다 설치하되, 바닥면적 (**150**)**m²**를 초과하는 경우에는 (**150**)**m²**마다 1개 이상을 설치할 것
(2) 최상층의 (**계단실**)의 천장(**외기**가 **상통**하는 (**계단실**)의 경우 제외)에 설치할 것
(3) 건전지를 주전원으로 사용하는 단독경보형 감지기는 정상적인 작동상태를 유지할 수 있도록 **건전지**를 교환할 것
(4) 상용전원을 주전원으로 사용하는 단독경보형 감지기의 (**2차 전지**)는 제품검사에 합격한 것을 사용할 것

중요

단독경보형 감지기의 **구성**
(1) 시험버튼
(2) 음향장치
(3) 작동표시장치

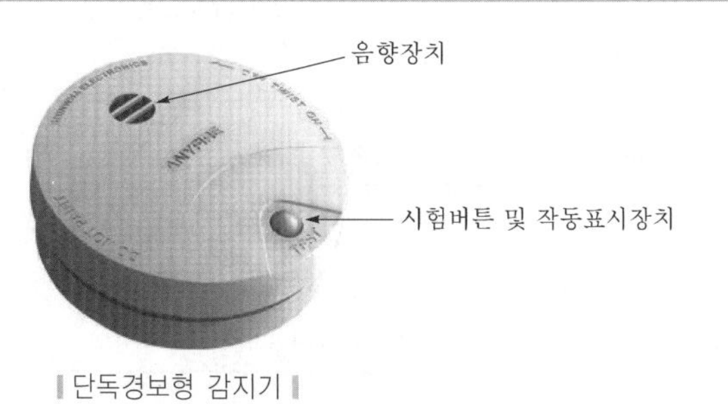

‖ 단독경보형 감지기 ‖

문제 11

두 대의 전동기가 전부하시 각각 출력 8kW, 출력 2kW이고, 효율이 80%이다. 다음 각 물음에 답하시오.

득점	배점
	6

(가) 출력 8kW와 출력 2kW 전동기의 동손의 관계를 구하시오.

○ 계산과정 :

○ 답 :

(나) 철손[kW]과 동손[kW]을 각각 구하시오.

○ 철손(계산과정 및 답) :

○ 동손(계산과정 및 답) :

해답 (가) ○ 계산과정 : 8kW 동손 P_{c1}, 2kW 동손 P_{c2}

$$\frac{P_{c2}}{P_{c1}} = \left(\frac{2}{8}\right)^2 = \frac{1}{16}$$

○ 답 : $\frac{1}{16}$

(나) ○ 계산과정 : ① 전부하

$$\frac{8}{8+P_i+P_{c1}} = 0.8 = \frac{8}{10}$$

$$8+P_i+P_{c1} = 10$$

$$\therefore\ P_i+P_{c1} = 2\text{kW}$$

② $\frac{1}{4}$부하

$$\frac{2}{2+P_i+\frac{1}{16}P_{c1}} = 0.8 = \frac{8}{10} = \frac{4}{5}$$

$$2+P_i+\frac{1}{16}P_{c1} = 2.5$$

$$\therefore\ P_i+\frac{1}{16}P_{c1} = 0.5\text{kW}$$

$$\begin{array}{r|l} & P_i+P_{c1} = 2 \\ - & P_i+\frac{1}{16}P_{c1} = 0.5 \\ \hline & \frac{15}{16}P_{c1} = 1.5 \end{array}$$

동손 $P_{c1} = 1.5 \times \frac{16}{15} = 1.6\text{kW}$

$P_i + 1.6 = 2$

철손 $P_i = 2 - 1.6 = 0.4\text{kW}$

○ 답 : 철손 : 0.4kW

동손 : 1.6kW

해설 (가) **철손(P_i) vs 동손(P_c)**

철손(P_i)	동손(P_c)
① 철심 속에서 생기는 손실 ② 고정된 손실 ③ 변하지 않는 손실값	① 권선의 저항에 의하여 생기는 손실 ② 부하전류에 따라 변하는 손실 ③ **출력**의 **제곱**에 따라 변함

‖ 출력 vs 동손 ‖

출 력	동 손
$P = VI$ 여기서, P : 출력[W] V : 전압[V] I : 전류[A]	$P_c = I^2R = \frac{V^2}{R}$ 여기서, P_c : 저항에서 발생하는 전력손실(동손)[W] V : 전압[V], I : 전류[A], R : 저항[Ω]

출력 $P = VI \propto I$($\therefore$ $P \propto I$ 이므로 $P^2 \propto I^2$)

동손 $P_c = I^2R \propto I^2$

$\therefore\ P_c \propto I^2 \propto P^2$

출력 8kW($P_{출력1}$) 전동기 동손을 P_{c1}, 출력 2kW($P_{출력2}$) 전동기 동손을 P_{c2}라고 가정하면

$P_c \propto P^2$

$$\frac{P_{c2}}{P_{c1}} = \left(\frac{P_{출력2}}{P_{출력1}}\right)^2 = \left(\frac{2\text{kW}}{8\text{kW}}\right)^2 = \frac{1}{16}$$

또는 $\frac{P_{c1}}{P_{c2}} = \left(\frac{P_{출력1}}{P_{출력2}}\right)^2 = \left(\frac{8\text{kW}}{2\text{kW}}\right)^2 = 16$

$\frac{1}{16}$ 또는 16(어느 것을 쓰든 둘 다 정답!)

(나)

- 출력 8kW 전동기 동손을 P_{c1}, 출력 2kW 전동기 동손을 P_{c2}라고 가정한다.
- 효율 : 80%=0.8(문제에서 주어짐)
- 출력 8kW(문제에서 주어짐)

$$효율 = \frac{출력}{입력} = \frac{출력}{출력+손실} = \frac{출력}{출력+(철손+동손)}$$ ($\because$ 손실=철손+동손)

① 전부하

$$효율 = \frac{출력}{출력+철손+동손}$$

$$0.8 = \frac{8\text{kW}}{8\text{kW}+P_i+P_{c1}}$$

$$\frac{8\text{kW}}{8\text{kW}+P_i+P_{c1}} = 0.8 = \frac{8}{10}$$ ← 계산 편의를 위해 단위 생략

$$\frac{8}{8+P_i+P_{c1}} = \frac{8}{10}$$

$$\frac{\cancel{8}}{\cancel{8}(8+P_i+P_{c1})} = \frac{1}{10}$$

$10 = 8+P_i+P_{c1}$

$8+P_i+P_{c1} = 10$ ← 좌우 이항

$\boxed{P_i+P_{c1} = 10-8 = 2\text{kW}}$ $(\underline{P_i+P_{c1} = 2\text{kW}})$ ······························ ①

② 출력비 $= \frac{2\text{kW}}{8\text{kW}} = \frac{1}{4}$ 부하

(가)에서 $\boxed{\frac{P_{c2}}{P_{c1}} = \frac{1}{16}}$ 이므로

$$P_{c2} = \frac{1}{16}P_{c1}$$

$$효율 = \frac{출력}{출력+철손+동손}$$

$$0.8 = \frac{2\text{kW}}{2\text{kW}+P_i+P_{c2}} = \frac{2\text{kW}}{2\text{kW}+P_i+\frac{1}{16}P_{c1}}$$

$$0.8 = \frac{2\text{kW}}{2\text{kW} + P_i + \frac{1}{16}P_{c1}}$$

$$\frac{2\text{kW}}{2\text{kW} + P_i + \frac{1}{16}P_{c1}} = 0.8 = \frac{8}{10} = \frac{4}{5}$$

$$\frac{2}{2 + P_i + \frac{1}{16}P_{c1}} = \frac{4}{5}$$ ← 계산 편의를 위해 단위 생략

$$\frac{2}{4\left(2 + P_i + \frac{1}{16}P_{c1}\right)} = \frac{1}{5}$$

$$\frac{5}{2} = 2 + P_i + \frac{1}{16}P_{c1}$$

$$2.5 = 2 + P_i + \frac{1}{16}P_{c1}$$

$$2 + P_i + \frac{1}{16}P_{c1} = 2.5$$ ← 좌우 이항

$$\boxed{P_i + \frac{1}{16}P_{c1} = 2.5 - 2 = 0.5\text{kW}} \quad \left(P_i + \frac{1}{16}P_{c1} = 0.5\text{kW}\right) \cdots\cdots ②$$

P_{c1}를 구하기 위해 ①식에서 ②식을 빼면

$$\begin{array}{r|l} & P_i + P_{c1} = 2\text{kW} \\ - & P_i + \frac{1}{16}P_{c1} = 0.5\text{kW} \\ \hline \end{array}$$

다시 쓰면

$$\begin{array}{r|l} & P_i + \frac{16}{16}P_{c1} = 2\text{kW} \\ - & P_i + \frac{1}{16}P_{c1} = 0.5\text{kW} \\ \hline & \quad \frac{15}{16}P_{c1} = 1.5\text{kW} \end{array}$$ ← 계산을 쉽게 하기 위해 P_{c1} 양변에 16 곱해줌

동손 $P_{c1} = 1.5\text{kW} \times \frac{16}{15} = \boxed{1.6\text{kW}}$

①식에 $P_{c1} = 1.6\text{kW}$ 대입하면

$P_i + P_{c1} = 2\text{kW}$

$P_i + 1.6\text{kW} = 2\text{kW}$

철손 $P_i = 2\text{kW} - 1.6\text{kW} = \boxed{0.4\text{kW}}$

☆

문제 12

소방시설 설치 및 관리에 관한 법령상 소방시설 중 경보설비의 종류 8가지를 쓰시오. (23.11.문18)

득점	배점
	8

○
○
○
○
○
○
○
○

① 자동화재탐지설비	② 시각경보기
③ 자동화재속보설비	④ 누전경보기
⑤ 가스누설경보기	⑥ 비상방송설비
⑦ 비상경보설비	⑧ 단독경보형 감지기

해설

구 분	경보설비	피난구조설비	소화활동설비
정의	화재발생 사실을 통보하는 기계·기구 또는 설비	화재가 발생할 경우 피난하기 위하여 사용하는 기구 또는 설비	화재를 진압하거나 인명구조활동을 위하여 사용하는 설비
종류	① **자**동화재탐지설비·시각경보기 ② **자**동화재속보설비 ③ **가**스누설경보기 ④ **비**상방송설비 ⑤ **비**상경보설비(비상벨설비, 자동식 사이렌설비) ⑥ **누**전경보기 ⑦ **단**독경보형 감지기 ⑧ 통합감시시설 ⑨ 화재알림설비 기억법 경자가비누단(경자가 비누를 단독으로 쓴다.)	(1) 피난기구 ─ 피난사다리 ─ 구조대 ─ 완강기 ─ 소방청장이 정하여 고시하는 화재안전기준으로 정하는 것(미끄럼대, 피난교, 공기안전매트, 피난용 트랩, 다수인 피난장비, 승강식 피난기, 간이완강기, 하향식 피난구용 내림식 사다리) (2) **인**명구조기구 ─ **방열**복 ─ 방**화**복(안전모, 보호장갑, 안전화 포함) ─ **공**기호흡기 ─ **인**공소생기 기억법 방화열공인 (3) 유도등 ─ 피난유도선 ─ 피난구유도등 ─ 통로유도등 ─ 객석유도등 ─ 유도표지 (4) 비상조명등·휴대용 비상조명등	(1) **연**결송수관설비 (2) **연**결살수설비 (3) **연**소방지설비 (4) **무**선통신보조설비 (5) **제**연설비 (6) **비**상**콘**센트설비 기억법 3연무제비콘

☆☆☆

문제 13

가로 15m, 세로 5m인 특정소방대상물에 이산화탄소 소화설비를 설치하려고 한다. 연기감지기의 최소 설치개수를 구하시오. (단, 감지기의 부착높이는 3m이다.) (22.7.문2, 21.11.문14, 17.6.문12, 07.11.문8)

○ 계산과정 :

○ 답 :

득점	배점
	3

○ 계산과정 : $\dfrac{15 \times 5}{150} = 0.5 \fallingdotseq 1$개

1개×2회로=2개

○ 답 : 2개

부착높이에 따른 **연기감지기**의 **종류** (단위 : m^2)

부착높이	감지기의 종류	
	1종 및 2종	3종
4m 미만 →	150	50
4~20m 미만	75	–

종별이 주어지지 않았기 때문에 2종 감지기로 가정하고, 설치높이가 **3m**(4m 미만)이므로 감지기 1개가 담당하는 바닥면적은 $150m^2$가 되어 $\frac{15m \times 5m}{150m^2} = \frac{75m^2}{150m^2} = 0.5 ≒ 1$개

이산화탄소 소화설비가 **교차회로방식**이므로 **2회로**를 곱하면 1개×2회로=2개

참고

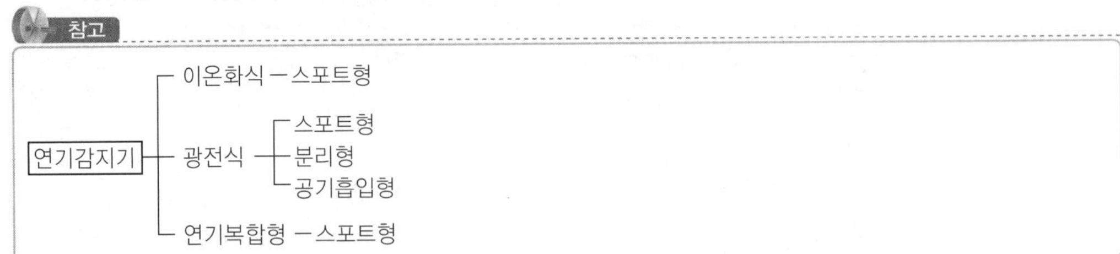

중요

송배선식과 **교차회로방식**

구 분	송배선식	교차회로방식
목적	**감지기회로**의 **도통시험**을 용이하게 하기 위하여	감지기의 **오동작** 방지
원리	배선의 도중에서 분기하지 않는 방식	하나의 담당구역 내에 **2 이상**의 **감지기회로**를 설치하고 **2 이상**의 **감지기회로**가 **동시**에 **감지**되는 때에 설비가 작동하는 방식으로 회로방식이 **AND회로**에 해당된다.
적용 설비	• 자동화재탐지설비 • 제연설비	• **분**말소화설비 • **할**론소화설비 • **이**산화탄소 소화설비 • **준**비작동식 스프링클러설비 • **일**제살수식 스프링클러설비 • **할**로겐화합물 및 불활성기체 소화설비 • **부**압식 스프링클러설비 기억법 **분할이 준일할부**
가닥수 산정	종단저항을 수동발신기함 내에 설치하는 경우 **루프(loop)**된 곳은 **2가닥, 기타 4가닥**이 된다. 수동 발신기함 / 루프(loop) ‖ 송배선식 ‖	**말단**과 **루프**(loop)된 곳은 **4가닥, 기타 8가닥**이 된다. 말단 / 수동 발신기함 / 루프(loop) ‖ 교차회로방식 ‖

☆☆ **문제 14**

특정소방대상물에 설치된 소방시설 등을 구성하는 전부 또는 일부를 개설(改設), 이전(移轉) 또는 정비(整備)하는 소방시설공사의 착공신고 대상 3가지를 쓰시오. (단, 고장 또는 파손 등으로 인하여 작동시킬 수 없는 소방시설을 긴급히 교체하거나 보수하여야 하는 경우에는 신고하지 않을 수 있다.)

(23.11.문12, 18.4.문8, 15.7.문12)

득점	배점
	6

○

○

○

해답 ① 수신반
② 소화펌프
③ 동력(감시)제어반

- **수신반**이 정답! 수신기가 아님. 수신기는 자동화재탐지설비에 사용되는 것임
- **소화펌프**가 정답! 소방펌프가 아님
- **동력**, **감시** 모두 써야 정답! 동력(감시)제어반은 동력제어반 및 감시제어반을 뜻한다.

공사업법 시행령 4조

특정소방대상물에 설치된 소방시설 등을 구성하는 전부 또는 일부를 **개설**, **이전** 또는 **정비**하는 공사(단, 고장 또는 파손 등으로 인하여 작동시킬 수 없는 소방시설을 긴급히 교체하거나 보수하여야 하는 경우에는 신고하지 않을 수 있다.)

(1) **수신반**

(2) **소화펌프**

(3) **동력(감시)제어반**

문제 15

역률 80%, 용량 100kVA의 유도전동기가 있다. 여기에 역률 60%, 용량 50kVA의 전동기를 추가로 설치하고, 전동기 합성 역률을 90%로 개선하고자 할 경우 필요한 전력용 콘덴서의 용량〔kVA〕을 구하시오. (22.7.문6)

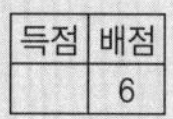

득점	배점
	6

○ 계산과정 :

○ 답 :

해답 ○ 계산과정 :

① 역률 80%, 용량 100kVA의 유도전동기

$P = 100 \times 0.8 = 80\text{kW}$

$\sin\theta_1 = \sqrt{1-0.8^2} = 0.6$

$P_r = 100 \times 0.6 = 60\text{kVar}$

② 역률 60%, 용량 50kVA의 유도전동기

$P = 50 \times 0.6 = 30\text{kW}$

$\sin\theta_2 = \sqrt{1-0.6^2} = 0.8$

$P_r = 50 \times 0.8 = 40\text{kVar}$

③ 유효전력과 무효전력의 합

$$\begin{array}{r} 80 + j60 \\ + \quad 30 + j40 \\ \hline 110 + j100 \end{array}$$

$\therefore\ P_3 = 110\text{kW},\ P_{r3} = 100\text{kVar}$

$$\cos\theta = \frac{110}{\sqrt{110^2 + 100^2}} = 0.74$$

$$Q_C = 110 \times \left(\frac{\sqrt{1-0.74^2}}{0.74} - \frac{\sqrt{1-0.9^2}}{0.9}\right) = 46.7\text{kVA}$$

○ 답 : 46.7kVA

(1) **역률 80%, 용량 100kVA**의 **유도전동기**

〈기호〉
- $\cos\theta_1$: 80%=0.8(문제에서 주어짐)
- P_{a1} : 100kVA(문제에서 주어짐)

유효전력

$$P = VI\cos\theta = P_a\cos\theta$$

여기서, P : 유효전력〔kW〕
V : 전압〔kV〕
I : 전류〔A〕
$\cos\theta$: 역률
P_a : 피상전력〔kVA〕

유효전력 $P = P_{a1}\cos\theta_1 = 100\text{kVA} \times 0.8 = 80\text{kW}$

무효율

$$\sin\theta = \sqrt{1-\cos\theta^2}$$

여기서, $\sin\theta$: 무효율
$\cos\theta$: 역률

$\sin\theta_1 = \sqrt{1-\cos\theta_1{}^2} = \sqrt{1-0.8^2} \fallingdotseq 0.6$

무효전력

$$P_r = VI\sin\theta = P_a\sin\theta$$

여기서, P_r : 무효전력〔kVar〕
V : 전압〔V〕
I : 전류〔A〕
$\sin\theta$: 무효율
P_a : 피상전력〔kVA〕

무효전력 $P_r = P_{a1}\sin\theta_1 = 100\text{kVA} \times 0.6 = 60\text{kVar}$

(2) **역률 60%, 용량 50kVA**의 **유도전동기**

〈기호〉
- $\cos\theta_2$: 60%=0.6
- P_{a2} : 50kVA

유효전력

$$P = VI\cos\theta = P_a\cos\theta$$

여기서, P : 유효전력〔kW〕
V : 전압〔kV〕
I : 전류〔A〕
$\cos\theta$: 역률
P_a : 피상전력〔kVA〕

유효전력 $P = P_{a2}\cos\theta_2 = 50\text{kVA} \times 0.6 = 30\text{kW}$

무효율

$$\sin\theta = \sqrt{1-\cos\theta^2}$$

여기서, $\sin\theta$: 무효율
$\cos\theta$: 역률

$\sin\theta_2 = \sqrt{1-\cos\theta_2{}^2} = \sqrt{1-0.6^2} \fallingdotseq 0.8$

무효전력

$$P_r = VI\sin\theta = P_a\sin\theta$$

여기서, P_r : 무효전력〔kVar〕
V : 전압〔V〕
I : 전류〔A〕
$\sin\theta$: 무효율
P_a : 피상전력〔kVA〕

무효전력 $P_r = P_{a2}\sin\theta_2 = 50\text{kVA} \times 0.8 = 40\text{kVar}$

(3) **유효전력**과 **무효전력**의 **합**

① 역률 80%, 용량 100kVA의 유도전동기$=80\text{kW}+j60\text{kVar}$
② 역률 60%, 용량 50kVA의 유도전동기$=30\text{kW}+j40\text{kVar}$

$$\begin{array}{r} 80+j60 \\ +\ 30+j40 \\ \hline 110+j100 \end{array}$$
← 계산 편의를 위해 단위 생략

$\therefore\ P_3 = 110\text{kW},\ P_{r3} = 100\text{kVar}$

(4) **합성역률**

〈기호〉
- P_3 : 110kW
- P_{r3} : 100kVar

$$\cos\theta = \frac{P}{P_a}$$

여기서, P : 유효전력〔kW〕
P_a : 피상전력〔kVA〕

합성역률 $\cos\theta = \dfrac{P}{P_a} = \dfrac{P_3}{\sqrt{{P_3}^2 + {P_{r3}}^2}} = \dfrac{110\text{kW}}{\sqrt{(110\text{kW})^2 + (100\text{kVar})^2}} = 0.74$

(5) **콘덴서**의 **용량**(Q_C)

〈기호〉
- $\cos\theta_1$: 0.74
- $\cos\theta_2$: 90%=0.9(문제에서 90%로 개선한다고 했으므로)

$$Q_C = P\left(\frac{\sin\theta_1}{\cos\theta_1} - \frac{\sin\theta_2}{\cos\theta_2}\right) = P\left(\frac{\sqrt{1-{\cos\theta_1}^2}}{\cos\theta_1} - \frac{\sqrt{1-{\cos\theta_2}^2}}{\cos\theta_2}\right)$$

여기서, Q_C : 콘덴서의 용량〔kVA〕
P : 유효전력〔kW〕
$\cos\theta_1$: 개선 전 역률
$\cos\theta_2$: 개선 후 역률
$\sin\theta_1$: 개선 전 무효율($\sin\theta_1 = \sqrt{1-{\cos\theta_1}^2}$)
$\sin\theta_2$: 개선 후 무효율($\sin\theta_2 = \sqrt{1-{\cos\theta_2}^2}$)

$$\therefore\ Q_C = P_3\left(\frac{\sqrt{1-{\cos\theta_1}^2}}{\cos\theta_1} - \frac{\sqrt{1-{\cos\theta_2}^2}}{\cos\theta_2}\right) = 110\text{kW} \times \left(\frac{\sqrt{1-0.74^2}}{0.74} - \frac{\sqrt{1-0.9^2}}{0.9}\right) \fallingdotseq 46.7\text{kVA}$$

- 여기서, 단위 때문에 궁금해하는 사람이 있다. 원래 콘덴서 용량의 단위는 **kVar**인데 우리가 언제부터인가 **kVA**로 잘못 표기하고 있는 것뿐이다. 그러므로 문제에서 단위가 주어지지 않았으면 kVar 또는 kVA 어느 단위로 답해도 정답! 이 문제에서는 kVA로 주어졌으므로 kVA로 답하면 된다.
- 단상이든 3상이든 답은 동일하게 나오니 단상, 3상을 신경쓰지 않아도 된다.

문제 16

다음 그림은 브리지 회로를 나타낸다. 평형조건이 만족할 때 R_2를 구하시오.

득점	배점
	5

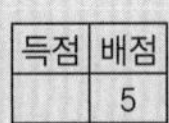

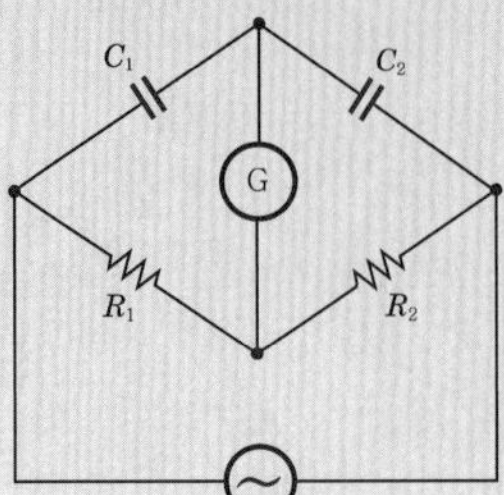

○ 계산과정 :
○ 답 :

해답

○ 계산과정 : $\frac{1}{j\omega C_1}\times R_2 = R_1 \times \frac{1}{j\omega C_2}$

$$\frac{R_2}{C_1}=\frac{R_1}{C_2}$$

$$R_2 C_2 = R_1 C_1$$

$$R_2 = \frac{R_1 C_1}{C_2}$$

○ 답 : $R_2 = \frac{R_1 C_1}{C_2}$

해설 **교류브리지 평행조건**

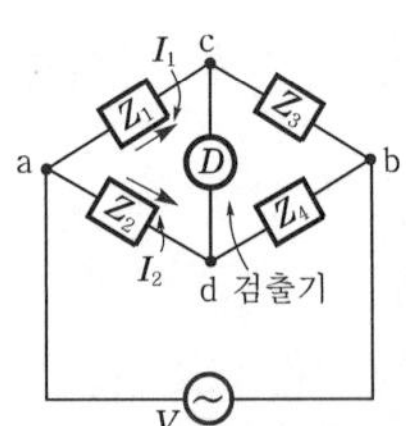

$$I_1 Z_1 = I_2 Z_2$$

$$I_1 Z_3 = I_2 Z_4$$

$$\therefore\ Z_1 Z_4 = Z_2 Z_3$$

$$\boxed{\begin{aligned} Z_1 &= \frac{1}{j\omega C_1} \\ Z_2 &= R_1 \\ Z_3 &= \frac{1}{j\omega C_2} \\ Z_4 &= R_2 \end{aligned}}$$

$$Z_1 Z_4 = Z_2 Z_3$$

$$\frac{1}{\cancel{j\omega} C_1}\times R_2 = R_1 \times \frac{1}{\cancel{j\omega} C_2}$$

$$\frac{R_2}{C_1}=\frac{R_1}{C_2}$$

$$R_2 C_2 = R_1 C_1$$

$$R_2 = \frac{R_1 C_1}{C_2}$$

• 필기 문제가 나와서 당황스러우시죠? 그래도 씩씩하게 ^^

☆
문제 17

한국전기설비규정(KEC)에서 규정하는 금속관공사의 시설조건에 관한 ( ) 안에 알맞은 말을 쓰시오.

(17.4.문14)

득점	배점
	6

○ 전선은 절연전선((①) 제외)일 것
○ 전선은 (②)일 것. 단, 다음의 것은 적용하지 않는다.
– 짧고 가는 금속관에 넣은 것
– 단면적 (③)mm^2(알루미늄선은 단면적 (④)mm^2) 이하의 것
○ 전선은 금속관 안에서 (⑤)이 없도록 할 것
○ 관의 끝 부분에는 전선의 피복을 손상하지 않도록 (⑥)을 사용할 것

①: ②: ③: ④: ⑤: ⑥:

해답 ① 옥외용 비닐절연전선 ② 연선
③ 10 ④ 16
⑤ 접속점 ⑥ 부싱

해설 **금속관공사**의 **시설조건**(KEC 232.12.1)
(1) 전선은 **절연전선**(**옥외용 비닐절연전선** 제외)일 것
(2) 전선은 **연선**일 것. 단, 다음의 것은 적용하지 않는다.
① 짧고 가는 금속관에 넣은 것
② 단면적 **10mm^2**(알루미늄선은 단면적 **16mm^2**) 이하의 것
(3) 전선은 금속관 안에서 **접속점**이 없도록 할 것
(4) 관의 끝 부분에는 전선의 피복을 손상하지 않도록 **부싱**을 사용할 것

비교

금속관 및 부속품의 **시설**(KEC 232.12.3)
(1) 관 상호간 및 관과 박스 기타의 부속품과는 **나사접속** 기타 이와 동등 이상의 효력이 있는 방법에 의하여 견고하고 또한 전기적으로 완전하게 접속할 것
(2) 관의 끝 부분에는 전선의 피복을 손상하지 아니하도록 **부싱**을 사용할 것 (단, 금속관공사로부터 애자사용공사로 옮기는 경우에는 그 부분의 관의 끝부분에는 절연부싱 또는 이와 유사한 것 사용)
(3) 습기가 많은 장소 또는 물기가 있는 장소에 시설하는 경우에는 **방습장치**를 할 것
(4) 관에는 **접지공사**를 할 것 (단, 사용전압이 **400V 이하**로서 다음에 해당하는 경우 제외)
① 관의 길이(**2개** 이상의 관을 접속하여 사용하는 경우에는 그 전체의 길이)가 **4m** 이하인 것을 건조한 장소에 시설하는 경우
② 옥내배선의 사용전압이 **직류 300V** 또는 **교류대지전압 150V** 이하로서 그 전선을 넣는 관의 길이가 **8m** 이하인 것을 사람이 쉽게 접촉할 우려가 없도록 시설하는 경우 또는 건조한 장소에 시설하는 경우
(5) 금속관을 금속제의 풀박스에 접속하여 사용하는 경우에는 (1)의 규정에 준하여 시설하여야 한다. (단, 기술상 부득이한 경우에는 관 및 풀박스를 건조한 곳에서 불연성의 **조영재**에 견고하게 시설하고 또한 관과 풀박스 상호간을 전기적으로 접속하는 때는 제외)

☆☆☆
문제 18

자동화재탐지설비 수신기의 동시작동시험의 목적을 쓰시오. (19.11.문14, 17.11.문8, 11.7.문14, 09.10.문1)

○

득점	배점
	3

해답 감지기회로가 동시에 수회선 작동하더라도 수신기의 기능에 이상이 없는지 여부 확인

해설

- **'수회선 작동하더라도~'**이 아닌, **'5회선 작동하더라도~'**이라고 답하는 사람도 있는데 정확히 **수회선**이 정답!

‖ **자동화재탐지설비**의 **시험** ‖

시험 종류	시험방법	가부판정기준(확인사항)
화재표시 작동시험	① 회로선택스위치로서 실행하는 시험 : 동작시험스위치를 눌러서 스위치주의등의 점등을 확인한 후 회로선택스위치를 차례로 회전시켜 **1회로**마다 화재시의 작동시험을 행할 것 ② 감지기 또는 발신기의 작동시험과 함께 행하는 방법 : 감지기 또는 발신기를 차례로 작동시켜 경계구역과 지구표시등과의 접속상태를 확인할 것	① 각 **릴레이**(relay)의 작동 ② **화재표시등, 지구표시등**, 그 밖의 표시장치의 점등(램프의 단선도 함께 확인할 것) ③ **음향장치** 작동확인 ④ **감지기회로** 또는 **부속기기회로**와의 연결접속이 정상일 것
회로도통시험	목적 : **감지기회로**의 **단선**의 **유무**와 기기 등의 접속상황을 확인 ① 도통시험스위치를 누른다. ② 회로선택스위치를 차례로 회전시킨다. ③ 각 회선별로 전압계의 전압을 확인한다. (단, 발광다이오드로 그 정상 유무를 표시하는 것은 발광다이오드의 점등 유무를 확인함) ④ 종단저항 등의 접속상황을 조사한다.	각 회선의 **전압계**의 **지시치** 또는 발광다이오드(LED)의 점등 유무 상황이 정상일 것
공통선시험 (단, 7회선 이하는 제외)	목적 : 공통선이 담당하고 있는 경계구역의 적정 여부 확인 ① 수신기 내 접속단자의 회로공통선을 1선 제거한다. ② 회로도통시험의 예에 따라 도통시험스위치를 누르고, 회로선택스위치를 차례로 회전시킨다. ③ 전압계 또는 발광다이오드를 확인하여 **'단선'**을 지시한 경계구역의 회선수를 조사한다.	공통선이 담당하고 있는 경계구역수가 **7 이하**일 것
예비전원시험	목적 : 상용전원 및 비상전원이 사고 등으로 정전된 경우 자동적으로 예비전원으로 절환되며, 또한 정전복구시에 자동적으로 상용전원으로 절환되는지의 여부 확인 ① 예비전원시험스위치를 누른다. ② 전압계의 지시치가 지정범위 내에 있을 것(단, 발광다이오드로 그 정상 유무를 표시하는 것은 발광다이오드의 정상 점등 유무를 확인함) ③ 교류전원을 개로(또는 상용전원을 차단)하고 자동절환 릴레이의 작동상황을 조사한다.	① 예비전원의 **전압** ② 예비전원의 **용량** ③ 예비전원의 **절환상황** ④ 예비전원의 **복구작동**이 정상일 것
동시작동시험 (단, 1회선은 제외)	목적 : 감지기회로가 동시에 수회선 작동하더라도 수신기의 기능에 이상이 없는가의 여부 확인 ① 주전원에 의해 행한다. ② 각 회선의 화재작동을 복구시키는 일이 없이 **5회선**(5회선 미만은 전회선)을 동시에 작동시킨다. ③ ②의 경우 주음향장치 및 지구음향장치를 작동시킨다. ④ 부수신기와 표시기를 함께 하는 것에 있어서는 이 모두를 작동상태로 하고 행한다.	각 회선을 동시 작동시켰을 때 ① **수신기**의 이상 유무 ② **부수신기**의 이상 유무 ③ **표시장치**의 이상 유무 ④ **음향장치**의 이상 유무 ⑤ **화재**시 **작동**을 정확하게 계속하는 것일 것
지구음향장치 작동시험	목적 : 화재신호와 연동하여 음향장치의 정상작동 여부 확인, 임의의 감지기 또는 발신기 작동	① 지구음향장치가 작동하고 음량이 정상일 것 ② 음량은 음향장치의 중심에서 **1m** 떨어진 위치에서 **90dB** 이상일 것
회로저항시험	감지기회로의 선로저항치가 수신기의 기능에 이상을 가져오는지 여부 확인	하나의 감지기회로의 합성저항치는 **50Ω** 이하로 할 것
저전압시험	정격전압의 **80%**로 하여 행한다.	–
비상전원시험	비상전원으로 **축전지설비**를 사용하는 것에 대해 행한다.	

기억법 **도표공동 예저비지**

- 가부판정의 기준=양부판정의 기준

과년도 출제문제

2023년

소방설비기사 실기(전기분야)

**** 수험자 유의사항 ****

1. 문제지를 받는 즉시 응시 종목의 문제가 맞는지 확인하셔야 합니다.
2. 답안지 내 인적사항 및 답안작성(계산식 포함)은 검정색 필기구만을 계속 사용하여야 합니다.
3. 답안정정 시에는 **두 줄(=)**을 긋고 다시 기재 가능하며, **수정테이프 사용** 또한 **가능**합니다.
4. 계산문제는 반드시 '계산과정'과 '답'란에 정확히 기재하여야 하며 **계산과정이 틀리거나 없는 경우 0점 처리**됩니다.
   ※ 연습이 필요 시 연습란을 이용하여야 하며, 연습란은 채점대상이 아닙니다.
5. 계산문제는 **최종결과** 값(답)에서 **소수 셋째자리에서 반올림**하여 **둘째자리**까지 구하여야 하나 개별 문제에서 소수처리에 대한 별도 요구사항이 있을 경우, 그 요구사항에 따라야 합니다.
6. 답에 단위가 없으면 오답으로 처리됩니다. (단, 문제의 요구사항에 단위가 주어졌을 경우는 생략되어도 무방합니다.)
7. 문제에서 요구한 가지 수 이상을 답란에 표기한 경우, **답란기재 순**으로 **요구한 가지 수**만 채점합니다.

2023. 4. 22 시행

▌2023년 기사 제1회 필답형 실기시험▐			수험번호	성명	감독위원 확 인
자격종목 소방설비기사(전기분야)	시험시간 3시간	형별			

※ 다음 물음에 답을 해당 답란에 답하시오.(배점 : 100)

☆☆☆

문제 01

예비전원설비로 이용되는 축전지에 대한 다음 각 물음에 답하시오. (21.11.문1, 20.10.문14)

득점	배점
	6

유사문제부터 풀어보세요. 실력이 팍!팍! 올라갑니다.

(가) 보수율의 의미를 쓰고, 그 것을 산정하는 값은 보통 얼마인지 쓰시오.

○ 의미 :

○ 값 :

(나) 연축전지와 알칼리축전지의 공칭전압[V]을 쓰시오.

○ 연축전지 :

○ 알칼리축전지 :

(다) 최저허용전압이 1.06V/cell일 때 축전지용량[Ah]을 구하시오.

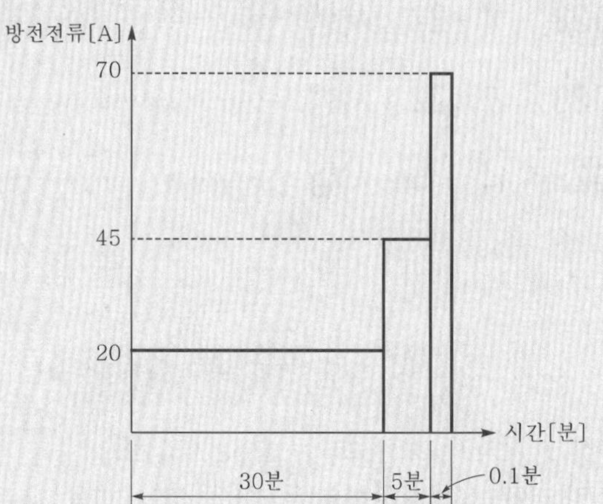

▌용량환산시간계수 K(온도 5℃에서)▐

최저허용전압[V/cell]	0.1분	1분	5분	10분	20분	30분
1.10	0.30	0.46	0.56	0.66	0.87	1.04
1.06	0.24	0.33	0.45	0.53	0.70	0.85
1.00	0.20	0.27	0.37	0.45	0.60	0.77

○ 계산과정 :

○ 답 :

해답 (가) ○ 의미 : 부하를 만족하는 용량을 감정하기 위한 계수
○ 값 : 0.8

(나) ○ 연축전지 : 2V
○ 알칼리축전지 : 1.2V

(다) ○ 계산과정 : $\frac{1}{0.8}\times(0.85\times20+0.45\times45+0.24\times70)=67.56\text{Ah}$
○ 답 : 67.56Ah

해설 (가) **보수율**(용량저하율, 경년용량저하율)

① 의미 : ㉠ 부하를 만족하는 용량을 감정하기 위한 계수
㉡ 용량저하를 고려하여 설계시에 미리 보상하여 주는 값
㉢ 축전지의 용량저하를 고려하여 축전지의 용량산정시 여유를 주는 계수

② 값 : 0.8

(나) **연축전지**와 **알칼리축전지**의 비교

구 분	연축전지	알칼리축전지
공칭전압	2.0V/cell	1.2V/cell
방전종지전압	1.6V/cell	0.96V/cell
기전력	2.05~2.08V/cell	1.32V/cell
공칭용량	10Ah	5Ah
기계적 강도	약하다.	강하다.
과충방전에 의한 전기적 강도	약하다.	강하다.
충전시간	길다.	짧다.
종류	클래드식, 페이스트식	소결식, 포켓식
수명	5~15년	15~20년

중요

공칭전압의 **단위**는 V로도 나타낼 수 있지만 좀 더 정확히 표현하자면 **V/cell**이다.

(다)

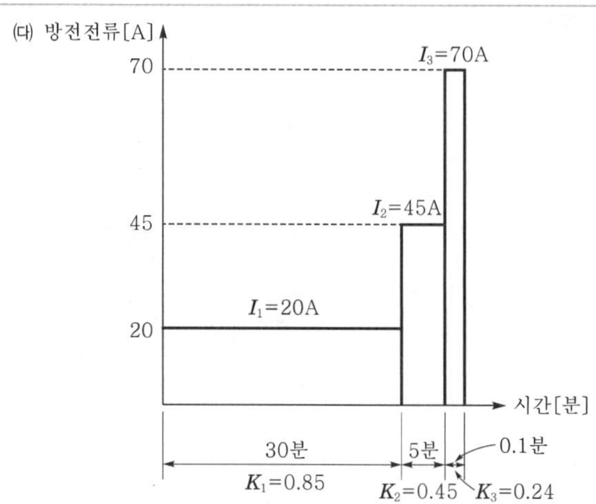

▌용량환산시간계수 K(온도 5℃에서)▐

최저허용전압[V/cell]	0.1분	1분	5분	10분	20분	30분
1.10	0.30	0.46	0.56	0.66	0.87	1.04
1.06 →	0.24 K_3	0.33	0.45 K_2	0.53	0.70	0.85 K_1
1.00	0.20	0.27	0.37	0.45	0.60	0.77

• 문제에서 최저허용전압 1.06V/cell 적용

축전지의 **용량 산출**

$$C=\frac{1}{L}(K_1I_1+K_2I_2)$$

여기서, C : 축전지의 용량〔Ah〕
L : 용량저하율(보수율)
K : 용량환산시간〔h〕
I : 방전전류〔A〕

$$C=\frac{1}{L}(K_1I_1+K_2I_2+K_3I_3)=\frac{1}{0.8}\times(0.85\times 20+0.45\times 45+0.24\times 70)=67.562 ≒ 67.56\text{Ah}$$

- 이 문제는 I_1 =**20A**, **30분**일 때 K_1값, I_2 =**45A**, **5분**일 때 K_2값, I_3 =**70A**, **0.1분**일 때 K_3값을 구해야 하므로 반드시 아래 〔예외규정〕의 **축전지용량 산정**을 이용해서 구해야 한다. 〔중요〕의 (2)의 식을 이용해서 구할 수는 없다. 왜냐하면 주어진 표에서 **35분**, **35.1분**이 없기 때문이다.

예외규정

시간에 따라 **방전전류**가 **증가**하는 경우

$$C=\frac{1}{L}(K_1I_1+K_2I_2+K_3I_3)$$

여기서, C : 축전지의 용량〔Ah〕
L : 용량저하율(보수율)
K : 용량환산시간〔h〕
I : 방전전류〔A〕

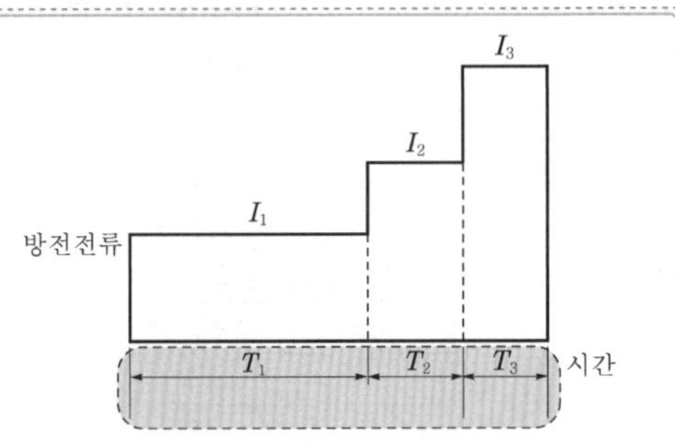

중요

축전지용량 산정

(1) **시간에 따라 방전전류가 감소하는 경우**

① $C_1=\frac{1}{L}K_1I_1$

② $C_2=\frac{1}{L}K_2I_2$

③ $C_3=\frac{1}{L}K_3I_3$

셋 중 큰 값

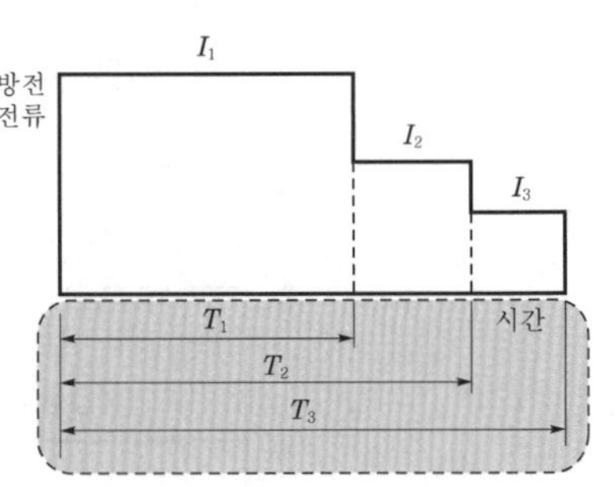

여기서, C : 축전지의 용량〔Ah〕
L : 용량저하율(보수율)
K : 용량환산시간〔h〕
I : 방전전류〔A〕

(2) **시간에 따라 방전전류가 증가하는 경우**

$$C=\frac{1}{L}[K_1I_1+K_2(I_2-I_1)+K_3(I_3-I_2)]$$

여기서, C : 축전지의 용량〔Ah〕
L : 용량저하율(보수율)
K : 용량환산시간〔h〕
I : 방전전류〔A〕

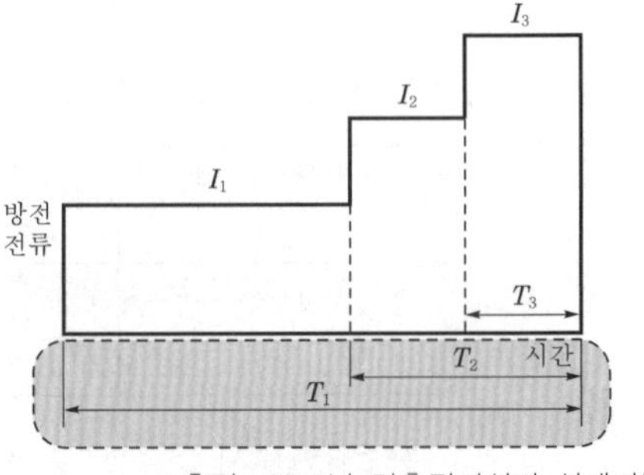

* 출처 : 2016년 건축전기설비 설계기준

(3) **축전지설비**(예비전원설비 설계기준 KDS 31 60 20 : 2021)
① 축전지의 종류 선정은 **축전지**의 **특성**, **유지 보수성**, **수명**, **경제성**과 **설치장소**의 조건 등을 검토하여 선정
② 용량 산정
㉠ 축전지의 출력용량 산정시에는 관계 법령에서 정하고 있는 **예비전원 공급용량** 및 **공급시간** 등을 검토하여 용량을 산정
㉡ 축전지 출력용량은 부하전류와 사용시간 반영
㉢ 축전지는 종류별로 **보수율**, **효율**, **방전종지전압** 및 기타 필요한 계수 등을 반영하여 용량 산정
③ 축전지에서 부하에 이르는 전로는 **개폐기** 및 **과전류차단기** 시설
④ 축전지설비의 보호장치 등의 시설은 전기설비기술기준(한국전기설비규정) 등에 따른다.

★★
문제 02

가스누설경보기에 관한 다음 각 물음에 답하시오. (20.11.문10, 08.7.문10)

득점	배점
	4

(가) 가스의 누설을 표시하는 표시등 및 가스가 누설된 경계구역의 위치를 표시하는 표시등은 등이 켜질 때 어떤 색으로 표시되어야 하는가?
○

(나) 가스누설경보기는 구조에 따라 무슨 형과 무슨 형으로 구분하는가?
○(　　)형, (　　)형

(다) 가스누설경보기 중 가스누설을 검지하여 중계기 또는 수신부에 가스누설의 신호를 발신하는 부분 또는 가스누설을 검지하여 이를 음향으로 경보하고 동시에 중계기 또는 수신부에 가스누설의 신호를 발신하는 부분은 무엇인가?
○

 해답 (가) 황색
(나) 단독, 분리
(다) 탐지부

 해설 (가) **가스누설경보기**의 **점등색**

누설등(가스누설표시등), 지구등	화재등
황색 질문 (가)	적색

용어

누설등 vs 지구등

누설등	지구등
가스의 누설을 표시하는 표시등	가스가 누설될 경계구역의 위치를 표시하는 표시등

(나) **가스누설경보기**의 **분류**

구조에 따라 구분		비 고
단독형 질문 (나)	가정용	−
분리형 질문 (나)	영업용	1회로용
	공업용	1회로 이상용

• **'영업용'**을 **'일반용'**으로 답하지 않도록 주의하라. 일반용은 예전에 사용되던 용어로 요즘에는 **'일반용'** 이란 용어를 사용하지 않는다.

> – **가스누설경보기의 형식승인 및 제품검사의 기술기준**
> **제3조 경보기의 분류** : 경보기는 구조에 따라 **단독형**과 **분리형**으로 구분하며, 분리형은 **영업용**과 **공업용**으로 구분한다. 이 경우 **영업용**은 **1회로용**으로 하며 **공업용**은 **1회로 이상**의 용도로 한다.

(다)

용 어	설 명
경보기구	가스누설경보기 등 화재의 발생 또는 화재의 발생이 예상되는 상황에 대하여 **경보**를 발하여 주는 설비
지구경보부	가스누설경보기의 수신부로부터 발하여진 신호를 받아 **경보음**을 발하는 것으로서 **경보기**에 **추가**로 **부착**하여 사용되는 부분
탐지부 질문 (다)	가스누설경보기 중 가스누설을 검지하여 **중계기** 또는 **수신부**에 가스누설의 **신호**를 **발신**하는 부분 또는 **가스누설**을 **검지**하여 이를 **음향**으로 **경보**하고 동시에 중계기 또는 수신부에 가스누설의 신호를 발신하는 부분
수신부	가스누설경보기 중 탐지부에서 발하여진 가스누설신호를 **직접** 또는 **중계기**를 통하여 수신하고 이를 관계자에게 **음향**으로서 경보하여 주는 것
부속장치	경보기에 연결하여 사용되는 **환풍기** 또는 **지구경보부** 등에 **작동신호원**을 공급시켜 주기 위하여 경보기에 부수적으로 설치된 장치

• **'경보기구'**와 **'지구경보부'**를 혼동하지 않도록 주의하라!

☆☆

문제 03

시각경보기를 설치하여야 하는 특정소방대상물을 3가지 쓰시오.

(19.4.문16, 17.11.문5, 17.6.문4, 16.6.문13, 15.7.문8)

○
○
○

득점	배점
	5

 해답

① 근린생활시설
② 문화 및 집회시설
③ 종교시설

 해설

• 시각경보장치의 설치기준을 쓰지 않도록 주의하라! 특정소방대상물과 설치기준은 다르다.

시각경보기를 **설치하여야 하는 특정소방대상물**(소방시설법 시행령 [별표 4])

(1) 근린생활시설
(2) 문화 및 집회시설
(3) 종교시설
(4) 판매시설
(5) 운수시설
(6) 운동시설
(7) 위락시설
(8) 물류터미널

(9) 의료시설
(10) 노유자시설
(11) 업무시설
(12) 숙박시설
(13) 발전시설 및 장례시설(장례식장)
(14) 도서관
(15) 방송국
(16) 지하상가

비교

청각장애인용 시각경보장치의 **설치기준**(NFPC 203 8조, NFTC 203 2.5.2)

(1) **복도·통로·청각장애인용 객실** 및 공용으로 사용하는 **거실**에 설치하며, 각 부분에서 유효하게 경보를 발할 수 있는 위치에 설치할 것
(2) **공연장·집회장·관람장** 또는 이와 유사한 장소에 설치하는 경우에는 시선이 집중되는 **무대부 부분** 등에 설치할 것
(3) 바닥으로부터 **2~2.5m** 이하의 높이에 설치할 것(단, 천장높이가 **2m 이하**는 천장에서 **0.15m** 이내의 장소에 설치)

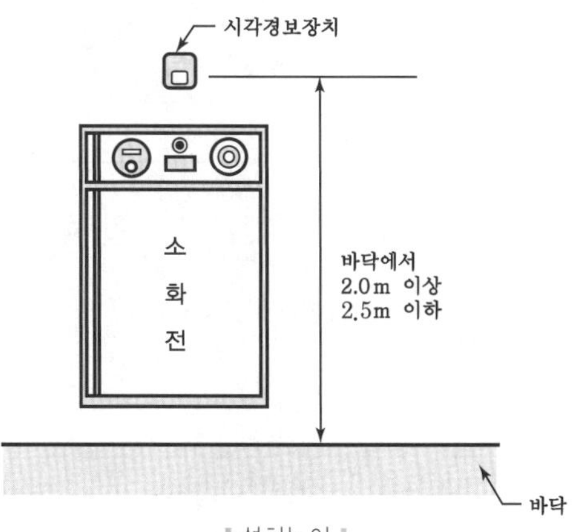

‖ 설치높이 ‖

(4) 광원은 **전용**의 **축전지설비** 또는 **전기저장장치**에 의해 점등되도록 할 것(단, 시각경보기에 작동전원을 공급할 수 있도록 형식승인을 얻은 **수신기**를 설치한 경우는 제외)

☆☆☆

문제 04

피난구유도등에 대한 내용이다. 다음 각 물음에 답하시오.

(21.4.문15, 20.11.문18, 13.7.문13, 12.7.문2, 05.7.문3)

득점	배점
	5

(가) 피난구유도등을 설치해야 되는 장소의 기준 3가지만 쓰시오.
○
○
○

(나) 피난구유도등은 피난구의 바닥으로부터 높이 몇 m 이상의 곳에 설치하여야 하는가?
○

(다) 피난구유도등 표시면의 색상은?

바탕색 ( )　　글자색 ( )

해답 (가) ① 직통계단 · 직통계단의 계단실 및 그 부속실의 출입구
② 출입구에 이르는 복도 또는 통로로 통하는 출입구
③ 안전구획된 거실로 통하는 출입구
(나) 1.5m 이상
(다) ① 바탕색 : 녹색
② 글자색 : 백색

해설 (가) **피난구유도등**의 **설치장소**(NFPC 303 5조, NFTC 303 2.2.1)

설치장소	도 해
옥내로부터 직접 지상으로 통하는 출입구 및 그 부속실의 출입구	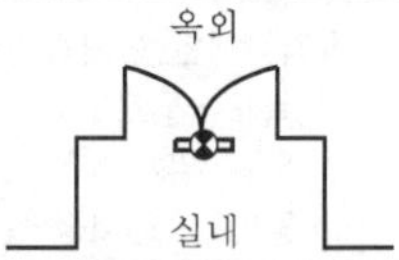
직통계단 · 직통계단의 **계단실** 및 그 부속실의 출입구	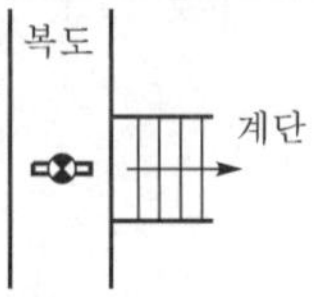
출입구에 이르는 **복도** 또는 **통로**로 통하는 출입구	
안전구획된 거실로 통하는 출입구	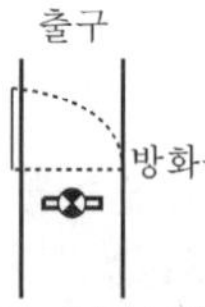

참고
피난구유도등 : 피난구 또는 피난경로로 사용되는 **출입구**가 있다는 것을 표시하는 **녹색등화**의 유도등

(나) **설치높이**

설치높이	유도등 · 유도표지
1m 이하	• 복도통로유도등 • 계단통로유도등 • 통로유도표지
1.5m 이상	• 피난구유도등 질문 (나) • 거실통로유도등

(다) **표시면**의 **색상**

통로유도등	피난구유도등
백색바탕에 **녹색문자**	**녹색바탕**에 **백색문자** 질문 (다)

☆☆
문제 05

복도통로유도등의 설치기준을 4가지 쓰시오.

(20.10.문12, 18.11.문8)

득점	배점
	8

○
○
○
○

해답 ① 복도에 설치하되 피난구유도등이 설치된 출입구의 맞은편 복도에는 입체형으로 설치하거나, 바닥에 설치
② 구부러진 모퉁이 및 통로유도등을 기점으로 보행거리 20m마다 설치
③ 바닥으로부터 높이 1m 이하의 위치에 설치
④ 바닥에 설치하는 통로유도등은 하중에 따라 파괴되지 않는 강도의 것으로 할 것

해설 **복도통로유도등**의 **설치기준**(NFPC 303 6조, NFTC 303 2.3.1.1)
(1) **복도**에 설치하되 피난구유도등이 설치된 출입구의 맞은편 복도에는 입체형으로 설치하거나, 바닥에 설치할 것
(2) 구부러진 모퉁이 및 통로유도등을 기점으로 **보행거리 20m**마다 설치할 것
(3) 바닥으로부터 높이 **1m 이하**의 위치에 설치할 것(단, 지하층 또는 무창층의 용도가 **도매시장 · 소매시장 · 여객자동차터미널 · 지하철역사** 또는 **지하상가**인 경우에는 복도 · 통로 중앙부분의 바닥에 설치할 것)
(4) 바닥에 설치하는 통로유도등은 하중에 따라 파괴되지 않는 강도의 것으로 할 것

※ **복도통로유도등** : 피난통로가 되는 복도에 설치하는 통로유도등으로서 피난구의 방향을 명시하는 것

비교

거실통로유도등의 설치기준	계단통로유도등의 설치기준
① 거실의 통로에 설치할 것(단, 거실의 통로가 **벽체** 등으로 **구획**된 경우에는 **복도통로유도등**을 설치할 것) ② 구부러진 모퉁이 및 **보행거리 20m**마다 설치할 것 ③ 바닥으로부터 높이 **1.5m 이상**의 위치에 설치할 것	① 각 층의 **경사로참** 또는 **계단참**마다(1개층에 경사로참 또는 계단참이 2 이상 있는 경우에는 2개의 계단참마다) 설치할 것 ② 바닥으로부터 높이 **1m 이하**의 위치에 설치할 것

☆☆☆
문제 06

비상콘센트설비의 설치기준에 관해 다음 빈칸을 완성하시오.

(22.5.문8, 19.4.문3, 18.6.문8, 14.4.문8, 08.4.문6)

득점	배점
	5

○ 하나의 전용회로에 설치하는 비상콘센트는 (①)개 이하로 할 것. 이 경우 전선의 용량은 각 비상콘센트[비상콘센트가 (②)개 이상인 경우에는 (③)개]의 공급용량을 합한 용량 이상의 것으로 해야 한다.
○ 전원회로의 배선은 (④)으로, 그 밖의 배선은 (④) 또는 (⑤)으로 할 것

해답 ① 10
② 3
③ 3
④ 내화배선
⑤ 내열배선

해설 (1) **비상콘센트설비**(NFPC 504 4조, NFTC 504 2.1)

종 류	전 압	공급용량	플러그접속기
단상 교류	220V	1.5kVA 이상	접지형 2극

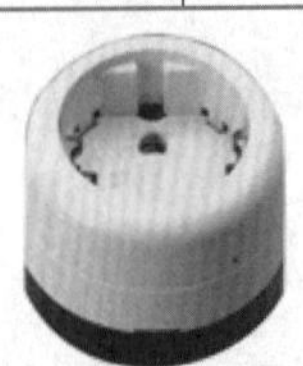

‖접지형 2극 플러그접속기‖

(2) 하나의 전용회로에 설치하는 비상콘센트는 **10개** 이하로 할 것(전선의 용량은 **3개** 이상일 때 **3개**) 보기 ① ②

설치하는 비상콘센트 수량	전선의 용량 산정시 적용하는 비상콘센트 수량	전선의 용량
1	1개 이상	1.5kVA 이상
2	2개 이상	3.0kVA 이상
3~10	3개 이상 보기 ③	4.5kVA 이상

(3) 전원회로는 각 층에 있어서 **2 이상**이 되도록 설치할 것(단, 설치하여야 할 층의 콘센트가 **1개**인 때에는 하나의 회로로 할 수 있다.)
(4) 플러그접속기의 칼받이 접지극에는 **접지공사**를 하여야 한다. (감전보호가 목적이므로 **보호접지**를 해야 한다.)
(5) 풀박스는 **1.6mm** 이상의 철판을 사용할 것
(6) 절연저항은 **전원부**와 **외함** 사이를 **직류 500V 절연저항계**로 측정하여 **20MΩ** 이상일 것
(7) 전원으로부터 각 층의 비상콘센트에 분기되는 경우에는 **분기배선용 차단기**를 보호함 안에 설치할 것
(8) 바닥으로부터 **0.8~1.5m** 이하의 높이에 설치할 것
(9) 전원회로는 주배전반에서 **전용회로**로 하며, 배선의 종류는 **내화배선**, 그 밖의 배선은 **내화배선** 또는 **내열배선**일 것 보기 ④ ⑤

전원회로의 배선	그 밖의 배선
내화배선	내화배선 또는 내열배선

※ **풀박스**(pull box): 배관이 긴 곳 또는 굴곡부분이 많은 곳에서 시공을 용이하게 하기 위하여 배선 도중에 사용하여 전선을 끌어들이기 위한 박스

☆☆☆

문제 07

비상콘센트설비의 설치기준에 대한 다음 각 물음에 답하시오.

(20.5.문8, 19.4.문15, 12.7.문12, 12.4.문13, 11.7.문8, 11.5.문1, 10.7.문7)

득점	배점
	5

(가) 비상콘센트설비의 정의를 쓰시오.
○

(나) 전원회로의 공급용량은 몇 kVA 이상인지 쓰시오.
○

(다) 플러그접속기의 칼받이 접지극에 하는 접지공사의 종류를 쓰시오.
○

(라) 220V 전원에 1kW 송풍기를 연결하여 운전하는 경우 회로에 흐르는 전류[A]를 구하시오. (단, 역률은 90%이다.)
○ 계산과정 :
○ 답 :

해답 (개) 화재시 소화활동 등에 필요한 전원을 전용회선으로 공급하는 설비

(내) 1.5kVA

(대) 보호접지

(래) ○ 계산과정 : $\frac{1\times10^3}{220\times0.9} \fallingdotseq 5.05\text{A}$

○ 답 : 5.05A

해설 **비상콘센트설비**(NFPC 504 3 · 4조, NFTC 504 1.7~2.1)

(개) **용어**

용 어	정 의
비상전원	**상용전원**으로부터 전력의 공급이 중단된 때에는 **자동**으로 공급되는 전원
비상콘센트설비	화재시 **소화활동** 등에 필요한 **전원**을 전용회선으로 공급하는 설비 질문 (개)
저압	**직류**는 **1.5kV 이하**, **교류**는 **1kV 이하**인 것
고압	**직류**는 **1.5kV**를, **교류**는 **1kV**를 초과하고, **7kV 이하**인 것
특고압	**7kV**를 **초과**하는 것

(내) ① **비상콘센트설비**의 **설치기준**

종 류	전 압	공급용량	플러그접속기
단상 교류	220V	1.5kVA 이상 질문 (내)	접지형 2극

② 하나의 전용회로에 설치하는 비상콘센트는 **10개** 이하로 할 것(전선의 용량은 **3개** 이상일 때 **3개**)

설치하는 비상콘센트 수량	전선의 용량 산정시 적용하는 비상콘센트 수량	전선의 용량
1	1개 이상	1.5kVA 이상
2	2개 이상	3.0kVA 이상
3~10	3개 이상	4.5kVA 이상

③ 전원회로는 각 층에 있어서 **2 이상**이 되도록 설치할 것(단, 설치하여야 할 층의 콘센트가 **1개**인 때에는 하나의 회로로 할 수 있다.)

④ 플러그접속기의 칼받이 접지극에는 **접지공사**를 하여야 한다. (감전보호가 목적이므로 **보호접지**를 해야 한다.) 질문 (대)

⑤ 풀박스는 **1.6mm** 이상의 철판을 사용할 것

⑥ 절연저항은 **전원부**와 **외함** 사이를 **직류 500V 절연저항계**로 측정하여 **20MΩ** 이상일 것

⑦ 전원으로부터 각 층의 비상콘센트에 분기되는 경우에는 **분기배선용 차단기**를 보호함 안에 설치할 것

⑧ 바닥으로부터 **0.8~1.5m** 이하의 높이에 설치할 것

⑨ 전원회로는 주배전반에서 **전용회로**로 하며, 배선의 종류는 **내화배선**, 그 밖의 배선은 **내화배선** 또는 **내열배선**일 것

전원회로의 배선	그 밖의 배선
내화배선	내화배선 또는 내열배선

(대)

- 플러그접속기의 칼받이 접지극에는 **감전보호**를 위해 **보호접지**를 해야 한다. 예전에 사용했던 **'제3종 접지공사'**라고 답하면 틀림

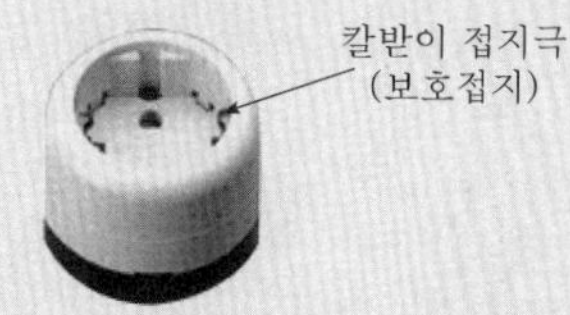

‖ 접지형 2극 플러그접속기 ‖

접지시스템(KEC 140)

접지 대상	접지시스템 구분	접지시스템 시설 종류	접지도체의 단면적 및 종류
특고압 · 고압 설비	• **계통접지** : 전력계통의 이상 현상에 대비하여 대지와 계통을 접지하는 것	• 단독접지 • 공통접지 • 통합접지	**6mm²** 이상 연동선
일반적인 경우			구리 **6mm²** (철제 **50mm²**) 이상
변압기	• **보호접지** : 감전보호를 목적으로 기기의 한 점 이상을 접지하는 것 질문 (다) • **피뢰시스템 접지** : 뇌격전류를 안전하게 대지로 방류하기 위해 접지하는 것	• **변압기 중성점 접지**	**16mm²** 이상 연동선

(라) **단상 콘센트**

① **기호**

- V : 220V
- P : 1kW=1×10³W
- I : ?
- $\cos\theta$: 90%=0.9

②

$$P = VI\cos\theta$$

여기서, P : 단상 전력〔W〕
V : 전압〔V〕
I : 전류〔A〕
$\cos\theta$: 역률

전류 I는

$$I = \frac{P}{V\cos\theta} = \frac{1\times10^3\text{W}}{220\text{V}\times0.9} \fallingdotseq 5.05\text{A}$$

- (라)에서 **220V**로 비상콘센트는 NFPC 504 4조, NFTC 504 2.1.2.1에 의해 **단상 교류**이므로 **단상 교류식** 적용

문제 08

유량 5m³/min, 양정 30m인 펌프전동기의 용량〔kW〕을 계산하시오. (단, 효율 : 0.72, 전달계수 : 1.25)

(22.7.문5, 20.7.문14, 14.11.문12, 11.7.문4, 06.7.문15)

○ 계산과정 :
○ 답 :

득점	배점
	5

○ 계산과정 : $\frac{9.8\times1.25\times30\times5}{0.72\times60} = 42.534 \fallingdotseq 42.53\text{kW}$

○ 답 : 42.53kW

 (1) **기호**

- Q : 5m^3
- t : 60s(문제에서 유량 5m^3/min에서 1min=60s)
- H : 30m
- η : 0.72
- K : 1.25
- P : ?

(2) **전동기**의 **용량** P는

$$P=\frac{9.8KHQ}{\eta t}=\frac{9.8\times1.25\times30\text{m}\times5\text{m}^3}{0.72\times60\text{s}}=42.534 \fallingdotseq 42.53\text{kW}$$

별해

$$P=\frac{0.163KHQ}{\eta}=\frac{0.163\times1.25\times30\text{m}\times5\text{m}^3/\text{min}}{0.72}=42.447 \fallingdotseq 42.45\text{kW}$$

- **별해**와 같이 계산해도 정답! 소수점 차이가 나지만 이것도 정답!

중요

(1) **전동기**의 **용량**을 **구하는 식**

① 일반적인 설비 : **물** 사용설비

t(시간)[s]	t(시간)[min]	비중량이 주어진 경우 적용
$P=\frac{9.8KHQ}{\eta t}$	$P=\frac{0.163KHQ}{\eta}$	$P=\frac{\gamma HQ}{1000\eta}K$
여기서, P : 전동기용량[kW] η : 효율 t : 시간[s] K : 여유계수(전달계수) H : 전양정[m] Q : 양수량(유량)[m^3]	여기서, P : 전동기용량[kW] η : 효율 H : 전양정[m] Q : 양수량(유량)[m^3/min] K : 여유계수(전달계수)	여기서, P : 전동기용량[kW] η : 효율 γ : 비중량(물의 비중량 9800N/m^3) H : 전양정[m] Q : 양수량(유량)[m^3/s] K : 여유계수

② 제연설비(배연설비) : **공기** 또는 **기류** 사용설비

$$P=\frac{P_T\,Q}{102\times60\eta}K$$

여기서, P : 배연기(전동기) (소요)동력[kW]
P_T : 전압(풍압)[mmAq, mmH$_2$O]
Q : 풍량[m^3/min]
K : 여유율(여유계수, 전달계수)
η : 효율

주의

제연설비(배연설비)의 전동기 소요동력은 반드시 위의 식을 적용하여야 한다. 주의! 또 주의!

(2) **아주 중요한 단위환산**(꼭! 기억하시라!)

① 1mmAq=10^{-3}mH$_2$O=10^{-3}m
② 760mmHg=10.332mH$_2$O=10.332m
③ 1Lpm=10^{-3}m^3/min
④ 1HP=0.746kW

☆☆

문제 09

자동화재탐지설비의 P형 수신기와 R형 수신기의 기능을 각각 2가지씩 쓰시오. (20.11.문2, 19.11.문15)

P형 수신기의 기능	R형 수신기의 기능
○ ○	○ ○

득점	배점
	4

해답

P형 수신기의 기능	R형 수신기의 기능
① 화재표시 작동시험장치 ② 예비전원 양부시험장치	① 화재표시 작동시험장치 ② 예비전원 양부시험장치

해설

- 멋지게 답을 쓰고 싶은 사람은 P형 수신기와 R형 수신기의 기능을 해설에서 각각 다른 것으로 써도 괜찮다(단, 점수를 더 주지는 않는다). 그러나 P형과 R형 수신기의 기능을 서로 같게 써도 정답!

수신기

P형 수신기의 기능	R형 수신기의 기능
① 화재표시 작동시험장치 ② 수신기와 감지기 사이의 도통시험장치 ③ 상용전원과 예비전원의 자동절환장치 ④ 예비전원 양부시험장치 ⑤ 기록장치	① 화재표시 작동시험장치 ② 수신기와 중계기 사이의 단선 · 단락 · 도통시험장치 ③ 상용전원과 예비전원의 자동절환장치 ④ 예비전원 양부시험장치 ⑤ 기록장치 ⑥ 지구등 또는 적당한 표시장치

중요

(1) **P형 수신기**와 **R형 수신기**의 **비교**

구 분	P형 수신기	R형 수신기
시스템의 구성	P형 수신기	중계기 R형 수신기
신호전송방식 (신호전달방식)	1 : 1 접점방식	다중전송방식
신호의 종류	공통신호	고유신호
화재표시기구	램프(lamp)	액정표시장치(LCD)
자기진단기능	없다.	있다.
선로수	많이 필요하다.	적게 필요하다.
기기 비용	적게 소요된다.	많이 소요된다.
배관배선공사	선로수가 많이 소요되므로 복잡하다.	선로수가 적게 소요되므로 간단하다.
유지관리	선로수가 많고 수신기에 자기진단기능이 없으므로 어렵다.	선로수가 적고 자기진단기능에 의해 고장발생을 자동으로 경보 · 표시하므로 쉽다.
수신반 가격	기능이 단순하므로 가격이 싸다.	효율적인 감지 · 제어를 위해 여러 기능이 추가되어 있어서 가격이 비싸다.
화재표시방식	창구식, 지도식	창구식, 지도식, CRT식, 디지털식
수신 소요시간	**5초** 이내	**5초** 이내

- 1 : 1 접점방식=개별신호방식=공통신호방식
- 다중전송방식=다중전송신호방식=다중통신방식=고유신호방식

(2) **P형 수신기**에 비해 **R형 수신기**의 **특징**

① **선로수**가 적어 경제적이다.
② **선로길이**를 길게 할 수 있다.
③ **증설** 또는 **이설**이 비교적 쉽다.
④ **화재발생지구**를 선명하게 숫자로 표시할 수 있다.
⑤ **신호**의 **전달**이 확실하다.

중요

축적형 수신기

전원차단시간	축적시간	화재표시감지시간
1~3초 이하	30~60초 이하	60초(차단 및 인가 1회 이상 반복)

☆☆☆

문제 10

다음 각 물음에 답하시오. (22.11.문18, 19.11.문5, 16.11.문6, 14.11.문9)

득점	배점
	5

(가) 그림과 같이 차동식 스포트형 감지기 A, B, C, D가 있다. 배선을 전부 송배선식으로 할 경우 박스와 감지기 "C" 사이의 배선 가닥수는 몇 가닥인가? (단, 배선상의 유효한 조치를 하고, 전화선은 삭제한다.)

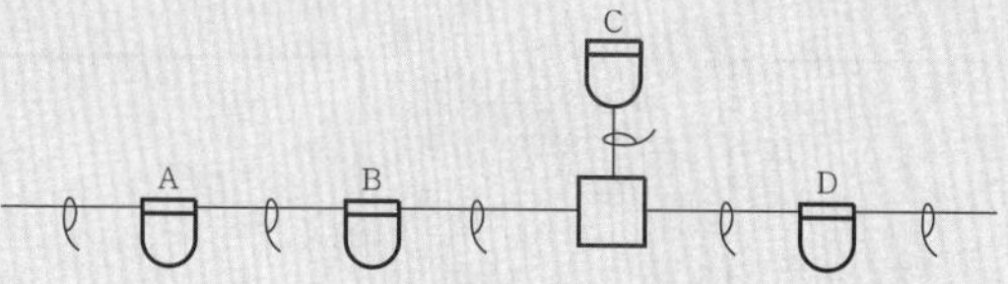

○

(나) 차동식 분포형 감지기의 공기관의 재질을 쓰시오.

○

해답 (가) 4가닥 (나) 중공동관

해설 (가) **송배선식**(보내기 배선) : 외부 배선의 도통시험을 용이하게 하기 위해 배선의 도중에서 분기하지 않는 방식

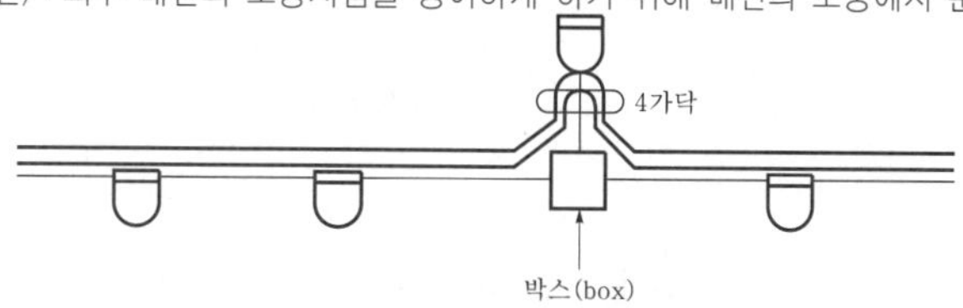

중요

송배선식과 **교차회로방식**

구 분	송배선식	교차회로방식
목적	**감지기회로**의 **도통시험**을 용이하게 하기 위하여	감지기의 **오동작** 방지
원리	배선의 도중에서 분기하지 않는 방식	하나의 담당구역 내에 **2 이상**의 **감지기회로**를 설치하고 **2 이상**의 **감지기회로**가 **동시**에 **감지**되는 때에 설비가 작동하는 방식으로 회로방식이 **AND 회로**에 해당된다.
적용 설비	• 자동화재탐지설비 • 제연설비	• **분**말소화설비 • **할**론소화설비 • **이**산화탄소 소화설비 • **준**비작동식 스프링클러설비 • **일**제살수식 스프링클러설비 • **할**로겐화합물 및 불활성기체 소화설비 • **부**압식 스프링클러설비 기억법 **분할이 준일할부**
가닥수 산정	종단저항을 수동발신기함 내에 설치하는 경우 **루프(loop)**된 곳은 **2가닥, 기타 4가닥**이 된다. 질문 (가) 수동발신기함 / 루프(loop) ‖ 송배선식 ‖	**말단**과 **루프**(loop)된 곳은 **4가닥, 기타 8가닥**이 된다. 수동발신기함 / 말단 / 루프(loop) ‖ 교차회로방식 ‖

(나)

- (나) 에서 '**동관**'이라고 답해도 좋지만 정확하게 '**중공동관**'이라고 답하도록 하자!(재질을 물어보았으므로 "**동관**"이라고 써도 답은 맞다. '**구리**'도 정답) 질문 (나)

용어

중공동관
가운데가 비어 있는 구리관

중요

공기관식 차동식 분포형 감지기의 **설치기준**(NFPC 203 7조, NFTC 203 2.4.3.7)

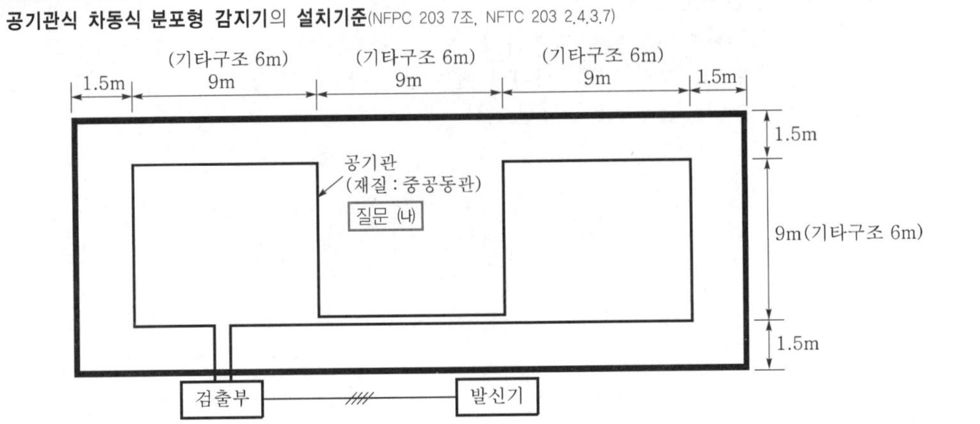

(1) 노출부분은 감지구역마다 **20m** 이상이 되도록 할 것
(2) 각 변과의 수평거리는 **1.5m** 이하가 되도록 하고, 공기관 상호간의 거리는 6m(내화구조는 9m) 이하가 되도록 할 것
(3) 공기관(재질 : 중공동관)은 **도중**에서 분기하지 않도록 할 것
(4) 하나의 검출부분에 접속하는 공기관의 길이는 **100m** 이하로 할 것
(5) 검출부는 5° 이상 경사되지 않도록 부착할 것
(6) 검출부는 바닥에서 **0.8~1.5m** 이하의 위치에 설치할 것

- 경사제한각도

차동식 분포형 감지기	스포트형 감지기
5° 이상	**45°** 이상

☆

문제 11

다음은 비상조명등의 설치기준에 관한 사항이다. 다음 (　) 안을 완성하시오. (22.7.문18, 19.11.문16)

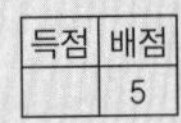

득점	배점
	5

○ 예비전원을 내장하는 비상조명등에는 평상시 점등 여부를 확인할 수 있는 (①)를 설치하고 해당 조명등을 유효하게 작동시킬 수 있는 용량의 (②)와 (③)를 내장할 것

○ 비상전원은 비상조명등을 (④)분 이상 유효하게 작동시킬 수 있는 용량으로 할 것. 다만, 다음의 특정소방대상물의 경우에는 그 부분에서 피난층에 이르는 부분의 비상조명등을 (⑤)분 이상 유효하게 작동시킬 수 있는 용량으로 하여야 한다.

– 지하층을 제외한 층수가 11층 이상의 층
– 지하층 또는 무창층으로서 용도가 도매시장 · 소매시장 · 여객자동차터미널 · 지하역사 또는 지하상가

해답 ① 점검스위치
② 축전지
③ 예비전원 충전장치
④ 20
⑤ 60

● ② **"축전지설비"**라고 하면 틀릴 수 있다. **"축전지"**가 정답!

비상조명등의 **설치기준**(NFPC 304 4조, NFTC 304 2.1)

(1) 예비전원을 내장하는 비상조명등에는 평상시 점등 여부를 확인할 수 있는 **점검스위치**를 설치하고 해당 조명등을 유효하게 작동시킬 수 있는 용량의 **축전지**와 **예비전원 충전장치**를 내장할 것 보기 ① ② ③
(2) 예비전원을 내장하지 아니하는 비상조명등의 비상전원은 자가발전설비, **축전지설비** 또는 **전기저장장치**(외부 전기에너지를 저장해 두었다가 필요한 때 전기를 공급하는 장치)를 기준에 따라 설치하여야 한다.
(3) 비상전원은 비상조명등을 **20분** 이상 유효하게 작동시킬 수 있는 용량으로 할 것. 단, 다음의 특정소방대상물의 경우에는 그 부분에서 피난층에 이르는 부분의 비상조명등을 **60분** 이상 유효하게 작동시킬 수 있는 용량으로 하여야 한다. 보기 ④ ⑤
   ① 지하층을 제외한 층수가 11층 이상의 층
   ② 지하층 또는 무창층으로서 용도가 도매시장 · 소매시장 · 여객자동차터미널 · 지하역사 또는 지하상가

중요

각 설비의 **비상전원 종류** 및 **용량**

설 비	비상전원	비상전원용량
• 자동화재**탐**지설비	• **축**전지설비 • 전기저장장치	• **10분** 이상(30층 미만) • **30분** 이상(30층 이상)
• 비상**방**송설비	• 축전지설비 • 전기저장장치	
• 비상**경**보설비	• 축전지설비 • 전기저장장치	• **10분** 이상
• **유**도등	• 축전지	• **20분** 이상 ※ 예외규정 : **60분** 이상 (1) **11층** 이상(지하층 제외) (2) 지하층 · 무창층으로서 **도매시장 · 소매시장 · 여객자동차터미널 · 지하철역사 · 지하상가**
• **무**선통신보조설비	명시하지 않음	• **30분** 이상 기억법 **탐경유방무축**
• 비상콘센트설비	• 자가발전설비 • 축전지설비 • 비상전원수전설비 • 전기저장장치	• **20분** 이상
• **스**프링클러설비 • **미**분무소화설비	• **자**가발전설비 • **축**전지설비 • **전**기저장장치 • 비상전원**수**전설비(차고 · 주차장으로서 스프링클러설비(또는 미분무소화설비)가 설치된 부분의 바닥면적 합계가 1000m^2 미만인 경우)	• **20분** 이상(30층 미만) • **40분** 이상(30~49층 이하) • **60분** 이상(50층 이상) 기억법 **스미자 수전축**

• 포소화설비	• 자가발전설비 • 축전지설비 • 전기저장장치 • 비상전원수전설비 – 호스릴포소화설비 또는 포소화전만을 설치한 차고 · 주차장 – 포헤드설비 또는 고정포방출설비가 설치된 부분의 바닥면적(스프링클러설비가 설치된 차고 · 주차장의 바닥면적 포함)의 합계가 1000m² 미만인 것	• **20분** 이상
• **간**이스프링클러설비	• 비상전원**수**전설비	• **10분**(숙박시설 바닥면적 합계 300~600m² 미만, 근린생활시설 바닥면적 합계 1000m² 이상, 복합건축물 연면적 1000m² 이상은 **20분**) 이상 기억법 **간수**
• 옥내소화전설비 • 연결송수관설비 • 특별피난계단의 계단실 및 부속실 제연설비	• 자가발전설비 • 축전지설비 • 전기저장장치	• **20분** 이상(30층 미만) • **40분** 이상(30~49층 이하) • **60분** 이상(50층 이상)
• 제연설비 • 분말소화설비 • 이산화탄소 소화설비 • 물분무소화설비 • 할론소화설비 • 할로겐화합물 및 불활성기체 소화설비 • 화재조기진압용 스프링클러설비	• 자가발전설비 • 축전지설비 • 전기저장장치	• **20분** 이상
• 비상조명등	• 자가발전설비 • 축전지설비 • 전기저장장치	• **20분** 이상 ※ 예외규정 : **60분** 이상 (1) **11층** 이상(지하층 제외) (2) 지하층 · 무창층으로서 **도매시장 · 소매시장 · 여객자동차터미널 · 지하철역사 · 지하상가**
• 시각경보장치	• 축전지설비 • 전기저장장치	명시하지 않음

☆☆

문제 12

다음에서 설명하는 감지기의 명칭을 쓰시오. (16.11.문14, 10.4.문8)

득점	배점
	5

(가) 비화재보 방지가 주목적으로 감지원리는 동일하나 성능, 종별, 공칭작동온도, 공칭축적시간이 다른 감지소자의 조합으로 된 것이며, 1개의 감지기 내에 서로 다른 종별 또는 감도 등의 기능을 갖춘 것으로서 일정 시간 간격을 두고 각각 다른 2개 이상의 화재신호를 발하는 감지기

○

(나) 주위의 온도 또는 연기의 양의 변화에 따른 화재정보신호값을 출력하는 방식의 감지기

○

 해답

(가) 다신호식 감지기
(나) 아날로그식 감지기

해설 (1) **일반감지기**

종 류	설 명
차동식 스포트형 감지기	주위온도가 일정 상승률 이상 될 때 작동하는 것으로 **일국소에서의 열효과**에 의하여 작동하는 것
정온식 스포트형 감지기	일국소의 주위온도가 일정 온도 이상 될 때 작동하는 것으로 **외관이 전선이 아닌 것**
보상식 스포트형 감지기	**차동식 스포트형+정온식 스포트형의 성능을 겸**한 것으로 둘 중 한 기능이 작동되면 신호를 발하는 것

(2) **특수감지기**

종 류	설 명
다신호식 감지기 질문 (가)	1개의 감지기 내에서 다음과 같다. ① 각 서로 다른 종별 또는 감도 등의 기능을 갖춘 것으로서 일정 시간 간격을 두고 각각 다른 2개 이상의 화재신호를 발하는 감지기 ② 동일 종별 또는 감도를 갖는 2개 이상의 센서를 통해 감지하여 화재신호를 각각 발신하는 감지기
아날로그식 감지기 질문 (나)	주위의 온도 또는 연기의 양의 변화에 따른 화재정보신호값을 출력하는 방식의 감지기

(3) **복합형 감지기**

종 류	설 명
열복합형 감지기	**차동식 스포트형+정온식 스포트형**의 성능이 있는 것으로 두 가지 기능이 동시에 작동되면 신호를 발한다.
연복합형 감지기	**이온화식+광전식**의 성능이 있는 것으로 두 가지 기능이 동시에 작동되면 신호를 발한다.
열·연기복합형 감지기	**열감지기+연감지기**의 성능이 있는 것으로 두 가지 기능이 동시에 작동되면 신호를 발한다.
불꽃복합형 감지기	**불꽃자외선식+불꽃적외선식+불꽃영상분석식**의 성능 중 두 가지 성능이 있는 것으로 두 가지 기능이 동시에 작동되면 신호를 발한다.

☆☆☆

문제 13

비상경보설비 및 단독경보형 감지기, 비상방송설비의 설치기준에 관한 다음 각 물음에 답하시오.

(22.5.문6, 21.7.문9, 20.10.문6, 14.7.문5, 09.10.문5)

득점	배점
	8

(가) 비상벨설비 또는 자동식 사이렌설비의 설치높이〔m〕를 쓰시오.

○

(나) 단독경보형 감지기의 설치장소의 면적이 $600m^2$일 때 감지기 개수를 구하시오.

○ 계산과정 :

○ 답 :

(다) 비상방송설비에서 증폭기의 정의를 쓰시오.

○

(라) 비상방송설비에서 층수가 지하 2층, 지상 7층인 건물에서 5층의 배선이 단락되어도 화재통보에 지장이 없어야 하는 층은 몇 층인지 모두 쓰시오. (단, 각 층에 배선상 유효한 조치를 하였다.)

○

해답 (가) 바닥에서 0.8m 이상 1.5m 이하

(나) ○ 계산과정 : $\frac{600}{150}=4$개

○ 답 : 4개

(다) 전압 · 전류의 진폭을 늘려 감도를 좋게 하고 미약한 음성전류를 커다란 음성전류로 변화시켜 소리를 크게 하는 장치

(라) 지하 1~2층, 지상 1~4층, 지상 6~7층

해설 (가)

• **"바닥에서"** 또는 **"바닥으로부터"**라는 말까지 반드시 써야 정답!

설치높이

기 기	설치높이
기타기기	바닥에서 **0.8~1.5m** 이하 질문 (가)
시각경보장치	바닥에서 **2~2.5m** 이하 (단, 천장높이가 2m 이하는 **천장**에서 **0.15m** 이내)

(나) 단독경보형 감지기는 특정소방대상물의 각 실마다 설치하되, 바닥면적이 **150m²**를 초과하는 경우에는 **150m²**마다 1개 이상 설치하여야 한다.

$$\text{단독경보형 감지기개수}=\frac{\text{바닥면적[m}^2\text{]}}{150}(\text{절상})=\frac{600\text{m}^2}{150}=4\text{개}$$

중요

(1) **단독경보형 감지기**의 **설치기준**(NFPC 201 5조, NFTC 201 2.2.1)

① 각 실(이웃하는 실내의 바닥면적이 각각 **30m² 미만**이고, 벽체 상부의 전부 또는 일부가 개방되어 이웃하는 실내와 공기가 상호 유통되는 경우에는 이를 **1개**의 실로 본다.)마다 설치하되, 바닥면적 **150m²**를 초과하는 경우에는 **150m²**마다 1개 이상을 설치할 것

② 최상층의 계단실의 천장(**외기**가 **상통**하는 **계단실**의 경우 제외)에 설치할 것

③ 건전지를 주전원으로 사용하는 단독경보형 감지기는 정상적인 **작동상태**를 유지할 수 있도록 **건전지**를 교환할 것

④ 상용전원을 주전원으로 사용하는 단독경보형 감지기의 **2차 전지**는 제품검사에 합격한 것을 사용할 것

(2) **단독경보형 감지기**의 **구성**

① 시험버튼

② 음향장치

③ 작동표시장치

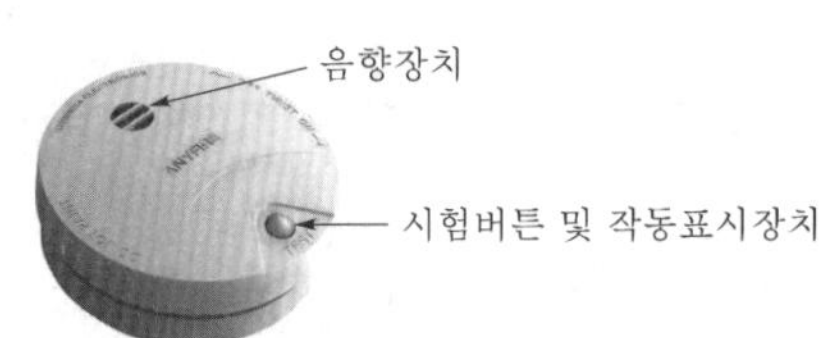

‖ 단독경보형 감지기 ‖

(다) **비상방송설비 용어**(NFPC 202 3조, NFTC 202 1.7)

용 어	정 의
확성기	소리를 크게 하여 멀리까지 전달될 수 있도록 하는 장치로서 일명 **스피커**
음량조절기	**가변저항**을 이용하여 **전류**를 **변화**시켜 음량을 크게 하거나 작게 조절할 수 있는 장치
증폭기	전압 · 전류의 **진폭**을 늘려 감도를 좋게 하고 미약한 음성전류를 커다란 **음성전류**로 변화시켜 **소리**를 **크게** 하는 장치 질문 (다)

(라)

• 단락된 5층을 빼고 모든 층을 적으면 정답! 질문 (라)

중요

비상방송설비 3선식 실제배선(5층, 음량조정기가 1개인 경우)

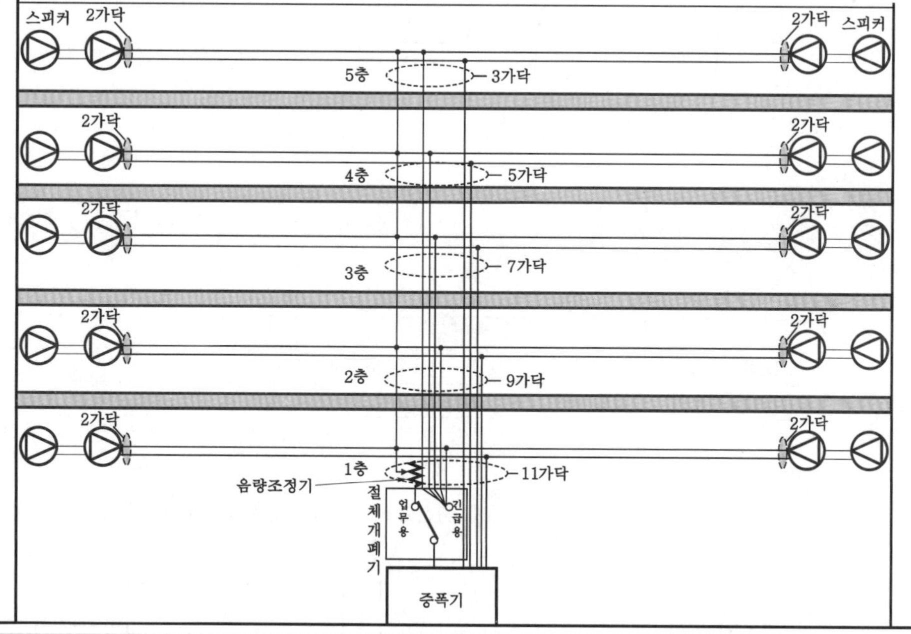

- 3선식 배선의 가닥수 쉽게 산정하는 방법 : 가닥수=(층수×2)+1
- 비상방송설비는 자동화재탐지설비와 달리 층마다 공통선과 긴급용 배선이 1가닥씩 늘어난다는 것을 특히 주의하라! 업무용 배선은 병렬연결로 층마다 늘어나지 않고 1가닥이면 된다.
- 공통선이 늘어나는 이유는 비상방송설비의 화재안전기준(NFPC 202 5조 1호, NFTC 202 2.2.1.1)에 **"화재로 인하여 하나의 층의 확성기 또는 배선이 단락 또는 단선되어도 다른 층의 화재통보에 지장이 없도록 할 것"**으로 되어 있기 때문이다. 많은 타출판사에서 답을 잘못 제시하고 있다. 주의!
- 공통선을 층마다 추가하기 때문에 공통선이 아니라고 말하는 사람이 있다. 그렇지 않다. 공통선은 증폭기에서 층마다 1가닥씩 올라가지만 증폭기에서는 공통선이 하나의 단자에 연결되므로 **공통선**이라고 부르는 것이 맞다.
- 긴급용 배선=긴급용=비상용=비상용 배선
- 업무용 배선=업무용
- 음량조절기=음량조정기

☆☆☆

문제 14

예비전원설비에 대한 다음 각 물음에 답하시오.

(20.7.문6, 19.4.문11, 15.7.문6, 15.4.문14, 12.7.문6, 10.4.문9, 08.7.문8)

득점	배점
	6

(가) 축전지의 과방전 또는 방치상태에서 기능회복을 위하여 실시하는 충전방식은 무엇인지 다음 보기에서 고르시오.

〔보기〕 균등충전 부동충전 세류충전 회복충전

(나) 부동충전방식에 대한 회로(개략도)를 그리시오.

(다) 연축전지의 정격용량은 250Ah이고, 상시부하가 8kW이며 표준전압이 100V인 부동충전방식의 충전기 2차 충전전류는 몇 A인지 구하시오. (단, 축전지의 방전율은 10시간율로 한다.)

○ 계산과정 :

○ 답 :

해답 (가) 회복충전

(나)

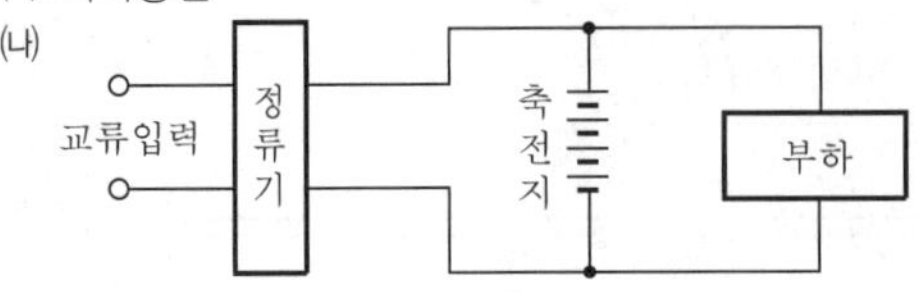

(다) ○ 계산과정 : $\frac{250}{10}+\frac{8\times10^3}{100}=105\text{A}$

○ 답 : 105A

해설

- [보기]에서 골라서 답을 쓰면 되므로 "**회복충전**"이 정답. 문제에서도 "**기능회복**"이라는 말이 있으므로 회복충전이라는 것을 쉽게 알 수 있다.

(가), (나) 충전방식

구 분	설 명
보통충전방식	필요할 때마다 표준시간율로 충전하는 방식
급속충전방식	보통 충전전류의 **2배**의 **전류**로 충전하는 방식
부동충전방식	① 전지의 자기방전을 보충함과 동시에 상용부하에 대한 전력공급은 충전기가 부담하되, 부담하기 어려운 일시적인 대전류부하는 축전지가 부담하도록 하는 방식으로 **가장 많이 사용**된다. ② 축전지와 부하를 충전기(정류기)에 병렬로 접속하여 충전과 방전을 동시에 행하는 방식이다. ③ 표준부동전압 : **2.15~2.17V** 교류입력 / 정류기 / 축전지 / 부하 ‖ 부동충전방식 ‖ • 교류입력=교류전원=교류전압 • 정류기=정류부=충전기(충전지는 아님)
균등충전방식	① 각 축전지의 전위차를 보정하기 위해 1~3개월마다 10~12시간 1회 충전하는 방식이다. ② 균등충전전압 : **2.4~2.5V**
세류충전 (트리클충전) **방식**	**자기방전량**만 항상 **충전**하는 방식
회복충전방식	축전지의 과방전 및 방치상태, 가벼운 설페이션현상 등이 생겼을 때 기능회복을 위하여 실시하는 충전방식 질문 (가) • **설페이션**(sulfation) : 충전이 부족할 때 축전지의 극판에 백색 황색연이 생기는 현상

(다) ① **기호**

- 정격용량 : 250Ah
- 상시부하 : 8kW=8×10^3W
- 표준전압 : 100V
- 공칭용량(축전지의 방전율) : 10시간율=10Ah

② 2차 충전전류$=\frac{\text{축전지의 정격용량}}{\text{축전지의 공칭용량}}+\frac{\text{상시부하}}{\text{표준전압}}=\frac{250\text{Ah}}{10\text{Ah}}+\frac{8\times10^3\text{W}}{100\text{V}}=105\text{A}$

기억법 **정공+상표**

비교

충전기 2차 출력=표준전압×2차 충전전류

중요

연축전지와 **알칼리축전지**의 비교

구 분	연축전지	알칼리축전지
기전력	**2.05~2.08V**	**1.32V**
공칭전압	**2.0V**	**1.2V**
공칭용량	**10Ah**	**5Ah**
충전시간	길다.	짧다.
수명	5~15년	15~20년
종류	클래드식, 페이스트식	소결식, 포켓식

☆☆☆

문제 15

비상방송설비의 설치기준에 관한 다음 각 물음에 답하시오.

(22.7.문4, 21.7.문2, 19.6.문10, 18.11.문3, 14.4.문9, 12.11.문6, 11.5.문6)

득점	배점
	5

(가) 음량조절기의 정의를 쓰시오.

○

(나) 확성기는 각 층마다 설치하되, 그 층의 각 부분으로부터 하나의 확성기까지 수평거리는 몇 m 이하로 해야 하는가?

○

(다) 음량조정기를 설치하는 경우 음량조정기의 배선은 몇 선식으로 해야 하는가?

○

(라) 확성기의 음성입력은 실내에 설치하는 것에 있어서는 몇 W 이상으로 설치해야 하는가?

○

(마) 기동장치에 따른 화재신고를 수신한 후 필요한 음량으로 화재발생 상황 및 피난에 유효한 방송이 자동으로 개시될 때까지의 소요시간은 몇 초 이하로 하여야 하는가?

○

해답 (가) 가변저항을 이용하여 전류를 변화시켜 음량을 크게 하거나 작게 조절할 수 있는 장치
(나) 25m
(다) 3선식
(라) 1W
(마) 10초

해설

- 음량조절기=음량조정기
- 비상방송설비의 화재안전기준에서는 음량조절기와 음량조정기를 현재 혼용해서 사용하고 있다. 둘 다 같은 말이다.

(가) **비상방송설비 용어**(NFPC 202 3조, NFTC 202 1.7)

용 어	정 의
확성기	소리를 크게 하여 멀리까지 전달될 수 있도록 하는 장치로서 일명 **스피커**
음량조절기	**가변저항**을 이용하여 **전류**를 **변화**시켜 음량을 크게 하거나 작게 조절할 수 있는 장치 질문 (가)
증폭기	전압·전류의 **진폭**을 늘려 감도를 좋게 하고 미약한 음성전류를 커다란 **음성전류**로 변화시켜 **소리를 크게** 하는 장치

(나)~(마) **비상방송설비**의 **설치기준**(NFPC 202 4조, NFTC 202 2.1.1)

① 확성기의 음성입력은 **3W**(실내는 **1W**) 이상일 것 질문 (라)
② 음량조정기의 배선은 **3선식**으로 할 것 질문 (다)
③ 기동장치에 의한 **화재신고**를 수신한 후 필요한 음량으로 방송이 개시될 때까지의 소요시간은 **10초** 이하로 할 것 질문 (마)

‖ 소요시간 ‖

기 기	시 간
P형·P형 복합식·R형·R형 복합식·GP형·GP형 복합식·GR형·GR형 복합식	5초 이내
중계기	5초 이내
비상방송설비	**10초** 이하 질문 (마)
가스누설경보기	60초 이내

기억법 **시중5(시중을 드시오!), 6가(육체미가 뛰어나다.)**

중요

축적형 수신기

전원차단시간	축적시간	화재표시감지시간
1~3초 이하	30~60초 이하	60초(차단 및 인가 1회 이상 반복)

④ 조작부의 조작스위치는 바닥으로부터 **0.8~1.5m** 이하의 높이에 설치할 것
⑤ 다른 전기회로에 의하여 **유도장애**가 생기지 아니하도록 할 것
⑥ 확성기는 **각 층**마다 설치하되, 각 부분으로부터의 수평거리는 **25m** 이하일 것 질문 (나)
⑦ **2층 이상**의 층에서 발화한 때에는 그 **발화층** 및 그 **직상 4개층**에, **1층**에서 발화한 때에는 **발화층**, 그 **직상 4개층** 및 **지하층**에, **지하층**에서 발화한 때에는 **발화층**, 그 **직상층** 및 **기타의 지하층**에 우선적으로 경보를 발할 수 있도록 하여야 한다.
⑧ **발화층 및 직상 4개층 우선경보방식 적용대상물**
11층(공동주택 **16층**) 이상의 특정소방대상물의 경보

‖ 비상방송설비 음향장치의 경보 ‖

발화층	경보층	
	11층(공동주택 16층) 미만	11층(공동주택 16층) 이상
2층 이상 발화	전층 일제경보	• 발화층 • 직상 4개층
1층 발화	전층 일제경보	• 발화층 • 직상 4개층 • 지하층
지하층 발화	전층 일제경보	• 발화층 • 직상층 • 기타의 지하층

☆☆☆

문제 16

무선통신보조설비의 설치기준에 관한 다음 물음에 답을 쓰시오. (20.11.문4, 15.4.문11, 13.7.문12)

득점	배점
	8

(가) 누설동축케이블의 끝부분에는 무엇을 견고하게 설치하여야 하는가?
○

(나) 누설동축케이블은 화재에 의하여 해당 케이블의 피복이 소실될 경우에 케이블 본체가 떨어지지 않도록 하기 위하여 몇 m 이내마다 금속제 또는 자기제 등의 지지금구로 고정시켜야 하는가?
○

(다) 누설동축케이블 및 안테나는 고압의 전로로부터 몇 m 이상 떨어진 위치에 설치해야 하는가? (단, 해당 전로에 정전기차폐장치를 설치하지 않았다.)
○

(라) 증폭기의 전면에는 주회로의 전원이 정상인지의 여부를 표시할 수 있는 것으로서 무엇을 설치하여야 하는가?
○(　　), (　　)

해답 (가) 무반사 종단저항
(나) 4m
(다) 1.5m
(라) 표시등, 전압계

해설 **무선통신보조설비**의 **설치기준**(NFPC 505 5~7조, NFTC 505 2.2~2.4)

(1) **누설동축케이블 등**

① 누설동축케이블 및 동축케이블은 **불연** 또는 **난연성**의 것으로서 습기 등의 환경조건에 따라 전기의 특성이 변질되지 아니하는 것으로 할 것
② 누설동축케이블 및 안테나는 **금속판** 등에 의하여 **전파의 복사** 또는 **특성**이 현저하게 저하되지 아니하는 위치에 설치할 것
③ **누설동축케이블**과 이에 접속하는 **안테나** 또는 **동축케이블**과 이에 접속하는 **안테나**일 것
④ 누설동축케이블 및 동축케이블은 화재에 따라 해당 케이블의 피복이 소실된 경우에 케이블 본체가 떨어지지 아니하도록 **4m** 이내마다 금속제 또는 자기제 등의 지지금구로 벽·천장·기둥 등에 견고하게 고정시킬 것(단, 불연재료로 구획된 반자 안에 설치하는 경우 제외) 질문 (나)
⑤ 누설동축케이블 및 안테나는 고압전로로부터 **1.5m** 이상 떨어진 위치에 설치할 것(해당 전로에 **정전기차폐장치**를 유효하게 설치한 경우에는 제외) 질문 (다)
⑥ 누설동축케이블의 끝부분에는 **무반사 종단저항**을 설치할 것 질문 (가)
⑦ 누설동축케이블, 동축케이블, 분배기, 분파기, 혼합기 등의 임피던스는 **50Ω**으로 할 것
⑧ 증폭기의 전면에는 주회로의 전원이 정상인지의 여부를 표시할 수 있는 **표시등** 및 **전압계**를 설치할 것 질문 (라)
⑨ 증폭기의 전원은 전기가 정상적으로 공급되는 **축전지설비**, **전기저장장치** 또는 **교류전압 옥내간선**으로 하고, 전원까지의 배선은 **전용**으로 할 것
⑩ **비상전원 용량**

설 비	비상전원의 용량
• 자동화재탐지설비 • 비상경보설비 • 자동화재속보설비	**10분** 이상
• 유도등 • 비상조명등 • 비상콘센트설비 • 포소화설비 • 옥내소화전설비(30층 미만) • 제연설비, 물분무소화설비, 특별피난계단의 계단실 및 부속실 제연설비(30층 미만) • 스프링클러설비(30층 미만) • 연결송수관설비(30층 미만)	**20분** 이상
• 무선통신보조설비의 증폭기	**30분** 이상
• 옥내소화전설비(30~49층 이하) • 특별피난계단의 계단실 및 부속실 제연설비(30~49층 이하) • 연결송수관설비(30~49층 이하) • 스프링클러설비(30~49층 이하)	**40분** 이상
• 유도등·비상조명등(지하상가 및 11층 이상) • 옥내소화전설비(50층 이상) • 특별피난계단의 계단실 및 부속실 제연설비(50층 이상) • 연결송수관설비(50층 이상) • 스프링클러설비(50층 이상)	**60분** 이상

(2) **옥외안테나**

① **건축물**, **지하가**, **터널** 또는 **공동구**의 **출입구** 및 출입구 인근에서 통신이 가능한 장소에 설치할 것
② 다른 용도로 사용되는 안테나로 인한 **통신장애**가 발생하지 않도록 설치할 것
③ 옥외안테나는 견고하게 설치하며 파손의 우려가 없는 곳에 설치하고 그 가까운 곳의 보기 쉬운 곳에 "**무선통신보조설비 안테나**"라는 표시와 함께 **통신가능거리**를 표시한 표지를 설치할 것
④ 수신기가 설치된 장소 등 사람이 상시 근무하는 장소에는 옥외안테나의 위치가 모두 표시된 **옥외안테나 위치표시도**를 비치할 것

용어

(1) **누설동축케이블**과 **동축케이블**

누설동축케이블	동축케이블
동축케이블의 외부도체에 가느다란 홈을 만들어서 **전파**가 **외부**로 **새어나갈 수 있도록** 한 케이블	유도장애를 방지하기 위해 전파가 누설되지 않도록 만든 케이블

(2) **종단저항**과 **무반사 종단저항**

종단저항	무반사 종단저항
감지기회로의 **도통시험**을 용이하게 하기 위하여 **감지기회로**의 **끝**부분에 설치하는 저항	전송로로 전송되는 전자파가 전송로의 종단에서 반사되어 교신을 방해하는 것을 막기 위해 **누설동축케이블**의 **끝**부분에 설치하는 저항

☆☆☆

문제 17

다음은 자동화재탐지설비의 P형 수신기의 미완성 결선도이다. 결선도를 완성하시오. (단, 발신기에 설치된 단자는 왼쪽으로부터 응답, 지구공통, 지구이다.) (20.7.문16, 18.4.문13, 12.7.문15)

득점	배점
	6

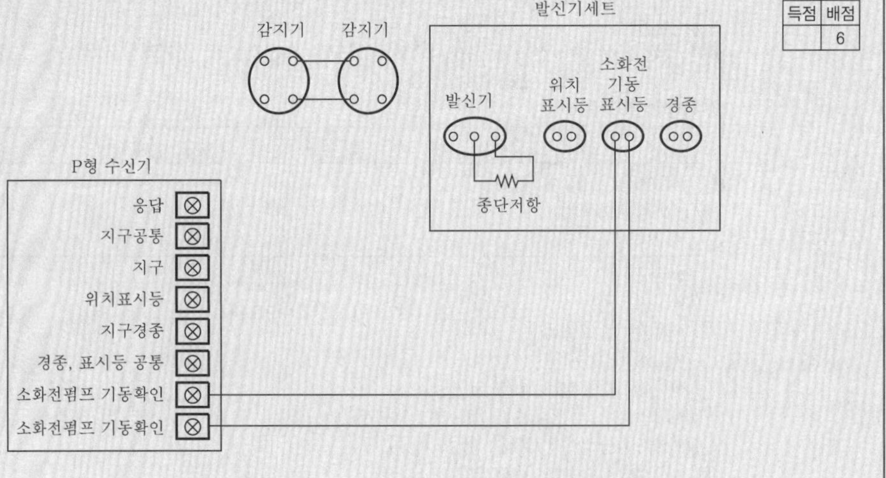

해답

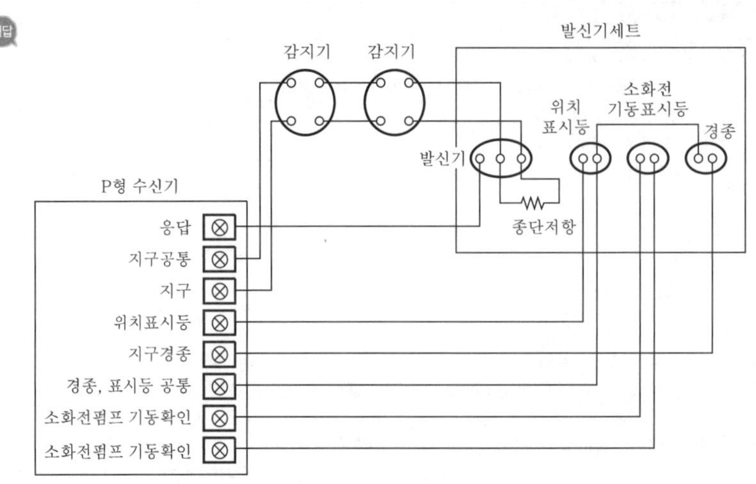

해설 (1)

- 틀린 답을 제시하니 주의할 것! **지구공통**과 **지구선**이 바뀌면 틀림
- 문제에서 발신기 단자가 응답, 지구공통, 지구 순이므로 이 단자명칭을 잘 보고 결선할 것

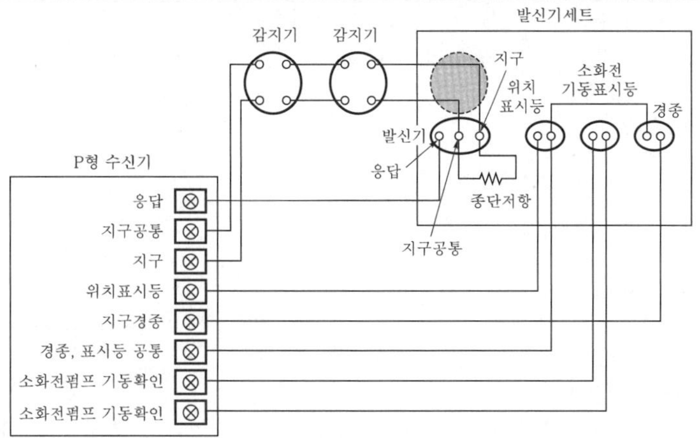

‖틀린 답‖

(2)

- 일반적으로 **종단저항**은 **10kΩ**을 사용한다.

비교

종단저항이 **감지기 내장형일 때**의 **결선도**

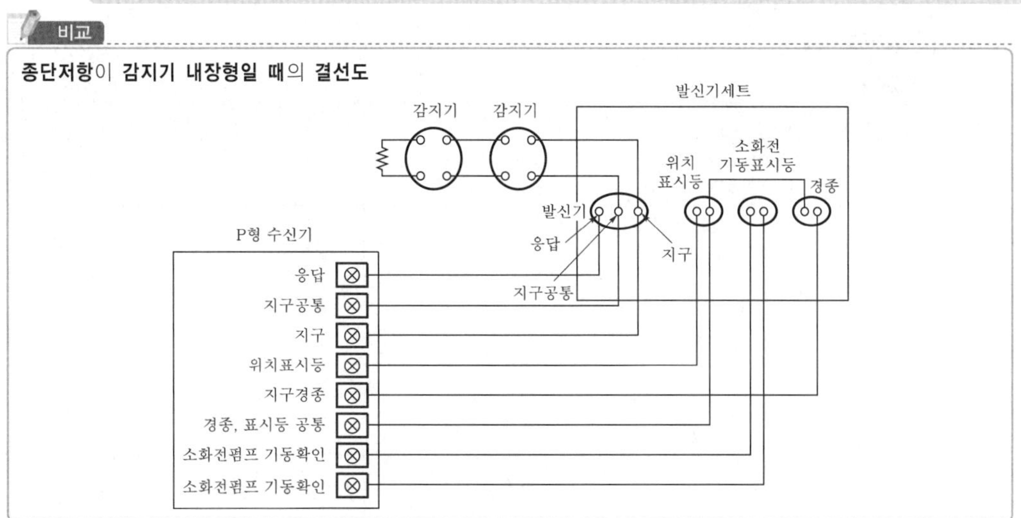

문제 18

그림과 같이 소방부하가 연결된 회로가 있다. A점과 B점의 전압은 몇 V인가? (단, 공급전압은 100V이며, 단상 2선식이다.)

(04.4.문15)

득점	배점
	5

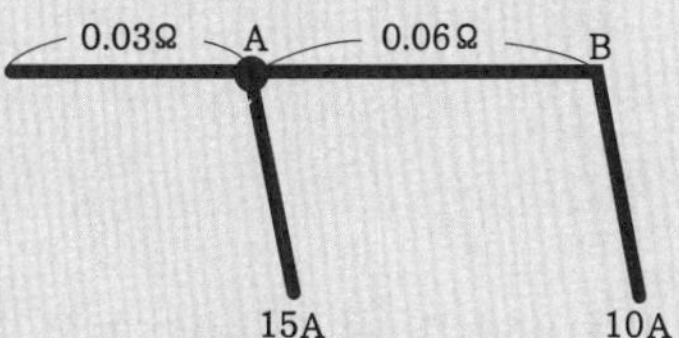

○ A점(계산과정 및 답) :

○ B점(계산과정 및 답) :

해답 ○A점 계산과정 : $e_A = 2\times(15+10)\times0.03 = 1.5$V
$V_A = 100 - 1.5 = 98.5$V
○답 : 98.5V
○B점 계산과정 : $e_B = 2\times10\times0.06 = 1.2$V
$V_B = 98.5 - 1.2 = 97.3$V
○답 : 97.3V

해설 **전압강하**

$$e = V_s - V_r = 2IR$$ 에서

A점의 전압강하 e_A는
$e_A = 2IR = 2\times(15+10)\times0.03 = 1.5$V
A점의 **전압** V_A는
$e = V_s - V_r$에서
$V_A(V_r) = V_s - e_A = 100 - 1.5 = 98.5$V
B점의 전압강하 e_B는
$e_B = 2IR = 2\times10\times0.06 = 1.2$V
B점의 **전압** V_B는
$e = V_s - V_r$에서
$V_B(V_r) = V_s - e_B = 98.5 - 1.2 = 97.3$V

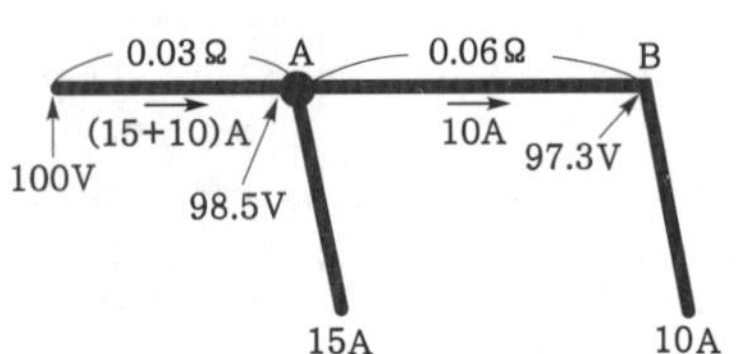

중요

전압강하

구 분	단상 2선식	3상 3선식
적응기기	• 기타기기(**사이렌**, 경종, 표시등, 유도등, 비상 조명등, 솔레노이드밸브, 감지기 등)	• 소방펌프 • 제연팬
전압강하	$e = V_s - V_r = 2IR$	$e = V_s - V_r = \sqrt{3}\,IR$
	여기서, e : 전압강하[V] V_s : 입력(정격)전압[V] V_r : 출력(단자)전압[V] I : 전류[A] R : 저항[Ω]	
	$A = \dfrac{35.6LI}{1000e}$	$A = \dfrac{30.8LI}{1000e}$
	여기서, A : 전선단면적[mm²] L : 선로길이[m] I : 전부하전류[A] e : 각 선간의 전압강하[V]	

성공은 성공 지향적인 사람에게만 온다.
실패는 실패할 수 밖에 없다고 체념해버리는 사람에게 온다.
- 나폴레온 힐 -

2023. 7. 22 시행

▌2023년 기사 제2회 필답형 실기시험▐

자격종목	시험시간	형별	수험번호	성명	감독위원 확인
소방설비기사(전기분야)	3시간				

※ 다음 물음에 답을 해당 답란에 답하시오.(배점 : 100)

☆☆
문제 01

자동화재탐지설비 P형 수신기 1경계구역에 대한 배선의 용도를 쓰시오.

(20.5.문4, 18.4.문13, 12.7.문15, 02.7.문6)

득점	배점
	5

유사문제부터 풀어보세요. 실력이 팍!팍! 올라갑니다.

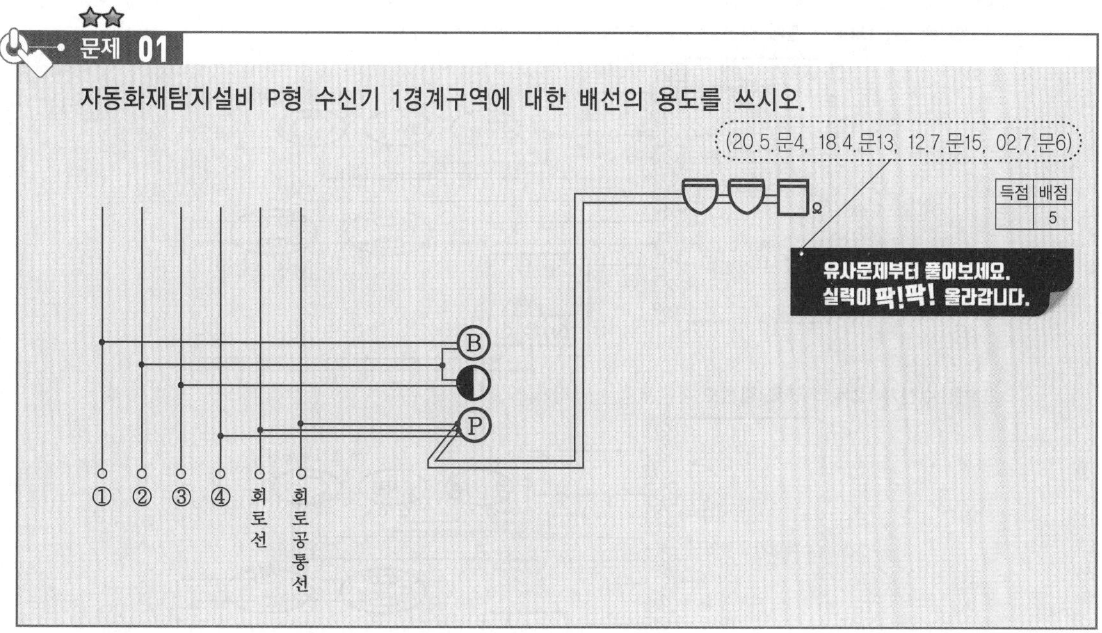

해답 ① 경종선 ② 경종표시등공통선 ③ 표시등선 ④ 응답선

해설 (1) **결선도**

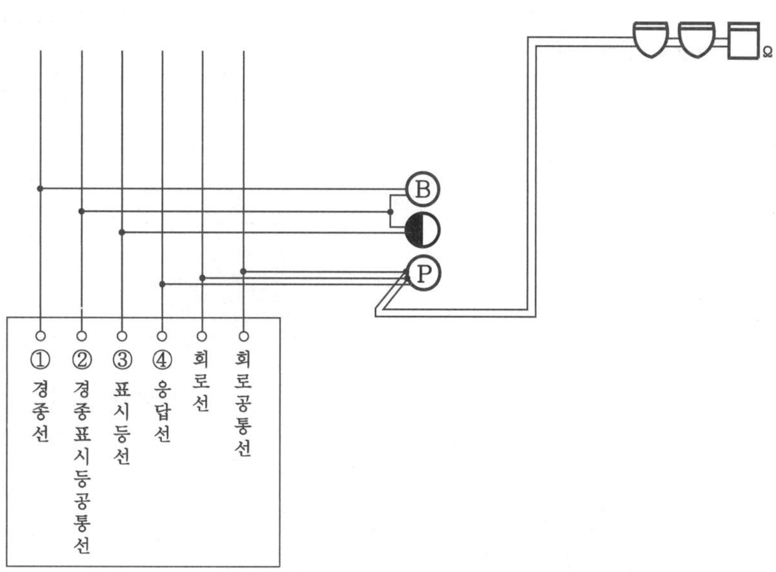

(2) **P형 수신기~수동발신기** 간 전선연결

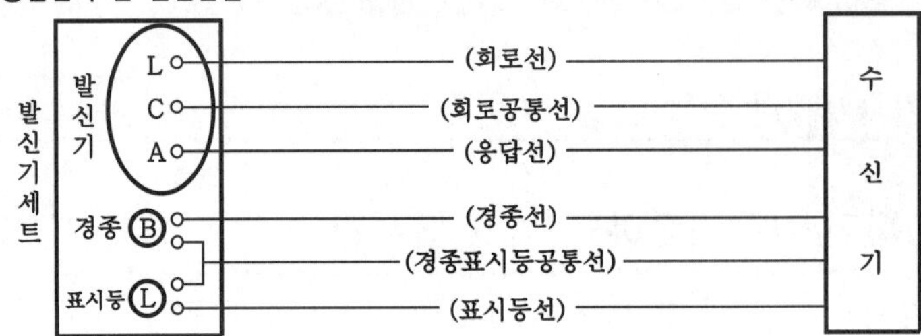

비교

(1) **P형 수신기 1회로**의 **전체 결선도**(종단저항을 발신기에 설치한 경우)

(2) **P형 수신기 1회로**의 **전체 결선도**(종단저항을 감지기에 설치한 경우)

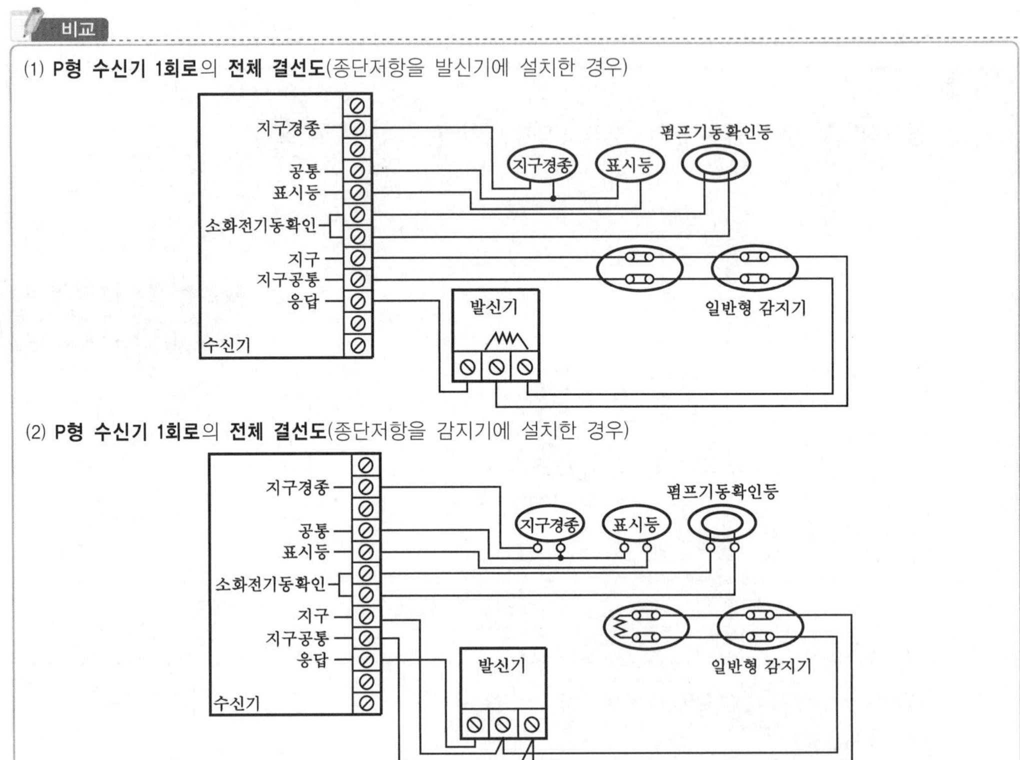

(3) **배선기호**의 **의미**

명 칭	기 호	원 어	동일한 명칭
회로선	L	Line	• 지구선 • 신호선 • 표시선 • 감지기선
	N	Number	
공통선 (회로공통선)	C	Common	• 지구공통선 • 신호공통선 • 회로공통선 • 발신기공통선
응답선	A	Answer	• 발신기선 • 발신기응답선 • 응답확인선 • 확인선
경종선	B	Bell	• 벨선
표시등선	PL	Pilot Lamp	–
경종공통선	BC	Bell Common	• 벨공통선
경종표시등공통선	특별한 기호가 없음		• 벨 및 표시등공통선

☆☆☆

문제 02

다음 소방시설 도시기호 각각의 명칭을 쓰시오. (22.7.문8, 22.5.문16, 21.7.문18, 15.11.문5)

(가) RM (나) SVP (다) PAC (라) AMP

득점	배점
	4

해답 (가) 가스계 소화설비의 수동조작함
(나) 프리액션밸브 수동조작함
(다) 소화가스패키지
(라) 증폭기

해설

- (가) 소방시설 도시기호(소방시설 자체점검사항 등에 관한 고시 〔별표〕)를 출제한 것으로 "**가스계 소화설비의 수동조작함**"이라고 정확히 답해야 정답! "**수동조작함**"만 쓰면 틀린다.
- (나) "**프리액션밸브 수동조작함**"이라고 정확히 써야 정답! "**슈퍼비조리판넬**", "**슈퍼비조리패널**"이라고 쓰면 틀릴 수 있다.
- (다) "**소화가스패키지**"라고 정확히 써야 정답! "**패키지시스템**"이라고 쓰면 틀릴 수 있다.

소방시설 도시기호

명 칭	도시기호	비 고
가스계 소화설비의 수동조작함 질문 (가)	RM	–
프리액션밸브 수동조작함 질문 (나)	SVP	–
소화가스패키지 질문 (다)	PAC	–
증폭기 질문 (라)	AMP	• 소방설비용 : $\boxed{\text{AMP}}_F$
발신기세트 단독형	Ⓟ Ⓑ Ⓛ	–
발신기세트 옥내소화전 내장형	ⓅⒷⓁ	–
경계구역번호	△	–
비상용 누름버튼	Ⓕ	–
비상전화기	ET	–
비상벨	Ⓑ	• 방수용 : Ⓑ • 방폭형 : $Ⓑ_{EX}$
사이렌		• 모터사이렌 : Ⓜ • 전자사이렌 : Ⓢ

명칭	도시기호	비고
조작장치	E P	–
기동누름버튼	E	–
이온화식 감지기(스포트형)	S I	–
광전식 연기감지기(아날로그)	S A	–
광전식 연기감지기(스포트형)	S P	–
감지기간선, HIV 1.2mm×4(22C)	— F ////—	–
감지기간선, HIV 1.2mm×8(22C)	— F ////—////—	–
유도등간선, HIV 2.0mm×3(22C)	— EX —	–
경보부저	BZ	–
표시반		• 창이 3개인 표시반 : 3
회로시험기		–
화재경보벨	B	–
시각경보기(스트로브)		–
스피커		–
비상콘센트		–
비상분전반		–
전동기 구동	M	–
엔진 구동	E	–
노출배선	———	• 노출배선은 소방시설 도시기호와 옥내배선 기호 심벌이 서로 다르므로 주의!
옥내배선기호 천장은폐배선	———	• 천장 속의 배선을 구별하는 경우 : —·—·—·
옥내배선기호 바닥은폐배선	— — — —	–
옥내배선기호 노출배선	···················	• 바닥면 노출배선을 구별하는 경우 : —··—··—

문제 03

다음은 상용전원 정전시 예비전원으로 절환하고 상용전원 복구시 예비전원에서 상용전원으로 절환하여 운전하는 시퀀스제어회로의 미완성도이다. 시퀀스제어도를 완성하시오.

(19.6.문16, 15.7.문11, 15.7.문15, 11.11.문1, 09.7.문11)

득점	배점
	5

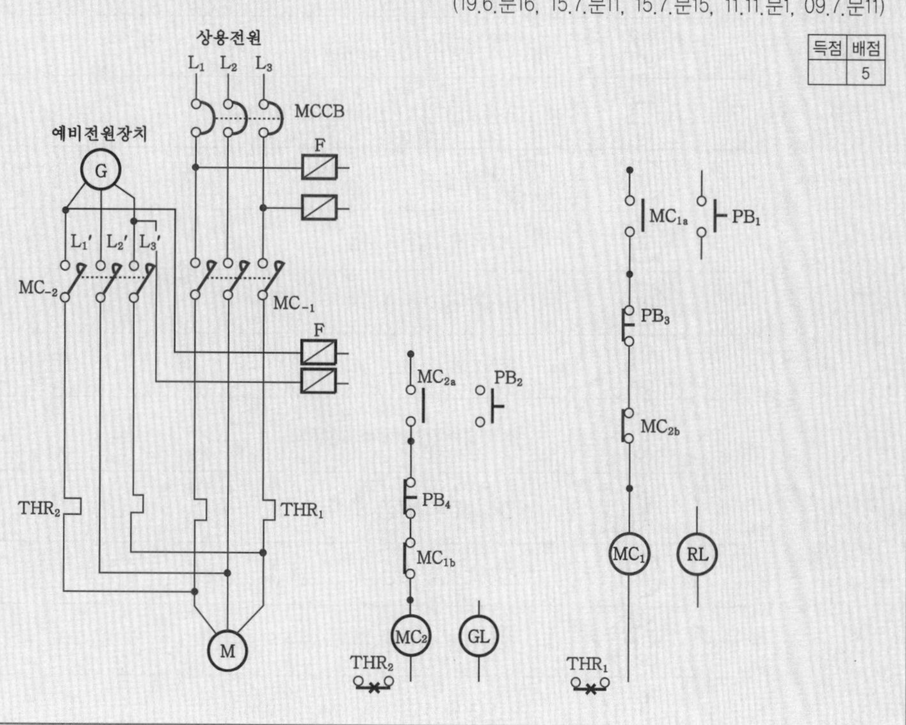

해답

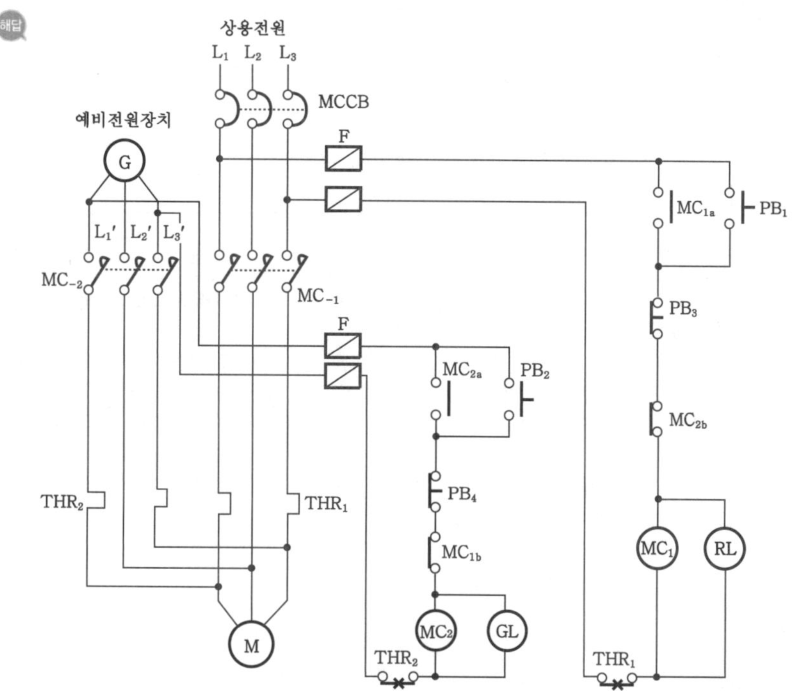

해설 (1) **범례**

심 벌	명 칭
F	퓨즈
	배선용 차단기(MCCB)
	전자접촉기 주접점(MC)
	열동계전기(THR)
G	3상 발전기
GL	예비전원 기동표시등
RL	상용전원 기동표시등
	전자접촉기 보조 a접점(MC_a)
	전자접촉기 보조 b접점(MC_b)
	열동계전기 b접점(THR_b)
MC	전자접촉기 코일
	상용전원 기동용 푸시버튼스위치(PB_1)
	상용전원 정지용 푸시버튼스위치(PB_3)
	예비전원 기동용 푸시버튼스위치(PB_2)
	예비전원 정지용 푸시버튼스위치(PB_4)

(2) **동작설명**

① MCCB를 투입한 후 PB_1을 누르면 MC_1이 여자되고 주접점 MC_{-1}이 닫히고 상용전원에 의해 전동기 M이 회전하고 표시등 RL이 점등된다. 또한 보조접점이 MC_{1a}가 폐로되어 자기유지회로가 구성되고 MC_{1b}가 개로되어 MC_2가 작동하지 않는다.

② 상용전원으로 운전 중 PB_3을 누르면 MC_1이 소자되어 전동기는 정지하고 상용전원 운전표시등 RL은 소등된다.

③ 상용전원의 정전시 PB_2를 누르면 MC_2가 여자되고 주접점 MC_{-2}가 닫혀 예비전원에 의해 전동기 M이 회전하고 표시등 GL이 점등된다. 또한 보조접점 MC_{2a}가 폐로되어 자기유지회로가 구성되고 MC_{2b}가 개로되어 MC_1이 작동하지 않는다.

④ 예비전원으로 운전 중 PB_4를 누르면 MC_2가 소자되어 전동기는 정지하고 예비전원 운전표시등 GL은 소등된다.

☆☆☆ 문제 04

소방설비 배선공사에 사용되는 부품의 명칭을 적으시오. (21.7.문11, 19.11.문3, 14.7.문7, 09.10.문5, 09.7.문2)

득점	배점
	4

명 칭	용 도
(가)	전선의 절연피복을 보호하기 위하여 박스 내의 금속관 끝에 취부하여 사용
(나)	금속전선관 상호간에 접속하는 데 사용되는 부품
(다)	매입배관공사를 할 때 관을 직각으로 굽히는 곳에 사용하는 부품
(라)	금속관 배선에서 노출배관공사를 할 때 관을 직각으로 굽히는 곳에 사용하는 부품

해답 (가) 부싱 (나) 커플링 (다) 노멀밴드 (라) 유니버설엘보

해설

- (나) 관이 고정되어 있는지, 고정되어 있지 않은지 알 수 없으므로 **"유니언커플링(=유니온커플링)"**도 정답!
- (다) 노멀밴드=노멀벤드
- (라) 유니버설엘보=유니버셜엘보우

중요

금속관공사에 **이용되는 부품**

명 칭	외 형	설 명
부싱 (bushing) 질문 (가)		**전선**의 **절연피복**을 **보호**하기 위하여 금속관 끝에 취부하여 사용되는 부품
유니언커플링 (union coupling) 질문 (나)		**금속전선관 상호간**을 **접속**하는 데 사용되는 부품(**관**이 **고정**되어 있을 때)
노멀밴드 (normal bend) 질문 (다)		**매입**배관공사를 할 때 **직각**으로 굽히는 곳에 사용하는 부품
유니버설엘보 (universal elbow) 질문 (라)		**노출**배관공사를 할 때 관을 **직각**으로 굽히는 곳에 사용하는 부품
링리듀서 (ring reducer)		금속관을 아우트렛박스에 로크너트만으로 고정하기 어려울 때 보조적으로 사용되는 부품
커플링 (coupling) 질문 (나)	커플링 전선관	**금속전선관 상호간**을 **접속**하는 데 사용되는 부품(**관**이 **고정**되어 있지 **않을 때**)

새들 (saddle)		**관**을 **지지**하는 데 사용하는 재료
로크너트 (lock nut)		**금속관**과 **박스**를 **접속**할 때 사용하는 재료로 최소 **2개**를 사용한다.
리머 (reamer)		금속관 **말단**의 **모**를 **다듬**기 위한 기구
파이프커터 (pipe cutter)		금속관을 **절단**하는 기구
환형 3방출 정크션박스		배관을 **분기**할 때 사용하는 박스
파이프벤더 (pipe bender)		금속관(후강전선관, 박강전선관)을 구부릴 때 사용하는 공구 ※ 28mm 이상은 **유압식 파이프벤더**를 사용한다.

☆☆

문제 05

분전반에서 60m의 거리에 220V, 전력 2.2kW 단상 2선식 전기히터를 설치하려고 한다. 전선의 굵기는 몇 mm^2인지 계산상의 최소 굵기를 구하시오. (단, 전압강하는 1% 이내이고, 전선은 동선을 사용한다.)

(15.11.문1, 14.11.문11, 14.4.문5)

득점	배점
	5

○ 계산과정 :

○ 답 :

해답 ○ 계산과정 : $e = 220 \times 0.01 = 2.2\text{V}$

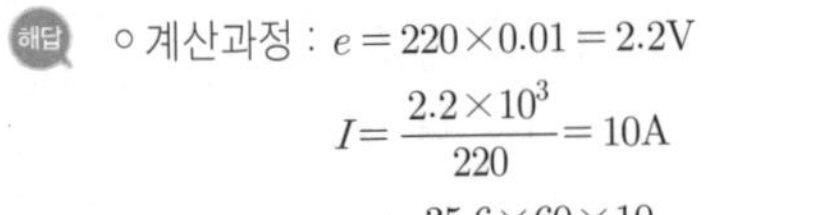

$$I = \frac{2.2 \times 10^3}{220} = 10\text{A}$$

$$A = \frac{35.6 \times 60 \times 10}{1000 \times 2.2} = 9.709 ≒ 9.71\text{mm}^2$$

○ 답 : 9.71mm^2

해설 (1) **전압강하**

전기방식	전선단면적	적응설비
단상 2선식	$A = \frac{35.6LI}{1000e}$	• 기타설비(경종, 표시등, 유도등, 비상조명등, 솔레노이드밸브, 감지기 등)

3상 3선식	$A=\frac{30.8LI}{1000e}$	• 소방펌프 • 제연팬
단상 3선식 3상 4선식	$A=\frac{17.8LI}{1000e'}$	–

여기서, A : 전선의 단면적[mm^2]
L : 선로길이[m]
I : 전부하전류[A]
e : 각 선간의 전압강하[V]
e' : 각 선간의 1선과 중성선 사이의 전압강하[V]

〈기호〉
- L : 60m
- V : 220V
- P : 2.2kW=2.2×10^{3}W
- A : ?
- e : 1%=0.01

전압강하는 **1%**(0.01) 이내이므로
전압강하 e =전압×전압강하$=220\times0.01=2.2\text{V}$

(2) **전력**

$$P=VI$$

여기서, P : 전력[W]
V : 전압[V]
I : 전류[A]

$$I=\frac{P}{V}=\frac{2.2\times10^3\text{W}}{220\text{V}}=10\text{A}$$

문제에서 **단상 2선식**이므로 전선단면적 $A=\frac{35.6LI}{1000e}=\frac{35.6\times60\times10}{1000\times2.2}=9.709 ≒ 9.71\text{mm}^2$

- **'계산상의 최소 굵기'**로 구하라고 하였으므로 그냥 구한 값으로 답하면 된다. 이때는 **'공칭단면적'**으로 답하면 틀린다! 주의하라.

참고

공칭단면적

① 0.5mm^2 ② 0.75mm^2 ③ 1mm^2 ④ 1.5mm^2 ⑤ 2.5mm^2 ⑥ 4mm^2 ⑦ 6mm^2
⑧ 10mm^2 ⑨ 16mm^2 ⑩ 25mm^2 ⑪ 35mm^2 ⑫ 50mm^2 ⑬ 70mm^2 ⑭ 95mm^2
⑮ 120mm^2 ⑯ 150mm^2 ⑰ 185mm^2 ⑱ 240mm^2 ⑲ 300mm^2 ⑳ 400mm^2 ㉑ 500mm^2

용어

공칭단면적 : 실제 실무에서 생산되는 규정된 전선의 굵기를 말한다.

☆☆

문제 06

광원점등방식의 피난유도선 설치기준 3가지를 쓰시오. (23.11.문2, 21.11.문7, 12.4.문11)

○
○
○

득점	배점
	5

해답 ① 구획된 각 실로부터 주출입구 또는 비상구까지 설치
② 피난유도 표시부는 바닥으로부터 높이 1m 이하의 위치 또는 바닥면에 설치
③ 비상전원이 상시 충전상태를 유지하도록 설치

해설

- 짧은 것 3개만 골라서 써보자!

‖ 유도등 및 유도표지의 화재안전기준(NFPC 303 9조, NFTC 303 2.6) ‖

축광방식의 피난유도선 설치기준	광원점등방식의 피난유도선 설치기준
① 구획된 각 실로부터 **주출입구** 또는 **비상구**까지 설치 ② 바닥으로부터 높이 **50cm 이하**의 위치 또는 바닥면에 설치 ③ 피난유도 표시부는 **50cm 이내**의 간격으로 연속되도록 설치 ④ 부착대에 의하여 견고하게 설치 ⑤ 외부의 빛 또는 조명장치에 의하여 상시 조명이 제공되거나 비상조명등에 의한 조명이 제공되도록 설치	① 구획된 각 실로부터 **주출입구** 또는 **비상구**까지 설치 ② 피난유도 표시부는 바닥으로부터 높이 **1m 이하**의 위치 또는 **바닥면**에 설치 ③ 피난유도 표시부는 **50cm 이내**의 간격으로 연속되도록 설치하되 실내장식물 등으로 설치가 곤란할 경우 **1m** 이내로 설치 ④ 수신기로부터의 **화재신호** 및 **수동조작**에 의하여 광원이 점등되도록 설치 ⑤ 비상전원이 **상시 충전상태**를 유지하도록 설치 ⑥ 바닥에 설치되는 피난유도 표시부는 **매립**하는 방식을 사용 ⑦ 피난유도 제어부는 조작 및 관리가 용이하도록 바닥으로부터 **0.8~1.5m** 이하의 높이에 설치

중요

피난유도선의 **방식**

축광방식	광원점등방식
햇빛이나 **전등불**에 따라 **축광**하는 방식으로 유사시 어두운 상태에서 피난유도	**전류**에 따라 **빛**을 발하는 방식으로 유사시 어두운 상태에서 피난유도

‖ 피난유도선 ‖

☆☆

문제 07

다음 보기는 제연설비에서 제연구역을 구획하는 기준을 나열한 것이다. ㉮~㉳까지의 빈칸을 채우시오.

(17.11.문6, 10.7.문10, 03.10.문13)

득점	배점
	5

[보기]

① 하나의 제연구역의 면적은 (㉮) 이내로 한다.
② 통로상의 제연구역은 보행중심선의 길이가 (㉯)를 초과하지 않아야 한다.
③ 하나의 제연구역은 직경 (㉰) 원 내에 들어갈 수 있도록 한다.
④ 하나의 제연구역은 (㉱)개 이상의 층에 미치지 않도록 한다. (단, 층의 구분이 불분명한 부분은 다른 부분과 별도로 제연구획할 것)
⑤ 재질은 (㉲), (㉳) 또는 제연경계벽으로 성능을 인정받은 것으로서 화재시 쉽게 변형 · 파괴되지 아니하고 연기가 누설되지 않는 기밀성 있는 재료로 할 것

해답 ㉮ $1000m^2$
㉯ 60m
㉰ 60m
㉱ 2개
㉲ 내화재료
㉳ 불연재료

해설 (1) **제연구역**의 **기준**(NFPC 501 4조, NFTC 501 2.1.1)

① 하나의 제연구역의 **면**적은 **1000m²** 이내로 한다. 보기 ㉮

② 거실과 통로는 **각각 제연구획**한다.

③ **통**로상의 제연구역은 보행중심선의 **길이**가 **60m**를 초과하지 않아야 한다. 보기 ㉯

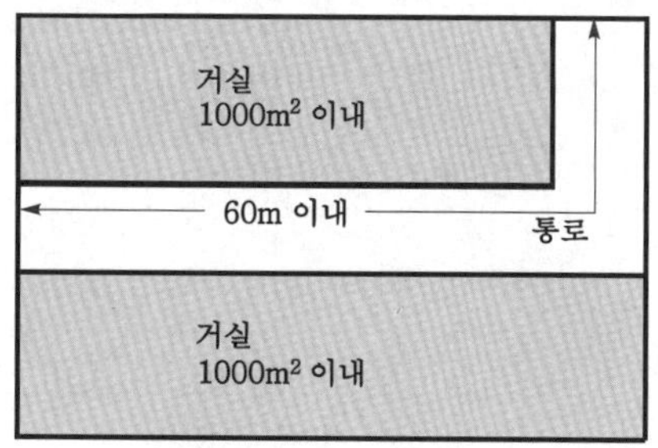

‖ 제연구역의 구획(Ⅰ) ‖

④ 하나의 제연구역은 직경 **60m 원** 내에 들어갈 수 있도록 한다. 보기 ㉰

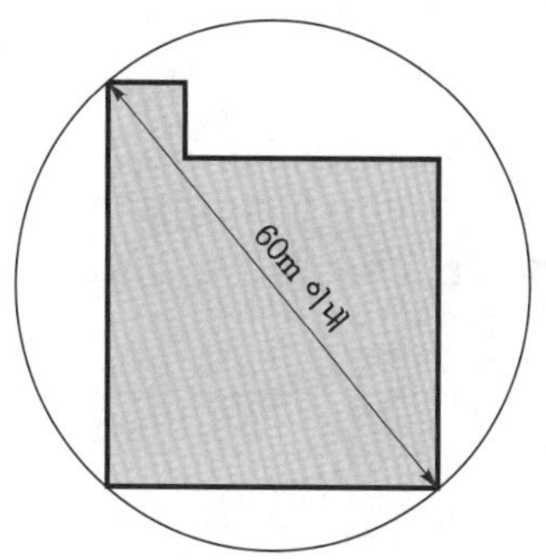

‖ 제연구역의 구획(Ⅱ) ‖

⑤ 하나의 제연구역은 **2개** 이상의 **층**에 미치지 않도록 한다. (단, 층의 구분이 불분명한 부분은 다른 부분과 별도로 제연구획할 것) 보기 ㉱

기억법 **층면 각각제 원통길이**

(2) **제연설비**의 **제연구획** 설치기준(NFPC 501 4조, NFTC 501 2.1.2)

① 재질은 **내화재료, 불연재료** 또는 제연경계벽으로 성능을 인정받은 것으로서 화재시 쉽게 변형·파괴되지 아니하고 연기가 누설되지 않는 기밀성 있는 재료로 할 것 보기 ㉲ ㉳

② 제연경계는 제연경계의 폭이 **0.6m 이상**이고, 수직거리는 **2m 이내**일 것(단, 구조상 불가피한 경우는 2m 초과 가능)

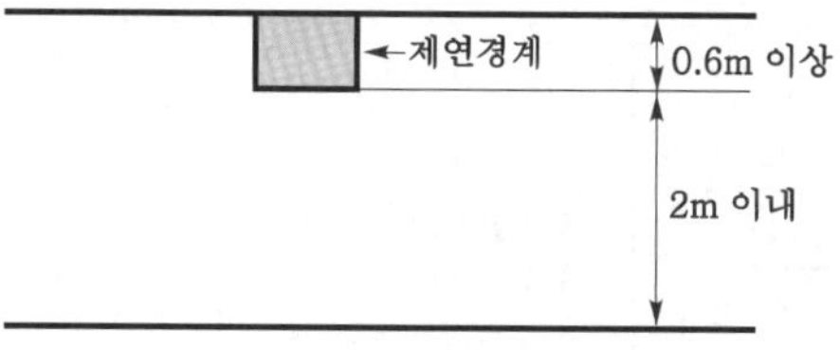

‖ 제연경계 ‖

③ 제연경계벽은 배연시 **기류**에 따라 그 하단이 쉽게 흔들리지 않고, **가동식**의 경우에는 **급속**히 **하강**하여 인명에 위해를 주지 않는 구조일 것

☆☆☆

문제 08

다음 표는 소화설비별로 사용할 수 있는 비상전원의 종류를 나타낸 것이다. 각 소화설비별로 설치하여야 하는 비상전원을 찾아 빈칸에 O표 하시오. (20.11.문5, 17.11.문9, 15.7.문4, 10.10.문12)

득점	배점
	4

설비명	자가발전설비	축전지설비	비상전원수전설비
옥내소화전설비, 제연설비, 연결송수관설비			
스프링클러설비			
자동화재탐지설비, 유도등			
비상콘센트설비			

해답

설비명	자가발전설비	축전지설비	비상전원수전설비
옥내소화전설비, 제연설비, 연결송수관설비	○	○	
스프링클러설비	○	○	○
자동화재탐지설비, 유도등		○	
비상콘센트설비	○	○	○

해설

- 문제에 **전기저장장치**는 없으므로 신경쓰지 않아도 된다.

각 설비의 **비상전원 종류** 및 **용량**

설 비	비상전원	비상전원용량
• **자동화재탐지설비**	• **축**전지설비 • 전기저장장치	• **10분** 이상(30층 미만) • **30분** 이상(30층 이상)
• 비상**방**송설비	• 축전지설비 • 전기저장장치	
• 비상**경**보설비	• 축전지설비 • 전기저장장치	• **10분** 이상
• **유도등**	• 축전지	• **20분** 이상 ※ 예외규정 : **60분** 이상 (1) **11층** 이상(지하층 제외) (2) 지하층 · 무창층으로서 **도매시장 · 소매시장 · 여객자동차터미널 · 지하철역사 · 지하상가**
• **무**선통신보조설비	명시하지 않음	• **30분** 이상 기억법 **탐경유방무축**
• **비상콘센트설비**	• 자가발전설비 • 축전지설비 • 비상전원수전설비 • 전기저장장치	• **20분** 이상
• **스프링클러설비** • **미**분무소화설비	• **자**가발전설비 • **축**전지설비 • **전**기저장장치 • 비상전원**수**전설비(차고 · 주차장으로서 스프링클러설비(또는 미분무소화설비)가 설치된 부분의 바닥면적 합계가 1000m^2 미만인 경우)	• **20분** 이상(30층 미만) • **40분** 이상(30~49층 이하) • **60분** 이상(50층 이상) 기억법 **스미자 수전축**

• 포소화설비	• 자가발전설비 • 축전지설비 • 전기저장장치 • 비상전원수전설비 – 호스릴포소화설비 또는 포소화전만을 설치한 차고 · 주차장 – 포헤드설비 또는 고정포방출설비가 설치된 부분의 바닥면적(스프링클러설비가 설치된 차고 · 주차장의 바닥면적 포함)의 합계가 1000m² 미만인 것	• **20분** 이상
• **간**이스프링클러설비	• 비상전원**수**전설비	• **10분**(숙박시설 바닥면적 합계 300~600m² 미만, 근린생활시설 바닥면적 합계 1000m² 이상, 복합건축물 연면적 1000m² 이상은 **20분**) 이상 기억법 **간수**
• **옥내소화전설비** • **연결송수관설비** • 특별피난계단의 계단실 및 부속실 제연설비	• 자가발전설비 • 축전지설비 • 전기저장장치	• **20분** 이상(30층 미만) • **40분** 이상(30~49층 이하) • **60분** 이상(50층 이상)
• **제연설비** • 분말소화설비 • 이산화탄소 소화설비 • 물분무소화설비 • 할론소화설비 • 할로겐화합물 및 불활성기체 소화설비 • 화재조기진압용 스프링클러설비	• 자가발전설비 • 축전지설비 • 전기저장장치	• **20분** 이상
• 비상조명등	• 자가발전설비 • 축전지설비 • 전기저장장치	• **20분** 이상 ※ 예외규정 : **60분** 이상 (1) **11층** 이상(지하층 제외) (2) 지하층 · 무창층으로서 **도매시장 · 소매시장 · 여객자동차터미널 · 지하철역사 · 지하상가**
• 시각경보장치	• 축전지설비 • 전기저장장치	명시하지 않음

중요

비상전원의 **용량**(한번 더 정리!)

설 비	비상전원의 용량
• 자동화재탐지설비 • 비상경보설비 • 자동화재속보설비	**10분** 이상
• 유도등 • 비상조명등 • 비상콘센트설비 • 포소화설비 • 옥내소화전설비(30층 미만) • 제연설비, 물분무소화설비, 특별피난계단의 계단실 및 부속실 제연설비(30층 미만) • 스프링클러설비(30층 미만) • 연결송수관설비(30층 미만)	**20분** 이상

• 무선통신보조설비의 증폭기	**30분** 이상
• 옥내소화전설비(30~49층 이하) • 특별피난계단의 계단실 및 부속실 제연설비(30~49층 이하) • 연결송수관설비(30~49층 이하) • 스프링클러설비(30~49층 이하)	**40분** 이상
• 유도등 · 비상조명등(지하상가 및 11층 이상) • 옥내소화전설비(50층 이상) • 특별피난계단의 계단실 및 부속실 제연설비(50층 이상) • 연결송수관설비(50층 이상) • 스프링클러설비(50층 이상)	**60분** 이상

☆☆

문제 09

무선통신보조설비에 사용되는 분배기, 분파기, 혼합기의 기능에 대하여 간단하게 설명하시오.

(19.11.문4, 12.4.문7)

득점	배점
	6

○ 분배기 :
○ 분파기 :
○ 혼합기 :

해답 ○ 분배기 : 신호의 전송로가 분기되는 장소에 설치하는 것으로 임피던스 매칭과 신호균등분배를 위해 사용하는 장치
○ 분파기 : 서로 다른 주파수의 합성된 신호를 분리하기 위해서 사용하는 장치
○ 혼합기 : 두 개 이상의 입력신호를 원하는 비율로 조합한 출력이 발생하도록 하는 장치

해설 **무선통신보조설비**의 **용어 정의**(NFPC 505 3조, NFTC 505 1.7)

용 어	그림기호	정 의
누설동축 케이블	——	동축케이블의 외부도체에 가느다란 홈을 만들어서 **전파**가 **외부**로 **새어나갈 수 있도록** 한 케이블
분배기		신호의 전송로가 분기되는 장소에 설치하는 것으로 **임피던스 매칭**(matching)과 **신호균등분배**를 위해 사용하는 장치
분파기	F	서로 다른 주파수의 합성된 **신호**를 **분리**하기 위해서 사용하는 장치 기억법 분분
혼합기		**두 개 이상**의 **입력신호**를 원하는 비율로 **조합**한 **출력**이 발생하도록 하는 장치 기억법 혼조
증폭기	AMP	신호전송시 신호가 약해져 수신이 불가능해지는 것을 방지하기 위해서 **증폭**하는 장치 기억법 증증

☆☆☆

문제 10

감지기회로의 배선에 대한 다음 각 물음에 답하시오.

(20.11.문16, 19.11.문11, 16.4.문11, 15.7.문16, 14.7.문11, 12.11.문7)

득점	배점
	5

(가) 송배선식에 대하여 설명하시오.

○

(나) 교차회로의 방식에 대하여 설명하시오.

○

(다) 교차회로방식의 적용설비 2가지만 쓰시오.

○

○

해답 (가) 도통시험을 용이하게 하기 위해 배선의 도중에서 분기하지 않는 방식

(나) 하나의 담당구역 내에 2 이상의 감지기회로를 설치하고 2 이상의 감지기회로가 동시에 감지되는 때에 설비가 작동하는 방식

(다) ① 분말소화설비
② 할론소화설비

- 문제에서 이미 '감지기회로'라고 명시하였으므로 (가) '**감지기회로의 도통시험을 용이하게 하기 위해 배선의 도중에서 분기하지 않는 방식**'에서 **감지기회로**라는 말을 다시 쓸 필요는 없다.

송배선식과 **교차회로방식**

구 분	송배선식	교차회로방식
목적	• **감지기회로**의 **도통시험**을 용이하게 하기 위하여	• 감지기의 **오동작** 방지
원리	• 배선의 도중에서 분기하지 않는 방식	• 하나의 담당구역 내에 **2 이상**의 **감지기회로**를 설치하고 **2 이상**의 **감지기회로**가 **동시**에 **감지**되는 때에 설비가 작동하는 방식으로 회로방식이 **AND 회로**에 해당된다.
적용설비	• 자동화재탐지설비 • 제연설비	• **분**말소화설비 • **할**론소화설비 • **이**산화탄소 소화설비 • **준**비작동식 스프링클러설비 • **일**제살수식 스프링클러설비 • **할**로겐화합물 및 불활성기체 소화설비 • **부**압식 스프링클러설비 기억법 **분할이 준일할부**
가닥수 산정	• 종단저항을 수동발신기함 내에 설치하는 경우 **루프(loop)**된 곳은 **2가닥**, **기타 4가닥**이 된다. 수동발신기함 / 루프(loop) ‖ 송배선식 ‖	• **말단**과 **루프(loop)**된 곳은 **4가닥**, **기타 8가닥**이 된다. 수동발신기함 / 말단 / 루프(loop) ‖ 교차회로방식 ‖

☆☆☆

문제 11

자동화재탐지설비와 스프링클러설비 프리액션밸브의 간선계통도이다. 다음 각 물음에 답하시오. (단, 프리액션밸브용 감지기공통선과 전원공통선은 분리해서 사용하고 압력스위치, 탬퍼스위치 및 솔레노이드밸브용 공통선은 1가닥을 사용하는 조건이다.)

(20.5.문13, 19.11.문12, 17.4.문3, 16.6.문14, 15.4.문3, 14.7.문15, 14.4.문2, 13.4.문10, 12.4.문15, 11.7.문18, 04.4.문14)

득점	배점
	8

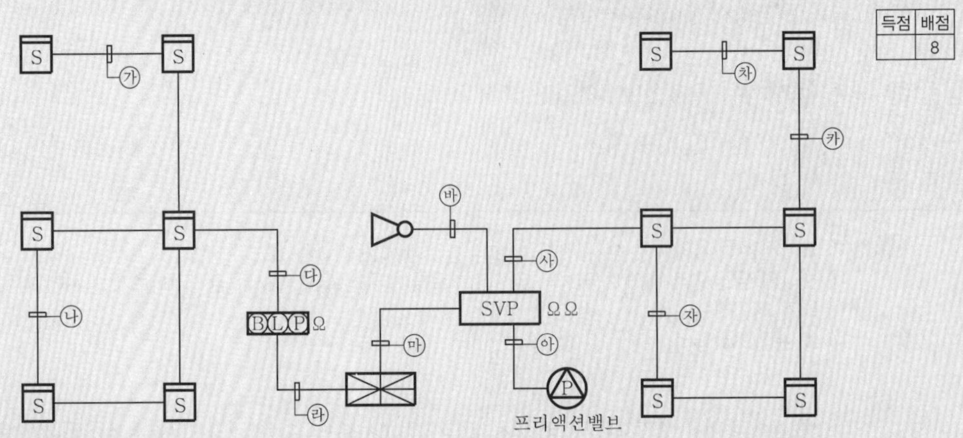

(가) ㉮~㉸까지의 배선 가닥수를 쓰시오. (단, 전화선은 삭제한다.)

답 란	㉮	㉯	㉰	㉱	㉲	㉳	㉴	㉵	㉶	㉷	㉸

(나) ㉲의 배선별 용도를 쓰시오.

○

해답 (가)

답 란	㉮	㉯	㉰	㉱	㉲	㉳	㉴	㉵	㉶	㉷	㉸
	4가닥	2가닥	4가닥	6가닥	9가닥	2가닥	8가닥	4가닥	4가닥	4가닥	8가닥

(나) 전원 ⊕ · ⊖, 사이렌 1, 감지기 A · B, 솔레노이드밸브 1, 압력스위치 1, 탬퍼스위치 1, 감지기공통선 1

해설 (가), (나)

기 호	가닥수	내 역
㉮	4가닥	지구선 2, 공통선 2
㉯	2가닥	지구선 1, 공통선 1
㉰	4가닥	지구선 2, 공통선 2
㉱	6가닥	지구선 1, 회로공통선 1, 경종선 1, 경종표시등공통선 1, 응답선 1, 표시등선 1
㉲	9가닥	전원 ⊕ · ⊖, 사이렌 1, 감지기 A · B, 솔레노이드밸브 1, 압력스위치 1, 탬퍼스위치 1, 감지기공통선 1
㉳	2가닥	사이렌 2
㉴	8가닥	지구선 4, 공통선 4
㉵	4가닥	솔레노이드밸브 1, 압력스위치 1, 탬퍼스위치 1, 공통선 1
㉶	4가닥	지구선 2, 공통선 2
㉷	4가닥	지구선 2, 공통선 2
㉸	8가닥	지구선 4, 공통선 4

- 자동화재탐지설비의 회로수는 일반적으로 **수동발신기함**(BLP) 수를 세어 보면 **1회로**(발신기세트 1개)이므로 ㉱는 **6가닥**이 된다.
- 원칙적으로 수동발신기함의 심벌은 PBL이 맞다.
- ㉵ : [단서]에서 공통선을 1가닥으로 사용하므로 4가닥이다.
- 솔레노이드밸브＝밸브기동＝SV(Solenoid Valve)
- 압력스위치＝밸브개방 확인＝PS(Pressure Switch)
- 탬퍼스위치＝밸브주의＝TS(Tamper Switch)
- 여기서는 조건에서 **압력스위치, 탬퍼스위치, 솔레노이드밸브**라는 명칭을 사용하였으므로 ㈏의 답에서 우리가 일반적으로 사용하는 밸브개방 확인, 밸브주의, 밸브기동 등의 용어를 사용하면 오답으로 채점될 수 있다. 주의하라! **주어진 조건**에 있는 **명칭**을 사용하여야 빈틈없는 올바른 답이 된다.

중요

송배선식과 **교차회로방식**

구 분	송배선식	교차회로방식
목적	• **감지기회로**의 **도통시험**을 용이하게 하기 위하여	• 감지기의 **오동작** 방지
원리	• 배선의 도중에서 분기하지 않는 방식	• 하나의 담당구역 내에 **2 이상**의 **감지기회로**를 설치하고 **2 이상**의 **감지기회로**가 **동시**에 **감지**되는 때에 설비가 작동하는 방식으로 회로방식이 **AND 회로**에 해당된다.
적용 설비	• 자동화재탐지설비 • 제연설비	• **분**말소화설비 • **할**론소화설비 • **이**산화탄소 소화설비 • **준**비작동식 스프링클러설비 • **일**제살수식 스프링클러설비 • **할**로겐화합물 및 불활성기체 소화설비 • **부**압식 스프링클러설비 기억법 **분할이 준일할부**
가닥수 산정	• 종단저항을 수동발신기함 내에 설치하는 경우 **루프(loop)**된 곳은 **2가닥**, **기타 4가닥**이 된다. 수동 발신기함 / 루프(loop) ‖ 송배선식 ‖	• **말단**과 **루프**(loop)된 곳은 **4가닥**, **기타 8가닥**이 된다. 수동 발신기함 / 말단 / 루프(loop) ‖ 교차회로방식 ‖

★★★

문제 12

연축전지가 여러 개 설치된 축전지설비가 있다. 비상용 조명부하가 6kW이고, 표준전압이 100V라고 할 때 다음 각 물음에 답하시오. (단, 축전지에 1셀의 여유를 둔다.)

(20.5.문17, 16.6.문7, 16.4.문15, 14.11.문8, 12.11.문3, 11.11.문8, 11.5.문7, 08.11.문8, 02.7.문9)

득점	배점
	6

(가) 연축전지는 몇 셀 정도 필요한가?

○ 계산과정 :

○ 답 :

(나) 분비물이 혼입된 납축전지를 방전상태로 오랫동안 방치해두면 극판의 황산납이 회백색으로 변하며 내부저항이 증가하고 전지의 용량이 감소하며 수명을 단축시키는 현상을 무엇이라고 하는가?

○

(다) 충전시에 발생하는 가스의 종류는?

○

해답 (가) ○ 계산과정 : $\frac{100}{2}+1=51$셀

○ 답 : 51셀

(나) 설페이션현상

(다) 수소가스

해설 (가) **연축전지**와 **알칼리축전지**의 **비교**

구 분	연축전지	알칼리축전지
공칭전압	2.0V	1.2V
방전종지전압	1.6V	0.96V
기전력	2.05~2.08V	1.32V
공칭용량(방전율)	10Ah(10시간율)	5Ah(5시간율)
기계적 강도	약하다.	강하다.
과충방전에 의한 전기적 강도	약하다.	강하다.
충전시간	길다.	짧다.
종류	클래드식, 페이스트식	소결식, 포켓식
수명	5~15년	15~20년

중요

공칭전압의 **단위**는 **V**로도 나타낼 수 있지만 좀 더 정확히 표현하자면 **V/셀(cell)**이다.

위 표에서 **연축전지**의 1셀의 전압(공칭전압)은 **2.0V**이고, 문제에서 축전지에 **1셀**의 여유를 둔다고 했으므로 1을 반드시 더해야 한다.

$$셀수=\frac{표준전압}{공칭전압}+여유셀=\frac{100\text{V}}{2\text{V}}+1=51\text{V/셀}=51\text{셀(cell)}$$

(나) **설페이션**(sulfation)**현상**

① 충전이 부족할 때 축전지의 극판에 **백색 황산연**(황산납)이 생기는 현상

② 분비물이 혼입된 납축전지를 방전상태로 오랫동안 방치해두면 극판의 **황산납**이 **회백색**으로 변하며 내부저항이 증가하고 전지의 용량이 감소하며 **수명**을 **단축**시키는 현상

(다) **연축전지**(lead-acid battery)의 종류에는 **클래드식**(CS형)과 **페이스트식**(HS형)이 있으며 충전시에는 **수소가스**(H_2)가 발생하므로 반드시 **환기**를 시켜야 한다. 충·방전시의 화학반응식은 다음과 같다.

① 양극판 : $PbO_2+H_2SO_4 \underset{충전}{\overset{방전}{\rightleftarrows}} PbSO_4+H_2O+O$

② 음극판 : $Pb+H_2SO_4 \underset{충전}{\overset{방전}{\rightleftarrows}} PbSO_4+H_2$

용어

회복충전방식
축전지의 과방전 및 방치상태, 가벼운 **설페이션현상** 등이 생겼을 때 기능회복을 위하여 실시하는 충전방식

중요

축전지의 원인

축전지의 과충전 원인	**축전지의 충전불량 원인**	**축전지의 설페이션 원인**
① 충전전압이 높을 때 ② 전해액의 비중이 높을 때 ③ 전해액의 온도가 높을 때	① 극판에 설페이션현상이 발생하였을 때 ② 축전지를 장기간 방치하였을 때 ③ 충전회로가 접지되었을 때	① 과방전하였을 때 ② 극판이 노출되어 있을 때 ③ 극판이 단락되었을 때 ④ 불충분한 충·방전을 반복하였을 때 ⑤ 전해액의 비중이 너무 높거나 낮을 때

☆☆

문제 13

자동화재탐지설비의 화재안전기준에서 정한 연기감지기의 설치기준이다. 다음 괄호 안 ①~⑧에 알맞은 답을 쓰시오.

(22.5.문10, 12.11.문9)

득점	배점
	8

(가) 부착높이에 따른 기준

부착높이	감지기의 종류[m^2]	
	1종 및 2종	3종
4m 미만	(①)	(②)
4m 이상 (③)m 미만	75	설치 불가능

(나) 감지기는 복도 및 통로에 있어서는 보행거리 (④)m[3종에 있어서는 (⑤)m]마다, 계단 및 경사로에 있어서는 수직거리 (⑥)m[3종에 있어서는 (⑦)m]마다 1개 이상으로 할 것

(다) 감지기는 벽 또는 보로부터 (⑧)m 이상 떨어진 곳에 설치할 것

해답 (가)

부착높이	감지기의 종류[m^2]	
	1종 및 2종	3종
4m 미만	150	50
4m 이상 20m 미만	75	설치 불가능

(나) ④ : 30
⑤ : 20
⑥ : 15
⑦ : 10

(다) ⑧ : 0.6

해설 (가) **연기감지기의 바닥면적**(NFPC 203 7조, NFTC 203 2.4.3.10.1)

부착높이	감지기의 종류[m^2]	
	1종 및 2종	3종
4m 미만	**150** 보기 ①	**50** 보기 ②
4~**20m** 미만 보기 ③	75	×

비교

스포트형 감지기의 **바닥면적**(NFPC 203 7조, NFTC 203 2.4.3.9.1)

부착높이 및 특정소방대상물의 구분		감지기의 종류[m²]				
		차동식 · 보상식 스포트형		정온식 스포트형		
		1종	2종	특 종	1종	2종
4m 미만	주요구조부를 내화구조로 한 특정소방대상물 또는 그 부분	90	70	70	60	20
	기타 구조의 특정소방대상물 또는 그 부분	50	40	40	30	15
4m 이상 8m 미만	주요구조부를 내화구조로 한 특정소방대상물 또는 그 부분	45	35	35	30	
	기타 구조의 특정소방대상물 또는 그 부분	30	25	25	15	

기억법

차	보		정	
9	7	7	6	2
5	4	4	3	①
④	③	③	3	×
3	②	②	①	×

※ 동그라미(○) 친 부분은 뒤에 5가 붙음

(나) **연기감지기**의 **설치기준**(NFPC 203 7조 ③항 10호, NFTC 203 2.4.3.10)

① 감지기는 복도 및 통로에 있어서는 **보행거리 30m**(3종은 **20m**)마다, **계단** 및 **경사로**에 있어서는 **수직거리 15m**(**3종**은 **10m**)마다 1개 이상으로 할 것 보기 ④ ⑤ ⑥ ⑦

설치장소	복도 · 통로		계단 · 경사로	
종 별	1 · 2종	3종	1 · 2종	3종
설치거리	보행거리 30m	보행거리 20m	수직거리 15m	수직거리 10m

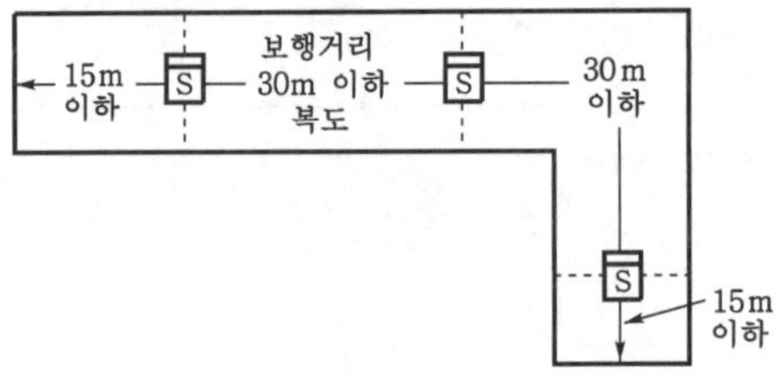

∥ 복도 및 통로의 연기감지기 설치(1 · 2종) ∥

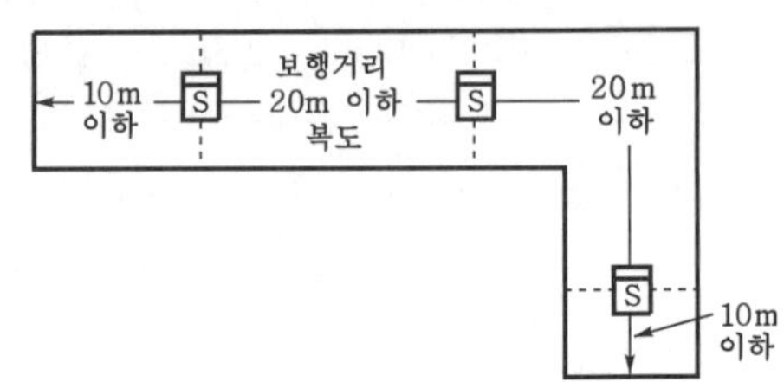

∥ 복도 및 통로의 연기감지기 설치(3종) ∥

② 천장 또는 반자가 **낮은 실내** 또는 **좁은 실내**에 있어서는 **출입구**의 가까운 부분에 설치할 것

③ 천장 또는 반자 부근에 **배기구**가 있는 경우에는 그 **부근**에 설치할 것

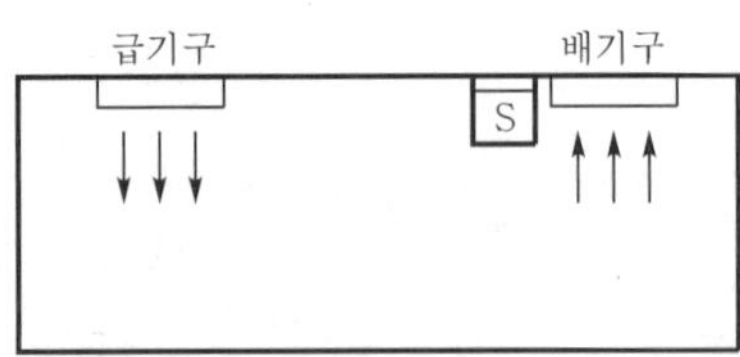

∥ 배기구가 있는 경우의 연기감지기 설치 ∥

(다) 감지기는 **벽** 또는 **보**로부터 **0.6m** 이상 떨어진 곳에 설치할 것 [보기 ⑧]

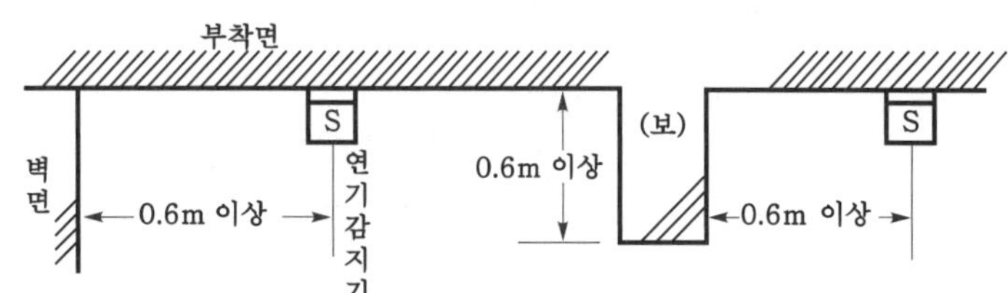

‖ 벽 또는 보로부터의 연기감지기 설치 ‖

☆☆☆

문제 14

내화구조인 건물에 차동식 스포트형 2종 감지기를 설치할 경우 다음 각 물음에 답하시오. (단, 감지기가 부착되어 있는 천장의 높이는 3.8m이다.)

(21.4.문5, 19.6.문4, 17.11.문12, 13.11.문3, 13.4.문4)

득점	배점
	7

10m　20m　10m

7m　8m　8m

A　B　C　D　E

(가) 다음 각 실에 필요한 감지기의 수량을 산출하시오.

실	산출내역	개 수
A		
B		
C		
D		
E		
합계		

(나) 실 전체의 경계구역수를 선정하시오.

○ 계산과정 :

○ 답 :

해답 (가)

실	산출내역	개 수
A	$\frac{10\times7}{70}=1$	1
B	$\frac{10\times(8+8)}{70}=2.2$	3
C	$\frac{20\times(7+8)}{70}=4.2$	5
D	$\frac{10\times(7+8)}{70}=2.1$	3
E	$\frac{(20+10)\times8}{70}=3.4$	4
합계	$1+3+5+3+4=16$	16

(나) ○ 계산과정 : $\frac{(10+20+10)\times(7+8+8)}{600}=1.5=2$

○ 답 : 2경계구역

해설 (가) **감지기**의 **바닥면적**(NFPC 203 7조, NFTC 203 2.4.3.9.1) (단위 : m^2)

부착높이 및 특정소방대상물의 구분		감지기의 종류				
		차동식·보상식 스포트형		정온식 스포트형		
		1종	2종	특 종	1종	2종
4m 미만	내화구조	90	70	70	60	20
	기타구조	50	40	40	30	15
4m 이상 8m 미만	내화구조	45	35	35	30	–
	기타구조	30	25	25	15	–

기억법 차 보 정
9 7 7 6 2
5 4 4 3 ①
④ ③ ③ 3 ×
3 ② ② ① ×
※ 동그라미(○) 친 부분은 뒤에 5가 붙음

• 천장 높이 : 3.8m로서 4m 미만 적용

실	산출내역	개 수
A	$\frac{10m\times7m}{70m^2}=1$개	1개
B	$\frac{10m\times(8+8)m}{70m^2}=2.2 ≒ 3$개(절상)	3개
C	$\frac{20m\times(7+8)m}{70m^2}=4.2 ≒ 5$개(절상)	5개
D	$\frac{10m\times(7+8)m}{70m^2}=2.1 ≒ 3$개(절상)	3개
E	$\frac{(20+10)m\times8m}{70m^2}=3.4 ≒ 4$개(절상)	4개
합계	$1+3+5+3+4=16$개	16개

(나) 경계구역$=\frac{(10+20+10)m\times(7+8+8)m}{600m^2}=1.5 ≒ 2$개(절상)

∴ 2경계구역

- 1경계구역은 **600m² 이하**이고, 한 변의 길이는 **50m 이하**이므로 $\frac{적용면적}{600m^2}$을 하면 경계구역을 구할 수 있다.
- 경계구역 산정은 **소수점**이 발생하면 반드시 **절상**한다.

아하! 그렇구나 각 층의 경계구역 산정

① 여러 개의 **건축물**이 있는 경우 각각 **별개**의 **경계구역**으로 한다.
② 여러 개의 **층**이 있는 경우 각각 **별개**의 **경계구역**으로 한다. (단, **2개 층**의 면적의 합이 **500m² 이하**인 경우는 **1경계구역**으로 할 수 있다.)
③ **지하층**과 **지상층**은 **별개**의 **경계구역**으로 한다. (**지하 1층**인 경우에도 **별개**의 **경계구역**으로 한다. 주의! 또 주의!!)
④ 1경계구역의 면적은 **600m² 이하**로 하고, 한 변의 길이는 **50m 이하**로 한다.
⑤ **목욕실 · 화장실** 등도 **경계구역 면적**에 **포함**한다.
⑥ **계단 및 엘리베이터**의 **면적**은 **경계구역 면적**에서 **제외**한다.

☆☆☆
문제 15

다음의 무접점회로를 보고 물음에 답하시오.

(22.7.문16, 21.7.문5, 20.7.문2, 17.6.문14, 15.7.문3, 14.4.문18, 12.4.문10, 10.4.문14)

득점	배점
	8

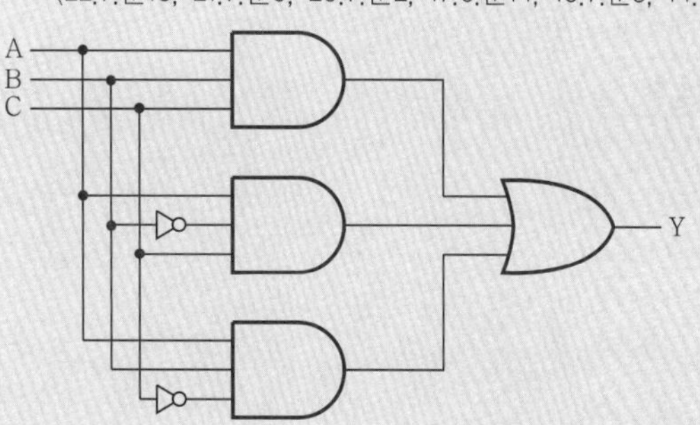

(가) 무접점회로를 간소화된 논리식으로 표현하시오.
　○
(나) 간소화된 논리회로의 무접점회로를 그리시오.
(다) 간소화된 논리회로의 유접점회로를 그리시오.

해답 (가) $ABC+A\overline{B}C+AB\overline{C}=A(BC+\overline{B}C+B\overline{C})=A\{B(C+\overline{C})+\overline{B}C\}=A(B+\overline{B}C)=A(B+C)$

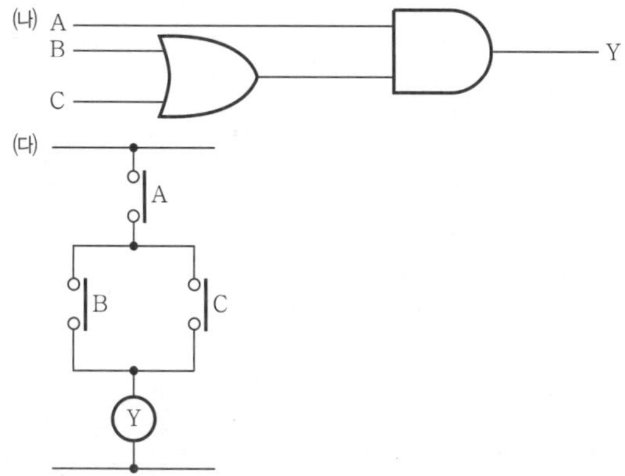

해설 (가)

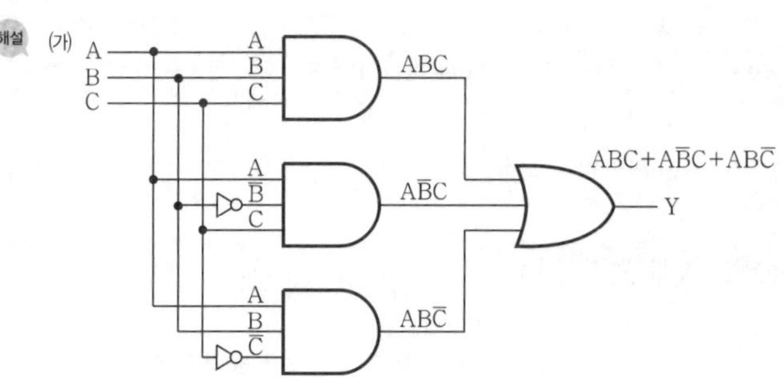

카르노맵 간소화

$$Y = ABC + A\overline{B}C + AB\overline{C}$$

A \ BC	$\overline{B}\,\overline{C}$ 00	$\overline{B}C$ 01	BC 11	$B\overline{C}$ 10
$\overline{A}$ 0				
A 1		1	1	1

AC는 변하지 않음 → / AB는 변하지 않음 → (AC: 01, 11 묶음 / AB: 11, 10 묶음)

① 논리식의 ABC, A$\overline{B}$C, AB$\overline{C}$를 각각 표 안의 1로 표시

② 서로 인접해 있는 1을 2^n(2, 4, 8, 16, …)으로 묶되 **최대개수**로 묶음

$$\therefore\ Y = ABC + A\overline{B}C + AB\overline{C} = AC + AB = A(B+C)$$

불대수 간소화

$$Y = ABC + A\overline{B}C + AB\overline{C}$$
$$= A(BC + \overline{B}C + B\overline{C})$$
$$= A\{B\underbrace{(C+\overline{C})}_{X+\overline{X}=1} + \overline{B}C\}$$
$$= A(\underbrace{B \cdot 1}_{X \cdot 1 = X} + \overline{B}C)$$
$$= A(\underbrace{B + \overline{B}C}_{X+\overline{X}Y = X+Y})$$
$$= A(B+C)$$

중요

불대수의 **정리**

정 리	논리합	논리곱	비 고
(정리 1)	X+0=X	X · 0=0	–
(정리 2)	X+1=1	X · 1=X	
(정리 3)	X+X=X	X · X =X	
(정리 4)	X+$\overline{X}$=1	X · $\overline{X}$=0	
(정리 5)	X+Y=Y+X	X · Y=Y · X	교환법칙
(정리 6)	X+(Y+Z)=(X+Y)+Z	X(YZ)=(XY)Z	결합법칙
(정리 7)	X(Y+Z)=XY+XZ	(X+Y)(Z+W)=XZ+XW+YZ+YW	분배법칙
(정리 8)	X+XY=X	$\overline{X}$+X Y=$\overline{X}$+Y X+$\overline{X}$ Y=X+Y X+$\overline{X}$ $\overline{Y}$=X+$\overline{Y}$	흡수법칙
(정리 9)	(X+Y)= X · Y	(X · Y)=X+Y	드모르간의 정리

(나) **유접점회로**(시퀀스회로)

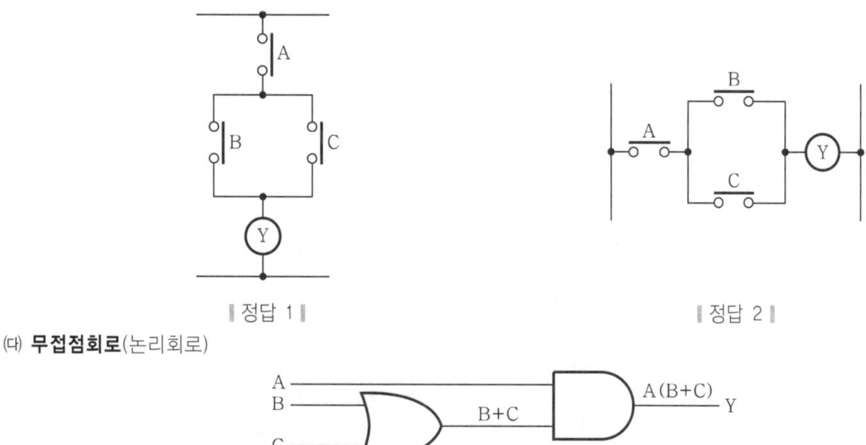

‖ 정답 1 ‖ ‖ 정답 2 ‖

(다) **무접점회로**(논리회로)

- 논리회로를 완성한 후 논리회로를 가지고 다시 논리식을 써서 이상 없는지 검토한다.

중요

시퀀스회로와 **논리회로**

<table>
<tr><th>명 칭</th><th>시퀀스회로</th><th>논리회로</th><th>진리표</th></tr>
<tr><td>AND회로
(교차회로방식)</td><td>A, B, X_{-a}</td><td>$X = A \cdot B$
입력신호 A, B가 동시에 1일 때만 출력신호 X가 1이 된다.</td><td><table><tr><th>A</th><th>B</th><th>X</th></tr><tr><td>0</td><td>0</td><td>0</td></tr><tr><td>0</td><td>1</td><td>0</td></tr><tr><td>1</td><td>0</td><td>0</td></tr><tr><td>1</td><td>1</td><td>1</td></tr></table></td></tr>
<tr><td>OR회로</td><td>A, B, X_{-a}</td><td>$X = A + B$
입력신호 A, B 중 어느 하나라도 1이면 출력신호 X가 1이 된다.</td><td><table><tr><th>A</th><th>B</th><th>X</th></tr><tr><td>0</td><td>0</td><td>0</td></tr><tr><td>0</td><td>1</td><td>1</td></tr><tr><td>1</td><td>0</td><td>1</td></tr><tr><td>1</td><td>1</td><td>1</td></tr></table></td></tr>
<tr><td>NOT회로</td><td>A, X_{-b}</td><td>$X = \overline{A}$
입력신호 A가 0일 때만 출력신호 X가 1이 된다.</td><td><table><tr><th>A</th><th>X</th></tr><tr><td>0</td><td>1</td></tr><tr><td>1</td><td>0</td></tr></table></td></tr>
<tr><td>NAND회로</td><td>A, B, X_{-b}</td><td>$X = \overline{A \cdot B}$
입력신호 A, B가 동시에 1일 때만 출력신호 X가 0이 된다. (AND회로의 부정)</td><td><table><tr><th>A</th><th>B</th><th>X</th></tr><tr><td>0</td><td>0</td><td>1</td></tr><tr><td>0</td><td>1</td><td>1</td></tr><tr><td>1</td><td>0</td><td>1</td></tr><tr><td>1</td><td>1</td><td>0</td></tr></table></td></tr>
</table>

NOR회로	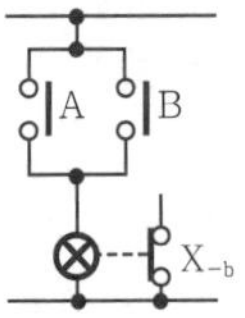	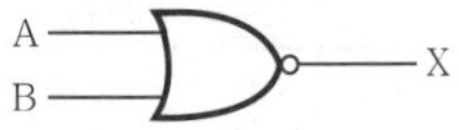 A, B → NOR → X $X = \overline{A+B}$ 입력신호 A, B가 동시에 0일 때만 출력신호 X가 1이 된다. (OR회로의 부정)	A B X: 0 0 **1** / 0 1 **0** / 1 0 **0** / 1 1 **0**
EXCLUSIVE OR회로	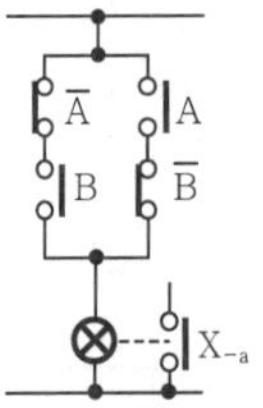	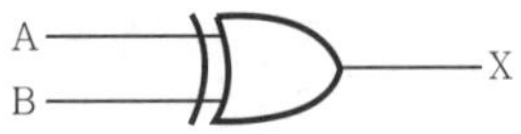 A, B → XOR → X $X = A \oplus B = \overline{A}B + A\overline{B}$ 입력신호 A, B 중 어느 한쪽만이 1이면 출력신호 X가 1이 된다.	A B X: 0 0 **0** / 0 1 **1** / 1 0 **1** / 1 1 **0**
EXCLUSIVE NOR회로	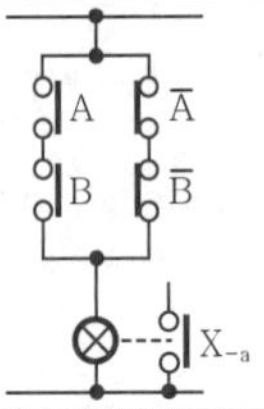	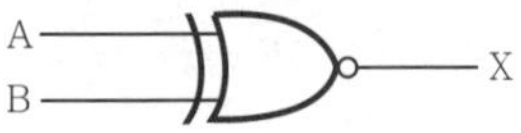 A, B → XNOR → X $X = \overline{A \oplus B} = AB + \overline{A}\,\overline{B}$ 입력신호 A, B가 동시에 0이거나 1일 때만 출력신호 X가 1이 된다.	A B X: 0 0 **1** / 0 1 **0** / 1 0 **0** / 1 1 **1**

용어

용 어	설 명
불대수(Boolean algebra) =논리대수	① 임의의 회로에서 일련의 기능을 수행하기 위한 **가장 최적**의 **방법**을 결정하기 위하여 이를 수식적으로 표현하는 방법 ② 여러 가지 조건의 논리적 관계를 **논리기호**로 나타내고 이것을 **수식**적으로 **표현**하는 방법
무접점회로(논리회로)	**집적회로**를 **논리기호**를 사용하여 알기 쉽도록 표현해 놓은 회로
진리표(진가표, 참값표)	논리대수에 있어서 ON, OFF 또는 동작, 부동작의 상태를 **1**과 **0**으로 나타낸 표

☆☆☆

문제 16

자동화재탐지설비를 설치해야 할 특정소방대상물(연면적, 바닥면적 등의 기준)에 대한 다음 (　) 안을 완성하시오. (단, 전부 필요한 경우는 '전부'라고 쓰고, 필요 없는 경우에는 '필요 없음'이라고 답할 것)

(22.5.문5, 21.7.문3, 20.7.문10, 18.4.문1·4, 13.7.문4, 11.7.문9, 06.11.문13)

득점	배점
	5

특정소방대상물	기 준
근린생활시설	(　①　)
묘지관련시설	(　②　)
장례시설	(　③　)
노유자생활시설	(　④　)
노유자시설(노유자생활시설에 해당하지 않는 노유자시설)	(　⑤　)

해답

특정소방대상물	기 준
근린생활시설	연면적 600m^2 이상
묘지관련시설	연면적 2000m^2 이상
장례시설	연면적 600m^2 이상
노유자생활시설	전부
노유자시설(노유자생활시설에 해당하지 않는 노유자시설)	연면적 400m^2 이상

해설 **자동화재탐지설비**의 **설치대상**(소방시설법 시행령 [별표 4])

설치대상	기 준
① 정신의료기관·의료재활시설	• 창살설치 : 바닥면적 **300m^2** 미만 • 기타 : 바닥면적 **300m^2** 이상
② **노유자시설** 보기 ⑤	• 연면적 **400m^2** 이상
③ **근린생활시설** 보기 ① · **위**락시설 ④ **의**료시설(정신의료기관, 요양병원 제외) ⑤ **복합건축물 · 장례시설** 보기 ③	• 연면적 **6**00m^2 이상
⑥ 목욕장·문화 및 집회시설, 운동시설 ⑦ 종교시설 ⑧ 방송통신시설·관광휴게시설 ⑨ **업무시설 · 판매시설** ⑩ 항공기 및 자동차 관련시설·공장·창고시설 ⑪ 지하가(터널 제외)·운수시설·발전시설·위험물 저장 및 처리시설 ⑫ 교정 및 군사시설 중 국방·군사시설	• 연면적 **1000m^2** 이상
⑬ **교육연구시설 · 동**식물관련시설 ⑭ **자**원순환관련시설 · **교**정 및 군사시설(국방·군사시설 제외) ⑮ **수**련시설(숙박시설이 있는 것 제외) ⑯ **묘지관련시설** 보기 ②	• 연면적 **2**000m^2 이상
⑰ 터널	• 길이 **1000m** 이상
⑱ 특수가연물 저장·취급	• 지정수량 **500배** 이상
⑲ 수련시설(숙박시설이 있는 것)	• 수용인원 **100명** 이상
⑳ 발전시설	• 전기저장시설
㉑ 지하구 ㉒ **노유자생활시설** 보기 ④	• 전부
㉓ **전통시장**	
㉔ 조산원, 산후조리원	
㉕ 요양병원(정신병원, 의료재활시설 제외)	
㉖ 아파트 등·기숙사	
㉗ 숙박시설	
㉘ **6층** 이상인 건축물	

기억법 근위의복 6, 교동자교수 2

☆☆

문제 17

그림과 같은 건물평면도의 경우 자동화재탐지설비의 최소경계구역의 수를 구하시오.

(22.5.문15, 12.11.문9)

득점	배점
	6

(가)

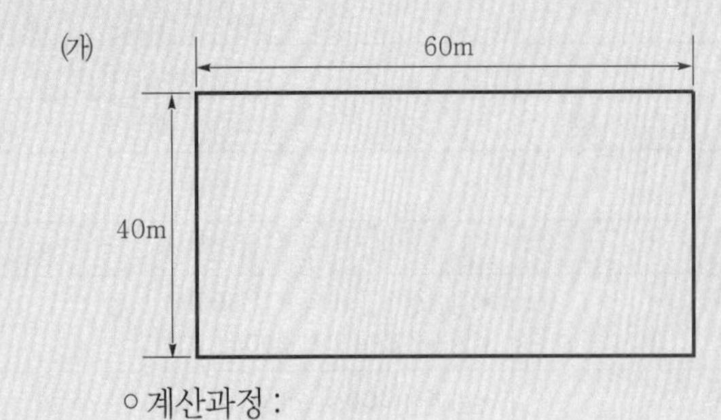

(나)

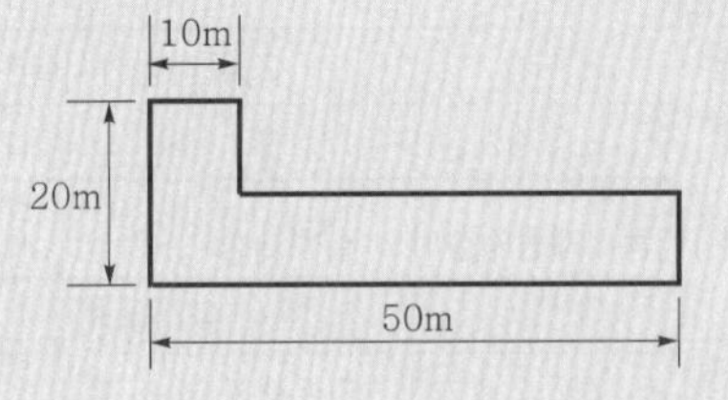

○ 계산과정 :
○ 답 :

○ 계산과정 :
○ 답 :

(가) ○ 계산과정 : ① $\frac{60\times40}{600}=4$개

② $\frac{60}{50}=1.2 ≒ 2$개

○ 답 : 4경계구역

(나) ○ 계산과정 : ① $\frac{(10\times10)+(50\times10)}{600}=1$개

② $\frac{50}{50}=1$개

○ 답 : 1경계구역

- 계산과정을 작성하기 어려우면 해설과 같이 **그림**을 그려도 **정답** 처리해 줄 것으로 보인다.

(가) 하나의 경계구역의 면적을 **600m²** 이하로 하고, 한 변의 길이는 **50m** 이하로 하여야 하므로

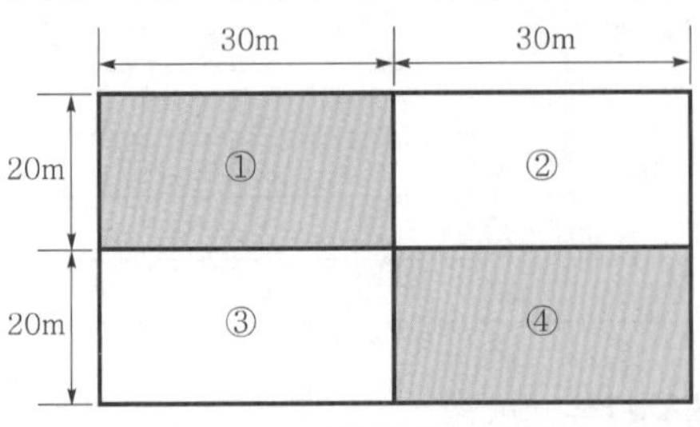

‖ 4경계구역 ‖

- 600m² 이하, 50m 이하 두 가지 조건을 만족해야 하므로 다음 두 가지 식 중 **큰 값** 적용

① 경계구역수 $=\frac{\text{전체 면적}}{600\text{m}^2}(\text{절상})=\frac{60\text{m}\times40\text{m}}{600\text{m}^2}=4$개

② 경계구역수 $=\frac{\text{가장 긴 변}}{50\text{m}}(\text{절상})=\frac{60\text{m}}{50\text{m}}=1.2 ≒ 2$개

∴ 4경계구역

(나) 하나의 경계구역의 면적을 **600m²** 이하로 하고, 한 변의 길이는 **50m** 이하로 하여 산정하면 **1경계구역**이 된다.

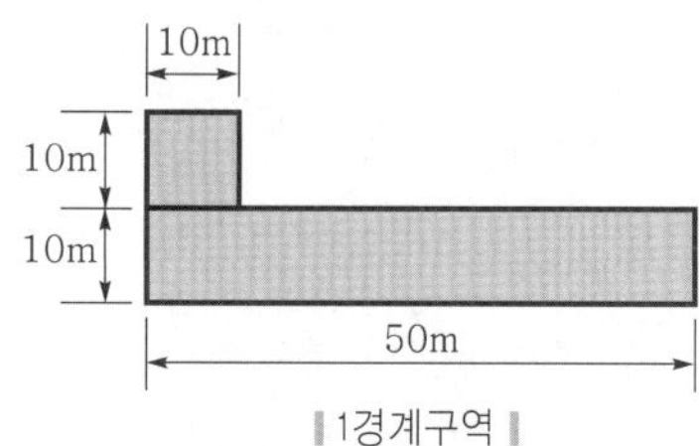

▮1경계구역▮

• 600m² 이하, 50m 이하 두 가지 조건을 만족해야 하므로 다음 두 가지 식 중 **큰 값** 적용

① 경계구역수 $= \frac{\text{전체 면적}}{600\text{m}^2}(\text{절상}) = \frac{(10\text{m}\times10\text{m})+(50\text{m}\times10\text{m})}{600\text{m}^2} = \frac{600\text{m}^2}{600\text{m}^2} = 1$개

② 경계구역수 $= \frac{\text{가장 긴 변}}{50\text{m}}(\text{절상}) = \frac{50\text{m}}{50\text{m}} = 1$개

∴ 1경계구역

중요

자동화재탐지설비의 **경계구역 설정기준**(NFPC 203 4조, NFTC 203 2.1)

(1) 1경계구역이 2개 이상의 **건축물**에 미치지 않을 것
(2) 1경계구역이 2개 이상의 층에 미치지 않을 것(단, 2개층이 **500m²** 이하는 제외)
(3) 1경계구역의 면적은 **600m²**(주출입구에서 내부 전체가 보이는 것은 **1000m²**) 이하로 하고, 1변의 길이는 50m 이하로 할 것

☆☆☆
문제 18

P형 수신기와 감지기와의 배선회로에서 배선저항은 50Ω, 릴레이저항은 1000Ω, 감시상태의 감시전류는 2mA이다. 회로전압이 DC 24V일 때 다음 각 물음에 답하시오.

(22.7.문9, 20.10.문10, 18.11.문5, 16.4.문9, 15.7.문10, 12.11.문17, 07.4.문5)

득점	배점
	4

(가) 종단저항값[Ω]을 구하시오.
○ 계산과정 :
○ 답 :

(나) 감지기가 동작할 때(화재시)의 전류는 몇 mA인가?
○ 계산과정 :
○ 답 :

해답 (가) ○ 계산과정 : $2\times10^{-3} = \frac{24}{x+1000+50}$

$$x = \frac{24}{2\times10^{-3}} - 1000 - 50 = 10950\,\Omega$$

○ 답 : 10950Ω

(나) ○ 계산과정 : $I = \frac{24}{1000+50} = 0.022\text{A} \fallingdotseq 22\text{mA}$

○ 답 : 22mA

주어진 값

- 종단저항 : ?
- 배선저항 : 50Ω
- 릴레이저항 : 1000Ω
- 회로전압(V) : 24V
- 감시전류 : 2mA=2×10^{-3}A
- 동작전류 : ?

(가) **감시전류** I는

$$I=\frac{\text{회로전압}}{\text{종단저항}+\text{릴레이저항}+\text{배선저항}}$$

기억법 감회종릴배

종단저항을 x로 놓고 계산하면

$$2\times10^{-3}=\frac{24}{x+1000+50}$$

$$x+1000+50=\frac{24}{2\times10^{-3}}$$

$$x=\frac{24}{2\times10^{-3}}-1000-50=10950\,\Omega$$

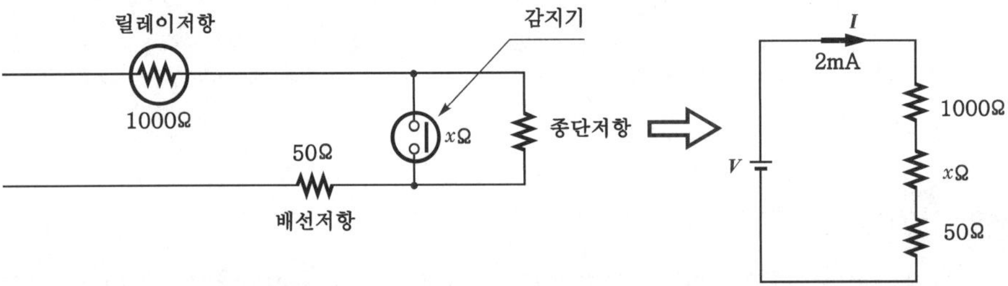

(나) **동작전류** I는

$$I=\frac{\text{회로전압}}{\text{릴레이저항}+\text{배선저항}}$$

기억법 동회릴배

$$=\frac{24\text{V}}{(1000+50)\Omega}=0.022\text{A}=22\text{mA}$$

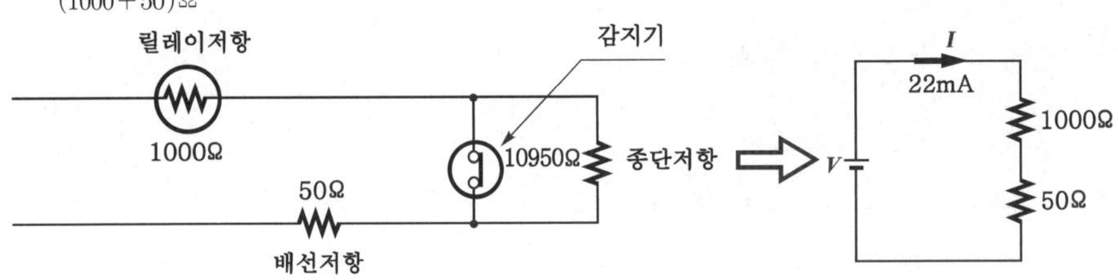

많은 사람들이 재능보다는 결심이 확고해야 뜻을 이룬다.
- 발리 선데이 -

2023. 11. 5 시행

▌2023년 기사 제4회 필답형 실기시험▐			수험번호	성명	감독위원 확 인
자격종목 소방설비기사(전기분야)	시험시간 3시간	형별			

※ 다음 물음에 답을 해당 답란에 답하시오.(배점 : 100)

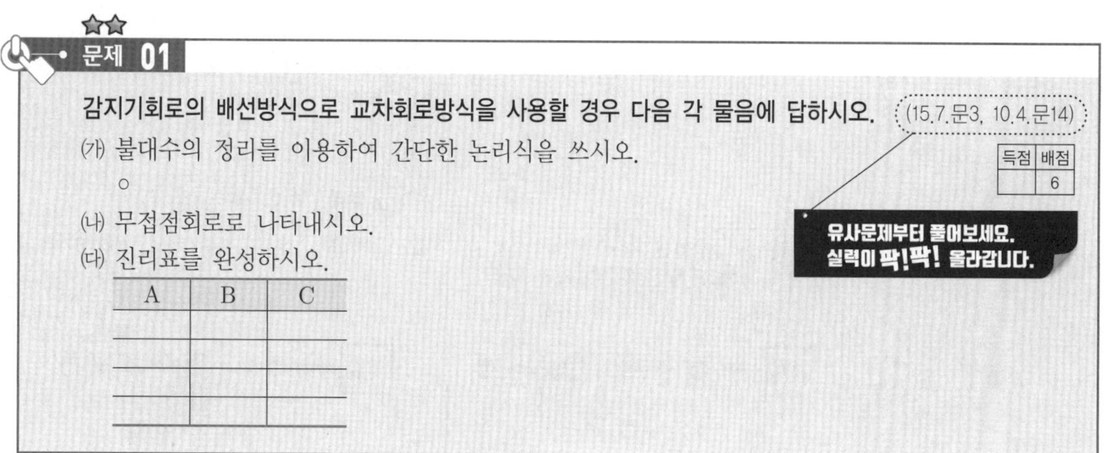

☆☆

문제 01

감지기회로의 배선방식으로 교차회로방식을 사용할 경우 다음 각 물음에 답하시오. (15.7.문3, 10.4.문14)

득점	배점
	6

(가) 불대수의 정리를 이용하여 간단한 논리식을 쓰시오.

○

(나) 무접점회로로 나타내시오.

(다) 진리표를 완성하시오.

A	B	C

유사문제부터 풀어보세요.
실력이 팍!팍! 올라갑니다.

해답 (가) A · B = C

(나)

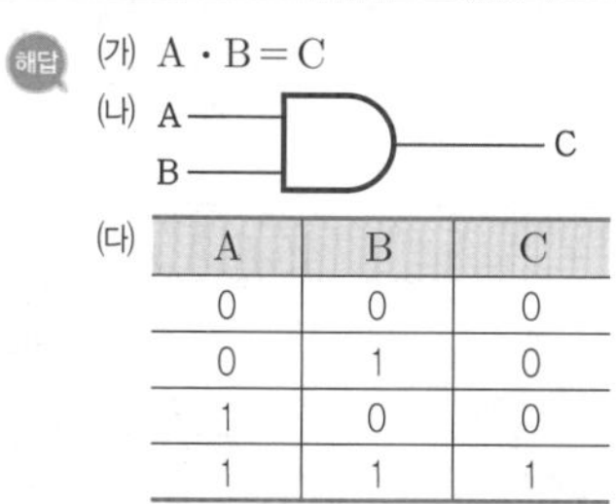

(다)

A	B	C
0	0	0
0	1	0
1	0	0
1	1	1

해설

- (가)의 경우 (다)의 진리표에서 출력을 X 또는 Z로 표시하지 않고 C로 표시하고 있으므로 특히 주의하라!

옳은 답(O)	틀린 답(X)
• AB = C • C = AB • C = A · B	• AB = Z • AB = X • Z = AB • Z = A · B • X = AB • X = A · B

- (나)의 무접점회로도 마찬가지이다.

A, B → C

▌옳은 답(O)▐

A, B → X (a)　　A, B → Z (b)

▌틀린 답(X)▐

- (다) 이것도 정답!

A	B	C
1	1	1
1	0	0
0	1	0
0	0	0

(가) **송배선식**과 **교차회로방식**

구 분	송배선식	교차회로방식
목적	**감지기회로**의 **도통시험**을 용이하게 하기 위하여	감지기의 **오동작** 방지
원리	배선의 도중에서 분기하지 않는 방식	하나의 담당구역 내에 **2 이상**의 **감지기회로**를 설치하고 **2 이상**의 **감지기회로**가 **동시**에 **감지**되는 때에 설비가 작동하는 방식으로 회로방식이 **AND 회로**에 해당된다.
적용설비	• 자동화재탐지설비 • 제연설비	• **분**말소화설비 • **할**론소화설비 • **이**산화탄소 소화설비 • **준**비작동식 스프링클러설비 • **일**제살수식 스프링클러설비 • **할**로겐화합물 및 불활성기체 소화설비 • **부**압식 스프링클러설비 기억법 **분할이 준일할부**
가닥수 산정	종단저항을 수동발신기함 내에 설치하는 경우 **루프(loop)**된 곳은 **2가닥**, **기타 4가닥**이 된다. 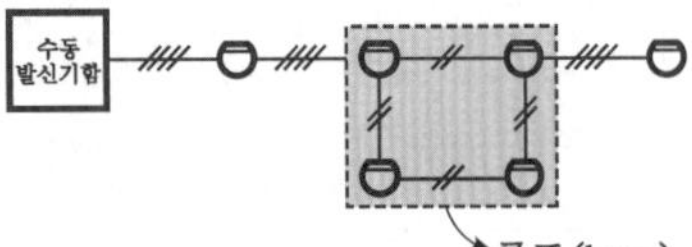 수동발신기함 / 루프(loop) ‖ 송배선식 ‖	**말단**과 **루프**(loop)된 곳은 **4가닥**, **기타 8가닥**이 된다. 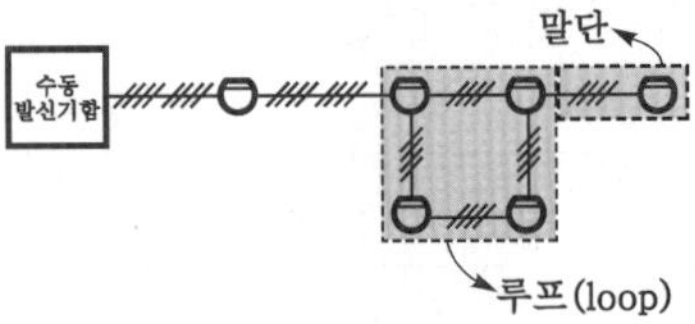 말단 / 수동발신기함 / 루프(loop) ‖ 교차회로방식 ‖

(나), (다) **시퀀스회로**와 **논리회로**

명 칭	시퀀스회로	논리회로	진리표
AND회로 **(교차회로방식)**	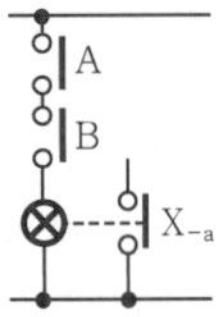 A, B, X_{-a}	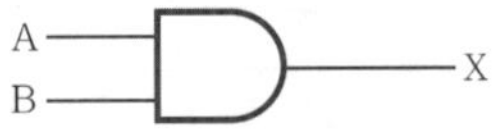 $X = A \cdot B$ 입력신호 A, B가 동시에 1일 때만 출력신호 X가 1이 된다.	A B X 0 0 **0** 0 1 **0** 1 0 **0** 1 1 **1**
OR회로	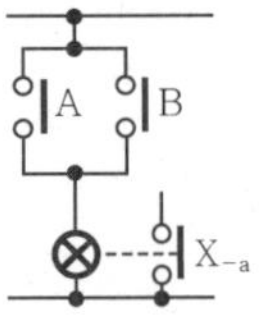 A, B, X_{-a}	 $X = A + B$ 입력신호 A, B 중 어느 하나라도 1이면 출력신호 X가 1이 된다.	A B X 0 0 **0** 0 1 **1** 1 0 **1** 1 1 **1**
NOT회로	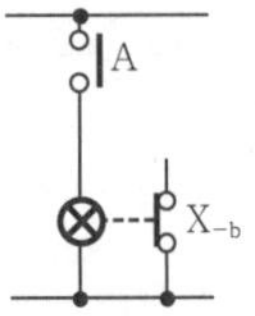 A, X_{-b}	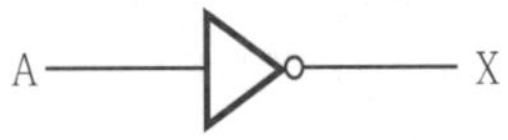 $X = \overline{A}$ 입력신호 A가 0일 때만 출력신호 X가 1이 된다.	A X 0 **1** 1 **0**

회로	유접점회로	무접점회로	진리표
NAND회로		$X = \overline{A \cdot B}$ 입력신호 A, B가 동시에 1일 때만 출력신호 X가 0이 된다(AND회로의 부정).	A B X 0 0 1 0 1 1 1 0 1 1 1 0
NOR회로		$X = \overline{A + B}$ 입력신호 A, B가 동시에 0일 때만 출력신호 X가 1이 된다(OR회로의 부정).	A B X 0 0 1 0 1 0 1 0 0 1 1 0
EXCLUSIVE OR회로		$X = A \oplus B = \overline{A}B + A\overline{B}$ 입력신호 A, B 중 어느 한쪽만이 1이면 출력신호 X가 1이 된다.	A B X 0 0 0 0 1 1 1 0 1 1 1 0
EXCLUSIVE NOR회로		$X = \overline{A \oplus B} = AB + \overline{A}\,\overline{B}$ 입력신호 A, B가 동시에 0이거나 1일 때만 출력신호 X가 1이 된다.	A B X 0 0 1 0 1 0 1 0 0 1 1 1

용어

용 어	설 명
불대수(Boolean algebra) =논리대수	① 임의의 회로에서 일련의 기능을 수행하기 위한 **가장 최적**의 **방법**을 결정하기 위하여 이를 수식적으로 표현하는 방법 ② 여러 가지 조건의 논리적 관계를 **논리기호**로 나타내고 이것을 **수식**적으로 **표현**하는 방법
무접점회로(논리회로)	**집적회로**를 **논리기호**를 사용하여 알기 쉽도록 표현해 놓은 회로
진리표(진가표, 참값표)	논리대수에 있어서 ON, OFF 또는 동작, 부동작의 상태를 **1**과 **0**으로 나타낸 표

☆☆

문제 02

피난유도선은 햇빛이나 전등불에 따라 축광하거나 전류에 따라 빛을 발하는 유도체로서, 어두운 상태에서 피난을 유도할 수 있도록 띠형태로 설치되는 피난유도시설이다. 광원점등방식의 피난유도선의 설치기준 5가지를 쓰시오.

(21.11.문7, 12.4.문11)

득점	배점
	5

○
○
○
○
○

 ① 구획된 각 실로부터 주출입구 또는 비상구까지 설치
② 피난유도 표시부는 바닥으로부터 높이 1m 이하의 위치 또는 바닥면에 설치
③ 수신기로부터의 화재신호 및 수동조작에 의하여 광원이 점등되도록 설치
④ 비상전원이 상시 충전상태를 유지하도록 설치
⑤ 바닥에 설치되는 피난유도 표시부는 매립하는 방식을 사용

해설

• 짧은 것 5개만 골라서 써보자!

유도등 및 **유도표지**의 **화재안전기준**(NFPC 303 9조, NFTC 303 2.6)

축광방식의 피난유도선 설치기준	광원점등방식의 피난유도선 설치기준
① 구획된 각 실로부터 **주출입구** 또는 **비상구**까지 설치 ② 바닥으로부터 높이 **50cm 이하**의 위치 또는 바닥면에 설치 ③ 피난유도 표시부는 **50cm 이내**의 간격으로 연속되도록 설치 ④ 부착대에 의하여 견고하게 설치 ⑤ 외부의 빛 또는 조명장치에 의하여 상시 조명이 제공되거나 비상조명등에 의한 조명이 제공되도록 설치	① 구획된 각 실로부터 **주출입구** 또는 **비상구**까지 설치 ② 피난유도 표시부는 바닥으로부터 높이 **1m 이하**의 위치 또는 **바닥면**에 설치 ③ 피난유도 표시부는 **50cm 이내**의 간격으로 연속되도록 설치하되 실내장식물 등으로 설치가 곤란할 경우 **1m** 이내로 설치 ④ 수신기로부터의 **화재신호** 및 **수동조작**에 의하여 광원이 점등되도록 설치 ⑤ 비상전원이 **상시 충전상태**를 유지하도록 설치 ⑥ 바닥에 설치되는 피난유도 표시부는 **매립**하는 방식을 사용 ⑦ 피난유도 제어부는 조작 및 관리가 용이하도록 바닥으로부터 **0.8~1.5m** 이하의 높이에 설치

중요

피난유도선의 **방식**

축광방식	광원점등방식
햇빛이나 **전등불**에 따라 **축광**하는 방식으로 유사시 어두운 상태에서 피난유도	**전류**에 따라 **빛**을 발하는 방식으로 유사시 어두운 상태에서 피난유도

피난유도선

☆☆

문제 03

정온식 스포트형 감지기의 열감지방식 5가지를 쓰시오. (21.4.문3, 15.7.문13, 09.10.문17)

득점	배점
	5

○
○
○
○
○

해답 ① 바이메탈의 활곡 이용
② 바이메탈의 반전 이용
③ 금속의 팽창계수차 이용
④ 액체(기체)의 팽창 이용
⑤ 가용절연물 이용

해설 **감지 형태** 및 **방식**에 따른 **구분**

차동식 스포트형 감지기	정온식 스포트형 감지기	정온식 감지선형 감지기
① **공기**의 **팽창** 이용 ② **열기전력** 이용 ③ **반도체** 이용	① **바이메탈**의 활곡 이용 ② **바이메탈**의 반전 이용 ③ **금속**의 **팽창계수차** 이용 ④ **액체**(기체)의 팽창 이용 ⑤ **가용절연물** 이용 ⑥ **감열반도체소자** 이용	① 선 전체가 감열부분인 것 ② 감열부가 띄엄띄엄 존재해 있는 것

☆☆

문제 04

다음 그림과 같은 회로에서 부하 R_L에서 소비되는 최대전력에 대한 다음 각 물음에 답하시오.

득점	배점
	4

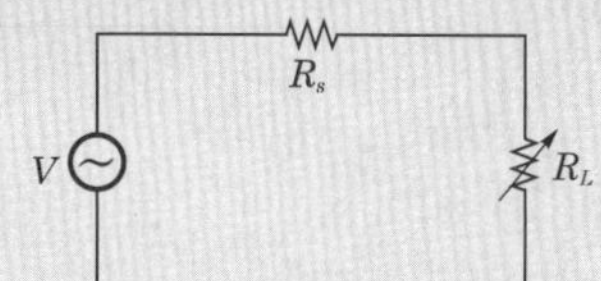

(가) 최대전력전달 조건을 쓰시오.

○

(나) 최대전력식을 유도하시오.

○

해답 (가) $R_s = R_L$

(나) $P = VI = (IR_s) \times I = R_s I^2$

$$= R_s \times \left(\frac{V}{R_s + R_L}\right)^2 = R_s \times \left(\frac{V}{2R_s}\right)^2$$

$$= R_s \times \frac{V^2}{4R_s^2} = \frac{V^2}{4R_s}$$

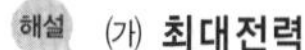

해설 (가) **최대전력**

그림에서 $Z_s = R_s$, $Z_L = R_L$인 경우

① **최대전력전달 조건** : $R_s = R_L$

② **최대전력** : $P_{\max} = \dfrac{V^2}{4R_s}$

여기서, $P_{\max}$: 최대전력[W]

V : 전압[V]

R_s : 저항[Ω]

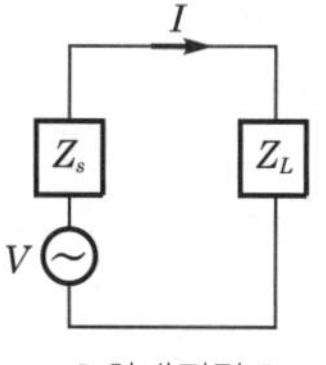

‖ 최대전력 ‖

(나) ① **전력**

$$P = VI = \frac{V^2}{R} = I^2 R$$

여기서, P : 전력[W]

V : 전압[V]

I : 전류[A]

R : 저항[Ω]

② **옴**의 **법칙**

$$I = \frac{V}{R}$$

여기서, I : 전류〔A〕
V : 전압〔V〕
R : 저항〔Ω〕

$I = \frac{V}{R}$, $V = IR$

③ **테브난**의 **정리**

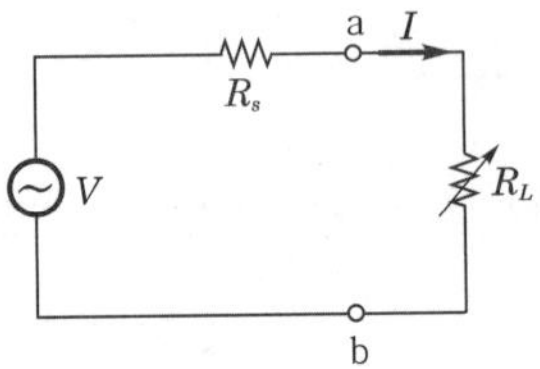

$$I = \frac{V}{R_s + R_L} \text{〔A〕} \quad \cdots\cdots ①$$

여기서, R_s : 합성저항(내부저항)〔Ω〕
R_L : 부하〔Ω〕

$$P = VI = (IR_s) \times I = R_s I^2 \quad \cdots\cdots ②$$

①식을 ②식에 대입

$$P = R_s I^2 = R_s \times \left(\frac{V}{R_s + R_L}\right)^2$$

$\boxed{R_s = R_L}$ 이므로

$$= R_s \times \left(\frac{V}{R_s + R_s}\right)^2 = R_s \times \left(\frac{V}{2R_s}\right)^2 = \cancel{R_s} \times \frac{V^2}{4\cancel{R_s^2}} = \frac{V^2}{4R_s}$$

☆☆ 문제 05

높이 20m 이상되는 곳에 설치할 수 있는 감지기를 2가지 쓰시오. (20.10.문5, 15.11.문12)

○

○

득점	배점
	4

해답 ① 불꽃감지기
② 광전식(분리형, 공기흡입형) 중 아날로그방식

해설
- **"(분리형, 공기흡입형) 중 아날로그방식"**까지 꼭 써야 정답!
- 아날로그방식=아날로그식

감지기의 **부착높이**(NFPC 203 7조, NFTC 203 2.4.1)

부착높이	감지기의 종류
4m 미만	• 차동식(스포트형, 분포형) • 보상식 스포트형 • 정온식(스포트형, 감지선형) ─ **열**감지기 • 이온화식 또는 광전식(스포트형, 분리형, 공기흡입형) : **연**기감지기 • 열복합형 • 연기복합형 • 열연기복합형 ─ **복**합형 감지기 • **불**꽃감지기 기억법 **열연불복 4미**
4~8m 미만	• 차동식(스포트형, 분포형) • 보상식 스포트형 • **정**온식(스포트형, 감지선형) **특**종 또는 1종 ─ **열**감지기 • **이**온화식 1종 또는 2종 • **광**전식(스포트형, 분리형, 공기흡입형) 1종 또는 2종 ─ 연기감지기 • 열복합형 • 연기복합형 • 열연기복합형 ─ **복**합형 감지기 • **불**꽃감지기 기억법 **8미열 정특1 이광12 복불**
8~15m 미만	• 차동식 **분**포형 • **이**온화식 1종 또는 2종 • **광**전식(스포트형, 분리형, 공기흡입형) 1종 또는 2종 • **연**기**복**합형 • **불**꽃감지기 기억법 **15분 이광12 연복불**
15~20m 미만	• **이**온화식 1종 • **광**전식(스포트형, 분리형, 공기흡입형) 1종 • **연**기**복**합형 • **불**꽃감지기 기억법 **이광불연복2**
20m 이상	• **불**꽃감지기 • **광**전식(분리형, 공기흡입형) 중 **아**날로그방식 기억법 **불광아**

☆☆☆

문제 06

비상조명등의 설치기준에 관한 다음 (　　) 안을 완성하시오. (22.7.문18, 20.11.문5, 17.11.문9)

득점	배점
	3

비상조명등의 비상전원은 비상조명등을 20분 이상 유효하게 작동시킬 수 있는 용량으로 할 것. 다만, 다음의 특정소방대상물의 경우에는 그 부분에서 피난층에 이르는 부분의 비상조명등을 (①)분 이상 유효하게 작동시킬 수 있는 용량으로 하여야 한다.

○ (②)

○ (③)

해답 ① 60
② 지하층을 제외한 층수가 11층 이상의 층
③ 지하층 또는 무창층으로서 용도가 도매시장·소매시장·여객자동차터미널·지하역사 또는 지하상가

해설

- ② "**지하층을 제외한**"도 꼭 써야 정답!
- ③ "**지하층 또는 무창층으로서**"도 꼭 써야 정답!

(1) **비상조명등**의 **설치기준**(NFPC 304 4조, NFTC 304 2.1.1.5)

비상전원은 비상조명등을 20분 이상 유효하게 작동시킬 수 있는 용량으로 할 것. 단, 다음의 특정소방대상물의 경우에는 그 부분에서 피난층에 이르는 부분의 비상조명등을 60분 이상 유효하게 작동시킬 수 있는 용량으로 하여야 한다. 보기 ①

① 지하층을 제외한 층수가 11층 이상의 층 보기 ②

② 지하층 또는 무창층으로서 용도가 **도**매시장 · **소**매시장 · **여**객자동차터미널 · **지**하역사 또는 지하상가 보기 ③

기억법 **도소여지 11 60**

(2) **각 설비**의 **비상전원 종류** 및 **용량**

설 비	비상전원	비상전원용량
• 자동화재**탐**지설비	• **축**전지설비 • 전기저장장치	• **10분** 이상(30층 미만) • **30분** 이상(30층 이상)
• 비상**방**송설비	• 축전지설비 • 전기저장장치	
• 비상**경**보설비	• 축전지설비 • 전기저장장치	• **10분** 이상
• **유**도등	• 축전지	• **20분** 이상 ※ 예외규정 : **60분** 이상 (1) **11층** 이상(지하층 제외) (2) 지하층 · 무창층으로서 **도매시장 · 소매시장 · 여객자동차터미널 · 지하철역사 · 지하상가**
• **무**선통신보조설비	명시하지 않음	• **30분** 이상 기억법 **탐경유방무축**
• 비상콘센트설비	• 자가발전설비 • 축전지설비 • 비상전원수전설비 • 전기저장장치	• **20분** 이상
• **스**프링클러설비 • **미**분무소화설비	• **자**가발전설비 • **축**전지설비 • **전**기저장장치 • 비상전원**수**전설비(차고 · 주차장으로서 스프링클러설비(또는 미분무소화설비)가 설치된 부분의 바닥면적 합계가 1000m^2 미만인 경우)	• **20분** 이상(30층 미만) • **40분** 이상(30~49층 이하) • **60분** 이상(50층 이상) 기억법 **스미자 수전축**
• 포소화설비	• 자가발전설비 • 축전지설비 • 전기저장장치 • 비상전원수전설비 – 호스릴포소화설비 또는 포소화전만을 설치한 차고 · 주차장 – 포헤드설비 또는 고정포방출설비가 설치된 부분의 바닥면적(스프링클러설비가 설치된 차고 · 주차장의 바닥면적 포함)의 합계가 1000m^2 미만인 것	• **20분** 이상
• **간**이스프링클러설비	• 비상전원**수**전설비	• **10분**(숙박시설 바닥면적 합계 300~600m^2 미만, 근린생활시설 바닥면적 합계 1000m^2 이상, 복합건축물 연면적 1000m^2 이상은 **20분**) 이상 기억법 **간수**

• 옥내소화전설비 • 연결송수관설비 • 특별피난계단의 계단실 및 부속실 제연설비	• 자가발전설비 • 축전지설비 • 전기저장장치	• **20분** 이상(30층 미만) • **40분** 이상(30~49층 이하) • **60분** 이상(50층 이상)
• 제연설비 • 분말소화설비 • 이산화탄소 소화설비 • 물분무소화설비 • 할론소화설비 • 할로겐화합물 및 불활성기체 소화설비 • 화재조기진압용 스프링클러설비	• 자가발전설비 • 축전지설비 • 전기저장장치	• **20분** 이상
• 비상조명등	• 자가발전설비 • 축전지설비 • 전기저장장치	• **20분** 이상 ※ 예외규정 : **60분** 이상 (1) **11층** 이상(지하층 제외) (2) 지하층 · 무창층으로서 **도매시장 · 소매시장 · 여객자동차터미널 · 지하철역사 · 지하상가**
• 시각경보장치	• 축전지설비 • 전기저장장치	명시하지 않음

☆☆☆

문제 07

다음은 건물의 평면도를 나타낸 것으로 거실에는 차동식 스포트형 감지기 1종, 복도에는 연기감지기 2종을 설치하고자 한다. 감지기의 설치높이는 3.8m이고 내화구조이며, 복도의 보행거리는 50m이다. 각 실에 설치될 감지기의 개수를 계산하시오. (단, 계산식을 활용하여 설치수량을 구하시오.)

(21.7.문12, 19.11.문10, 17.6.문12, 15.7.문2, 13.7.문2, 11.11.문16, 09.7.문16, 07.11.문8)

득점	배점
	6

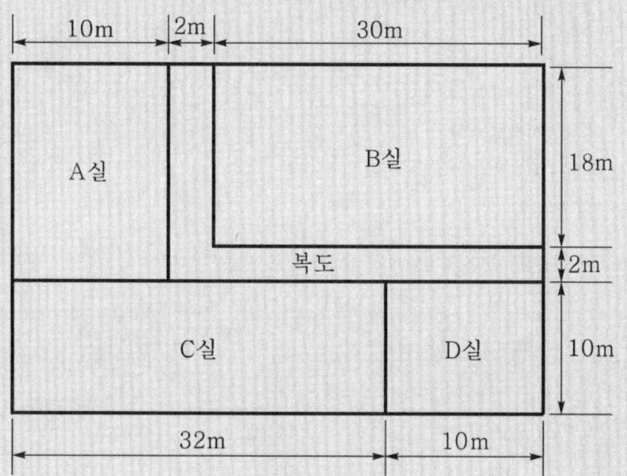

○ 감지기 설치수량 :

구 분	계산과정	설치수량[개]
A실		
B실		
C실		
D실		
복도		

해답 **감지기 설치수량**

구 분	계산과정	설치수량〔개〕
A실	$\frac{10 \times (18+2)}{90} = 2.2 \fallingdotseq 3$개	3개
B실	$\frac{(30 \times 18)}{90} = 6$개	6개
C실	$\frac{(32 \times 10)}{90} = 3.5 \fallingdotseq 4$개	4개
D실	$\frac{(10 \times 10)}{90} = 1.1 \fallingdotseq 2$개	2개
복도	$\frac{50}{30} = 1.6 \fallingdotseq 2$개	2개

해설

- '**계산과정**'에서는 2.2, 3.5, 1.1, 1.6까지만 답하고 절상값까지는 쓰지 않아도 정답이다. 절상값은 써도 되고 안 써도 된다.

감지기의 **바닥면적**(NFPC 203 7조, NFTC 203 2.4.3.9.1)

(단위 : m^2)

부착높이 및 특정소방대상물의 구분		감지기의 종류				
		차동식 · 보상식 스포트형		정온식 스포트형		
		1종	2종	특 종	1종	2종
4m 미만	내화구조 →	90	70	70	60	20
	기타 구조	50	40	40	30	15
4~8m 미만	내화구조	45	35	35	30	설치 불가능
	기타 구조	30	25	25	15	

기억법
차 보 정
9 7 7 6 2
5 4 4 3 ①
④ ③ ③ 3 ×
3 ② ② ① ×
※ 동그라미(○) 친 부분은 뒤에 5가 붙음

- 〔문제조건〕 **3.8m**, **내화구조**, **차동식 스포트형 1종**이므로 감지기 1개가 담당하는 바닥면적은 **90m²**

구 분	계산과정	설치수량〔개〕
A실	$\frac{\text{적용면적}}{90\text{m}^2} = \frac{[10 \times (18+2)]\text{m}^2}{90\text{m}^2} = 2.2 \fallingdotseq 3$개(절상)	3개
B실	$\frac{\text{적용면적}}{90\text{m}^2} = \frac{(30 \times 18)\text{m}^2}{90\text{m}^2} = 6$개	6개
C실	$\frac{\text{적용면적}}{90\text{m}^2} = \frac{(32 \times 10)\text{m}^2}{90\text{m}^2} = 3.5 \fallingdotseq 4$개(절상)	4개
D실	$\frac{\text{적용면적}}{90\text{m}^2} = \frac{(10 \times 10)\text{m}^2}{90\text{m}^2} = 1.1 \fallingdotseq 2$개(절상)	2개

- 〔문제조건〕 복도는 **연기감지기 2종** 설치

보행거리 20m 이하	보행거리 30m 이하
3종 연기감지기	1·2종 연기감지기

구 분	계산과정	설치수량[개]
복도	$\frac{\text{보행거리}}{30\text{m}} = \frac{50\text{m}}{30\text{m}} = 1.6 ≒ 2$개(절상)	2개

- 반드시 **복도 중앙**에 설치할 것
- 연기감지기 설치개수는 다음 식을 적용하면 금방 알 수 있다.

1·2종 연기감지기 설치개수$=\frac{\text{복도 중앙의 보행거리}}{30\text{m}}$(절상)$=\frac{50\text{m}}{30\text{m}}=1.6 ≒ 2$개(절상)

3종 연기감지기 설치개수$=\frac{\text{복도 중앙의 보행거리}}{20\text{m}}$(절상)$=\frac{50\text{m}}{20\text{m}}=2.5 ≒ 3$개(절상)

문제 08

극수변환식 3상 농형 유도전동기가 있다. 고속측은 4극이고 정격출력은 90kW이다. 저속측은 1/3 속도라면 저속측의 극수와 정격출력은 몇 kW인지 계산하시오. (단, 슬립 및 정격토크는 저속측과 고속측이 같다고 본다.) (14.7.문3)

득점	배점
	6

(가) 극수
- ○ 계산과정 :
- ○ 답 :

(나) 정격출력[kW]
- ○ 계산과정 :
- ○ 답 :

해답 (가) 극수

○ 계산과정 : $\frac{P}{4}=\frac{\frac{1}{\frac{1}{3}N_s}}{\frac{1}{N_s}}=3$

$P=4\times3=12$극

○ 답 : 12극

(나) 정격출력

○ 계산과정 : $90 : N=P' : \frac{1}{3}N$

$P'=\frac{90\times\frac{1}{3}N}{N}=30\text{kW}$

○ 답 : 30kW

해설 (가) **극수**

동기속도 : $N_s=\frac{120f}{P}$

여기서, N_s : 동기속도[rpm]
f : 주파수[Hz]
P : 극수

극수 $P=\frac{120f}{N_s}\propto\frac{1}{N_s}$

$$\frac{\text{저속측 극수}}{\text{고속측 극수}} = \frac{P}{4} = \frac{\dfrac{1}{\dfrac{1}{3}\cancel{N_s}}}{\dfrac{1}{\cancel{N_s}}} = 3$$

$$\frac{P}{4} = 3$$

저속측 극수 $P = 4 \times 3 = 12$극

비교

회전속도 :

$$N = \frac{120f}{P}(1-s)\text{[rpm]}$$

여기서, N : 회전속도[rpm]
f : 주파수[Hz]
P : 극수
s : 슬립

※ **슬립(slip)** : 유도전동기의 **회전자 속도**에 대한 **고정자**가 만든 **회전자계**의 **늦음**의 **정도**를 말하며, 평상운전에서 슬립은 **4~8%** 정도 되며, 슬립이 클수록 회전속도는 느려진다.

(나) **출력**

$$P = 9.8\omega\tau = 9.8 \times 2\pi\frac{N}{60} \times \tau\text{[W]}$$

여기서, P : 출력[W]
ω : 각속도[rad/s]
τ : 토크[kg · m]
N : 회전수[rpm]

$P \propto N$이므로 비례식으로 풀면

고속측 저속측

$$90 : N = P' : \frac{1}{3}N$$

$$P'N = 90 \times \frac{1}{3}N$$

$$P' = \frac{90 \times \frac{1}{3}\cancel{N}}{\cancel{N}} = 30\text{kW}$$

☆☆

문제 09

무선통신보조설비의 누설동축케이블의 기호를 보기에서 찾아쓰시오. (20.5.문16, 08.11.문11)

득점	배점
	6

LCX – FR – SS – 20 D – 14 6

① ② ③ ④ ⑤ ⑥ ⑦

[보기] 사용주파수, 특성임피던스, 절연체 외경, 자기지지, 난연성(내열성), 누설동축케이블

예 ⑦ 결합손실 표시

해답 ① 누설동축케이블
② 난연성(내열성)
③ 자기지지
④ 절연체 외경
⑤ 특성임피던스
⑥ 사용주파수

해설 **누설동축케이블**

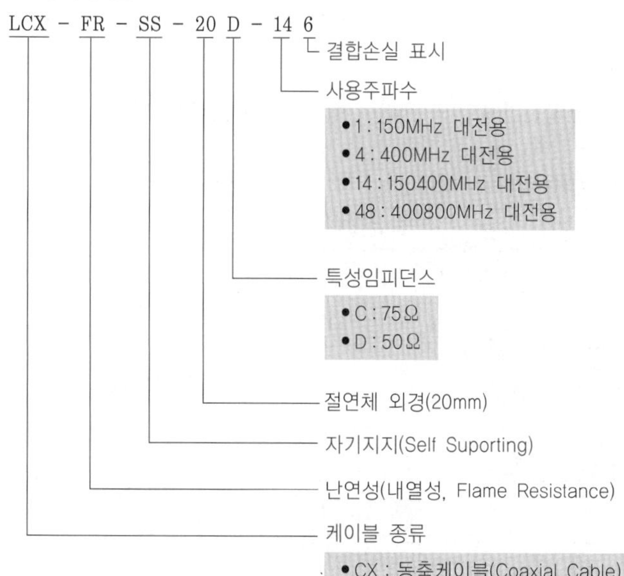

중요

누설동축케이블

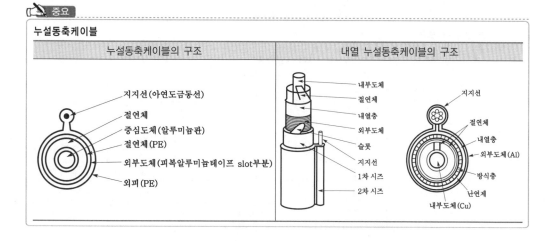

누설동축케이블의 구조	내열 누설동축케이블의 구조
지지선(아연도금동선) 절연체 중심도체(알루미늄관) 절연체(PE) 외부도체(피복알루미늄테이프 slot부분) 외피(PE)	내부도체 절연체 내열층 외부도체 슬롯 지지선 1차 시즈 2차 시즈 지지선 절연체 내열층 외부도체(Al) 방식층 난연제 내부도체(Cu)

☆☆☆
문제 10

자동화재탐지설비의 평면을 나타낸 도면이다. 이 도면을 보고 다음 각 물음에 답하시오. (단, 각 실은 이중천장이 없는 구조이며, 전선관은 16mm 후강스틸전선관을 사용콘크리트 내 매입 시공한다.)

(21.11.문13, 18.6.문11, 15.4.문4, 03.4.문8)

득점	배점
	7

(가) 시공에 소요되는 로크너트와 부싱의 소요개수는?

○ 로크너트 :

○ 부싱 :

(나) 각 감지기간과 감지기와 수동발신기세트(①~⑤) 간에 배선되는 전선의 가닥수는?

① ② ③ ④ ⑤

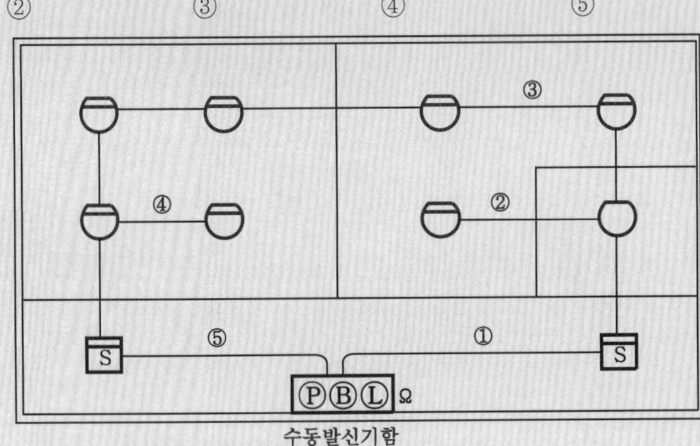

해답 (가) ① 로크너트 : 44개

② 부싱 : 22개

(나) ① 2가닥 ② 4가닥 ③ 2가닥 ④ 4가닥 ⑤ 2가닥

해설 (가), (나) **부싱 개수** 및 **가닥수**

① ○ : 부싱 설치장소(22개소), 로크너트는 부싱 개수의 **2배**이므로 **44개**(22개×2=44개)가 된다.

② 자동화재탐지설비의 감지기배선은 **송배선식**이므로 루프(loop)된 곳은 **2가닥**, 그 외는 **4가닥**이 된다.

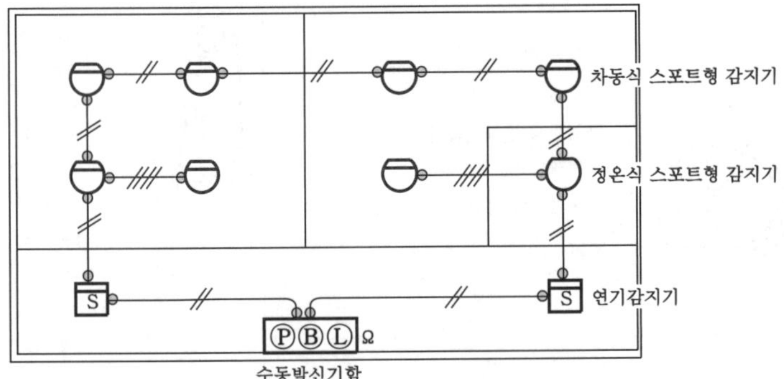

중요

부싱개수	로크너트개수
부싱=선(라인)×2 선 예 1선×2=2개	로크너트=부싱×2

중요

(1) **송배선식**과 **교차회로방식**

구 분	송배선식	교차회로방식
목적	• **감지기회로**의 **도통시험**을 용이하게 하기 위하여	• 감지기의 **오동작** 방지
원리	• 배선의 도중에서 분기하지 않는 방식	• 하나의 담당구역 내에 **2 이상**의 **감지기회로**를 설치하고 **2 이상**의 **감지기회로**가 **동시**에 **감지**되는 때에 설비가 작동하는 방식으로 회로방식이 **AND 회로**에 해당된다.
적용설비	• 자동화재탐지설비 • 제연설비	• **분**말소화설비 • **할**론소화설비 • **이**산화탄소 소화설비 • **준**비작동식 스프링클러설비 • **일**제살수식 스프링클러설비 • **할**로겐화합물 및 불활성기체 소화설비 • **부**압식 스프링클러설비 기억법 **분할이 준일할부**
가닥수 산정	• 종단저항을 수동발신기함 내에 설치하는 경우 **루프(loop)**된 곳은 **2가닥**, **기타 4가닥**이 된다. 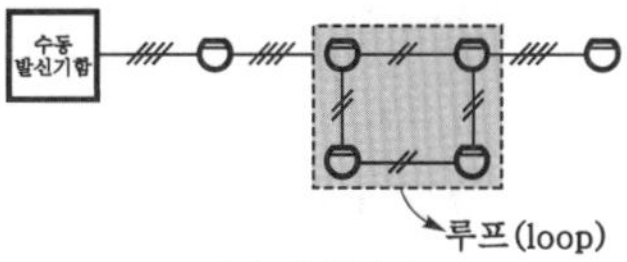 수동 발신기함 / 루프(loop) ‖ 송배선식 ‖	• **말단**과 **루프**(loop)된 곳은 **4가닥**, **기타 8가닥**이 된다. 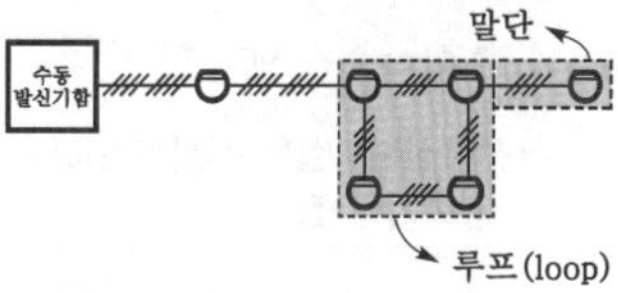 수동 발신기함 / 말단 / 루프(loop) ‖ 교차회로방식 ‖

(2) **옥내배선기호**

명 칭	그림기호	적 요
차동식 스포트형 감지기	(기호)	–
보상식 스포트형 감지기	(기호)	–
정온식 스포트형 감지기	 (기호)	• 방수형 : • 내산형 : • 내알칼리형 : • 방폭형  : EX
연기감지기	S	• 점검박스 붙이형  : S • 매입형  : S
감지선	 (기호)	• 감지선과 전선의 접속점  : • 가건물 및 천장 안에 시설할 경우  : • 관통위치  :
공기관	(기호)	• 가건물 및 천장 안에 시설할 경우  : • 관통위치 :
열전대	(기호)	• 가건물 및 천장 안에 시설할 경우 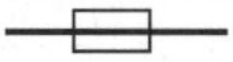 :

☆☆☆

문제 11

무선통신보조설비의 설치기준에 관한 다음 물음에 답 또는 빈칸을 채우시오. (15.4.문11, 13.7.문12)

득점	배점
	6

(가) 증폭기의 정의를 쓰시오.

○

(나) 증폭기에는 비상전원이 부착된 것으로 하고 해당 비상전원 용량은 무선통신보조설비를 유효하게 (　　)분 이상 작동시킬 수 있는 것으로 할 것

(다) 증폭기의 전면에는 주회로의 전원이 정상인지의 여부를 표시할 수 있는 (　　) 및 (　　)를 설치할 것

(라) 증폭기의 전원은 전기가 정상적으로 공급되는 (　　), (　　) 또는 (　　)으로 하고, 전원까지의 배선은 전용으로 할 것

해답 (가) 신호전송시 신호가 약해져 수신이 불가능해지는 것을 방지하기 위해서 증폭하는 장치
(나) 30
(다) 표시등, 전압계
(라) 축전지설비, 전기저장장치, 교류전압 옥내간선

해설

- (다) 표시등, 전압계는 순서를 서로 바꾸어서 답해도 정답!
- (라) 축전지설비, 전기저장장치, 교류전압 옥내간선은 순서를 서로 바꾸어서 답해도 정답!

무선통신보조설비의 **설치기준**(NFPC 505 5~7조, NFTC 505 2.2~2.4)

(1) **증폭기**의 **정의**

무선통신보조설비	비상방송설비
신호전송시 신호가 약해져 수신이 불가능해지는 것을 방지하기 위해서 **증폭**하는 장치 질문 (가)	전압 · 전류의 **진폭**을 늘려 **감도**를 좋게 하고 미약한 음성전류를 커다란 **음성전류**로 변화시켜 **소리**를 **크게** 하는 장치

(2) **누설동축케이블 등**

① 누설동축케이블 및 동축케이블은 **불연** 또는 **난연성**의 것으로서 습기 등의 환경조건에 따라 전기의 특성이 변질되지 아니하는 것으로 할 것

② 누설동축케이블 및 안테나는 **금속판** 등에 의하여 **전파의 복사** 또는 **특성**이 현저하게 저하되지 아니하는 위치에 설치할 것

③ **누설동축케이블**과 이에 접속하는 **안테나** 또는 **동축케이블**과 이에 접속하는 **안테나**일 것

④ 누설동축케이블 및 동축케이블은 화재에 따라 해당 케이블의 피복이 소실된 경우에 케이블 본체가 떨어지지 아니하도록 **4m** 이내마다 금속제 또는 자기제 등의 지지금구로 벽 · 천장 · 기둥 등에 견고하게 고정시킬 것(단, 불연재료로 구획된 반자 안에 설치하는 경우 제외)

⑤ 누설동축케이블 및 안테나는 고압전로로부터 **1.5m** 이상 떨어진 위치에 설치할 것(해당 전로에 **정전기차폐장치**를 유효하게 설치한 경우에는 제외)

⑥ 누설동축케이블의 끝부분에는 **무반사 종단저항**을 설치할 것

⑦ 누설동축케이블, 동축케이블, 분배기, 분파기, 혼합기 등의 임피던스는 **50Ω**으로 할 것

⑧ 증폭기의 전면에는 주회로의 전원이 정상인지의 여부를 표시할 수 있는 **표시등** 및 **전압계**를 설치할 것 질문 (다)

⑨ 증폭기의 전원은 전기가 정상적으로 공급되는 **축전지설비**, **전기저장장치** 또는 **교류전압 옥내간선**으로 하고, 전원까지의 배선은 **전용**으로 할 것 질문 (라)

⑩ **비상전원 용량**

설 비	비상전원의 용량
• 자동화재탐지설비 • 비상경보설비 • 자동화재속보설비	**10분** 이상
• 유도등 • 비상조명등 • 비상콘센트설비	**20분** 이상

• 포소화설비 • 옥내소화전설비(30층 미만) • 제연설비, 물분무소화설비, 특별피난계단의 계단실 및 부속실 제연설비(30층 미만) • 스프링클러설비(30층 미만) • 연결송수관설비(30층 미만)	**20분** 이상
• 무선통신보조설비의 증폭기	**30분** 이상 질문 (나)
• 옥내소화전설비(30~49층 이하) • 특별피난계단의 계단실 및 부속실 제연설비(30~49층 이하) • 연결송수관설비(30~49층 이하) • 스프링클러설비(30~49층 이하)	**40분** 이상
• 유도등 · 비상조명등(지하상가 및 11층 이상) • 옥내소화전설비(50층 이상) • 특별피난계단의 계단실 및 부속실 제연설비(50층 이상) • 연결송수관설비(50층 이상) • 스프링클러설비(50층 이상)	**60분** 이상

중요

각 **설비**의 **전원 종류**(**비상전원**의 종류와 **전원**의 종류가 다르니 주의!)

설 비	전 원	비상전원 용량
• 자동화재**탐**지설비	• **축**전지설비 • 전기저장장치 • 교류전압 옥내간선	• **10분** 이상(30층 미만) • **30분** 이상(30층 이상)
• 비상**방**송설비	• 축전지설비 • 전기저장장치 • 교류전압 옥내간선	
• 비상**경**보설비	• 축전지설비 • 전기저장장치 • 교류전압 옥내간선	• **10분** 이상
• **유**도등	• 축전지설비 • 전기저장장치 • 교류전압 옥내간선	• **20분** 이상 ※ 예외규정 : **60분** 이상 (1) **11층** 이상(지하층 제외) (2) 지하층 · 무창층으로서 **도매시장 · 소매시장 · 여객자동차터미널 · 지하철역사 · 지하상가**
• **무**선통신보조설비	• 축전지설비 • 교류전압 옥내간선	• **30분** 이상 기억법 **탐경유방무축**

☆☆

문제 12

특정소방대상물에 설치된 소방시설 등을 구성하는 전부 또는 일부를 개설(改設), 이전(移轉) 또는 정비(整備)하는 소방시설공사의 착공신고 대상 3가지를 쓰시오. (단, 고장 또는 파손 등으로 인하여 작동시킬 수 없는 소방시설을 긴급히 교체하거나 보수하여야 하는 경우에는 신고하지 않을 수 있다.)

(18.4.문8, 15.7.문12)

득점	배점
	6

○

○

○

해답 ① 수신반
② 소화펌프
③ 동력(감시)제어반

- **수신반**이 정답! 수신기가 아님. 수신기는 자동화재탐지설비에 사용되는 것임
- **소화펌프**가 정답! 소방펌프가 아님
- **동력, 감시** 모두 써야 정답! 동력(감시)제어반은 동력제어반 및 감시제어반을 뜻한다.

공사업법 시행령 4조
특정소방대상물에 설치된 소방시설 등을 구성하는 전부 또는 일부를 **개설, 이전** 또는 **정비**하는 공사(단, 고장 또는 파손 등으로 인하여 작동시킬 수 없는 소방시설을 긴급히 교체하거나 보수하여야 하는 경우에는 신고하지 않을 수 있다.)
(1) **수신반**
(2) **소화펌프**
(3) **동력(감시)제어반**

☆☆☆
문제 13

자동화재탐지설비 및 시각경보장치의 화재안전기술기준에 따른 배선에 대한 내용이다. 다음 (   ) 안을 완성하시오.
(20.11.문5, 16.4.문7, 08.11.문14)

득점	배점
	5

○ 아날로그식, 다신호식 감지기나 R형 수신기용으로 사용되는 것은 (①) 방해를 받지 않는 실드선 등을 사용해야 하며, 광케이블의 경우에는 전자파 방해를 받지 아니하고 내열성능이 있는 경우 사용할 것. 다만, 전자파 방해를 받지 않는 방식의 경우에는 그렇지 않다.
○ 감지기 사이의 회로의 배선은 (②)으로 할 것
○ 전원회로의 전로와 대지 사이 및 배선 상호간의 절연저항은 「전기사업법」 제67조에 따른 「전기설비기술기준」이 정하는 바에 의하고, 감지기회로 및 부속회로의 전로와 대지 사이 및 배선 상호간의 절연저항은 1경계구역마다 (③)를 사용하여 측정한 절연저항이 (④) 이상이 되도록 할 것
○ 자동화재탐지설비의 감지기회로의 전로저항은 (⑤) 이하가 되도록 해야 하며, 수신기의 각 회로별 종단에 설치되는 감지기에 접속되는 배선의 전압은 감지기 정격전압의 80% 이상이어야 할 것

① 전자파
② 송배선식
③ 직류 250V의 절연저항측정기
④ 0.1MΩ
⑤ 50Ω

- ② **송배선식**이 정답! 송배전식 아님
- ③ **직류 250V**까지 써야 정답! **절연저항측정기** 정답! 절연저항측정계 아님. 화재안전기준에 대한 문제는 화재안전기준 그대로의 내용을 적는게 가장 좋음
- ④ 단위가 주어지지 않았으므로 MΩ까지 써야 정답
- ⑤ 단위가 주어지지 않았으므로 Ω까지 써야 정답

자동화재탐지설비 및 **시각경보장치**의 **배선기준**(NFPC 203 11조, NFTC 203 2.8)
(1) **전원회로**의 **배선**은 **내화배선**에 따르고, **그 밖**의 **배선**(감지기 상호간 또는 감지기로부터 수신기에 이르는 감지기회로의 배선 제외)은 **내화배선** 또는 **내열배선**에 따라 설치

전원회로의 배선	그 밖의 배선
내화배선	내화배선 또는 내열배선

(2) 감지기 상호간 또는 감지기로부터 수신기에 이르는 감지기회로의 배선은 다음의 기준에 따라 설치
① **아날로그식, 다신호식 감지기**나 **R형 수신기용**으로 **사용**되는 것은 **전자파 방해**를 받지 아니하는 **쉴드선**(=실드선) 등을 사용해야 하며, **광케이블**의 경우에는 전자파 방해를 받지 아니하고 **내열성능**이 있는 경우 사용할 것(단, 전자파 방해를 받지 않는 방식의 경우 제외) 보기 ①

‖ 쉴드선(shield wire)(NFPC 203 11조, NFTC 203 2.8.1.2.1) ‖

구 분	설 명
사용처	**아날로그식, 다신호식 감지기**나 **R형 수신기용**으로 사용하는 배선
사용목적	**전자파 방해**를 **방지**하기 위하여
서로 꼬아서 사용하는 이유	**자계**를 서로 **상쇄**시키도록 하기 위하여 2선을 서로 꼬아서 사용 ‖ 쉴드선의 내부 ‖
접지이유	**유도전파**가 발생하는 경우 이 전파를 **대지**로 흘려보내기 위하여
종류	① **내열성 케이블(H-CVV-SB)** : 비닐절연 비닐시즈 내열성 제어용 케이블 ② **난연성 케이블(FR-CVV-SB)** : 비닐절연 비닐시즈 난연성 제어용 케이블
광케이블의 경우	**전자파 방해**를 받지 않고 **내열성능**이 있는 경우 사용 가능

② 일반배선을 사용할 때는 **내화배선** 또는 **내열배선**으로 사용

(3) 감지기 사이의 회로의 배선은 **송배선식**으로 할 것 보기 ②

(4) 감지기회로 및 부속회로의 전로와 대지 사이 및 배선 상호간의 절연저항은 1경계구역마다 **직류 250V**의 **절연저항측정기**를 사용하여 측정한 절연저항이 **0.1MΩ 이상**이 되도록 할 것 보기 ③④

‖ **절연저항시험**(절대! 절대! 중요) ‖

절연저항계	절연저항	대 상
직류 250V	0.1MΩ 이상	• 1경계구역의 절연저항
직류 500V	5MΩ 이상	• 누전경보기 • 가스누설경보기 • 수신기 • 자동화재속보설비 • 비상경보설비 • 유도등(교류입력측과 외함 간 포함) • 비상조명등(교류입력측과 외함 간 포함)
	20MΩ 이상	• 경종 • 발신기 • 중계기 • 비상콘센트 • 기기의 절연된 선로 간 • 기기의 충전부와 비충전부 간 • 기기의 교류입력측과 외함 간(유도등·비상조명등 제외)
	50MΩ 이상	• 감지기(정온식 감지선형 감지기 제외) • 가스누설경보기(10회로 이상) • 수신기(10회로 이상)
	1000MΩ 이상	• 정온식 감지선형 감지기

(5) 자동화재탐지설비의 배선은 다른 전선과 별도의 **관·덕트·몰드** 또는 **풀박스** 등에 설치할 것(단, **60V 미만**의 **약전류회로**에 사용하는 전선으로서 각각의 전압이 같을 때는 제외)

(6) **P형 수신기** 및 **GP형 수신기**의 감지기회로의 배선에 있어서 하나의 공통선에 접속할 수 있는 경계구역은 **7개 이하**로 할 것

(7) 자동화재탐지설비의 감지기회로의 전로저항은 **50Ω 이하가** 되도록 해야 하며, 수신기의 각 회로별 종단에 설치되는 감지기에 접속되는 배선의 전압은 감지기 정격전압의 **80% 이상**이어야 할 것 보기 ⑤

자동화재탐지설비 감지기회로 전로저항	무선통신보조설비 누설동축케이블 임피던스
50Ω 이하	50Ω

☆☆☆

문제 14

그림은 Y-△ 기동에 대한 시퀀스회로도이다. 회로를 보고 다음 각 물음에 답하시오.

(21.4.문1, 17.4.문12, 15.11.문2, 14.4.문1, 13.4.문6, 12.7.문9, 08.7.문14, 00.11.문10)

득점	배점
	7

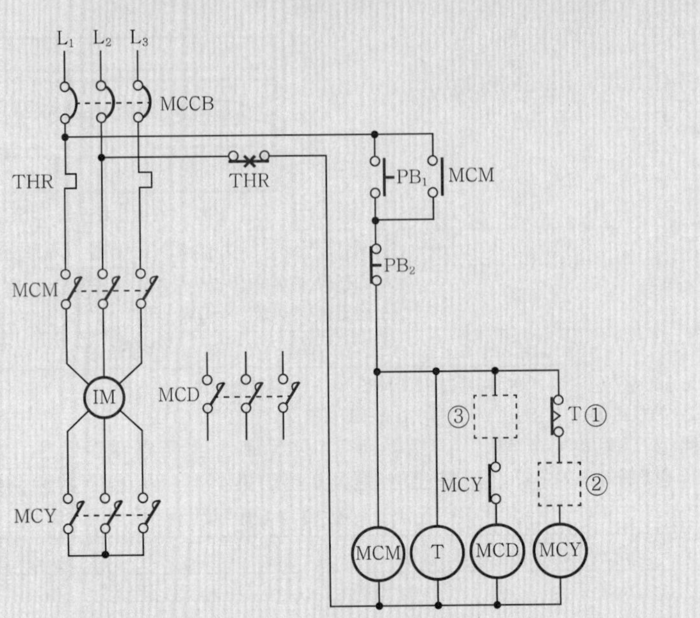

(가) Y－△ 기동회로를 사용하는 이유를 쓰시오.

○

(나) Y－△ 운전이 가능하도록 보조회로(제어회로)에서 기호 ① 부분의 접점 명칭을 쓰시오.

구 분	①
접점 명칭	

(다) 기호 ②, ③의 접점 기호를 그리시오.

구 분	②	③
접점 기호		

(라) Y－△ 운전이 가능하도록 주회로 부분을 미완성 도면에 완성하시오.

해답 (가) 기동전류를 작게 하기 위하여

(나)

구 분	①
접점 명칭	한시동작 b접점

(다)

구 분	②	③
접점 기호	MCD	T

(라)

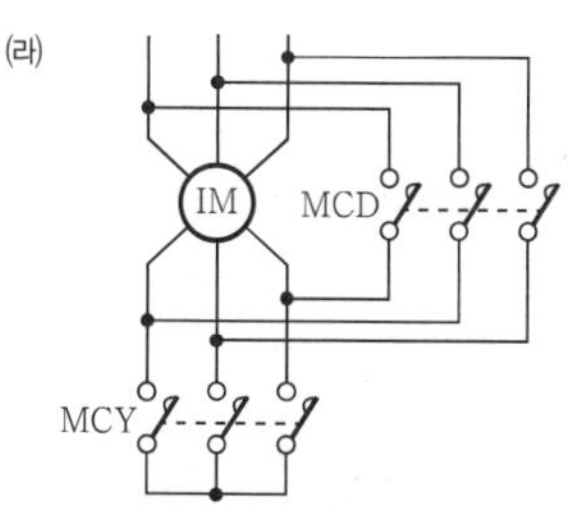

해설 (가)

- **'기동전류를 줄이기 위해'**, **'기동하는 데 전력소모를 줄이기 위해'** 또는 **'기동전류를 낮게 하기 위해'** 이렇게 쓰는 경우에 이것도 옳은 답이다. 책에 있는 것과 똑같이 암기할 필요는 없다.
- 기동전류=시동전류

Y-Δ 기동방식

① 전동기의 기동전류를 작게 하기 위하여 Y결선으로 기동하고 일정 시간 후 Δ결선으로 운전하는 방식

② 직입기동시 전류가 많이 소모되므로 Y결선으로 직입기동의 $\frac{1}{3}$ 전류로 기동하고 Δ결선으로 전환하여 운전하는 방법

Y결선 선전류	Δ결선 선전류
$I_Y = \frac{V_l}{\sqrt{3}\,Z}$ 여기서, I_Y : 선전류[A] V_l : 선간전압[V] Z : 임피던스[Ω]	$I_\Delta = \frac{\sqrt{3}\,V_l}{Z}$ 여기서, I_Δ : 선전류[A] V_l : 선간전압[V] Z : 임피던스[Ω]

$$\frac{\text{Y결선 선전류}}{\Delta\text{결선 선전류}} = \frac{I_Y}{I_\Delta} = \frac{\frac{V_l}{\sqrt{3}\,Z}}{\frac{\sqrt{3}\,V_l}{Z}} = \frac{1}{3}$$

(∴ Y결선을 하면 기동전류는 Δ결선에 비해 $\frac{1}{3}$로 경감(감소)한다.)

(나)

- **"b접점"**이라는 말도 꼭 써야 정답!
- 타이머의 기호는 **T** 또는 **TLR** 등으로 표현
- 한시동작 b접점=한시동작 순시복귀 b접점

구 분	b접점	a접점
타이머 접점	T-b ‖ 한시동작 b접점 ‖	T-a ‖ 한시동작 a접점 ‖
	한시(限時)동작접점 : 일반적인 **타이머**와 같이 일정 시간 후 동작하는 접점	
	T-b ‖ 한시복귀 b접점 ‖	T-a ‖ 한시복귀 a접점 ‖
	한시복귀접점 : 순시동작한 다음 일정 시간 후 복귀하는 접점	

(다), (라) **Y결선**

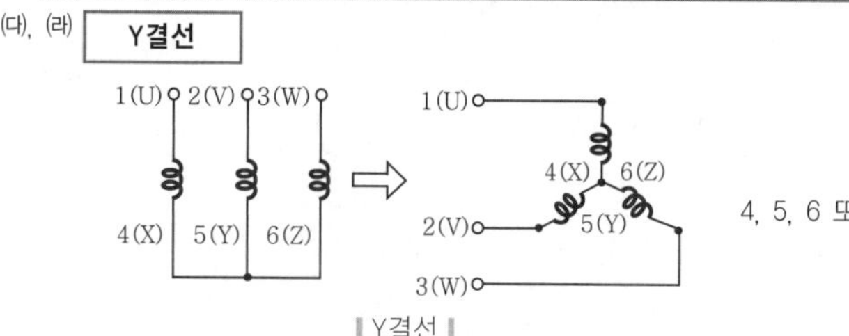

‖ Y결선 ‖

4, 5, 6 또는 X, Y, Z가 모두 연결되도록 함

△결선

① △결선은 다음 그림의 △결선 1 또는 △결선 2 어느 것으로 연결해도 옳은 답이다.

② 1-6, 2-4, 3-5로 연결하는 방식이 전원을 투입할 때 순간적인 **돌입전류**가 적으므로 전동기의 수명을 연장시킬 수 있어서 이 방식을 권장한다.

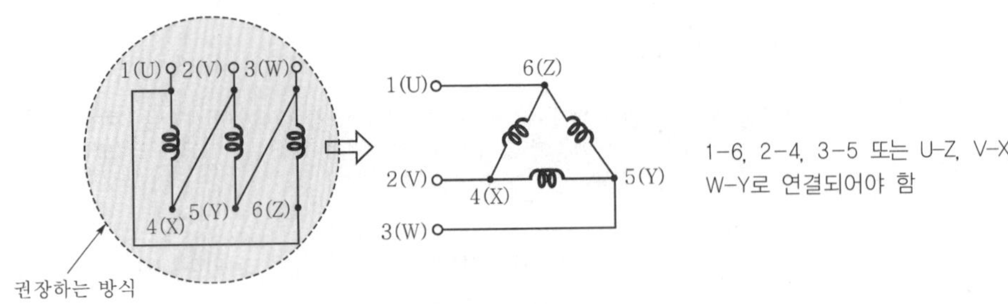

‖ △결선 1 ‖

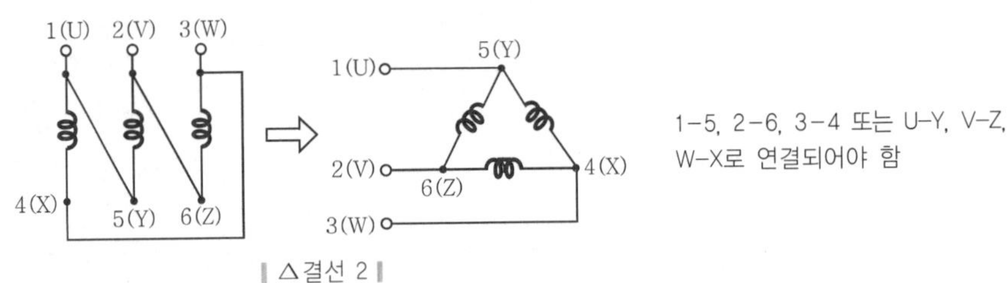

‖ △결선 2 ‖

③ 답에는 △결선을 1-6, 2-4, 3-5로 결선한 것을 제시하였다. 다음과 같이 △결선을 1-5, 2-6, 3-4로 결선한 도면도 답이 된다.

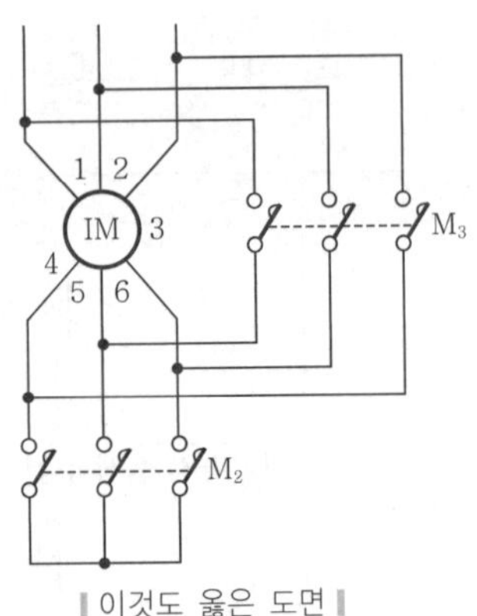

‖ 이것도 옳은 도면 ‖

동작설명

① 배선용 차단기 MCCB를 투입하면 보조회로에 전원이 공급된다.

② 기동용 푸시버튼스위치 PB_1을 누르면 전자접촉기 (MCM)과 타이머 (T)가 통전되며 (MCM) 보조 a접점에 의해 자기유지되고, 전자접촉기 (MCM)이 여자된다. 이와 동시에 (MCM), (MCY) 주접점이 닫히면서 전동기 (IM)은 Y결선으로 기동한다.

③ 타이머 (T)의 설정시간 후 한시동작 b접점과 a접점이 열리고 닫히면서 (MCY)가 소자되고 전자접촉기 (MCD)가 여자된다. 이와 동시에 (MCY) 주접점이 열리고 (MCD) 주접점이 닫히면서 전동기 (IM)은 △결선으로 운전한다.

④ (MCD), (MCY) 인터록 b접점에 의해 (MCD), (MCY) 전자접촉기의 동시 투입을 방지한다.

⑤ PB_2를 누르거나 운전 중 과부하가 걸리면 열동계전기 THR이 개로되어 (MCM), (MCD)가 소자되고 전동기 (IM)은 정지한다.

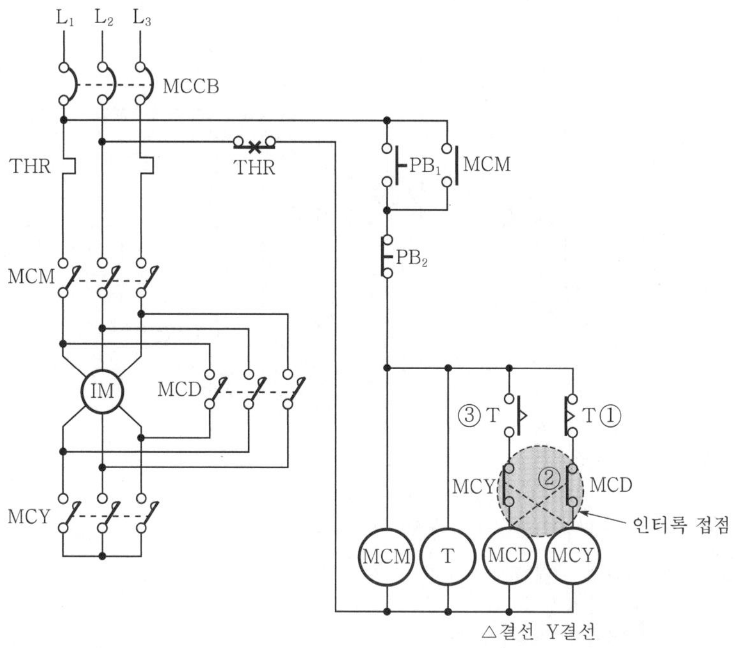

‖ 완성된 도면 ‖

별해

- 일반적으로 △결선 위에는 T 접점이 온다. 기억하라!
- 일반적으로 Y결선 위에는 T 접점이 온다. 기억하라!

비교문제

도면은 3상 농형 유도전동기의 Y−△ 기동방식의 미완성 시퀀스 도면이다. 이 도면을 보고 다음 각 물음에 답하시오. (13점)

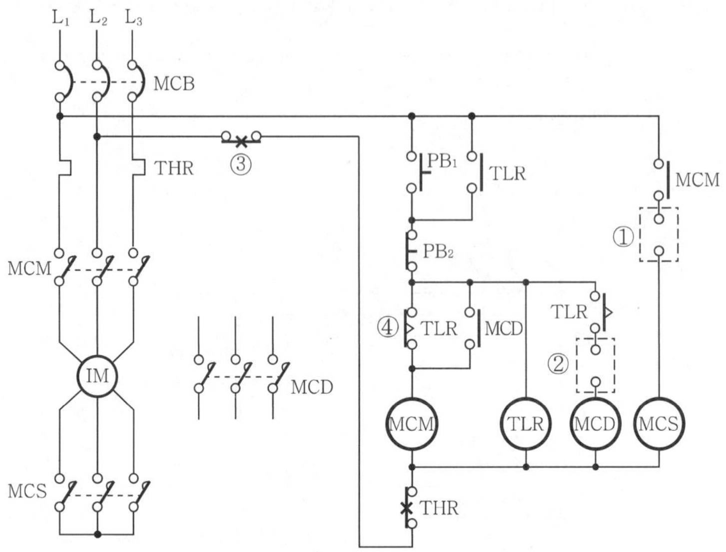

(가) 이 기동방식을 채용하는 이유는 무엇인가?

(나) 제어회로의 미완성부분 ①과 ②에 Y−△ 운전이 가능하도록 접점 및 접점 기호를 표시하시오.

(다) ③과 ④의 접점 명칭은? (단, 우리말로 쓰시오.)

(라) 주접점 부분의 미완성 부분(MCD 부분) 회로를 완성하시오.

해답 (가) 기동전류를 작게 하기 위하여

(나) 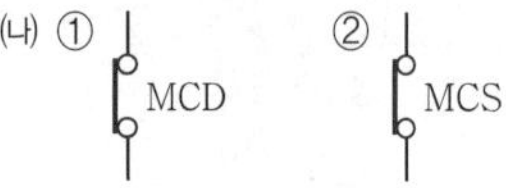

(다) ③ 수동복귀 b접점

④ 한시동작 b접점

(라)

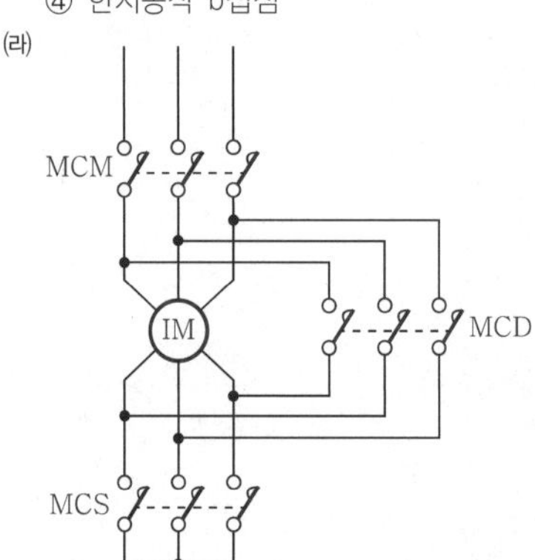

해설 (가) **Y−△ 기동방식** : 전동기의 기동전류를 작게 하기 위하여 Y결선으로 기동하여 일정 시간 후 △결선으로 운전하는 방식

(나) ①과 ②의 접점은 전동기의 Y결선과 △결선이 동시에 투입되는 것을 방지하기 위한 **인터록 접점**이다.

(다) **시퀀스제어**의 **기본 심벌**

명 칭	심 벌		설 명
	a접점	b접점	
한시동작접점			**타이머**와 같이 일정 시간 후 동작하는 접점
수동복귀접점			**열동계전기**와 같이 인위적으로 복귀시키는 접점
수동조작 자동복귀접점			**푸시버튼스위치**와 같이 손을 떼면 복귀하는 접점
기계적 접점			**리미트스위치**와 같이 접점의 개폐가 전기적 이외의 원인에 의한 접점

(라) **완성된 도면**

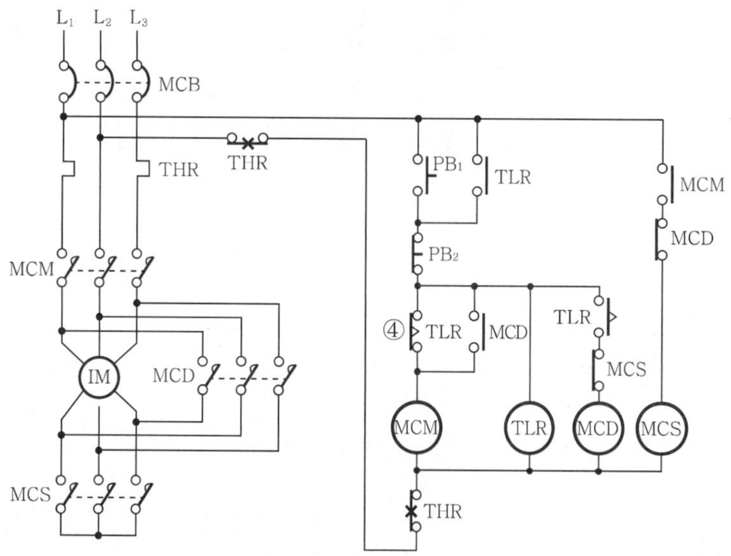

동작설명

① 기동용 푸시버튼스위치 PB_1을 누르면 전자개폐기 코일 (MCM), (MCS)에 전류가 흘러 주접점 (MCM), (MCS)가 닫히고 전동기가 Y결선으로 기동한다. 또한 타이머 (TLR)이 통전되고 자기유지된다.

② 타이머의 설정시간 후 한시 a, b접점이 동작하면 (MCM), (MCS)가 소자되므로 (MCM), (MCS) 주접점이 열리며 전자개폐기 코일 (MCM), (MCD)에 전류가 흘러 주접점 (MCM), (MCD)가 닫히고 전동기는 △결선으로 운전한다.

③ 정지용 푸시버튼스위치 PB_2를 누르면 여자 중이던 (MCM), (TLR), (MCD)가 소자되어 전동기는 정지한다.

④ 운전 중 과부하가 걸리면 열동계전기 THR이 작동하여 전동기를 정지시킨다.

★★★

문제 15

건물 내부에 가압송수장치로서 기동용 수압개폐장치를 사용하는 옥내소화전함과 P형 발신기 세트를 다음과 같이 설치하였다. 다음 각 물음에 답하시오. (단, 경종선에는 단락보호장치를 하고, 각 배선상에 다른 층의 화재통보에 지장이 없도록 유효한 조치를 하였다. 또한, 전화선은 제외한다.)

(18.11.문4, 15.7.문11, 08.7.문17)

득점	배점
	9

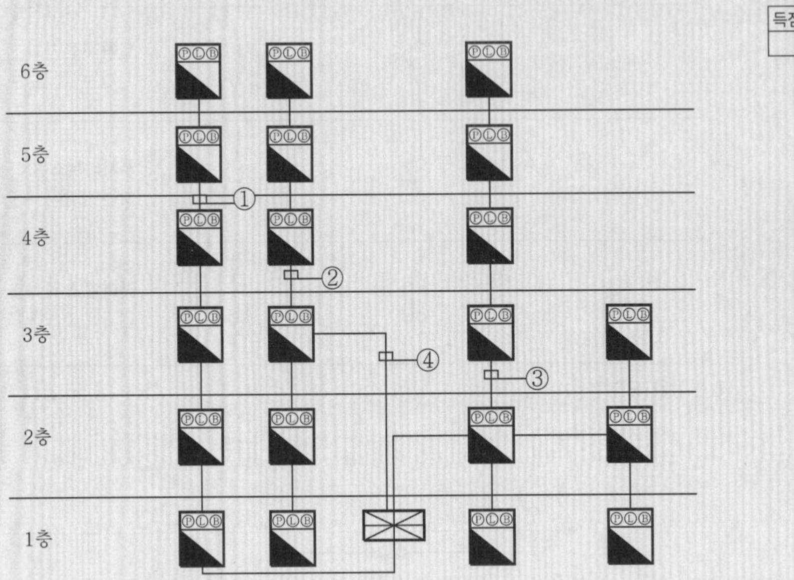

(가) ①~④의 전선가닥수를 답란에 쓰시오.

구 분	①	②	③	④
가닥수				

(나) 설치된 P형 수신기는 몇 회로용인가?

○

(다) 5층 경종선이 단락되었을 때 경보하여야 하는 층은?

○

(라) 발신기에 부착되는 음향장치에 대하여 다음 항목에 답하시오.

○ 정격전압의 (　　)% 전압에서 음향을 발할 수 있는 것으로 할 것

○ 음량의 성능 :

해답 (가)

구 분	①	②	③	④
가닥수	10	12	14	18

(나) 25회로용

(다) 1층, 2층, 3층, 4층, 6층

(라) ○ 80

○ 음량의 성능 : 부착된 음향장치의 중심에서 1m 위치에서 90dB 이상

해설 (가)

기 호	가닥수	전선의 사용용도(가닥수)
①	10	회로선 2, 회로공통선 1, 경종선 2, 경종표시등공통선 1, 응답선 1, 표시등선 1, 기동확인표시등 2
②	12	회로선 3, 회로공통선 1, 경종선 3, 경종표시등공통선 1, 응답선 1, 표시등선 1, 기동확인표시등 2
③	14	회로선 4, 회로공통선 1, 경종선 4, 경종표시등공통선 1, 응답선 1, 표시등선 1, 기동확인표시등 2
④	18	회로선 6, 회로공통선 1, 경종선 6, 경종표시등공통선 1, 응답선 1, 표시등선 1, 기동확인표시등 2

- **지상 6층**이므로 **일제경보방식**이다.
- 일제경보방식이므로 경종선은 층수마다 증가한다. 다시 말하면 경종선은 층수를 세어보면 된다.
- 문제에서 기동용 수압개폐방식(**자동기동방식**)도 주의하여야 한다. 옥내소화전함이 자동기동방식이므로 감지기배선을 제외한 간선에 '**기동확인표시등 2**'가 추가로 사용되어야 한다. 특히, 옥내소화전배선은 구역에 따라 가닥수가 늘어나지 않는 것에 주의하라!

확실한 해석

옥내소화전설비 겸용 자동화재탐지설비의 **가닥수**에 대한 **명확한 해석**

문제조건 1

"배선에는 단락보호장치를 하고 다른 층의 화재통보에 지장이 없도록 각 층 배선상에 유효한 조치를 하였다."로 출제된 경우

다른 층의 화재통보에 지장이 없도록 하는 각 층의 유효한 조치는 현재로서는 각 층마다 경종선을 추가하는 방법 밖에 없는데, 배선상의 유효한 조치를 하였으니 경종선을 각 층마다 추가하라는 뜻인지? 이미 유효한 조치를 했기 때문에 경종선은 각 층마다 추가하지 말고 1선으로 하라는 말인지 출제의도가 불분명하다.
이런 경우 경종선을 각 층마다 추가한 답과 경종선을 1선으로 한 답 모두 정답으로 채점될 것으로 보인다. 실제로도 이렇게 채점되었다.

‖ 이것도 정답 ‖

기 호	가닥수	전선의 사용용도(가닥수)
①	9	회로선 2, 회로공통선 1, 경종선 1, 경종표시등공통선 1, 응답선 1, 표시등선 1, 기동확인표시등 2
②	10	회로선 3, 회로공통선 1, 경종선 1, 경종표시등공통선 1, 응답선 1, 표시등선 1, 기동확인표시등 2
③	11	회로선 4, 회로공통선 1, 경종선 1, 경종표시등공통선 1, 응답선 1, 표시등선 1, 기동확인표시등 2
④	13	회로선 6, 회로공통선 1, 경종선 1, 경종표시등공통선 1, 응답선 1, 표시등선 1, 기동확인표시등 2

문제조건 2

"배선에는 단락보호장치를 하고 다른 층의 화재통보에 지장이 없도록 각 층 배선상에 유효한 조치를 한다."로 출제된 경우

경종선을 각 층마다 추가하라는 뜻으로 해석하여 경종선을 각 층마다 추가한 답만 정답으로 채점될 것으로 보인다. 그러므로 아래의 답과 같다.

‖ 이것만 정답 ‖

기 호	가닥수	전선의 사용용도(가닥수)
①	10	회로선 2, 회로공통선 1, 경종선 2, 경종표시등공통선 1, 응답선 1, 표시등선 1, 기동확인표시등 2
②	12	회로선 3, 회로공통선 1, 경종선 3, 경종표시등공통선 1, 응답선 1, 표시등선 1, 기동확인표시등 2
③	14	회로선 4, 회로공통선 1, 경종선 4, 경종표시등공통선 1, 응답선 1, 표시등선 1, 기동확인표시등 2
④	18	회로선 6, 회로공통선 1, 경종선 6, 경종표시등공통선 1, 응답선 1, 표시등선 1, 기동확인표시등 2

자동화재탐지설비 및 시각경보장치의 **화재안전기술기준**(NFPC 203 5조, NFTC 203 2.2.3.9)의 **해석**

화재로 인하여 하나의 층의 지구음향장치 또는 배선이 단락되어도 다른 층의 화재통보에 지장이 없도록 각 층 배선상에 유효한 조치를 할 것

이 기준에 의해 배선이 단락되어도 다른 층의 화재통보에 지장이 없도록 하려면 수신기에 경종선마다 **단락보호장치**(Fuse)를 설치하고 **각 층마다 경종선**이 1가닥씩 **추가**되어야 한다. 그림 (a)
현존하는 어떠한 기술로도 경종선이 각 층마다 추가되지 않고서는 **배선**에서의 **단락**시 다른 층의 화재통보에 절대로 지장이 없도록 할 수가 없기 때문이다.

다음을 보라!

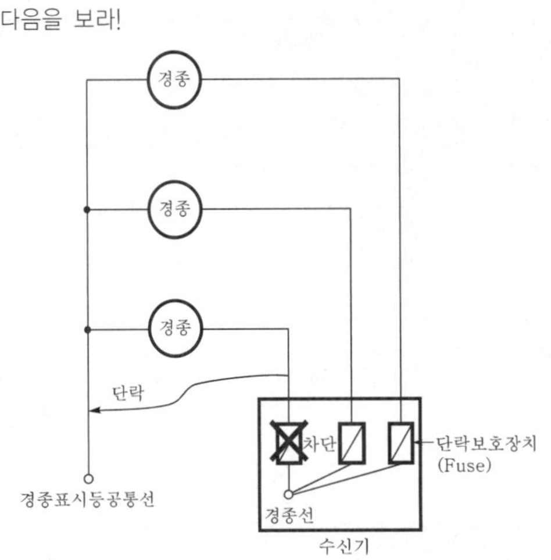

(a) 경종선을 각 층마다 추가한 경우

경종표시등공통선과 경종선 단락시 수신기에 설치된 단락보호장치 중 단락된 단락보호장치만 차단되어 다른 층의 화재통보에 지장이 없으므로 일제경보방식이라도 이와 같이 각 층마다 경종선을 1가닥씩 추가하여 배선해야 함

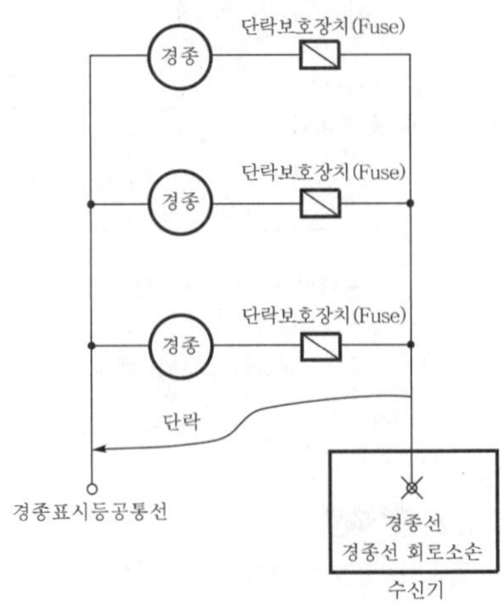

(b) 경종선을 1가닥으로 한 경우
(단락보호장치를 경종선에 설치한 경우)

경종표시등공통선과 경종선 단락시 단락보호장치가 이를 감지하지 못하고 수신기의 경종선 회로가 소손되어 다른 층의 화재통보도 할 수 없으므로 일제경보방식이라도 경종선을 1가닥으로 배선하면 안 됨

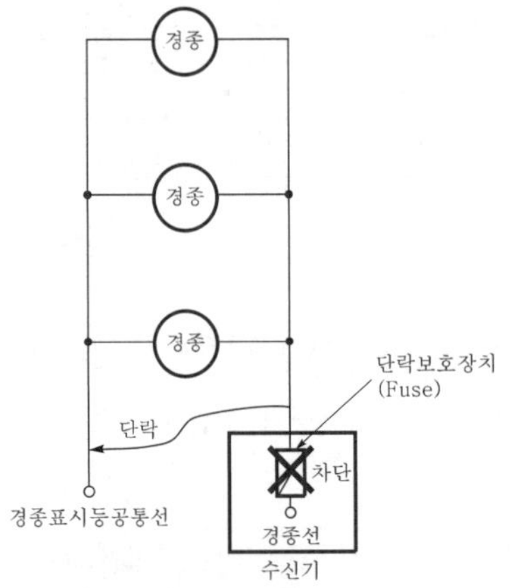

(c) 경종선을 1가닥으로 한 경우
(단락보호장치를 배선에 설치한 경우)

경종표시등공통선과 경종선 단락시 단락보호장치가 차단되지만 다른 층의 화재통보도 할 수 없으므로 일제경보방식이라도 경종선을 1가닥으로 배선하면 안 됨

만약 경종선을 병렬로 1가닥으로 배선하고 경종에 단락보호장치를 한다면 경종 단락시에는 다른 층의 화재통보에 지장이 없지만 1가닥으로 배선한 경종선이 단락되었을 때에는 경종에 설치된 단락보호장치가 이를 감지하지 못하고, 이로 인해 수신기의 경종선 회로가 소손되어 다른 층의 화재통보도 할 수 없으므로 경종선은 일제경보방식이라 하더라도 각 층마다 1가닥씩 반드시 추가되어야 다른 층의 화재통보에 지장이 없다. 그림 (b)

수신기에 단락보호장치를 설치하고 경종선을 1가닥으로 병렬로 배선한다고 하면 단락보호장치가 차단되지만, 다른 층의 화재통보에 지장을 미치므로 경종선은 각 층마다 반드시 1가닥씩 추가되어야 단락보호를 할 수 있다. 그림 (c)

이 문제 15번에서 (대)의 질문을 보더라도 5층 경종선이 단락되었을 때 다른 층의 화재통보에 지장이 없도록 하기 위해서는 **각 층**마다 **경종선**이 반드시 **추가**되어야 한다.

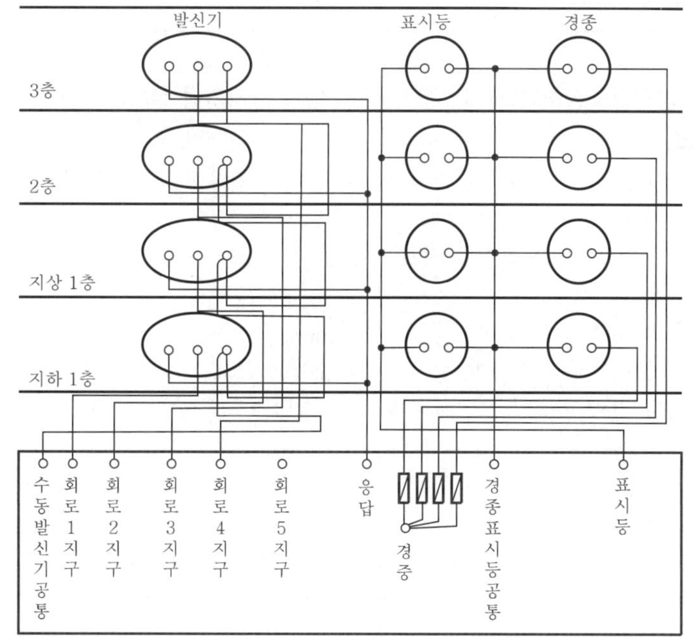

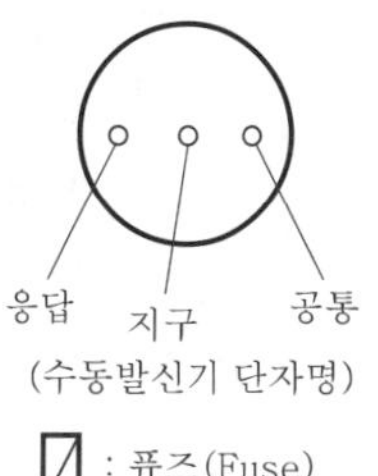

▮ 일제경보방식의 상세 결선도 ▮

비교

비상방송설비인 경우 비상방송설비의 화재안전기술기준(NFPC 202 5조, NFTC 202 2.2.1.1)에 의해 **"화재로 인하여 하나의 층의 확성기 또는 배선이 단락 또는 단선되어도 다른 층의 화재통보에 지장이 없도록 할 것"**이라고 규정하고 있으므로 실제 실무에서 공통선 배선과 업무용 배선을 각 층마다 1가닥씩 추가하여 배선하고 있다.

중요

발화층 및 직상 4개층 우선경보방식과 **일제경보방식**

발화층 및 직상 4개층 우선경보방식	일제경보방식
• 화재시 **안전**하고 **신속**한 **인명**의 **대피**를 위하여 화재가 발생한 층과 **인근층부터** 우선하여 별도로 **경보**하는 방식 • 11층(공동주택 16층) 이상의 특정소방대상물의 경보	• **소규모 특정소방대상물**에서 화재발생시 **전층**에 **동시**에 **경보**하는 방식

(나) 회로수=  개수이므로 총 21회로이다.

21회로이므로 P형 수신기는 **25회로**용으로 사용하면 된다. P형 수신기는 5회로용, 10회로용, 15회로용, 20회로용, 25회로용, 30회로용, 35회로용, 40회로용 … 이런 식으로 5회로씩 증가한다. 일반적으로 실무에서는 40회로가 넘는 경우 R형 수신기를 채택하고 있다. (그냥 21회로라고 답하면 틀린다. 주의하라!)

(다) **자동화재탐지설비 및 시각경보장치**의 **화재안전기술기준**(NFPC 203 5조, NFTC 203 2.2.3.9)

화재로 인하여 하나의 층의 지구음향장치 또는 배선이 단락되어도 다른 층의 화재통보에 지장이 없도록 각 층 배선상에 유효한 조치를 할 것

위 기준에 의해 경종선의 배선이 단락되어도 다른 층의 화재통보에 지장이 없어야 하므로 문제에서 5층이 단락되었으므로 5층을 제외한 1층, 2층, 3층, 4층, 6층이 정답이다.

(라) **자동화재탐지설비 음향장치**의 **구조** 및 **성능기준**(NFPC 203 8조, NFTC 203 2.5.1.4)

① 정격전압의 **80%** 전압에서 음향을 발할 수 있는 것으로 할 것(단, 건전지를 주전원으로 사용하는 음향장치 제외)

② 음량은 부착된 음향장치의 중심으로부터 1m 떨어진 위치에서 **90dB** 이상이 되는 것으로 할 것

③ **감지기** 및 **발신기**의 작동과 연동하여 작동할 수 있는 것으로 할 것

☆☆☆

문제 16

자동화재탐지설비 및 시각경보장치의 화재안전기술기준에서 감지기의 설치제외장소에 관한 다음 ( ) 안을 완성하시오. (20.11.문8, 16.4.문16, 14.4.문13, 12.11.문14)

득점	배점
	8

- ○ 천장 또는 반자의 높이가 (①)m 이상인 장소. 다만, 감지기로서 부착높이에 따라 적응성이 있는 장소는 제외한다.
- ○ 헛간 등 외부와 기류가 통하는 장소로서 감지기에 따라 (②)을 유효하게 감지할 수 없는 장소
- ○ (③)가 체류하고 있는 장소
- ○ 고온도 및 (④)로서 감지기의 기능이 정지되기 쉽거나 감지기의 유지관리가 어려운 장소
- ○ 목욕실・욕조나 샤워시설이 있는 화장실・기타 이와 유사한 장소
- ○ 파이프덕트 등 그 밖의 이와 비슷한 것으로서 (⑤)층마다 방화구획된 것이나 수평단면적이 (⑥)m^2 이하인 것
- ○ 먼지・가루 또는 (⑦)가 다량으로 체류하는 장소 또는 주방 등 평상시 연기가 발생하는 장소 (단, 연기감지기에 한한다.)
- ○ 프레스공장・주조공장 등 (⑧)로서 감지기의 유지관리가 어려운 장소

해답 ① 20
② 화재발생
③ 부식성 가스
④ 저온도
⑤ 2개
⑥ 5
⑦ 수증기
⑧ 화재발생의 위험이 적은 장소

해설

- ⑤ "2개", "2"만 써도 맞게 채점될 것으로 보임
- ⑧ "**화재발생 위험이 낮은 장소**"도 맞게 채점됨

설치제외장소

(1) **자동화재탐지설비**의 **감지기 설치제외장소**(NFPC 203 7조 ⑤항, NFTC 203 2.4.5)

① 천장 또는 반자의 높이가 **20m** 이상인 곳(감지기의 부착높이에 따라 적응성이 있는 장소 제외) 보기 ①
② **헛간** 등 외부와 기류가 통하여 **화재발생**을 유효하게 감지할 수 없는 장소 보기 ②
③ **목욕실**・욕조나 샤워시설이 있는 화장실, 기타 이와 유사한 장소
④ **부식성 가스** 체류장소 보기 ③
⑤ **프레스공장・주조공장** 등 **화재발생의 위험이 적은 장소**로서 감지기의 **유지관리**가 어려운 장소 보기 ⑧
⑥ **고온도** 및 **저온도**로서 감지기의 기능이 정지되기 쉽거나 감지기의 유지관리가 어려운 장소 보기 ④
⑦ **파이프덕트** 등 그 밖의 이와 비슷한 것으로서 **2개층**마다 방화구획된 것이나 수평단면적이 **5**m^2 이하인 장소 보기 ⑤ ⑥
⑧ 먼지・가루 또는 **수증기**가 다량으로 체류하는 장소 또는 주방 등 평상시 연기가 발생하는 장소(**연기감지기**에 한함) 보기 ⑦

기억법 감제헛목 부프주유2고

(2) **누전경보기**의 **수신부 설치제외장소**(NFPC 205 5조, NFTC 205 2.2.2)

① **온**도변화가 급격한 장소
② **습**도가 높은 장소
③ **가**연성의 증기, 가스 등 또는 부식성의 증기, 가스 등의 다량 체류장소
④ **대전류회로, 고주파발생회로** 등의 영향을 받을 우려가 있는 장소
⑤ **화**약류 제조, 저장, 취급장소

기억법 온습누가대화(온도・습도가 높으면 누가 대화하냐?)

(3) **피난구유도등**의 **설치제외장소**(NFPC 303 11조 ①항, NFTC 303 2.8.1)
- ① 옥내에서 직접 지상으로 통하는 출입구(바닥면적 **1000m²** 미만 층)
- ② **대각선 길이**가 **15m** 이내인 구획된 실의 출입구
- ③ 비상조명등 · 유도표지가 설치된 거실 출입구(거실 각 부분에서 출입구까지의 **보행거리 20m** 이하)
- ④ 출입구가 **3 이상**인 거실(거실 각 부분에서 출입구까지의 **보행거리 30m** 이하는 주된 출입구 **2개 외**의 출입구)

(4) **통로유도등**의 **설치제외장소**(NFPC 303 11조 ②항, NFTC 303 2.8.2)
- ① 길이 **30m** 미만의 복도 · 통로(구부러지지 않은 복도 · 통로)
- ② 보행거리 **20m** 미만의 복도 · 통로(출입구에 **피난구유도등**이 설치된 복도 · 통로)

(5) **객석유도등**의 **설치제외장소**(NFPC 303 11조 ③항, NFTC 303 2.8.3)
- ① **채광**이 충분한 객석(**주간**에만 사용)
- ② **통**로유도등이 설치된 객석(거실 각 부분에서 거실 출입구까지의 **보행거리 20m** 이하)

기억법 **채객보통(채소는 객관적으로 보통이다.)**

(6) **비상조명등**의 **설치제외장소**(NFPC 304 5조 ①항, NFTC 304 2.2.1)
- ① 거실 각 부분에서 출입구까지의 **보행거리 15m** 이내
- ② **공동주택 · 경기장 · 의원** · 의료시설 · **학교 거실**

(7) **휴대용 비상조명등**의 **설치제외장소**(NFPC 304 5조 ②항, NFTC 304 2.2.2)
- ① 복도 · 통로 · 창문 등을 통해 **피**난이 용이한 경우(**지상 1층 · 피난층**)
- ② **숙박시설**로서 복도에 비상조명등을 설치한 경우

기억법 **휴피(휴지로 피 닦아.)**

☆ 문제 17

이산화탄소 소화설비의 음향경보장치 설치기준에 대한 설명이다. (　　) 안에 알맞은 말을 넣으시오.

(21.4.문14)

득점	배점
	4

- ○(　①　)를 설치한 것은 그 기동장치의 조작과정에서, (　②　)를 설치한 것은 (　③　)와 연동하여 자동으로 경보를 발하는 것으로 할 것
- ○소화약제의 방출개시 후 (　④　)분 이상 경보를 계속할 수 있는 것으로 할 것
- ○방호구역 또는 방호대상물이 있는 구획 안에 잇는 자에게 유효하게 경보할 수 있는 것으로 할 것

해답
- ① 수동식 기동장치
- ② 자동식 기동장치
- ③ 화재감지기
- ④ 1

해설
- ③ **"감지기"**라고만 답해도 맞게 채점될 것으로 보인다.
- 할론소화설비 · 할로겐화합물 및 불활성기체 소화설비 · 분말소화설비의 음향경보장치 설치기준도 이산화탄소 소화설비의 음향경보장치 설치기준과 같다.

이산화탄소 소화설비의 **음향경보장치 설치기준**(NFPC 106 13조, NFTC 106 2.10.1)

(1) **수동식 기동장치**를 설치한 것은 그 **기동장치**의 **조작과정**에서, **자동식 기동장치**를 설치한 것은 **화재감지기**와 **연동**하여 **자동**으로 경보를 발하는 것으로 할 것
(2) 소화약제 방출개시 후 **1분 이상** 경보를 계속할 수 있는 것으로 할 것
(3) **방호구역** 또는 **방호대상물**이 있는 구획 안에 있는 자에게 유효하게 경보할 수 있는 것으로 할 것

☆ **문제 18**

경보설비에 대한 다음 각 물음에 답하시오.

득점	배점
	3

(가) 경보설비의 정의를 쓰시오.

○

(나) 경보설비의 종류 6가지를 쓰시오.

○
○
○
○
○
○

해답 (가) 화재발생 사실을 통보하는 기계 · 기구 또는 설비

(나) ① 자동화재탐지설비
② 시각경보기
③ 자동화재속보설비
④ 누전경보기
⑤ 가스누설경보기
⑥ 비상방송설비

해설

구 분	경보설비	피난구조설비	소화활동설비
정의	화재발생 사실을 통보하는 기계 · 기구 또는 설비	화재가 발생할 경우 피난하기 위하여 사용하는 기구 또는 설비	화재를 진압하거나 인명구조활동을 위하여 사용하는 설비
종류	① **자**동화재탐지설비 · 시각경보기 ② **자**동화재속보설비 ③ **가**스누설경보기 ④ **비**상방송설비 ⑤ **비**상경보설비(비상벨설비, 자동식 사이렌설비) ⑥ **누**전경보기 ⑦ **단**독경보형 감지기 ⑧ 통합감시시설 ⑨ 화재알림설비 기억법 경자가비누단(**경자가 비누**를 **단**독으로 쓴다.)	(1) 피난기구 ─ 피난사다리 / 구조대 / 완강기 / 소방청장이 정하여 고시하는 화재안전기준으로 정하는 것(미끄럼대, 피난교, 공기안전매트, 피난용 트랩, 다수인 피난장비, 승강식 피난기, 간이완강기, 하향식 피난구용 내림식 사다리) (2) **인**명구조기구 ─ **방열**복 / 방**화**복(안전모, 보호장갑, 안전화 포함) / **공**기호흡기 / **인**공소생기 기억법 방화열공인 (3) 유도등 ─ 피난유도선 / 피난구유도등 / 통로유도등 / 객석유도등 / 유도표지 (4) 비상조명등 · 휴대용 비상조명등	(1) **연**결송수관설비 (2) **연**결살수설비 (3) **연**소방지설비 (4) **무**선통신보조설비 (5) **제**연설비 (6) **비**상**콘**센트설비 기억법 3연무제비콘

과년도 출제문제

2022년

소방설비기사 실기(전기분야)

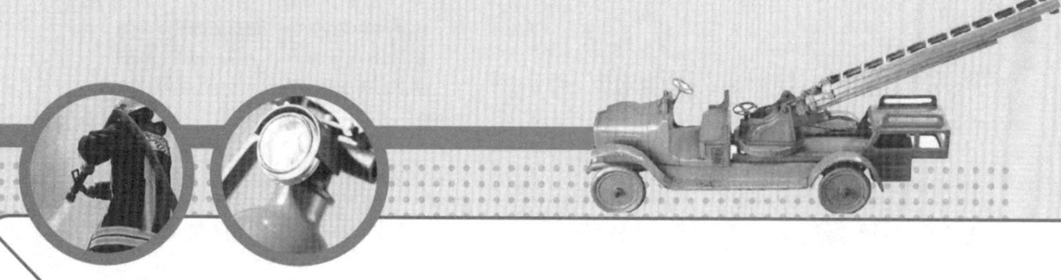

** 수험자 유의사항 **

1. 문제지를 받는 즉시 응시 종목의 문제가 맞는지 확인하셔야 합니다.
2. 답안지 내 인적사항 및 답안작성(계산식 포함)은 검정색 필기구만을 계속 사용하여야 합니다.
3. 답안정정 시에는 **두 줄(=)**을 긋고 다시 기재 가능하며, **수정테이프 사용** 또한 **가능**합니다.
4. 계산문제는 반드시 '계산과정'과 '답'란에 정확히 기재하여야 하며 **계산과정이 틀리거나 없는 경우 0점 처리**됩니다.
   ※ 연습이 필요 시 연습란을 이용하여야 하며, 연습란은 채점대상이 아닙니다.
5. 계산문제는 **최종결과** 값(답)에서 **소수 셋째자리에서 반올림**하여 **둘째자리**까지 구하여야 하나 개별 문제에서 소수처리에 대한 별도 요구사항이 있을 경우, 그 요구사항에 따라야 합니다.
6. 답에 단위가 없으면 오답으로 처리됩니다. (단, 문제의 요구사항에 단위가 주어졌을 경우는 생략되어도 무방합니다.)
7. 문제에서 요구한 가지 수 이상을 답란에 표기한 경우, **답란기재 순**으로 **요구한 가지 수**만 채점합니다.

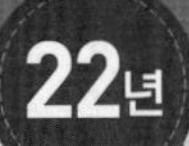

2022. 5. 7 시행

▌2022년 기사 제1회 필답형 실기시험▐

자격종목	시험시간	형별	수험번호	성명	감독위원 확인
소방설비기사(전기분야)	3시간				

※ 다음 물음에 답을 해당 답란에 답하시오.(배점 : 100)

☆☆☆

문제 01

비상콘센트설비에 대한 다음 각 물음에 답하시오. (19.4.문1, 18.6.문8, 14.4.문8, 08.4.문6)

유사문제부터 풀어보세요.
실력이 팍!팍! 올라갑니다.

득점	배점
	5

(가) 전원회로의 종류, 전압 및 그 공급용량을 쓰시오.

종 류	전 압	공급용량

(나) 전원으로부터 각 층의 비상콘센트에 분기되는 경우에 보호함 안에 설치하여야 하는 기구를 쓰시오.

○

(다) 비상콘센트설비 배선의 설치기준에서 전원회로의 배선과 그 밖의 배선 종류에 대해 쓰시오.

○전원회로의 배선 :

○그 밖의 배선 :

해답 (가)

종 류	전 압	공급용량
단상 교류	220V	1.5kVA 이상

(나) 분기배선용 차단기

(다) ○전원회로의 배선 : 내화배선

○그 밖의 배선 : 내화배선 또는 내열배선

해설

- (가) '**1.5kVA**'만 쓰면 틀릴 수 있다. '**1.5kVA 이상**'까지 명확히 쓸 것
- (나) '**배선용 차단기**'라고 쓰면 틀린다. '**분기배선용 차단기**'가 정답!
- (다) 그 밖의 배선에서 '**내화배선**'이나 '**내열배선**' 한 가지만 쓰면 틀린다. '**내화배선 또는 내열배선**' 두 가지 모두 써야 정답!

(1) **비상콘센트설비**(NFPC 504 4조, NFTC 504 2.1) 질문 (가)

종 류	전 압	공급용량	플러그접속기
단상 교류	220V	1.5kVA 이상	접지형 2극

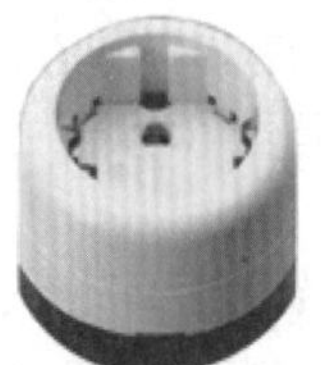

▌접지형 2극 플러그접속기▐

(2) 하나의 전용회로에 설치하는 비상콘센트는 **10개** 이하로 할 것(전선의 용량은 **3개** 이상일 때 **3개**)

설치하는 비상콘센트 수량	전선의 용량 산정시 적용하는 비상콘센트 수량	전선의 용량
1	1개 이상	1.5kVA 이상
2	2개 이상	3.0kVA 이상
3~10	3개 이상	4.5kVA 이상

(3) 전원회로는 각 층에 있어서 **2 이상**이 되도록 설치할 것(단, 설치해야 할 층의 콘센트가 **1개**인 때에는 하나의 회로로 할 수 있다.)

(4) 플러그접속기의 칼받이 접지극에는 **접지공사**를 해야 한다. (감전 보호가 목적이므로 **보호접지**를 해야 한다.)

(5) 풀박스는 **1.6mm** 이상의 철판을 사용할 것

(6) 절연저항은 **전원부**와 **외함** 사이를 **직류 500V 절연저항계**로 측정하여 **20MΩ** 이상일 것

(7) 전원으로부터 각 층의 비상콘센트에 분기되는 경우에는 **분기배선용 차단기**를 보호함 안에 설치할 것 질문 (나)

(8) 바닥으로부터 **0.8~1.5m** 이하의 높이에 설치할 것

(9) 전원회로는 주배전반에서 **전용회로**로 하며, 배선의 종류는 **내화배선**, 그 밖의 배선은 **내화배선** 또는 **내열배선**일 것 질문 (다)

전원회로의 배선	그 밖의 배선
내화배선	내화배선 또는 내열배선

※ **풀박스**(pull box) : 배관이 긴 곳 또는 굴곡부분이 많은 곳에서 시공을 용이하게 하기 위하여 배선 도중에 사용하여 전선을 끌어들이기 위한 박스

용어

비상콘센트설비(emergency consent system) : 화재시 소방대의 조명용 또는 소화활동상 필요한 장비의 전원설비

문제 02

소방시설용 비상전원수전설비의 화재안전기준에서 큐비클형의 설치기준에 관한 다음 각 물음에 답하시오.

득점	배점
	7

(가) (①) 큐비클 또는 공용 큐비클식으로 설치할 것

(나) 외함은 두께 (②)mm 이상의 강판과 이와 동등 이상의 강도와 (③)이 있는 것으로 제작하여야 하며, 개구부에는 (④)방화문 또는 (⑤)방화문을 설치할 것

(다) 외함의 바닥에서 (⑥)cm[시험단자, 단자대 등의 충전부는 (⑦)cm] 이상의 높이에 설치할 것

해답 (가) ① 전용
(나) ② 2.3 ③ 내화성능 ④ 60분+방화문, 60분 ⑤ 30분
(다) ⑥ 10 ⑦ 15

해설

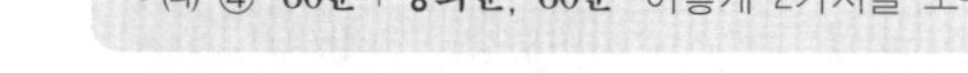

• (나) ④ '60분+방화문, 60분' 이렇게 2가지를 모두 답해야 정답!

큐비클형의 **설치기준**(NFPC 602 5조 ③항, NFTC 602 2.2.3)

(1) **전용 큐비클** 또는 **공용 큐비클**식으로 설치할 것

(2) 외함은 두께 **2.3mm** 이상의 강판과 이와 등등 이상의 강도와 **내화성능**이 있는 것으로 제작하여야 하며, 개구부에는 **60분+방화문, 60분 방화문** 또는 **30분 방화문**을 설치할 것

(3) 외함은 건축물의 **바닥** 등에 견고하게 고정할 것

(4) 외함에 수납하는 수전설비, 변전설비, 그 밖의 기기 및 배선의 적합기준
① **외함** 또는 **프레임**(frame) 등에 견고하게 고정할 것
② 외함의 바닥에서 **10cm**(시험단자, 단자대 등의 충전부는 **15cm**) 이상의 높이에 설치할 것

(5) 전선 인입구 및 인출구에는 **금속관** 또는 **금속제 가요전선관**을 쉽게 접속할 수 있도록 할 것

(6) 환기장치의 적합설치기준
① 내부의 온도가 상승하지 않도록 **환기장치**를 할 것
② 자연환기구의 개구부 면적의 합계는 외함의 한 면에 대하여 해당 면적의 $\frac{1}{3}$ **이하**로 할 것. 이 경우 하나의 통기구의 크기는 직경 **10mm** 이상의 **둥근 막대**가 들어가서는 아니 된다.
③ 자연환기구에 따라 충분히 환기할 수 없는 경우에는 **환기설비**를 설치할 것
④ 환기구에는 **금속망**, **방화댐퍼** 등으로 방화조치를 하고, 옥외에 설치하는 것은 **빗물** 등이 들어가지 않도록 할 것
(7) **공용 큐비클식**의 소방회로와 일반회로에 사용되는 배선 및 배선용 기기는 **불연재료**로 구획할 것

☆☆☆

문제 03

누전경보기의 화재안전기준과 형식승인 및 제품검사의 기술기준을 참고하여 다음 각 물음에 답하시오. (21.11.문4, 20.11.문3, 19.11.문7, 19.6.문9, 17.6.문12, 16.11.문11, 13.11.문5, 13.4.문10, 12.7.문11)

득점	배점
	6

(가) 공칭작동전류치는 몇 mA 이하인가?
○

(나) 감도조정장치를 갖는 누전경보기의 최소치와 최대치는 몇 A인가?
○ 최소치 :
○ 최대치 :

(다) 변류기의 1차 권선과 2차 권선 간의 절연저항측정에 사용되는 측정기구와 측정된 절연저항의 양부에 대한 기준을 쓰시오.
○ 측정기구 :
○ 양부 판단기준 :

해답 (가) 200mA
(나) ○ 최소치 : 0.2A
○ 최대치 : 1A
(다) ○ 측정기구 : 직류 500V 절연저항계
○ 양부 판단기준 : 5MΩ 이상

해설
- (다) **'직류'**라는 말까지 반드시 써야 함. **'500V'**만 쓰면 절대 안 됨
- (다) **'이상'**이란 말까지 써야 정답!

(가), (나)

공칭작동전류치	감도조정장치의 조정범위
누전경보기의 **공칭작동전류치**(누전경보기를 작동시키기 위하여 필요한 누설전류의 값으로서 제조자에 의하여 표시된 값)는 **200mA** 이하(누전경보기의 형식승인 및 제품검사의 기술기준 7조)	감도조정장치를 갖는 누전경보기에 있어서 감도조정장치의 조정범위는 최소치 **0.2A**, 최대치가 **1A** 이하(누전경보기의 형식승인 및 제품검사의 기술기준 8조)

(다) 누전경보기의 변류기 절연저항시험(누전경보기 형식승인 및 제품검사의 기술기준 19조)
변류기는 **직류 500V**의 절연저항계로 다음에 따른 시험을 하는 경우 **5MΩ 이상**이어야 한다.
① 절연된 **1차 권선**과 **2차 권선** 간의 절연저항
② 절연된 **1차 권선**과 **외부금속부** 간의 절연저항
③ 절연된 **2차 권선**과 **외부금속부** 간의 절연저항

중요

절연저항시험(절대! 절대! 중요)

절연저항계	절연저항	대 상
직류 250V	0.1MΩ 이상	• 1경계구역의 절연저항
직류 500V	5MΩ 이상	• **누전경보기** • 가스누설경보기 • 수신기 • 자동화재속보설비 • 비상경보설비 • 유도등(교류입력측과 외함 간 포함) • 비상조명등(교류입력측과 외함 간 포함)

직류 500V	20MΩ 이상	• 경종 • 발신기 • 중계기 • 비상콘센트 • 기기의 절연된 선로 간 • 기기의 충전부와 비충전부 간 • 기기의 교류입력측과 외함 간(유도등 · 비상조명등 제외)
	50MΩ 이상	• 감지기(정온식 감지선형 감지기 제외) • 가스누설경보기(10회로 이상) • 수신기(10회로 이상)
	1000MΩ 이상	• 정온식 감지선형 감지기

☆☆☆

문제 04

주어진 동작설명이 적합하도록 미완성된 시퀀스 제어회로를 완성하시오. (단, 각 접점 및 스위치에는 접점명칭을 반드시 기입한다.) (18.11.문16, 12.4.문2, 07.4.문4)

〔동작설명〕

득점	배점
	5

① 전원을 투입하면 표시램프 (GL)이 점등된다.

② 전동기 운전용 누름버튼스위치 PB_{-on}을 누르면 전자접촉기 (MC)가 여자되어 전동기가 기동되며, 동시에 타이머 T가 통전되며 순시접점인 T_{-a}접점에 의하여 전동기 운전표시등 (RL)이 점등된다. 이때 전자접촉기 b접점인 MC_{-b}에 의하여 (GL)이 소등된다. 타이머 설정시간 후에 타이머의 한시 b접점 T_{-b}가 열리므로 전자접촉기 (MC)가 소자되어 전동기가 정지하고, 모든 접점은 PB_{-on}을 누르기 전의 상태로 복귀한다.

③ 전동기가 정상운전 중이라도 정지용 누름버튼스위치 PB_{-off}를 누르면 PB_{-on}을 누르기 전의 상태로 된다.

④ 전동기에 과전류가 흐르면 열동계전기 접점인 THR_{-a}접점이 동작하여 전동기는 정지하고 모든 접점은 PB_{-on}을 누르기 전의 상태로 복귀한다. 이때 경고등 (YL)이 점등된다.

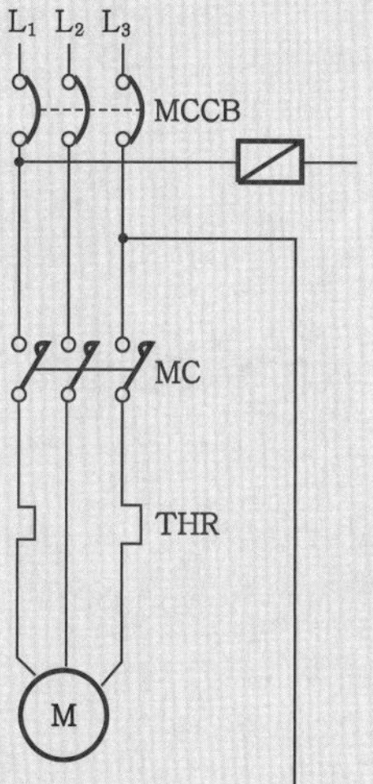

〔기구 및 접점 사용조건〕

PB_{-on}, PB_{-off}, THR_{-a}, THR_{-b}, (MC) 1개, MC_{-b}접점 1개, (T) 1개, T_{-a} 순시접점 1개, T_{-b} 한시접점 1개, (RL) 램프 1개, (GL) 램프 1개, (YL) 램프 1개

해답

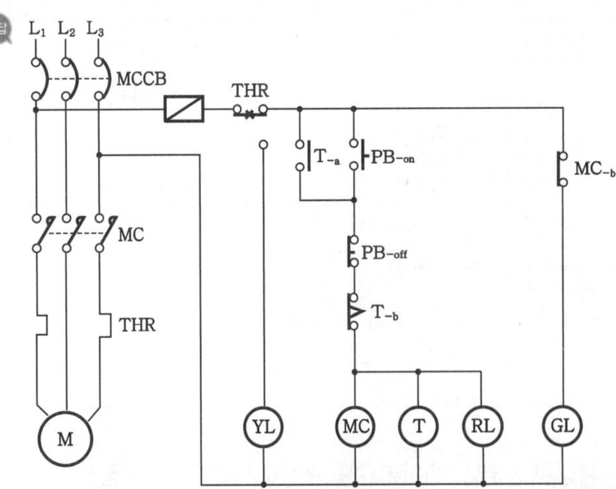

해설

• [기구 및 접점 사용요건]에 MC-a 접점은 없으므로 시퀀스회로 완성시 MC-a 접점을 사용하면 틀린다.

다음과 같이 그려도 정답!

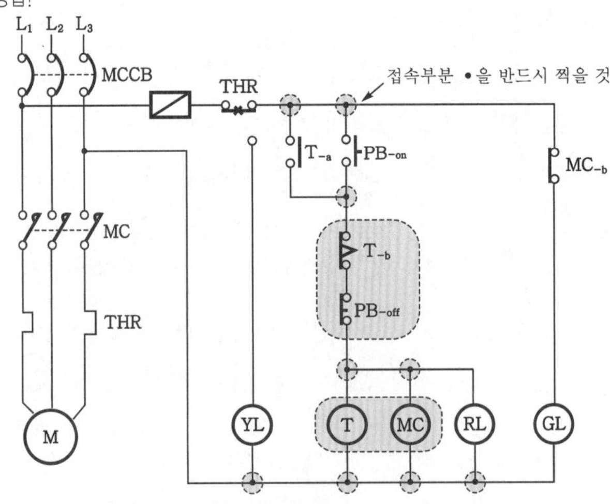

| 정답 1 |

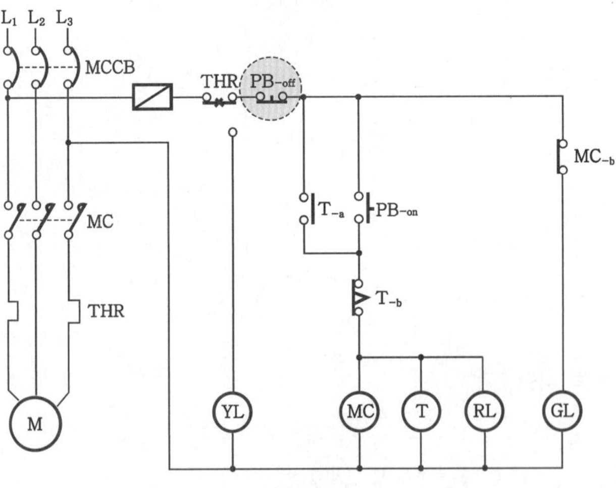

| 정답 2 |

☆ 문제 05

자동화재탐지설비를 설치하여야 할 특정소방대상물(연면적, 바닥면적 등의 기준)에 대한 다음 (   ) 안을 완성하시오. (단, 전부 필요한 경우는 '전부'라고 쓰고, 필요 없는 경우에는 '필요 없음'이라고 답할 것) (21.7.문3, 20.7.문10, 18.4.문1·4, 13.7.문4, 11.7.문9, 06.11.문13)

득점	배점
	5

특정소방대상물	기 준
판매시설(전통시장 제외)	(①)
판매시설 중 전통시장	(②)
복합건축물	(③)
업무시설	(④)
교육연구시설	(⑤)

해답

특정소방대상물	기 준
판매시설(전통시장 제외)	연면적 1000m^2 이상
판매시설 중 전통시장	전부
복합건축물	연면적 600m^2 이상
업무시설	연면적 1000m^2 이상
교육연구시설	연면적 2000m^2 이상

해설 **자동화재탐지설비**의 **설치대상**(소방시설법 시행령 [별표 4])

설치대상	기 준
① 정신의료기관·의료재활시설	• 창살설치 : 바닥면적 **300m^2** 미만 • 기타 : 바닥면적 **300m^2** 이상
② 노유자시설	• 연면적 **400m^2** 이상
③ **근**린생활시설·**위**락시설 ④ **의**료시설(정신의료기관, 요양병원 제외) ⑤ **복합건축물** 보기 ③ ·장례시설	• 연면적 **6**00m^2 이상
⑥ 목욕장·문화 및 집회시설, 운동시설 ⑦ 종교시설 ⑧ 방송통신시설·관광휴게시설 ⑨ **업무시설·판매시설** 보기 ① ④ ⑩ 항공기 및 자동차 관련시설·공장·창고시설 ⑪ 지하가(터널 제외)·운수시설·발전시설·위험물 저장 및 처리시설 ⑫ 교정 및 군사시설 중 국방·군사시설	• 연면적 **1000m^2** 이상
⑬ **교육연구시설** 보기 ⑤ ·**동**식물관련시설 ⑭ **자**원순환관련시설·**교**정 및 군사시설(국방·군사시설 제외) ⑮ **수**련시설(숙박시설이 있는 것 제외) ⑯ 묘지관련시설	• 연면적 **2**000m^2 이상
⑰ 터널	• 길이 **1000m** 이상
⑱ 특수가연물 저장·취급	• 지정수량 **500배** 이상
⑲ 수련시설(숙박시설이 있는 것)	• 수용인원 **100명** 이상
⑳ 발전시설	• 전기저장시설
㉑ 지하구 ㉒ 노유자생활시설	• 전부
㉓ **전통시장** 보기 ②	
㉔ 조산원, 산후조리원	
㉕ 요양병원(정신병원, 의료재활시설 제외)	
㉖ 아파트 등·기숙사	
㉗ 숙박시설	
㉘ **6층** 이상인 건축물	

기억법 근위의복 6, 교동자교수 2

☆☆

문제 06

비상방송설비에 사용되는 용어의 정의를 쓰시오.

득점	배점
	5

(가) 소리를 크게 하여 멀리까지 전달될 수 있도록 하는 장치로서 일명 스피커를 말한다.

○

(나) 가변저항을 이용하여 전류를 변화시켜 음량을 크게 하거나 작게 조절할 수 있는 장치를 말한다.

○

(다) 전압·전류의 진폭을 늘려 감도를 좋게 하고 미약한 음성전류를 커다란 음성전류로 변화시켜 소리를 크게 하는 장치를 말한다.

○

해답 (가) 확성기

(나) 음량조절기

(다) 증폭기

해설

- (나) '**음량조정기**'가 아님을 주의할 것. '**음량조절기**' 정답!

‖ 비상방송설비 용어(NFPC 202 3조, NFTC 202 1.7) ‖

용 어	정 의
확성기	소리를 크게 하여 멀리까지 전달될 수 있도록 하는 장치로서 일명 **스피커**
음량조절기	**가변저항**을 이용하여 **전류**를 **변화**시켜 음량을 크게 하거나 작게 조절할 수 있는 장치
증폭기	전압·전류를 **진폭**을 늘려 감도를 좋게 하고 미약한 음성전류를 커다란 **음성전류**로 변화시켜 **소리**를 **크게** 하는 장치

☆☆☆

문제 07

비상방송설비의 확성기(speaker)회로에 음량조정기를 설치하고자 한다. 미완성 결선도를 완성하시오.

(19.4.문14, 12.11.문11, 10.7.문18)

득점	배점
	5

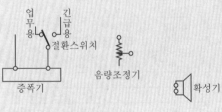

업무용 긴급용 절환스위치 음량조정기 증폭기 확성기

해답

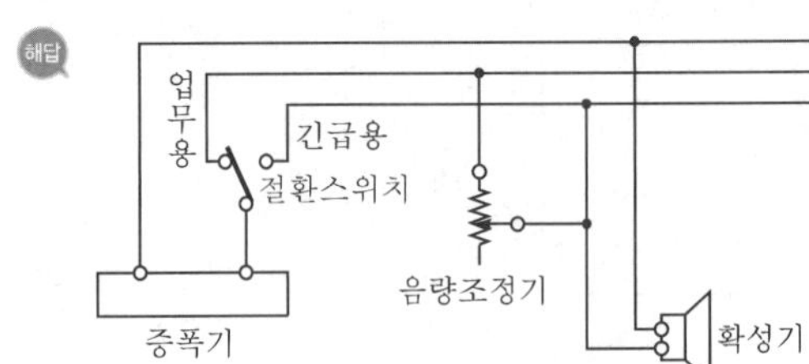

해설 **비상방송설비**의 **설치기준**(NFPC 202 4조, NFTC 202 2.1.1)

(1) 확성기의 음성입력은 실내 **1W**, 실외 **3W** 이상일 것

(2) 확성기는 **각 층**마다 설치하되, 그 층의 각 부분으로부터의 **수평거리**는 **25m** 이하일 것

(3) 음량조정기는 **3선식** 배선일 것

(4) 조작스위치는 바닥으로부터 **0.8~1.5m** 이하의 높이에 설치할 것

(5) 다른 전기회로에 의하여 **유도장애**가 생기지 않을 것

(6) 비상방송 개시시간은 **10초** 이하일 것

중요

3선식 배선

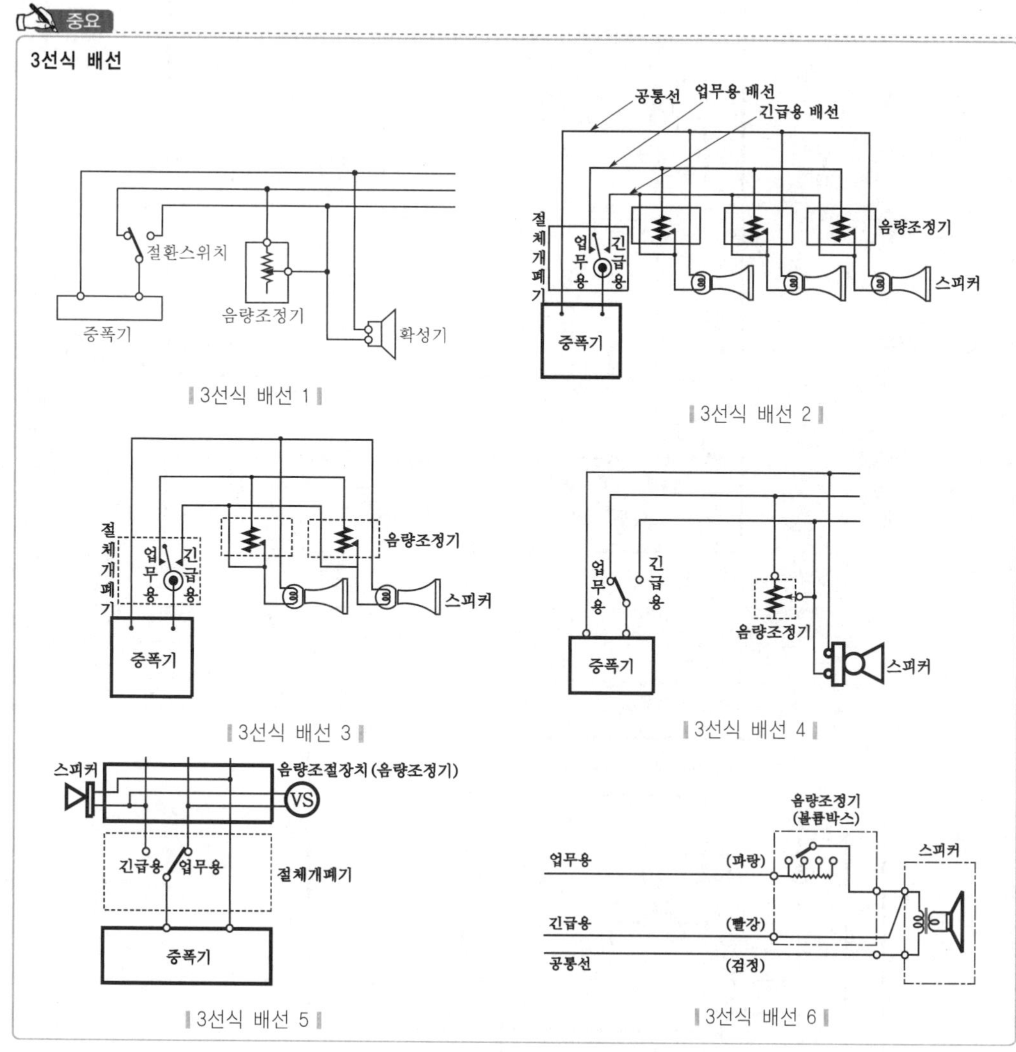

☆☆☆

문제 08

도면은 준비작동식 스프링클러설비에 사용되는 Super Visory Panel에서 수신기까지의 내부결선도이다. 다음 도면을 완성시키고 ①~⑧에 이용되는 전선의 용도에 관한 명칭을 쓰시오.

(17.4.문5, 16.11.문1, 12.7.문8, 07.4.문2)

득점	배점
	12

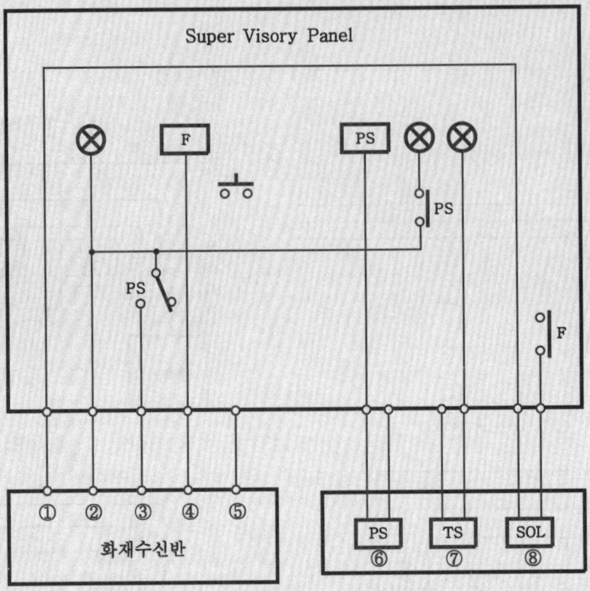

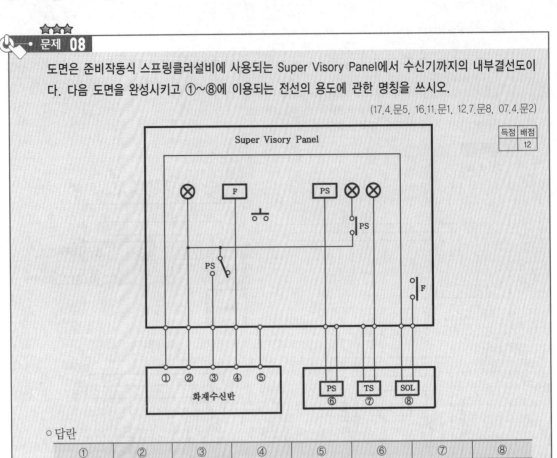

○ 답란

①	②	③	④	⑤	⑥	⑦	⑧

해답

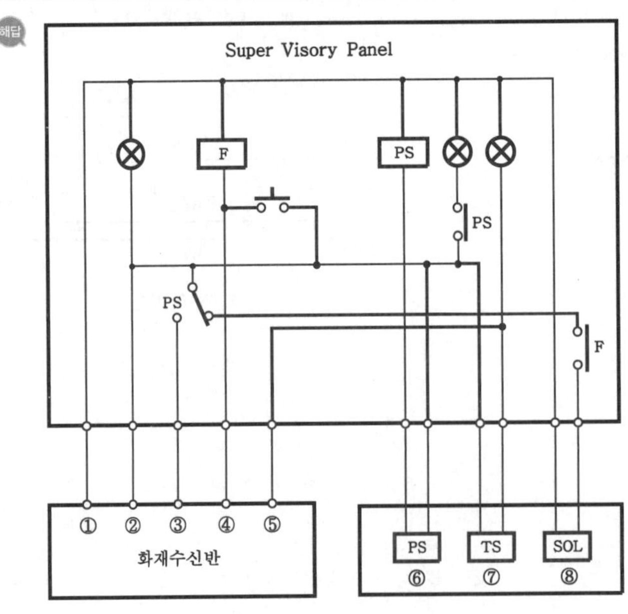

①	②	③	④	⑤	⑥	⑦	⑧
전원 ⊖	전원 ⊕	밸브개방 확인	밸브기동	밸브주의	압력스위치	탬퍼스위치	솔레노이드 밸브

해설

- 전선의 용도에 관한 명칭을 답할 때 **전원** ⊖와 **전원** ⊕가 바뀌지 않도록 주의할 것!!
- 일반적으로 **공통선**(common line)은 **전원** ⊖를 사용하므로 **기호** ①이 **전원** ⊖가 되어야 한다.
- 압력스위치=PS(Pressure Switch)
- 탬퍼스위치=TS(Tamper Switch)
- 솔레노이드밸브=SOL(Solenoid Valve)=SV(Solenoid Valve)
- **자동화재탐지설비**의 **전화선**이 삭제되었으므로 **준비작동식 스프링클러설비 전화선**도 당연히 필요없다.
- 미완성도 완성문제는 하나만 틀려도 부분점수가 없고 모두 틀리니 주의!

완성된 결선도로 나타내면 다음과 같다.

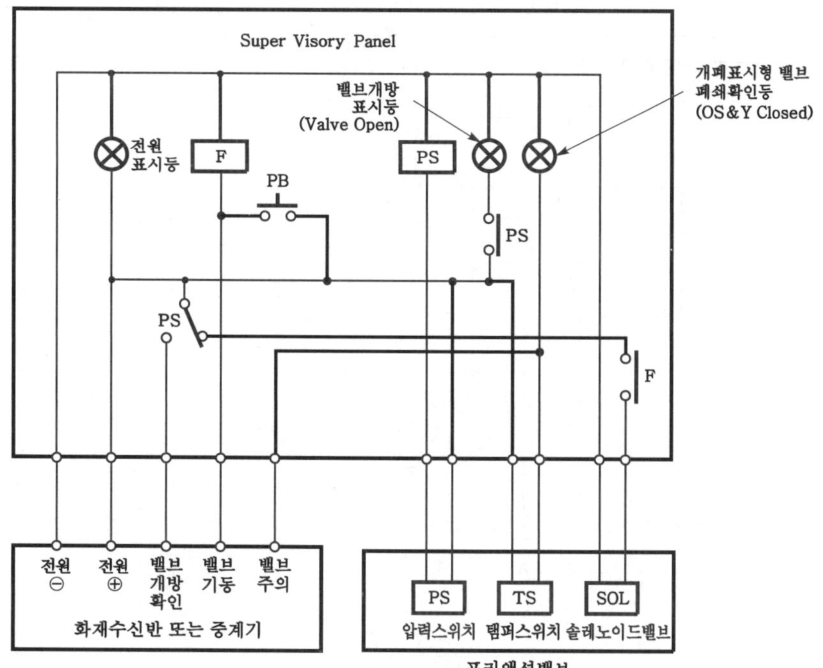

중요

(1) **동작설명**

① 준비작동식 스프링클러설비를 기동시키기 위하여 푸시버튼스위치(PB)를 누르면 릴레이(F)가 여자되며 릴레이(F)의 접점(F)이 닫히므로 솔레노이드밸브(SOL)가 작동된다.

② 솔레노이드밸브에 의해 준비작동밸브가 개방되며 이때 준비작동밸브 1차측의 물이 2차측으로 이동한다.

③ 이로 인해 배관 내의 압력이 떨어지므로 압력스위치(PS)가 작동되면 릴레이(PS)가 여자되어 릴레이(PS)의 접점(PS)에 의해 램프(valve open)를 점등시키고 밸브개방 확인신호를 보낸다.

④ 평상시 게이트밸브가 닫혀 있으면 탬퍼스위치(TS)가 폐로되어 램프(OS & Y Closed)가 점등되어 게이트밸브가 닫혀 있다는 것을 알려준다.

(2) **수동조작함**과 **슈퍼비조리판넬**의 비교

구 분	수동조작함	슈퍼비조리판넬(super visory panel)
사용설비	• 이산화탄소소화설비 • 할론소화설비	• 준비작동식 스프링클러설비
기능	• 화재시 **작동문**을 **폐쇄**시키고 **가스**를 **방출**, **화재**를 **진화**시키는 데 사용하는 함	• 준비작동밸브의 **수동조정장치**
전면부착부품	전원감시등 방출표시등 기동스위치	전원감시등 밸브개방표시등 밸브주의표시등 기동스위치

(3) **슈퍼비조리판넬 접속도**

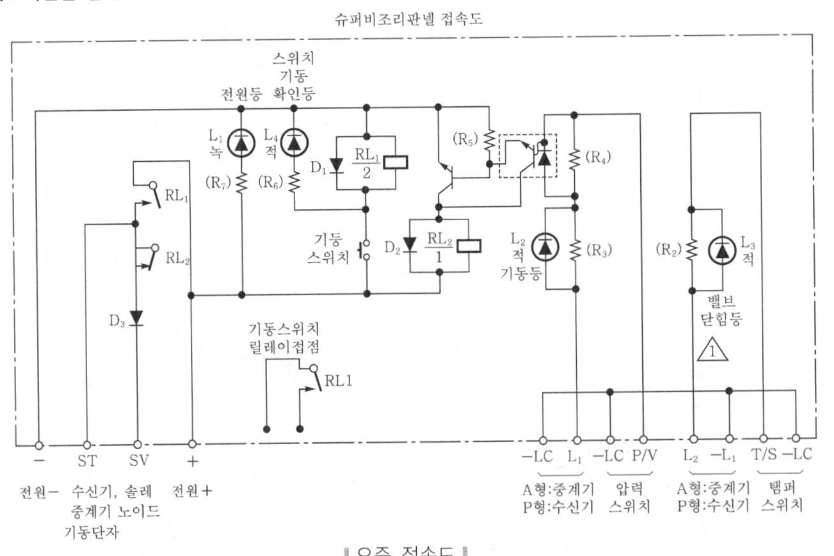

‖ 요즘 접속도 ‖

☆

문제 09

가요전선관공사에서 다음에 사용되는 재료의 명칭은 무엇인가? (10.7.문17)

득점	배점
	5

(가) 가요전선관과 박스의 연결 :

(나) 가요전선관과 금속관의 연결 :

(다) 가요전선관과 가요전선관의 연결 :

(가) 스트레이트박스 콘넥터
(나) 컴비네이션 커플링
(다) 스플리트 커플링

재 료	기 능
스트레이트박스 콘넥터 (Straight Box Connector)	**가요전선관**과 **박스**의 연결 ‖ 스트레이트박스 콘넥터 ‖
컴비네이션 커플링 (Combination Coupling)	**가요전선관**과 **금속관** 연결 ‖ 컴비네이션 커플링 ‖ • 금속관 = 스틸전선관
스플리트 커플링 (Split Coupling)	**가요전선관**과 **가요전선관** 연결 ‖ 스플리트 커플링 ‖

- (가) 콘넥터=커넥터
- (나) 컴비네이션=콤비네이션
- (다) 스플리트=스프리트
- **'스트레이트박스 커넥터'** 또는 **'콤비네이션 커플링'**, **'스프리트 커플링'**이라고 답해도 틀리지 않는다. 이것은 단지 **외래어 표기법**에 의한 **발음**의 **차이**일 뿐이다.

가요전선관공사의 **시공장소**
(1) 굴곡장소가 많거나 금속관공사의 시공이 어려운 경우
(2) 전동기와 옥내배선을 연결할 경우

☆☆ 문제 10

그림과 같은 복도에 자동화재탐지설비의 감지기를 설치하고자 한다. 각각의 도면에 연기감지기 2종과 연기감지기 3종을 배치하고 감지기 간 및 복도와 감지기 간 거리를 각각 기재하시오. (12.11.문9)

득점	배점
	6

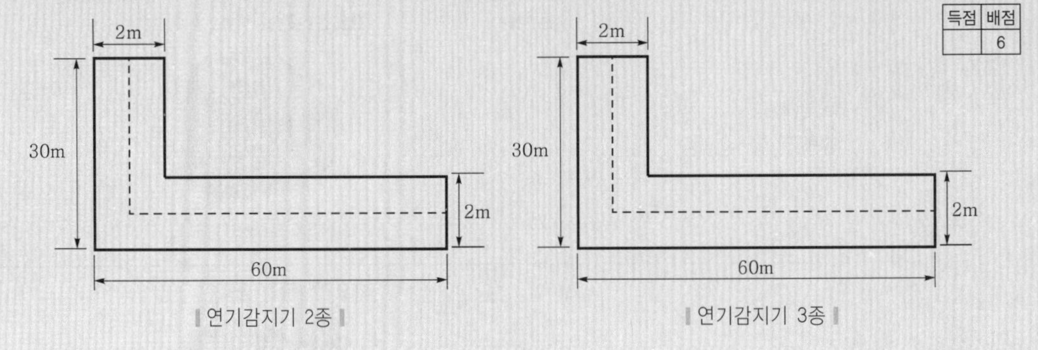

‖ 연기감지기 2종 ‖ ‖ 연기감지기 3종 ‖

해답 ① ②

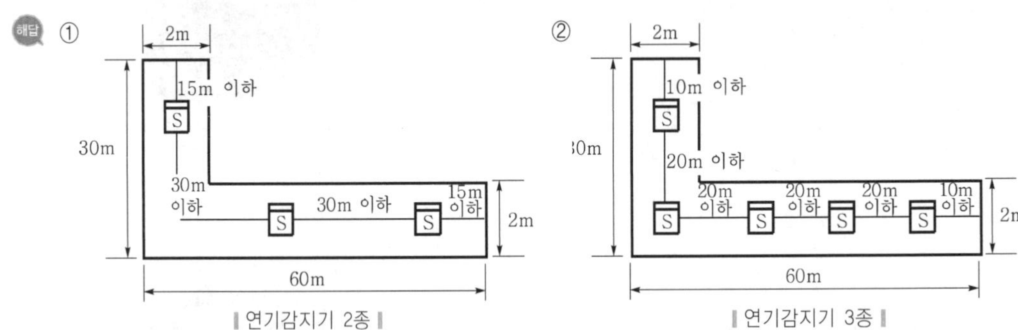

‖ 연기감지기 2종 ‖ ‖ 연기감지기 3종 ‖

해설

- 반드시 **복도 중앙**에 설치할 것
- 연기감지기 설치개수는 다음 식을 적용하면 금방 알 수 있다.

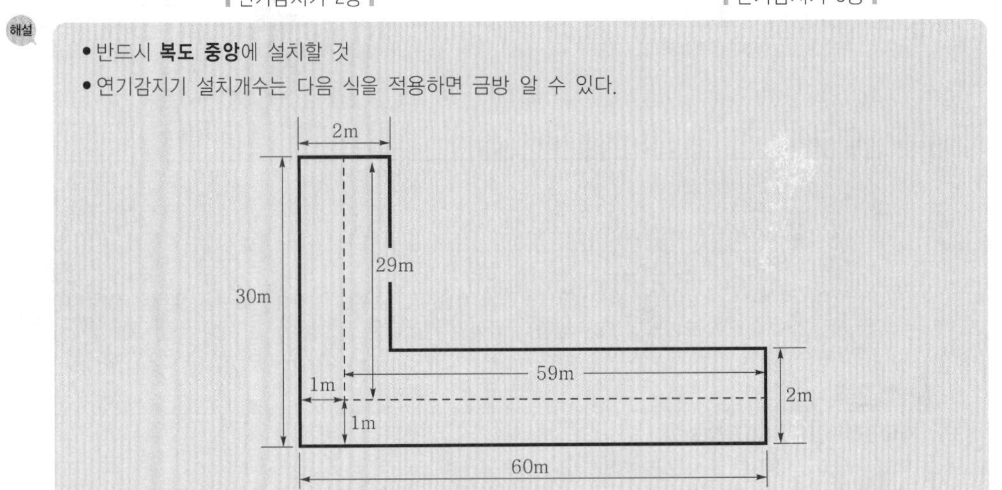

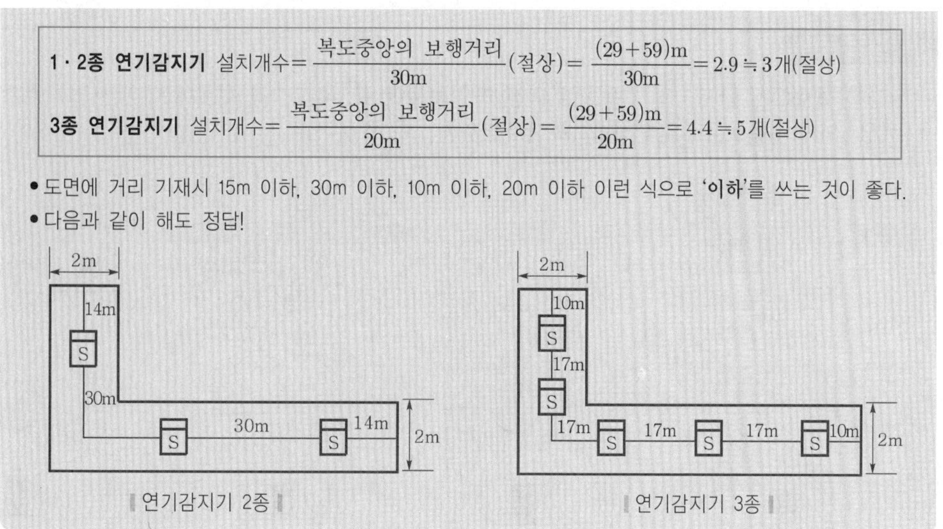

1 · 2종 연기감지기 설치개수$=\dfrac{\text{복도중앙의 보행거리}}{30\text{m}}$(절상)$=\dfrac{(29+59)\text{m}}{30\text{m}}=2.9 \fallingdotseq 3$개(절상)

3종 연기감지기 설치개수$=\dfrac{\text{복도중앙의 보행거리}}{20\text{m}}$(절상)$=\dfrac{(29+59)\text{m}}{20\text{m}}=4.4 \fallingdotseq 5$개(절상)

- 도면에 거리 기재시 15m 이하, 30m 이하, 10m 이하, 20m 이하 이런 식으로 **'이하'**를 쓰는 것이 좋다.
- 다음과 같이 해도 정답!

▌연기감지기 2종▐　　　　▌연기감지기 3종▐

연기감지기의 **설치기준**(NFPC 203 7조, NFTC 203 2.4.3.10)

(1) 복도 및 통로는 보행거리 **30m**(3종은 **20m**)마다 1개 이상으로 할 것

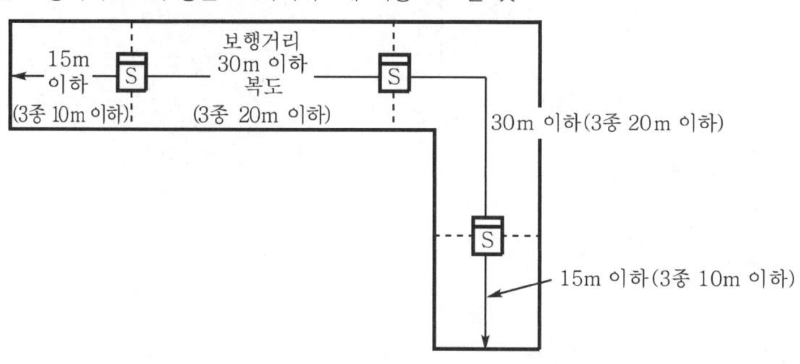

▌연기감지기의 설치▐

(2) 계단 및 경사로는 수직거리 **15m**(3종은 **10m**)마다 1개 이상으로 할 것

(3) 천장 또는 반자가 낮은 실내 또는 좁은 실내는 **출입구**의 가까운 부분에 설치할 것

(4) 천장 또는 반자 부근에 **배기구**가 있는 경우에는 그 부근에 설치할 것

(5) 실에 설치하는 감지기는 벽 또는 보로부터 **0.6m** 이상 떨어진 곳에 설치할 것

(6) 바닥면적

(단위 : m^2)

부착높이	감지기의 종류	
	1종 및 2종	3종
4m 미만	150	50
4~20m 미만	75	설치 불가능

☆☆

문제 11

다음 회로에서 램프 L의 작동을 주어진 타임차트에 표시하고, 각 회로에 대한 논리회로를 그리시오. (단, PB : 누름버튼스위치, LS : 리미트스위치, X : 릴레이) (16.11.문9, 10.7.문3)

득점	배점
	5

(가)

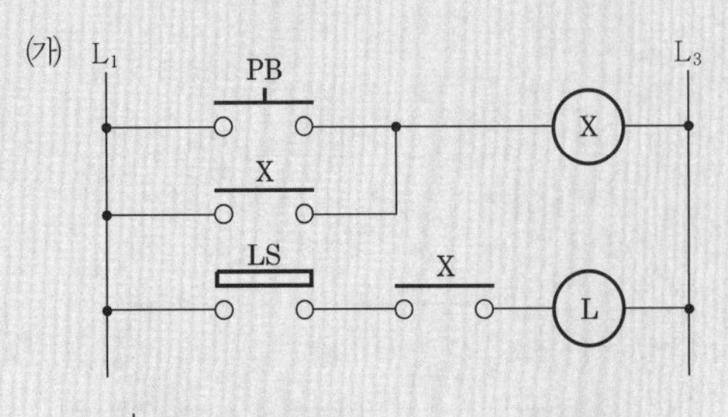

(나) L₁ LS PB X X L X L₃

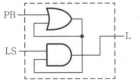

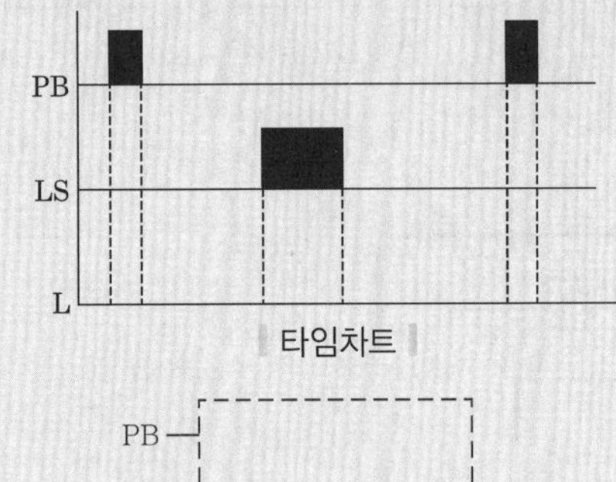

▎타임차트▎

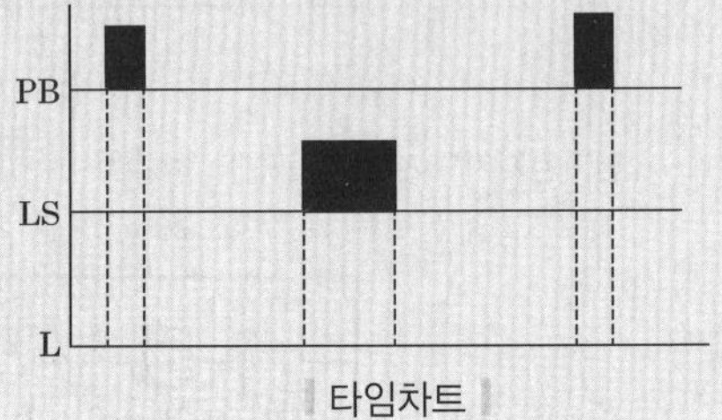

▎타임차트▎

▎논리회로▎

PB LS L

▎논리회로▎

해답 (가)

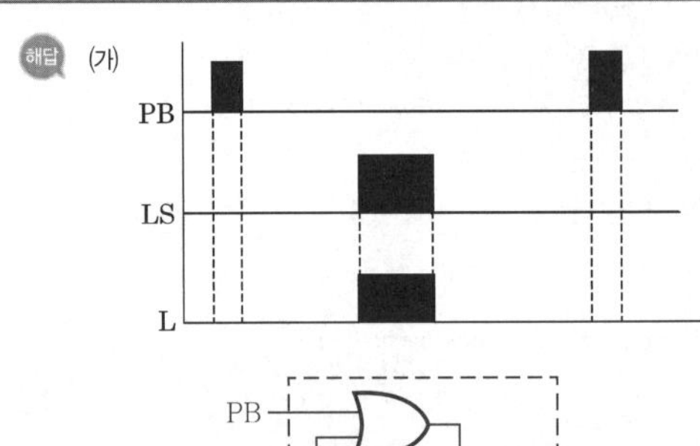

(나) PB LS L

PB LS L

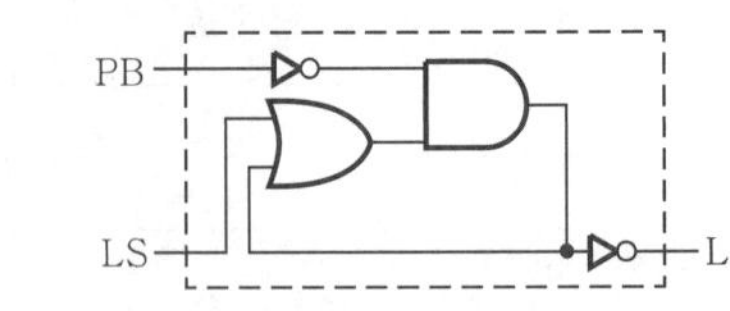

해설

구분	(가)	(나)
동작 설명	① 누름버튼스위치 PB를 누르면 릴레이 Ⓧ가 여자되고 자기유지된다. ② 리미트스위치 LS를 터치할 때만 램프 Ⓛ가 점등된다.	① 평상시 램프 Ⓛ가 점등된다. ② 리미트스위치 LS를 터치하면 릴레이 Ⓧ가 여자되고 자기유지되며 램프 Ⓛ가 소등된다. ③ 누름버튼스위치 PB를 누르면 릴레이 Ⓧ가 소자되고 램프 Ⓛ가 다시 점등된다.

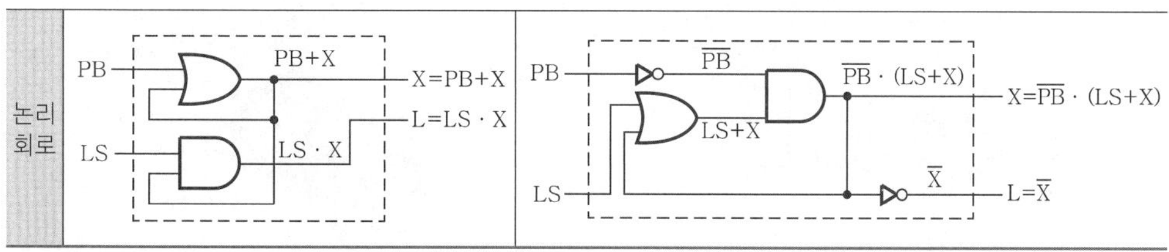

- 누름버튼스위치=푸시버튼스위치
- 출력 X가 추가된다면 위와 같이 논리회로를 작성할 수 있다.

중요

시퀀스회로와 **논리회로**의 관계

회 로	시퀀스회로	논리식	논리회로
직렬회로	A, B, Z	Z=A · B Z=AB	A, B — Z
병렬회로	A, B, Z	Z=A+B	A, B — Z
a접점	A, Z	Z=A	A — Z A — Z
b접점	$\overline{A}$, Z	Z=$\overline{A}$	A — Z A — Z A — Z

용어

구 분	설 명
타임차트(time chart)	시퀀스회로의 동작상태를 시간의 흐름에 따라 변화되는 상태를 나타낸 표
릴레이 (relay)	전자력에 의해 접점을 개폐하는 기능을 가진 장치로서, **"계전기"**라고도 부른다. 아마추어(armature) 복귀스프링 커버 샤프트(shaft) 프레임(frame) 유동단자 코일(coil) 접점 보빈(bobbin) 고정단자 플러그 리드단자 ▌릴레이의 구조 ▌

누름버튼스위치 (PB ; Push Button switch)	수동조작 자동복귀스위치로서 회로의 기동, 정지에 주로 사용된다. ‖ 푸시버튼스위치 ‖
리미트스위치 (LS ; Limit Switch)	외부의 어떤 접촉에 의해 접점이 개폐되는 스위치 ‖ 리미트스위치 ‖

☆☆

문제 12

제연설비의 수신반에서 100m 떨어진 장소의 감지기가 작동할 때 소비된 전류가 1A라고 한다. 이때의 전압강하[V]를 구하시오. (단, 전선굵기는 1.5mm이며 단상 2선식을 사용한다.)

(15.11.문1, 14.11.문11, 14.4.문5)

득점	배점
	4

○ 계산과정 :
○ 답 :

○ 계산과정 : $\frac{35.6 \times 100 \times 1}{1000 \times (\pi \times 0.75^2)} = 2.014 ≒ 2.01\text{V}$

○ 답 : 2.01V

 (1) **기호**

- L : 100m
- I : 1A
- D : 1.5mm(반지름 r =0.75mm)
- e : ?

(2) **전압강하**

전기방식	전선단면적	적응설비
단상 2선식	$A = \frac{35.6LI}{1000e}$	• 기타설비(경종, 표시등, 유도등, 비상조명등, 솔레노이드밸브, 감지기 등)
3상 3선식	$A = \frac{30.8LI}{1000e}$	• 소방펌프 • 제연팬
단상 3선식, 3상 4선식	$A = \frac{17.8LI}{1000e'}$	–

여기서, A : 전선의 단면적[mm^2]
L : 선로길이[m]
I : 전부하전류[A]
e : 각 선간의 전압강하[V]
e' : 각 선간의 1선과 중성선 사이의 전압강하[V]

〔단서〕에서 **단상 2선식**이므로 $e=\frac{35.6LI}{1000A}=\frac{35.6\times100\text{m}\times1\text{A}}{1000\times(\pi\times0.75^2)\text{mm}^2}=2.014\text{V}\fallingdotseq2.01\text{V}$

- **전선의 굵기**가 **mm**로 주어졌으므로 반드시 전선의 **단면적〔mm²〕**으로 변환해야 한다. 주의!

$$A=\pi r^2=\frac{\pi d^2}{4}$$

여기서, A : 전선의 단면적〔mm²〕
r : 전선의 반지름〔mm〕
d : 전선의 굵기(지름)〔mm〕

$A=\pi r^2=\pi\times0.75^2\text{mm}^2$

☆☆☆

문제 13

3선식 배선에 의하여 상시 충전되는 유도등의 전기회로에 점멸기를 설치하는 경우에는 어느 때에 점등되도록 하여야 하는지 그 기준을 5가지 쓰시오. (21.11.문2, 14.4.문4, 11.11.문7)

○
○
○
○
○

득점	배점
	5

해답 ① 자동화재탐지설비의 감지기 또는 발신기가 작동되는 때
② 비상경보설비의 발신기가 작동되는 때
③ 상용전원이 정전되거나 전원선이 단선되는 때
④ 방재업무를 통제하는 곳 또는 전기실의 배전반에서 수동으로 점등하는 때
⑤ 자동소화설비가 작동되는 때

해설 **3선식 배선**시 반드시 점등되어야 하는 경우(NFPC 303 10조, NFTC 303 2.7.4)

(1) **자동화재탐지설비**의 **감지기** 또는 **발신기**가 작동되는 때

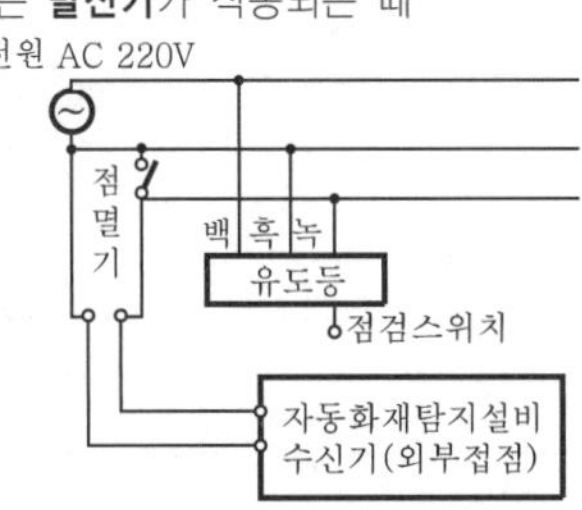

❙ 자동화재탐지설비의 감지기 또는 발신기가 작동되는 때 ❙

(2) **비상경보설비**의 **발신기**가 작동되는 때
(3) **상용전원**이 **정전**되거나 **전원선**이 **단선**되는 때
(4) **방재업무**를 **통제**하는 곳 또는 **전기실**의 **배전반**에서 **수동**으로 **점등**하는 때

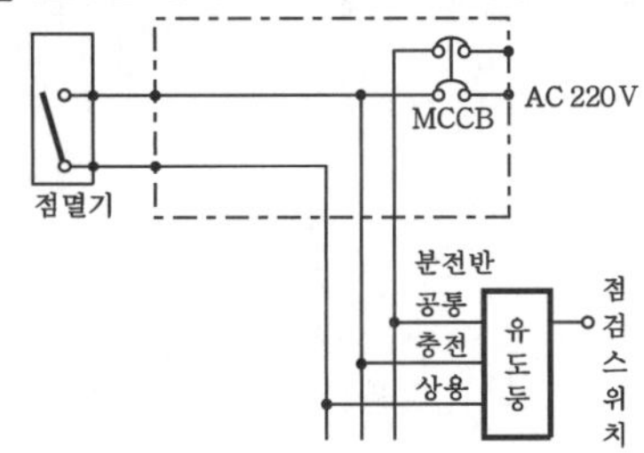

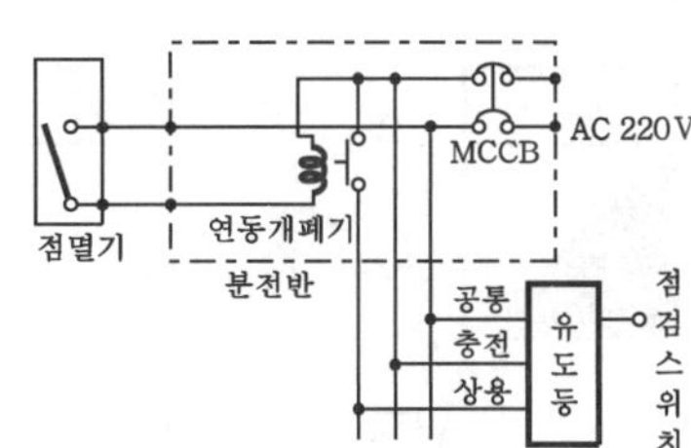

❙ 수동 점등 ❙

(5) **자동소화설비**가 작동되는 때

기억법 탐경 상방자

비교

3선식 배선에 의해 **상시 충전**되는 **구조**로서 **유도등**을 **항상 점등상태**로 **유지**하지 않아도 되는 **경우**(NFPC 303 10조, NFTC 303 2.7.3.2)

(1) 특정소방대상물 또는 그 부분에 **사람**이 **없는 경우**
(2) **외부**의 **빛**에 의해 피난구 또는 피난방향을 쉽게 식별할 수 있는 장소
(3) **공연장, 암실** 등으로서 어두워야 할 필요가 있는 장소
(4) 특정소방대상물의 **관계인** 또는 **종사원**이 주로 사용하는 장소

기억법 외충관공(외부 충격을 받아도 관공서는 끄떡 없음)

문제 14

다음은 옥내소화전설비를 겸용한 자동화재탐지설비의 계통도이다. 기호 ㉮~㉲의 최소 전선가닥수를 쓰시오. (단, 옥내소화전은 기동용 수압개폐장치를 이용하는 방식을 채택하였다.)

(14.7.문17, 11.11.문15)

득점	배점
	5

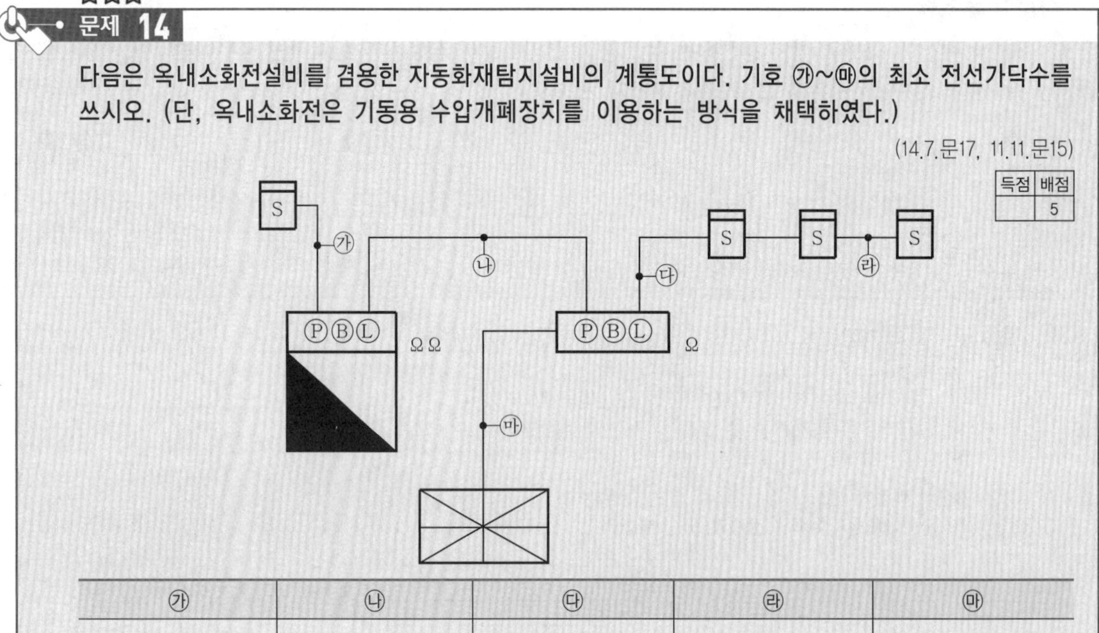

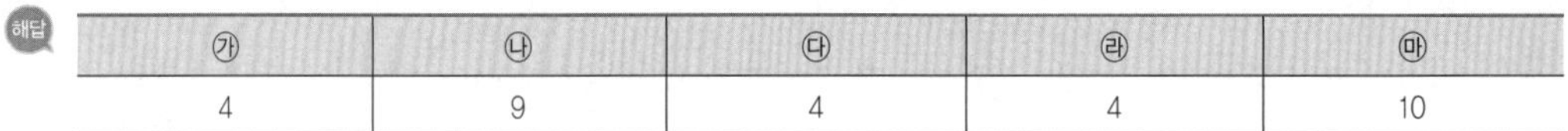

㉮	㉯	㉰	㉱	㉲

해답

㉮	㉯	㉰	㉱	㉲
4	9	4	4	10

해설

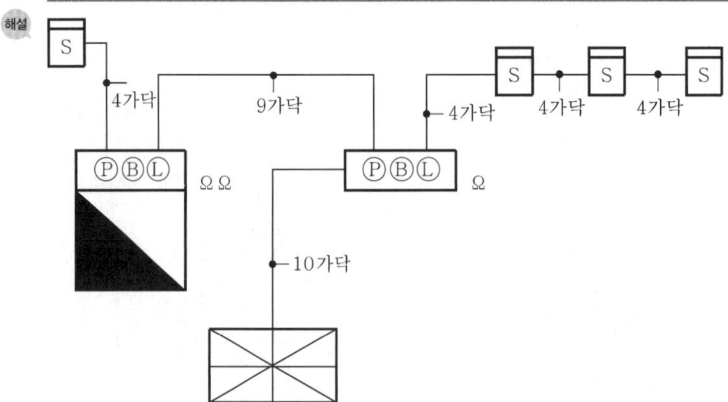

기 호	가닥수	내 역
㉮	4	회로선(2), 공통선(2)
㉯	9	회로선(2), 회로공통선(1), 경종선(1), 경종표시등공통선(1), 응답선(1), 표시등선(1), 기동확인표시등(2)
㉰	4	회로선(2), 공통선(2)
㉱	4	회로선(2), 공통선(2)
㉲	10	회로선(3), 회로공통선(1), 경종선(1), 경종표시등공통선(1), 응답선(1), 표시등선(1), 기동확인표시등(2)

-  및 ⓅⒷⓁ 가 한 층에 설치되어 있으므로 한 층으로 보고 가닥수를 산정한다.
- 문제에서 기동용 수압개폐방식(**자동기동방식**)도 주의하여야 한다. 옥내소화전함이 **기동용 수압개폐장치**를 이용한 방식(**자동기동방식**)이므로 감지기배선을 제외한 간선에 **'기동확인표시등 2'**가 추가로 사용되어야 한다. 특히, 옥내소화전배선은 구역에 따라 가닥수가 늘어나지 않는 것에 주의하라!

★★★

문제 15

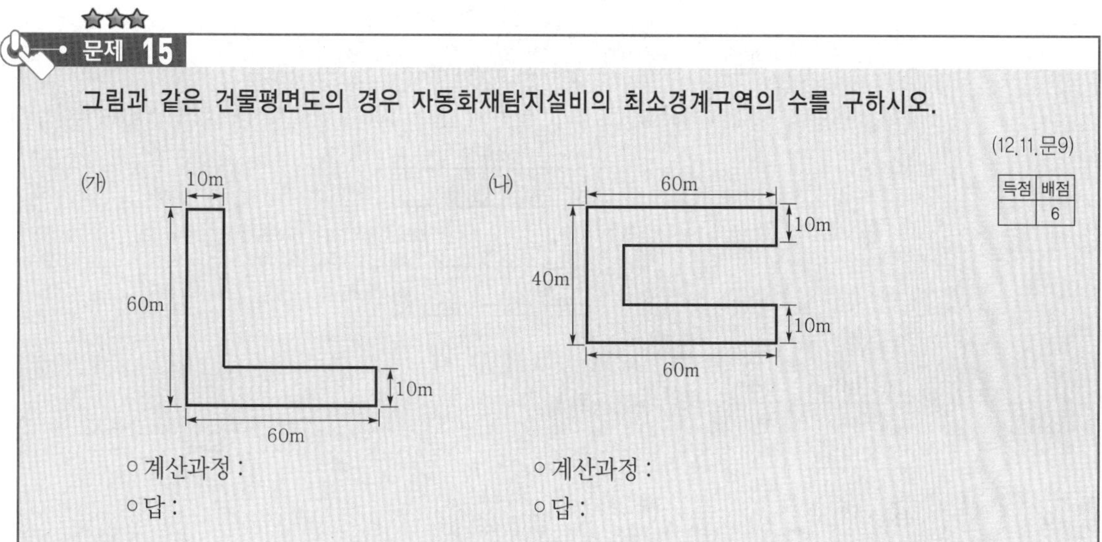

그림과 같은 건물평면도의 경우 자동화재탐지설비의 최소경계구역의 수를 구하시오.
(12.11.문9)
득점 배점
6
(가)
10m
60m
10m
60m
(나)
60m
10m
40m
10m
60m
○ 계산과정 :
○ 답 :
○ 계산과정 :
○ 답 :

해답

(가) ○ 계산과정 : ① $\frac{50\times10}{600}=0.8 \fallingdotseq 1$경계구역

② $\frac{50\times10}{600}=0.8 \fallingdotseq 1$경계구역

③ $\frac{10\times10}{600}=0.1 \fallingdotseq 1$경계구역

○ 답 : 3경계구역

(나) ○ 계산과정 : ① $\frac{50\times10}{600}=0.8 \fallingdotseq 1$경계구역

② $\frac{50\times10}{600}=0.8 \fallingdotseq 1$경계구역

③ $\frac{10\times40}{600}=0.6 \fallingdotseq 1$경계구역

○ 답 : 3경계구역

- 계산과정을 작성하기 어려우면 해설과 같이 **그림**을 그려도 **정답** 처리해 줄 것으로 보인다.

해설 (가) 하나의 경계구역의 면적을 **600m²** 이하로 하고, 한 변의 길이는 **50m** 이하로 하여야 하므로

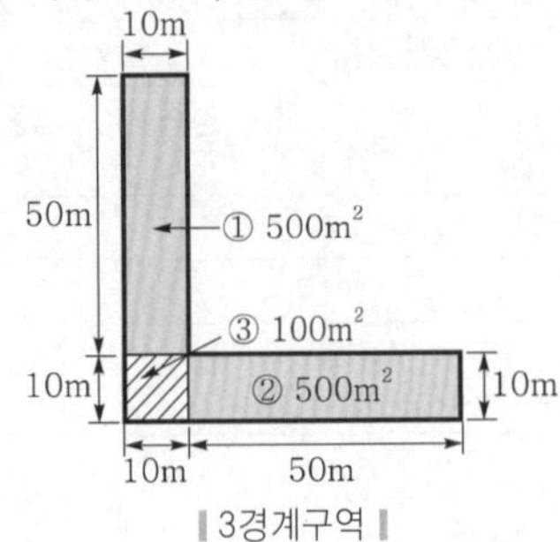

‖ 3경계구역 ‖

$$\text{경계구역수} = \frac{\text{바닥면적}\,[\text{m}^2]}{600\text{m}^2}\ (\text{절상})$$

① $\dfrac{(50\times10)\text{m}^2}{600\text{m}^2} = \dfrac{500\text{m}^2}{600\text{m}^2} = 0.8 \fallingdotseq 1$경계구역(절상)

② $\dfrac{(50\times10)\text{m}^2}{600\text{m}^2} = \dfrac{500\text{m}^2}{600\text{m}^2} = 0.8 \fallingdotseq 1$경계구역(절상)

③ $\dfrac{(10\times10)\text{m}^2}{600\text{m}^2} = \dfrac{100\text{m}^2}{600\text{m}^2} = 0.1 \fallingdotseq 1$경계구역(절상)

∴ 1+1+1=3경계구역

(나) 하나의 경계구역의 면적을 **600m²** 이하로 하고, 한 변의 길이는 **50m** 이하로 하여 산정하면 **3경계구역**이 된다.

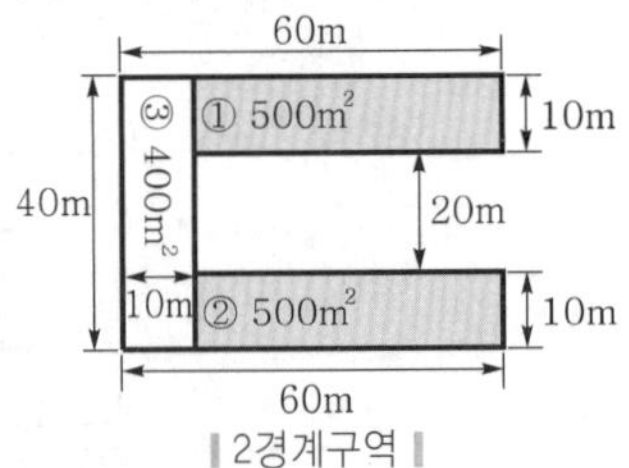

‖ 2경계구역 ‖

① $\dfrac{(50\times10)\text{m}^2}{600\text{m}^2} = \dfrac{500\text{m}^2}{600\text{m}^2} = 0.8 \fallingdotseq 1$경계구역(절상)

② $\dfrac{(50\times10)\text{m}^2}{600\text{m}^2} = \dfrac{500\text{m}^2}{600\text{m}^2} = 0.8 \fallingdotseq 1$경계구역(절상)

③ $\dfrac{(10\times40)\text{m}^2}{600\text{m}^2} = \dfrac{400\text{m}^2}{600\text{m}^2} = 0.6 \fallingdotseq 1$경계구역(절상)

∴ 1+1+1=3경계구역

중요

자동화재탐지설비의 **경계구역 설정기준**(NFPC 203 4조, NFTC 203 2.1)

(1) 1경계구역이 2개 이상의 **건축물**에 미치지 않을 것

(2) 1경계구역이 2개 이상의 층에 미치지 않을 것(단, 2개층이 **500m²** 이하는 제외)

(3) 1경계구역의 면적은 **600m²**(주출입구에서 내부 전체가 보이는 것은 **1000m²**) 이하로 하고, 1변의 길이는 50m 이하로 할 것

☆☆☆
문제 16

다음 소방시설 도시기호 각각의 명칭을 쓰시오.

득점	배점
	4

(가) ⊠ (나) ⊠ (다) ⊞ (라) ⊟

해답 (가) 수신기
(나) 제어반
(다) 부수신기
(라) 표시반

해설
- (다) **'표시기'**라고 써도 정답! **'부수신기(표시기)'**라고 써도 좋지만 **'부수신기'**만 써도 정답!

‖ 옥내배선기호, 소방시설 도시기호 ‖

명 칭	그림기호	적 요
차동식 스포트형 감지기		–
보상식 스포트형 감지기		–
정온식 스포트형 감지기		• 방수형 : • 내산형 : • 내알칼리형 : • 방폭형 : EX
연기감지기	S	• 점검박스 붙이형 : S • 매입형 : S
감지선		• 감지선과 전선의 접속점 : • 가건물 및 천장 안에 시설할 경우 : • 관통위치 :
공기관		• 가건물 및 천장 안에 시설할 경우 : • 관통위치 :
열전대		• 가건물 및 천장 안에 시설할 경우 :
제어반 질문 (나)		–
표시반 질문 (라)		• 창이 3개인 표시반 : 3
수신기 질문 (가)		• 가스누설경보설비와 일체인 것 : • 가스누설경보설비 및 방배연 연동과 일체인 것 :
부수신기(표시기) 질문 (다)		–
중계기		–
비상벨 또는 경보벨	B	–

☆☆☆

문제 17

길이 18m의 통로에 객석유도등을 설치하려고 한다. 이때 필요한 객석유도등의 수량은 최소 몇 개인지 구하시오. (20.7.문8, 18.11.문14, 15.4.문12, 05.5.문6)

○ 계산과정 :

○ 답 :

득점	배점
	4

해답 ○ 계산과정 : $\frac{18}{4}-1=3.5 ≒ 4$개

○ 답 : 4개

해설 설치개수 $= \frac{\text{객석통로의 직선부분의 길이[m]}}{4}-1$

$= \frac{18\text{m}}{4}-1=3.5 ≒ 4$개(절상)

중요

최소 설치개수 산정식

설치개수 산정시 소수가 발생하면 반드시 **절상**한다.

구 분	설치개수
객석유도등	설치개수 $= \frac{\text{객석통로의 직선부분의 길이[m]}}{4}-1$
유도표지	설치개수 $= \frac{\text{구부러진 곳이 없는 부분의 보행거리[m]}}{15}-1$
복도통로유도등, 거실통로유도등	설치개수 $= \frac{\text{구부러진 곳이 없는 부분의 보행거리[m]}}{20}-1$

☆☆

문제 18

자동화재탐지설비의 중계기 설치기준 3가지를 쓰시오. (20.7.문1, 11.11.문2)

○

○

○

득점	배점
	6

해답 ① 수신기와 감지기 사이에 설치(단, 수신기에서 도통시험을 하지 않을 때)

② 조작 및 점검에 편리하고 화재 및 침수 등의 재해로 인한 피해를 받을 우려가 없는 장소에 설치

③ 전원입력측에 과전류차단기 설치(수신기를 거쳐 전원공급이 안 될 경우)하고 전원의 정전이 즉시 수신기에 표시되도록 할 것, 상용전원 및 예비전원의 시험을 할 수 있을 것

해설 **중계기**의 **설치기준**(NFPC 203 6조, NFTC 203 2.3.1)

(1) **수신기**에서 직접 감지기회로의 **도통시험**을 하지 않는 것에 있어서는 **수신기**와 **감지기** 사이에 설치할 것

(2) **조작** 및 **점검**이 편리하고 화재 및 침수 등의 재해로 인한 피해를 받을 우려가 없는 장소에 설치할 것

(3) 수신기에 따라 감시되지 않는 배선을 통하여 전력을 공급받는 것에 있어서는 **전원입력측**의 배선에 **과전류차단기**를 설치하고 해당 전원의 정전이 즉시 수신기에 표시되는 것으로 하며, **상용전원** 및 **예비전원**의 시험을 할 수 있도록 할 것

비교

중계기의 **설치장소**

집합형	분산형
• EPS실(전력시스템실) 전용	• **소화전함** 및 단독 **발신기세트** 내부 • 댐퍼 수동조작함 내부 및 조작스위치함 내부 • 스프링클러 접속박스 내 및 SVP 판넬 내부 • 셔터, 배연창, 제연스크린, 연동제어기 내부 • **할론 패키지** 또는 판넬 내부 • 방화문 중계기는 근접 댐퍼 수동조작함 내부

"다른 사람의 경주를 뛰지 말고 자신만의 달리기를 완주하라."

▌2022년 기사 제2회 필답형 실기시험▌

자격종목	시험시간	형별	수험번호	성명	감독위원 확인
소방설비기사(전기분야)	3시간				

※ 다음 물음에 답을 해당 답란에 답하시오.(배점 : 100)

☆☆☆
문제 01

그림과 같은 건물평면도의 경우 자동화재탐지설비의 최소경계구역의 수를 구하시오.

(22.4.문10, 12.11.문9, 09.10.문13)

유사문제부터 풀어보세요.
실력이 팍!팍! 올라갑니다.

득점	배점
	6

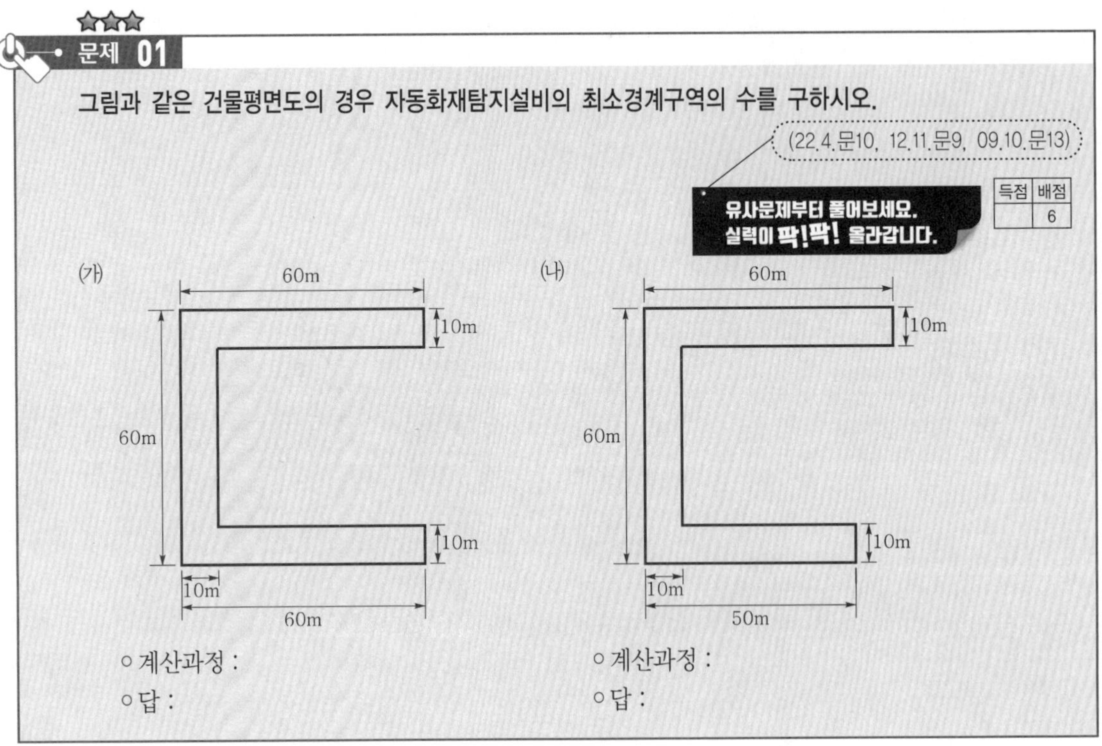

○계산과정 :
○답 :

○계산과정 :
○답 :

해답

(가) ○계산과정 : ① $\frac{50\times10}{600}=0.8≒1$경계구역

② $\frac{50\times10}{600}=0.8≒1$경계구역

③ $\frac{30\times10}{600}=0.5≒1$경계구역

④ $\frac{30\times10}{600}=0.5≒1$경계구역

○답 : 4경계구역

(나) ○계산과정 : ① $\frac{50\times10}{600}=0.8≒1$경계구역

② $\frac{50\times10}{600}=0.8≒1$경계구역

③ $\frac{50\times10}{600}=0.8≒1$경계구역

○답 : 3경계구역

해설

• 계산과정을 쓰기 어려우면 해설과 같이 **그림**으로 그려도 **정답**!

(가) 하나의 경계구역의 면적을 **600m²** 이하로 하고, 한 변의 길이는 **50m** 이하로 하여야 하므로

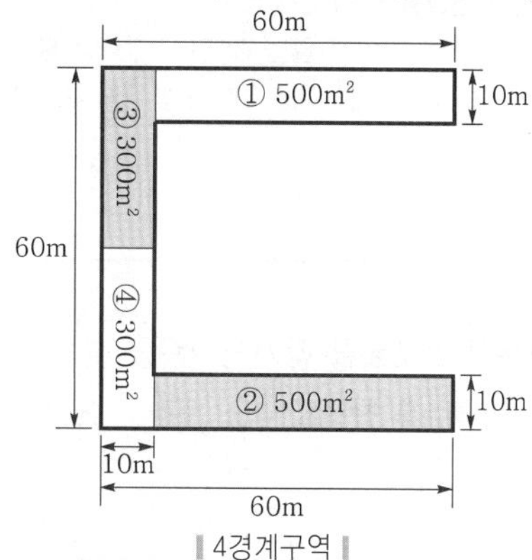

‖ 4경계구역 ‖

$$경계구역수 = \frac{바닥면적[m^2]}{600m^2} (절상)$$

① $\frac{(50\times10)m^2}{600m^2} = \frac{500m^2}{600m^2} = 0.8 \fallingdotseq 1$경계구역(절상)

② $\frac{(50\times10)m^2}{600m^2} = \frac{500m^2}{600m^2} = 0.8 \fallingdotseq 1$경계구역(절상)

③ $\frac{(30\times10)m^2}{600m^2} = \frac{300m^2}{600m^2} = 0.5 \fallingdotseq 1$경계구역(절상)

④ $\frac{(30\times10)m^2}{600m^2} = \frac{300m^2}{600m^2} = 0.5 \fallingdotseq 1$경계구역(절상)

∴ 1+1+1+1=4경계구역

(나) 하나의 경계구역의 면적을 **600m²** 이하로 하고, 한 변의 길이는 **50m** 이하로 하여 산정하면 **2경계구역**이 된다.

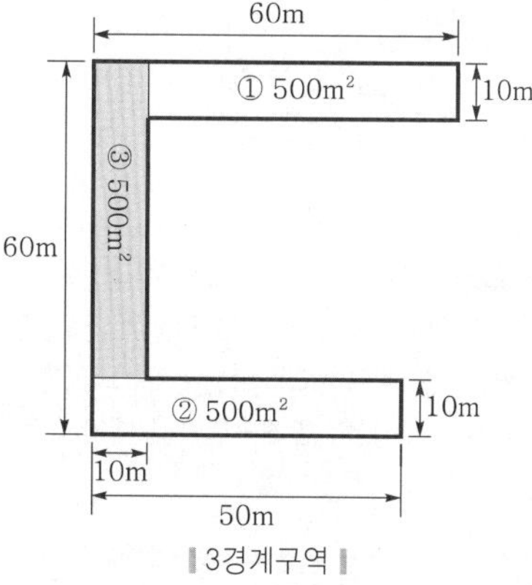

‖ 3경계구역 ‖

① $\frac{(50\times10)m^2}{600m^2} = \frac{500m^2}{600m^2} = 0.8 \fallingdotseq 1$경계구역

② $\frac{(50\times10)m^2}{600m^2} = \frac{500m^2}{600m^2} = 0.8 \fallingdotseq 1$경계구역

③ $\frac{(50\times10)m^2}{600m^2} = \frac{500m^2}{600m^2} = 0.8 \fallingdotseq 1$경계구역

∴1+1+1=3경계구역

중요

자동화재탐지설비의 **경계구역 설정기준**(NFPC 203 4조, NFTC 203 2.1)

(1) 1경계구역이 2개 이상의 **건축물**에 미치지 않을 것

(2) 1경계구역이 2개 이상의 층에 미치지 않을 것(단, 2개층이 **500m²** 이하는 제외)

(3) 1경계구역의 면적은 **600m²**(주출입구에서 내부 전체가 보이는 것은 **1000m²**) 이하로 하고, 1변의 길이는 **50m** 이하로 할 것

☆☆☆

문제 02

다음과 같은 장소에 차동식 스포트형 감지기 2종을 설치하는 경우와 광전식 스포트형 2종을 설치하는 경우 최소 감지기 소요개수를 산정하시오. (단, 주요구조부는 내화구조, 감지기의 설치높이는 3m 이다.)

(21.11.문14, 17.6.문12, 07.11.문8)

득점	배점
	6

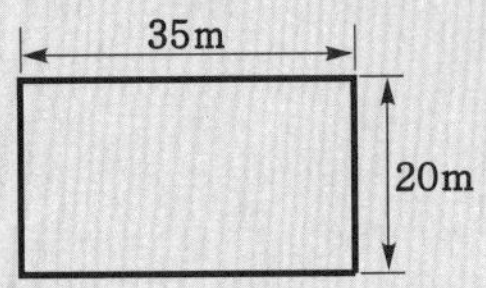

(가) 차동식 스포트형 감지기(2종) 소요개수

○ 계산과정 :

○ 답 :

(나) 광전식 스포트형 감지기(2종) 소요개수

○ 계산과정 :

○ 답 :

(가) ○ 계산과정 : $\frac{350}{70}=5$개, $\frac{350}{70}=5$개

○ 답 : 10개

(나) ○ 계산과정 : $\frac{300}{150}=2$개, $\frac{400}{150}=2.6 \fallingdotseq 3$개

○ 답 : 5개

- **600m² 이하** 중 350m² 또는 300m², 400m²로 나누어서 계산하지 않고 700m²로 바로 나누면 오답으로 채점될 확률이 높다. 700m²로 바로 나누면 감지기 소요개수는 동일하게 나오지만 자동화재탐지설비 및 시각경보장치의 화재안전기준(NFPC 203 4조, NFTC 203 2.1)에 의해 하나의 경계구역면적을 600m² 이하로 해야 하므로 당연히 감지기도 하나의 경계구역면적 내에서 감지기 소요개수를 산정해야 한다.
- 600m² 초과시 감지기 개수 산정방법

① $\frac{\text{전체 면적}}{\text{감지기 1개가 담당하는 바닥면적}}$으로 계산하여 최소개수 확인

② 전체 면적을 600m² 이하로 적절히 분할하여 $\frac{600\text{m}^2 \text{ 이하}}{\text{감지기 1개가 담당하는 바닥면적}}$로 각각 계산하여 최소개수가 나오도록 적용(한쪽을 소수점이 없도록 면적을 분할하면 최소개수가 나옴)

(가) **차동식 스포트형 감지기(2종)**(NFPC 203 7조, NFTC 203 2.4.3.9.1)

(단위 : m^2)

부착높이 및 특정소방대상물의 구분		감지기의 종류				
		차동식·보상식 스포트형		정온식 스포트형		
		1종	2종	특 종	1종	2종
4m 미만	내화구조	90	70	70	60	20
	기타 구조	50	40	40	30	15
4~8m 미만	내화구조	45	35	35	30	설치 불가능
	기타 구조	30	25	25	15	

기억법
차 보 정
9 7 7 6 2
5 4 4 3 ①
④ ③ ③ 3 ×
3 ② ② ① ×
※ 동그라미(○) 친 부분은 뒤에 5가 붙음

〔조건〕에서 **내화구조**, 설치높이가 **3m**(4m 미만)이므로 감지기 1개가 담당하는 바닥면적은 **70m²**가 되어 $(35 \times 20)m^2 = 700m^2$이므로 **600m²** 이하로 **경계구역**을 나누어 감지기 개수를 산출하면 다음과 같다.

$$\frac{350m^2}{70m^2} = 5\text{개}$$

$$\frac{350m^2}{70m^2} = 5\text{개}$$

∴ 5+5=10개

참고

주요구조부
건축물의 구조상 중요한 부분 중 건축물의 외형을 구성하는 골격

(나) **광전식 스포트형 감지기(2종)**(NFPC 203 7조, NFTC 203 2.4.3.10.1)

(단위 : m^2)

부착높이	감지기의 종류	
	1종 및 2종	3종
4m 미만	150	50
4~20m 미만	75	–

광전식 스포트형 감지기는 **연기감지기**의 한 종류이고, 설치높이가 **3m**(4m 미만)이므로 감지기 1개가 담당하는 바닥면적은 $150m^2$가 되어 $\frac{300m^2}{150m^2} = 2\text{개}$

$$\frac{400m^2}{150m^2} = 2.6\text{개} ≒ 3\text{개(절상)}$$

∴ 2개+3개=5개

참고

중요

자동화재탐지설비의 **경계구역**의 **설정기준**(NFPC 203 4조, NFTC 203 2.1.1)
(1) 1경계구역이 2개 이상의 **건축물**에 미치지 않을 것
(2) 1경계구역이 2개 이상의 **층**에 미치지 않을 것(단, 2개층이 **500m²** 이하는 제외)
(3) 1경계구역의 면적은 **600m²** 이하로 하고, 1변의 길이는 **50m** 이하로 할 것(단, 주출입구에서 내부 전체가 보이는 것은 1변의 길이 **50m** 범위 내에서 **1000m²** 이하)

☆☆☆

문제 03

P형 수신기의 예비전원을 시험하는 방법과 양부판단의 기준에 대하여 설명하시오.

(18.4.문2, 17.11.문8, 15.11.문14, 11.7.문14, 11.5.문10, 09.10.문1)

○ 시험방법 :
○ 양부판단의 기준 :

득점	배점
	6

해답 ○ 시험방법 : 상용전원 및 비상전원이 사고 등으로 정전된 경우, 자동적으로 예비전원으로 절환되며, 또한 정전복구시에 자동적으로 상용전원으로 절환되는지의 여부를 다음에 따라 확인
① 예비전원시험 스위치를 누름
② 전압계의 지시치가 지정범위 내에 있는지 확인
③ 상용전원을 차단하고 자동절환릴레이의 작동상황 조사
○ 양부판단의 기준 : 예비전원의 전압, 용량, 절환상황 및 복구작동이 정상일 것

해설 **수신기**의 **시험**(성능시험)

시험 종류	시험방법	가부판정기준(확인사항)
화재표시 작동시험	① 회로선택스위치로서 실행하는 시험 : 동작시험스위치를 눌러서 스위치 주의등의 점등을 확인한 후 회로선택스위치를 차례로 회전시켜 **1회로**마다 화재시의 작동시험을 행할 것 ② 감지기 또는 발신기의 작동시험과 함께 행하는 방법 : 감지기 또는 발신기를 차례로 작동시켜 경계구역과 지구표시등과의 접속상태를 확인할 것	① 각 **릴레이**(relay)의 작동 ② **화재표시등, 지구표시등** 그 밖의 표시장치의 점등(램프의 단선도 함께 확인할 것) ③ **음향장치** 작동확인 ④ **감지기회로** 또는 **부속기기회로**와의 연결접속이 정상일 것
회로도통시험	목적 : **감지기회로**의 **단선**의 **유무**와 기기 등의 접속상황을 확인 ① 도통시험스위치를 누른다. ② 회로선택스위치를 차례로 회전시킨다. ③ 각 회선별로 전압계의 전압을 확인한다. (단, 발광다이오드로 그 정상유무를 표시하는 것은 발광다이오드의 점등유무를 확인한다.) ④ 종단저항 등의 접속상황을 조사한다.	각 회선의 **전압계**의 **지시치** 또는 발광다이오드(LED)의 점등유무 상황이 정상일 것
공통선시험 (단, 7회선 이하는 제외)	목적 : 공통선이 담당하고 있는 경계구역의 적정여부 확인 ① 수신기 내 접속단자의 회로공통선을 1선 제거한다. ② 회로도통시험의 예에 따라 도통시험스위치를 누르고, 회로선택스위치를 차례로 회전시킨다. ③ 전압계 또는 발광다이오드를 확인하여 **'단선'**을 지시한 경계구역의 회선수를 조사한다.	공통선이 담당하고 있는 경계구역수가 **7 이하**일 것

예비전원시험	목적 : 상용전원 및 비상전원이 사고 등으로 정전된 경우, 자동적으로 예비전원으로 절환되며, 또한 정전복구시에 자동적으로 상용전원으로 절환되는지의 여부 확인 ① 예비전원시험스위치를 누른다. ② 전압계의 지시치가 지정범위 내에 있을 것(단, 발광다이오드로 그 정상유무를 표시하는 것은 발광다이오드의 정상 점등 유무 확인) ③ 교류전원을 개로(또는 상용전원을 차단)하고 자동절환릴레이의 작동상황을 조사한다.	① 예비전원의 **전압** ② 예비전원의 **용량** ③ 예비전원의 **절환상황** ④ 예비전원의 **복구작동**이 정상일 것
동시작동시험 (단, 1회선은 제외)	목적 : 감지기회로가 동시에 수회선 작동하더라도 수신기의 기능에 이상이 없는가의 여부 확인 ① 주전원에 의해 행한다. ② 각 회선의 화재작동을 복구시키는 일이 없이 **5회선**(5회선 미만은 전회선)을 동시에 작동시킨다. ③ ②의 경우 주음향장치 및 지구음향장치를 작동시킨다. ④ 부수신기와 표시기를 함께 하는 것에 있어서는 이 모두를 작동상태로 하고 행한다.	각 회선을 동시 작동시켰을 때 ① **수신기**의 이상 유무 ② **부수신기**의 이상 유무 ③ **표시장치**의 이상 유무 ④ **음향장치**의 이상 유무 ⑤ **화재**시 **작동**을 정확하게 계속하는 것일 것
지구음향장치 작동시험	목적 : 화재신호와 연동하여 음향장치의 정상 작동여부 확인, 임의의 감지기 또는 발신기 작동	① 지구음향장치가 작동하고 음량이 정상일 것 ② 음량은 음향장치의 중심에서 **1m** 떨어진 위치에서 **90dB** 이상일 것
회로저항시험	감지기회로의 선로저항치가 수신기의 기능에 이상을 가져오는지 여부 확인	하나의 감지기회로의 합성저항치는 **50Ω** 이하로 할 것
저전압시험	정격전압의 **80%**로 하여 행한다.	−
비상전원시험	비상전원으로 **축전지설비**를 사용하는 것에 대해 행한다.	

기억법 **도표공동 예저비지**

• 가부판정의 기준=양부판정의 기준

☆☆☆

문제 04

비상방송설비의 설치기준에 관한 다음 ( ) 안을 완성하시오.

(21.7.문2, 19.6.문10, 18.11.문3, 14.4.문9, 12.11.문6, 11.5.문6)

득점	배점
	5

(가) 확성기의 음성입력은 실내에 설치하는 것에 있어서는 (①)W 이상일 것
(나) 확성기는 각 층마다 설치하되, 그 층의 각 부분으로부터 하나의 확성기까지 수평거리가 (②)m 이하가 되도록 하고, 해당 층의 각 부분에 유효하게 정보를 발할 수 있도록 설치할 것
(다) 음량조정기를 설치하는 경우 음량조정기의 배선은 (③)선식으로 할 것
(라) 조작부의 조작스위치는 바닥으로부터 (④)m 이상 (⑤)m 이하의 높이에 설치할 것

(가) ① 1
(나) ② 25
(다) ③ 3
(라) ④ 0.8 ⑤ 1.5

해설 **비상방송설비**의 **설치기준**(NFPC 202 4조, NFTC 202 2.1.1)

(1) 확성기의 음성입력은 **3W**(실내는 **1W**) 이상일 것 질문 (개)
(2) 음량조정기의 배선은 **3선식**으로 할 것 질문 (다)
(3) 기동장치에 의한 **화재신고**를 수신한 후 필요한 음량으로 방송이 개시될 때까지의 소요시간은 **10초** 이하로 할 것
(4) 조작부의 조작스위치는 바닥으로부터 **0.8~1.5m** 이하의 높이에 설치할 것 질문 (라)
(5) 다른 전기회로에 의하여 **유도장애**가 생기지 않도록 할 것
(6) 확성기는 **각 층**마다 설치하되, 각 부분으로부터의 수평거리는 **25m** 이하일 것 질문 (나)
(7) **2층 이상**의 층에서 발화한 때에는 그 **발화층** 및 그 **직상 4개층**에, **1층**에서 발화한 때에는 **발화층**, 그 **직상 4개층** 및 **지하층**에, **지하층**에서 발화한 때에는 **발화층**, 그 **직상층** 및 **기타의 지하층**에 우선적으로 경보를 발할 수 있도록 해야 한다.
(8) **발화층** 및 **직상 4개층 우선경보방식 적용대상물**
11층(공동주택 **16층**) 이상의 특정소방대상물의 경보

‖ 비상방송설비 음향장치의 경보 ‖

발화층	경보층	
	11층(공동주택 16층) 미만	11층(공동주택 16층) 이상
2층 이상 발화	전층 일제경보	• 발화층 • 직상 4개층
1층 발화		• 발화층 • 직상 4개층 • 지하층
지하층 발화		• 발화층 • 직상층 • 기타의 지하층

☆☆☆
문제 05

유량 2400L/min, 양정 100m인 스프링클러설비용 펌프전동기의 용량을 계산하시오. (단, 효율 : 75%, 전달계수 : 1.1)
(20.7.문14, 14.11.문12, 11.7.문4, 06.7.문15)

○ 계산과정 :
○ 답 :

득점	배점
	4

○ 계산과정 : $\frac{9.8\times1.1\times100\times2.4}{0.75\times60}=57.493=57.49\text{kW}$

○ 답 : 57.49kW

(1) **기호**

- Q : 2400L/min=2.4m³/min=2.4m³/60s(1000L=1m³, 1min=60s)
- H : 100m
- η : 75%=0.75
- K : 1.1
- P : ?

(2) **전동기**의 **용량** P는

$$P=\frac{9.8KHQ}{\eta t}=\frac{9.8\times1.1\times100\text{m}\times2.4\text{m}^3}{0.75\times60\text{s}}=57.493 \fallingdotseq 57.49\text{kW}$$

중요

(1) **전동기**의 **용량**을 **구하는 식**

① 일반적인 설비 : **물** 사용설비

t(시간)〔s〕	t(시간)〔min〕	비중량이 주어진 경우 적용
$P=\frac{9.8KHQ}{\eta t}$	$P=\frac{0.163KHQ}{\eta}$	$P=\frac{\gamma HQ}{1000\eta}K$
여기서, P : 전동기용량〔kW〕 η : 효율 t : 시간〔s〕 K : 여유계수(전달계수) H : 전양정〔m〕 Q : 양수량(유량)〔m^3〕	여기서, P : 전동기용량〔kW〕 η : 효율 H : 전양정〔m〕 Q : 양수량(유량)〔m^3/min〕 K : 여유계수(전달계수)	여기서, P : 전동기용량〔kW〕 η : 효율 γ : 비중량(물의 비중량 9800N/m^3) H : 전양정〔m〕 Q : 양수량(유량)〔m^3/s〕 K : 여유계수

② 제연설비(배연설비) : **공기** 또는 **기류** 사용설비

$$P=\frac{P_T\,Q}{102\times 60\eta}K$$

여기서, P : 배연기(전동기) (소요)동력〔kW〕
P_T : 전압(풍압)〔mmAq, mmH_2O〕
Q : 풍량〔m^3/min〕
K : 여유율(여유계수, 전달계수)
η : 효율

주의

제연설비(배연설비)의 전동기 소요동력은 반드시 위의 식을 적용하여야 한다. 주의! 또 주의!

(2) **아주 중요한 단위환산**(꼭! 기억하시라!)

① $1mmAq=10^{-3}mH_2O=10^{-3}m$
② $760mmHg=10.332mH_2O=10.332m$
③ $1Lpm=10^{-3}m^3/min$
④ 1HP=0.746kW

☆☆☆

문제 06

15kW 스프링클러펌프용 유도전동기가 있다. 전동기의 역률이 85%일 때 역률을 95%로 개선할 수 있는 전력용 콘덴서일 경우 다음 각 물음에 답하시오. (21.4.문16, 20.11.문13, 19.11.문7, 11.5.문1, 03.4.문2)

득점	배점
	6

(가) 콘덴서의 용량〔kVar〕을 구하시오.
 ○계산과정 :
 ○답 :

(나) 역률 개선 전 전동기의 무효전력〔kVar〕을 구하시오.
 ○계산과정 :
 ○답 :

(가) ○ 계산과정 : $15\left(\frac{\sqrt{1-0.85^2}}{0.85}-\frac{\sqrt{1-0.95^2}}{0.95}\right)=4.365=4.37\text{kVar}$

○ 답 : 4.37kVar

(나) ○ 계산과정 : $P_a=\frac{15}{0.85}\fallingdotseq 17.647\text{kVA}$

$\sin\theta=\sqrt{1-0.85^2}\fallingdotseq 0.526$

$P_r=17.647\times 0.526=9.282\fallingdotseq 9.28\text{kVar}$

○ 답 : 9.28kVar

해설 (가) ① **기호**

- P : 15kW
- $\cos\theta_1$: 85%=0.85
- $\cos\theta_2$: 95%=0.95
- Q_C : ?
- P_r : ?

② **콘덴서**의 **용량**(Q_C) 질문 (가)

$$Q_C=P\left(\frac{\sin\theta_1}{\cos\theta_1}-\frac{\sin\theta_2}{\cos\theta_2}\right)=P\left(\frac{\sqrt{1-\cos\theta_1{}^2}}{\cos\theta_1}-\frac{\sqrt{1-\cos\theta_2{}^2}}{\cos\theta_2}\right)$$

여기서, Q_C : 콘덴서의 용량[kVA]

P : 유효전력[kW]

$\cos\theta_1$: 개선 전 역률

$\cos\theta_2$: 개선 후 역률

$\sin\theta_1$: 개선 전 무효율($\sin\theta_1=\sqrt{1-\cos\theta_1{}^2}$)

$\sin\theta_2$: 개선 후 무효율($\sin\theta_2=\sqrt{1-\cos\theta_2{}^2}$)

$$\therefore\ Q_C=P\left(\frac{\sqrt{1-\cos\theta_1{}^2}}{\cos\theta_1}-\frac{\sqrt{1-\cos\theta_2{}^2}}{\cos\theta_2}\right)=15\text{kW}\times\left(\frac{\sqrt{1-0.85^2}}{0.85}-\frac{\sqrt{1-0.95^2}}{0.95}\right)=4.365\text{kVar}=4.37\text{kVar}$$

비교

15kVA로 주어진 경우

- P_a : 15kVA
- $\cos\theta_1$: 0.85
- $\cos\theta_2$: 0.95

$$Q_C=P\left(\frac{\sqrt{1-\cos\theta_1{}^2}}{\cos\theta_1}-\frac{\sqrt{1-\cos\theta_2{}^2}}{\cos\theta_2}\right)=15\text{kVA}\times 0.85\left(\frac{\sqrt{1-0.85^2}}{0.85}-\frac{\sqrt{1-0.95^2}}{0.95}\right)=3.711=3.71\text{kVar}$$

- $P=VI\cos\theta=P_a\cos\theta$

  여기서, P : 유효전력[kW]

  V : 전압[V]

  I : 전류[A]

  $\cos\theta$: 역률

  P_a : 피상전력[kVA]

  $P=P_a\cos\theta=15\text{kVA}\times 0.85=12.75\text{kW}$

- $\cos\theta$는 개선 전 역률 $\cos\theta_1$을 적용한다는 것을 기억하라!

(나) **유효전력**

단상 : $P = VI\cos\theta = P_a\cos\theta$, 3상 : $P = \sqrt{3}\,VI\cos\theta = P_a\cos\theta$

여기서, P : 유효전력〔kW〕
V : 전압〔kV〕
I : 전류〔A〕
$\cos\theta$: 역률
P_a : 피상전력〔kVA〕

$P_a = \dfrac{P}{\cos\theta} = \dfrac{15\text{kW}}{0.85} \fallingdotseq 17.647\text{kVA}$

무효율

$\sin\theta = \sqrt{1-\cos\theta^2}$

여기서, $\sin\theta$: 무효율
$\cos\theta$: 역률

$\sin\theta = \sqrt{1-\cos\theta^2} = \sqrt{1-0.85^2} \fallingdotseq 0.526$

무효전력

단상 : $P_r = VI\sin\theta = P_a\sin\theta$, 3상 : $P_r = \sqrt{3}\,VI\sin\theta = P_a\sin\theta$

여기서, P_r : 무효전력〔kVar〕
V : 전압〔V〕
I : 전류〔A〕
$\sin\theta$: 무효율
P_a : 피상전력〔kVA〕

무효전력 $P_r = P_a\sin\theta = 17.647\text{kVA} \times 0.526 = 9.282\text{kVar} \fallingdotseq 9.28\text{kVar}$

- 여기서, 단위 때문에 궁금해하는 사람이 있다. 원래 콘덴서 용량의 단위는 **kVar**인데 우리가 언제부터인가 **kVA**로 잘못 표기하고 있는 것뿐이다. 그러므로 문제에서 단위가 주어지지 않았으면 kVar 또는 kVA 어느 단위로 답해도 정답! 이 문제에서는 kVar로 주어졌으므로 kVar로 답하면 된다.
- 단상이든 3상이든 답은 동일하게 나오니 단상, 3상을 신경쓰지 않아도 된다.

비교

역률 개선 후 무효전력

$P = VI\cos\theta = P_a\cos\theta$

$P_a = \dfrac{P}{\cos\theta} = \dfrac{15\text{kW}}{0.95} \fallingdotseq 15.789\text{kVA}$

$\sin\theta = \sqrt{1-\cos\theta^2} = \sqrt{1-0.95^2} \fallingdotseq 0.312$

$P_r = P_a\sin\theta = 15.789\text{kVA} \times 0.312 = 4.926 \fallingdotseq 4.93\text{kVar}$

중요

역률 개선용 **전력용 콘덴서**의 **용량** Q_c

(가)의 $Q_c = P\left(\dfrac{\sqrt{1-\cos\theta_1{}^2}}{\cos\theta_1} - \dfrac{\sqrt{1-\cos\theta_2{}^2}}{\cos\theta_2}\right)$으로 구한 값과 동일하게 나오는 것을 알 수 있다.

Q_c =역률 개선 전 무효전력−역률 개선 후 무효전력$=9.282-4.926=4.356 \fallingdotseq 4.36$kVA(약 4.37kVA)

그러므로 $Q_c = P\left(\dfrac{\sqrt{1-\cos\theta_1{}^2}}{\cos\theta_1} - \dfrac{\sqrt{1-\cos\theta_2{}^2}}{\cos\theta_2}\right)$〔kVA〕 또는 Q_c =역률 개선 전 무효전력−역률 개선 후 무효전력〔kVar〕 로 구할 수 있으며, 답이 거의 똑같이 나온다.

☆☆

문제 07

자동화재탐지설비의 감지기가 그림과 같이 배치되어 있을 때 다음 각 물음에 답하시오.

(17.4.문8 · 9, 13.4.문5)

득점	배점
	5

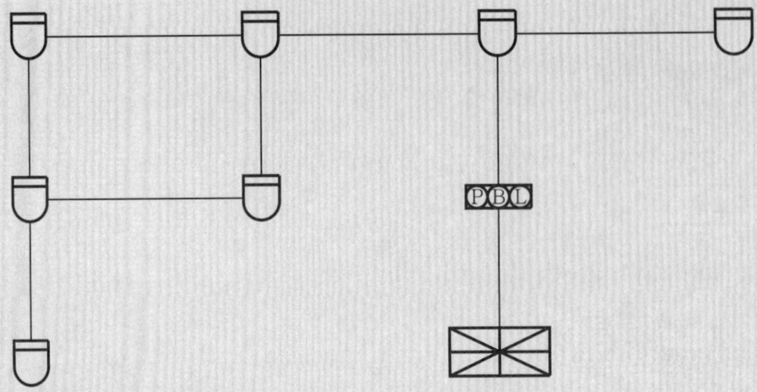

PBL

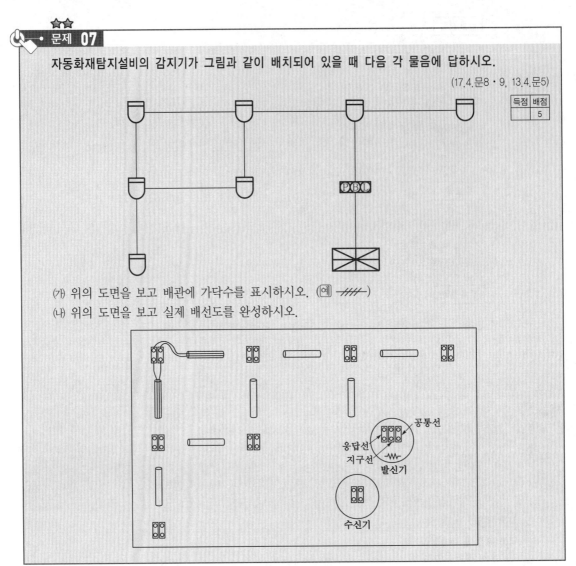

(가) 위의 도면을 보고 배관에 가닥수를 표시하시오. (예 -////-)

(나) 위의 도면을 보고 실제 배선도를 완성하시오.

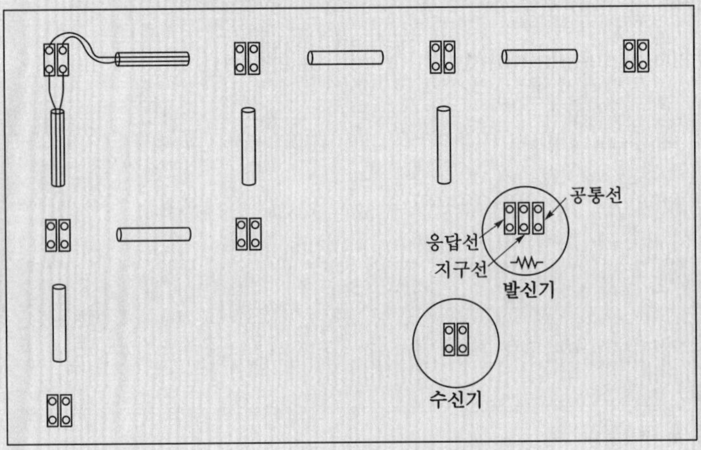

공통선

응답선

지구선

발신기

수신기

해답 (가)

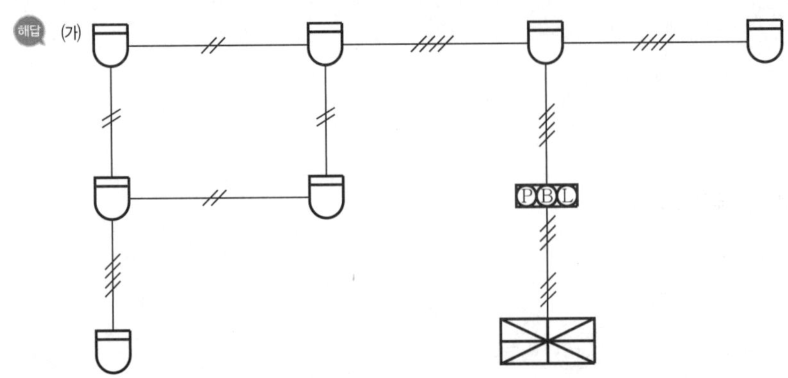

(나)

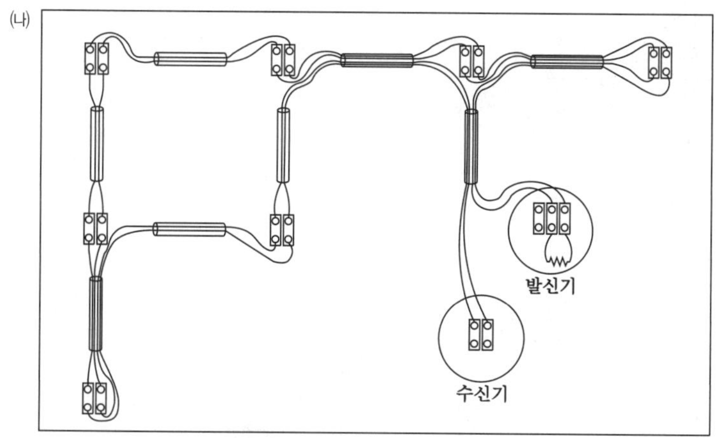

해설

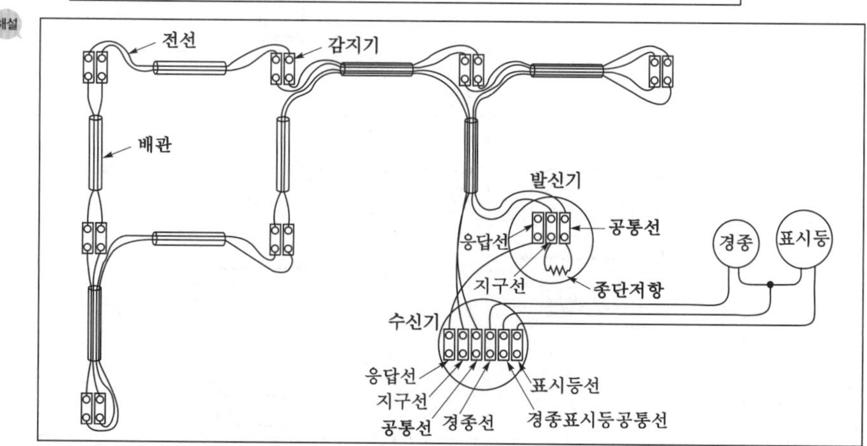

- 배관이 가늘어도 전선을 반드시 배관 안에 넣도록 하라! 연결시 전선이 배관 밖으로 나오게 되면 틀린다. 주의하라!
- 지구선=회로선=표시선

☆☆☆

문제 08

다음 소방시설 도시기호 각각의 명칭을 쓰시오. (21.7.문18, 15.11.문5)

(가)	(나)	(다)	(라)

득점	배점
	4

해답

(가)	(나)	(다)	(라)
사이렌	비상벨	정온식 스포트형 감지기	차동식 스포트형 감지기

해설

- 문제 (나)에서 소방시설 도시기호(소방시설 자체점검사항 등에 관한 고시 [별표])에는 Ⓑ의 명칭이 **'비상벨'**, 옥내배선기호에는 **'경보벨'**로 되어있으므로 **비상벨**이 정답! **'경종'**으로 답하면 채점위원에 따라 오답처리가 될 수 있으니 주의!

(개) 소방시설 도시기호

명 칭	그림기호	적 요
차동식 스포트형 감지기 질문 (라)		–
보상식 스포트형 감지기		–
정온식 스포트형 감지기 질문 (다)		• 방수형 : • 내산형 : • 내알칼리형 : • 방폭형 : EX
연기감지기	S	• 점검박스 붙이형 : S • 매입형 : S
감지선		• 감지선과 전선의 접속점 : • 가건물 및 천장 안에 시설할 경우 : • 관통위치 :
공기관		• 가건물 및 천장 안에 시설할 경우 : • 관통위치 :
열전대		• 가건물 및 천장 안에 시설할 경우 :
제어반		–
표시반		• 창이 3개인 표시반 : 3
수신기		• 가스누설경보설비와 일체인 것 : • 가스누설경보설비 및 방배연 연동과 일체인 것 :
부수신기(표시기)		–
중계기		–
비상벨 질문 (나)	B	–

(나) 옥내배선기호

명 칭	그림기호	기 호
사이렌 질문 (가)		–
모터사이렌	M	–
전자사이렌	S	–
경보벨	B	• 방수용 : B • 방폭형 : B EX

기동장치	(F)	• 방수용 : (F) • 방폭형 : $(F)_{EX}$
비상전화기	(ET)	–
기동버튼	(E)	• 가스계 소화설비 : $(E)_G$ • 수계 소화설비 : $(E)_W$
차동식 스포트형 감지기	⊖	–
보상식 스포트형 감지기	⊜	–
정온식 스포트형 감지기	◡	• 방수형 : • 내산형 : • 내알칼리형 : • 방폭형 : $◡_{EX}$
연기감지기	[S]	• 이온화식 스포트형 : $[S]_I$ • 광전식 스포트형 : $[S]_P$ • 광전식 아날로그식 : $[S]_A$

☆☆☆

문제 09

P형 수신기와 감지기와의 배선회로에서 종단저항은 11kΩ, 배선저항은 50Ω, 릴레이저항은 700Ω이며, 회로전압이 DC 24V일 때 다음 각 물음에 답하시오.

(20.10.문10, 18.11.문5, 16.4.문9, 15.7.문10, 12.11.문17, 07.4.문5)

득점	배점
	4

(가) 평소 감시전류는 몇 mA인가?
- ○ 계산과정 :
- ○ 답 :

(나) 감지기가 동작할 때(화재시)의 전류는 몇 mA인가?
- ○ 계산과정 :
- ○ 답 :

해답 (가) ○ 계산과정 : $I=\dfrac{24}{11\times10^3+700+50}=2.042\times10^{-3}\text{A}=2.042\text{mA} \fallingdotseq 2.04\text{mA}$

○ 답 : 2.04mA

(나) ○ 계산과정 : $I=\dfrac{24}{700+50}=0.032\text{A} \fallingdotseq 32\text{mA}$

○ 답 : 32mA

해설

주어진 값

- 종단저항 : 11kΩ=11×10^3Ω(1kΩ=1×10^3Ω)
- 배선저항 : 50Ω
- 릴레이저항 : 700Ω
- 회로전압(V) : 24V
- 감시전류 : ?
- 동작전류 : ?

(가) **감시전류** I는

$$I=\frac{\text{회로전압}}{\text{종단저항}+\text{릴레이저항}+\text{배선저항}}$$

$$=\frac{24\text{V}}{(11\times10^{3}+700+50)\Omega}=2.042\times10^{-3}\text{A}=2.042\text{mA} \fallingdotseq 2.04\text{mA}$$

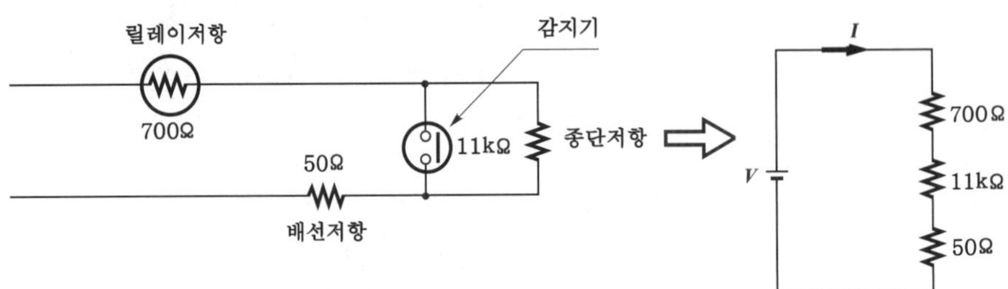

(나) **동작전류** I는

$$I=\frac{\text{회로전압}}{\text{릴레이저항}+\text{배선저항}}$$

$$=\frac{24\text{V}}{(700+50)\Omega}=0.032\text{A} \fallingdotseq 32\text{mA}$$

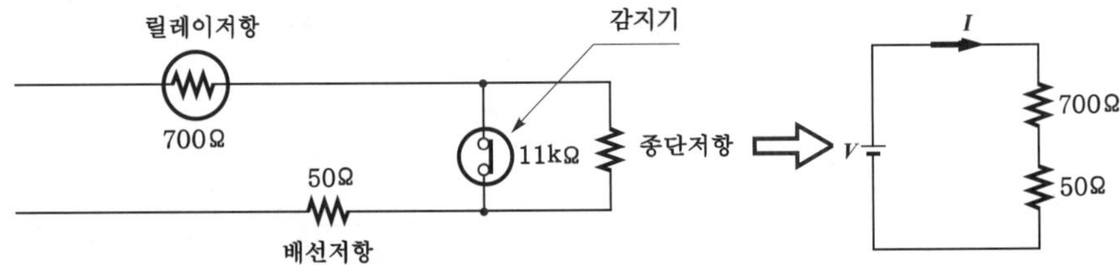

☆☆☆

문제 10

감지기회로의 배선에서 교차회로방식의 적용설비 5가지만 쓰시오.

(19.11.문11, 16.4.문11, 15.7.문16, 14.7.문11, 12.11.문7)

득점	배점
	5

○
○
○
○
○

해답 ① 분말소화설비
② 할론소화설비
③ 이산화탄소 소화설비
④ 준비작동식 스프링클러설비
⑤ 일제살수식 스프링클러설비

해설 **송배선식**과 **교차회로방식**

구 분	송배선식	교차회로방식
목적	• **감지기회로**의 **도통시험**을 용이하게 하기 위하여	• 감지기의 **오동작** 방지
원리	• 배선의 도중에서 분기하지 않는 방식	• 하나의 담당구역 내에 **2 이상**의 **감지기회로**를 설치하고 **2 이상**의 **감지기회로**가 **동시**에 **감지**되는 때에 설비가 작동하는 방식으로 회로방식이 **AND 회로**에 해당된다.

적용 설비	• 자동화재탐지설비 • 제연설비	• **분**말소화설비 • **할**론소화설비 • **이**산화탄소 소화설비 • **준**비작동식 스프링클러설비 • **일**제살수식 스프링클러설비 • **할**로겐화합물 및 불활성기체 소화설비 • **부**압식 스프링클러설비 기억법 **분할이 준일할부**
가닥수 산정	• 종단저항을 수동발신기함 내에 설치하는 경우 **루프(loop)**된 곳은 **2가닥, 기타 4가닥**이 된다. 수동발신기함 / 루프(loop) ‖ 송배선식 ‖	• **말단**과 **루프(loop)**된 곳은 **4가닥, 기타 8가닥**이 된다. 말단 / 수동발신기함 / 루프(loop) ‖ 교차회로방식 ‖

문제 11

다음은 옥내소화전설비 감시제어반의 기능에 대한 적합기준이다. (   ) 안을 완성하시오.

(17.6.문2, 12.11.문1, 09.10.문18)

득점	배점
	5

(가) 각 펌프의 작동여부를 확인할 수 있는 (①) 및 (②) 기능이 있어야 할 것

(나) 수조 또는 물올림수조가 (③)로 될 때 표시등 및 음향으로 경보할 것

(다) 각 확인회로(기동용 수압개폐장치의 압력스위치회로 · 수조 또는 물올림수조의 저수위감시회로 · 급수배관에 설치되어 있는 개폐밸브의 폐쇄상태 확인회로를 말한다)마다 (④)시험 및 (⑤)시험을 할 수 있어야 할 것

해답 (가) ① 표시등 ② 음향경보
(나) ③ 저수위
(다) ④ 도통 ⑤ 작동

해설 **옥내소화전설비**의 **감시제어반**의 **적합기준**(NFPC 102 9조 ②항, NFTC 102 2.6.2)

(1) 각 펌프의 작동여부를 확인할 수 있는 **표시등** 및 **음향경보** 기능이 있어야 할 것
(2) 각 펌프를 **자동** 및 **수동**으로 작동시키거나 작동을 중단시킬 수 있어야 할 것
(3) 비상전원을 설치한 경우에는 **상용전원** 및 **비상전원** 공급여부를 확인할 수 있을 것
(4) 수조 또는 물올림수조가 **저수위**로 될 때 **표시등** 및 **음향**으로 경보할 것
(5) 각 확인회로(**기동용 수압개폐장치**의 **압력스위치회로 · 수조** 또는 **물올림수조**의 저수위감시회로 · 급수배관에 설치되어 있는 개폐밸브의 폐쇄상태 확인회로)마다 **도통시험** 및 **작동시험**을 할 수 있어야 할 것
(6) 예비전원이 확보되고 **예비전원**의 적합여부를 시험할 수 있어야 할 것

• 기호 ①과 기호 ②는 답이 바뀌어도 정답!
• 기호 ④와 기호 ⑤도 답이 바뀌어도 옳은 답이다.

중요

감시제어반에서 **도통시험** 및 **작동시험**을 할 수 있어야 하는 회로

스프링클러설비	화재조기진압용 스프링클러설비	옥외소화전설비 · 물분무소화설비	옥내소화전설비 · 포소화설비
① 기동용 수압개폐장치의 **압력스위치회로** ② 수조 또는 물올림수조의 **저수위감시회로** ③ **유수검지장치** 또는 **일제개방밸브**의 **압력스위치회로** ④ 일제개방밸브를 사용하는 설비의 **화재감지기회로** ⑤ 급수배관에 설치되어 있는 **개폐밸브**의 **폐쇄상태 확인회로** 기억법 기스유수일급	① **기동용 수압개폐장치**의 **압력스위치회로** ② **수조** 또는 **물올림수조**의 **저수위감시회로** ③ **유수검지장치** 또는 **압력스위치회로** ④ 급수배관에 설치되어 있는 **개폐밸브**의 **폐쇄상태 확인회로** 기억법 조기수유급	① **기동용 수압개폐장치**의 **압력스위치회로** ② **수조** 또는 **물올림수조**의 **저수위감시회로** 기억법 옥물수기	① **기동용 수압개폐장치**의 **압력스위치회로** ② **수조** 또는 **물올림수조**의 **저수위감시회로** ③ 급수배관에 설치되어 있는 **개폐밸브**의 **폐쇄상태 확인회로** 기억법 옥포기수급

• '수조 또는 물올림수조의 저수위감시회로'를 '수조 또는 물올림수조의 감시회로'라고 써도 틀린 답은 아니다.

☆☆
문제 12

수신기에서 60m 떨어진 장소의 감지기가 작동할 때 소비된 전류가 0.8A라고 한다. 이때의 전압강하〔V〕를 구하시오. (단, 전선굵기는 1.5mm이다.) (15.11.문1, 14.11.문11, 14.4.문5)

○ 계산과정 :

○ 답 :

득점	배점
	5

해답 ○ 계산과정 : $\frac{35.6 \times 60 \times 0.8}{1000 \times (\pi \times 0.75^2)} = 0.966 \fallingdotseq 0.97\text{V}$

○ 답 : 0.97V

해설 (1) **기호**

- L : 60m
- I : 0.8A
- r : 0.75mm(지름 D : 1.5mm이므로 반지름 $r = \frac{1.5\text{mm}}{2} = 0.75\text{mm}$)
- e : ?

(2) **전압강하**

전기방식	전선단면적	적응설비
단상 2선식	$A = \frac{35.6LI}{1000e}$	• 기타설비(경종, 표시등, 유도등, 비상조명등, 솔레노이드밸브, 감지기 등)
3상 3선식	$A = \frac{30.8LI}{1000e}$	• 소방펌프 • 제연팬
단상 3선식, 3상 4선식	$A = \frac{17.8LI}{1000e'}$	–

여기서, A : 전선의 단면적〔mm^2〕

L : 선로길이〔m〕

I : 전부하전류[A]
e : 각 선간의 전압강하[V]
e' : 각 선간의 1선과 중성선 사이의 전압강하[V]

감지기는 단상 2선식이므로 $e = \frac{35.6LI}{1000A} = \frac{35.6LI}{1000 \times (\pi r^2)} = \frac{35.6 \times 60 \times 0.8}{1000 \times (\pi \times 0.75^2)} = 0.966 \fallingdotseq 0.97\text{V}$

• **전선의 굵기**가 mm로 주어졌으므로 반드시 전선의 **단면적[mm²]**으로 변환해야 한다. 주의!

$$A = \pi r^2 = \frac{\pi d^2}{4}$$

여기서, A : 전선의 단면적[mm²]
r : 전선의 반지름[mm]
d : 전선의 굵기(지름)[mm]

$A = \pi r^2 = \pi \times 0.75^2 \text{mm}^2$

☆☆☆

문제 13

건물 내부에 가압송수장치를 기동용 수압개폐장치로 사용하는 옥내소화전함과 P형 발신기세트를 다음과 같이 설치하였다. 다음 각 물음에 답하시오. (20.11.문5, 16.4.문7, 08.11.문14)

득점	배점
	9

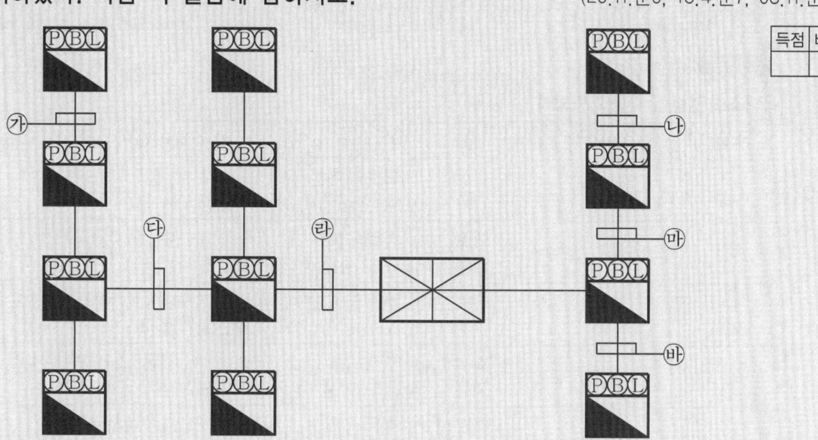

(가) ㉮~㉳의 최소 전선가닥수를 쓰시오.

㉮	㉯	㉰	㉱	㉲	㉳

(나) 자동화재탐지설비의 배선설치기준에 관한 다음 (   ) 안을 완성하시오.

자동화재탐지설비의 감지기회로의 전로저항은 (①)Ω 이하가 되도록 해야 하며, 수신기의 각 회로별 종단에 설치되는 감지기에 접속되는 배선의 전압은 감지기 정격전압의 (②)% 이상이어야 할 것

해답 (가)

㉮	㉯	㉰	㉱	㉲	㉳
8	8	14	19	10	8

(나) ① 50
② 80

해설 (가)

기 호	가닥수	배선내역
㉮	HFIX 2.5-8	회로선 1, 회로공통선 1, 경종선 1, 경종표시등공통선 1, 응답선 1, 표시등선 1, 기동확인표시등 2
㉯	HFIX 2.5-8	회로선 1, 회로공통선 1, 경종선 1, 경종표시등공통선 1, 응답선 1, 표시등선 1, 기동확인표시등 2
㉰	HFIX 2.5-14	회로선 4, 회로공통선 1, 경종선 4, 경종표시등공통선 1, 응답선 1, 표시등선 1, 기동확인표시등 2
㉱	HFIX 2.5-19	회로선 8, 회로공통선 2, 경종선 4, 경종표시등공통선 1, 응답선 1, 표시등선 1, 기동확인표시등 2
㉲	HFIX 2.5-10	회로선 2, 회로공통선 1, 경종선 2, 경종표시등공통선 1, 응답선 1, 표시등선 1, 기동확인표시등 2
㉳	HFIX 2.5-8	회로선 1, 회로공통선 1, 경종선 1, 경종표시등공통선 1, 응답선 1, 표시등선 1, 기동확인표시등 2

- **지상 11층 미만**이므로 **일제경보방식**이다. 수신기는 일반적으로 지상 1층에 설치하므로 그림을 볼 때 지하 1층, 지상 3층으로 볼 수 있다.
- **경종선**은 일제경보방식, 발화층 및 직상 4개층 우선경보방식 관계없이 **층수**를 세면 된다.
- 문제에서 기동용 수압개폐방식(**자동기동방식**)도 주의하여야 한다. 옥내소화전함이 자동기동방식이므로 감지기배선을 제외한 간선에 **'기동확인표시등 2'**가 추가로 사용되어야 한다. 특히, 옥내소화전배선은 구역에 따라 가닥수가 늘어나지 않는 것에 주의하라!

비교

옥내소화전함이 **수동기동방식**인 경우

기 호	가닥수	배선내역
㉮	HFIX 2.5-11	회로선 1, 회로공통선 1, 경종선 1, 경종표시등공통선 1, 응답선 1, 표시등선 1, 기동 1, 정지 1, 공통 1, 기동확인표시등 2
㉯	HFIX 2.5-11	회로선 1, 회로공통선 1, 경종선 1, 경종표시등공통선 1, 응답선 1, 표시등선 1, 기동 1, 정지 1, 공통 1, 기동확인표시등 2
㉰	HFIX 2.5-17	회로선 4, 회로공통선 1, 경종선 4, 경종표시등공통선 1, 응답선 1, 표시등선 1, 기동 1, 정지 1, 공통 1, 기동확인표시등 2
㉱	HFIX 2.5-22	회로선 8, 회로공통선 2, 경종선 4, 경종표시등공통선 1, 응답선 1, 표시등선 1, 기동 1, 정지 1, 공통 1, 기동확인표시등 2
㉲	HFIX 2.5-13	회로선 2, 회로공통선 1, 경종선 2, 경종표시등공통선 1, 응답선 1, 표시등선 1, 기동 1, 정지 1, 공통 1, 기동확인표시등 2
㉳	HFIX 2.5-11	회로선 1, 회로공통선 1, 경종선 1, 경종표시등공통선 1, 응답선 1, 표시등선 1, 기동 1, 정지 1, 공통 1, 기동확인표시등 2

용어

옥내소화전설비의 **기동방식**

자동기동방식	수동기동방식
기동용 수압개폐장치를 이용하는 방식	ON, OFF 스위치를 이용하는 방식

(나) **자동화재탐지설비** 및 **시각경보장치**의 **배선설치기준**(NFPC 203 11조 8호, NFTC 203 2.8.1.8)
자동화재탐지설비의 감지기회로의 전로저항은 **50Ω 이하**가 되도록 해야 하며, 수신기의 각 회로별 종단에 설치되는 감지기에 접속되는 배선의 전압은 감지기 정격전압의 **80% 이상**이어야 할 것

비교

음향장치의 **구조** 및 **성능기준**(NFPC 203 8조, NFTC 203 2.5.1.4)
(1) 정격전압의 **80%** 전압에서 음향을 발할 것
(2) 음량은 **1m** 떨어진 곳에서 **90dB** 이상일 것
(3) **감지기 · 발신기**의 작동과 **연동**하여 작동할 것

☆

문제 14

스프링클러설비에는 제어반을 설치하되, 감시제어반과 동력제어반으로 구분하여 설치하지 아니할 수 있는 경우 다음 (   ) 안을 완성하시오.

득점	배점
	6

(가) 다음의 어느 하나에 해당하지 않는 특정소방대상물에 설치되는 스프링클러설비
- ○ 지하층을 제외한 층수가 (①)층 이상으로서 연면적이 (②)m^2 이상인 것
- ○ 위에 해당하지 않는 특정소방대상물로서 지하층의 바닥면적의 합계가 (③)m^2 이상인 것

(나) (④)에 따른 가압송수장치를 사용하는 스프링클러설비

(다) (⑤)에 따른 가압송수장치를 사용하는 스프링클러설비

(라) (⑥)에 따른 가압송수장치를 사용하는 스프링클러설비

해답 (가) ① 7
② 2000
③ 3000
(나) ④ 내연기관
(다) ⑤ 고가수조
(라) ⑥ 가압수조

해설
- ④~⑥은 답의 순서가 바뀌어도 됨

감시제어반과 **동력제어반**을 **구분**하여 **설치**하지 **않아도** 되는 **경우**(NFPC 103 13조, NFTC 103 2.10.1)

(가) 다음에 해당하지 않는 특정소방대상물에 설치되는 스프링클러설비
① 지하층을 제외한 층수가 **7층** 이상으로서 연면적이 **2000**m^2 이상인 것
② 위 ①에 해당하지 않는 특정소방대상물로서 **지하층**의 바닥면적의 합계가 **3000**m^2 이상인 것

(나) **내연기관**에 따른 가압송수장치를 사용하는 스프링클러설비

(다) **고가수조**에 따른 가압송수장치를 사용하는 스프링클러설비

(라) **가압수조**에 따른 가압송수장치를 사용하는 스프링클러설비

기억법 72지내고가

☆☆☆

문제 15

감지기회로의 도통시험을 위한 종단저항의 설치기준 3가지를 쓰시오.

(21.11.문6, 20.10.문8, 18.6.문5, 16.4.문7, 08.11.문14, 10.7.문16)

○
○
○

득점	배점
	6

해답 ① 점검 및 관리가 쉬운 장소에 설치할 것
② 전용함 설치시 바닥에서 1.5m 이내의 높이에 설치
③ 감지기회로의 끝부분에 설치하며, 종단감지기에 설치시 구별이 쉽도록 해당 감지기의 기판 및 감지기 외부 등에 표시

 **종단저항**의 **설치기준**(NFPC 203 11조, NFTC 203 2.8.1.3)

(1) **점검** 및 **관리**가 쉬운 장소에 설치할 것

(2) **전용함**을 설치하는 경우, 그 설치높이는 바닥으로부터 **1.5m** 이내로 할 것

(3) 감지기회로의 **끝부분**에 설치하며, **종단감지기**에 설치할 경우에는 구별이 쉽도록 해당 감지기의 **기판** 및 감지기 외부 등에 별도의 **표시**를 할 것

기억법 점전끝

 용어

종단저항과 **무반사 종단저항**

종단저항	무반사 종단저항
감지기회로의 **도통시험**을 용이하게 하기 위하여 **감지기회로**의 **끝**부분에 설치하는 저항	전송로로 전송되는 전자파가 전송로의 종단에서 반사되어 교신을 방해하는 것을 막기 위해 **누설동축케이블**의 끝부분에 설치하는 저항

☆☆☆

문제 16

주어진 진리표를 보고 다음 각 물음에 답하시오.

(21.7.문5, 20.7.문2, 17.6.문14, 15.7.문3, 14.4.문18, 12.4.문10, 10.4.문14)

득점	배점
	8

A	B	C	Y_1	Y_2
0	0	0	0	0
0	0	1	0	1
0	1	0	1	1
0	1	1	0	1
1	0	0	0	0
1	0	1	0	1
1	1	0	1	1
1	1	1	1	1

(가) 가장 간략화된 논리식으로 표현하시오.

○ $Y_1 =$

○ $Y_2 =$

(나) (가)의 논리식을 무접점회로로 그리시오.

A ○

○ Y_1

B ○

○ Y_2

C ○

(다) (가)의 논리식을 유접점회로로 그리시오.

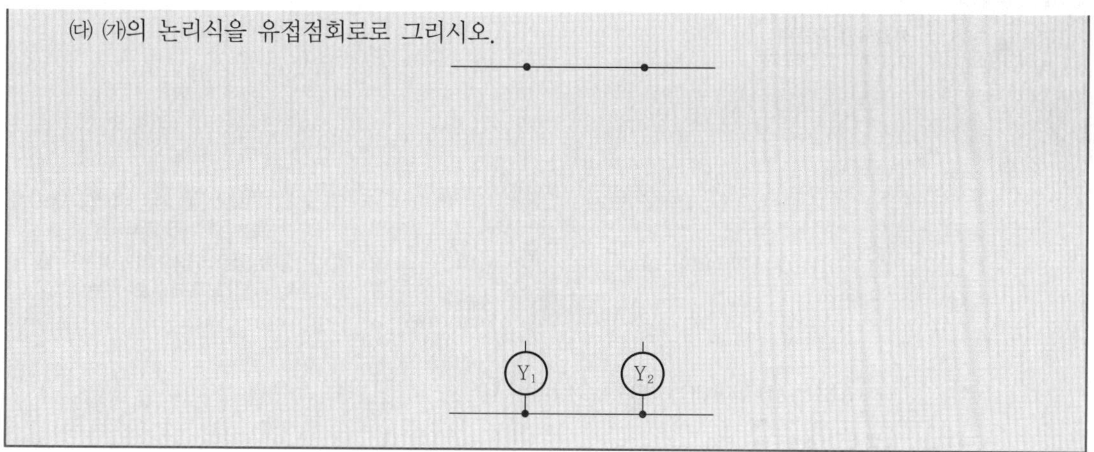

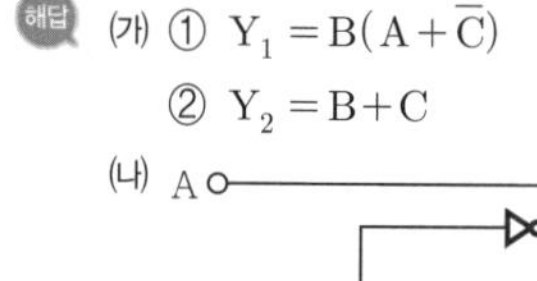

(가) ① $Y_1 = B(A+\overline{C})$

② $Y_2 = B+C$

(나)

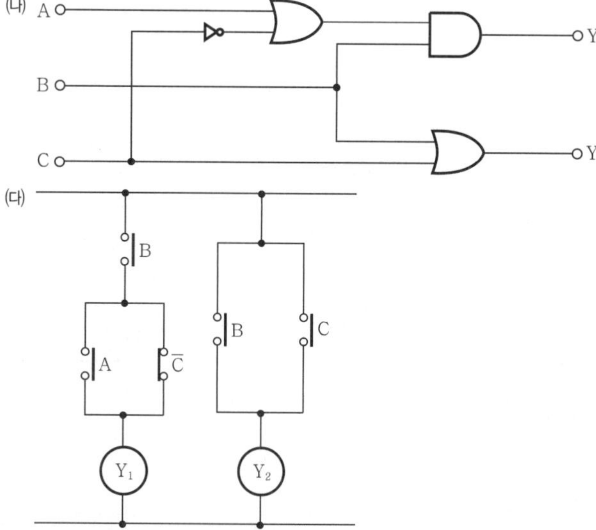

(다)

해설 (가) **논리식 간소화**

A	B	C	Y_1	Y_2
$\overline{A}$ 0	$\overline{B}$ 0	$\overline{C}$ 0	0	0
$\overline{A}$ 0	$\overline{B}$ 0	C 1	0	1
$\overline{A}$ 0	B 1	$\overline{C}$ 0	1	1
$\overline{A}$ 0	B 1	C 1	0	1
A 1	$\overline{B}$ 0	$\overline{C}$ 0	0	0
A 1	$\overline{B}$ 0	C 1	0	1
A 1	B 1	$\overline{C}$ 0	1	1
A 1	B 1	C 1	1	1

$Y_1 = 1$, $Y_2 = 1$인 것만 작성해서 더하면 논리식이 된다.
($0 = \overline{A}, \overline{B}, \overline{C}$, $1 = A, B, C$로 표시)

$Y_1 = \overline{A}B\overline{C} + AB\overline{C} + ABC$

$Y_2 = \overline{A}\,\overline{B}C + \overline{A}B\overline{C} + \overline{A}BC + A\overline{B}C + AB\overline{C} + ABC$

카르노맵 간소화

$$Y_1 = \overline{A}B\overline{C} + AB\overline{C} + ABC$$

A \ BC	$\overline{B}\overline{C}$ 00	$\overline{B}C$ 01	BC 11	$B\overline{C}$ 10
$\overline{A}$ 0				1
A 1			1	1

AB는 변하지 않음 / $B\overline{C}$는 변하지 않음 / AB / $B\overline{C}$

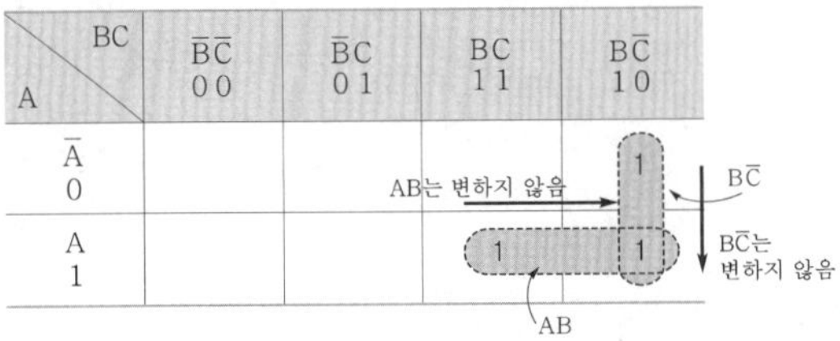

① Y_1 논리식의 $\overline{A}B\overline{C}$, $AB\overline{C}$, ABC를 각각 표 안의 1로 표시

② 인접해 있는 1을 2^n(2, 4, 8, 16,…)으로 묶되 **최대개수**로 묶는다.

$\therefore\ Y_1 = \overline{A}B\overline{C} + AB\overline{C} + ABC = AB + B\overline{C} = B(A+\overline{C})$

불대수 간소화

$Y_1 = \overline{A}B\overline{C} + AB\overline{C} + ABC$

$= B(\overline{A}\overline{C} + A\overline{C} + AC)$

$= B\{\overline{C}(\overline{A}+A) + AC\}$ ($X+\overline{X}=1$)

$= B(\overline{C}\cdot 1 + AC)$ ($X\cdot 1 = X$)

$= B(\overline{C} + AC)$ ($\overline{X}+XY = \overline{X}+Y$)

$= B(\overline{C} + A)$

$= B(A+\overline{C})$ ← $\overline{C}$, A 위치 바꿈

중요

불대수의 **정리**

정 리	논리합	논리곱	비 고
(정리 1)	X+0=X	X · 0=0	–
(정리 2)	X+1=1	X · 1=X	
(정리 3)	X+X=X	X · X =X	
(정리 4)	$X+\overline{X}=1$	$X\cdot\overline{X}=0$	
(정리 5)	X+Y=Y+X	X · Y=Y · X	교환법칙
(정리 6)	X+(Y+Z)=(X+Y)+Z	X(YZ)=(XY)Z	결합법칙
(정리 7)	X(Y+Z)=XY+XZ	(X+Y)(Z+W)=XZ+XW+YZ+YW	분배법칙
(정리 8)	X+XY=X	$\overline{X}+XY=\overline{X}+Y$ $X+\overline{X}Y=X+Y$ $X+\overline{X}\,\overline{Y}=X+\overline{Y}$	흡수법칙
(정리 9)	$\overline{(X+Y)}=\overline{X}\cdot\overline{Y}$	$\overline{(X\cdot Y)}=\overline{X}+\overline{Y}$	드모르간의 정리

- **스위칭회로**(switching circuit) : 회로의 개폐 또는 접속 등을 변환시키기 위한 것

카르노맵 간소화

$$Y_2 = \overline{A}\,\overline{B}C + \overline{A}B\overline{C} + \overline{A}BC + A\overline{B}C + AB\overline{C} + ABC$$

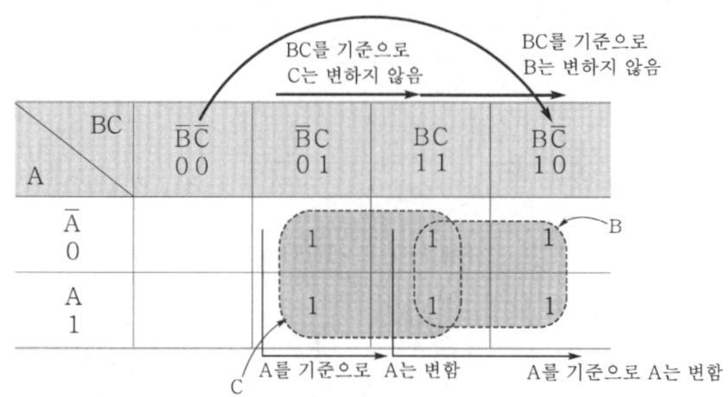

① Y_2 논리식의 $\overline{A}\,\overline{B}C$, $\overline{A}B\overline{C}$, $\overline{A}BC$, $A\overline{B}C$, $AB\overline{C}$, ABC를 각각 표 안의 1로 표시

② 인접해 있는 1을 2^n(2, 4, 8, 16,⋯)으로 묶되 **최대개수**로 묶는다.

$$\therefore\ Y_2=\overline{A}\,\overline{B}C+\overline{A}B\overline{C}+\overline{A}BC+A\overline{B}C+AB\overline{C}+ABC=B+C$$

불대수 간소화

$$\begin{aligned}
Y_2 &= \overline{A}\,\overline{B}C+\overline{A}B\overline{C}+\overline{A}BC+A\overline{B}C+AB\overline{C}+ABC \\
&=(\overline{A}\,\overline{B}C+\overline{A}BC+A\overline{B}C+ABC)+(\overline{A}B\overline{C}+AB\overline{C}) \\
&=C(\overline{A}\,\overline{B}+\overline{A}B+A\overline{B}+AB)+\overline{C}(\overline{A}B+AB) \\
&=C\{\overline{A}(\underbrace{\overline{B}+B}_{\overline{X}+X=1})+A(\underbrace{\overline{B}+B}_{\overline{X}+X=1})\}+\overline{C}\{B(\underbrace{\overline{A}+A}_{\overline{X}+X=1})\} \\
&=C(\underbrace{\overline{A}\cdot 1}_{X\cdot 1=X}+\underbrace{A\cdot 1}_{X\cdot 1=X})+\overline{C}(\underbrace{B\cdot 1}_{X\cdot 1=X}) \\
&=C(\underbrace{\overline{A}+A}_{\overline{X}+X=1})+\overline{C}\cdot B \\
&=\underbrace{C\cdot 1}_{X\cdot 1=X}+\overline{C}\cdot B \\
&=\underbrace{C+\overline{C}B}_{X+\overline{X}Y=X+Y} \\
&=C+B \\
&=B+C
\end{aligned}$$

$$\therefore\ Y_2=\overline{A}\,\overline{B}C+\overline{A}B\overline{C}+\overline{A}BC+A\overline{B}C+AB\overline{C}+ABC=B+C$$

(나) **무접점회로**(논리회로)

- 논리회로를 완성한 후 논리회로를 가지고 다시 논리식을 써서 이상 없는지 검토한다.

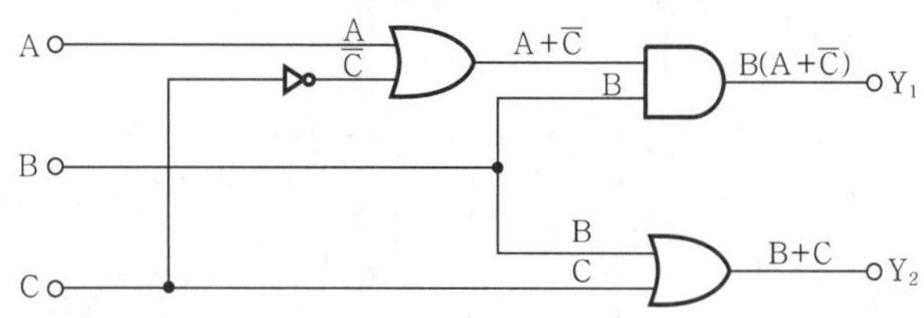

(다) **유접점회로**(시퀀스회로)

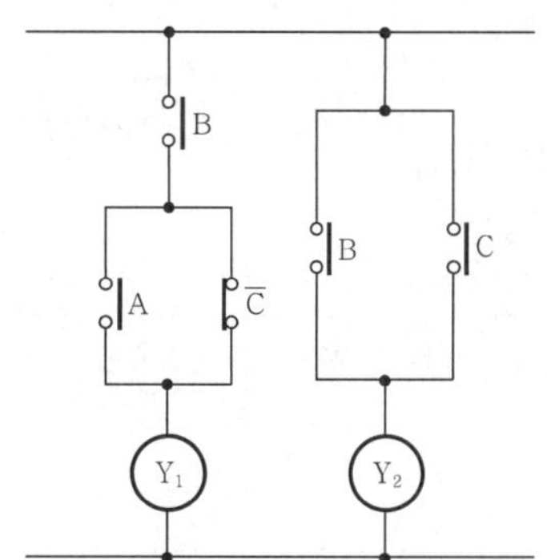

비교

점접회로(시퀀스회로)
다음과 같이 답해도 정답!

▮옳은 답▮

☆☆ 문제 17

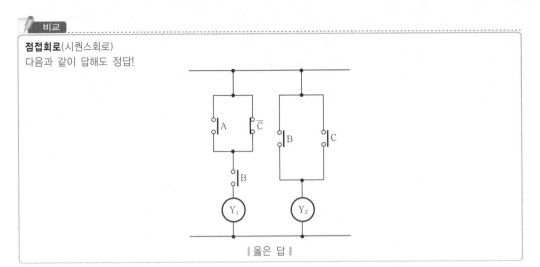

주어진 도면은 유도전동기 기동 · 정지회로의 미완성 도면이다. 다음 각 물음에 답하시오.

(20.11.문15, 19.4.문12, 09.10.문10)

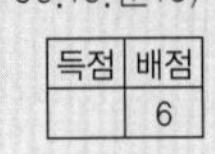

득점	배점
	6

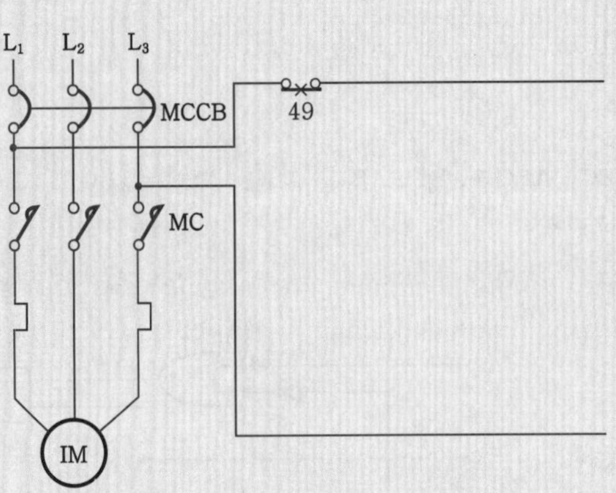

(개) 다음과 같이 주어진 기구를 이용하여 제어회로부분의 미완성 회로를 완성하시오. (단, PB_{-on}을 누르면 MC가 여자되고 자기유지되며, PB_{-off}를 누르면 MC가 소자되고 기구의 개수 및 접점 등은 최소개수를 사용하도록 한다.)

○ 전자접촉기 	○ 기동표시등 (RL)
○ 정지표시등 (GL)	○ 누름버튼스위치 ON용
○ 누름버튼스위치 OFF용	○ 열동계전기 THR

(내) 49는 어떤 경우에 작동하는지 2가지만 쓰시오.

○

○

해답 (가)

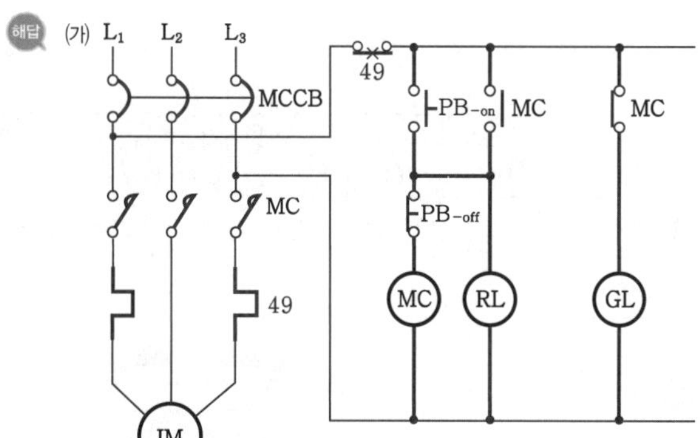

(나) ① 전동기에 과부하가 걸릴 때
② 전류조정 다이얼 세팅치에 적정 전류보다 낮게 세팅했을 때

- 접속부분에는 반드시 점(•)을 찍어야 정답!

(가) 다음과 같이 도면을 그려도 모두 정답!

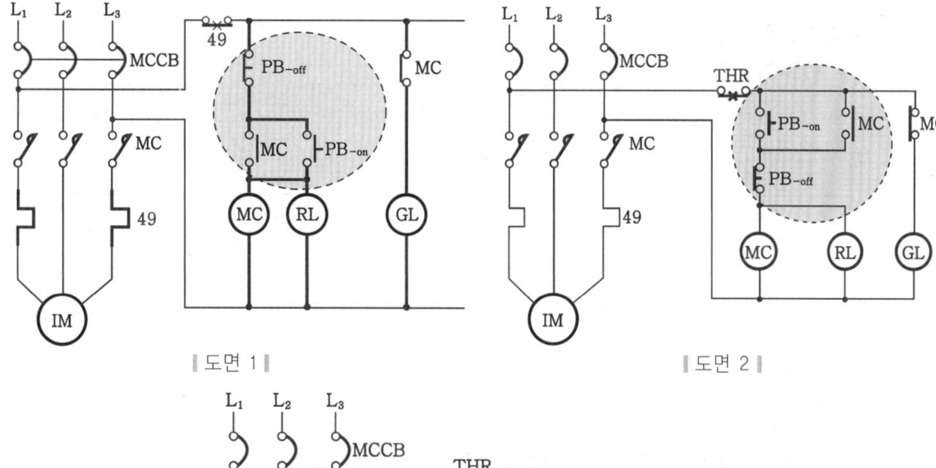

‖ 도면 1 ‖ ‖ 도면 2 ‖

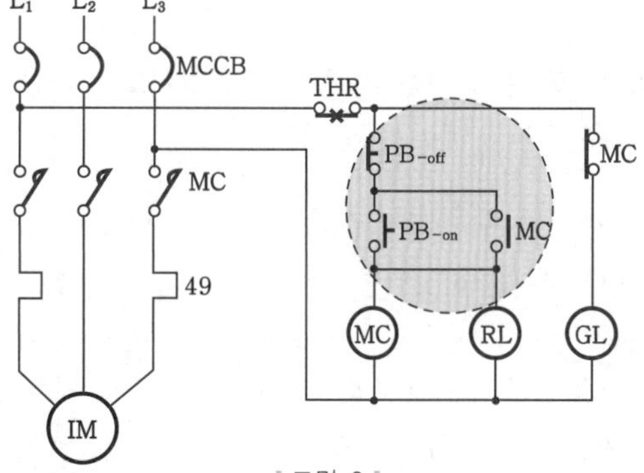

‖ 도면 3 ‖

(나) **열동계전기**가 **동작**되는 경우
① 전동기에 **과부하**가 걸릴 때
② 전류조정 다이얼 세팅치를 적정 전류보다 **낮게 세팅**했을 때
③ 열동계전기 단자의 접촉불량으로 **과열**되었을 때

- **'전동기에 과전류가 흐를 때'**도 답이 된다.
- **'전동기에 과전압이 걸릴 때'**는 틀린 답이 되므로 주의하라!
- **열동계전기의 전류조정 다이얼 세팅 : 정격전류의 1.15~1.2배**에 세팅하는 것이 원칙이다. 실제 실무에서는 이 세팅을 제대로 하지 않아 과부하 보호용 열동계전기를 설치하였음에도 불구하고 전동기(motor)를 소손시키는 경우가 많으니 세팅치를 꼭 기억하여 실무에서 유용하게 사용하기 바란다.

용어

열동계전기 vs 전자식 과전류계전기

구 분	열동계전기 (THermal Relay ; THR)	전자식 과전류계전기 (Electronic Over Current Relay ; EOCR)
정의	전동기의 **과부하 보호용** 계전기	열동계전기와 같이 전동기의 **과부하 보호용** 계전기
작동구분	기계식	전자식
외형	‖ 열동계전기 ‖	‖ 전자식 과전류계전기 ‖

중요

자동제어기구 번호

번 호	기구 명칭
28	경보장치
29	소화장치
49	열동계전기(회전기 온도계전기)
52	교류차단기
88	보기용 접촉기(전자접촉기)

☆☆☆

문제 18

유도등 및 비상조명등에 관한 다음 각 물음에 답하시오. (20.11.문05, 17.11.문09)

득점	배점
	4

(가) 유도등의 비상전원은?

○

(나) 비상조명등의 설치기준에 관한 다음 (   ) 안을 완성하시오.

비상조명등의 비상전원은 비상조명등을 (①)분 이상 유효하게 작동시킬 수 있는 용량으로 할 것. 다만, 다음의 특정소방대상물의 경우에는 그 부분에서 피난층에 이르는 부분의 비상조명등을 (②)분 이상 유효하게 작동시킬 수 있는 용량으로 하여야 한다.

○ 지하층을 제외한 층수가 11층 이상의 층

○ 지하층 또는 무창층으로서 용도가 도매시장 · 소매시장 · 여객자동차터미널 지하역사 또는 지하상가

해답 (가) 축전지

(나) ① 20

② 60

해설 (1) **각 설비**의 **비상전원 종류** 및 **용량**

설 비	비상전원	비상전원용량
• 자동화재**탐**지설비	• **축**전지설비 • 전기저장장치	• **10분** 이상(30층 미만) • **30분** 이상(30층 이상)
• 비상**방**송설비	• 축전지설비 • 전기저장장치	
• 비상**경**보설비	• 축전지설비 • 전기저장장치	• **10분** 이상
• **유**도등 질문 (가)	→ • 축전지	• **20분** 이상 ※ 예외규정 : **60분** 이상 (1) **11층** 이상(지하층 제외) (2) 지하층 · 무창층으로서 **도매시장 · 소매시장 · 여객자동차터미널 · 지하철역사 · 지하상가**
• **무**선통신보조설비	명시하지 않음	• **30분** 이상 기억법 **탐경유방무축**
• 비상콘센트설비	• 자가발전설비 • 축전지설비 • 비상전원수전설비 • 전기저장장치	• **20분** 이상
• **스**프링클러설비 • **미**분무소화설비	• **자**가발전설비 • **축**전지설비 • **전**기저장장치 • 비상전원**수**전설비(차고 · 주차장으로서 스프링클러설비(또는 미분무소화설비)가 설치된 부분의 바닥면적 합계가 1000m² 미만인 경우)	• **20분** 이상(30층 미만) • **40분** 이상(30~49층 이하) • **60분** 이상(50층 이상) 기억법 **스미자 수전축**
• 포소화설비	• 자가발전설비 • 축전지설비 • 전기저장장치 • 비상전원수전설비 – 호스릴포소화설비 또는 포소화전만을 설치한 차고 · 주차장 – 포헤드설비 또는 고정포방출설비가 설치된 부분의 바닥면적(스프링클러설비가 설치된 차고 · 주차장의 바닥면적 포함)의 합계가 1000m² 미만인 것	• **20분** 이상
• **간**이스프링클러설비	• 비상전원**수**전설비	• **10분**(숙박시설 바닥면적 합계 300~600m² 미만, 근린생활시설 바닥면적 합계 1000m² 이상, 복합건축물 연면적 1000m² 이상은 **20분**) 이상 기억법 **간수**
• 옥내소화전설비 • 연결송수관설비 • 특별피난계단의 계단실 및 부속실 제연설비	• 자가발전설비 • 축전지설비 • 전기저장장치	• **20분** 이상(30층 미만) • **40분** 이상(30~49층 이하) • **60분** 이상(50층 이상)
• 제연설비 • 분말소화설비 • 이산화탄소 소화설비 • 물분무소화설비 • 할론소화설비 • 할로겐화합물 및 불활성기체 소화설비 • 화재조기진압용 스프링클러설비	• 자가발전설비 • 축전지설비 • 전기저장장치	• **20분** 이상

• 비상조명등 질문 (내)	• 자가발전설비 • 축전지설비 • 전기저장장치	• **20분** 이상 ※ 예외규정 : **60분** 이상 (1) **11층** 이상(지하층 제외) (2) 지하층 · 무창층으로서 **도매시장 · 소매시장 · 여객자동차터미널 · 지하철역사 · 지하상가**
• 시각경보장치	• 축전지설비 • 전기저장장치	명시하지 않음

(2) **비상조명등**의 **설치기준**(NFPC 304 4조, NFTC 304 2.1.1.5)

비상전원은 비상조명등을 20분 이상 유효하게 작동시킬 수 있는 용량으로 할 것. 단, 다음의 특정소방대상물의 경우에는 그 부분에서 피난층에 이르는 부분의 비상조명등을 60분 이상 유효하게 작동시킬 수 있는 용량으로 하여야 한다.

① 지하층을 제외한 층수가 11층 이상의 층

② 지하층 또는 무창층으로서 용도가 도매시장 · 소매시장 · 여객자동차터미널 · 지하역사 또는 지하상가

기억법 **도소여지 11 60**

"남의 말을 경청하는 사람은 지식도 얻고 사랑도 받는다."

\- 순자 -

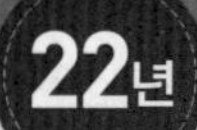

2022. 11. 19 시행

▌2022년 기사 제4회 필답형 실기시험▐

자격종목	시험시간	형별	수험번호	성명	감독위원 확 인
소방설비기사(전기분야)	3시간				

※ 다음 물음에 답을 해당 답란에 답하시오.(배점 : 100)

☆☆

문제 01

그림은 10개의 접점을 가진 스위칭회로이다. 이 회로의 접점수를 최소화하여 스위칭회로를 그리시오. (단, 주어진 스위칭회로의 논리식을 최소화하는 과정을 모두 기술하고 최소화된 스위칭회로를 그리도록 한다.)

(16.11.문5, 16.4.문13, 05.10.문4, 04.7.문4)

유사문제부터 풀어보세요.
실력이 팍!팍! 올라갑니다.

득점	배점
	4

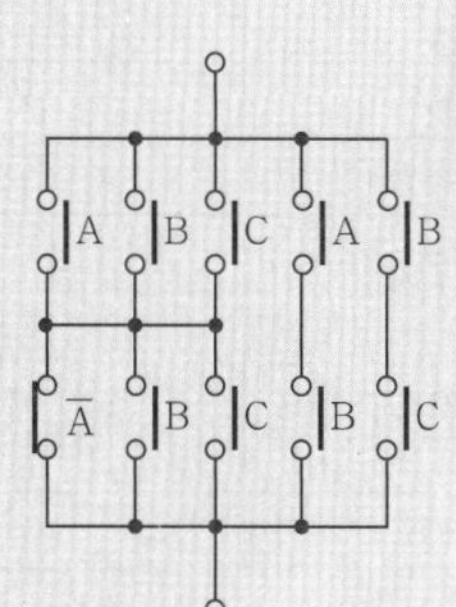

(가) 논리식 :

(나) 최소화한 스위칭회로 :

해답 (가) 논리식 : $(A+B+C)\cdot(\overline{A}+B+C)+AB+BC$

$=\overline{A}A+AB+AC+\overline{A}B+BB+BC+\overline{A}C+BC+CC+AB+BC$

$=AB+AC+\overline{A}B+B+BC+\overline{A}C+C$

$=(AB+\overline{A}B+B+BC)+(AC+\overline{A}C+C)$

$=B(A+\overline{A}+1+C)+C(A+\overline{A}+1)$

$=B+C$

(나) 최소화한 스위칭회로

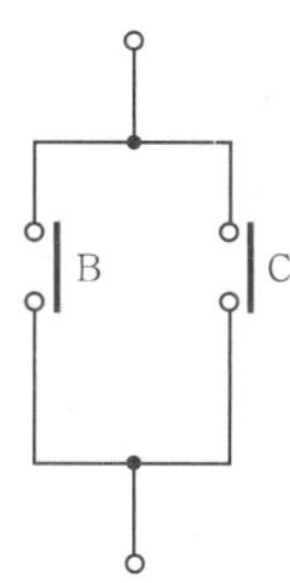

해설 (가) **논리식**

도면의 스위칭회로를 이상적인 시스템(system)의 구성을 위해 간소화하면 다음과 같다.

불대수 간소화

$(A+B+C)\cdot(\overline{A}+B+C)+AB+BC$

$=\underbrace{\overline{A}A}_{\overline{X}\cdot X=0}+AB+AC+\overline{A}B+\underbrace{BB}_{X\cdot X=X}+BC+\overline{A}C+\cancel{BC}+\underbrace{CC}_{X\cdot X=X}+\cancel{AB}+\cancel{BC}$ ← 같은 것은 하나만 남겨두고 모두 삭제

$=AB+AC+\overline{A}B+B+BC+\overline{A}C+C$

$=(AB+\overline{A}B+B+BC)+(AC+\overline{A}C+C)$

$=B(\underbrace{A+\overline{A}+1+C}_{X+1=1})+C(\underbrace{A+\overline{A}+1}_{X+1=1})=\underbrace{B\cdot 1}_{X\cdot 1=X}+\underbrace{C\cdot 1}_{X\cdot 1=X}=B+C$

중요

불대수의 **정리**

정 리	논리합	논리곱	비 고
(정리 1)	X+0=X	X · 0=0	–
(정리 2)	X+1=1	X · 1=X	
(정리 3)	X+X=X	X · X =X	
(정리 4)	$X+\overline{X}=1$	$X\cdot\overline{X}=0$	
(정리 5)	X+Y=Y+X	X · Y=Y · X	교환법칙
(정리 6)	X+(Y+Z)=(X+Y)+Z	X(YZ)=(XY)Z	결합법칙
(정리 7)	X(Y+Z)=XY+XZ	(X+Y)(Z+W)=XZ+XW+YZ+YW	분배법칙
(정리 8)	X+XY=X	$\overline{X}+XY=\overline{X}+Y$ $X+\overline{X}Y=X+Y$ $X+\overline{X}\,\overline{Y}=X+\overline{Y}$	흡수법칙
(정리 9)	(X+Y)= X · Y	(X · Y)=X+Y	드모르간의 정리

• **스위칭회로**(switching circuit) : 회로의 개폐 또는 접속 등을 변환시키기 위한 것

카르노맵 간소화

$AB+AC+\overline{A}B+B+BC+\overline{A}C+C$

A \ BC	$\overline{B}\,\overline{C}$ 00	$\overline{B}C$ 01	BC 11	$B\overline{C}$ 10
$\overline{A}$ 0		1	1	1
A 1		1	1	1

C는 변하지 않음 (C), B는 변하지 않음 (B)

∴ B+C

(나) **시퀀스 vs 논리식 vs 논리회로**

시퀀스	논리식	논리회로	시퀀스회로(스위칭회로)
직렬회로	Z=A · B Z=AB	A, B → Z	A, B, Z

병렬회로	$Z = A + B$	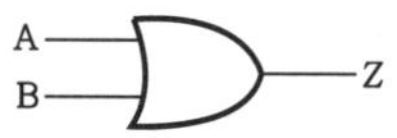	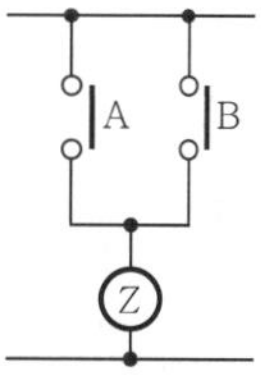
a접점	$Z = A$	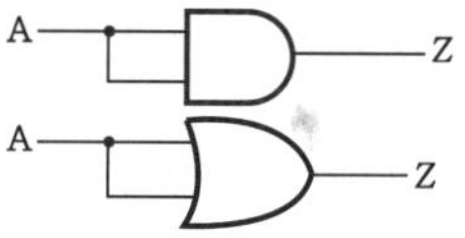	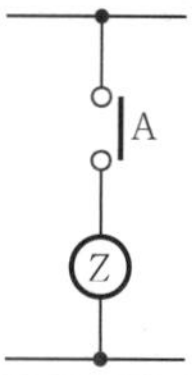
b접점	$Z = \overline{A}$	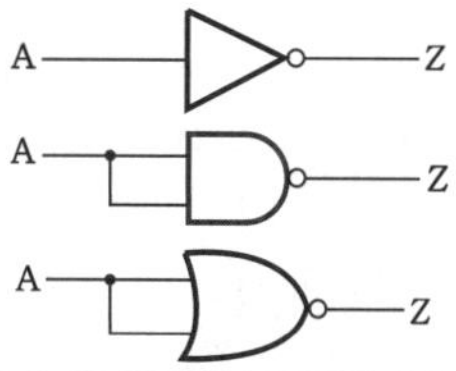	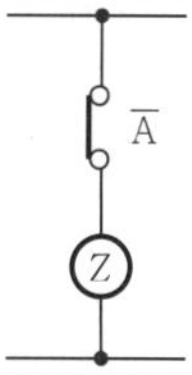

☆☆

문제 02

비상용 조명부하에 연축전지를 설치하고자 한다. 주어진 조건과 표, 그림을 참고하여 연축전지의 용량〔Ah〕을 구하시오. (단, 2016년 건축전기설비 설계기준에 의할 것) (18.4.문5, 16.6.문7, 14.11.문8, 11.5.문7)

득점	배점
	4

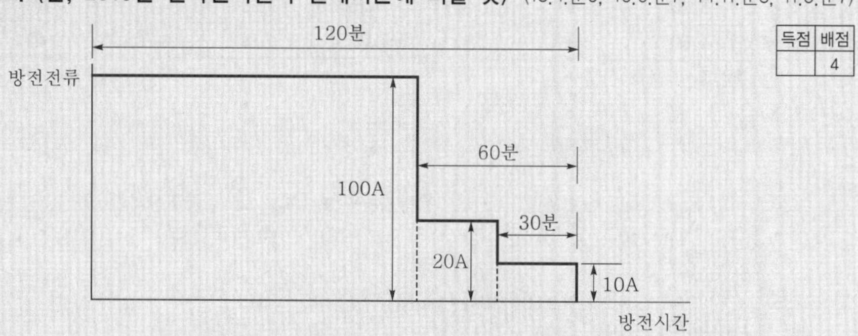

〔조건〕

① 허용전압 최고 : 120V, 최저 : 88V
② 부하정격전압 : 100V
③ 최저허용전압〔V/셀〕 : 1.7V
④ 보수율 : 0.8
⑤ 최저축전지온도에서 용량환산시간

최저허용전압〔V/셀〕	1분	5분	10분	20분	30분	60분	90분	120분
1.80	1.50	1.60	1.75	2.05	2.40	3.10	3.75	4.40
1.70	0.75	0.92	1.25	1.50	1.85	2.60	3.27	3.95
1.60	0.63	0.75	1.05	1.44	1.70	2.40	3.05	3.70

○ 계산과정 :

○ 답 :

○ 계산과정 : $C_1 = \frac{1}{0.8} \times 2.60 \times 100 = 325\text{Ah}$

$C_2 = \frac{1}{0.8} \times 3.27 \times 20 = 81.75\text{Ah}$

$C_3 = \frac{1}{0.8} \times 3.95 \times 10 = 49.375\text{Ah}$

○ 답 : 325Ah

해설

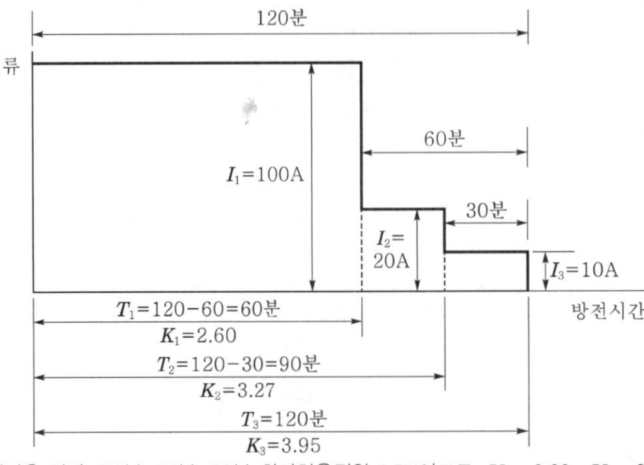

방전시간은 각각 120분, 60분, 30분 최저허용전압 **1.7V**이므로 K_1 =2.60, K_2 =3.27, K_3 =3.95가 된다.

최저허용전압 〔V/셀〕	1분	5분	10분	20분	30분	60분	90분	120분
1.80	1.50	1.60	1.75	2.05	2.40	3.10	3.75	4.40
1.70	0.75	0.92	1.25	1.50	1.85	2.60	3.27	3.95
1.60	0.63	0.75	1.05	1.44	1.70	2.40	3.05	3.70

축전지의 **용량 산출**

$$C = \frac{1}{L}KI$$

여기서, C : 축전지의 용량〔Ah〕, L : 용량저하율(보수율), K : 용량환산시간〔h〕, I : 방전전류〔A〕

C_1 **식**

$C_1 = \frac{1}{L}K_1 I_1 = \frac{1}{0.8} \times 2.60 \times 100 = 325\text{Ah}$

C_2 **식**

$C_2 = \frac{1}{L}K_2 I_2 = \frac{1}{0.8} \times 3.27 \times 20 = 81.75\text{Ah}$

C_3 **식**

$C_3 = \frac{1}{L}K_3 I_3 = \frac{1}{0.8} \times 3.95 \times 10 = 49.375\text{Ah}$

C_1식, C_2식, C_3식 중 큰 값인 **325Ah** 선정

비교

위 문제에서 **축전지 효율 80%**가 **주어진 경우**

$$C' = \frac{C}{\eta}$$

여기서, C' : 실제축전지용량〔Ah〕, C : 이론축전지용량〔Ah〕, η : 효율〔Ah〕

실제축전지용량 $C' = \frac{C}{\eta} = \frac{325\text{Ah}}{0.8} = 406.25\text{Ah}$

중요

축전지용량 산정

(1) **시간에 따라 방전전류가 감소하는 경우**

① $C_1 = \frac{1}{L} K_1 I_1$

② $C_2 = \frac{1}{L} K_2 I_2$

③ $C_3 = \frac{1}{L} K_3 I_3$

셋 중 큰 값

여기서, C : 축전지의 용량〔Ah〕
L : 용량저하율(보수율)
K : 용량환산시간〔h〕
I : 방전전류〔A〕

(2) **시간에 따라 방전전류가 증가하는 경우**

$$C = \frac{1}{L}[K_1 I_1 + K_2(I_2 - I_1) + K_3(I_3 - I_2)]$$

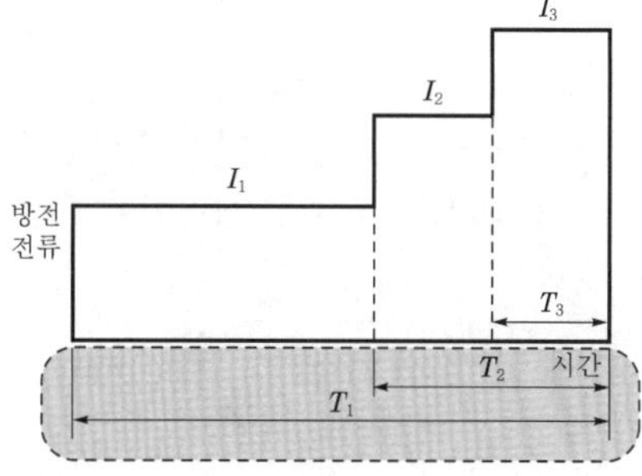

여기서, C : 축전지의 용량〔Ah〕
L : 용량저하율(보수율)
K : 용량환산시간〔h〕
I : 방전전류〔A〕

* 출처 : 2016년 건축전기설비 설계기준

(3) **축전지설비**(예비전원설비 설계기준 KDS 31 60 20 : 2021)
① 축전지의 종류 선정은 **축전지**의 **특성**, **유지 보수성**, **수명**, **경제성**과 **설치장소**의 조건 등을 검토하여 선정
② 용량 산정
㉠ 축전지의 출력용량 산정시에는 관계 법령에서 정하고 있는 **예비전원 공급용량** 및 **공급시간** 등을 검토하여 용량을 산정
㉡ 축전지 출력용량은 부하전류와 사용시간 반영
㉢ 축전지는 종류별로 **보수율**, **효율**, **방전종지전압** 및 기타 필요한 계수 등을 반영하여 용량 산정
③ 축전지에서 부하에 이르는 전로는 **개폐기** 및 **과전류차단기** 시설
④ 축전지설비의 보호장치 등의 시설은 전기설비기술기준(한국전기설비규정) 등에 따른다.

예외규정

시간에 따라 **방전전류**가 **증가**하는 경우

$$C = \frac{1}{L}(K_1 I_1 + K_2 I_2 + K_3 I_3)$$

여기서, C : 축전지의 용량〔Ah〕
L : 용량저하율(보수율)
K : 용량환산시간〔h〕
I : 방전전류〔A〕

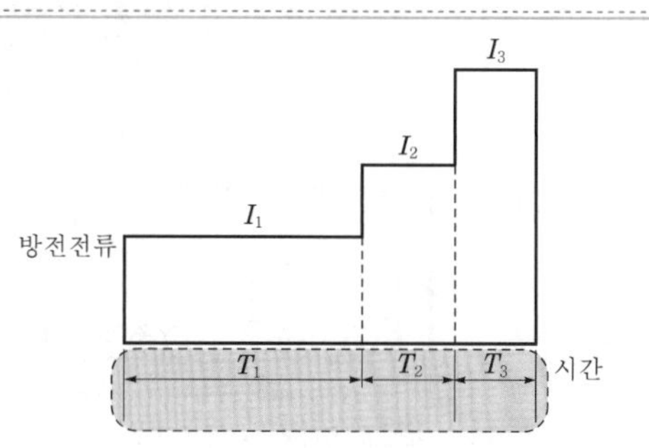

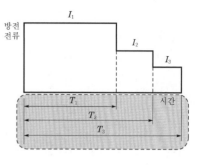

☆☆
문제 03

소방용 케이블과 다른 용도의 케이블을 배선전용실에 함께 배선할 때 다음 각 물음에 답하시오.

(17.6.문7, 17.4.문11, 16.6.문16, 11.7.문5, 09.7.문3)

득점	배점
	4

(가) 소방용 케이블을 내화성능을 갖는 배선전용실 등의 내부에 소방용이 아닌 케이블과 함께 노출하여 배선할 때 소방용 케이블과 다른 용도의 케이블간의 피복과 피복간의 이격거리는 몇 cm 이상이어야 하는지 쓰시오.

○

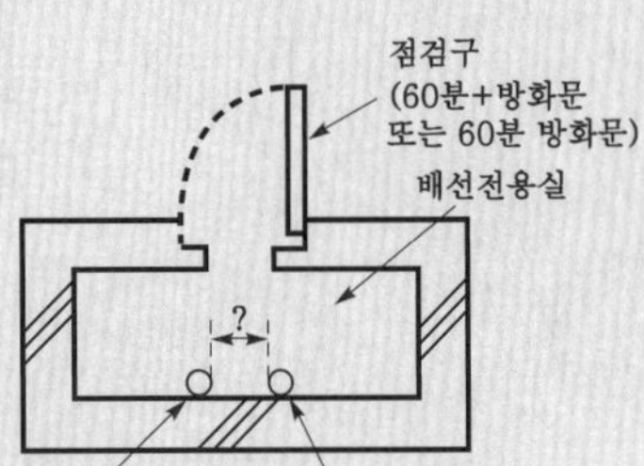

(나) 부득이하여 (가)와 같이 이격시킬 수 없어 불연성 격벽을 설치한 경우에 격벽의 높이는 굵은 케이블 지름의 몇 배 이상이어야 하는지 쓰시오.

○

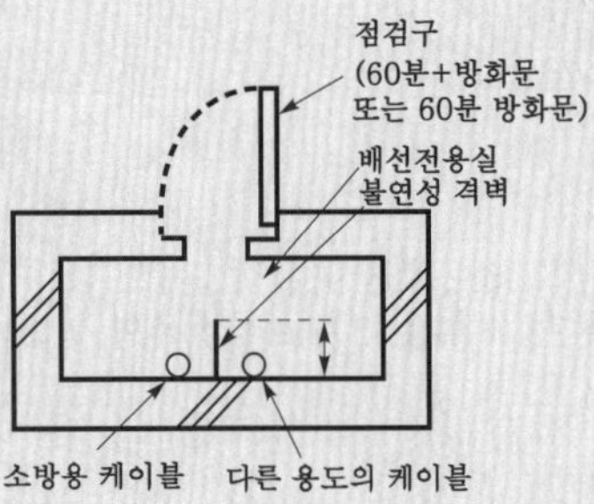

해답 (가) 15cm

(나) 1.5배

해설 **소방용 케이블**과 **다른 용도**의 **케이블**을 **배선전용실**에 **함께 배선**할 **경우**

(1) 소방용 케이블을 내화성능을 갖는 배선전용실 등의 내부에 소방용이 아닌 케이블과 함께 노출하여 배선할 때 소방용 케이블과 다른 용도의 케이블간의 피복과 피복간의 이격거리는 **15cm** 이상이어야 한다.

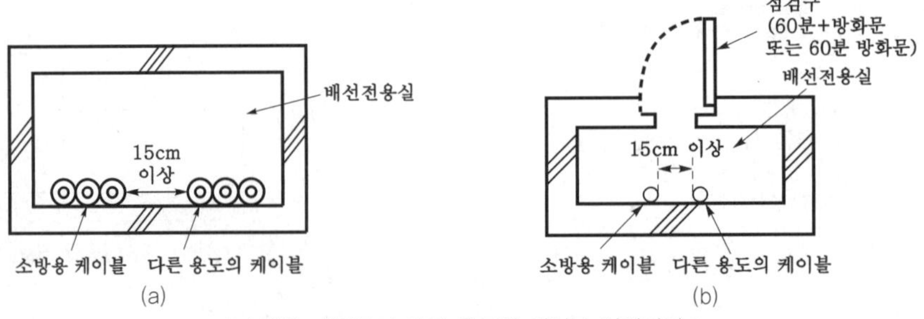

‖ 소방용 케이블과 다른 용도의 케이블 이격거리 ‖

(2) 불연성 격벽을 설치한 경우에 격벽의 높이는 **가장 굵은 케이블 지름**의 **1.5배** 이상이어야 한다.

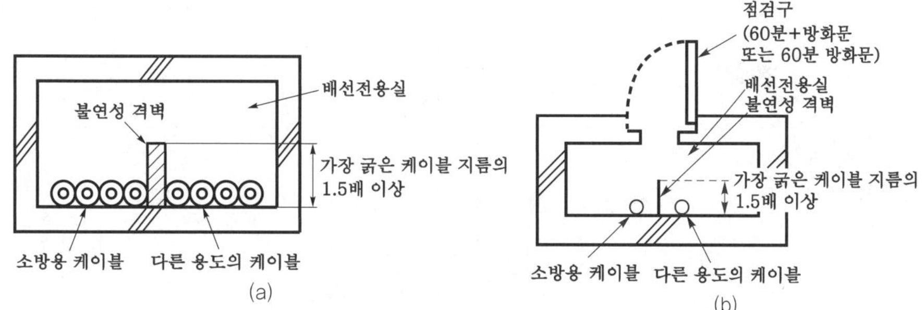

‖ 불연성 격벽을 설치한 경우 ‖

☆☆☆

문제 04

도면은 할로겐화합물 소화설비의 수동조작함에서 할론제어반까지의 결선도이다. 주어진 도면과 조건을 이용하여 다음 각 물음에 답하시오.

(21.4.문9, 17.11.문2, 15.11.문10, 13.11.문17, 12.4.문1, 11.5.문16, 09.4.문14, 03.7.문3)

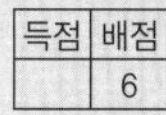

득점	배점
	6

〔조건〕

① 전선의 가닥수는 최소가닥수로 한다.

② 복구스위치 및 도어스위치는 없는 것으로 한다.

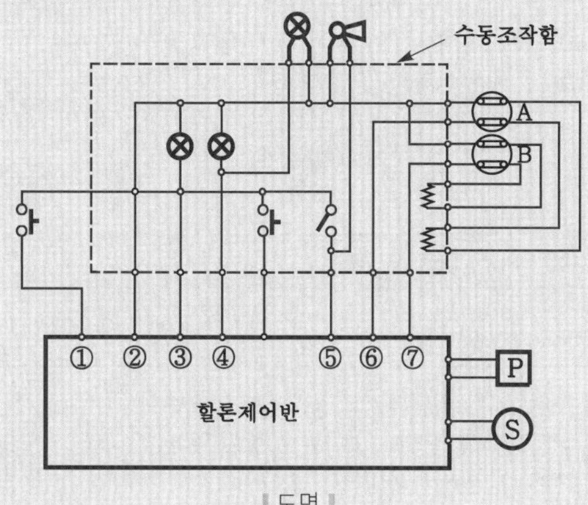

‖ 도면 ‖

(가) ①~⑦의 전선 명칭을 쓰시오.

기 호	①	②	③	④	⑤	⑥	⑦
명 칭							

(나) 기호 ②, ③의 전선의 최소굵기[mm^2]는?

○

해답 (가)

기 호	①	②	③	④	⑤	⑥	⑦
명 칭	기동스위치 또는 방출지연 스위치	전원 ⊖	전원 ⊕	방출 표시등	사이렌	감지기 A	감지기 B

(나) 2.5mm²

해설 (가)

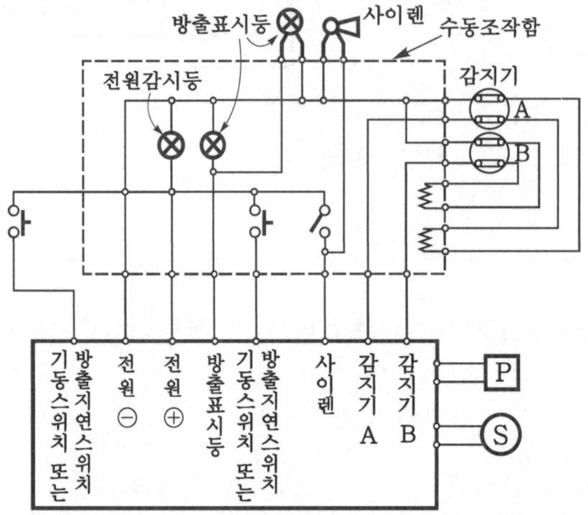

- 기호 ①은 **기동스위치** 또는 **방출지연스위치** 모두 정답! 스위치( ) 기호가 동일해서 어느 것이 기동스위치이고, 어느 것이 방출지연스위치인지 판단이 불가하기 때문
- 전선의 용도에 관한 명칭을 답할 때 전원 ⊖와 전원 ⊕가 바뀌지 않도록 주의할 것
- 일반적으로 공통선(common line)은 전원 ⊖를 사용하므로 기호 ②가 전원 ⊖가 되어야 한다.
- 방출지연스위치=비상스위치=방출지연비상스위치

(나) 전선굵기

HFIX 1.5mm²	HFIX 2.5mm²
• 감지기 간 전선 • 감지기와 발신기 간 전선	• 그 외 전선(전원 －, ＋선을 포함)

- **HFIX** : 450/750V 저독성 난연가교 폴리올레핀 절연전선
- 전원선은 4mm²로 해야 된다고 말하는 사람도 있다. 아니다! 수동조작함은 전원선도 큰 전류가 흐르지 않으므로 2.5mm²로 충분히 가능하다. **2.5mm²** 정답!

용어

방출지연스위치(비상스위치)
자동복귀형 스위치로서 수동식 기동장치의 타이머를 순간 정지시키는 기능의 스위치

☆☆
문제 05

다음 도면은 할론소화설비와 연동하는 감지기 설비를 나타낸 그림이다. 조건을 참조하여 다음 각 물음에 답하시오.

(21.4.문9, 17.11.문2, 15.11.문10, 13.11.문17, 12.4.문1, 11.5.문16, 09.4.문14, 03.7.문3)

득점	배점
	7

〔조건〕
① 연기감지기 4개를 설치한다. 수동조작함 1개, 사이렌 1개, 방출표시등 1개, 종단저항 2개를 표시한다.
② 사용하는 전선은 후강전선관이며, 콘크리트 매입으로 한다.
③ 기동을 만족시키는 최소의 배선을 하도록 한다.
④ 건축물은 내화구조로 각 층의 높이는 3.8m이다.

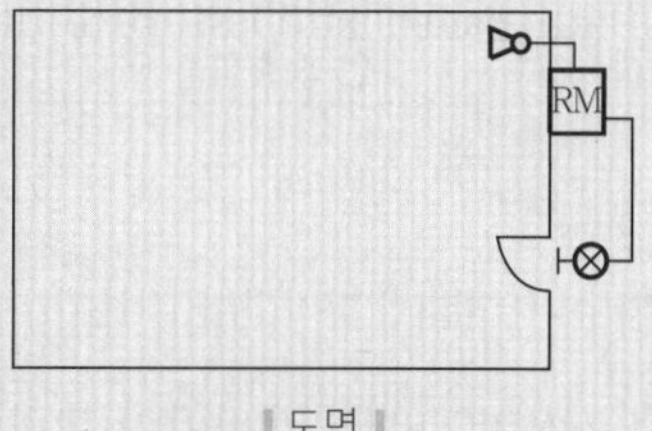

▮도면▮

(가) 평면도를 완성하시오.
(나) 수신반과 수동조작함 사이의 배선 명칭을 쓰시오.
○

해답 (가)

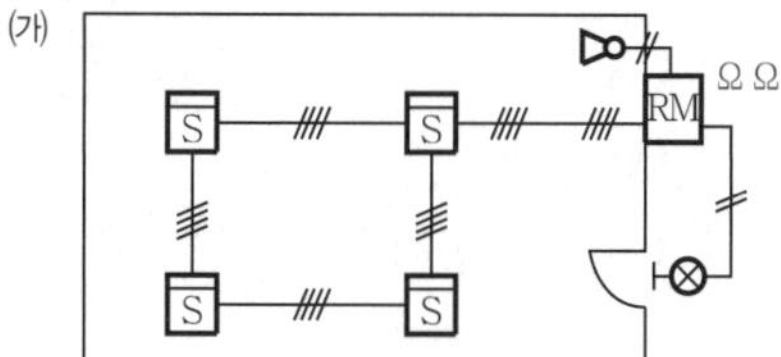

(나) 전원 ⊕ · ⊖, 방출지연스위치, 감지기 A · B, 기동스위치, 방출표시등, 사이렌

해설
- (가)의 경우 〔조건 ③〕에 의해 배선 가닥수도 반드시 표시할 것
- **할론소화설비**는 **교차회로방식**을 적용하여야 하므로 감지기회로의 배선은 **말단** 및 **루프**(loop)된 곳은 **4가닥**, 그 외는 **8가닥**이 된다.
- **사이렌 (▷○) : 2가닥, 방출표시등(├⊗) : 2가닥**
- 〔조건 ①〕에 의해 할론수신반은 표시하지 않아도 된다. 할론수신반까지 표시하라면 다음과 같다.

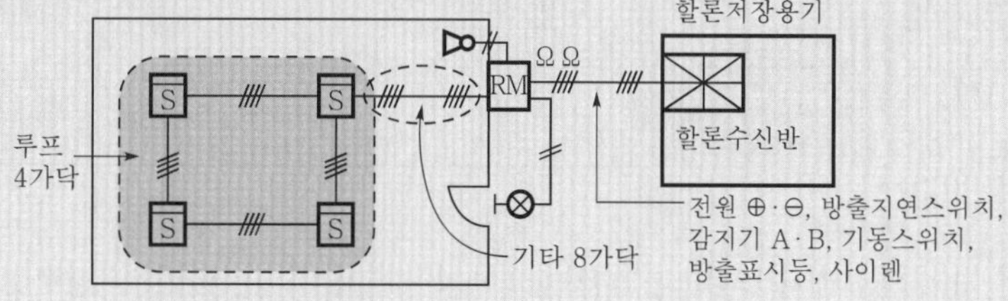

- 〔조건 ①〕에 의해 **종단저항 2개**(Ω Ω)도 **반드시 표시**해야 한다. 종단저항 표시는 (Ω×2)로 해도 정답!

중요

(1) **교차회로방식**
① 정의 : 하나의 방호구역 내에 2 이상의 감지기회로를 설치하고 2 이상의 감지기회로가 동시에 감지되는 때에 설비가 작동되도록 하는 방식
② 적용설비
㉠ **분**말소화설비
㉡ **할**론소화설비
㉢ **이**산화탄소소화설비
㉣ **준**비작동식 스프링클러설비
㉤ **일**제살수식 스프링클러설비
㉥ **할**로겐화합물 및 불활성기체 소화설비

ⓐ **부**압식 스프링클러설비

기억법 **분할이 준일할부**

(2) **할론소화설비**에 사용하는 **부속장치**

구 분	사이렌	방출표시등(벽붙이형)	수동조작함
심벌			RM
설치위치	실내	실외의 출입구 위	실외의 출입구 부근
설치목적	음향으로 경보를 알려 **실내**에 있는 **사람**을 **대피**시킨다.	소화약제의 방출을 알려 **외부인**의 **출입**을 **금지**시킨다.	수동으로 **창문**을 **폐쇄**시키고 **약제방출신호**를 보내 화재를 진화시킨다.

☆☆☆

문제 06

다음은 이산화탄소 소화설비의 간선계통이다. 각 물음에 답하시오. (단, 감지기공통선과 전원공통선은 각각 분리해서 사용하는 조건이다.)

(15.11.문10, 11.5.문16)

득점	배점
	13

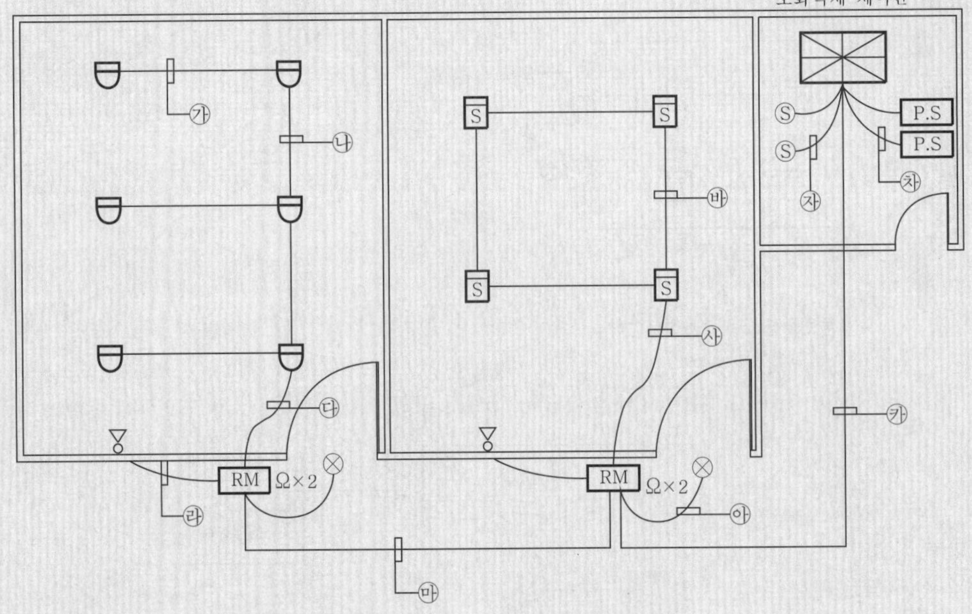

(가) ㉮~㉸까지의 배선 가닥수를 쓰시오.

㉮	㉯	㉰	㉱	㉲	㉳	㉴	㉵	㉶	㉷	㉸

(나) ㉲의 배선별 용도를 쓰시오. (단, 해당 배선 가닥수까지만 기록)

번 호	배선의 용도	번 호	배선의 용도
①		⑥	
②		⑦	
③		⑧	
④		⑨	
⑤		⑩	

(다) ㉮의 배선 중 ㉯의 배선과 병렬로 접속하지 않고 추가해야 하는 배선의 용도는?

번 호	배선의 용도
①	
②	
③	
④	
⑤	

해답 (가)

㉮	㉯	㉰	㉱	㉲	㉳	㉴	㉵	㉶	㉷	㉸
4	8	8	2	9	4	8	2	2	2	14

(나)

번 호	배선의 용도	번 호	배선의 용도
①	전원 ⊕ 1가닥	⑥	감지기 B 1가닥
②	전원 ⊖ 1가닥	⑦	기동스위치 1가닥
③	방출지연스위치 1가닥	⑧	사이렌 1가닥
④	감지기공통 1가닥	⑨	방출표시등 1가닥
⑤	감지기 A 1가닥	⑩	

(다)

번 호	배선의 용도
①	감지기 A
②	감지기 B
③	기동스위치
④	사이렌
⑤	방출표시등

해설 (가), (나)

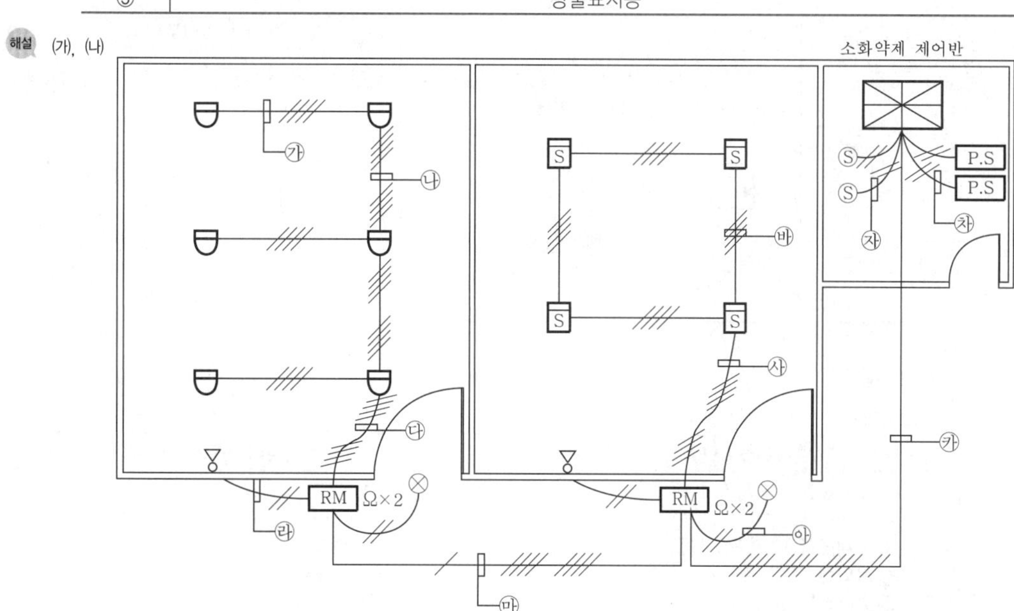

기 호	가닥수	용 도
㉮, ㉶	4	지구선 2, 공통선 2
㉯, ㉰, ㉴	8	지구선 4, 공통선 4
㉱	2	사이렌 2
㉲	9	전원 ⊕·⊖, 방출지연스위치, 감지기공통, 감지기 A·B, 기동스위치, 사이렌, 방출표시등
㉵	2	방출표시등 2
㉶	2	솔레노이드밸브 기동 2
㉷	2	압력스위치 2
㉸	14	전원 ⊕·⊖, 방출지연스위치, 감지기공통, (감지기 A·B, 기동스위치, 사이렌, 방출표시등)×2

중요

송배선식과 **교차회로방식**

구 분	송배선식	교차회로방식
목적	**감지기회로**의 **도통시험**을 용이하게 하기 위하여	감지기의 **오동작** 방지
원리	배선의 도중에서 분기하지 않는 방식	하나의 담당구역 내에 **2 이상**의 **감지기회로**를 설치하고 **2 이상**의 **감지기회로**가 **동시**에 **감지**되는 때에 설비가 작동하는 방식으로 회로방식이 **AND 회로**에 해당된다.
적용설비	• 자동화재탐지설비 • 제연설비	• **분**말소화설비 • **할**론소화설비 • **이**산화탄소 소화설비 • **준**비작동식 스프링클러설비 • **일**제살수식 스프링클러설비 • **할**로겐화합물 및 불활성기체 소화설비 • **부**압식 스프링클러설비 기억법 **분할이 준일할부**
가닥수 산정	종단저항을 수동발신기함 내에 설치하는 경우 **루프(loop)**된 곳은 **2가닥**, **기타 4가닥**이 된다. 수동 발신기함 / 루프(loop) ∥ 송배선식 ∥	**말단**과 **루프**(loop)된 곳은 **4가닥**, **기타 8가닥**이 된다. 수동 발신기함 / 말단 / 루프(loop) ∥ 교차회로방식 ∥

중요

동작순서

할론·이산화탄소 소화설비 동작순서	준비작동식 스프링클러설비 동작순서
① 2개 이상의 감지기회로 작동 ② 수신반에 신호 ③ **화재표시등, 지구표시등** 점등 ④ **사이렌** 경보 ⑤ 기동용기 솔레노이드 개방 ⑥ 약제방출 ⑦ **압력스위치** 작동 ⑧ 방출표시등 점등	① 감지기 A·B 작동 ② 수신반에 신호(**화재표시등** 및 **지구표시등** 점등) ③ **전자밸브** 작동 ④ **준비작동식 밸브** 작동 ⑤ **압력스위치** 작동 ⑥ 수신반에 신호(**기동표시등** 및 **밸브개방표시등** 점등) ⑦ 사이렌 경보

(다) **구역**(zone)이 추가됨에 따라 늘어나는 배선 명칭

이산화탄소(CO_2) 및 할론소화설비 · 분말소화설비	준비작동식 스프링클러설비
① 감지기 A ② 감지기 B ③ 기동스위치 ④ 사이렌 ⑤ 방출표시등	① 감지기 A ② 감지기 B ③ 밸브기동(SV) ④ 밸브개방확인(PS) ⑤ 밸브주의(TS) ⑥ 사이렌

• 구역(zone)이 늘어남에 따라 추가되는 배선의 용도를 쓰라는 뜻이다. 한국말이 참 어렵다. ㅎㅎ

☆☆☆

문제 07

유량 3000Lpm, 양정 80m인 스프링클러설비용 펌프 전동기의 용량을 계산하시오. (단, 효율 : 0.7, 전달계수 : 1.15)

(14.11.문12, 11.7.문4, 06.7.문15)

○ 계산과정 :

○ 답 :

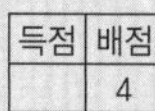

득점	배점
	4

해답 ○ 계산과정 : $\frac{9.8\times1.15\times80\times3}{0.7\times60}=64.4\text{kW}$

○ 답 : 64.4kW

해설 (1) **기호**

- Q : 3000Lpm=3m³/min=3m³/60s(1000L=1m³, 1min=60s)
- H : 80m
- η : 0.7
- K : 1.15
- P : ?

(2) **전동기**의 **용량** P는

$$P=\frac{9.8KHQ}{\eta t}=\frac{9.8\times1.15\times80\text{m}\times3\text{m}^3}{0.7\times60\text{s}}=64.4\text{kW}$$

중요

전동기의 **용량**을 **구하는 식**

(1) 일반적인 설비 : **물** 사용설비

t(시간)〔s〕	t(시간)〔min〕	비중량이 주어진 경우 적용
$P=\frac{9.8KHQ}{\eta t}$	$P=\frac{0.163KHQ}{\eta}$	$P=\frac{\gamma HQ}{1000\eta}K$
여기서, P : 전동기용량〔kW〕 η : 효율 t : 시간〔s〕 K : 여유계수(전달계수) H : 전양정〔m〕 Q : 양수량(유량)〔m³〕	여기서, P : 전동기용량〔kW〕 η : 효율 H : 전양정〔m〕 Q : 양수량(유량)〔m³/min〕 K : 여유계수(전달계수)	여기서, P : 전동기용량〔kW〕 η : 효율 γ : 비중량(물의 비중량 9800N/m³) H : 전양정〔m〕 Q : 양수량(유량)〔m³/s〕 K : 여유계수

(2) 제연설비(배연설비) : **공기** 또는 **기류** 사용설비

$$P = \frac{P_T Q}{102 \times 60\eta} K$$

여기서, P : 배연기(전동기) (소요)동력〔kW〕
P_T : 전압(풍압)〔mmAq, mmH_2O〕
Q : 풍량〔m^3/min〕
K : 여유율(여유계수, 전달계수)
η : 효율

☆☆☆
문제 08

화재 발생시 화재를 검출하기 위하여 감지기를 설치한다. 이때 축적기능이 없는 감지기로 설치하여야 하는 경우 3가지만 쓰시오.

(15.11.문9, 11.11.문10)

득점	배점
	6

○
○
○

해답 ① 교차회로방식에 사용되는 감지기
② 급속한 연소확대가 우려되는 장소에 사용되는 감지기
③ 축적기능이 있는 수신기에 연결하여 사용하는 감지기

해설 **축적형 감지기**(NFPC 203 5·7조, NFTC 203 2.2.2·2.4.3)

설치장소 (축적기능이 있는 감지기를 사용하는 경우)	설치제외장소 (축적기능이 없는 감지기를 사용하는 경우)
① **지하층·무창층**으로 환기가 잘 되지 않는 장소 ② 실내면적이 **40m²** 미만인 장소 ③ 감지기의 부착면과 실내 바닥의 거리가 **2.3m 이하**인 장소로서 일시적으로 발생한 열·연기·먼지 등으로 인하여 감지기가 화재신호를 발신할 우려가 있는 때 기억법 지423축	① **축적형 수신기**에 연결하여 사용하는 경우 ② **교차회로방식**에 사용하는 경우 ③ **급속**한 **연소확대**가 우려되는 장소 기억법 축교급외

중요

(1) **감지기**

종 류	설 명
다신호식 감지기	1개의 감지기 내에서 다음과 같다. ① 각 서로 다른 종별 또는 감도 등의 기능을 갖춘 것으로서 일정 시간 간격을 두고 각각 다른 2개 이상의 화재신호를 발하는 감지기 ② 동일 종별 또는 감도를 갖는 2개 이상의 센서를 통해 감지하여 화재신호를 각각 발신하는 감지기
아날로그식 감지기	주위의 온도 또는 연기의 양의 변화에 따른 화재정보신호값을 출력하는 방식의 감지기
축적형 감지기	일정 농도·온도 이상의 연기 또는 온도가 일정 시간(공칭축적시간) 연속하는 것을 전기적으로 검출함으로써 작동하는 감지기(단, 단순히 작동시간만을 지연시키는 것 제외)
재용형 감지기	**다시 사용**할 수 있는 성능을 가진 감지기

(2) **지하층·무창층** 등으로서 환기가 잘 되지 아니하거나 실내면적이 **40m²** 미만인 장소, 감지기의 부착면과 실내 바닥과의 거리가 **2.3m** 이하인 곳으로서 일시적으로 발생한 열·연기 또는 먼지 등으로 인하여 화재신호를 발신할 우려가 있는 장소에 설치 가능한 감지기
① **불꽃**감지기
② **정온식 감지선형** 감지기

③ **분포형** 감지기
④ **복합형** 감지기
⑤ **광전식 분리형** 감지기
⑥ **아날로그방식**의 감지기
⑦ **다신호방식**의 감지기
⑧ **축적방식**의 감지기

기억법 **불정감 복분(복분자) 광아다축**

☆☆☆

문제 09

유도등의 비상전원 설치기준에 관한 다음 ( ) 안을 완성하시오. (22.7.문18, 20.11.문5, 17.11.문9)

득점	배점
	3

유도등 (①)분 이상 유효하게 작동시킬 수 있는 용량으로 할 것. 다만, 다음의 특정소방대상물의 경우에는 그 부분에서 피난층에 이르는 부분의 유도등을 (②)분 이상 유효하게 작동시킬 수 있는 용량으로 하여야 한다.

○ 지하층을 제외한 층수가 (③)층 이상의 층
○ 지하층·무창층으로서 도매시장·소매시장·여객자동차터미널·지하철역사·지하상가

해답 ① 20 ② 60 ③ 11

해설 **각 설비**의 **비상전원 종류** 및 **용량**

설 비	비상전원	비상전원 용량
• 자동화재**탐**지설비	• **축**전지설비 • 전기저장장치	• **10분** 이상(30층 미만) • **30분** 이상(30층 이상)
• 비상**방**송설비	• 축전지설비 • 전기저장장치	
• 비상**경**보설비	• 축전지설비 • 전기저장장치	• **10분** 이상
• **유**도등 →	• 축전지	• **20분** 이상 ※ 예외규정 : **60분** 이상 (1) **11층** 이상(지하층 제외) (2) 지하층 · 무창층으로서 **도매시장 · 소매시장 · 여객자동차터미널 · 지하철역사 · 지하상가**
• **무**선통신보조설비	명시하지 않음	• **30분** 이상 기억법 **탐경유방무축**
• 비상콘센트설비	• 자가발전설비 • 축전지설비 • 비상전원수전설비 • 전기저장장치	• **20분** 이상
• **스**프링클러설비 • **미**분무소화설비	• **자**가발전설비 • **축**전지설비 • **전**기저장장치 • 비상전원**수**전설비(차고 · 주차장으로서 스프링클러설비(또는 미분무소화설비)가 설치된 부분의 바닥면적 합계가 $1000m^2$ 미만인 경우)	• **20분** 이상(30층 미만) • **40분** 이상(30~49층 이하) • **60분** 이상(50층 이상) 기억법 **스미자 수전축**
• 포소화설비	• 자가발전설비 • 축전지설비 • 전기저장장치 • 비상전원수전설비 – 호스릴포소화설비 또는 포소화전만을 설치한 차고 · 주차장 – 포헤드설비 또는 고정포방출설비가 설치된 부분의 바닥면적(스프링클러설비가 설치된 차고 · 주차장의 바닥면적 포함)의 합계가 $1000m^2$ 미만인 것	• **20분** 이상

• **간**이스프링클러설비	• 비상전원**수**전설비	• **10분**(숙박시설 바닥면적 합계 300~600m^2 미만, 근린생활시설 바닥면적 합계 1000m^2 이상, 복합건축물 연면적 1000m^2 이상은 **20분**) 이상 기억법 **간수**
• 옥내소화전설비 • 연결송수관설비 • 특별피난계단의 계단실 및 부속실 제연설비	• 자가발전설비 • 축전지설비 • 전기저장장치	• **20분** 이상(30층 미만) • **40분** 이상(30~49층 이하) • **60분** 이상(50층 이상)
• 제연설비 • 분말소화설비 • 이산화탄소 소화설비 • 물분무소화설비 • 할론소화설비 • 할로겐화합물 및 불활성기체 소화설비 • 화재조기진압용 스프링클러설비	• 자가발전설비 • 축전지설비 • 전기저장장치	• **20분** 이상
• 비상조명등	• 자가발전설비 • 축전지설비 • 전기저장장치	• **20분** 이상 ※ 예외규정 : **60분** 이상 (1) **11층** 이상(지하층 제외) (2) 지하층 · 무창층으로서 **도매시장 · 소매시장 · 여객자동차터미널 · 지하철역사 · 지하상가**
• 시각경보장치	• 축전지설비 • 전기저장장치	명시하지 않음

중요

(1) **비상전원**의 **용량**(한번 더 정리!)

설 비	비상전원의 용량
• 자동화재탐지설비 • 비상경보설비 • 자동화재속보설비	**10분** 이상
• 유도등 • 비상조명등 • 비상콘센트설비 • 포소화설비 • 옥내소화전설비(30층 미만) • 제연설비, 물분무소화설비, 특별피난계단의 계단실 및 부속실 제연설비(30층 미만) • 스프링클러설비(30층 미만) • 연결송수관설비(30층 미만)	**20분** 이상
• 무선통신보조설비의 증폭기	**30분** 이상
• 옥내소화전설비(30~49층 이하) • 특별피난계단의 계단실 및 부속실 제연설비(30~49층 이하) • 연결송수관설비(30~49층 이하) • 스프링클러설비(30~49층 이하)	**40분** 이상
• 유도등 · 비상조명등(지하상가 및 11층 이상) • 옥내소화전설비(50층 이상) • 특별피난계단의 계단실 및 부속실 제연설비(50층 이상) • 연결송수관설비(50층 이상) • 스프링클러설비(50층 이상)	**60분** 이상

(2) **유도등**의 **비상전원 설치기준**(NFPC 303 10조, NFTC 303 2.7.2)

① 축전지로 할 것

② 유도등을 20분 이상 유효하게 작동시킬 수 있는 용량으로 할 것(단, 다음의 특정소방대상물의 경우에는 그 부분에서 피난층에 이르는 부분의 유도등을 60분 이상 유효하게 작동시킬 수 있는 용량으로 하여야 한다.)

㉠ 지하층을 제외한 층수가 11층 이상의 층

㉡ 지하층 또는 무창층으로서 용도가 도매시장 · 소매시장 · 여객자동차터미널 · 지하역사 또는 지하상가

기억법 도소여지 11 60

☆☆

문제 10

3상 380V, 30kW 스프링클러펌프용 유도전동기가 있다. 전동기의 역률이 60%일 때 역률을 90%로 개선할 수 있는 전력용 콘덴서의 용량은 몇 kVA이겠는가? (20.11.문13, 19.11.문7, 11.5.문1, 03.4.문2)

○ 계산과정 :

○ 답 :

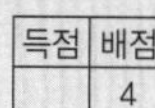

득점	배점
	4

해답

○ 계산과정 : $30\left(\frac{\sqrt{1-0.6^2}}{0.6}-\frac{\sqrt{1-0.9^2}}{0.9}\right)=25.47\text{kVA}$

○ 답 : 25.47kVA

해설 (1) **기호**

- P : 30kW
- $\cos\theta_1$: 60%=0.6
- $\cos\theta_2$: 90%=0.9
- Q_C : ?

(2) 역률개선용 **전력용 콘덴서**의 **용량**(Q_C)은

$$Q_C=P\left(\frac{\sin\theta_1}{\cos\theta_1}-\frac{\sin\theta_2}{\cos\theta_2}\right)=P\left(\frac{\sqrt{1-\cos\theta_1{}^2}}{\cos\theta_1}-\frac{\sqrt{1-\cos\theta_2{}^2}}{\cos\theta_2}\right)$$

여기서, Q_C : 콘덴서의 용량[kVA]

P : 유효전력[kW]

$\cos\theta_1$: 개선 전 역률

$\cos\theta_2$: 개선 후 역률

$\sin\theta_1$: 개선 전 무효율($\sin\theta_1=\sqrt{1-\cos\theta_1{}^2}$)

$\sin\theta_2$: 개선 후 무효율($\sin\theta_2=\sqrt{1-\cos\theta_2{}^2}$)

$$\therefore\ Q_C=P\left(\frac{\sqrt{1-\cos\theta_1{}^2}}{\cos\theta_1}-\frac{\sqrt{1-\cos\theta_2{}^2}}{\cos\theta_2}\right)=30\text{kW}\left(\frac{\sqrt{1-0.6^2}}{0.6}-\frac{\sqrt{1-0.9^2}}{0.9}\right)=25.47\text{kVA}$$

비교

(1) 변형 1 : **30kW → 30kVA**로 주어진 경우

- P_a : 30kVA
- $\cos\theta_1$: 0.6
- $\cos\theta_2$: 0.9

$$Q_C=P\left(\frac{\sqrt{1-\cos\theta_1{}^2}}{\cos\theta_1}-\frac{\sqrt{1-\cos\theta_2{}^2}}{\cos\theta_2}\right)=30\text{kVA}\times0.6\left(\frac{\sqrt{1-0.6^2}}{0.6}-\frac{\sqrt{1-0.9^2}}{0.9}\right)=15.282\fallingdotseq15.28\text{kVA}$$

- $P = VI\cos\theta = P_a\cos\theta$

여기서, P : 유효전력[kW]
V : 전압[V]
I : 전류[A]
$\cos\theta$: 역률
P_a : 피상전력[kVA]

$P = P_a\cos\theta = 30\text{kVA} \times 0.6$

- $\cos\theta$는 개선 전 역률 $\cos\theta_1$을 적용한다는 것을 기억하라!

(2) 변형 2 : **30kW → 30HP**로 주어진 경우

- P : 30HP
- $\cos\theta_1$: 0.6
- $\cos\theta_2$: 0.9

$$Q_C = P\left(\frac{\sqrt{1-\cos\theta_1{}^2}}{\cos\theta_1} - \frac{\sqrt{1-\cos\theta_2{}^2}}{\cos\theta_2}\right) = 30\text{HP} \times 0.746\text{kW}\left(\frac{\sqrt{1-0.6^2}}{0.6} - \frac{\sqrt{1-0.9^2}}{0.9}\right) \fallingdotseq 19\text{kVA}$$

- $1\text{HP} = 0.746\text{kW}$이므로 $30\text{HP} \times 0.746\text{kW}$

☆☆☆

문제 11

그림과 같이 구획된 철근콘크리트 건물의 공장이 있다. 다음 표에 따라 자동화재탐지설비의 감지기를 설치하고자 한다. 다음 각 물음에 답하시오. (21.4.문5, 19.6.문4, 17.11.문12, 15.7.문2, 13.11.문3, 13.4.문4)

득점	배점
	10

(가) 다음 표를 완성하여 감지기 개수를 선정하시오.

구 역	설치높이[m]	감지기 종류	계산 내용	감지기 개수
㉮ 구역	3.5	연기감지기 2종		
㉯ 구역	3.5	연기감지기 2종		
㉰ 구역	4.5	연기감지기 2종		
㉱ 구역	3.8	정온식 스포트형 1종		
㉲ 구역	3.8	차동식 스포트형 2종		

(나) 해당 구역에 감지기를 배치하시오.

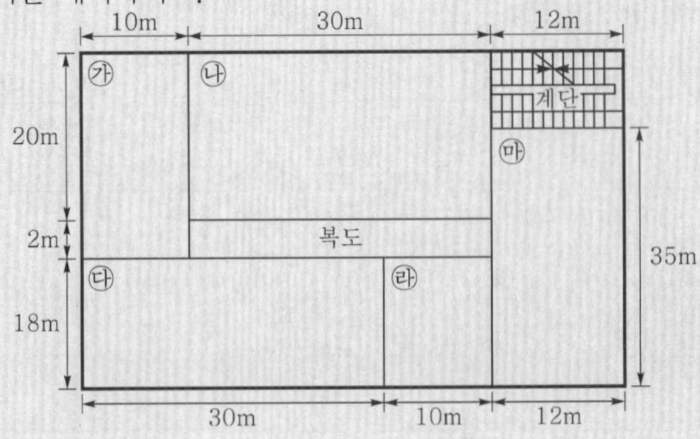

해답 (가)

구 역	설치높이[m]	감지기 종류	계산 내용	감지기 개수
㉮ 구역	3.5	연기감지기 2종	$\frac{10\times(20+2)}{150}=1.4 ≒ 2$	2개
㉯ 구역	3.5	연기감지기 2종	$\frac{30\times20}{150}=4$	4개
㉰ 구역	4.5	연기감지기 2종	$\frac{30\times18}{75}=7.2 ≒ 8$	8개
㉱ 구역	3.8	정온식 스포트형 1종	$\frac{10\times18}{60}=3$	3개
㉲ 구역	3.8	차동식 스포트형 2종	$\frac{12\times35}{70}=6$	6개

(나)

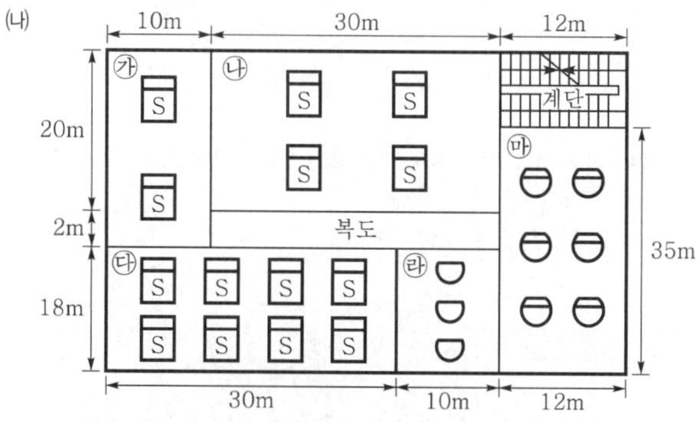

해설 (가) ① **연기감지기**의 **바닥면적**(NFPC 203 7조, NFTC 203 2.4.3.10.1)

(단위 : m^2)

부착높이	감지기의 종류	
	1종 및 2종	3종
4m 미만 →	150	50
4~20m 미만 →	75	–

㉮ 구역

설치높이 3.5m이므로 4m 미만이고
연기감지기 2종 : 바닥면적 **150m²**

$$\frac{10\times(20+2)\text{m}^2}{150\text{m}^2}=1.4 ≒ 2\text{개(절상)}$$

㉯ 구역

설치높이 3.5m이므로 4m 미만이고
연기감지기 2종 : 바닥면적 **150m²**

$$\frac{(30\times20)\text{m}^2}{150\text{m}^2}=4\text{개}$$

㉰ 구역

설치높이 4.5m이므로 4~20m 미만이고
연기감지기 2종 : 바닥면적 **75m²**

$$\frac{(30\times18)\text{m}^2}{75\text{m}^2}=7.2 ≒ 8\text{개(절상)}$$

② **스포트형 감지기**의 **바닥면적**(NFPC 203 7조, NFTC 203 2.4.3.9.1)

(단위 : m²)

부착 높이 및 특정소방대상물의 구분		감지기의 종류				
		차동식·보상식 스포트형		정온식 스포트형		
		1종	2종	특 종	1종	2종
4m 미만	내화구조	90	70	70	60	20
	기타 구조	50	40	40	30	15
4~8m 미만	내화구조	45	35	35	30	–
	기타 구조	30	25	25	15	–

㉣ 구역

주요구조부가 내화구조(**철근콘크리트**)이고 설치높이 3.8m이므로 4m 미만이고
정온식 스포트형 1종 : 바닥면적 **60m²**

$$\frac{(10\times18)\text{m}^2}{60\text{m}^2}=3\text{개}$$

㉤ 구역

주요구조부가 내화구조(**철근콘크리트**)이고 설치높이 3.8m이므로 4m 미만이고
차동식 스포트형 2종 : 바닥면적 **70m²**

$$\frac{(12\times35)\text{m}^2}{70\text{m}^2}=6\text{개}$$

(나)
- **가로**와 **세로**의 **길이**를 잘 비교하여 적절하게 감지기를 배치할 것. 할 수만 있으면 루프(loop) 형태로 배치해야 정답
- 단지 감지기만 배치하라고 하였으므로 **감지기 상호간**의 **배관**은 하지 **않아도 된다**.

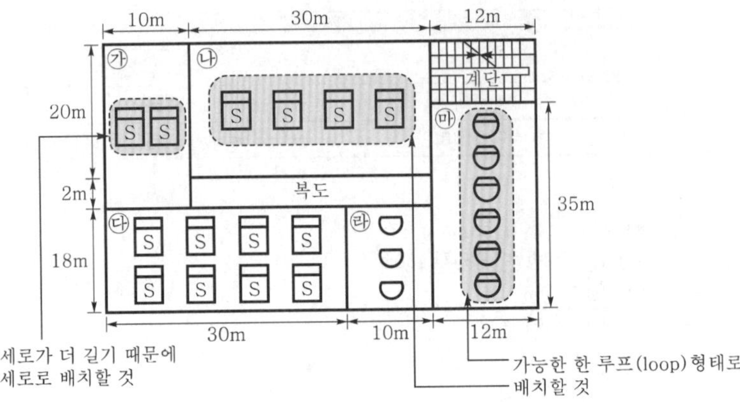

‖ 틀린 도면 ‖

☆☆
문제 12

다음 그림과 같이 지하 1층에서 지상 5층까지 각 층의 평면이 동일하고, 각 층의 높이가 4m인 학원건물에 자동화재탐지설비를 설치한 경우이다. 다음 물음에 답하시오. (16.6.문9, 12.11.문12)

득점	배점
	7

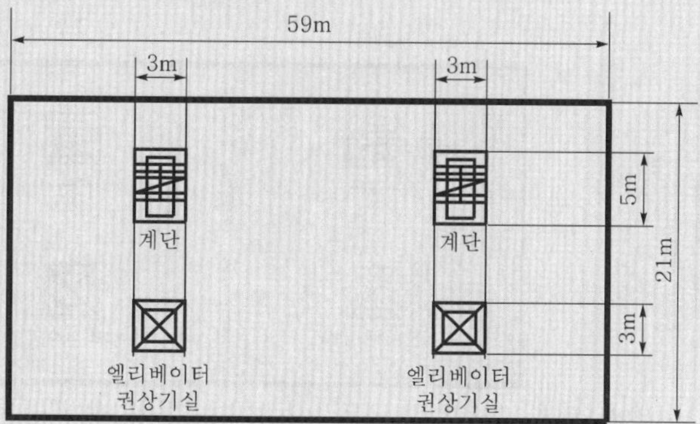

(가) 하나의 층에 대한 자동화재탐지설비의 수평경계구역수를 구하시오.
○ 계산과정 :
○ 답 :

(나) 본 소방대상물 자동화재탐지설비의 수직 및 수평경계구역수를 구하시오.
① 수평경계구역
○ 계산과정 :
○ 답 :
② 수직경계구역
○ 계산과정 :
○ 답 :

(다) 계단감지기는 각각 몇 층에 설치해야 하는지 쓰시오.
○

(라) 엘리베이터 권상기실 상부에 설치해야 하는 감지기의 종류를 쓰시오.
○

해답

(가) ○ 계산과정 : $\dfrac{\frac{59}{2}\times21-(3\times5)\times1-(3\times3)\times1}{600}=0.9\fallingdotseq 1$경계구역

1경계구역×2개=2경계구역

$\dfrac{59}{50}=1.18\fallingdotseq 2$경계구역

○ 답 : 2경계구역

(나) ① 수평경계구역
○ 계산과정 : $2\times6=12$경계구역
○ 답 : 12경계구역

② 수직경계구역
○ 계산과정 : $\dfrac{4\times6}{45}=0.53\fallingdotseq 1$

$2+(1\times2)=4$경계구역

○ 답 : 4경계구역

(다) 지상 2층, 지상 5층

(라) 연기감지기 2종

해설 (가)

<table>
<tr><th>구 분</th><th>경계구역</th></tr>
<tr><td>지상 1층</td><td>

• 길이가 59m로서 50m를 초과하므로 2개로 나누어 계산

• 적용 면적 : 595.5m² $\left(\frac{59\text{m}}{2}\times 21\text{m}-(3\times5)\text{m}^2\times 1\text{개}-(3\times3)\text{m}^2\times1\text{개}=595.5\text{m}^2\right)$

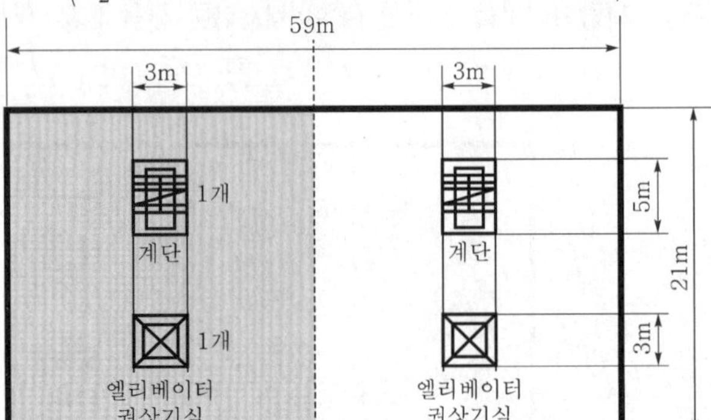

59m를 2개로 나누었으므로 계단과 엘리베이터는 각각 1개씩만 곱하면 된다.

• 면적 경계구역 : $\frac{\text{적용면적}}{600\text{m}^2}=\frac{595.5\text{m}^2}{600\text{m}^2}=0.9 \fallingdotseq 1$경계구역(절상)

• 1경계구역×2개=2경계구역

• 길이 경계구역 한 변의 길이가 59m로 50m를 초과하므로 길이를 나누어도 $\frac{59\text{m}}{50\text{m}}=1.18\fallingdotseq 2$경계구역(절상)

• 길이, 면적으로 각각 경계구역을 산정하여 둘 중 큰 것 선택
</td></tr>
</table>

• **계단** 및 **엘리베이터**의 면적은 **적용 면적**에 포함되지 **않는다.**

아하! 그렇구나 각 층의 경계구역 산정

① 여러 개의 **건축물**이 있는 경우 각각 **별개**의 **경계구역**으로 한다.

② 여러 개의 **층**이 있는 경우 각각 **별개**의 **경계구역**으로 한다. (단, **2개층**의 면적의 합이 **500m² 이하**인 경우는 **1경계구역**으로 할 수 있다.)

③ **지하층**과 **지상층**은 **별개**의 **경계구역**으로 한다. (**지하 1층**인 경우에도 **별개**의 **경계구역**으로 한다. 주의! 또 주의!!)

④ 1경계구역의 면적은 **600m² 이하**로 하고, 한 변의 길이는 **50m 이하**로 한다.

⑤ **목욕실 · 화장실** 등도 **경계구역 면적**에 **포함**한다.

⑥ **계단 및 엘리베이터의 면적**은 **경계구역 면적**에서 **제외**한다.

(나) ① **수평경계구역**

한 층당 2경계구역×6개층=12경계구역

② **수직경계구역**

계단+엘리베이터=2+2=4경계구역

구 분	경계구역
엘리베이터	• 2경계구역
계단 (지하 1층~지상 5층)	• 수직거리 : 4m×6층 = 24m • 경계구역 : $\frac{\text{수직거리}}{45\text{m}}=\frac{24\text{m}}{45\text{m}}$ $=0.53\fallingdotseq 1$경계구역(절상) ∴ 1경계구역×2개소=2경계구역
합계	4경계구역

- **지하 1층**과 **지상층**은 **동일 경계구역**으로 한다.
- 수직거리 **45m 이하**를 **1경계구역**으로 하므로 $\frac{\text{수직거리}}{45\text{m}}$를 하면 경계구역을 구할 수 있다.
- 경계구역 산정은 **소수점**이 발생하면 반드시 **절상**한다.
- 엘리베이터의 경계구역은 높이 45m 이하마다 나누는 것이 아니고, **엘리베이터 개수**마다 **1경계구역**으로 한다.

아하! 그렇구나 계단 · 엘리베이터의 경계구역 산정

① **수직거리 45m** 이하마다 **1경계구역**으로 한다.
② **지하층**과 **지상층**은 **별개**의 **경계구역**으로 한다. (단, **지하 1층**인 경우에는 지상층과 **동일 경계구역**으로 한다.)
③ **엘리베이터마다 1경계구역**으로 한다.

(다), (라)

‖ 연기감지기(2종) ‖

구 분	감지기 개수
엘리베이터	2개
계단 (지하 1층~지상 5층)	• 수직거리 : 4m×6층=24m • 감지기 개수 : $\frac{\text{수직거리}}{15\text{m}}=\frac{24\text{m}}{15\text{m}}=1.6 \fallingdotseq 2$개(절상) ∴ 2개×2개소=4개
합계	6개

- 특별한 조건이 없는 경우 수직경계구역에는 **연기감지기 2종**을 설치한다.
- 연기감지기 2종은 수직거리 **15m 이하**마다 설치하여야 하므로 $\frac{\text{수직거리}}{15\text{m}}$를 하면 감지기 개수를 구할 수 있다.
- 감지기 개수 산정시 **소수점**이 발생하면 반드시 **절상**한다.
- 엘리베이터의 연기감지기 2종은 수직거리 15m마다 설치되는 것이 아니고 **엘리베이터 개수**마다 **1개씩** 설치한다.
- 계단에는 2개를 설치하므로 적당한 간격인 **지상 2층**과 **지상 5층**에 설치하면 된다.

아하! 그렇구나 계단 · 엘리베이터의 감지기 개수 산정

① 연기감지기 **1 · 2종** : 수직거리 **15m**마다 설치한다.
② 연기감지기 **3종** : 수직거리 **10m**마다 설치한다.
③ **지하층**과 **지상층**은 **별도**로 **감지기 개수**를 **산정**한다. (단, 지하 1층의 경우에는 제외한다.)
④ **엘리베이터마다** 연기감지기는 **1개씩** 설치한다.

☆☆☆ 문제 13

다음은 PB-on 동작시 X 릴레이가 동작하고 특정 시간 세팅 후 타이머가 동작하여 MC가 동작하는 시퀀스회로도이다. PB-on을 동작시킨 후 X 릴레이와 타이머가 소자되어도 MC가 동작하도록 시퀀스를 수정하시오. (20.5.문9, 19.6.문16, 18.11.문16, 15.7.문11·15, 12.4.문2, 11.11.문1, 09.7.문11, 07.4.문4)

득점	배점
	5

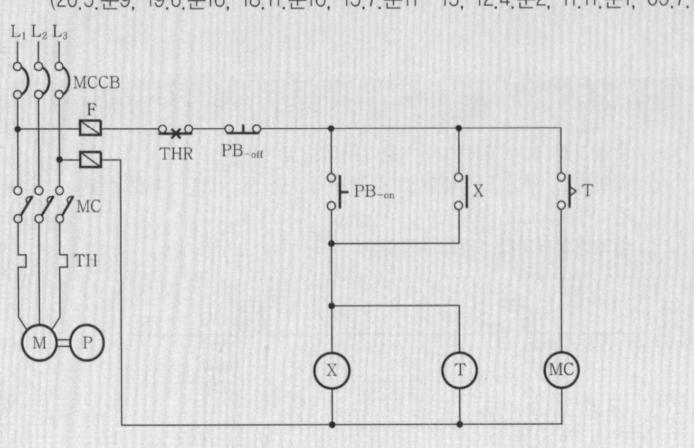

해답

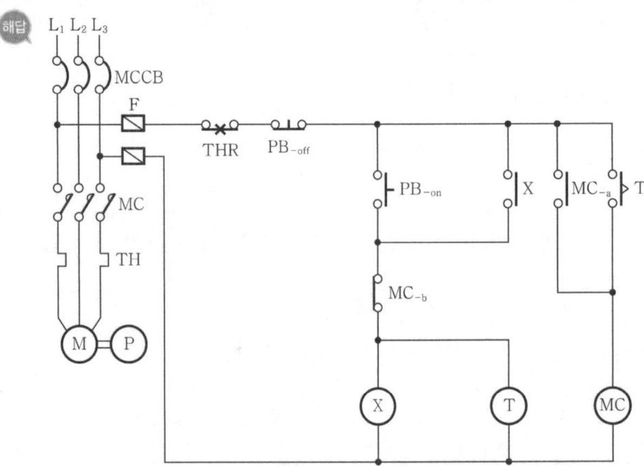

해설

- 문제에서 **'X 릴레이와 타이머가 소자되어도 MC가 동작'**이라고 하였으므로 MC-b 접점도 반드시 추가해야 한다.

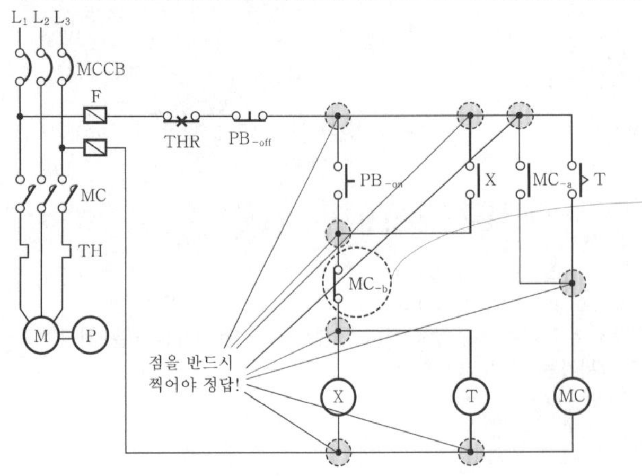

MC-b 대신에 T-b를 사용해도 맞다는 사람이 있다. 이것은 옳지 않다. 왜냐하면 T-b를 사용하면 T가 닫히기 전에 T-b가 먼저 열려서 (MC)가 여자되지 않을 수 있기 때문이다.

동작설명

(1) MCCB를 투입하면 전원이 공급된다.

(2) PB_{-on}을 누르면 릴레이 (X)가 여자되고, 타이머 (T)는 통전된다. 또한 릴레이 (X)에 의해 자기유지된다.

(3) 타이머의 설정 시간 후 타이머 한시접점이 작동하면 전자접촉기 (MC)가 여자되고 MC_{-a} 접점에 의해 자기유지되며, MC_{-b} 접점에 의해 릴레이 (X)와 타이머 (T)가 소자된다.

(4) 전자접촉기 (MC)가 여자되며 전자접촉기 주접점 (MC)가 닫혀서 전동기 (M)이 기동한다.

(5) 운전 중 전동기 과부하로 인해 THR이 작동하거나 PB_{-off}를 누르면 전자접촉기 (MC)가 소자되어 전동기가 정지한다.

☆☆☆
문제 14

무선통신보조설비에 사용되는 무반사 종단저항의 설치목적을 쓰시오. (13.7.문10, 10.10.문2 비교)

○

득점	배점
	5

해답 전송로로 전송되는 전자파가 전송로의 종단에서 반사되어 교신을 방해하는 것을 막기 위함이다.

해설 **종단저항**과 **무반사 종단저항**

구 분	종단저항	무반사 종단저항
적용설비	• 자동화재탐지설비 • 제연설비 • 준비작동식 스프링클러설비 • 일제살수식 스프링클러설비 • 분말소화설비 • 이산화탄소 소화설비 • 할론소화설비 • 할로겐화합물 및 불활성기체 소화설비	• 무선통신보조설비
설치위치	**감지기회로**의 **끝 부분**	**누설동축케이블**의 **끝 부분**
설치목적	감지기회로의 **도통시험**을 용이하게 하기 위함	전송로로 전송되는 전자파가 전송로의 종단에서 반사되어 **교신**을 **방해**하는 것을 막기 위함
외형	갈 흑 등 은	

☆☆
문제 15

다음과 같이 총 길이가 2800m인 터널에 자동화재탐지설비를 설치하는 경우 다음 물음에 답하시오.

(13.7.문6)

득점	배점
	5

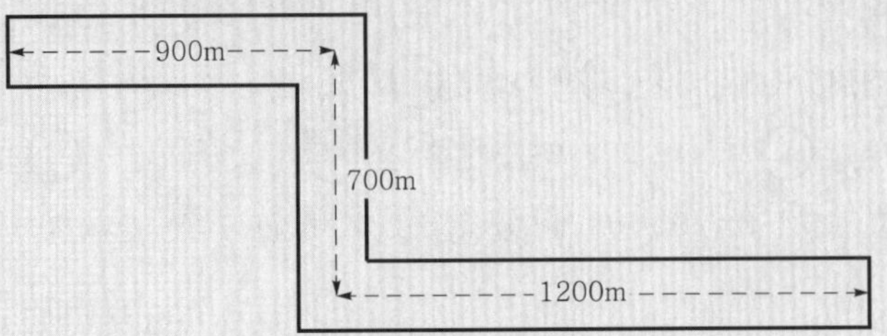

(가) 최소경계구역은 몇 개로 구분해야 하는지 계산하시오.

○ 계산과정 :

○ 답 :

(나) 다음 (　　) 안에 알맞은 말을 쓰시오.

감지기의 작동에 의하여 다른 소방시설 등이 연동되는 경우로서 해당 소방시설 등의 작동을 위한 정확한 (　　)를(을) 확인할 필요가 있는 경우에는 경계구역의 길이가 해당 설비의 방호구역 등에 포함되도록 설치하여야 한다.

(다) 터널에 설치할 수 있는 감지기의 종류 3가지만 쓰시오.

○

○

○

해답

(가) ○ 계산과정 : $\frac{2800}{100}$=28개

○ 답 : 28개

(나) 발화위치

(다) ① 차동식 분포형 감지기

② 정온식 감지선형 감지기(아날로그식)

③ 중앙기술심의위원회의 심의를 거쳐 터널화재에 적응성이 있다고 인정된 감지기

해설

(가) 터널의 자동화재탐지설비 경계구역$=\frac{\text{터널 길이}}{100\text{m}}=\frac{(900+700+1200)\text{m}}{100\text{m}}$=28개

- 하나의 경계구역의 길이는 100m 이하로 하여야 한다. (NFPC 603 9조, NFTC 603 2.5.2)
- **터널**의 하나의 경계구역의 길이는 100m 이하! 특히 주의!

(나) 감지기의 작동에 의하여 다른 소방시설 등이 연동되는 경우로서 해당 소방시설 등의 작동을 위한 정확한 **발화위치**를 확인할 필요가 있는 경우에는 경계구역의 길이가 해당 설비의 **방호구역** 등에 포함되도록 설치하여야 한다.

- **'발화지점'**이 아님을 주의할 것

중요

터널에 **설치**하는 **자동화재탐지설비 감지기**의 **설치기준**(NFPC 603 9조, NFTC 603 2.5.3)

① 감지기의 감열부와 감열부 사이의 이격거리는 **10m** 이하로, 감지기와 터널 좌우측 벽면과의 이격거리는 **6.5m** 이하로 설치할 것

② 터널 천장의 구조가 **아치형**의 터널에 감지기를 터널 진행방향으로 설치하고자 하는 경우에는 감열부와 감열부 사이의 이격거리를 **10m** 이하로 하여 **아치형** 천장의 **중앙 최상부**에 **1열**로 감지기를 설치하여야 하며, 감지기를 **2열** 이상으로 설치하고자 하는 경우에는 감열부와 감열부 사이의 이격거리는 **10m** 이하로, 감지기 간의 이격거리는 **6.5m** 이하로 설치할 것

③ 감지기를 천장면(터널 안 도로 등에 면한 부분 또는 상층의 바닥 하부면)에 설치하는 경우에는 감지기가 천장면에 밀착되지 않도록 **고정금구** 등을 사용하여 설치할 것

④ 하나의 경계구역의 길이는 **100m** 이하로 할 것
⑤ 감지기의 작동에 의하여 다른 소방시설 등이 연동되는 경우로서 해당 소방시설 등의 작동을 위한 정확한 **발화위치**를 확인할 필요가 있는 경우에는 경계구역의 길이가 해당 설비의 **방호구역** 등에 포함되도록 설치하여야 한다.

(다) **터널**에 **설치**할 수 있는 **자동화재탐지설비 감지기**의 **종류**(NFPC 603 9조, NFTC 603 2.5.1)
① 차동식 **분**포형 감지기
② 정온식 **감**지선형 감지기(**아**날로그식에 한함)
③ **중**앙기술심의위원회의 심의를 거쳐 터널화재에 적응성이 있다고 인정된 감지기

기억법 **터분감아중**

• **아날로그식**까지 반드시 써야 정답!

☆☆
문제 16

다음과 같은 조건을 참고하여 배선도로 나타내시오.

득점	배점
	3

〔조건〕
① 배선 : 천장은폐배선
② 전력선 : 4가닥, 450/750V 저독성 난연 가교폴리올레핀 절연전선 $1.5mm^2$
③ 전선관 : 후강전선관 22mm

해답 
HFIX 1.5(22)

해설 (1) **전선**의 **종류**

약 호	명 칭	최고허용온도
OW	옥외용 비닐절연전선	60℃
DV	인입용 비닐절연전선	
HFIX	450/750V 저독성 난연 가교폴리올레핀 절연전선	90℃
CV	가교폴리에틸렌 절연비닐 외장(시스)케이블	
MI	미네랄 인슐레이션 케이블	
IH	하이퍼론 절연전선	95℃
FP	내화케이블	–
HP	내열전선	
GV	접지용 비닐전선	
E	접지선	

전선가닥수(4가닥)
배선공사명
(천장은폐배선)
HFIX 1.5(22)
전선의 종류
(450/750V 저독성 난연 가교폴리올레핀 절연전선)
전선관의 굵기(22mm)
전선의 굵기($1.5mm^2$)

(2) **옥내배선기호**

명 칭	그림기호	적 요
천장은폐배선	————	• 천장 속의 배선을 구별하는 경우 : —·—·—
바닥은폐배선	— — — —	–
노출배선	··············	• 바닥면 노출배선을 구별하는 경우 : —··—··—

(3) 1본의 길이

합성수지관	전선관(후강, 박강)
4m	3.66m

- 전선관은 KSC 8401 규정에 의해 1본의 길이는 **3.66m**이다.

(4)

구 분	후강전선관	박강전선관
사용장소	• 공장 등의 배관에서 특히 **강도**를 필요로 하는 경우 • **폭발성가스**나 **부식성가스**가 있는 장소	• 일반적인 장소
관의 호칭 표시방법	• 안지름의 근사값을 **짝수**로 표시	• 바깥지름의 근사값을 **홀수**로 표시
규격	16mm, 22mm, 28mm, 36mm, 42mm, 54mm, 70mm, 82mm, 92mm, 104mm	19mm, 25mm, 31mm, 39mm, 51mm, 63mm, 75mm

☆☆☆

문제 17

자동화재탐지설비 및 시각경보장치의 화재안전기술기준(NFTC 203)에서 자동화재탐지설비의 음향장치의 설치기준에 관한 사항이다. 다음 (　　) 안을 완성하시오. (22.7.문4)

층수가 (①)층[공동주택의 경우에는 (②)층] 이상의 특정소방대상물은 다음의 기준에 따라 경보를 발할 수 있도록 할 것

득점	배점
	5

발화층	경보층
2층 이상 발화	(③)
1층 발화	(④)
지하층 발화	(⑤)

해답 ① 11
② 16
③ 발화층, 직상 4개층
④ 발화층, 직상 4개층, 지하층
⑤ 발화층, 직상층, 기타의 지하층

해설
- 문제에서 층수가 명확히 주어지지 않았으므로 발화층, 직상 4개층 등으로 답해야 옳음. 이때에는 1층, 2층 등으로 답하면 틀림

자동화재탐지설비의 **발화층** 및 **직상 4개층 우선경보방식 적용대상물**(NFPC 203 8조, NFTC 203 2.5.1.2)
11층(공동주택 **16층**) 이상의 특정소방대상물의 경보

‖ 자동화재탐지설비의 음향장치 경보 ‖

발화층	경보층	
	11층(공동주택 16층) 미만	11층(공동주택 16층) 이상
2층 이상 발화	전층 일제경보	• 발화층 • 직상 4개층
1층 발화		• 발화층 • 직상 4개층 • 지하층
지하층 발화		• 발화층 • 직상층 • 기타의 지하층

☆☆☆
문제 18

어느 특정소방대상물에 자동화재탐지설비용 공기관식 차동식 분포형 감지기를 설치하려고 한다. 다음 각 물음에 답하시오. (19.11.문5, 14.11.문9, 11.5.문14, 04.10.문9)

득점	배점
	5

(가) 공기관의 노출부분은 감지구역마다 몇 m 이상으로 하여야 하는가?
○

(나) 하나의 검출부에 접속하는 공기관의 길이는 몇 m 이하로 하여야 하는가?
○

(다) 공기관과 감지구역의 각 변과의 수평거리는 몇 m 이하이어야 하는가?
○

(라) 공기관 상호간의 거리는 몇 m 이하이어야 하는가? (단, 주요구조부가 비내화구조이다.)
○

(마) 공기관의 두께와 바깥지름은 각각 몇 mm 이상인가?
○두께 :
○바깥지름 :

해답 (가) 20m
(나) 100m
(다) 1.5m
(라) 6m
(마) ○두께 : 0.3mm
○바깥지름 : 1.9mm

해설 (1) **공기관식** 차동식 분포형 감지기의 **설치기준**(NFPC 203 7조 ③항, NFTC 203 2.4.3.7)

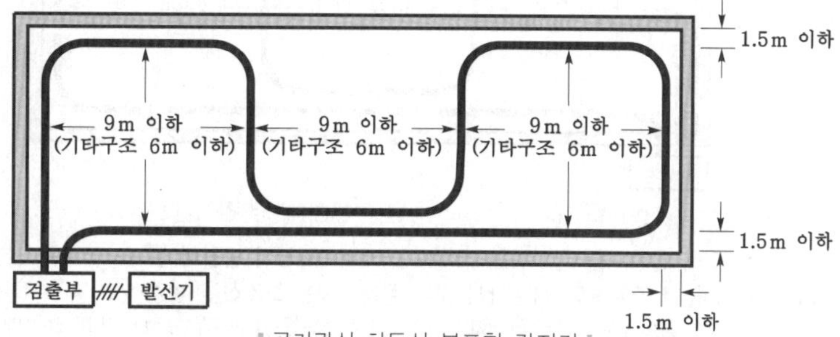

‖ 공기관식 차동식 분포형 감지기 ‖

① 공기관의 노출부분은 감지구역마다 **20m** 이상이 되도록 설치한다.
② 공기관과 감지구역의 각 변과의 수평거리는 **1.5m** 이하가 되도록 한다.
③ 공기관 상호간의 거리는 **6m**(내화구조는 **9m**) 이하가 되도록 한다.
④ 하나의 검출부에 접속하는 공기관의 길이는 **100m** 이하가 되도록 한다.
⑤ 검출부는 **5°** 이상 경사되지 않도록 한다.
⑥ **검출부**는 바닥으로부터 **0.8~1.5m** 이하의 위치에 설치한다.
⑦ 공기관은 도중에서 **분기**하지 않도록 한다.
⑧ **경사제한각도**

공기관식 차동식 분포형 감지기	스포트형 감지기
5° 이상	**45°** 이상

• (라): **비내화구조**이므로 공기관 상호간의 거리는 **6m** 이하이다. '**비내화구조**'는 '**기타구조**'임을 알라! 속지 말라!

(2) **공기관의 두께 및 외경**(바깥지름)
공기관의 두께(굵기)는 **0.3mm** 이상, 외경(바깥지름)은 **1.9mm** 이상이어야 하며, **중공동관**을 사용하여야 한다.

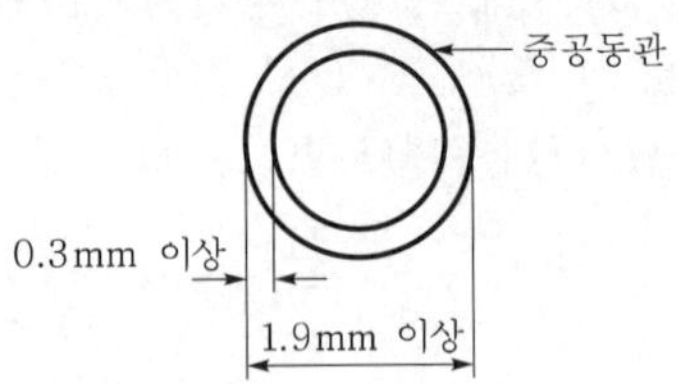

‖공기관의 두께 및 바깥지름‖

용어

중공동관
가운데가 비어 있는 구리관

비교

정온식 감지선형 감지기의 **설치기준**(NFPC 203 7조 ③항, NFTC 203 2.4.3.12)
(1) **보**조선이나 고정금구를 사용하여 감지선이 늘어지지 않도록 설치할 것
(2) **단**자부와 마감고정금구와의 설치간격은 **10cm** 이내로 설치할 것
(3) 감지선형 감지기의 **굴**곡반경은 **5cm** 이상으로 할 것
(4) 감지기와 감지구역의 각 부분과의 수평**거**리가 내화구조의 경우 **1종 4.5m** 이하, **2종 3m** 이하, 기타구조의 경우 **1종 3m** 이하, **2종 1m** 이하로 할 것

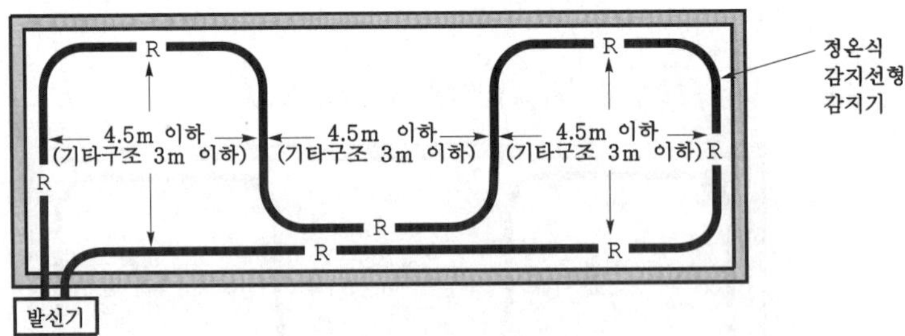

‖정온식 감지선형 감지기‖

(5) **케**이블트레이에 감지기를 설치하는 경우에는 **케이블트레이 받침대**에 마감금구를 사용하여 설치할 것
(6) **창고**의 **천장** 등에 지지물이 적당하지 않는 장소에서는 **보조선**을 설치하고 그 보조선에 설치할 것
(7) **분**전반 내부에 설치하는 경우 접착제를 이용하여 돌기를 바닥에 고정시키고 그곳에 감지기를 설치할 것
(8) 그 밖의 설치방법은 형식승인내용에 따르며 형식승인사항이 아닌 것은 제조사의 **시**방에 따라 설치할 것

기억법 **정감 보단굴거 케분시**

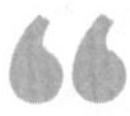
우연이 아닌 선택이 운명을 결정한다.
- 진 니더치 -

과년도 출제문제

2021년

소방설비기사 실기(전기분야)

** 수험자 유의사항 **

1. 문제지를 받는 즉시 응시 종목의 문제가 맞는지 확인하셔야 합니다.
2. 답안지 내 인적사항 및 답안작성(계산식 포함)은 검정색 필기구만을 계속 사용하여야 합니다.
3. 답안정정 시에는 **두 줄(=)**을 긋고 다시 기재 가능하며, **수정테이프 사용** 또한 **가능**합니다.
4. 계산문제는 반드시 '계산과정'과 '답'란에 정확히 기재하여야 하며 **계산과정이 틀리거나 없는 경우 0점 처리**됩니다.
   ※ 연습이 필요 시 연습란을 이용하여야 하며, 연습란은 채점대상이 아닙니다.
5. 계산문제는 **최종결과** 값(답)에서 **소수 셋째자리에서 반올림**하여 **둘째자리**까지 구하여야 하나 개별 문제에서 소수처리에 대한 별도 요구사항이 있을 경우, 그 요구사항에 따라야 합니다.
6. 답에 단위가 없으면 오답으로 처리됩니다. (단, 문제의 요구사항에 단위가 주어졌을 경우는 생략되어도 무방합니다.)
7. 문제에서 요구한 가지 수 이상을 답란에 표기한 경우, **답란기재 순**으로 **요구한 가지 수**만 채점합니다.

2021. 4. 24 시행

▌2021년 기사 제1회 필답형 실기시험▐

자격종목	시험시간	형별	수험번호	성명	감독위원 확 인
소방설비기사(전기분야)	3시간				

※ 다음 물음에 답을 해당 답란에 답하시오.(배점 : 100)

☆☆☆

문제 01

그림은 Y-△ 기동에 대한 시퀀스회로도이다. 회로를 보고 다음 각 물음에 답하시오.

(17.4.문12, 15.11.문2, 14.4.문1, 13.4.문6, 12.7.문9, 08.7.문14, 00.11.문10)

득점	배점
	5

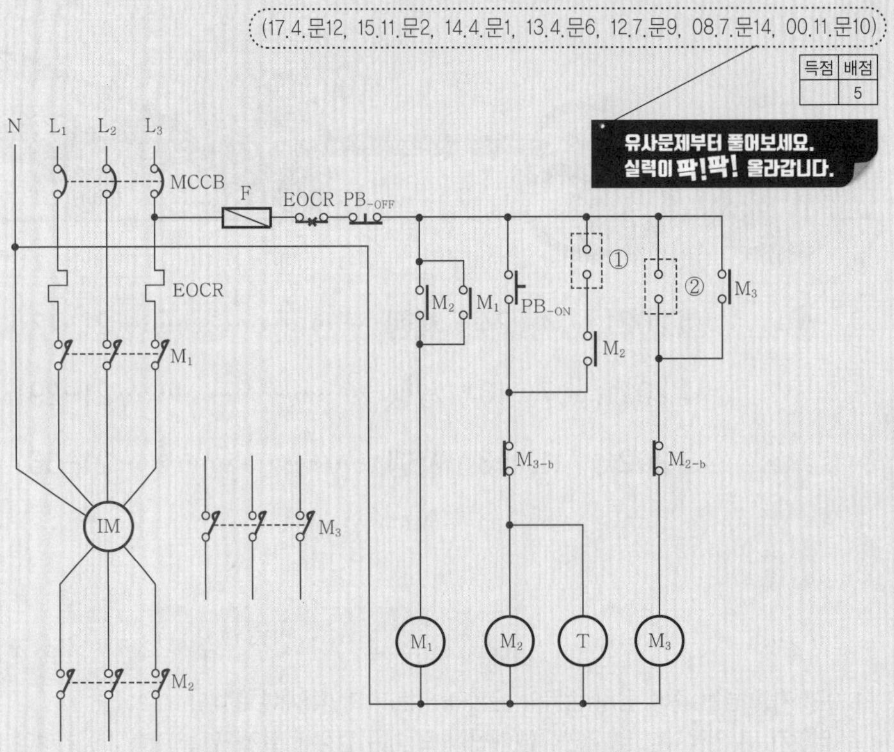

(가) Y－△ 운전이 가능하도록 주회로 부분을 미완성 도면에 완성하시오.

(나) Y－△ 운전이 가능하도록 보조회로(제어회로)에서 미완성 부분의 접점 및 접점기호를 표시하시오.

기 호	①	②
접점 및 접점기호		

(다) 기호 ①, ②의 접점 명칭을 쓰시오.

기 호	①	②
접점 명칭		

해답 (가)

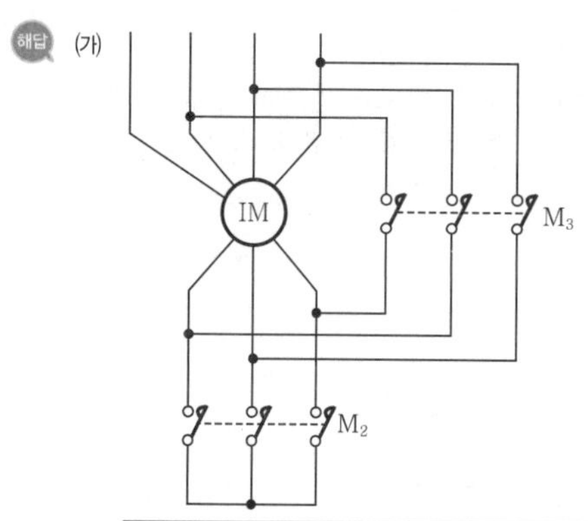

(나)

기 호	①	②
접점 및 접점기호	T_{-b}	T_{-a}

(다)

기 호	①	②
접점 명칭	한시동작 b접점	한시동작 a접점

해설 (가) **완성된 도면**

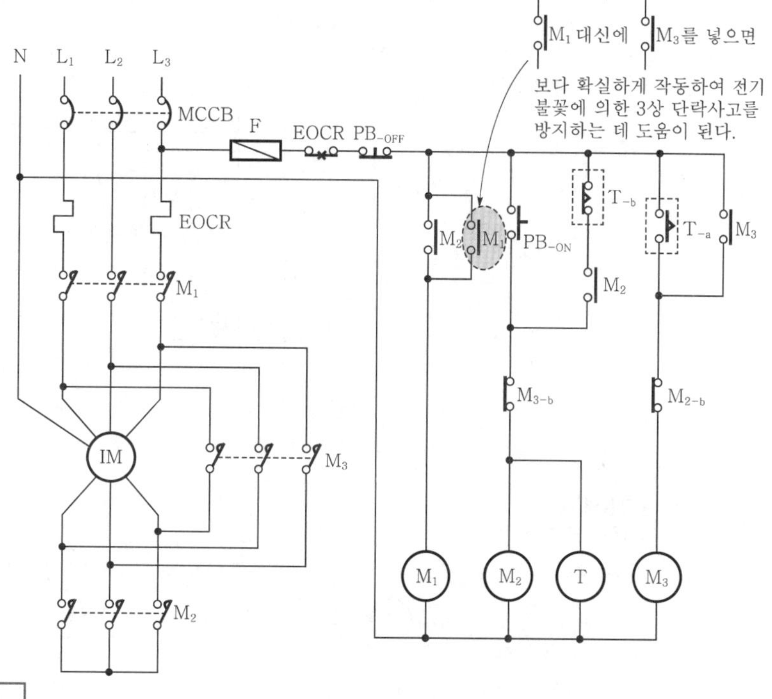

Y결선

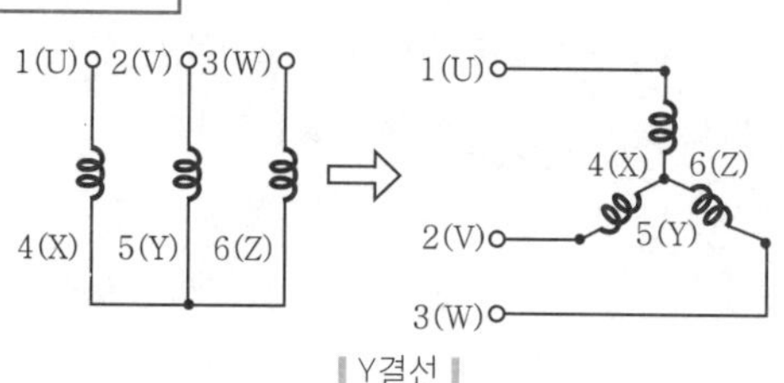

‖Y결선‖

4, 5, 6 또는 X, Y, Z가 모두 연결되도록 함

△결선

① △결선은 다음 그림의 △결선 1 또는 △결선 2 어느 것으로 연결해도 옳은 답이다.

② 1-6, 2-4, 3-5로 연결하는 방식이 전원을 투입할 때 순간적인 **돌입전류**가 적으므로 전동기의 수명을 연장시킬 수 있어서 이 방식을 권장한다.

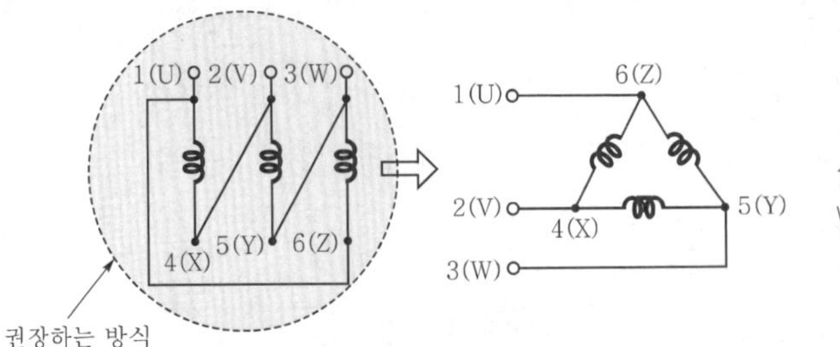

‖ △결선 1 ‖

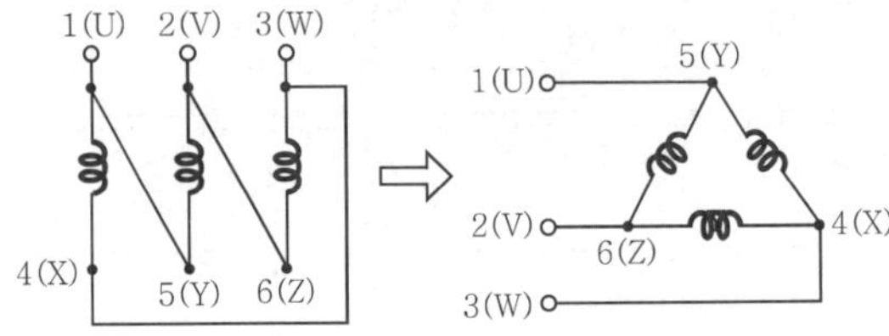

‖ △결선 2 ‖

③ 답에는 △결선을 1-6, 2-4, 3-5로 결선한 것을 제시하였다. 다음과 같이 △결선을 1-5, 2-6, 3-4로 결선한 도면도 답이 된다.

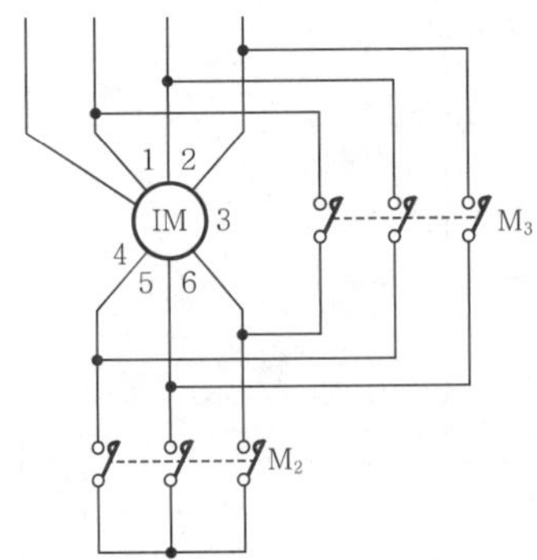

‖ 옳은 도면 ‖

(나), (다) **동작설명**

① 배선용 차단기 MCCB를 투입하면 보조회로에 전원이 공급된다.

② 기동용 푸시버튼스위치 PB_{-ON}을 누르면 전자접촉기 (M_2)와 타이머 (T)가 통전되며 (M_1) 보조 a접점에 의해 자기유지되고, 전자접촉기 (M_1)이 여자된다. 이와 동시에 (M_1), (M_2) 주접점이 닫히면서 전동기 (IM)은 Y결선으로 기동한다.

③ 타이머 (T)의 설정시간 후 한시동작 b접점과 a접점이 열리고 닫히면서 (M_1), (M_2), (T)가 소자되고 전자접촉기 (M_3)가 여자되어 (M_3) 보조 a접점에 의해 자기유지되고, 전자접촉기 (M_1)이 다시 여자된다. 이와 동시에 (M_1), (M_3) 주접점이 닫히면서 전동기 (IM)은 △결선으로 운전한다.

④ (M_2), (M_3) 인터록 b접점에 의해 (M_2), (M_3) 전자접촉기와 동시 투입을 방지한다.

⑤ PB_{-OFF}를 누르거나 운전 중 과부하가 걸리면 전자식 과전류계전기 EOCR이 개로되어 (M_1), (M_3)가 소자되고 전동기 (IM)은 정지한다.

구 분	b접점	a접점
타이머 접점	T-b ▌한시동작 b접점 ▌	T-a ▌한시동작 a접점 ▌
	한시(限時)동작접점 : 일반적인 **타이머**와 같이 일정시간 후 동작하는 접점	
	T-b ▌한시복귀 b접점 ▌	T-a ▌한시복귀 a접점 ▌
	한시복귀접점 : 순시동작한 다음 일정시간 후 복귀하는 접점	

☆☆

문제 02

배선의 공사방법 중 내화배선의 공사방법에 대한 다음 ( )를 완성하시오. (15.7.문7, 13.4.문18)

금속관 · 2종 금속제 (①) 또는 (②)에 수납하여 (③)로 된 벽 또는 바닥 등에 벽 또는 바닥의 표면으로부터 (④)의 깊이로 매설하여야 한다.

득점	배점
	4

① 가요전선관
② 합성수지관
③ 내화구조
④ 25mm 이상

- **내화배선** : **금속관 · 2종 금속제 가요전선관** 또는 **합성수지관**에 수납하여 **내화구조**로 된 벽 또는 바닥 등에 벽 또는 바닥의 표면으로부터 **25mm** 이상의 깊이로 매설
- **내열배선** : **금속관 · 금속제 가요전선관 · 금속덕트** 또는 **케이블공사**방법

중요

배선에 **사용**되는 **전선**의 **종류** 및 **공사방법**(NFTC 102 2.7.2)

(1) **내화배선**

사용전선의 종류	공사방법
① 450/750V 저독성 난연 가교 폴리올레핀 절연전선(HFIX) ② 0.6/1kV 가교 폴리에틸렌 절연 저독성 난연 폴리올레핀 시스 전력 케이블 ③ 6/10kV 가교 폴리에틸렌 절연 저독성 난연 폴리올레핀 시스 전력용 케이블 ④ 가교 폴리에틸렌 절연 비닐시스 트레이용 난연 전력 케이블 ⑤ 0.6/1kV EP 고무절연 클로로프렌 시스 케이블 ⑥ 300/500V 내열성 실리콘 고무절연전선(180℃) ⑦ 내열성 에틸렌-비닐 아세테이트 고무절연 케이블 ⑧ 버스덕트(bus duct)	• 금속관공사 • 2종 금속제 가요전선관공사 • 합성수지관공사 ※ **내화구조**로 된 벽 또는 바닥 등에 벽 또는 바닥의 표면으로부터 **25mm** 이상의 깊이로 매설할 것
• 내화전선	• 케이블공사

(2) **내열배선**

사용전선의 종류	공사방법
① 450/750V 저독성 난연 가교 폴리올레핀 절연전선(HFIX) ② 0.6/1kV 가교 폴리에틸렌 절연 저독성 난연 폴리올레핀 시스 전력 케이블 ③ 6/10kV 가교 폴리에틸렌 절연 저독성 난연 폴리올레핀 시스 전력용 케이블 ④ 가교 폴리에틸렌 절연 비닐시스 트레이용 난연 전력 케이블 ⑤ 0.6/1kV EP 고무절연 클로로프렌 시스 케이블 ⑥ 300/500V 내열성 실리콘 고무절연전선(180℃) ⑦ 내열성 에틸렌-비닐 아세테이트 고무절연 케이블 ⑧ 버스덕트(Bus duct)	• 금속관공사 • 금속제 가요전선관공사 • 금속덕트공사 • 케이블공사
• 내화전선	• 케이블공사

☆☆

문제 03

다음 조건에서 설명하는 감지기의 명칭을 쓰시오. (단, 감지기의 종별은 무시한다.) (15.7.문13, 09.10.문17)

득점	배점
	3

[조건]

① 공칭작동온도 : 75℃

② 작동방식 : 반전바이메탈식, 60V, 0.1A

③ 부착높이 : 8m 미만

○

해답 정온식 스포트형 감지기

해설

- 작동방식(**반전바이메탈식**)을 보고 **정온식 스포트형 감지기**인 것을 알자!
- [단서]에서 감지기의 종별은 적지 않도록 하자!

(1) **감지방식**에 따른 **구분**

차동식 스포트형 감지기	정온식 스포트형 감지기
① **공기**의 **팽창** 이용 ② **열기전력** 이용 ③ **반도체** 이용	① **바이메탈**의 활곡 이용 ② **바이메탈**의 반전 이용 ③ **금속**의 **팽창계수차** 이용 ④ **액체**(기체)의 팽창 이용 ⑤ **가용절연물** 이용 ⑥ **감열반도체소자** 이용

(2) **감지기**의 **부착높이**(NFPC 203 7조, NFTC 203 2.4.1)

부착높이	감지기의 종류
4m 미만	• 차동식(스포트형, 분포형) ┐ • 보상식 스포트형 ├ **열**감지기 • 정온식(스포트형, 감지선형) ┘ • 이온화식 또는 광전식(스포트형, 분리형, 공기흡입형) : **연**기감지기 • 열복합형 ┐ • 연기복합형 ├ **복**합형 감지기 • 열연기복합형 ┘ • **불**꽃감지기 기억법 **열연불복 4미**

4m 이상 8m 미만	• 차동식(스포트형, 분포형) • 보상식 스포트형 • 정온식(스포트형, 감지선형) 특종 또는 1종 ─ 열감지기 • 이온화식 1종 또는 2종 • 광전식(스포트형, 분리형, 공기흡입형) 1종 또는 2종 ─ 연기감지기 • 열복합형 • 연기복합형 • 열연기복합형 ─ 복합형 감지기 • 불꽃감지기 기억법 8미열 정특1 이광12 복불
8m 이상 15m 미만	• 차동식 분포형 • 이온화식 1종 또는 2종 • 광전식(스포트형, 분리형, 공기흡입형) 1종 또는 2종 • 연기복합형 • 불꽃감지기 기억법 15분 이광12 연복불
15m 이상 20m 미만	• 이온화식 1종 • 광전식(스포트형, 분리형, 공기흡입형) 1종 • 연기복합형 • 불꽃감지기 기억법 이광불연복 2
20m 이상	• 불꽃감지기 • 광전식(분리형, 공기흡입형) 중 아날로그방식 기억법 불광아

〔비고〕 1. 감지기별 부착높이 등에 대하여 별도로 형식승인받은 경우에는 그 성능인정범위 내에서 사용할 수 있다.
2. 부착높이 20m 이상에 설치되는 광전식 중 아날로그방식의 감지기는 공칭감지농도 하한값이 감광률 **5%/m** 미만인 것으로 한다.

문제 04

다음은 자동화재탐지설비의 계통도이다. 주어진 조건을 참조하여 다음 각 물음에 답하시오.

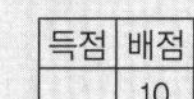

득점	배점
	10

〔조건〕
① 설비의 설계는 경제성을 고려하여 산정한다.
② 건물의 연면적은 $5000m^2$이다.
③ 감지기공통선과 경종표시등공통선은 별도로 한다.

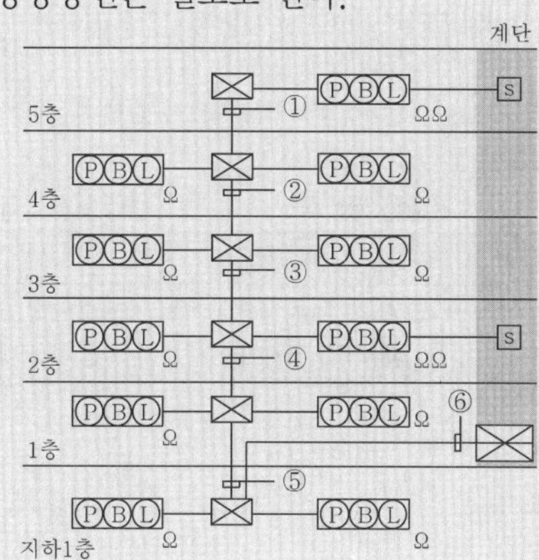

(가) 도면에서 기호 ①~⑥의 전선가닥수를 각각 구하시오.

기 호	①	②	③	④	⑤	⑥
가닥수						

(나) 발신기세트에 기동용 수압개폐장치를 사용하는 옥내소화전이 설치될 경우 추가되는 전선의 가닥수와 배선의 명칭을 쓰시오.

○

(다) 발신기세트에 ON-OFF 방식의 옥내소화전이 설치될 경우 추가되는 전선의 가닥수와 배선의 명칭을 쓰시오. (단, ON-OFF 스위치 공통선과 표시등공통선은 별도로 사용한다.)

○

 해답 (가)

기 호	①	②	③	④	⑤	⑥
가닥수	7	10	13	18	21	24

(나) 2가닥 : 기동확인표시등 2

(다) 5가닥 : 기동 1, 정지 1, 공통 1, 기동확인표시등 2

 해설 (가)

기 호	가닥수	전선의 사용용도(가닥수)
①	7	회로선(2), 회로공통선(1), 경종선(1), 경종표시등공통선(1), 응답선(1), 표시등선(1)
②	10	회로선(4), 회로공통선(1), 경종선(2), 경종표시등공통선(1), 응답선(1), 표시등선(1)
③	13	회로선(6), 회로공통선(1), 경종선(3), 경종표시등공통선(1), 응답선(1), 표시등선(1)
④	18	회로선(9), 회로공통선(2), 경종선(4), 경종표시등공통선(1), 응답선(1), 표시등선(1)
⑤	21	회로선(11), 회로공통선(2), 경종선(5), 경종표시등공통선(1), 응답선(1), 표시등선(1)
⑥	24	회로선(13), 회로공통선(2), 경종선(6), 경종표시등공통선(1), 응답선(1), 표시등선(1)

- [조건 ③] 감지기공통선 = 회로공통선
- **11층 미만**이므로 **일제경보방식**이다.
- **경종선**은 **층수**를 일제경보방식, 발화층 및 직상 4개층 우선경보방식 관계 없이 세면 된다.
- 문제에서 특별한 조건이 없더라도 **회로공통선**은 화재안전기준(NFPC 203 11조 7호, NFTC 203 2.8.1.7)에 의해 회로선이 7회로가 넘을시 반드시 1가닥씩 추가하여야 한다.
  이것을 공식으로 나타내면 다음과 같다.

$$\text{회로공통선} = \frac{\text{회로선}}{7}\ (\text{절상})$$

예 기호 ④의 회로공통선$= \frac{\text{회로선}}{7} = \frac{6}{7} = 0.8 \fallingdotseq 1$가닥(절상)

- 자동화재탐지설비 및 시각경보장치의 화재안전기준(NFPC 203, NFTC 203)
  〈제11조 배선〉
  7. 피(P)형 수신기 및 지피(G.P.)형 수신기의 감지기회로의 배선에 있어서 하나의 공통선에 접속할 수 있는 경계구역은 **7개 이하**로 할 것

‖ 발화층 및 직상 4개층 우선경보방식과 일제경보방식 ‖

발화층 및 직상 4개층 우선경보방식	일제경보방식
• 화재시 **안전**하고 **신속**한 **인명**의 **대피**를 위하여 화재가 발생한 층과 **인근 층부터** 우선하여 별도로 **경보**하는 방식 • **11층**(공동주택 **16층**) **이상**의 특정소방대상물에 적용	• **소규모 특정소방대상물**에서 화재발생시 **전 층**에 **동시**에 **경보**하는 방식

(나) 문제에서 기동용 수압개폐방식(**자동기동방식**)이라고 했으므로 옥내소화전함이 자동기동방식이므로 감지기배선을 제외한 간선에 **'기동확인표시등 2'**가 추가로 사용되어야 한다. 특히, 옥내소화전 배선은 구역에 따라 가닥수가 늘어나지 않는 것도 알라!

(다)

구 분	배선수	배선굵기	배선의 용도
ON, OFF 기동방식	5	2.5mm²	기동 1, 정지 1, 공통 1, 기동확인표시등 2
기동용 수압개폐방식	2	2.5mm²	기동확인표시등 2

- **'기동'** 대신 **ON**, **'정지'** 대신 **OFF**라고 써도 된다.
- 기동용 수압개폐방식=기동용 수압개폐장치방식

용어

옥내소화전설비의 **기동방식**

수동기동방식	자동기동방식
ON, OFF 스위치를 이용하는 방식	기동용 수압개폐장치를 이용하는 방식

☆☆☆

문제 05

비내화구조인 건물에 차동식 스포트형 1종 감지기를 설치할 경우 다음 각 물음에 답하시오. (단, 감지기가 부착되어 있는 천장의 높이는 3.8m이다.) (19.6.문4, 17.11.문12, 13.11.문3, 13.4.문4)

득점	배점
	7

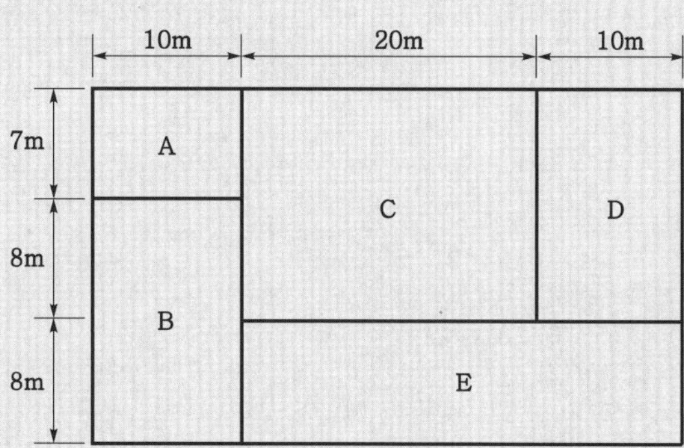

(가) 다음 각 실에 필요한 감지기의 수량을 산출하시오.

실	산출내역	개 수
A		
B		
C		
D		
E		
합계		

(나) 실 전체의 경계구역수를 선정하시오.

○ 계산과정 :

○ 답 :

해답 (가)

실	산출내역	개 수
A	$\frac{10\times7}{50}=1.4$	2
B	$\frac{10\times(8+8)}{50}=3.2$	4
C	$\frac{20\times(7+8)}{50}=6$	6
D	$\frac{10\times(7+8)}{50}=3$	3
E	$\frac{(20+10)\times8}{50}=4.8$	5
합계	$2+4+6+3+5=20$	20

(나) ○ 계산과정 : $\frac{(10+20+10)\times(7+8+8)}{600}=1.533 ≒ 2$

○ 답 : 2경계구역

해설 (가) **감지기**의 **바닥면적**(NFPC 203 7조, NFTC 203 2.4.3.9.1)

(단위 : m^2)

부착높이 및 특정소방대상물의 구분		감지기의 종류				
		차동식 · 보상식 스포트형		정온식 스포트형		
		1종	2종	특 종	1종	2종
4m 미만	내화구조	90	70	70	60	20
	기타구조 →	50	40	40	30	15
4m 이상 8m 미만	내화구조	45	35	35	30	–
	기타구조	30	25	25	15	–

기억법
차 보 정
9 7 7 6 2
5 4 4 3 ①
④ ③ ③ 3 ×
3 ② ② ① ×
※ 동그라미(○) 친 부분은 뒤에 5가 붙음

- 기타구조=비내화구조
- 천장 높이 : 3.8m로서 4m 미만 적용

실	산출내역	개 수
A	$\frac{10\text{m}\times7\text{m}}{50\text{m}^2}=1.4 ≒ 2$개(절상)	2개
B	$\frac{10\text{m}\times(8+8)\text{m}}{50\text{m}^2}=3.2 ≒ 4$개(절상)	4개
C	$\frac{20\text{m}\times(7+8)\text{m}}{50\text{m}^2}=6$개	6개
D	$\frac{10\text{m}\times(7+8)\text{m}}{50\text{m}^2}=3$개	3개
E	$\frac{(20+10)\text{m}\times8\text{m}}{50\text{m}^2}=4.8 ≒ 5$개(절상)	5개
합계	$2+4+6+3+5=20$개	20개

(나) 경계구역 $=\frac{(10+20+10)\text{m}\times(7+8+8)\text{m}}{600\text{m}^2}=1.533 ≒ 2$개(절상)

∴ 2경계구역

- 1경계구역은 **600m² 이하**이고, 한 변의 길이는 **50m 이하**이므로 $\frac{\text{적용면적}}{600\text{m}^2}$을 하면 경계구역을 구할 수 있다.
- 경계구역 산정은 **소수점**이 발생하면 반드시 **절상**한다.

아하! 그렇구나 각 층의 경계구역 산정

① 여러 개의 **건축물**이 있는 경우 각각 **별개**의 **경계구역**으로 한다.
② 여러 개의 **층**이 있는 경우 각각 **별개**의 **경계구역**으로 한다. (단, **2개 층**의 면적의 합이 **500m² 이하**인 경우는 **1경계구역**으로 할 수 있다)
③ **지하층**과 **지상층**은 **별개**의 **경계구역**으로 한다. (**지하 1층**인 경우에도 **별개**의 **경계구역**으로 한다. 주의! 또 주의!!)
④ 1경계구역의 면적은 **600m² 이하**로 하고, 한 변의 길이는 **50m 이하**로 한다.
⑤ **목욕실 · 화장실** 등도 **경계구역 면적**에 **포함**한다.
⑥ **계단 및 엘리베이터**의 **면적**은 **경계구역 면적**에서 **제외**한다.

☆☆

문제 06

공기관식 차동식 분포형 감지기를 설치하려고 한다. 공기관의 설치길이가 370m인 경우 검출부는 몇 개가 소요되는지 구하시오.

(12.4.문12)

○ 계산과정 :
○ 답 :

득점	배점
	4

해답 ○ 계산과정 : $\frac{370}{100}=3.7 ≒ 4$개

○ 답 : 4개

해설 **공기관식** 차동식 분포형 감지기의 **설치기준**(NFPC 203 7조, NFTC 203 2.4.3.7)

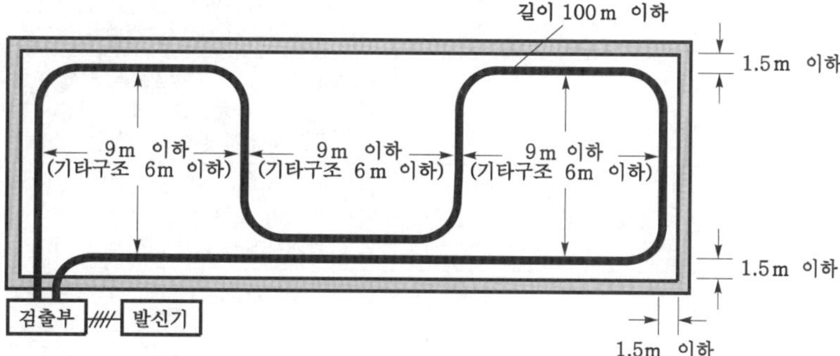

(1) 공기관의 노출부분은 감지구역마다 **20m** 이상이 되도록 설치한다.
(2) 공기관과 감지구역의 각 변과의 수평거리는 **1.5m** 이하가 되도록 한다.
(3) 공기관 상호간의 거리는 **6m**(내화구조는 **9m**) 이하가 되도록 한다.
(4) 하나의 검출부에 접속하는 공기관의 길이는 **100m** 이하가 되도록 한다.
(5) 검출부는 **5°** 이상 경사지지 않도록 한다.
(6) **검출부**는 바닥으로부터 **0.8~1.5m** 이하의 위치에 설치한다.
(7) 공기관은 도중에서 **분기**하지 않도록 한다.

• 공기관식 차동식 분포형 감지기의 검출부 개수

$$\text{공기관식 감지기 검출부 개수} = \frac{\text{공기관 길이}}{100\text{m}}(\text{절상})$$

$$= \frac{370\text{m}}{100\text{m}} = 3.7 \fallingdotseq 4\text{개}$$

※ 절상 : '**소수점 이하는 무조건 올린다.**'는 뜻

☆

문제 07

화재안전기준에 따른 경계구역, 감지기, 시각경보장치에 대하여 용어의 정의를 쓰시오.

(19.4.문6, 09.10.문16, 08.7.문13)

○ 경계구역 :
○ 감지기 :
○ 시각경보장치 :

득점	배점
	6

해답 ① 경계구역 : 특정소방대상물 중 화재신호를 발신하고 그 신호를 수신 및 유효하게 제어할 수 있는 구역
② 감지기 : 화재시 발생하는 열, 연기, 불꽃 또는 연소생성물을 자동적으로 감지하여 수신기에 발신하는 장치
③ 시각경보장치 : 자동화재탐지설비에서 발하는 화재신호를 시각경보기에 전달하여 청각장애인에게 점멸형태의 시각경보를 하는 것

해설 **자동화재탐지설비**와 **관련된 기기**

용 어	설 명
경계구역	특정소방대상물 중 **화재신호**를 **발신**하고 그 **신호**를 **수신** 및 유효하게 **제어**할 수 있는 구역
감지기	화재시 발생하는 열, 연기, 불꽃 또는 연소생성물을 자동적으로 **감지**하여 **수신기**에 **발신**하는 장치
시각경보장치	**자동화재탐지설비**에서 발하는 화재신호를 시각경보기에 전달하여 **청각장애인**에게 **점멸형태**의 **시각경보**를 하는 것
발신기	화재발생신호를 수신기에 **수동**으로 **발신**하는 장치
중계기	감지기·발신기 또는 전기적 접점 등의 작동에 따른 **신호**를 받아 이를 수신기의 제어반에 **전송**하는 장치
P형 수신기	감지기 또는 P형 발신기로부터 발하여지는 신호를 **직접** 또는 **중계기**를 통하여 **공통신호**로서 수신하여 화재의 발생을 당해 소방대상물의 **관계자**에게 **경보**하여 주는 것
R형 수신기	감지기 또는 P형 발신기로부터 발하여지는 신호를 **직접** 또는 **중계기**를 통하여 **고유신호**로서 수신하여 화재의 발생을 당해 소방대상물의 **관계자**에게 **경보**하여 주는 것
P형 복합식 수신기	감지기 또는 P형 발신기 등으로부터 발하여지는 신호를 **직접** 또는 **중계기**를 통하여 **공통신호**로서 수신하여 화재의 발생을 당해 소방대상물의 **관계자**에게 **경보**하여 주고 자동 또는 수동으로 옥내·외 소화전설비, 스프링클러설비, 물분무소화설비, 포소화설비, 이산화탄소 소화설비, 할론소화설비, 분말소화설비, 배연설비 등의 가압송수장치 또는 기동장치 등의 제어기능을 수행하는 것
R형 복합식 수신기	감지기 또는 P형 발신기 등으로부터 발하여지는 신호를 **직접** 또는 **중계기**를 통하여 **고유신호**로서 수신하여 화재의 발생을 당해 소방대상물의 **관계자**에게 **경보**하여 주고 **제어기능**을 **수행**하는 것

다신호식 수신기	감지기로부터 **최초** 및 **두 번째 화재신호** 이상을 수신하는 경우 주음향장치 또는 부음향장치의 명동 및 지구표시장치에 의한 경계구역을 각각 자동으로 표시함과 동시에 **화재등** 및 **지구음향장치**가 자동적으로 작동하는 것
축적형 수신기	전원차단시간: 1~3초 이하 / 축적시간: 30~60초 이하 / 화재표시감지시간: 60초(차단 및 인가 1회 이상 반복)
아날로그식 수신기	아날로그식 감지기로부터 출력된 신호를 수신한 경우 **예비표시** 및 **화재표시**를 표시함과 동시에 입력신호량을 표시할 수 있어야 하며 또한 **작동레벨**을 **설정**할 수 있는 조정장치가 있을 것
자동화재속보설비의 속보기	수동작동 및 **자동화재탐지설비** 수신기의 화재신호와 연동으로 작동하여 **관계자**에게 화재발생을 **경보**함과 동시에 **소방관서**에 자동적으로 **전화망**을 통한 당해 화재발생 및 당해 소방대상물의 위치 등을 **음성**으로 통보하여 주는 것

☆☆☆

문제 08

지상 31m되는 곳에 수조가 있다. 이 수조에 분당 12m^{3}의 물을 양수하는 펌프용 전동기를 설치하여 3상 전력을 공급하려고 한다. 펌프 효율이 65%이고, 펌프측 동력에 10%의 여유를 둔다고 할 때 다음 각 물음에 답하시오. (단, 펌프용 3상 농형 유도전동기의 역률은 1로 가정한다.) (12.11.문15)

득점	배점
	6

(가) 펌프용 전동기의 용량은 몇 kW인가?
- ○ 계산과정 :
- ○ 답 :

(나) 3상 전력을 공급하고자 단상 변압기 2대를 V결선하여 이용하고자 한다. 단상 변압기 1대의 용량은 몇 kVA인가?
- ○ 계산과정 :
- ○ 답 :

해답 (가) ○ 계산과정 : $\dfrac{9.8\times1.1\times31\times12}{0.65\times60}=102.824 ≒ 102.82\text{kW}$

○ 답 : 102.82kW

(나) ○ 계산과정 : $\dfrac{102.82}{\sqrt{3}\times1}=59.363 ≒ 59.36\text{kVA}$

○ 답 : 59.36kVA

해설 (가) **전동기**의 **용량**

$$P\eta t=9.8KHQ$$

여기서, P : 전동기 용량〔kW〕
η : 효율
t : 시간〔s〕
K : 여유계수
H : 전양정〔m〕
Q : 양수량〔m^3〕

$$P=\frac{9.8KHQ}{\eta t}=\frac{9.8\times1.1\times31\times12}{0.65\times60}=102.824 ≒ 102.82\text{kW}$$

- 단위가 kW이므로 kW에는 역률이 이미 포함되어 있기 때문에 전동기의 **역률**은 **적용**하지 **않는 것**에 유의하여 전동기의 용량을 산정할 것

(나) **V결선시 단상 변압기 1대의 용량**

$$P_a = \sqrt{3}\,P_V$$
$$P = \sqrt{3}\,P_V \cos\theta$$

여기서, P_a : △ 또는 Y 결선시의 전동기 용량(피상전력)〔kVA〕
P : △ 또는 Y 결선시의 전동기 용량(유효전력)〔kW〕
P_V : V결선시의 단상 변압기 1대의 용량〔kVA〕

V결선시의 단상 변압기 1대의 용량 P_V는

$$P_V = \frac{P}{\sqrt{3}\cos\theta} = \frac{102.82}{\sqrt{3}\times 1} = 59.363 \fallingdotseq 59.36\text{kVA}$$

- V결선은 변압기 사고시 응급조치 등의 용도로 사용된다.

참고

V결선

변압기 1대의 이용률	출력비
$U = \dfrac{\sqrt{3}\,V_P I_P \cos\theta}{2\,V_P I_P \cos\theta} = \dfrac{\sqrt{3}}{2} = 0.866$ ∴ 86.6%	$\dfrac{P_V}{P_\triangle} = \dfrac{\sqrt{3}\,V_P I_P \cos\theta}{3\,V_P I_P \cos\theta} = \dfrac{\sqrt{3}}{3} = 0.577$ ∴ 57.7%

☆☆☆

문제 09

도면은 할론(halon)소화설비의 수동조작함에서 할론제어반까지의 결선도 및 계통도(3zone)이다. 주어진 도면과 조건을 이용하여 다음 각 물음에 답하시오.

(17.11.문2, 15.11.문10, 13.11.문17, 12.4.문1, 11.5.문16, 09.4.문14, 03.7.문3)

득점	배점
	8

〔조건〕
① 전선의 가닥수는 최소가닥수로 한다.
② 복구스위치 및 도어스위치는 없는 것으로 한다.
③ 번호표시가 없는 단자는 방출지연스위치이다.

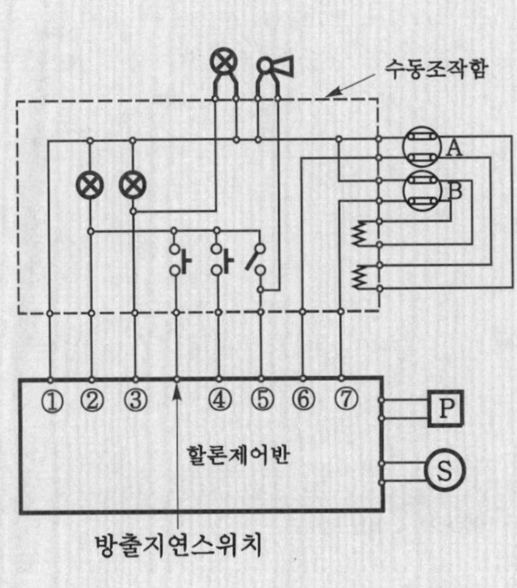

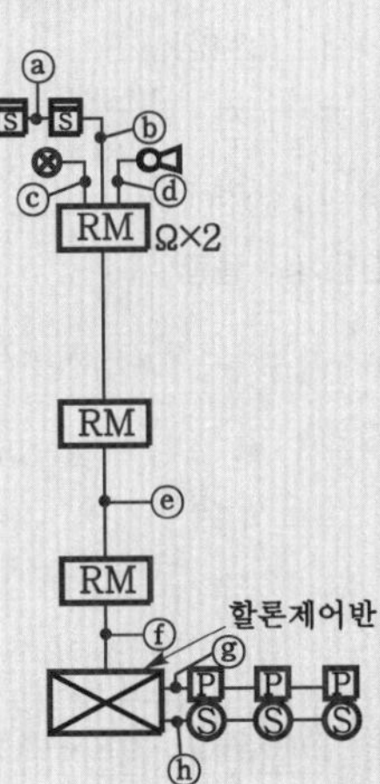

▮도면▮

(가) ①~⑦의 전선 명칭을 쓰시오.

기 호	①	②	③	④	⑤	⑥	⑦
명 칭							

(나) ⓐ~ⓗ의 전선 가닥수를 쓰시오.

기 호	ⓐ	ⓑ	ⓒ	ⓓ	ⓔ	ⓕ	ⓖ	ⓗ
가닥수								

해답 (가)

기 호	①	②	③	④	⑤	⑥	⑦
명 칭	전원 ⊖	전원 ⊕	방출 표시등	기동 스위치	사이렌	감지기 A	감지기 B

(나)

기 호	ⓐ	ⓑ	ⓒ	ⓓ	ⓔ	ⓕ	ⓖ	ⓗ
가닥수	4	8	2	2	13	18	4	4

해설 (가)

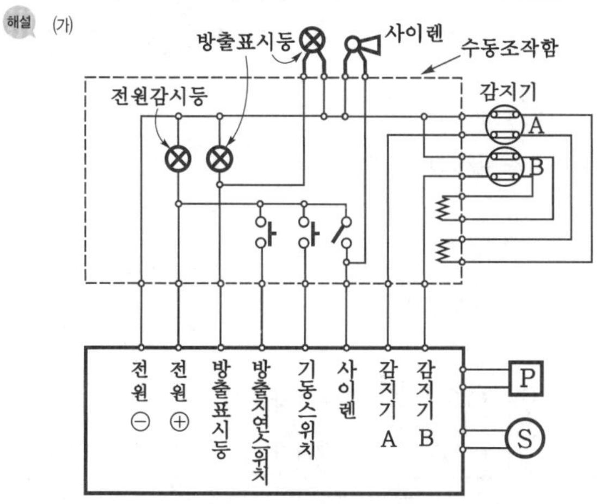

- 전선의 용도에 관한 명칭을 답할 때 전원 ⊖와 전원 ⊕가 바뀌지 않도록 주의할 것
- 일반적으로 공통선(common line)은 전원 ⊖를 사용하므로 기호 ①이 전원 ⊖가 되어야 한다.
- 방출지연스위치=비상스위치=방출지연비상스위치

(나)

기 호	내 역	용 도
ⓐ	HFIX 1.5-4	지구, 공통 각 2가닥
ⓑ	HFIX 1.5-8	지구, 공통 각 4가닥
ⓒ	HFIX 2.5-2	방출표시등 2
ⓓ	HFIX 2.5-2	사이렌 2
ⓔ	HFIX 2.5-13	전원 ⊕ · ⊖, 방출지연스위치 1, (감지기 A 1, 감지기 B 1, 기동스위치 1, 사이렌 1, 방출표시등 1)×2

ⓕ	HFIX 2.5-18	전원 ⊕·⊖, 방출지연스위치 1, (감지기 A 1, 감지기 B 1, 기동스위치 1, 사이렌 1, 방출표시등 1)×3
ⓖ	HFIX 2.5-4	압력스위치 3, 공통 1
ⓗ	HFIX 2.5-4	솔레노이드밸브 기동 3, 공통 1

• **방출지연스위치**는 〔조건〕에서 최소가닥수 산정이므로 방호구역마다 가닥수가 늘어나지 않고 반드시 1가닥으로 해야 한다. 방호구역마다 가닥수가 늘어나도록 산정하면 틀린다.

중요

사이렌과 **방출표시등**

구 분	심 벌	설치목적
사이렌	○◁	실내에 설치하여 실내에 있는 **인명대피**
방출표시등	⊗	실외의 출입구 위에 설치하여 **출입금지**

용어

방출지연스위치(비상스위치)
자동복귀형 스위치로서 수동식 기동장치의 타이머를 순간 정지시키는 기능의 스위치

주의

다음과 같이 문제에서 방출지연스위치가 표시되어 있지 않다고 하더라도 조건에서 '**방출지연스위치**'를 생략한다는 말이 없는 한 가닥수에서 **방출지연스위치**는 반드시 **추가**하여야 한다.

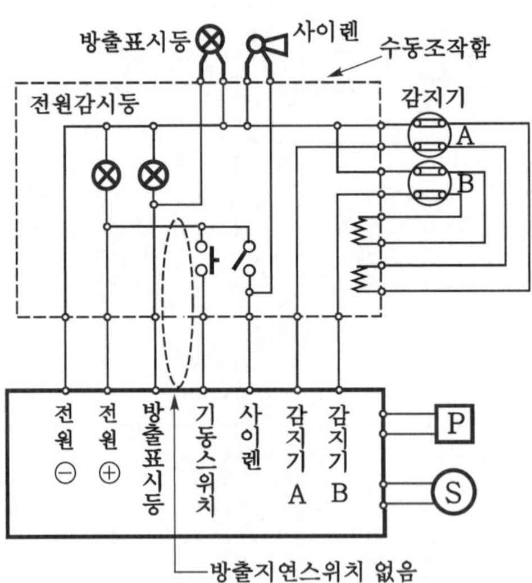

☆☆

문제 10

그림의 도면은 타이머에 의한 전동기의 교대운전이 가능하도록 설계된 전동기의 시퀀스회로이다. 이 도면을 이용해 다음 각 물음에 답하시오. (05.7.문15)

득점	배점
	6

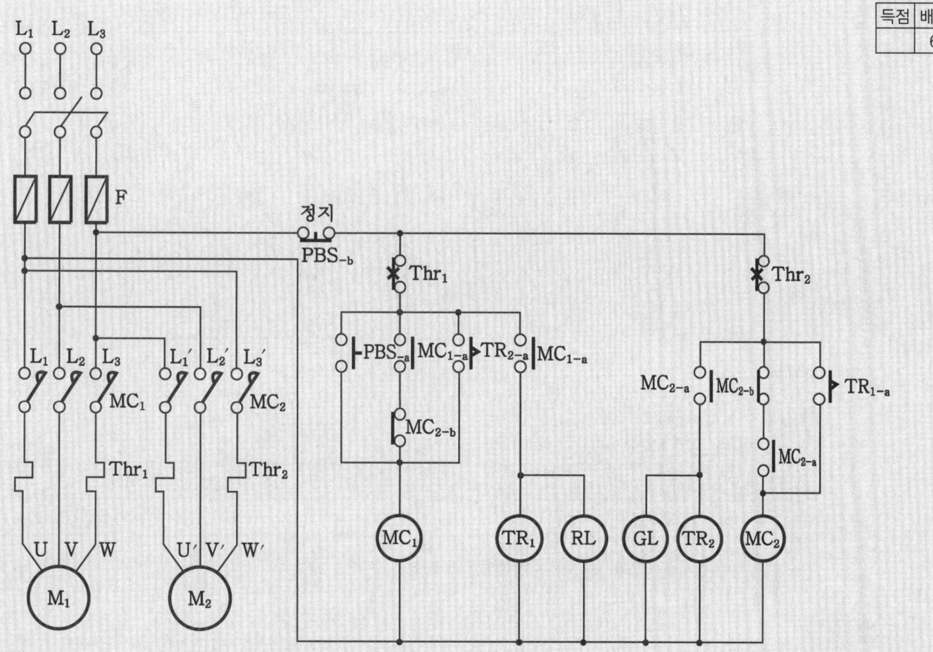

(가) 도면에서 제어회로 부분에 잘못된 곳이 있다. 이곳을 지적하고 올바르게 고치는 방법을 설명하시오.

○

(나) 타이머 TR_1이 2시간, 타이머 TR_2가 4시간으로 각각 세팅이 되어 있다면 하루에 전동기 M_1과 M_2는 몇 시간씩 운전되는가?

○ M_1 :

○ M_2 :

(다) TR_1과 병렬연결된 RL 표시등, TR_2와 병렬연결된 GL 표시등의 용도에 대해 쓰시오.

○ RL :

○ GL :

해답 (가)  회로의 MC_{2-b}를 MC_{1-b}로 수정하여야 한다.

(나) ○ M_1 : 8시간

○ M_2 : 16시간

(다) ○ RL : M_1 전동기 운전표시등

○ GL : M_2 전동기 운전표시등

해설 (가) 수정된 도면

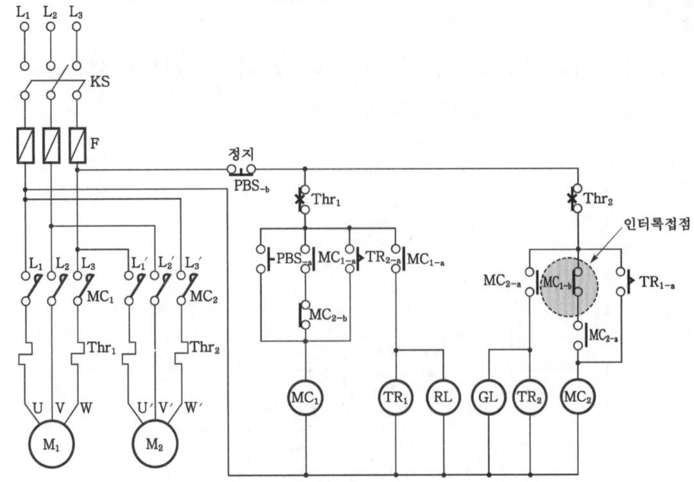

(나) 하루는 24시간이므로 $\dfrac{24\text{시간}}{(2+4)\text{시간}} = 4$회(하루에 4회를 반복한다.)

① TR_1=2시간×4회=8시간

② TR_2=4시간×4회=16시간

(다)

RL	GL
M_1 전동기 운전표시등	M_2 전동기 운전표시등

• 'M_1 **운전표시등**', 'M_2 **운전표시등**'이라고 써도 정답!

중요

동작설명

(1) 나이프스위치 KS를 닫는다.

(2) 푸시버튼스위치 PBS_{-a}를 누르면 전자접촉기 (MC₁)이 여자되고, 자기유지되며 (MC₁) 주접점이 닫혀서 (M₁) 전동기가 운전된다.

(3) 이와 동시에 타이머 (TR₁)이 통전되며, 표시등 (RL)이 점등되어 (M₁) 전동기가 운전 중임을 표시한다.

(4) 2시간 후 TR_{1-a} 한시접점이 닫혀서 전자접촉기 (MC₂)가 여자되고, 자기유지되며 (MC₂) 주접점이 닫혀서 (M₂) 전동기가 운전된다.

(5) 이와 동시에 타이머 (TR₂)가 통전되며, 표시등 (GL)이 점등되어 (M₂) 전동기가 운전 중임을 표시한다. 또한, MC_{2-b} 접점이 개방되어 (MC₁)을 소자시키고 (MC₁) 주접점이 개방되어 (M₁) 전동기는 정지한다. 또한 MC_{1-a} 접점에도 원상태로 복귀되어 (TR₁)이 소자되고 (RL)도 소등된다.

(6) 4시간 후 TR_{2-a} 한시접점이 닫혀서 전자접촉기 (MC₁)이 여자되고, 자기유지되며 (MC₁) 주접점이 닫혀서 (M₁) 전동기가 다시 운전된다.

(7) 이와 동시에 타이머 (TR₁)이 다시 통전되며, 표시등 (RL)이 점등되어 (M₁) 전동기가 운전 중임을 표시한다. 또한, MC_{1-b} 접점이 개방되어 (MC₂)를 소자시키고 (MC₂) 주접점이 개방되어 (M₂) 전동기는 정지한다. 또한 MC_{2-a} 접점도 원상태로 복귀되어 (TR₂)가 소자되고 (GL)도 소등된다.

(8) 이와 같이 전동기 (M₁)과 (M₂)가 교대로 운전되다가 전동기 (M₁)에 과부하가 걸리면 Thr_1, 전동기 (M₂)에 과부하가 걸리면 Thr_2가 각각 동작되어 (MC₁), (MC₂)를 개방하여 전동기 (M₁), (M₂)를 정지시킨다.

(9) 전동기 (M₁), (M₂) 교대운전 중 푸시버튼스위치 PBS_{-b}를 누르면 전동기는 모두 정지하고 운전 전 상태로 된다.

☆
문제 11

비상콘센트설비를 설치하여야 할 특정소방대상물 3가지를 쓰시오. (18.4.문1)

득점	배점
	6

○
○
○

해답 ① 11층 이상의 층
② 지하 3층 이상이고 지하층의 바닥면적 합계가 $1000m^2$ 이상인 것은 지하 전층
③ 지하가 중 터널길이 500m 이상

해설 **비상콘센트설비**의 **설치대상**(소방시설법 시행령 〔별표 4〕)

설치대상	조 건
지상층	**11층 이상**
지하 전층	**지하 3층 이상**이고, 지하층 바닥면적 합계가 **$1000m^2$** 이상
지하가 중 터널	길이 **500m** 이상

☆☆
문제 12

3개의 입력 A, B, C가 주어졌을 때 출력 X_A, X_B, X_C의 상태를 그림과 같은 타임차트(Time chart)로 나타내었다. 다음 각 물음에 답하시오. (20.10.문17)

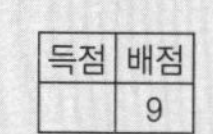
득점	배점
	9

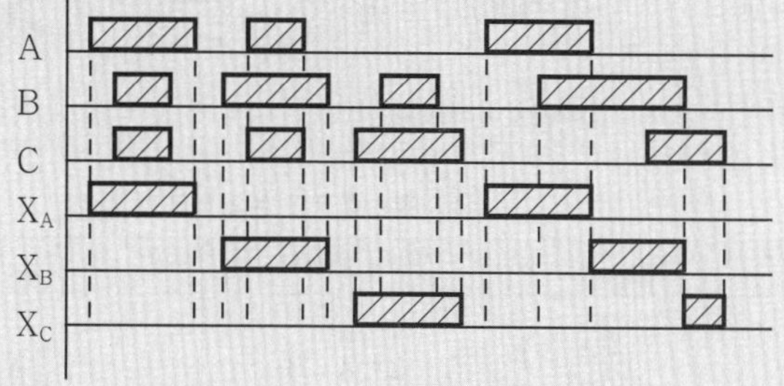

(가) 타임차트에 적합하게 논리식을 쓰시오.
○ $X_A=$
○ $X_B=$
○ $X_C=$

(나) 타임차트에 적합하게 유접점(시퀀스)회로를 그리시오.

(다) 타임차트에 적합하게 무접점(논리)회로를 그리시오.

해답 (가) $X_A = A\,\overline{X_B}\,\overline{X_C}$
$X_B = B\,\overline{X_A}\,\overline{X_C}$
$X_C = C\,\overline{X_A}\,\overline{X_B}$

(나)

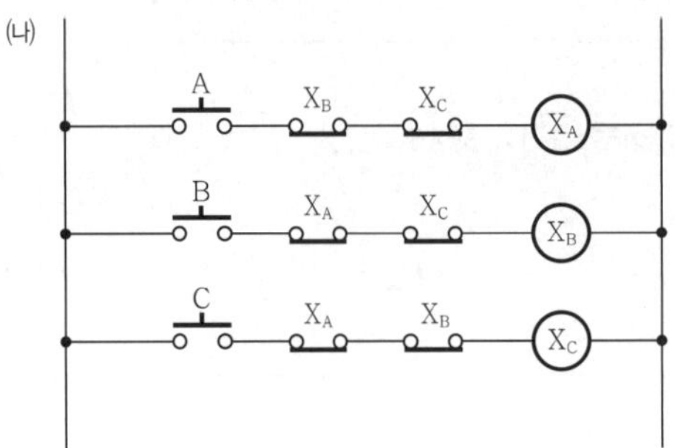

(다)

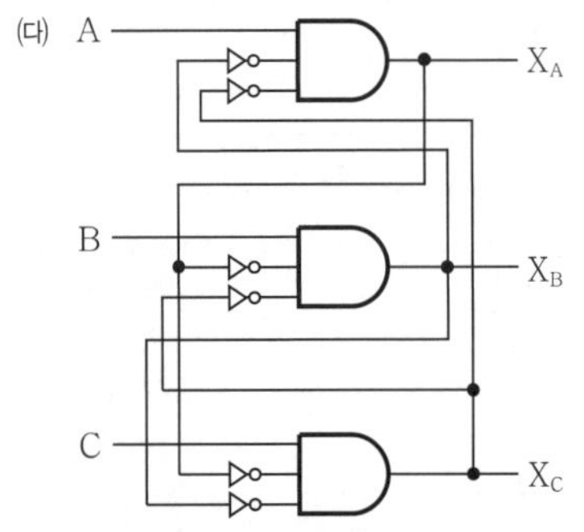

해설

- (가) : 타임차트를 보고 논리식 작성은 매우 어려우므로 유접점(시퀀스)회로부터 먼저 그린 후 논리식을 작성하면 보다 쉽다.
- (나) : 문제에서 A~C는 3개의 입력이라고 했으므로 ( ) 모두 정답!
- (다) : 접속부분에 점(•)도 빠짐없이 잘 찍을 것

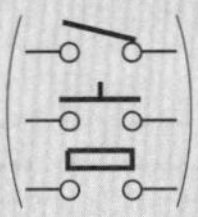

‖ **시퀀스회로**와 **논리회로**의 관계 ‖

회 로	시퀀스회로	논리식	논리회로
직렬회로 (AND회로)	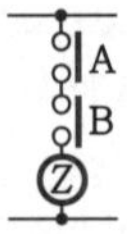	Z=A · B Z=AB	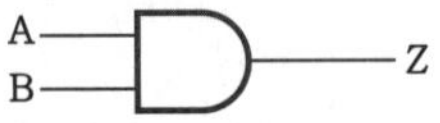
병렬회로 (OR회로)	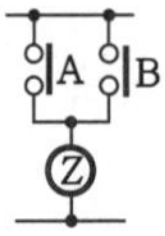	Z=A+B	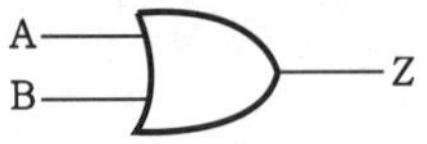
a접점	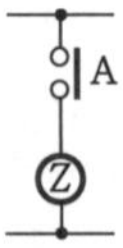	Z=A	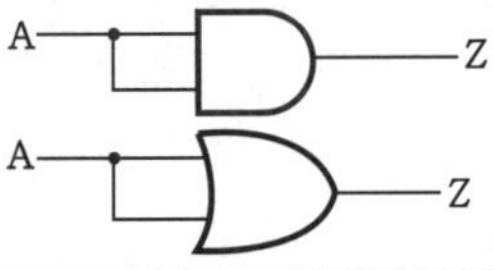
b접점		$Z=\overline{A}$	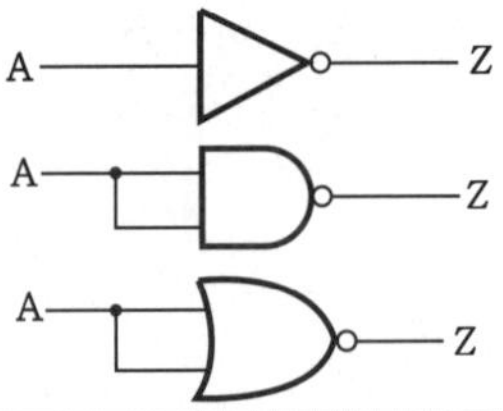

비교

타임차트(Time chart)

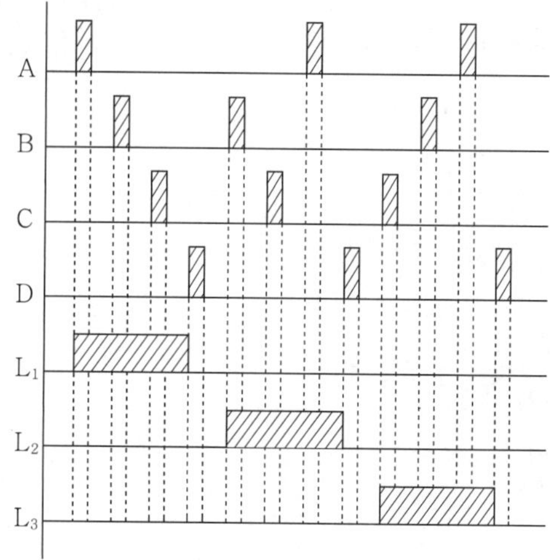

(1) 논리식

$L_1 = X_1 = \overline{D}(A + X_1)\overline{X_2}\ \overline{X_3}$

$L_2 = X_2 = \overline{D}(B + X_2)\overline{X_1}\ \overline{X_3}$

$L_3 = X_3 = \overline{D}(C + X_3)\overline{X_1}\ \overline{X_2}$

(2) 유접점회로

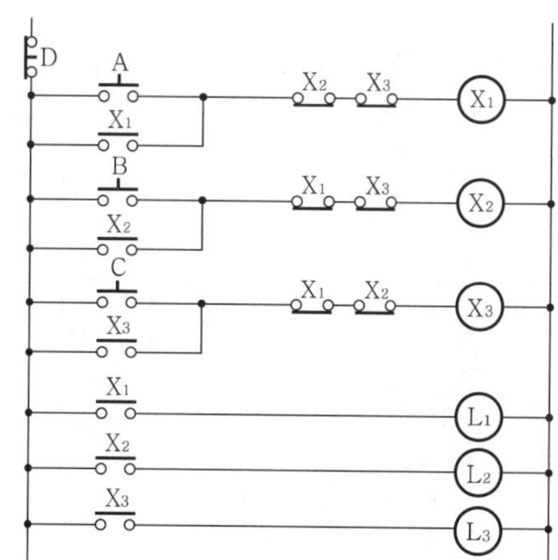

(3) 무접점회로

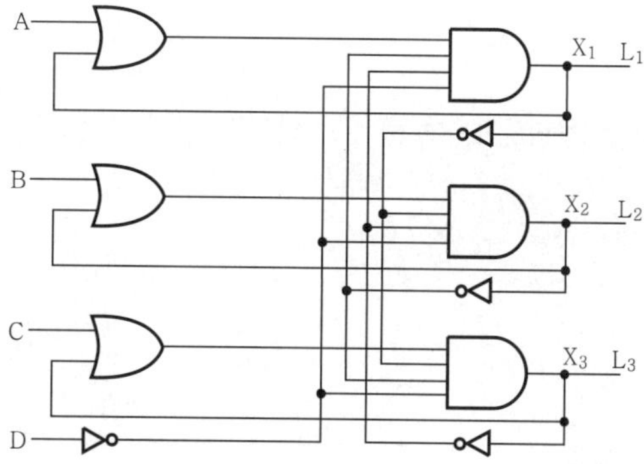

★★★
문제 13

20W 중형 피난구유도등 30개가 AC 220V에서 점등되었다면 소요되는 전류는 몇 A인가? (단, 유도등의 역률은 70%이고 충전되지 않은 상태이다.) (19.4.문10, 17.11.문14, 16.6.문12, 13.4.문8)

득점	배점
	4

○ 계산과정 :
○ 답 :

해답 ○ 계산과정 : $I = \dfrac{(20 \times 30\text{개})}{220 \times 0.7} = 3.896 \fallingdotseq 3.9\text{A}$

○ 답 : 3.9A

해설 **유도등**은 **단상 2선식**이므로

$$P = VI\cos\theta\eta$$

여기서, P : 전력[W], V : 전압[V], I : 전류[A]
$\cos\theta$: 역률, η : 효율

전류 I는

$$I = \frac{P}{V\cos\theta\eta} = \frac{(20 \times 30\text{개})}{220 \times 0.7} = 3.896 \fallingdotseq 3.9\text{A}$$

• **효율**(η)은 주어지지 않았으므로 **무시**

중요

방 식	공 식	적응설비
단상 2선식	$P = VI\cos\theta\eta$ 여기서, P : 전력[W] V : 전압[V] I : 전류[A] $\cos\theta$: 역률 η : 효율	• 기타설비(유도등·비상조명등·솔레노이드밸브·감지기 등)
3상 3선식	$P = \sqrt{3}\,VI\cos\theta\eta$ 여기서, P : 전력[W] V : 전압[V] I : 전류[A] $\cos\theta$: 역률 η : 효율	• 소방펌프 • 제연팬

★★
문제 14

이산화탄소 소화설비의 음향경보장치를 설치하려고 한다. 다음 각 물음에 답하시오. (99.1.문8)

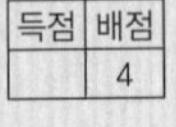

득점	배점
	4

(가) 방호구역 또는 방호대상물이 있는 구획의 각 부분으로부터 하나의 확성기까지의 수평거리는 몇 m 이하로 하여야 하는가?
○
(나) 소화약제의 방사 개시 후 몇 분 이상 경보를 발하여야 하는가?
○

해답 (가) 25m
(나) 1분

해설 **이산화탄소설비**의 **음향경보장치**(NFPC 106 13조, NFTC 106 2.10)
(1) 방호구역 또는 방호대상물이 있는 구획의 각 부분으로부터 하나의 확성기까지의 **수평거리**는 **25m** 이하가 되도록 할 것
(2) 제어반의 **복구스위치**를 조작하여도 경보를 계속 발할 수 있는 것으로 할 것
(3) 소화약제의 방사 개시 후 **1분** 이상까지 경보를 계속 할 수 있는 것으로 할 것

☆☆☆
문제 15

유도등의 설치기준, 형식승인 및 제품검사의 기술기준에 관한 다음 ( ) 안을 완성하시오.
(20.10.문12, 11.7.문9, 08.4.문13)

득점	배점
	4

(가) 거실통로유도등은 바닥으로부터 높이 1.5m 이상의 위치에 설치할 것. 다만, 거실통로에 기둥이 설치된 경우에는 기둥부분의 바닥으로부터 높이 (①)m 이하의 위치에 설치할 수 있다.
(나) 복도통로유도등은 구부러진 모퉁이 및 보행거리 (②)m마다 설치하고, 바닥으로부터 높이 (③)m 이하의 위치에 설치할 것
(다) 유도등의 표시면 색상은 통로유도등인 경우 (④)바탕에 녹색문자를 사용하여야 한다.

해답 (가) ① 1.5
(나) ② 20　③ 1
(다) ④ 백색

해설 (1) **유도등**

구 분	복도통로유도등	거실통로유도등	계단통로유도등
설치장소	**복도**	**거실**의 **통로**	**계단**
설치방법	구부러진 모퉁이 및 보행거리 **20m**마다 [해답 ②]	구부러진 모퉁이 및 보행거리 **20m**마다	각 층의 **경사로참** 또는 **계단참**마다
설치높이	바닥으로부터 높이 **1m 이하** [해답 ③]	바닥으로부터 높이 **1.5m 이상** (단, 기둥이 있는 경우 **1.5m 이하**) [해답 ①]	바닥으로부터 높이 **1m 이하**

중요

설치 높이 및 **기준**
(1) **설치높이**

구 분	유도등 · 유도표지
1m 이하	• 복도통로유도등 • 계단통로유도등 • 통로유도표지
1.5m 이상	• 피난구유도등 • 거실통로유도등

(2) **설치기준**
① **복도통로유도등**의 **설치기준**(NFPC 303 6조, NFTC 303 2.3.1.1)
㉠ **복도**에 설치하되 피난구유도등이 설치된 출입구의 맞은편 복도에는 입체형으로 설치하거나 바닥에 설치할 것
㉡ 구부러진 **모**퉁이 및 통로유도등을 기점으로 **보행거리 20m**마다 설치할 것
㉢ 바닥으로부터 **높**이 **1m** 이하의 위치에 설치할 것(단, **지하층** 또는 **무창층**의 용도가 **도매시장 · 소매시장 · 여객자동차터미널 · 지하역사** 또는 **지하상가**인 경우에는 복도 · 통로 중앙부분의 바닥에 설치)
㉣ **바**닥에 설치하는 통로유도등은 하중에 따라 파괴되지 않는 강도의 것으로 할 것

기억법 **복복 모거높바**

② **거실통로유도등**의 **설치기준**(NFPC 303 6조, NFTC 303 2.3.1.2)
㉠ **거실**의 **통로**에 설치할 것(단, 거실의 통로가 **벽체** 등으로 **구획**된 경우에는 **복도통로유도등** 설치)
㉡ 구부러진 **모**퉁이 및 **보행거리 20m**마다 설치할 것
㉢ 바닥으로부터 **높**이 **1.5m** 이상의 위치에 설치할 것(단, **거실통로**에 **기둥**이 설치된 경우에는 기둥부분의 바닥으로부터 높이 **1.5m 이하**의 위치에 설치)

기억법 거통 모거높

③ **계단통로유도등**의 **설치기준**(NFPC 303 6조, NFTC 303 2.3.1.3)
㉠ **각 층**의 **경사로참** 또는 **계단참**마다 설치할 것(단, 1개층에 경사로참 또는 계단참이 2 이상 있는 경우에는 2개의 계단참마다 설치할 것)
㉡ 바닥으로부터 높이 **1m** 이하의 위치에 설치할 것

(2) **표시면**의 **색상**

통로유도등	피난구유도등
백색바탕에 **녹색문자** 해답 ④	**녹색바탕**에 **백색문자**

☆☆☆
문제 16

3상 380V, 100HP 스프링클러펌프용 유도전동기가 있다. 기동방식은 일반적으로 어떤 방식이 이용되며 전동기의 역률이 60%일 때 역률을 90%로 개선할 수 있는 전력용 콘덴서의 용량은 몇 kVA이겠는가?
(20.11.문13, 19.11.문7, 11.5.문1, 03.4.문2)

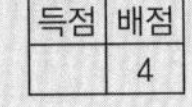

득점	배점
	4

○ 기동방식 :
○ 계산과정 :
○ 답 :

해답 ○ 기동방식 : 이론상 기동보상기법(실제 Y-△ 기동방식)
○ 계산과정 : $100\times0.746\left(\dfrac{\sqrt{1-0.6^2}}{0.6}-\dfrac{\sqrt{1-0.9^2}}{0.9}\right)=63.336 \fallingdotseq 63.34\text{kVA}$
○ 답 : 63.34kVA

해설 (1) **기호**
- P : 100HP$=\dfrac{100\text{HP}}{1\text{HP}}\times0.746\text{kW}=100\times0.746\text{kW}$(1HP=0.746kW)
- $\cos\theta_1$: 60%=0.6
- $\cos\theta_2$: 90%=0.9
- Q_C : ?

(2) **유도전동기**의 **기동법**

구 분	적 용
전전압기동법(직입기동)	전동기용량이 **5.5kW** 미만에 적용(소형 전동기용)
Y-△기동법	전동기용량이 **5.5~15kW** 미만에 적용
기동보상기법	전동기용량이 **15kW** 이상에 적용
리액터기동법	전동기용량이 **5.5kW** 이상에 적용

- 이론상으로 보면 유도전동기의 용량이 100×0.746=74.6kW이므로 기동보상기법을 사용하여야 하지만 실제로 전동기의 용량이 5.5kW 이상이면 모두 Y-△기동방식을 적용하는 것이 대부분이다. 그러므로 답안작성시에는 2가지를 함께 답하도록 한다.

중요

유도전동기의 **기동법**(또 다른 이론)

기동법	적정용량
전전압기동법(직입기동)	18.5kW 미만
Y-△기동법	**18.5~90kW** 미만
리액터기동법	90kW 이상

(3) 역률개선용 **전력용 콘덴서**의 **용량**(Q_C)은

$$Q_C = P\left(\frac{\sin\theta_1}{\cos\theta_1} - \frac{\sin\theta_2}{\cos\theta_2}\right) = P\left(\frac{\sqrt{1-\cos\theta_1{}^2}}{\cos\theta_1} - \frac{\sqrt{1-\cos\theta_2{}^2}}{\cos\theta_2}\right)$$

여기서, Q_C : 콘덴서의 용량[kVA]

P : 유효전력[kW]

$\cos\theta_1$: 개선 전 역률

$\cos\theta_2$: 개선 후 역률

$\sin\theta_1$: 개선 전 무효율($\sin\theta_1 = \sqrt{1-\cos\theta_1{}^2}$)

$\sin\theta_2$: 개선 후 무효율($\sin\theta_2 = \sqrt{1-\cos\theta_2{}^2}$)

$$\therefore\ Q_C = P\left(\frac{\sqrt{1-\cos\theta_1{}^2}}{\cos\theta_1} - \frac{\sqrt{1-\cos\theta_2{}^2}}{\cos\theta_2}\right) = 100\times0.746\left(\frac{\sqrt{1-0.6^2}}{0.6} - \frac{\sqrt{1-0.9^2}}{0.9}\right) = 63.336 \fallingdotseq 63.34\text{kVA}$$

비교

100kVA로 주어진 경우

- P_a : 100kVA
- $\cos\theta_1$: 0.6
- $\cos\theta_2$: 0.9

$$Q_C = P\left(\frac{\sqrt{1-\cos\theta_1{}^2}}{\cos\theta_1} - \frac{\sqrt{1-\cos\theta_2{}^2}}{\cos\theta_2}\right) = 100\text{kVA}\times0.6\left(\frac{\sqrt{1-0.6^2}}{0.6} - \frac{\sqrt{1-0.9^2}}{0.9}\right) = 50.94\text{kVA}$$

- $P = VI\cos\theta = P_a\cos\theta$

여기서, P : 유효전력[kW]

V : 전압[V]

I : 전류[A]

$\cos\theta$: 역률

P_a : 피상전력[kVA]

$P = P_a\cos\theta = 100\text{kVA}\times0.6 = 60\text{kW}$

- $\cos\theta$는 개선 전 역률 $\cos\theta_1$을 적용한다는 것을 기억하라!

★★★
문제 17

P형 발신기를 손으로 눌러서 경보를 발생시킨 뒤 수신기에서 복구시켰는데도 화재신호가 복구되지 않았다. 그 이유를 설명하시오. (단, 감지기를 수동으로 시험한 다음에는 수신기에서 복구가 된다고 한다.)
(19.4.문8, 17.11.문15, 17.4.문1, 15.7.문5, 12.7.문5, 11.7.문16, 09.10.문9, 07.7.문6)

○

득점	배점
	4

해답 발신기의 스위치를 원상태로 되돌려 놓지 않았기 때문

해설 **발신기**의 **스위치**는 그 구조상 **수동조작 수동복귀스위치**로서 발신기의 스위치를 누른 후 원상태로 되돌려 놓지 않으면 수신기에서 복구스위치를 아무리 눌러도 복구되지 않고 경종이 계속 울린다.

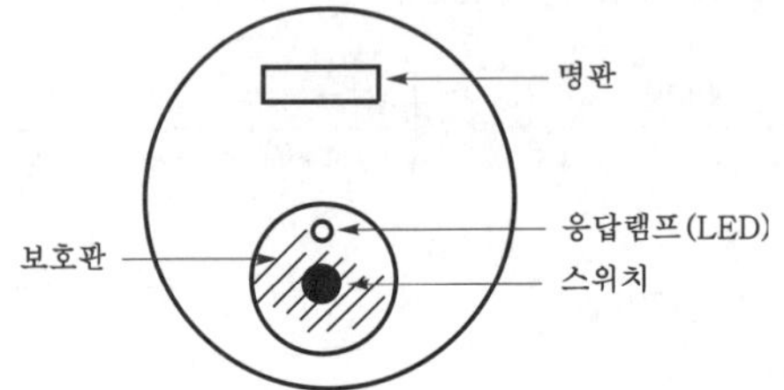

‖P형 발신기의 구조‖

구 성	설 명
보호판	스위치를 보호하기 위한 것
스위치	수동조작에 의하여 수신기에 화재신호를 발신하는 장치
응답램프	발신기의 신호가 수신기에 전달되었는가를 확인하여 주는 램프
명판	발신기 이름 표시

★★
문제 18

다음 그림은 스프링클러설비의 블록다이어그램이다. 각 구성요소 간 배선을 내화배선, 내열배선, 일반배선으로 구분하여 블록다이어그램을 완성하시오. (단, 내화배선 : , 내열배선 : ▨, 일반배선 : ───)
(19.11.문6, 17.11.문1, 16.11.문13, 16.4.문10, 09.7.문9)

득점	배점
	6

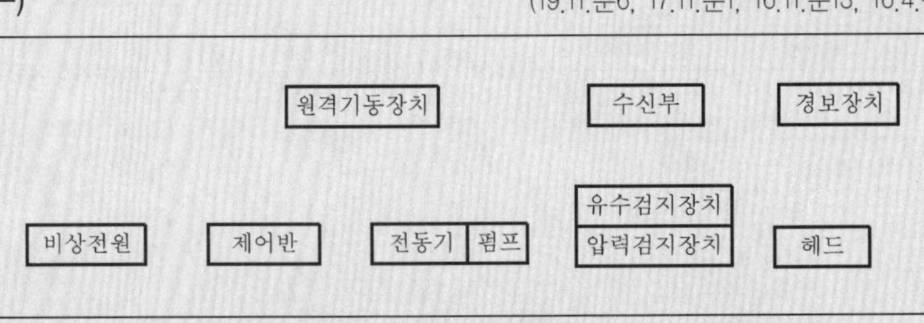

해답

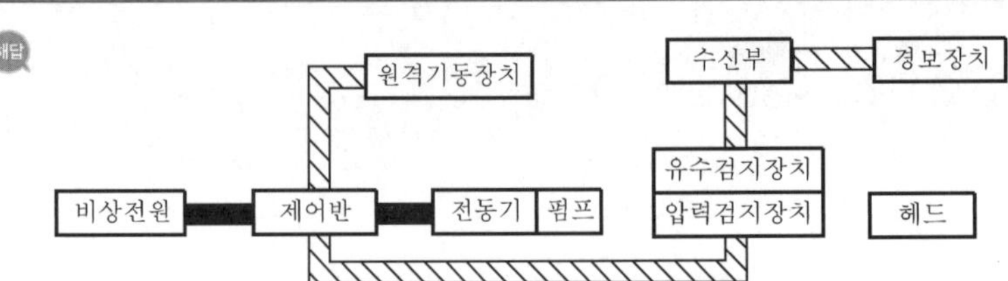

- 일반배선은 사용되지 않는다. 일반배선을 어디에 그릴까를 고민하지 말라!
- 배관(펌프 – 압력검지장치(유수검지장치), 압력검지장치(유수검지장치) – 헤드)은 표시하라는 말이 없으므로 표시하지 않는 것이 좋다. 이 부분은 배선이 아니고 **배관**으로 연결해야 하는 부분이다.

중요

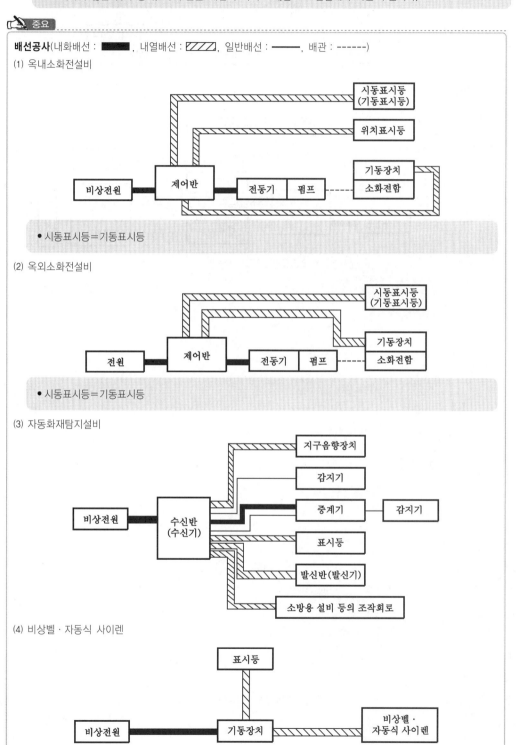

배선공사(내화배선 : ▬▬, 내열배선 : ▨▨, 일반배선 : ——, 배관 : ------)

(1) 옥내소화전설비

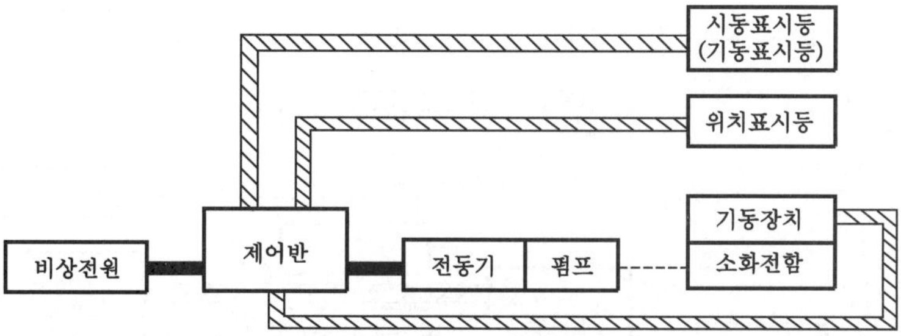

비상전원
제어반
전동기
펌프
시동표시등
(기동표시등)
위치표시등
기동장치
소화전함

- 시동표시등=기동표시등

(2) 옥외소화전설비

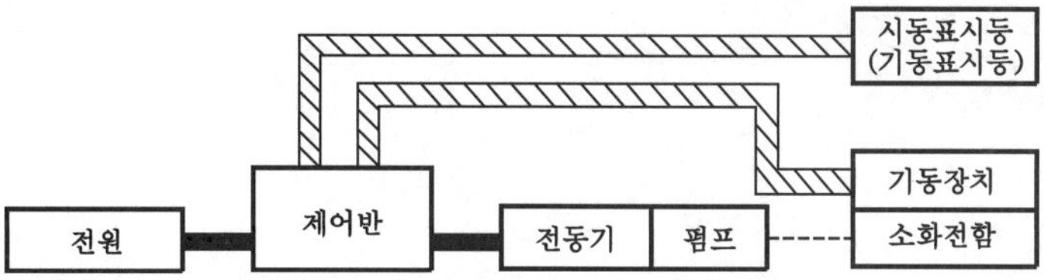

전원
제어반
전동기
펌프
시동표시등
(기동표시등)
기동장치
소화전함

- 시동표시등=기동표시등

(3) 자동화재탐지설비

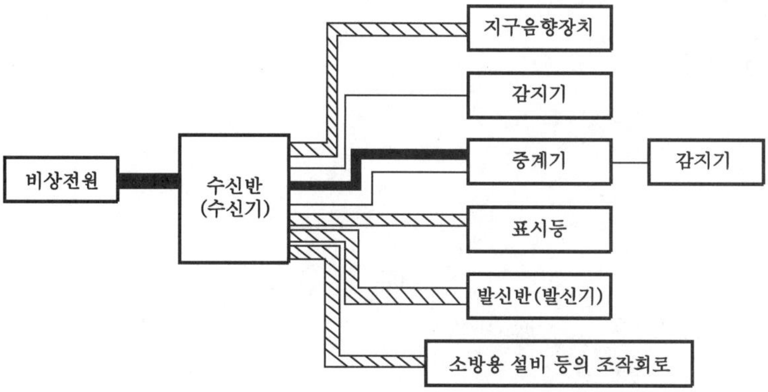

비상전원
수신반
(수신기)
지구음향장치
감지기
중계기
감지기
표시등
발신반(발신기)
소방용 설비 등의 조작회로

(4) 비상벨 · 자동식 사이렌

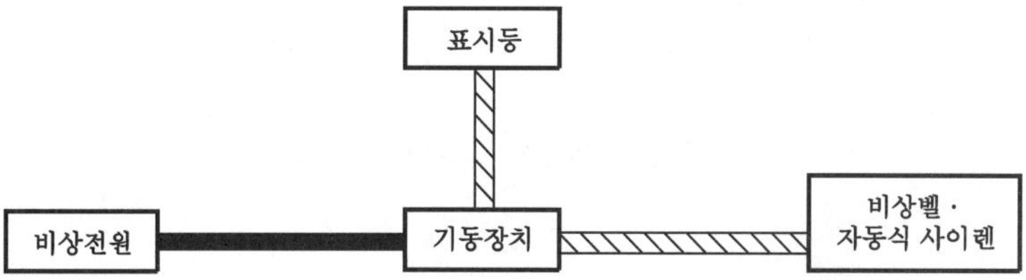

표시등
비상전원
기동장치
비상벨 ·
자동식 사이렌

(5) 스프링클러설비 · 물분무소화설비 · 포소화설비

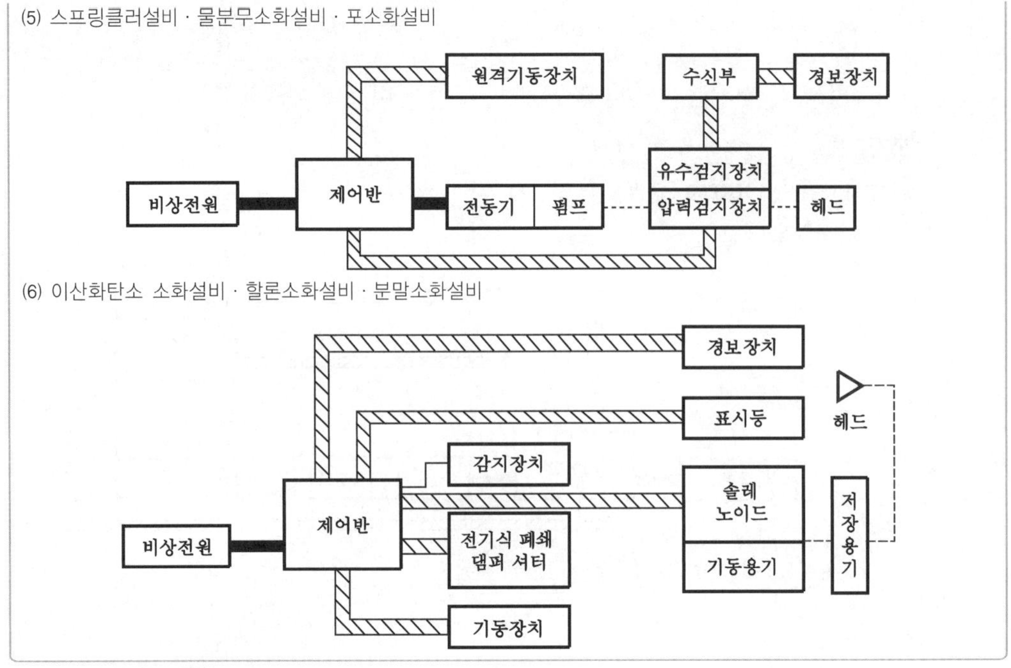

(6) 이산화탄소 소화설비 · 할론소화설비 · 분말소화설비

어려움 한가운데, 그곳에 기회가 있다.
- 알베르트 아인슈타인 -

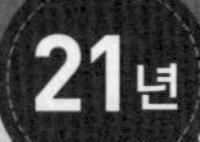

21년 2021. 7. 10 시행

▌2021년 기사 제2회 필답형 실기시험▐

자격종목	시험시간	형별	수험번호	성명	감독위원 확 인
소방설비기사(전기분야)	**3시간**				

※ 다음 물음에 답을 해당 답란에 답하시오.(배점 : 100)

☆☆

문제 01

일시적으로 발생된 열, 연기 또는 먼지 등으로 연기감지기가 화재신호를 발신할 우려가 있는 곳에 축적기능 등이 있는 자동화재탐지설비의 수신기를 설치하여야 한다. 이 경우에 해당하는 장소 3가지를 쓰시오. (단, 축적형 감지기가 설치되지 아니한 장소이다.) (15.11.문9, 14.11.문2, 12.7.문17, 11.11.문10, 10.7.문11)

○
○
○

유사문제부터 풀어보세요.
실력이 팍!팍! 올라갑니다.

득점	배점
	6

해답 ① 지하층 · 무창층 등으로 환기가 잘 되지 아니하는 장소
② 실내면적이 $40m^2$ 미만인 장소
③ 감지기의 부착면과 실내 바닥과의 거리가 2.3m 이하인 장소

해설 (1) **축적형 수신기 · 감지기**(NFPC 203 5 · 7조, NFTC 203 2.2.2 · 2.4.3)

설치장소 (축적기능이 있는 감지기를 사용하는 경우, 축적기능이 있는 수신기를 사용하는 경우)	설치제외장소 (축적기능이 없는 감지기를 사용하는 경우, 축적기능이 없는 수신기를 사용하는 경우)
① **지하층 · 무창층**으로 환기가 잘 되지 않는 장소 ② 실내면적이 **$40m^2$** 미만인 장소 ③ 감지기의 부착면과 실내 바닥의 거리가 **2.3m 이하**인 장소 기억법 지423축	① **축적형 수신기**에 연결하여 사용하는 경우 ② **교차회로방식**에 사용하는 경우 ③ **급속**한 **연소확대**가 우려되는 장소 기억법 축교급외

(2) **자동화재탐지설비** 및 **시각경보장치**의 **화재안전기준**(수신기)(NFPC 203 5조 ②항, NFTC 203 2.2.2)
자동화재탐지설비의 수신기는 특정소방대상물 또는 그 부분이 **지하층 · 무창층** 등으로서 환기가 잘 되지 아니하거나 실내면적이 **$40m^2$** 미만인 장소, 감지기의 부착면과 실내 바닥과의 거리가 **2.3m** 이하인 장소로서 일시적으로 발생한 열 · 연기 또는 먼지 등으로 인하여 감지기가 화재신호를 발신할 우려가 있는 때에는 **축적기능** 등이 있는 것(축적형 감지기가 설치된 장소에는 감지기회로의 감시전류를 단속적으로 차단시켜 화재를 판단하는 방식 외의 것)으로 설치하여야 한다.

중요

지하층 · 무창층 등으로서 환기가 잘 되지 아니하거나 실내면적이 **$40m^2$** 미만인 장소, 감지기의 부착면과 실내 바닥과의 거리가 **2.3m** 이하인 곳으로서 일시적으로 발생한 열 · 연기 또는 먼지 등으로 인하여 화재신호를 발신할 우려가 있는 장소에 설치가능한 감지기

(1) **불꽃**감지기
(2) **정온식 감지선형** 감지기
(3) **분포형** 감지기
(4) **복합형** 감지기
(5) **광전식 분리형** 감지기
(6) **아날로그방식**의 감지기
(7) **다신호방식**의 감지기
(8) **축적방식**의 감지기

기억법 불정감 복분(복분자) 광아다축

☆☆☆

문제 02

비상방송설비의 설치기준에 대한 다음 각 물음에 답하시오.

(19.6.문10, 18.11.문3, 14.4.문9, 12.11.문6, 11.5.문6)

득점	배점
	5

(가) 기동장치에 따른 화재신고를 수신한 후 필요한 음량으로 화재발생 상황 및 피난에 유효한 방송이 자동으로 개시될 때까지의 소요시간은 몇 초 이하로 하여야 하는가?

(나) 지상 11층, 연면적 3000m²를 초과하는 특정소방대상물에 비상방송설비를 설치하고자 한다. 이 건물의 지상 5층에서 화재가 발생한 경우 경보를 하여야 하는 층을 쓰시오.

(다) 실내에 설치하는 확성기는 몇 W 이상으로 하여야 하는가?

(라) 조작부의 조작스위치는 바닥으로부터 몇 m 이상 몇 m 이하의 높이에 설치하여야 하는가?

(마) 음향장치는 정격전압의 몇 % 전압에서 음향을 발할 수 있어야 하는가?

해답 (가) 10초
(나) 지상 5층, 지상 6층, 지상 7층, 지상 8층, 지상 9층
(다) 1W
(라) 0.8m 이상 1.5m 이하
(마) 80%

해설

- (나) 지상 11층이므로 경보방식은 **발화층** 및 **직상 4개층 우선경보방식**을 적용한다.

비상방송설비의 **설치기준**(NFPC 202 4조, NFTC 202 2.1.1)

(1) 확성기의 음성입력은 **3W**(실내는 **1W**) 이상일 것 질문 (다)
(2) 음량조정기의 배선은 **3선식**으로 할 것
(3) 기동장치에 의한 **화재신고**를 수신한 후 필요한 음량으로 방송이 개시될 때까지의 소요시간은 **10초** 이하로 할 것 질문 (가)
(4) 조작부의 조작스위치는 바닥으로부터 **0.8~1.5m** 이하의 높이에 설치할 것 질문 (라)
(5) 다른 전기회로에 의하여 **유도장애**가 생기지 아니하도록 할 것
(6) 확성기는 **각 층**마다 설치하되, 각 부분으로부터의 수평거리는 **25m** 이하일 것
(7) **11층**(공동주택의 경우에는 **16층**) **이상**의 특정소방대상물은 다음의 기준에 따라 경보를 발할 수 있도록 해야 한다. 질문 (나)
① **2층 이상**의 층에서 발화한 때에는 **발화층** 및 그 **직상 4개층**에 경보를 발할 것
② **1층**에서 발화한 때에는 **발화층**, 그 **직상 4개층** 및 **지하층**에 경보를 발할 것
③ **지하층**에서 발화한 때에는 **발화층**, 그 **직상층** 및 **기타**의 **지하층**에 경보를 발할 것

‖발화층 및 직상 4개층 우선경보방식‖

발화층	경보층	
	11층(공동주택 16층) 미만	11층(공동주택 16층) 이상
2층 이상 발화	전층 일제경보	• 발화층 • 직상 4개층
1층 발화		• 발화층 • 직상 4개층 • 지하층
지하층 발화		• 발화층 • 직상층 • 기타의 지하층

- 우선경보방식=발화층 및 직상 4개층 우선경보방식

용어

발화층 및 **직상 4개층 우선경보방식**
(1) 화재시 원활한 대피를 위하여 발화층과 인근 층부터 우선적으로 경보하는 방식
(2) 11층(공동주택 16층) 이상인 특정소방대상물

중요

(1) **소요시간**

기 기	시 간
P · R형 수신기	5초 이내
중계기	5초 이내
비상방송설비	10초 이하 질문 (가)
가스누설경보기	60초 이내

기억법 시중5(시중을 드시오!), 6가(육체미가 뛰어나다.)

(2) **축적형 수신기**

전원차단시간	축적시간	화재표시감지시간
1~3초 이하	30~60초 이하	60초(차단 및 인가 1회 이상 반복)

(3) **설치높이**

기 기	설치높이
기타기기	바닥에서 **0.8~1.5m** 이하 질문 (라)
시각경보장치	바닥에서 **2~2.5m** 이하 (단, 천장높이가 2m 이하는 **천장**에서 **0.15m** 이내)

(4) **음향장치**의 **구조** 및 **성능기준**

• **스프링클러설비** 음향장치의 구조 및 성능기준 • **간이스프링클러설비** 음향장치의 구조 및 성능기준 • **화재조기진압용 스프링클러설비** 음향장치의 구조 및 성능기준	**자동화재탐지설비** 음향장치의 구조 및 성능기준 (NFPC 203 8조, NFTC 203 2.5.1.4)	**비상방송설비** 음향장치의 구조 및 성능기준
① 정격전압의 **80%** 전압에서 음향을 발할 것 ② 음량은 **1m** 떨어진 곳에서 **90dB** 이상일 것	① **정격전압**의 **80%** 전압에서 음향을 발할 것 ② **음량**은 **1m** 떨어진 곳에서 **90dB** 이상일 것 ③ **감지기 · 발신기**의 작동과 **연동**하여 작동할 것	① 정격전압의 **80%** 전압에서 음향을 발할 것 질문 (마) ② **자동화재탐지설비**의 작동과 연동하여 작동할 것

☆

문제 03

자동화재탐지설비를 설치하여야 할 특정소방대상물(연면적, 바닥면적 등의 기준)에 대한 다음 ( ) 안을 완성하시오. (단, 전부 필요한 경우는 '전부'라고 쓰고, 필요 없는 경우에는 '필요 없음'이라고 답할 것)
(20.7.문10, 18.4.문1, 18.4.문4, 13.7.문4, 11.7.문9, 06.11.문13)

득점	배점
	5

설치대상	조 건
근린생활시설(목욕장은 제외한다.)	
근린생활시설 중 목욕장	
의료시설(정신의료기관 또는 요양병원은 제외한다.)	
정신의료기관(창살 등은 설치되어 있지 않다.)	
요양병원(정신병원과 의료재활시설은 제외한다.)	

해답

설치대상	조 건
근린생활시설(목욕장은 제외한다.)	연면적 600m² 이상
근린생활시설 중 목욕장	연면적 1000m² 이상
의료시설(정신의료기관 또는 요양병원은 제외한다.)	연면적 600m² 이상
정신의료기관(창살 등은 설치되어 있지 않다.)	바닥면적 합계 300m² 이상
요양병원(정신병원과 의료재활시설은 제외한다.)	전부

해설 **자동화재탐지설비**의 **설치대상**(소방시설법 시행령 [별표 4])

설치대상	조 건
① 정신의료기관 · 의료재활시설	• 창살설치 : 바닥면적 **300m²** 미만 • 기타 : 바닥면적 **300m²** 이상
② 노유자시설	• 연면적 **400m²** 이상
③ **근**린생활시설(목욕장 제외) · **위**락시설 ④ **의**료시설(정신의료기관, 요양병원 제외) ⑤ **복**합건축물 · 장례시설(장례식장) 기억법 **근위의복 6**	• 연면적 **600m²** 이상
⑥ 목욕장 · 문화 및 집회시설, 운동시설 ⑦ 종교시설 ⑧ 방송통신시설 · 관광휴게시설 ⑨ 업무시설 · 판매시설 ⑩ 항공기 및 자동차관련시설 · 공장 · 창고시설 ⑪ 지하가(터널 제외) · 운수시설 · 발전시설 · 위험물 저장 및 처리시설 ⑫ 교정 및 군사시설 중 국방 · 군사시설	• 연면적 **1000m²** 이상
⑬ **교**육연구시설 · **동**식물관련시설 ⑭ **자**원순환관련시설 · **교**정 및 군사시설(국방 · 군사시설 제외) ⑮ **수**련시설(숙박시설이 있는 것 제외) ⑯ 묘지관련시설 기억법 **교동자교수 2**	• 연면적 **2000m²** 이상
⑰ 지하가 중 터널	• 길이 **1000m** 이상
⑱ 지하구 ⑲ 노유자생활시설	• 전부
⑳ 특수가연물 저장 · 취급	• 지정수량 **500배** 이상
㉑ 수련시설(숙박시설이 있는 것)	• 수용인원 **100명** 이상
㉒ 전통시장	• 전부
㉓ 숙박시설 ㉔ 아파트 등 · 기숙사 ㉕ **6층** 이상 건축물	• 전부
㉖ 발전시설	• 전기저장시설
㉗ 요양병원(정신병원, 의료재활시설 제외)	• 전부
㉘ 조산원, 산후조리원	• 전부

☆☆☆

문제 04

다음은 국가화재안전기준에서 정하는 감지기의 설치기준이다. ( ) 안에 들어갈 내용을 쓰시오.

(19.4.문3, 13.4.문11, 11.7.문13)

득점	배점
	4

(가) 감지기(차동식 분포형의 것을 제외한다.)는 실내로의 공기유입구로부터 ( )m 이상 떨어진 위치에 설치할 것

(나) 보상식 스포트형 감지기는 정온점이 감지기 주위의 평상시 최고온도보다 ( )℃ 이상 높은 것으로 설치할 것

(다) 정온식 감지기는 주방·보일러실 등으로서 다량의 화기를 취급하는 장소에 설치하되, 공칭작동온도가 최고주위온도보다 ( )℃ 이상 높은 것으로 설치할 것

(라) 스포트형 감지기는 ( )도 이상 경사되지 않도록 부착할 것

해답 (가) 1.5 (나) 20 (다) 20 (라) 45

해설 **감지기**의 **설치기준**(NFPC 203 7조, NFTC 203 2.4)

(1) 감지기(**차동식 분포형** 제외)는 **공기유입구**로부터 1.5m 이상 이격시켜야 한다. (**배기구**는 **그 부근**에 설치)

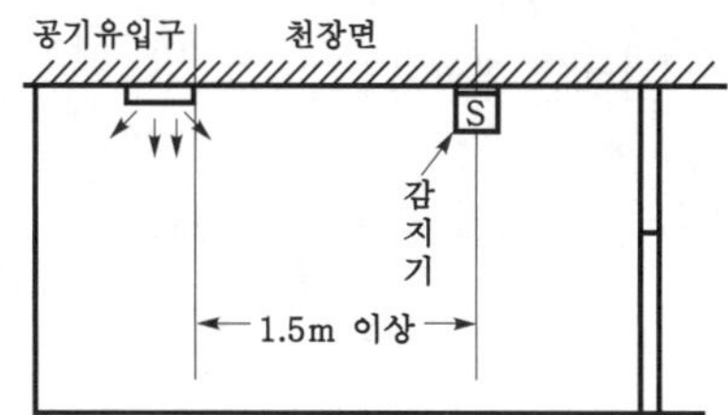

(2) 감지기는 **천장** 또는 **반자**의 옥내의 면하는 부분에 설치할 것

(3) 보상식 스포트형 감지기는 정온점이 감지기 주위의 평상시 최고온도보다 20℃ 이상 높은 것으로 설치하여야 한다.

(4) **정온식 감지기**는 **주방·보일러실** 등으로서 다량의 화기를 단속적으로 취급하는 장소에 설치하되, 공칭작동온도가 최고주위온도보다 20℃ 이상 높은 것으로 설치하여야 한다.

(5) **스포트형 감지기**는 45° 이상, **공기관식 차동식 분포형 감지기**의 **검출부**는 **5°** 이상 경사되지 않도록 부착할 것

‖ 감지기의 경사제한각도 ‖

스포트형 감지기	공기관식 차동식 분포형 감지기
45° 이상	**5°** 이상

비교

연기감지기의 **설치기준**(NFPC 203 7조 ③항 10호, NFTC 203 2.4.3.10)

(1) 감지기는 벽 또는 보로부터 **0.6m** 이상 떨어진 곳에 설치할 것

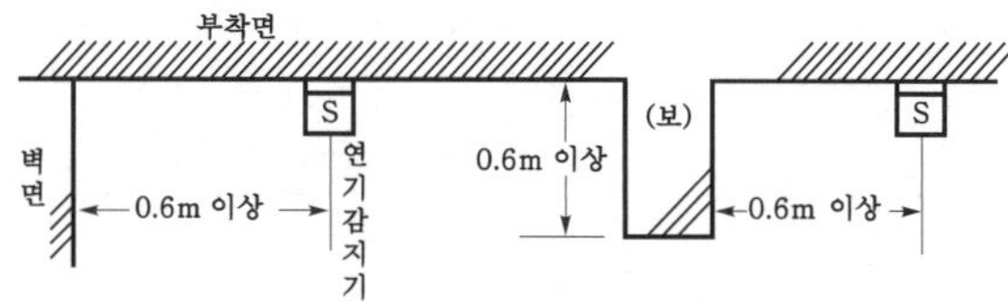

‖ 연기감지기의 설치 ‖

(2) 감지기는 복도 및 통로에 있어서는 보행거리 **30m**(3종에 있어서는 **20m**)마다, 계단 및 경사로에 있어서는 수직거리 **15m**(3종에 있어서는 **10m**)마다 1개 이상으로 할 것

(3) 천장 또는 반자가 낮은 실내 또는 좁은 실내에 있어서는 **출입구**의 가까운 부분에 설치할 것

(4) 천장 또는 반자 부근에 **배기구**가 있는 경우에는 그 부근에 설치할 것

☆☆☆
문제 05

주어진 진리표를 보고 다음 각 물음에 답하시오.

(20.7.문2, 17.6.문14, 15.7.문3, 14.4.문18, 12.4.문10, 10.4.문14)

득점	배점
	10

A	B	C	Y_1	Y_2
0	0	0	1	0
0	0	1	0	1
0	1	0	1	1
0	1	1	0	1
1	0	0	1	0
1	0	1	0	1
1	1	0	0	1
1	1	1	0	1

(가) 가장 간략화된 논리식으로 표현하시오.

○ $Y_1 =$

○ $Y_2 =$

(나) (가)의 논리식을 무접점회로로 그리시오.

A ○

○ Y_1

B ○

○ Y_2

C ○

(다) (가)의 논리식을 유접점회로로 그리시오.

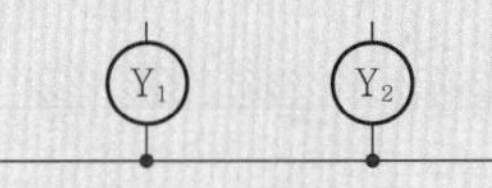

해답 (가) ① $Y_1 = \overline{C}(\overline{A}+\overline{B})$

② $Y_2 = B+C$

(나)

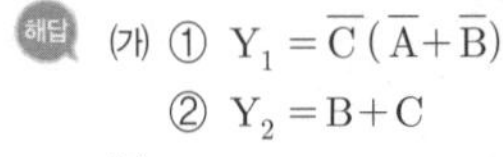

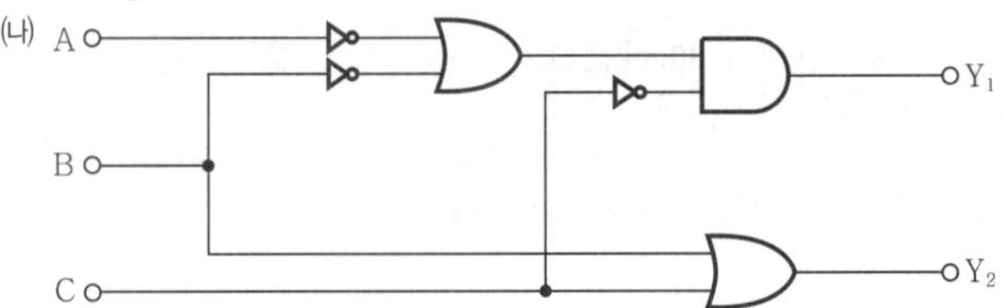

(다)

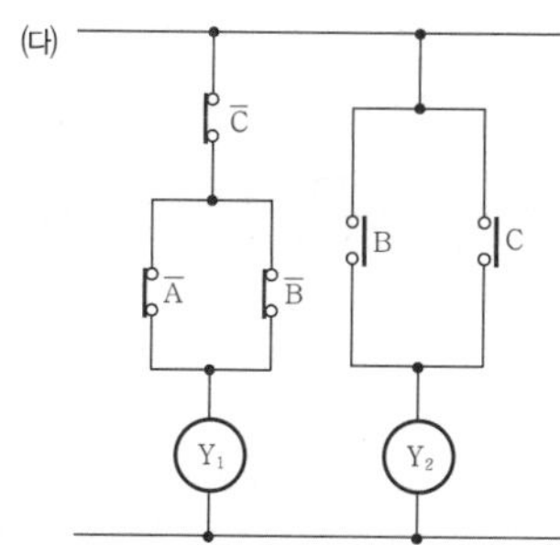

해설 (가) **간소화**

A	B	C	Y_1	Y_2
$\overline{A}$ 0	$\overline{B}$ 0	$\overline{C}$ 0	1	0
$\overline{A}$ 0	$\overline{B}$ 0	C 1	0	1
$\overline{A}$ 0	B 1	$\overline{C}$ 0	1	1
$\overline{A}$ 0	B 1	C 1	0	1
A 1	$\overline{B}$ 0	$\overline{C}$ 0	1	0
A 1	$\overline{B}$ 0	C 1	0	1
A 1	B 1	$\overline{C}$ 0	0	1
A 1	B 1	C 1	0	1

$Y_1=1$, $Y_2=1$인 것만 작성해서 더하면 논리식이 된다.
($0=\overline{A}, \overline{B}, \overline{C}$, $1=A, B, C$로 표시)

$Y_1=\overline{A}\,\overline{B}\,\overline{C}+\overline{A}B\overline{C}+A\overline{B}\,\overline{C}$

$Y_2=\overline{A}\,\overline{B}C+\overline{A}B\overline{C}+\overline{A}BC+A\overline{B}C+AB\overline{C}+ABC$

카르노맵 간소화

$$Y_1=\overline{A}\,\overline{B}\,\overline{C}+\overline{A}B\overline{C}+A\overline{B}\,\overline{C}$$

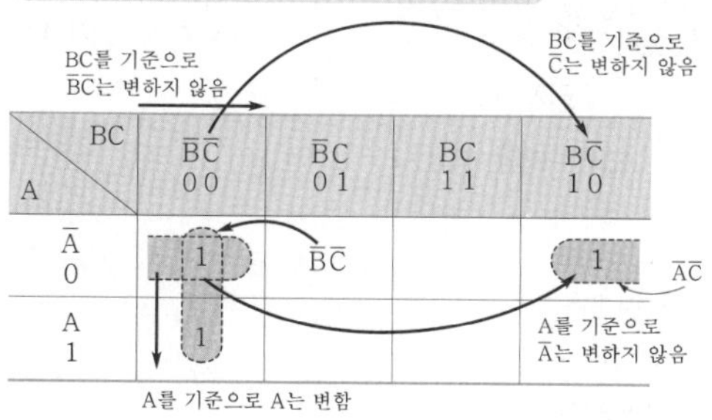

① Y_1 논리식의 $\overline{A}\,\overline{B}\,\overline{C}$, $\overline{A}B\overline{C}$, $A\overline{B}\,\overline{C}$를 각각 표 안의 1로 표시
② 인접해 있는 1을 2^n(2, 4, 8, 16, …)으로 묶되 **최대개수**로 묶는다.

$\therefore\ Y_1=\overline{A}\,\overline{B}\,\overline{C}+\overline{A}B\overline{C}+A\overline{B}\,\overline{C}=\overline{A}\,\overline{C}+\overline{B}\,\overline{C}=\overline{C}(\overline{A}+\overline{B})$

불대수 간소화

$Y_1=\overline{A}\,\overline{B}\,\overline{C}+\overline{A}B\overline{C}+A\overline{B}\,\overline{C}$

$=\overline{C}(\overline{A}\,\overline{B}+\overline{A}B+A\overline{B})$

$=\overline{C}(\overline{A}\underbrace{(\overline{B}+B)}_{X+\overline{X}=1}+A\overline{B})$

$=\overline{C}(\underbrace{\overline{A}\cdot 1}_{X\cdot 1=X}+A\overline{B})$

$=\overline{C}(\underbrace{\overline{A}+A\overline{B}}_{X+\overline{X}Y=X+Y})$

$=\overline{C}(\overline{A}+\overline{B})$

$\therefore\ Y_1=\overline{A}\,\overline{B}\,\overline{C}+\overline{A}B\overline{C}+A\overline{B}\,\overline{C}=\overline{A}\,\overline{C}+\overline{B}\,\overline{C}=\overline{C}(\overline{A}+\overline{B})$

중요

불대수의 정리

정 리	논리합	논리곱	비 고
(정리 1)	$X+0=X$	$X \cdot 0=0$	–
(정리 2)	$X+1=1$	$X \cdot 1=X$	
(정리 3)	$X+X=X$	$X \cdot X=X$	
(정리 4)	$X+\overline{X}=1$	$X \cdot \overline{X}=0$	
(정리 5)	$X+Y=Y+X$	$X \cdot Y=Y \cdot X$	교환법칙
(정리 6)	$X+(Y+Z)=(X+Y)+Z$	$X(YZ)=(XY)Z$	결합법칙
(정리 7)	$X(Y+Z)=XY+XZ$	$(X+Y)(Z+W)=XZ+XW+YZ+YW$	분배법칙
(정리 8)	$X+XY=X$	$\overline{X}+XY=\overline{X}+Y$ $X+\overline{X}Y=X+Y$ $X+\overline{X}\,\overline{Y}=X+\overline{Y}$	흡수법칙
(정리 9)	$(X+Y)=X \cdot Y$	$(X \cdot Y)=X+Y$	드모르간의 정리

• **스위칭회로**(switching circuit) : 회로의 개폐 또는 접속 등을 변환시키기 위한 것

카로노맵 간소화

$$Y_2=\overline{A}\,\overline{B}C+\overline{A}B\overline{C}+\overline{A}BC+A\overline{B}C+AB\overline{C}+ABC$$

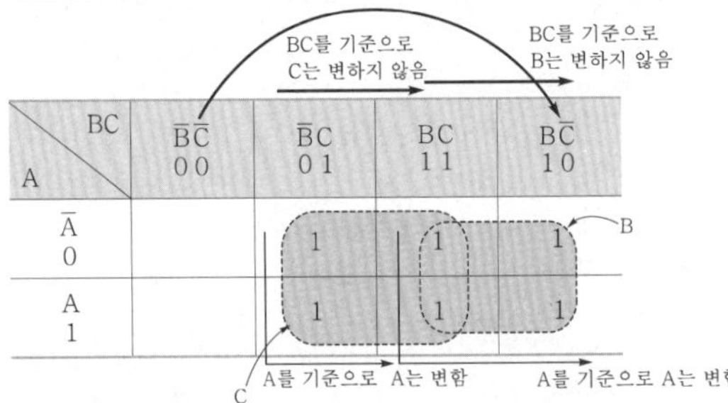

① Y_2 논리식의 $\overline{A}\,\overline{B}C$, $\overline{A}B\overline{C}$, $\overline{A}BC$, $A\overline{B}C$, $AB\overline{C}$, ABC를 각각 표 안의 1로 표시

② 인접해 있는 1을 2^n(2, 4, 8, 16, …)으로 묶되 **최대개수**로 묶는다.

$$\therefore\ Y_2=\overline{A}\,\overline{B}C+\overline{A}B\overline{C}+\overline{A}BC+A\overline{B}C+AB\overline{C}+ABC=B+C$$

불대수 간소화

$$Y_2=\overline{A}\,\overline{B}C+\overline{A}B\overline{C}+\overline{A}BC+A\overline{B}C+AB\overline{C}+ABC$$

$$=(\overline{A}\,\overline{B}C+\overline{A}BC+A\overline{B}C+ABC)+(\overline{A}B\overline{C}+AB\overline{C})$$

$$=C(\overline{A}\,\overline{B}+\overline{A}B+A\overline{B}+AB)+\overline{C}(\overline{A}B+AB)$$

$$=C(\overline{A}(\underbrace{\overline{B}+B}_{\overline{X}+X=1})+A(\underbrace{\overline{B}+B}_{\overline{X}+X=1}))+\overline{C}(B(\underbrace{\overline{A}+A}_{\overline{X}+X=1}))$$

$$=C(\underbrace{\overline{A}\cdot 1}_{X\cdot 1=X}+\underbrace{A\cdot 1}_{X\cdot 1=X})+\overline{C}(\underbrace{B\cdot 1}_{X\cdot 1=X})$$

$$=C(\underbrace{\overline{A}+A}_{\overline{X}+X=1})+\overline{C}\cdot B$$

$$=\underbrace{C\cdot 1}_{X\cdot 1=X}+\overline{C}\cdot B$$

$$=\underbrace{C+\overline{C}B}_{X+\overline{X}Y=X+Y}$$

$$=C+B$$

$$=B+C$$

$$\therefore\ Y_2=\overline{A}\,\overline{B}C+\overline{A}B\overline{C}+\overline{A}BC+A\overline{B}C+AB\overline{C}+ABC=B+C$$

(나) **무접점회로**(논리회로)

● 논리회로를 완성한 후 논리회로를 가지고 다시 논리식을 써서 이상 없는지 검토한다.

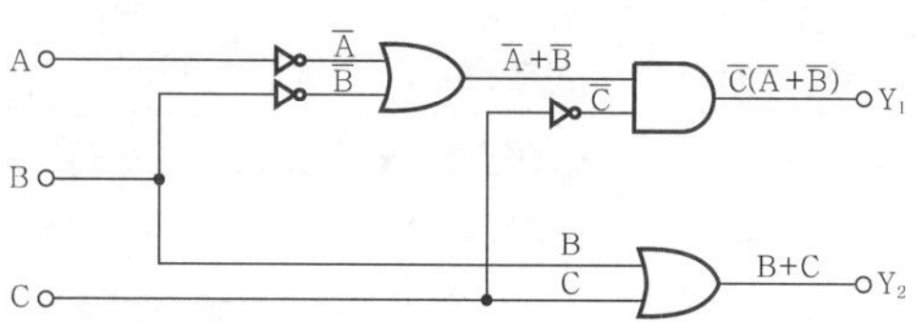

(다) **유접점회로**(시퀀스회로)

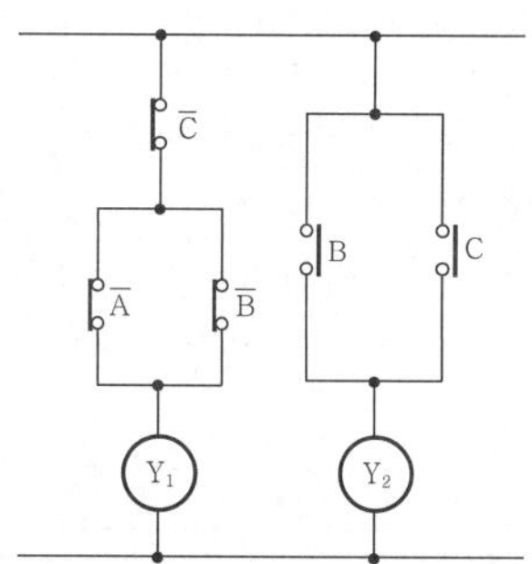

비교

점접회로(시퀀스회로)
다음과 같이 답해도 정답

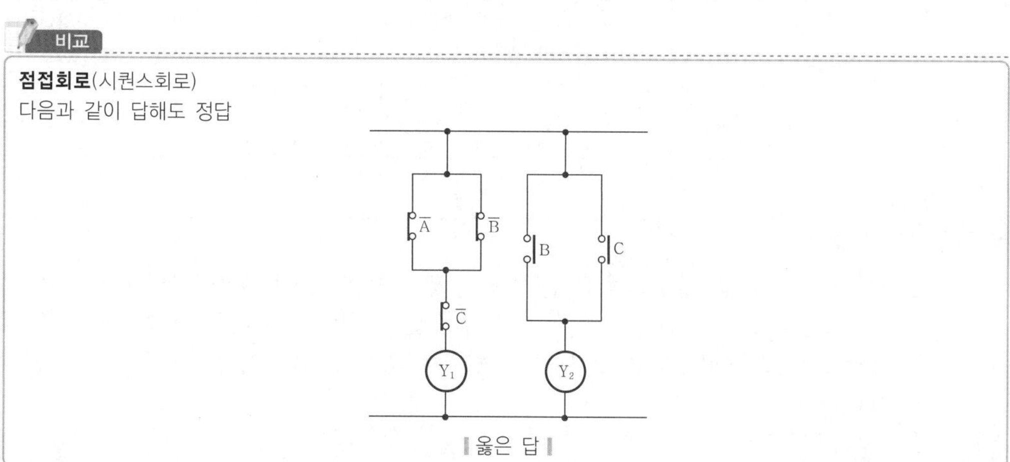

‖ 옳은 답 ‖

★★★ 문제 06

누전경보기에 관한 다음 각 물음에 답하시오.

(19.4.문2, 18.11.문13, 17.11.문7, 14.11.문1, 14.4.문16, 11.11.문8, 11.5.문8, 10.10.문17, 09.7.문4, 06.11.문1, 98.8.문9)

(가) 1급 누전경보기와 2급 누전경보기를 구분하는 전류[A]기준은?

득점	배점
	6

○

(나) 전원은 분전반으로부터 전용회로로 하고 각 극에 각 극을 개폐할 수 있는 무엇을 설치해야 하는가? (단, 배선용 차단기는 제외한다.)

○

(다) 변류기 용어의 정의를 쓰시오.

○

해답 (가) 60A
(나) 개폐기 및 15A 이하 과전류차단기
(다) 경계전로의 누설전류를 자동적으로 검출하여 이를 누전경보기의 수신부에 송신하는 것

해설 **누전경보기**

(가) 누전경보기를 구분하는 **정격전류** : **60A**

정격전류	종 별
60A 초과	1급
60A 이하	1급 또는 2급

(나) 누전경보기의 **전원**(NFPC 205 6조, NFTC 205 2.3.1)
① 전원은 분전반으로부터 **전용회로**로 하고, 각 극에 **개폐기** 및 **15A** 이하의 **과전류차단기**(**배선용 차단기**에 있어서는 **20A** 이하의 것으로 각 극을 개폐할 수 있는 것)를 설치할 것
② 전원을 분기할 때에는 다른 차단기에 따라 전원이 차단되지 않도록 할 것
③ 전원의 개폐기에는 누전경보기용임을 표시한 표지를 할 것

- '**개폐기**'도 꼭 답란에 써야 한다.
- '**개폐기 또는 15A 이하 과전류차단기**'라고 쓰면 틀린다.
- '**15A 이하**'도 꼭 답란에 기재하여야 한다.

(다) **누전경보기**의 **용어 정의**(NFPC 205 3조, NFTC 205 1.7)

용 어	설 명
누전경보기	내화구조가 아닌 건축물로서 **벽**, **바닥** 또는 **천장**의 전부나 일부를 **불연재료** 또는 **준불연재료**가 아닌 재료에 **철망**을 넣어 만든 건물의 전기설비로부터 **누설전류**를 탐지하여 **경보**를 발하며 **변류기**와 **수신부**로 구성된 것
수신부	변류기로부터 검출된 **신호**를 **수신**하여 누전의 발생을 해당 특정소방대상물의 **관계인**에게 **경보**하여 주는 것(**차단기구**를 갖는 것 포함)
변류기	경계전로의 **누설전류**를 자동적으로 **검출**하여 이를 누전경보기의 수신부에 송신하는 것

☆☆☆
문제 07

사무실(1동), 공장(2동), 공장(3동)으로 구분되어 있는 건물에 자동화재탐지설비의 P형 발신기 세트와 옥내소화전설비를 설치하고, 수신기는 경비실에 설치하였다. 경보방식은 동별 구분 경보방식을 적용하였으며 옥내소화전의 가압송수장치는 기동용 수압개폐장치를 사용하는 방식인 경우에 다음 물음에 답하시오.
(20.11.문5, 18.11.문4, 16.4.문7, 16.4.문2, 15.7.문11, 14.7.문17, 14.4.문6, 13.11.문1, 13.7.문17, 13.4.문1, 12.11.문1, 09.7.문15, 08.11.문14, 08.7.문17, 07.11.문16)

득점	배점
	8

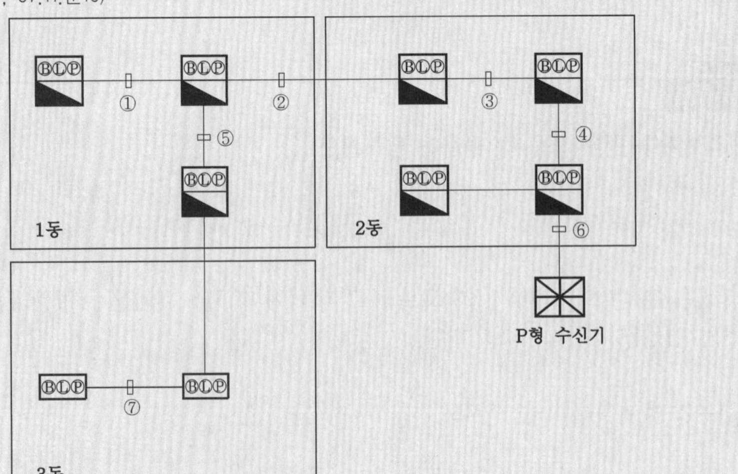

(가) 기호 ①~⑦의 가닥수를 쓰시오.

기 호	지구선	경종선	지구공통선	기 호	지구선	경종선	지구공통선
①				⑤			
②				⑥			
③				⑦			
④				–	–	–	–

(나) 자동화재탐지설비 수신기의 설치기준이다. 다음 빈칸을 채우시오.

◦수신기가 설치된 장소에는 (①)를 비치할 것

◦수신기의 (②)는 그 음량 및 음색이 다른 기기의 소음 등과 명확히 구별될 수 있는 것으로 할 것

◦수신기는 (③), (④) 또는 (⑤)가 작동하는 경계구역을 표시할 수 있는 것으로 할 것

해답 (가)

기 호	지구선	경종선	지구공통선	기 호	지구선	경종선	지구공통선
①	1	1	1	⑤	3	2	1
②	5	2	1	⑥	9	3	2
③	6	3	1	⑦	1	1	1
④	7	3	1	–	–	–	–

(나) ① 경계구역 일람도 ② 음향기구 ③ 감지기 ④ 중계기 ⑤ 발신기

해설 (가)

기 호	가닥수	배선내역
①	HFIX 2.5－8	지구선 1, 경종선 1, 지구공통선 1, 경종표시등공통선 1, 표시등선 1, 응답선 1, 기동확인표시등 2
②	HFIX 2.5－13	지구선 5, 경종선 2, 지구공통선 1, 경종표시등공통선 1, 표시등선 1, 응답선 1, 기동확인표시등 2
③	HFIX 2.5－15	지구선 6, 경종선 3, 지구공통선 1, 경종표시등공통선 1, 표시등선 1, 응답선 1, 기동확인표시등 2
④	HFIX 2.5－16	지구선 7, 경종선 3, 지구공통선 1, 경종표시등공통선 1, 표시등선 1, 응답선 1, 기동확인표시등 2
⑤	HFIX 2.5－11	지구선 3, 경종선 2, 지구공통선 1, 경종표시등공통선 1, 표시등선 1, 응답선 1, 기동확인표시등 2
⑥	HFIX 2.5－19	지구선 9, 경종선 3, 지구공통선 2, 경종표시등공통선 1, 표시등선 1, 응답선 1, 기동확인표시등 2
⑦	HFIX 2.5－6	지구선 1, 경종선 1, 지구공통선 1, 경종표시등공통선 1, 표시등선 1, 응답선 1,

- 문제에서처럼 **동별**로 구분되어 있을 때는 가닥수를 **구분경보방식**으로 산정한다.
- **구분경보방식**은 **경종개수**가 **동별**로 **추가**되는 것에 주의하라!
- **구분경보방식=구분명동방식**
- 지구선은 발신기 세트 수를 세면 된다.
- 문제에서 기동용 수압개폐방식(**자동기동방식**)도 주의하여야 한다. 옥내소화전함이 자동기동방식이므로 감지기배선을 제외한 간선에 '**기동확인표시등 2**'가 추가로 사용되어야 한다. 특히, 옥내소화전배선은 구역에 따라 가닥수가 늘어나지 않는 것에 주의하라!

비교

옥내소화전함이 **수동기동방식**인 경우

기 호	가닥수	배선내역
①	HFIX 2.5-11	지구선 1, 경종선 1, 지구공통선 1, 경종표시등공통선 1, 표시등선 1, 응답선 1, 기동 1, 정지 1, 공통 1, 기동확인표시등 2
②	HFIX 2.5-16	지구선 5, 경종선 2, 지구공통선 1, 경종표시등공통선 1, 표시등선 1, 응답선 1, 기동 1, 정지 1, 공통 1, 기동확인표시등 2
③	HFIX 2.5-18	지구선 6, 경종선 3, 지구공통선 1, 경종표시등공통선 1, 표시등선 1, 응답선 1, 기동 1, 정지 1, 공통 1, 기동확인표시등 2
④	HFIX 2.5-19	지구선 7, 경종선 3, 지구공통선 1, 경종표시등공통선 1, 표시등선 1, 응답선 1, 기동 1, 정지 1, 공통 1, 기동확인표시등 2
⑤	HFIX 2.5-14	지구선 3, 경종선 2, 지구공통선 1, 경종표시등공통선 1, 표시등선 1, 응답선 1, 기동 1, 정지 1, 공통 1, 기동확인표시등 2
⑥	HFIX 2.5-22	지구선 9, 경종선 3, 지구공통선 2, 경종표시등공통선 1, 표시등선 1, 응답선 1, 기동 1, 정지 1, 공통 1, 기동확인표시등 2
⑦	HFIX 2.5-6	지구선 1, 경종선 1, 지구공통선 1, 경종표시등공통선 1, 표시등선 1, 응답선 1

용어

옥내소화전설비의 **기동방식**

자동기동방식	수동기동방식
기동용 수압개폐장치를 이용하는 방식	ON, OFF 스위치를 이용하는 방식

(나) **자동화재탐지설비 수신기**의 **설치기준**(NFPC 203 5조, NFTC 203 2.2.3)

① **수위실**(경비실) 등 상시 사람이 근무하는 장소에 설치할 것. 다만, 사람이 상시 근무하는 장소가 없는 경우에는 **관계인**이 쉽게 접근할 수 있고 관리가 용이한 장소에 설치할 수 있다.
② 수신기가 설치된 장소에는 **경계구역 일람도**를 비치할 것. 다만, 모든 수신기와 연결되어 각 수신기의 상황을 감시하고 제어할 수 있는 수신기(이하 **"주수신기"**라 한다.)를 설치하는 경우에는 주수신기를 제외한 기타 수신기는 그러하지 아니하다.
③ 수신기의 **음향기구**는 그 **음량** 및 **음색**이 다른 기기의 **소음** 등과 명확히 구별될 수 있는 것으로 할 것
④ 수신기는 **감지기·중계기** 또는 **발신기**가 작동하는 경계구역을 표시할 수 있는 것으로 할 것
⑤ 화재·가스 전기 등에 대한 **종합방재반**을 설치한 경우에는 해당 조작반에 수신기의 작동과 연동하여 감지기·중계기 또는 발신기가 작동하는 경계구역을 표시할 수 있는 것으로 할 것
⑥ 하나의 경계구역은 하나의 **표시등** 또는 하나의 **문자**로 표시되도록 할 것
⑦ 수신기의 조작스위치는 바닥으로부터의 높이가 **0.8~1.5m 이하**인 장소에 설치할 것
⑧ 하나의 특정소방대상물에 2 이상의 **수신기**를 설치하는 경우에는 수신기를 **상호**간 **연동**하여 화재발생 상황을 각 수신기마다 확인할 수 있도록 할 것
⑨ 화재로 인하여 하나의 층의 **지구음향장치** 또는 **배선**이 **단락**되어도 **다른 층**의 **화재통보**에 지장이 없도록 각 층 배선상에 유효한 조치를 할 것

• 기호 ③~⑤의 감지기, 중계기, 발신기는 답이 서로 바뀌어도 이상 없음

☆☆☆

문제 08

무선통신보조설비에 사용되는 무반사 종단저항의 설치위치 및 설치목적을 쓰시오.

(13.7.문10, 10.10.문2 비교)

○ 설치위치 :
○ 설치목적 :

득점	배점
	6

해답 ① 설치위치 : 누설동축케이블의 끝부분
② 설치목적 : 전송로로 전송되는 전자파가 전송로의 종단에서 반사되어 교신을 방해하는 것을 막기 위함

해설 **종단저항**과 **무반사 종단저항**

구 분	종단저항	무반사 종단저항
적용설비	• 자동화재탐지설비 • 제연설비 • 준비작동식 스프링클러설비 • 일제살수식 스프링클러설비 • 분말소화설비 • 이산화탄소 소화설비 • 할론소화설비 • 할로겐화합물 및 불활성기체 소화설비 • 부압식 스프링클러설비	• 무선통신보조설비
설치위치	**감지기회로**의 **끝부분**	**누설동축케이블**의 **끝부분**
설치목적	감지기회로의 **도통시험**을 용이하게 하기 위함	전송로로 전송되는 전자파가 전송로의 종단에서 반사되어 **교신**을 **방해**하는 것을 막기 위함
외형	갈 흑 등 은	

☆☆

문제 09

단독경보형 감지기의 설치기준 중 (　　) 안에 알맞은 내용을 쓰시오. (16.4.문3, 14.11.문6)

득점	배점
	5

(가) 각 실마다 설치하되, 바닥면적이 (①)m^2를 초과하는 경우에는 (②)m^2마다 1개 이상 설치하여야 한다.

(나) 이웃하는 실내의 바닥면적이 각각 30m^2 미만이고, 벽체의 상부의 전부 또는 일부가 개방되어 이웃하는 실내와 공기가 상호 유통되는 경우에는 이를 (③)개의 실로 본다.

(다) 건전지를 주전원으로 사용하는 단독경보형 감지기는 정상적인 (④)를 유지할 수 있도록 건전지를 교환할 것

(라) 상용전원을 주전원으로 사용시 (⑤)는 제품검사에 합격한 것을 사용한다.

해답 (가) ① 150　　② 150
(나) ③ 1
(다) ④ 작동상태
(라) ⑤ 2차 전지

해설 **단독경보형 감지기**의 **설치기준**(NFPC 201 5조, NFTC 201 2.2.1)

(1) 각 실(이웃하는 실내의 바닥면적이 각각 **30**m^2 **미만**이고, 벽체 상부의 전부 또는 일부가 개방되어 이웃하는 실내와 공기가 상호 유통되는 경우에는 이를 1개의 실로 본다.)마다 설치하되, 바닥면적 150m^2를 초과하는 경우에는 150m^2마다 1개 이상을 설치할 것
(2) 최상층의 계단실의 천장(**외기**가 **상통**하는 **계단실**의 경우 제외)에 설치할 것
(3) 건전지를 주전원으로 사용하는 단독경보형 감지기는 정상적인 작동상태를 유지할 수 있도록 **건전지**를 교환할 것
(4) 상용전원을 주전원으로 사용하는 단독경보형 감지기의 2차 전지는 제품검사에 합격한 것을 사용할 것

중요

단독경보형 감지기의 **구성**
(1) 시험버튼
(2) 음향장치
(3) 작동표시장치

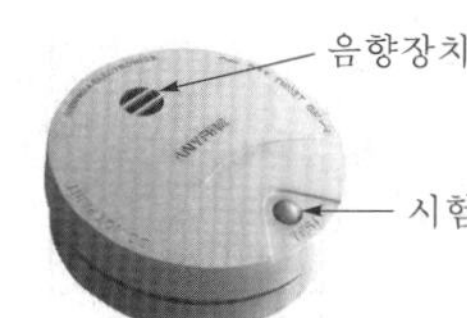

‖ 단독경보형 감지기 ‖

☆☆
문제 10

다음은 브리지 정류회로(전파정류회로)의 미완성 도면이다. 다음 각 물음에 답하시오. (단, 입력은 상용전원이고, 권수비는 1 : 1이며, 평활회로는 없는 것으로 한다.) (20.11.문16, 13.11.문9, 10.10.문11)

득점	배점
	6

(가) 미완성 도면을 완성하시오.

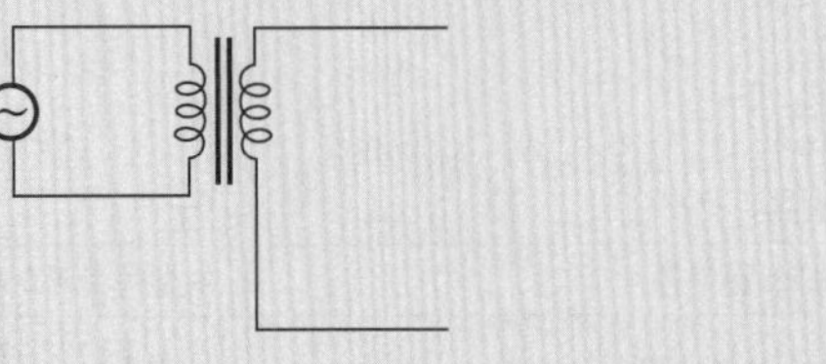

(나) 그림은 정류 전의 출력전압파형이다. 정류 후의 출력전압파형을 그리시오.

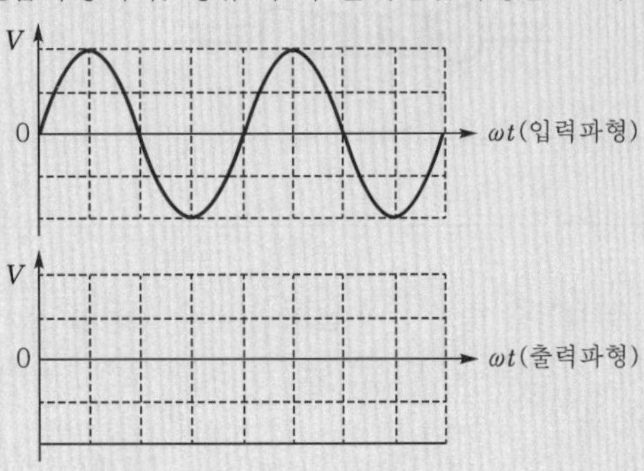

해답 (가)

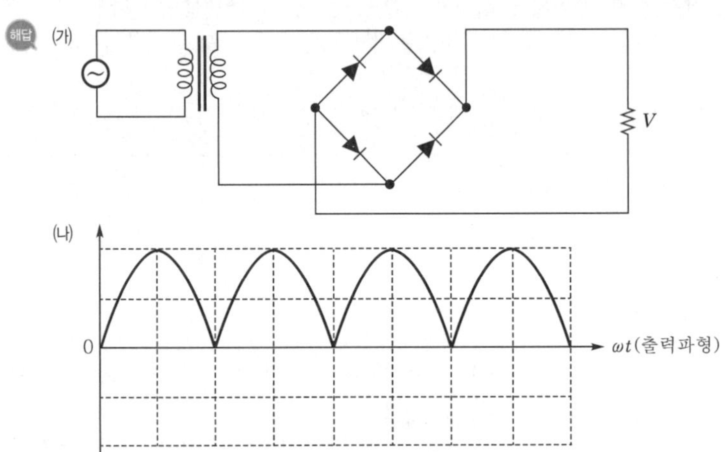

해설 (가) 다음과 같이 그려도 정답! 문제에서 **콘덴서**가 없고, 부하에 **극성 표시**가 없으므로 아래 회로도 모두 정답이다.

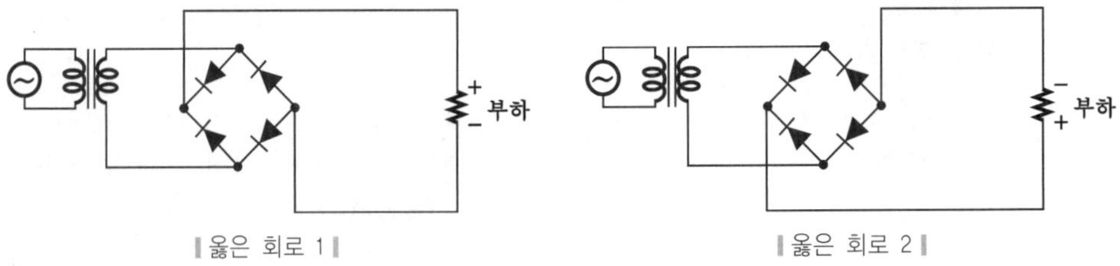

▌옳은 회로 1▐ ▌옳은 회로 2▐

비교

다이오드 2개를 이용한 **전파정류회로**

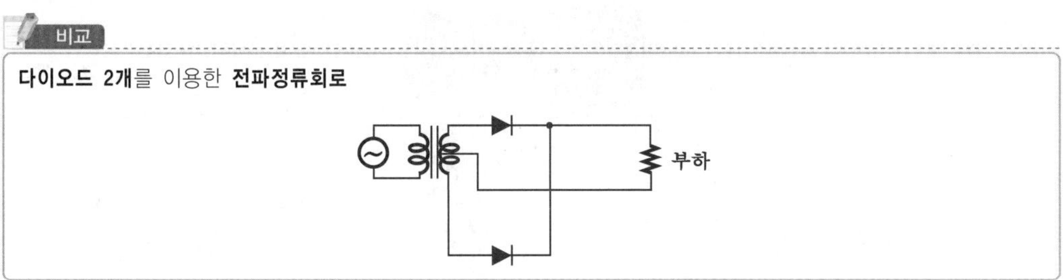

(나) **브리지 정류회로**의 **출력전압 특성**

① 콘덴서가 **없는** 경우

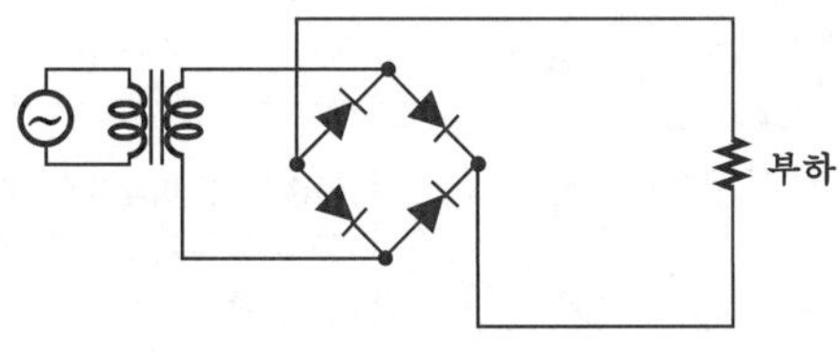

▌브리지 정류회로▐

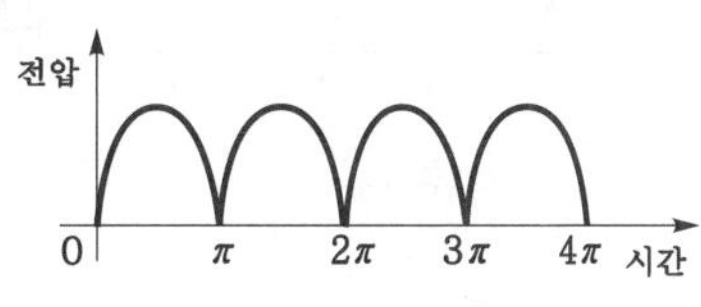

▌출력전압 특성▐

② 콘덴서가 **있는** 경우

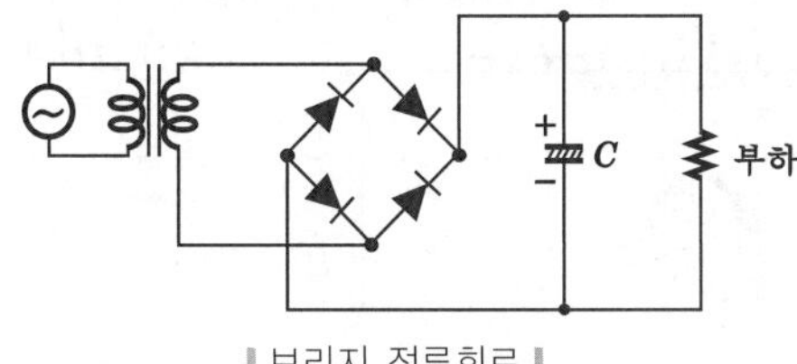

▌브리지 정류회로▐

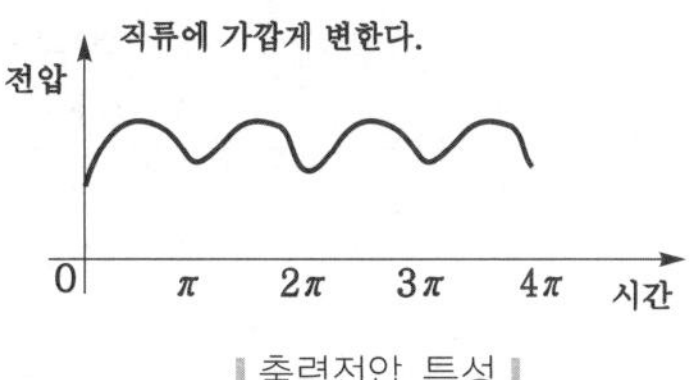

▌출력전압 특성▐

☆☆☆

문제 11

다음의 전선관 부속품에 대한 용도를 간단하게 설명하시오. (19.11.문3, 14.7.문7, 09.10.문5, 09.7.문2)

득점	배점
	3

○ 부싱 :

○ 유니온 커플링 :

○ 유니버설 엘보우 :

해답 (가) 부싱 : 전선의 절연피복 보호용

(나) 유니온 커플링 : 전선관 상호 접속용(관이 고정되어 있을 때)

(다) 유니버설 엘보우 : 관을 직각으로 굽히는 곳에 사용(노출배관)

해설

- 유니언 커플링=유니온 커플링
- 링리듀서=링레듀샤
- 유니버설 엘보=유니버설 엘보우

▌**금속관공사**에 **이용되는 부품**▐

명 칭	외 형	설 명
부싱 (bushing)		전선의 절연피복을 보호하기 위하여 **금속관 끝**에 취부하여 사용되는 부품

유니언 커플링 (union coupling)		**금속전선관 상호**간을 **접속**하는 데 사용되는 부품(**관**이 **고정**되어 **있을 때**)
노멀 밴드 (normal bend)		**매입배관**공사를 할 때 **직각**으로 굽히는 곳에 사용하는 부품
유니버설 엘보 (universal elbow)		**노출배관**공사를 할 때 관을 직각으로 굽히는 곳에 사용하는 부품
링 리듀서 (ring reducer)		**금속관**을 **아우트렛 박스**에 로크 너트만으로 고정하기 어려울 때 **보조적**으로 사용되는 **부품**
커플링 (coupling)	커플링 전선관	**금속전선관 상호**간을 **접속**하는 데 사용되는 부품(**관**이 **고정**되어 있지 **않을 때**)
새들 (saddle)		**관**을 **지지**하는 데 사용하는 재료
로크 너트 (lock nut)		**금속관**과 **박스**를 **접속**할 때 사용하는 재료로 최소 **2개**를 사용한다.
리머 (reamer)		금속관 **말단**의 **모**를 다듬기 위한 기구
파이프 커터 (pipe cutter)		**금속관**을 **절단**하는 기구
환형 3방출 정크션 박스		**배관**을 **분기**할 때 사용하는 박스
파이프 벤더 (pipe bender)		**금속관**(후강전선관, 박강전선관)을 **구부릴 때** 사용하는 공구 ※ **28mm** 이상은 **유압식 파이프 벤더**를 사용한다.

☆☆☆
문제 12

다음은 어느 특정소방대상물의 평면도이다. 건축물의 주요구조부는 내화구조이고, 층의 높이는 4.2m일 때 다음 각 물음에 답하시오. (단, 차동식 스포트형 감지기 1종을 설치한다.)

(19.11.문10, 17.6.문12, 15.7.문2, 13.7.문2, 11.11.문16, 09.7.문16, 07.11.문8)

득점	배점
	8

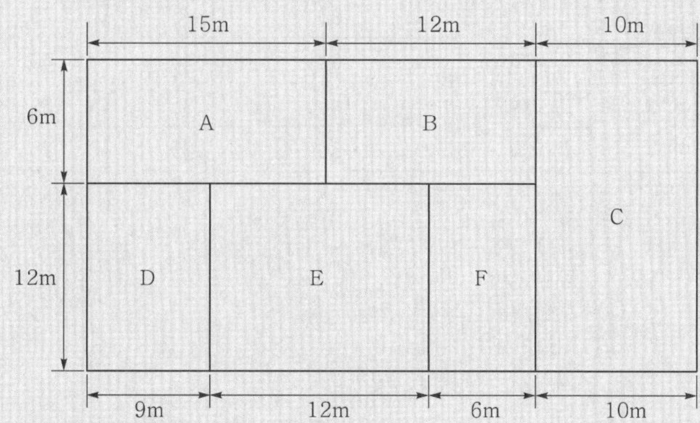

(가) 각 실별로 설치하여야 할 감지기수를 구하시오.

구 분	계산과정	답
A		
B		
C		
D		
E		
F		

(나) 총 경계구역수를 구하시오.

○ 계산과정 :

○ 답 :

해답 (가)

구 분	계산과정	답
A	$\frac{15\times6}{45}$=2개	2개
B	$\frac{12\times6}{45}=1.6$ ≒2개	2개
C	$\frac{10\times(6+12)}{45}$=4개	4개
D	$\frac{9\times12}{45}=2.4$ ≒3개	3개
E	$\frac{12\times12}{45}=3.2$ ≒4개	4개
F	$\frac{6\times12}{45}=1.6$ ≒2개	2개

(나) ○ 계산과정 : $\frac{(15+12+10)\times(6+12)}{600}=1.1$ ≒2경계구역

○ 답 : 2경계구역

해설 (개) **감지기 1개**가 담당하는 **바닥면적**(NFPC 203 7조, NFTC 203 2.4.3.9.1)

(단위 : m^2)

부착높이 및 특정소방대상물의 구분		감지기의 종류				
		차동식 · 보상식 스포트형		정온식 스포트형		
		1종	2종	특 종	1종	2종
4m 미만	내화구조	90	70	70	60	20
	기타 구조	50	40	40	30	15
4m 이상 8m 미만	내화구조 →	45	35	35	30	설치 불가능
	기타 구조	30	25	25	15	

기억법
차 보 정
9 7 7 6 2
5 4 4 3 ①
④ ③ ③ 3 ×
3 ② ② ① ×
※ 동그라미(○) 친 부분은 뒤에 5가 붙음

- 〔문제 조건〕 **4.2m**, **내화구조**, **차동식 스포트형 1종**이므로 감지기 1개가 담당하는 바닥면적은 **45m²**

구 분	계산과정	답
A	$\dfrac{\text{적용면적}}{45\text{m}^2}=\dfrac{(15\times6)\text{m}^2}{45\text{m}^2}=2$개	2개
B	$\dfrac{\text{적용면적}}{45\text{m}^2}=\dfrac{(12\times6)\text{m}^2}{45\text{m}^2}=1.6\fallingdotseq 2$개	2개
C	$\dfrac{\text{적용면적}}{45\text{m}^2}=\dfrac{[10\times(6+12)]\text{m}^2}{45\text{m}^2}=4$개	4개
D	$\dfrac{\text{적용면적}}{45\text{m}^2}=\dfrac{(9\times12)\text{m}^2}{45\text{m}^2}=2.4\fallingdotseq 3$개	3개
E	$\dfrac{\text{적용면적}}{45\text{m}^2}=\dfrac{(12\times12)\text{m}^2}{45\text{m}^2}=3.2\fallingdotseq 4$개	4개
F	$\dfrac{\text{적용면적}}{45\text{m}^2}=\dfrac{(6\times12)\text{m}^2}{45\text{m}^2}=1.6\fallingdotseq 2$개	2개

(내) 경계구역$=\dfrac{\text{적용면적}}{600\text{m}^2}=\dfrac{(15+12+10)\text{m}^2\times(6+12)\text{m}^2}{600\text{m}^2}=1.1\fallingdotseq 2$경계구역(절상)

- 한 변의 길이는 50m 이하이므로 길이는 고려할 필요없고 경계구역 면적만 고려하여 **600m²**로 나누면 된다.

아하! 그렇구나 각 층의 경계구역 산정

① 여러 개의 **건축물**이 있는 경우 각각 **별개**의 **경계구역**으로 한다.
② 여러 개의 **층**이 있는 경우 각각 **별개**의 **경계구역**으로 한다. (단, **2개층**의 면적의 합이 **500m² 이하**인 경우는 **1경계구역**으로 할 수 있다.)
③ **지하층**과 **지상층**은 **별개**의 **경계구역**으로 한다. (**지하 1층**인 경우에도 **별개**의 **경계구역**으로 한다. 주의! 또 주의!)
④ 1경계구역의 면적은 **600m² 이하**로 하고, 한 변의 길이는 **50m 이하**로 한다.
⑤ **목욕실 · 화장실** 등도 **경계구역 면적**에 **포함**한다.
⑥ **계단 및 엘리베이터**의 **면적**은 **경계구역 면적**에서 **제외**한다.

☆☆☆

문제 13

청각장애인용 시각경보장치의 설치기준을 3가지만 쓰시오. (단, 화재안전기준 각 호의 내용을 1가지로 본다.) (20.11.문8, 20.5.문10, 19.4.문16, 17.11.문5, 17.6.문4, 16.6.문13, 15.7.문8)

○
○
○

득점	배점
	6

해답 ① 복도·통로·청각장애인용 객실 및 공용으로 사용하는 거실에 설치하며, 각 부분에서 유효하게 경보를 발할 수 있는 위치에 설치
② 공연장·집회장·관람장 또는 이와 유사한 장소에 설치하는 경우에는 시선이 집중되는 무대부 부분 등에 설치
③ 바닥에서 2~2.5m 이하의 높이에 설치(단, 천장높이가 2m 이하는 천장에서 0.15m 이내의 장소에 설치)

해설

- '**무대부**'만 쓰지 말고 '**무대부 부분**'이라고 정확히 쓰자!
- '**단, 천장높이가 ~**', '**단, 시각경보기에 ~**'처럼 **단서**도 반드시 **써야 정답**!!

청각장애인용 시각경보장치의 **설치기준**(NFPC 203 8조, NFTC 203 2.5.2)

(1) **복도·통로·청각장애인용 객실** 및 공용으로 사용하는 **거실**에 설치하며, 각 부분에서 유효하게 경보를 발할 수 있는 위치에 설치할 것
(2) **공연장·집회장·관람장** 또는 이와 유사한 장소에 설치하는 경우에는 시선이 집중되는 **무대부 부분** 등에 설치할 것
(3) 바닥으로부터 **2~2.5m** 이하의 높이에 설치할 것(단, 천장높이가 **2m 이하**는 천장에서 **0.15m** 이내의 장소에 설치)

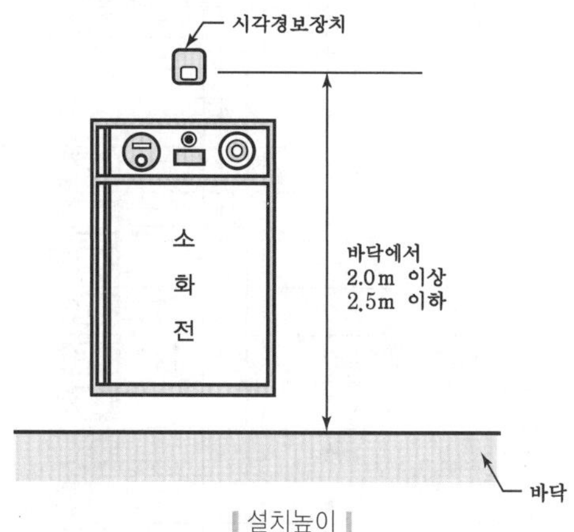

‖ 설치높이 ‖

(4) 광원은 **전용**의 **축전지설비** 또는 **전기저장장치**에 의해 점등되도록 할 것(단, 시각경보기에 작동전원을 공급할 수 있도록 형식승인을 얻은 **수신기**를 설치한 경우 제외)

용어

시각경보장치

자동화재탐지설비에서 발하는 화재신호를 시각경보기에 전달하여 청각장애인에게 **점멸**형태의 **시각경보**를 하는 것

‖ 시각경보장치(시각경보기) ‖

문제 14

지상 31층 건물에 비상콘센트를 설치하려고 한다. 각 층에 하나의 비상콘센트만 설치한다면 최소 몇 회로가 필요한지 쓰시오. (20.11.문14, 12.11.문5, 12.7.문4, 12.4.문9, 11.5.문4)

○

득점	배점
	4

해답 3회로

해설

- 비상콘센트는 **11층 이상**(지하층 제외)에 설치하므로 11~20층까지 **1회로**, 21~30층까지 **1회로**, 31층 **1회로** 총 **3회로**가 된다.
- 지하층을 제외한 11층 이상에 설치하므로 **11층부터 설치**하여야 한다. 특히 주의하라!
- 하나의 전용회로에 설치하는 비상콘센트는 **최대 10개**까지 할 수 있다.

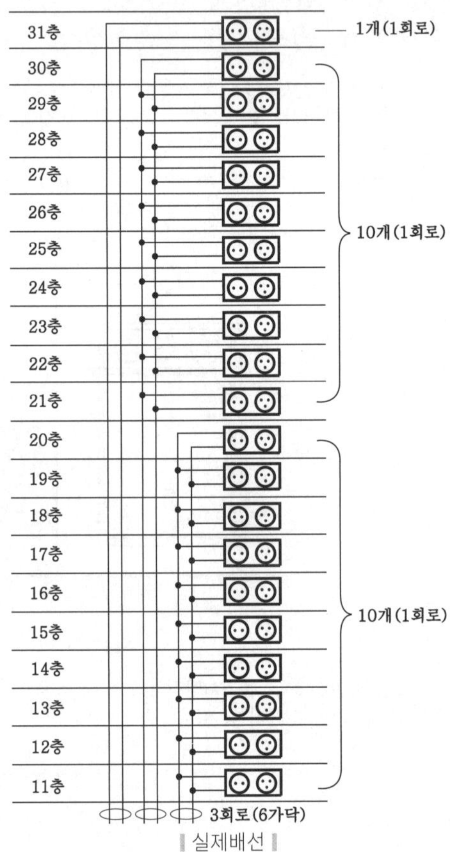

‖ 실제배선 ‖

중요

(1) **비상콘센트설비**의 **설치대상**(소방시설법 시행령 〔별표 4〕)

① **11층** 이상인 특정소방대상물의 경우에는 11층 이상의 층

② 지하층의 층수가 **3층** 이상이고 지하층의 바닥면적의 합계가 **1000m²** 이상인 것은 지하층의 모든 층

③ 지하가 중 터널로서 길이가 **500m** 이상인 것

(2) **비상콘센트설비**의 **설치기준**(NFPC 504 4조, NFTC 504 2.1)

구 분	전 압	용 량	플러그접속기
단상 교류	220V	1.5kVA 이상	접지형 2극

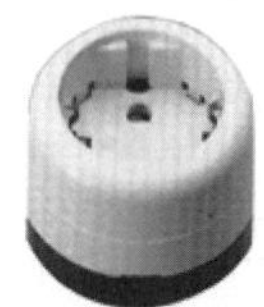

‖ 접지형 2극 플러그접속기 ‖

① 하나의 전용회로에 설치하는 비상콘센트는 **10개** 이하로 할 것(전선의 용량은 **3개** 이상일 때 **3개**)

설치하는 비상콘센트 수량	전선의 용량산정시 적용하는 비상콘센트 수량	전선의 용량
1	1개 이상	1.5kVA 이상
2	2개 이상	3.0kVA 이상
3~10	3개 이상	4.5kVA 이상

② 전원회로는 각 층에 있어서 **2 이상**이 되도록 설치할 것(단, 설치해야 할 층의 콘센트가 **1개**인 때에는 하나의 회로로 할 수 있다.)
③ 플러그접속기의 칼받이 접지극에는 **접지공사**를 해야 한다. (감전 보호가 목적이므로 **보호접지**를 해야 한다.)
④ 풀박스는 **1.6mm** 이상의 철판을 사용할 것
⑤ 절연저항은 **전원부**와 **외함** 사이를 **직류 500V 절연저항계**로 측정하여 **20MΩ** 이상일 것
⑥ 전원으로부터 각 층의 비상콘센트에 분기되는 경우에는 **분기배선용 차단기**를 보호함 안에 설치할 것
⑦ 바닥으로부터 **0.8~1.5m** 이하의 높이에 설치할 것
⑧ 전원회로는 주배전반에서 **전용회로**로 하며, 배선의 종류는 **내화배선**이어야 한다.

- **풀박스**(pull box) : 배관이 긴 곳 또는 굴곡 부분이 많은 곳에서 시공을 용이하게 하기 위하여 배선 도중에 사용하여 전선을 끌어들이기 위한 박스

비상콘센트설비(emergency consent system) : 화재시 **소방대**의 **조명용** 또는 소화활동상 필요한 **장비**의 **전원설비**

☆☆☆

문제 15

유도전동기 (IM)을 현장측과 제어실측 어느 쪽에서도 기동 및 정지제어가 가능하도록 배선하시오. (단, 푸시버튼스위치 기동용(PB_{-ON}) 2개, 정지용(PB_{-OFF}) 2개, 열동계전기(THR_{-b}) 1개 전자접촉기 a접점 1개(자기유지용)를 사용할 것)

(13.7.문3)

득점	배점
	5

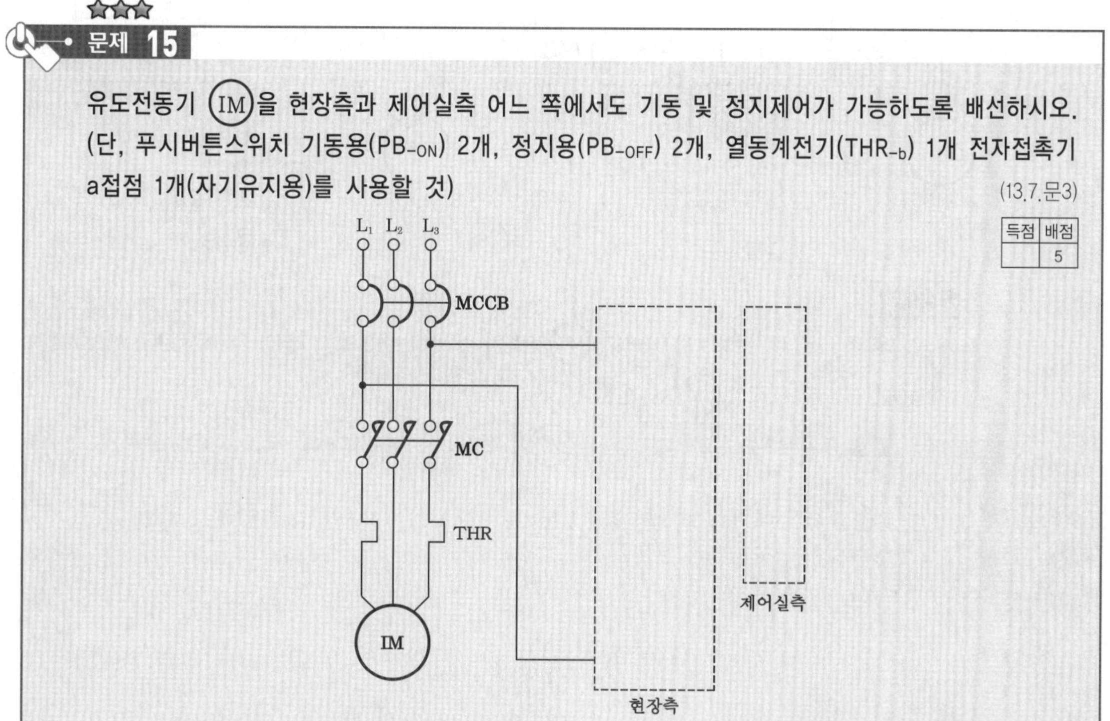

해답

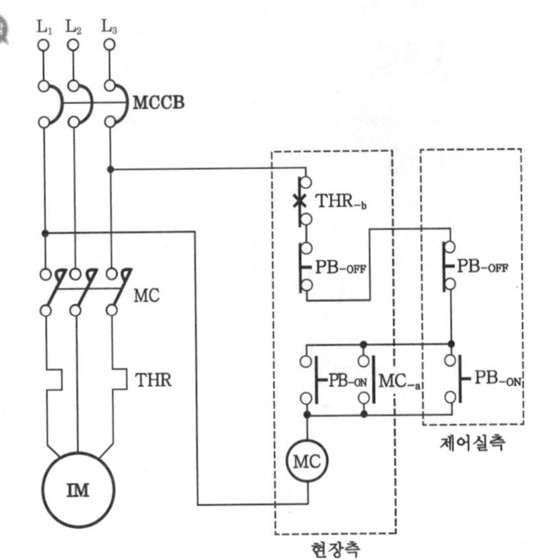

해설 다음과 같이 그려도 정답!

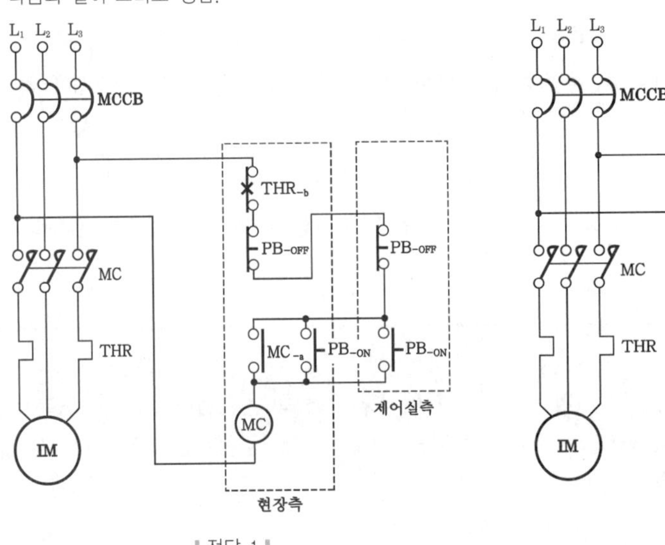

‖ 정답 1 ‖

L1 L2 L3
MCCB
PB-OFF
THR-b
PB-OFF
MC
PB-ON
MC-a
PB-ON
THR
제어실측
MC
IM
현장측

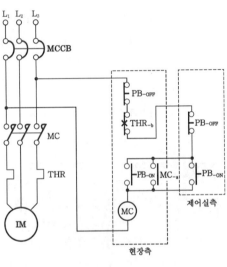

‖ 정답 2 ‖

동작설명

(1) PB_{-ON} 둘 중 아무거나 누르면 전자접촉기 (MC)가 여자되고 MC_{-a}접점이 폐로되어 자기유지된다. 또 전자접촉기 주접점이 닫혀 유도전동기 (IM)이 기동된다.

(2) PB_{-OFF}를 둘 중 아무거나 누르면 전자접촉기 (MC)가 소자되어 자기유지가 해제되고 주접점이 열려 유도전동기는 정지한다.

(3) 또한, 운전 중 유도전동기에 과부하가 걸려 열동계전기 THR_{-b}가 동작하면 유도전동기는 정지한다.

비교

주회로에 **열동계전기(⊐)**가 **없는 경우**

보조회로의 배선을 완성할 때 열동계전기 접점( )을 그리지 않도록 주의하라. (하지만 실제로는 **열동계전기**가 반드시 있는 것이 원칙!)

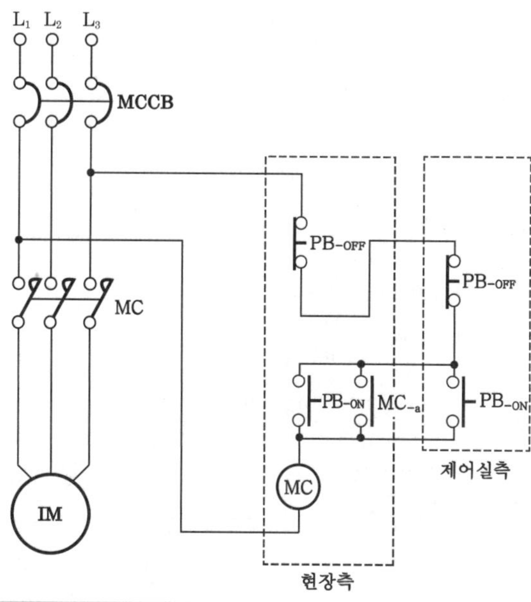

☆☆☆

문제 16

P형 수신기와 감지기와의 배선회로에서 P형 수신기 종단저항은 11kΩ, 감시전류는 2mA, 릴레이저항은 950Ω, DC 24V일 때 다음 각 물음에 답하시오.

(20.10.문10, 16.4.문9, 15.7.문10, 14.4.문10, 12.11.문17, 12.4.문18, 07.4.문5, 06.4.문15)

득점	배점
	4

(가) 배선저항을 구하시오.
 ○ 계산과정 :
 ○ 답 :

(나) 감지기가 동작할 때(화재시) 전류는 몇 mA인지 구하시오.
 ○ 계산과정 :
 ○ 답 :

해답

(가) ○ 계산과정 : $2\times10^{-3}=\dfrac{24}{11000+950+x}$

$$x=\frac{24}{2\times10^{-3}}-11000-950=50\,\Omega$$

○ 답 : 50Ω

(나) ○ 계산과정 : $\dfrac{24}{950+50}=0.024\text{A}$ =24mA

○ 답 : 24mA

해설 **주어진 값**

- 종단저항 : 11kΩ=11000Ω(1kΩ=1000Ω)
- 감시전류 : 2mA=2×10⁻³A(1mA=10⁻³A)
- 릴레이저항 : 950Ω
- 회로전압(V) : 24V
- 배선저항 : ?
- 동작전류 : ?

(가) **감시전류** I는

$$I=\frac{\text{회로전압}}{\text{종단저항}+\text{릴레이저항}+\text{배선저항}}$$

기억법 감회종릴배

$$2\times10^{-3}\text{A}=\frac{24\text{V}}{11000\,\Omega+950\,\Omega+x}$$

$$11000\,\Omega+950\,\Omega+x=\frac{24\text{V}}{2\times10^{-3}\text{A}}$$

$$x=\frac{24\text{V}}{2\times10^{-3}\text{A}}-11000\,\Omega-950\,\Omega=50\,\Omega$$

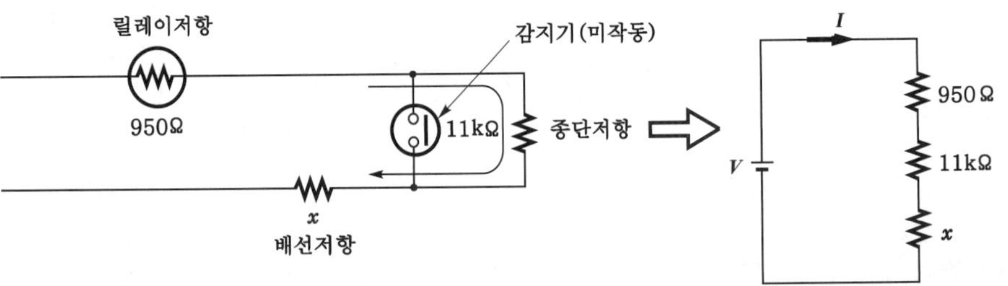

(나) **동작전류** I는

$$I=\frac{\text{회로전압}}{\text{릴레이저항}+\text{배선저항}}$$

기억법 동회릴배

$$=\frac{24\text{V}}{950\Omega+50\Omega}=0.024\text{A}=24\text{mA}\,(1\text{A}=1000\text{mA})$$

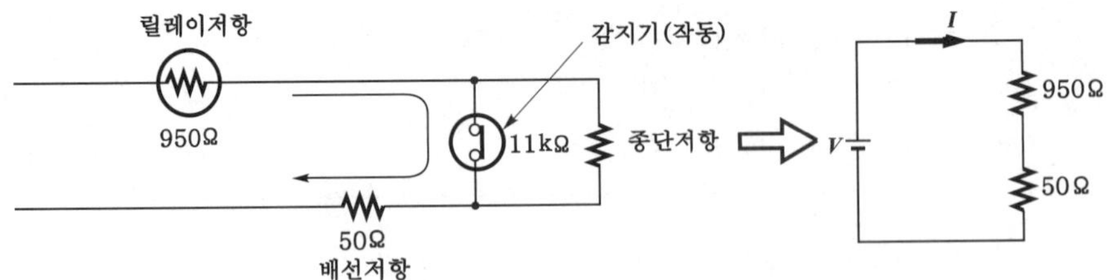

문제 17

비상방송설비의 확성기(speaker) 회로에 음량조정기를 설치하고자 한다. 미완성 결선도를 완성하시오.

(19.4.문14, 12.11.문11, 10.7.문18)

득점	배점
	5

확성기 확성기

음량조정기 음량조정기

공통선 업무용 긴급용

증폭기

해답

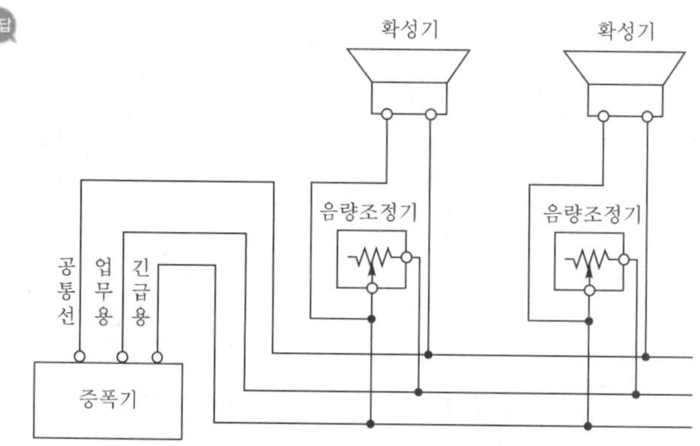

해설 **비상방송설비**의 **설치기준**(NFPC 202 4조, NFTC 202 2.1.1)

(1) 확성기의 음성입력은 실내 **1W**, 실외 **3W** 이상일 것
(2) 확성기는 **각 층**마다 설치하되, 그 층의 각 부분으로부터의 **수평거리**는 **25m** 이하일 것
(3) 음량조정기는 **3선식** 배선일 것
(4) 조작스위치는 바닥으로부터 **0.8~1.5m** 이하의 높이에 설치할 것
(5) 다른 전기회로에 의하여 **유도장애**가 생기지 않을 것
(6) 비상방송 개시시간은 **10초** 이하일 것

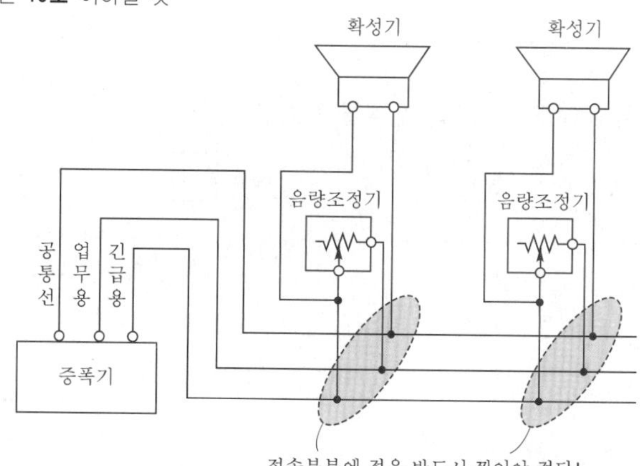

중요

3선식 배선

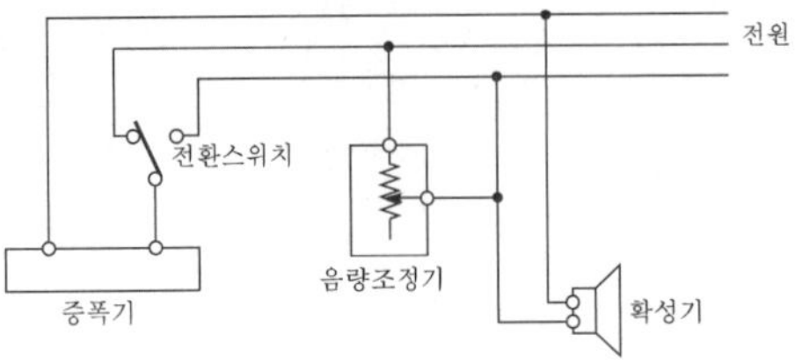

‖3선식 배선 1‖

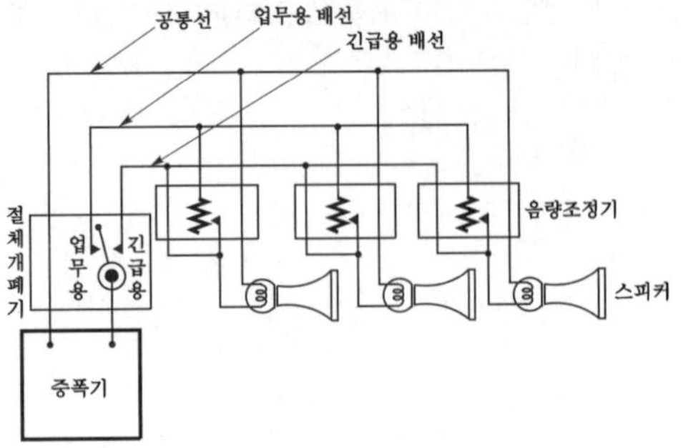

‖3선식 배선 2‖

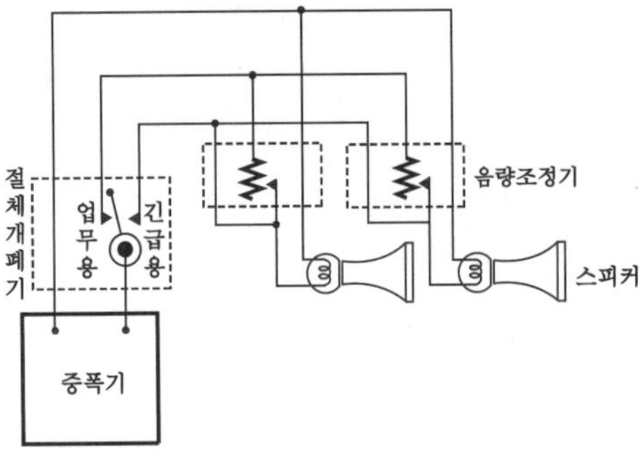

‖3선식 배선 3‖

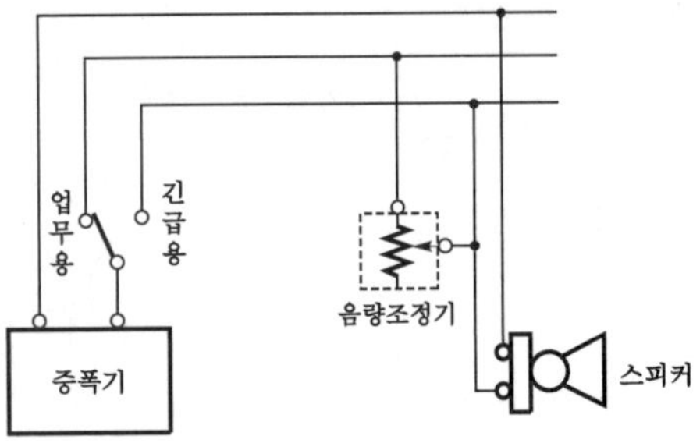

‖3선식 배선 4‖

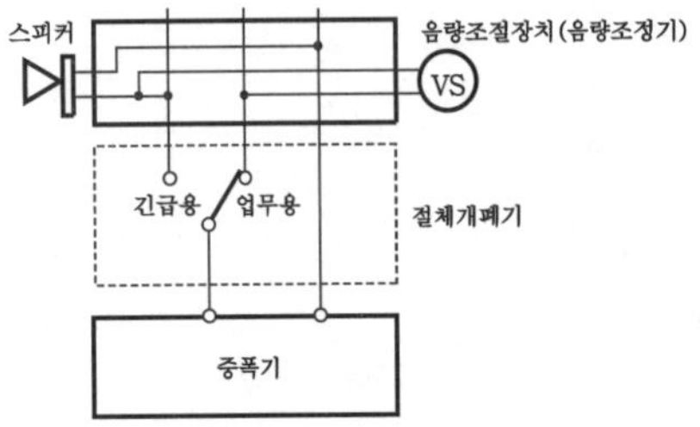

‖3선식 배선 5‖

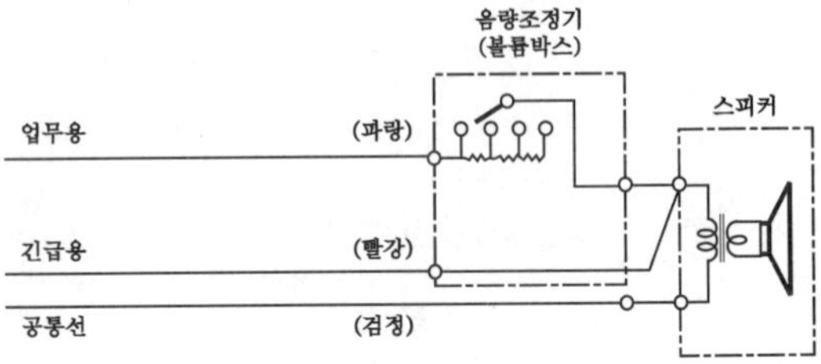

‖3선식 배선 6‖

★★★

문제 18

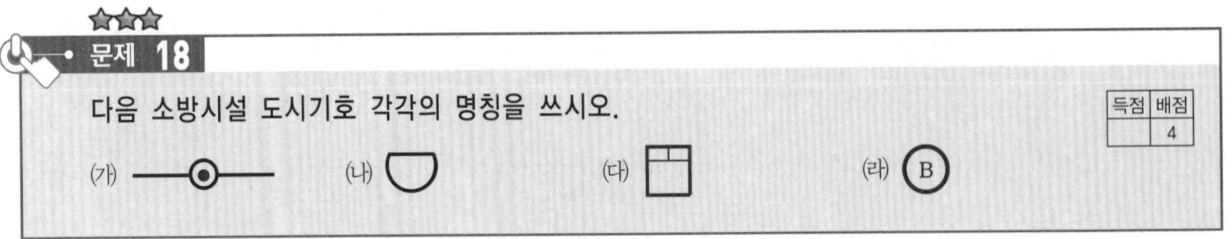

다음 소방시설 도시기호 각각의 명칭을 쓰시오.

득점	배점
	4

(가) (나) (다) (라)

해답 (가) 감지선
(나) 정온식 스포트형 감지기
(다) 중계기
(라) 비상벨

- 문제 (라)에서 **소방시설 도시기호**(소방시설 자체점검사항 등에 관한 고시 [별표])에는 (B)의 명칭이 '**비상벨**'로 되어 있으므로 비상벨이 정답! '**경종**'으로 답하면 채점위원에 따라 오답처리가 될 수 있으니 주의!
- 옥내배선기호에는 **경보벨**로 되어 있음

‖ 옥내배선기호, 소방시설 도시기호 ‖

명 칭	그림기호	적 요
차동식 스포트형 감지기		–
보상식 스포트형 감지기		–
정온식 스포트형 감지기 질문 (나)		• 방수형 : • 내산형 : • 내알칼리형 : • 방폭형 : EX
연기감지기	S	• 점검박스 붙이형 : S • 매입형 : S
감지선 질문 (가)		• 감지선과 전선의 접속점 : • 가건물 및 천장 안에 시설할 경우 : • 관통위치 :
공기관		• 가건물 및 천장 안에 시설할 경우 : • 관통위치 :
열전대		• 가건물 및 천장 안에 시설할 경우 :
제어반		–
표시반		• 창이 3개인 표시반 : 3
수신기		• 가스누설경보설비와 일체인 것 : • 가스누설경보설비 및 방배연 연동과 일체인 것 :
부수신기(표시기)		–
중계기 질문 (다)		–
비상벨 또는 경보벨 질문 (라)	B	• 방수용 : B • 방폭형 : B EX

"목표를 보는 자는 장애물을 겁내지 않는다."

- 한나 모어 -

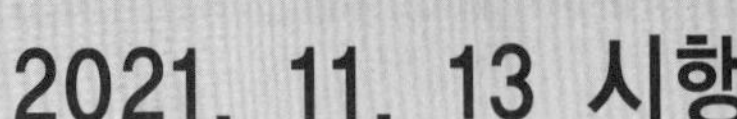

2021. 11. 13 시행

▌2021년 기사 제4회 필답형 실기시험▌

자격종목	시험시간	형별	수험번호	성명	감독위원 확 인
소방설비기사(전기분야)	3시간				

※ 다음 물음에 답을 해당 답란에 답하시오.(배점 : 100)

☆☆

문제 01

비상용 전원설비로서 축전지설비를 계획하고자 한다. 사용부하의 방전전류－시간특성곡선이 다음 그림과 같다면 이론상 축전지의 용량은 어떻게 산정하여야 하는지 각 물음에 답하시오. (단, 축전지 개수는 83개이며, 단위전지 방전종지전압은 1.06V로 하고 축전지 형식은 AH형을 채택하며 또한 축전지 용량은 다음과 같은 일반식에 의하여 구한다.)

득점	배점
	6

(가) 축전지의 용량 C는 이론상 몇 Ah 이상의 것을 선정하여야 하는가? ($L=0.8$)

○ 계산과정 :

○ 답 :

(나) 축전지의 전해액이 변색되고, 충전 중이 아닌 정지상태에서도 다량으로 가스가 발생하는 원인은 무엇인지 쓰시오.

○

(다) 부동충전방식을 정류기, 연축전지, 부하를 포함하여 그림을 그리시오.

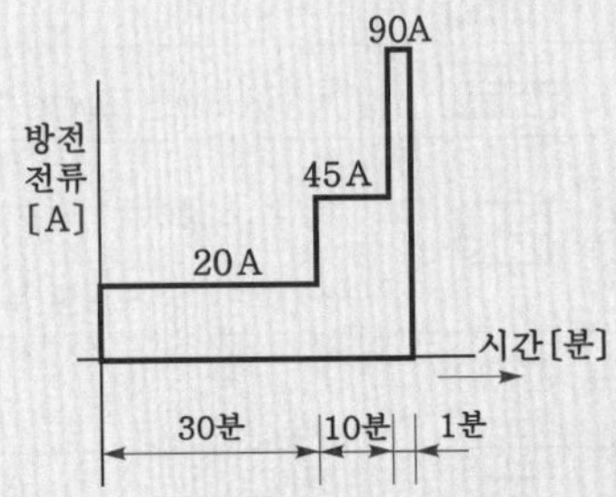

▌용량환산시간 계수 K(온도 5℃에서)▌

형 식	최저허용전압[V/셀]	0.1분	1분	5분	10분	20분	30분	60분	120분
AH	1.10 1.06 1.00	0.30 0.24 0.20	0.46 0.33 0.27	0.56 0.45 0.37	0.66 0.53 0.45	0.87 0.70 0.60	1.04 0.85 0.77	1.56 1.40 1.30	2.60 2.45 2.30

해답 (가) ○ 계산과정 : $\frac{1}{0.8}(0.85\times20+0.53\times45+0.33\times90)=88.187 \fallingdotseq 88.19\text{Ah}$

○ 답 : 88.19Ah

(나) 불순물 혼입

(다)

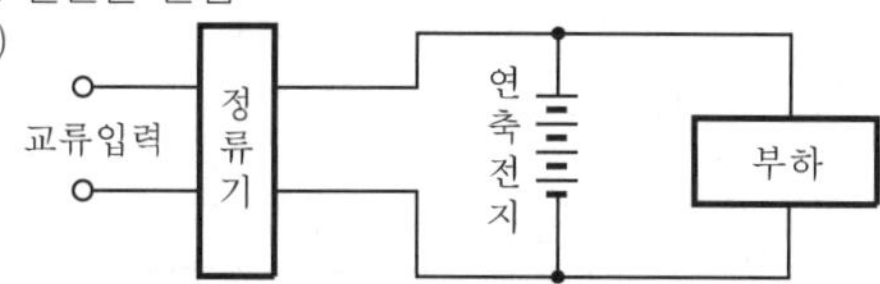

해설 (가) ① **용량환산시간** : 축전지의 최저허용전압(방전종지전압)이 1.06V/셀이고 방전시간이 각각 $T_1=30$분, $T_2=10$분, $T_3=1$분이므로 용량환산시간 계수표에서 $K_1=0.85$, $K_2=0.53$, $K_3=0.33$이 된다.

형 식	최저허용전압[V/셀]	0.1분	1분	5분	10분	20분	30분	60분	120분
AH	1.10 1.06 1.00	0.30 0.24 0.20	0.46 0.33 0.27	0.56 0.45 0.37	0.66 0.53 0.45	0.87 0.70 0.60	1.04 0.85 0.77	1.56 1.40 1.30	2.60 2.45 2.30

② **축전지**의 **용량**

$$C=\frac{1}{L}(K_1I_1+K_2I_2+K_3I_3)$$

여기서, C: 축전지 용량[Ah]

L: 용량저하율

K: 용량환산시간

I: 방전전류[A]

$$C=\frac{1}{L}(K_1I_1+K_2I_2+K_3I_3)=\frac{1}{0.8}(0.85\times20+0.53\times45+0.33\times90)=88.187 \fallingdotseq 88.19\text{Ah}$$

비교

위 문제에서 **축전지 효율 80%**가 **주어진 경우**

$$C'=\frac{C}{\eta}$$

여기서, C' : 실제축전지용량[Ah]

C : 이론축전지용량[Ah]

η : 효율[Ah]

실제축전지용량 $C'=\frac{C}{\eta}=\frac{88.19\text{Ah}}{0.8}=110.237 \fallingdotseq 110.24\text{Ah}$

중요

축전지용량 산정

(1) **시간에 따라 방전전류가 감소하는 경우**

① $C_1=\frac{1}{L}K_1I_1$

② $C_2=\frac{1}{L}K_2I_2$

③ $C_3=\frac{1}{L}K_3I_3$

셋 중 큰 값

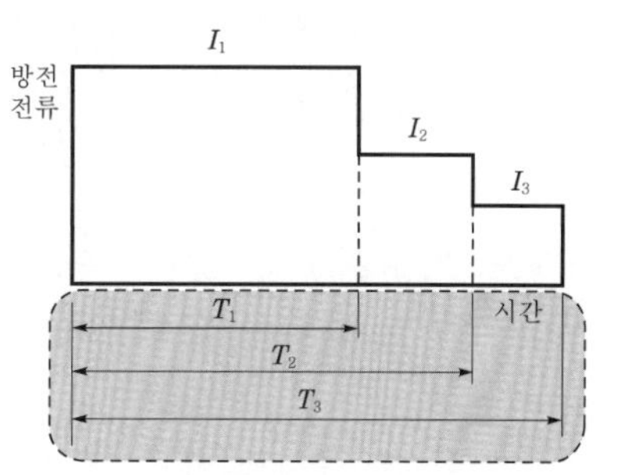

여기서, C : 축전지의 용량〔Ah〕
L : 용량저하율(보수율)
K : 용량환산시간〔h〕
I : 방전전류〔A〕

(2) **시간에 따라 방전전류가 증가하는 경우**

$$C=\frac{1}{L}[K_1I_1+K_2(I_2-I_1)+K_3(I_3-I_2)]$$

여기서, C : 축전지의 용량〔Ah〕
L : 용량저하율(보수율)
K : 용량환산시간〔h〕
I : 방전전류〔A〕

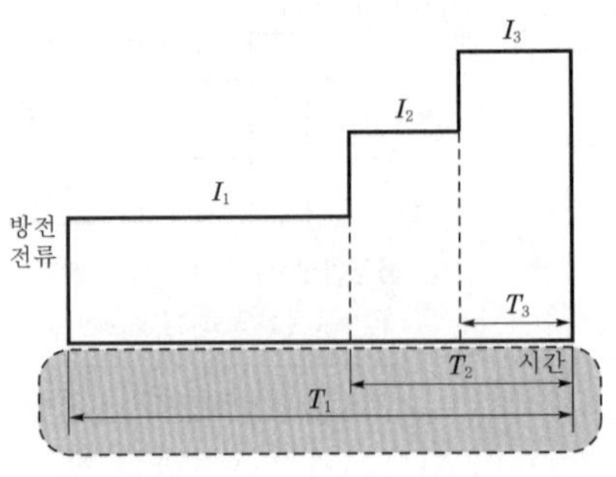

＊출처 : 2016년 건축전기설비 설계기준

(3) **축전지설비**(예비전원설비 설계기준 KDS 31 60 20 : 2021)
① 축전지의 종류 선정은 **축전지**의 **특성**, **유지 보수성**, **수명**, **경제성**과 **설치장소**의 조건 등을 검토하여 선정
② 용량 산정
㉠ 축전지의 출력용량 산정시에는 관계 법령에서 정하고 있는 **예비전원 공급용량** 및 **공급시간** 등을 검토하여 용량을 산정
㉡ 축전지 출력용량은 부하전류와 사용시간 반영
㉢ 축전지는 종류별로 **보수율**, **효율**, **방전종지전압** 및 기타 필요한 계수 등을 반영하여 용량 산정
③ 축전지에서 부하에 이르는 전로는 **개폐기** 및 **과전류차단기** 시설
④ 축전지설비의 보호장치 등의 시설은 전기설비기술기준(한국전기설비규정) 등에 따른다.

예외규정

$C=\frac{1}{L}(K_1I_1+K_2I_2+K_3I_3)$을 **적용**하는 **경우**

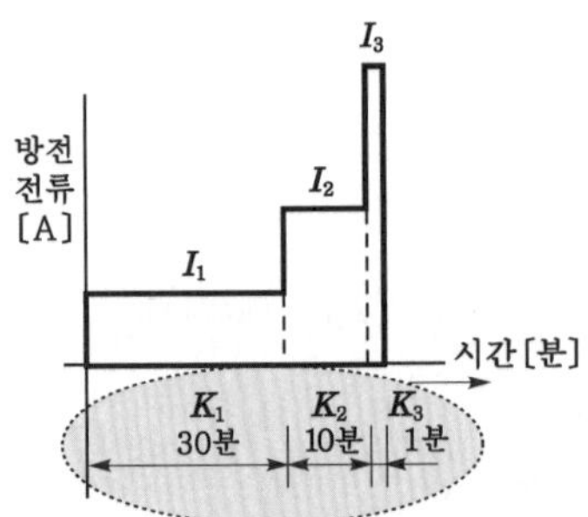

• 이 문제는 예외규정을 적용해야 함. 왜냐하면 **40분**, **41분**이 없기 때문이다.

(나) **연축전지**의 **고장**과 **불량현상**

불량현상		추정원인
초기 고장	전체 셀 전압의 불균형이 크고, 비중이 낮다.	• 고온의 장소에서 장기간 방치하여 과방전하였을 때 • 충전 부족
	단전지 전압의 비중 저하, 전압계의 역전	• 극성 반대 충전 • 역접속
우발 고장	전체 셀 전압의 불균형이 크고, 비중이 낮다.	• 부동충전 전압이 낮다. • 균등충전 부족 • 방전 후의 회복충전 부족
	어떤 셀만의 전압, 비중이 극히 낮다.	• 국부단락
	전압은 정상인데 전체 셀의 비중이 높다.	• 액면 저하 • 유지 보수시 묽은 황산의 혼입
	• 충전 중 비중이 낮고 전압은 높다. • 방전 중 전압은 낮고 용량이 저하된다.	• 방전상태에서 장기간 방치 • 충전 부족상태에서 장기간 사용 • 극판 노출 • 불순물 혼입
	전해액의 변색, 충전하지 않고 방치 중에도 다량으로 가스 발생 질문 (나)	• **불순물 혼입**
	전해액의 감소가 빠르다.	• 과충전 • 실온이 높다.
	축전지의 현저한 온도 상승 또는 소손	• 과충전 • 충전장치의 고장 • 액면 저하로 인한 극판의 노출 • 교류전류의 유입이 크다.

(다) **충전방식**

구 분	설 명
보통충전방식	필요할 때마다 표준시간율로 충전하는 방식
급속충전방식	보통 충전전류의 **2배**의 **전류**로 충전하는 방식
부동충전방식 질문 (다)	① 전지의 자기방전을 보충함과 동시에 상용부하에 대한 전력공급은 충전기가 부담하되, 부담하기 어려운 일시적인 대전류부하는 축전지가 부담하도록 하는 방식으로 **가장 많이 사용**된다. ② 축전지와 부하를 충전기(정류기)에 병렬로 접속하여 충전과 방전을 동시에 행하는 방식이다. ③ 표준부동전압 : **2.15~2.17V** 교류입력 / 정류기 / 축전지 / 부하 ▌부동충전방식▐ • 교류입력=교류전원=교류전압 • 정류기=정류부=충전기(충전지는 아님)
균등충전방식	① 각 축전지의 전위차를 보정하기 위해 1~3개월마다 10~12시간 1회 충전하는 방식이다. ② 균등충전전압 : **2.4~2.5V**
세류충전(트리클충전)**방식**	**자기방전량**만 항상 **충전**하는 방식
회복충전방식	축전지의 과방전 및 방치상태, 가벼운 설페이션현상 등이 생겼을 때 기능회복을 위하여 실시하는 충전방식 • **설페이션**(sulfation) : 충전이 부족할 때 축전지의 극판에 백색 황색연이 생기는 현상

☆☆☆

문제 02

3선식 배선에 의하여 상시 충전되는 유도등의 전기회로에 점멸기를 설치하는 경우에는 어느 때에 점등되도록 하여야 하는지 그 기준을 5가지 쓰시오. (14.4.문4, 11.11.문7)

득점	배점
	5

○
○
○
○
○

유사문제부터 풀어보세요. 실력이 팍!팍! 올라갑니다.

해답 ① 자동화재탐지설비의 감지기 또는 발신기가 작동되는 때
② 비상경보설비의 발신기가 작동되는 때
③ 상용전원이 정전되거나 전원선이 단선되는 때
④ 방재업무를 통제하는 곳 또는 전기실의 배전반에서 수동으로 점등하는 때
⑤ 자동소화설비가 작동되는 때

해설 **3선식 배선**시 반드시 점등되어야 하는 경우(NFPC 303 10조, NFTC 303 2.7.4)

(1) **자동화재탐지설비**의 **감지기** 또는 **발신기**가 작동되는 때

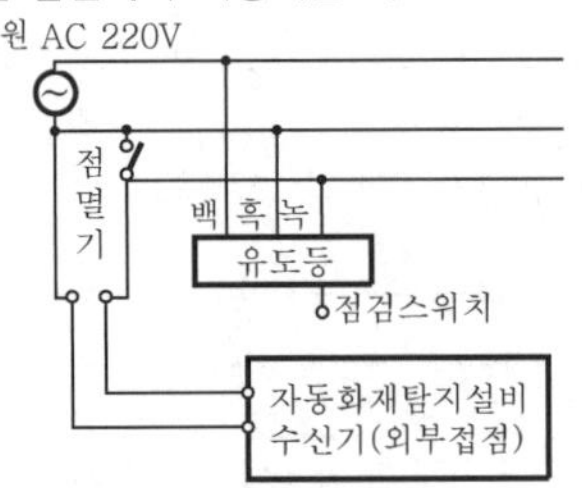

‖ 자동화재탐지설비의 감지기 또는 발신기가 작동되는 때 ‖

(2) **비상경보설비**의 **발신기**가 작동되는 때
(3) **상용전원**이 **정전**되거나 **전원선**이 **단선**되는 때
(4) **방재업무**를 **통제**하는 곳 또는 **전기실**의 **배전반**에서 **수동**으로 **점등**하는 때

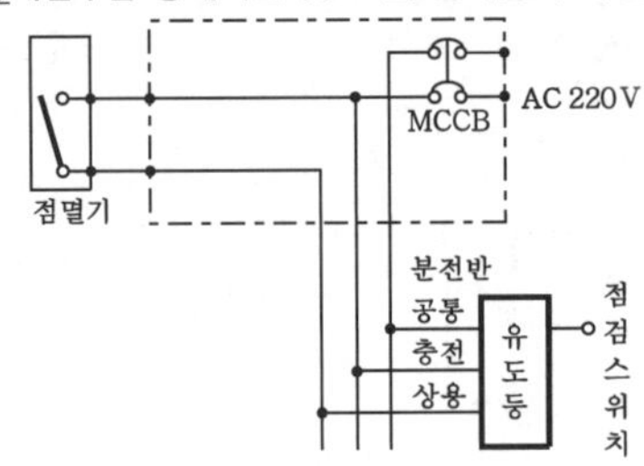

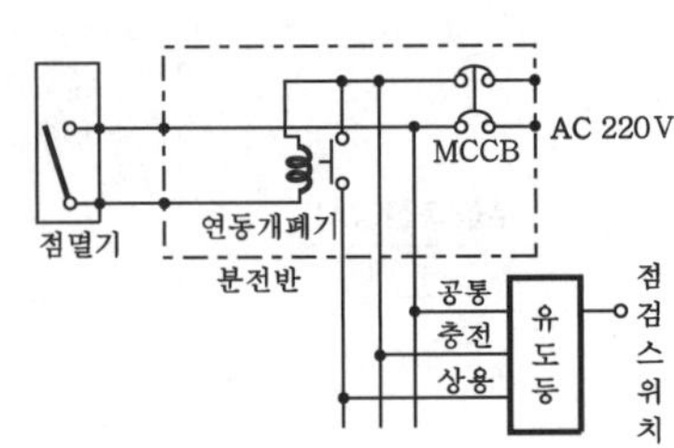

‖ 수동 점등 ‖

(5) **자동소화설비**가 작동되는 때

기억법 탐경 상방자

비교

3선식 배선에 의해 **상시 충전**되는 **구조**로서 **유도등**을 **항상 점등상태**로 **유지**하지 않아도 되는 **경우**(NFPC 303 10조, NFTC 303 2.7.3.2)

(1) 특정소방대상물 또는 그 부분에 **사람**이 **없는 경우**
(2) **외부**의 **빛**에 의해 피난구 또는 피난방향을 쉽게 식별할 수 있는 장소
(3) **공연장, 암실** 등으로서 어두워야 할 필요가 있는 장소
(4) 특정소방대상물의 **관계인** 또는 **종사원**이 주로 사용하는 장소

기억법 외충관공(외부 충격을 받아도 관공서는 끄떡 없음)

★★★
문제 03

할론 1301 설비에 설치되는 사이렌과 방출등의 설치위치와 설치목적을 간단하게 설명하시오.

(12.4.문1)

득점	배점
	4

(가) 사이렌
  ○ 설치위치 :
  ○ 설치목적 :
(나) 방출등
  ○ 설치위치 :
  ○ 설치목적 :

해답 (가) 사이렌
  ① 설치위치 : 실내
  ② 설치목적 : 실내 인명대피
(나) 방출등
  ① 설치위치 : 실외 출입구 위
  ② 설치목적 : 실내 입실금지

해설
- 사이렌 : **'실내 사람대피'**, **'실내 인명대피'** 모두 정답!
- 방출표시등 : '**실외**'라고만 쓰면 틀림! '**실외의 출입구 위**'라고 정확히 쓰라. '**실내의 입실금지**', '**외부인의 출입금지**' 모두 정답!

‖ **할론설비**에 사용하는 **부속장치** ‖

구 분	사이렌	방출표시등(벽붙이형)	수동조작함
심벌			RM
설치위치	실내	실외의 출입구 위	실외의 출입구 부근
설치목적	음향으로 경보를 알려 **실내**에 있는 **사람**을 **대피**시킨다.	소화약제의 방출을 알려 **실내**에 **입실**을 **금지**시킨다.	수동으로 **창문**을 **폐쇄**시키고 **약제방출신호**를 보내 화재를 진화시킨다.

★★

문제 04

누전경보기에 대한 공칭작동전류의 용어를 설명하고 그 전류치는 몇 mA 이하로 하는지를 쓰시오.

(17.11.문7, 10.10.문17)

득점	배점
	4

○ 공칭작동전류 :
○ 전류치 :

해답 ① 공칭작동전류 : 누전경보기를 작동시키기 위하여 필요한 누설전류의 값
② 전류치 : 200mA 이하

해설

공칭작동전류치	감도조정장치의 조정범위
누전경보기의 **공칭작동전류치**(누전경보기를 작동시키기 위하여 필요한 누설전류의 값으로서 제조자에 의하여 표시된 값)는 **200mA** 이하(누전경보기의 형식승인 및 제품검사의 기술기준 7조)	감도조정장치를 갖는 누전경보기에 있어서 감도조정장치의 조정범위는 최대치가 **1A** 이하(누전경보기의 형식승인 및 제품검사의 기술기준 8조)

☆☆

문제 05

어느 건물에 자동화재탐지설비의 P형 수신기를 보니 예비전원표시등이 점등되어 있었다. 어떤 경우에 점등되는지 예상원인 4가지를 쓰시오.

득점	배점
	4

○
○
○
○

해답 ① 퓨즈 단선
② 충전 불량
③ 배터리 소켓 접속 불량
④ 배터리의 완전방전

해설 **P형 수신기**의 **고장진단**

<table>
<tr><th colspan="2">고장증상</th><th>예상원인</th><th>점검방법</th></tr>
<tr><td colspan="2" rowspan="4">① 상용전원감시등 소등</td><td>정전</td><td>상용전원 확인</td></tr>
<tr><td>퓨즈 단선</td><td>전원스위치 끄고 퓨즈 교체</td></tr>
<tr><td>입력전원전원선 불량</td><td>외부 전원선 점검</td></tr>
<tr><td>전원회로부 훼손</td><td>트랜스 2차측 24V AC 및 다이오드 출력 24V DC 확인</td></tr>
<tr><td colspan="2" rowspan="3">② 예비전원감시등 점등
(축전지 감시등 점등)</td><td>퓨즈 단선</td><td>확인 교체</td></tr>
<tr><td>충전 불량</td><td>충전전압 확인</td></tr>
<tr><td>• 배터리 소켓 접속 불량
• 장기간 정전으로 인한 배터리의 완전방전</td><td>배터리 감시표시등의 점등 확인 및 소켓단자 확인</td></tr>
<tr><td colspan="2" rowspan="5">③ 지구표시등의 소등</td><td colspan="2">※ 지구 및 주경종을 정지시키고 회로를 동작시켜 지구회로가 동작하는지 확인</td></tr>
<tr><td>램프 단선</td><td>램프 교체</td></tr>
<tr><td>지구표시부 퓨즈 단선</td><td>확인 교체</td></tr>
<tr><td>회로 퓨즈 단선</td><td>퓨즈 점검 교체</td></tr>
<tr><td>전원표시부 퓨즈 단선</td><td>전압계 지침 확인</td></tr>
<tr><td rowspan="2">④ 지구표시등의 계속 점등</td><td>복구되지 않을 때 복구스위치를 누르면 OFF, 다시 누르면 ON</td><td>회로선 합선, 감지기나 수동발신기의 지속동작</td><td>감지기선로 점검, 릴레이 동작점검</td></tr>
<tr><td>복구는 되나 다시 동작</td><td>감지의 불량</td><td>현장의 감지기 오동작 확인 교체</td></tr>
<tr><td colspan="2">⑤ 화재표시등의 고장</td><td colspan="2">지구표시등의 점검방법과 동일</td></tr>
<tr><td colspan="2" rowspan="3">⑥ 지구경종 동작 불능</td><td>퓨즈 단선</td><td>점검 및 교체</td></tr>
<tr><td>릴레이의 점검 불량</td><td>지구릴레이 동작 확인 및 점검</td></tr>
<tr><td>외부 경종선 쇼트</td><td>테스터로 단자저항점검(0Ω)</td></tr>
<tr><td rowspan="2">⑦ 지구경종 동작 불능</td><td>지구표시등 점등</td><td colspan="2">④에 의해 조치</td></tr>
<tr><td>지구표시등 미점등</td><td>릴레이의 접점 쇼트</td><td>릴레이 동작 점검 및 교체</td></tr>
<tr><td colspan="2">⑧ 주경종 고장</td><td colspan="2">지구경종 점검방법과 동일</td></tr>
<tr><td colspan="2" rowspan="2">⑨ 릴레이의 소음 발생</td><td>정류 다이오드 1개 불량으로 인한 정류전압 이상</td><td>정류 다이오드 출력단자전압 확인(18V 이하)</td></tr>
<tr><td>릴레이 열화</td><td>릴레이 코일 양단전압 확인(22V 이상)</td></tr>
</table>

⑩ 전화통화 불량	송수화기 잭 접속 불량	플러그 재삽입 후 회전시켜 접속 확인
	송수화기 불량	송수화기를 테스트로 저항치 점검(R×1에서 50~100)
⑪ 전화부저 동작 불능	송수화기 잭 접속 불량	플러그 재삽입 후 회전시켜 접속 확인

☆☆☆
문제 06

감지기회로의 도통시험을 위한 종단저항의 설치기준 3가지를 쓰시오.

(20.10.문8, 18.6.문5, 16.4.문7, 08.11.문14, 10.7.문16)

○

○

○

득점	배점
	6

해답 ① 점검 및 관리가 쉬운 장소에 설치할 것
② 전용함 설치시 바닥에서 1.5m 이내의 높이에 설치
③ 감지기회로의 끝부분에 설치하고 종단감지기에 설치시 구별이 쉽도록 해당 기판 및 감지기 외부 등에 표시

해설 **종단저항**의 **설치기준**(NFPC 203 11조, NFTC 203 2.8.1.3)
(1) **점검** 및 **관리**가 쉬운 장소에 설치할 것
(2) **전용함**을 설치하는 경우, 그 설치높이는 바닥으로부터 **1.5m** 이내로 할 것
(3) 감지기회로의 **끝부분**에 설치하며, **종단감지기**에 설치할 경우에는 구별이 쉽도록 해당 감지기의 **기판** 및 감지기 외부 등에 별도의 **표시**를 할 것

용어

종단저항과 **무반사 종단저항**

종단저항	무반사 종단저항
감지기회로의 **도통시험**을 용이하게 하기 위하여 **감지기회로**의 **끝**부분에 설치하는 저항	전송로로 전송되는 전자파가 전송로의 종단에서 반사되어 교신을 방해하는 것을 막기 위해 **누설동축케이블**의 끝부분에 설치하는 저항

☆☆
문제 07

피난유도선은 햇빛이나 전등불에 따라 축광하거나 전류에 따라 빛을 발하는 유도체로서, 어두운 상태에서 피난을 유도할 수 있도록 띠형태로 설치되는 피난유도시설이다. 축광방식의 피난유도선의 설치기준 3가지를 쓰시오.

(12.4.문11)

○

○

○

득점	배점
	6

해답 ① 구획된 각 실로부터 주출입구 또는 비상구까지 설치
② 바닥으로부터 높이 50cm 이하의 위치 또는 바닥면에 설치
③ 부착대에 의하여 견고하게 설치

해설
- 짧은 것 3개만 골라서 써보자!

‖ 유도등 및 유도표지의 화재안전기준(NFPC 303 9조, NFTC 303 2.6) ‖

축광방식의 피난유도선 설치기준	광원점등방식의 피난유도선 설치기준
① 구획된 각 실로부터 **주출입구** 또는 **비상구**까지 설치 ② 바닥으로부터 높이 **50cm 이하**의 위치 또는 바닥면에 설치 ③ 피난유도 표시부는 **50cm 이내**의 간격으로 연속되도록 설치 ④ 부착대에 의하여 견고하게 설치 ⑤ 외부의 빛 또는 조명장치에 의하여 상시 조명이 제공되거나 비상조명등에 의한 조명이 제공되도록 설치	① 구획된 각 실로부터 **주출입구** 또는 **비상구**까지 설치 ② 피난유도 표시부는 바닥으로부터 높이 **1m 이하**의 위치 또는 **바닥면**에 설치 ③ 피난유도 표시부는 **50cm 이내**의 간격으로 연속되도록 설치하되 실내장식물 등으로 설치가 곤란할 경우 **1m** 이내로 설치 ④ 수신기로부터의 **화재신호** 및 **수동조작**에 의하여 광원이 점등되도록 설치 ⑤ 비상전원이 **상시 충전상태**를 유지하도록 설치 ⑥ 바닥에 설치되는 피난유도 표시부는 **매립**하는 방식을 사용 ⑦ 피난유도 제어부는 조작 및 관리가 용이하도록 바닥으로부터 **0.8~1.5m** 이하의 높이에 설치

중요

피난유도선의 **방식**

축광방식	광원점등방식
햇빛이나 **전등불**에 따라 **축광**하는 방식으로 유사시 어두운 상태에서 피난유도	**전류**에 따라 **빛**을 발하는 방식으로 유사시 어두운 상태에서 피난유도

‖ 피난유도선 ‖

☆☆☆

문제 08

두 입력상태가 같을 때 출력이 없고 두 입력상태가 다를 때 출력이 생기는 회로를 배타적 논리합(exclusive OR)회로라 한다. 그림과 같은 배타적 논리합회로에서 다음 각 물음에 답하시오. (12.4.문10)

득점	배점
	6

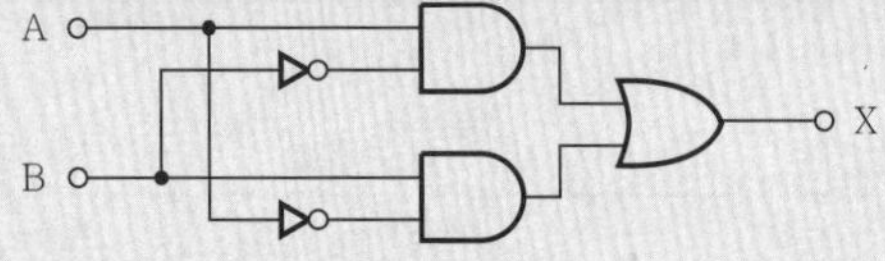

(가) 이 회로의 논리식을 쓰시오.

(나) 이 회로에 대한 유접점 릴레이회로를 그리시오.

(다) 이 회로의 타임차트를 완성하시오.

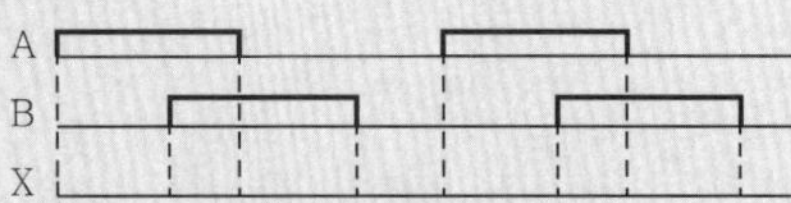

(라) 이 회로의 진리표를 완성하시오.

A	B	X

해답 (가) $X = A\overline{B} + \overline{A}B$

(나)

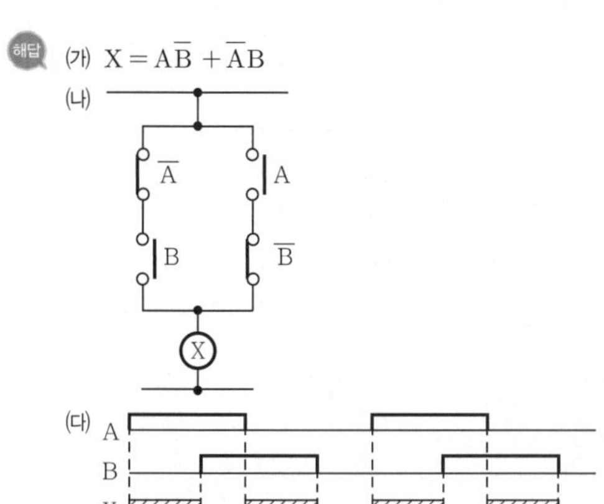

(라)

A	B	X
0	0	0
0	1	1
1	0	1
1	1	0

해설 (가) 논리식

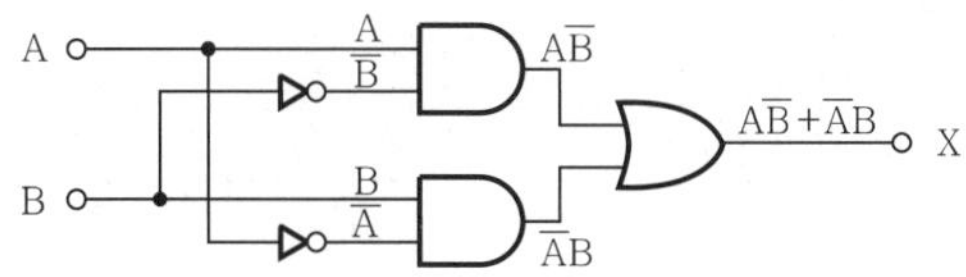

$\therefore\ X = A\overline{B} + \overline{A}B$ 또는 $A\overline{B} + \overline{A}B = X$

(나) **시퀀스회로**와 **논리회로**의 관계

회 로	시퀀스회로	논리식	논리회로
직렬회로	A, B, Z	$Z = A \cdot B$ $Z = AB$	A, B, Z
병렬회로	A, B, Z	$Z = A + B$	A, B, Z
a접점	A, Z	$Z = A$	A, Z A, Z
b접점	$\overline{A}$, Z	$Z = \overline{A}$	A, Z A, Z A, Z

• 다음과 같이 그려도 옳은 답이다.

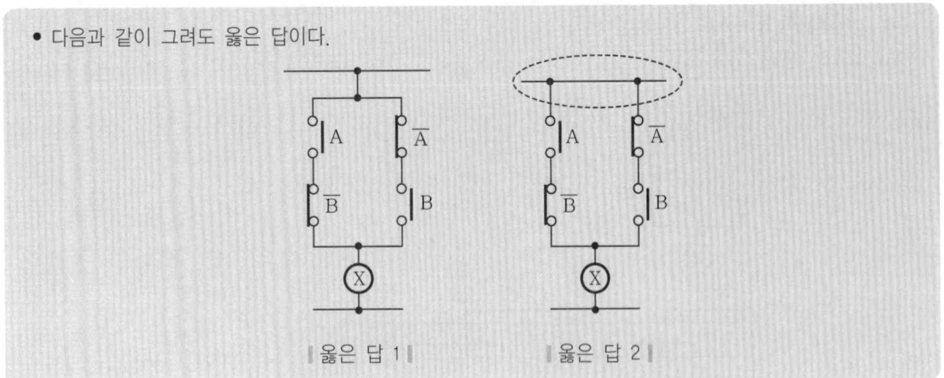

‖ 옳은 답 1 ‖ ‖ 옳은 답 2 ‖

(다) $X=\overset{1\,0}{A\overline{B}}+\overset{0\,1}{\overline{A}B}$(A, B =1, $\overline{A}$, $\overline{B}$ =0으로 표시하여 X에 $10(\overset{1\,0}{A\overline{B}})$이 되는 부분을 빗금치고, $01(\overset{0\,1}{\overline{A}B})$이 되는 부분을 빗금치면 타임차트 완성)

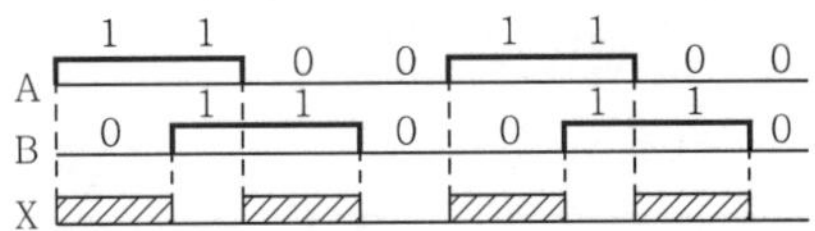

용어

용 어	설 명
타임차트(time chart)	시퀀스회로의 동작상태를 시간의 흐름에 따라 변화되는 것을 나타낸 표
릴레이(relay)	전자력에 의해 접점을 개폐하는 기능을 가진 장치로서, **'계전기'**라고도 부른다. 아마추어(armarture) 복귀스프링 커버 샤프트(shaft) 프레임(frame) 유동단자 코일(coil) 접점 보빈(bobbin) 고정단자 플러그 리드단자 ‖ 릴레이의 구조 ‖

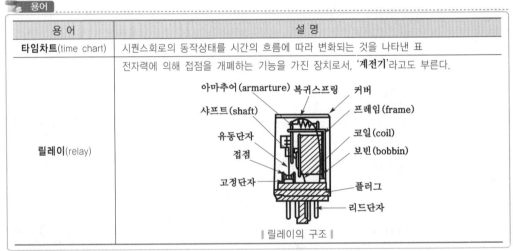

비교

배타적 논리곱(exclusive NOR)**회로**

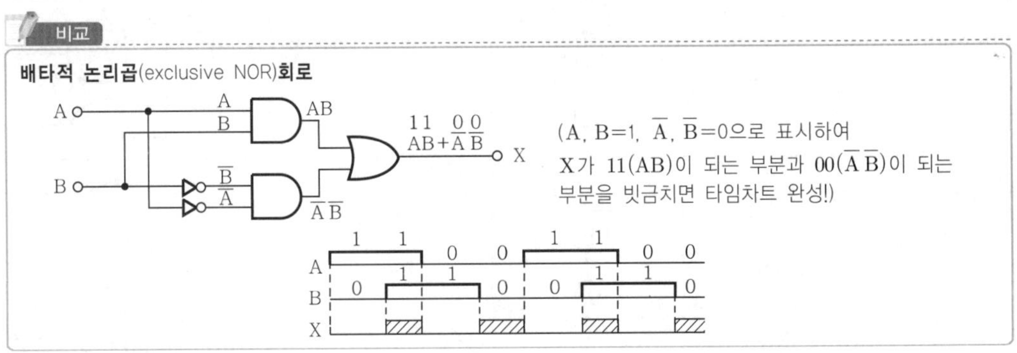

(A, B=1, $\overline{A}$, $\overline{B}$=0으로 표시하여 X가 11(AB)이 되는 부분과 00($\overline{A}\,\overline{B}$)이 되는 부분을 빗금치면 타임차트 완성!)

(라)

A	B	X
0	0	0
$\overline{A}$ 0	B 1	1
A 1	$\overline{B}$ 0	1
1	1	0

X =1인 것만 작성해서 더하면 논리식이 된다.
(0= $\overline{A}$, $\overline{B}$, 1= A, B로 표시)
$X = \overline{A}B + A\overline{B} = A\overline{B} + \overline{A}B$

- 다음과 같이 완성해도 옳은 답이다.

A	B	X
0	0	0
A 1	$\overline{B}$ 0	1
$\overline{A}$ 0	B 1	1
1	1	0

‖옳은 답‖

X =1인 것만 작성해서 더함
(0= $\overline{A}$, $\overline{B}$, 1= A, B로 표시)
$X = A\overline{B} + \overline{A}B$

중요

시퀀스회로와 **논리회로**

명 칭	시퀀스회로	논리회로	진리표
AND회로 **(교차회로방식)**	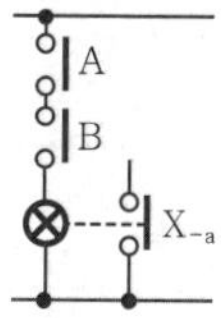 A, B, X_{-a}	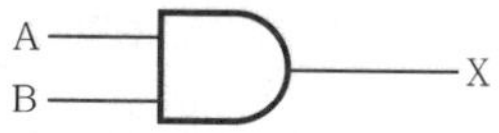 $X = A \cdot B$ 입력신호 A, B가 동시에 1일 때만 출력신호 X가 1이 된다.	A B X 0 0 **0** 0 1 **0** 1 0 **0** 1 1 **1**
OR회로	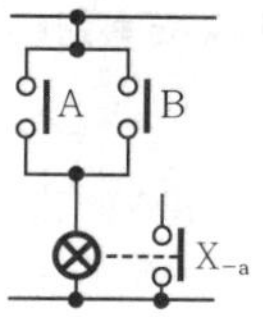 A, B, X_{-a}	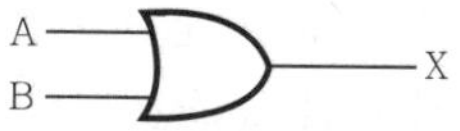 $X = A + B$ 입력신호 A, B 중 어느 하나라도 1이면 출력신호 X가 1이 된다.	A B X 0 0 **0** 0 1 **1** 1 0 **1** 1 1 **1**
NOT회로	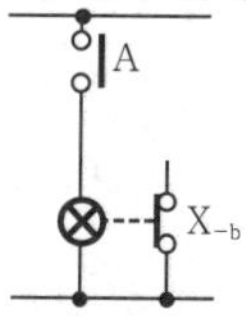 A, X_{-b}	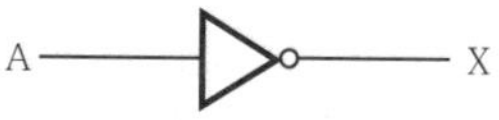 $X = \overline{A}$ 입력신호 A가 0일 때만 출력신호 X가 1이 된다.	A X 0 **1** 1 **0**
NAND회로	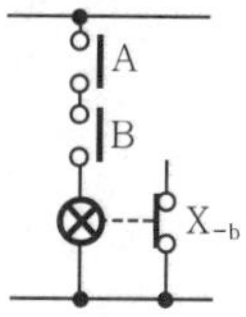 A, B, X_{-b}	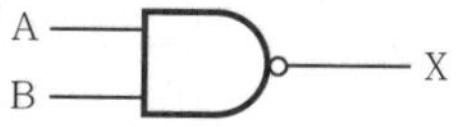 $X = \overline{A \cdot B}$ 입력신호 A, B가 동시에 1일 때만 출력신호 X가 0이 된다. (AND회로의 부정)	A B X 0 0 **1** 0 1 **1** 1 0 **1** 1 1 **0**
NOR회로	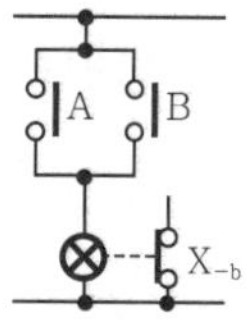 A, B, X_{-b}	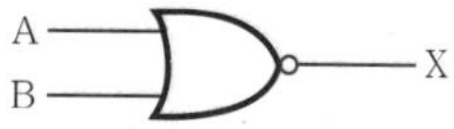 $X = \overline{A + B}$ 입력신호 A, B가 동시에 0일 때만 출력신호 X가 1이 된다. (OR회로의 부정)	A B X 0 0 **1** 0 1 **0** 1 0 **0** 1 1 **0**

EXCLUSIVE OR회로	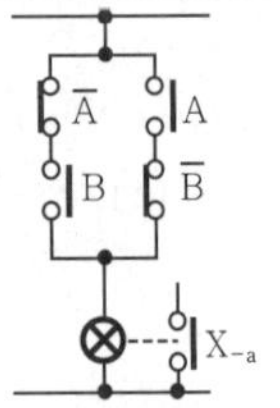	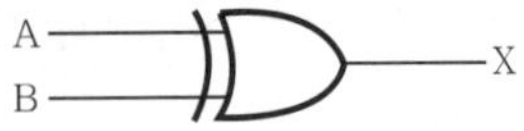 $X = A \oplus B = \overline{A}B + A\overline{B}$ 입력신호 A, B 중 어느 한쪽만이 1이면 출력신호 X가 1이 된다.	A B X 0 0 **0** 0 1 **1** 1 0 **1** 1 1 **0**
EXCLUSIVE NOR회로	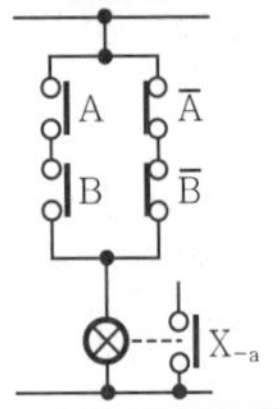	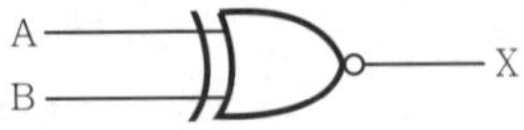 $X = \overline{A \oplus B} = AB + \overline{A}\,\overline{B}$ 입력신호 A, B가 동시에 0이거나 1일 때만 출력신호 X가 1이 된다.	A B X 0 0 **1** 0 1 **0** 1 0 **0** 1 1 **1**

용어

용 어	설 명
불대수(Boolean algebra) =논리대수	① 임의의 회로에서 일련의 기능을 수행하기 위한 **가장 최적**의 **방법**을 결정하기 위하여 이를 수식적으로 표현하는 방법 ② 여러 가지 조건의 논리적 관계를 **논리기호**로 나타내고 이것을 **수식**적으로 **표현**하는 방법
무접점회로(논리회로)	**집적회로**를 **논리기호**를 사용하여 알기 쉽도록 표현해 놓은 회로
진리표(진가표, 참값표)	논리대수에 있어서 ON, OFF 또는 동작, 부동작의 상태를 **1**과 **0**으로 나타낸 표

★★★

문제 09

각 층의 높이가 4m인 지하 2층, 지상 4층 소방대상물에 자동화재탐지설비의 경계구역을 설정하는 경우에 대하여 다음 물음에 답하시오. (16.4.문4, 10.10.문16)

득점	배점
	6

(가) 층별 바닥면적이 그림과 같을 경우 자동화재탐지설비 경계구역은 최소 몇 개로 구분하여야 하는지 산출식과 경계구역수를 빈칸에 쓰시오. (단, 경계구역은 면적기준만을 적용하며 계단, 경사로 및 피트 등의 수직경계구역의 면적을 제외한다.)

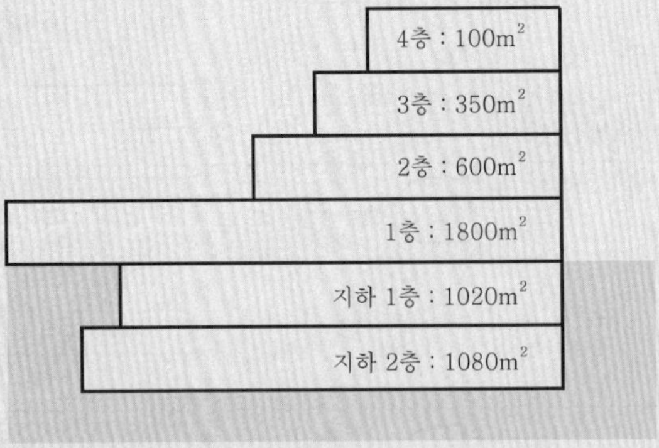

층	산출식	경계구역수
4층		
3층		
2층		
1층		
지하 1층		
지하 2층		
경계구역의 합계		

(나) 본 소방대상물에 계단과 엘리베이터가 각각 1개씩 설치되어 있는 경우 P형 수신기는 몇 회로용을 설치해야 하는지 구하시오.

○ 산출과정 :

○ 답 :

해답 (가)

층	산출식	경계구역수
4층 3층	$\dfrac{100+350}{500}=0.9 \fallingdotseq 1$	1경계구역
2층	$\dfrac{600}{600}=1$	1경계구역
1층	$\dfrac{1800}{600}=3$	3경계구역
지하 1층	$\dfrac{1020}{600}=1.7 \fallingdotseq 2$	2경계구역
지하 2층	$\dfrac{1080}{600}=1.8 \fallingdotseq 2$	2경계구역
경계구역의 합계		9경계구역

(나) ○ 산출과정

각 층 : 9경계구역

계단 : 지상층 $\dfrac{16}{45}=0.35 \fallingdotseq$ 1경계구역

지하층 $\dfrac{8}{45}=0.17 \fallingdotseq$ 1경계구역

엘리베이터 : 1경계구역

∴ 9+1+1+1=12경계구역

○ 답 : 15회로용

해설 (가) 하나의 경계구역의 면적은 **600m²** 이하로 하고, **500m²** 이하는 **2개**의 층을 **하나**의 **경계구역**으로 할 수 있으므로 경계구역수는 다음과 같다.

층	경계구역
4층 3층	$\dfrac{(100+350)\,\text{m}^2}{500\text{m}^2}=0.9 \fallingdotseq 1$경계구역(절상)
2층	$\dfrac{600\text{m}^2}{600\text{m}^2}=1$경계구역
1층	$\dfrac{1800\text{m}^2}{600\text{m}^2}=3$경계구역
지하 1층	$\dfrac{1020\text{m}^2}{600\text{m}^2}=1.7 \fallingdotseq 2$경계구역(절상)
지하 2층	$\dfrac{1080\text{m}^2}{600\text{m}^2}=1.8 \fallingdotseq 2$경계구역(절상)
합계	9경계구역

- 한 변의 길이가 주어지지 않았으므로 **길이**는 **무시**하고, 1경계구역의 면적 **600m²** 이하 또는 **2개**의 층 합계 **500m²** 이하로만 경계구역을 산정하면 된다.
- 3층, 4층을 합하여 1경계구역으로 계산하는 것에 특히 주의하라! 3층, 4층 따로따로 계산하면 틀린다.
- 경계구역 산정은 **소수점**이 발생하면 반드시 **절상**한다.

아하! 그렇구나 각 층의 경계구역 산정

① 여러 개의 **건축물**이 있는 경우 각각 **별개**의 **경계구역**으로 한다.
② 여러 개의 **층**이 있는 경우 각각 **별개**의 **경계구역**으로 한다. (단, **2개층**의 면적의 합이 **500m² 이하**인 경우는 **1경계구역**으로 할 수 있다.)
③ **지하층**과 **지상층**은 **별개**의 **경계구역**으로 한다. (**지하 1층**인 경우에도 **별개**의 **경계구역**으로 한다. 주의! 또 주의!)
④ 1경계구역의 면적은 **600m² 이하**로 하고, 한 변의 길이는 **50m 이하**로 한다.
⑤ **목욕실 · 화장실** 등도 **경계구역 면적**에 **포함**한다.
⑥ **계단 및 엘리베이터**의 **면적**은 **경계구역 면적**에서 **제외**한다.

(나) ① **계단**

구 분	경계구역
지상층	• 수직거리 : 16m • 경계구역 : $\frac{\text{수직거리}}{45\text{m}} = \frac{16\text{m}}{45\text{m}} = 0.35 ≒ 1$경계구역(절상)
지하층	• 수직거리 : 8m • 경계구역 : $\frac{\text{수직거리}}{45\text{m}} = \frac{8\text{m}}{45\text{m}} = 0.17 ≒ 1$경계구역(절상)
합계	2경계구역

• **지하층**과 **지상층**은 **별개**의 **경계구역**으로 한다.
• 수직거리 **45m 이하**를 **1경계구역**으로 하므로 $\frac{\text{수직거리}}{45\text{m}}$를 하면 경계구역을 구할 수 있다.
• 경계구역 산정은 **소수점**이 발생하면 반드시 **절상**한다.

아하! 그렇구나 계단의 경계구역 산정

① **수직거리 45m** 이하마다 **1경계구역**으로 한다.
② **지하층**과 **지상층**은 **별개**의 **경계구역**으로 한다. (단, **지하 1층**인 경우에는 지상층과 **동일 경계구역**으로 한다.)

② **엘리베이터 권상기실** : 엘리베이터가 1개소 설치되어 있으므로 엘리베이터 권상기실은 1개가 되어 **1경계구역**이다.

• 엘리베이터 권상기실은 계단, 경사로와 같이 **45m**마다 구획하는 것이 아니므로 엘리베이터 권상기실마다 각각 1개의 경계구역으로 산정한다. 거듭 주의하라!!

아하! 그렇구나 엘리베이터 승강로 · 린넨슈트 · 파이프덕트의 경계구역 산정

수직거리와 관계없이 무조건 각각 **1개**의 **경계구역**으로 한다.

③ 총 경계구역=각 층+계단+엘리베이터=9+1+1+1=12경계구역(수신기는 15회로용 사용)

• 경계구역(회로)을 물어본 것이 아니라 몇 회로용 수신기를 사용하여야 하는지를 물어보았으므로 반드시 **'15회로용'**이라고 답하여야 한다. 12회로(경계구역)라고 답하면 틀린다.

★★★
문제 10

도면은 Y-△기동회로의 미완성 회로이다. 이 회로를 보고 다음 각 물음에 답하시오.

(20.7.문12, 17.4.문12, 15.11.문2, 14.7.문16, 14.4.문1, 13.4.문6, 12.7.문9, 08.7.문14, 00.11.문10)

득점	배점
	6

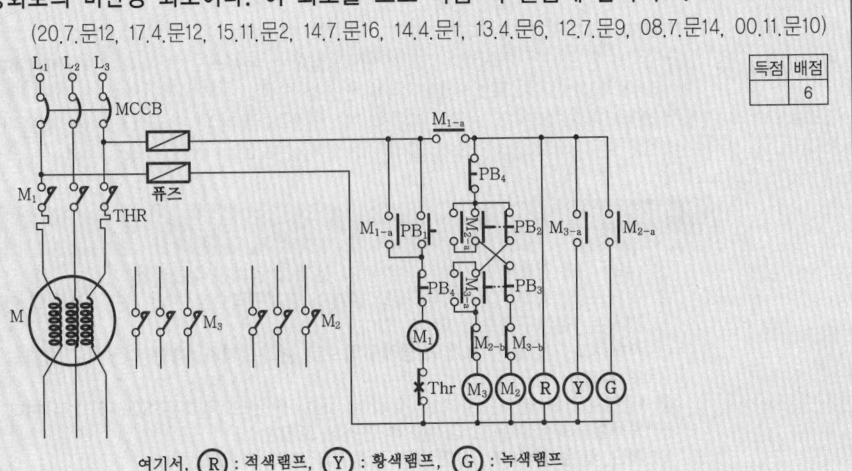

(가) 주회로 부분의 미완성된 Y-△회로를 완성하시오.
(나) 회로에서 표시등 (R), (Y), (G)는 각각 어떤 상태를 나타내는지 쓰시오.
- (R) :
- (Y) :
- (G) :

해답 (가)

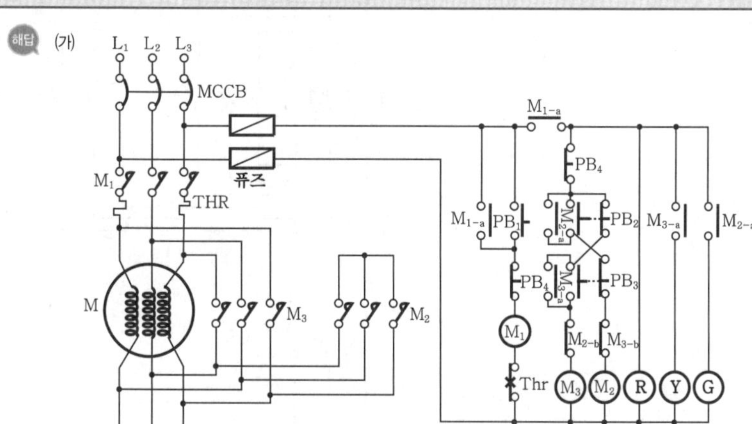

여기서, (R) : 적색램프, (Y) : 황색램프, (G) : 녹색램프

(나) ① (R) : 전동기 전원 투입
② (Y) : △운전
③ (G) : Y기동

해설 (가)

Y결선

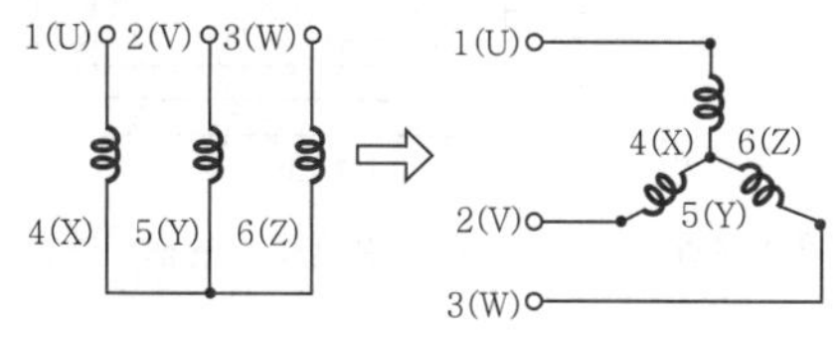

4, 5, 6 또는 X, Y, Z가 모두 연결되도록 함

‖ Y결선 ‖

△결선

△결선은 다음 그림의 △결선 1 또는 △결선 2 어느 것으로 연결해도 옳은 답이다.

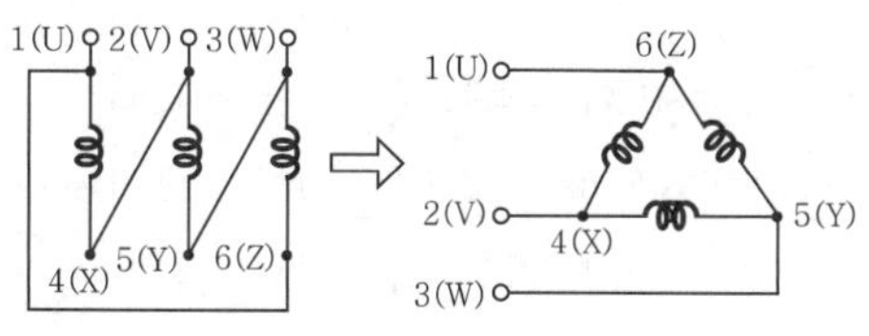

1-6, 2-4, 3-5 또는 U-Z, V-X, W-Y로 연결되어야 함

‖ △결선 1 ‖

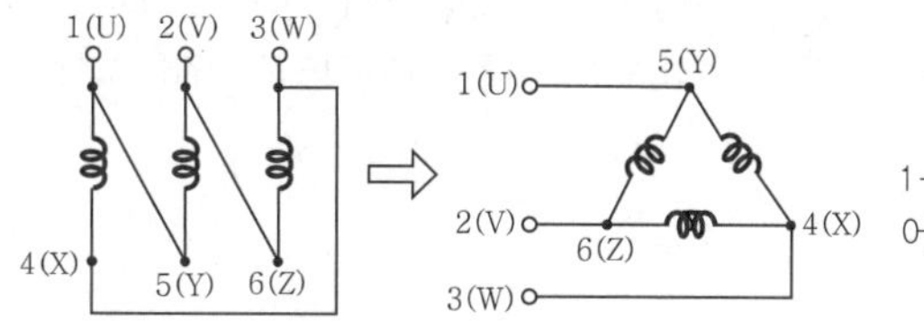

1-5, 2-6, 3-4 또는 U-Y, V-Z, W-X로 연결되어야 함

‖ △결선 2 ‖

다음과 같이 그려도 정답

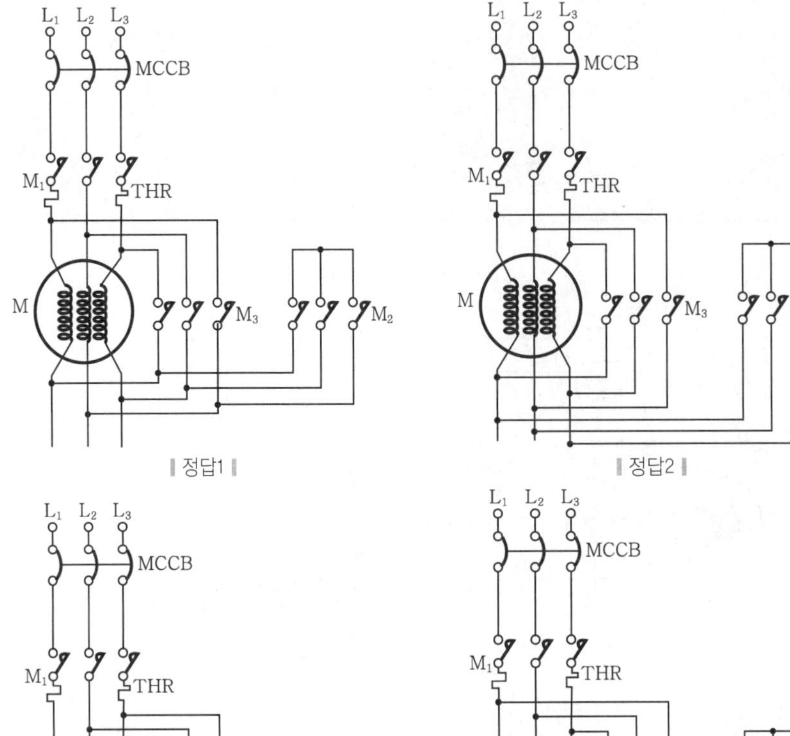

‖ 정답1 ‖

‖ 정답2 ‖

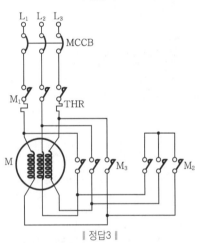

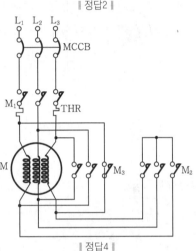

L1 L2 L3

MCCB

M1

THR

M

M3

M2

‖ 정답3 ‖

‖ 정답4 ‖

(나) ① (R) : '**정지용**'이라고 쓰면 틀림. '**전동기 전원 투입**' 또는 '**전동기 전원 공급**', '**전동기 전원 표시**'가 정답!

② (Y) : '**△결선**'이라고 쓰면 틀림. '**△운전**'이 정답!

③ (G) : '**Y결선**'이라고 쓰면 틀림. '**Y기동**'이 정답!

중요

동작설명

(1) 누름버튼스위치 PB_1을 누르면 전자개폐기 (M_1)이 여자되어 적색램프 (R)을 점등시킨다.

(2) 누름버튼스위치 PB_2를 누르면 전자개폐기 (M_2)가 여자되어 녹색램프 (G) 점등, 전동기를 Y기동시킨다.

(3) 누름버튼스위치 PB_3를 누르면 (M_2) 소자, (G) 소등, 전자개폐기 (M_3)가 여자되어 황색램프 (Y) 점등, 전동기를 △운전시킨다.

(4) 누름버튼스위치 PB_4를 누르면 여자 중이던 (M_1) · (M_3)가 소자되고, (R) · (Y)가 소등되며, 전동기는 정지한다.

(5) 운전 중 과부하가 걸리면 열동계전기 THR이 작동하여 전동기를 정지시키므로 점검을 요한다.

☆☆☆
문제 11

P형 수신기와 감지기 사이에 연결된 선로에 배선저항 10Ω, 릴레이저항 950Ω, 종단저항 10kΩ이고 감시전류가 2.4mA일 때 수신기의 단자전압[V]과 동작전류[mA]를 구하시오.

(20.5.문18, 18.11.문5, 16.4.문9, 15.7.문10, 14.4.문10, 12.11.문17, 12.4.문9, 11.5.문2, 07.4.문5, 06.4.문15)

득점	배점
	6

(가) 단자전압[V]
- ○ 계산과정 :
- ○ 답 :

(나) 동작전류[mA]
- ○ 계산과정 :
- ○ 답 :

해답 (가) 단자전압

○ 계산과정 : $2.4\times10^{-3}=\dfrac{\text{회로전압}}{10000+950+10}$

$\therefore$ 회로전압 $=26.304\fallingdotseq26.3\text{V}$

○ 답 : 26.3V

(나) 동작전류

○ 계산과정 : $\dfrac{26.3}{950+10}=0.027395\text{A}=27.395\text{mA}\fallingdotseq27.4\text{mA}$

○ 답 : 27.4mA

해설 (1) **주어진 값**

- 배선저항 : 10Ω
- 릴레이저항 : 950Ω
- 종단저항 : 10kΩ=10000Ω(1kΩ=1000Ω)
- 감시전류 : 2.4mA=2.4×10^{-3}A(1mA=10^{-3}A)

(2) **감시전류**

$$\text{감시전류}=\frac{\text{회로전압(단자전압)}}{\text{종단저항}+\text{릴레이저항}+\text{배선저항}}$$

기억법 감회종릴배

감시전류×(종단저항+릴레이저항+배선저항)=회로전압

회로전압=감시전류×(종단저항+릴레이저항+배선저항)

$=2.4\times10^{-3}\times(10000+950+10)=26.304\fallingdotseq26.3\text{V}$

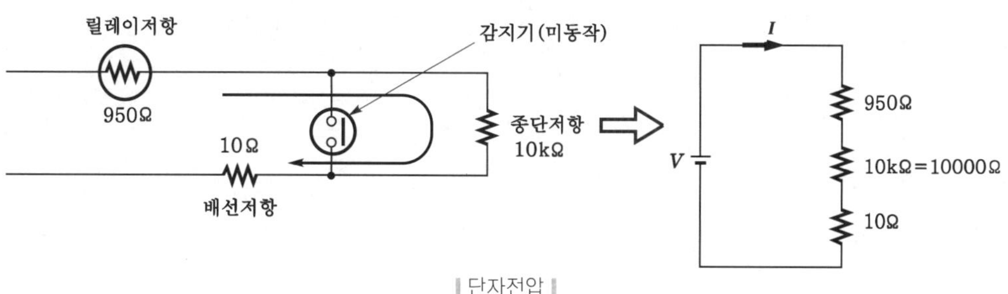

‖ 단자전압 ‖

• 원칙적으로 **단자전압(출력전압)**과 **회로전압(입력전압)**이 다르지만 이 문제에서는 전압강하를 구할 수 없으므로 **단자전압**과 **회로전압**이 같은 것으로 보고 회로전압을 구하면 된다.

(3) **동작전류**

$$\text{동작전류} = \frac{\text{회로전압}}{\text{릴레이저항} + \text{배선저항}}$$

기억법 **동회릴배**

$$= \frac{26.3\text{V}}{950\,\Omega + 10\,\Omega} = 0.027395\text{A} = 27.395\text{mA} \fallingdotseq 27.4\text{mA}\ (1\text{A}=1000\text{mA})$$

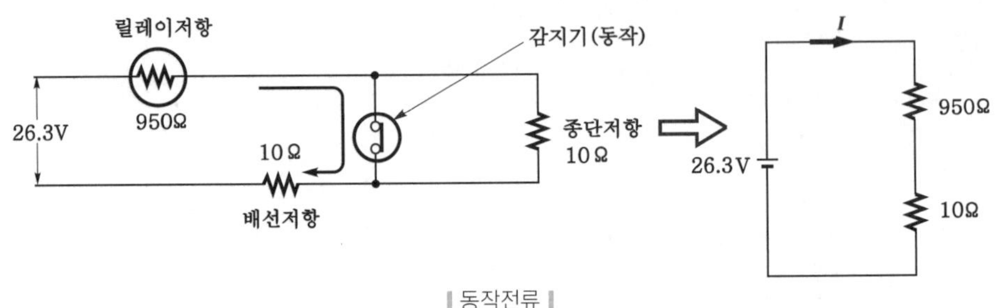

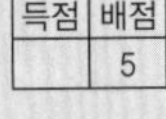

‖ 동작전류 ‖

☆☆☆

문제 12

다음은 화재안전기준에 따른 내화배선의 공사방법에 관한 사항이다. (　) 안에 알맞은 말을 쓰시오.

(17.4.문11, 15.7.문7, 13.4.문18)

득점	배점
	5

금속관 · 2종 금속제 가요전선관 또는 합성수지관에 수납하여 내화구조로 된 벽 또는 바닥 등에 벽 또는 바닥의 표면으로부터 (①)mm 이상의 깊이로 매설하여야 한다. 다만, 다음의 기준에 적합하게 설치하는 경우에는 그러하지 아니하다.

○ 배선을 (②)을 갖는 배선전용실 또는 배선용 샤프트 · 피트 · 덕트 등에 설치하는 경우

○ 배선전용실 또는 배선용 샤프트 · 피트 · 덕트 등에 다른 설비의 배선이 있는 경우에는 이로부터 (③)cm 이상 떨어지게 하거나 소화설비의 배선과 이웃하는 다른 설비의 배선 사이에 배선지름(배선의 지름이 다른 경우에는 가장 큰 것을 기준으로 한다.)의 (④)배 이상의 높이의 (⑤)을 설치하는 경우

해답 ① 25
② 내화성능
③ 15
④ 1.5
⑤ 불연성 격벽

해설 **배선**에 **사용**되는 **전선**의 **종류** 및 **공사방법**(NFTC 102 2.7.2)

(1) **내화배선**

사용전선의 종류	공사방법
① 450/750V 저독성 난연 가교 폴리올레핀 절연전선(HFIX) ② 0.6/1kV 가교 폴리에틸렌 절연 저독성 난연 폴리올레핀 시스 전력 케이블 ③ 6/10kV 가교 폴리에틸렌 절연 저독성 난연 폴리올레핀 시스 전력용 케이블 ④ 가교 폴리에틸렌 절연 비닐시스 트레이용 난연 전력 케이블 ⑤ 0.6/1kV EP 고무절연 클로로프렌 시스 케이블 ⑥ 300/500V 내열성 실리콘 고무절연전선(180℃) ⑦ 내열성 에틸렌-비닐아세테이트 고무절연 케이블 ⑧ 버스덕트(bus duct) ⑨ 기타 전기용품안전관리법 및 전기설비기술기준에 따라 동등 이상의 내화성능이 있다고 주무부장관이 인정하는 것	**금속관 · 2종 금속제 가요전선관** 또는 **합성수지관**에 수납하여 내화구조로 된 벽 또는 바닥 등에 벽 또는 바닥의 표면으로부터 **25mm** 이상의 깊이로 매설(단, 다음의 기준에 적합하게 설치하는 경우는 제외) 기억법 금가합25 ① 배선을 **내**화성능을 갖는 배선**전**용실 또는 배선용 **샤**프트 · **피**트 · **덕**트 등에 설치하는 경우 기억법 내전샤피덕 ② 배선전용실 또는 배선용 샤프트 · 피트 · 덕트 등에 **다**른 설비의 배선이 있는 경우에는 이로부터 **15cm** 이상 떨어지게 하거나 소화설비의 배선과 이웃하는 다른 설비의 배선 사이에 배선지름(배선의 지름이 다른 경우에는 가장 큰 것을 기준으로 한다)의 **1.5배** 이상의 높이의 **불연성 격벽**을 설치하는 경우 기억법 다15
내화전선	**케이블공사**

〔비고〕 내화전선의 내화성능은 KS C IEC 60331-1과 2(온도 **830℃** / 가열시간 **120분**) 표준 이상을 충족하고, 난연성능 확보를 위해 KS C IEC 60332-3-24 성능 이상을 충족할 것

중요

소방용 케이블과 **다른 용도**의 **케이블**을 **배선전용실**에 **함께 배선**할 **경우**

(1) 소방용 케이블을 내화성능을 갖는 배선전용실 등의 내부에 소방용이 아닌 케이블과 함께 노출하여 배선할 때 소방용 케이블과 다른 용도의 케이블 간의 피복과 피복 간의 이격거리는 **15cm** 이상이어야 한다.

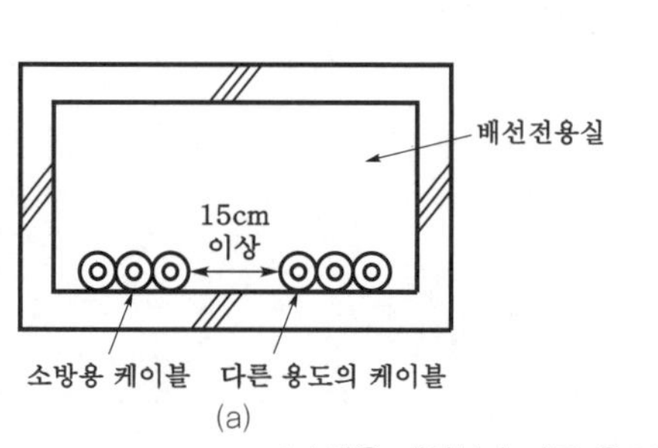

(a)

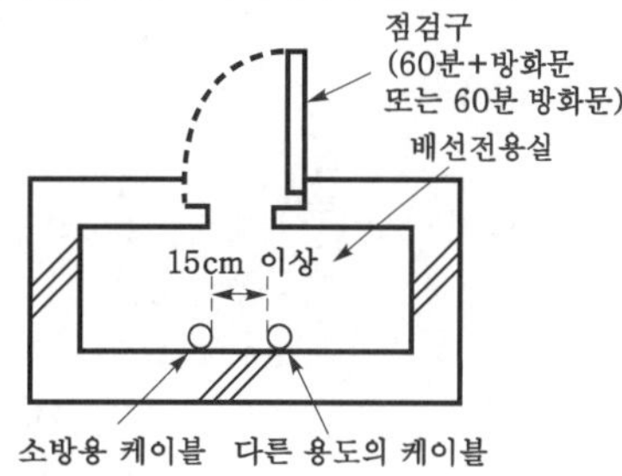

(b)

▮소방용 케이블과 다른 용도의 케이블 이격거리▮

(2) 불연성 격벽을 설치한 경우에 격벽의 높이는 **가장 굵은 케이블 지름**의 **1.5배** 이상이어야 한다.

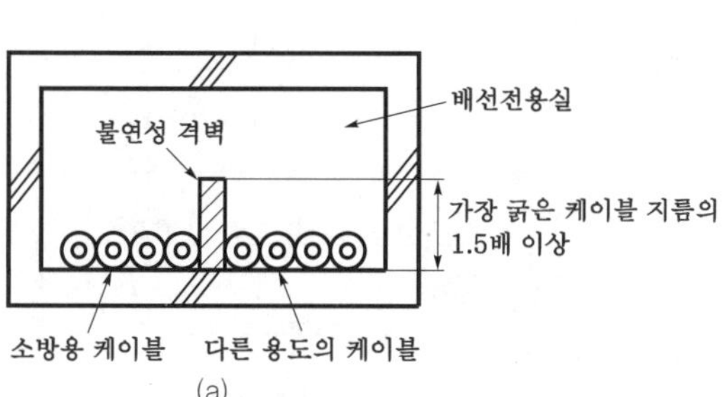

(a)

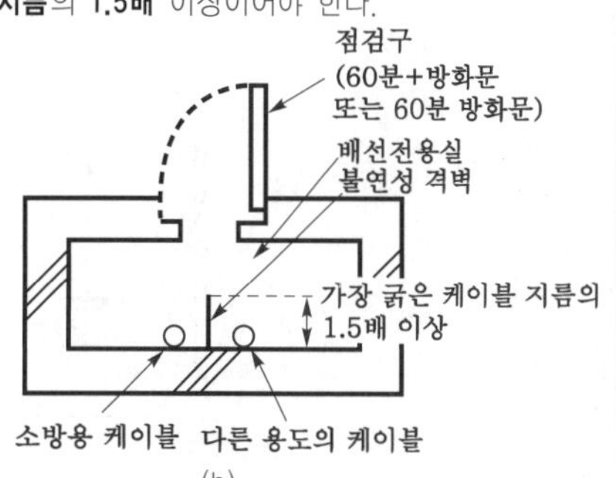

(b)

▮불연성 격벽을 설치한 경우▮

(2) **내열배선**

사용전선의 종류	공사방법
① 450/750V 저독성 난연 가교 폴리올레핀 절연전선(HFIX) ② 0.6/1kV 가교 폴리에틸렌 절연 저독성 난연 폴리올레핀 시스 전력 케이블 ③ 6/10kV 가교 폴리에틸렌 절연 저독성 난연 폴리올레핀 시스 전력용 케이블 ④ 가교 폴리에틸렌 절연 비닐시스 트레이용 난연 전력 케이블 ⑤ 0.6/1kV EP 고무절연 클로로프렌 시스 케이블 ⑥ 300/500V 내열성 실리콘 고무절연전선(180℃) ⑦ 내열성 에틸렌-비닐 아세테이트 고무절연 케이블 ⑧ 버스덕트(bus duct) ⑨ 기타 전기용품안전관리법 및 전기설비기술기준에 따라 동등 이상의 내열성능이 있다고 주무부장관이 인정하는 것	**금속관·금속제 가요전선관·금속덕트** 또는 **케이블**(불연성 덕트에 설치하는 경우에 한한다) **공사**방법에 따라야 한다. (단, 다음의 기준에 적합하게 설치하는 경우는 제외) ① 배선을 내화성능을 갖는 배선전용실 또는 배선용 샤프트·피트·덕트 등에 설치하는 경우 ② 배선전용실 또는 배선용 샤프트·피트·덕트 등에 다른 설비의 배선이 있는 경우에는 이로부터 **15cm** 이상 떨어지게 하거나 소화설비의 배선과 이웃하는 다른 설비의 배선 사이에 배선지름(배선의 지름이 다른 경우에는 지름이 가장 큰 것을 기준으로 한다)의 **1.5배** 이상의 높이의 **불연성 격벽**을 설치하는 경우
내화전선	**케이블공사**

☆☆☆ **문제 13**

자동화재탐지설비의 평면을 나타낸 도면이다. 이 도면을 보고 다음 각 물음에 답하시오. (단, 각 실은 이중천장이 없는 구조이며, 전선관은 16mm 후강스틸전선관을 사용콘크리트 내 매입 시공한다.)

(18.6.문11, 15.4.문4, 03.4.문8)

득점	배점
	10

(가) 시공에 소요되는 로크너트와 부싱의 소요개수는?

○ 로크너트 :

○ 부싱 :

(나) 각 감지기간과 감지기와 수동발신기세트(①~⑪) 간에 배선되는 전선의 가닥수는?

① ② ③ ④

⑤ ⑥ ⑦ ⑧

⑨ ⑩ ⑪

(다) 도면에 그려진 심벌 ㉠~㉢의 명칭은?

○ ㉠ :

○ ㉡ :

○ ㉢ :

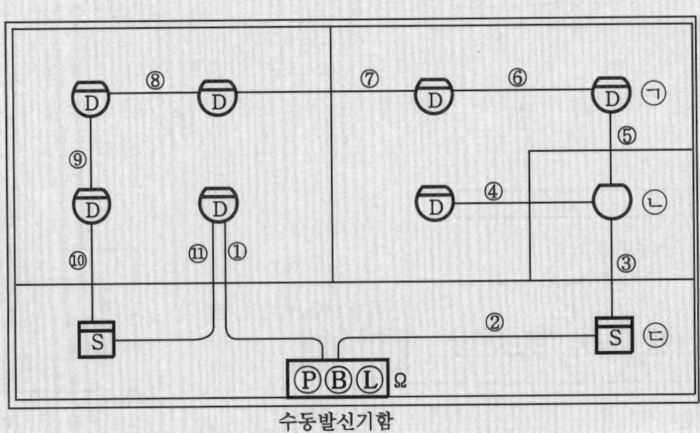

수동발신기함

해답 (가) ① 로크너트 : 44개
② 부싱 : 22개

(나) ① 2가닥 ② 2가닥
③ 2가닥 ④ 4가닥
⑤ 2가닥 ⑥ 2가닥
⑦ 2가닥 ⑧ 2가닥
⑨ 2가닥 ⑩ 2가닥
⑪ 2가닥

(다) ◦㉠ : 차동식 스포트형 감지기
◦㉡ : 정온식 스포트형 감지기
◦㉢ : 연기감지기

해설 (가), (나) **부싱 개수** 및 **가닥수**

① ○ : 부싱 설치장소(22개소), 로크너트는 부싱 개수의 **2배**이므로 **44개**(22개×2=44개)가 된다.

② 자동화재탐지설비의 감지기배선은 **송배선식**이므로 루프(loop)된 곳은 **2가닥**, 그 외는 **4가닥**이 된다.

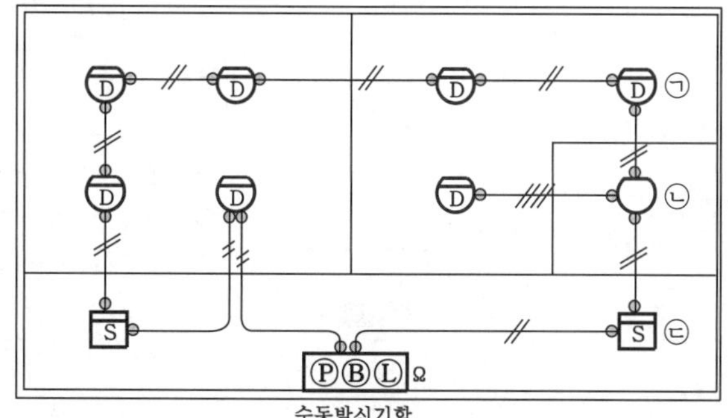

수동발신기함

중요

송배선식과 **교차회로방식**

구 분	송배선식	교차회로방식
목적	• **감지기회로**의 **도통시험**을 용이하게 하기 위하여	• 감지기의 **오동작** 방지
원리	• 배선의 도중에서 분기하지 않는 방식	• 하나의 담당구역 내에 **2 이상**의 **감지기회로**를 설치하고 **2 이상**의 **감지기회로**가 **동시**에 **감지**되는 때에 설비가 작동하는 방식으로 회로방식이 AND **회로**에 해당된다.
적용 설비	• 자동화재탐지설비 • 제연설비	• **분**말소화설비 • **할**론소화설비 • **이**산화탄소 소화설비 • **준**비작동식 스프링클러설비 • **일**제살수식 스프링클러설비 • **할**로겐화합물 및 불활성기체 소화설비 • **부**압식 스프링클러설비 기억법 **분할이 준일할부**
가닥수 산정	• 종단저항을 수동발신기함 내에 설치하는 경우 **루프(loop)**된 곳은 **2가닥**, **기타 4가닥**이 된다. 수동 발신기함 / 루프(loop) ∥ 송배선식 ∥	• **말단**과 **루프**(loop)된 곳은 **4가닥**, **기타 8가닥**이 된다. 말단 / 수동 발신기함 / 루프(loop) ∥ 교차회로방식 ∥

(다) **옥내배선기호**

명 칭	그림기호	적 요
차동식 스포트형 감지기	⊖	–
보상식 스포트형 감지기	⊜	–
정온식 스포트형 감지기	◡	• 방수형 : • 내산형 : • 내알칼리형 : • 방폭형 : EX
연기감지기	S	• 점검박스 붙이형 : S • 매입형 : S
감지선	─⊙─	• 감지선과 전선의 접속점 : ──●── • 가건물 및 천장 안에 시설할 경우 : ---⊙--- • 관통위치 : ──○──○──
공기관	────	• 가건물 및 천장 안에 시설할 경우 : ------------- • 관통위치 : ──○──○──
열전대	──■──	• 가건물 및 천장 안에 시설할 경우 : ──▭──

• D은 예전에 사용되던 차동식 스포트형 감지기의 심벌(symbol)로서 현재는 ⊖이 사용되고 있다.

☆☆☆

문제 14

다음과 같은 장소에 차동식 스포트형 감지기 2종을 설치하는 경우와 광전식 스포트형 2종을 설치하는 경우 최소 감지기 소요개수를 산정하시오. (단, 주요구조부는 내화구조, 감지기의 설치높이는 6m 이다.)

(17.6.문12, 07.11.문8)

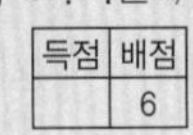

득점	배점
	6

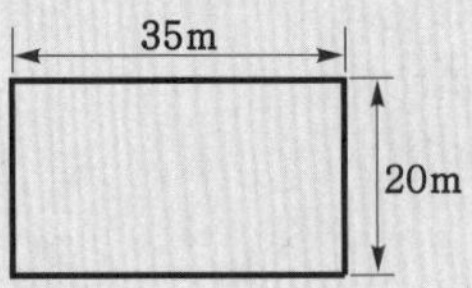

(가) 차동식 스포트형 감지기(2종) 소요개수
 ○ 계산과정 :
 ○ 답 :

(나) 광전식 스포트형 감지기(2종) 소요개수
 ○ 계산과정 :
 ○ 답 :

(가) ○ 계산과정 : $\frac{350}{35}=10$개, $\frac{350}{35}=10$개
 ○ 답 : 20개

(나) ○ 계산과정 : $\frac{300}{75}=4$개, $\frac{400}{75}=5.3 ≒ 6$개
 ○ 답 : 10개

- **600m² 이하** 중 350m² 또는 300m², 400m²로 나누어서 계산하지 않고 700m²로 바로 나누면 오답으로 채점될 확률이 높다. 700m²로 바로 나누면 감지기 소요개수는 동일하게 나오지만 자동화재탐지설비 및 시각경보장치의 화재안전기준(NFPC 203) 제4조에 의해 하나의 경계구역면적을 600m² 이하로 해야 하므로 당연히 감지기도 하나의 경계구역면적 내에서 감지기 소요개수를 산정해야 한다.
- 600m² 초과시 감지기 개수 산정방법

① $\frac{\text{전체 면적}}{\text{감지기 1개가 담당하는 바닥면적}}$으로 계산하여 최소개수 확인

② 전체 면적을 600m² 이하로 적절히 분할하여 $\frac{600\text{m}^2 \text{ 이하}}{\text{감지기 1개가 담당하는 바닥면적}}$로 각각 계산하여 최소개수가 나오도록 적용(한쪽을 소수점이 없도록 면적을 분할하면 최소개수가 나옴)

(가) **차동식 스포트형 감지기(2종)**(NFPC 203 7조, NFTC 203 2.4.3.9.1)

(단위 : m²)

부착높이 및 특정소방대상물의 구분		감지기의 종류				
		차동식·보상식 스포트형		정온식 스포트형		
		1종	2종	특 종	1종	2종
4m 미만	내화구조	90	70	70	60	20
	기타 구조	50	40	40	30	15
4~8m 미만	내화구조	45	35	35	30	설치 불가능
	기타 구조	30	25	25	15	

기억법
차 보 정
9 7 7 6 2
5 4 4 3 ①
④ ③ ③ 3 ×
3 ② ② ① ×
※ 동그라미(○) 친 부분은 뒤에 5가 붙음

〔조건〕에서 **내화구조**, 설치높이가 **6m**(4~8m 미만)이므로 감지기 1개가 담당하는 바닥면적은 **35m²**가 되어 (35×20)m²=700m²이므로 **600m²** 이하로 **경계구역**을 나누어 감지기 개수를 산출하면 다음과 같다.

$\frac{350\text{m}^2}{35\text{m}^2}=10$개, $\frac{350\text{m}^2}{35\text{m}^2}=10$개 ∴ 10+10=20개

참고

주요구조부
건축물의 구조상 중요한 부분 중 건축물의 외형을 구성하는 골격

(나) **광전식 스포트형 감지기(2종)**(NFPC 203 7조, NFTC 203 2.4.3.10.1)

(단위 : m²)

부착높이	감지기의 종류	
	1종 및 2종	3종
4m 미만	150	50
4~20m 미만	75	–

광전식 스포트형 감지기는 **연기감지기**의 한 종류이고, 설치높이가 **6m**(4~20m 미만)이므로 감지기 1개가 담당하는 바닥면적은 75m²가 되어 $\frac{300\text{m}^2}{75\text{m}^2}=4$개, $\frac{400\text{m}^2}{75\text{m}^2}=5.3$개$=6$개(절상) ∴ 4개+6개=10개

참고

연기감지기
- 이온화식 – 스포트형
- 광전식
  - 스포트형
  - 분리형
  - 공기흡입형
- 연기복합형 – 스포트형

중요

자동화재탐지설비의 **경계구역**의 **설정기준**(NFPC 203 4조, NFTC 203 2.1.1)
(1) 1경계구역이 2개 이상의 **건축물**에 미치지 않을 것
(2) 1경계구역이 2개 이상의 **층**에 미치지 않을 것(단, 2개층이 **500m²** 이하는 제외)
(3) 1경계구역의 면적은 **600m²** 이하로 하고, 1변의 길이는 50m 이하로 할 것(단, 주출입구에서 내부 전체가 보이는 것은 1변의 길이 50m 범위 내에서 **1000m²** 이하)

★★
문제 15

다음은 유도등 및 유도표지의 설치장소에 따른 종류에 관한 내용이다. 빈칸에 알맞은 종류의 유도등 및 유도표지를 쓰시오.

득점	배점
	5

설치장소	유도등 및 유도표지의 종류
공연장, 집회장(종교집회장 포함), 관람장, 운동시설, 유흥주점영업시설(유흥주점영업 중 손님이 춤을 출 수 있는 무대가 설치된 카바레, 나이트클럽 또는 그 밖에 이와 비슷한 영업시설만 해당)	• 대형 피난구유도등 • (　　　　) • (　　　　)
위락시설, 판매시설, 운수시설, 관광숙박업, 의료시설, 장례식장, 방송통신시설, 전시장, 지하상가, 지하철역사	• (　　　　) • (　　　　)
숙박시설(관광숙박업 외의 것), 오피스텔, 지하층, 무창층 또는 11층 이상인 특정소방대상물	• (　　　　) • (　　　　)
근린생활시설, 노유자시설, 업무시설, 발전시설, 종교시설(집회장 용도로 사용하는 부분 제외), 교육연구시설, 수련시설, 공장, 교정 및 군사시설(국방 · 군사시설 제외), 자동차정비공장, 운전학원 및 정비학원, 다중이용업소, 복합건축물	• (　　　　) • (　　　　)

해답

설치장소	유도등 및 유도표지의 종류
공연장, 집회장(종교집회장 포함), 관람장, 운동시설, 유흥주점영업시설(유흥주점영업 중 손님이 춤을 출 수 있는 무대가 설치된 카바레, 나이트클럽 또는 그 밖에 이와 비슷한 영업시설만 해당)	• 대형 피난구유도등 • 통로유도등 • 객석유도등
위락시설, 판매시설, 운수시설, 관광숙박업, 의료시설, 장례식장, 방송통신시설, 전시장, 지하상가, 지하철역사	• 대형 피난구유도등 • 통로유도등
숙박시설(관광숙박업 외의 것), 오피스텔, 지하층, 무창층 또는 11층 이상인 특정소방대상물	• 중형 피난구유도등 • 통로유도등
근린생활시설, 노유자시설, 업무시설, 발전시설, 종교시설(집회장 용도로 사용하는 부분 제외), 교육연구시설, 수련시설, 공장, 교정 및 군사시설(국방 · 군사시설 제외), 자동차정비공장, 운전학원 및 정비학원, 다중이용업소, 복합건축물	• 소형 피난구유도등 • 통로유도등

해설 **유도등** 및 **유도표지**의 **종류**(NFPC 303 4조, NFTC 303 2.1.1)

설치장소	유도등 및 유도표지의 종류
공연장, 집회장(종교집회장 포함), 관람장, 운동시설, 유흥주점영업시설(유흥주점영업 중 손님이 춤을 출 수 있는 무대가 설치된 카바레, 나이트클럽 또는 그 밖에 이와 비슷한 영업시설만 해당)	• 대형 피난구유도등 • **통로유도등** • **객석유도등**
위락시설, 판매시설, 운수시설, 관광숙박업, 의료시설, 장례식장, 방송통신시설, 전시장, 지하상가, 지하철역사	• **대형 피난구유도등** • **통로유도등**
숙박시설(관광숙박업 외의 것), 오피스텔, 지하층, 무창층 또는 11층 이상인 특정소방대상물	• **중형 피난구유도등** • **통로유도등**
근린생활시설, 노유자시설, 업무시설, 발전시설, 종교시설(집회장 용도로 사용하는 부분 제외), 교육연구시설, 수련시설, 공장, 교정 및 군사시설(국방 · 군사시설 제외), 자동차정비공장, 운전학원 및 정비학원, 다중이용업소, 복합건축물	• **소형 피난구유도등** • **통로유도등**
그 밖의 것	• 피난구유도표지 • 통로유도표지

☆☆☆

문제 16

그림과 같은 시퀀스회로에서 푸시버튼스위치 PB를 누르고 있을 때 타이머 T_1(설정시간 : t_1), T_2(설정시간 : t_2), 릴레이 X_1, X_2, 표시등 PL에 대한 타임차트를 완성하시오. (단, T_1은 1초, T_2는 2초이며 설정시간 이외의 시간지연은 없다고 본다.)

(20.11.문18, 20.10.문17, 16.11.문9, 16.11.문5, 16.4.문13)

득점	배점
	6

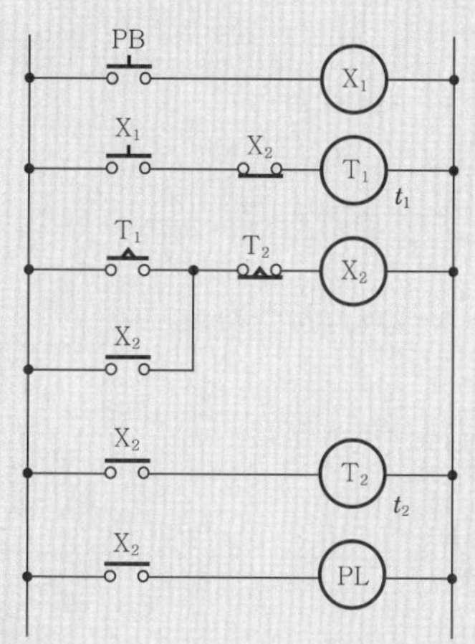

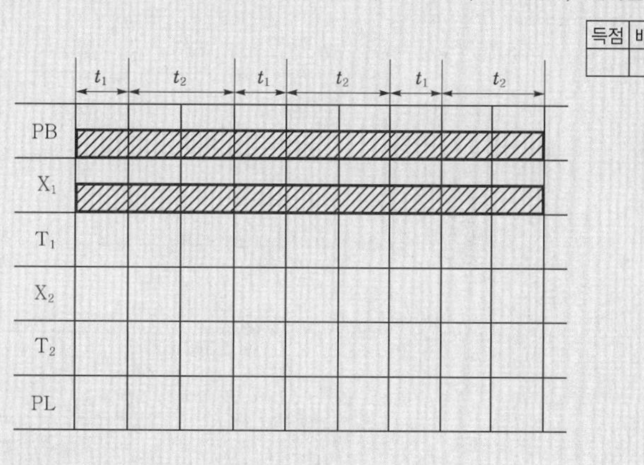

해답

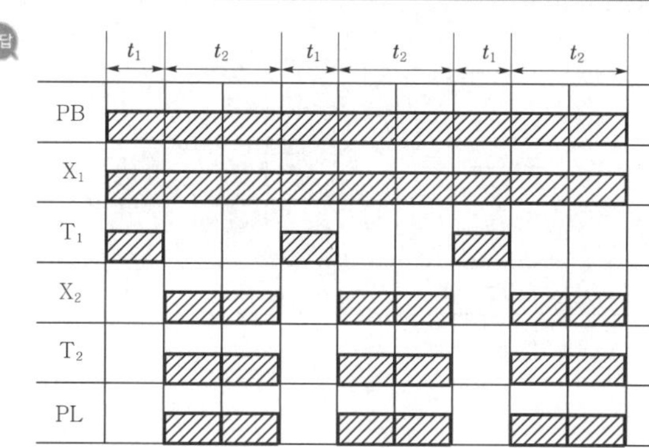

해설 (1) **동작설명**

① 푸시버튼스위치 PB를 누르면 릴레이 (X_1)이 여자된다. 이때 X_1 a접점이 닫혀서 타이머 (T_1)이 통전된다.

② (T_1)의 설정시간 t_1 후 T_1 한시 a접점이 닫혀서 릴레이 (X_2)가 여자된다. 이때 X_2 a접점이 닫혀서 자기유지되고 타이머 (T_2)가 통전되며, 표시등 (PL)이 점등된다. 이와 동시에 X_2 b접점이 열려서 (T_1)이 소자되며 T_1 한시 a접점이 열린다.

③ (T_2)의 설정시간 t_2 후 T_2 한시 b접점이 열려서 (X_2)가 소자되며, X_2 b접점이 다시 닫혀서 (T_1)이 다시 통전된다.

④ PB를 누르고 있는 동안 위의 ②, ③과정을 반복한다.

(2) **논리식**

$X_1 = PB$

$T_1 = X_1 \cdot \overline{X_2}$

$X_2 = (T_1 + X_2) \cdot \overline{T_2}$

$T_2 = X_2$

$PL = X_2$

☆☆☆

문제 17

다음 그림에 다이오드(Diode)를 추가하여 자동화재탐지설비의 발화층 및 직상 4개층 우선경보방식의 배선을 완성하시오.

득점	배점
	5

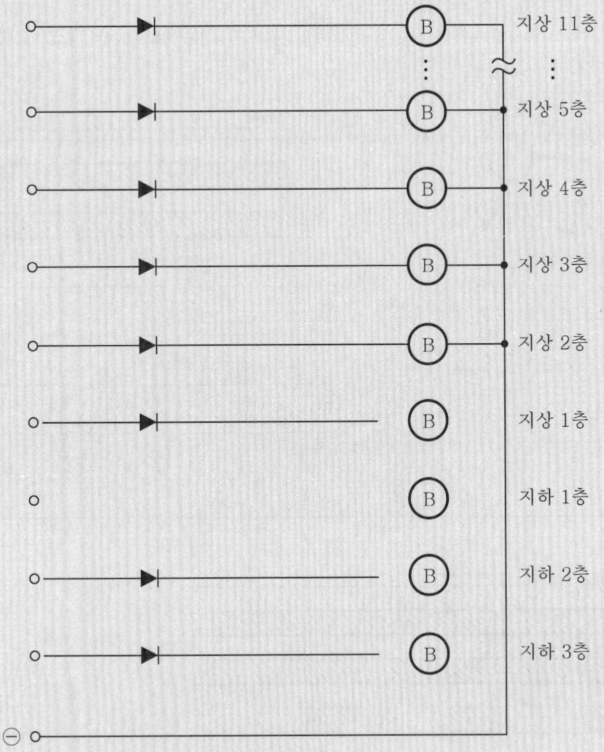

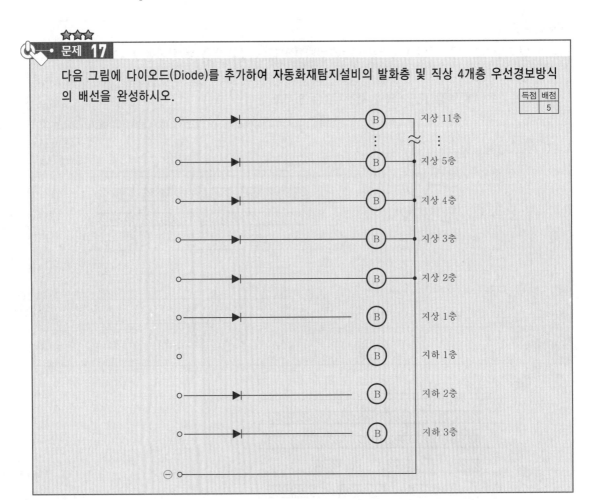

지상 11층
⋮
지상 5층
지상 4층
지상 3층
지상 2층
지상 1층
지하 1층
지하 2층
지하 3층
⊖

해답

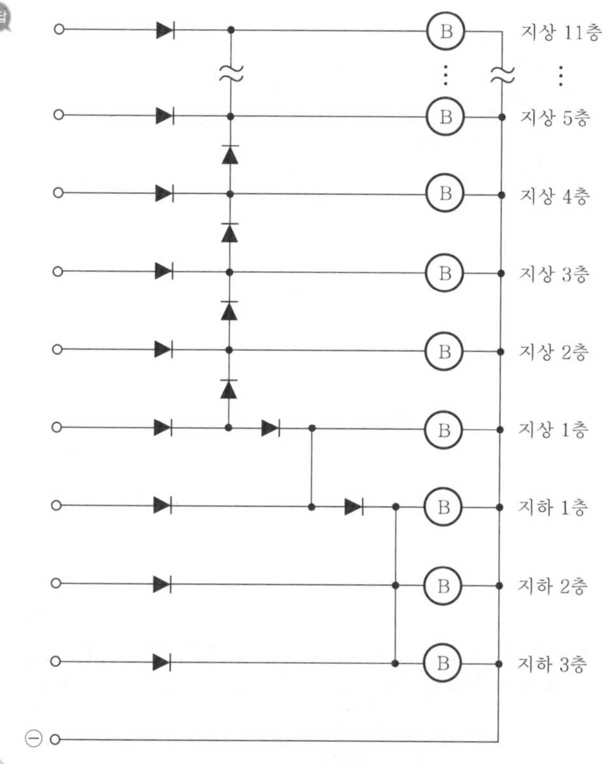

해설

• 공통선 부분도 반드시 점(•)을 찍어야 정답

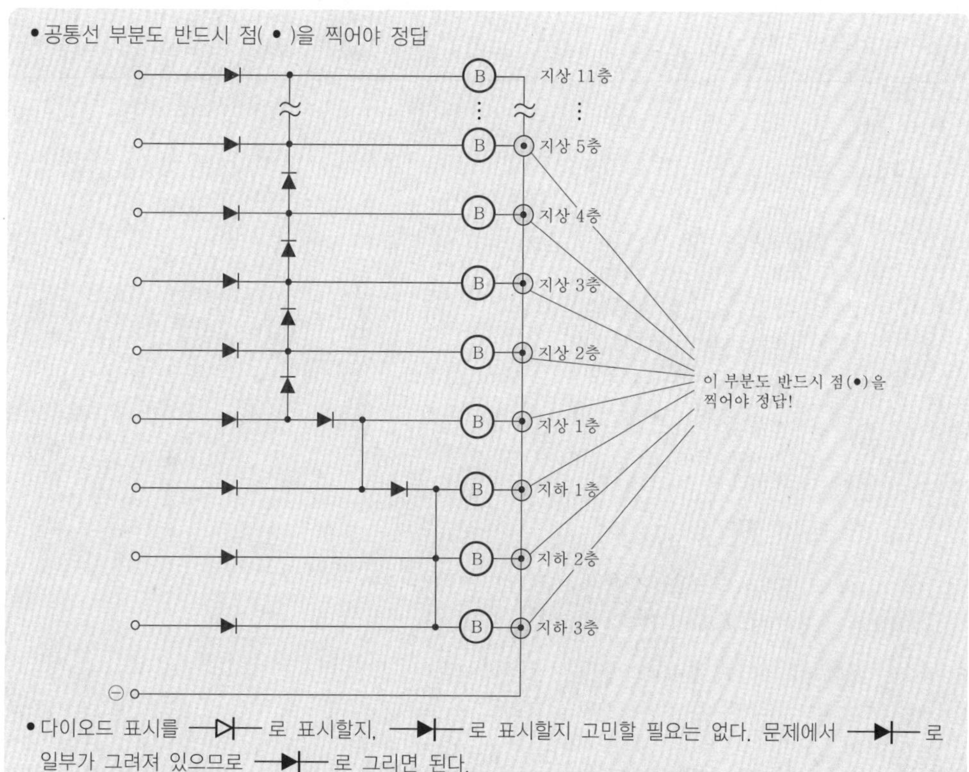

• 다이오드 표시를 —▷|— 로 표시할지, —▶|— 로 표시할지 고민할 필요는 없다. 문제에서 —▶|— 로 일부가 그려져 있으므로 —▶|— 로 그리면 된다.
• 우선경보방식이라 할지라도 지하층은 매우 위험하여 **전층**에 **경보**하여야 하므로 해답과 같이 배선하여야 한다.

중요

자동화재탐지설비 발화층 및 직상 4개층 우선경보방식 적용대상물(NFPC 203 8조, NFTC 203 2.5.1.2)
11층(공동주택 **16층**) 이상의 특정소방대상물의 경보

‖ 자동화재탐지설비 음향장치의 경보 ‖

발화층	경보층	
	11층(공동주택 16층) 미만	11층(공동주택 16층) 이상
2층 이상 발화	전층 일제경보	• 발화층 • 직상 4개층
1층 발화		• 발화층 • 직상 4개층 • 지하층
지하층 발화		• 발화층 • 직상층 • 기타의 지하층

☆☆

문제 18

3상 380V이고 사용하는 정격소비전력 100kW인 소방펌프의 부하전류를 측정하기 위하여 변류비 300/5의 변류기를 사용하였다. 이때 2차 전류를 구하시오. (단, 역률은 0.7이고, 효율은 1이다.)

(09.10.문8)

○ 계산과정 :

○ 답 :

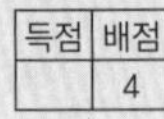

득점	배점
	4

해답

○ 계산과정 : $I = \dfrac{100 \times 10^3}{\sqrt{3} \times 380 \times 0.7 \times 1} = 217.048\text{A}$

$I_2 = 217.048 \times \dfrac{5}{300} = 3.617 ≒ 3.62\text{A}$

○ 답 : 3.62A

해설 (1) **기호**

- V : 380V
- P : 100kW=100×10^3W
- 변류비 : 300/5= $\dfrac{300}{5}$
- I_2 : ?
- $\cos\theta$: 0.7
- η : 1

(2) **3상 전력**

$$P = \sqrt{3}\, VI\cos\theta\eta$$

여기서, P : 3상 전력〔W〕
V : 전압〔V〕
I : 전류〔A〕
$\cos\theta$: 역률
η : 효율

전류 $I = \dfrac{P}{\sqrt{3}\, V\cos\theta\eta} = \dfrac{100 \times 10^3}{\sqrt{3} \times 380 \times 0.7 \times 1} ≒ 217.048\text{A}$

(3) **변류기 2차 전류**

$$I_2 = \frac{I}{\text{변류비}}$$

여기서, I_2 : 변류기 2차 전류〔A〕

I : 전류〔A〕

변류기 2차 전류 $I_2 = \frac{I}{\text{변류비}} = \frac{217.048}{\frac{300}{5}} = 217.048 \times \frac{5}{300} = 3.617 = 3.62\text{A}$

- 변류기 2차 전류=전류계 지시값

참고

변류기(C.T) : 대전류를 소전류(5A)로 변류하여 전류계 및 과전류계전기에 공급

‖ 여러 가지 변류기 ‖

" 당신의 인생은 당신이 무슨 생각을 하는가에 따라 달려 있다.
- 랄프왈도 에머슨 - "

길에서 돌이 나타나면
약자는 그것을 걸림돌이라 하고
강자는 그것을 디딤돌이라 한다.

과년도 출제문제

2020년

소방설비기사 실기(전기분야)

**** 수험자 유의사항 ****

1. 문제지를 받는 즉시 응시 종목의 문제가 맞는지 확인하셔야 합니다.
2. 답안지 내 인적사항 및 답안작성(계산식 포함)은 검정색 필기구만을 계속 사용하여야 합니다.
3. 답안정정 시에는 **두 줄(=)**을 긋고 다시 기재 가능하며, **수정테이프 사용** 또한 **가능**합니다.
4. 계산문제는 반드시 '계산과정'과 '답'란에 정확히 기재하여야 하며 **계산과정이 틀리거나 없는 경우 0점 처리**됩니다.
   ※ 연습이 필요 시 연습란을 이용하여야 하며, 연습란은 채점대상이 아닙니다.
5. 계산문제는 **최종결과** 값(답)에서 **소수 셋째자리에서 반올림**하여 **둘째자리**까지 구하여야 하나 개별 문제에서 소수처리에 대한 별도 요구사항이 있을 경우, 그 요구사항에 따라야 합니다.
6. 답에 단위가 없으면 오답으로 처리됩니다. (단, 문제의 요구사항에 단위가 주어졌을 경우는 생략되어도 무방합니다.)
7. 문제에서 요구한 가지 수 이상을 답란에 표기한 경우, **답란기재 순**으로 **요구한 가지 수**만 채점합니다.

20년 2020. 5. 24 시행

▌2020년 기사 제1회 필답형 실기시험▌

자격종목	시험시간	형별	수험번호	성명	감독위원 확 인
소방설비기사(전기분야)	3시간				

※ 다음 물음에 답을 해당 답란에 답하시오.(배점 : 100)

☆☆☆

문제 01

그림과 같은 논리회로를 보고 다음 각 물음에 답하시오.

(16.11.문5, 16.4.문13, 05.10.문4, 04.7.문4, 03.7.문13, 02.4.문7)

득점	배점
	9

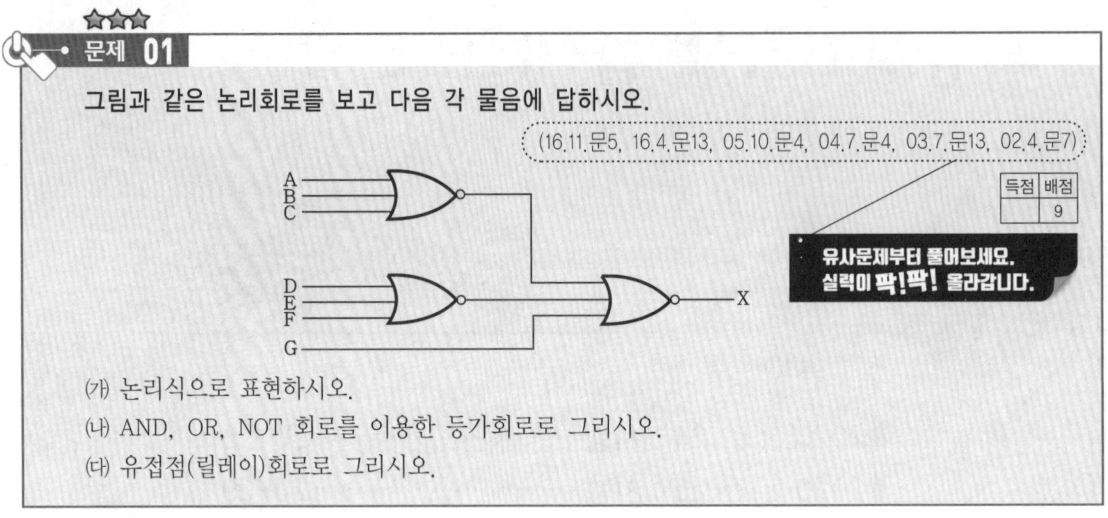

(가) 논리식으로 표현하시오.

(나) AND, OR, NOT 회로를 이용한 등가회로로 그리시오.

(다) 유접점(릴레이)회로로 그리시오.

해답 (가) $X=(A+B+C)\cdot(D+E+F)\cdot\overline{G}$

(나)

(다)

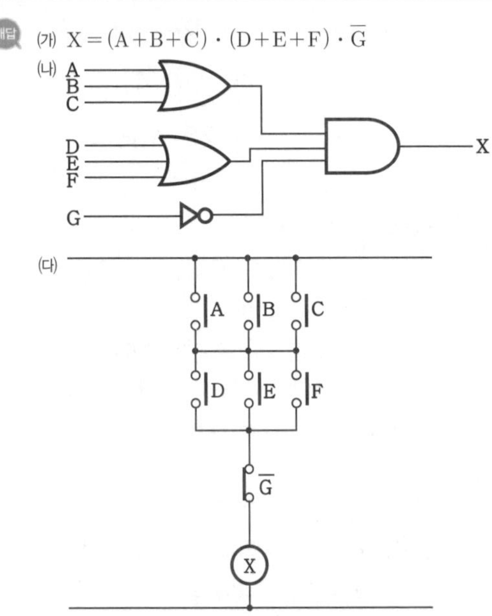

해설 (가) 논리대수식을 불대수를 이용하여 간소화하면 다음과 같다.

$$X=\overline{\overline{(A+B+C)}+\overline{(D+E+F)}+G}$$

$$=(\overline{\overline{A}}+\overline{\overline{B}}+\overline{\overline{C}})\cdot(\overline{\overline{D}}+\overline{\overline{E}}+\overline{\overline{F}})\cdot\overline{G}$$

$$=(A+B+C)\cdot(D+E+F)\cdot\overline{G}$$

참고

불대수(boolean algebra)
임의의 회로에서 일련의 기능을 수행하기 위한 가장 최적의 방법을 결정하기 위하여 이를 수식적으로 표현하는 방법

중요

불대수의 정리

정 리	논리합	논리곱	비 고
(정리 1)	$X+0=X$	$X \cdot 0=0$	–
(정리 2)	$X+1=1$	$X \cdot 1=X$	
(정리 3)	$X+X=X$	$X \cdot X=X$	
(정리 4)	$\overline{X}+X=1$	$\overline{X} \cdot X=0$	
(정리 5)	$\overline{X}+Y=Y+\overline{X}$	$X \cdot Y=Y \cdot X$	교환법칙
(정리 6)	$X+(Y+Z)=(X+Y)+Z$	$X(YZ)=(XY)Z$	결합법칙
(정리 7)	$X(Y+Z)=XY+XZ$	$(X+Y)(Z+W)=$ $XZ+XW+YZ+YW$	분배법칙
(정리 8)	$X+XY=X$	$X+\overline{X}Y=X+Y$	흡수법칙
(정리 9)	$\overline{(X+Y)}=\overline{X} \cdot \overline{Y}$	$\overline{(X \cdot Y)}=\overline{X}+\overline{Y}$	드모르간의 정리

※ **스위칭회로**(switching circuit) : 회로의 개폐 또는 접속 등을 변환시키기 위한 것

(나), (다) **최소화한 스위칭회로**

시퀀스	논리식	논리회로	시퀀스회로(스위칭회로)
직렬회로	$Z=A \cdot B$ $Z=AB$	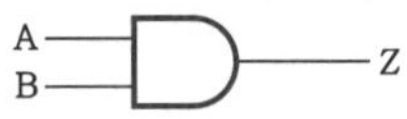 A, B — Z	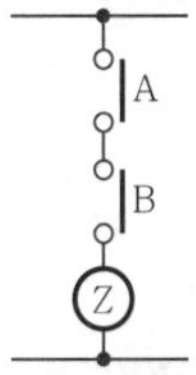 A, B, Z
병렬회로	$Z=A+B$	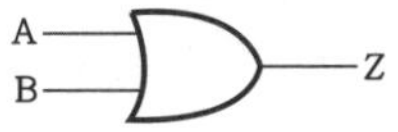 A, B — Z	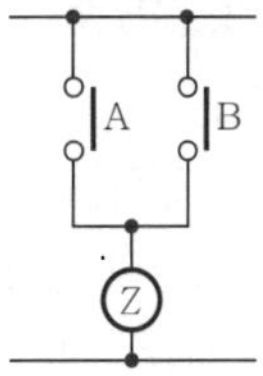 A, B, Z
a접점	$Z=A$	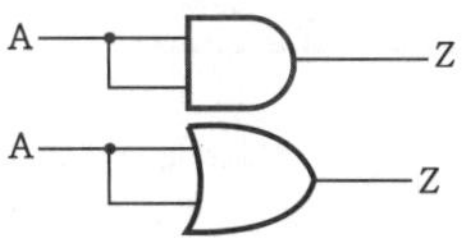 A — Z A — Z	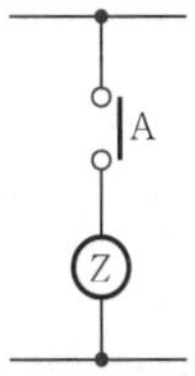 A, Z
b접점	$Z=\overline{A}$	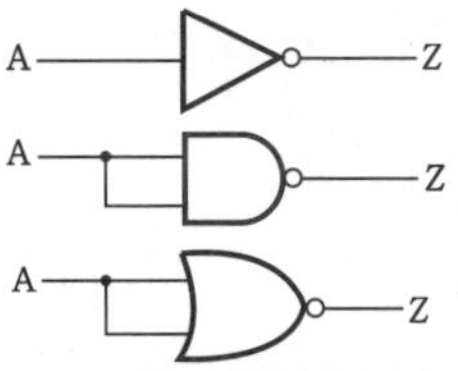 A — Z A — Z A — Z	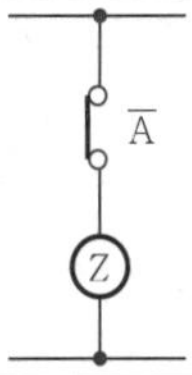 $\overline{A}$, Z

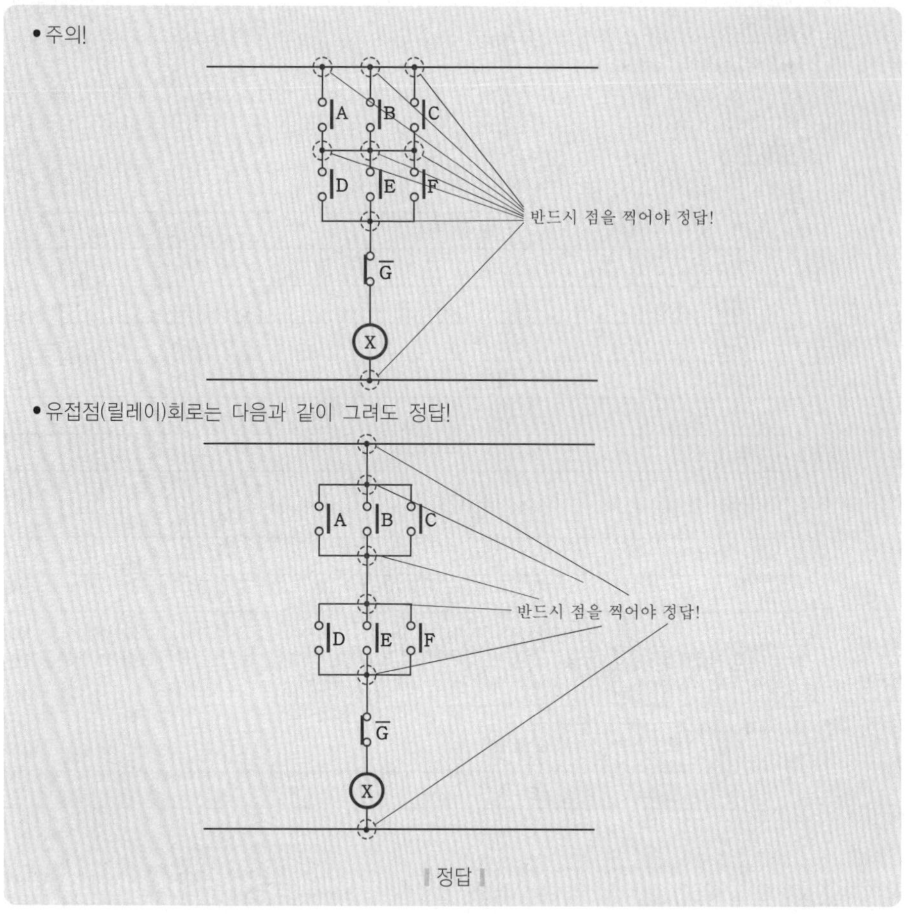

• 주의!
A
B
C
D
E
F
G
X
반드시 점을 찍어야 정답!
• 유접점(릴레이)회로는 다음과 같이 그려도 정답!
반드시 점을 찍어야 정답!

‖ 정답 ‖

문제 02

지상 1.6m가 되는 곳에 수조가 있다. 이 수조에 분당 80m^{3}의 물을 양수하는 펌프용 전동기를 설치하여 3상 전력을 공급하려고 한다. 펌프 효율이 75%이고, 펌프측 동력에 10%의 여유를 둔다고 할 때 펌프용 전동기의 용량은 몇 kW인지 구하시오. (18.11.문1, 14.11.문12, 13.7.문8, 12.11.문15, 10.10.문9, 06.7.문15)

○ 계산과정 :

○ 답 :

득점	배점
	5

해답 ○ 계산과정 : $\dfrac{9.8 \times 1.1 \times 1.6 \times 80}{0.75 \times 60} = 30.663 \fallingdotseq 30.66\text{kW}$

○ 답 : 30.66kW

해설 (1) **기호**

- H : 1.6m
- Q : 80m^3/분=80m^3/60s
- η : 75%=0.75
- K : 10% 여유=110%=1.1
- P : ?

(2) **전동기**의 **용량**

$$P\eta t = 9.8KHQ$$

여기서, P : 전동기용량〔kW〕
η : 효율
t : 시간〔s〕
K : 여유계수
H : 전양정〔m〕
Q : 양수량〔m^3〕

$$P = \frac{9.8KHQ}{\eta t} = \frac{9.8 \times 1.1 \times 1.6\text{m} \times 80\text{m}^3}{0.75 \times 60\text{s}} = 30.663 ≒ 30.66\text{kW}$$

• 단위가 kW이므로 kW에는 역률이 이미 포함되어 있기 때문에 전동기의 역률은 적용하지 않는 것에 유의하여 전동기의 용량을 산정할 것

중요

(1) **전동기의 용량을 구하는 식**

① 일반적인 설비 : **물** 사용설비

※ 아래의 3가지 식은 모두 같은 식이다. 어느 식을 적용하여 풀어도 답은 옳다. 틀리지 않는다. 소수점의 차이가 조금씩 나지만 그것은 틀린 답이 아니다. (단, 식 적용시 각각의 단위에 유의하라!!) 본 책에서는 독자들의 혼동을 막고자 **1가지** 식으로만 **답안**을 **제시**하였음을 밝혀둔다.

㉠

$$P = \frac{9.8\,KHQ}{\eta t}$$

여기서, P : 전동기용량〔kW〕
η : 효율
t : 시간〔s〕
K : 여유계수
H : 전양정〔m〕
Q : 양수량(유량)〔m^3〕

㉡

$$P = \frac{0.163\,KHQ}{\eta}$$

여기서, P : 전동기용량〔kW〕
η : 효율
K : 여유계수
H : 전양정〔m〕
Q : 양수량(유량)〔m^3/min〕

㉢

$$P = \frac{\gamma HQ}{1000\eta}K$$

여기서, P : 전동기용량〔kW〕
η : 효율
K : 여유계수
γ : 비중량(물의 비중량 9800N/m^3)
H : 전양정〔m〕
Q : 양수량(유량)〔m^3/s〕

② 제연설비(배연설비) : **공기** 또는 **기류** 사용설비

$$P = \frac{P_T\,Q}{102 \times 60\eta}K$$

여기서, P : 배연기동력〔kW〕
P_T : 전압(풍압)〔mmAq, mmH_2O〕

Q : 풍량〔m^3/min〕
K : 여유율
η : 효율

주의

제연설비(배연설비)의 전동기의 소요동력은 반드시 위의 식을 적용하여야 한다. 주의! 또 주의!

(2) **아주 중요한 단위환산**(꼭! 기억하시라!)
① 1mmAq=10^{-3}mH$_2$O=10^{-3}m
② 760mmHg=10.332mH$_2$O=10.332m
③ 1Lpm=10^{-3}m^3/min
④ 1HP=0.746kW

☆☆
문제 03

다음은 스프링클러설비의 음향장치의 구조 및 성능기준이다. (   ) 안에 답을 쓰시오.

(19.6.문8, 11.7.문3, 99.5.문4)

정격전압의 (   )% 전압에서 음향을 발할 수 있는 것으로 할 것

득점	배점
	3

해답 80

해설 **음향장치**의 **구조** 및 **성능기준**

• **스프링클러설비**의 음향장치의 구조 및 성능기준 • **간이스프링클러설비**의 음향장치의 구조 및 성능기준 • **화재조기진압용 스프링클러설비**의 음향장치의 구조 및 성능기준	**자동화재탐지설비**의 음향장치의 구조 및 성능기준
① 정격전압의 **80%** 전압에서 음향을 발할 것 ② 음량은 **1m** 떨어진 곳에서 **90dB** 이상일 것	① **정격전압**의 **80%** 전압에서 음향을 발할 것 ② **음량**은 **1m** 떨어진 곳에서 **90dB** 이상일 것 ③ **감지기 · 발신기**의 작동과 **연동**하여 작동할 것

☆☆☆
문제 04

P형 수신기의 1경계구역에 대한 결선도를 답안지에 작성하시오. (18.4.문13, 12.7.문15, 02.7.문6)

득점	배점
	5

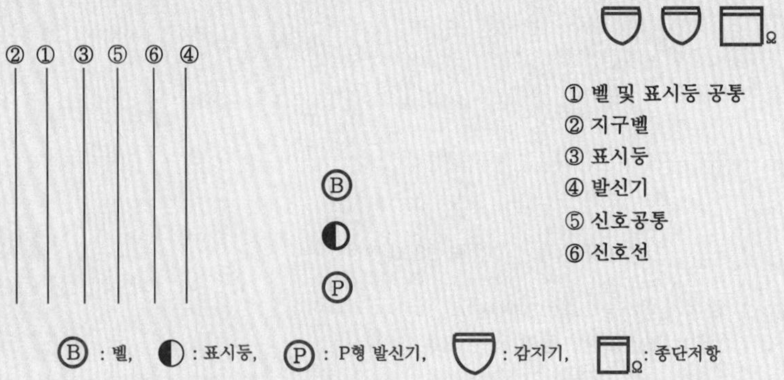

② ① ③ ⑤ ⑥ ④

Ⓑ ◐ Ⓟ

① 벨 및 표시등 공통
② 지구벨
③ 표시등
④ 발신기
⑤ 신호공통
⑥ 신호선

Ⓑ : 벨, ◐ : 표시등, Ⓟ : P형 발신기, ◡ : 감지기, □Ω : 종단저항

해답

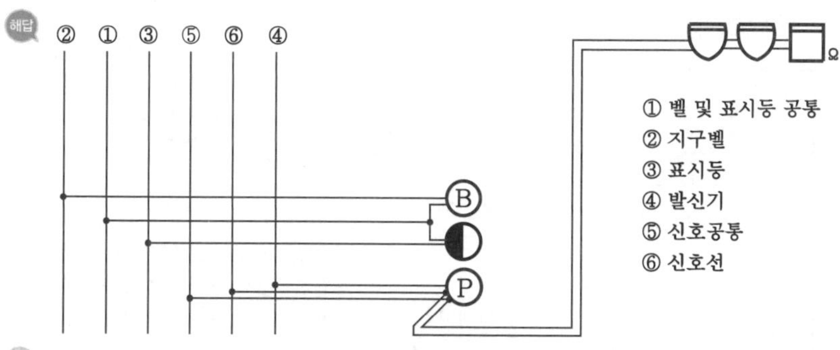

해설 (1) **결선도**

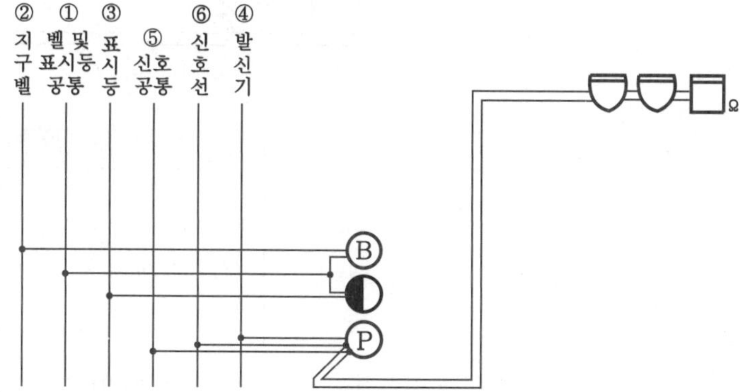

(2) **P형 수신기~수동발신기** 간 전선연결

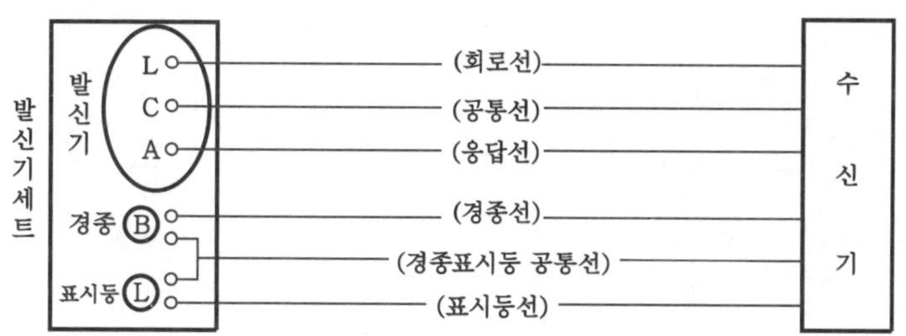

비교

(1) **P형 수신기 1회로의 전체 결선도**(종단저항을 발신기에 설치한 경우)

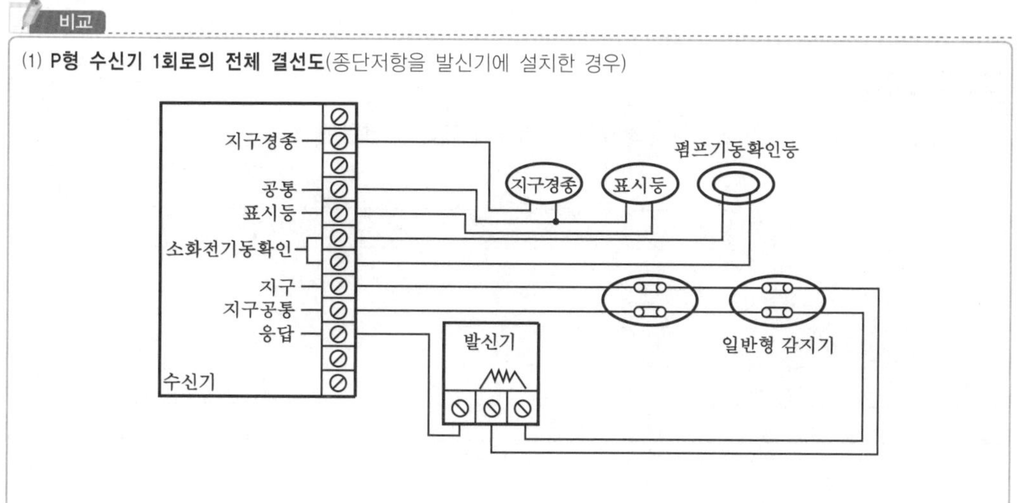

(2) **P형 수신기 1회로의 전체 결선도**(종단저항을 감지기에 설치한 경우)

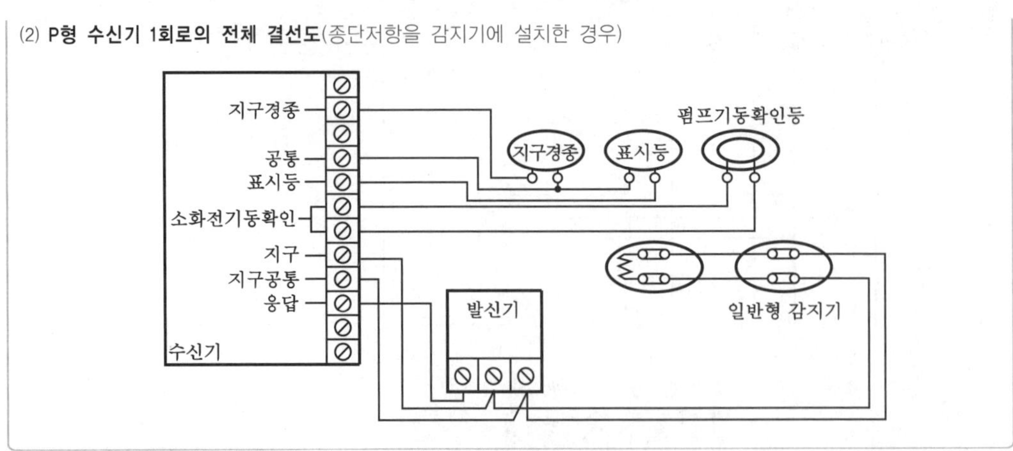

(3) **배선기호**의 **의미**

명 칭	기 호	원 어	동일한 명칭
회로선	L	Line	• 지구선 • 신호선 • 표시선 • 감지기선
	N	Number	
공통선	C	Common	• 지구공통선 • 신호공통선 • 회로공통선 • 발신기공통선
응답선	A	Answer	• 발신기선 • 발신기응답선 • 응답확인선 • 확인선
경종선	B	Bell	• 벨선
표시등선	PL	Pilot Lamp	–
경종공통선	BC	Bell common	• 벨공통선
경종표시등 공통선	특별한 기호가 없음		• 벨 및 표시등 공통선

☆☆☆

문제 05

누전경보기의 구성요소 4가지와 각각의 기능에 대하여 답란에 쓰시오.

(19.11.문13, 19.4.문2, 14.11.문1, 04.4.문1)

득점	배점
	4

구성요소	기 능

해답

구성요소	기 능
영상변류기	누설전류 검출
수신기	누설전류 증폭
음향장치	누전시 경보발생
차단기(차단릴레이 포함)	과부하시 전원차단

해설 **누전경보기**의 **구성요소**

(1) **4가지로 구분하는 방법**

구성요소	기 능
영상변류기(ZCT)	누설전류 검출
수신기	누설전류 증폭
음향장치	누전시 경보발생
차단기(차단릴레이 포함)	과부하시 전원차단

- **'차단기(차단릴레이 포함)'**를 **'차단릴레이'**라고 답하는 사람도 있다. 차단릴레이도 옳을 수 있지만 **차단기(차단릴레이 포함)**라고 정확히 답하자.

(2) **2가지로 구분하는 방법**

용 어	설 명
수신부	변류기로부터 검출된 **신호**를 **수신**하여 누전의 발생을 해당 소방대상물의 **관계인**에게 **경보**하여 주는 것(**차단기구**를 갖는 것 포함)
변류기	경계전로의 **누설전류**를 자동적으로 **검출**하여 이를 누전경보기의 수신부에 송신하는 것

- 누전경보기의 구성요소는 4가지로 구분하는 방법과 2가지로 구분하는 방법이 있는데 이 중에서 **2가지로 구분하는 방법**이 법 규정에 의해 더 **정확**하다고 볼 수 있다. 참고로 알아두길 바란다.

(3) **누전경보기 vs 누전차단기**

구 분	약 호	기 능	그림기호
누전경보기 (Earth Leakage Detector)	ELD	누설전류를 검출하여 경보	(원형 기호, F)
누전차단기 (Earth Leakage Breaker, Earth Leakage Circuit Breaker)	ELB (ELCB)	누설전류 차단	E

중요

(1) **누전경보기의 구성 1**

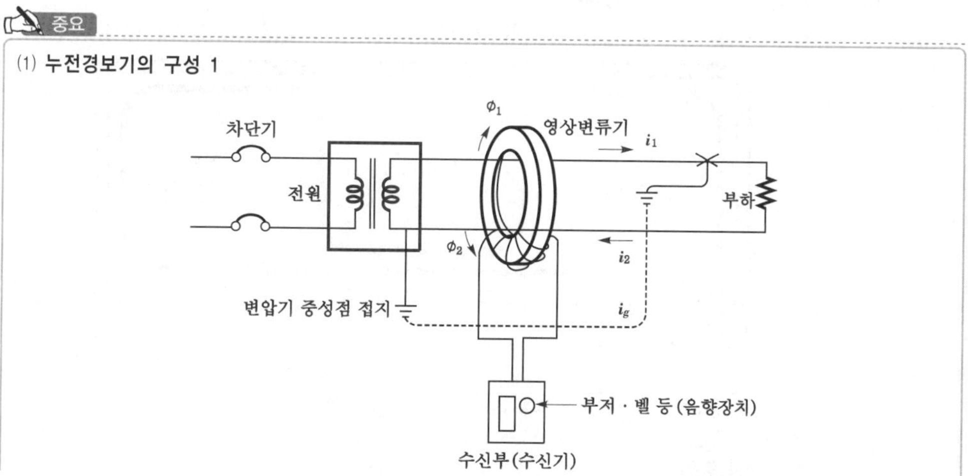

(2) **누전경보기의 구성 2**

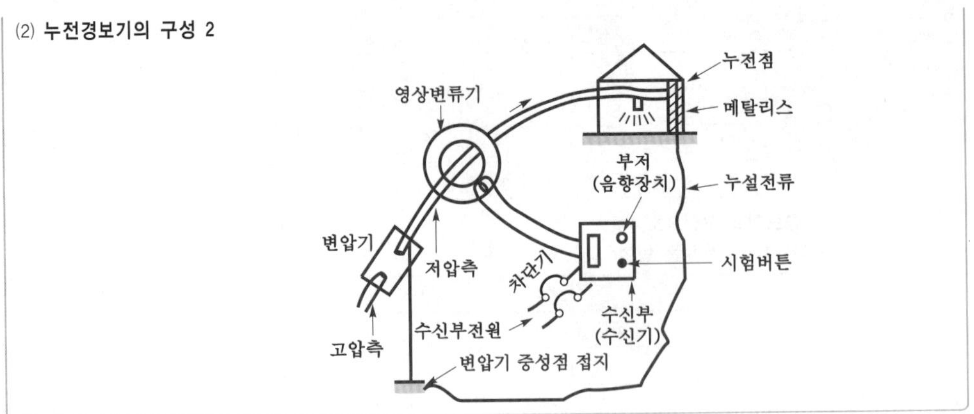

☆☆☆ **문제 06**

어느 특정소방대상물에 자동화재탐지설비용 공기관식 차동식 분포형 감지기를 설치하려고 한다. 다음 각 물음에 답하시오. (19.11.문5, 16.11.문6, 14.11.문9, 11.5.문14, 08.4.문8)

득점	배점
	5

(가) 공기관의 노출부분은 감지구역마다 몇 m 이상으로 하여야 하는가?
(나) 하나의 검출부분에 접속하는 공기관의 길이는 몇 m 이하로 하여야 하는가?
(다) 공기관과 감지구역의 각 변과의 수평거리는 몇 m 이하이어야 하는가?
(라) 공기관 상호 간의 거리는 몇 m 이하이어야 하는가? (단, 주요구조부가 비내화구조이다.)
(마) 공기관의 두께와 바깥지름은 각각 몇 mm 이상인가?
○ 두께 :
○ 바깥지름 :

해답 (가) 20m 이상
(나) 100m 이하
(다) 1.5m 이하
(라) 6m 이하
(마) ○ 두께 : 0.3mm 이상
○ 바깥지름 : 1.9mm 이상

해설 **공기관식 차동식 분포형 감지기**(NFPC 203 7조, NFTC 203 2.4.3.7)

(1) **공기관식** 차동식 분포형 감지기의 **설치기준**

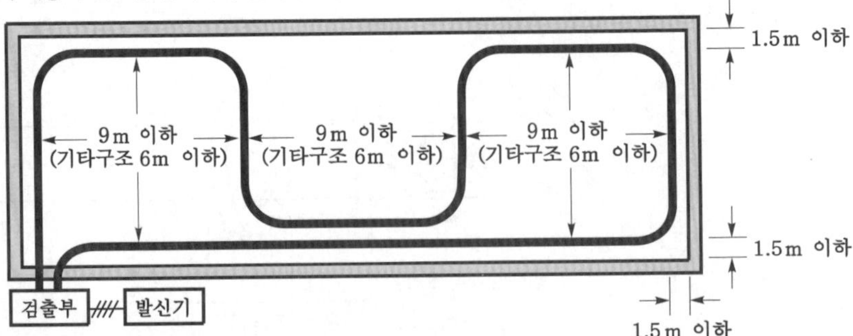

① 공기관의 노출부분은 감지구역마다 **20m** 이상이 되도록 설치한다.
② 공기관과 감지구역의 각 변과의 수평거리는 **1.5m** 이하가 되도록 한다.
③ 공기관 상호 간의 거리는 **6m**(내화구조는 **9m**) 이하가 되도록 한다.
④ 하나의 검출부에 접속하는 공기관의 길이는 **100m** 이하가 되도록 한다.
⑤ 검출부는 **5°** 이상 경사되지 않도록 한다.

‖ 경사제한각도 ‖

차동식 분포형 감지기	스포트형 감지기
5° 이상	45° 이상

⑥ **검출부**는 바닥으로부터 **0.8~1.5m** 이하의 위치에 설치한다.
⑦ 공기관은 도중에서 **분기**하지 않도록 한다.

- (라) : **비내화구조**이므로 공기관 상호 간의 거리는 **6m** 이하이다. **'비내화구조'**는 **'기타구조'**임을 알라! 속지 말라!

(2) **공기관의 두께 및 바깥지름**
공기관의 두께(굵기)는 **0.3mm** 이상, 외경(바깥지름)은 **1.9mm** 이상이어야 하며, **중공동관**을 사용하여야 한다.

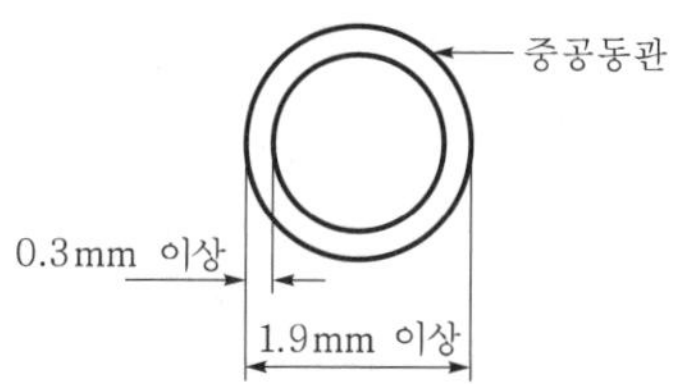

‖ 공기관의 두께 및 바깥지름 ‖

용어

중공동관
가운데가 비어 있는 구리관

중요

검출부-발신기 간의 가닥수
(1) 종단저항이 발신기에 설치되어 있는 경우

(2) 종단저항이 검출부에 설치되어 있는 경우

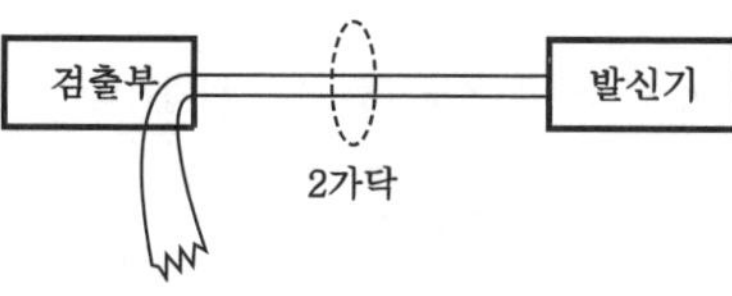

☆☆☆
문제 07

차동식 분포형 감지기의 종류 3가지를 쓰시오. (15.4.문9, 06.7.문14, 06.4.문11)

○
○
○

득점	배점
	4

① 공기관식
② 열전대식
③ 열반도체식

해설 **차동식 분포형 감지기**의 **종류**

구 분	구성요소		구 조
	수열부 (감열부)	검출부	
공기관식	• 공기관	• 다이어프램 • 리크구멍 • 접점 • 시험공(시험장치)	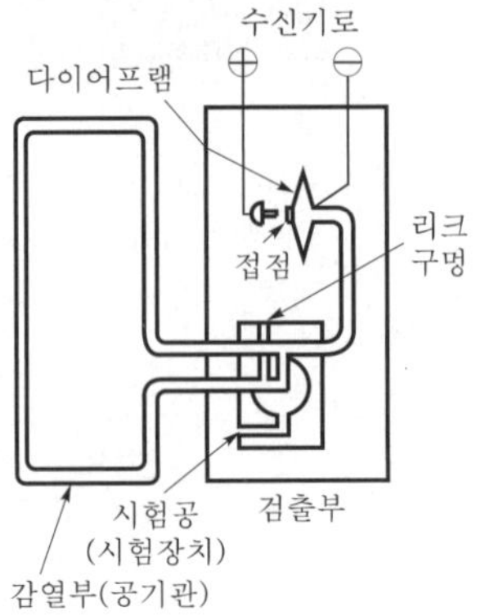 수신기로 ⊕ ⊖, 다이어프램, 접점, 리크 구멍, 시험공 (시험장치), 검출부, 감열부(공기관)
열전대식	• 열전대	• 미터릴레이(가동선륜, 스프링, 접점)	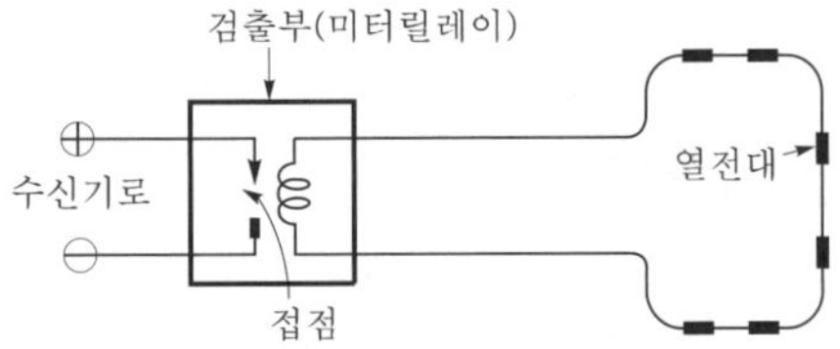 검출부(미터릴레이), ⊕ 수신기로 ⊖, 열전대, 접점
열반도체식	• 열반도체소자 • 수열판 • 동니켈선	• 미터릴레이(가동선륜, 스프링, 접점)	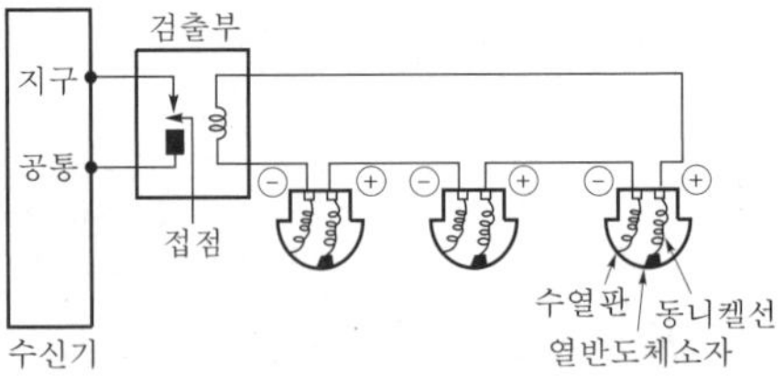 검출부, 지구, 공통, 접점, 수신기, 수열판, 동니켈선, 열반도체소자

중요

열전대식 감지기의 작동원리
서로 다른 **두 금속**을 접속하여 접속점에 **온도차**를 주면 **열기전력** 발생

☆☆☆

문제 08

부하전류 45A가 흐르며 정격전압 220V, 3ϕ, 60Hz인 옥내소화전 펌프구동용 전동기의 외함에 접지시스템을 시행하려고 한다. 접지시스템을 구분하고 접지도체로 구리를 사용하고자 하는 경우 공칭단면적이 몇 〔mm²〕 이상이어야 하는지 답란에 쓰시오. (12.7.문12, 12.4.문13, 11.7.문8, 11.5.문1)

접지시스템	공칭단면적〔mm²〕

득점	배점
	4

해답

접지시스템	공칭단면적[mm²]
보호접지	$6mm^2$ 이상

해설 **접지시스템**(KEC 140)

접지 대상	접지시스템 구분	접지시스템 시설 종류	접지도체의 단면적 및 종류
특고압 · 고압 설비	• **계통접지** : 전력계통의 이상현상에 대비하여 대지와 계통을 접지하는 것 • **보호접지** : 감전보호를 목적으로 기기의 한 점 이상을 접지하는 것 • **피뢰시스템 접지** : 뇌격전류를 안전하게 대지로 방류하기 위해 접지하는 것	• 단독접지 • 공통접지 • 통합접지	**$6mm^2$** 이상 연동선
일반적인 경우			구리 **$6mm^2$** (철제 **$50mm^2$**) 이상
변압기		• **변압기 중성점 접지**	**$16mm^2$** 이상 연동선

☆☆☆

문제 09

다음은 PB_{-ON} 동작시 X 릴레이가 동작하고 특정 시간 세팅 후 타이머가 동작하여 MC가 동작하는 시퀀스회로도이다. PB_{-ON}을 동작시킨 후 X 릴레이와 타이머가 소자되어도 MC가 동작하도록 시퀀스를 수정하시오. (19.6.문16, 18.11.문16, 15.7.문11, 15.7.문15, 12.4.문2, 11.11.문1, 09.7.문11, 07.4.문4)

득점	배점
	5

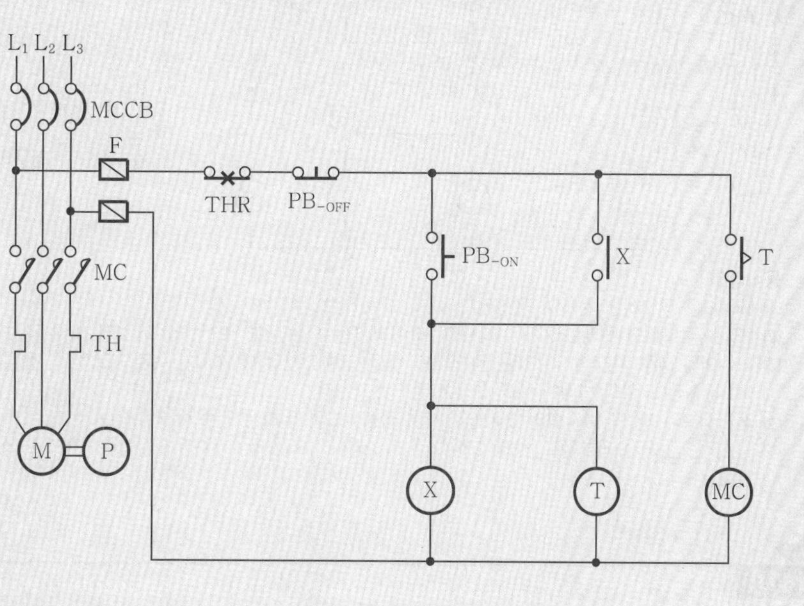

해답

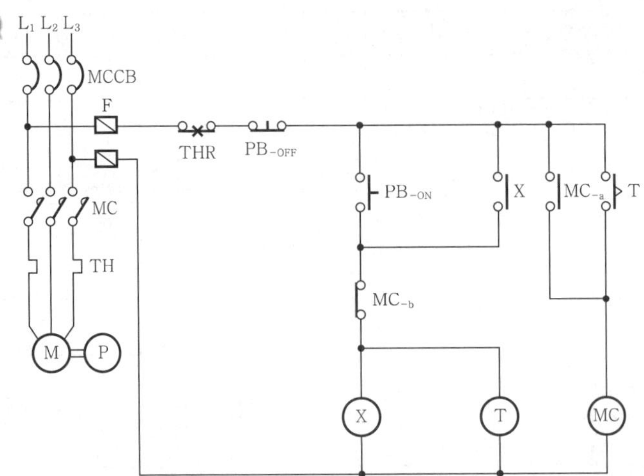

해설

• 문제에서 **'X 릴레이와 타이머가 소자되어도 MC가 동작'**이라고 하였으므로 MC-b 접점도 반드시 추가해야 한다.

⫶MC₋ᵦ 대신에 ⫶T₋ᵦ를 사용해도 맞다는 사람이 있다. 이것은 옳지 않다. 왜냐하면 ⫶T₋ᵦ를 사용하면 ♪T가 닫히기 전에 ⫶T₋ᵦ가 먼저 열려서 ⓂⒸ가 여자되지 않을 수 있기 때문이다.

점을 반드시 찍어야 정답!

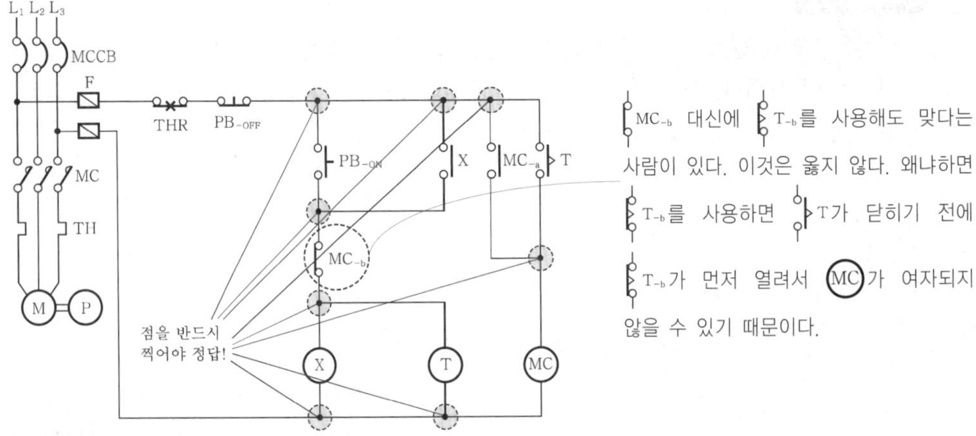

동작설명

(1) MCCB를 투입하면 전원이 공급된다.
(2) PB-ON을 누르면 릴레이 X가 여자되고, 타이머 T는 통전된다. 또한 릴레이 X에 의해 자기 유지된다.
(3) 타이머의 설정 시간 후 타이머 한시접점이 작동하면 전자접촉기 MC가 여자되고 MC-a 접점에 의해 자기 유지되며, MC-b 접점에 의해 릴레이 X와 타이머 T가 소자된다.
(4) 전자접촉기 MC가 여자되며 전자접촉기 주접점 MC가 닫혀서 전동기 M이 기동한다.
(5) 운전 중 전동기 과부하로 인해 THR이 작동하거나 PB-OFF를 누르면 전자접촉기 MC가 소자되어 전동기가 정지한다.

☆☆☆

문제 10

청각장애인용 시각경보장치의 설치기준을 3가지만 쓰시오. (단, 화재안전기준 각 호의 내용을 1가지로 본다.)

(19.4.문16, 17.11.문5, 17.6.문4, 16.6.문13, 15.7.문8)

득점	배점
	6

○

○

○

해답 ① 복도 · 통로 · 청각장애인용 객실 및 공용으로 사용하는 거실에 설치하며, 각 부분에서 유효하게 경보를 발할 수 있는 위치에 설치

② 공연장 · 집회장 · 관람장 또는 이와 유사한 장소에 설치하는 경우에는 시선이 집중되는 무대부 부분 등에 설치

③ 바닥에서 2~2.5m 이하의 높이에 설치(단, 천장높이가 2m 이하는 천장에서 0.15m 이내의 장소에 설치)

해설

- **'무대부'**만 쓰지 말고 **'무대부 부분'**이라고 정확히 쓰자!
- 단, 천장높이가 ~, 단, 시각경보기에 ~처럼 단서도 반드시 써야 정답!!

청각장애인용 시각경보장치의 **설치기준**(NFPC 203 8조, NFTC 203 2.5.2)

(1) **복도** · **통로** · **청각장애인용 객실** 및 공용으로 사용하는 **거실**에 설치하며, 각 부분에서 유효하게 경보를 발할 수 있는 위치에 설치할 것

(2) **공연장** · **집회장** · **관람장** 또는 이와 유사한 장소에 설치하는 경우에는 시선이 집중되는 **무대부부분** 등에 설치할 것

(3) 바닥으로부터 **2~2.5m** 이하의 높이에 설치할 것(단, 천장높이가 **2m 이하**는 천장에서 **0.15m** 이내의 장소에 설치)

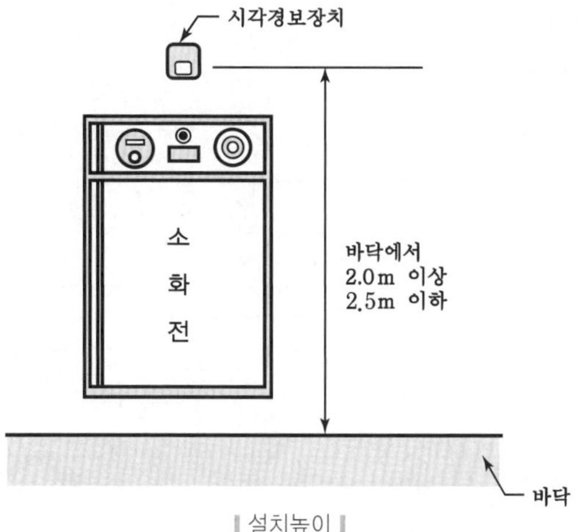

‖ 설치높이 ‖

(4) 광원은 **전용**의 **축전지설비** 또는 **전기저장장치**에 의해 점등되도록 할 것(단, 시각경보기에 작동전원을 공급할 수 있도록 형식승인을 얻은 **수신기**를 설치한 경우 제외)

용어

시각경보장치

자동화재탐지설비에서 발하는 화재신호를 시각경보기에 전달하여 청각장애인에게 **점멸**형태의 **시각경보**를 하는 것

‖ 시각경보장치(시각경보기) ‖

☆☆☆ 문제 11

감지기의 부착높이 및 특정소방대상물의 구분에 따른 설치면적기준이다. 다음 표의 ①~⑧에 해당되는 면적을 쓰시오. (16.6.문15, 15.11.문12, 15.4.문13, 05.7.문8)

(단위 : m^2)

득점	배점
	6

부착높이 및 특정소방대상물의 구분		감지기의 종류						
		차동식 스포트형		보상식 스포트형		정온식 스포트형		
		1종	2종	1종	2종	특 종	1종	2종
4m 미만	주요구조부를 내화구조로 한 특정소방대상물 또는 그 부분	①	70	①	70	70	60	⑦
	기타 구조의 특정소방대상물 또는 그 부분	②	③	②	③	40	30	⑧
4m 이상 8m 미만	주요구조부를 내화구조로 한 특정소방대상물 또는 그 부분	45	④	45	④	④	⑤	–
	기타 구조의 특정소방대상물 또는 그 부분	30	25	30	25	25	⑥	–

○답란

①	②	③	④	⑤	⑥	⑦	⑧

해답

①	②	③	④	⑤	⑥	⑦	⑧
90	50	40	35	30	15	20	15

해설 **감지기**의 **바닥면적**(NFPC 203 7조, NFTC 203 2.4.3.9.1)

(단위 : m^2)

부착높이 및 특정소방대상물의 구분		감지기의 종류						
		차동식 스포트형		보상식 스포트형		정온식 스포트형		
		1종	2종	1종	2종	특 종	1종	2종
4m 미만	주요구조부를 내화구조로 한 특정소방대상물 또는 그 부분	**90**	70	**90**	70	70	60	**20**
	기타 구조의 특정소방대상물 또는 그 부분	**50**	**40**	**50**	**40**	40	30	**15**
4m 이상 8m 미만	주요구조부를 내화구조로 한 특정소방대상물 또는 그 부분	45	**35**	45	**35**	**35**	**30**	–
	기타 구조의 특정소방대상물 또는 그 부분	30	25	30	25	25	**15**	–

기억법
9 7 9 7 7 6 2
5 4 5 4 4 3 ①
④ ③ ④ ③ ③ 3
3 ② 3 ② ② ①
※ 동그라미로 표시한 것은 뒤에 5가 붙음

참고

주요구조부
건축물의 구조상 중요한 부분 중 건축물의 외형을 구성하는 골격

☆☆☆

문제 12

P형 수동발신기에서 주어진 단자의 명칭을 쓰고 내부결선을 완성하여 각 단자와 연결하시오. 또한 LED, 푸시버튼(push button)의 기능을 간략하게 설명하시오. (15.7.문9, 06.7.문7, 01.4.문3)

득점	배점
	8

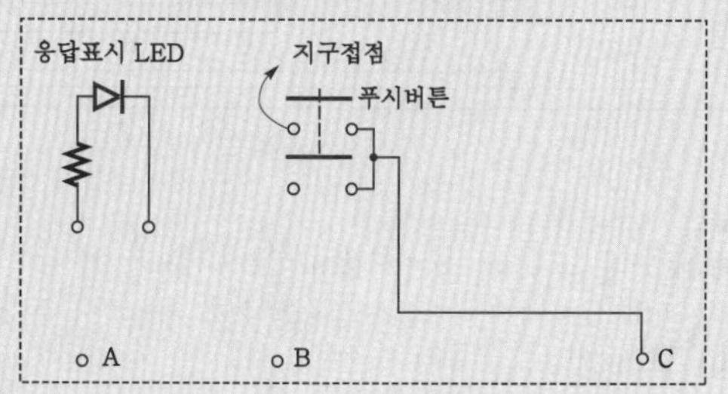

○A : ○B : ○C : ○LED : ○푸시버튼 :

해답 ○A : 응답선
○B : 지구선
○C : 공통선
○LED : 발신기의 신호가 수신기에 전달되었는가를 확인하여 주는 램프
○푸시버튼 : 수동조작에 의해 수신기에 화재신호를 발신하는 스위치

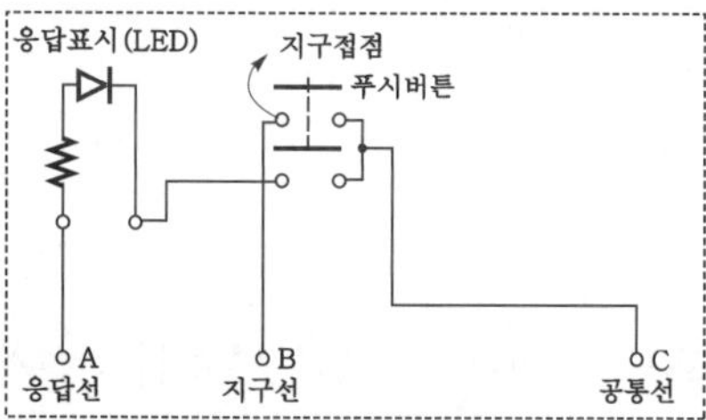

해설
- A : '응답', '응답단자', '발신기선'이라고 써도 된다.
- B : '지구', '지구단자', '회로선', '회로', '회로단자'라고 써도 된다.
- C : '공통', '공통단자'라고 써도 된다.

‖ P형 수동발신기의 구성요소 ‖

명 칭	설 명
LED(응답램프)	발신기의 신호가 수신기에 전달되었는가를 확인하여 주는 램프
푸시버튼(발신기스위치)	수동조작에 의해 수신기에 화재신호를 발신하는 스위치

비교

응답표시 LED와 지구접점이 다르게 표시된 경우의 배선

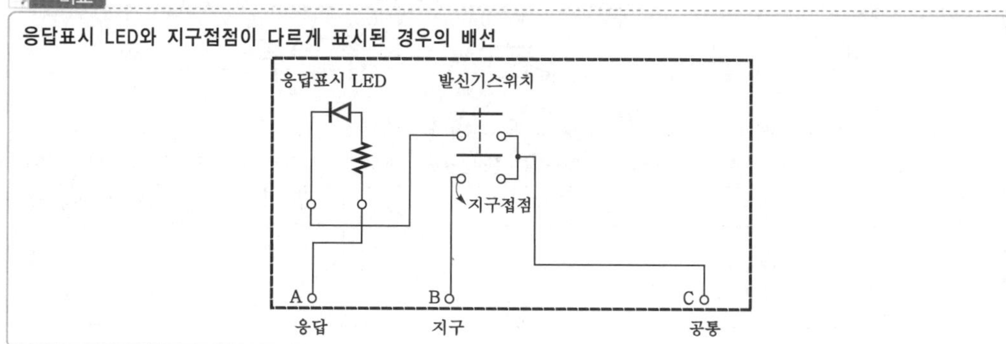

(1) **P형 수동발신기**의 동일도면을 소개하면 다음과 같다.

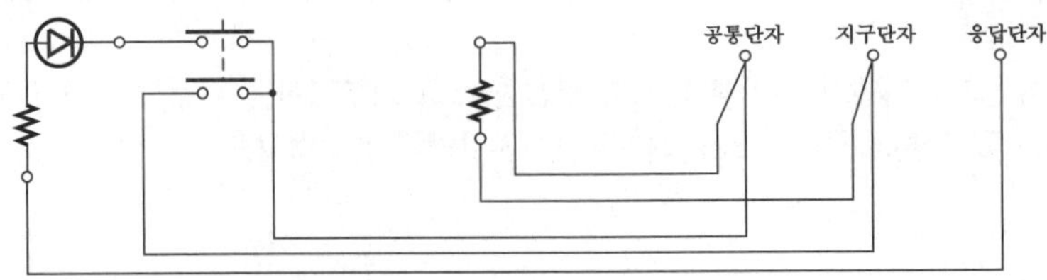

‖P형 수동발신기 세부도면‖

(2) **용도** 및 **기능**

① **공통단자** : 지구 · 응답단자를 공유한 단자

② **지구단자** : 화재신호를 수신기에 알리기 위한 단자

③ **응답단자** : 발신기의 신호가 수신기에 전달되었는가를 확인하여 주기 위한 단자

(3) **P형 수동발신기**의 일반도면

‖P형 수동발신기‖

참고

P형 수신기의 **기능**

(1) 화재표시 작동시험장치

(2) 수신기와 감지기 사이의 도통시험장치

(3) 상용전원과 예비전원의 자동절환장치

(4) 예비전원 양부시험장치

(5) 기록장치

☆☆☆

문제 13

자동화재탐지설비와 스프링클러설비 프리액션밸브의 간선계통도이다. 다음 각 물음에 답하시오.

(19.11.문12, 17.4.문3, 16.6.문14, 15.4.문3, 14.7.문15, 14.4.문2, 13.4.문10, 12.4.문15, 11.7.문18, 04.4.문14)

득점	배점
	8

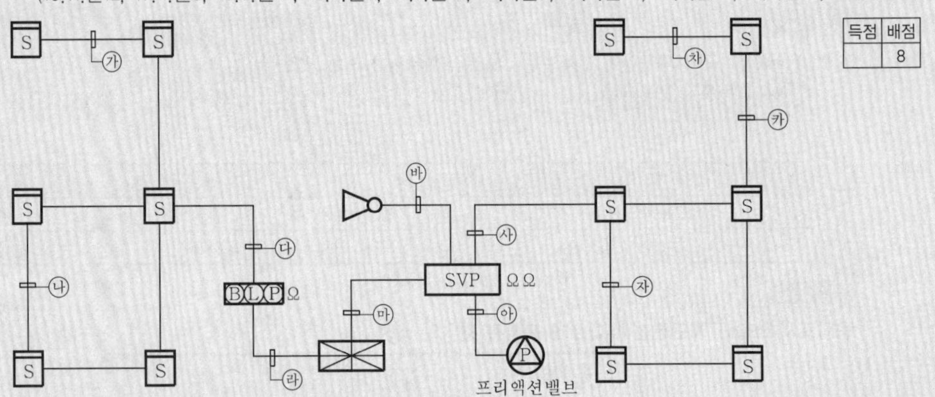

(가) ㉮~㉸까지의 배선 가닥수를 쓰시오. (단, 프리액션밸브용 감지기공통선과 전원공통선은 분리해서 사용하고 압력스위치, 탬퍼스위치 및 솔레노이드밸브용 공통선은 1가닥을 사용하는 조건이다.)

답 란	㉮	㉯	㉰	㉱	㉲	㉳	㉴	㉵	㉶	㉷	㉸

(나) ㉲의 배선별 용도를 쓰시오.

해답 (가)

답 란	㉮	㉯	㉰	㉱	㉲	㉳	㉴	㉵	㉶	㉷	㉸
	4가닥	2가닥	4가닥	6가닥	9가닥	2가닥	8가닥	4가닥	4가닥	4가닥	8가닥

(나) 전원 ⊕ · ⊖, 사이렌 1, 감지기 A · B, 솔레노이드밸브 1, 압력스위치 1, 탬퍼스위치 1, 감지기공통선 1

해설 (가), (나)

기 호	가닥수	내 역
㉮	4가닥	지구선 2, 공통선 2
㉯	2가닥	지구선 1, 공통선 1
㉰	4가닥	지구선 2, 공통선 2
㉱	6가닥	지구선 1, 회로공통선 1, 경종선 1, 경종표시등공통선 1, 응답선 1, 표시등선 1
㉲	9가닥	전원 ⊕ · ⊖, 사이렌 1, 감지기 A · B, 솔레노이드밸브 1, 압력스위치 1, 탬퍼스위치 1, 감지기공통선 1
㉳	2가닥	사이렌 2
㉴	8가닥	지구선 4, 공통선 4
㉵	4가닥	솔레노이드밸브 1, 압력스위치 1, 탬퍼스위치 1, 공통선 1
㉶	4가닥	지구선 2, 공통선 2
㉷	4가닥	지구선 2, 공통선 2
㉸	8가닥	지구선 4, 공통선 4

- 자동화재탐지설비의 회로수는 일반적으로 **수동발신기함**(BLP) 수를 세어 보면 **1회로**(발신기세트 1개)이므로 ㉱는 **6가닥**이 된다.
- 원칙적으로 수동발신기함의 심벌은 PBL이 맞다.
- ㉵ : [단서]에서 공통선을 1가닥으로 사용하므로 4가닥이다.
- 솔레노이드밸브 = 밸브기동 = SV(Solenoid Valve)
- 압력스위치 = 밸브개방 확인 = PS(Pressure Switch)
- 탬퍼스위치 = 밸브주의 = TS(Tamper Switch)
- 여기서는 조건에서 **압력스위치, 탬퍼스위치, 솔레노이드밸브**라는 명칭을 사용하였으므로 (나)의 답에서 우리가 일반적으로 사용하는 밸브개방 확인, 밸브주의, 밸브기동 등의 용어를 사용하면 오답으로 채점될 수 있다. 주의하라! **주어진 조건**에 있는 **명칭**을 사용하여야 빈틈없는 올바른 답이 된다.

중요

송배선식과 **교차회로방식**

구 분	송배선식	교차회로방식
목적	• **감지기회로**의 **도통시험**을 용이하게 하기 위하여	• 감지기의 **오동작** 방지
원리	• 배선의 도중에서 분기하지 않는 방식	• 하나의 담당구역 내에 **2 이상**의 **감지기회로**를 설치하고 **2 이상**의 **감지기회로**가 **동시**에 **감지**되는 때에 설비가 작동하는 방식으로 회로방식이 **AND 회로**에 해당된다.
적용설비	• 자동화재탐지설비 • 제연설비	• **분**말소화설비 • **할**론소화설비 • **이**산화탄소 소화설비 • **준**비작동식 스프링클러설비 • **일**제살수식 스프링클러설비 • **할**로겐화합물 및 불활성기체 소화설비 • **부**압식 스프링클러설비 기억법 **분할이 준일할부**
가닥수 산정	• 종단저항을 수동발신기함 내에 설치하는 경우 **루프(loop)**된 곳은 **2가닥, 기타 4가닥**이 된다. 수동발신기함 / 루프(loop) ‖ 송배선식 ‖	• **말단**과 **루프**(loop)된 곳은 **4가닥, 기타 8가닥**이 된다. 말단 / 수동발신기함 / 루프(loop) ‖ 교차회로방식 ‖

비교

(1) 감지기공통선과 전원공통선은 1가닥을 사용하고 압력스위치, 탬퍼스위치 및 솔레노이드밸브의 공통선은 1가닥을 사용하는 경우

기 호	가닥수	내 역
㉮	4가닥	지구선 2, 공통선 2
㉯	2가닥	지구선 1, 공통선 1
㉰	4가닥	지구선 2, 공통선 2
㉱	6가닥	지구선 1, 회로공통선 1, 경종선 1, 경종표시등공통선 1, 응답선 1, 표시등선 1
㉲	8가닥	전원 ⊕ · ⊖, 사이렌 1, 감지기 A · B, 솔레노이드밸브 1, 압력스위치 1, 탬퍼스위치 1
㉳	2가닥	사이렌 2
㉴	8가닥	지구선 4, 공통선 4
㉵	4가닥	솔레노이드밸브 1, 압력스위치 1, 탬퍼스위치 1, 공통선 1
㉶	4가닥	지구선 2, 공통선 2
㉷	4가닥	지구선 2, 공통선 2
㉸	8가닥	지구선 4, 공통선 4

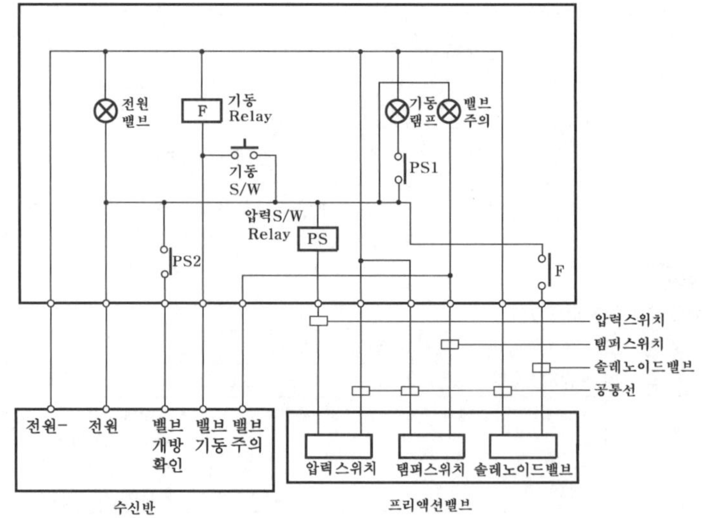

▍슈퍼비조리판넬~프리액션밸브 가닥수 : 4가닥인 경우▍

(2) 특별한 조건이 있는 경우

기 호	가닥수	내 역
㉮	4가닥	지구선 2, 공통선 2
㉯	2가닥	지구선 1, 공통선 1
㉰	4가닥	지구선 2, 공통선 2
㉱	6가닥	지구선 1, 회로공통선 1, 경종선 1, 경종표시등공통선 1, 응답선 1, 표시등선 1
㉲	8가닥	전원 ⊕ · ⊖, 사이렌 1, 감지기 A · B, 솔레노이드밸브 1, 압력스위치 1, 탬퍼스위치 1
㉳	2가닥	사이렌 2
㉴	8가닥	지구선 4, 공통선 4
㉵	6가닥	솔레노이드밸브 2, 압력스위치 2, 탬퍼스위치 2
	5가닥	솔레노이드밸브 2, 압력스위치 1, 탬퍼스위치 1, 공통선 1

㉶	4가닥	지구선 2, 공통선 2
㉷	4가닥	지구선 2, 공통선 2
㉸	8가닥	지구선 4, 공통선 4

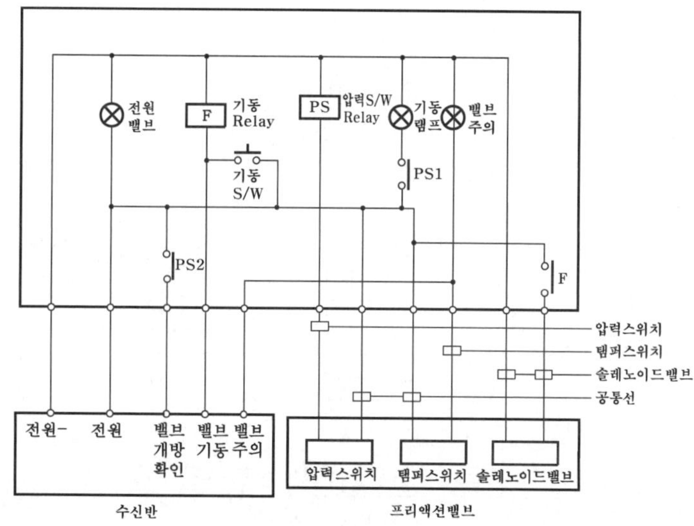

‖ 슈퍼비조리판넬~프리액션밸브 가닥수 : 5가닥인 경우 ‖

- 감지기공통선과 전원공통선(전원 ⊖)에 대한 조건이 없는 경우 감지기공통선은 전원공통선(전원 ⊖)에 연결하여 1선으로 사용하므로 감지기공통선이 필요 없다.
- 솔레노이드밸브(SV), 압력스위치(PS), 탬퍼스위치(TS)에 대한 특별한 조건이 없는 경우 공통선을 사용하지 않고 솔레노이드밸브(SV) 2, 압력스위치(PS) 2, 탬퍼스위치(TS) 2 총 **6가닥**으로 하면 된다. 또는 솔레노이드밸브(SV) 2, 압력스위치(PS) 1, 탬퍼스위치(TS) 1, 공통선 1 총 **5가닥**으로 할 수도 있다. 이때에는 **6가닥** 또는 **5가닥** 둘 다 답이 된다.

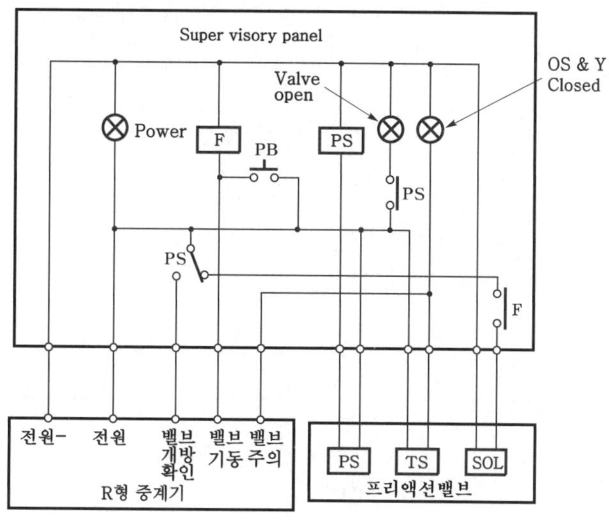

‖ 슈퍼비조리판넬~프리액션밸브 가닥수 : 5~6가닥인 경우 ‖

☆☆☆
문제 14

다음은 자동방화문설비의 자동방화문에서 R type REPEATER까지의 결선도 및 계통도에 대한 것이다. 주어진 조건을 참조하여 각 물음에 답하시오. (18.4.문11, 17.4.문7, 12.4.문16, 04.7.문13)

득점	배점
	6

〔조건〕

- ○ 전선의 가닥수는 최소한으로 한다.
- ○ 방화문 감지기회로는 본 문제에서 제외한다.
- ○ 자동방화문설비는 층별로 구획되어 설치되어 있다.

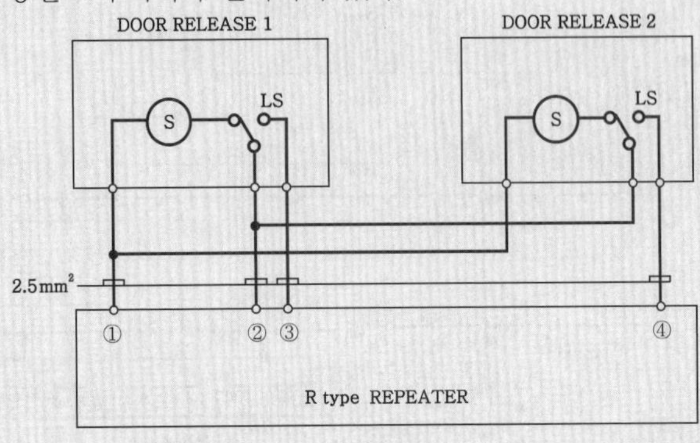

∥ 결선도 ∥

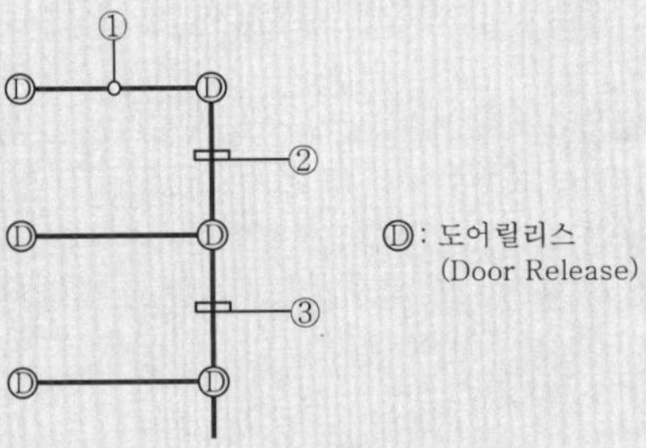

∥ 계통도 ∥

(가) 결선도상의 기호 ①~④의 배선 명칭을 쓰시오.

①

②

③

④

(나) 계통도상의 기호 ①~③의 가닥수와 용도를 쓰시오.

①

②

③

해답 (가) ① 기동

② 공통

③ 확인 1

④ 확인 2

(나) ① 3가닥 : 공통 1, 기동 1, 확인 1

② 4가닥 : 공통 1, 기동 1, 확인 2

③ 7가닥 : 공통 1, (기동 1, 확인 2)×2

해설 (가) **자동방화문**(door release)은 화재발생으로 인한 연기가 계단측으로 유입되는 것을 방지하기 위하여 피난계단전실 등의 출입문에 시설하는 설비로서, 평상시 개방되어 있다가 화재발생시 감지기의 작동 또는 기동스위치의 조작에 의하여 방화문을 폐쇄시켜 연기유입을 막음으로써 피난활동에 지장이 없도록 한다. 과거 자동방화문 폐쇄기(door release)는 **전자석**이나 **영구자석**을 이용하는 방식을 채택해 왔으나 정전, 자력감소 등 사용상 불합리한 점이 많아 최근에는 **걸고리방식**이 주로 사용된다.

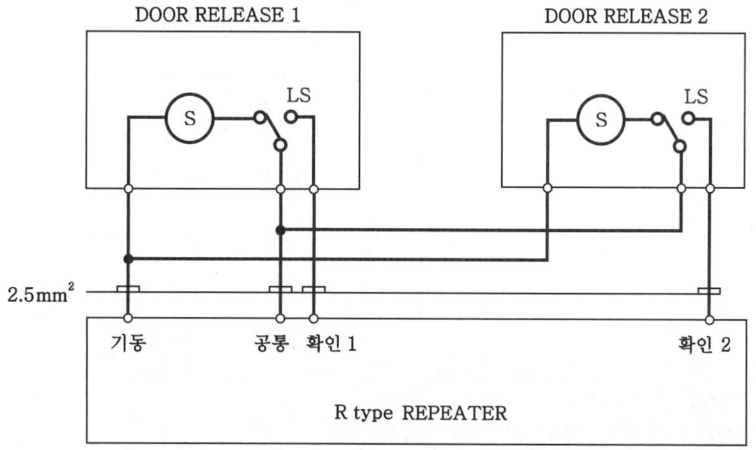

‖ 결선도 ‖

- R type REPEATER=R형 중계기
- 확인 1, 확인 2라고 구분해서 답해도 좋고, 그냥 둘 다 **'확인'**이라고 써도 된다.
- Ⓢ : 솔레노이드밸브(Solenoid Valve)
- LS : 리밋스위치(Limit Switch)=리미트스위치
- **'확인'**은 **'기동확인'**이라고 답해도 정답!

‖ 자동방화문(door release) ‖

(나) **자동방화문설비**의 **계통도**

기 호	내 역	용 도
①	HFIX 2.5－3	공통 1, 기동 1, 확인 1
②	HFIX 2.5－4	공통 1, 기동 1, 확인 2
③	HFIX 2.5－7	공통 1, (기동 1, 확인 2)×2
④	HFIX 2.5－10	공통 1, (기동 1, 확인 2)×3

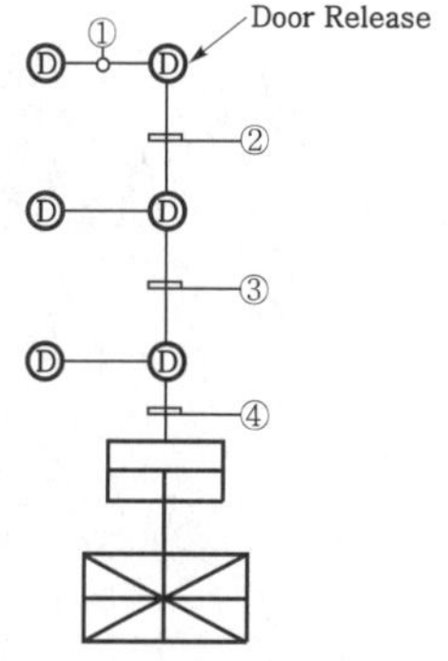

- 〔조건〕에서 층별로 구획되어 있든, 구획되어 있지 않든 가닥수는 변동이 없다. 너무 고민하지 말라!

비교

자동방화문 회로

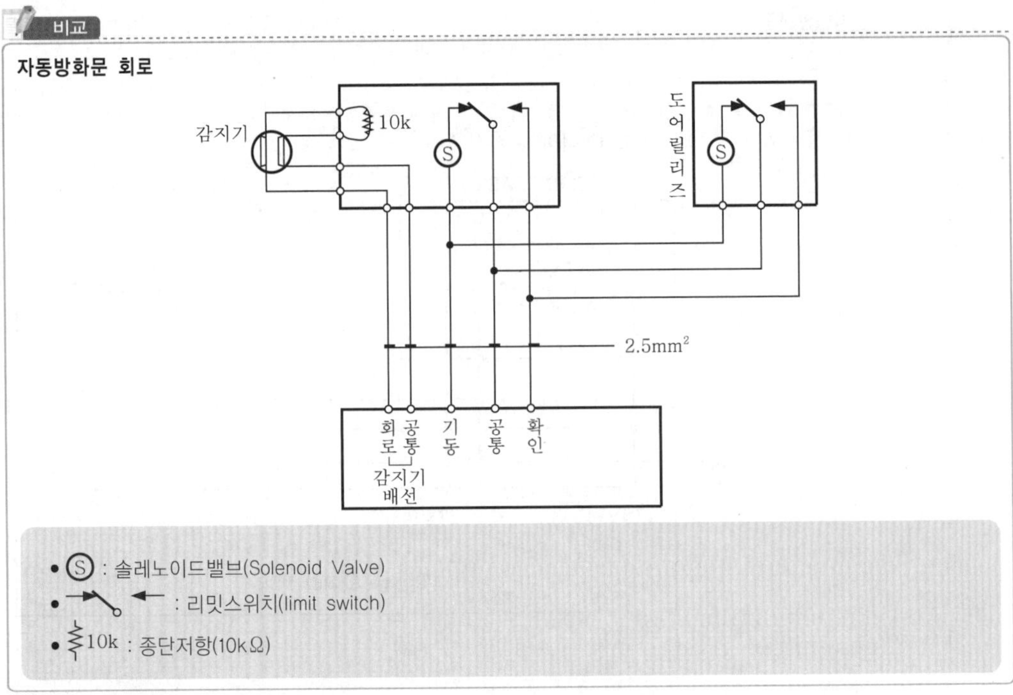

- Ⓢ : 솔레노이드밸브(Solenoid Valve)
- : 리밋스위치(limit switch)
- 10k : 종단저항(10kΩ)

☆☆

문제 15

그림과 같이 스위치공사를 하려고 한다. 다음 각 물음에 답하시오. (05.7.문4, 99.1.문13)

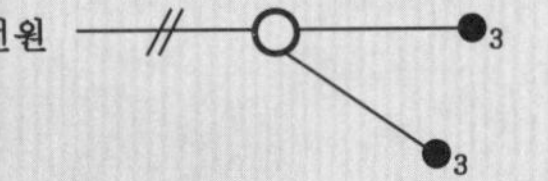

득점	배점
	5

(가) 1개의 등을 2개소에서 점멸이 가능하도록 하는 스위치의 명칭을 쓰시오.

(나) 배선에 배선 가닥수를 표시하시오. (예 —///—)

해답 (가) 점멸기(3로)

(나)

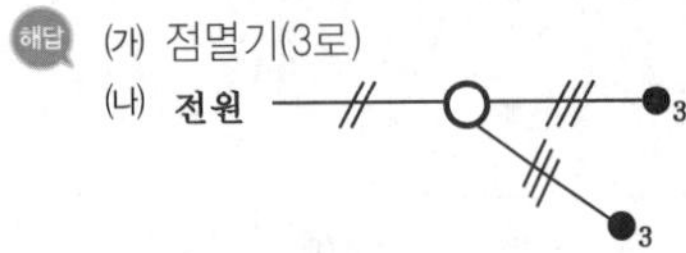

해설 (가) 옥내배선기호

명 칭	그림기호	적 요
점멸기	●	• 2극 : ●2P • 단로 : ● • 3로 : ●3 • 4로 : ●4 • 플라스틱 : ●P • 파일럿램프 내장 : ●L • 방수형 : ●WP • 방폭형 : ●EX • 타이머붙이 : ●T

(나) 배선 가닥수에 대한 **실제 배선도** 및 **시퀀스회로**를 그리면 다음과 같다.

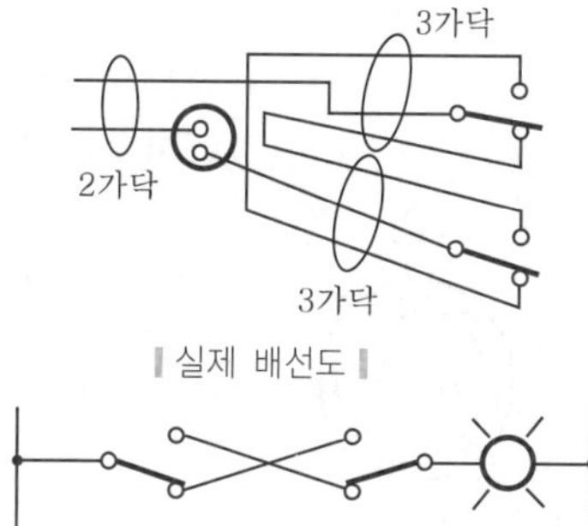

‖ 실제 배선도 ‖

‖ 시퀀스회로 ‖

문제 16

무선통신보조설비의 누설동축케이블의 기호를 보기에서 찾아쓰시오. (08.11.문11)

LCX - FR - SS - 20 D - 14 6
① ② ③ ④ ⑤ ⑥ ⑦

득점	배점
	6

〔보기〕 누설동축케이블, 난연성(내열성), 자기지지, 절연체 외경, 특성임피던스, 사용주파수

예 ⑦ 결합손실 표시

해답 ① 누설동축케이블
② 난연성(내열성)
③ 자기지지
④ 절연체 외경
⑤ 특성임피던스
⑥ 사용주파수

해설 **누설동축케이블**

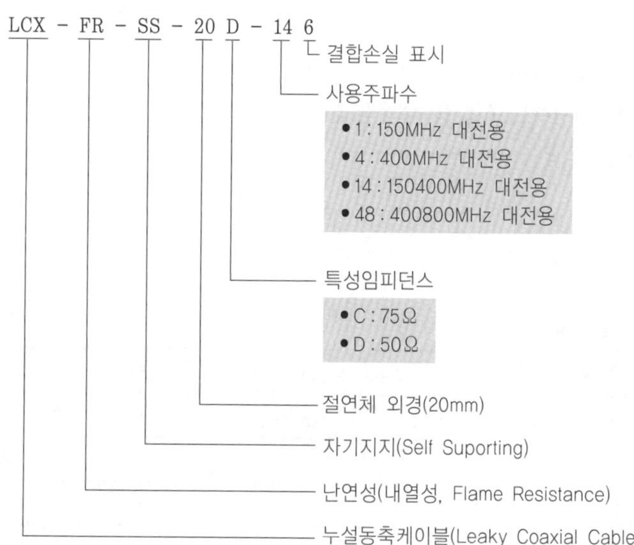

중요

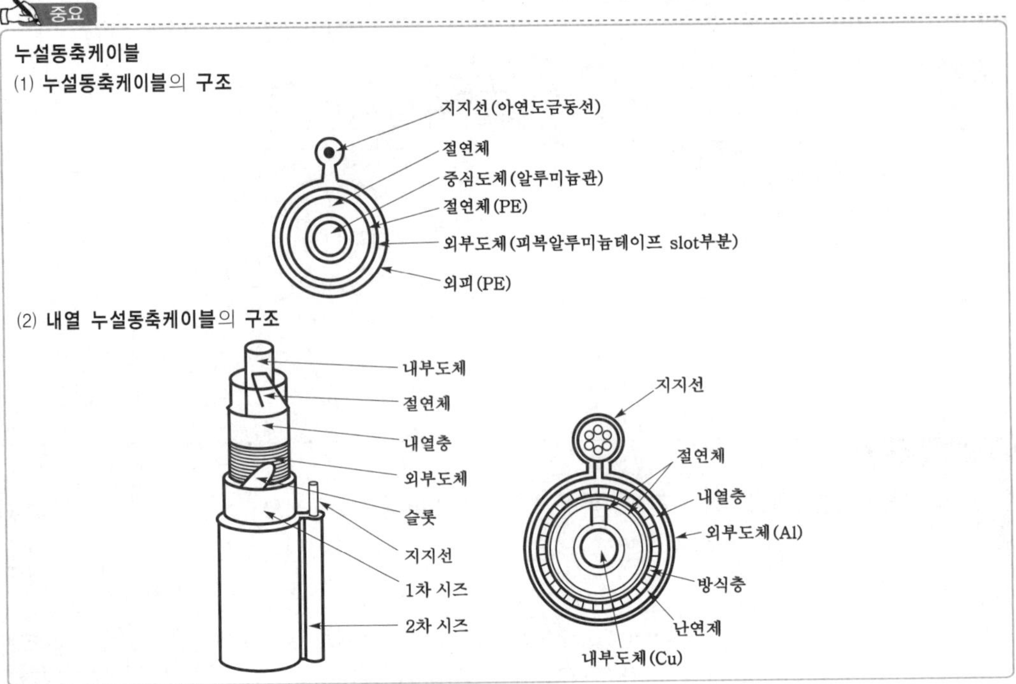

☆☆☆

 문제 17

연축전지가 여러 개 설치되어 그 정격용량이 200Ah인 축전지설비가 있다. 상시부하가 8kW이고, 표준전압이 100V라고 할 때 다음 각 물음에 답하시오. (단, 축전지의 방전율은 10시간율로 한다.)

(16.6.문7, 16.4.문15, 14.11.문8, 12.11.문3, 11.11.문8, 11.5.문7, 08.11.문8, 02.7.문9)

득점	배점
	6

(가) 연축전지는 몇 셀 정도 필요한가?
- ○ 계산과정 :
- ○ 답 :

(나) 충전시에 발생하는 가스의 종류는?

(다) 충전이 부족할 때 극판에 발생하는 현상을 무엇이라고 하는가?

해답 (가) ○ 계산과정 : $\frac{100}{2} = 50$셀

○ 답 : 50셀

(나) 수소가스

(다) 설페이션현상

해설 (가) **연축전지**와 **알칼리축전지**의 **비교**

구 분	연축전지	알칼리축전지
공칭전압	2.0V	1.2V
방전종지전압	1.6V	0.96V
기전력	2.05~2.08V	1.32V
공칭용량(방전율)	10Ah(10시간율)	5Ah(5시간율)

기계적 강도	약하다.	강하다.
과충방전에 의한 전기적 강도	약하다.	강하다.
충전시간	길다.	짧다.
종류	클래드식, 페이스트식	소결식, 포켓식
수명	5~15년	15~20년

중요

공칭전압의 **단위**는 V로도 나타낼 수 있지만 좀 더 정확히 표현하자면 **V/cell**이다.

위 표에서 **연축전지**의 1셀의 전압(공칭전압)은 **2.0V**이므로

$\frac{100V}{2V} = 50V/cell = 50$셀(cell)

(나) **연축전지**(lead-acid battery)의 종류에는 **클래드식**(CS형)과 **페이스트식**(HS형)이 있으며 충전시에는 **수소가스**(H_2)가 발생하므로 반드시 **환기**를 시켜야 한다. 충 · 방전시의 화학반응식은 다음과 같다.

① 양극판 : $PbO_2 + H_2SO_4 \underset{충전}{\overset{방전}{\rightleftarrows}} PbSO_4 + H_2O + O$

② 음극판 : $Pb + H_2SO_4 \underset{충전}{\overset{방전}{\rightleftarrows}} PbSO_4 + H_2$

(다) **설페이션**(sulfation)**현상**

충전이 부족할 때 축전지의 극판에 **백색 황산연**이 생기는 현상

용어

회복충전방식

축전지의 과방전 및 방치상태, 가벼운 **설페이션현상** 등이 생겼을 때 기능회복을 위하여 실시하는 충전방식

중요

축전지의 **원인**

축전지의 **과충전 원인**	**축전지**의 **충전불량 원인**	**축전지**의 **설페이션 원인**
① 충전전압이 높을 때 ② 전해액의 비중이 높을 때 ③ 전해액의 온도가 높을 때	① 극판에 설페이션현상이 발생하였을 때 ② 축전지를 장기간 방치하였을 때 ③ 충전회로가 접지되었을 때	① 과방전하였을 때 ② 극판이 노출되어 있을 때 ③ 극판이 단락되었을 때 ④ 불충분한 충 · 방전을 반복하였을 때 ⑤ 전해액의 비중이 너무 높거나 낮을 때

☆☆☆

문제 18

P형 수신기와 감지기와의 배선회로에서 P형 수신기 종단저항은 20kΩ, 감시전류는 1.17mA, 릴레이 저항은 500Ω, DC 24V일 때 감지기가 동작할 때의 전류(동작전류)는 몇 mA인가?

(18.11.문5, 16.4.문9, 15.7.문10, 14.4.문10, 12.11.문17, 12.4.문9, 11.5.문2, 07.4.문5, 06.4.문15)

○ 계산과정 :

○ 답 :

득점	배점
	5

○ 계산과정 : 배선저항 $= \frac{24}{1.17 \times 10^{-3}} - 20000 - 500 \fallingdotseq 12.82\Omega$

동작전류 $= \frac{24}{500 + 12.82} = 0.0468A = 46.8mA$

○ 답 : 46.8mA

해설 (1) **주어진 값**

- 종단저항 : 20kΩ=20000Ω(1kΩ=1000Ω)
- 감시전류 : 1.17mA=1.17×10^{-3}A(1mA=10^{-3}A)
- 릴레이저항 : 500Ω
- 회로전압 : 24V

(2) **감시전류**

$$감시전류 = \frac{회로전압}{종단저항 + 릴레이저항 + 배선저항}$$ 에서

$$종단저항 + 릴레이저항 + 배선저항 = \frac{회로전압}{감시전류}$$

$$배선저항 = \frac{회로전압}{감시전류} - 종단저항 - 릴레이저항$$

$$= \frac{24\text{V}}{1.17\times10^{-3}\text{A}} - 20000\,\Omega - 500\,\Omega \fallingdotseq 12.82\,\Omega$$

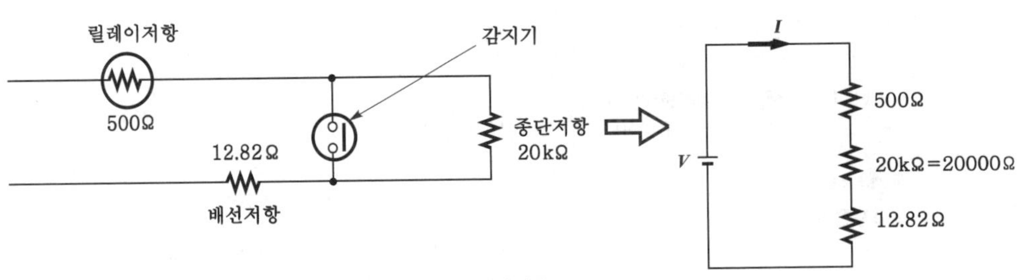

| 감시전류 |

(3) **동작전류**

$$동작전류 = \frac{회로전압}{릴레이저항 + 배선저항}$$

$$= \frac{24\text{V}}{500\,\Omega + 12.82\,\Omega} = 0.0468\text{A} = 46.8\text{mA}$$ (1A=1000mA)

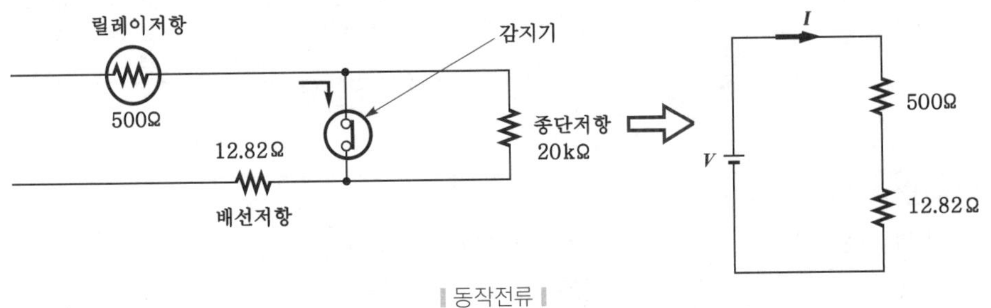

| 동작전류 |

가장 잘 견디는 사람이 무엇이든지 잘 할 수 있는 사람이다.

- 밀턴 -

2020. 7. 25 시행

2020년 기사 제2회 필답형 실기시험

자격종목	시험시간	형별	수험번호	성명	감독위원 확인
소방설비기사(전기분야)	3시간				

※ 다음 물음에 답을 해당 답란에 답하시오.(배점 : 100)

☆☆☆

문제 01

다음은 중계기의 설치기준이다. ( ) 안에 알맞은 내용을 쓰시오. (11.11.문2)

- 수신기에서 직접 감지기회로의 (①)을 하지 않는 것에 있어서는 수신기와 감지기 사이에 설치할 것
- 수신기에 따라 감시되지 않는 배선을 통하여 전력을 공급받는 것에 있어서는 전원입력측의 배선에 (②)를 설치하고 해당 전원의 정전이 즉시 수신기에 표시되는 것으로 하며, (③) 및 (④)의 시험을 할 수 있도록 할 것

득점	배점
	6

유사문제부터 풀어보세요. 실력이 팍!팍! 올라갑니다.

해답 ① 도통시험 ② 과전류차단기 ③ 상용전원 ④ 예비전원

해설

③, ④는 답을 서로 바꿔써도 맞지만 '**화재안전기준**'에 대한 질문은 기준 그대로 답하는 것이 좋으므로 ③ 상용전원, ④ 예비전원으로 답할 것을 권장함

중계기의 **설치기준**(NFPC 203 6조, NFTC 203 2.3.1)

(1) **수신기**에서 직접 감지기회로의 **도통시험**을 하지 않는 것에 있어서는 **수신기**와 **감지기** 사이에 설치할 것
(2) **조작** 및 **점검**이 편리하고 화재 및 침수 등의 재해로 인한 피해를 받을 우려가 없는 장소에 설치할 것
(3) 수신기에 따라 감시되지 않는 배선을 통하여 전력을 공급받는 것에 있어서는 **전원입력측**의 배선에 **과전류차단기**를 설치하고 해당 전원의 정전이 즉시 수신기에 표시되는 것으로 하며, **상용전원** 및 **예비전원**의 시험을 할 수 있도록 할 것

중요

과전류차단기와 **배선용 차단기**

구 분	과전류차단기	배선용 차단기
기능	• 사고전류 차단	• 부하전류 개폐 • 사고전류 차단
특징	• 재사용 불가능	• 재사용 가능

비교

중계기의 **설치장소**

집합형	분산형
• EPS실(전력시스템실) 전용	• **소화전함** 및 단독 **발신기세트** 내부 • 댐퍼 수동조작함 내부 및 조작스위치함 내부 • 스프링클러 접속박스 내 및 SVP 판넬 내부 • 셔터, 배연창, 제연스크린, 연동제어기 내부 • **할론 패키지** 또는 판넬 내부 • 방화문 중계기는 근접 댐퍼 수동조작함 내부

☆☆☆

문제 02

논리식 $Y=(A \cdot B \cdot C)+(A \cdot \overline{B} \cdot \overline{C})$를 릴레이회로(유접점회로)와 논리회로(무접점회로)로 바꾸어 그리고 진리표를 완성하시오. (17.6.문14, 15.7.문3, 14.4.문18, 10.4.문14)

득점	배점
	9

A	B	C	Y
0	0	0	
0	0	1	
0	1	0	
1	0	0	
1	1	0	
1	0	1	
0	1	1	
1	1	1	

해답 (1) 릴레이회로(유접점회로)

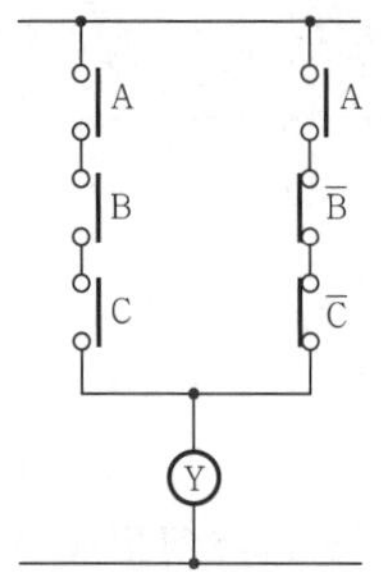

(2) 논리회로(무접점회로)

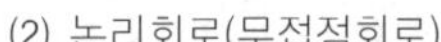
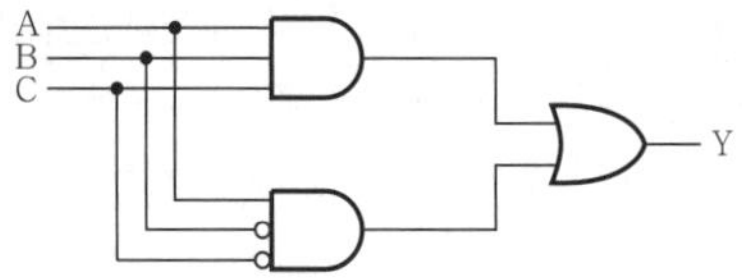

(3) 진리표

A	B	C	Y
0	0	0	0
0	0	1	0
0	1	0	0
1	0	0	1
1	1	0	0
1	0	1	0
0	1	1	0
1	1	1	1

해설 (1) **릴레이회로**(유접점회로)

① 문제의 논리식은 불대수로 더 이상 간소화되지 않는다.

② 릴레이회로(유접점회로)는 다음과 같이 그려도 **정답**이다.

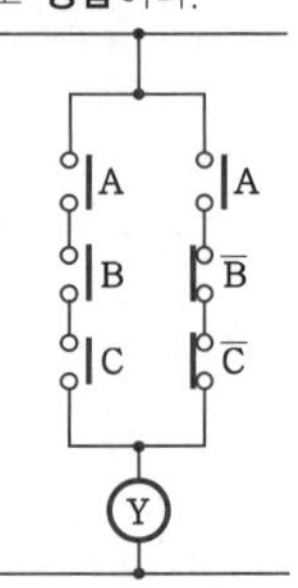

(2) **논리회로**(무접점회로)

논리회로(무접점회로)에서 'Y'도 꼭 써야 정답이다.

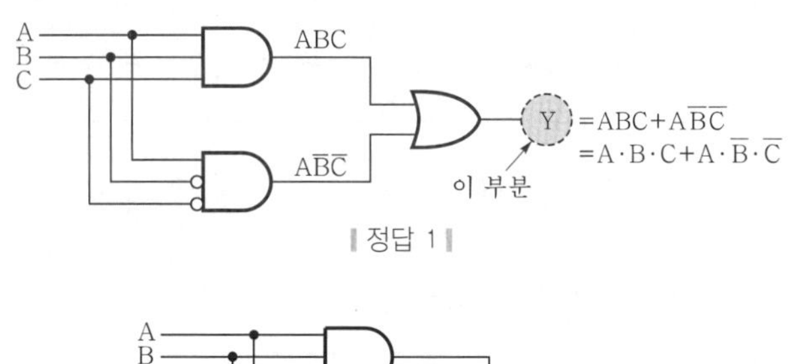

‖ 정답 1 ‖

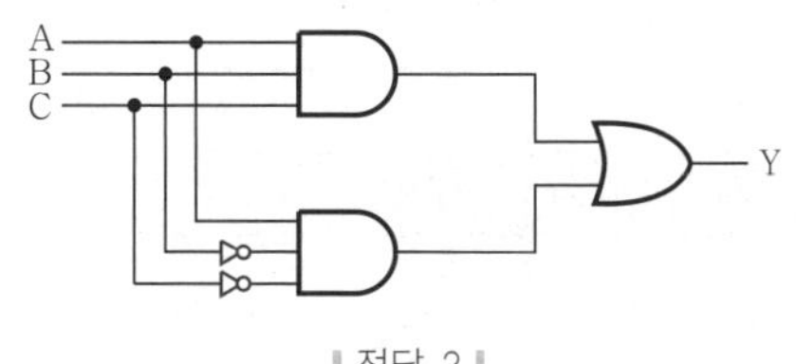

‖ 정답 2 ‖

중요

시퀀스회로와 **논리회로**의 관계

회 로	시퀀스회로	논리식	논리회로
직렬회로		$Z=A\cdot B$ $Z=AB$	
병렬회로		$Z=A+B$	
a접점		$Z=A$	
b접점		$Z=\overline{A}$	

(3) **진리표**

$$Y=ABC+A\overline{B}\overline{C}$$

$Y=ABC+A\overline{B}\overline{C}$
(1 1 1) (1 0 0)

111, 100일 때만 $\mathbf{Y=1}$이, 나머지는 0이 된다.

- 기호 위에 −가 없으면 1, −가 있으면 0

‖ 진리표 ‖

A	B	C	Y
0	0	0	0
0	0	1	0
0	1	0	0
1	0	0	1
1	1	0	0
1	0	1	0
0	1	1	0
1	1	1	1

☆ **문제 03**

그림은 배선용 차단기의 심벌이다. 각 기호가 의미하는 바를 쓰시오. (10.10.문18)

득점	배점
	5

[B] 3P ← (가)
225AF ← (나)
150A ← (다)

해답 (가) 극수 : 3극
(나) 프레임의 크기 : 225A
(다) 정격전류 : 150A

해설 **개폐기 및 차단기**

명 칭	그림기호	적 요
개폐기	[S]	• [S] 2P30A ← 극수 및 정격전류 f15A ← 퓨즈 정격전류 • 전류계붙이 : (S) 3P 30A ← 극수 및 정격전류 f15A ← 퓨즈 정격전류 A5 ← 전류계의 정격전류
배선용 차단기	[B]	• [B] 3P ← 극수 225AF ← 프레임의 크기 150A ← 정격전류 • 모터브레이커를 표시하는 경우 : [B̸]
누전차단기	[E]	• [E] 2P ← 극수 30AF ← 프레임의 크기 15A ← 정격전류 30mA ← 정격감도전류 • [E] 2P ← 극수 15A ← 정격전류 30mA ← 정격감도전류 • 과전류 소자붙이 : [BE]

☆☆☆
문제 04

40W 중형 피난구유도등이 AC 220V 전원에 연결되어 있다. 전원에 연결된 유도등은 10개이며 유도등의 역률은 60%이다. 공급전류〔A〕를 구하시오. (단, 유도등의 배터리 충전전류는 무시하며 전원공급방식은 단상 2선식이다.) (19.4.문10, 17.11.문14, 16.6.문12, 13.4.문8, 12.4.문8)

○ 계산과정 :

○ 답 :

득점	배점
	3

해답 ○ 계산과정 : $\dfrac{40\times10}{220\times0.6} \fallingdotseq 3.03\text{A}$

○ 답 : 3.03A

해설 (1) **기호**

- P : 40W×10개
- V : 220V
- $\cos\theta$: 60%=0.6
- I : ?

(2) **유도등**은 **단상 2선식**이므로

$$P=VI\cos\theta\eta$$

여기서, P : 전력〔W〕
V : 전압〔V〕
I : 전류〔A〕
$\cos\theta$: 역률
η : 효율

전류 I는

$$I=\frac{P}{V\cos\theta\eta}=\frac{40\text{W}\times10\text{개}}{220\text{V}\times0.6}\fallingdotseq 3.03\text{A}$$

- **효율**(η) : 주어지지 않았으므로 **무시**

중요

방 식	공 식	적용설비
단상 2선식	$P=VI\cos\theta\eta$ 여기서, P : 전력〔W〕 V : 전압〔V〕 I : 전류〔A〕 $\cos\theta$: 역률 η : 효율	• 기타설비 : 유도등 · 비상조명등 · 솔레노이드밸브 · 감지기 등
3상 3선식	$P=\sqrt{3}\,VI\cos\theta\eta$ 여기서, P : 전력〔W〕 V : 전압〔V〕 I : 전류〔A〕 $\cos\theta$: 역률 η : 효율	• 소방펌프 • 제연팬

☆☆☆
문제 05

옥내소화전설비의 비상전원에 대한 다음 물음에 답하시오. (19.4.문7 · 9, 17.6.문5, 13.7.문16, 08.11.문1)

득점	배점
	6

○ 옥내소화전설비에 비상전원을 설치하여야 하는 경우이다. ( ) 안에 알맞은 내용을 쓰시오.

① 층수가 7층으로서 연면적이 (㉮)m^2 이상인 것

② '①'에 해당하지 않는 경우로서 지하층의 바닥면적의 합계가 (㉯)m^2 이상인 것

○ 다음은 옥내소화전설비 비상전원의 설치기준에 대한 사항이다. ( ) 안에 알맞은 내용을 쓰시오.

① 옥내소화전설비를 유효하게 (㉰)분 이상 작동할 수 있어야 할 것

② 상용전원으로부터 전력의 공급이 중단된 때에는 (㉱)으로 비상전원으로부터 전력을 공급받을 수 있도록 할 것

③ 비상전원(내연기관의 기동 및 제어용 축전기 제외)의 설치장소는 다른 장소와 (㉲)할 것. 이 경우 그 장소에는 비상전원의 공급에 필요한 기구나 설비 외의 것(열병합발전설비에 필요한 기구나 설비 제외)을 두어서는 아니 된다.

④ 비상전원을 실내에 설치하는 때에는 그 실내에 (㉳)을 설치할 것

해답 ㉮ 2000 ㉯ 3000 ㉰ 20 ㉱ 자동 ㉲ 방화구획 ㉳ 비상조명등

해설 (1) **옥내소화전설비**의 **비상전원 설치대상**(NFPC 102 8조, NFTC 102 2.5.2)

2 이상의 **변전소**에서 **전력**을 **동시**에 **공급**받을 수 있거나 하나의 변전소로부터 전력의 공급이 중단되는 때에는 자동으로 다른 변전소로부터 전원을 공급받을 수 있도록 **상용전원**을 설치한 경우와 **가압수조방식**에는 비상전원 설치제외

① 층수가 **7층** 이상으로서 연면적이 **2000**m^2 이상인 것

② ①에 해당하지 않는 특정소방대상물로서 지하층의 바닥면적의 합계가 **3000**m^2 이상인 것

(2) **옥내소화전설비**의 **비상전원**의 **설치기준**(NFPC 102 8조, NFTC 102 2.5.3)

① **점검**에 편리하고 화재 및 침수 등의 재해로 인한 피해를 받을 우려가 없는 곳에 설치

② 옥내소화전설비를 유효하게 **20분** 이상 작동할 수 있을 것

③ 상용전원으로부터 전력의 공급이 중단된 때에는 자동으로 비상전원으로부터 전력을 공급받을 수 있을 것

④ 비상전원의 설치장소는 다른 장소와 **방화구획**하여야 하며, 그 장소에는 비상전원의 공급에 필요한 기구나 설비 외의 것을 두지 말 것(단, **열병합발전설비**에 필요한 기구나 설비 제외)

⑤ 비상전원을 실내에 설치하는 때에는 그 실내에 **비상조명등** 설치

중요

각 **설비**의 **비상전원 종류 · 용량**

설 비	비상전원	비상전원 용량
• 자동화재**탐**지설비	• **축**전지설비 • 전기저장장치	• **10분** 이상(30층 미만) • **30분** 이상(30층 이상)
• 비상**방**송설비	• 축전지설비 • 전기저장장치	
• 비상**경**보설비	• 축전지설비 • 전기저장장치	• **10분** 이상
• **유**도등	• 축전지	• **20분** 이상 ※ 예외규정 : **60분** 이상 (1) **11층** 이상(지하층 제외) (2) 지하층 · 무창층으로서 **도매시장 · 소매시장 · 여객자동차터미널 · 지하철역사 · 지하상가**
• **무**선통신보조설비	명시하지 않음	• **30분** 이상 기억법 **탐경유방무축**

• 비상콘센트설비	• 자가발전설비 • 축전지설비 • 비상전원수전설비 • 전기저장장치	• **20분** 이상
• **스**프링클러설비 • **미**분무소화설비	• **자**가발전설비 • **축**전지설비 • **전**기저장장치 • 비상전원**수**전설비(차고 · 주차장으로서 스프링클러설비(또는 미분무소화설비)가 설치된 부분의 바닥면적 합계가 1000m^2 미만인 경우)	• **20분** 이상(30층 미만) • **40분** 이상(30~49층 이하) • **60분** 이상(50층 이상) 기억법 **스미자 수전축**
• 포소화설비	• 자가발전설비 • 축전지설비 • 전기저장장치 • 비상전원수전설비 – 호스릴포소화설비 또는 포소화전만을 설치한 차고 · 주차장 – 포헤드설비 또는 고정포방출설비가 설치된 부분의 바닥면적(스프링클러설비가 설치된 차고 · 주차장의 바닥면적 포함)의 합계가 1000m^2 미만인 것	• **20분** 이상
• **간**이스프링클러설비	• 비상전원**수**전설비	• **10분**(숙박시설 바닥면적 합계 300~600m^2 미만, 근린생활시설 바닥면적 합계 1000m^2 이상, 복합건축물 연면적 1000m^2 이상은 **20분**) 이상 기억법 **간수**
• 옥내소화전설비 • 연결송수관설비	• 자가발전설비 • 축전지설비 • 전기저장장치	• **20분** 이상(30층 미만) • **40분** 이상(30~49층 이하) • **60분** 이상(50층 이상)
• 제연설비 • 분말소화설비 • 이산화탄소 소화설비 • 물분무소화설비 • 할론소화설비 • 할로겐화합물 및 불활성기체 소화설비 • 화재조기진압용 스프링클러설비	• 자가발전설비 • 축전지설비 • 전기저장장치	• **20분** 이상
• 비상조명등	• 자가발전설비 • 축전지설비 • 전기저장장치	• **20분** 이상 ※ 예외규정 : **60분** 이상 (1) **11층** 이상(지하층 제외) (2) 지하층 · 무창층으로서 **도매시장 · 소매시장 · 여객자동차터미널 · 지하철역사 · 지하상가**
• 시각경보장치	• 축전지설비 • 전기저장장치	명시하지 않음

☆☆☆

문제 06

예비전원설비에 대한 다음 각 물음에 답하시오. (19.4.문11, 15.7.문6, 15.4.문14, 12.7.문6, 10.4.문9, 08.7.문8)

득점	배점
	6

(가) 부동충전방식에 대한 회로(개략도)를 그리시오.

(나) 축전지의 과방전 또는 방치상태에서 기능회복을 위하여 실시하는 충전방식은 무엇인지 쓰시오.

(다) 연축전지의 정격용량은 250Ah이고, 상시부하가 8kW이며 표준전압이 100V인 부동충전방식의 충전기 2차 충전전류는 몇 A인지 구하시오. (단, 축전지의 방전율은 10시간율로 한다.)

○ 계산과정 :

○ 답 :

해답 (가)

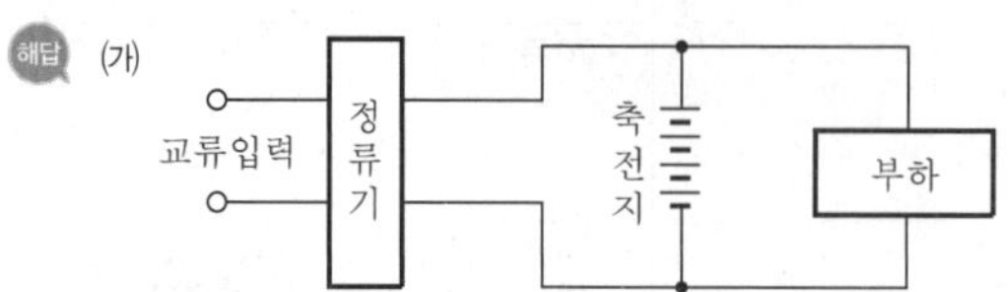

(나) 회복충전방식

(다) ○ 계산과정 : $\frac{250}{10}+\frac{8\times10^3}{100}=105\text{A}$

○ 답 : 105A

해설 (가), (나) 충전방식

구 분	설 명
보통충전방식	필요할 때마다 표준시간율로 충전하는 방식
급속충전방식	보통 충전전류의 **2배**의 **전류**로 충전하는 방식
부동충전방식	① 전지의 자기방전을 보충함과 동시에 상용부하에 대한 전력공급은 충전기가 부담하되, 부담하기 어려운 일시적인 대전류부하는 축전지가 부담하도록 하는 방식으로 **가장 많이 사용**된다. ② 축전지와 부하를 충전기(정류기)에 병렬로 접속하여 충전과 방전을 동시에 행하는 방식이다. ③ 표준부동전압 : **2.15~2.17V** 교류입력 / 정류기 / 축전지 / 부하 ▮부동충전방식▮ • 교류입력=교류전원=교류전압 • 정류기=정류부=충전기(충전지는 아님)
균등충전방식	① 각 축전지의 전위차를 보정하기 위해 1~3개월마다 10~12시간 1회 충전하는 방식이다. ② 균등충전전압 : **2.4~2.5V**
세류충전 (트리클충전) **방식**	**자기방전량**만 항상 **충전**하는 방식
회복충전방식	축전지의 과방전 및 방치상태, 가벼운 설페이션현상 등이 생겼을 때 기능회복을 위하여 실시하는 충전방식 • **설페이션**(sulfation) : 충전이 부족할 때 축전지의 극판에 백색 황색연이 생기는 현상

(다) ① **기호**

- 정격용량 : 250Ah
- 상시부하 : 8kW=8×10^3W
- 표준전압 : 100V
- 공칭용량(축전지의 방전율) : 10시간율=10Ah

② 2차 충전전류$=\frac{\text{축전지의 정격용량}}{\text{축전지의 공칭용량}}+\frac{\text{상시부하}}{\text{표준전압}}$

$$=\frac{250\text{Ah}}{10\text{Ah}}+\frac{8\times10^3\text{W}}{100\text{V}}=105\text{A}$$

 비교

충전기 2차 출력=표준전압×2차 충전전류

중요

연축전지와 **알칼리축전지**의 비교

구 분	연축전지	알칼리축전지
기전력	**2.05~2.08V**	**1.32V**
공칭전압	**2.0V**	**1.2V**
공칭용량	**10Ah**	**5Ah**
충전시간	길다.	짧다.
수명	5~15년	15~20년
종류	클래드식, 페이스트식	소결식, 포켓식

☆☆☆

문제 07

통로유도등의 설치제외장소 2가지를 쓰시오. (17.11.문4, 14.7.문9, 14.4.문13, 12.11.문14)

○

○

득점	배점
	5

해답 ① 길이 30m 미만의 복도 · 통로(구부러지지 않은 복도 · 통로)
② 보행거리 20m 미만의 복도 · 통로(출입구에 피난구유도등이 설치된 복도 · 통로)

해설 **설치제외장소**

(1) **자동화재탐지설비의 감지기 설치제외장소**(NFPC 203 7조 ⑤항, NFTC 203 2.4.5)
① 천장 또는 반자의 높이가 **20m** 이상인 곳(감지기의 부착높이에 따라 적응성이 있는 장소 제외)
② **헛간** 등 외부와 기류가 통하여 화재를 유효하게 감지할 수 없는 장소
③ **목욕실** · 욕조나 샤워시설이 있는 화장실, 기타 이와 유사한 장소
④ **부식성** 가스 체류장소
⑤ **프레스공장** · **주조공장** 등 화재발생의 위험이 적은 장소로서 감지기의 **유지관리**가 어려운 장소
⑥ 고온도 및 저온도로서 감지기의 기능이 정지되기 쉽거나 감지기의 유지관리가 어려운 장소

기억법 **감제헛목 부프주고**

(2) **누전경보기의 수신부 설치제외장소**(NFPC 205 5조, NFTC 205 2.2.2)
① 온도변화가 급격한 장소
② 습도가 높은 장소
③ 가연성의 증기, 가스 등 또는 부식성의 증기, 가스 등의 다량체류장소
④ **대전류회로, 고주파발생회로** 등의 영향을 받을 우려가 있는 장소
⑤ 화약류 제조, 저장, 취급장소

기억법 **온습누가대화(온도 · 습도가 높으면 누가 대화하냐?)**

(3) **피난구유도등의 설치제외장소**(NFPC 303 11조 ①항, NFTC 303 2.8.1)
① 옥내에서 직접 지상으로 통하는 출입구(바닥면적 **1000m^2** 미만 층)
② **대각선 길이**가 **15m** 이내인 구획된 실의 출입구
③ 비상조명등 · 유도표지가 설치된 거실 출입구(거실 각 부분에서 출입구까지의 **보행거리 20m** 이하)
④ 출입구가 **3 이상**인 거실(거실 각 부분에서 출입구까지의 **보행거리 30m** 이하는 주된 출입구 **2개 외**의 출입구)

(4) **통로유도등의 설치제외장소**(NFPC 303 11조 ②항, NFTC 303 2.8.2)
① 길이 **30m** 미만의 복도 · 통로(구부러지지 않은 **복도** · **통로**)
② 보행거리 **20m** 미만의 복도 · 통로(출입구에 **피난구유도등**이 설치된 복도 · 통로)

(5) **객석유도등의 설치제외장소**(NFPC 303 11조 ③항, NFTC 303 2.8.3)
① **채광**이 충분한 객석(**주간**에만 사용)
② **통**로유도등이 설치된 객석(거실 각 부분에서 거실 출입구까지의 **보행거리 20m** 이하)

기억법 **채객보통(채소는 객관적으로 보통이다.)**

(6) **비상조명등의 설치제외장소**(NFPC 304 5조 ①항, NFTC 304 2.2.1)
① 거실 각 부분에서 출입구까지의 **보행거리 15m** 이내
② **공동주택** · **경기장** · **의원** · 의료시설 · **학교 거실**

(7) **휴대용 비상조명등의 설치제외장소**(NFPC 304 5조 ②항, NFTC 304 2.2.2)
① 복도 · 통로 · 창문 등을 통해 **피**난이 용이한 경우(**지상 1층** · **피난층**)
② **숙박시설**로서 복도에 비상조명등을 설치한 경우

기억법 휴피(휴지로 피 닦아!)

☆☆☆
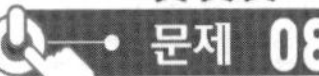
문제 08

길이 18m의 통로에 객석유도등을 설치하려고 한다. 이때 필요한 객석유도등의 수량은 최소 몇 개인지 구하시오. (18.11.문14, 15.4.문12, 05.5.문6)

○ 계산과정 :
○ 답 :

득점	배점
	3

해답 ○ 계산과정 : $\frac{18}{4}-1=3.5 \fallingdotseq 4$개
○ 답 : 4개

해설 $$\text{설치개수}=\frac{\text{객석통로의 직선부분의 길이[m]}}{4}-1$$
$$=\frac{18\text{m}}{4}-1=3.5 \fallingdotseq 4\text{개(절상)}$$

중요

최소 설치개수 산정식
설치개수 산정시 소수가 발생하면 반드시 **절상**한다.

구 분	설치개수
객석유도등	$\text{설치개수}=\frac{\text{객석통로의 직선부분의 길이[m]}}{4}-1$
유도표지	$\text{설치개수}=\frac{\text{구부러진 곳이 없는 부분의 보행거리[m]}}{15}-1$
복도통로유도등, 거실통로유도등	$\text{설치개수}=\frac{\text{구부러진 곳이 없는 부분의 보행거리[m]}}{20}-1$

☆☆☆
문제 09

주요구조부를 내화구조로 한 특정소방대상물에 자동화재탐지설비를 위한 공기관식 차동식 분포형 감지기를 설치하려고 한다. 다음 각 물음에 답하시오. (16.11.문6, 12.4.문12, 08.4.문8)

(가) 공기관의 노출부분은 감지구역마다 몇 m 이상으로 하여야 하는가?
(나) 하나의 검출부분에 접속하는 공기관의 길이는 몇 m 이하로 하여야 하는가?
(다) 공기관과 감지구역의 각 변과의 수평거리는 몇 m 이하이어야 하는가?
(라) 공기관 상호 간의 거리는 몇 m 이하이어야 하는가?
(마) 검출부는 몇 도 이상 경사되지 않도록 설치하여야 하는가?

득점	배점
	8

해답 (가) 20m (나) 100m (다) 1.5m (라) 9m (마) 5도

해설 **공기관식 차동식 분포형 감지기**의 **설치기준**(NFPC 203 7조, NFTC 203 2.4.3.7)

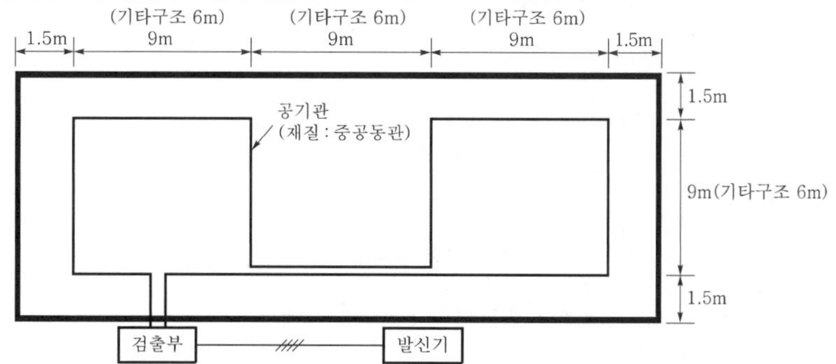

(1) 노출부분은 감지구역마다 **20m** 이상이 되도록 할 것
(2) 각 변과의 수평거리는 **1.5m** 이하가 되도록 하고, 공기관 상호 간의 거리는 **6m**(내화구조는 **9m**) 이하가 되도록 할 것
(3) 공기관(재질 : 중공동관)은 **도중**에서 분기하지 않도록 할 것
(4) 하나의 검출부분에 접속하는 공기관의 길이는 **100m** 이하로 할 것
(5) 검출부는 **5°**(**5도**) 이상 경사되지 않도록 부착할 것

▌경사제한각도▐

차동식 분포형 감지기	스포트형 감지기
5° 이상	**45°** 이상

(6) 검출부는 바닥에서 **0.8~1.5m** 이하의 위치에 설치할 것

☆☆
문제 10

지하 4층, 지상 11층의 건물에 비상콘센트를 설치하려고 한다. 다음 각 물음에 답하시오. (단, 지하 각 층의 바닥면적은 300m^{2}이며, 각 층의 출입구는 1개소이고, 계단에서 가장 먼 부분까지의 수평거리는 20m이다.)

(13.7.문4, 06.11.문13)

득점	배점
	6

(가) 비상콘센트의 설치대상에 관한 사항이다. (　) 안에 알맞은 내용을 쓰시오.

> 지하층의 층수가 (①) 이상이고 지하층의 바닥면적의 합계가 (②)m^2 이상인 것은 지하층의 모든 층

(나) 이 건물에 설치하여야 하는 비상콘센트의 설치개수를 쓰시오.

해답 (가) ① 3층　　② 1000
(나) 5개

해설 (가) **비상콘센트 설치대상**(소방시설법 시행령 [별표 4])
위험물 저장 및 처리 시설 중 **가스시설** 또는 **지하구**는 **제외**한다.

설치대상	조 건
지상층	**11층 이상**
지하 전층	**지하 3층 이상**이고, 지하층 바닥면적 합계가 **1000m^2** 이상
지하가 중 터널	길이 **500m** 이상

(나) ① **수평거리**

구 분	기 기
수평거리 **25m** 이하	① **발**신기 ② **음**향장치(확성기) ③ **비**상콘센트(**지**하상가 · 지하층 바닥면적 합계 **3000m^2** 이상)
수평거리 **50m** 이하	비상콘센트(기타)

기억법 발음2비지(발음이 비슷하지)

지하상가도 아니고 지하층 바닥면적 합계 **3000m²** 이상도 아니므로 수평거리 **50m** 이하마다 비상콘센트 1개씩 설치

한 층당 비상콘센트 설치개수 $=\dfrac{\text{실제 수평거리}}{50\text{m}}=\dfrac{20\text{m}}{50\text{m}}=0.4 \fallingdotseq$ 1개(절상)

지하층의 바닥면적 합계=바닥면적 300m²×지하 4층=1200m²

② ㈎에서 지하 3층 이상이고, 지하층 바닥면적 합계가 1000m² 이상이므로 **지하 전층**에 설치 : **지하 1층**, **지하 2층**, **지하 3층**, **지하 4층**

③ 지상 11층 이상에 설치 : **지상 11층** 설치

④ 지하 1층, 지하 2층, 지하 3층, 지하 4층, 지상 11층 총 5개층에 1개씩 설치되므로
총 설치개수=5개층×1개(한 층당 설치개수)=**5개**

비교

(1) **보행거리**

구 분	기 기
보행거리 **15m** 이하	유도표지
보행거리 **20m** 이하	① 복도**통**로유도등 ② 거실**통**로유도등 ③ 3종 연기감지기
보행거리 **30m** 이하	1·2종 연기감지기

기억법 보통2(보통이 아니네요!)

(2) **수직거리**

구 분	적용대상
수직거리 10m 이하	3종 연기감지기
수직거리 15m 이하	1·2종 연기감지기

☆☆☆

문제 11

자동화재탐지설비의 경계구역의 설정기준이다. (　　) 안에 알맞은 내용을 쓰시오. (13.7.문6)

득점	배점
	6

○ 하나의 경계구역의 면적은 (①)m² 이하로 하고 한 변의 길이는 (②)m 이하로 할 것. 단, 해당 특정소방대상물의 주된 출입구에서 그 내부 전체가 보이는 것에 있어서는 한 변의 길이가 (②)m의 범위 내에서 (③)m² 이하로 할 수 있다.

○ 스프링클러설비·물분무등소화설비 또는 (④)의 화재감지장치로서 화재감지기를 설치한 경우의 경계구역은 해당 소화설비의 방사구역 또는 (⑤)과 동일하게 설정할 수 있다.

해답 ① 600　② 50　③ 1000　④ 제연설비　⑤ 제연구역

해설 **자동화재탐지설비의 경계구역의 설정기준**(NFPC 203 4조, NFTC 203 2.1.1)

(1) 1경계구역이 2개 이상의 **건축물**에 미치지 않을 것

(2) 1경계구역이 2개 이상의 층에 미치지 않을 것(단, 2개층이 **500m²** 이하는 제외)

(3) 1경계구역의 면적은 **600m²**(주출입구에서 내부 전체가 보이는 것은 **1000m²**) 이하로 하고, 1변의 길이는 50m 이하로 할 것

(4) **스프링클러설비·물분무등소화설비** 또는 **제연설비**의 화재감지장치로서 화재감지기를 설치한 경우의 경계구역은 해당 소화설비의 **방사구역** 또는 **제연구역**과 동일하게 설정할 수 있다.

☆☆☆ 문제 12

그림은 Y-△ 시동제어회로의 미완성 도면이다. 이 도면과 주어진 조건을 이용하여 다음 각 물음에 답하시오. (17.4.문12, 15.11.문2, 14.4.문1, 13.4.문6, 12.7.문9, 08.7.문14, 00.11.문10)

득점	배점
	6

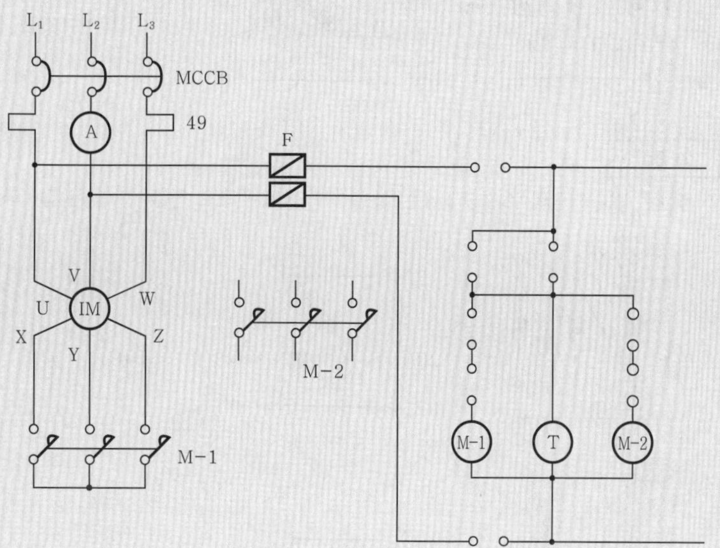

〔조건〕

- Ⓐ : 전류계
- ⓅⓁ : 표시등
- Ⓣ : 스타델타타이머
- M-1 : 전자접촉기(Y)
- M-2 : 전자접촉기(△)

(가) Y-△ 운전이 가능하도록 주회로부분을 미완성 도면에 완성하시오.

(나) Y-△ 운전이 가능하도록 보조회로(제어회로)부분을 미완성 도면에 완성하시오.

(다) MCCB를 투입하면 표시등 ⓅⓁ이 점등되도록 미완성 도면에 회로를 구성하시오.

해답 (가)~(다)

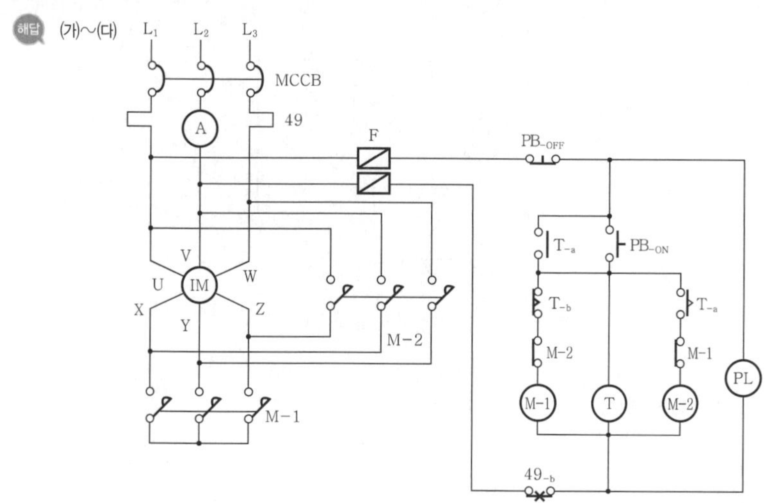

해설 (가) 

Y결선

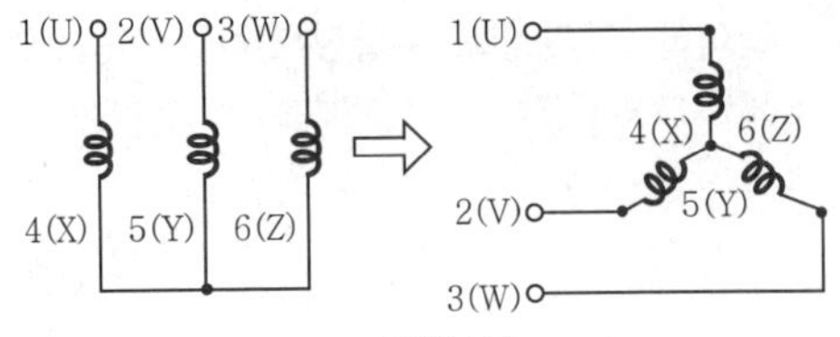

4, 5, 6 또는 X, Y, Z가 모두 연결되도록 함

‖ Y결선 ‖

△결선

△결선은 다음 그림의 △결선 1 또는 △결선 2 어느 것으로 연결해도 옳은 답이다.

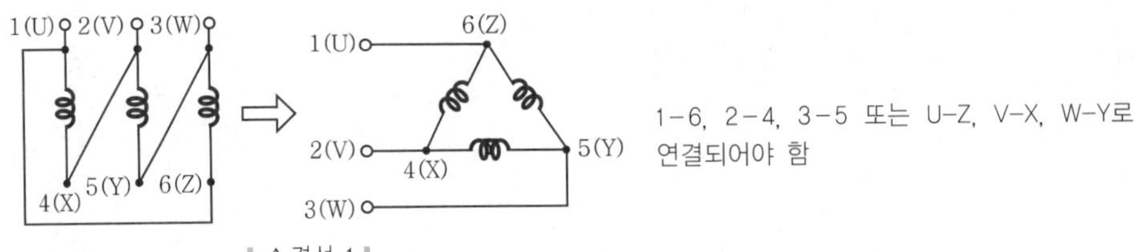

‖ △결선 1 ‖

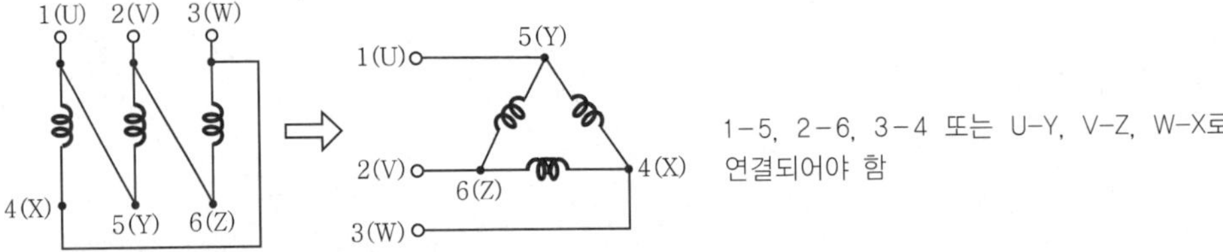

‖ △결선 2 ‖

- 답에는 △결선을 U-Z, V-X, W-Y로 결선한 것을 제시하였다. 다음과 같이 △결선을 U-Y, V-Z, W-X로 결선한 도면도 답이 된다.

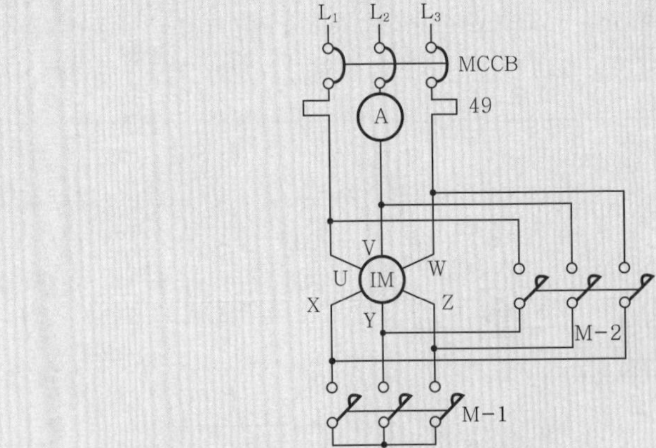

‖ 옳은 도면 ‖

- 보조회로(제어회로) 결선시 열동계전기 b접점은 TH_{-b}로 표기하지 않도록 주의하라!! 열동계전기가 주회로에 49로 표기되어 있으므로 49_{-b}로 표기하는 것이 옳다.

(나), (다) **동작설명**을 보면 **미완성 도면**을 **완성**하기 쉽다.

① 배선용 차단기 MCCB를 투입하면 전원이 공급되고 (PL) 램프가 점등된다.
② 기동용 푸시버튼스위치 PB-ON을 누르면 타이머 (T)는 통전된다.
③ 타이머 (T)의 순시 a접점에 의해 (M-1)이 여자되고 (M-1)의 주접점이 닫혀서 3상 유도전동기 (IM)이 Y결선으로 기동한다.
④ 타이머 (T)의 설정 시간 후 (T)의 한시접점에 의해 (M-1)이 소자되고, (M-2)가 여자된다.
⑤ (M-2)의 주접점이 닫혀서 (IM)이 △결선으로 운전된다.
⑥ (M-1), (M-2)의 인터록 b접점에 의해 (M-1), (M-2)의 전자접촉기와 동시 투입을 방지한다.
⑦ PB-OFF를 누르거나 운전 중 과부하가 걸리면 열동계전기 49-b가 개로되어 (M-1), (T), (M-2)가 소자되고 (IM)은 정지한다.

☆☆

문제 13

차동식 스포트형 감지기는 여러 환경에 따라 감지기의 동작특성이 달라진다. 리크구멍이 축소되었을 경우와 리크구멍이 확대되었을 경우에 나타나는 동작특성에 대하여 쓰시오. (09.4.문6)

○ 리크구멍이 축소되었을 경우 :
○ 리크구멍이 확대되었을 경우 :

득점	배점
	4

해답 ○ 리크구멍이 축소되었을 경우 : 감지기의 동작이 빨라진다.
○ 리크구멍이 확대되었을 경우 : 감지기의 동작이 늦어진다.

해설 **공기관식 차동식 분포형 감지기** 또는 **차동식 스포트형 감지기**

작동개시시간이 허용범위보다 **늦게 되는 경우** (감지기의 동작이 늦어짐)	**작동개시시간**이 허용범위보다 **빨리 되는 경우** (감지기의 동작이 빨라짐)
① 감지기의 **리크저항**(leak resistance)이 **기준치 이하**일 때 ② 검출부 내의 **다이어프램**이 부식되어 표면에 구멍(leak)이 발생하였을 때 ③ **리크구멍**이 **확대**되었을 경우	① 감지기의 **리크저항**(leak resistance)이 **기준치 이상**일 때 ② 감지기의 **리크구멍**이 이물질 등에 의해 막히게 되었을 때 ③ **리크구멍**이 **축소**되었을 경우

• 리크구멍=리크공(孔)=리크홀(leak hole)

☆☆☆

문제 14

유량 2400Lpm, 양정 90m인 스프링클러설비용 펌프 전동기의 용량을 계산하시오. (단, 효율 : 70%, 전달계수 : 1.1) (14.11.문12, 11.7.문4, 06.7.문15)

○ 계산과정 :
○ 답 :

득점	배점
	4

해답 ○ 계산과정 : $\frac{9.8 \times 1.1 \times 90 \times 2.4}{0.7 \times 60} = 55.44\text{kW}$

○ 답 : 55.44kW

해설 (1) **기호**

- Q : 2400Lpm=2.4m³/min=2.4m³/60s(1000L=1m³, 1min=60s)
- H : 90m
- η : 70%=0.7
- K : 1.1
- P : ?

(2) **전동기의 용량** P는

$$P=\frac{9.8KHQ}{\eta t}=\frac{9.8\times1.1\times90\text{m}\times2.4\text{m}^3}{0.7\times60\text{s}}=55.44\text{kW}$$

 중요

(1) **전동기의 용량을 구하는 식**

① 일반적인 설비 : **물** 사용설비

㉠

$$P=\frac{9.8KHQ}{\eta t}$$

여기서, P : 전동기용량〔kW〕

η : 효율

t : 시간〔s〕

K : 여유계수(전달계수)

H : 전양정〔m〕

Q : 양수량(유량)〔m³〕

㉡

$$P=\frac{0.163KHQ}{\eta}$$

여기서, P : 전동기용량〔kW〕

η : 효율

H : 전양정〔m〕

Q : 양수량(유량)〔m³/min〕

K : 여유계수(전달계수)

㉢

$$P=\frac{\gamma HQ}{1000\eta}K$$

여기서, P : 전동기용량〔kW〕

η : 효율

γ : 비중량(물의 비중량 9800N/m³)

H : 전양정〔m〕

Q : 양수량(유량)〔m³/s〕

K : 여유계수

② 제연설비(배연설비) : **공기** 또는 **기류** 사용설비

$$P=\frac{P_T\,Q}{102\times60\eta}K$$

여기서, P : 배연기(전동기) (소요)동력〔kW〕
P_T : 전압(풍압)〔mmAq, mmH_2O〕
Q : 풍량〔m^3/min〕
K : 여유율(여유계수, 전달계수)
η : 효율

주의

제연설비(배연설비)의 전동기 소요동력은 반드시 위의 식을 적용하여야 한다. 주의! 또 주의!

(2) **아주 중요한 단위환산**(꼭! 기억하시라!)
① 1mmAq=$10^{-3}$$mH_2O$=$10^{-3}$m
② 760mmHg=10.332mH_2O=10.332m
③ 1Lpm=$10^{-3}$$m^3$/min
④ 1HP=0.746kW

☆☆☆
문제 15

도면은 어느 사무실 건물의 1층 자동화재탐지설비의 미완성 평면도를 나타낸 것이다. 이 건물은 지상 3층으로 각 층의 평면은 1층과 동일하다고 할 경우 평면도 및 주어진 조건을 이용하여 다음 각 물음에 답하시오. (17.11.문13, 14.4.문17, 02.10.문8)

득점	배점
	9

(가) 도면의 P형 수신기는 최소 몇 회로용을 사용하여야 하는가?
(나) 수신기에서 발신기세트까지의 배선가닥수는 몇 가닥이며, 여기에 사용되는 후강전선관은 몇 mm를 사용하는가?
  ○ 가닥수 :
  ○ 후강전선관(계산과정 및 답) :
(다) 연기감지기를 매입인 것으로 사용한다고 하면 그림기호는 어떻게 표시하는가?
(라) 배관 및 배선을 하여 자동화재탐지설비의 도면을 완성하고 배선가닥수를 표기하도록 하시오.
(마) 간선계통도를 그리고 간선의 가닥수를 표기하시오.

〔조건〕
○ 계통도 작성시 각 층 수동발신기는 1개씩 설치하는 것으로 한다.
○ 계단실의 감지기는 설치를 제외한다.
○ 간선의 사용전선은 HFIX 2.5mm^2이며, 공통선은 발신기공통 1선, 경종표시등공통 1선을 각각 사용한다.
○ 계통도 작성시 선수는 최소로 한다.
○ 전선관공사는 후강전선관으로 콘크리트 내 매입 시공한다.
○ 각 실은 이중천장이 없는 구조이며, 천장에 감지기를 바로 취부한다.
○ 각 실의 바닥에서 천장까지 높이는 2.8m이다.
○ HFIX 2.5mm^2의 피복절연물을 포함한 전선의 단면적은 13mm^2이다.

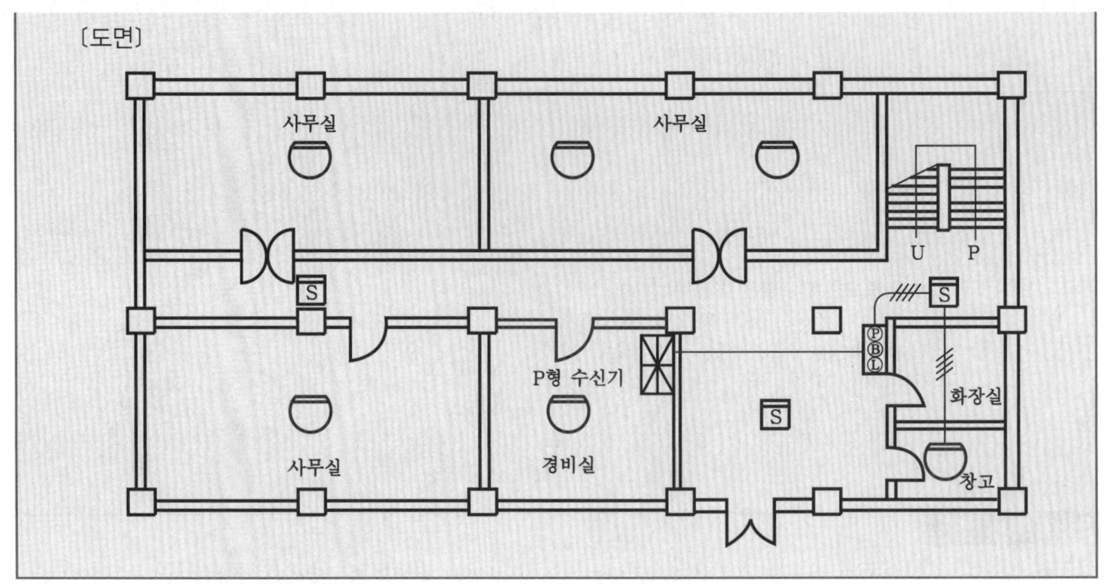

해답 (가) 5회로용

(나) ◦ 가닥수 : 10가닥

◦ 후강전선관(계산과정 및 답) : $\sqrt{13 \times 10 \times \frac{4}{\pi} \times 3} \geq 22.2\text{mm}$

∴ 28mm

(다)

(라)

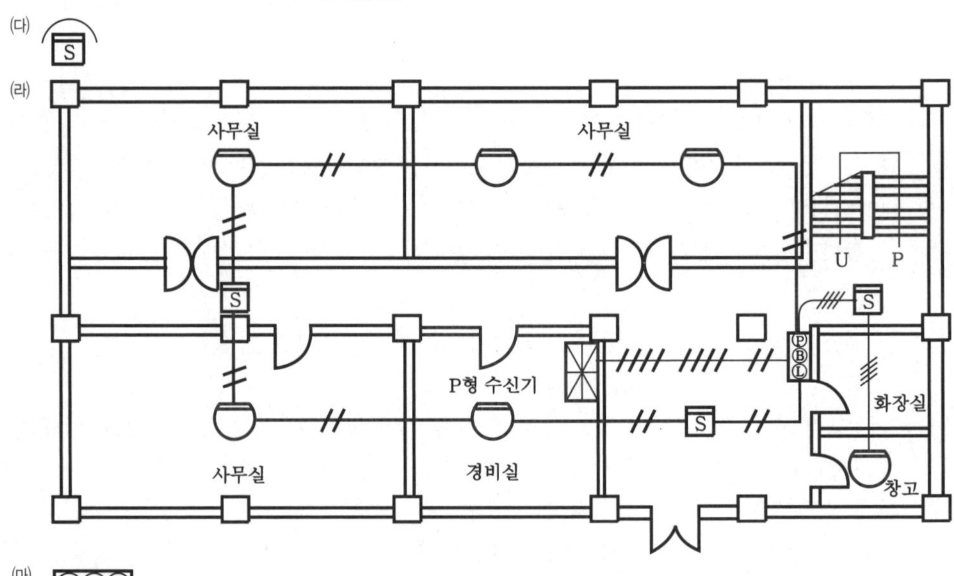

(마)

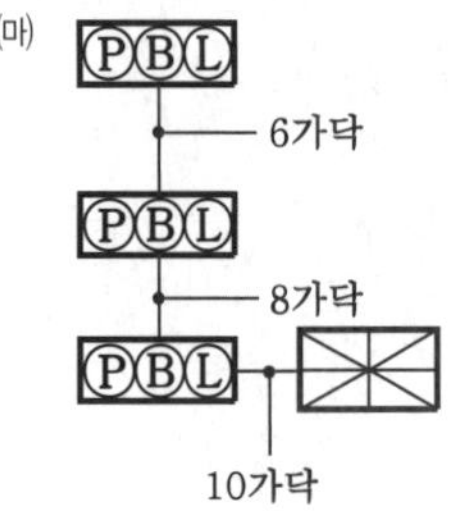

 (가) 각 층이 1회로이므로 지상 3층까지 있으므로 총 3회로이고 P형 수신기는 5회로부터 생산되므로 5회로용이 정답!

(나) ① 지상 3층이므로 **일제경보방식**이고 가닥수를 산정하면 **10가닥**이 된다.

- 수신기~발신기세트 배선내역 : 회로선 3, 발신기공통선 1, 경종선 3, 경종표시등공통선 1, 응답선 1, 표시등선 1

②

〈전선관 굵기 선정〉

- 접지선을 포함한 케이블 또는 절연도체의 내부 단면적(피복절연물 포함)이 **금속관, 합성수지관, 가요전선관 등 전선관 단면적**의 $\frac{1}{3}$을 초과하지 않도록 할 것(KSC IEC/TS 61200-52의 521.6 표준 준용, KEC 핸드북 p.301, p.306, p.313)

2.5mm²가 10가닥이므로 다음과 같이 계산한다.

$$\frac{\pi D^2}{4}\times\frac{1}{3} \geqq \text{전선단면적(피복절연물 포함)}\times\text{가닥수}$$

$$D \geqq \sqrt{\text{전선단면적(피복절연물 포함)}\times\text{가닥수}\times\frac{4}{\pi}\times 3}$$

여기서, D : 후강전선관 굵기(내경)〔mm〕

후강전선관 굵기 D는

$$D \geqq \sqrt{\text{전선단면적(피복절연물 포함)}\times\text{가닥수}\times\frac{4}{\pi}\times 3}$$

$$\geqq \sqrt{13\times 10\times\frac{4}{\pi}\times 3}$$

≧ 22.2mm(∴ 28mm 선정)

- 13mm² : 〔조건〕에서 주어짐
- 10가닥 : (나)의 ①에서 구함

‖ 후강전선관 vs 박강전선관 ‖

구 분	후강전선관	박강전선관
사용장소	• 공장 등의 배관에서 특히 **강도**를 필요로 하는 경우 • **폭발성가스**나 **부식성가스**가 있는 장소	• 일반적인 장소
관의 호칭 표시방법	• **안지름**(내경)의 근사값을 **짝수**로 표시	• **바깥지름**(외경)의 근사값을 **홀수**로 표시
규격	16mm, 22mm, 28mm, 36mm, 42mm, 54mm, 70mm, 82mm, 92mm, 104mm	19mm, 25mm, 31mm, 39mm, 51mm, 63mm, 75mm

(다) 옥내배선기호

명 칭	그림기호	비 고
연기감지기	S	• 점검박스 붙이형 : S • 매입형 : S

정온식 스포트형 감지기		• 방수형 : • 내산형 : • 내알칼리형 : • 방폭형 : EX
차동식 스포트형 감지기		–
보상식 스포트형 감지기		–

(라) 자동화재탐지설비의 감지기회로의 배선은 **송배선식**이므로 루프(loop)된 곳은 2가닥, 기타는 4가닥이 된다.

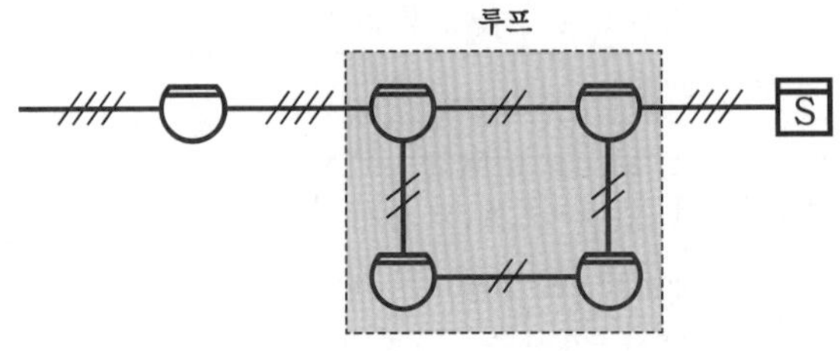

‖ 송배선식 ‖

(마) 계통도 작성시 감지기도 구분하여 표시하는 것이 타당하다. 하지만 이 문제에서는 **'간선계통도'**를 그리라고 하였으므로 **'감지기부분'**까지는 그리지 않아도 된다. **'감지기부분'**을 그렸다고 해서 틀리지는 않는다.

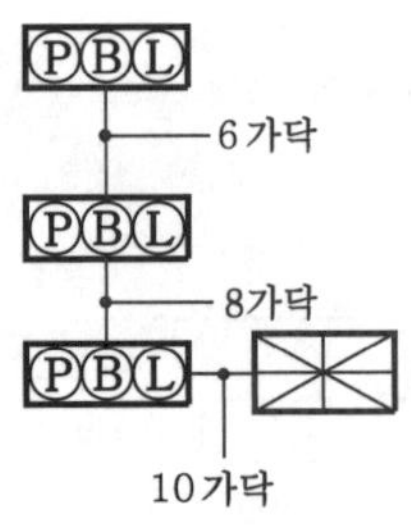

‖ 올바른 간선계통도 ‖

가닥수	전선굵기	배선내역
6가닥	$2.5mm^2$	회로선 1, 발신기공통선 1, 경종선 1, 경종표시등공통선 1, 응답선 1, 표시등선 1
8가닥	$2.5mm^2$	회로선 2, 발신기공통선 1, 경종선 2, 경종표시등공통선 1, 응답선 1, 표시등선 1
10가닥	$2.5mm^2$	회로선 3, 발신기공통선 1, 경종선 3, 경종표시등공통선 1, 응답선 1, 표시등선 1

★★★
문제 16

다음은 자동화재탐지설비의 P형 수신기의 미완성 결선도이다. 결선도를 완성하시오. (단, 발신기에 설치된 단자는 왼쪽으로부터 응답, 지구, 공통이다.) (18.4.문13, 12.7.문15)

득점	배점
	6

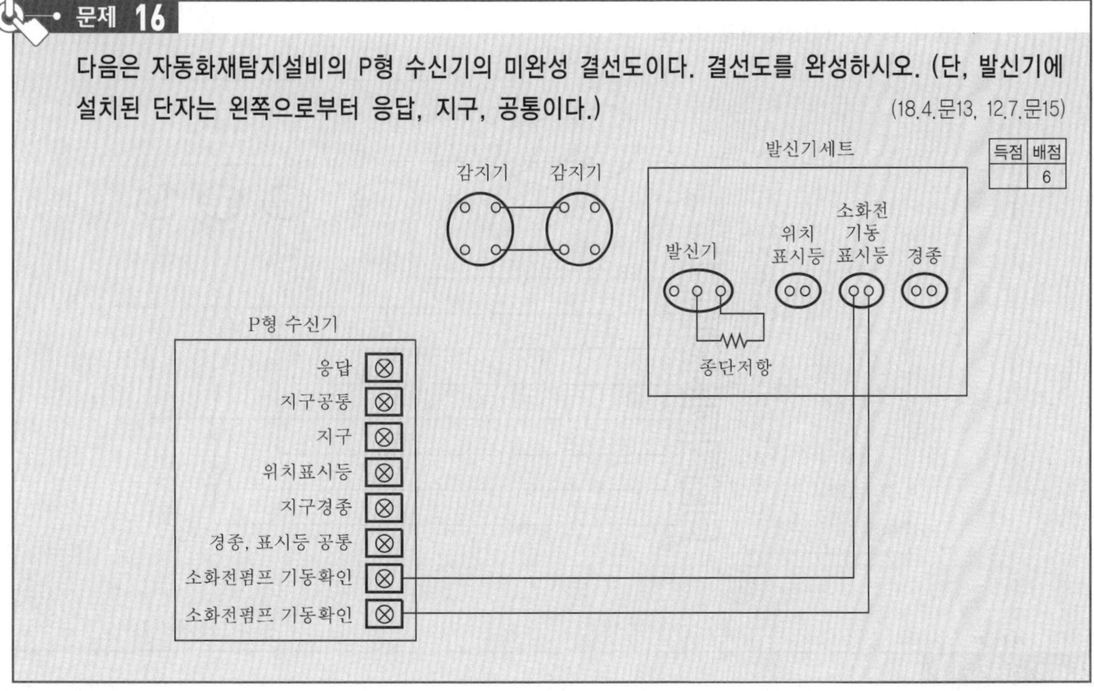

해답

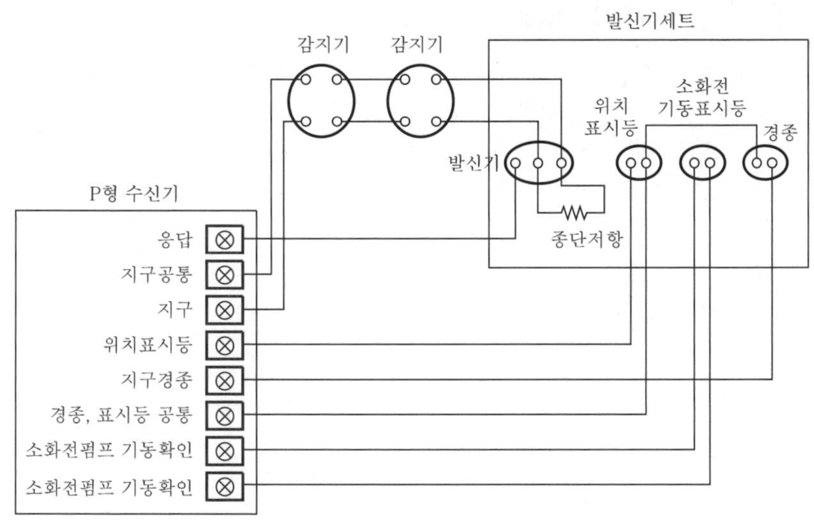

해설

- 일반적으로 **종단저항**은 10kΩ을 사용한다.

비교

종단저항이 감지기 내장형일 때의 결선도

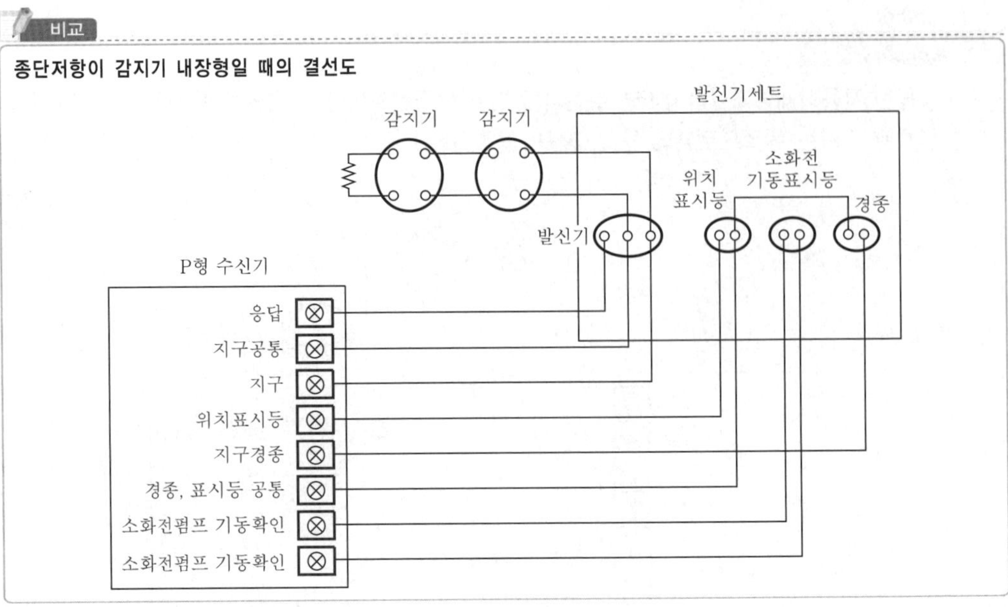

☆☆

문제 17

다음 (   ) 안의 적합한 내용을 답란에 쓰시오. (12.7.문14)

득점	배점
	4

> 자동화재속보설비의 절연된 (㉮)와 외함 간의 절연저항은 직류 500V의 절연저항계로 측정한 값은 (㉯)MΩ 이상이어야 하고 교류입력측과 외함 간에는 (㉰)MΩ 이상이어야 한다. 그리고 절연된 선로 간의 절연저항은 직류 500V의 절연저항계로 측정한 값이 (㉱)MΩ 이상이어야 한다.

㉮
㉯
㉰
㉱

해답 ㉮ 충전부
㉯ 5
㉰ 20
㉱ 20

해설 **속보기**의 **성능인증 10조**

(1) 자동화재속보설비의 절연된 **충전부**와 **외함 간**의 절연저항은 **직류 500V**의 절연저항계로 측정한 값이 **5MΩ**(**교류입력측**과 외함 간에는 **20MΩ**) 이상이어야 한다.
(2) 절연된 선로 간의 절연저항은 직류 **500V**의 절연저항계로 측정한 값이 **20MΩ** 이상이어야 한다.

중요

절연저항시험

절연저항계	절연저항	대 상
직류 250V	0.1MΩ 이상	• 1경계구역의 절연저항
직류 500V	5MΩ 이상	• 누전경보기 • 가스누설경보기 • 수신기 • 자동화재속보설비 • 비상경보설비 • 유도등(교류입력측과 외함 간 포함) • 비상조명등(교류입력측과 외함 간 포함)
	20MΩ 이상	• 경종 • 발신기 • 중계기 • 비상콘센트 • 기기의 절연된 선로 간 • 기기의 충전부와 비충전부 간 • 기기의 교류입력측과 외함 간(유도등 · 비상조명등 제외)
	50MΩ 이상	• 감지기(정온식 감지선형 감지기 제외) • 가스누설경보기(10회로 이상) • 수신기(10회로 이상)
	1000MΩ 이상	• 정온식 감지선형 감지기

☆☆☆

문제 18

전동기가 주파수 50Hz에서 극수 4일 때 회전속도가 1440rpm이다. 주파수를 60Hz로 하면 회전속도는 몇 rpm이 되는가? (단, 슬립은 일정하다.) (11.11.문9, 09.4.문13)

○ 계산과정 :

○ 답 :

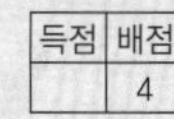

득점	배점
	4

해답 ○ 계산과정 : $s = 1 - \frac{4 \times 1440}{120 \times 50} = 0.04$

$$N_2 = \frac{120 \times 60}{4}(1 - 0.04) = 1728\text{rpm}$$

○ 답 : 1728rpm

해설 (1) **기호**

- f_1 : 50Hz
- P : 4
- N_1 : 1440rpm
- f_2 : 60Hz
- N_2 : ?

(2) **회전속도**

$$N = \frac{120f}{P}(1 - s)$$

여기서, N : 회전속도〔rpm〕
f : 주파수〔Hz〕
P : 극수
s : 슬립

$$N_1 = \frac{120f_1}{P}(1-s)$$

$$\frac{PN_1}{120f_1} = 1-s$$

$$-1+s = -\frac{PN_1}{120f_1}$$

$$s = 1-\frac{PN_1}{120f_1} = 1-\frac{4\times 1440\text{rpm}}{120\times 50\text{Hz}} = 0.04$$

회전속도 $N_2 = \frac{120f_2}{P}(1-s) = \frac{120\times 60\text{Hz}}{4}(1-0.04) = 1728\text{rpm}$

별해

다음과 같이 풀어도 된다.

$$N = \frac{120f}{P}(1-s) \propto f$$ 이므로

비례식으로 풀면

$50 : 60 = 1440 : N'$

$50N' = 60\times 1440$

$$N' = \frac{60\times 1440}{50} = 1728\text{rpm}$$

비교

동기속도

$$N_s = \frac{120f}{P}$$

여기서, N_s : 동기속도〔rpm〕
f : 주파수〔Hz〕
P : 극수

용어

슬립(slip)

유도전동기의 **회전자속도**에 대한 **고정자**가 만든 **회전자계**의 **늦음**의 **정도**를 말하며, 평상운전에서 슬립은 **4~8%** 정도 되며, 슬립이 클수록 회전속도는 느려진다.

 자신감은 당신을 합격으로 이끄는 원동력이 됩니다. 할 수 있습니다. 

2020. 10. 17 시행

▌2020년 기사 제3회 필답형 실기시험▌

자격종목	시험시간	형별	수험번호	성명	감독위원 확 인
소방설비기사(전기분야)	3시간				

※ 다음 물음에 답을 해당 답란에 답하시오.(배점 : 100)

☆☆

문제 01

그림은 습식 스프링클러설비의 전기적 계통도이다. 그림을 보고 답란의 A~E까지의 배선수와 각 배선의 용도를 쓰시오. (단, 배선수는 운전조작상 필요한 최소전선수를 쓰도록 한다.)

(19.6.문13, 08.11.문3, 05.10.문8, 02.4.문3)

득점	배점
	8

유사문제부터 풀어보세요.
실력이 팍!팍! 올라갑니다.

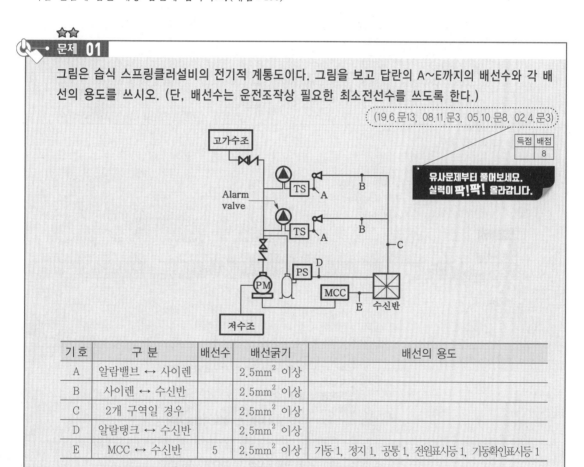

고가수조, TS, A, B, Alarm valve, TS, A, B, C, PS, D, PM, MCC, E, 수신반, 저수조

기호	구 분	배선수	배선굵기	배선의 용도
A	알람밸브 ↔ 사이렌		$2.5mm^2$ 이상	
B	사이렌 ↔ 수신반		$2.5mm^2$ 이상	
C	2개 구역일 경우		$2.5mm^2$ 이상	
D	알람탱크 ↔ 수신반		$2.5mm^2$ 이상	
E	MCC ↔ 수신반	5	$2.5mm^2$ 이상	기동 1, 정지 1, 공통 1, 전원표시등 1, 기동확인표시등 1

해답

기호	구 분	배선수	배선굵기	배선의 용도
A	알람밸브 ↔ 사이렌	3	$2.5mm^2$ 이상	유수검지스위치 1, 공통 1, 탬퍼스위치 1
B	사이렌 ↔ 수신반	4	$2.5mm^2$ 이상	유수검지스위치 1, 사이렌 1, 공통 1, 탬퍼스위치 1
C	2개 구역일 경우	7	$2.5mm^2$ 이상	유수검지스위치 2, 사이렌 2, 공통 1, 탬퍼스위치 2
D	알람탱크 ↔ 수신반	2	$2.5mm^2$ 이상	압력스위치 2
E	MCC ↔ 수신반	5	$2.5mm^2$ 이상	기동 1, 정지 1, 공통 1, 전원표시등 1, 기동확인표시등 1

해설 (1) 문제의 조건에서 **"MCC반의 전원표시등은 생략한다."**고 주어졌다면 이때에는 다음과 같이 E : MCC ↔ 수신반의 가닥수가 반드시 **4가닥(기동 1, 정지 1, 공통 1, 기동확인표시등 1)**이 되어야 한다.

기호	구 분	배선수	배선굵기	배선의 용도
A	알람밸브 ↔ 사이렌	3	$2.5mm^2$ 이상	유수검지스위치 1, 공통 1, 탬퍼스위치 1

B	사이렌 ↔ 수신반	4	2.5mm^2 이상	유수검지스위치 1, 사이렌 1, 공통 1, 탬퍼스위치 1
C	2개 구역일 경우	7	2.5mm^2 이상	유수검지스위치 2, 사이렌 2, 공통 1, 탬퍼스위치 2
D	알람탱크 ↔ 수신반	2	2.5mm^2 이상	압력스위치 2
E	MCC ↔ 수신반	4	2.5mm^2 이상	기동 1, 정지 1, 공통 1, 기동확인표시등 1

- E : 실제 실무에서는 **교류방식**은 4가닥(**기동 2, 확인 2**), **직류방식**도 4가닥(**전원** ⊕ · ⊖, **기동 1, 확인 1**)을 사용한다.
- 탬퍼스위치=밸브개폐감시용 스위치

비교

문제에서 **"밸브개폐감시용 스위치가 부착되어 있지 않다."**는 말이 있다면 배선수는 다음과 같다.

기 호	구 분	배선수	배선굵기	배선의 용도
A	알람밸브 ↔ 사이렌	2	2.5mm^2 이상	유수검지스위치 2
B	사이렌 ↔ 수신반	3	2.5mm^2 이상	유수검지스위치 1, 사이렌 1, 공통 1
C	2개 구역일 경우	5	2.5mm^2 이상	유수검지스위치 2, 사이렌 2, 공통 1
D	알람탱크 ↔ 수신반	2	2.5mm^2 이상	압력스위치 2
E	MCC ↔ 수신반	5	2.5mm^2 이상	기동 1, 정지 1, 공통 1, 전원표시등 1, 기동확인표시등 1

(2) **동일한 용어**

① 기동=기동스위치
② 정지=정지스위치
③ 전원표시등=전원감시등=전원표시
④ 기동확인표시등=기동표시등=기동표시
⑤ 탬퍼스위치=밸브개폐감시용 스위치

중요

작동순서

설 비	작동순서
• 습식 • 건식	① 화재발생 ② 헤드개방 ③ 유수검지장치 작동 ④ 수신반에 신호 ⑤ 밸브개방표시등 점등 및 사이렌 경보
• 준비작동식	① 감지기 A · B 작동 ② 수신반에 신호(**화재표시등** 및 **지구표시등** 점등) ③ **전자밸브** 작동 ④ **준비작동식 밸브** 작동 ⑤ **압력스위치** 작동 ⑥ 수신반에 신호(**기동표시등** 및 **밸브개방표시등** 점등) ⑦ 사이렌 경보
• 일제살수식	① 감지기 A · B 작동 ② 수신반에 신호(**화재표시등** 및 **지구표시등** 점등) ③ **전자밸브** 작동 ④ **델류지밸브** 동작 ⑤ **압력스위치** 작동 ⑥ 수신반에 신호(**기동표시등** 및 **밸브개방표시등** 점등) ⑦ 사이렌 경보
• 할론소화설비 • 이산화탄소 소화설비	① 감지기 A · B 작동 ② 수신반에 신호 ③ **화재표시등, 지구표시등** 점등 ④ **사이렌** 경보 ⑤ 기동용기 솔레노이드 개방 ⑥ 약제 방출 ⑦ **압력스위치** 작동 ⑧ 방출표시등 점등

☆☆☆

문제 02

어떤 건물의 사무실 바닥면적이 700m²이고, 천장높이가 4m로서 내화구조이다. 이 사무실에 차동식 스포트형(2종) 감지기를 설치하려고 한다. 최소 몇 개가 필요한지 구하시오. (17.11.문12, 13.11.문3)

○ 계산과정 :

○ 답 :

득점	배점
	4

해답

○ 계산과정 : $\frac{350}{35}+\frac{350}{35}=20$개

○ 답 : 20개

해설 **감지기 1개**가 담당하는 **바닥면적**(NFPC 203 7조, NFTC 203 2.4.3.9.1)

(단위 : m^2)

부착높이 및 특정소방대상물의 구분		감지기의 종류				
		차동식·보상식 스포트형		정온식 스포트형		
		1종	2종	특 종	1종	2종
4m 미만	내화구조	90	70	70	60	20
	기타구조	50	40	40	30	15
4m 이상 8m 미만	내화구조	45	→ 35	35	30	설치 불가능
	기타구조	30	25	25	15	

기억법
9 7 7 6 2
5 4 4 3 ①
④ ③ ③ 3
3 ② ② ①
※ 동그라미(○) 친 부분은 뒤에 5가 붙음

- [문제조건]이 **4m**, **내화구조**, **차동식 스포트형 2종**이므로 감지기 1개가 담당하는 바닥면적은 **35m²**이다.
- 감지기개수 산정시 1경계구역당 감지기개수를 산정하여야 하므로 $\frac{700m^2}{35m^2}$로 계산하면 틀린다. 600m² 이하로 적용하되 감지기의 개수가 최소가 되도록 감지구역을 설정한다.
- 먼저 $\frac{700m^2}{35m^2}$ 등의 **전체 바닥면적**으로 나누어 보면 **최소 감지기개수**는 쉽게 알 수 있다. 이렇게 최소 감지기개수를 구한 후 **감지구역**을 **조정**하여 감지기의 개수가 최소가 나오도록 하면 되는 것이다.

최소 감지기개수 $=\frac{\text{적용면적}}{35m^2}=\frac{700m^2}{35m^2}=20$개(최소개수)

∴ 최종 감지기개수 $=\frac{350m^2}{35m^2}+\frac{350m^2}{35m^2}=20$개

- 최종답안에서 소수점이 발생하면 절상!

☆☆

문제 03

단상교류 220V인 비상콘센트 플러그접속기의 칼받이의 접지극에 적용하는 접지시스템은 무엇이며 구리를 사용하는 접지도체의 최소단면적은? (12.7.문12, 08.11.문12)

○ 접지시스템 :

○ 단면적 :

득점	배점
	4

해답 ○접지시스템 : 보호접지
○단면적 : 6mm^2

해설 **접지시스템**(접지공사)(KEC 140)

접지 대상	접지시스템 구분	접지시스템 시설 종류	접지도체의 단면적 및 종류
특고압 · 고압 설비	• **계통접지** : 전력계통의 이상현상에 대비하여 대지와 계통을 접지하는 것 • **보호접지** : 감전보호를 목적으로 기기의 한 점 이상을 접지하는 것 • **피뢰시스템 접지** : 뇌격전류를 안전하게 대지로 방류하기 위해 접지하는 것	• 단독접지 • 공통접지 • 통합접지	**6mm^2** 이상 연동선
일반적인 경우			구리 **6mm^2** (철제 **50mm^2**) 이상
변압기		• **변압기 중성점 접지**	**16mm^2** 이상 연동선

용어

비상콘센트설비
화재시 소방대의 **조명용** 또는 소화활동상 필요한 **장비**의 **전원설비**

문제 04

그림은 옥상에 시설된 탱크에 물을 올리는 데 사용되는 양수펌프의 수동 및 자동제어 운전회로도이다. 다음 각 물음에 답하시오. (16.6.문8, 12.4.문17, 08.7.문1)

득점	배점
	7

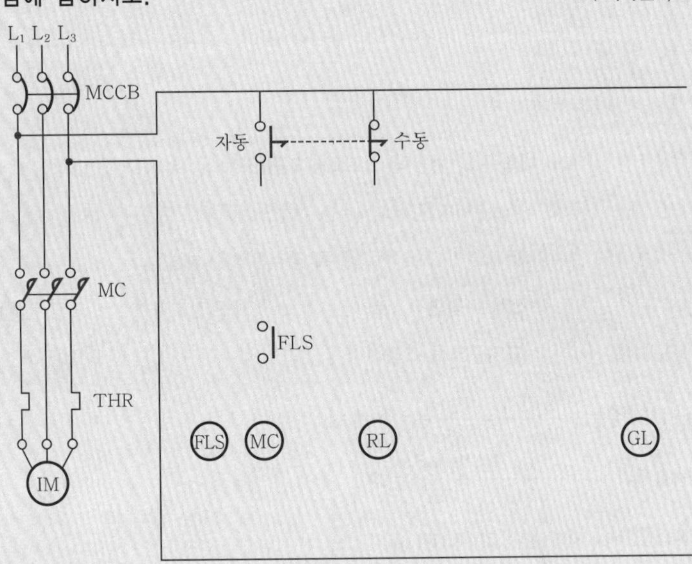

[조건]

① 기계기구
○운전용 누름버튼스위치(on, off) 각 1개
○열동계전기(THR) 1개
○전자접촉기 a접점 1개
○전자접촉기 b접점 1개

② 운전조건
○자동운전과 수동운전이 가능하도록 하여야 한다.

ㅇ자동운전인 경우에는 다음과 같이 동작되도록 한다.
- 저수위가 되면 FLS가 검출하여 전자접촉기가 여자되고 전동기가 운전된다.
- 이때 RL램프도 점등되고 GL램프는 소등된다.

ㅇ수동운전인 경우에는 다음과 같이 동작되도록 한다.
- 운전용 누름버튼스위치에 의하여 전자접촉기가 여자되어 전동기가 운전되도록 한다. 이때 RL램프가 점등되며 GL램프가 소등된다.
- 전동기운전 중 과부하 또는 과열이 발생되면 열동계전기가 동작되어 전동기가 정지되도록 한다. (단, 자동운전시에서도 열동계전기가 동작하면 전동기가 정지하도록 한다.)

(가) 미완성된 회로를 완성하시오.

(나) 다음 약호의 명칭을 쓰시오.
ㅇMCCB :
ㅇTHR :

해답 (가)

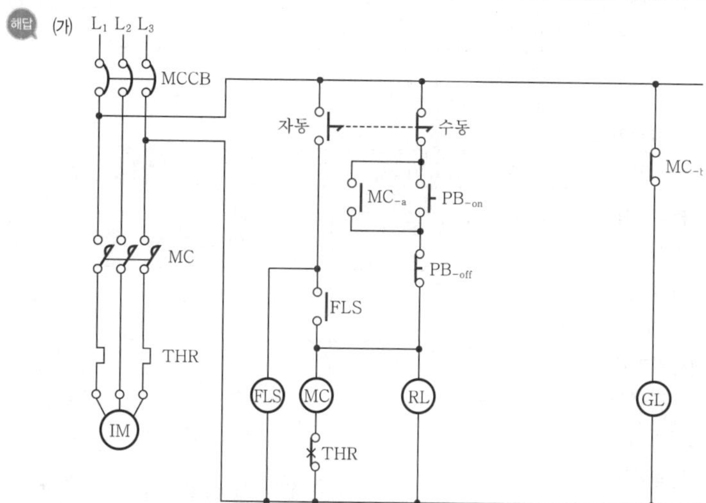

(나) ㅇMCCB : 배선용 차단기
ㅇTHR : 열동계전기

해설 (가) ① ◌ 부분에 **점**을 반드시 찍어야 정답!

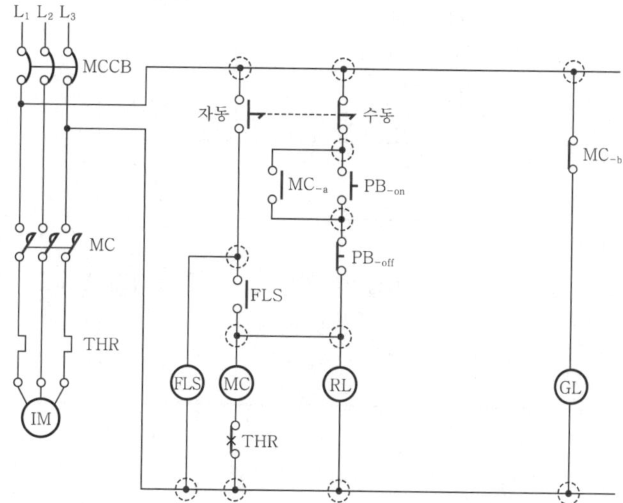

② 다음과 같이 PB-off를 다른 위치로 이동하여도 정답!

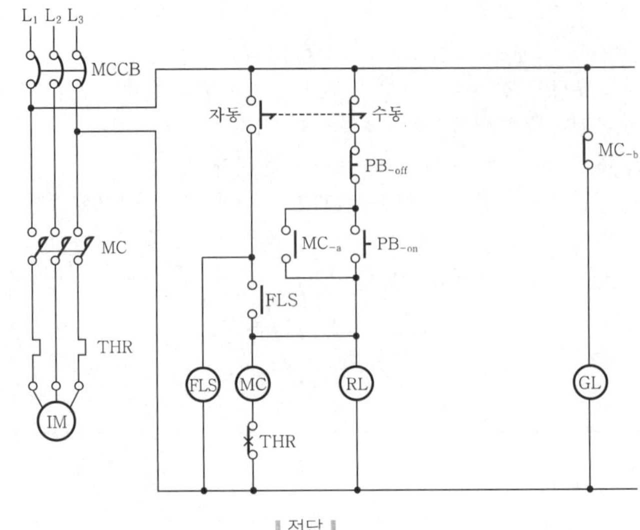

▮ 정답 ▮

(나) **기기**의 **약호, 기능** 및 **그림기호**

명 칭	약 호	기 능	그림기호
누전경보기 (Earth Leakage Detector)	ELD	누설전류를 검출하여 경보	F
누전차단기 (Earth Leakage Breaker)	ELB	누설전류 차단	E
영상변류기 (Zero-phase-sequence Current Transformer)	ZCT	누설전류 검출	
변류기 (Current Transformer)	CT	일반전류 검출	
유입차단기 (Oil Circuit Breaker)	OCB	고전압회로 차단	−
배선용 차단기 (Molded Case Circuit Breaker)	MCCB	과전류 차단	B
열동계전기 (Thermal Relay)	THR	전동기의 과부하 보호	−

☆☆☆

문제 05

높이 20m 이상 되는 곳에 설치할 수 있는 감지기를 2가지 쓰시오. (15.11.문12)

○

○

득점	배점
	4

해답 ① 불꽃감지기

② 광전식(분리형, 공기흡입형) 중 아날로그방식

해설 **감지기**의 **부착높이**(NFPC 203 7조, NFTC 203 2.4.1)

부착높이	감지기의 종류
4m 미만	• 차동식(스포트형, 분포형) • 보상식 스포트형 • 정온식(스포트형, 감지선형) ─ **열**감지기 • 이온화식 또는 광전식(스포트형, 분리형, 공기흡입형) : **연**기감지기 • 열복합형 • 연기복합형 • 열연기복합형 ─ **복**합형 감지기 • **불**꽃감지기 기억법 **열연불복 4미**
4~8m 미만	• 차동식(스포트형, 분포형) • 보상식 스포트형 • **정**온식(스포트형, 감지선형) **특**종 또는 **1**종 ─ **열**감지기 • **이**온화식 **1**종 또는 **2**종 • **광**전식(스포트형, 분리형, 공기흡입형) 1종 또는 2종 ─ 연기감지기 • 열복합형 • 연기복합형 • 열연기복합형 ─ **복**합형 감지기 • **불**꽃감지기 기억법 **8미열 정특1 이광12 복불**
8~15m 미만	• 차동식 **분**포형 • **이**온화식 **1**종 또는 **2**종 • **광**전식(스포트형, 분리형, 공기흡입형) 1종 또는 2종 • **연**기**복**합형 • **불**꽃감지기 기억법 **15분 이광12 연복불**
15~20m 미만	• **이**온화식 1종 • **광**전식(스포트형, 분리형, 공기흡입형) 1종 • **연**기**복**합형 • **불**꽃감지기 기억법 **이광불연복2**
20m 이상	• **불**꽃감지기 • **광**전식(분리형, 공기흡입형) 중 **아**날로그방식 기억법 **불광아**

☆☆ 문제 06

3ϕ 380V, 60Hz, 4P, 50HP의 전동기가 있다. 다음 각 물음에 답하시오. (단, 슬립은 5%이다.)

(14.7.문3, 11.11.문9)

득점	배점
	4

(가) 동기속도는 몇 rpm인가?
 ○ 계산과정 :
 ○ 답 :

(나) 회전속도는 몇 rpm인가?
 ○ 계산과정 :
 ○ 답 :

해답 (가) ○ 계산과정 : $\frac{120 \times 60}{4} = 1800\text{rpm}$

○ 답 : 1800rpm

(나) ○ 계산과정 : $\frac{120 \times 60}{4}(1 - 0.05) = 1710\text{rpm}$

○ 답 : 1710rpm

해설 **기호**

- f : 60Hz
- P : 4극
- N_s : ?
- N : ?
- s : 5%=0.05

(가) **동기속도**

$$N_s = \frac{120f}{P}$$

여기서, N_s : 동기속도[rpm]

f : 주파수[Hz]

P : 극수

$$\therefore\ N_s = \frac{120f}{P} = \frac{120 \times 60\text{Hz}}{4} = 1800\text{rpm}$$

(나) **회전속도**

$$N = \frac{120f}{P}(1-s)$$

여기서, N : 회전속도[rpm]

f : 주파수[Hz]

P : 극수

s : 슬립

$$\therefore\ N = \frac{120f}{P}(1-s) = \frac{120 \times 60\text{Hz}}{4}(1-0.05) = 1710\text{rpm}$$

용어

슬립(slip)

유도전동기의 **회전자속도**에 대한 **고정자**가 만든 **회전자계**의 **늦음**의 **정도**를 말하며, 평상시 운전에서 슬립은 **4~8%** 정도가 되며, 슬립이 클수록 회전속도는 느려진다.

☆

문제 07

휴대용 비상조명등을 설치하여야 하는 특정소방대상물에 대한 사항이다. 소방시설 적용기준으로 알맞은 내용을 (   ) 안에 쓰시오.

(11.7.문9)

득점	배점
	6

○ (㉮)시설

○ 수용인원 (㉯)명 이상의 영화상영관, 판매시설 중 (㉰), 철도 및 도시철도 시설 중 지하역사, 지하가 중 (㉱)

해답 ○㉮ 숙박
○㉯ 100
㉰ 대규모 점포
㉱ 지하상가

해설 **휴대용 비상조명등 vs 비상조명등**(소방시설법 시행령 [별표 4])

휴대용 비상조명등의 설치대상	비상조명등의 설치대상
① **숙박시설** ② 수용인원 **100명** 이상의 **영화상영관**, 판매시설 중 **대규모 점포**, 철도 및 도시철도시설 중 **지하역사**, 지하가 중 **지하상가**	① **지하층**을 **포함**하는 층수가 **5층** 이상인 건축물로서 연면적 **3000m^2** 이상인 것 ② **지하층** 또는 **무창층**의 바닥면적이 **450m^2** 이상인 경우에는 해당층 ③ 지하가 중 터널로서 그 길이가 **500m** 이상인 것

비교

휴대용 비상조명등의 적합기준(NFPC 304 4조, NFTC 304 2.1.2)

설치개수	설치장소
1개 이상	• **숙박시설** 또는 **다중이용업소**에는 객실 또는 영업장 안의 구획된 실마다 잘 보이는 곳(외부에 설치시 출입문 손잡이로부터 **1m 이내** 부분)
3개 이상	• **지하상가** 및 **지하역사**의 **보행거리 25m** 이내마다 • **대규모 점포(백화점 · 대형점 · 쇼핑센터)** 및 **영화상영관의 보행거리 50m** 이내마다

(1) 바닥으로부터 **0.8~1.5m** 이하의 높이에 설치
(2) 어둠 속에서 **위치**를 **확인**할 수 있도록 할 것
(3) 사용시 **자동**으로 **점등**되는 구조
(4) 외함은 **난연성능**이 있을 것
(5) 건전지를 사용하는 경우에는 **방전방지조치**를 하여야 하고, **충전식 배터리**의 경우에는 **상시 충전**되도록 할 것
(6) 건전지 및 충전식 배터리의 용량은 **20분** 이상 유효하게 사용할 수 있는 것으로 할 것

☆☆☆

문제 08

자동화재탐지설비 및 시각경보장치의 화재안전기준에서 배선의 설치기준에 관한 다음 각 물음에 답하시오.

(10.7.문16)

(가) 감지기회로 및 부속회로의 전로와 대지 사이 및 배선 상호 간의 절연저항은 1경계구역마다 직류 250V의 절연저항측정기를 사용하여 측정한 절연저항이 몇 MΩ 이상이 되도록 하여야 하는가?

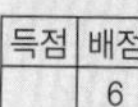

득점	배점
	6

○

(나) 피(P)형 수신기 및 지피(G.P.)형 수신기의 감지기회로의 배선에 있어서 하나의 공통선에 접속할 수 있는 경계구역은 몇 개 이하로 하여야 하는가?
○

(다) 감지기회로의 도통시험을 위한 종단저항 설치기준 2가지를 쓰시오.
○
○

해답 (가) 0.1MΩ
(나) 7개
(다) ① 점검 및 관리가 쉬운 장소에 설치할 것
② 전용함을 설치하는 경우 그 설치높이는 바닥으로부터 1.5m 이내로 할 것

해설 (가) 자동화재탐지설비의 배선(NFPC 203 11조, NFTC 203 2.8.1.5)

전원회로의 **전로**와 **대지** 사이 및 **배선 상호 간**의 절연저항은 전기사업법 제67조에 따른 기술기준이 정하는 바에 의하고, 감지기회로 및 부속회로의 전로와 대지 사이 및 배선 상호 간의 절연저항은 1경계구역마다 **직류 250V**의 **절연저항측정기**를 사용하여 측정한 절연저항이 **0.1MΩ** 이상이 되도록 할 것

절연저항시험(정대! 정대! 중요)

절연저항계	절연저항	대 상
직류 250V	0.1MΩ 이상	• 1경계구역의 절연저항
직류 500V	5MΩ 이상	• 누전경보기 • 가스누설경보기 • 수신기 • 자동화재속보설비 • 비상경보설비 • 유도등(교류입력측과 외함 간 포함) • 비상조명등(교류입력측과 외함 간 포함)
	20MΩ 이상	• 경종 • 발신기 • 중계기 • 비상콘센트 • 기기의 절연된 선로 간 • 기기의 충전부와 비충전부 간 • 기기의 교류입력측과 외함 간(유도등 · 비상조명등 제외)
	50MΩ 이상	• 감지기(정온식 감지선형 감지기 제외) • 가스누설경보기(10회로 이상) • 수신기(10회로 이상)
	1000MΩ 이상	• 정온식 감지선형 감지기

(나) **P형 수신기** 및 **GP형 수신기**의 감지기회로의 배선에 있어서 하나의 공통선에 접속할 수 있는 경계구역은 **7개 이하**로 할 것

• **하나의 공통선에 접속할 수 있는 경계구역을 제한하는 이유** : 공통선이 단선될 경우 공통선에 연결된 회로가 모두 단선되기 때문이다.

(다) **감지기회로의 도통시험을 위한 종단저항 설치기준**(NFPC 203 11조, NFTC 203 2.8.1.3)

① **점검** 및 **관리**가 쉬운 장소에 설치할 것

② 전용함을 설치하는 경우 그 설치높이는 바닥으로부터 **1.5m** 이내로 할 것

③ 감지기회로의 끝부분에 설치하며, 종단감지기에 설치할 경우에는 구별이 쉽도록 해당 감지기의 기판 및 감지기 외부 등에 별도의 표시를 할 것

☆☆

문제 09

차동식 분포형 공기관식 감지기 시험방법에 대한 설명 중 ㉮와 ㉯에 알맞은 내용을 답란에 쓰시오.

(16.11.문15, 13.7.문14)

득점	배점
	4

① 검출부의 시험공 또는 공기관의 한쪽 끝에 (㉮)을(를) 접속하고 시험코크 등을 유통시험 위치에 맞춘 후 다른 끝에 (㉯)을(를) 접속시킨다.

② (㉯)(으)로 공기를 주입하고 (㉮)의 수위를 눈금의 0점으로부터 100mm 상승시켜 수위를 정지시킨다.

③ 시험코크 등에 의해 송기구를 개방하여 상승수위의 $\frac{1}{2}$까지 내려가는 시간(유통시간)을 측정한다.

○ 답란

㉮	㉯

해답

㉮	㉯
마노미터	테스트펌프

해설 (1) **차동식 분포형 공기관식 감지기**의 **유통시험**

공기관에 공기를 유입시켜 **공**기관의 **누설, 찌그러짐, 막힘** 등의 유무 및 공기관의 **길이**를 확인하는 시험이다.

기억법 **공길누찌**

① 검출부의 시험공 또는 공기관의 한쪽 끝에 **마노미터**를, 시험코크 등을 유통시험 위치에 맞추고 다른 한쪽 끝에 **테스트펌프**를 접속한다.

② **테스트펌프**로 공기를 주입하고 **마노미터**의 수위를 0점으로부터 **100mm**까지 상승시켜 수위를 정지시킨다(정지하지 않으면 공기관에 누설이 있는 것).

③ 시험코크를 이동시켜 송기구를 열고 수위가 $\frac{1}{2}$(**50mm**)까지 내려가는 시간(**유통시간**)을 측정하여 공기관의 길이를 산출한다.

- 공기관의 두께는 **0.3mm** 이상, 외경은 **1.9mm** 이상이며, 공기관의 길이는 **20~100m** 이하이어야 한다.
- 차동식 분포형 공기관식 감지기=공기관식 차동식 분포형 감지기

(2) **차동식 분포형 공기관식 감지기**의 **접점수고시험시 검출부**의 **공기관에 접속하는 기기**

① 마노미터

② 테스트펌프

- 마노미터(manometer)=마노메타
- 테스트펌프(test pump)=공기주입기=공기주입시험기
- ㉮와 ㉯의 답이 서로 바뀌면 틀린다. 공기를 주입하는 것은 **테스트펌프**이고 수위 상승을 확인하는 것은 **마노미터**이기 때문이다.

☆☆☆

문제 10

P형 수신기와 감지기와의 배선회로에서 종단저항은 10kΩ, 배선저항은 10Ω, 릴레이저항은 50Ω이며 회로전압이 직류 24V일 때 다음 각 물음에 답하시오. (16.4.문9, 15.7.문10, 12.11.문17, 07.4.문5)

(가) 평소 감시전류는 몇 mA인가?

○ 계산과정 :

○ 답 :

(나) 감지기가 동작할 때(화재시)의 전류는 몇 mA인가?

○ 계산과정 :

○ 답 :

득점	배점
	4

해답 (가) ○ 계산과정 : $\frac{24}{10000+50+10}=2.385\times10^{-3}\text{A} ≒ 2.39\times10^{-3}\text{A}=2.39\text{mA}$

○ 답 : 2.39mA

(나) ○ 계산과정 : $\frac{24}{50+10}=0.4\text{A}=400\text{mA}$

○ 답 : 400mA

해설 **주어진 값**

- 종단저항 : 10kΩ=10000Ω(1kΩ=1000Ω)
- 배선저항 : 10Ω
- 릴레이저항 : 50Ω
- 회로전압(V) : 24V
- 감시전류 : ?
- 동작전류 : ?

(가) **감시전류** I는

$$I=\frac{\text{회로전압}}{\text{종단저항}+\text{릴레이저항}+\text{배선저항}}$$
$$=\frac{24\text{V}}{10000\Omega+50\Omega+10\Omega}$$
$$=2.385\times10^{-3}\text{A}\fallingdotseq2.39\times10^{-3}\text{A}=2.39\text{mA}(10^{-3}\text{A}=1\text{mA})$$

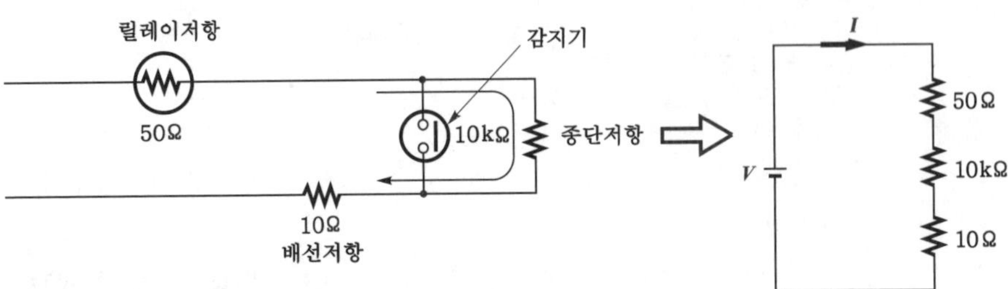

(나) **동작전류** I는

$$I=\frac{\text{회로전압}}{\text{릴레이저항}+\text{배선저항}}$$
$$=\frac{24\text{V}}{50\Omega+10\Omega}$$
$$=0.4\text{A}=400\text{mA}(1\text{A}=1000\text{mA})$$

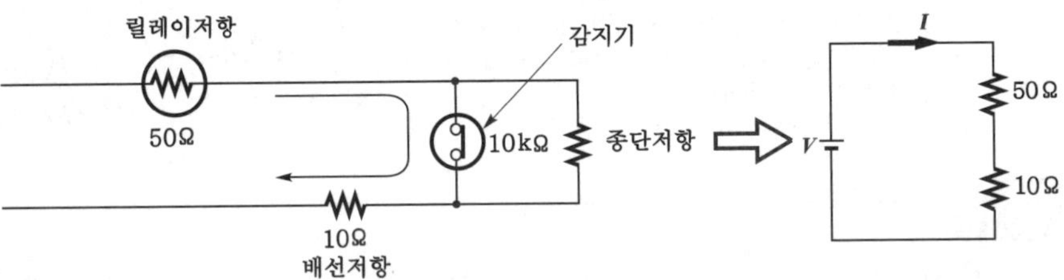

☆☆☆

문제 11

구부러진 곳이 없는 부분의 보행거리가 35m일 때 유도표지의 최소 설치개수를 구하시오.

득점	배점
	4

○ 계산과정 :

○ 답 :

해답

○ 계산과정 : $\frac{35}{15}-1=1.3\fallingdotseq2$개

○ 답 : 2개

해설 **최소 설치개수 산정식**

설치개수 산정시 소수가 발생하면 반드시 **절상**한다.

구 분	산정식
객석유도등	설치개수 $=\frac{\text{객석통로의 직선부분의 길이[m]}}{4}-1$
유도표지 ⟶	설치개수 $=\frac{\text{구부러진 곳이 없는 부분의 보행거리[m]}}{15}-1$
복도통로유도등, 거실통로유도등	설치개수 $=\frac{\text{구부러진 곳이 없는 부분의 보행거리[m]}}{20}-1$

∴ 유도표지의 최소 설치개수 $=\frac{35\text{m}}{15}-1=1.3\fallingdotseq2$개

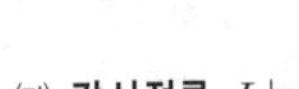

☆☆

문제 12

복도통로유도등의 설치기준에 관한 사항이다. 다음 ( ) 안을 완성하시오. (11.7.문9, 08.4.문13)

○구부러진 모퉁이 및 통로유도등을 기점으로 보행거리 (㉮)m마다 설치할 것

○바닥으로부터 높이 (㉯)m 이하의 위치에 설치할 것

득점	배점
	6

○㉮ 20

○㉯ 1

구 분	복도통로유도등	거실통로유도등	계단통로유도등
설치장소	**복도**	**거실**의 **통로**	**계단**
설치방법	구부러진 모퉁이 및 통로유도등을 기점으로 보행거리 **20m**마다	구부러진 모퉁이 및 보행거리 **20m**마다	각 층의 **경사로참** 또는 **계단참**마다
설치높이	바닥으로부터 높이 **1m 이하**	바닥으로부터 높이 **1.5m 이상**	바닥으로부터 높이 **1m 이하**

중요

설치 높이 및 **기준**

(1) **설치높이**

구 분	유도등 · 유도표지
1m 이하	• 복도통로유도등 • 계단통로유도등 • 통로유도표지
1.5m 이상	• 피난구유도등 • 거실통로유도등

(2) **설치기준**

① **복도통로유도등**의 **설치기준**(NFPC 303 6조, NFTC 303 2.3.1.1)

㉠ **복도**에 설치하되 피난구유도등이 설치된 출입구의 맞은편 복도에는 입체형으로 설치하거나 바닥에 설치할 것

㉡ 구부러진 **모**퉁이 및 통로유도등을 기점으로 **보행거리 20m**마다 설치할 것

㉢ 바닥으로부터 **높**이 **1m** 이하의 위치에 설치할 것(단, **지하층** 또는 **무창층**의 용도가 **도매시장 · 소매시장 · 여객자동차터미널 · 지하역사** 또는 **지하상가**인 경우에는 복도 · 통로 중앙부분의 바닥에 설치)

㉣ **바**닥에 설치하는 통로유도등은 하중에 따라 파괴되지 않는 강도의 것으로 할 것

기억법 복복 모거높바

② **거실통로유도등**의 **설치기준**(NFPC 303 6조, NFTC 303 2.3.1.2)

㉠ **거실**의 **통로**에 설치할 것(단, 거실의 통로가 **벽체** 등으로 **구획**된 경우에는 **복도통로유도등** 설치)

㉡ 구부러진 **모**퉁이 및 **보행거리 20m**마다 설치할 것

㉢ 바닥으로부터 **높**이 **1.5m** 이상의 위치에 설치할 것(단, **거실통로**에 **기둥**이 설치된 경우에는 기둥부분의 바닥으로부터 높이 **1.5m 이하**의 위치에 설치)

기억법 거통 모거높

③ **계단통로유도등**의 **설치기준**(NFPC 303 6조, NFTC 303 2.3.1.3)

㉠ **각 층**의 **경사로참** 또는 **계단참**마다 설치할 것(단, 1개층에 경사로참 또는 계단참이 2 이상 있는 경우에는 2개의 계단참마다 설치할 것)

㉡ 바닥으로부터 높이 **1m** 이하의 위치에 설치할 것

☆

문제 13

지상 20m가 되는 곳에 $37m^3$의 저수조가 있다. 이곳에 10HP의 전동기를 사용하여 양수한다면 저수조에는 약 몇 분 후에 물이 가득 차겠는가? (단, 펌프의 효율은 70%이고, 여유계수는 1.2이다.)

ㅇ계산과정 :

ㅇ답 :

득점	배점
	5

해답 ㅇ계산과정 : $\frac{9.8\times1.2\times20\times37}{10\times0.746\times0.7}=1666.487$초

$\frac{1666.487}{60}=27.77$분

ㅇ답 : 27.77분

해설 1HP=0.746kW이므로

$$t=\frac{9.8KHQ}{P\eta}=\frac{9.8\times1.2\times20\text{m}\times37\text{m}^3}{10\text{HP}\times0.746\text{kW}\times0.7}=1666.487\text{초}$$

$$\frac{1666.487\text{초}}{60}=27.77\text{분}$$

- 60 : **'초'**를 **'분'**으로 환산하기 위해 60으로 나눔

참고

(1) **전동기**의 **용량을 구하는 식**

※ 다음의 3가지 식은 모두 같은 식이다. 어느 식을 적용하여 풀어도 답은 옳다. 틀리지 않는다. 소수점의 차이가 조금씩 나지만 그것은 틀린 답이 아니다. 단, 식 적용시 각각의 단위에 유의하라!!
본 책에서는 독자들의 혼동을 막고자 **1가지** 식으로만 **답안**을 **제시**하였음을 밝혀둔다.

①
$$P=\frac{9.8KHQ}{\eta t}$$

여기서, P : 전동기용량[kW], η : 효율, t : 시간[s]
K : 여유계수, H : 전양정[m], Q : 양수량(유량)[m^3]

②
$$P=\frac{0.163KHQ}{\eta}$$

여기서, P : 전동기용량[kW], η : 효율, H : 전양정[m]
Q : 양수량(유량)[m^3/min], K : 여유계수

③
$$P=\frac{\gamma HQ}{1000\eta}K$$

여기서, P : 전동기용량[kW], η : 효율, γ : 비중량(물의 비중량 9800N/m^3)
H : 전양정[m], Q : 양수량(유량)[m^3/s], K : 여유계수

- 각 공식에 따라 Q의 단위가 다르므로 주의!

(2) 아주 중요한 단위환산(꼭! 기억하시라!)

① 1mmAq=10^{-3}mH_2O=10^{-3}m
② 760mmHg=10.332mH_2O=10.332m
③ 1Lpm=$10^{-3}$$m^3$/min
④ 1HP=0.746kW

비교

배연설비(제연설비)의 **전동기 소요동력**

$$P = \frac{P_T Q}{102 \times 60 \eta} K$$

여기서, P : 배연기동력〔kW〕

P_T : 전압(풍압)〔mmAq, mmH_2O〕

Q : 풍량〔m^3/min〕

K : 여유율

η : 효율

- 배연설비(제연설비)의 전동기의 소요동력은 반드시 위의 식을 이용하여야 한다. 참고란의 3가지 식을 적용하면 틀린다. 주의! 또 주의!

☆☆

문제 14

예비전원설비로 이용되는 축전지에 대한 다음 각 물음에 답하시오. (16.4.문15, 15.4.문14, 08.11.문8)

득점	배점
	6

(가) 보수율의 의미를 쓰시오.

(나) 비상용 조명부하 220V용, 100W 80등, 60W 70등이 있다. 방전시간은 30분이고, 축전지는 HS형 110cell이며, 허용최저전압은 190V, 최저축전지온도가 5℃일 때 축전지용량〔Ah〕을 구하시오. (단, 보수율은 0.8, 용량환산시간은 1.1h이다.)

○ 계산과정 :

○ 답 :

(다) 연축전지와 알칼리축전지의 공칭전압〔V〕을 쓰시오.

○ 연축전지 :

○ 알칼리축전지 :

해답 (가) 부하를 만족하는 용량을 감정하기 위한 계수

(나) ○ 계산과정 : $I = \frac{100 \times 80 + 60 \times 70}{220} ≒ 55.454\text{A}$

$$C = \frac{1}{0.8} \times 1.1 \times 55.454 = 76.249 ≒ 76.25\text{Ah}$$

○ 답 : 76.25Ah

(다) ○ 연축전지 : 2V

○ 알칼리축전지 : 1.2V

해설 (가) **보수율**(용량저하율, 경년용량저하율)

① 부하를 만족하는 용량을 감정하기 위한 계수

② 용량저하를 고려하여 설계시에 미리 보상하여 주는 값

③ 축전지의 용량저하를 고려하여 축전지의 용량산정시 여유를 주는 계수

(나) ① **기호**

- V : 220V
- P : 100W×80등+60W×70등
- C : ?
- L : 0.8
- K : 1.1

② **전류**

$$I = \frac{P}{V}$$

여기서, I : 전류〔A〕
P : 전력〔W〕
V : 전압〔V〕

전류 $I = \frac{P}{V}$

$= \frac{100\text{W} \times 80\text{등} + 60\text{W} \times 70\text{등}}{220\text{V}} \fallingdotseq 55.454\text{A}$

• 문제에서 소수점에 관한 조건이 없으면 소수점 3째자리까지 구하면 된다.

③ **축전지**의 **용량**

$$C = \frac{1}{L}KI$$

여기서, C : 축전지용량〔Ah〕
L : 용량저하율(보수율)
K : 용량환산시간〔h〕
I : 방전전류〔A〕

축전지의 용량 $C = \frac{1}{L}KI$

$= \frac{1}{0.8} \times 1.1\text{h} \times 55.454\text{A} = 76.249 \fallingdotseq 76.25\text{Ah}$

(다) **연축전지**와 **알칼리축전지**의 비교

구 분	연축전지	알칼리축전지
공칭전압	2.0V/cell	1.2V/cell
방전종지전압	1.6V/cell	0.96V/cell
기전력	2.05~2.08V/cell	1.32V/cell
공칭용량	10Ah	5Ah
기계적 강도	약하다.	강하다.
과충방전에 의한 전기적 강도	약하다.	강하다.
충전시간	길다.	짧다.
종류	클래드식, 페이스트식	소결식, 포켓식
수명	5~15년	15~20년

중요

공칭전압의 **단위**는 V로도 나타낼 수 있지만 좀 더 정확히 표현하자면 **V/cell**이다.

☆☆☆
문제 15

지상 15층, 지하 5층 연면적 7000m^{2}의 특정소방대상물에 자동화재탐지설비의 음향장치를 설치하고자 한다. 다음 각 물음에 답하시오. (16.4.문14, 08.7.문15)

득점	배점
	6

○ 11층에서 발화한 경우 경보를 발하여야 하는 층 :
○ 1층에서 발화한 경우 경보를 발하여야 하는 층 :
○ 지하 1층에서 발화한 경우 경보를 발하여야 하는 층 :

해답 ◦11층에서 발화한 경우 경보를 발하여야 하는 층 : 11층, 12~15층
◦1층에서 발화한 경우 경보를 발하여야 하는 층 : 1층, 2~5층, 지하 1~5층
◦지하 1층에서 발화한 경우 경보를 발하여야 하는 층 : 지하 1층, 1층, 지하 2~5층

해설 **자동화재탐지설비**의 **발화층** 및 **직상 4개층 우선경보방식**(NFPC 203 8조, NFTC 203 2.5.1.2)
11층(공동주택 **16층**) **이상**인 특정소방대상물

발화층	경보층	
	11층(공동주택 16층) 미만	11층(공동주택 16층) 이상
2층 이상 발화	전층 일제 경보	• 발화층 • 직상 4개층
1층 발화		• 발화층 • 직상 4개층 • 지하층
지하층 발화		• 발화층 • 직상층 • 기타의 지하층

- 11층 발화 : **11층**(발화층), **12~15층**(직상 4개층)
- 1층 발화 : **1층**(발화층), **2~5층**(직상 4개층), **지하 1~5층**(지하층)
- 지하 1층 발화 : **지하 1층**(발화층), **1층**(직상층), **지하 2~5층**(기타의 지하층)

중요

발화층 및 **직상 4개층 우선경보방식**과 **일제경보방식**

발화층 및 직상 4개층 우선경보방식	일제경보방식
• 화재시 **안전**하고 **신속**한 **인명**의 **대피**를 위하여 화재가 발생한 층과 **인근층부터** 우선하여 별도로 **경보**하는 방식 • 11층(공동주택 16층) 이상인 특정소방대상물	• **소규모 특정소방대상물**에서 화재발생시 **전층**에 **동시**에 **경보**하는 방식

★★★
문제 16

그림과 같은 자동화재탐지설비의 평면도에서 ①~⑤의 전선 가닥수를 주어진 표의 빈칸에 쓰시오.

(17.4.문21, 15.7.문1, 14.7.문17, 11.11.문15, 05.5.문15)

득점	배점
	5

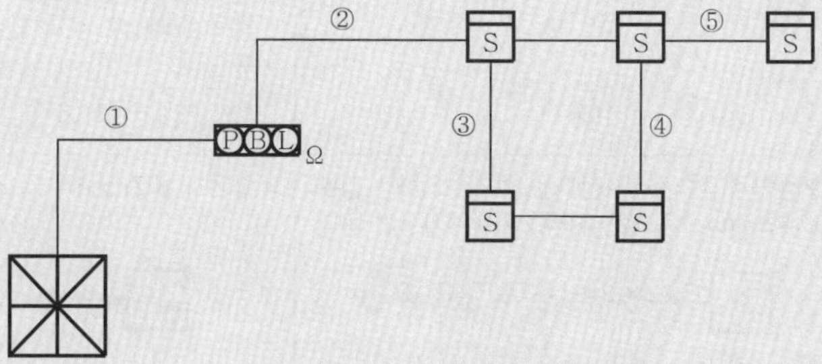

기 호	①	②	③	④	⑤
가닥수					

해답

기 호	①	②	③	④	⑤
가닥수	6	4	2	2	4

해설

기 호	가닥수	배선내역
①	6	지구선 1, 회로공통선 1, 경종선 1, 경종표시등공통선 1, 표시등선 1, 응답선 1
②	4	지구선 2, 공통선 2
③	2	지구선 1, 공통선 1
④	2	지구선 1, 공통선 1
⑤	4	지구선 2, 공통선 2

- 문제에서 **평면도**이므로 일제경보방식, 우선경보방식 중 고민할 것 없이 **일제경보방식**으로 가닥수를 산정하면 된다. **평면도**는 **일제경보방식**임을 잊지 말자!
- 종단저항이 수동발신기함(PBL)에 설치되어 있으므로 **루프**(loop)된 곳은 **2가닥**, **기타 4가닥**이 된다.

중요

(1) **동일한 용어**

① 회로선=신호선=표시선=지구선=감지기선
② 회로공통선=신호공통선=지구공통선=감지기공통선=발신기공통선
③ 응답선=발신기응답선=확인선=발신기선
④ 경종표시등공통선=벨표시등공통선

(2) **송배선식**과 **교차회로방식**

구 분	송배선식	교차회로방식
목적	• **감지기회로**의 **도통시험**을 용이하게 하기 위하여	• 감지기의 **오동작** 방지
원리	• 배선의 도중에서 분기하지 않는 방식	• 하나의 담당구역 내에 **2 이상**의 **감지기회로**를 설치하고 **2 이상**의 **감지기회로**가 **동시**에 **감지**되는 때에 설비가 작동하는 방식으로 회로방식이 AND **회로**에 해당된다.
적용 설비	• 자동화재탐지설비 • 제연설비	• **분**말소화설비 • **할**론소화설비 • **이**산화탄소 소화설비 • **준**비작동식 스프링클러설비 • **일**제살수식 스프링클러설비 • **할**로겐화합물 및 불활성기체 소화설비 • **부**압식 스프링클러설비 기억법 **분할이 준일할부**
가닥수 산정	• 종단저항을 수동발신기함 내에 설치하는 경우 **루프(loop)**된 곳은 **2가닥**, **기타 4가닥**이 된다. 수동발신기함 / 루프(loop) ‖ 송배선식 ‖	• **말단**과 **루프**(loop)된 곳은 **4가닥**, **기타 8가닥**이 된다. 말단 / 수동발신기함 / 루프(loop) ‖ 교차회로방식 ‖

문제 17

푸시버튼스위치 A~C로 입력이 주어졌을 때 X_A, X_B, X_C 상태를 타임차트(time chart)로 나타내었다. 다음 각 물음에 답하시오.

득점	배점
	9

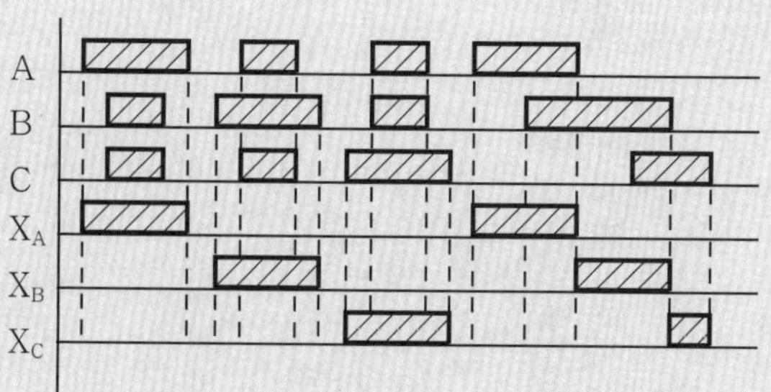

(가) 타임차트에 적합하게 논리식을 쓰시오.

- ○ $X_A=$
- ○ $X_B=$
- ○ $X_C=$

(나) 타임차트에 적합하게 유접점(시퀀스)회로를 그리시오.

(다) 타임차트에 적합하게 무접점(논리)회로를 그리시오.

해답 (가) $X_A = A\ \overline{X_B}\ \overline{X_C}$

$X_B = B\ \overline{X_A}\ \overline{X_C}$

$X_C = C\ \overline{X_A}\ \overline{X_B}$

(나)

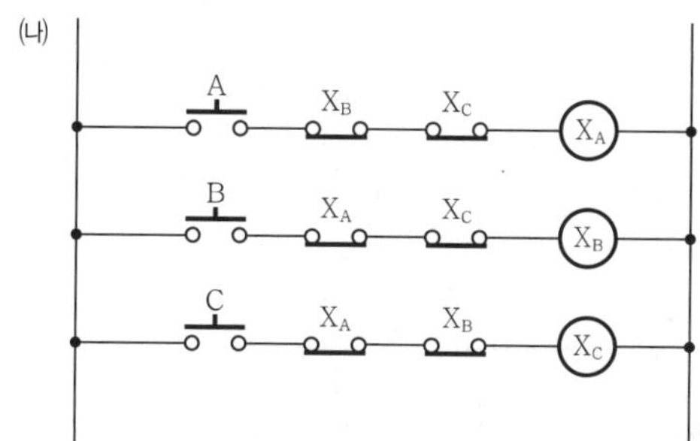

(다)

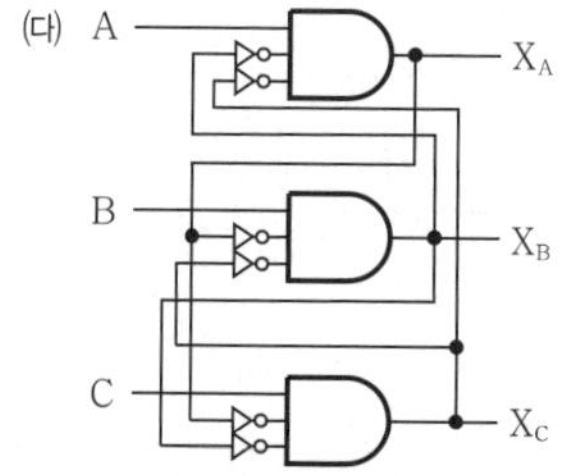

해설

- (가) : 타임차트를 보고 논리식 작성은 매우 어려우므로 유접점(시퀀스)회로부터 먼저 그린 후 논리식을 작성하면 보다 쉽다.
- (나) : 문제에서 A~C는 푸시버튼스위치라고 했으므로 푸시버튼스위치 심벌( )로 그릴 것
- (다) : 접속부분에 점(•)도 빠짐없이 잘 찍을 것

‖ **시퀀스회로**와 **논리회로**의 관계 ‖

회 로	시퀀스회로	논리식	논리회로
직렬회로 (AND회로)		$Z=A \cdot B$ $Z=AB$	
병렬회로 (OR회로)		$Z=A+B$	
a접점		$Z=A$	
b접점		$Z=\overline{A}$	

비교

타임차트(time chart)

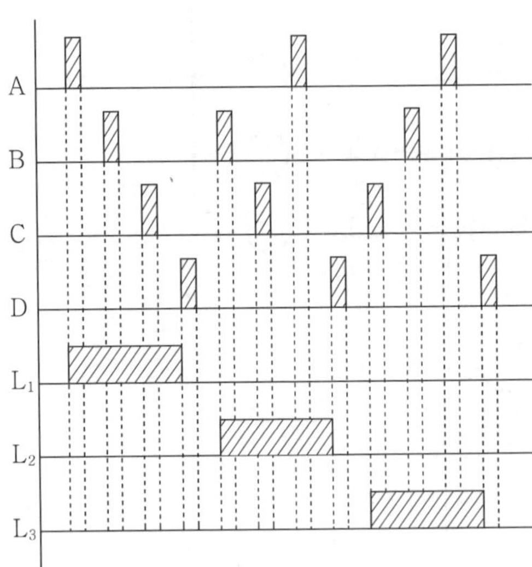

(1) 논리식

$L_1 = X_1 = \overline{D}(A+X_1)\overline{X_2}\ \overline{X_3}$

$L_2 = X_2 = \overline{D}(B+X_2)\overline{X_1}\ \overline{X_3}$

$L_3 = X_3 = \overline{D}(C+X_3)\overline{X_1}\ \overline{X_2}$

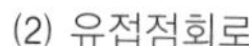

(2) 유접점회로

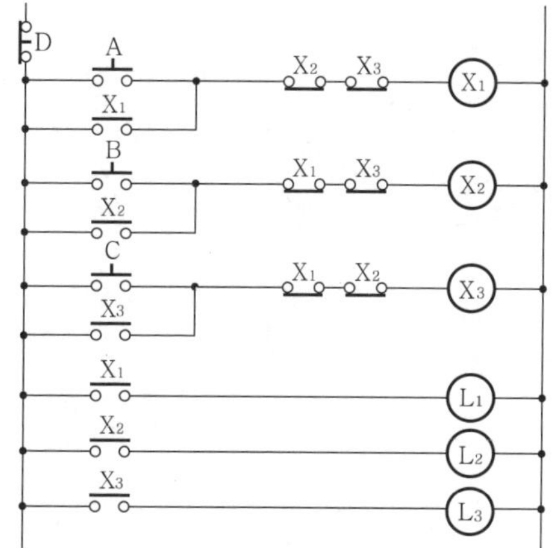

(3) 무접점회로

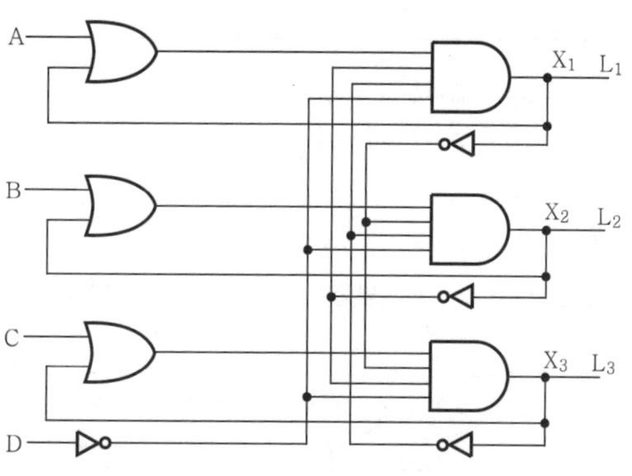

☆☆

문제 18

다음 그림은 3상 교류회로에 설치된 누전경보기의 결선도이다. 정상상태와 누전 발생시 a점, b점 및 c점에서 키르히호프의 제1법칙을 적용하여 선전류 $\dot{I}_1$, $\dot{I}_2$, $\dot{I}_3$ 및 선전류의 벡터합 계산과 관련된 각 물음에 답하시오.

(16.11.문8, 09.4.문4)

득점	배점
	8

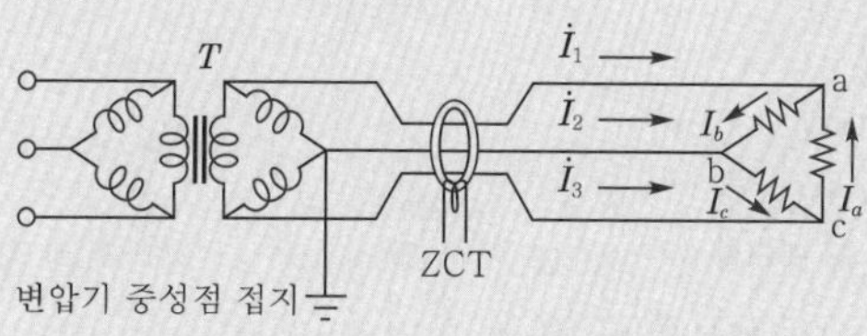

정상상태

(가) 정상상태시 선전류

a점 : $\dot{I}_1$=(　　　　), b점 : $\dot{I}_2$=(　　　　), c점 : $\dot{I}_3$=(　　　　)

(나) 정상상태시 선전류의 벡터합

$\dot{I}_1 + \dot{I}_2 + \dot{I}_3 = (\qquad\qquad)$

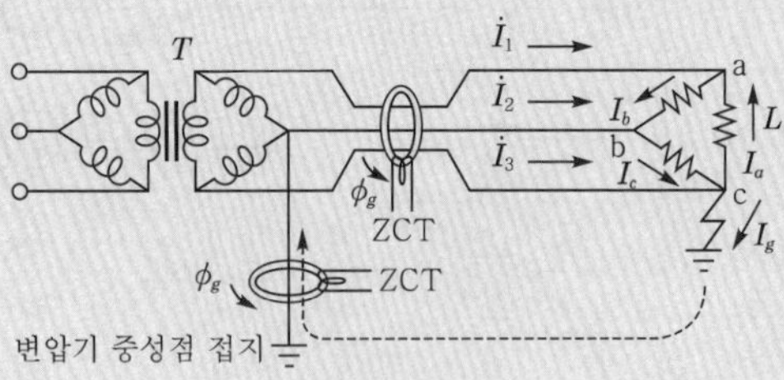

누전상태

(다) 누전시 선전류

a점 : $\dot{I}_1 = (\qquad\qquad)$, b점 : $\dot{I}_2 = (\qquad\qquad)$, c점 : $\dot{I}_3 = (\qquad\qquad)$

(라) 누전시 선전류의 벡터합

$\dot{I}_1 + \dot{I}_2 + \dot{I}_3 = (\qquad\qquad)$

해답 (가) a점 : $\dot{I}_1 = (\dot{I}_b - \dot{I}_a)$, b점 : $\dot{I}_2 = (\dot{I}_c - \dot{I}_b)$, c점 : $\dot{I}_3 = (\dot{I}_a - \dot{I}_c)$

(나) $\dot{I}_1 + \dot{I}_2 + \dot{I}_3 = (\dot{I}_b - \dot{I}_a + \dot{I}_c - \dot{I}_b + \dot{I}_a - \dot{I}_c = 0)$

(다) a점 : $\dot{I}_1 = (\dot{I}_b - \dot{I}_a)$, b점 : $\dot{I}_2 = (\dot{I}_c - \dot{I}_b)$, c점 : $\dot{I}_3 = (\dot{I}_a - \dot{I}_c + \dot{I}_g)$

(라) $\dot{I}_1 + \dot{I}_2 + \dot{I}_3 = (\dot{I}_b - \dot{I}_a + \dot{I}_c - \dot{I}_b + \dot{I}_a - \dot{I}_c + \dot{I}_g = \dot{I}_g)$

해설 전류의 흐름이 **같은 방향**은 "+", **반대방향**은 "−"로 표시하면 다음과 같이 된다.

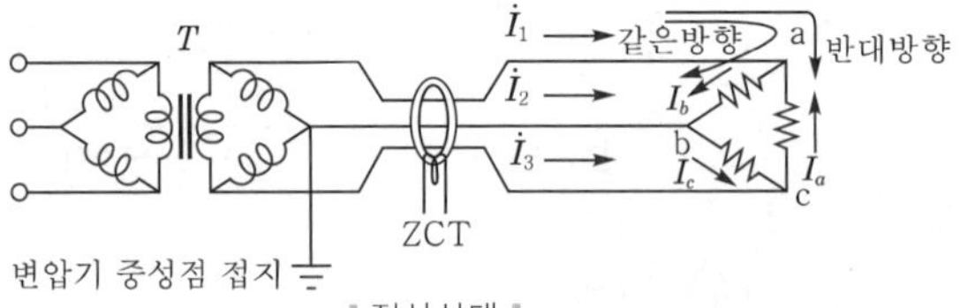

정상상태

(가) **정상상태시 선전류**

① a점 : $\dot{I}_1 = \dot{I}_b - \dot{I}_a$

② b점 : $\dot{I}_2 = \dot{I}_c - \dot{I}_b$

③ c점 : $\dot{I}_3 = \dot{I}_a - \dot{I}_c$

(나) **정상상태시 선전류의 벡터합**

$\dot{I}_1 + \dot{I}_2 + \dot{I}_3 = \dot{I}_b - \dot{I}_a + \dot{I}_c - \dot{I}_b + \dot{I}_a - \dot{I}_c = 0$

(다) **누전시 선전류**

① a점 : $\dot{I}_1 = \dot{I}_b - \dot{I}_a$

② b점 : $\dot{I}_2 = \dot{I}_c - \dot{I}_b$

③ c점 : $\dot{I}_3 = \dot{I}_a - \dot{I}_c + \dot{I}_g$

(라) **누전시 선전류의 벡터합**

$\dot{I}_1 + \dot{I}_2 + \dot{I}_3 = \dot{I}_b - \dot{I}_a + \dot{I}_c - \dot{I}_b + \dot{I}_a - \dot{I}_c + \dot{I}_g = \dot{I}_g$

- 벡터합이므로 $\dot{I}_1$, $\dot{I}_2$, $\dot{I}_3$, $\dot{I}_a$, $\dot{I}_b$, $\dot{I}_c$, $\dot{I}_g$ 기호 위에 반드시 '·'을 찍는 것이 정답!

2020. 11. 15 시행

2020년 기사 제4회 필답형 실기시험

자격종목	시험시간	형별	수험번호	성명	감독위원 확인
소방설비기사(전기분야)	3시간				

※ 다음 물음에 답을 해당 답란에 답하시오.(배점 : 100)

☆☆☆ 문제 01

비상콘센트설비에 대한 다음 각 물음에 답하시오. (17.11.문11, 14.4.문12, 13.4.문16, 12.7.문4, 11.5.문4)

득점	배점
	6

(가) 하나의 전용회로에 설치하는 비상콘센트가 7개가 있다. 이 경우 전선의 용량은 비상콘센트 몇 개의 공급용량을 합한 용량 이상의 것으로 하여야 하는지 쓰시오. (단, 각 비상콘센트의 공급용량은 최소로 한다.)

유사문제부터 풀어보세요.
실력이 팍!팍! 올라갑니다.

(나) 비상콘센트설비의 전원부와 외함 사이의 절연저항을 500V 절연저항계로 측정하였더니 30MΩ이었다. 이 설비에 대한 절연저항의 적합성 여부를 구분하고 그 이유를 설명하시오.

해답 (가) 3개
(나) 적합, 20MΩ 이상이므로

해설 (가) 하나의 전용회로에 설치하는 비상콘센트는 **10개** 이하로 할 것(전선의 용량은 최대 **3개**)

설치하는 비상콘센트 수량	전선의 용량산정시 적용하는 비상콘센트 수량	전선의 용량
1개	1개 이상	1.5kVA 이상
2개	2개 이상	3kVA 이상
3~10개	3개 이상	4.5kVA 이상

- [단서]에서 **'공급용량은 최소로 한다.'**라고 하였으므로 3개 이상이 아닌 **'3개'**라고 답해야 한다.

(나) **절연저항시험**

절연저항계	절연저항	대 상
직류 250V	0.1MΩ 이상	• 1경계구역의 절연저항
직류 500V	5MΩ 이상	• 누전경보기 • 가스누설경보기 • 수신기 • 자동화재속보설비 • 비상경보설비 • 유도등(교류입력측과 외함 간 포함) • 비상조명등(교류입력측과 외함 간 포함)
	20MΩ 이상	• 경종 • 발신기 • 중계기 • **비상콘센트** • 기기의 절연된 선로 간 • 기기의 충전부와 비충전부 간 • 기기의 교류입력측과 외함 간(유도등 · 비상조명등 제외)
	50MΩ 이상	• 감지기(정온식 감지선형 감지기 제외) • 가스누설경보기(10회로 이상) • 수신기(10회로 이상)
	1000MΩ 이상	• 정온식 감지선형 감지기

비교

절연내력시험(NFPC 504 4조, NFTC 504 2.1.6.2)

구 분	150V 이하	150V 초과
실효전압(시험전압)	**1000V**	**(정격전압×2)+1000V** 예 정격전압이 220V인 경우 (220×2)+1000=1440V
견디는 시간	**1분** 이상	**1분** 이상

☆☆☆

문제 02

자동화재탐지설비의 P형 수신기와 R형 수신기의 신호전달방식의 차이점을 설명하시오. (12.4.문14)

○P형 수신기 :

○R형 수신기 :

득점	배점
	4

해답 ○P형 수신기 : 1 : 1 접점방식

○R형 수신기 : 다중전송방식

해설 **P형 수신기**와 **R형 수신기**의 **비교**

구 분	P형 수신기	R형 수신기
시스템의 구성	P형 수신기	중계기 R형 수신기
신호전송(전달)방식	**1 : 1 접점방식**	**다중전송방식**
신호의 종류	**공통신호**	**고유신호**
화재표시기구	램프(lamp)	액정표시장치(LCD)
자기진단기능	없음	있음
선로수	**많이** 필요	**적게** 필요
기기비용	**적게** 소요	**많이** 소요
배관배선공사	선로수가 많이 소요되므로 복잡하다.	선로수가 적게 소요되므로 간단하다.
유지관리	선로수가 많고 수신기에 자기진단기능이 없으므로 어렵다.	선로수가 적고 자기진단기능에 의해 고장발생을 자동으로 경보·표시하므로 쉽다.
수신반가격	기능이 단순하므로 가격이 싸다.	효율적인 감지·제어를 위해 여러 기능이 추가되어 있어서 가격이 비싸다.
화재표시방식	**창구식, 지도식**	**창구식, 지도식, CRT식, 디지털식**

- 1 : 1 접점방식=개별신호방식=공통신호방식
- 다중전송방식=다중전송신호방식=다중통신방식=고유신호방식

중요

R형 수신기의 **특징**

(1) **선로수**가 적어 경제적이다.
(2) **선로길이**를 길게 할 수 있다.
(3) **증설** 또는 **이설**이 비교적 쉽다.
(4) **화재발생지구**를 선명하게 숫자로 표시할 수 있다.
(5) **신호**의 **전달**이 확실하다.

☆☆☆
문제 03

지상 31m가 되는 곳에 수조가 있다. 이 수조에 분당 12m³의 물을 양수하는 펌프용 전동기를 설치하여 3상 전력을 공급하려고 한다. 펌프효율이 65%이고, 펌프측 동력에 10%의 여유를 둔다고 할 때 다음 각 물음에 답하시오. (단, 펌프용 3상 농형 유도전동기의 역률은 100%로 가정한다.)

(19.6.문9, 13.7.문8)

(가) 펌프용 전동기의 용량은 몇 kW인가?

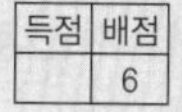

득점	배점
	6

○ 계산과정 :
○ 답 :

(나) 3상 전력을 공급하고자 단상변압기 2대를 V결선하여 이용하고자 한다. 단상변압기 1대의 용량은 몇 kVA인가?
○ 계산과정 :
○ 답 :

해답 (가) ○ 계산과정 : $\dfrac{9.8\times1.1\times31\times12}{0.65\times60}=102.824 ≒ 102.82\text{kW}$

○ 답 : 102.82kW

(나) ○ 계산과정 : $P_a=\dfrac{102.82}{1}=102.82\text{kVA}$

$$P_V=\dfrac{102.82}{\sqrt{3}}=59.363 ≒ 59.36\text{kVA}$$

○ 답 : 59.36kVA

해설 (가) ① **기호**

- H : 31m
- t : 분당=60s
- Q : 12m³
- η : 65%=0.65
- K : 10% 여유=110%=1.1
- $\cos\theta$: 100%=1

② **△ 또는 Y결선시의 전동기용량**

$$P=\frac{9.8KHQ}{\eta t}=\frac{9.8\times1.1\times31\text{m}\times12\text{m}^3}{0.65\times60\text{s}}=102.824 ≒ 102.82\text{kW}$$

- 단위가 kW이므로 kW에는 역률이 이미 포함되어 있기 때문에 전동기의 **역률**은 **적용하지 않는 것**에 유의하여 전동기의 용량을 산정할 것

(나) **V결선시 단상 변압기 1대의 용량**

$$P_a = \sqrt{3}\,P_{\rm V}$$
$$P = \sqrt{3}\,P_{\rm V}\cos\theta$$

여기서, P_a : △ 또는 Y 결선시의 전동기 용량(피상전력)〔kVA〕
P : △ 또는 Y 결선시의 전동기 용량(유효전력)〔kW〕
$P_{\rm V}$: V결선시의 단상 변압기 1대의 용량〔kVA〕

V결선시의 단상 변압기 1대의 용량 $P_{\rm V}$는

$$P_{\rm V} = \frac{P}{\sqrt{3}\cos\theta} = \frac{102.82}{\sqrt{3}\times 1} = 59.363 \fallingdotseq 59.36\text{kVA}$$

- V결선은 변압기 사고시 응급조치 등의 용도로 사용된다.

참고

V결선

변압기 1대의 이용률	출력비
$U = \dfrac{\sqrt{3}\,V_P I_P\cos\theta}{2\,V_P I_P\cos\theta} = \dfrac{\sqrt{3}}{2} = 0.866$ ∴ 86.6%	$\dfrac{P_{\rm V}}{P_\triangle} = \dfrac{\sqrt{3}\,V_P I_P\cos\theta}{3\,V_P I_P\cos\theta} = \dfrac{\sqrt{3}}{3} = 0.577$ ∴ 57.7%

중요

(1) **전동기의 용량을 구하는 식**

① **일반적인 설비**

$$P = \frac{9.8\,KHQ}{\eta t}$$

여기서, P : 전동기용량〔kW〕
η : 효율
t : 시간〔s〕
K : 여유계수
H : 전양정〔m〕
Q : 양수량(유량)〔m^3〕

② **제연설비(배연설비)**

$$P = \frac{P_T\,Q}{102\times 60\eta}K$$

여기서, P : 배연기동력〔kW〕
P_T : 전압(풍압)〔mmAq, mmH$_2$O〕
Q : 풍량〔m^3/min〕
K : 여유율
η : 효율

주의

제연설비(배연설비)의 전동기의 소요동력은 반드시 위의 식을 적용하여야 한다. 주의! 또 주의!

(2) **아주 중요한 단위환산**(꼭! 기억하시라!)

① 1mmAq=10^{-3}mH$_2$O=10^{-3}m
② 760mmHg=10.332mH$_2$O=10.332m
③ 1Lpm=10^{-3}m^3/min
④ 1HP=0.746kW

☆☆☆

문제 04

수신기로부터 배선거리 90m의 위치에 사이렌이 접속되어 있다. 사이렌이 명동될 때의 사이렌의 단자전압을 구하시오. (단, 수신기의 정격전압은 26V라고 하고 전선은 2.5mm² HFIX전선이며, 사이렌의 정격전류는 2A이며 전류변동에 의한 전압강하가 없다고 가정한다. 2.5mm² 동선의 km당 전기저항은 8Ω이라고 한다.)

(10.7.문14)

○ 계산과정 :

○ 답 :

득점	배점
	5

해답 ○ 계산과정 : $e=2\times2\times0.72=2.88\text{V}$

$V_r=26-2.88=23.12\text{V}$

○ 답 : 23.12V

해설 (1) **기호**

- L : 90m
- V_r : ?
- V_s : 26V
- A : 2.5mm²
- I : 2A
- R_{1000} : 8Ω/km=8Ω/1000m

(2) **사이렌**의 **단자전압**

배선저항은 km당 전기저항이 8Ω이므로 90m일 때는 0.72Ω

1000m : 8Ω=90m : R_{90}

1000m R_{90} =8Ω×90m

$$R_{90}=\frac{90\text{m}}{1000\text{m}}\times8\,\Omega=0.72\,\Omega$$

전압강하 $e=V_s-V_r=2IR_{90}$에서

$e=2IR_{90}=2\times2\text{A}\times0.72\,\Omega=2.88\text{V}$

위 식에서 **사이렌**의 **단자전압** $V_r=V_s-e=26\text{V}-2.88\text{V}=23.12\text{V}$

중요

단상 2선식과 **3상 3선식**

구 분	단상 2선식	3상 3선식
적응기기	• 기타기기(**사이렌**, 경종, 표시등, 유도등, 비상조명등, 솔레노이드밸브, 감지기 등)	• 소방펌프 • 제연팬
전압강하 1 (**전기저항**이 주어졌을 때 적용)	$e=V_s-V_r=2IR$	$e=V_s-V_r=\sqrt{3}\,IR$
	여기서, e : 전압강하[V], V_s : 입력전압[V], V_r : 출력전압[V], I : 전류[A], R : 저항[Ω]	
전압강하 2 (**전기저항**이 주어지지 않았을 때 적용)	$A=\frac{35.6LI}{1000e}$	$A=\frac{30.8LI}{1000e}$
	여기서, A : 전선의 단면적[mm²], L : 선로길이[m], I : 전부하전류[A] e : 각 선간의 전압강하[V]	

비교

단서에서 '**전류변동에 의한 전압강하가 없다고 가정한다.**'라는 말이 없을 경우

(1) **사이렌**의 **저항**

$$P=VI=\frac{V^2}{R}=I^2R$$

여기서, P : 전력[W], V : 전압[V], I : 전류[A], R : 저항(사이렌저항)[Ω]

$VI = I^2 R_2$

$26\text{V} \times 2\text{A} = (2\text{A})^2 R_2$

$\dfrac{26\text{V} \times 2\text{A}}{(2\text{A})^2} = R_2$

$13\Omega = R_2$

$R_2 = 13\Omega$

배선저항은 km당 전기저항이 8Ω이므로 90m일 때는 **0.72Ω**$\left(\dfrac{90\text{m}}{1000\text{m}} \times 8\Omega = 0.72\Omega\right)$이 된다.

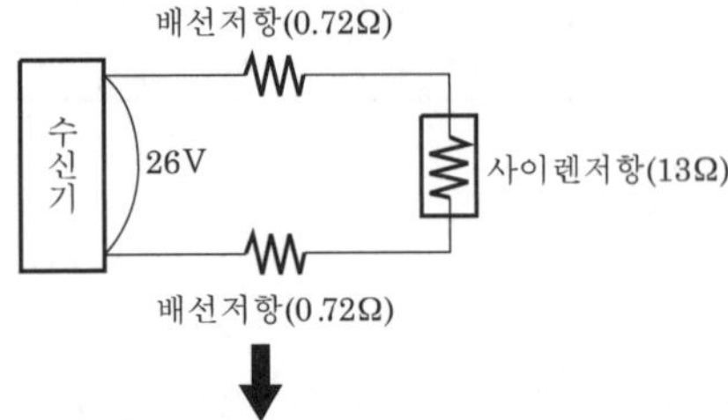

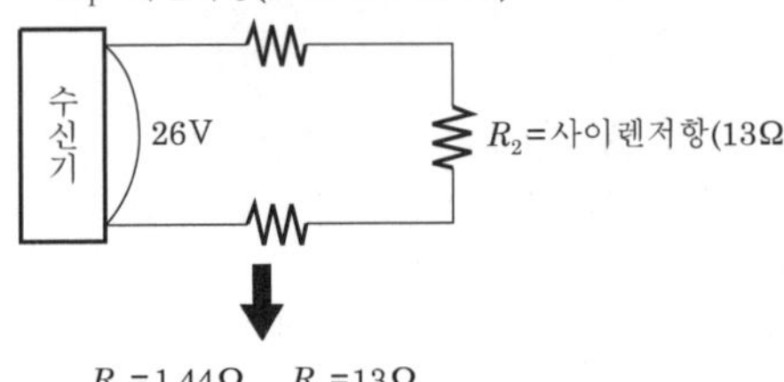

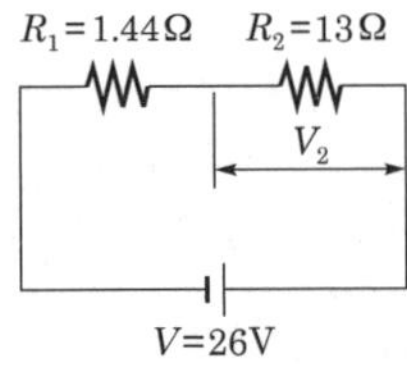

(2) **사이렌**의 **단자전압**(V_2)

$$V_2 = \frac{R_2}{R_1 + R_2} V$$

$$= \frac{13\Omega}{1.44\Omega + 13\Omega} \times 26\text{V} = 23.407 ≒ 23.41\text{V}$$

☆☆

문제 05

비상조명등에 사용하는 비상전원의 종류 3가지를 쓰고 그 용량은 해당 비상조명등을 유효하게 몇 분 이상 작동시킬 수 있어야 하는지 쓰시오. (단, 지하상가인 경우이다.) (17.11.문9)

○ 비상전원의 종류 :

○ 용량 :

득점	배점
	4

○ 비상전원의 종류 : 축전지설비, 자가발전설비, 전기저장장치

○ 용량 : 60분

- [단서]에서 **지하상가**이므로 비상조명등의 비상전원용량은 **60분** 이상

‖ 각 설비의 비상전원 종류 및 용량 ‖

설 비	비상전원	비상전원 용량
• 자동화재**탐**지설비	• **축**전지설비 • 전기저장장치	• **10분** 이상(30층 미만) • **30분** 이상(30층 이상)
• 비상**방**송설비	• 축전지설비 • 전기저장장치	
• 비상**경**보설비	• 축전지설비 • 전기저장장치	• **10분** 이상
• **유**도등	• 축전지	• **20분** 이상 ※ 예외규정 : **60분** 이상 (1) **11층** 이상(지하층 제외) (2) 지하층 · 무창층으로서 **도매시장 · 소매시장 · 여객자동차터미널 · 지하철역사 · 지하상가**
• **무**선통신보조설비	명시하지 않음	• **30분** 이상 기억법 **탐경유방무축**
• 비상콘센트설비	• 자가발전설비 • 축전지설비 • 비상전원수전설비 • 전기저장장치	• **20분** 이상
• **스**프링클러설비 • **미**분무소화설비	• **자**가발전설비 • **축**전지설비 • **전**기저장장치 • 비상전원**수**전설비(차고 · 주차장으로서 스프링클러설비(또는 미분무소화설비)가 설치된 부분의 바닥면적 합계가 1000m² 미만인 경우)	• **20분** 이상(30층 미만) • **40분** 이상(30~49층 이하) • **60분** 이상(50층 이상) 기억법 **스미자 수전축**
• 포소화설비	• 자가발전설비 • 축전지설비 • 전기저장장치 • 비상전원수전설비 – 호스릴포소화설비 또는 포소화전만을 설치한 차고 · 주차장 – 포헤드설비 또는 고정포방출설비가 설치된 부분의 바닥면적(스프링클러설비가 설치된 차고 · 주차장의 바닥면적 포함)의 합계가 1000m² 미만인 것	• **20분** 이상
• **간**이스프링클러설비	• 비상전원**수**전설비	• **10분**(숙박시설 바닥면적 합계 300~600m² 미만, 근린생활시설 바닥면적 합계 1000m² 이상, 복합건축물 연면적 1000m² 이상은 **20분**) 이상 기억법 **간수**
• 옥내소화전설비 • 연결송수관설비 • 특별피난계단의 계단실 및 부속실 제연설비	• 자가발전설비 • 축전지설비 • 전기저장장치	• **20분** 이상(30층 미만) • **40분** 이상(30~49층 이하) • **60분** 이상(50층 이상)
• 제연설비 • 분말소화설비 • 이산화탄소 소화설비 • 물분무소화설비 • 할론소화설비 • 할로겐화합물 및 불활성기체 소화설비 • 화재조기진압용 스프링클러설비	• 자가발전설비 • 축전지설비 • 전기저장장치	• **20분** 이상

• 비상조명등 ⟶	• 자가발전설비 • 축전지설비 • 전기저장장치	• **20분** 이상 ※ 예외규정 : **60분** 이상 (1) **11층** 이상(지하층 제외) (2) 지하층 · 무창층으로서 **도매시장 · 소매시장 · 여객자동차터미널 · 지하철역사 · 지하상가**
• 시각경보장치	• 축전지설비 • 전기저장장치	명시하지 않음

중요

비상전원의 **용량**(한번 더 정리!)

설 비	비상전원의 용량
• 자동화재탐지설비 • 비상경보설비 • 자동화재속보설비	**10분** 이상
• 유도등 • 비상조명등 • 비상콘센트설비 • 포소화설비 • 옥내소화전설비(30층 미만) • 제연설비, 물분무소화설비, 특별피난계단의 계단실 및 부속실 제연설비(30층 미만) • 스프링클러설비(30층 미만) • 연결송수관설비(30층 미만)	**20분** 이상
• 무선통신보조설비의 증폭기	**30분** 이상
• 옥내소화전설비(30~49층 이하) • 특별피난계단의 계단실 및 부속실 제연설비(30~49층 이하) • 연결송수관설비(30~49층 이하) • 스프링클러설비(30~49층 이하)	**40분** 이상
• 유도등 · 비상조명등(지하상가 및 11층 이상) • 옥내소화전설비(50층 이상) • 특별피난계단의 계단실 및 부속실 제연설비(50층 이상) • 연결송수관설비(50층 이상) • 스프링클러설비(50층 이상)	**60분** 이상

☆☆☆

문제 06

길이 50m의 통로에 객석유도등을 설치하려고 한다. 이때 필요한 객석유도등의 수량은 최소 몇 개인가?

(05.5.문6)

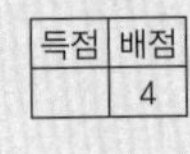

득점	배점
	4

○ 계산과정 :

○ 답 :

해답 ○ 계산과정 : $\frac{50}{4}-1=11.5 \fallingdotseq 12$개

○ 답 : 12개

해설 설치개수 $=\frac{\text{객석통로의 직선부분의 길이[m]}}{4}-1=\frac{50\text{m}}{4}-1=11.5 \fallingdotseq 12$개

∴ 객석유도등의 개수 산정은 절상이므로 **12개 설치**

중요

최소 설치개수 산정식
설치개수 산정시 소수가 발생하면 반드시 **절상**한다.

구 분	산정식
객석유도등	$설치개수 = \frac{객석통로의\ 직선부분의\ 길이[m]}{4} - 1$
유도표지	$설치개수 = \frac{구부러진\ 곳이\ 없는\ 부분의\ 보행거리[m]}{15} - 1$
복도통로유도등, 거실통로유도등	$설치개수 = \frac{구부러진\ 곳이\ 없는\ 부분의\ 보행거리[m]}{20} - 1$

☆☆

문제 07

굴곡이 심한 장소에 적합하게 구부러지기 쉽도록 된 전선관으로 굴곡장소가 많거나 전동기와 옥내배선을 연결할 경우, 조명기구의 인입선배관 등 비교적 짧은 거리에 적용되는 배선공사방법을 쓰시오.

(13.4.문12)

득점	배점
	4

해답 가요전선관공사

해설 (1) **가요전선관공사**의 **시공장소**

① 굴곡장소가 많거나 금속관공사의 시공이 어려운 경우
② **전동기**와 **옥내배선**을 연결할 경우
③ 조명기구의 인입선배관

• 실무에서는 **'플렉시블공사'**라고도 하는데 이것은 옳은 답이 아니다.

(2) **가요전선관**의 **종류**

① 1종 가요전선관
② 2종 가요전선관

중요

가요전선관 부속품

명 칭	외 형	설 명
스트레이트박스콘넥터 (straight box connector)		**가요전선관**과 **박스** 연결
컴비네이션커플링 (combination coupling)		**가요전선관**과 **스틸전선관** 연결

스플리트커플링 (split coupling)		**가요전선관**과 **가요전선관** 연결

• 스트레이트박스콘넥터=스트레이트박스컨넥터

☆ 문제 08

청각장애인용 시각경보장치의 설치기준에 대한 다음 (　) 안을 완성하시오.

(19.4.문16, 17.11.문5, 17.6.문4, 16.6.문13, 15.7.문8)

득점	배점
	4

○ 공연장 · 집회장 · 관람장 또는 이와 유사한 장소에 설치하는 경우에는 시선이 집중되는 (①)부분 등에 설치할 것

○ 바닥으로부터 (②)m 이상 (③)m 이하의 높이에 설치할 것. 단, 천장높이가 2m 이하는 천장에서 (④)m 이내의 장소에 설치해야 한다.

해답 ① 무대부
② 2
③ 2.5
④ 0.15

해설 **청각장애인용 시각경보장치**의 **설치기준**(NFPC 203 8조, NFTC 203 2.5.2)

(1) **복도 · 통로 · 청각장애인용 객실** 및 공용으로 사용하는 **거실**에 설치하며, 각 부분에서 유효하게 경보를 발할 수 있는 위치에 설치할 것

(2) **공연장 · 집회장 · 관람장** 또는 이와 유사한 장소에 설치하는 경우에는 시선이 집중되는 **무대부부분** 등에 설치할 것

(3) 바닥으로부터 **2~2.5m** 이하의 높이에 설치할 것(단, 천장높이가 **2m 이하**는 천장에서 **0.15m** 이내의 장소에 설치)

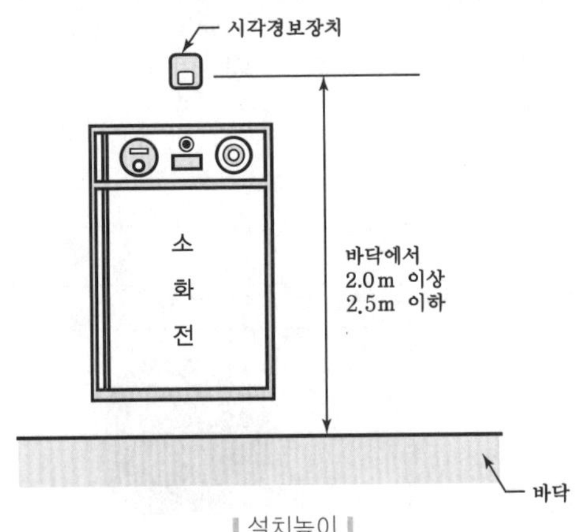

∥ 설치높이 ∥

(4) 광원은 전용의 **축전지설비** 또는 **전기저장장치**에 의하여 점등되도록 할 것(단, 시각경보기에 작동전원을 공급할 수 있도록 형식승인을 얻은 **수신기**를 설치한 경우 제외)

☆☆

문제 09

공기관식 차동식 분포형 감지기의 설치도면이다. 다음 각 물음에 답하시오. (단, 주요구조부를 내화구조로 한 소방대상물인 경우이다.) (16.11.문6, 08.4.문8)

득점	배점
	8

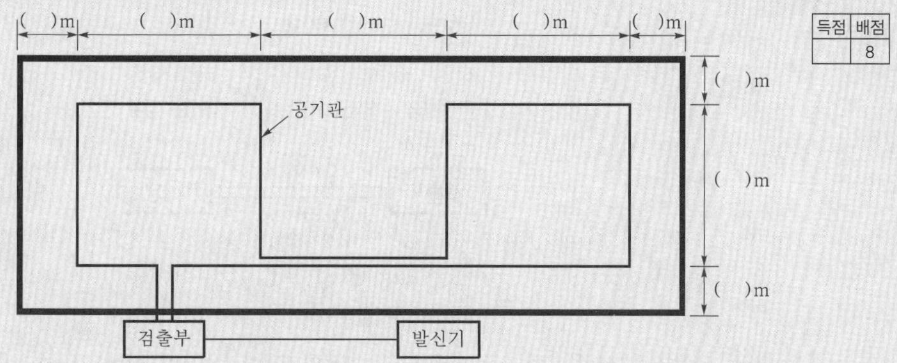

(가) 내화구조일 경우의 공기관 상호 간의 거리와 감지구역의 각 변과의 거리는 몇 m 이하가 되도록 하여야 하는지 도면의 (　　) 안을 쓰시오.

(나) 공기관의 노출부분의 길이는 몇 m 이상이 되어야 하는지 쓰시오.

○

(다) 종단저항을 발신기에 설치할 경우 차동식 분포형 감지기의 검출기와 발신기 간에 연결해야 하는 전선의 가닥수를 도면에 표기하시오.

(라) 검출부의 설치높이를 쓰시오.

○

(마) 검출부분에 접속하는 공기관의 길이는 몇 m 이하로 하여야 하는지 쓰시오.

○

(바) 공기관의 재질을 쓰시오.

○

(사) 검출부의 경사도는 몇 도 미만이어야 하는지 쓰시오.

○

해답 (가), (다)

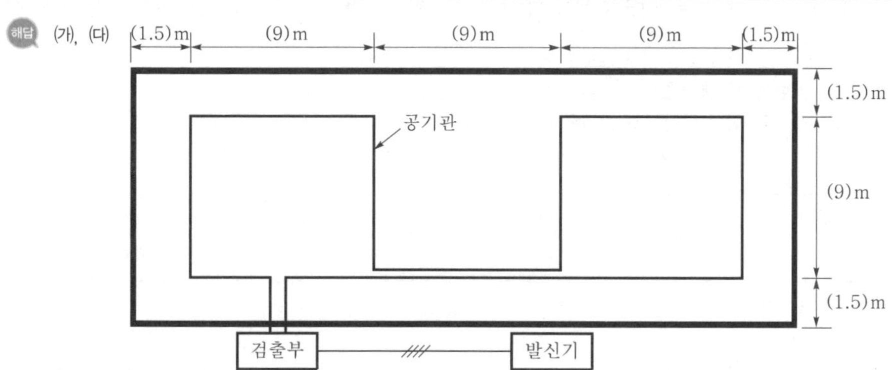

(나) 20m

(라) 바닥에서 0.8~1.5m 이하

(마) 100m

(바) 중공동관

(사) 5도

해설

- (가) : **내화구조**이므로 공기관 상호 간의 거리는 **9m** 이하이다.
- (다) : 검출부는 '**일반감지기**'로 생각하면 배선하기가 쉽다. 다음의 실제배선을 보라!

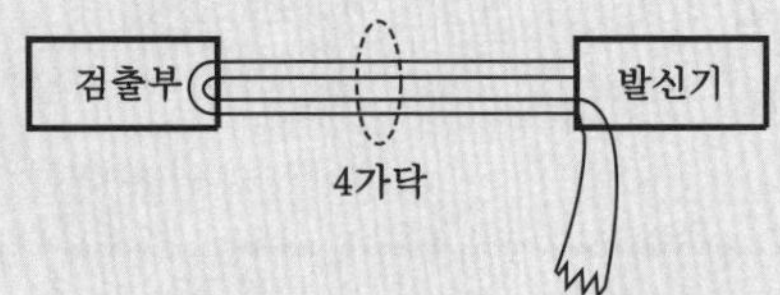

▮종단저항이 발신기에 설치되어 있는 경우▮

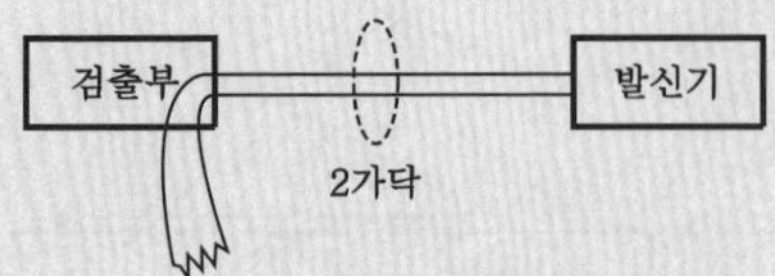

▮종단저항이 검출부에 설치되어 있는 경우▮

- (라) : 단순히 검출부의 설치높이라고 물어보면 '**바닥에서**'라는 말을 반드시 쓰도록 한다.
- (바) : '**동관**'이라고 답해도 좋지만 정확하게 '**중공동관**'이라고 답하도록 하자!(재질을 물어보았으므로 동관이라고 써도 답은 맞다.)

공기관식 차동식 분포형 감지기의 **설치기준**(NFPC 203 7조, NFTC 203 2.4.3.7)

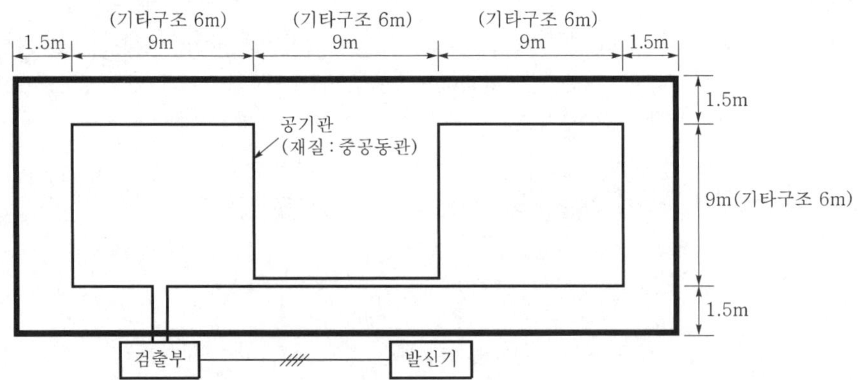

(1) 노출부분은 감지구역마다 **20m** 이상이 되도록 할 것
(2) 각 변과의 수평거리는 **1.5m** 이하가 되도록 하고, 공기관 상호 간의 거리는 6m(내화구조는 9m) 이하가 되도록 할 것
(3) 공기관(재질 : 중공동관)은 **도중**에서 분기하지 않도록 할 것
(4) 하나의 검출부분에 접속하는 공기관의 길이는 **100m** 이하로 할 것
(5) 검출부는 **5° 이상** 경사되지 않도록 부착할 것

▮경사제한각도▮

차동식 분포형 감지기	스포트형 감지기
5° 이상	**45°** 이상

(6) 검출부는 바닥에서 **0.8~1.5m** 이하의 위치에 설치할 것

용어

중공동관
가운데가 비어 있는 구리관

☆☆
문제 10

자동화재탐지설비의 P형 수신기에 연결되는 발신기와 감지기의 미완성 결선도를 완성하시오. (단, 발신기에 설치된 단자는 왼쪽부터 ① 응답, ② 지구, ③ 지구공통이다.) (18.4.문13, 12.7.문15)

득점	배점
	7

감지기 감지기

발신기세트

소화전 기동표시등

위치 표시등

경종

종단저항

P형 수신기

응답

지구공통

지구

위치표시등

지구경종

경종, 표시등 공통

소화전펌프 기동확인

소화전펌프 기동확인

(가) 미완성된 결선도를 완성하시오.

(나) 종단저항을 설치하는 기기의 명칭 및 종단저항은 기기의 어느 선과 어느 선 사이에 연결하여야 하는지 쓰시오.

○ 기기명칭 :

○ 연결하는 곳 :

(다) 발신기창의 상부에 설치하는 표시등의 색깔을 쓰시오.

(라) 발신기표시등은 그 불빛의 부착면으로부터 몇 도 이상의 범위 안에서 몇 m의 거리에서 식별할 수 있어야 하는가?

해답 (가)

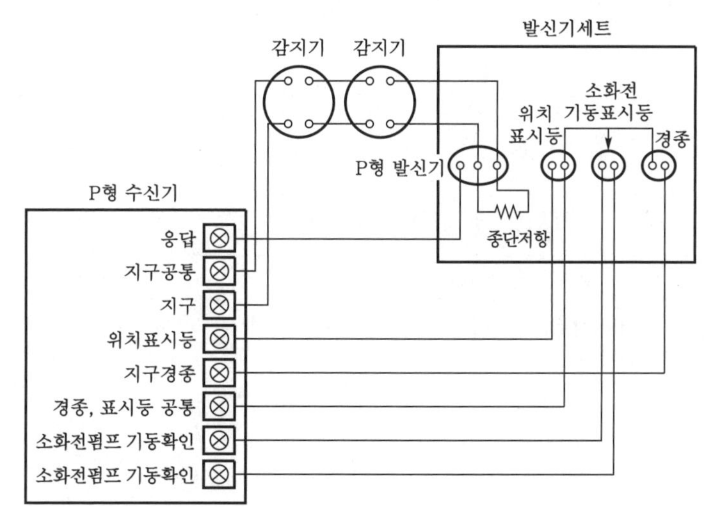

(나) ○ 기기명칭 : P형 발신기
○ 연결하는 곳 : 지구선과 지구공통선

(다) 적색

(라) 15° 이상의 범위 안에서 10m 거리에서 식별

해설

• 문제에서 발신기 단자가 응답, 지구, 지구공통 순이므로 이 단자명칭을 잘 보고 결선할 것

(가) P형 수신기 단자—감지기—종단저항 순으로 연결해야 한다.

중요

종단저항이 **감지기 말단**에 **설치**되어 있는 **경우**의 **배선**

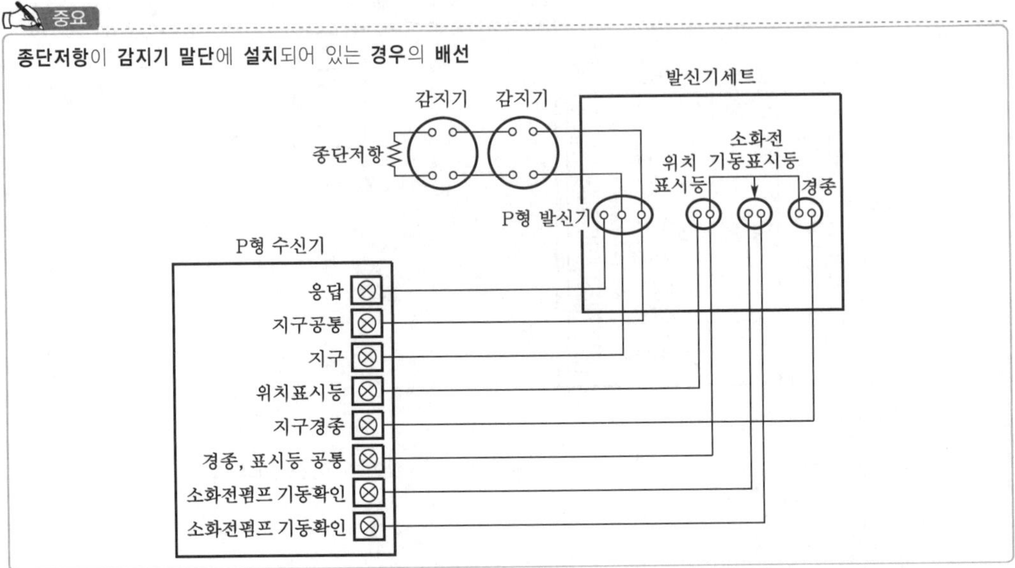

(나) 종단저항은 발신기의 회로선**(지구선)**과 회로공통선**(지구공통선)** 사이에 연결한다.

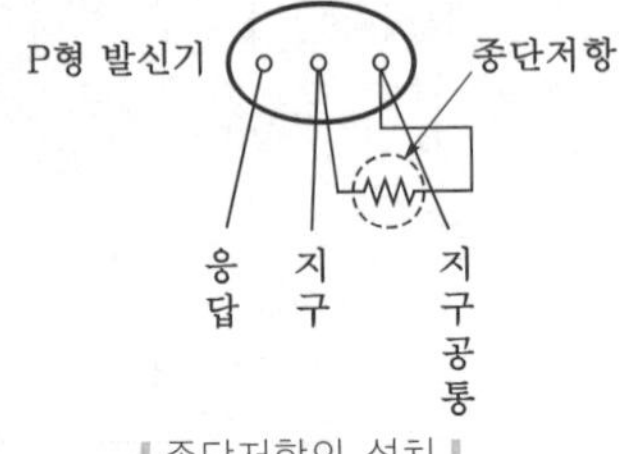

‖ 종단저항의 설치 ‖

• **'발신기'**보다 **'P형 발신기'**가 정답

(다)~(라) **발신기표시등**

목 적	점멸상태
P형 발신기의 위치표시	항상 점등

발신기표시등은 **함**의 **상부**에 설치하며 그 불빛이 부착면으로부터 **15° 이상**의 범위 안에서 **10m 거리**에서 식별할 수 있는 **적색등**일 것

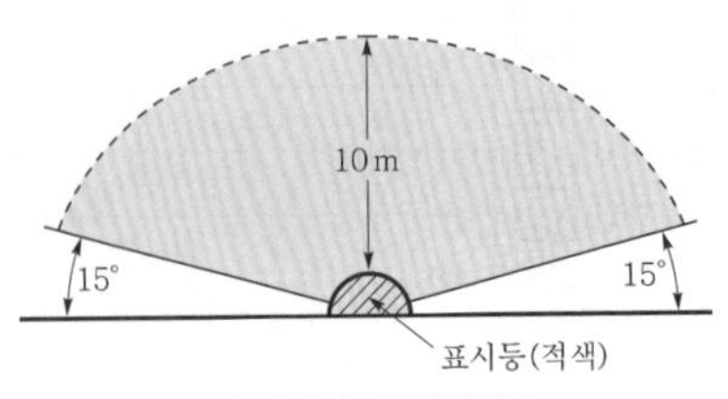

‖ 표시등의 식별범위 ‖

비교

표시등과 **발신기표시등**의 식별

① **옥내소화전설비**의 표시등(NFPC 102 7조 ③항, NFTC 102 2.4.3) ② **옥외소화전설비**의 표시등(NFPC 109 7조 ④항, NFTC 109 2.4.4) ③ **연결송수관설비**의 표시등(NFPC 502 6조, NFTC 502 2.3.1.6.1)	① **자동화재탐지설비**의 발신기표시등(NFPC 203 9조 ②항, NFTC 203 2.6) ② **스프링클러설비**의 화재감지기회로의 발신기표시등(NFPC 103 9조 ③항, NFTC 103 2.6.3.5.3) ③ **미분무소화설비**의 화재감지기회로의 발신기표시등(NFPC 104A 12조 ①항, NFTC 104A 2.9.1.8.3) ④ **포소화설비**의 화재감지기회로의 발신기표시등(NFPC 105 11조 ②항, NFTC 105 2.8.2.2.2) ⑤ **비상경보설비**의 화재감지기회로의 발신기표시등(NFPC 201 4조 ⑤항, NFTC 201 2.1.5.3)
부착면과 **15° 이하**의 각도로도 발산되어야 하며 주위의 밝기가 **0lx**인 장소에서 측정하여 **10m** 떨어진 위치에서 켜진 등이 확실히 식별될 것 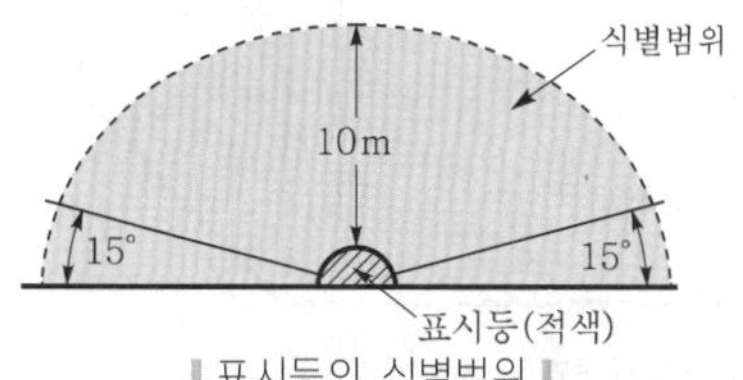 ‖ 표시등의 식별범위 ‖	부착면으로부터 **15° 이상**의 범위 안에서 **10m** 거리에서 식별 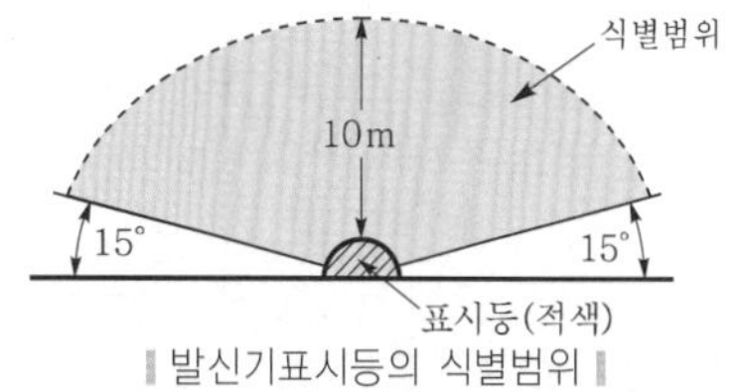 ‖ 발신기표시등의 식별범위 ‖

• **15° 이하**와 **15° 이상**을 확실히 구분해야 한다.

☆☆

문제 11

광전식 분리형 감지기의 설치기준 3가지를 쓰시오. (19.6.문6, 16.6.문3, 07.11.문9)

○
○
○

득점	배점
	6

해답 ① 감지기의 수광면은 햇빛을 직접 받지 않도록 설치할 것
② 광축은 나란한 벽으로부터 0.6m 이상 이격하여 설치할 것
③ 감지기의 광축의 길이는 공칭감시거리 범위 이내일 것

해설 (1) **광전식 분리형 감지기**의 **설치기준**(NFPC 203 7조 ③항 15호, NFTC 203 2.4.3.15)
① 감지기의 **수광면**은 **햇빛**을 직접 받지 않도록 설치할 것
② 광축은 나란한 벽으로부터 **0.6m 이상** 이격하여 설치할 것
③ 감지기의 송광부와 수광부는 설치된 **뒷벽**으로부터 **1m 이내** 위치에 설치할 것
④ 광축의 **높**이는 천장 등 높이의 **80% 이상**일 것
⑤ 감지기의 광축의 **길**이는 **공칭감시거리** 범위 이내일 것

기억법 **광분수 벽높(노) 길공**

• '**수광면**'을 '**수광부**'로 쓰지 않도록 주의하라!
• '**뒷벽**'이라고 써야지 '**벽**'만 쓰면 틀린다.
• '**공칭감시거리**'를 '**공칭감지거리**'로 쓰지 않도록 주의하라!
• 평소에 맨날 빈칸 넣기로 나왔다고 빈칸만 외우면 안돼유~

용어

광축
송광면과 수광면의 중심을 연결한 선

(2) **광전식 분리형 감지기**(아날로그식 분리형 광전식 감지기)의 **공칭감시거리**(감지기형식 19)
5~100m 이하로 하여 **5m 간격**으로 한다.

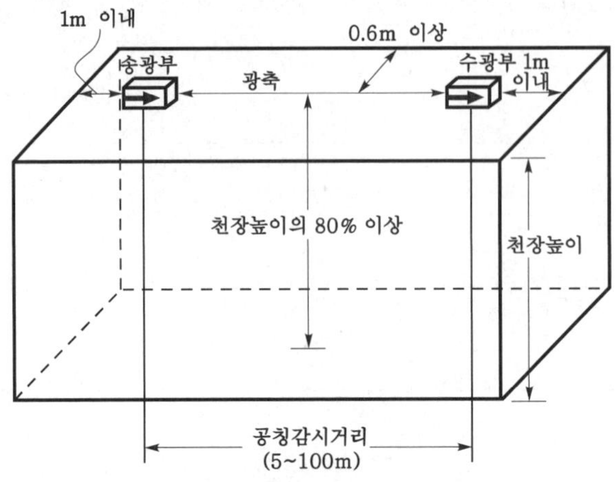

‖ 광전식 분리형 감지기 ‖

(3) **특수한 장소**에 **설치하는 감지기**(NFPC 203 7조 ④항, NFTC 203 2.4.4)

장 소	적응감지기
화학공장, 격납고, 제련소	• 광전식 분리형 감지기 • 불꽃감지기
전산실, 반도체공장	• 광전식 공기흡입형 감지기

☆☆
문제 12

지하층 · 무창층 등으로서 환기가 잘 되지 아니하거나 감지기의 부착면과 실내바닥과의 거리가 2.3m 이하인 곳으로서 일시적으로 발생한 열 · 연기 또는 먼지 등으로 인하여 화재신호를 발신할 우려가 있는 장소에 설치가능한 감지기(자동화재탐지설비에 설치하는 감지기) 5가지를 쓰시오.

(19.11.문11, 16.4.문11, 14.7.문11, 12.11.문7)

○
○
○
○
○

득점	배점
	5

해답 ① 불꽃감지기
② 정온식 감지선형 감지기
③ 분포형 감지기
④ 복합형 감지기
⑤ 광전식 분리형 감지기

해설 **지하층 · 무창층** 등으로서 환기가 잘 되지 아니하거나 실내면적이 **40m²** 미만인 장소, 감지기의 부착면과 실내바닥과의 거리가 **2.3m** 이하인 곳으로서 일시적으로 발생한 열 · 연기 또는 먼지 등으로 인하여 화재신호를 발신할 우려가 있는 장소에 설치가능한 감지기(**자동화재탐지설비**에 설치하는 감지기)(NFPC 203 7조 ①항, NFTC 203 2.4.1)

(1) **불꽃**감지기
(2) **정온식 감지선형** 감지기
(3) **분포형** 감지기
(4) **복합형** 감지기
(5) **광전식 분리형** 감지기
(6) **아날로그방식**의 감지기
(7) **다신호방식**의 감지기
(8) **축적방식**의 감지기

기억법 불정감 복분(복분자) 광아다축

문제 13

저항이 100Ω인 경동선의 온도가 20℃이고 이 온도에서 저항온도계수가 0.00393이다. 경동선의 온도가 100℃로 상승할 때 저항값[Ω]은 얼마인가? (10.10.문14)

○ 계산과정 :
○ 답 :

득점	배점
	4

해답 ○ 계산과정 : 100×[1+0.00393×(100−20)]=131.44Ω
○ 답 : 131.44Ω

해설 **도체**의 **저항**

$$R_2 = R_1[1+\alpha_{t_1}(t_2-t_1)]$$

여기서, R_1 : t_1[℃]에 있어서의 도체의 저항[Ω]
R_2 : t_2[℃]에 있어서의 도체의 저항[Ω]
t_1 : 상승 전의 온도[℃]
t_2 : 상승 후의 온도[℃]
α_{t_1} : t_1[℃]에서의 저항온도계수

도체의 저항 R_2는

$R_2 = R_1[1+\alpha_{t_1}(t_2-t_1)] = 100\,\Omega \times [1+0.00393\times(100℃-20℃)] = 131.44\,\Omega$

용어

저항온도계수
온도변화에 의한 저항의 변화를 비율로 나타낸 것

• 마지막 5분까지 최선을 다하면 자주 안 나오는 문제도 풀 수 있다!

문제 14

다음 표는 어느 건물의 자동화재탐지설비 공사에 소요되는 자재물량이다. 주어진 품셈을 이용하여 내선전공의 노임단가와 공량의 빈칸을 채우고 인건비를 산출하시오. (16.11.문2, 14.7.문18, 10.10.문1)

[조건]

득점	배점
	10

① 공구손료는 인건비의 3%, 내선전공의 M/D는 100000원을 적용한다.

② 콘크리트박스는 매입을 원칙으로 하며, 박스커버의 내선전공은 적용하지 않는다.
③ 빈칸에 숫자를 적을 필요가 없는 부분은 공란으로 남겨 둔다.

(가) 내선전공의 노임단가 및 공량

품 명	규 격	단 위	수 량	노임단가	공 량
수신기	P형 5회로	EA	1		
발신기	P형	EA	5		
경종	DC-24V	EA	5		
표시등	DC-24V	EA	5		
차동식 감지기	스포트형	EA	60		
전선관(후강)	steel 16호	m	70		
전선관(후강)	steel 22호	m	100		
전선관(후강)	steel 28호	m	400		
전선	$1.5mm^2$	m	10000		
전선	$2.5mm^2$	m	15000		
콘크리트박스	4각	EA	5		
콘크리트박스	8각	EA	55		
박스커버	4각	EA	5		
박스커버	8각	EA	55		
계					

(나) 인건비

품 명	단 위	공 량	단가[원]	금액[원]
내선전공	인			
공구손료	식			
계				

[표 1] 전선관배관

(m당)

합성수지전선관		금속(후강)전선관		금속가요전선관	
관의 호칭	내선전공	관의 호칭	내선전공	관의 호칭	내선전공
14	0.04	–	–	–	–
16	0.05	16	0.08	16	0.044
22	0.06	22	0.11	22	0.059
28	0.08	28	0.14	28	0.072
36	0.10	36	0.20	36	0.087
42	0.13	42	0.25	42	0.104
54	0.19	54	0.34	54	0.136
70	0.28	70	0.44	70	0.156

〔표 2〕 박스(box) 신설

(개당)

구 분	내선전공
8각 Concrete Box	0.12
4각 Concrete Box	0.12
8각 Outlet Box	0.20
중형 4각 Outlet Box	0.20
대형 4각 Outlet Box	0.20
1개용 Switch Box	0.20
2~3개용 Switch Box	0.20
4~5개용 Switch Box	0.25
노출형 Box(콘크리트 노출기준)	0.29
플로어박스	0.20

〔표 3〕 옥내배선

(m당, 직종 : 내선전공)

규 격	관내배선	규 격	관내배선
$6mm^2$ 이하	0.010	$120mm^2$ 이하	0.077
$16mm^2$ 이하	0.023	$150mm^2$ 이하	0.088
$38mm^2$ 이하	0.031	$200mm^2$ 이하	0.107
$50mm^2$ 이하	0.043	$250mm^2$ 이하	0.130
$60mm^2$ 이하	0.052	$300mm^2$ 이하	0.148
$70mm^2$ 이하	0.061	$325mm^2$ 이하	0.160
$100mm^2$ 이하	0.064	$400mm^2$ 이하	0.197

〔표 4〕 자동화재경보장치 설치

공 종	단 위	내선전공	비 고
Spot형 감지기 (차동식, 정온식, 보상식) 노출형	개	0.13	① 천장높이 4m 기준 1m 증가시마다 5% 가산 ② 매입형 또는 특수구조인 경우 조건에 따라 선정
시험기(공기관 포함)	개	0.15	① 상동 ② 상동
분포형의 공기관	m	0.025	① 상동 ② 상동
검출기	개	0.30	
공기관식의 Booster	개	0.10	
발신기 P형	개	0.30	
회로시험기	개	0.10	
수신기 P형(기본공수) (회선수 공수 산출 가산요)	대	6.0	〔회선수에 대한 산정〕 매 1회선에 대해서
부수신기(기본공수)	대	3.0	(아래 표 참조)

직 종 / 형 식	내선전공
P형	0.3
R형	0.2

수신기 P형(기본공수) (회선수 공수 산출 가산요)	대	6.0	※ R형은 수신반 인입감시 회선수 기준 [참고] 산정 예 : P형의 10회분 기본공수는 6인, 회선당 할증수는 10×0.3=3　∴ 6+3=9인
부수신기(기본공수)	대	3.0	
소화전 기동 릴레이	대	1.5	
경종	개	0.15	
표시등	개	0.20	
표지판	개	0.15	

해답 (가) 내선전공의 노임단가 및 공량

품 명	규 격	단 위	수 량	노임단가	공 량
수신기	P형 5회로	EA	1	100000원	6+(5×0.3)=7.5
발신기	P형	EA	5	100000원	5×0.3=1.5
경종	DC-24V	EA	5	100000원	5×0.15=0.75
표시등	DC-24V	EA	5	100000원	5×0.2=1
차동식 감지기	스포트형	EA	60	100000원	60×0.13=7.8
전선관(후강)	steel 16호	m	70	100000원	70×0.08=5.6
전선관(후강)	steel 22호	m	100	100000원	100×0.11=11
전선관(후강)	steel 28호	m	400	100000원	400×0.14=56
전선	1.5mm^2	m	10000	100000원	10000×0.01=100
전선	2.5mm^2	m	15000	100000원	15000×0.01=150
콘크리트박스	4각	EA	5	100000원	5×0.12=0.6
콘크리트박스	8각	EA	55	100000원	55×0.12=6.6
박스커버	4각	EA	5		
박스커버	8각	EA	55		
계					7.5+1.5+0.75+1+7.8+5.6+11+56+100+150+0.6+6.6=348.35

(나) 인건비

품 명	단 위	공 량	단가[원]	금액[원]
내선전공	인	348.35	100000	348.35×100000=34835000
공구손료	식	3%	34835000	34835000×0.03=1045050
계				34835000+1045050=35880050

해설 (가) 내선전공의 노임단가 및 공량

품 명	규 격	단 위	수 량	노임단가	공 량
수신기	P형 5회로	EA	1	100000원	6+(5×0.3)=7.5
발신기	P형	EA	5	100000원	5×0.3=1.5
경종	DC-24V	EA	5	100000원	5×0.15=0.75
표시등	DC-24V	EA	5	100000원	5×0.2=1
차동식 감지기	스포트형	EA	60	100000원	60×0.13=7.8
전선관(후강)	steel 16호	m	70	100000원	70×0.08=5.6
전선관(후강)	steel 22호	m	100	100000원	100×0.11=11
전선관(후강)	steel 28호	m	400	100000원	400×0.14=56
전선	1.5mm^2	m	10000	100000원	10000×0.01=100
전선	2.5mm^2	m	15000	100000원	15000×0.01=150

콘크리트박스	4각	EA	5	100000원	5×0.12=0.6
콘크리트박스	8각	EA	55	100000원	55×0.12=6.6
박스커버	4각	EA	5		
박스커버	8각	EA	55		
계					7.5+1.5+0.75+1+7.8+5.6+11+56+100+150+0.6+6.6=348.35

(나) 인건비

품 명	단 위	공 량	단가〔원〕	금액〔원〕
내선전공	인	348.35	100000	348.35×100000=34835000
공구손료	식	3%	34835000	34835000×0.03=1045050
계				34835000+1045050=35880050

- 〔조건 ②〕, 〔조건 ③〕에 의해 박스커버의 내선전공은 적용하지 않고 공란으로 남겨 둘 것
- 박스커버의 내선전공이 없으므로 공량도 당연히 공란으로 둘 것
- 〔조건 ①〕에 의해 **공구손료**는 **3%** 적용
- 공구손료=내선전공 합계×0.03(3%)=34835000원×0.03=1045050원
- 총 인건비=내선전공 합계+공구손료=34835000원+1045050원=35880050원

〔표 4〕 자동화재경보장치 설치

공 종	단 위	내선전공	비 고
Spot형 감지기 (차동식, 정온식, 보상식) 노출형	개	**0.13**	① 천장높이 4m 기준 1m 증가시마다 5% 가산 ② 매입형 또는 특수구조인 경우 조건에 따라 선정
시험기(공기관 포함)	개	0.15	① 상동 ② 상동
분포형의 공기관	m	0.025	① 상동 ② 상동
검출기	개	0.30	
공기관식의 Booster	개	0.10	
발신기 P형	개	**0.30**	
회로시험기	개	0.10	
수신기 P형(기본공수) (회선수 공수 산출 가산요)	대	**6.0**	〔회선수에 대한 산정〕 매 1회선에 대해서 (형식 / 직종 : 내선전공) **P형** : **0.3** R형 : 0.2 ※ R형은 수신반 인입감시 회선수 기준 〔참고〕 산정 예 : P형의 10회분, 기본공수는 6인, 회선당 할증수는 10×0.3=3 ∴ 6+3=9인
부수신기(기본공수)	대	3.0	
소화전 기동 릴레이	대	1.5	
경종	개	**0.15**	
표시등	개	**0.20**	
표지판	개	0.15	

① **수신기**

- P형 수신기는 **1대**이고, 규격에서 **5회로**이므로 수신기 회선당 할증 0.3을 적용하면 6+(5회로×0.3)=**7.5**
- 단, 실제 사용되는 회로수가 있다면 규격을 적용하는 것이 아니고 **실제 사용되는 회로수**를 적용해야 한다.

실제 사용되는 회로수를 아는 경우	실제 사용되는 회로수를 모르는 경우
실제 회로수 적용	규격에 있는 회로수 적용

② **발신기**

- 발신기 P형은 **5개**, 내선전공 공량은 **0.3**이므로 5개×0.3=**1.5**

③ **경종**

- 경종은 **5개**, 내선전공 공량은 **0.15**이므로 5개×0.15=**0.75**

④ **표시등**

- 표시등은 **5개**, 내선전공 공량은 **0.2**이므로 5개×0.2=**1**

⑤ **차동식 감지기(스포트형)**

- 차동식 스포트형 감지기는 **60개**, 내선전공 공량은 **0.13**이므로 60개×0.13=**7.8**

〔표 1〕 전선관배관

(m당)

합성수지전선관		금속(후강)전선관		금속가요전선관	
관의 호칭	내선전공	관의 호칭	내선전공	관의 호칭	내선전공
14	0.04	–	–	–	–
16	0.05	**16** →	**0.08**	16	0.044
22	0.06	**22** →	**0.11**	22	0.059
28	0.08	**28** →	**0.14**	28	0.072
36	0.10	36	0.20	36	0.087
42	0.13	42	0.25	42	0.104
54	0.19	54	0.34	54	0.136
70	0.28	70	0.44	70	0.156

① **후강전선관(16mm)**

- 후강전선관 16mm는 **70m**, 내선전공 공량은 **0.08**이므로 70m×0.08=**5.6**
- 규격에서 steel 16호는 **16mm**를 뜻한다.

② **후강전선관(22mm)**

- 후강전선관 22mm는 **100m**, 내선전공 공량은 **0.11**이므로 100m×0.11=**11**
- 규격에서 steel 22호는 **22mm**를 뜻한다.

③ **후강전선관(28mm)**

- 후강전선관 28mm는 **400m**, 내선전공 공량은 **0.14**이므로 400m×0.14=**56**
- 규격에서 steel 28호는 **28mm**를 뜻한다.

〔표 3〕 옥내배선

(m당, 직종 : 내선전공)

규 격	관내배선	규 격	관내배선
6mm² 이하 →	**0.010**	120mm² 이하	0.077
16mm² 이하	0.023	150mm² 이하	0.088
38mm² 이하	0.031	200mm² 이하	0.107
50mm² 이하	0.043	250mm² 이하	0.130
60mm² 이하	0.052	300mm² 이하	0.148
70mm² 이하	0.061	325mm² 이하	0.160
100mm² 이하	0.064	400mm² 이하	0.197

① **전선(1.5mm²)**

- 전선 1.5mm²는 **10000m**, 내선전공 공량은 **0.01**이므로 10000m×0.01=**100**
- 전선 1.5mm²이므로 **6mm² 이하** 적용

② **전선(2.5mm²)**

- 전선 2.5mm²는 **15000m**, 내선전공 공량은 **0.01**이므로 15000m×0.01=**150**
- 전선 2.5mm²이므로 **6mm² 이하** 적용

〔표 2〕 박스(box) 신설

(개당)

구 분	내선전공
8각 Concrete Box →	**0.12**
4각 Concrete Box →	**0.12**
8각 Outlet Box	0.20
중형 4각 Outlet Box	0.20
대형 4각 Outlet Box	0.20
1개용 Switch Box	0.20
2~3개용 Switch Box	0.20
4~5개용 Switch Box	0.25
노출형 Box(콘크리트 노출기준)	0.29
플로어박스	0.20

① **콘크리트박스(4각)**

- 4각 콘크리트박스(concrete Box)는 **5개**, 내선전공 공량은 **0.12**이므로 5개×0.12=**0.6**
- 콘크리트박스라고 명시하고 있으므로 Outlet Box를 적용하지 않는 것에 주의할 것

② **콘크리트박스(8각)**

- 8각 콘크리트박스(concrete Box)는 **55개**, 내선전공 공량은 **0.12**이므로 55개×0.12=**6.6**
- 콘크리트박스라고 명시하고 있으므로 Outlet Box를 적용하지 않는 것에 주의할 것

☆☆

문제 15

주어진 도면은 유도전동기 기동 · 정지회로의 미완성 도면이다. 다음 각 물음에 답하시오.

(19.4.문12, 09.10.문10)

득점	배점
	5

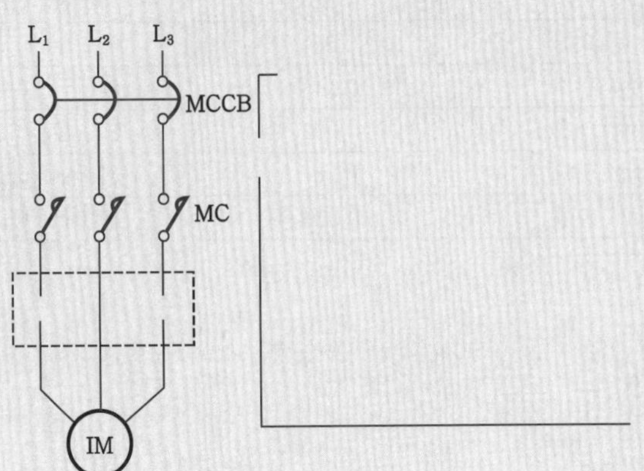

〔동작설명〕

① 보조회로 1선은 L_1상에 연결되고 1선은 L_3상에 연결되며, 회로를 보호하기 위해 퓨즈(F)를 각각 설치한다.

② MCCB를 투입하면 표시램프 GL이 점등되도록 한다.

③ 전동기운전용 누름버튼스위치 ON을 누르면 전자접촉기 MC가 여자되고, MC_{-a}접점에 의해 자기유지되며 RL이 점등된다. 동시에 전동기가 기동된다.

④ 전동기가 정상운전 중 정지누름버튼스위치 OFF를 누르면 ON을 누르기 전의 상태로 된다.

⑤ 전동기에 과전류가 흐르면 열동계전기 접점인 THR에 의하여 전동기는 정지하고 모든 접점은 최초의 상태로 복귀하며 부저(BZ)가 울린다.

(가) 동작설명 및 주어진 기구를 이용하여 제어회로부분의 미완성 회로를 완성하시오. (단, 기동운전시 자기유지가 되어야 하고, 기구의 개수 및 접점 등은 최소개수를 사용하도록 하며 MC접점은 2개를 사용한다.)

(나) 주회로에 대한 점선의 내부를 주어진 도면에 완성하고 이것은 어떤 경우에 작동하는지 2가지만 쓰시오.

○

○

해답 (가)

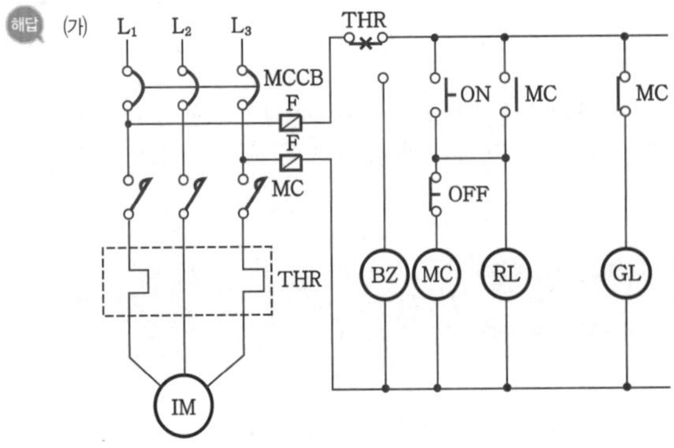

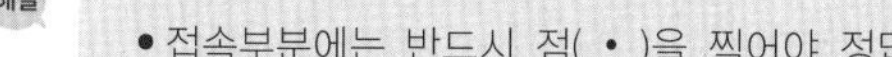

(나) ① 전동기에 과부하가 걸릴 때
② 전류조정 다이얼 세팅치를 적정 전류보다 낮게 세팅했을 때

해설

- 접속부분에는 반드시 점(•)을 찍어야 정답!
- (GL)이 소등된다는 말이 없으므로 (GL) 위의 MC-b 접점은 생략해도 되지만 일반적으로 (MC)가 기동되면 (RL)이 점등되고 (GL)이 소등되므로 MC-b 접점을 추가하는 것이 옳다.

(가) 다음과 같이 도면을 그려도 모두 정답!

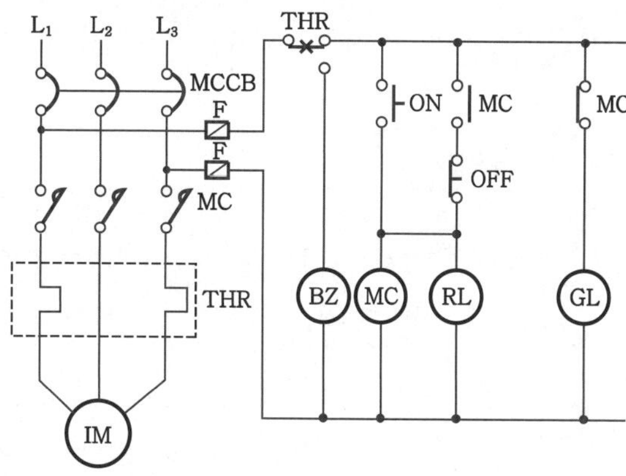

‖ 도면 1 ‖

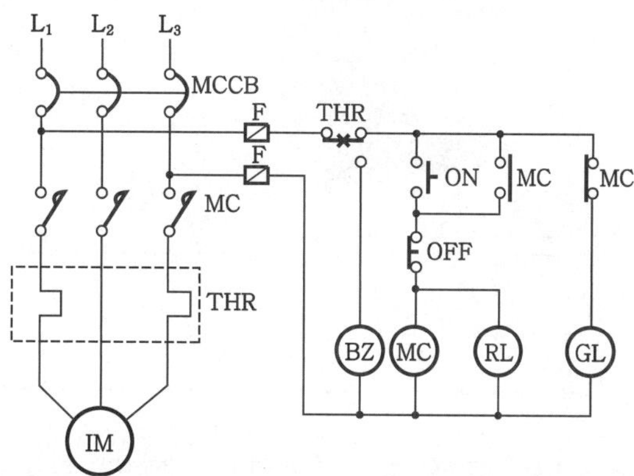

‖ 도면 2 ‖

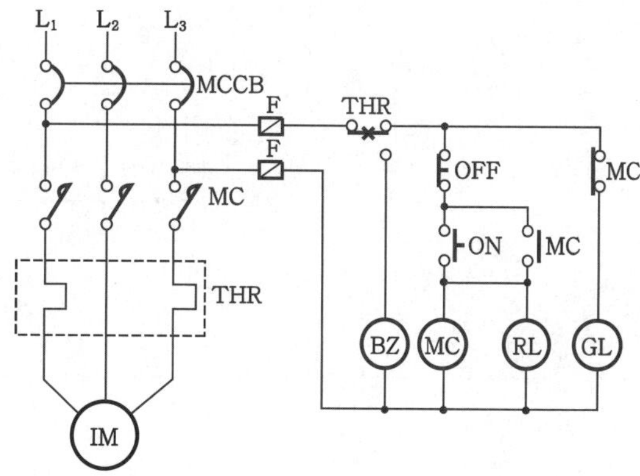

‖ 도면 3 ‖

(나) **열동계전기**가 **동작**되는 경우

① 전동기에 **과부하**가 걸릴 때

② 전류조정 다이얼 세팅치를 적정 전류(정격전류)보다 **낮게 세팅**했을 때

③ 열동계전기 단자에 접촉불량으로 **과열**되었을 때

- **'전동기에 과전류가 흐를 때'**도 답이 된다.
- **'전동기에 과전압이 걸릴 때'**는 틀린 답이 되므로 주의하라!
- **열동계전기의 전류조정 다이얼 세팅 : 정격전류의 1.15~1.2배**에 세팅하는 것이 원칙이다. 실제 실무에서는 이 세팅을 제대로 하지 않아 과부하보호용 열동계전기를 설치하였음에도 불구하고 전동기(motor)를 소손시키는 경우가 많으니 세팅치를 꼭 기억하여 실무에서 유용하게 사용하기 바란다.

용어

열동계전기 vs 전자식 과전류계전기

구 분	열동계전기 (Thermal Relay ; THR)	전자식 과전류계전기 (Electronic Over Current Relay ; EOCR)
정의	전동기의 **과부하 보호용** 계전기	열동계전기와 같이 전동기의 **과부하 보호용** 계전기
작동구분	기계식	전자식
외형	‖ 열동계전기 ‖	‖ 전자식 과전류계전기 ‖

☆☆

문제 16

다음은 브리지 정류회로(전파정류회로)의 미완성 도면이다. 다음 각 물음에 답하시오. (13.11.문9)

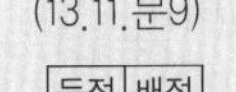

득점	배점
	4

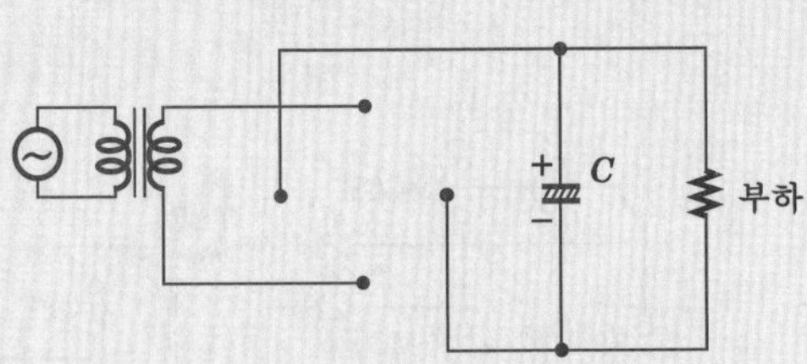

(가) 정류다이오드 4개를 사용하여 회로를 완성하시오.

(나) 도면에서 C의 역할을 쓰시오.

해답 (가)

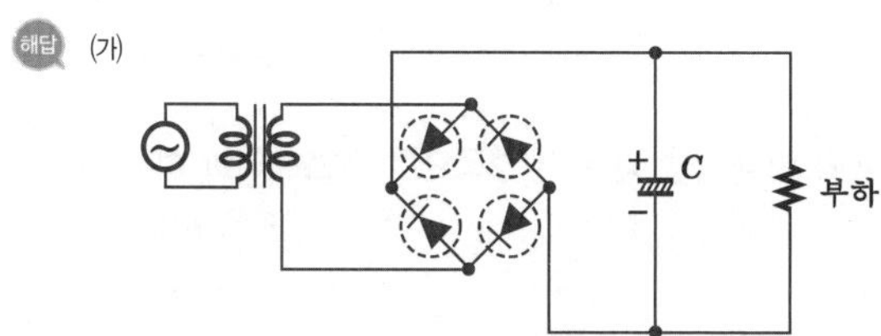

(나) 직류전압을 일정하게 유지

해설 (가) 틀린 도면을 소개하니 다음과 같이 그리지 않도록 주의할 것. **콘덴서**의 **극성**(+, −)에 주의하라.

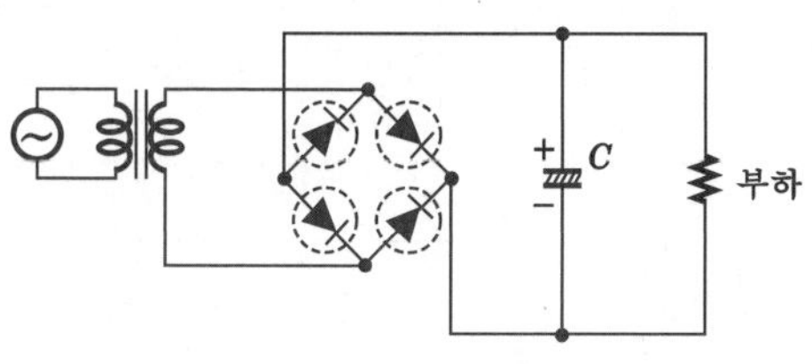

‖ 틀린 도면 ‖

비교

다이오드 2개를 이용한 **전파정류회로**

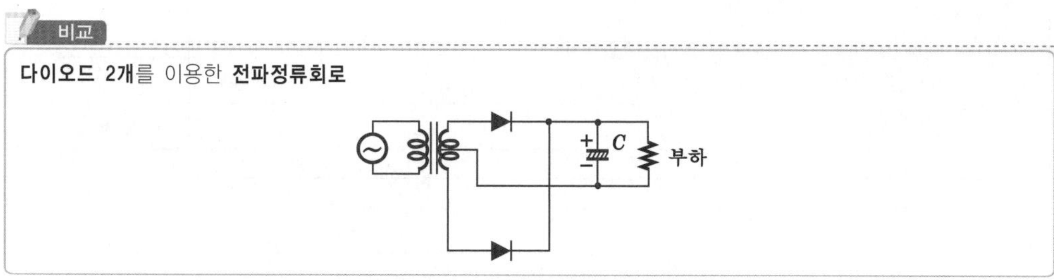

(나) **콘덴서**(condenser)는 **직류전압**을 **일정**하게 **유지**하기 위하여 **정류회로**의 **출력단**에 설치하여야 한다.

중요

브리지 정류회로의 **부하전압 특성**

(1) **콘덴서가 있는 경우**

(2) **콘덴서가 없는 경우**

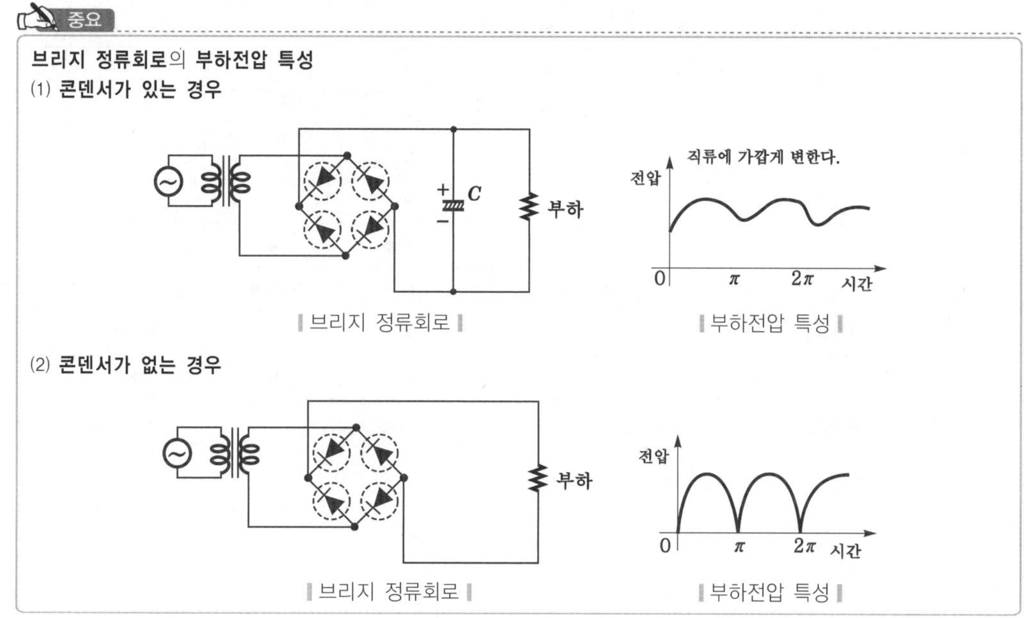

‖ 브리지 정류회로 ‖ ‖ 부하전압 특성 ‖

‖ 브리지 정류회로 ‖ ‖ 부하전압 특성 ‖

문제 17

지하 3층, 지상 11층의 건물에 표와 같이 화재가 발생했을 경우 우선적으로 경보하여야 하는 층을 표시하시오. (단, 경보표시는 ●를 사용한다.) (18.4.문14, 10.10.문15)

득점	배점
	6

11층						
7층						
6층						
5층						
4층						
3층	화재(●)					
2층		화재(●)				
1층			화재(●)			
지하 1층				화재(●)		
지하 2층					화재(●)	
지하 3층						화재(●)

해답

11층						
7층	●					
6층	●	●				
5층	●	●	●			
4층	●	●	●			
3층	화재(●)	●	●			
2층		화재(●)	●			
1층			화재(●)	●		
지하 1층			●	화재(●)	●	●
지하 2층			●	●	화재(●)	●
지하 3층			●	●	●	화재(●)

해설 **자동화재탐지설비의 음향장치 설치기준**(NFPC 203 8조, NFTC 203 2.5.1.2)

(1) 주음향장치는 수신기의 내부 또는 그 직근에 설치할 것

(2) **11층**(공동주택 **16층**) **이상**인 특정소방대상물

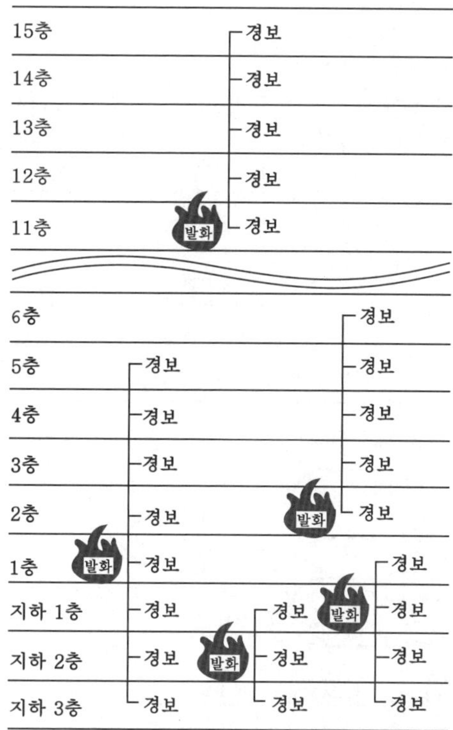

▌발화층 및 직상 4개층 우선경보방식▌

발화층	경보층	
	11층(공동주택 16층) 미만	11층(공동주택 16층) 이상
2층 이상 발화	전층 일제경보	• 발화층 • 직상 4개층
1층 발화	전층 일제경보	• 발화층 • 직상 4개층 • 지하층
지하층 발화	전층 일제경보	• 발화층 • 직상층 • 기타의 지하층

☆☆☆

문제 18

그림과 같은 유접점 시퀀스회로에 대해 다음 각 물음에 답하시오.

(16.11.문5, 16.4.문13, 05.10.문4, 04.7.문4)

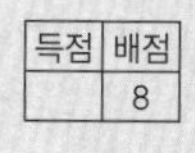

득점	배점
	8

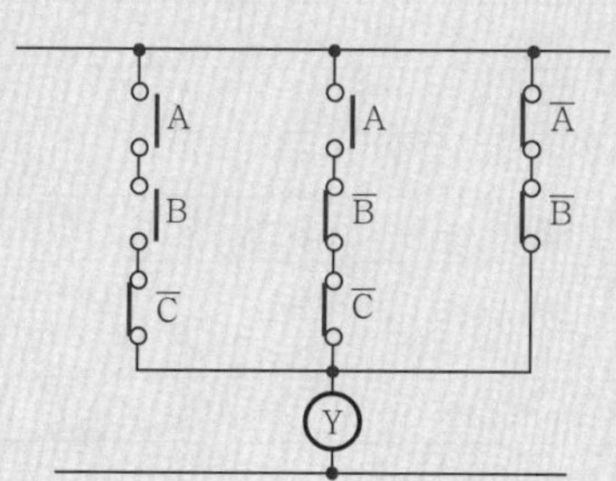

(가) 그림의 시퀀스도를 가장 간략화한 논리식으로 표현하시오. (단, 최초의 논리식을 쓰고 이것을 간략화하는 과정을 기술하시오.)
(나) (가)에서 가장 간략화한 논리식을 무접점 논리회로로 그리시오.
(다) 주어진 타임차트를 완성하시오.

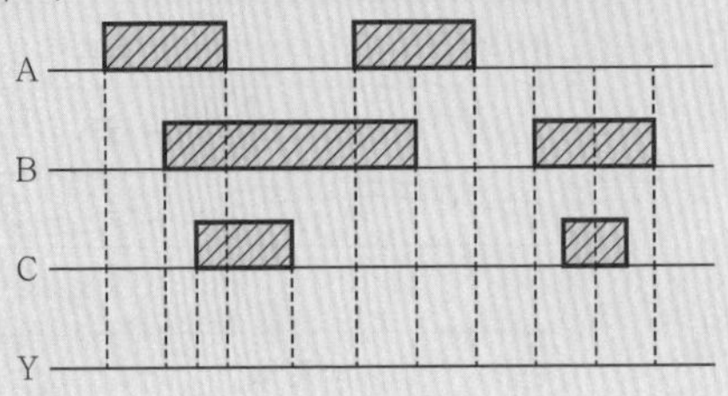

해답 (가) $Y = AB\overline{C} + A\overline{B}\,\overline{C} + \overline{A}\,\overline{B} = A\overline{C}(B+\overline{B}) + \overline{A}\,\overline{B} = A\overline{C} + \overline{A}\,\overline{B}$

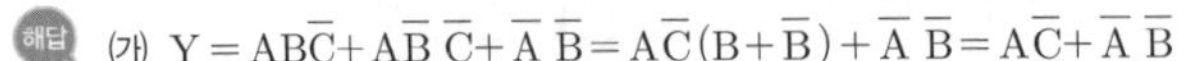

(나)

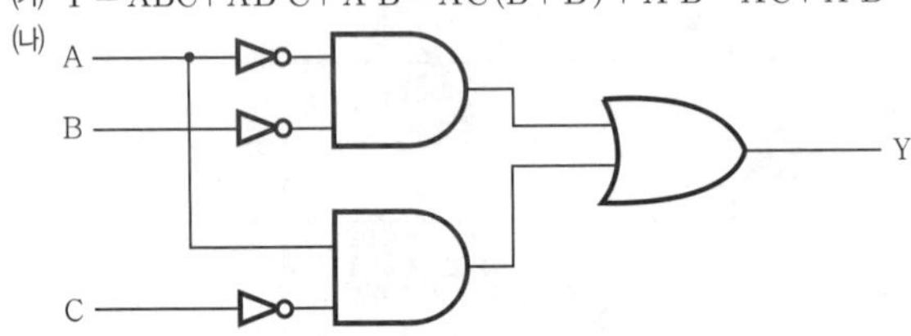

(다)

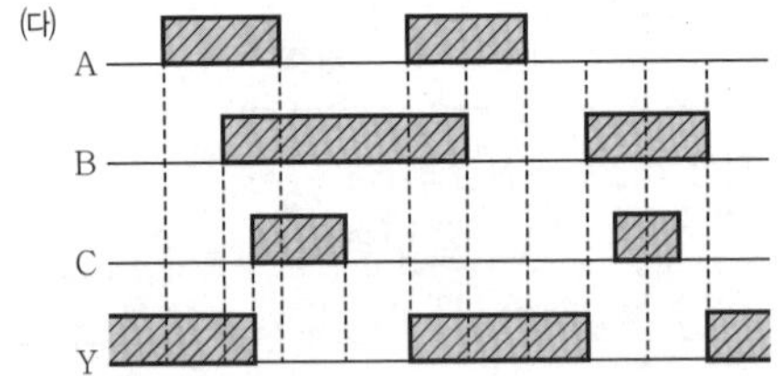

해설 (가) **간소화**

$$Y = AB\overline{C} + A\overline{B}\,\overline{C} + \overline{A}\,\overline{B}$$
$$= A\overline{C}(\underbrace{B+\overline{B}}_{X+\overline{X}=1}) + \overline{A}\,\overline{B}$$
$$= \underbrace{A\overline{C}\cdot 1}_{X\cdot 1 = X} + \overline{A}\,\overline{B}$$
$$= \overset{1\ 0}{A\overline{C}} + \overset{0\ 0}{\overline{A}\overline{B}}$$

중요

불대수의 **정리**

정 리	논리합	논리곱	비 고
(정리 1)	X+0=X	X·0=0	-
(정리 2)	X+1=1	X·1=X	
(정리 3)	X+X=X	X·X=X	
(정리 4)	$\overline{X}$+X=1	$\overline{X}$·X=0	
(정리 5)	$\overline{X}$+Y=Y+$\overline{X}$	X·Y=Y·X	교환법칙
(정리 6)	X+(Y+Z)=(X+Y)+Z	X(YZ)=(XY)Z	결합법칙
(정리 7)	X(Y+Z)=XY+XZ	(X+Y)(Z+W)= XZ+XW+YZ+YW	분배법칙
(정리 8)	X+XY=X	X+$\overline{X}$Y=X+Y	흡수법칙
(정리 9)	$\overline{(X+Y)}=\overline{X}\cdot\overline{Y}$	$\overline{(X\cdot Y)}=\overline{X}+\overline{Y}$	드모르간의 정리

(나) **무접점 논리회로**

시퀀스	논리식	논리회로
직렬회로	$Z = A \cdot B$ $Z = AB$	
병렬회로	$Z = A + B$	
a접점	$Z = A$	
b접점	$Z = \overline{A}$	

- 무접점 논리회로로 그린 후 논리식을 써서 반드시 다시 한 번 검토해 보는 것이 좋다.

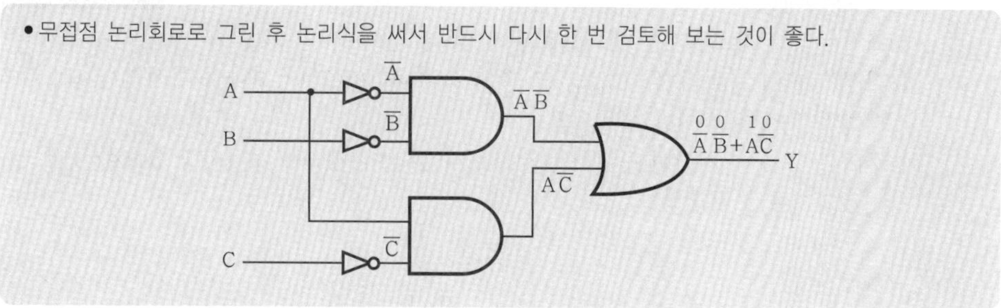

(다) $Y = \overset{0}{\overline{A}}\,\overset{0}{\overline{B}} + \overset{1}{A}\,\overset{0}{\overline{C}}$ (A, B, C=1, $\overline{A}$, $\overline{B}$, $\overline{C}$=0으로 표시하여, Y에 $\overset{0}{\overline{A}}\,\overset{0}{\overline{B}}$이 되는 부분을 빗금치고 $\overset{1}{A}\,\overset{0}{\overline{C}}$이 되는 부분을 빗금치면 타임차트 완성)

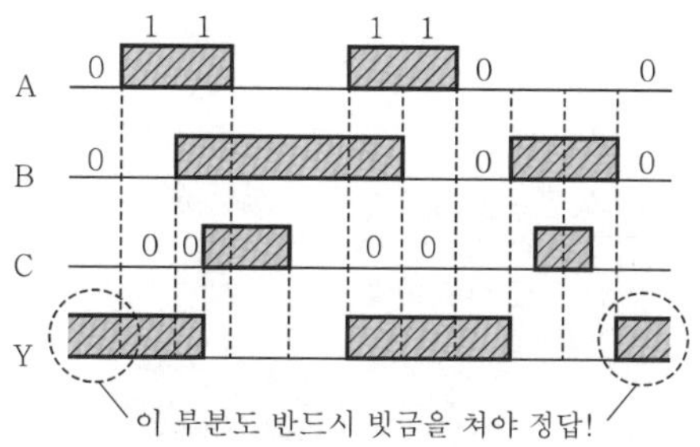

용어

타임차트(time chart)
시퀀스회로의 동작상태를 시간의 흐름에 따라 변화되는 상태를 나타낸 표

인생에서는 누구나 1등이 될 수 있다. 우리 모두 1등이 되는 삶을 향하여 한 발짝씩 전진해봅시다.

– 김영식 '10m만 더 뛰어봐' –

▌2020년 기사 제5회 필답형 실기시험▐

자격종목	시험시간	형별	수험번호	성명	감독위원 확 인
소방설비기사(전기분야)	3시간				

※ 다음 물음에 답을 해당 답란에 답하시오.(배점 : 100)

☆☆☆

문제 01

비상방송설비의 설치기준에 대한 다음 각 물음에 답하시오. (19.6.문10, 18.11.문3, 14.4.문9)

득점	배점
	5

유사문제부터 풀어보세요. 실력이 팍!팍! 올라갑니다.

(가) 확성기의 음성입력은 실내에 설치하는 것에 있어서는 몇 W 이상이어야 하는가?

(나) 음량조정기를 설치하는 경우 음량조정기의 배선은 몇 선식으로 하여야 하는가?

(다) 조작부의 조작스위치는 바닥으로부터 몇 m 높이에 설치하여야 하는가?

(라) 확성기는 각 층마다 설치하되, 그 층의 각 부분으로부터 하나의 확성기까지의 수평거리가 몇 m 이하가 되도록 하여야 하는가?

(마) 수위실 등 상시 사람이 근무하는 장소로서 점검이 편리하고 방화상 유효한 곳에 설치하여야 하는 것 2가지를 쓰시오.

○

○

해답 (가) 1W
(나) 3선식
(다) 0.8m 이상 1.5m 이하
(라) 25m
(마) ① 증폭기
② 조작부

해설 **비상방송설비**의 **설치기준**(NFPC 202 4조, NFTC 202 2.1.1)

(1) 확성기의 음성입력은 **3W**(실내는 **1W**) 이상일 것
(2) 음량조정기의 배선은 **3선식**으로 할 것
(3) 기동장치에 의한 **화재신고**를 수신한 후 필요한 음량으로 방송이 개시될 때까지의 소요시간은 **10초** 이하로 할 것
(4) 조작부의 조작스위치는 바닥으로부터 **0.8~1.5m** 이하의 높이에 설치할 것
(5) 다른 전기회로에 의하여 **유도장애**가 생기지 아니하도록 할 것
(6) 확성기는 **각 층**마다 설치하되, 각 부분으로부터의 수평거리는 **25m** 이하일 것
(7) 조작부는 기동장치의 작동과 연동하여 해당 기동장치가 작동한 층 또는 구역을 표시할 수 있는 것으로 할 것
(8) 증폭기 및 조작부는 **수위실** 등 상시 사람이 근무하는 장소로서 점검이 편리하고 방화상 유효한 곳에 설치할 것

중요

3선식 배선

유도등의 3선식 배선	비상방송설비의 3선식 배선
① 공통선 ② 상용선 ③ 충전선	① 공통선 ② 업무용 배선 ③ 긴급용 배선

문제 02

도면과 같은 회로를 누름버튼스위치 $\mathrm{PB_1}$ 또는 $\mathrm{PB_2}$ 중 먼저 ON 조작된 측의 램프만 점등되는 병렬 우선회로가 되도록 고쳐서 그리시오. (단, $\mathrm{PB_1}$측의 계전기는 ($\mathrm{R_1}$), 램프는 ($\mathrm{L_1}$)이며, $\mathrm{PB_2}$측 계전기는 ($\mathrm{R_2}$), 램프는 ($\mathrm{L_2}$)이다. 또한 추가되는 접점이 있을 경우에는 최소수만 사용하여 그리도록 한다.)

(17.6.문15, 10.4.문1)

득점	배점
	5

〔기존 도면〕

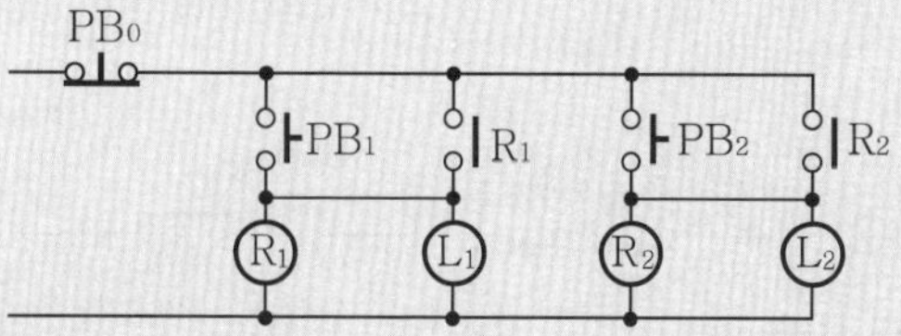

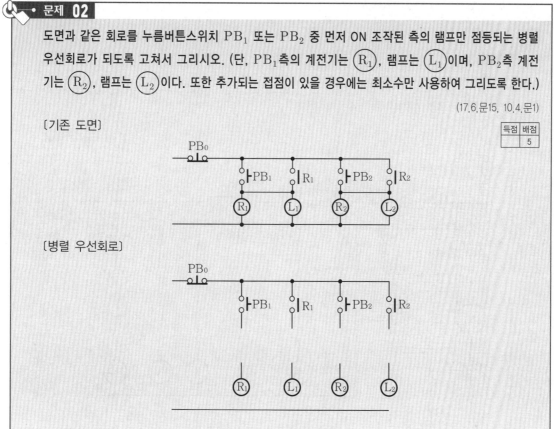

〔병렬 우선회로〕

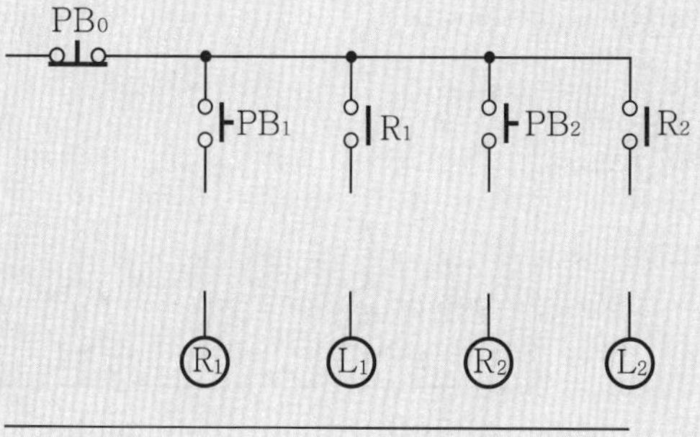

해답

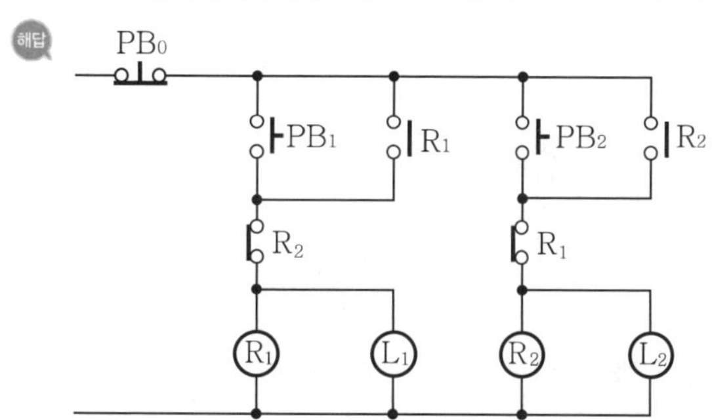

해설 다음과 같이 **인터록**(interlock)**접점**을 추가하여 그리면 된다.

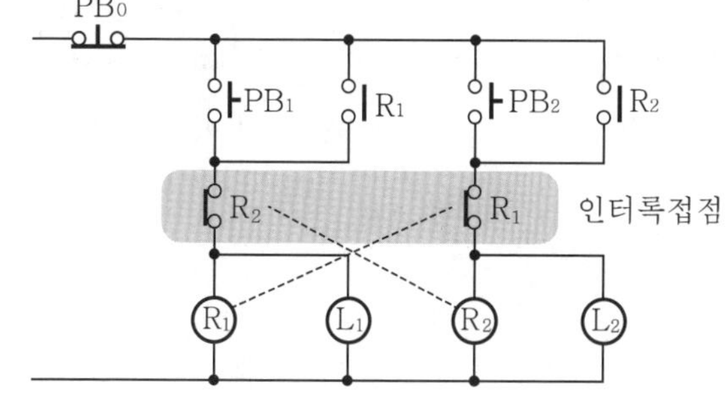

• 원칙적으로는 인터록접점 기호에 R_{2-b}, R_{1-b}라고 확실하게 써주는 게 좋지만 굳이 안 써도 틀린 건 아니다. 접점 자체가 b접점이기 때문에 안 써도 정답!

용어

인터록회로(interlock circuit)
두 가지 중 어느 한 가지 동작만 이루어질 수 있도록 배선 도중에 b접점을 추가하여 놓은 것으로, 전동기의 **Y-Δ 기동회로**, **정·역전 기동회로** 등에 많이 적용된다.

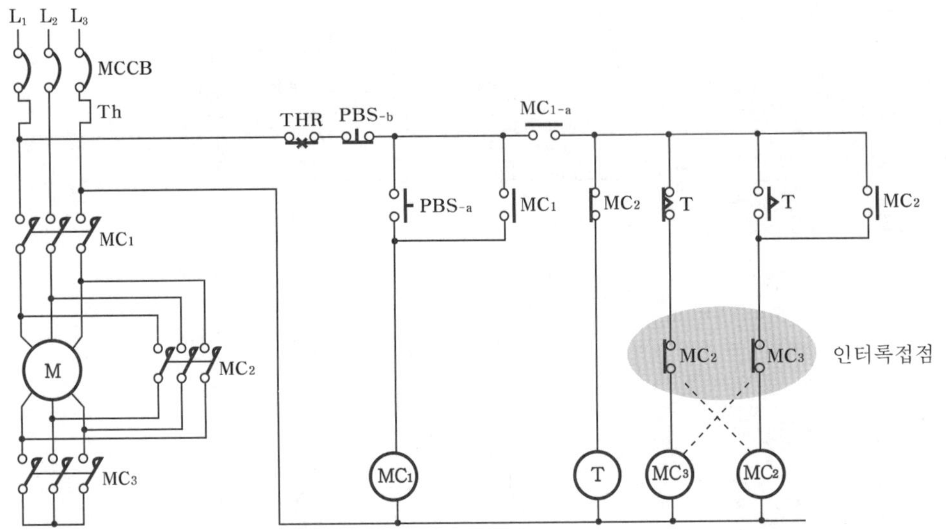

‖ Y-Δ 기동회로에 사용된 인터록접점 ‖

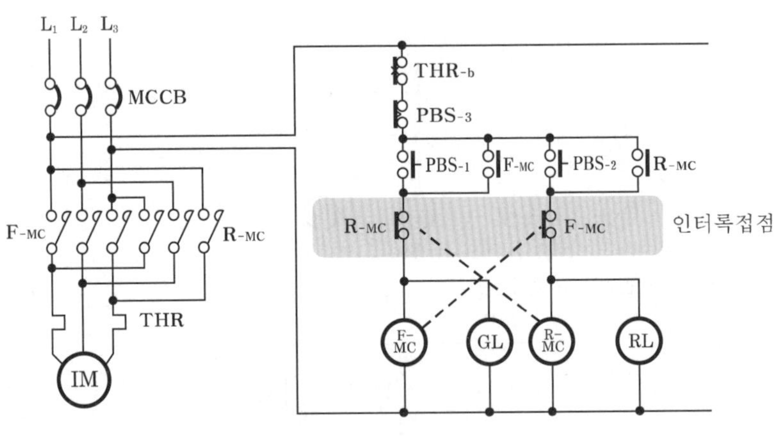

‖ 정·역전 기동회로에 사용된 인터록접점 ‖

☆☆☆
문제 03

전실제연설비의 계통도이다. 조건을 참조하여 다음 표의 구분에 따른 사용전선의 배선수와 소요명세 내역을 쓰시오.

(09.7.문10)

득점	배점
	5

[조건]

① 모든 댐퍼는 모터구동방식이다.
② 배선은 운전조작상 최소전선수로 한다.
③ 자동복구방식을 채택한다.
④ 급기댐퍼와 감지기 사이의 배선에서 감지기공통선은 별도로 한다.
⑤ MCC반에는 전원감시를 위한 전원표시등이 있다.

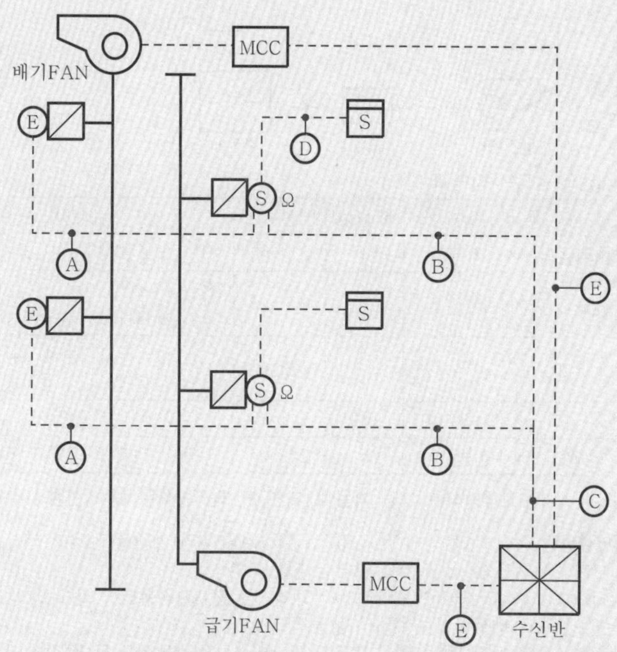

기 호	구 분	배선수	소요명세내역
Ⓐ	배기댐퍼 ↔ 급기댐퍼		
Ⓑ	급기댐퍼 ↔ 수신반		
Ⓒ	2 ZONE일 경우		
Ⓓ	급기댐퍼 ↔ 연기감지기		
Ⓔ	MCC ↔ 수신반		

해답

기 호	구 분	배선수	소요명세내역
Ⓐ	배기댐퍼 ↔ 급기댐퍼	4	전원 ⊕·⊖, 기동 1, 확인 1
Ⓑ	급기댐퍼 ↔ 수신반	7	전원 ⊕·⊖, 기동 1, 감지기 1, 확인 3
Ⓒ	2 ZONE일 경우	12	전원 ⊕·⊖, (기동 1, 감지기 1, 확인 3)×2
Ⓓ	급기댐퍼 ↔ 연기감지기	4	지구 2, 감지기공통 2
Ⓔ	MCC ↔ 수신반	5	기동 1, 정지 1, 공통 1, 전원표시등 1, 기동확인표시등 1

해설

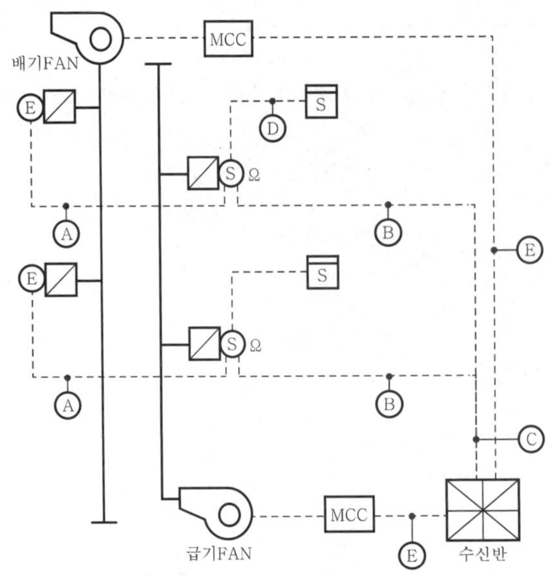

배선수 및 배선의 용도는 다음과 같다.

기 호	구 분	배선수	배선굵기	배선의 용도(소요명세내역)
Ⓐ	배기댐퍼 ↔ 급기댐퍼	4	2.5mm^2	전원 ⊕·⊖, 기동 1, 확인 1(배기댐퍼확인 1)
Ⓑ	급기댐퍼 ↔ 수신반	7	2.5mm^2	전원 ⊕·⊖, 기동 1, 감지기 1, 확인 3(배기댐퍼확인 1, 급기댐퍼확인 1, 수동기동확인 1)
Ⓒ	2 ZONE일 경우	12	2.5mm^2	전원 ⊕·⊖, [기동 1, 감지기 1, 확인 3(배기댐퍼확인 1, 급기댐퍼확인 1, 수동기동확인 1)]×2
Ⓓ	급기댐퍼 ↔ 연기감지기	4	1.5mm^2	지구 2, 감지기공통 2
Ⓔ	MCC ↔ 수신반	5	2.5mm^2	기동 1, 정지 1, 공통 1, 전원표시등 1, 기동확인표시등 1

* Ⓔ : 실제 실무에서는 **교류방식**은 4가닥(**기동 2, 확인 2**), **직류방식**은 4가닥(**전원 ⊕·⊖, 기동 1, 확인 1**)을 사용한다.

- **전실제연설비**란 전실 내에 신선한 공기를 유입하여 연기가 계단쪽으로 확산되는 것을 방지하기 위한 설비로 **'특별피난계단의 계단실 및 부속실 제연설비'**를 의미한다.
- [조건 ④]의 의미는 급기댐퍼와 감지기 사이의 배선만 **감지기공통선**을 별도로 하라는 뜻으로 기호 Ⓑ, Ⓒ의 감지기공통선을 별도로 배선하라는 뜻이 아님을 주의!
- [조건 ⑤]에 의해 전원표시등 추가이므로 MCC ↔ 수신반 사이에는 5가닥(기동 1, 정지 1, 공통 1, 전원표시등 1, 기동확인표시등 1)이 사용된다.
- [조건 ③]에서 **'자동복구방식'**이므로 복구선은 필요 없음. 수동복구방식일 때만 복구선 필요함
- 배기댐퍼확인=확인=기동확인=배기댐퍼 개방확인
- 급기댐퍼확인=확인=기동확인=급기댐퍼 개방확인
- 지구=감지기=회로
- 전원표시등=전원감시표시등
- 기동확인표시등=기동표시등
- 배기댐퍼=배출댐퍼
- 일반적으로 수동조작함은 **'급기댐퍼 내'**에 내장되어 있다.
- NFPC 501A 22·23조, NFTC 501A 2.19.1, 2.20.1.2.5에 따라 Ⓑ, Ⓒ에는 **'수동기동확인'**이 반드시 추가되어야 한다.

특별피난계단의 계단실 및 부속실 제연설비(NFPC 501A 22·23조, NFTC 501A 2.19.1, 2.20.1.2.5)

- **수동기동장치** : 배출댐퍼 및 개폐기의 직근 또는 제연구역에는 장치의 작동을 위하여 수동기동장치를 설치하고 스위치는 바닥으로부터 0.8m 이상 1.5m 이하의 높이에 설치해야 한다. (단, 계단실 및 그 부속실을 동시에 제연하는 제연구역에는 그 부속실에만 설치할 수 있다.)
- **제어반** : 제연설비의 제어반은 다음 각 호의 기준에 적합하도록 설치하여야 한다.
  마. **수동기동장치**의 **작동여부**에 대한 **감시기능**

비교

'**감지기의 공통선을 별도로 배선한다.**'는 조건이 있을 때의 가닥수

기 호	구 분	배선수	배선굵기	배선의 용도
Ⓐ	배기댐퍼 ↔ 급기댐퍼	4	2.5mm^2	전원 ⊕ · ⊖, 기동 1, 확인 1
Ⓑ	급기댐퍼 ↔ 수신반	8	2.5mm^2	전원 ⊕ · ⊖, 기동 1, 감지기 1, 감지기공통 1, 확인 3
Ⓒ	2 ZONE일 경우	13	2.5mm^2	전원 ⊕ · ⊖, 감지기공통 1, (기동 1, 감지기 1, 확인 3)×2
Ⓓ	급기댐퍼 ↔ 연기감지기	4	1.5mm^2	지구 2, 감지기공통 2
Ⓔ	MCC ↔ 수신반	5	2.5mm^2	기동 1, 정지 1, 공통 1, 전원표시등 1, 기동확인표시등 1

중요

전실제연설비(특별피난계단의 계단실 및 부속실 제연설비)의 **실제배선**

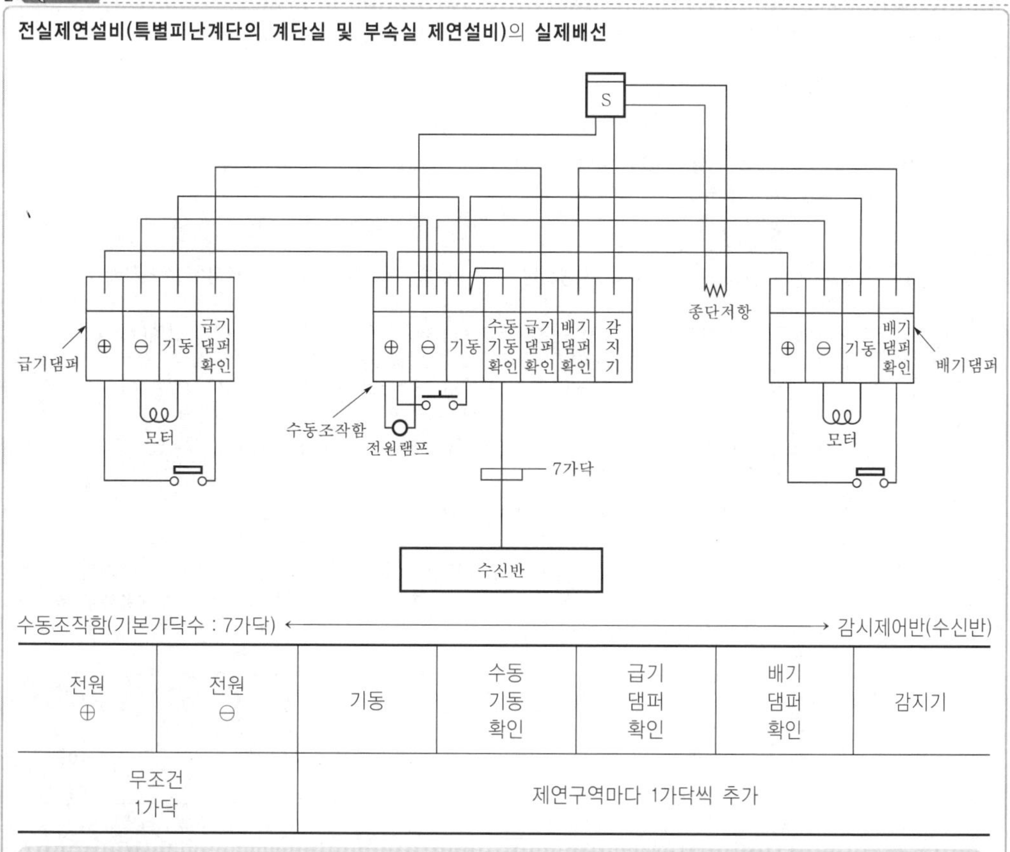

수동조작함(기본가닥수 : 7가닥) ←→ 감시제어반(수신반)

전원 ⊕	전원 ⊖	기동	수동 기동 확인	급기 댐퍼 확인	배기 댐퍼 확인	감지기
무조건 1가닥		제연구역마다 1가닥씩 추가				

- 수동조작함이 급기댐퍼 아래에 위치하고 있을 경우 '**급기댐퍼확인**, **배기댐퍼확인**, **감지기**'는 수동조작함에 연결되지 않아도 됨
- 배기댐퍼확인=배기댐퍼 개방확인
- 급기댐퍼확인=급기댐퍼 개방확인

☆☆☆
문제 04

무선통신보조설비의 설치기준에 관한 다음 물음에 답 또는 빈칸을 채우시오. (15.4.문11, 13.7.문12)

득점	배점
	8

(가) 누설동축케이블의 끝부분에는 어떤 것을 견고하게 설치하여야 하는가?
(나) 증폭기에는 비상전원이 부착된 것으로 하고 해당 비상전원 용량은 무선통신보조설비를 유효하게 몇 분 이상 작동시킬 수 있는 것으로 하여야 하는가?
(다) 옥외안테나는 다른 용도로 사용되는 안테나로 인한 (　　)가 발생하지 않도록 설치할 것
(라) 증폭기의 전면에는 주회로의 전원이 정상인지의 여부를 표시할 수 있는 (　　) 및 (　　)를 설치할 것

해답 (가) 무반사 종단저항
(나) 30분
(다) 통신장애
(라) 표시등, 전압계

해설 **무선통신보조설비**의 **설치기준**(NFPC 505 5~7조, NFTC 505 2.2~2.4)

(1) **누설동축케이블 등**

① 누설동축케이블 및 동축케이블은 **불연** 또는 **난연성**의 것으로서 습기 등의 환경조건에 따라 전기의 특성이 변질되지 않는 것으로 할 것
② 누설동축케이블 및 안테나는 **금속판** 등에 의하여 **전파의 복사** 또는 **특성**이 현저하게 저하되지 않는 위치에 설치할 것
③ **누설동축케이블**과 이에 접속하는 **안테나** 또는 **동축케이블**과 이에 접속하는 **안테나**일 것
④ 누설동축케이블 및 동축케이블은 화재에 따라 해당 케이블의 피복이 소실된 경우에 케이블 본체가 떨어지지 않도록 4m 이내마다 금속제 또는 자기제 등의 지지금구로 벽·천장·기둥 등에 견고하게 고정시킬 것(단, 불연재료로 구획된 반자 안에 설치하는 경우 제외)
⑤ 누설동축케이블 및 안테나는 고압전로로부터 **1.5m** 이상 떨어진 위치에 설치할 것(해당 전로에 **정전기차폐장치**를 유효하게 설치한 경우에는 제외)
⑥ 누설동축케이블의 끝부분에는 **무반사 종단저항**을 설치할 것 [질문 (가)]
⑦ 누설동축케이블, 동축케이블, 분배기, 분파기, 혼합기 등의 임피던스는 **50**Ω으로 할 것
⑧ 증폭기의 전면에는 주회로의 전원이 정상인지의 여부를 표시할 수 있는 **표시등** 및 **전압계**를 설치할 것 [질문 (라)]
⑨ 증폭기의 전원은 전기가 정상적으로 공급되는 **축전지설비**, **전기저장장치** 또는 **교류전압 옥내간선**으로 하고, 전원까지의 배선은 **전용**으로 할 것
⑩ **비상전원 용량**

설 비	비상전원의 용량
• 자동화재탐지설비 • 비상경보설비 • 자동화재속보설비	**10분** 이상
• 유도등 • 비상조명등 • 비상콘센트설비 • 포소화설비 • 옥내소화전설비(30층 미만) • 제연설비, 물분무소화설비, 특별피난계단의 계단실 및 부속실 제연설비(30층 미만) • 스프링클러설비(30층 미만) • 연결송수관설비(30층 미만)	**20분** 이상
• 무선통신보조설비의 증폭기	**30분** 이상 [질문 (나)]
• 옥내소화전설비(30~49층 이하) • 특별피난계단의 계단실 및 부속실 제연설비(30~49층 이하) • 연결송수관설비(30~49층 이하) • 스프링클러설비(30~49층 이하)	**40분** 이상

● 유도등 · 비상조명등(지하상가 및 11층 이상) ● 옥내소화전설비(50층 이상) ● 특별피난계단의 계단실 및 부속실 제연설비(50층 이상) ● 연결송수관설비(50층 이상) ● 스프링클러설비(50층 이상)	**60분** 이상

(2) **옥외안테나**

① 건축물, 지하가, 터널 또는 공동구의 출입구(「건축법 시행령」 제39조에 따른 출구 또는 이와 유사한 출입구) 및 출입구 인근에서 통신이 가능한 장소에 설치할 것

② 다른 용도로 사용되는 안테나로 인한 통신장애가 발생하지 않도록 설치할 것 질문 (다)

③ 옥외안테나는 견고하게 설치하며 파손의 우려가 없는 곳에 설치하고 그 가까운 곳의 보기 쉬운 곳에 "**무선통신보조설비 안테나**"라는 표시와 함께 통신가능거리를 표시한 표지를 설치할 것

④ 수신기가 설치된 장소 등 사람이 상시 근무하는 장소에는 옥외안테나의 위치가 모두 표시된 옥외안테나 위치표시도를 비치할 것

용어

(1) **누설동축케이블**과 **동축케이블**

누설동축케이블	동축케이블
동축케이블의 외부도체에 가느다란 홈을 만들어서 **전파**가 **외부**로 **새어나갈 수 있도록** 한 케이블	유도장애를 방지하기 위해 전파가 누설되지 않도록 만든 케이블

(2) **종단저항**과 **무반사 종단저항**

종단저항	무반사 종단저항
감지기회로의 **도통시험**을 용이하게 하기 위하여 **감지기회로**의 **끝**부분에 설치하는 저항	전송로로 전송되는 전자파가 전송로의 종단에서 반사되어 교신을 방해하는 것을 막기 위해 **누설동축케이블**의 **끝**부분에 설치하는 저항

★★★ 문제 05

건물 내부에 가압송수장치를 기동용 수압개폐장치로 사용하는 옥내소화전함과 P형 발신기세트를 다음과 같이 설치하였다. 다음 각 물음에 답하시오. (16.4.문7, 08.11.문14)

득점	배점
	9

(가) ㉮~㉳의 전선가닥수를 쓰시오.

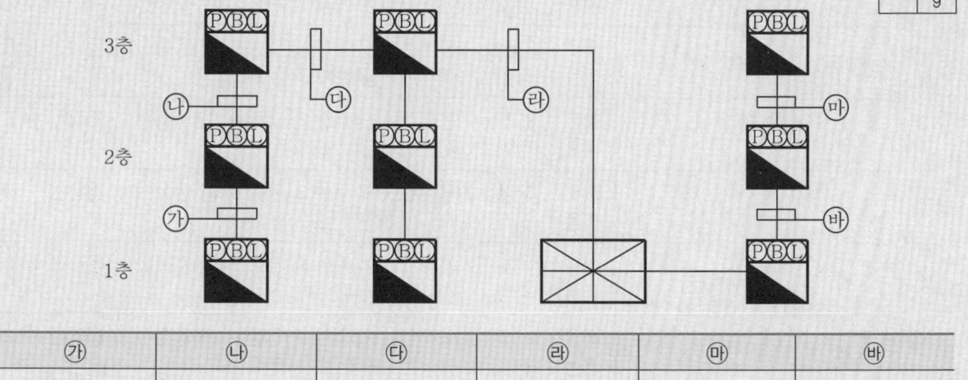

㉮	㉯	㉰	㉱	㉲	㉳

(나) 감지기회로의 종단저항의 설치목적을 쓰시오.

(다) 감지기회로의 전로저항은 몇 Ω 이하이어야 하는지 쓰시오.

(라) 수신기의 각 회로별 종단에 설치되는 감지기에 접속되는 배선의 전압은 감지기 정격전압의 몇 % 이상이어야 하는지 쓰시오.

 (가)

㉮	㉯	㉰	㉱	㉲	㉳
8	10	12	15	8	10

(나) 도통시험 용이
(다) 50Ω 이하
(라) 80%

 (가)

기 호	가닥수	배선내역
㉮	HFIX 2.5−8	회로선 1, 발신기공통선 1, 경종선 1, 경종표시등공통선 1, 응답선 1, 표시등선 1, 기동확인표시등 2
㉯	HFIX 2.5−10	회로선 2, 발신기공통선 1, 경종선 2, 경종표시등공통선 1, 응답선 1, 표시등선 1, 기동확인표시등 2
㉰	HFIX 2.5−12	회로선 3, 발신기공통선 1, 경종선 3, 경종표시등공통선 1, 응답선 1, 표시등선 1, 기동확인표시등 2
㉱	HFIX 2.5−15	회로선 6, 발신기공통선 1, 경종선 3, 경종표시등공통선 1, 응답선 1, 표시등선 1, 기동확인표시등 2
㉲	HFIX 2.5−8	회로선 1, 발신기공통선 1, 경종선 1, 경종표시등공통선 1, 응답선 1, 표시등선 1, 기동확인표시등 2
㉳	HFIX 2.5−10	회로선 2, 발신기공통선 1, 경종선 2, 경종표시등공통선 1, 응답선 1, 표시등선 1, 기동확인표시등 2

- **3층**이므로 **일제경보방식**이다. **경종선**은 **층**마다 **1가닥**씩 추가!
- 문제에서 기동용 수압개폐방식(**자동기동방식**)도 주의하여야 한다. 옥내소화전함이 자동기동방식이므로 감지기배선을 제외한 간선에 '**기동확인표시등 2**'가 추가로 사용되어야 한다. 특히, 옥내소화전배선은 구역에 따라 가닥수가 늘어나지 않는 것에 주의하라!

비교

옥내소화전함이 **수동기동방식**인 경우

기 호	가닥수	배선내역
㉮	HFIX 2.5−11	회로선 1, 발신기공통선 1, 경종선 1, 경종표시등공통선 1, 응답선 1, 표시등선 1, 기동 1, 정지 1, 공통 1, 기동확인표시등 2
㉯	HFIX 2.5−13	회로선 2, 발신기공통선 1, 경종선 2, 경종표시등공통선 1, 응답선 1, 표시등선 1, 기동 1, 정지 1, 공통 1, 기동확인표시등 2
㉰	HFIX 2.5−15	회로선 3, 발신기공통선 1, 경종선 3, 경종표시등공통선 1, 응답선 1, 표시등선 1, 기동 1, 정지 1, 공통 1, 기동확인표시등 2
㉱	HFIX 2.5−18	회로선 6, 발신기공통선 1, 경종선 3, 경종표시등공통선 1, 응답선 1, 표시등선 1, 기동 1, 정지 1, 공통 1, 기동확인표시등 2
㉲	HFIX 2.5−11	회로선 1, 발신기공통선 1, 경종선 1, 경종표시등공통선 1, 응답선 1, 표시등선 1, 기동 1, 정지 1, 공통 1, 기동확인표시등 2
㉳	HFIX 2.5−13	회로선 2, 발신기공통선 1, 경종선 2, 경종표시등공통선 1, 응답선 1, 표시등선 1, 기동 1, 정지 1, 공통 1, 기동확인표시등 2

용어

옥내소화전설비의 **기동방식**

자동기동방식	수동기동방식
기동용 수압개폐장치를 이용하는 방식	ON, OFF 스위치를 이용하는 방식

(나) **종단저항**과 **무반사 종단저항**

종단저항	무반사 종단저항
감지기회로의 **도통시험**을 용이하게 하기 위하여 **감지기회로**의 **끝**부분에 설치하는 저항	전송로로 전송되는 전자파가 전송로의 종단에서 반사되어 교신을 방해하는 것을 막기 위해 **누설동축케이블**의 끝부분에 설치하는 저항

(다)

50Ω 이하	0.1MΩ 이상 (1경계구역마다 직류 250V 절연저항측정기 사용)
감지기회로의 전로저항	감지기회로 및 부속회로의 전로의 대지 사이 및 배선 상호 간의 절연저항

(라) **자동화재탐지설비** 및 **시각경보장치의 배선설치기준**(NFPC 203 11조 8호, NFTC 203 2.8.1.8)
자동화재탐지설비의 감지기회로의 전로저항은 **50Ω 이하**가 되도록 하여야 하며, 수신기의 각 회로별 종단에 설치되는 감지기에 접속되는 배선의 전압은 감지기 정격전압의 **80% 이상**이어야 할 것

비교

음향장치의 **구조** 및 **성능기준**(NFPC 203 8조, NFTC 203 2.5.1.4)
(1) 정격전압의 **80%** 전압에서 음향을 발할 것
(2) 음량은 **1m** 떨어진 곳에서 **90dB** 이상일 것
(3) **감지기 · 발신기**의 작동과 **연동**하여 작동할 것

문제 06

그림과 같은 논리회로를 보고 타임차트를 완성하시오. (12.4.문10)

득점	배점
	5

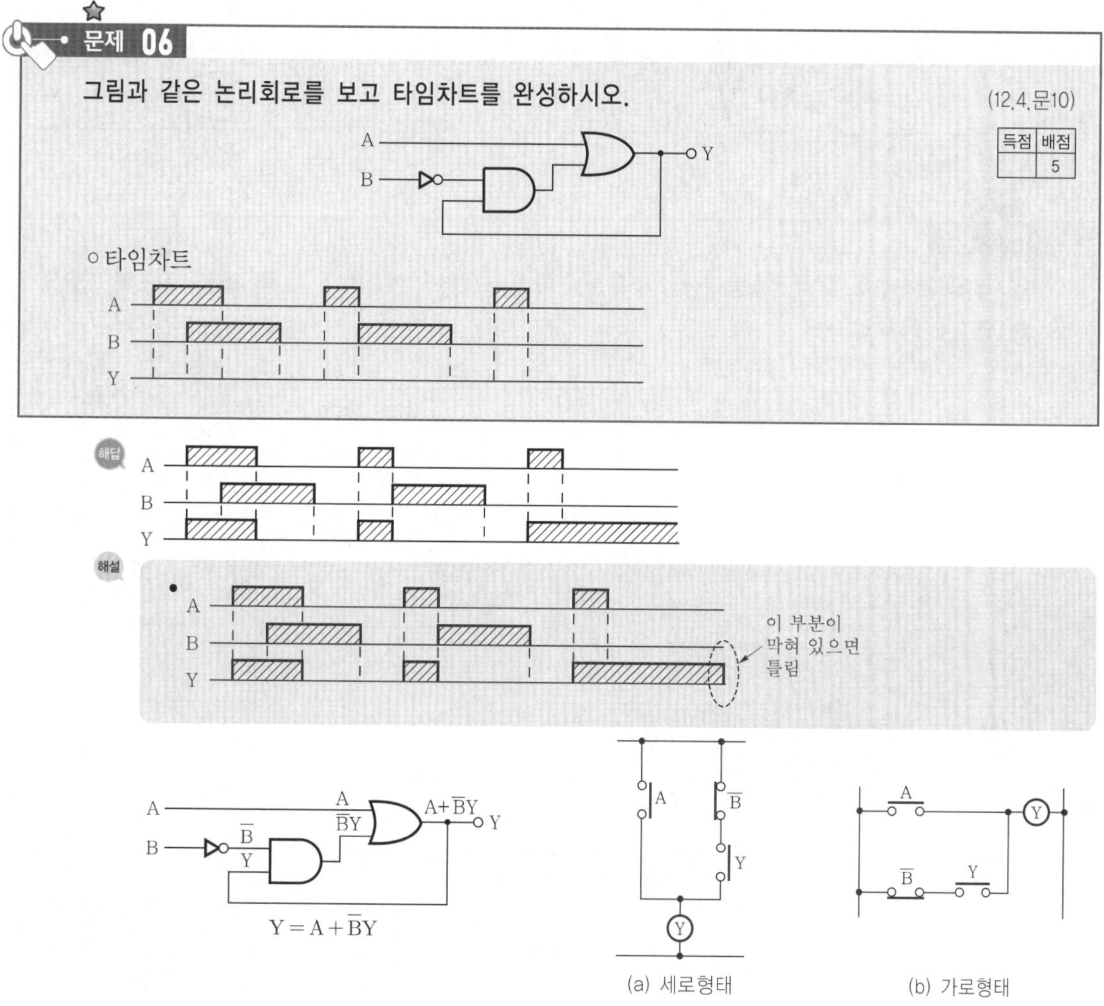

‖ 논리식 ‖

‖ 유접점회로(시퀀스회로) ‖

중요

시퀀스회로와 **논리회로**의 관계

회 로	시퀀스회로	논리식	논리회로
AND회로 (직렬회로, 교차회로방식)		$Z = A \cdot B$ $Z = AB$	
OR회로 (병렬회로)		$Z = A + B$	
a접점		$Z = A$	
NOT회로 (b접점)		$Z = \overline{A}$	

☆☆☆

문제 07

감지기의 부착높이 및 특정소방대상물의 구분에 따른 설치면적 기준이다. 다음 표의 ①~⑧에 해당되는 면적을 쓰시오.

(16.6.문15, 15.4.문13, 05.7.문8)

(단위 : m^2)

득점	배점
	8

부착높이 및 특정소방대상물의 구분		감지기의 종류						
		차동식 스포트형		보상식 스포트형		정온식 스포트형		
		1종	2종	1종	2종	특 종	1종	2종
4m 미만	주요구조부를 내화구조로 한 특정소방대상물 또는 그 부분	①	70	①	70	70	60	⑦
	기타 구조의 특정소방대상물 또는 그 부분	②	③	②	40	40	30	⑧
4m 이상 8m 미만	주요구조부를 내화구조로 한 특정소방대상물 또는 그 부분	45	④	45	35	④	⑤	–
	기타 구조의 특정소방대상물 또는 그 부분	30	25	30	25	25	⑥	–

○답란

①	②	③	④	⑤	⑥	⑦	⑧

해답

①	②	③	④	⑤	⑥	⑦	⑧
90	50	40	35	30	15	20	15

해설 **감지기**의 **바닥면적**(NFPC 203 7조, NFTC 203 2.4.3.9.1)

(단위 : m^2)

부착높이 및 특정소방대상물의 구분		감지기의 종류						
		차동식 스포트형		보상식 스포트형		정온식 스포트형		
		1종	2종	1종	2종	특 종	1종	2종
4m 미만	주요구조부를 내화구조로 한 특정소방대상물 또는 그 부분	**90**	70	**90**	70	70	60	**20**
	기타 구조의 특정소방대상물 또는 그 부분	**50**	**40**	**50**	40	40	30	**15**
4m 이상 8m 미만	주요구조부를 내화구조로 한 특정소방대상물 또는 그 부분	45	**35**	45	35	**35**	**30**	–
	기타 구조의 특정소방대상물 또는 그 부분	30	25	30	25	25	**15**	–

기억법
9 7 9 7 7 6 2
5 4 5 4 4 3 ①
④ ③ ④ ③ ③ 3
3 ② 3 ② ② ①
※ 동그라미(○) 친 부분은 뒤에 5가 붙음

참고

주요구조부
건축물의 구조상 중요한 부분 중 건축물의 외형을 구성하는 골격

☆☆
문제 08

자동화재탐지설비의 감지기 설치제외장소 4가지를 쓰시오. (14.4.문13, 12.11.문14)

○
○
○
○

득점	배점
	8

해답
① 부식성 가스가 체류하고 있는 장소
② 고온도 및 저온도로서 감지기의 기능이 정지되기 쉽거나 감지기의 유지관리가 어려운 장소
③ 목욕실 · 욕조나 샤워시설이 있는 화장실, 기타 이와 유사한 장소
④ 헛간 등 외부와 기류가 통하여 화재를 유효하게 감지할 수 없는 장소

해설 **설치제외장소**

(1) **자동화재탐지설비의 감지기 설치제외장소**(NFPC 203 7조 ⑤항, NFTC 203 2.4.5)
① 천장 또는 반자의 높이가 **20m** 이상인 곳(감지기의 부착높이에 따라 적응성이 있는 장소 제외)
② **헛간** 등 외부와 기류가 통하여 화재를 유효하게 감지할 수 없는 장소
③ **목욕실** · 욕조나 샤워시설이 있는 화장실, 기타 이와 유사한 장소
④ **부식성** 가스 체류장소
⑤ **프레스공장** · **주조공장** 등 화재발생의 위험이 적은 장소로서 감지기의 **유지관리**가 어려운 장소
⑥ 고온도 및 저온도로서 감지기의 기능이 정지되기 쉽거나 감지기의 유지관리가 어려운 장소

기억법 감제헛목 부프고

(2) **누전경보기의 수신부 설치제외장소**(NFPC 205 5조, NFTC 205 2.2.2)
① 온도변화가 급격한 장소
② 습도가 높은 장소
③ 가연성의 증기, 가스 등 또는 부식성의 증기, 가스 등의 다량 체류장소

④ **대전류회로, 고주파발생회로** 등의 영향을 받을 우려가 있는 장소
⑤ **화**약류 제조, 저장, 취급장소

기억법 온습누가대화(온도 · 습도가 높으면 누가 대화하냐?)

(3) **피난구유도등의 설치제외장소**(NFPC 303 11조 ①항, NFTC 303 2.8.1)
① 옥내에서 직접 지상으로 통하는 출입구(바닥면적 **1000m²** 미만 층)
② **대각선 길이**가 **15m** 이내인 구획된 실의 출입구
③ 비상조명등 · 유도표지가 설치된 거실 출입구(거실 각 부분에서 출입구까지의 **보행거리 20m** 이하)
④ 출입구가 **3 이상**인 거실(거실 각 부분에서 출입구까지의 **보행거리 30m** 이하는 주된 출입구 **2개 외**의 출입구)

(4) **통로유도등의 설치제외장소**(NFPC 303 11조 ②항, NFTC 303 2.8.2)
① 길이 **30m** 미만의 복도 · 통로(구부러지지 않은 복도 · 통로)
② 보행거리 **20m** 미만의 복도 · 통로(출입구에 **피난구유도등**이 설치된 복도 · 통로)

(5) **객석유도등의 설치제외장소**(NFPC 303 11조 ③항, NFTC 303 2.8.3)
① **채광**이 충분한 객석(**주간**에만 사용)
② **통**로유도등이 설치된 객석(거실 각 부분에서 거실 출입구까지의 **보행거리 20m** 이하)

기억법 채객보통(채소는 객관적으로 보통이다.)

(6) **비상조명등의 설치제외장소**(NFPC 304 5조 ①항, NFTC 304 2.2.1)
① 거실 각 부분에서 출입구까지의 **보행거리 15m** 이내
② **공동주택** · **경기장** · **의원** · 의료시설 · **학교 거실**

(7) **휴대용 비상조명등의 설치제외장소**(NFPC 304 5조 ②항, NFTC 304 2.2.2)
① 복도 · 통로 · 창문 등을 통해 **피**난이 용이한 경우(**지상 1층** · **피난층**)
② **숙박시설**로서 복도에 비상조명등을 설치한 경우

기억법 휴피(휴지로 피 닦아!)

☆☆
문제 09

다음 논리식을 보고 유접점회로(릴레이회로)와 무접점회로(논리회로)로 그리시오.

득점	배점
	8

$Y = AB + \overline{A + B}$	
유접점회로	무접점회로

$Z = (A + B)(\overline{AB})$	
유접점회로	무접점회로

해답

$Y = AB + \overline{A+B} = AB + (\overline{A} \cdot \overline{B})$

유접점회로	무접점회로

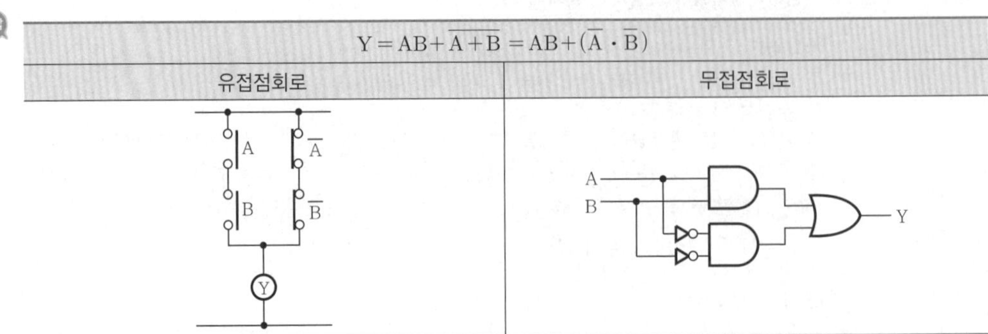

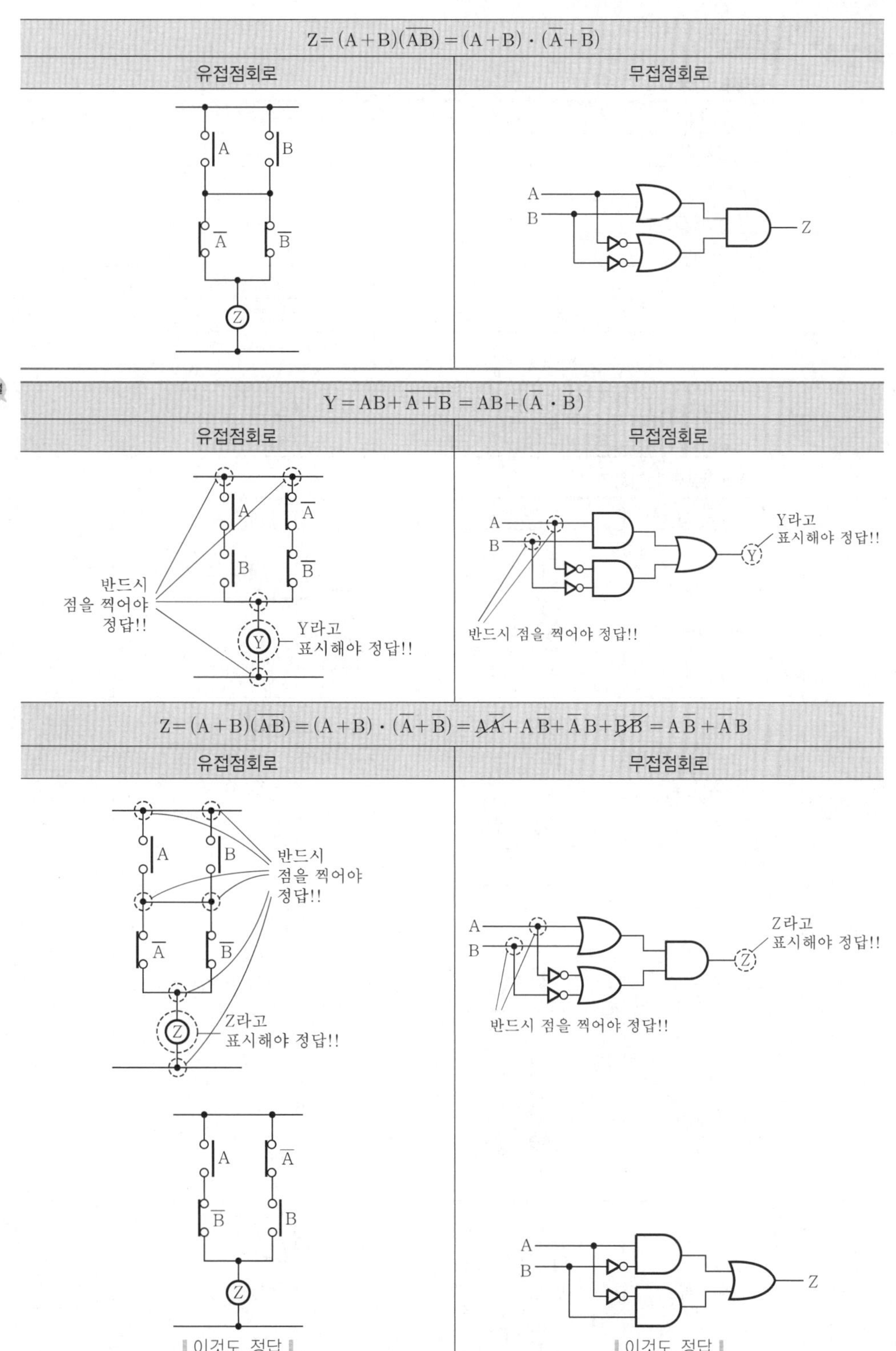

$Z=(A+B)(\overline{AB})=(A+B)\cdot(\overline{A}+\overline{B})$
유접점회로
무접점회로
A
B
$\overline{A}$
$\overline{B}$
Z
해설
$Y=AB+\overline{\overline{A}+\overline{B}}=AB+(\overline{A}\cdot\overline{B})$
유접점회로
무접점회로
반드시 점을 찍어야 정답!!
Y라고 표시해야 정답!!
$Z=(A+B)(\overline{AB})=(A+B)\cdot(\overline{A}+\overline{B})=A\overline{A}+A\overline{B}+\overline{A}B+B\overline{B}=A\overline{B}+\overline{A}B$
유접점회로
무접점회로
반드시 점을 찍어야 정답!!
Z라고 표시해야 정답!!
이것도 정답
이것도 정답

중요

(1) **불대수**의 **정리**

정 리	논리합	논리곱	비 고
(정리 1)	$X+0=X$	$X\cdot 0=0$	–
(정리 2)	$X+1=1$	$X\cdot 1=X$	
(정리 3)	$X+X=X$	$X\cdot X=X$	
(정리 4)	$\overline{X}+X=1$	$\overline{X}\cdot X=0$	
(정리 5)	$\overline{X}+Y=Y+\overline{X}$	$X\cdot Y=Y\cdot X$	교환법칙
(정리 6)	$X+(Y+Z)=(X+Y)+Z$	$X(YZ)=(XY)Z$	결합법칙
(정리 7)	$X(Y+Z)=XY+XZ$	$(X+Y)(Z+W)=$ $XZ+XW+YZ+YW$	분배법칙
(정리 8)	$X+XY=X$	$X+\overline{X}Y=X+Y$	흡수법칙
(정리 9)	$\overline{(X+Y)}=\overline{X}\cdot\overline{Y}$	$\overline{(X\cdot Y)}=\overline{X}+\overline{Y}$	드모르간의 정리

(2) **시퀀스회로**와 **논리회로**

명 칭	시퀀스회로	논리회로	진리표
AND회로 **(교차회로방식)**	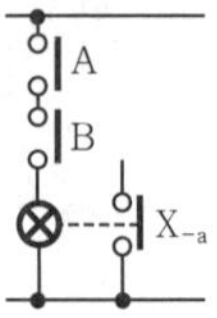 A, B, X_{-a}	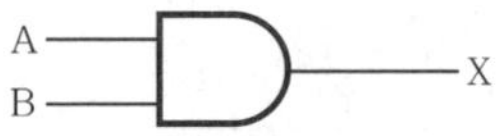 A, B, X $X=A\cdot B$ 입력신호 A, B가 동시에 1일 때만 출력신호 X가 1이 된다.	A B X: 0 0 **0** / 0 1 **0** / 1 0 **0** / 1 1 **1**
OR회로	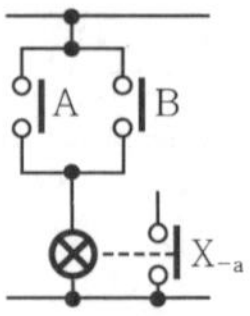 A, B, X_{-a}	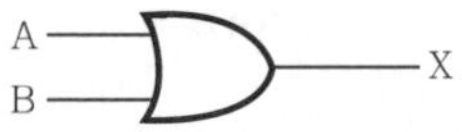 A, B, X $X=A+B$ 입력신호 A, B 중 어느 하나라도 1이면 출력신호 X가 1이 된다.	A B X: 0 0 **0** / 0 1 **1** / 1 0 **1** / 1 1 **1**
NOT회로	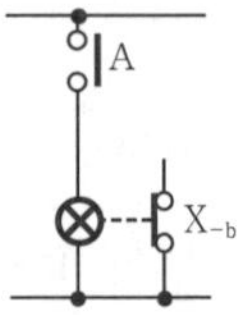 A, X_{-b}	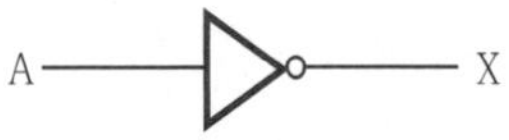 A, X $X=\overline{A}$ 입력신호 A가 0일 때만 출력신호 X가 1이 된다.	A X: 0 **1** / 1 **0**
NAND회로	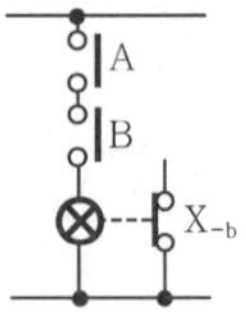 A, B, X_{-b}	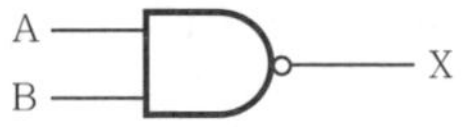 A, B, X $X=\overline{A\cdot B}$ 입력신호 A, B가 동시에 1일 때만 출력신호 X가 0이 된다(AND회로의 부정).	A B X: 0 0 **1** / 0 1 **1** / 1 0 **1** / 1 1 **0**
NOR회로	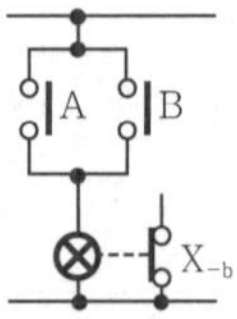 A, B, X_{-b}	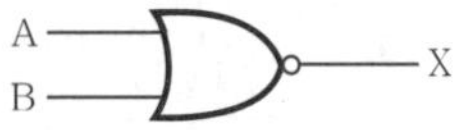 A, B, X $X=\overline{A+B}$ 입력신호 A, B가 동시에 0일 때만 출력신호 X가 1이 된다(OR회로의 부정).	A B X: 0 0 **1** / 0 1 **0** / 1 0 **0** / 1 1 **0**

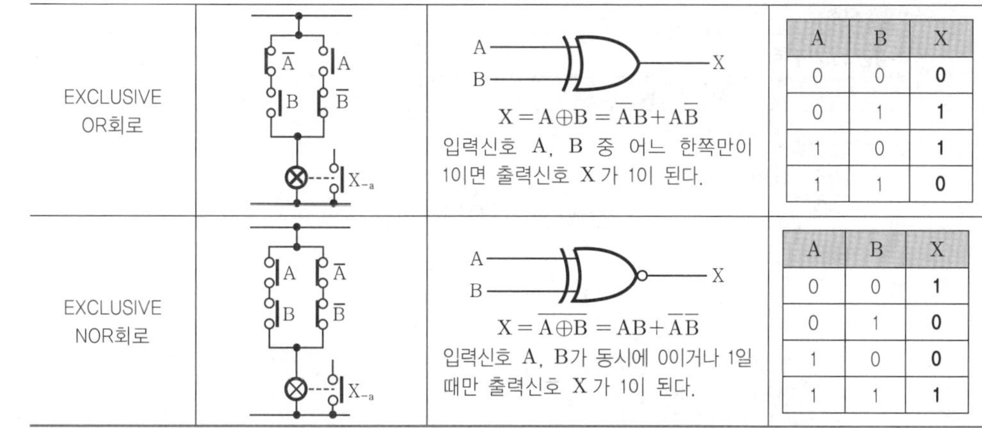

EXCLUSIVE OR회로		$X = A \oplus B = \overline{A}B + A\overline{B}$ 입력신호 A, B 중 어느 한쪽만이 1이면 출력신호 X가 1이 된다.	A B X 0 0 **0** 0 1 **1** 1 0 **1** 1 1 **0**
EXCLUSIVE NOR회로		$X = \overline{A \oplus B} = AB + \overline{A}\,\overline{B}$ 입력신호 A, B가 동시에 0이거나 1일 때만 출력신호 X가 1이 된다.	A B X 0 0 **1** 0 1 **0** 1 0 **0** 1 1 **1**

용어

무접점회로 관련 용어

구 분	설 명
불대수 (boolean algebra, 논리대수)	① 임의의 회로에서 일련의 기능을 수행하기 위한 **가장 최적**의 **방법**을 결정하기 위하여 이를 수식적으로 표현하는 방법 ② 여러 가지 조건의 논리적 관계를 **논리기호**로 나타내고 이것을 **수식**적으로 **표현**하는 방법
무접점회로(논리회로)	**집적회로**를 **논리기호**를 사용하여 알기 쉽도록 표현해 놓은 회로
진리표(진가표, 참값표)	논리대수에 있어서 ON, OFF 또는 동작, 부동작의 상태를 **1**과 **0**으로 나타낸 표

☆

문제 10

가스누설경보기에 관한 다음 각 물음에 답하시오. (08.7.문10)

득점	배점
	4

(가) 가스의 누설을 표시하는 표시등 및 가스가 누설된 경계구역의 위치를 표시하는 표시등은 등이 켜질 때 어떤 색으로 표시되어야 하는가?

○

(나) 경보기는 구조에 따라 무슨 형과 무슨 형으로 구분하는가?

○(　　)형, (　　)형

(다) 가스누설경보기 중 가스누설을 검지하여 중계기 또는 수신부에 가스누설의 신호를 발신하는 부분 또는 가스누설을 검지하여 이를 음향으로 경보하고 동시에 중계기 또는 수신부에 가스누설의 신호를 발신하는 부분은 무엇인가?

○

해답 (가) 황색
(나) 단독, 분리
(다) 탐지부

해설 (가) **가스누설경보기**의 **점등색**

누설등(가스누설표시등), 지구등	화재등
황색	적색

용어

누설등 vs 지구등

누설등	지구등
가스의 누설을 표시하는 표시등	가스가 누설될 경계구역의 위치를 표시하는 표시등

(나) **가스누설경보기**의 **분류**

구조에 따라 구분		비 고
단독형	가정용	–
분리형	영업용	1회로용
	공업용	1회로 이상용

- **'영업용'**을 **'일반용'**으로 답하지 않도록 주의하라. 일반용은 예전에 사용되던 용어로 요즘에는 **'일반용'** 이란 용어를 사용하지 않는다.

  – **가스누설경보기의 형식승인 및 제품검사의 기술기준**
  제3조 경보기의 분류 : 경보기는 구조에 따라 **단독형**과 **분리형**으로 구분하며, 분리형은 **영업용**과 **공업용**으로 구분한다. 이 경우 **영업용**은 **1회로용**으로 하며 **공업용**은 **1회로 이상**의 용도로 한다.

(다)

용 어	설 명
경보기구	가스누설경보기 등 화재의 발생 또는 화재의 발생이 예상되는 상황에 대하여 **경보**를 발하여 주는 설비
지구경보부	가스누설경보기의 수신부로부터 발하여진 신호를 받아 **경보음**을 발하는 것으로서 **경보기**에 **추가**로 **부착**하여 사용되는 부분
탐지부	가스누설경보기 중 가스누설을 검지하여 **중계기** 또는 **수신부**에 가스누설의 **신호**를 **발신**하는 부분 또는 **가스누설**을 **검지**하여 이를 **음향**으로 **경보**하고 동시에 중계기 또는 수신부에 가스누설의 신호를 발신하는 부분
수신부	가스누설경보기 중 탐지부에서 발하여진 가스누설신호를 **직접** 또는 **중계기**를 통하여 수신하고 이를 관계자에게 **음향**으로서 경보하여 주는 것
부속장치	경보기에 연결하여 사용되는 **환풍기** 또는 **지구경보부** 등에 **작동신호원**을 공급시켜 주기 위하여 경보기에 부수적으로 설치된 장치

- **'경보기구'**와 **'지구경보부'**를 혼동하지 않도록 주의하라!

☆☆

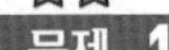

문제 11

다음은 자동화재탐지설비의 평면도이다. 도면의 각 배선에 전선 가닥수를 표기하시오. (단, 모든 배관은 슬래브 내 매입배관이며, 이중천장이 없는 구조이다.) (17.4.문2, 13.7.문7, 11.11.문15)

득점	배점
	5

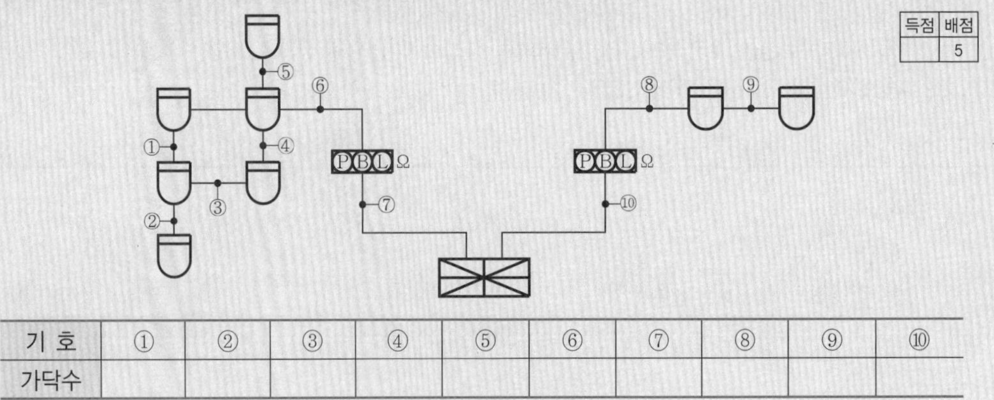

기 호	①	②	③	④	⑤	⑥	⑦	⑧	⑨	⑩
가닥수										

기 호	①	②	③	④	⑤	⑥	⑦	⑧	⑨	⑩
가닥수	2	4	2	2	4	4	6	4	4	6

기 호	가닥수	배선내역
①	2	지구선 1, 공통선 1
②	4	지구선 2, 공통선 2
③	2	지구선 1, 공통선 1
④	2	지구선 1, 공통선 1
⑤	4	지구선 2, 공통선 2
⑥	4	지구선 2, 공통선 2
⑦	6	지구선 1, 회로공통선 1, 경종선 1, 경종표시등공통선 1, 표시등선 1, 응답선 1
⑧	4	지구선 2, 공통선 2
⑨	4	지구선 2, 공통선 2
⑩	6	지구선 1, 회로공통선 1, 경종선 1, 경종표시등공통선 1, 표시등선 1, 응답선 1

- 문제에서 **평면도**이므로 일제경보방식, 우선경보방식 중 고민할 것 없이 **일제경보방식**으로 가닥수를 산정하면 된다. **평면도**는 **일제경보방식**임을 잊지 말자!
- 종단저항이 수동발신기함(ⓅⒷⓁ)에 설치되어 있으므로 감지기 간 및 감지기와 발신기세트 간 배선은 **루프**(loop)된 곳은 **2가닥**, **기타 4가닥**이 된다.

중요

송배선식과 **교차회로방식**

구 분	송배선식	교차회로방식
목적	• **감지기회로**의 **도통시험**을 용이하게 하기 위하여	• 감지기의 **오동작** 방지
원리	• 배선의 도중에서 분기하지 않는 방식	• 하나의 담당구역 내에 **2 이상**의 **감지기회로**를 설치하고 **2 이상**의 **감지기회로**가 **동시**에 **감지**되는 때에 설비가 작동하는 방식으로 회로방식이 **AND회로**에 해당된다.
적용설비	• 자동화재탐지설비 • 제연설비	• **분**말소화설비 • **할**론소화설비 • **이**산화탄소 소화설비 • **준**비작동식 스프링클러설비 • **일**제살수식 스프링클러설비 • **할**로겐화합물 및 불활성기체 소화설비 • **부**압식 스프링클러설비 기억법 **분할이 준일할부**
가닥수 산정	• 종단저항을 수동발신기함 내에 설치하는 경우 **루프(loop)**된 곳은 **2가닥**, **기타 4가닥**이 된다. 수동 발신기함 / 루프(loop) ‖ 송배선식 ‖	• **말단**과 **루프**(loop)된 곳은 **4가닥**, **기타 8가닥**이 된다. 수동 발신기함 / 말단 / 루프(loop) ‖ 교차회로방식 ‖

☆

문제 12

광전식 스포트형 감지기와 광전식 분리형 감지기의 검출방식과 작동원리를 구분하여 설명하시오.

(13.11.문16)

득점	배점
	5

(가) 광전식 스포트형 감지기
 ○ 검출방식 :
 ○ 작동원리 :
(나) 광전식 분리형 감지기
 ○ 검출방식 :
 ○ 작동원리 :

해답 (가) ○ 검출방식 : 산란광식
 ○ 작동원리 : 화재발생시 연기입자에 의해 난반사된 빛이 수광부 내로 들어오는 것을 감지하는 것
(나) ○ 검출방식 : 감광식
 ○ 작동원리 : 화재발생시 연기입자에 의해 수광부의 수광량이 감소하므로 이를 검출하여 화재신호를 발하는 것

해설 **광전식 스포트형 감지기**와 **광전식 분리형 감지기**

광전식 스포트형 감지기(산란광식)	광전식 분리형 감지기(감광식)
화재발생시 연기입자에 의해 **난반사**된 빛이 수광부 내로 들어오는 것을 감지하는 것으로 이러한 검출방식을 **산란광식**이라 한다. 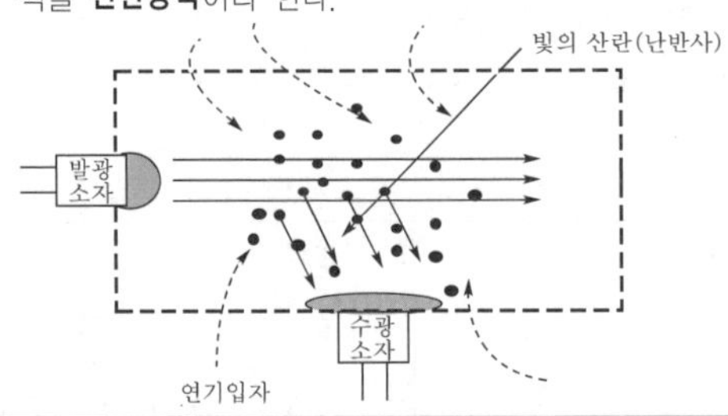	화재발생시 연기입자에 의해 수광부의 수광량이 **감소**하므로 이를 검출하여 화재신호를 발하는 것으로 이러한 검출방식을 **감광식**이라 한다. 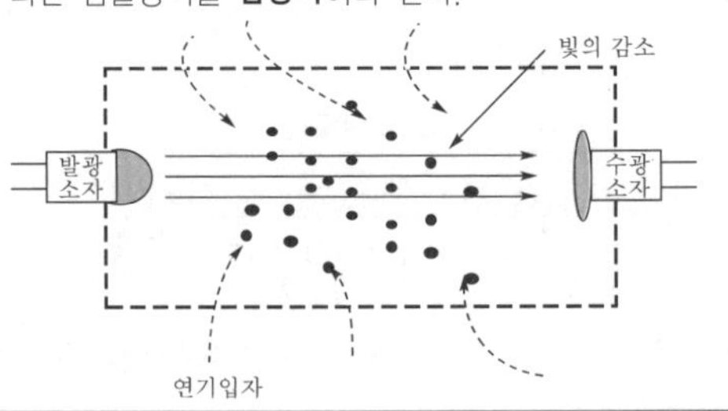

• 난반사=산란

☆☆

문제 13

3상 380V, 20kW 스프링클러펌프용 유도전동기가 있다. 기동방식은 일반적으로 어떤 방식이 이용되며 전동기의 역률이 60%일 때 역률을 90%로 개선할 수 있는 전력용 콘덴서의 용량은 몇 kVA이겠는가?

(19.11.문7, 11.5.문1, 03.4.문2)

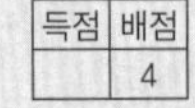

득점	배점
	4

(가) 기동방식 :
(나) 전력용 콘덴서의 용량
 ○ 계산과정 :
 ○ 답 :

해답 (가) 기동방식 : 이론상 기동보상기법(실제 Y-△기동방식)
(나) ○ 계산과정 : $20\left(\frac{\sqrt{1-0.6^2}}{0.6}-\frac{\sqrt{1-0.9^2}}{0.9}\right)=16.98\text{kVA}$
 ○ 답 : 16.98kVA

해설 (1) **기호**

- P : 20kW
- $\cos\theta_1$: 60%=0.6
- $\cos\theta_2$: 90%=0.9
- Q_C : ?

(2) **유도전동기**의 **기동법**

구 분	적 용
전전압기동법(직입기동)	전동기용량이 **5.5kW** 미만에 적용(소형 전동기용)
Y-△기동법	전동기용량이 **5.5~15kW** 미만에 적용
기동보상기법	전동기용량이 **15kW** 이상에 적용
리액터기동법	전동기용량이 **5.5kW** 이상에 적용

- 이론상으로 보면 유도전동기의 용량이 20kW이므로 기동보상기법을 사용하여야 하지만 실제로 전동기의 용량이 5.5kW 이상이면 모두 Y-△기동방식을 적용하는 것이 대부분이다. 그러므로 답안작성시에는 2가지를 함께 답하도록 한다.

중요

유도전동기의 **기동법**(또 다른 이론)

기동법	적정용량
전전압기동법(직입기동)	18.5kW 미만
Y-△기동법	18.5~90kW 미만
리액터기동법	90kW 이상

(3) 역률개선용 **전력용 콘덴서**의 **용량**(Q_C)은

$$Q_C = P\left(\frac{\sin\theta_1}{\cos\theta_1} - \frac{\sin\theta_2}{\cos\theta_2}\right) = P\left(\frac{\sqrt{1-\cos\theta_1^{\ 2}}}{\cos\theta_1} - \frac{\sqrt{1-\cos\theta_2^{\ 2}}}{\cos\theta_2}\right)$$

여기서, Q_C : 콘덴서의 용량[kVA]

P : 유효전력[kW]

$\cos\theta_1$: 개선 전 역률

$\cos\theta_2$: 개선 후 역률

$\sin\theta_1$: 개선 전 무효율$(\sin\theta_1 = \sqrt{1-\cos\theta_1^{\ 2}})$

$\sin\theta_2$: 개선 후 무효율$(\sin\theta_2 = \sqrt{1-\cos\theta_2^{\ 2}})$

$$\therefore\ Q_C = P\left(\frac{\sqrt{1-\cos\theta_1^{\ 2}}}{\cos\theta_1} - \frac{\sqrt{1-\cos\theta_2^{\ 2}}}{\cos\theta_2}\right) = 20\text{kW}\left(\frac{\sqrt{1-0.6^2}}{0.6} - \frac{\sqrt{1-0.9^2}}{0.9}\right) = 16.98\text{kVA}$$

비교

(1) 변형 ① : **20kW → 20kVA**로 주어진 경우

- P_a : 20kVA
- $\cos\theta_1$: 0.6
- $\cos\theta_2$: 0.9

$$Q_C = P\left(\frac{\sqrt{1-\cos\theta_1{}^2}}{\cos\theta_1} - \frac{\sqrt{1-\cos\theta_2{}^2}}{\cos\theta_2}\right) = 20\text{kVA} \times 0.6\left(\frac{\sqrt{1-0.6^2}}{0.6} - \frac{\sqrt{1-0.9^2}}{0.9}\right) = 10.188 \fallingdotseq 10.19\text{kVA}$$

- $P = VI\cos\theta = P_a\cos\theta$

  여기서, P : 유효전력[kW]
  V : 전압[V]
  I : 전류[A]
  $\cos\theta$: 역률
  P_a : 피상전력[kVA]

  $P = P_a\cos\theta = 20\text{kVA} \times 0.6 = 9\text{kW}$
- $\cos\theta$는 개선 전 역률 $\cos\theta_1$을 적용한다는 것을 기억하라!

(2) 변형 ② : **20kW → 20HP**로 주어진 경우

- P : 20HP
- $\cos\theta_1$: 0.6
- $\cos\theta_2$: 0.9

$$Q_C = P\left(\frac{\sqrt{1-\cos\theta_1{}^2}}{\cos\theta_1} - \frac{\sqrt{1-\cos\theta_2{}^2}}{\cos\theta_2}\right) = 20\text{HP} \times 0.746\text{kW}\left(\frac{\sqrt{1-0.6^2}}{0.6} - \frac{\sqrt{1-0.9^2}}{0.9}\right) = 12.667 \fallingdotseq 12.67\text{kVA}$$

- $1\text{HP} = 0.746\text{kW}$이므로

  $20\text{HP} = \frac{20\text{HP}}{1\text{HP}} \times 0.746\text{kW} = 20\text{HP} \times 0.746\text{kW} = 14.92\text{kW}$

☆☆

문제 14

비상콘센트를 11층에 3개소, 12층에 3개소, 13층에 2개소 등 총 8개를 설치하려고 한다. 최소 몇 회로를 설치하여야 하는가?

득점	배점
	4

 3회로

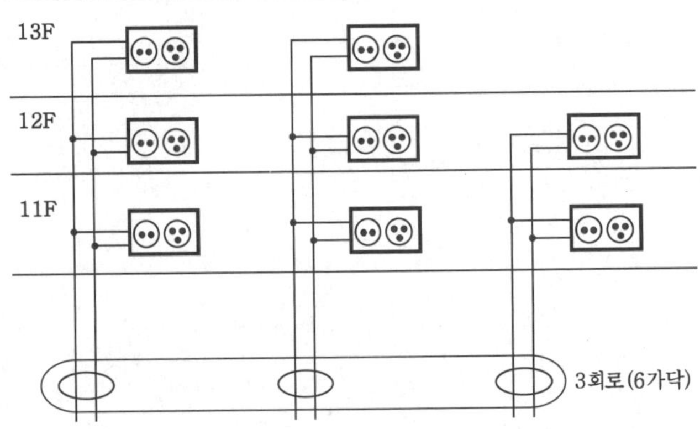

- NFPC 504 4조 ②항 2호, NFTC 504 2.1.2.2에 따라 **한 층**에 **비상콘센트**가 **2개** 이상 설치되어 있을 때는 각각 **별도**로 **배선**해야 한다.

참고

비상콘센트설비의 설치기준(NFPC 504 4조 ②항 2호, NFTC 504 2.1.2.2)
전원회로는 각 층에 있어서 **2 이상**이 되도록 설치할 것(단, 설치해야 할 층의 콘센트가 **1개**인 때에는 하나의 회로로 할 수 있음)

☆☆☆

문제 15

자동화재탐지설비에 사용되는 감지기의 절연저항시험을 하려고 한다. 사용기기와 판정기준은 무엇인가? (단, 감지기의 절연된 단자 간의 절연저항 및 단자와 외함 간의 절연저항이며 정온식 감지선형 감지기는 제외한다.)

(19.11.문1, 14.11.문5)

○ 사용기기 :
○ 판정기준 :

득점	배점
	4

해답 ○ 사용기기 : 직류 500V 절연저항계
○ 판정기준 : 50MΩ 이상

해설

- '**직류**'라는 말까지 써야 정답!!
- 50MΩ 이상에서 '**이상**'까지 써야 정답!!

절연저항시험(정대! 정대! 중요)

절연저항계	절연저항	대 상
직류 250V	0.1MΩ 이상	• 1경계구역의 절연저항
직류 500V	5MΩ 이상	• 누전경보기 • 가스누설경보기 • 수신기 • 자동화재속보설비 • 비상경보설비 • 유도등(교류입력측과 외함 간 포함) • 비상조명등(교류입력측과 외함 간 포함)
	20MΩ 이상	• 경종 • 발신기 • 중계기 • 비상콘센트 • 기기의 절연된 선로 간 • 기기의 충전부와 비충전부 간 • 기기의 교류입력측과 외함 간(유도등 · 비상조명등 제외)
	50MΩ 이상 ←	• **감지기**(정온식 감지선형 감지기 제외) • 가스누설경보기(10회로 이상) • 수신기(10회로 이상)
	1000MΩ 이상	• 정온식 감지선형 감지기

☆☆
문제 16

감지기 배선방식에 있어서 교차회로방식의 목적 및 동작원리를 쓰시오. (15.11.문7, 11.11.문4)

○ 목적 :

○ 동작원리 :

득점	배점
	4

해답 ○ 목적 : 감지기의 오동작 방지

○ 동작원리 : 하나의 담당구역 내에 2 이상의 감지기회로를 설치하고 2 이상의 감지기회로가 동시에 감지되는 때에 설비가 작동하는 방식

해설 **송배선식**과 **교차회로방식**

구 분	송배선식	교차회로방식
목적	• **감지기회로**의 **도통시험**을 용이하게 하기 위하여	• 감지기의 **오동작** 방지
원리	• 배선의 도중에서 분기하지 않는 방식	• 하나의 담당구역 내에 **2 이상**의 **감지기회로**를 설치하고 **2 이상**의 **감지기회로**가 **동시**에 **감지**되는 때에 설비가 작동하는 방식으로 회로방식이 **AND 회로**에 해당된다.
적용 설비	• 자동화재탐지설비 • 제연설비	• **분**말소화설비 • **할**론소화설비 • **이**산화탄소 소화설비 • **준**비작동식 스프링클러설비 • **일**제살수식 스프링클러설비 • **할**로겐화합물 및 불활성기체 소화설비 • **부**압식 스프링클러설비 기억법 **분할이 준일할부**
가닥수 산정	• 종단저항을 수동발신기함 내에 설치하는 경우 **루프(loop)**된 곳은 **2가닥, 기타 4가닥**이 된다. 수동 발신기함 / 루프(loop) ‖ 송배선식 ‖	• **말단**과 **루프(loop)**된 곳은 **4가닥, 기타 8가닥**이 된다. 말단 / 수동 발신기함 / 루프(loop) ‖ 교차회로방식 ‖

☆☆☆
문제 17

차동식 스포트형 감지기와 정온식 스포트형 감지기의 작동원리에 대하여 간단히 설명하시오. (16.11.문14, 10.4.문8)

(가) 차동식 스포트형 감지기 :

(나) 정온식 스포트형 감지기 :

득점	배점
	4

해답 (가) 차동식 스포트형 감지기 : 주위온도가 일정 상승률 이상 될 때 작동하는 것으로 일국소에서의 열효과에 의하여 작동

(나) 정온식 스포트형 감지기 : 일국소의 주위온도가 일정 온도 이상 될 때 작동하는 것으로 외관이 전선이 아닌 것

해설 (1) **일반감지기**

종 류	설 명
차동식 스포트형 감지기	주위온도가 일정 상승률 이상 될 때 작동하는 것으로 **일국소에서의 열효과**에 의하여 작동하는 것
정온식 스포트형 감지기	일국소의 주위온도가 일정 온도 이상 될 때 작동하는 것으로 **외관이 전선이 아닌 것**
보상식 스포트형 감지기	**차동식 스포트형+정온식 스포트형의 성능을 겸**한 것으로 둘 중 한 기능이 작동되면 신호를 발하는 것

(2) **특수감지기**

종 류	설 명
다신호식 감지기	1개의 감지기 내에서 다음과 같다. ① 각 서로 다른 종별 또는 감도 등의 기능을 갖춘 것으로서 일정 시간 간격을 두고 각각 다른 2개 이상의 화재신호를 발하는 감지기 ② 동일 종별 또는 감도를 갖는 2개 이상의 센서를 통해 감지하여 화재신호를 각각 발신하는 감지기
아날로그식 감지기	주위의 온도 또는 연기의 양의 변화에 따른 화재정보신호값을 출력하는 방식의 감지기

(3) **복합형 감지기**

종 류	설 명
열복합형 감지기	**차동식 스포트형+정온식 스포트형**의 성능이 있는 것으로 두 가지 기능이 동시에 작동되면 신호를 발한다.
연복합형 감지기	**이온화식+광전식**의 성능이 있는 것으로 두 가지 기능이 동시에 작동되면 신호를 발한다.
열 · 연기복합형 감지기	**열감지기+연감지기**의 성능이 있는 것으로 두 가지 기능이 동시에 작동되면 신호를 발한다.
불꽃복합형 감지기	**불꽃자외선식+불꽃적외선식+불꽃영상분석식**의 성능 중 두 가지 성능이 있는 것으로 두 가지 기능이 동시에 작동되면 신호를 발한다.

☆☆☆

문제 18

피난구유도등을 설치해야 되는 장소의 기준 4가지를 쓰시오. (13.7.문13, 05.7.문3)

득점	배점
	5

○

○

○

○

해답 ① 옥내로부터 직접 지상으로 통하는 출입구 및 그 부속실의 출입구

② 직통계단 · 직통계단의 계단실 및 그 부속실의 출입구

③ 출입구에 이르는 복도 또는 통로로 통하는 출입구

④ 안전구획된 거실로 통하는 출입구

해설 **피난구유도등**의 **설치장소**(NFPC 303 5조, NFTC 303 2.2.1)

설치장소	도 해
옥내로부터 직접 지상으로 통하는 출입구 및 그 부속실의 출입구	옥외 실내
직통계단 · 직통계단의 **계단실** 및 그 부속실의 출입구	복도 계단
출입구에 이르는 **복도** 또는 **통로**로 통하는 출입구	거실 복도
안전구획된 거실로 통하는 출입구	출구 방화문

기억법 **직옥피 복통안**

비교

피난구유도등의 **설치제외장소**(NFPC 303 11조, NFTC 303 2.8.1)

(1) 옥내에서 직접 지상으로 통하는 출입구(바닥면적 **1000m²** 미만 층)

(2) 대각선 길이가 15m 이내인 구획된 실의 출입구

(3) 비상조명등 · 유도표지가 설치된 거실 출입구(거실 각 부분에서 출입구까지의 **보행거리 20m** 이하)

(4) 출입구가 **3 이상**인 거실(거실 각 부분에서 출입구까지의 **보행거리 30m** 이하는 주된 출입구 **2개 외**의 출입구)

집안이 나쁘다고 탓하지 마라. 가난하다고 말하지 마라.
배운 게 없다고, 힘이 없다고 탓하지 마라. 지금의 힘든 과정은 생각하기 나름이다.

과년도 출제문제

2019년

소방설비기사 실기(전기분야)

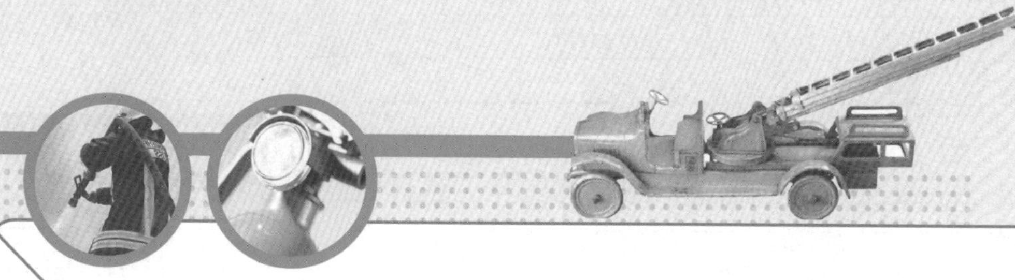

** 수험자 유의사항 **

1. 문제지를 받는 즉시 응시 종목의 문제가 맞는지 확인하셔야 합니다.
2. 답안지 내 인적사항 및 답안작성(계산식 포함)은 검정색 필기구만을 계속 사용하여야 합니다.
3. 답안정정 시에는 **두 줄(=)**을 긋고 다시 기재 가능하며, **수정테이프 사용** 또한 **가능**합니다.
4. 계산문제는 반드시 '계산과정'과 '답'란에 정확히 기재하여야 하며 **계산과정이 틀리거나 없는 경우 0점 처리**됩니다.
   ※ 연습이 필요 시 연습란을 이용하여야 하며, 연습란은 채점대상이 아닙니다.
5. 계산문제는 **최종결과** 값(답)에서 **소수 셋째자리에서 반올림**하여 **둘째자리**까지 구하여야 하나 개별 문제에서 소수처리에 대한 별도 요구사항이 있을 경우, 그 요구사항에 따라야 합니다.
6. 답에 단위가 없으면 오답으로 처리됩니다. (단, 문제의 요구사항에 단위가 주어졌을 경우는 생략되어도 무방합니다.)
7. 문제에서 요구한 가지 수 이상을 답란에 표기한 경우, **답란기재 순**으로 **요구한 가지 수**만 채점합니다.

2019. 4. 14 시행

2019년 기사 제1회 필답형 실기시험

자격종목	시험시간	형별	수험번호	성명	감독위원 확 인
소방설비기사(전기분야)	**3시간**				

※ 다음 물음에 답을 해당 답란에 답하시오.(배점 : 100)

☆☆☆
문제 01

비상콘센트설비의 전원회로에 대한 다음 표를 완성하시오. (18.6.문8, 14.4.문8, 08.4.문6)

전원회로	전압[V]	공급용량[kVA]
단상 교류		

득점	배점
	3

유사문제부터 풀어보세요. 실력이 팍!팍! 올라갑니다.

전원회로	전압[V]	공급용량[kVA]
단상 교류	220V	1.5kVA 이상

- 공급용량 : '**1.5kVA 이상**'에서 '**이상**'까지 모두 써야 정답
- 단위(V, kVA)는 표에 있으므로 안 써도 정답

비상콘센트설비(NFPC 504 4조, NFTC 504 2.1)

(1) **비상콘센트설비**의 **일반사항**

구 분	전 압	공급용량	플러그접속기
단상 교류	220V	1.5kVA 이상	접지형 2극

(2) 하나의 전용 회로에 설치하는 비상콘센트는 **10개** 이하로 할 것(전선의 용량은 **3개** 이상일 때 **3개**)

설치하는 비상콘센트 수량	전선의 용량산정시 적용하는 비상콘센트 수량	전선의 용량
1	1개 이상	1.5kVA 이상
2	2개 이상	3.0kVA 이상
3~10	3개 이상	4.5kVA 이상

(3) 전원회로는 각 층에 있어서 **2 이상**이 되도록 설치할 것(단, 설치해야 할 층의 콘센트가 **1개**인 때에는 하나의 회로로 할 수 있음)
(4) 플러그접속기의 칼받이 접지극에는 **접지공사**를 해야 한다. (감전 보호가 목적이므로 **보호접지**를 해야 한다.)
(5) 풀박스는 **1.6mm** 이상의 철판을 사용할 것
(6) 절연저항은 **전원부**와 **외함** 사이를 **직류 500V 절연저항계**로 측정하여 **20MΩ** 이상일 것
(7) 전원으로부터 각 층의 비상콘센트에 분기되는 경우에는 **분기배선용 차단기**를 보호함 안에 설치할 것
(8) 바닥으로부터 **0.8~1.5m** 이하의 높이에 설치할 것
(9) 전원회로는 주배전반에서 **전용 회로**로 하며, 배선의 종류는 **내화배선**이어야 한다.
(10) 콘센트마다 **배선용 차단기**를 설치하며, **충전부**가 노출되지 않도록 할 것

☆☆
문제 02

국가화재안전기준에서 정하는 누전경보기의 용어 정의를 설명한 것이다. 다음 ( ) 안에 알맞은 용어를 쓰시오.

(14.11.문1)

득점	배점
	5

(가) ( )란 내화구조가 아닌 건축물로서 벽, 바닥 또는 천장의 전부나 일부를 불연재료 또는 준불연재료가 아닌 재료에 철망을 넣어 만든 건물의 전기설비로부터 누설전류를 탐지하여 경보를 발하며 변류기와 수신부로 구성된 것을 말한다.

(나) ( )란 변류기로부터 검출된 신호를 수신하여 누전의 발생을 해당 특정소방대상물의 관계인에게 경보하여 주는 것(차단기구를 갖는 것을 포함)을 말한다.

(다) ( )란 경계전로의 누설전류를 자동적으로 검출하여 이를 누전경보기의 수신부에 송신하는 것을 말한다.

해답 (가) 누전경보기
(나) 수신부
(다) 변류기

해설 **누전경보기**의 **용어 정의**(NFPC 205 3조, NFTC 205 1.7)

용 어	설 명
누전경보기	내화구조가 아닌 건축물로서 **벽**, **바닥** 또는 **천장**의 전부나 일부를 **불연재료** 또는 **준불연재료**가 아닌 재료에 **철망**을 넣어 만든 건물의 전기설비로부터 **누설전류**를 탐지하여 **경보**를 발하며 **변류기**와 **수신부**로 구성된 것
수신부	변류기로부터 검출된 **신호**를 **수신**하여 누전의 발생을 해당 특정소방대상물의 **관계인**에게 **경보**하여 주는 것(**차단기구**를 갖는 것 포함)
변류기	경계전로의 **누설전류**를 자동적으로 **검출**하여 이를 누전경보기의 수신부에 송신하는 것

☆☆☆
문제 03

다음은 국가화재안전기준에서 정하는 감지기 설치기준에 관한 사항이다. 다음 각 물음에 답하시오.

득점	배점
	4

(가) 감지기(차동식 분포형 제외)는 실내로의 공기유입구로부터 몇 m 이상 떨어져 있어야 하는가?
○

(나) 보상식 스포트형 감지기는 정온점이 감지기 주위의 평상시 최고온도보다 몇 ℃ 이상 높은 것으로 설치하여야 하는가?
○

(다) 스포트형 감지기의 설치경사는 몇 도 이상이면 안 되는가?
○

(라) 주방 및 보일러실 등의 다량의 화기를 단속적으로 취급하는 장소에 설치해야 하는 감지기는?
○

해답 (가) 1.5m
(나) 20℃
(다) 45도
(라) 정온식 감지기

해설 (1) **감지기**의 **설치기준**(NFPC 203 7조, NFTC 203 2.4)

① 감지기(**차동식 분포형** 제외)는 **공기유입구**로부터 1.5m 이상 이격시켜야 한다(**배기구**는 **그 부근**에 설치).

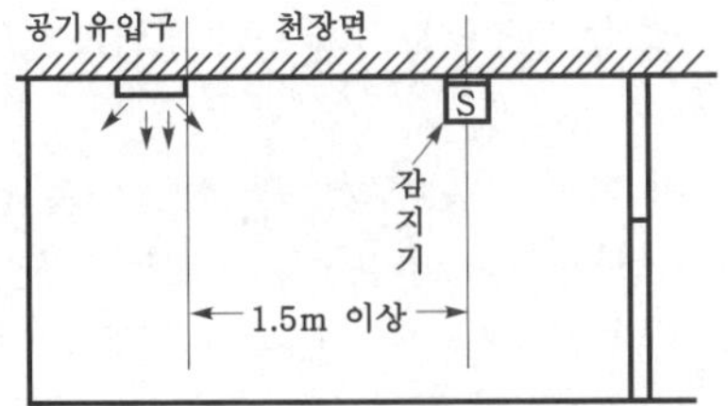

② 감지기는 **천장** 또는 **반자**의 옥내의 면하는 부분에 설치할 것

③ 보상식 스포트형 감지기는 정온점이 감지기 주위의 평상시 최고온도보다 20℃ 이상 높은 것으로 설치하여야 한다.

④ **스포트형 감지기**는 45° 이상, **공기관식 차동식 분포형 감지기**의 **검출부**는 **5°** 이상 경사되지 않도록 부착할 것

‖감지기의 경사제한각도‖

스포트형 감지기	공기관식 차동식 분포형 감지기
45° 이상	5° 이상

⑤ **정온식 감지기**는 **주방 · 보일러실** 등으로서 다량의 화기를 단속적으로 취급하는 장소에 설치하되, 공칭작동온도가 최고주위온도보다 20℃ 이상 높은 것으로 설치하여야 한다.

(2) **연기감지기**의 **설치기준**(NFPC 203 7조 ③항 10호, NFTC 203 2.4.3.10)

① 감지기는 벽 또는 보로부터 **0.6m** 이상 떨어진 곳에 설치할 것

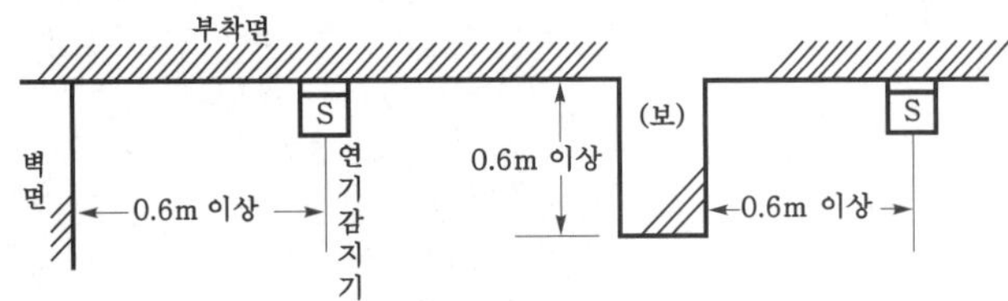

‖연기감지기의 설치‖

② 감지기는 복도 및 통로에 있어서는 보행거리 **30m**(3종에 있어서는 **20m**)마다, 계단 및 경사로에 있어서는 수직거리 **15m**(3종에 있어서는 **10m**)마다 1개 이상으로 할 것

③ 천장 또는 반자가 낮은 실내 또는 좁은 실내에 있어서는 **출입구**의 가까운 부분에 설치할 것

④ 천장 또는 반자 부근에 **배기구**가 있는 경우에는 그 부근에 설치할 것

• (라) **'정온식 감지기'**라고 써야 정답! 정온식 스포트형 감지기라고 쓰면 틀림. 국가화재안전기준에 대한 사항은 국가화재안전기준에 있는 내용 그대로 답해야 정답! 주의!

☆ **문제 04**

공사비 산출내역서 작성시 표준품셈표에서 정하는 공구손료는 직접노무비의 몇 (①)% 이내로 적용할 수 있고, 소모 · 잡자재비는 전선과 배관자재의 몇 (②)% 이내로 적용할 수 있는지 쓰시오.

(14.7.문18)

득점	배점
	5

①:

②:

해답 ① : 3

② : 2~5

해설 **공구손료 및 잡재료 등**

구 분	적 용	정 의
공구손료	① **직접노무비**의 **3%** 이내 ② **인력품**(노임할증과 작업시간 증가에 의하지 않은 품할증 제외)의 **3%** 이내	① **공구**를 사용하는 데 따른 **손실**비용 ② **일반공구** 및 **시험용 계측기구류**의 손료로서 공사 중 상시 일반적으로 사용하는 것(단, 철공공사, 석공사 등의 특수공구 및 검사용 특수계측기류의 손실비용은 별도 적용)
소모 · 잡자재비 (잡재료 및 소모재료)	① **전선**과 **배관자재**의 **2~5%** 이내 ② **직접재료비**의 **2~5%** 이내 ③ **주재료비**의 **2~5%** 이내	① 적용이 어렵고 금액이 작은 소모품 ② **잡재료** : 소량이나 소금액의 재료는 명세서작성이 곤란하므로 일괄 적용하는 것(예 나사, 볼트, 너트 등) ③ **소모재료** : 작업 중에 소모하여 없어지거나 작업이 끝난 후에 모양이나 형태가 변하여 남아 있는 재료(예 납땜, 왁스, 테이프 등)
배관부속재	**배관**과 **전선관**의 **15%** 이내	배관공사시 사용되는 부속재료(예 커플링, 새들 등)

- ② '5%' 이내라고만 쓰면 틀림. '2~5%' 이내라고 정확히 답해야 정답!!
- 직접노무비=인력품(노임할증과 작업시간 증가에 의하지 않은 품할증 제외)
- 전선과 배관자재=직접재료비=주재료비
- 소모 · 잡자재비=잡재료 및 소모재료=잡품 및 소모재료

☆

문제 05

접지시스템에서 접지봉과 접지선을 연결하는 방법을 3가지 쓰고, 그중 내구성이 가장 양호한 방법을 쓰시오. (05.5.문17)

득점	배점
	4

(가) 접지봉과 접지선의 연결방법
- ○
- ○
- ○

(나) 내구성이 가장 양호한 방법
- ○

해답 (가) ① 용융접속
② 납땜접속
③ 전극접지용 슬리브를 이용한 압착접속

(나) 용융접속

해설 자체 부식에 의한 접지봉의 수명이 단축되는 것을 방지하기 위하여 접지봉은 **전선 일체형**을 사용하는 것이 일반적이지만 일체형이 없을 경우 다음과 같은 방법으로 연결한다.

‖ 접지봉과 접지선의 연결방법 ‖

연결방법	설 명
용융접속	**내구성**이 **가장 양호한 방법**으로 접지봉의 일부를 녹여서 접지선과 연결하는 방법

납땜접속	재질이 구리인 바인더선으로 접지봉과 접지선을 **8회 이상** 감고 납땜하는 방법
전극접지용 슬리브를 이용한 **압착접속**	**전극접지용 슬리브**를 **사용**하여 접지봉과 접지선을 압착하여 접속하는 방법

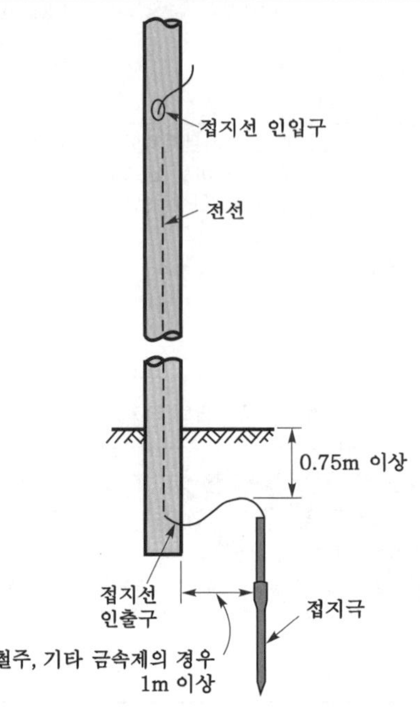

‖ 접지극의 매설(KEC 142.2.3) ‖

주의

시중의 어떤 책은 답을 **심타법, 전극법, 접지전극법**으로 표현하고 있다. 이것은 접지공사방법에 해당하는 것으로 접지봉과 접지선의 연결방법은 아닌 것이다. 틀리지 않도록 주의하라!!

☆☆

문제 06

자동화재탐지설비와 관련된 다음 각 물음의 (   )에 알맞은 내용을 쓰시오. (09.10.문16, 08.7.문13)

득점	배점
	9

(가) (   )란 감지기 또는 P형 발신기로부터 발하여지는 신호를 직접 또는 중계기를 통하여 공통신호로서 수신하여 화재의 발생을 당해 소방대상물의 관계자에게 경보하여 주는 것을 말한다.

(나) (   )란 감지기 또는 P형 발신기로부터 발하여지는 신호를 직접 또는 중계기를 통하여 고유신호로서 수신하여 화재의 발생을 당해 소방대상물의 관계자에게 경보하여 주는 것을 말한다.

(다) (   )란 감지기·발신기 또는 전기적 접점 등의 작동에 따른 신호를 받아 이를 수신기의 제어반에 전송하는 장치를 말한다.

(라) (   )란 자동화재탐지설비에서 발하는 화재신호를 시각경보기에 전달하여 청각장애인에게 점멸형태의 시각경보를 하는 것을 말한다.

(마) (   )란 감지기 또는 P형 발신기 등으로부터 발하여지는 신호를 직접 또는 중계기를 통하여 공통신호로서 수신하여 화재의 발생을 당해 소방대상물의 관계자에게 경보하여 주고 자동 또는 수동으로 옥내·외소화전설비, 스프링클러설비, 물분무소화설비, 포소화설비, 이산화탄소 소화설비,

할론소화설비, 분말소화설비, 배연설비 등의 가압송수장치 또는 기동장치 등을 제어하는(이하 "제어기능"이라 함) 것을 말한다.

(바) (　　)란 감지기 또는 P형 발신기 등으로부터 발하여지는 신호를 직접 또는 중계기를 통하여 고유신호로서 수신하여 화재의 발생을 당해 소방대상물의 관계자에게 경보하여 주고 제어기능을 수행하는 것을 말한다.

(사) (　　)란 화재발생신호를 수신기에 수동으로 발신하는 장치를 말한다.

(아) (　　)란 화재시 발생하는 열, 연기, 불꽃 또는 연소생성물을 자동적으로 감지하여 수신기에 발신하는 장치를 말한다.

(자) (　　)란 특정소방대상물 중 화재신호를 발신하고 그 신호를 수신 및 유효하게 제어할 수 있는 구역을 말한다.

해답 (가) P형 수신기
(나) R형 수신기
(다) 중계기
(라) 시각경보장치
(마) P형 복합식 수신기
(바) R형 복합식 수신기
(사) 발신기
(아) 감지기
(자) 경계구역

해설 **자동화재탐지설비**와 **관련된 기기**

용 어	설 명
P형 수신기	감지기 또는 P형 발신기로부터 발하여지는 신호를 **직접** 또는 **중계기**를 통하여 **공통신호**로서 수신하여 화재의 발생을 당해 소방대상물의 **관계자**에게 **경보**하여 주는 것
R형 수신기	감지기 또는 P형 발신기로부터 발하여지는 신호를 **직접** 또는 **중계기**를 통하여 **고유신호**로서 수신하여 화재의 발생을 당해 소방대상물의 **관계자**에게 **경보**하여 주는 것
중계기	감지기·발신기 또는 전기적 접점 등의 작동에 따른 **신호**를 받아 이를 수신기의 제어반에 **전송**하는 장치
시각경보장치	**자동화재탐지설비**에서 발하는 화재신호를 시각경보기에 전달하여 **청각장애인**에게 **점멸형태**의 **시각경보**를 하는 것
P형 복합식 수신기	감지기 또는 P형 발신기 등으로부터 발하여지는 신호를 **직접** 또는 **중계기**를 통하여 **공통신호**로서 수신하여 화재의 발생을 당해 소방대상물의 **관계자**에게 **경보**하여 주고 자동 또는 수동으로 옥내·외 소화전설비, 스프링클러설비, 물분무소화설비, 포소화설비, 이산화탄소 소화설비, 할론소화설비, 분말소화설비, 배연설비 등의 가압송수장치 또는 기동장치 등의 제어기능을 수행하는 것
R형 복합식 수신기	감지기 또는 P형 발신기 등으로부터 발하여지는 신호를 **직접** 또는 **중계기**를 통하여 **고유신호**로서 수신하여 화재의 발생을 당해 소방대상물의 **관계자**에게 **경보**하여 주고 **제어기능**을 **수행**하는 것
발신기	화재발생신호를 수신기에 **수동**으로 **발신**하는 장치
감지기	화재시 발생하는 열, 연기, 불꽃 또는 연소생성물을 자동적으로 **감지**하여 **수신기**에 **발신**하는 장치
경계구역	특정소방대상물 중 **화재신호**를 **발신**하고 그 **신호**를 **수신** 및 유효하게 **제어**할 수 있는 구역

자동화재속보설비의 속보기	수동작동 및 **자동화재탐지설비** 수신기의 화재신호와 연동으로 작동하여 **관계자**에게 화재발생을 **경보**함과 동시에 **소방관서**에 자동적으로 **전화망**을 통한 당해 화재발생 및 당해 소방대상물의 위치 등을 **음성**으로 통보하여 주는 것
다신호식 수신기	감지기로부터 **최초** 및 **두 번째 화재신호** 이상을 수신하는 경우 주음향장치 또는 부음향장치의 명동 및 지구표시장치에 의한 경계구역을 각각 자동으로 표시함과 동시에 **화재등** 및 **지구음향장치**가 자동적으로 작동하는 것
축적형 수신기	전원차단시간: 1~3초 이하 축적시간: 30~60초 이하 화재표시감지시간: 60초(차단 및 인가 1회 이상 반복)
아날로그식 수신기	아날로그식 감지기로부터 출력된 신호를 수신한 경우 **예비표시** 및 **화재표시**를 표시함과 동시에 입력신호량을 표시할 수 있어야 하며 또한 **작동레벨**을 **설정**할 수 있는 조정장치가 있을 것

☆☆☆

문제 07

다음은 국가화재안전기준에서 정하는 옥내소화전설비의 전원 및 비상전원 설치기준에 대한 설명이다. ( ) 안에 알맞은 용어를 쓰시오. (17.6.문5, 13.7.문16, 08.11.문1)

득점	배점
	6

- ○ 비상전원은 옥내소화전설비를 유효하게 (①)분 이상 작동할 수 있어야 한다.
- ○ 비상전원을 실내에 설치하는 때에는 그 실내에 (②)을(를) 설치하여야 한다.
- ○ 상용전원이 저압수전인 경우에는 (③)의 직후에서 분기하여 전용 배선으로 하여야 한다.

①:
②:
③:

해답 ① : 20
② : 비상조명등
③ : 인입개폐기

해설 (1) **옥내소화전설비**의 **비상전원 설치기준**(NFPC 102 8조, NFTC 102 2.5.3)
① **점검**에 편리하고 화재 및 침수 등의 재해로 인한 피해를 받을 우려가 없는 곳에 설치
② 옥내소화전설비를 유효하게 **20분** 이상 작동할 수 있을 것
③ 상용전원으로부터 전력의 공급이 중단된 때에는 자동으로 비상전원으로부터 전력을 공급받을 수 있을 것
④ 비상전원의 설치장소는 다른 장소와 **방화구획**하여야 하며, 그 장소에는 비상전원의 공급에 필요한 기구나 설비 외의 것을 두지 말 것(단, **열병합 발전설비**에 필요한 기구나 설비 제외)
⑤ 비상전원을 실내에 설치하는 때에는 그 실내에 **비상조명등** 설치

(2) **옥내소화전설비**의 **상용전원회로**의 **배선**

저압수전	특고압수전 또는 고압수전
인입개폐기의 **직후**에서 분기하여 **전용 배선**으로 할 것	전력용 변압기 2차측의 **주차단기 1차측**에서 분기하여 **전용 배선**으로 할 것

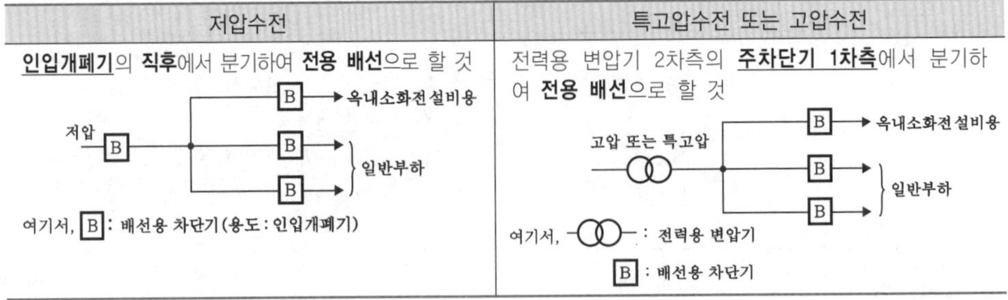

- 특고압수전 또는 고압수전 : 옥내소화전설비는 '**주차단기 1차측에서 분기**', 비상콘센트설비는 '**주차단기 1차측 또는 2차측에서 분기**'로 다름 주의!

비교

비상콘센트설비의 **상용전원회로**의 배선

저압수전	특고압수전 또는 고압수전
인입개폐기의 **직후**에서 분기하여 **전용 배선**으로 할 것	전력용 변압기 2차측의 **주차단기 1차측 또는 2차측**에서 분기하여 **전용 배선**으로 할 것

☆☆☆

문제 08

자동화재탐지설비의 P형 수신기 전면에 있는 스위치 주의등에 대한 각 물음에 답하시오.
(17.11.문15, 17.4.문1, 15.7.문5, 12.7.문5, 11.7.문16, 09.10.문9, 07.7.문6)

득점	배점
	4

(가) 도통시험스위치 조작시 스위치 주의등 점등 여부
○
(나) 예비전원시험스위치 조작시 스위치 주의등 점등 여부
○

해답 (가) 점등
(나) 소등

해설 **스위치 주의등**

스위치 주의등 점멸(점등)**되는 경우**	**스위치 주의등이 점멸**(점등)**하지 않는 경우**
① 지구경종 정지스위치 ON시(조작시) ② 주경종 정지스위치 ON시(조작시) ③ 자동복구스위치 ON시(조작시) ④ 도통시험스위치 ON시(조작시) ⑤ 동작시험스위치 ON시(조작시)	① 복구스위치 ON시(조작시) ② 예비전원스위치 ON시(조작시)

- 소등=미점등=점등되지 않음 모두 정답!

☆☆☆

문제 09

11층 이상인 건물의 특정소방대상물에 옥내소화전설비를 설치하였다. 이 설비를 작동시키기 위한 전원 중 비상전원으로 설치할 수 있는 설비의 종류 3가지를 쓰시오. (17.6.문5, 13.7.문16, 08.11.문1)

득점	배점
	4

○
○
○

해답 ① 자가발전설비 ② 축전지설비 ③ 전기저장장치

해설 각 **설비**의 **비상전원 종류**

설 비	비상전원	비상전원 용량
• 자동화재**탐**지설비	• **축**전지설비 • 전기저장장치	• **10분** 이상(30층 미만) • **30분** 이상(30층 이상)
• 비상**방**송설비	• 축전지설비 • 전기저장장치	

• 비상**경**보설비	• 축전지설비 • 전기저장장치	• **10분** 이상
• **유**도등	• 축전지	• **20분** 이상 ※ 예외규정 : **60분** 이상 (1) **11층** 이상(지하층 제외) (2) 지하층 · 무창층으로서 **도매시장 · 소매시장 · 여객자동차터미널 · 지하철역사 · 지하상가**
• **무**선통신보조설비	명시하지 않음	• **30분** 이상 기억법 **탐경유방무축**
• 비상콘센트설비	• 자가발전설비 • 축전지설비 • 비상전원수전설비 • 전기저장장치	• **20분** 이상
• **스**프링클러설비 • **미**분무소화설비	• **자**가발전설비 • **축**전지설비 • **전**기저장장치 • 비상전원**수**전설비(차고 · 주차장으로서 스프링클러설비(또는 미분무소화설비)가 설치된 부분의 바닥면적 합계가 1000m² 미만인 경우)	• **20분** 이상(30층 미만) • **40분** 이상(30~49층 이하) • **60분** 이상(50층 이상) 기억법 **스미자 수전축**
• 포소화설비	• 자가발전설비 • 축전지설비 • 전기저장장치 • 비상전원수전설비 – 호스릴포소화설비 또는 포소화전만을 설치한 차고 · 주차장 – 포헤드설비 또는 고정포방출설비가 설치된 부분의 바닥면적(스프링클러설비가 설치된 차고 · 주차장의 바닥면적 포함)의 합계가 1000m² 미만인 것	• **20분** 이상
• **간**이스프링클러설비	• 비상전원**수**전설비	• **10분**(숙박시설 바닥면적 합계 300~600m² 미만, 근린생활시설 바닥면적 합계 1000m² 이상, 복합건축물 연면적 1000m² 이상은 **20분**) 이상 기억법 **간수**
• 옥내소화전설비 ⟶ • 연결송수관설비	• 자가발전설비 • 축전지설비 • 전기저장장치	• **20분** 이상(30층 미만) • **40분** 이상(30~49층 이하) • **60분** 이상(50층 이상)
• 제연설비 • 분말소화설비 • 이산화탄소 소화설비 • 물분무소화설비 • 할론소화설비 • 할로겐화합물 및 불활성기체 소화설비 • 화재조기진압용 스프링클러설비	• 자가발전설비 • 축전지설비 • 전기저장장치	• **20분** 이상
• 비상조명등	• 자가발전설비 • 축전지설비 • 전기저장장치	• **20분** 이상 ※ 예외규정 : **60분** 이상 (1) **11층** 이상(지하층 제외) (2) 지하층 · 무창층으로서 **도매시장 · 소매시장 · 여객자동차터미널 · 지하철역사 · 지하상가**
• 시각경보장치	• 축전지설비 • 전기저장장치	명시하지 않음

☆☆☆

문제 10

20W, 중형 피난구유도등 10개가 AC 220V 상용전원에 연결되어 점등되고 있다. 전원으로부터 공급되는 전류[A]를 구하시오. (단, 유도등의 역률은 0.5이며, 유도등 배터리의 충전전류는 무시한다.)

(17.11.문14, 16.6.문12, 13.4.문8, 12.4.문8)

○ 계산과정 :

○ 답 :

득점	배점
	3

해답

○ 계산과정 : $I=\dfrac{20\times10}{220\times0.5}=1.818 ≒ 1.82\text{A}$

○ 답 : 1.82A

해설 (1) **기호**

- P : 20W×10개
- V : 220V
- I : ?
- $\cos\theta$: 0.5

(2) **유도등**은 **단상 2선식**이므로

$$P=VI\cos\theta\eta$$

여기서, P : 전력[W]
V : 전압[V]
I : 전류[A]
$\cos\theta$: 역률
η : 효율

전류 I는

$$I=\frac{P}{V\cos\theta\eta}=\frac{20\text{W}\times10\text{개}}{220\text{V}\times0.5}=1.818 ≒ 1.82\text{A}$$

- **효율**(η) : 주어지지 않았으므로 **무시**

중요

방 식	공 식	적용설비
단상 2선식	$P=VI\cos\theta\eta$ 여기서, P : 전력[W], V : 전압[V], I : 전류[A] $\cos\theta$: 역률, η : 효율	• 기타설비 : 유도등 · 비상조명등 · 솔레노이드밸브 · 감지기 등
3상 3선식	$P=\sqrt{3}\,VI\cos\theta\eta$ 여기서, P : 전력[W], V : 전압[V], I : 전류[A] $\cos\theta$: 역률, η : 효율	• 소방펌프 • 제연팬

☆☆☆

문제 11

비상용 전원설비로 축전지설비를 하고자 한다. 이때 다음 각 물음에 답하시오.

(15.4.문14, 15.7.문6, 12.7.문6, 10.4.문9, 08.7.문8)

득점	배점
	6

(가) 연축전지의 정격용량이 100Ah이고, 상시부하가 15kW, 표준전압이 100V인 부동충전 방식 충전기의 2차 충전 전류값[A]을 구하시오. (단, 상시부하의 역률은 1로 본다.)

○ 계산과정 :

○ 답 :

(나) 축전지에 수명이 있고 또한 그 말기에 있어서도 부하를 만족하는 용량을 결정하기 위한 계수로 보통 0.8로 하는 것을 무엇이라 하는지 쓰시오.

○

(다) 축전지의 과방전 및 설페이션(sulfation)현상 등이 생겼을 때 기능 회복을 위하여 실시하는 충전 방식의 명칭을 쓰시오.

○

(가) ○ 계산과정 : $\frac{100}{10}+\frac{15\times10^3}{100}=160\text{A}$

○ 답 : 160A

(나) 보수율

(다) 회복충전방식

(가) $2\text{차 충전전류} = \frac{\text{축전지의 정격용량}}{\text{축전기의 공칭용량}} + \frac{\text{상시부하}}{\text{표준전압}}$

$$= \frac{100}{10}+\frac{15\times10^3}{100}=160\text{A}$$

- $15\text{kW}=15\times10^3\text{W}$
- 연축전지이므로 공칭용량은 10Ah

비교

충전기 2차 출력=표준전압×2차 충전전류

중요

연축전지와 **알칼리축전지**의 비교

구 분	연축전지	알칼리축전지
기전력	**2.05~2.08V**	**1.32V**
공칭전압	**2.0V**	**1.2V**
공칭용량 →	**10Ah**	**5Ah**
충전시간	길다.	짧다.
수명	5~15년	15~20년
종류	클래드식, 페이스트식	소결식, 포켓식

(나) **보수율**(용량저하율)

① 축전지에 수명이 있고 또한 그 말기에 있어서도 부하를 만족하는 **용량**을 **결정**하기 위한 **계수**로 보통 **0.8**로 하는 것

② **용량저하**를 **고려**하여 설계시에 미리 **보상**하여 주는 값

(다) **충전방식**

구 분	설 명
보통충전방식	필요할 때마다 표준시간율로 충전하는 방식
급속충전방식	보통 충전전류의 **2배**의 **전류**로 충전하는 방식
부동충전방식	① 전지의 자기방전을 보충함과 동시에 상용부하에 대한 전력공급은 충전기가 부담하되, 부담하기 어려운 일시적인 대전류부하는 축전지가 부담하도록 하는 방식으로 **가장 많이 사용**된다. ② 축전지와 부하를 충전기(정류기)에 병렬로 접속하여 충전과 방전을 동시에 행하는 방식이다. ③ 표준부동전압 : **2.15~2.17V** [회로도: 교류입력 – 정류기 – 축전지 – 부하] ‖ 부동충전방식 ‖ • 교류입력=교류전원=교류전압 • 정류기=정류부=충전기(충전지는 아님)
균등충전방식	① 각 축전지의 전위차를 보정하기 위해 1~3개월마다 10~12시간 1회 충전하는 방식 ② 균등충전전압 : **2.4~2.5V**
세류(트리클) 충전방식	**자기방전량**만 항상 **충전**하는 방식
회복충전방식	축전지의 과방전 및 방치상태, 가벼운 설페이션현상 등이 생겼을 때 기능회복을 위하여 실시하는 충전방식 • **설페이션**(sulfation) : 충전이 부족할 때 축전지의 극판에 백색 황색연이 생기는 현상

☆☆
문제 12

주어진 도면은 유도전동기 기동 · 정지회로의 미완성 도면이다. 다음 각 물음에 답하시오. (09.10.문10)

득점	배점
	8

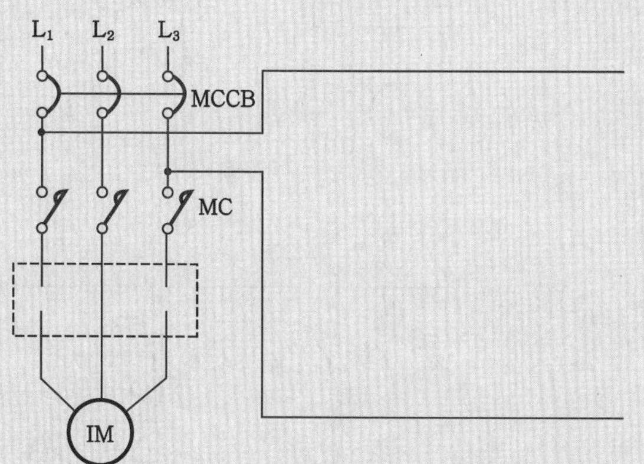

(가) 다음과 같이 주어진 기구를 이용하여 제어회로부분의 미완성 회로를 완성하시오. (단, 기동 운전 시 자기유지가 되어야 하며, 기구의 개수 및 접점 등은 최소개수를 사용하도록 한다.)

○ 전자접촉기 (MC)	○ 기동표시등 (RL)
○ 정지표시등 (GL)	○ 누름버튼스위치 ON용
○ 누름버튼스위치 OFF용	○ 열동계전기 THR

(나) 주회로에 대한 점선의 내부를 주어진 도면에 완성하고 이것은 어떤 경우에 작동하는지 2가지만 쓰시오.

○

○

해답 (가)

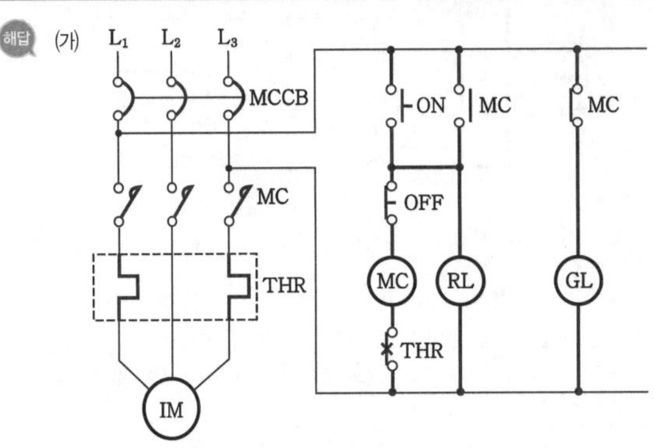

(나) ① 전동기에 과부하가 걸릴 때
② 전류조정 다이얼 세팅치에 적정 전류보다 낮게 세팅했을 때

해설

- 접속부분에는 반드시 점(•)을 찍어야 정답!

(가) 다음과 같이 도면을 그려도 모두 정답!

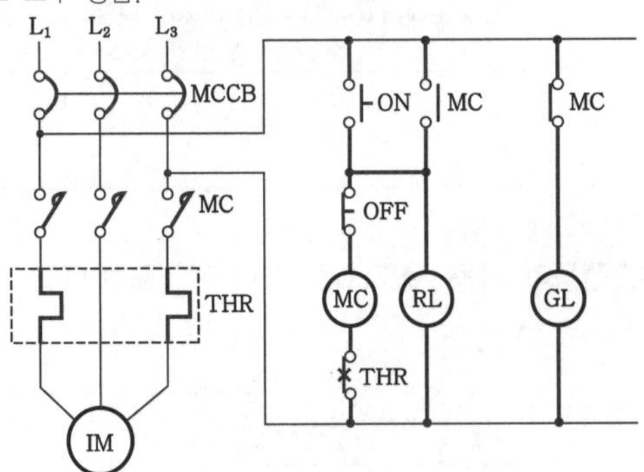

‖ 도면 1 ‖

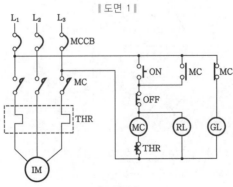

‖ 도면 2 ‖

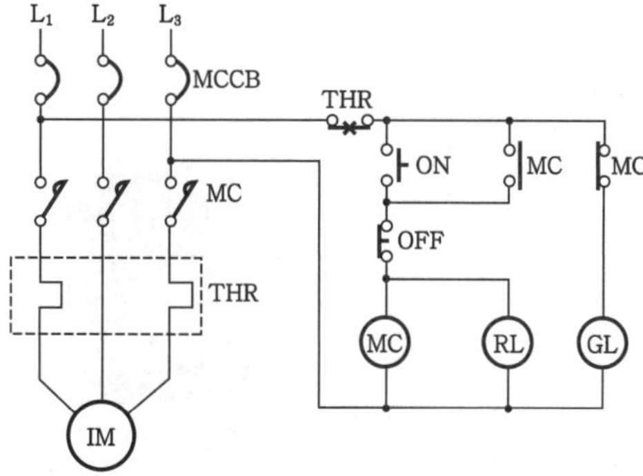

‖ 도면 3 ‖

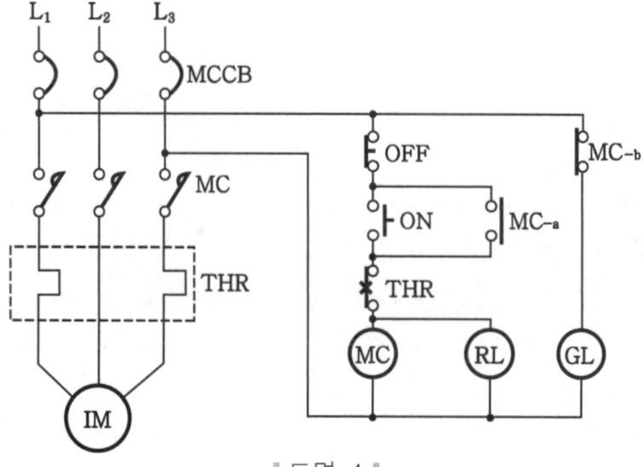

‖ 도면 4 ‖

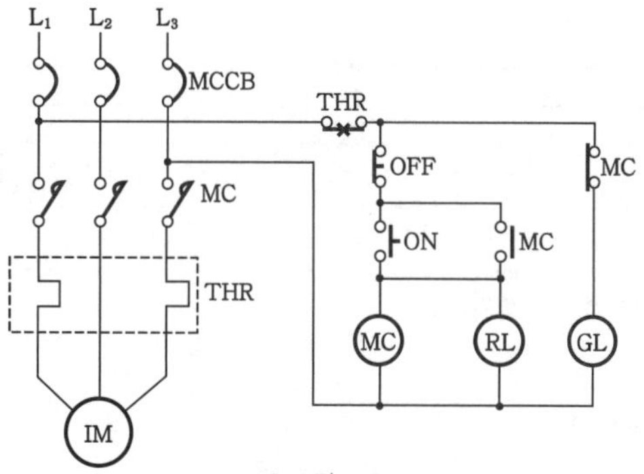

‖ 도면 5 ‖

(나) **열동계전기**가 **동작**되는 경우

① 전동기에 **과부하**가 걸릴 때

② 전류조정 다이얼 세팅치를 적정 전류보다 **낮게 세팅**했을 때

③ 열동계전기 단자의 접촉불량으로 **과열**되었을 때

- **'전동기에 과전류가 흐를 때'**도 답이 된다.
- **'전동기에 과전압이 걸릴 때'**는 틀린 답이 되므로 주의하라!
- **열동계전기의 전류조정 다이얼 세팅 : 정격전류의 1.15~1.2배**에 세팅하는 것이 원칙이다. 실제 실무에서는 이 세팅을 제대로 하지 않아 과부하보호용 열동계전기를 설치하였음에도 불구하고 전동기(motor)를 소손시키는 경우가 많으니 세팅치를 꼭 기억하여 실무에서 유용하게 사용하기 바란다.

용어

열동계전기(THermal Relay ; THR)
전동기의 **과부하 보호용** 계전기

‖ 열동계전기 ‖

☆☆☆
문제 13

다음은 비상콘센트를 보호하기 위한 비상콘센트 보호함의 설치기준이다. (   ) 안의 알맞은 내용을 쓰시오. (13.7.문11)

득점	배점
	5

- 보호함에는 쉽게 개폐할 수 있는 (㉮)을(를) 설치할 것
- 보호함 (㉯)에 "비상콘센트"라고 표시한 표지를 할 것
- 보호함 상부에 (㉰)색의 (㉱)을(를) 설치할 것(다만, 비상콘센트 보호함을 옥내소화전함 등과 접속하여 설치하는 경우에는 (㉲) 등의 표시등과 겸용할 수 있다.

㉮	㉯	㉰	㉱	㉲

해답

㉮	㉯	㉰	㉱	㉲
문	표면	적	표시등	옥내소화전함

해설 **비상콘센트 보호함**의 **시설기준**(NFPC 504 5조, NFTC 504 2.2.1)

(1) 비상콘센트를 보호하기 위하여 **비상콘센트 보호함**을 설치하여야 한다.
(2) 보호함에는 **쉽게** 개폐할 수 있는 **문**을 설치하여야 한다.
(3) 비상콘센트의 보호함 **표면**에 **"비상콘센트"**라고 표시한 표지를 하여야 한다.
(4) 비상콘센트의 보호함 **상부**에 **적색**의 **표시등**을 설치하여야 한다(단, 비상콘센트의 보호함을 **옥내소화전함** 등과 접속하여 설치하는 경우에는 **옥내소화전함** 등의 **표시등**과 **겸용**할 수 있음).

‖ 비상콘센트 보호함 ‖

용어

비상콘센트설비
화재시 소방대의 **조명용** 또는 소화활동상 필요한 **장비**의 **전원설비**

☆☆☆
문제 14

비상방송설비의 확성기(speaker) 회로에 음량조정기를 설치하고자 한다. 미완성 결선도를 완성하시오.

(12.11.문11, 10.7.문18)

득점	배점
	5

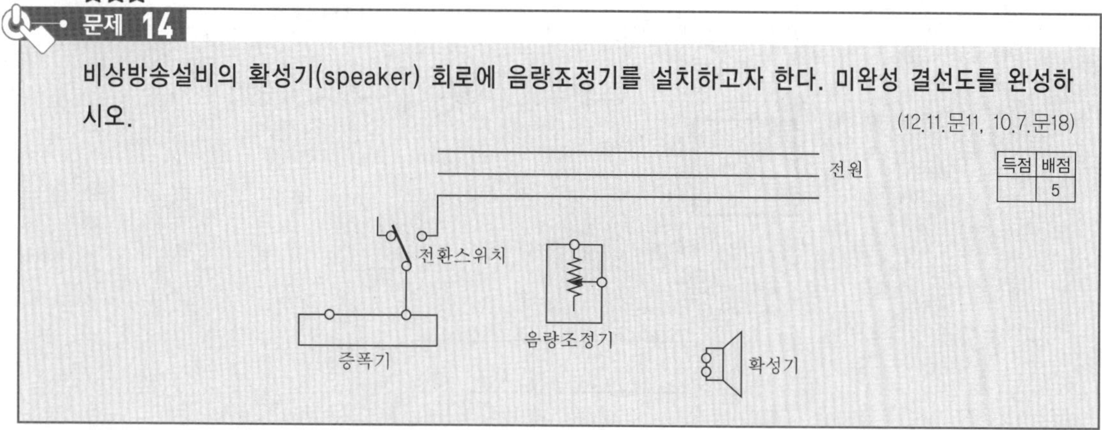

해답

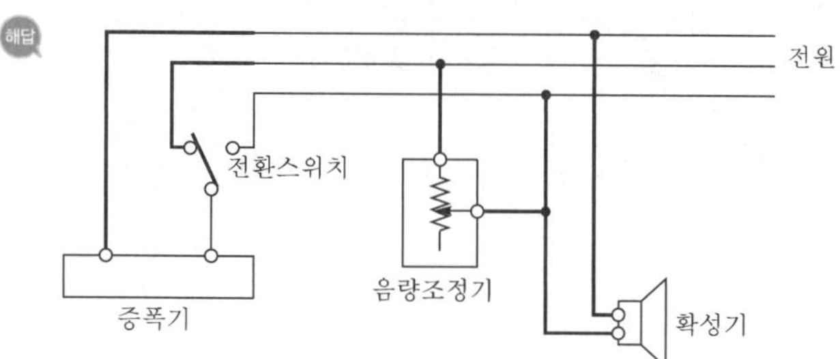

해설 **비상방송설비**의 **설치기준**(NFPC 202 4조, NFTC 202 2.1.1)

(1) 확성기의 음성입력은 실내 **1W**, 실외 **3W** 이상일 것
(2) 확성기는 **각 층**마다 설치하되, 그 층의 각 부분으로부터의 **수평거리**는 **25m** 이하일 것
(3) 음량조정기는 **3선식** 배선일 것
(4) 조작스위치는 바닥으로부터 **0.8~1.5m** 이하의 높이에 설치할 것
(5) 다른 전기회로에 의하여 **유도장애**가 생기지 않을 것
(6) 비상방송 개시시간은 **10초** 이하일 것

중요

3선식 배선

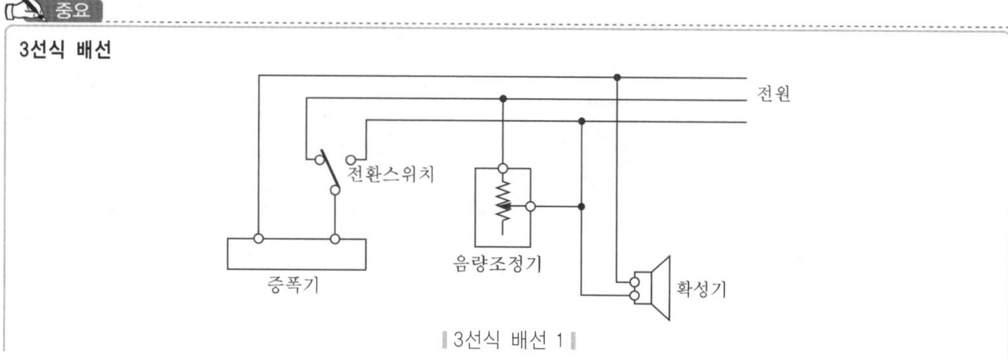

‖ 3선식 배선 1 ‖

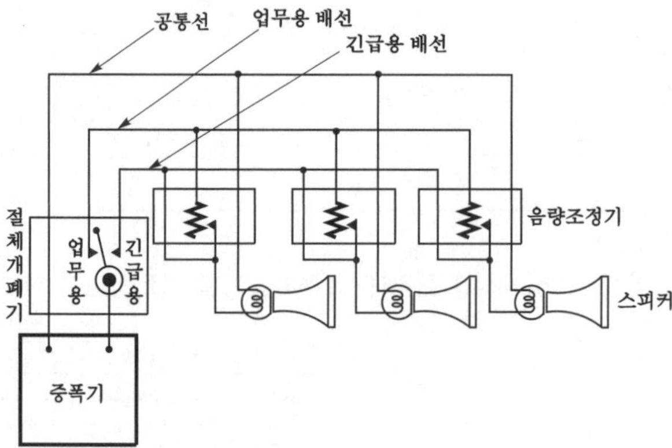

▮3선식 배선 2▮

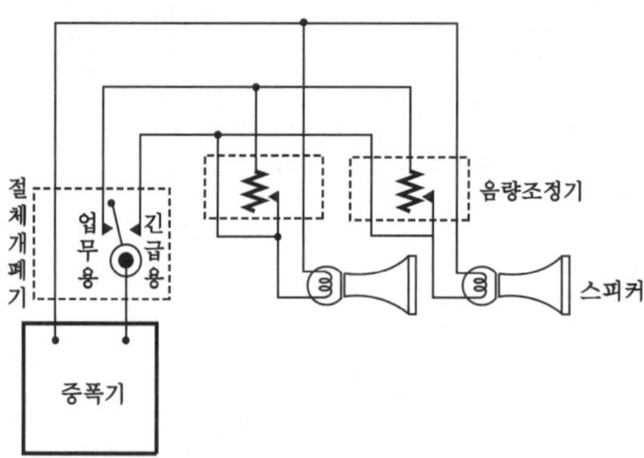

▮3선식 배선 3▮

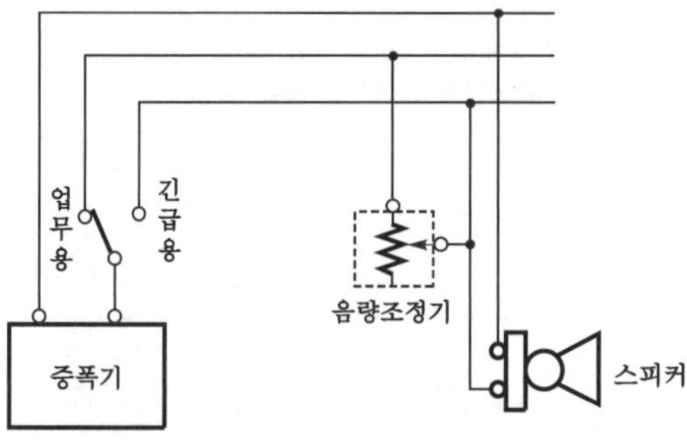

▮3선식 배선 4▮

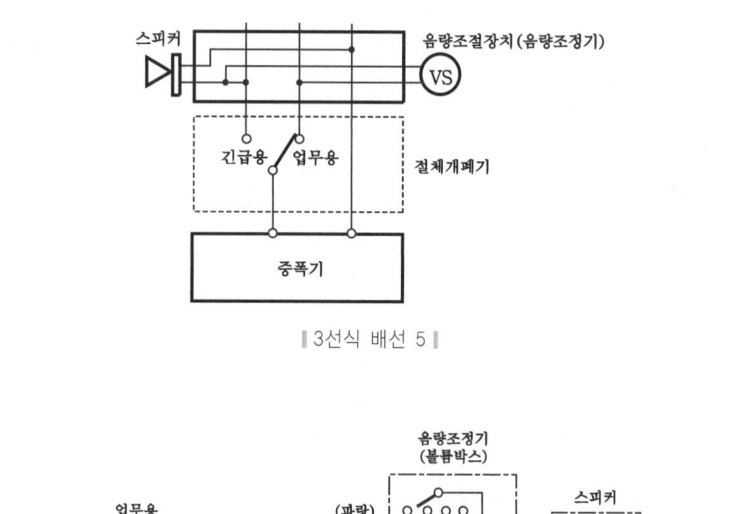

▌3선식 배선 5▐

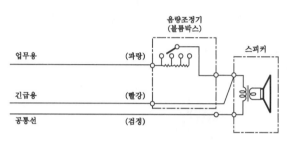

▌3선식 배선 6▐

☆

문제 15

비상콘센트설비에 대한 다음 각 물음에 답하시오. (10.7.문7)

득점	배점
	5

(가) 설치목적을 쓰시오.

○

(나) 플러그접속기의 칼받이의 접지극에는 무엇을 하여야 하는가?

○

(다) 접지선을 포함해서 최소 배선가닥수를 쓰시오.

○

(라) 220V 전원에 1kW 송풍기를 연결 운전하는 경우 회로에 흐르는 전류[A]를 구하시오. (단, 역률은 90%이다.)

○ 계산과정 :

○ 답 :

해답 (가) 소방대의 조명용 또는 소방활동상 필요한 장비의 전원설비로 사용

(나) 접지공사

(다) 3가닥

(라) ○ 계산과정 : $\frac{1\times10^3}{220\times0.9} \fallingdotseq 5.05\text{A}$

○ 답 : 5.05A

해설 (가) **비상콘센트설비**

고층건물 내에는 많은 배선이 설치되어 있으나 화재발생시 전원의 개폐장치가 단락되어 건물 내부가 어두워지므로 소화활동에 어려움이 있다. 11층 미만에는 화재가 발생한 경우 소화활동이 가능하나 **11층 이상**과 **지하 3층**

이상인 층일 때는 불가능하여 소화활동상 필요한 기구를 이용하여 소화활동을 해야 한다. 이것을 비상콘센트설비라 하는데 이는 **내화배선**에 의한 고정설비인 비상콘센트를 설치하여 화재시 **소방대**의 **조명용** 또는 **소방활동상** 필요한 **장비**의 **전원설비**를 말한다.

(나) 비상콘센트의 플러그접속기의 **칼받이**의 접지극에는 접지공사를 해야 한다. (감전 보호가 목적이므로 **보호접지**를 해야 한다.)

‖ **접지시스템**(접지공사)(KEC 140) ‖

접지 대상	접지시스템 구분	접지시스템 시설 종류	접지도체의 단면적 및 종류
특고압 · 고압 설비	• **계통접지** : 전력계통의 이상현상에 대비하여 대지와 계통을 접지하는 것 • **보호접지** : 감전보호를 목적으로 기기의 한 점 이상을 접지하는 것 • **피뢰시스템 접지** : 뇌격전류를 안전하게 대지로 방류하기 위해 접지하는 것	• 단독접지 • 공통접지 • 통합접지	**6mm²** 이상 연동선
일반적인 경우			구리 **6mm²** (철제 **50mm²**) 이상
변압기		• **변압기 중성점 접지**	**16mm²** 이상 연동선

(다) **비상콘센트설비**의 **화재안전기준**(NFPC 504 4조 ② · ③항, NFTC 504 2.1.2.1 · 2.1.3)

① 비상콘센트설비의 전원회로는 **단상 교류 220V**인 것으로서, 그 공급용량은 **1.5kVA** 이상인 것으로 할 것

② 비상콘센트의 플러그접속기는 **접지형 2극 플러그접속기**(KS C 8305)를 사용할 것

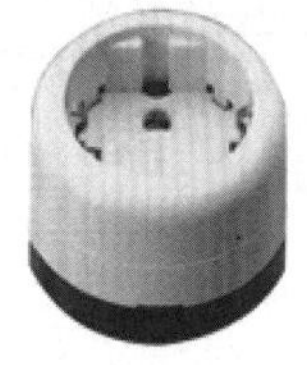
(a) 실물

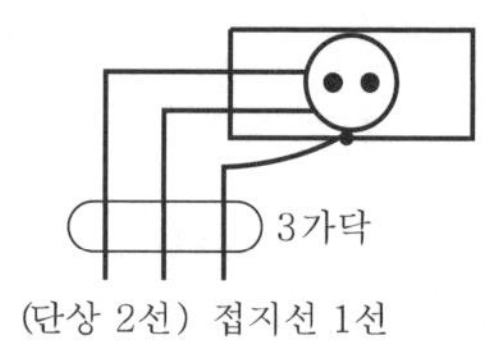

(b) 배선

‖ 접지형 2극 플러그접속기(단상 콘센트) ‖

• 비상콘센트는 위의 ①에서 **단상 교류**이므로 **단상 2선식**, 위의 ②에서 **접지형**이므로 **접지선 1선**을 추가한다.

(라) **단상 콘센트**

① **기호**

• V : 220V
• P : 1kW=1×10³W
• I : ?
• $\cos\theta$: 90%=0.9

②

$$P = VI\cos\theta$$

여기서, P: 단상 전력〔W〕
V: 전압〔V〕
I: 전류〔A〕
$\cos\theta$: 역률

전류 I는

$$I = \frac{P}{V\cos\theta}$$

$$= \frac{1\times10^3\text{W}}{220\text{V}\times0.9} \fallingdotseq 5.05\text{A}$$

• (라)에서 **220V**로 비상콘센트는 NFPC 504 4조, NFTC 504 2.1.2.1에 의해 **단상 교류**임을 기억하라!

☆☆☆
문제 16

국가화재안전기준에서 정하는 청각장애인용 시각경보장치의 설치기준 4가지를 쓰시오.

(17.11.문5, 17.6.문4, 16.6.문13, 15.7.문8)

득점	배점
	9

○
○
○
○

해답 ① 복도·통로·청각장애인용 객실 및 공용으로 사용하는 거실에 설치하며, 각 부분에서 유효하게 경보를 발할 수 있는 위치에 설치
② 공연장·집회장·관람장 또는 이와 유사한 장소에 설치하는 경우에는 시선이 집중되는 무대부 부분 등에 설치
③ 바닥으로부터 2m 이상 2.5m 이하의 높이에 설치(단, 천장높이가 2m 이하는 천장에서 0.15m 이내의 장소에 설치)
④ 광원은 전용의 축전지설비 또는 전기저장장치에 의해 점등되도록 할 것(단, 시각경보기에 작동전원을 공급할 수 있도록 형식승인을 얻은 수신기를 설치한 경우는 제외)

해설

- 단, 천장높이가 ~, 단, 시각경보기에 ~처럼 단서도 반드시 써야 정답!!

청각장애인용 시각경보장치의 **설치기준**(NFPC 203 8조, NFTC 203 2.5.2)

(1) **복도·통로·청각장애인용 객실** 및 공용으로 사용하는 **거실**에 설치하며, 각 부분에서 유효하게 경보를 발할 수 있는 위치에 설치할 것
(2) **공연장·집회장·관람장** 또는 이와 유사한 장소에 설치하는 경우에는 시선이 집중되는 **무대부 부분** 등에 설치할 것
(3) 바닥으로부터 **2m 이상 2.5m** 이하의 높이에 설치할 것(단, 천장높이가 **2m 이하**는 **천장**에서 **0.15m** 이내의 장소에 설치)

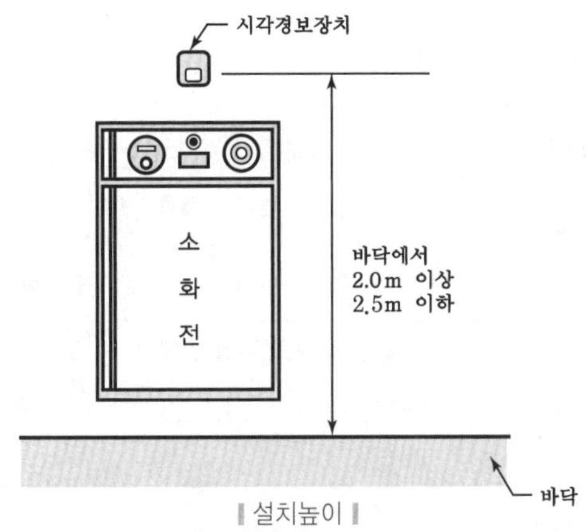

‖ 설치높이 ‖

(4) 광원은 전용의 **축전지설비** 또는 **전기저장장치**에 의하여 점등되도록 할 것(단, 시각경보기에 작동전원을 공급할 수 있도록 형식승인을 얻은 **수신기**를 설치한 경우는 제외)

용어

시각경보장치
자동화재탐지설비에서 발하는 화재신호를 시각경보기에 전달하여 청각장애인에게 **점멸**형태의 **시각경보**를 하는 것

‖ 시각경보장치(시각경보기) ‖

☆☆☆

문제 17

도면은 전실 급 · 배기 댐퍼를 나타낸 것이다. 다음 도면을 보고 각 물음에 답하시오. (단, 댐퍼는 모터식이며, 복구는 자동복구이고, 전원은 제연설비반에서 공급하고, 수동기동확인 및 기동은 동시에 기동하되 감지기공통은 전원 ⊖와 공용으로 사용하는 조건이다.) (05.7.문5, 96.5.문4)

득점	배점
	8

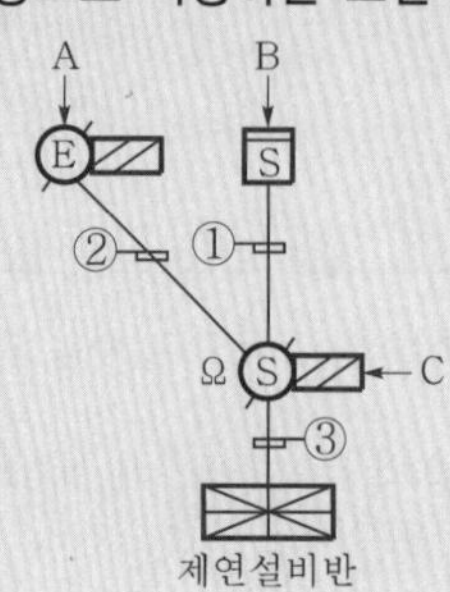

(가) 도면의 A, B, C는 무엇을 나타내는지 그 명칭을 쓰시오.

A : B : C :

(나) ①~③에 해당되는 전선의 가닥수를 쓰시오.

① : ② : ③ :

(다) 댐퍼 수동조작함의 설치높이는 어느 위치에 설치하여야 하는지 그 설치에 대한 기준을 쓰시오.

○

해답 (가) A : 배기댐퍼, B : 연기감지기, C : 급기댐퍼
(나) ① 4가닥, ② 4가닥, ③ 7가닥
(다) 바닥에서 0.8m 이상 1.5m 이하

해설 (가) **제연설비**의 **구성요소**

용 어	설 명	도시기호
배기댐퍼 (exhaust damper)	전실에 유입된 **연기**를 **배출**시키기 위한 통풍의 한 부품	Ⓔ▨
급기댐퍼 (supply damper)	전실 내에 신선한 **공기**를 **공급**하기 위한 통풍기의 한 부품	Ⓢ▨
연기감지기	연소생성물 중 **연기**를 **감지**하는 기기	S
종단저항	**도통시험**을 용이하게 하기 위해 **감지기회로**의 **말단**에 설치하는 저항	Ω

(나)

기 호	가닥수	용 도
①	4가닥	지구 2, 공통 2
②	4가닥	전원 ⊕ · ⊖, 기동 1, 확인 1(배기댐퍼확인 1)
③	7가닥	전원 ⊕ · ⊖, 지구 1, 기동 1, 확인 3(배기댐퍼확인 1, 급기댐퍼확인 1, 수동기동확인 1)

- 자동복구 : 복구스위치 필요 없음
- 감지기공통은 전원 ⊖와 공용 : 감지기 공통선 필요 없음
- 단서에서 '**수동기동확인 및 기동을 동시**'에 하므로 수동기동확인 및 기동을 1가닥으로 해야 할 것 같지만 그렇지 않다. **수동기동확인**은 신호가 **제연설비반**으로 **들어가는 것**이고, **기동**은 신호가 **제연설비반**에서 **나가는 것**으로 다르기 때문에 각각 1가닥씩 필요하다.

(다) **수동조작함**

바닥으로부터 **0.8~1.5m** 이하의 높이에 설치하여야 한다.

- '**바닥에서**' 또는 '**바닥으로부터**'란 말까지 반드시 써야 정답!

중요

설치높이

기 기	설치높이
기타기기	바닥에서 **0.8~1.5m** 이하
시각경보장치	바닥에서 **2~2.5m** 이하(단, 천장의 높이가 **2m 이하**인 경우에는 천장으로부터 **0.15m 이내**의 장소에 설치)

☆☆☆

문제 18

도면은 지하 3층, 지상 7층으로서 연면적 $5000m^2$(1개 층의 면적은 $500m^2$)인 사무실 건물에 자동화재탐지설비를 설치한 계통도이다. 다음 도면을 보고 각 물음에 답하시오. (단, 지상 각 층의 높이는 3m이고, 지하 각 층의 높이는 3.1m이다.) (18.4.문9, 15.4.문10, 09.4.문16)

득점	배점
	7

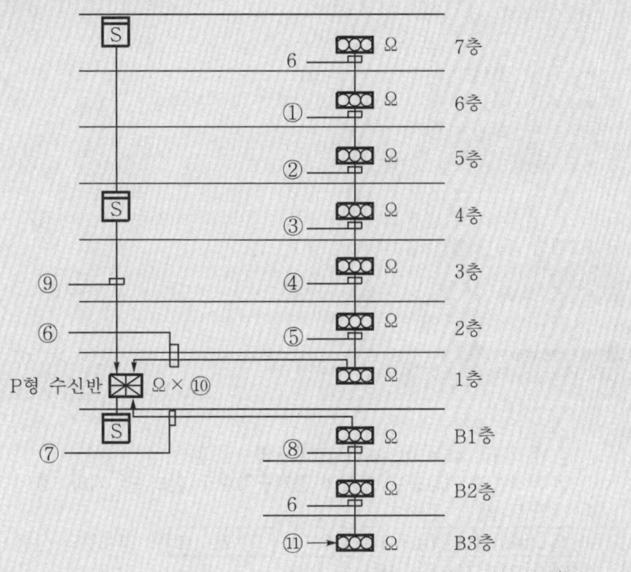

(가) 자동화재탐지설비를 안정적으로 운영하기 위하여 ①~⑨까지 배선되는 배선 가닥수는 최소 몇 본이 필요한가?

①:　②:　③:　④:　⑤:

⑥:　⑦:　⑧:　⑨:

(나) ⑩에는 종단저항이 몇 개가 필요한가?

○

(다) ⑪의 명칭은 무엇인가?

○

해답 (가) ① : 8가닥　② : 10가닥　③ : 12가닥　④ : 14가닥　⑤ : 16가닥

⑥ : 18가닥　⑦ : 10가닥　⑧ : 8가닥　⑨ : 4가닥

(나) 2개

(다) 발신기세트

해설 (가)

기 호	가닥수	용 도
①	8가닥	회로선 2, 회로공통선 1, 경종선 2, 경종표시등공통선 1, 응답선 1, 표시등선 1

②	10가닥	회로선 3, 회로공통선 1, 경종선 3, 경종표시등공통선 1, 응답선 1, 표시등선 1
③	12가닥	회로선 4, 회로공통선 1, 경종선 4, 경종표시등공통선 1, 응답선 1, 표시등선 1
④	14가닥	회로선 5, 회로공통선 1, 경종선 5, 경종표시등공통선 1, 응답선 1, 표시등선 1
⑤	16가닥	회로선 6, 회로공통선 1, 경종선 6, 경종표시등공통선 1, 응답선 1, 표시등선 1
⑥	18가닥	회로선 7, 회로공통선 1, 경종선 7, 경종표시등공통선 1, 응답선 1, 표시등선 1
⑦	10가닥	회로선 3, 회로공통선 1, 경종선 3, 경종표시등공통선 1, 응답선 1, 표시등선 1
⑧	8가닥	회로선 2, 회로공통선 1, 경종선 2, 경종표시등공통선 1, 응답선 1, 표시등선 1
⑨	4가닥	지구 2, 공통 2

- 몇 본=몇 가닥
- 그림에서 **7층**이므로 **일제경보방식**이다.
- 회로선 : **종단저항수**를 세어보면 된다.
- 회로공통선$=\dfrac{\text{회로선}}{7}$(절상)

예 ⑥ $\dfrac{\text{회로선}}{7}=\dfrac{7}{7}=1$가닥

- 경종선 : **각 층**마다 1가닥씩 추가
- 경종표시등공통선 : 조건에서 명시하지 않으면 **무조건 1가닥**
- 응답선 : **무조건 1가닥**
- 표시등선 : **무조건 1가닥**

(나) 지하층은 원칙적으로 별개의 경계구역으로 하여야 하므로 지상층 1경계구역과 지하층 1경계구역씩 2경계구역이 되어 **2개**의 종단저항을 설치한다.

- 이 그림에서는 계단만 있고, 엘리베이터는 없으므로 엘리베이터는 고려하지 말 것

아하! 그렇구나 경계구역 산정

(1) 계단의 경계구역 산정
① **수직거리 45m** 이하마다 **1경계구역**으로 한다.
② **지하층**과 **지상층**은 **별개**의 **경계구역**으로 한다(단, **지하 1층**인 경우에는 지상층과 **동일 경계구역**으로 함).

(2) 엘리베이터 승강로 · 린넨슈트 · 파이프덕트의 경계구역 산정 : 수직거리와 관계없이 무조건 각각 **1개**의 **경계구역**으로 한다.

(3) 각 층의 경계구역 산정
① 여러 개의 **건축물**이 있는 경우 각각 **별개**의 **경계구역**으로 한다.
② 여러 개의 **층**이 있는 경우 각각 **별개**의 **경계구역**으로 한다(단, **2개층**의 면적의 합이 **500m^2 이하**인 경우는 **1경계구역**으로 할 수 있음).
③ **지하층**과 **지상층**은 **별개**의 **경계구역**으로 한다(**지하 1층**인 경우에도 **별개**의 **경계구역**으로 한다. 주의! 또 주의!).
④ 1경계구역의 면적은 **600m^2 이하**로 하고, 한 변의 길이는 **50m 이하**로 할 것
⑤ **목욕실 · 화장실** 등도 **경계구역 면적**에 **포함**한다.
⑥ **계단**은 **경계구역 면적**에서 **제외**한다.
⑦ **계단 · 엘리베이터 승강로(권상기실이 있는 경우는 권상기실) · 린넨슈트 · 파이프덕트** 등은 각각 **별개**의 **경계구역**으로 한다.

(다) 발신기세트=수동발신기함

| 발신기세트 |

- '**수동발신기함**'도 정답

2019. 6. 29 시행

▌2019년 기사 제2회 필답형 실기시험▐

자격종목	시험시간	형별	수험번호	성명	감독위원 확 인
소방설비기사(전기분야)	3시간				

※ 다음 물음에 답을 해당 답란에 답하시오.(배점 : 100)

★★★

문제 01

피난구유도등의 2선식 배선방식과 3선식 배선방식의 미완성 결선도를 완성하고, 배선방식의 차이점을 2가지만 쓰시오. (15.11.문11, 11.5.문12, 06.11.문11)

득점	배점
	7

(가) 미완성 결선도

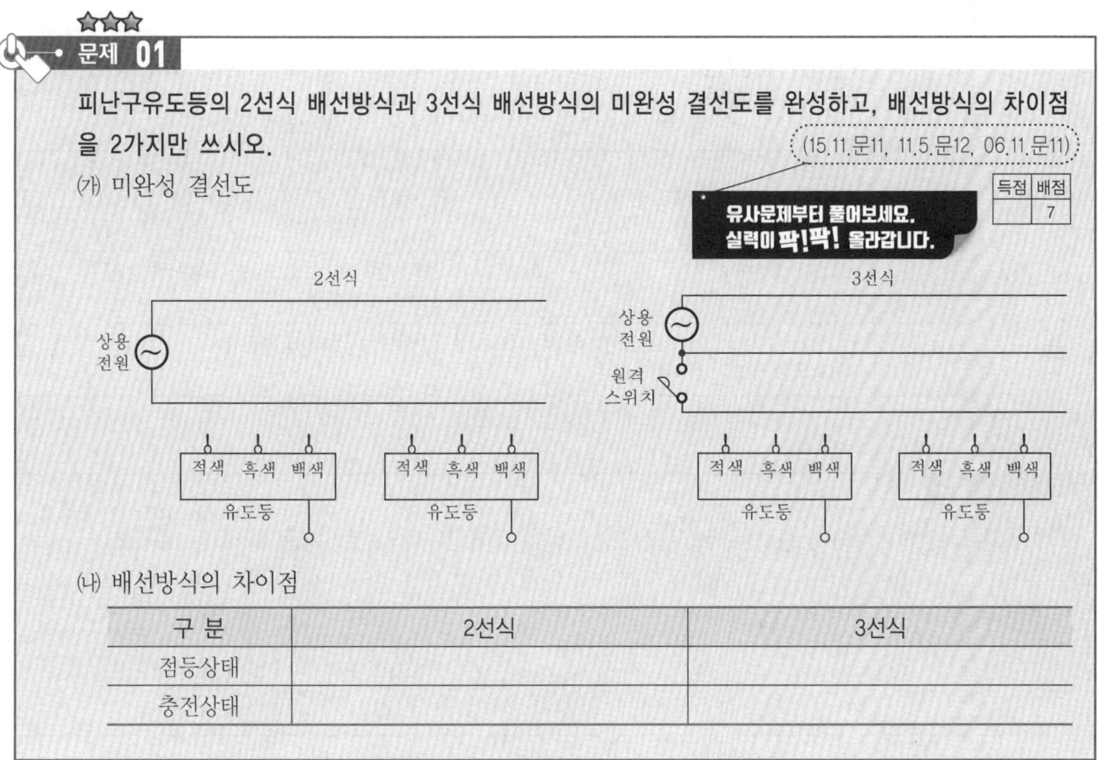

(나) 배선방식의 차이점

구 분	2선식	3선식
점등상태		
충전상태		

해답 (가)

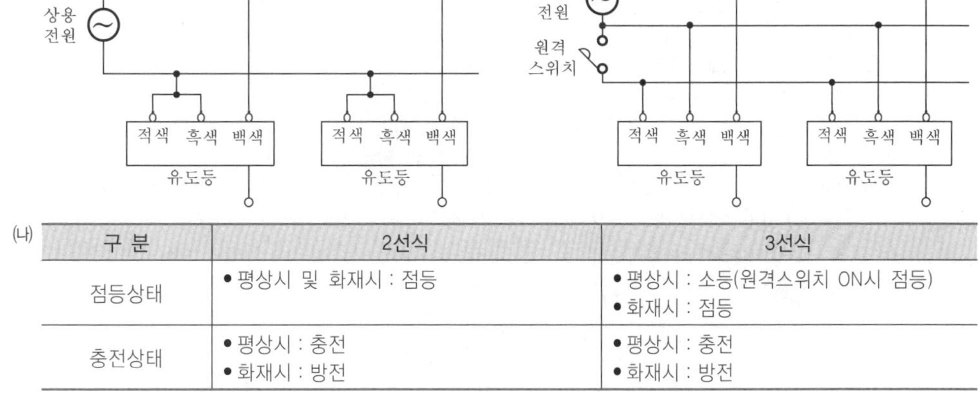

(나)

구 분	2선식	3선식
점등상태	• 평상시 및 화재시 : 점등	• 평상시 : 소등(원격스위치 ON시 점등) • 화재시 : 점등
충전상태	• 평상시 : 충전 • 화재시 : 방전	• 평상시 : 충전 • 화재시 : 방전

해설 **2선식 배선**과 **3선식 배선**

구 분	2선식 배선	3선식 배선
배선 형태	2선식 상용 전원 상용선 충전선 공통선 적색 (녹색) 흑색 백색 유도등	3선식 상용 전원 원격 스위치 상용선 충전선 공통선 적색 (녹색) 흑색 백색 유도등
점등 상태	• 평상시 : **상용전원**에 의해 점등 • 화재시 : **비상전원**에 의해 점등	• 평상시 : 소등(원격스위치 ON시 **상용전원**에 의해 점등) • 화재시 : **비상전원**에 의해 점등
충전 상태	• 평상시 : 충전 • 화재시 : 충전되지 않고 방전	• 평상시 : 원격스위치 ON, OFF와 관계없이 충전 • 화재시 : 원격스위치 ON, OFF와 관계없이 충전되지 않고 방전
장점	• **배선**이 **절약**된다.	• 평상시에는 유도등을 소등시켜 놓을 수 있으므로 **절전효과**가 있다.
단점	• 평상시에는 유도등이 점등상태에 있으므로 **전기소모**가 많다.	• **배선**이 **많이 소요**된다.

☆☆

문제 02

국가화재안전기준에서 정하는 무선통신보조설비용 옥외안테나의 설치기준 3가지만 쓰시오.

(14.4.문15, 13.11.문7)

득점	배점
	6

○

○

○

해답 ① 건축물, 지하가, 터널 또는 공동구의 출입구 및 출입구 인근에서 통신이 가능한 장소에 설치할 것
② 다른 용도로 사용되는 안테나로 인한 통신장애가 발생하지 않도록 설치할 것
③ 수신기가 설치된 장소 등 사람이 상시 근무하는 장소에는 옥외안테나의 위치가 모두 표시된 옥외안테나 위치표시도를 비치할 것

해설 **옥외안테나**의 **설치기준**(NFPC 505 6조, NFTC 505 2.3.1)

옥외안테나는 다음의 기준에 따라 설치하여야 한다.

(1) 건축물, 지하가, 터널 또는 공동구의 출입구 및 출입구 인근에서 통신이 가능한 장소에 설치할 것
(2) 다른 용도로 사용되는 안테나로 인한 통신장애가 발생하지 않도록 설치할 것
(3) 옥외안테나는 견고하게 설치하며 파손의 우려가 없는 곳에 설치하고 그 가까운 곳의 보기 쉬운 곳에 **"무선통신보조설비 안테나"**라는 표시와 함께 통신가능거리를 표시한 표지를 설치할 것
(4) 수신기가 설치된 장소 등 사람이 상시 근무하는 장소에는 옥외안테나의 위치가 모두 표시된 옥외안테나 위치표시도를 비치할 것

☆☆ 문제 03

R형 자동화재탐지설비의 구성요소 중 중계기의 종류에 대한 특징을 기술하여 다음 표를 완성하시오.

(11.7.문6)

득점	배점
	4

구 분	집합형	분산형
입력전원		
전원공급		• 전원 및 비상전원은 수신기를 이용한다.
회로수용능력		• 소용량(대부분 5회로 미만)
전원공급사고	• 내장된 예비전원에 의해 정상적인 동작을 수행한다.	• 중계기 전원선로의 사고시 해당 계통 전체 시스템이 마비된다.
설치적용	• 전압강하가 우려되는 장소 • 수신기와 거리가 먼 초고층 빌딩	• 전기피트가 좁은 장소 • 아날로그식 감지기를 객실별로 설치하는 호텔

해답

구 분	집합형	분산형
입력전원	• AC 220V	• DC 24V
전원공급	• 전원 및 비상전원은 외부전원을 이용한다.	• 전원 및 비상전원은 수신기를 이용한다.
회로수용능력	• 대용량(대부분 30~40회로)	• 소용량(대부분 5회로 미만)
전원공급사고	• 내장된 예비전원에 의해 정상적인 동작을 수행한다.	• 중계기 전원선로의 사고시 해당 계통 전체 시스템이 마비된다.
설치적용	• 전압강하가 우려되는 장소 • 수신기와 거리가 먼 초고층 빌딩	• 전기피트가 좁은 장소 • 아날로그식 감지기를 객실별로 설치하는 호텔

- 입력전원은 AC 220V=교류 220V, DC 24V=직류 24V 모두 정답!!
- 입력전원은 외부전원, 수신기전원이라고 답하는 사람도 있다. 하지만 외부전원, 수신기전원은 **전원공급방식**에 해당되므로 입력전원에는 AC 220V, DC 24V라고 쓰는 것이 정답!

(1) **중계기**의 **종류**

구 분	집합형	분산형
계통도	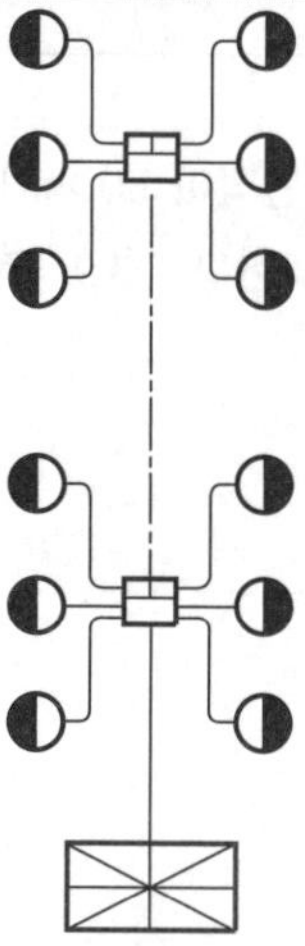 ‖R형 수신기(집합형)‖	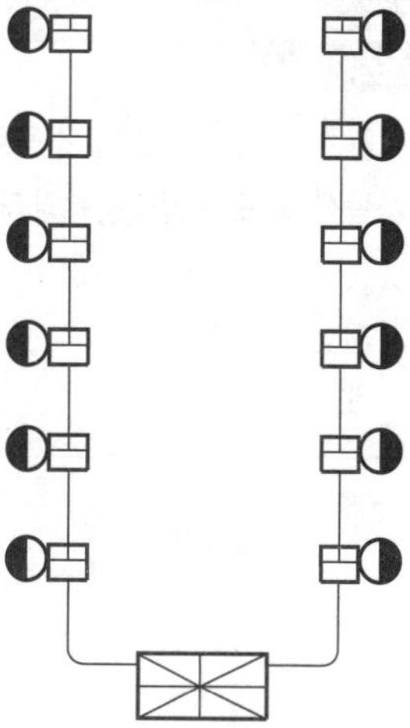 ‖R형 수신기(분산형)‖

입력전원	• AC 220V	• DC 24V
전원공급	• 전원 및 비상전원은 **외부전원** 이용	• 전원 및 비상전원은 **수신기**전원(수신기) 이용
정류장치	• 있음	• 없음
전원공급사고	• 내장된 예비전원에 의해 정상적인 동작 수행	• 중계기 전원선로 사고시 해당 계통 전체 시스템 마비
외형 크기	• **대형**	• **소형**
회로수용능력 (회로수)	• **대용량(대부분 30~40회로)**	• 소용량(대부분 **5회로 미만**)
설치방식	• 전기피트(pit) 등에 설치	• 발신기함에 내장하거나 별도의 중계기 격납함에 설치
적용대상	• 전압강하가 우려되는 대규모 장소 • 수신기와 거리가 먼 초고층 건축물	• 대단위 아파트단지 • 전기피트(pit)가 없는 장소 • 객실별로 아날로그감지기를 설치한 호텔
설치비용 – 중계기 가격	• **적게** 소요	• **많이** 소요
설치비용 – 배관·배선 비용	• **많이** 소요	• **적게** 소요

(2) **중계기**의 **설치장소**

구 분	집합형	분산형
설치장소	• EPS실(전력시스템실) 전용	• **소화전함** 및 단독 **발신기세트** 내부 • 댐퍼 수동조작함 내부 및 조작스위치함 내부 • 스프링클러 접속박스 내 및 SVP 판넬 내부 • 셔터, 배연창, 제연스크린, 연동제어기 내부 • **할론 패키지** 또는 판넬 내부 • 방화문 중계기는 근접 댐퍼 수동조작함 내부

비교

자동화재탐지설비의 **중계기 설치기준**(NFPC 203 6조, NFTC 203 2.3.1)

(1) **수신기**와 **감지기** 사이에 설치(단, 수신기에서 **도통시험**을 하지 않을 때)
(2) **조작** 및 점검에 편리하고 **화재** 및 **침수** 등의 재해로 인한 피해를 받을 우려가 없는 장소에 설치
(3) **과전류차단기** 설치(수신기를 거쳐 전원공급이 안 될 때), **상용전원** 및 **예비전원**의 시험을 할 수 있을 것, 전원의 정전이 즉시 수신기에 표시되도록 할 것

☆☆☆

문제 04

철근콘크리트 구조의 건물로서 사무실 바닥면적이 500m^{2}이고, 천장높이가 3.5m이다. 이 사무실에 차동식 스포트형(2종) 감지기를 설치하려고 한다. 최소 몇 개가 필요한지 구하시오.

(17.11.문12, 13.11.문3)

득점	배점
	4

○ 계산과정 :
○ 답 :

해답

○ 계산과정 : $\frac{500}{70} = 7.14 \fallingdotseq 8$개

○ 답 : 8개

해설 **감지기 1개**가 담당하는 **바닥면적**

(단위 : m²)

부착높이 및 특정소방대상물의 구분		감지기의 종류				
		차동식 · 보상식 스포트형		정온식 스포트형		
		1종	2종	특 종	1종	2종
4m 미만	내화구조	90	70	70	60	20
	기타구조	50	40	40	30	15
4m 이상 8m 미만	내화구조	45	35	35	30	설치 불가능
	기타구조	30	25	25	15	

- [문제조건]이 **3.5m**, **내화구조**(철근콘크리트 건물), **차동식 스포트형 2종**이므로 감지기 1개가 담당하는 바닥면적은 **70m²**이다.

$\therefore$ 감지기개수$=\dfrac{\text{적용면적}}{70\text{m}^2}=\dfrac{500\text{m}^2}{70\text{m}^2}=7.14 \fallingdotseq 8$개

★★★

문제 05

그림과 같은 회로를 보고 다음 각 물음에 답하시오. (13.11.문11, 07.11.문4)

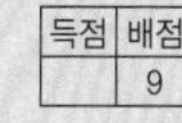

득점	배점
	9

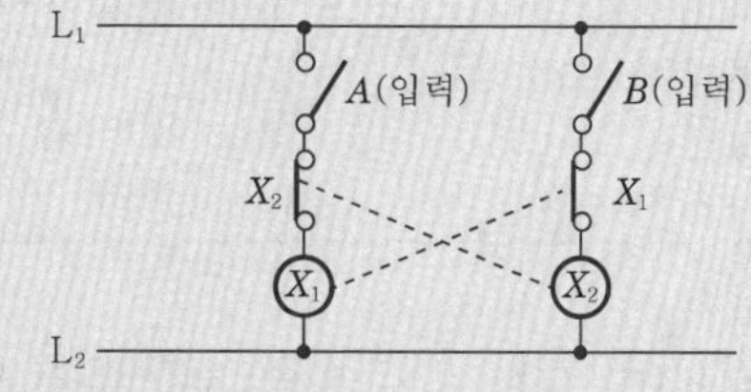

(가) 주어진 회로에 대한 논리회로를 그리시오.

(나) 주어진 회로에 대한 타임차트를 완성하시오.

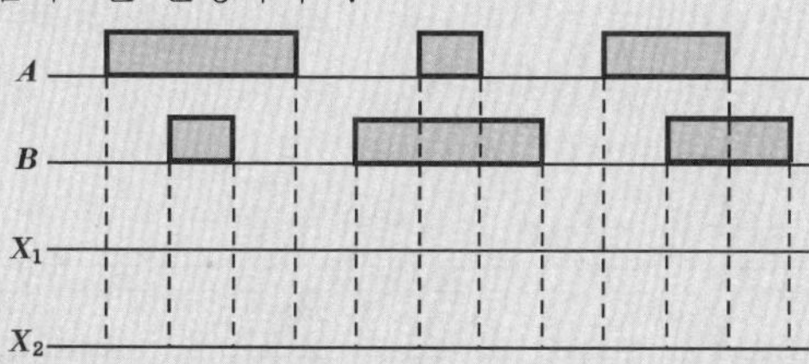

(다) 주어진 회로에서 X_1과 X_2의 b접점(Normal Close)의 사용목적을 쓰시오.

○

해답 (가)

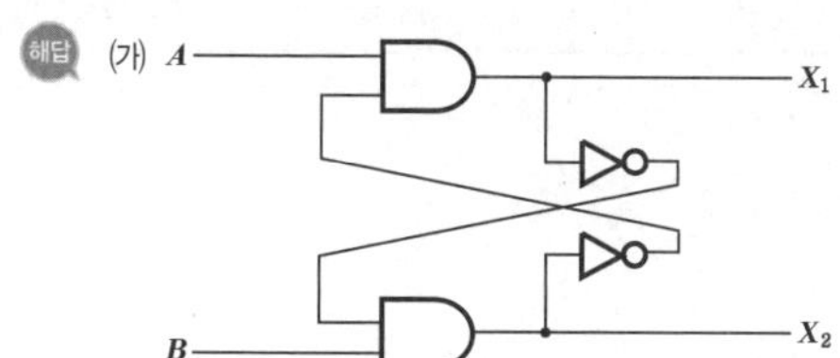

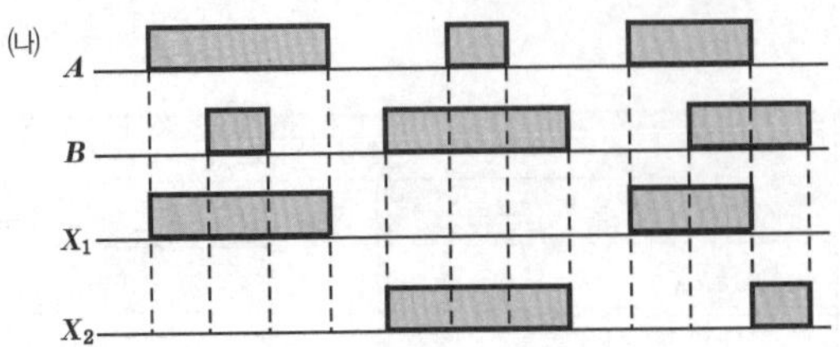

(다) X_1과 X_2의 동시투입 방지

해설 (가) 이 회로를 보기 쉽게 변형해서 다음과 같이 그려도 정답!!

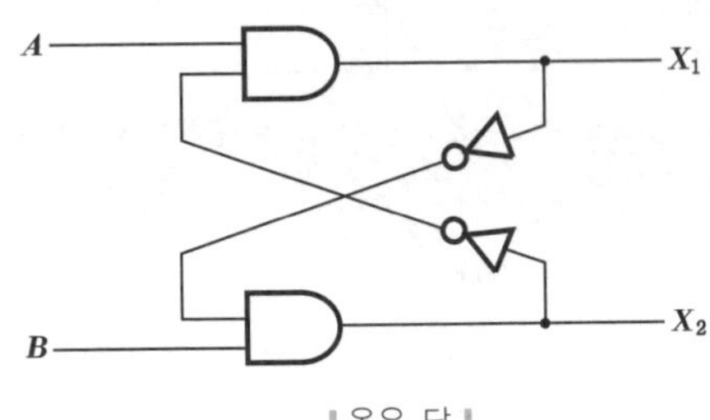

▮옳은 답▮

(나) **타임차트**(time chart) : 시퀀스회로의 동작상태를 시간의 흐름에 따라 변화되는 상태를 나타낸 표

(다) **인터록회로**(interlock circuit)

① X_1과 X_2의 동시투입 방지

② 두 가지 중 어느 한 가지 동작만 이루어질 수 있도록 배선 도중에 b접점을 추가하여 놓은 것

③ 전동기의 Y-△ **기동회로**에 많이 적용

☆☆ 문제 06

광전식 분리형 감지기의 설치기준 중 ( ) 안에 알맞은 내용을 쓰시오. (16.6.문3, 07.11.문9)

득점	배점
	5

- ○감지기의 (①)은 햇빛을 직접 받지 않도록 설치할 것
- ○광축은 나란한 벽으로부터 (②) 이상 이격하여 설치할 것
- ○감지기의 송광부와 수광부는 설치된 (③)으로부터 1m 이내 위치에 설치할 것
- ○광축의 높이는 천장 등 높이의 (④) 이상일 것
- ○감지기의 광축의 길이는 (⑤) 범위 이내일 것

①	②	③	④	⑤

해답

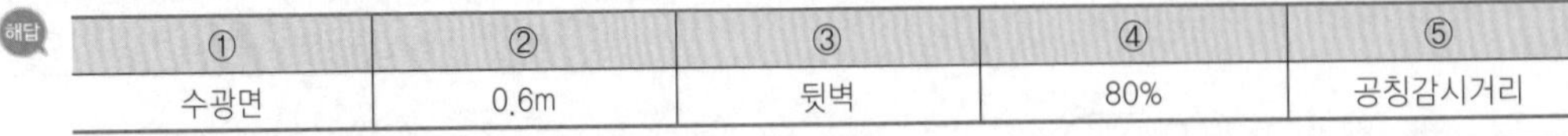

①	②	③	④	⑤
수광면	0.6m	뒷벽	80%	공칭감시거리

해설

- **'수광면'**을 **'수광부'**로 답하지 않도록 주의하라!
- **'뒷벽'**이라고 써야지 **'벽'**만 쓰면 틀린다.
- **'공칭감지거리'**로 쓰지 않도록 주의하라!

(1) **광전식 분리형 감지기**의 **설치기준**(NFPC 203 7조 ③항 15호, NFTC 203 2.4.3.15)

① 감지기의 **수광면**은 **햇빛**을 직접 받지 않도록 설치할 것

② 광축은 나란한 벽으로부터 **0.6m 이상** 이격하여 설치할 것

③ 감지기의 송광부와 수광부는 설치된 **뒷벽**으로부터 **1m 이내** 위치에 설치할 것
④ 광축의 높이는 천장 등 높이의 **80% 이상**일 것
⑤ 감지기의 광축의 길이는 **공칭감시거리** 범위 이내일 것

(2) **아날로그식 분리형 광전식 감지기**(광전식 분리형 감지기)의 **공칭감시거리**(감지기형식 19) **5~100m 이하**로 하여 **5m 간격**으로 한다.

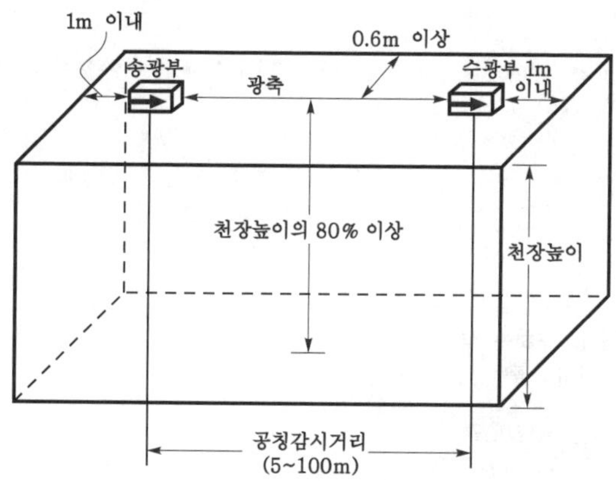

‖광전식 분리형 감지기‖

(3) **특수한 장소**에 **설치하는 감지기**(NFPC 203 7조 ④항, NFTC 203 2.4.4)

장 소	적응감지기
화학공장, 격납고, 제련소	• 광전식 분리형 감지기 • 불꽃감지기
전산실, 반도체공장	• 광전식 공기흡입형 감지기

☆☆☆

문제 07

풍량이 720m³/min이며, 전풍압이 100mmHg인 제연설비용 송풍기를 설치할 경우, 이 송풍기를 운전하는 전동기의 소요출력〔kW〕을 구하시오. (단, 송풍기의 효율은 55%이며, 여유계수 K는 1.21이다.)

(14.7.문8, 09.10.문14)

○ 계산과정 :
○ 답 :

득점	배점
	4

해답

○ 계산과정 : $P_T = \frac{100}{760} \times 10332 ≒ 1359.473\text{mmH}_2\text{O}$

$$P = \frac{1359.473 \times 720}{102 \times 60 \times 0.55} \times 1.21 = 351.863 ≒ 351.86\text{kW}$$

○ 답 : 351.86kW

해설 **제연설비**이므로

(1) **단위환산**

$760\text{mmHg} = 10.332\text{mH}_2\text{O} = 10332\text{mmH}_2\text{O} = 10332\text{mm}$

비례식으로 풀면

$760\text{mmHg} : 10332\text{mmH}_2\text{O} = 100\text{mmHg} : \square$

$760\text{mmHg} \times \square = 10332\text{mmH}_2\text{O} \times 100\text{mmHg}$

$\square = \frac{100\text{mmHg}}{760\text{mmHg}} \times 10332\text{mmH}_2\text{O} ≒ 1359.473\text{mmH}_2\text{O}$

(2) **전동기**의 **용량**

$$P=\frac{P_T Q}{102\times 60\eta}K$$

$$=\frac{1359.473\text{mmH}_2\text{O}\times 720\text{m}^3/\text{min}}{102\times 60\times 0.55}\times 1.21$$

$$=351.863 \fallingdotseq 351.86\text{kW}$$

- **mmHg**와 **mmH$_2$O** 단위를 혼동하지 말라. **mmHg**는 **수은주**의 단위이다.
- η(효율) : 단서에서 55%=0.55
- Q(풍량) : 720m^3/min
- **'제연설비'**이므로 반드시 제연설비식에 의해 전동기의 용량을 산출하여야 한다. 다른 식으로 구해도 답은 비슷하게 나오지만 틀린 답이 된다. 주의!

중요

(1) **전동기의 용량을 구하는 식**

① **일반적인 설비** : **물**을 사용하는 설비

$$P=\frac{9.8KHQ}{\eta t}$$

여기서, P : 전동기의 용량〔kW〕
η : 효율
t : 시간〔s〕
K : 여유계수
H : 전양정〔m〕
Q : 양수량(유량)〔m^3〕

② **제연설비(배연설비)** : **공기** 또는 **기류**를 사용하는 설비

$$P=\frac{P_T Q}{102\times 60\eta}K$$

여기서, P : 배연기의 동력〔kW〕
P_T : 전압(풍압)〔mmAq, mmH$_2$O〕
Q : 풍량〔m^3/min〕
K : 여유율
η : 효율

(2) **아주 중요한 단위환산**(꼭! 기억하시라)

① 1mmAq=10^{-3}mH$_2$O=10^{-3}m
② 760mmHg=10.332mH$_2$O=10.332m
③ 1Lpm=10^{-3}m^3/min
④ 1HP=0.746kW
⑤ 1000L=1m^3

☆☆

문제 08

자동화재탐지설비의 음향장치에 대한 구조 및 성능기준을 2가지만 쓰시오. (11.7.문7)

○

○

득점	배점
	4

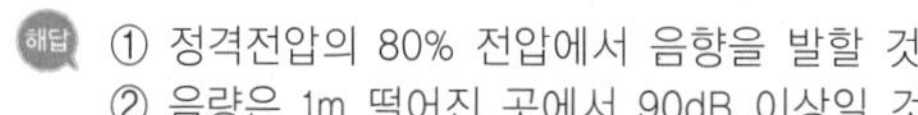

해답 ① 정격전압의 80% 전압에서 음향을 발할 것
② 음량은 1m 떨어진 곳에서 90dB 이상일 것

해설 **음향장치**에 대한 **구조** 및 **성능기준**

• 스프링클러설비 • 간이스프링클러설비 • 화재조기진압용 스프링클러설비	• 자동화재탐지설비
① 정격전압의 **80%** 전압에서 음향을 발할 것 ② 음량은 **1m** 떨어진 곳에서 **90dB** 이상일 것	① **정격전압**의 **80%** 전압에서 음향을 발할 것 ② **음량**은 **1m** 떨어진 곳에서 **90dB** 이상일 것 ③ **감지기 · 발신기**의 작동과 **연동**하여 작동할 것

☆☆

문제 09

매분 15m^{3}의 물을 높이 18m인 수조에 양수하려고 한다. 주어진 조건을 이용하여 다음 각 물음에 답하시오.

(09.7.문5)

득점	배점
	5

〔조건〕
① 펌프와 전동기의 합성효율은 60%이다.
② 전동기의 전부하 역률은 80%이다.
③ 펌프의 축동력은 15%의 여유를 둔다.

(가) 필요한 전동기의 용량〔kW〕을 구하시오.
○ 계산과정 :
○ 답 :

(나) 부하용량〔kVA〕을 구하시오.
○ 계산과정 :
○ 답 :

(다) 전력공급은 단상 변압기 2대를 사용하여 V결선으로 공급한다면 변압기 1대의 용량〔kVA〕을 구하시오.
○ 계산과정 :
○ 답 :

해답 (가) ○ 계산과정 : $\dfrac{9.8\times1.15\times18\times15}{0.6\times60}=84.525 ≒ 84.53\text{kW}$
○ 답 : 84.53kW

(나) ○ 계산과정 : $\dfrac{84.53}{0.8}=105.662 ≒ 105.66\text{kVA}$
○ 답 : 105.66kVA

(다) ○ 계산과정 : $\dfrac{105.66}{\sqrt{3}}=61\text{kVA}$
○ 답 : 61kVA

해설 (가) $P\eta t=9.8KHQ$에서 전동기의 용량 P는

$$P=\frac{9.8KHQ}{\eta t}$$
$$=\frac{9.8\times1.15\times18\text{m}\times15\text{m}^3}{0.6\times60\text{s}}$$
$$=84.525 ≒ 84.53\text{kW}$$

• 〔조건 ③〕 여유율 15% 뜻 : 100+15=115%=1.15

중요

(1) **전동기의 용량을 구하는 식**

① **일반적인 설비** : **물**을 사용하는 설비

$$P=\frac{9.8KHQ}{\eta t}$$

여기서, P : 전동기의 용량〔kW〕
η : 효율
t : 시간〔s〕
K : 여유계수
H : 전양정(높이)〔m〕
Q : 양수량(유량)〔m^3〕

② **제연설비(배연설비)** : **공기** 또는 **기류**를 사용하는 설비

$$P=\frac{P_T Q}{102\times 60\eta}K$$

여기서, P : 배연기의 동력〔kW〕
P_T : 전압(풍압)〔mmAq, mmH_2O〕
Q : 풍량〔m^3/min〕
K : 여유율
η : 효율

(2) **아주 중요한 단위환산** (꼭! 기억하시라)

① 1mmAq$=10^{-3}$$mH_2O$$=10^{-3}$m
② 760mmHg$=10.332$$mH_2O$$=10.332$m
③ 1Lpm$=10^{-3}$$m^3$/min
④ 1HP$=0.746$kW
⑤ 1000L$=1m^3$

(나)

$$P=VI\cos\theta=P_a\cos\theta$$

여기서, P : 전력(단상전동기의 용량)〔kW〕
V : 전압〔kV〕
I : 전류〔A〕
$\cos\theta$: 역률
P_a : 피상전력(부하용량)〔kVA〕

$P=P_a\cos\theta$에서

부하용량 $P_a=\dfrac{P}{\cos\theta}$

$=\dfrac{84.53\text{kW}}{0.8}$

$=105.662 \fallingdotseq 105.66\text{kVA}$

(다) **부하용량**

$$P_a=\sqrt{3}P_{\text{V}}$$

여기서, P_a : 부하용량(피상전력)〔kVA〕
P_{V} : V결선시 단상변압기 1대의 용량〔kVA〕

V결선시 변압기 1대의 용량 $P_V = \frac{P_a}{\sqrt{3}}$

$$= \frac{105.66\text{kVA}}{\sqrt{3}} = 61\text{kVA}$$

- V결선은 변압기 사고시 응급조치 등의 용도로 사용된다.

☆☆☆

문제 10

지상 11층, 지하 2층인 업무용 빌딩의 비상방송설비 설치기준에 대한 다음 각 물음에 답하시오. (단, 연면적 5000m^{2}이다.) (18.11.문3, 14.4.문9, 12.11.문6, 11.5.문6)

득점	배점
	6

(가) 실외에 설치된 확성기의 음성입력은 몇 W 이상의 것을 설치하여야 하는가?
○

(나) 경보방식은 어떤 방식으로 하여야 하는지 그 방식을 쓰고, 2층 이상 발화, 1층 발화, 지하층 발화시 경보를 하여야 하는 층을 쓰시오.

구 분		답
경보방식		
경보층	2층 이상 발화	
	1층 발화	
	지하층 발화	

(다) 기동장치에 의해 화재신고를 수신한 후 필요한 음량으로 방송이 개시될 때까지의 소요시간은 몇 초 이하로 하여야 하는가?
○

(가) 3W

(나)

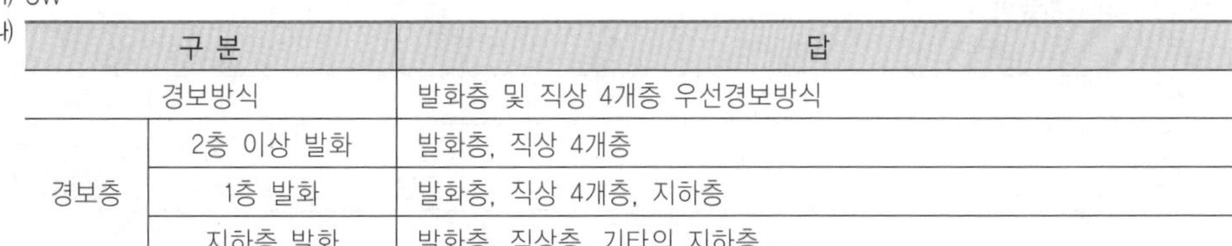

구 분		답
경보방식		발화층 및 직상 4개층 우선경보방식
경보층	2층 이상 발화	발화층, 직상 4개층
	1층 발화	발화층, 직상 4개층, 지하층
	지하층 발화	발화층, 직상층, 기타의 지하층

(다) 10초

- (가) 실외이므로 3W
- (나) **'발화층 및 직상 4개층 우선경보방식'** 정답! **'직상 4개층 우선경보방식'**만 쓰면 틀릴 수 있음

비상방송설비의 **설치기준**(NFPC 202 4조, NFTC 202 2.1.1)

(1) 확성기의 음성입력은 **3W**(실내는 **1W**) 이상일 것
(2) 음량조정기의 배선은 **3선식**으로 할 것
(3) 기동장치에 의한 **화재신고**를 수신한 후 필요한 음량으로 방송이 개시될 때까지의 소요시간은 **10초** 이하로 할 것
(4) 조작부의 조작스위치는 바닥으로부터 **0.8~1.5m** 이하의 높이에 설치할 것
(5) 다른 전기회로에 의하여 **유도장애**가 생기지 아니하도록 할 것
(6) 확성기는 **각 층**마다 설치하되, 각 부분으로부터의 수평거리는 **25m** 이하일 것
(7) 층수가 **11층**(공동주택의 경우에는 **16층**) **이상**의 특정소방대상물은 다음의 기준에 따라 경보를 발할 수 있도록 해야 한다.
① **2층 이상**의 층에서 발화한 때에는 **발화층** 및 그 **직상 4개층**에 경보를 발할 것
② **1층**에서 발화한 때에는 **발화층**, 그 **직상 4개층** 및 **지하층**에 경보를 발할 것
③ **지하층**에서 발화한 때에는 **발화층**, 그 **직상층** 및 **기타**의 **지하층**에 경보를 발할 것

‖ 비상방송설비 발화층 및 직상 4개층 우선경보방식 ‖

발화층	경보층	
	11층(공동주택 16층) 미만	11층(공동주택 16층) 이상
2층 이상 발화	전층 일제경보	• 발화층 • 직상 4개층
1층 발화		• 발화층 • 직상 4개층 • 지하층
지하층 발화		• 발화층 • 직상층 • 기타의 지하층

용어

비상방송설비 발화층 및 **직상 4개층 우선경보방식**

(1) 화재시 원활한 대피를 위하여 발화층과 인근 층부터 우선적으로 경보하는 방식

(2) **11층**(공동주택 **16층**) 이상인 특정소방대상물

중요

(1) **소요시간**

기 기	시 간
P · R형 수신기	5초 이내
중계기	**5**초 이내
비상방송설비	10초 이하
가스누설경보기	**6**0초 이내

기억법 시중5(시중을 드시오!), 6가(육체미가 뛰어나다.)

(2) **축적형 수신기**

전원차단시간	축적시간	화재표시감지시간
1~3초 이하	30~60초 이하	60초(차단 및 인가 1회 이상 반복)

(3) **설치높이**

기 기	설치높이
기타기기	바닥에서 **0.8~1.5m** 이하
시각경보장치	바닥에서 **2~2.5m** 이하 (단, 천장높이가 2m 이하는 **천장**에서 **0.15m** 이내)

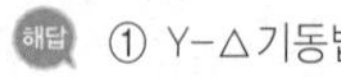

문제 11

옥내소화전펌프용 3상 유도전동기의 기동방식을 2가지만 쓰시오. (13.7.문18, 03.4.문2)

○

○

득점	배점
	4

해답 ① Y-△기동법

② 기동보상기법

해설

• 문제는 주펌프인지 충압펌프인지 알 수 없으므로 **'전전압기동법'**, **'Y-△기동법'**, **'기동보상기법'**, **'리액터기동법'** 중 아무거나 2가지만 답하면 된다. 일반적으로 펌프 구분이 없다면 주펌프라고 볼 수 있으므로 **'Y-△기동법'**, **'기동보상기법'**, **'리액터기동법'** 중 2가지를 답하는 것을 권장한다.

‖3상 **유도전동기**의 **기동법**‖

기동법	전동기용량	용 도	전선가닥수(펌프~MCC반)
전전압기동법(직입기동)	**5.5kW** 미만(소형 전동기용)	충압펌프 기동용	3가닥
Y-△기동법	**5.5~15kW** 미만	주펌프 기동용	6가닥
기동보상기법	**15kW** 이상	주펌프 기동용	6가닥
리액터기동법	**5.5kW** 이상	주펌프 기동용	6가닥

※ 이론상으로 보면 유도전동기의 용량이 15kW이면 기동보상기법을 사용하여야 하지만 실제로 전동기의 용량이 **5.5kW 이상**이면 모두 **Y-△기동방식**을 적용하는 것이 대부분이다.

중요

또 다른 이론

기동법	적정용량
전전압기동법(직입기동)	18.5kW 미만
Y-△기동법	18.5~90kW 미만
리액터기동법	90kW 이상

문제 12

국가화재안전기준에서 정하는 불꽃감지기의 설치기준을 3가지만 쓰시오. (17.4.문8)

○

○

○

득점	배점
	5

해답 ① 감지기는 화재감지를 유효하게 할 수 있는 모서리 또는 벽 등에 설치할 것
② 감지기를 천장에 설치하는 경우에는 바닥을 향하여 설치할 것
③ 수분이 많이 발생할 우려가 있는 장소에는 방수형으로 설치할 것

해설

- 설치기준이므로 '**벽면**'이라고 쓰면 틀릴 수 있다. '**벽**'이라고 정확히 답해야 한다.

불꽃감지기의 **설치기준**(NFPC 203 7조 ③항 13호, NFTC 203 2.4.3.13)

(1) 감지기는 **공칭감시거리**와 **공칭시야각**을 기준으로 감시구역이 모두 포용될 수 있도록 설치할 것
(2) 감지기는 화재감지를 유효하게 할 수 있는 **모서리** 또는 **벽** 등에 설치할 것
(3) 감지기를 **천장**에 설치하는 경우에는 **바닥**을 향하여 설치할 것
(4) **수분**이 많이 발생할 우려가 있는 장소에는 **방수형**으로 설치할 것

중요

불꽃감지기의 **공칭감시거리 · 공칭시야각**(감지기형식 19-3)

조 건	공칭감시거리	공칭시야각
20m 미만의 장소에 적합한 것	1m 간격	5° 간격
20m 이상의 장소에 적합한 것	5m 간격	

☆☆☆

문제 13

다음은 습식 스프링클러설비의 계통도를 보여주고 있다. 각 유수검지장치에는 밸브개폐감시용 스위치가 부착되어 있지 않았으며, 사용전선은 HFIX 전선을 사용하고 있다. ①~⑤의 최소 전선수와 용도를 쓰시오.

(08.11.문3, 05.10.문8, 02.4.문3)

득점	배점
	10

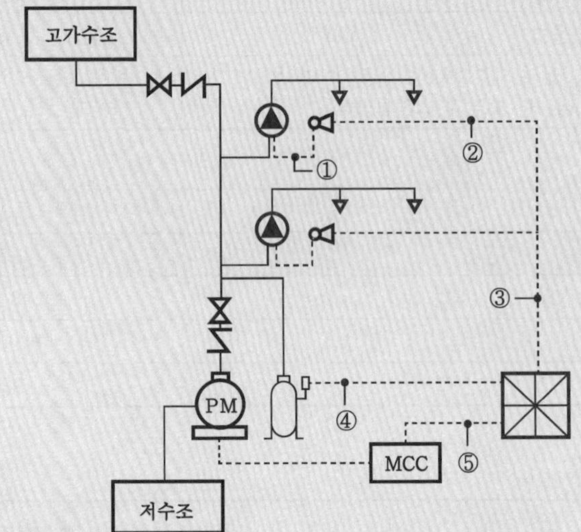

구 분	배선가닥수	배선의 용도
①		
②		
③		
④		
⑤		

해답

구 분	배선가닥수	배선의 용도
①	2	유수검지스위치 2
②	3	유수검지스위치 1, 사이렌 1, 공통 1
③	5	유수검지스위치 2, 사이렌 2, 공통 1
④	2	압력스위치 2
⑤	5	기동 1, 정지 1, 공통 1, 전원표시등 1, 기동확인표시등 1

해설 (1) 문제의 조건에서 **"MCC반의 전원표시등은 생략한다."**고 주어졌다면 이때에는 다음과 같이 ⑤ : MCC ↔ 수신반의 가닥수가 반드시 **4가닥(기동 1, 정지 1, 공통 1, 기동확인표시등 1)**이 되어야 한다.

기호	구 분	배선수	배선굵기	배선의 용도
①	알람밸브 ↔ 사이렌	2	2.5mm^2 이상	유수검지스위치 2
②	사이렌 ↔ 수신반	3	2.5mm^2 이상	유수검지스위치 1, 사이렌 1, 공통 1
③	2개 구역일 경우	5	2.5mm^2 이상	유수검지스위치 2, 사이렌 2, 공통 1
④	알람탱크 ↔ 수신반	2	2.5mm^2 이상	압력스위치 2
⑤	MCC ↔ 수신반	4	2.5mm^2 이상	기동 1, 정지 1, 공통 1, 기동확인표시등 1 (MCC반의 전원표시등이 생략된 경우)

- 유수검지스위치 2=유수검지스위치 1, 공통 1

• ⑤ : 실제 실무에서는 **교류방식**은 4가닥(**기동 2, 확인 2**), **직류방식**은 4가닥(**전원 ⊕ · ⊖, 기동 1, 확인 1**)을 사용한다.

비교

문제에서 **"밸브개폐감시용 스위치가 부착되어 있지 않다."**는 말이 없다면 배선수는 다음과 같다.

기호	구 분	배선수	배선굵기	배선의 용도
①	알람밸브 ↔ 사이렌	3	2.5mm^2 이상	유수검지스위치 1, 밸브개폐감시용 스위치(탬퍼스위치) 1, 공통 1
②	사이렌 ↔ 수신반	4	2.5mm^2 이상	유수검지스위치 1, 밸브개폐감시용 스위치(탬퍼스위치) 1, 사이렌 1, 공통 1
③	2개 구역일 경우	7	2.5mm^2 이상	유수검지스위치 2, 밸브개폐감시용 스위치(탬퍼스위치) 2, 사이렌 2, 공통 1
④	알람탱크 ↔ 수신반	2	2.5mm^2 이상	압력스위치 2
⑤	MCC ↔ 수신반	5	2.5mm^2 이상	기동 1, 정지 1, 공통 1, 전원표시등 1, 기동확인표시등 1

(2) **동일한 용어**

① 기동=기동스위치
② 정지=정지스위치
③ 전원표시등=전원감시등=전원표시
④ 기동확인표시등=기동표시등=기동표시

중요

작동순서

설 비	작동순서
습식 · 건식	① 화재발생 ② 헤드개방 ③ 유수검지장치 작동 ④ 수신반에 신호 ⑤ 밸브개방표시등 점등 및 사이렌 경보
준비작동식	① 감지기 A · B 작동 ② 수신반에 신호(**화재표시등** 및 **지구표시등** 점등) ③ **전자밸브** 작동 ④ **준비작동식 밸브** 작동 ⑤ **압력스위치** 작동 ⑥ 수신반에 신호(**기동표시등** 및 **밸브개방표시등** 점등) ⑦ 사이렌 경보
일제살수식	① 감지기 A · B 작동 ② 수신반에 신호(**화재표시등** 및 **지구표시등** 점등) ③ **전자밸브** 작동 ④ **델류지밸브** 동작 ⑤ **압력스위치** 작동 ⑥ 수신반에 신호(**기동표시등** 및 **밸브개방표시등** 점등) ⑦ 사이렌 경보
할론소화설비 · 이산화탄소 소화설비	① 감지기 A · B 작동 ② 수신반에 신호 ③ **화재표시등, 지구표시등** 점등 ④ **사이렌** 경보 ⑤ 기동용기 솔레노이드 개방 ⑥ 약제 방출 ⑦ **압력스위치** 작동 ⑧ 방출표시등 점등

☆☆☆
문제 14

한국전기설비규정(KEC)의 금속관시설에 관한 사항이다. (　　) 안에 알맞은 말을 쓰시오.

득점	배점
	5

○ 관 상호간 및 관과 박스 기타의 부속품과는 (①)접속 기타 이와 동등 이상의 효력이 있는 방법에 의하여 견고하고 또한 전기적으로 완전하게 접속할 것
○ 관의 (②)부분에는 전선의 피복을 손상하지 아니하도록 적당한 구조의 (③)을 사용할 것. 다만, 금속관공사로부터 (④)공사로 옮기는 경우에는 그 부분의 관의 (⑤)부분에는 (⑥) 또는 이와 유사한 것을 사용하여야 한다.

해답 ① 나사
② 끝
③ 부싱
④ 애자사용
⑤ 끝
⑥ 절연부싱

해설 **금속관시설**(KEC 232.12.3)

(1) 관 상호간 및 관과 박스 기타의 부속품과는 **나사접속** 기타 이와 동등 이상의 효력이 있는 방법에 의하여 견고하고 또한 전기적으로 완전하게 접속할 것
(2) 관의 **끝부분**에는 전선의 피복을 손상하지 아니하도록 적당한 구조의 부싱을 사용할 것(단, **금속관공사**로부터 **애자사용공사**로 옮기는 경우에는 그 부분의 관의 **끝부분**에는 **절연부싱** 또는 이와 유사한 것을 사용하여야 한다.)
(3) 금속관을 금속제의 **풀박스**에 접속하여 사용하는 경우에는 (1)의 규정에 준하여 시설하여야 한다(단, 기술상 부득이한 경우에는 관 및 풀박스를 건조한 곳에서 불연성의 조영재에 견고하게 시설하고 또한 관과 풀박스 상호간을 전기적으로 접속하는 때에는 제외)

- **풀박스**(pull box) : 배관이 긴 곳 또는 굴곡부분이 많은 곳에서 시공이 용이하도록 전선을 끌어들이기 위해 배선 도중에 사용하는 박스

☆☆☆
문제 15

상용전원으로부터 전력의 공급이 중단된 때에는 자동으로 비상전원으로부터 전력을 공급받을 수 있도록 자가발전설비, 축전지설비 또는 전기저장장치를 설치하여야 한다. 상용전원이 정전되어 비상전원이 자동으로 기동되는 경우, 옥내소화전설비 등과 같은 비상용 부하에 전력을 공급하기 위해 사용되는 스위치의 명칭을 쓰시오. (15.11.문8, 09.4.문8, 05.5.문8)

○

득점	배점
	3

해답 자동절환스위치

해설 **전원설비**

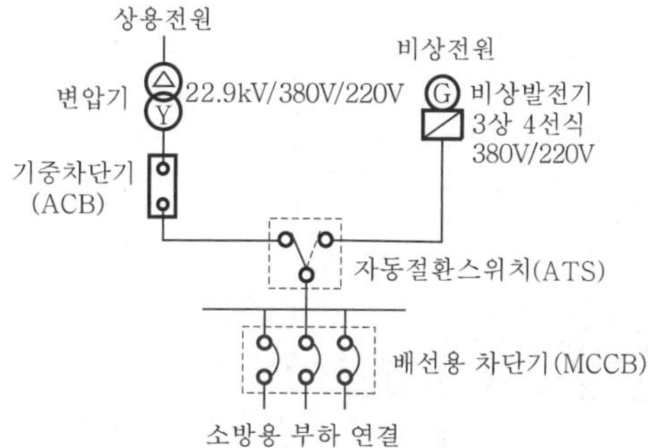

용 어	약 호	설 명
자동절환스위치 (**A**uto **T**ransfor **S**witch)	ATS	① **상용전원**과 **예비전원**을 자동적으로 전환시켜 주는 장치 ② **상용전원**이 정전되어 **비상전원**이 자동으로 기동되는 경우, 옥내소화전설비 등과 같은 비상용 부하에 전력을 공급하기 위해 사용되는 스위치
기중차단기 (**A**ir **C**ircuit **B**reaker)	ACB	**압축공기**를 사용하여 **아크**(arc)를 **소멸**시키는 대용량 저압전기개폐장치
배선용 차단기 (**M**olded **C**ase **C**ircuit **B**reaker)	MCCB	퓨즈를 사용하지 않고 **바이메탈**이나 **전자석**으로 회로를 차단하는 저압용 개폐기

- '**자동전환스위치**' 또는 '**자동전환개폐기**'는 적합한 용어가 아니므로 사용하지 않도록 하라!
- 자동절환스위치=자동절환개폐기

☆☆☆

문제 16

다음은 상용전원 정전시 예비전원으로 절환하고 상용전원 복구시 예비전원에서 상용전원으로 절환하여 운전하는 시퀀스제어회로의 미완성도이다. 다음의 제어동작에 적합하도록 시퀀스제어도를 완성하시오.

(15.7.문15, 11.11.문1, 09.7.문11)

득점	배점
	6

① MCCB를 투입한 후 PB_1을 누르면 MC_1이 여자되고 주접점 MC_{-1}이 닫히고 상용전원에 의해 전동기 M이 회전하고 표시등 RL이 점등된다. 또한 보조접점이 MC_{1a}가 폐로되어 자기유지회로가 구성되고 MC_{1b}가 개로되어 MC_2가 작동하지 않는다.

② 상용전원으로 운전 중 PB_3을 누르면 MC_1이 소자되어 전동기는 정지하고 상용전원 운전표시등 RL은 소등된다.

③ 상용전원의 정전시 PB_2를 누르면 MC_2가 여자되고 주접점 MC_{-2}가 닫혀 예비전원에 의해 전동기 M이 회전하고 표시등 GL이 점등된다. 또한 보조접점 MC_{2a}가 폐로되어 자기유지회로가 구성되고 MC_{2b}가 개로되어 MC_1이 작동하지 않는다.

④ 예비전원으로 운전 중 PB_4를 누르면 MC_2가 소자되어 전동기는 정지하고 예비전원 운전표시등 GL은 소등된다.

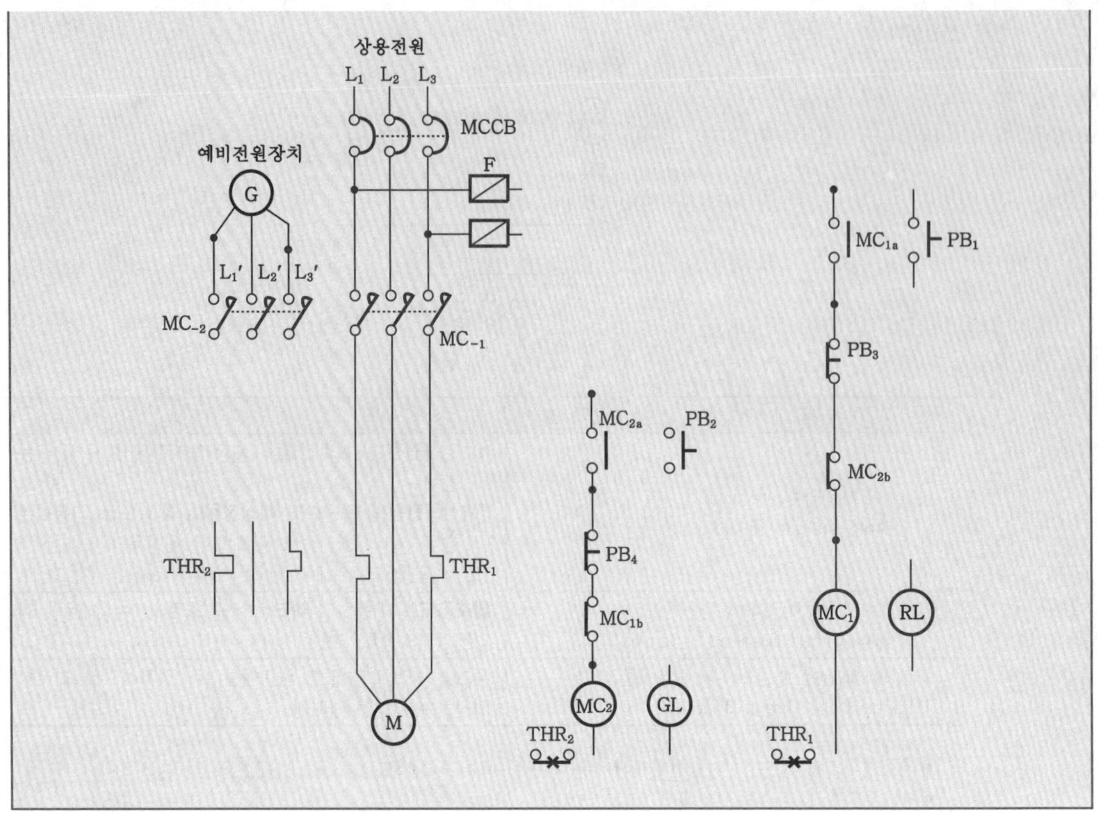
상용전원
L1 L2 L3
MCCB
예비전원장치
G
F
L1′ L2′ L3′
MC-2
MC-1
MC1a
PB1
PB3
MC2a
PB2
MC2b
THR2
THR1
PB4
MC1b
MC1
RL
M
MC2
GL
THR2
THR1

해답

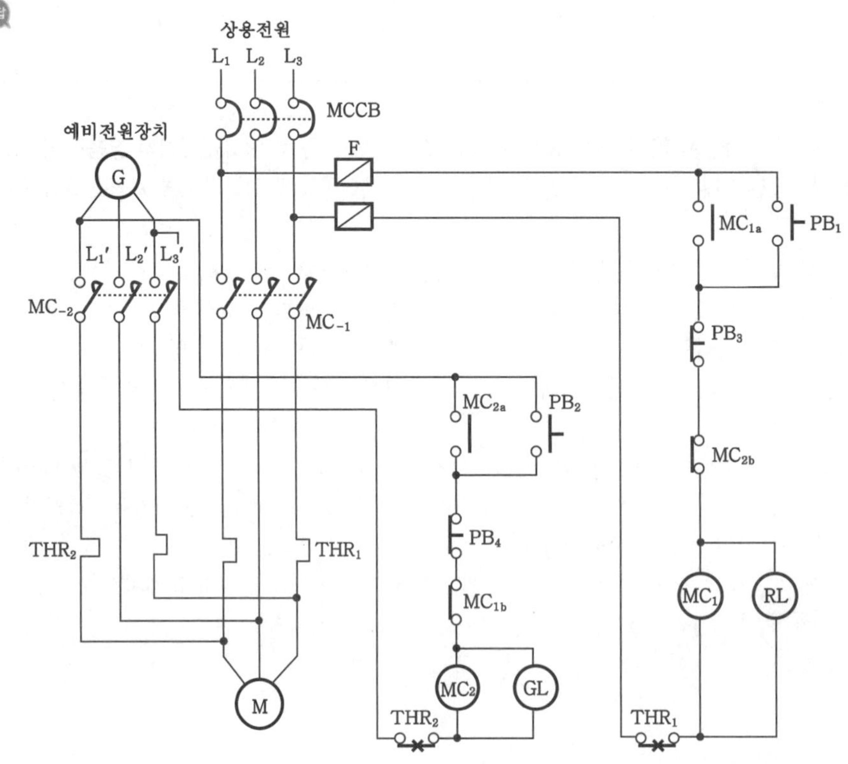
상용전원
L1 L2 L3
MCCB
예비전원장치
F
G
MC1a
PB1
L1′ L2′ L3′
MC-2
MC-1
PB3
MC2a
PB2
MC2b
THR2
THR1
PB4
MC1b
MC1
RL
M
MC2
GL
THR2
THR1

해설 **범례**

심 벌	명 칭
 F (퓨즈 기호)	퓨즈
	배선용 차단기(MCCB)
	전자접촉기 주접점(MC)
	열동계전기(THR)
 G	3상 발전기
 GL	예비전원 기동표시등
 RL	상용전원 기동표시등
	전자접촉기 보조 a접점(MC_a)
	전자접촉기 보조 b접점(MC_b)
	열동계전기 b접점(THR_b)
 MC	전자접촉기 코일
	상용전원 기동용 푸시버튼스위치(PB_1)
	상용전원 정지용 푸시버튼스위치(PB_3)
	예비전원 기동용 푸시버튼스위치(PB_2)
	예비전원 정지용 푸시버튼스위치(PB_4)

☆

문제 17

다음은 어떤 현상을 설명한 것인지 쓰시오.

득점	배점
	3

- ○ 전기제품 등에서 충전전극 간의 절연물 표면에 어떤 원인(경년변화, 먼지, 기타 오염물질 부착, 습기, 수분의 영향)으로 탄화 도전로가 형성되어 결국은 지락, 단락으로 발전하여 발화하는 현상
- ○ 전기절연재료의 절연성능의 열화현상
- ○ 화재원인조사시 전기기계기구에 의해 나타난 경우

해답 트래킹현상

해설 **트래킹(Tracking)현상**

구 분	설 명
정의	① 전기제품 등에서 **충전전극 간**의 절연물 표면에 어떤 원인(경년변화, 먼지, 기타 오염물질 부착, 습기, 수분의 영향)으로 **탄화 도전로**가 형성되어 결국은 지락, 단락으로 발전하여 발화하는 현상 ② 전기절연재료의 절연성능의 **열화**현상 ③ 화재원인조사시 **전기기계기구**에 의해 나타난 경우
진행과정	① 표면의 오염에 의한 **도전로**의 형성 ② 도전로의 **분단**과 미소발광 **방전**이 발생 ③ 방전에 의한 표면의 **탄화개시** 및 **트랙**(Track)의 형성 ④ **단락** 또는 **지락**으로 진행

☆☆
문제 18

이산화탄소 소화설비의 제어반에서 수동으로 기동스위치를 조작하였으나 기동용기가 개방되지 않았다. 기동용기가 개방되지 않은 이유에 대하여 전기적 원인 4가지만 쓰시오. (단, 제어반의 회로기관은 정상이다.)

(14.4.문11, 08.4.문11)

득점	배점
	4

○
○
○
○

해답 ① 제어반의 공급전원 차단
② 기동스위치의 접점 불량
③ 기동용 시한계전기(타이머)의 불량
④ 기동용 솔레노이드의 코일 단선

해설 기동스위치 조작에 의한 **기동용기 미개방 원인**
(1) 제어반의 **공급전원 차단**
(2) **기동스위치**의 **접점 불량**
(3) **기동용 시한계전기(타이머)**의 **불량**
(4) 제어반에서 **기동용 솔레노이드**에 연결된 **배선**의 **단선**
(5) 제어반에서 **기동용 솔레노이드**에 연결된 **배선**의 **오접속**
(6) **기동용 솔레노이드**의 **코일 단선**
(7) **기동용 솔레노이드**의 **절연 파괴**

비교

시험용 푸시버튼스위치 조작에 의한 **누전경보기**의 **미작동 원인**
(1) **접속단자**의 **접속 불량**
(2) **푸시버튼스위치**의 **접촉 불량**
(3) **회로**의 **단선**
(4) **수신기 자체**의 **고장**
(5) 수신기 전원퓨즈 단선

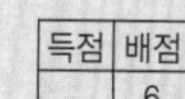

☆ 문제 19

국가화재안전기준에서 정하는 비상조명등 설치기준을 3가지만 쓰시오.

득점	배점
	6

○

○

○

해답 ① 특정소방대상물의 각 거실과 그로부터 지상에 이르는 복도·계단 및 그 밖의 통로에 설치할 것
② 조도는 비상조명등이 설치된 장소의 각 부분의 바닥에서 1lx 이상이 되도록 할 것
③ 비상전원은 비상조명등을 20분 이상 유효하게 작동시킬 수 있는 용량으로 할 것

해설 **비상조명등**의 **설치기준**(NFPC 304 4조, NFTC 304 2.1)

(1) 특정소방대상물의 각 **거실**과 그로부터 지상에 이르는 **복도·계단** 및 그 밖의 **통로**에 설치할 것
(2) 조도는 비상조명등이 설치된 장소의 각 부분의 바닥에서 **1lx** 이상이 되도록 할 것
(3) 예비전원을 내장하는 비상조명등에는 평상시 점등 여부를 확인할 수 있는 **점검스위치**를 설치하고 해당 조명등을 유효하게 작동시킬 수 있는 용량의 **축전지**와 **예비전원 충전장치**를 내장할 것
(4) 비상전원은 비상조명등을 **20분** 이상 유효하게 작동시킬 수 있는 용량으로 할 것

예외규정

비상조명등의 **60분 이상 작동용량**
(1) **11층** 이상(지하층 제외)
(2) 지하층·무창층으로서 **도매시장·소매시장·여객자동차터미널·지하역사·지하상가**

(5) 예비전원을 내장하지 아니하는 비상조명등의 비상전원은 **자가발전설비**, **축전지설비** 또는 **전기저장장치**를 설치할 것

"목표가 확실한 사람은 아무리 거친 길이라도 앞으로 나아갈 수 있습니다.
여러분은 목표가 확실한 사람입니다."

– 토마스 칼라일 –

2019. 11. 9 시행

▌2019년 기사 제4회 필답형 실기시험▌

자격종목	시험시간	형별	수험번호	성명	감독위원 확 인
소방설비기사(전기분야)	3시간				

※ 다음 물음에 답을 해당 답란에 답하시오.(배점 : 100)

☆☆

 **문제 01**

자동화재탐지설비에 사용되는 감지기의 절연저항시험을 하려고 한다. 사용기기와 판정기준 및 측정위치를 쓰시오. (단, 정온식 감지선형 감지기는 제외한다.)

(14.11.문5, 13.11.문6)

득점	배점
	6

유사문제부터 풀어보세요. 실력이 팍!팍! 올라갑니다.

○사용기기 :
○판정기준 :
○측정위치 :

해답 ○사용기기 : 직류 500V 절연저항계
○판정기준 : 50MΩ 이상
○측정위치 : 절연된 단자 간 및 단자와 외함 간

해설

• 자동화재탐지설비뿐만 아니라 모든 소방시설의 감지기의 절연저항은 **직류 500V** 절연저항계로 **절연된 단자 간** 및 **단자와 외함** 간을 측정하여 **50MΩ** 이상이어야 한다(정온식 감지선형 감지기 제외).

(1) **절연저항시험**

절연저항계	절연저항	대 상
직류 250V	0.1MΩ 이상	• 1경계구역의 절연저항
직류 500V	5MΩ 이상	• 누전경보기 • 가스누설경보기 • 수신기 • 자동화재속보설비 • 비상경보설비 • 유도등(교류입력측과 외함 간 포함) • 비상조명등(교류입력측과 외함 간 포함)
	20MΩ 이상	• 경종 • 발신기 • 중계기 • 비상콘센트 • 기기의 절연된 선로 간 • 기기의 충전부와 비충전부 간 • 기기의 교류입력측과 외함 간(유도등 · 비상조명등 제외)
	50MΩ 이상	• **감지기**(정온식 감지선형 감지기 제외) • 가스누설경보기(10회로 이상) • 수신기(10회로 이상)
	1000MΩ 이상	• 정온식 감지선형 감지기

(2) **측정위치**

절연저항값	측정위치
0.1MΩ 이상	1경계구역의 감지기회로 및 부속회로의 전로와 대지 사이 및 배선 상호간
5MΩ 이상	누전경보기 변류기의 절연된 1차 권선과 2차 권선 간
20MΩ 이상	수신기의 교류입력측과 외함 간
50MΩ 이상	감지기의 절연된 단자 간 및 단자와 외함 간
1000MΩ 이상	정온식 감지선형 감지기의 선 간

☆☆☆

문제 02

차동식 스포트형 감지기의 구조에 관한 다음 그림에서 주어진 번호의 명칭을 쓰시오.

(17.6.문8, 15.11.문16, 14.4.문7)

득점	배점
	4

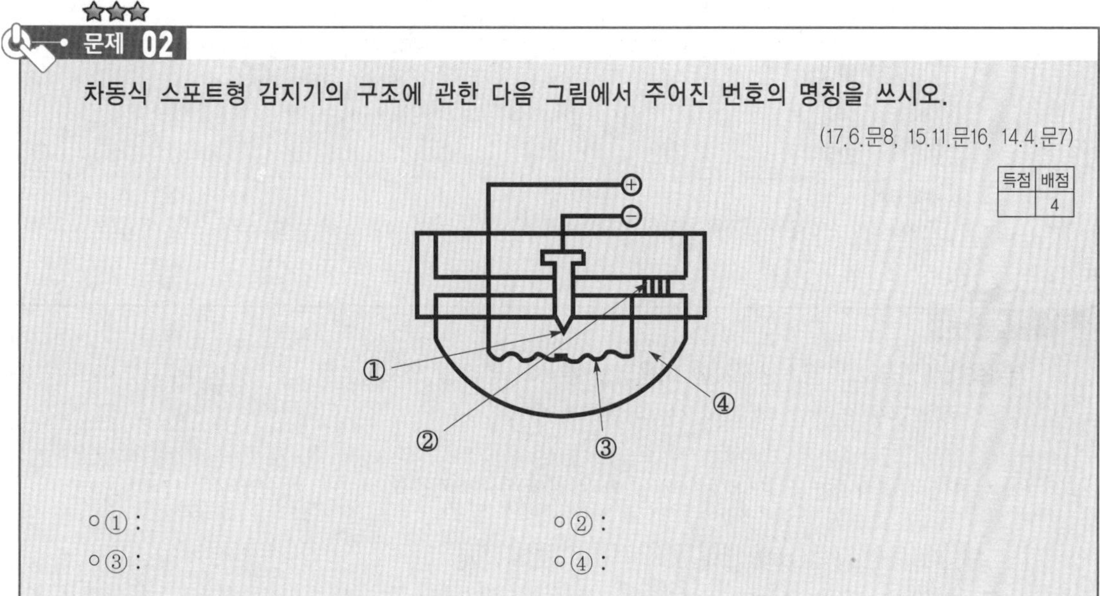

○①:　　　　○②:

○③:　　　　○④:

해답 ① 고정접점
② 리크공
③ 다이어프램
④ 감열실

해설 차동식 스포트형 감지기(공기의 팽창 이용)
(1) 구성요소

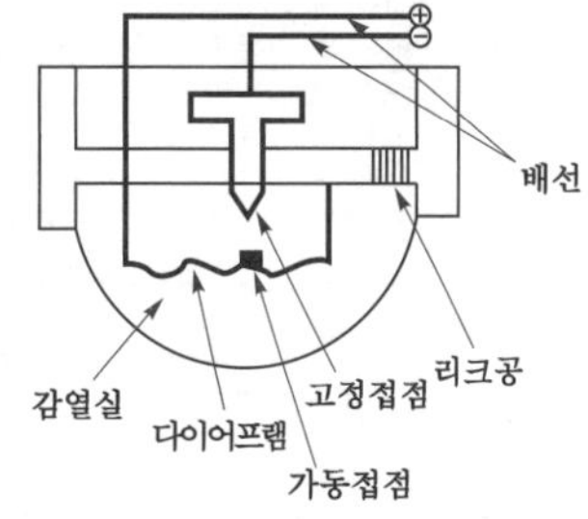

▮차동식 스포트형 감지기(공기의 팽창 이용)▮

- ① '**접점**'이라고 써도 되지만 보다 정확한 답은 '**고정접점**'이므로 **고정접점**이라고 확실하게 답하자!
- ② 리크공=리크구멍
- ③ 다이어프램=다이아후렘
- ④ 감열실=공기실

구성요소	설 명
고정접점	• 가동접점과 **접**촉되어 화재**신**호 발신 • 전기접점으로 **PGS합금**으로 구성
리크공(leak hole)	• **감지기**의 **오동작 방지** • 완만한 온도상승시 열의 조절구멍
다이어프램(diaphragm)	• 공기의 팽창에 의해 **접**점이 잘 **밀**려 올라가도록 함 • 신축성이 있는 금속판으로 인청동판이나 황동판으로 만들어짐
감열실(chamber)	• **열**을 **유**효하게 받음
배선	• 수신기에 화재신호를 보내기 위한 전선
가동접점	• 고정접점에 접촉되어 화재신호를 발신하는 역할

기억법 **접접신**
리오
다접밀
감열유

(2) **동작원리**

화재발생시 감열부의 공기가 팽창하여 **다이어프램**을 밀어 올려 접점을 붙게 함으로써 수신기에 신호를 보낸다.

☆☆☆

문제 03

저압옥내배선공사의 금속관공사에 이용되는 부품의 명칭을 쓰시오. (14.7.문7, 09.7.문2)

득점	배점
	6

(가) 금속상호간을 연결할 때 쓰여지는 배관부속자재

○

(나) 전선의 절연피복을 보호하기 위해 금속관 끝에 취부하는 것

○

(다) 금속관과 박스를 고정시킬 때 쓰여지는 배관부속자재

○

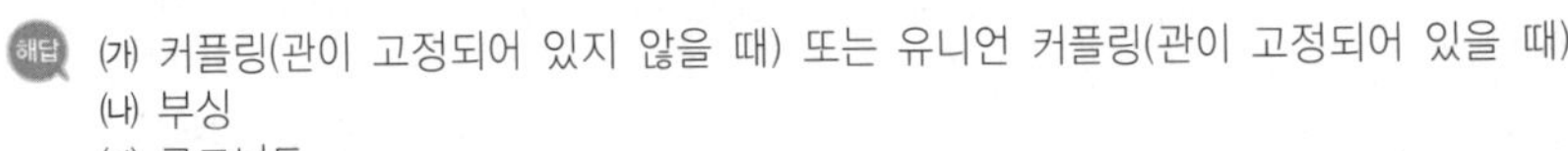

해답 (가) 커플링(관이 고정되어 있지 않을 때) 또는 유니언 커플링(관이 고정되어 있을 때)
(나) 부싱
(다) 로크너트

해설 • (가) 이 문제에서는 관이 고정되어 있는지, 고정되어 있지 않은지 알 수 없으므로 이런 경우에는 **관이 고정되어 있을 때**와 **관이 고정되어 있지 않을 때**를 구분해서 **모두** 답하는 것이 좋다.

‖ 금속관공사에 이용되는 부품 ‖

명 칭	외 형	설 명
부싱(bushing)		전선의 절연피복을 보호하기 위하여 **금속관 끝**에 취부하여 사용되는 부품
유니언 커플링 (union coupling)		**금속전선관 상호**간을 **접속**하는 데 사용되는 부품(**관**이 **고정**되어 **있을 때**)
노멀밴드 (normal bend)		**매입배관**공사를 할 때 **직각**으로 굽히는 곳에 사용하는 부품

유니버설 엘보 (universal elbow)		**노출배관**공사를 할 때 관을 직각으로 굽히는 곳에 사용하는 부품
링리듀서 (ring reducer)		**금속관**을 **아웃렛박스**에 로크너트만으로 고정하기 어려울 때 **보조적**으로 사용되는 **부품** • 아웃렛박스=아우트렛박스
커플링 (coupling)	커플링 전선관	**금속전선관 상호**간을 **접속**하는 데 사용되는 부품(**관**이 **고정**되어 있지 **않을 때**)
새들(saddle)		**관**을 **지지**하는 데 사용하는 재료
로크너트 (lock nut)		**금속관**과 **박스**를 **접속**할 때(고정시킬 때) 사용하는 재료로 최소 **2개**를 사용한다.
리머(reamer)		금속관 **말단**의 **모**를 다듬기 위한 기구
파이프 커터 (pipe cutter)		**금속관**을 **절단**하는 기구
환형 3방출 정크션 박스		**배관**을 **분기**할 때 사용하는 박스
파이프 벤더 (pipe bender)		**금속관**(후강전선관, 박강전선관)을 **구부릴 때** 사용하는 공구 • 28mm 이상은 **유압식 파이프 벤더**를 사용한다.

☆ 문제 04

무선통신보조설비에 사용되는 분배기, 분파기, 혼합기의 기능에 대하여 간단하게 설명하시오.

(12.4.문7)

득점	배점
	3

○ 분배기 :
○ 분파기 :
○ 혼합기 :

해답 ○ 분배기 : 신호의 전송로가 분기되는 장소에 설치하는 것으로 임피던스 매칭과 신호균등분배를 위해 사용하는 장치
○ 분파기 : 서로 다른 주파수의 합성된 신호를 분리하기 위해서 사용하는 장치
○ 혼합기 : 두 개 이상의 입력신호를 원하는 비율로 조합한 출력이 발생하도록 하는 장치

해설 **무선통신보조설비**의 **용어 정의**(NFPC 505 3조, NFTC 505 1.7)

용 어	그림기호	정 의
누설동축 케이블	─────	동축케이블의 외부도체에 가느다란 홈을 만들어서 **전파**가 **외부**로 **새어나갈 수 있도록** 한 케이블
분배기	(분배기 기호)	신호의 전송로가 분기되는 장소에 설치하는 것으로 **임피던스 매칭**(matching)과 **신호균등분배**를 위해 사용하는 장치
분파기	F	서로 다른 주파수의 합성된 **신호**를 **분리**하기 위해서 사용하는 장치 기억법 분분
혼합기	(혼합기 기호)	**두 개 이상**의 **입력신호**를 원하는 비율로 **조합**한 **출력**이 발생하도록 하는 장치 기억법 혼조
증폭기	AMP	신호전송시 신호가 약해져 수신이 불가능해지는 것을 방지하기 위해서 **증폭**하는 장치 기억법 증증

☆☆☆
문제 05

어느 특정소방대상물에 자동화재탐지설비용 공기관식 차동식 분포형 감지기를 설치하려고 한다. 다음 각 물음에 답하시오. (14.11.문9, 11.5.문14, 04.10.문9)

득점	배점
	5

(가) 공기관의 노출부분은 감지구역마다 몇 m 이상으로 하여야 하는가?
○

(나) 하나의 검출부에 접속하는 공기관의 길이는 몇 m 이하로 하여야 하는가?
○

(다) 공기관과 감지구역의 각 변과의 수평거리는 몇 m 이하이어야 하는가?
○

(라) 공기관 상호간의 거리는 몇 m 이하이어야 하는가? (단, 주요구조부가 비내화구조이다.)
○

(마) 공기관의 두께와 바깥지름은 각각 몇 mm 이상인가?
○ 두께 :
○ 바깥지름 :

해답 (가) 20m (나) 100m
(다) 1.5m (라) 6m
(마) ○ 두께 : 0.3mm
○ 바깥지름 : 1.9mm

해설 (1) **공기관식** 차동식 분포형 감지기의 **설치기준**(NFPC 203 7조 ③항 7호, NFTC 203 2.4.3.7)

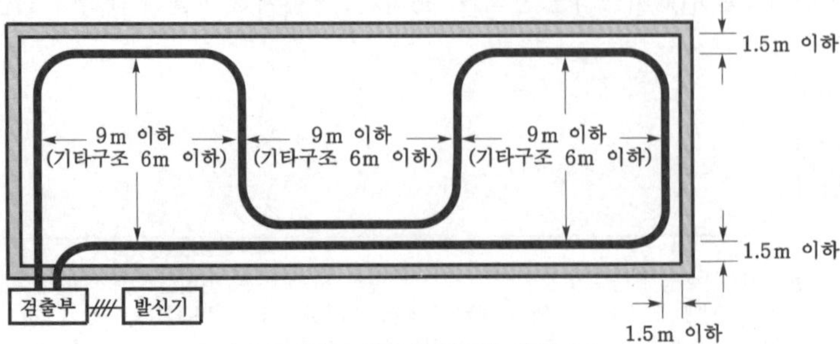

| 공기관식 차동식 분포형 감지기 |

① 공기관의 노출부분은 감지구역마다 20m 이상이 되도록 설치한다.
② 공기관과 감지구역의 각 변과의 수평거리는 1.5m 이하가 되도록 한다.
③ 공기관 상호간의 거리는 6m(내화구조는 9m) 이하가 되도록 한다.
④ 하나의 검출부에 접속하는 공기관의 길이는 100m 이하가 되도록 한다.
⑤ 검출부는 5° 이상 경사되지 않도록 한다.
⑥ **검출부**는 바닥으로부터 **0.8~1.5m** 이하의 위치에 설치한다.
⑦ 공기관은 도중에서 **분기**하지 않도록 한다.
⑧ **경사제한각도**

공기관식 차동식 분포형 감지기	스포트형 감지기
5° 이상	45° 이상

● (라): **비내화구조**이므로 공기관 상호간의 거리는 **6m** 이하이다. **'비내화구조'**는 **'기타구조'**임을 알라! 속지 말라!

(2) **공기관의 두께 및 외경**(바깥지름)
공기관의 두께(굵기)는 **0.3mm** 이상, 외경(바깥지름)은 **1.9mm** 이상이어야 하며, **중공동관**을 사용하여야 한다.

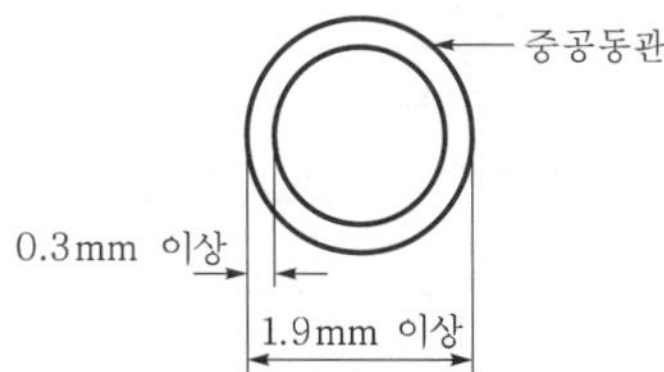

‖ 공기관의 두께 및 바깥지름 ‖

용어

중공동관
가운데가 비어 있는 구리관

비교

정온식 감지선형 감지기의 설치기준(NFPC 203 7조 ③항 12호, NFTC 203 2.4.3.12)
(1) **보**조선이나 고정금구를 사용하여 감지선이 늘어지지 않도록 설치할 것
(2) **단**자부와 마감고정금구와의 설치간격은 **10cm** 이내로 설치할 것
(3) 감지선형 감지기의 **굴**곡반경은 **5cm** 이상으로 할 것
(4) 감지기와 감지구역의 각 부분과의 수평**거**리가 내화구조의 경우 **1종 4.5m** 이하, **2종 3m** 이하, 기타구조의 경우 **1종 3m** 이하, **2종 1m** 이하로 할 것

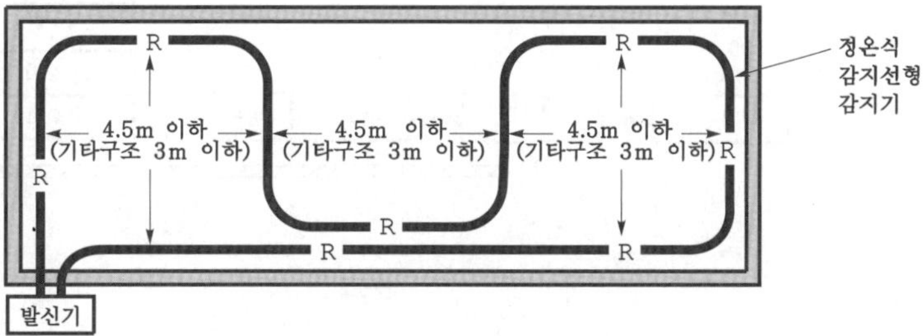

‖ 정온식 감지선형 감지기 ‖

(5) **케**이블트레이에 감지기를 설치하는 경우에는 **케이블트레이 받침대**에 마감금구를 사용하여 설치할 것
(6) **창고**의 **천장** 등에 지지물이 적당하지 않는 장소에서는 **보조선**을 설치하고 그 보조선에 설치할 것
(7) **분**전반 내부에 설치하는 경우 접착제를 이용하여 돌기를 바닥에 고정시키고 그곳에 감지기를 설치할 것
(8) 그 밖의 설치방법은 형식승인내용에 따르며 형식승인사항이 아닌 것은 제조사의 **시**방에 따라 설치할 것

기억법 **정감 보단굴거 케분시**

★★★

문제 06

다음 그림은 옥내소화전설비의 블록선도이다. 각 구성요소 간에 내화 · 내열 · 일반 배선으로 배선하시오. (단, 내화배선 : ▬▬, 내열배선 : ▨▨, 일반배선 : ——) (16.11.문13, 16.4.문10, 09.7.문9)

득점	배점
	5

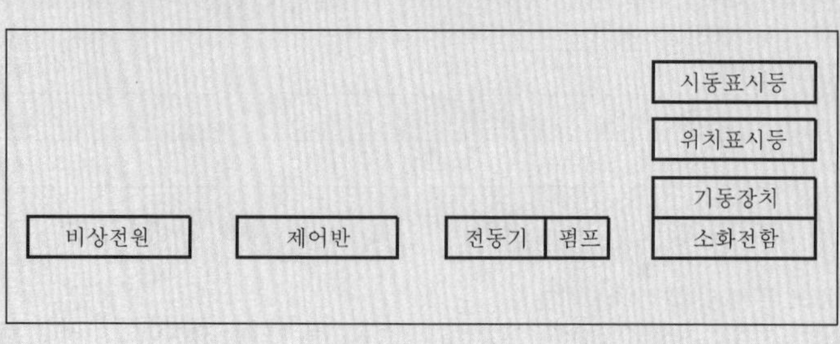

해답

시동표시등
위치표시등
기동장치
비상전원
제어반
전동기
펌프
소화전함

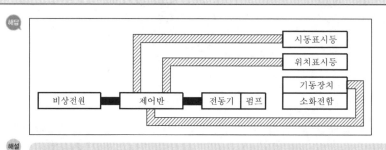

해설

- **일반배선**은 사용되지 않는다. 일반배선을 어디에 그리느냐를 고민하지 말라!
- 펌프 – 소화전함의 **배관**은 표시하라는 말이 없으므로 표시하지 않는 것이 좋다.

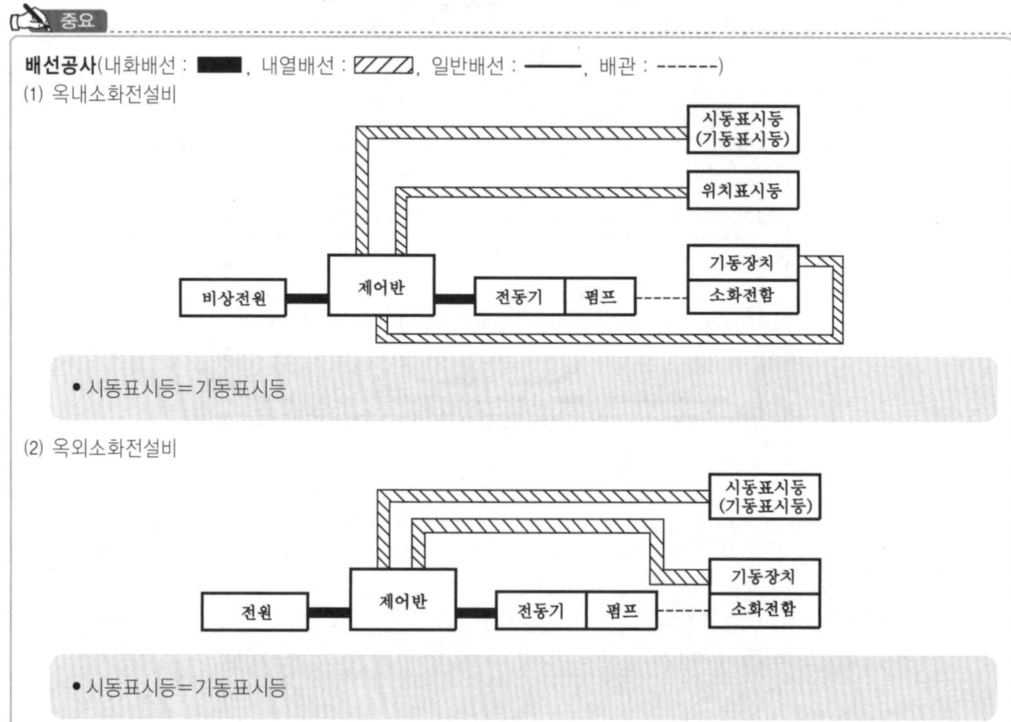

중요

배선공사(내화배선 : ▬▬, 내열배선 : ▨▨, 일반배선 : ——, 배관 : ------)

(1) 옥내소화전설비

- 시동표시등＝기동표시등

(2) 옥외소화전설비

- 시동표시등＝기동표시등

(3) 자동화재탐지설비

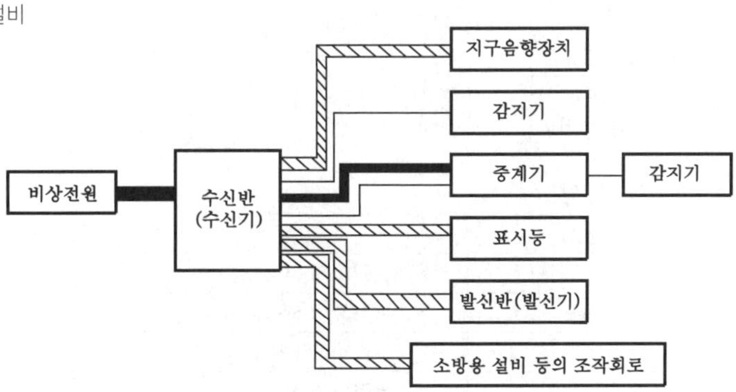

지구음향장치
감지기
비상전원
수신반(수신기)
중계기
감지기
표시등
발신반(발신기)
소방용 설비 등의 조작회로

(4) 비상벨 · 자동식 사이렌

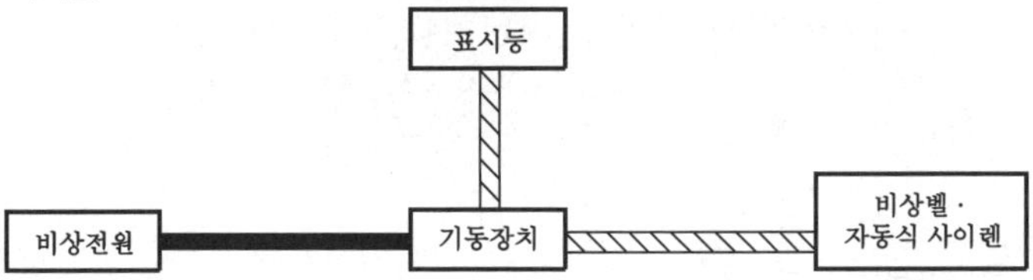

표시등
비상전원
기동장치
비상벨 · 자동식 사이렌

(5) 스프링클러설비 · 물분무소화설비 · 포소화설비

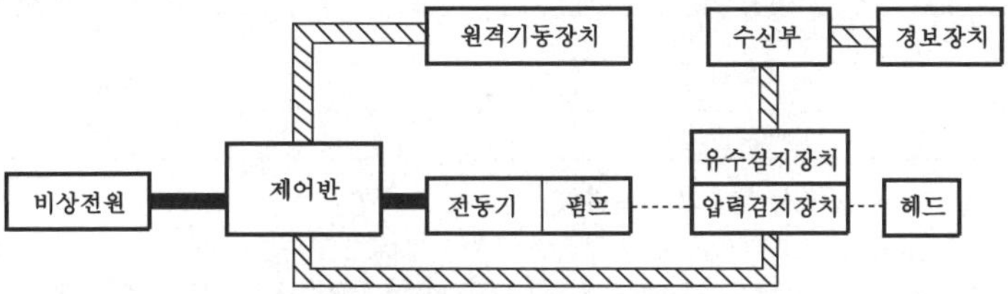

원격기동장치
수신부
경보장치
유수검지장치
비상전원
제어반
전동기
펌프
압력검지장치
헤드

(6) 이산화탄소 소화설비 · 할론소화설비 · 분말소화설비

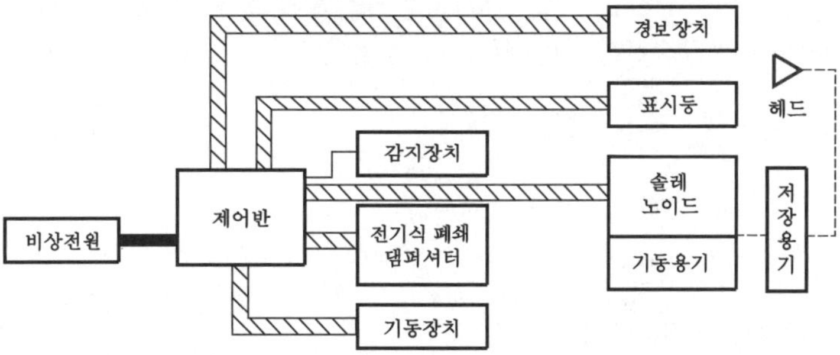

경보장치
표시등
헤드
감지장치
제어반
솔레노이드
비상전원
전기식 폐쇄 댐퍼셔터
기동용기
저장용기
기동장치

☆☆

문제 07

3상 380V, 30kW 스프링클러펌프용 유도전동기가 있다. 기동방식은 일반적으로 어떤 방식이 이용되며 전동기의 역률이 60%일 때 역률을 90%로 개선할 수 있는 전력용 콘덴서의 용량은 몇 kVA이겠는가?

(03.4.문2)

득점	배점
	4

○ 기동방식 :

○ 전력용 콘덴서 용량

– 계산과정 :

– 답 :

해답 ㅇ기동방식 : Y－△기동방식(이론상 기동보상기법)
ㅇ전력용 콘덴서의 용량
－계산과정 : $30\left(\dfrac{\sqrt{1-0.6^2}}{0.6}-\dfrac{\sqrt{1-0.9^2}}{0.9}\right)=25.47\text{kVA}$
－답 : 25.47kVA

해설 (1) **유도전동기**의 **기동법**

구 분	적 용
전전압기동법(직입기동)	전동기용량이 **5.5kW** 미만에 적용(소형 전동기용)
Y－△기동법	전동기용량이 **5.5~15kW** 미만에 적용
기동보상기법	전동기용량이 **15kW** 이상에 적용
리액터기동법	전동기용량이 **5.5kW** 이상에 적용

- 이론상으로 보면 유도전동기의 용량이 30kW이므로 기동보상기법을 사용하여야 하지만 실제로 전동기의 용량이 5.5kW 이상이면 모두 Y－△기동방식을 적용하는 것이 대부분이다. 그러므로 답안작성시에는 2가지를 함께 답하도록 한다.

중요

유도전동기의 **기동법**(또 다른 이론)

기동법	적정용량
전전압기동법(직입기동)	18.5kW 미만
Y－△기동법	18.5~90kW 미만
리액터기동법	90kW 이상

(2) 역률 개선용 **전력용 콘덴서**의 **용량** Q_C는

$$Q_C=P\left(\frac{\sin\theta_1}{\cos\theta_1}-\frac{\sin\theta_2}{\cos\theta_2}\right)=P\left(\frac{\sqrt{1-\cos\theta_1{}^2}}{\cos\theta_1}-\frac{\sqrt{1-\cos\theta_2{}^2}}{\cos\theta_2}\right)$$

여기서, Q_C : 콘덴서의 용량[kVA]
P : 유효전력[kW]
$\cos\theta_1$: 개선 전 역률
$\cos\theta_2$: 개선 후 역률
$\sin\theta_1$: 개선 전 무효율$(\sin\theta_1=\sqrt{1-\cos\theta_1{}^2})$
$\sin\theta_2$: 개선 후 무효율$(\sin\theta_2=\sqrt{1-\cos\theta_2{}^2})$

$$\therefore\ Q_C=P\left(\frac{\sqrt{1-\cos\theta_1{}^2}}{\cos\theta_1}-\frac{\sqrt{1-\cos\theta_2{}^2}}{\cos\theta_2}\right)=30\left(\frac{\sqrt{1-0.6^2}}{0.6}-\frac{\sqrt{1-0.9^2}}{0.9}\right)=25.47\text{kVA}$$

참고

여러 가지 전동기(motor)

☆☆☆
문제 08

주어진 조건을 이용하여 자동화재탐지설비의 수동발신기 간 연결간선수를 구하고 각 선로의 용도를 표시하시오. (05.10.문7)

득점	배점
	7

〔조건〕

① 선로의 수는 최소로 하고 발신기공통선은 1선, 경종 및 표시등 공통선을 1선으로 하고 7경계구역이 넘을 시 발신기공통선, 경종 및 표시등 공통선은 각각 1선씩 추가하는 것으로 한다.

② 건물의 규모는 지상 6층, 지하 2층으로 연면적은 3500m^{2}인 것으로 한다.

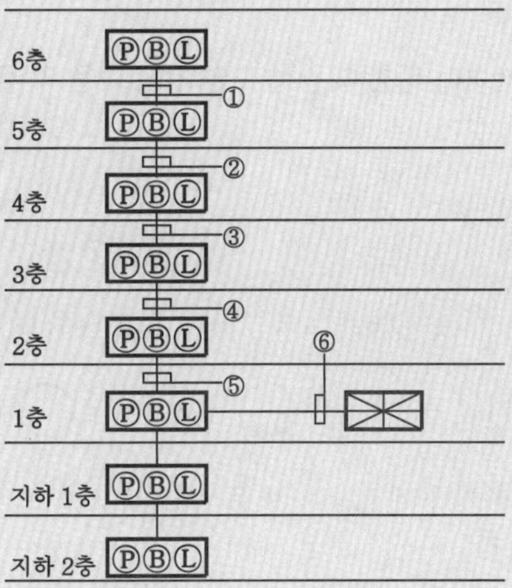

6층 ⓅⒷⓁ ①
5층 ⓅⒷⓁ ②
4층 ⓅⒷⓁ ③
3층 ⓅⒷⓁ ④
2층 ⓅⒷⓁ ⑤ ⑥
1층 ⓅⒷⓁ
지하 1층 ⓅⒷⓁ
지하 2층 ⓅⒷⓁ

※ 답안 작성 예시(7선)
- ○ 수동발신기 지구선 : 2선
- ○ 수동발신기 응답선 : 1선
- ○ 수동발신기 공통선 : 1선
- ○ 경종선 : 1선
- ○ 표시등선 : 1선
- ○ 경종 및 표시등 공통선 : 1선

해답

① (6선) 수동발신기 지구선 : 1선, 수동발신기 응답선 : 1선, 수동발신기 공통선 : 1선, 경종선 : 1선, 표시등선 : 1선, 경종 및 표시등 공통선 : 1선

② (8선) 수동발신기 지구선 : 2선, 수동발신기 응답선 : 1선, 수동발신기 공통선 : 1선, 경종선 : 2선, 표시등선 : 1선, 경종 및 표시등 공통선 : 1선

③ (10선) 수동발신기 지구선 : 3선, 수동발신기 응답선 : 1선, 수동발신기 공통선 : 1선, 경종선 : 3선, 표시등선 : 1선, 경종 및 표시등 공통선 : 1선

④ (12선) 수동발신기 지구선 : 4선, 수동발신기 응답선 : 1선, 수동발신기 공통선 : 1선, 경종선 : 4선, 표시등선 : 1선, 경종 및 표시등 공통선 : 1선

⑤ (14선) 수동발신기 지구선 : 5선, 수동발신기 응답선 : 1선, 수동발신기 공통선 : 1선, 경종선 : 5선, 표시등선 : 1선, 경종 및 표시등 공통선 : 1선

⑥ (22선) 수동발신기 지구선 : 8선, 수동발신기 응답선 : 1선, 수동발신기 공통선 : 2선, 경종선 8선, 표시등선 1선, 경종 및 표시등 공통선 2선

해설

- 아래 기준에 따라 하나의 층의 경종선 배선이 단락되더라도 다른 층의 화재통보에 지장이 없도록 하기 위해 **경종선**이 **층마다 1가닥**씩 **추가**된다.

> NFPC 203 5조, NFTC 203 2.2.3.9
> 화재로 인하여 하나의 층의 **지구음향장치 배선**이 **단락**되어도 다른 층의 화재통보에 지장이 없도록 각 층 배선상에 유효한 조치를 할 것

(1)

기 호	내 역	용 도
①	HFIX 2.5-6	회로선 1, 회로공통선 1, 경종선 1, 경종표시등공통선 1, 응답선 1, 표시등선 1
②	HFIX 2.5-8	회로선 2, 회로공통선 1, 경종선 2, 경종표시등공통선 1, 응답선 1, 표시등선 1
③	HFIX 2.5-10	회로선 3, 회로공통선 1, 경종선 3, 경종표시등공통선 1, 응답선 1, 표시등선 1

④	HFIX 2.5-12	회로선 4, 회로공통선 1, 경종선 4, 경종표시등공통선 1, 응답선 1, 표시등선 1
⑤	HFIX 2.5-14	회로선 5, 회로공통선 1, 경종선 5, 경종표시등공통선 1, 응답선 1, 표시등선 1
⑥	HFIX 2.5-22	회로선 8, 회로공통선 2, 경종선 8, 경종표시등공통선 2, 응답선 1, 표시등선 1

(2) **동일한 용어**
① 회로선=신호선=표시선=지구선=감지기선=수동발신기 지구선
② 회로공통선=신호공통선=지구공통선=감지기공통선=발신기공통선=수동발신기 공통선
③ 응답선=발신기응답선=확인선=발신기선=수동발신기 응답선
④ 경종표시등 공통선=벨표시등 공통선=경종 및 표시등 공통선

☆☆☆
문제 09

그림은 플로트스위치에 의한 펌프모터의 레벨제어에 대한 미완성 도면이다. 다음 각 물음에 답하시오. (02.7.문1, 00.4.문1)

(가) 다음 조건을 이용하여 도면을 완성하시오.

득점	배점
	7

[동작조건]
① 전원이 인가되면 (GL) 램프가 점등된다.
② 자동일 경우 플로트스위치가 붙으면(동작하면) (RL) 램프가 점등되고, 전자접촉기 (88) 이 여자되어 (GL) 램프가 소등되며, 펌프모터가 동작한다.
③ 수동일 경우 누름버튼스위치 PB_{-on}을 on시키면 전자접촉기 (88) 이 여자되어 (RL) 램프가 점등되고 (GL) 램프가 소등되며, 펌프모터가 동작한다.
④ 수동일 경우 누름버튼스위치 PB_{-off}를 off시키거나 계전기 49가 동작하면 (RL) 램프가 소등되고, (GL) 램프가 점등되며, 펌프모터가 정지한다.

[기구 및 접점 사용조건]
(88) 1개, 88-a접점 1개, 88-b접점 1개, PB_{-on}접점 1개, PB_{-off}접점 1개, (RL) 램프 1개, (GL) 램프 1개, 계전기 49 b접점 1개, 플로트스위치 FS 1개(심벌 (FS심벌))

(나) 49와 MCCB의 우리말 명칭은 무엇인가?
○

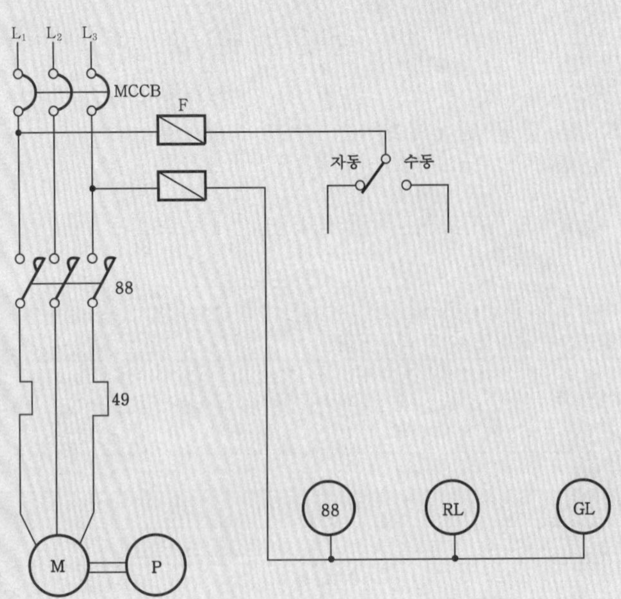

해답 (가)

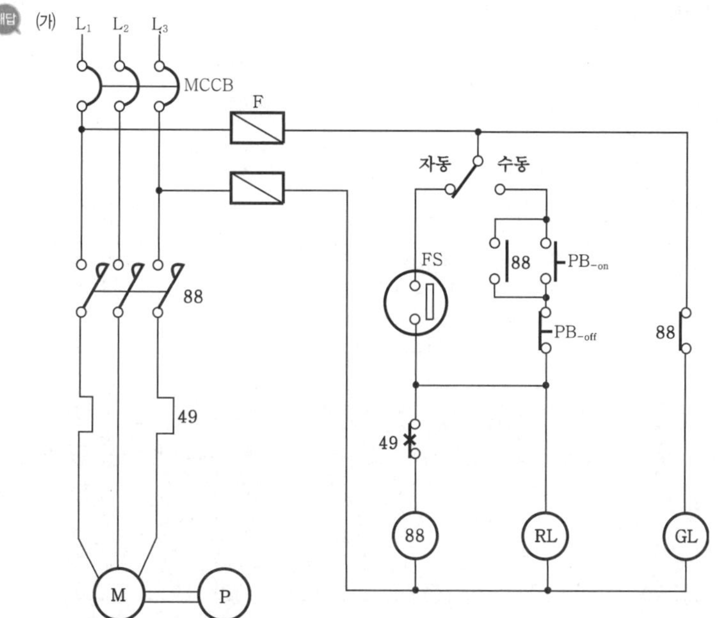

(나) ① 49 : 열동계전기(회전기 온도계전기)
② MCCB : 배선용 차단기

해설 (가) **시퀀스회로 심벌**

심 벌	명 칭
	배선용 차단기(MCCB)
	포장퓨즈(F)
	전자접촉기접점(88)
	열동계전기(49)
	수동조작 자동복귀접점(PB)
	보조스위치접점(88)
	수동복귀접점(49)
M	3상 전동기(M)
P	펌프(P)
88	전자개폐기 코일(88)
RL	기동표시등(RL)
GL	정지표시등(GL)
	플로트스위치(FS)

(나) ① **자동제어기구 번호**

번 호	기구 명칭
28	경보장치
29	소화장치
49	열동계전기(회전기 온도계전기)
52	교류차단기
88	보기용 접촉기(전자접촉기)

② **배선용 차단기**(Molded Case Circuit Breaker ; MCCB) : 퓨즈를 사용하지 않고 **바이메탈**(bimetal)이나 전자석으로 회로를 차단하는 저압용 개폐기, 과거에는 **'NFB'**라고 불렀지만 요즘에는 **'MCCB'**라고 부른다.

★★★

문제 10

철근콘크리트 건물의 사무실이 있다. 자동화재탐지설비의 차동식 스포트형(1종) 감지기를 설치하고자 한다. 감지기의 최소 개수를 구하시오. (단, 사무실은 높이 4.5m, 바닥면적은 500m²이다.)

(15.7.문2, 09.7.문16)

득점	배점
	10

○ 계산과정 :
○ 답 :

해답

○ 계산과정 : $\frac{500}{45}=11.1 \fallingdotseq 12$개

○ 답 : 12개

해설 **스포트형 감지기**의 **바닥면적**(NFPC 203 7조, NFTC 203 2.4.3.9.1)

(단위 : m^2)

부착높이 및 특정소방대상물의 구분		감지기의 종류				
		차동식·보상식 스포트형		정온식 스포트형		
		1종	2종	특 종	1종	2종
4m 미만	내화구조	90	70	70	60	20
	기타구조	50	40	40	30	15
4m 이상 8m 미만	내화구조 →	45	35	35	30	–
	기타구조	30	25	25	15	–

주요구조부가 내화구조(**철근콘크리트**), 설치높이 **4.5m**는 **4m 이상 8m 미만**, **차동식 스포트형 1종**이므로 바닥면적은 **45m²**이다.

$\frac{500m^2}{45m^2}=11.1 \fallingdotseq 12$개(절상)

★★★

문제 11

감지기회로의 배선에 대한 다음 각 물음에 답하시오. (16.4.문11, 15.7.문16, 14.7.문11, 12.11.문7)

득점	배점
	6

(가) 송배선식에 대하여 설명하시오.
○

(나) 교차회로의 방식에 대하여 설명하시오.
○

(다) 교차회로방식의 적용설비 5가지만 쓰시오.
○
○
○
○
○

해답 (가) 도통시험을 용이하게 하기 위해 배선의 도중에서 분기하지 않는 방식
(나) 하나의 담당구역 내에 2 이상의 감지기회로를 설치하고 2 이상의 감지기회로가 동시에 감지되는 때에 설비가 작동하는 방식
(다) ① 분말소화설비
② 할론소화설비
③ 이산화탄소 소화설비
④ 준비작동식 스프링클러설비
⑤ 일제살수식 스프링클러설비

해설 **송배선식**과 **교차회로방식**

구 분	송배선식	교차회로방식
목적	• **감지기회로**의 **도통시험**을 용이하게 하기 위하여	• 감지기의 **오동작** 방지
원리	• 배선의 도중에서 분기하지 않는 방식	• 하나의 담당구역 내에 **2 이상**의 **감지기회로**를 설치하고 **2 이상**의 **감지기회로**가 **동시**에 **감지**되는 때에 설비가 작동하는 방식으로 회로방식이 **AND 회로**에 해당된다.
적용설비	• 자동화재탐지설비 • 제연설비	• **분**말소화설비 • **할**론소화설비 • **이**산화탄소 소화설비 • **준**비작동식 스프링클러설비 • **일**제살수식 스프링클러설비 • **할**로겐화합물 및 불활성기체 소화설비 • **부**압식 스프링클러설비 기억법 **분할이 준일할부**
가닥수 산정	• 종단저항을 수동발신기함 내에 설치하는 경우 **루프(loop)**된 곳은 **2가닥**, **기타 4가닥**이 된다. 수동발신기함 / 루프(loop) ∥ 송배선식 ∥	• **말단**과 **루프(loop)**된 곳은 **4가닥**, **기타 8가닥**이 된다. 수동발신기함 / 말단 / 루프(loop) ∥ 교차회로방식 ∥

• 문제에서 이미 '**감지기회로**'라고 명시하였으므로 (가) '**감지기회로의 도통시험을 용이하게 하기 위해 배선의 도중에서 분기하지 않는 방식**'에서 **감지기회로**라는 말을 다시 쓸 필요는 없다.

☆☆☆
문제 12

그림은 자동화재탐지설비와 프리액션 스프링클러설비의 계통도이다. 그림을 보고 다음 각 물음에 답하시오. (단, 감지기공통선과 전원공통선은 분리해서 사용하고, 프리액션밸브용 압력스위치, 탬퍼스위치 및 솔레노이드밸브의 공통선은 1가닥을 사용한다.)

(16.6.문14, 14.4.문2, 11.7.문18)

득점	배점
	8

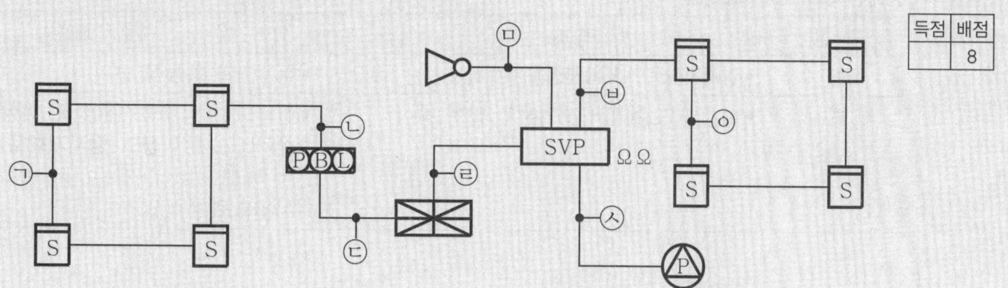

(가) 그림을 보고 ㉠~㉧까지의 가닥수를 쓰시오.

기 호	㉠	㉡	㉢	㉣	㉤	㉥	㉦	㉧
가닥수								

(나) ㉣의 가닥수와 배선내역을 쓰시오.

가닥수	내 역

해답 (가)

기 호	㉠	㉡	㉢	㉣	㉤	㉥	㉦	㉧
가닥수	2가닥	4가닥	6가닥	9가닥	2가닥	8가닥	4가닥	4가닥

(나)

가닥수	내 역
9가닥	전원 ⊕·⊖, 사이렌 1, 감지기 A·B, 솔레노이드밸브 1, 프리액션밸브용 압력스위치 1, 탬퍼스위치 1, 감지기공통 1

해설

기 호	가닥수	내 역
㉠	2가닥	지구선 1, 공통선 1
㉡	4가닥	지구선 2, 공통선 2
㉢	6가닥	지구선 1, 회로공통선 1, 경종선 1, 경종표시등공통선 1, 응답선 1, 표시등선 1
㉣	9가닥	전원 ⊕·⊖, 사이렌 1, 감지기 A·B, 솔레노이드밸브 1, 프리액션밸브용 압력스위치 1, 탬퍼스위치 1, 감지기공통 1
㉤	2가닥	사이렌 2
㉥	8가닥	지구선 4, 공통선 4
㉦	4가닥	솔레노이드밸브 1, 프리액션밸브용 압력스위치 1, 탬퍼스위치 1, 공통선 1
㉧	4가닥	지구선 2, 공통선 2

- 자동화재탐지설비의 회로수는 일반적으로 **수동발신기함**(ⓅⒷⓁ) 수를 세어보면 되므로 **1회로**(발신기세트 1개)이므로 ㉢은 **6가닥**이 된다.
- 자동화재탐지설비에서 도면에 종단저항 표시가 없는 경우 **종단저항**은 **수동발신기함**에 설치된 것으로 보면 된다.
- 솔레노이드밸브=밸브기동=SV(Solenoid Valve)
- 프리액션밸브용 압력스위치=밸브개방확인=PS(Pressure Switch)
- 탬퍼스위치=밸브주의=TS(Tamper Switch)=밸브폐쇄확인스위치
- 여기서는 조건에서 **프리액션밸브용 압력스위치, 탬퍼스위치, 솔레노이드밸브**라는 명칭을 사용하였으므로 (나)의 답에서 우리가 일반적으로 사용하는 밸브개방확인, 밸브주의, 밸브기동 등의 용어를 사용하면 오답으로 채점될 수 있다. 주의하라! **주어진 조건**에 있는 **명칭**을 사용하여야 빈틈없는 올바른 답이 된다.

중요

송배선식과 **교차회로방식**

구 분	송배선식	교차회로방식
목적	• **감지기회로**의 **도통시험**을 용이하게 하기 위하여	• 감지기의 **오동작** 방지
원리	• 배선의 도중에서 분기하지 않는 방식	• 하나의 담당구역 내에 **2 이상**의 **감지기회로**를 설치하고 **2 이상**의 **감지기회로**가 **동시**에 **감지**되는 때에 설비가 작동하는 방식으로 회로방식이 **AND회로**에 해당된다.

적용 설비	• 자동화재탐지설비 • 제연설비	• **분**말소화설비 • **할**론소화설비 • **이**산화탄소 소화설비 • **준**비작동식 스프링클러설비 • **일**제살수식 스프링클러설비 • **할**로겐화합물 및 불활성기체 소화설비 • **부**압식 스프링클러설비 기억법 **분할이 준일할부**
가닥수 산정	• 종단저항을 수동발신기함 내에 설치하는 경우 **루프(loop)**된 곳은 **2가닥, 기타 4가닥**이 된다. 수동 발신기함 / 루프(loop) ‖ 송배선식 ‖	• **말단**과 **루프**(loop)된 곳은 **4가닥, 기타 8가닥**이 된다. 말단 / 수동 발신기함 / 루프(loop) ‖ 교차회로방식 ‖

비교

(1) 감지기공통선과 전원공통선은 1가닥을 사용하고 프리액션밸브용 압력스위치, 탬퍼스위치 및 솔레노이드밸브의 공통선은 1가닥을 사용하는 경우

기 호	가닥수	내 역
㉠	2가닥	지구선 1, 공통선 1
㉡	4가닥	지구선 2, 공통선 2
㉢	6가닥	지구선 1, 회로공통선 1, 경종선 1, 경종표시등공통선 1, 응답선 1, 표시등선 1
㉣	8가닥	전원 ⊕·⊖, 사이렌 1, 감지기 A·B, 솔레노이드밸브 1, 프리액션밸브용 압력스위치 1, 탬퍼스위치 1
㉤	2가닥	사이렌 2
㉥	8가닥	지구선 4, 공통선 4
㉦	4가닥	솔레노이드밸브 1, 프리액션밸브용 압력스위치 1, 탬퍼스위치 1, 공통선 1
㉧	4가닥	지구선 2, 공통선 2

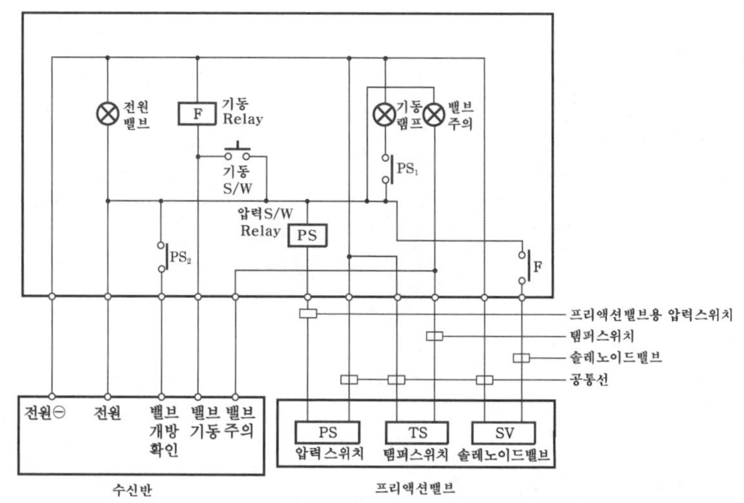

‖ 슈퍼비조리판넬~프리액션밸브 가닥수 : 4가닥인 경우 ‖

(2) 감지기공통선과 전원공통선은 1가닥을 사용하고 슈퍼비조리판넬과 프리액션밸브 간의 공통선은 겸용하지 않는 경우

기 호	가닥수	내 역
㉠	2가닥	지구선 1, 공통선 1
㉡	4가닥	지구선 2, 공통선 2
㉢	6가닥	지구선 1, 회로공통선 1, 경종선 1, 경종표시등공통선 1, 응답선 1, 표시등선 1
㉣	8가닥	전원 ⊕·⊖, 사이렌 1, 감지기 A·B, 솔레노이드밸브 1, 프리액션밸브용 압력스위치 1, 탬퍼스위치 1
㉤	2가닥	사이렌 2
㉥	8가닥	지구선 4, 공통선 4
㉦	6가닥	솔레노이드밸브 2, 프리액션밸브용 압력스위치 2, 탬퍼스위치 2
㉧	4가닥	지구선 2, 공통선 2

- 감지기공통선과 전원공통선(전원⊖)에 대한 조건이 없는 경우 감지기공통선은 전원공통선(전원⊖)에 연결하여 1선으로 사용하므로 **감지기공통선**이 필요 **없다.**
- 솔레노이드밸브(SV), 프리액션밸브용 압력스위치(PS), 탬퍼스위치(TS)에 따라 공통선을 사용하지 않으면 솔레노이드밸브(SV) 2, 프리액션밸브용 압력스위치(PS) 2, 탬퍼스위치(TS) 2 총 **6가닥**이 된다.

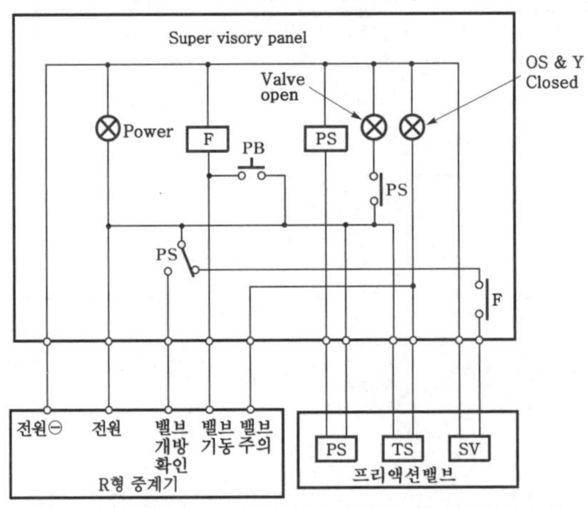

‖ 슈퍼비조리판넬~프리액션밸브 가닥수 : 6가닥인 경우 ‖

문제 13

다음을 영문약자로 나타내시오.

득점	배점
	4

(가) 누전경보기 :

(나) 누전차단기 :

(다) 영상변류기 :

(라) 전자접촉기 :

해답 (가) 누전경보기 : ELD
(나) 누전차단기 : ELB
(다) 영상변류기 : ZCT
(라) 전자접촉기 : MC

해설
- (나) 'ELB', 'ELCB' 모두 정답!!
- (라) 'MS'라고 쓰면 틀림, 'MC'가 정답!!

‖ 자동제어기기 ‖

명 칭	약 호	기 능	그림기호
누전경보기 (Earth Leakage Detector)	ELD	누설전류를 검출하여 경보	(원 안 삼각 분할, F)
누전차단기 (Earth Leakage Breaker, Earth Leakage Circuit Breaker)	ELB (ELCB)	누설전류 차단	E
전자접촉기 (Magnetic Contactor)	MC	부하전류의 투입차단	MC
전자개폐기 (Magnetic Switch)	MS	부하전류의 투입차단+전동기의 과부하번호	MS
영상변류기 (Zero-phase-sequence Current Transformer)	ZCT	누설전류 검출	
변류기 (Current Transformer)	CT	일반전류 검출	
유입차단기 (Oil Circuit Breaker)	OCB	고전압회로 차단	–
배선용 차단기 (Molded Case Circuit Breaker)	MCCB	과전류 차단	B
열동계전기 (Thermal Relay)	THR	전동기의 과부하 보호	–

☆☆☆

문제 14

자동화재탐지설비 수신기의 동시작동시험의 목적을 쓰시오. (17.11.문8, 11.7.문14, 09.10.문1)

○

득점	배점
	3

해답 감지기회로가 동시에 수회선 작동하더라도 수신기의 기능에 이상이 없는지 여부 확인

해설

• **'수회선 작동하더라도~'**이 아닌, **'5회선 작동하더라도~'**이라고 답하는 사람도 있는데 정확히 **수회선**이 정답!

‖ **자동화재탐지설비**의 **시험** ‖

시험 종류	시험방법	가부판정기준(확인사항)
화재표시 작동시험	① 회로선택스위치로서 실행하는 시험 : 동작시험스위치를 눌러서 스위치주의등의 점등을 확인한 후 회로선택스위치를 차례로 회전시켜 **1회로**마다 화재시의 작동시험을 행할 것 ② 감지기 또는 발신기의 작동시험과 함께 행하는 방법 : 감지기 또는 발신기를 차례로 작동시켜 경계구역과 지구표시등과의 접속상태를 확인할 것	① 각 **릴레이**(relay)의 작동 ② **화재표시등, 지구표시등** 그 밖의 표시장치의 점등(램프의 단선도 함께 확인할 것) ③ **음향장치** 작동확인 ④ **감지기회로** 또는 **부속기기회로**와의 연결접속이 정상일 것
회로도통시험	목적 : **감지기회로**의 **단선**의 **유무**와 기기 등의 접속상황을 확인 ① 도통시험스위치를 누른다. ② 회로선택스위치를 차례로 회전시킨다. ③ 각 회선별로 전압계의 전압을 확인한다(단, 발광다이오드로 그 정상 유무를 표시하는 것은 발광다이오드의 점등 유무를 확인함). ④ 종단저항 등의 접속상황을 조사한다.	각 회선의 **전압계**의 **지시치** 또는 발광다이오드(LED)의 점등 유무 상황이 정상일 것

공통선시험 (단, 7회선 이하는 제외)	목적 : 공통선이 담당하고 있는 경계구역의 적정 여부 확인 ① 수신기 내 접속단자의 회로공통선을 1선 제거한다. ② 회로도통시험의 예에 따라 도통시험스위치를 누르고, 회로 선택스위치를 차례로 회전시킨다. ③ 전압계 또는 발광다이오드를 확인하여 **'단선'**을 지시한 경계구역의 회선수를 조사한다.	공통선이 담당하고 있는 경계구역수가 **7 이하**일 것
예비전원시험	목적 : 상용전원 및 비상전원이 사고 등으로 정전된 경우 자동적으로 예비전원으로 절환되며, 또한 정전복구시에 자동적으로 상용전원으로 절환되는지의 여부 확인 ① 예비전원시험스위치를 누른다. ② 전압계의 지시치가 지정범위 내에 있을 것(단, 발광다이오드로 그 정상 유무를 표시하는 것은 발광다이오드의 정상 점등 유무를 확인함) ③ 교류전원을 개로(또는 상용전원을 차단)하고 자동절환 릴레이의 작동상황을 조사한다.	① 예비전원의 **전압** ② 예비전원의 **용량** ③ 예비전원의 **절환상황** ④ 예비전원의 **복구작동**이 정상일 것
동시작동시험 (단, 1회선은 제외)	목적 : 감지기회로가 동시에 수회선 작동하더라도 수신기의 기능에 이상이 없는가의 여부 확인 ① 주전원에 의해 행한다. ② 각 회선의 화재작동을 복구시키는 일이 없이 **5회선**(5회선 미만은 전회선)을 동시에 작동시킨다. ③ ②의 경우 주음향장치 및 지구음향장치를 작동시킨다. ④ 부수신기와 표시기를 함께 하는 것에 있어서는 이 모두를 작동상태로 하고 행한다.	각 회선을 동시 작동시켰을 때 ① **수신기**의 이상 유무 ② **부수신기**의 이상 유무 ③ **표시장치**의 이상 유무 ④ **음향장치**의 이상 유무 ⑤ **화재**시 **작동**을 정확하게 계속하는 것일 것
지구음향장치 작동시험	목적 : 화재신호와 연동하여 음향장치의 정상작동 여부 확인, 임의의 감지기 또는 발신기 작동	① 지구음향장치가 작동하고 음량이 정상일 것 ② 음량은 음향장치의 중심에서 **1m** 떨어진 위치에서 **90dB** 이상일 것
회로저항시험	감지기회로의 선로저항치가 수신기의 기능에 이상을 가져오는지 여부 확인	하나의 감지기회로의 합성저항치는 **50**Ω 이하로 할 것
저전압시험	정격전압의 **80%**로 하여 행한다.	–
비상전원시험	비상전원으로 **축전지설비**를 사용하는 것에 대해 행한다.	

기억법 **도표공동 예저비지**

- 가부판정의 기준=양부판정의 기준

☆☆ **문제 15**

다음 자동화재탐지설비의 P형 수신기와 R형 수신기의 차이점을 쓰시오.

득점	배점
	4

구 분	P형 수신기	R형 수신기
신호전달방식		
신호의 종류		
수신소요시간(축적형 제외)		

해답

구 분	P형 수신기	R형 수신기
신호전달방식	1 : 1 접점방식	다중전송방식
신호의 종류	공통신호	고유신호
수신소요시간(축적형 제외)	5초 이내	5초 이내

해설 **P형 수신기**와 **R형 수신기**의 **비교**

구 분	P형 수신기	R형 수신기
시스템의 구성	P형 수신기	중계기 R형 수신기
신호전송방식 (신호전달방식)	1 : 1 접점방식	다중전송방식
신호의 종류	공통신호	고유신호
화재표시기구	램프(lamp)	액정표시장치(LCD)
자기진단기능	없다.	있다.
선로수	많이 필요하다.	적게 필요하다.
기기 비용	적게 소요된다.	많이 소요된다.
배관배선공사	선로수가 많이 소요되므로 복잡하다.	선로수가 적게 소요되므로 간단하다.
유지관리	선로수가 많고 수신기에 자기진단기능이 없으므로 어렵다.	선로수가 적고 자기진단기능에 의해 고장발생을 자동으로 경보·표시하므로 쉽다.
수신반 가격	기능이 단순하므로 가격이 싸다.	효율적인 감지·제어를 위해 여러 기능이 추가되어 있어서 가격이 비싸다.
화재표시방식	창구식, 지도식	창구식, 지도식, CRT식, 디지털식
수신 소요시간	**5초** 이내	**5초** 이내

- 1 : 1 접점방식=개별신호방식
- 다중전송방식=다중전송신호방식

중요

R형 수신기의 **특징**
(1) **선로수**가 적어 경제적이다.
(2) **선로길이**를 길게 할 수 있다.
(3) **증설** 또는 **이설**이 비교적 쉽다.
(4) **화재발생지구**를 선명하게 숫자로 표시할 수 있다.
(5) **신호**의 **전달**이 확실하다.

중요

(1) **소요시간**

기 기	시 간
P형·P형 복합식·**R형**·R형 복합식·GP형·GP형 복합식·GR형·GR형 복합식 수신기	5초 이내
중계기	5초 이내
비상방송설비	10초 이하
가스누설경보기	60초 이내

기억법 시중5(시중을 드시오!)
6가(육체미가 아름답다.)

(2) **축적형 수신기**

전원차단시간	축적시간	화재표시감지시간
1~3초 이하	30~60초 이하	60초(차단 및 인가 1회 이상 반복)

☆

문제 16

다음은 비상조명등의 설치기준에 관한 사항이다. 다음 ( ) 안을 완성하시오.

득점	배점
	5

○ 예비전원을 내장하는 비상조명등에는 평상시 점등 여부를 확인할 수 있는 (①)를 설치하고 해당 조명등을 유효하게 작동시킬 수 있는 용량의 축전지와 예비전원 충전장치를 내장할 것
○ 예비전원을 내장하지 아니하는 비상조명등의 비상전원은 자가발전설비, (②) 또는 (③)(외부 전기에너지를 저장해 두었다가 필요한 때 전기를 공급하는 장치)를 기준에 따라 설치하여야 한다.
○ 비상전원은 비상조명등을 (④)분 이상 유효하게 작동시킬 수 있는 용량으로 할 것. 다만, 다음의 특정소방대상물의 경우에는 그 부분에서 피난층에 이르는 부분의 비상조명등을 (⑤)분 이상 유효하게 작동시킬 수 있는 용량으로 하여야 한다.
- 지하층을 제외한 층수가 11층 이상의 층
- 지하층 또는 무창층으로서 용도가 도매시장 · 소매시장 · 여객자동차터미널 · 지하역사 또는 지하상가

 해답
① 점검스위치
② 축전지설비
③ 전기저장장치
④ 20
⑤ 60

해설 **비상조명등**의 **설치기준**(NFPC 304 4조, NFTC 304 2.1)

(1) 예비전원을 내장하는 비상조명등에는 평상시 점등 여부를 확인할 수 있는 **점검스위치**를 설치하고 해당 조명등을 유효하게 작동시킬 수 있는 용량의 축전지와 예비전원 충전장치를 내장할 것
(2) 예비전원을 내장하지 아니하는 비상조명등의 비상전원은 자가발전설비, **축전지설비** 또는 **전기저장장치**(외부 전기에너지를 저장해 두었다가 필요한 때 전기를 공급하는 장치)를 기준에 따라 설치하여야 한다.
(3) 비상전원은 비상조명등을 **20분** 이상 유효하게 작동시킬 수 있는 용량으로 할 것. 단, 다음의 특정소방대상물의 경우에는 그 부분에서 피난층에 이르는 부분의 비상조명등을 **60분** 이상 유효하게 작동시킬 수 있는 용량으로 하여야 한다.
① 지하층을 제외한 층수가 11층 이상의 층
② 지하층 또는 무창층으로서 용도가 도매시장 · 소매시장 · 여객자동차터미널 · 지하역사 또는 지하상가

☆☆

문제 17

그림은 자동화재탐지설비의 광전식 공기흡입형 감지기에 대한 설치개략도이다. 다음 물음에 답하시오. (07.4.문10)

득점	배점
	8

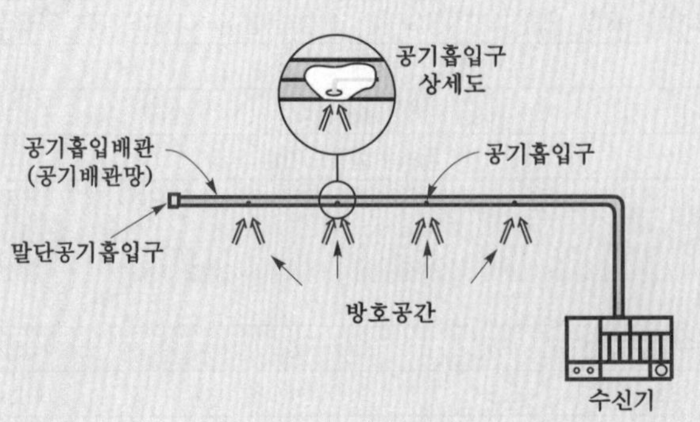

(가) 이 감지기의 동작원리를 쓰시오.
○
(나) 이 감지기에서 공기배관망에 설치된 가장 먼 공기흡입지점(말단공기흡입구)에서 감지부분(수신기)까지 몇 초 이내에 연기를 이송할 수 있는 성능이 있어야 하는가?
○

해답 (가) ① 감지하고자 하는 공간의 공기흡입
② 챔버 내의 압력을 변화시켜 응축
③ 광전식 검지장치로 측정
④ 수적의 밀도가 설정치 이상이면 화재신호 발신
(나) 120초

해설 (가) **광전식 공기흡입형 감지기**의 **동작원리**
① 감지하고자 하는 공간의 **공기흡입**
② **챔버** 내의 **압력**을 **변화**시켜 응축
③ 광전식 **검지장치**로 측정
④ **수적**(Water Droplet)의 **밀도**가 설정치 이상이면 **화재신호** 발신

중요

광전식 공기흡입형 감지기

구 분	설 명
구성요소	① 흡입배관 ② 공기흡입펌프 ③ 감지부 ④ 계측제어부 ⑤ 필터
공기흡입방식	① 표준흡입 파이프시스템 ② 모세관 튜브흡입방식 ③ 순환공기 흡입방식

(나) **연기이송시간**(KOFEIS 0301 19조)
광전식 공기흡입형 감지기의 **공기흡입장치**는 **공기배관망**에 설치된 가장 먼 샘플링지점에서 감지부분까지 **120초** 이내에 연기를 이송할 수 있어야 한다.

중요

특수한 장소에 **설치**하는 **감지기**(NFPC 203 7조 ④항, NFTC 203 2.4.4)

장 소	적응감지기
화학공장 · 격납고 · 제련소	• 광전식 분리형 감지기 • 불꽃감지기
전산실 · 반도체공장	• 광전식 공기흡입형 감지기

☆☆☆
문제 18

자동화재탐지설비의 수신기에서 공통선을 시험하는 목적과 그 시험방법에 대해 쓰시오. (08.4.문4)

(가) 목적 :
(나) 시험방법 :

득점	배점
	5

해답 (가) 공통선이 담당하고 있는 경계구역의 적정 여부를 확인하기 위하여

(나) ① 수신기 내 접속단자의 공통선을 1선 제거한다.
② 회로도통시험의 예에 따라 도통시험스위치를 누른 후 회로선택스위치를 차례로 회전시킨다.
③ 전압계 또는 LED를 확인하여 단선을 지시한 경계구역의 회선수를 조사한다.

해설 **공통선시험 vs 예비전원시험**

구 분	공통선시험	예비전원시험
목적	공통선이 담당하고 있는 경계구역의 적정 여부를 확인하기 위하여	상용전원 및 비상전원 정전시 자동적으로 예비전원으로 절환되며, 정전복구시에 자동적으로 상용전원으로 절환되는지의 여부를 확인하기 위하여
시험 방법	① 수신기 내 접속단자의 **공통선**을 **1선 제거**한다. ② 회로도통시험의 예에 따라 도통시험스위치를 누른 후 **회로선택스위치**를 차례로 **회전**시킨다. ③ 전압계 또는 LED를 확인하여 **'단선'**을 지시한 경계구역의 **회선수**를 **조사**한다.	① 예비전원 시험스위치 ON ② **전압계**의 지시치가 지정범위 내에 있을 것 ③ 교류전원을 개로(또는 상용전원을 차단)하고 **자동절환릴레이**의 작동상황을 조사
판정 기준	공통선이 담당하고 있는 **경계구역수**가 **7 이하**일 것	① 예비전원의 **전압**이 정상일 것 ② 예비전원의 **용량**이 정상일 것 ③ 예비전원의 **절환**이 정상일 것 ④ 예비전원의 **복구**가 정상일 것

참고

공통선시험
예전에는 **시험용 계기(전압계)**로 **'단선'**을 지시한 경계구역의 회선수를 조사했으나 요즘에는 **전압계** 또는 LED(발광다이오드)로 **'단선'**을 지시한 경계구역의 회선수를 조사한다.

"낙제생이었던 천재 과학자 아인슈타인! 실력이 형편없다고 팀에서 쫓겨난 농구 황제 마이클 조던! 회사로부터 해고 당한 상상력의 천재 월트 디즈니! 그들이 수많은 난관을 딛고 성공할 수 있었던 비결은 무엇일까요? 바로 끈기입니다. 끈기는 성공의 확실한 비결입니다."

- 구지선 '지는 것도 인생이다' -

과년도 출제문제

2018년

소방설비기사 실기(전기분야)

** 수험자 유의사항 **

1. 문제지를 받는 즉시 응시 종목의 문제가 맞는지 확인하셔야 합니다.
2. 답안지 내 인적사항 및 답안작성(계산식 포함)은 검정색 필기구만을 계속 사용하여야 합니다.
3. 답안정정 시에는 **두 줄(=)**을 긋고 다시 기재 가능하며, **수정테이프 사용** 또한 **가능**합니다.
4. 계산문제는 반드시 '계산과정'과 '답'란에 정확히 기재하여야 하며 **계산과정이 틀리거나 없는 경우 0점 처리**됩니다.
   ※ 연습이 필요 시 연습란을 이용하여야 하며, 연습란은 채점대상이 아닙니다.
5. 계산문제는 **최종결과** 값(답)에서 **소수 셋째자리에서 반올림**하여 **둘째자리**까지 구하여야 하나 개별 문제에서 소수처리에 대한 별도 요구사항이 있을 경우, 그 요구사항에 따라야 합니다.
6. 답에 단위가 없으면 오답으로 처리됩니다. (단, 문제의 요구사항에 단위가 주어졌을 경우는 생략되어도 무방합니다.)
7. 문제에서 요구한 가지 수 이상을 답란에 표기한 경우, **답란기재 순**으로 **요구한 가지 수**만 채점합니다.

18년 2018. 4. 14 시행

▌2018년 기사 제1회 필답형 실기시험▐

자격종목	시험시간	형별	수험번호	성명	감독위원 확 인
소방설비기사(전기분야)	3시간				

※ 다음 물음에 답을 해당 답란에 답하시오.(배점 : 100)

☆

문제 01

비상콘센트설비를 설치하여야 할 특정소방대상물 3가지를 쓰시오.

득점	배점
	6

○
○
○

해답 ① 11층 이상의 층
② 지하 3층 이상이고 지하층의 바닥면적 합계가 $1000m^2$ 이상인 것은 지하 전층
③ 지하가 중 터널길이 500m 이상

해설 **비상콘센트설비**의 **설치대상**(소방시설법 시행령 〔별표 4〕)

설치대상	조 건
지상층	**11층 이상**
지하 전층	**지하 3층 이상**이고, 지하층 바닥면적 합계가 **$1000m^2$** 이상
지하가 중 터널	길이 **500m** 이상

☆☆☆

문제 02

P형 수신기의 예비전원을 시험하는 방법과 양부판단의 기준에 대하여 설명하시오.

(17.11.문8, 15.11.문14, 11.7.문14, 11.5.문10, 09.10.문1)

득점	배점
	6

유사문제부터 풀어보세요.
실력이 팍!팍! 올라갑니다.

○ 시험방법 :
○ 양부판단의 기준 :

해답 ○ 시험방법 : 상용전원 및 비상전원이 사고 등으로 정전된 경우, 자동적으로 예비전원으로 절환되며, 또한 정전복구시에 자동적으로 상용전원으로 절환되는지의 여부를 다음에 따라 확인
① 예비전원시험 스위치를 누른다.
② 전압계의 지시치가 지정범위 내에 있는지 확인
③ 상용전원을 차단하고 자동절환릴레이의 작동상황 조사
○ 양부판단의 기준 : 예비전원의 전압, 용량, 절환상황 및 복구작동이 정상일 것

해설 **수신기**의 **시험**(성능시험)

시험 종류	시험방법	가부판정기준(확인사항)
화재표시 작동시험	① 회로선택스위치로서 실행하는 시험 : 동작시험스위치를 눌러서 스위치 주의등의 점등을 확인한 후 회로선택스위치를 차례로 회전시켜 **1회로**마다 화재시의 작동시험을 행할 것	① 각 **릴레이**(Relay)의 작동 ② **화재표시등, 지구표시등** 그 밖의 표시장치의 점등(램프의 단선도 함께 확인할 것) ③ **음향장치** 작동확인

	② 감지기 또는 발신기의 작동시험과 함께 행하는 방법 : 감지기 또는 발신기를 차례로 작동시켜 경계구역과 지구표시등과의 접속상태를 확인할 것	④ **감지기회로** 또는 **부속기기회로**와의 연결접속이 정상일 것
회로도통시험	목적 : **감지기회로**의 **단선**의 **유무**와 기기 등의 접속상황을 확인 ① 도통시험스위치를 누른다. ② 회로선택스위치를 차례로 회전시킨다. ③ 각 회선별로 전압계의 전압을 확인한다.(단, 발광다이오드로 그 정상유무를 표시하는 것은 발광다이오드의 점등유무를 확인한다.) ④ 종단저항 등의 접속상황을 조사한다.	각 회선의 **전압계**의 **지시치** 또는 발광다이오드(LED)의 점등유무 상황이 정상일 것
공통선시험 (단, 7회선 이하는 제외)	목적 : 공통선이 담당하고 있는 경계구역의 적정여부 확인 ① 수신기 내 접속단자의 회로공통선을 1선 제거한다. ② 회로도통시험의 예에 따라 도통시험스위치를 누르고, 회로선택스위치를 차례로 회전시킨다. ③ 전압계 또는 발광다이오드를 확인하여 **'단선'**을 지시한 경계구역의 회선수를 조사한다.	공통선이 담당하고 있는 경계구역수가 **7 이하**일 것
예비전원시험	목적 : 상용전원 및 비상전원이 사고 등으로 정전된 경우, 자동적으로 예비전원으로 절환되며, 또한 정전복구시에 자동적으로 상용전원으로 절환되는지의 여부 확인 ① 예비전원시험스위치를 누른다. ② 전압계의 지시치가 지정범위 내에 있을 것(단, 발광다이오드로 그 정상유무를 표시하는 것은 발광다이오드의 정상 점등 유무를 확인한다.) ③ 교류전원을 개로(또는 상용전원을 차단)하고 자동절환릴레이의 작동상황을 조사한다.	① 예비전원의 **전압** ② 예비전원의 **용량** ③ 예비전원의 **절환상황** ④ 예비전원의 **복구작동**이 정상일 것
동시작동시험 (단, 1회선은 제외)	목적 : 감지기회로가 동시에 수회선 작동하더라도 수신기의 기능에 이상이 없는가의 여부 확인 ① 주전원에 의해 행한다. ② 각 회선의 화재작동을 복구시키는 일이 없이 **5회선**(5회선 미만은 전회선)을 동시에 작동시킨다. ③ ②의 경우 주음향장치 및 지구음향장치를 작동시킨다. ④ 부수신기와 표시기를 함께 하는 것에 있어서는 이 모두를 작동상태로 하고 행한다.	각 회선을 동시 작동시켰을 때 ① **수신기**의 이상 유무 ② **부수신기**의 이상 유무 ③ **표시장치**의 이상 유무 ④ **음향장치**의 이상 유무 ⑤ **화재**시 **작동**을 정확하게 계속하는 것일 것
지구음향장치 작동시험	목적 : 화재신호와 연동하여 음향장치의 정상 작동 여부 확인, 임의의 감지기 또는 발신기 작동	① 지구음향장치가 작동하고 음량이 정상일 것 ② 음량은 음향장치의 중심에서 **1m** 떨어진 위치에서 **90dB** 이상일 것
회로저항시험	감지기회로의 선로저항치가 수신기의 기능에 이상을 가져오는지 여부 확인	하나의 감지기회로의 합성저항치는 **50Ω** 이하로 할 것
저전압시험	정격전압의 **80%**로 하여 행한다.	–
비상전원시험	비상전원으로 **축전지설비**를 사용하는 것에 대해 행한다.	

기억법 **도표공동 예저비지**

가부판정의 기준=양부판정의 기준

☆☆☆

문제 03

자동화재탐지설비의 수신기에서 공통선시험을 하는 목적과 시험방법을 설명하시오.

(17.11.문8, 15.11.문14, 11.7.문14, 11.5.문10, 09.10.문1)

○ 목적 :

○ 시험방법 :

득점	배점
	6

해답 ○ 목적 : 공통선이 담당하고 있는 경계구역의 적정 여부 확인

○ 시험방법

① 수신기 내 접속단자의 공통선 1선 제거

② 회로도통시험의 예에 따라 도통시험스위치를 누른 후 회로선택스위치를 차례로 회전

③ 전압계 또는 표시등을 확인하여 단선을 지시한 경계구역의 회선수 확인

해설 **자동화재탐지설비**의 **수신기**의 **시험방법**

구 분	공통선시험	예비전원시험
목적	공통선이 담당하고 있는 경계구역의 적정 여부를 확인하기 위하여	상용전원 및 비상전원 정전시 자동적으로 예비전원으로 절환되며, 정전복구시에 자동적으로 상용전원으로 절환되는지의 여부를 확인하기 위하여
시험방법	① 수신기 내 접속단자의 **공통선 1선 제거** ② 회로도통시험의 예에 따라 **도통시험스위치**를 누른 후 **회로선택스위치**를 차례로 **회전** ③ 전압계 또는 표시등(LED)을 확인하여 **'단선'**을 지시한 경계구역의 **회선수**를 **조사**(확인)	① 예비전원 시험스위치 ON ② **전압계**의 지시치가 지정범위 내에 있을 것 ③ 교류전원을 개로(또는 상용전원을 차단)하고 **자동절환릴레이**의 작동상황을 조사
판정기준	공통선이 담당하고 있는 **경계구역수**가 **7 이하**일 것	① 예비전원의 **전압**이 정상일 것 ② 예비전원의 **용량**이 정상일 것 ③ 예비전원의 **절환**이 정상일 것 ④ 예비전원의 **복구**가 정상일 것

참고

공통선시험

예전에는 **시험용 계기(전압계)**로 **'단선'**을 지시한 경계구역의 회선수를 조사했으나 요즘에는 **전압계** 또는 **표시등**(LED)으로 **'단선'**을 지시한 경계구역의 회선수를 조사한다.

☆

문제 04

휴대용 비상조명등을 설치하여야 하는 특정소방대상물에 대한 사항이다. 소방시설 적용기준으로 알맞은 내용을 ( ) 안에 쓰시오. (11.7.문9)

○ (①)시설

○ 수용인원 (②)명 이상의 영화상영관, 판매시설 중 (③), 철도 및 도시철도시설 중 지하역사, 지하가 중 (④)

득점	배점
	6

해답 ① 숙박 ② 100 ③ 대규모 점포 ④ 지하상가

해설 **소방시설법 시행령 〔별표 4〕**

휴대용 비상조명등의 설치대상	비상조명등의 설치대상
① **숙박시설** ② 수용인원 **100명** 이상의 **영화상영관**, 판매시설 중 **대규모 점포**, 철도 및 도시철도시설 중 **지하역사**, 지하가 중 **지하상가**	① **지하층**을 **포함**하는 층수가 **5층** 이상인 건축물로서 연면적 **3000m^2** 이상인 것 ② **지하층** 또는 **무창층**의 바닥면적이 **450m^2** 이상인 경우에는 그 지하층 또는 무창층 ③ 지하가 중 터널로서 그 길이가 **500m** 이상인 것

비교

휴대용 비상조명등의 **적합기준**(NFPC 304 4조, NFTC 304 2.1.2)

설치개수	설치장소
1개 이상	• **숙박시설** 또는 **다중이용업소**에는 객실 또는 영업장 안의 구획된 실마다 잘 보이는 곳(외부에 설치시 출입문 손잡이로부터 **1m 이내** 부분)
3개 이상	• **지하상가** 및 **지하역사**의 **보행거리 25m** 이내마다 • **대규모 점포(백화점 · 대형점 · 쇼핑센터)** 및 **영화상영관의 보행거리 50m** 이내마다

(1) 바닥으로부터 **0.8~1.5m** 이하의 높이에 설치
(2) 어둠 속에서 **위치**를 **확인**할 수 있도록 할 것
(3) 사용시 **자동**으로 **점등**되는 구조
(4) 외함은 **난연성능**이 있을 것
(5) 건전지를 사용하는 경우에는 **방전방지조치**를 하여야 하고, **충전식 배터리**의 경우에는 **상시 충전**되도록 할 것
(6) 건전지 및 충전식 배터리의 용량은 **20분** 이상 유효하게 사용할 수 있는 것으로 할 것

☆☆

문제 05

비상용 조명부하에 연축전지를 설치하고자 한다. 주어진 조건과 표, 그림을 참고하여 연축전지의 용량〔Ah〕을 구하시오. (단, 2016년 건축전기설비 설계기준에 의할 것) (16.6.문7, 14.11.문8, 11.5.문7)

득점	배점
	5

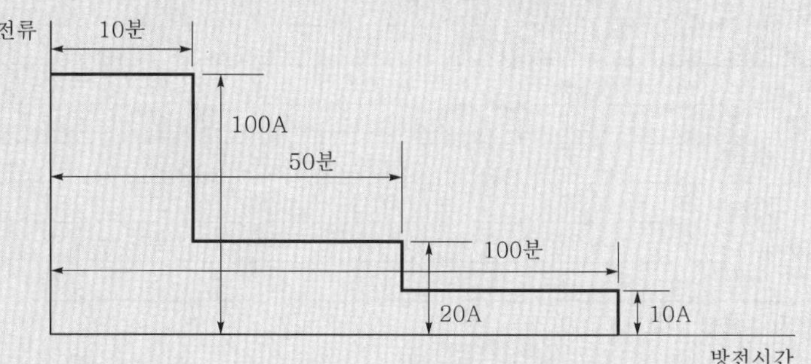

〔조건〕

○ 허용전압 최고 : 120V, 최저 : 88V
○ 부하정격전압 : 100V
○ 형식 : CS형
○ 최저허용전압〔V/셀〕 : 1.7V
○ 보수율 : 0.8
○ 최저축전지온도 : 5℃
○ 최저축전지온도에서 용량환산시간

형 식	온도〔℃〕	10분			50분			100분		
		1.6V	1.7V	1.8V	1.6V	1.7V	1.8V	1.6V	1.7V	1.8V
CS	25	0.8	1.06	1.42	1.76	2.22	2.71	2.67	3.09	3.74
	5	1.1	1.3	1.8	2.35	2.55	3.42	3.49	3.65	4.68
	−5	1.25	1.5	2.25	2.71	3.04	4.32	4.08	4.38	5.98
HS	25	0.58	0.7	0.93	1.33	1.51	1.90	2.05	2.27	2.75
	5	0.62	0.74	1.05	1.43	1.61	2.13	2.21	2.43	3.07
	−5	0.68	0.82	1.15	1.54	1.79	2.33	2.39	2.69	3.35

○ 계산과정 :
○ 답 :

해답

○ 계산과정 : $C_1 = \dfrac{1}{0.8} \times 1.3 \times 100 = 162.5\text{Ah}$

$C_2 = \dfrac{1}{0.8} \times 2.55 \times 20 = 63.75\text{Ah}$

$C_3 = \dfrac{1}{0.8} \times 3.65 \times 10 = 45.625 \fallingdotseq 45.63\text{Ah}$

○ 답 : 162.5Ah

해설

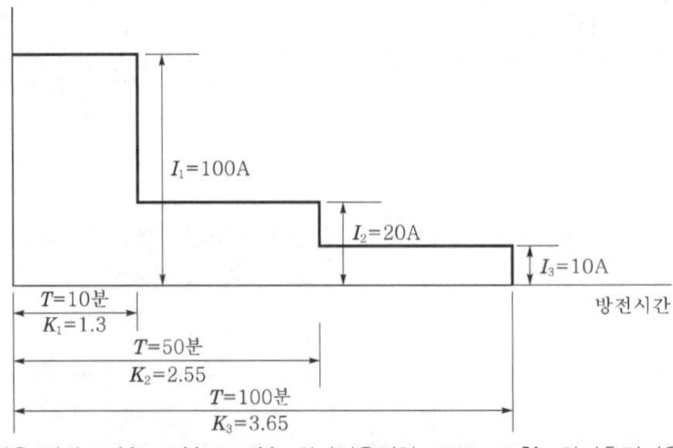

방전시간은 각각 **10분**, **50분**, **100분**, 최저허용전압 **1.7V**, **CS형**, 최저축전지온도 **5℃**이므로 K_1 **=1.3**, K_2 **=2.55**, K_3 **= 3.65**가 된다.

형 식	온도〔℃〕	10분			50분			100분		
		1.6V	1.7V	1.8V	1.6V	1.7V	1.8V	1.6V	1.7V	1.8V
CS	25	0.8	1.06	1.42	1.76	2.22	2.71	2.67	3.09	3.74
	5	1.1	1.3	1.8	2.35	2.55	3.42	3.49	3.65	4.68
	−5	1.25	1.5	2.25	2.71	3.04	4.32	4.08	4.38	5.98
HS	25	0.58	0.7	0.93	1.33	1.51	1.90	2.05	2.27	2.75
	5	0.62	0.74	1.05	1.43	1.61	2.13	2.21	2.43	3.07
	−5	0.68	0.82	1.15	1.54	1.79	2.33	2.39	2.69	3.35

축전지의 **용량 산출**

$$C = \frac{1}{L} KI$$

여기서, C : 축전지의 용량〔Ah〕, L : 용량저하율(보수율), K : 용량환산시간〔h〕, I : 방전전류〔A〕

C_1 식

$C_1 = \dfrac{1}{L} K_1 I_1 = \dfrac{1}{0.8} \times 1.3 \times 100 = 162.5\text{Ah}$

C_2 식

$C_2 = \dfrac{1}{L} K_2 I_2 = \dfrac{1}{0.8} \times 2.55 \times 20 = 63.75\text{Ah}$

C_3 식

$C_3 = \dfrac{1}{L} K_3 I_3 = \dfrac{1}{0.8} \times 3.65 \times 10 = 45.625 \fallingdotseq 45.63\text{Ah}$

(1)식, (2)식, (3)식 중 큰 값인 **162.5Ah** 선정

비교

위 문제에서 **축전지 효율 80%**가 **주어진 경우**

$$C' = \frac{C}{\eta}$$

여기서, C' : 실제축전지용량〔Ah〕, C : 이론축전지용량〔Ah〕, η : 효율〔Ah〕

실제축전지용량 $C' = \dfrac{C}{\eta} = \dfrac{162.5\text{Ah}}{0.8} = 203.125 = 203.13\text{Ah}$

축전지용량 산정

(1) **시간에 따라 방전전류가 감소하는 경우**

① $C_1 = \frac{1}{L} K_1 I_1$

② $C_2 = \frac{1}{L} K_2 I_2$

③ $C_3 = \frac{1}{L} K_3 I_3$

셋 중 큰 값

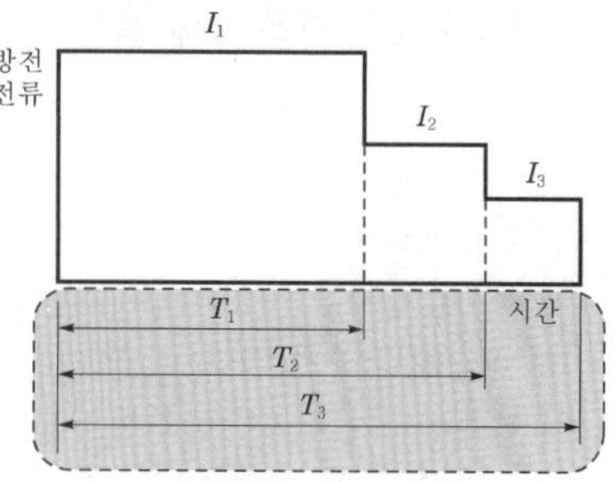

여기서, C : 축전지의 용량〔Ah〕
L : 용량저하율(보수율)
K : 용량환산시간〔h〕
I : 방전전류〔A〕

(2) **시간에 따라 방전전류가 증가하는 경우**

$$C = \frac{1}{L}[K_1 I_1 + K_2(I_2 - I_1) + K_3(I_3 - I_2)]$$

여기서, C : 축전지의 용량〔Ah〕
L : 용량저하율(보수율)
K : 용량환산시간〔h〕
I : 방전전류〔A〕

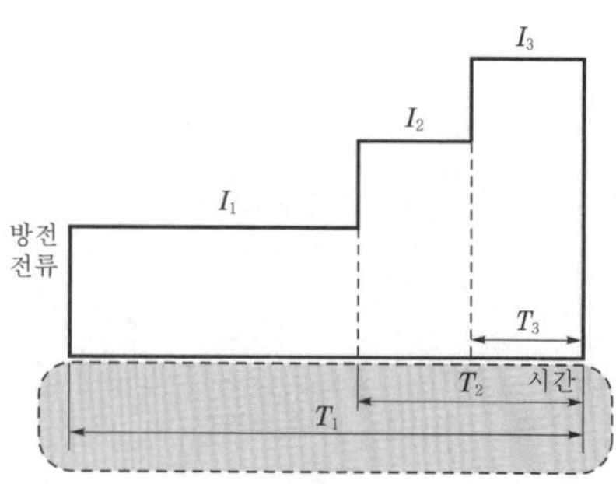

＊출처 : 2016년 건축전기설비 설계기준

(3) **축전지설비**(예비전원설비 설계기준 KDS 31 60 20 : 2021)

① 축전지의 종류 선정은 **축전지**의 **특성**, **유지 보수성**, **수명**, **경제성**과 **설치장소**의 조건 등을 검토하여 선정

② 용량 산정

㉠ 축전지의 출력용량 산정시에는 관계 법령에서 정하고 있는 **예비전원 공급용량** 및 **공급시간** 등을 검토하여 용량을 산정

㉡ 축전지 출력용량은 부하전류와 사용시간 반영

㉢ 축전지는 종류별로 **보수율**, **효율**, **방전종지전압** 및 기타 필요한 계수 등을 반영하여 용량 산정

③ 축전지에서 부하에 이르는 전로는 **개폐기** 및 **과전류차단기** 시설

④ 축전지설비의 보호장치 등의 시설은 전기설비기술기준(한국전기설비규정) 등에 따른다.

예외규정

시간에 따라 **방전전류**가 **증가**하는 경우

$$C = \frac{1}{L}(K_1 I_1 + K_2 I_2 + K_3 I_3)$$

여기서, C : 축전지의 용량〔Ah〕
L : 용량저하율(보수율)
K : 용량환산시간〔h〕
I : 방전전류〔A〕

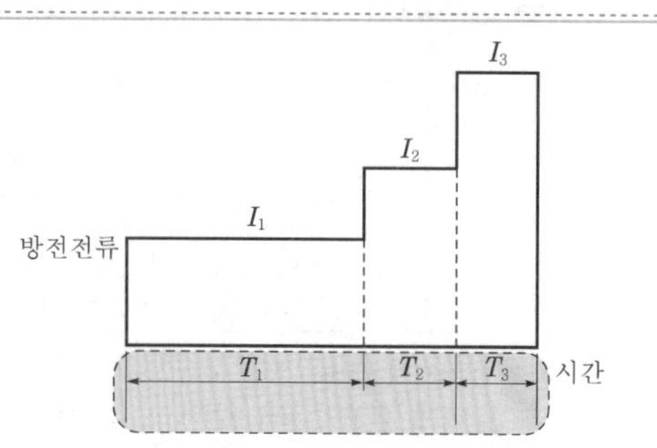

☆☆☆

문제 06

그림은 6층 이상의 사무실 건물에 시설하는 배연창설비로서 계통도 및 조건을 참고하여 배선수와 각 배선의 용도를 다음 표에 작성하시오.

(17.11.문10, 17.4.문1, 15.7.문5, 11.7.문16, 07.7.문6, 09.10.문9)

득점	배점
	6

[조건]

- ○ 전동구동장치는 솔레노이드식이다.
- ○ 화재감지기가 작동되거나 수동조작함의 스위치를 ON시키면 배연창이 동작되어 수신기에 동작상태를 표시하게 된다.
- ○ 화재감지기는 자동화재탐지설비용 감지기를 겸용으로 사용한다.

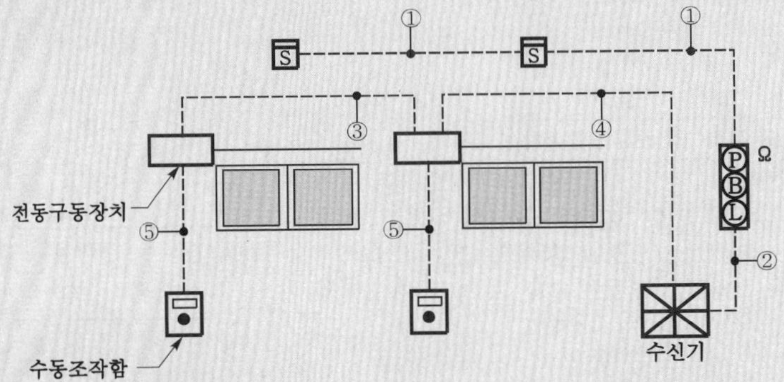

기 호	구 분	배선수	배선의 용도
①	감지기 ↔ 감지기		
②	발신기 ↔ 수신기		
③	전동구동장치 ↔ 전동구동장치		
④	전동구동장치 ↔ 수신기		
⑤	전동구동장치 ↔ 수동조작함		

해답

기 호	구 분	배선수	배선의 용도
①	감지기 ↔ 감지기	4	지구 2, 공통 2
②	발신기 ↔ 수신기	6	응답 1, 지구 1, 경종표시등공통 1, 경종 1, 표시등 1, 지구공통 1
③	전동구동장치 ↔ 전동구동장치	3	기동 1, 확인 1, 공통 1
④	전동구동장치 ↔ 수신기	5	기동 2, 확인 2, 공통 1
⑤	전동구동장치 ↔ 수동조작함	3	기동 1, 확인 1, 공통 1

해설 (1) **배연창설비**

6층 이상의 고층건물에 시설하는 설비로서 화재로 인한 연기를 신속하게 외부로 배출시키므로, 피난 및 소화활동에 지장이 없도록 하기 위한 설비

(2) **배연창설비**의 **종류**

① **솔레노이드방식**

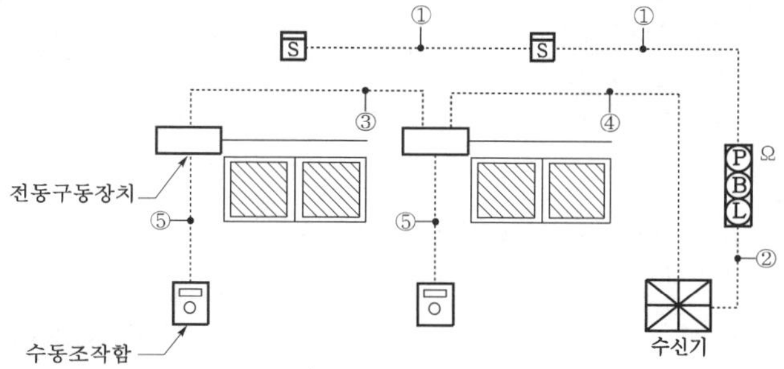

기 호	내 역	용 도
①	HFIX 1.5-4	지구 2, 공통 2
②	HFIX 2.5-6	응답 1, 지구 1, 경종표시등공통 1, 경종 1, 표시등 1, 지구공통 1
③	HFIX 2.5-3	기동 1, 확인 1, 공통 1
④	HFIX 2.5-5	기동 2, 확인 2, 공통 1
⑤	HFIX 2.5-3	기동 1, 확인 1, 공통 1

- '**확인**'을 '**기동확인**'으로 써도 된다. 그렇지만 '**기동확인표시등**'이라고 쓰면 틀린다.
- '**배선수**' 칸에는 배선수만 물어보았으므로 배선굵기까지는 쓸 필요가 없다. 배선굵기까지 함께 답해도 틀리지는 않지만 점수를 더 주지는 않는다.
- 경종=벨
- 경종표시등공통=벨표시등공통
- 지구=회로
- 지구공통=회로공통

② **MOTOR방식**

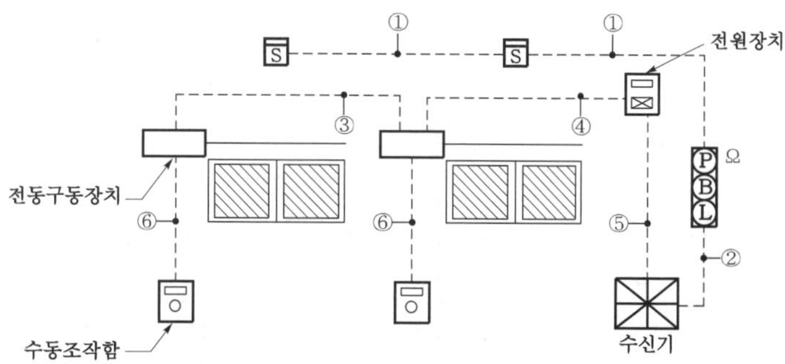

기 호	내 역	용 도
①	HFIX 1.5-4	지구 2, 공통 2
②	HFIX 2.5-6	응답 1, 지구 1, 경종표시등공통 1, 경종 1, 표시등 1, 지구공통 1
③	HFIX 2.5-5	전원 ⊕·⊖, 기동 1, 복구 1, 동작확인 1
④	HFIX 2.5-6	전원 ⊕·⊖, 기동 1, 복구 1, 동작확인 2
⑤	HFIX 2.5-8	전원 ⊕·⊖, 교류전원 2, 기동 1, 복구 1, 동작확인 2
⑥	HFIX 2.5-5	전원 ⊕·⊖, 기동 1, 복구 1, 정지 1

- 기호 ⑤ MOTOR방식은 전동구동장치에 전력소모가 많아서 수신기에서 공급하는 전원 ⊕·⊖ 직류전원으로는 전력이 부족하여 별도의 **'교류전원 2가닥'**이 반드시 필요하다. 잘못된 타출판사 책을 보면서 혼동하지 말라!
- 경종=벨
- 경종표시등공통=벨표시등공통

중요

실제 실무에서 주로 사용하는 배연창설비의 계통도

(1) **솔레노이드방식**

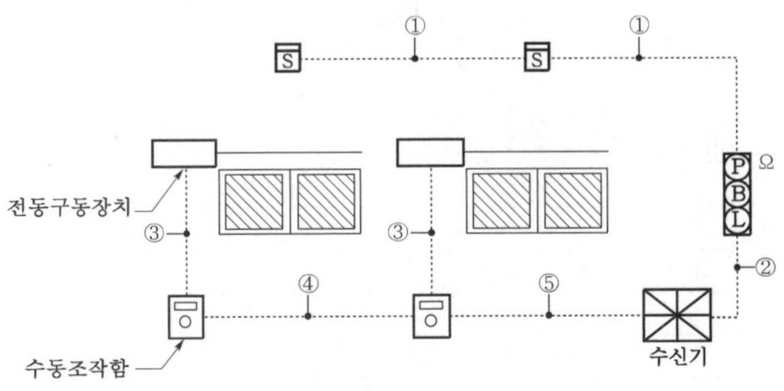

기 호	내 역	용 도
①	HFIX 1.5-4	지구 2, 공통 2
②	HFIX 2.5-6	응답 1, 지구 1, 벨표시등공통 1, 벨 1, 표시등 1, 지구공통 1
③	HFIX 2.5-3	기동 1, 확인 1, 공통 1
④	HFIX 2.5-3	기동 1, 확인 1, 공통 1
⑤	HFIX 2.5-5	기동 2, 확인 2, 공통 1

(2) **MOTOR방식**

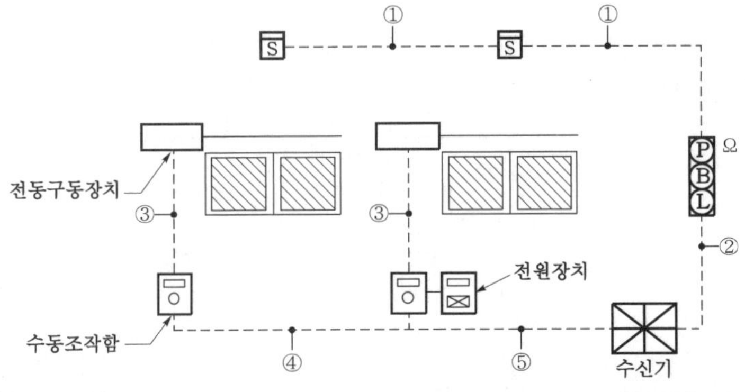

기 호	내 역	용 도
①	HFIX 1.5-4	지구 2, 공통 2
②	HFIX 2.5-6	응답 1, 지구 1, 벨표시등공통 1, 벨 1, 표시등 1, 지구공통 1
③	HFIX 2.5-5	전원 ⊕·⊖, 기동 1, 복구 1, 동작확인 1
④	HFIX 2.5-7	전원 ⊕·⊖, 교류전원 2, 기동 1, 복구 1, 동작확인 1
⑤	HFIX 2.5-8	전원 ⊕·⊖, 교류전원 2, 기동 1, 복구 1, 동작확인 2

- 실제 실무에서는 수동조작함이 수신기에 직접 연결된다.

☆☆

문제 07

가압송수장치를 기동용 수압개폐방식으로 사용하는 1층 공장 내부에 옥내소화전함과 자동화재탐지설비용 발신기를 다음과 같이 설치하였다. 다음 각 물음에 답하시오.

(16.4.문2, 09.7.문15, 07.11.문16)

득점	배점
	10

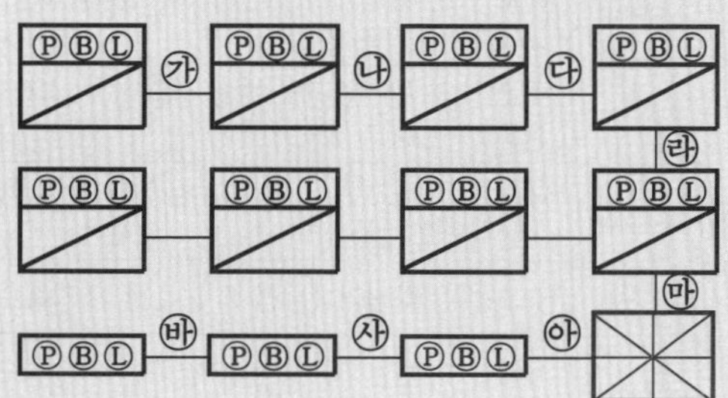

(가) 기호 ㉮~㉵의 전선 가닥수를 표시하시오.

㉮　　㉯　　㉰　　㉱

㉲　　㉳　　㉴　　㉵

(나) ⓅⒷⓁ(옥내소화전함 일체형 기호)와 ⓅⒷⓁ의 차이점에 대해 설명하고, 각 함의 전면에 부착되는 전기적인 기기장치의 명칭을 모두 쓰시오.

① 차이점

○ 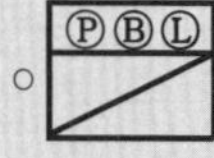

○ ⓅⒷⓁ

② 각 함의 전면에 부착되는 전기적인 기기장치의 명칭

○ 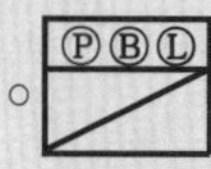

○ ⓅⒷⓁ

(다) 발신기함의 상부에 설치하는 표시등의 색깔은?

(라) 발신기표시등의 불빛 식별조건을 쓰시오.

해답 (가) ㉮ 8　　㉯ 9　　㉰ 10　　㉱ 11

㉲ 16　　㉳ 6　　㉴ 7　　㉵ 8

(나) ①

○ ⓅⒷⓁ(옥내소화전함 일체형) : 발신기세트 옥내소화전 내장형

○ ⓅⒷⓁ : 발신기세트 단독형

②

○ ⓅⒷⓁ(옥내소화전함 일체형) : 발신기, 경종, 표시등, 기동확인표시등

○ ⓅⒷⓁ : 발신기, 경종, 표시등

(다) 적색

(라) 부착면으로부터 15° 이상의 범위 안에서 10m 거리에서 식별

해설 (가)

기 호	가닥수	배선내역
㉮	HFIX 2.5-8	회로선 1, 발신기공통선 1, 경종선 1, 경종표시등공통선 1, 응답선 1, 표시등선 1, 기동확인표시등 2
㉯	HFIX 2.5-9	회로선 2, 발신기공통선 1, 경종선 1, 경종표시등공통선 1, 응답선 1, 표시등선 1, 기동확인표시등 2
㉰	HFIX 2.5-10	회로선 3, 발신기공통선 1, 경종선 1, 경종표시등공통선 1, 응답선 1, 표시등선 1, 기동확인표시등 2
㉱	HFIX 2.5-11	회로선 4, 발신기공통선 1, 경종선 1, 경종표시등공통선 1, 응답선 1, 표시등선 1, 기동확인표시등 2
㉲	HFIX 2.5-16	회로선 8, 발신기공통선 2, 경종선 1, 경종표시등공통선 1, 응답선 1, 표시등선 1, 기동확인표시등 2
㉳	HFIX 2.5-6	회로선 1, 발신기공통선 1, 경종선 1, 경종표시등공통선 1, 응답선 1, 표시등선 1
㉴	HFIX 2.5-7	회로선 2, 발신기공통선 1, 경종선 1, 경종표시등공통선 1, 응답선 1, 표시등선 1
㉵	HFIX 2.5-8	회로선 3, 발신기공통선 1, 경종선 1, 경종표시등공통선 1, 응답선 1, 표시등선 1

- **1층** 공장이므로 **일제경보방식**이다.
- 문제에서 기동용 수압개폐방식(**자동기동방식**)도 주의하여야 한다. 옥내소화전함이 자동기동방식이므로 감지기배선을 제외한 간선에 '**기동확인표시등 2**'가 추가로 사용되어야 한다. 특히, 옥내소화전배선은 구역에 따라 가닥수가 늘어나지 않는 것에 주의하라!
- 문제에서 **1층 공장**이라고 했으므로 경종선은 모두 **1가닥**

비교

옥내소화전함이 **수동기동방식**인 경우

기 호	가닥수	배선내역
㉮	HFIX 2.5-11	회로선 1, 발신기공통선 1, 경종선 1, 경종표시등공통선 1, 응답선 1, 표시등선 1, 기동 1, 정지 1, 공통 1, 기동확인표시등 2
㉯	HFIX 2.5-12	회로선 2, 발신기공통선 1, 경종선 1, 경종표시등공통선 1, 응답선 1, 표시등선 1, 기동 1, 정지 1, 공통 1, 기동확인표시등 2
㉰	HFIX 2.5-13	회로선 3, 발신기공통선 1, 경종선 1, 경종표시등공통선 1, 응답선 1, 표시등선 1, 기동 1, 정지 1, 공통 1, 기동확인표시등 2
㉱	HFIX 2.5-14	회로선 4, 발신기공통선 1, 경종선 1, 경종표시등공통선 1, 응답선 1, 표시등선 1, 기동 1, 정지 1, 공통 1, 기동확인표시등 2
㉲	HFIX 2.5-19	회로선 8, 발신기공통선 2, 경종선 1, 경종표시등공통선 1, 응답선 1, 표시등선 1, 기동 1, 정지 1, 공통 1, 기동확인표시등 2
㉳	HFIX 2.5-6	회로선 1, 발신기공통선 1, 경종선 1, 경종표시등공통선 1, 응답선 1, 표시등선 1
㉴	HFIX 2.5-7	회로선 2, 발신기공통선 1, 경종선 1, 경종표시등공통선 1, 응답선 1, 표시등선 1
㉵	HFIX 2.5-8	회로선 3, 발신기공통선 1, 경종선 1, 경종표시등공통선 1, 응답선 1, 표시등선 1

용어

옥내소화전설비의 **기동방식**

자동기동방식	수동기동방식
기동용 수압개폐장치를 이용하는 방식	ON, OFF 스위치를 이용하는 방식

(나) ①

명 칭	도시기호
발신기세트 옥내소화전 내장형	ⓅⒷⓁ
발신기세트 단독형	Ⓟ Ⓑ Ⓛ 또는 ⓅⒷⓁ
옥내소화전함	
옥내소화전·방수용기구 병설(단구형)	

② 전면에 부착되는 **전기적**인 **기기장치 명칭**

명 칭	도시기호	전기기기 명칭	비 고
발신기세트 옥내소화전 내장형	ⓅⒷⓁ ⊗	• Ⓟ : 발신기 • Ⓑ : 경종 • Ⓛ : 표시등 • ⊗ : 기동확인표시등	자동기동방식
	ⓅⒷⓁ ⊙⊙⊗	• Ⓟ : 발신기 • Ⓑ : 경종 • Ⓛ : 표시등 • ⊙ : 기동스위치 • ⊙ : 정지스위치 • ⊗ : 기동확인표시등	수동기동방식
발신기세트 단독형	Ⓟ Ⓑ Ⓛ 또는 ⓅⒷⓁ	• Ⓟ : 발신기 • Ⓑ : 경종 • Ⓛ : 표시등	–

비교

틀린 도면을 소개하니 도시기호를 그리라는 문제가 나올 때 틀리지 않도록 주의할 것

‖틀린 도면‖

Ⓟ Ⓛ Ⓑ 또는 ⓅⓁⒷ

‖틀린 도면‖

(다), (라) **표시등**과 **발신기표시등**의 식별

① **옥내소화전설비**의 표시등(NFPC 102 7조 ③항, NFTC 102 2.4.3) ② **옥외소화전설비**의 표시등(NFPC 109 7조 ④항, NFTC 109 2.4.4) ③ **연결송수관설비**의 표시등(NFPC 502 6조, NFTC 502 2.3.1.6.1)	① **자동화재탐지설비**의 발신기표시등(NFPC 203 9조 ②항, NFTC 203 2.6) ② **스프링클러설비**의 화재감지기회로의 발신기표시등(NFPC 103 9조 ③항, NFTC 103 2.6.3.5.3) ③ **미분무소화설비**의 화재감지기회로의 발신기표시등(NFPC 104A 12조 ①항, NFTC 104A 2.9.1.8.3) ④ **포소화설비**의 화재감지기회로의 발신기표시등(NFPC 105 11조 ②항, NFTC 105 2.8.2.2.2) ⑤ **비상경보설비**의 화재감지기회로의 발신기표시등(NFPC 201 4조 ⑤항, NFTC 201 2.1.5.3)
부착면과 **15° 이하**의 각도로도 발산되어야 하며 주위의 밝기가 **0lx**인 장소에서 측정하여 **10m** 떨어진 위치에서 켜진 등이 확실히 식별될 것	부착면으로부터 **15° 이상**의 범위 안에서 **10m** 거리에서 식별
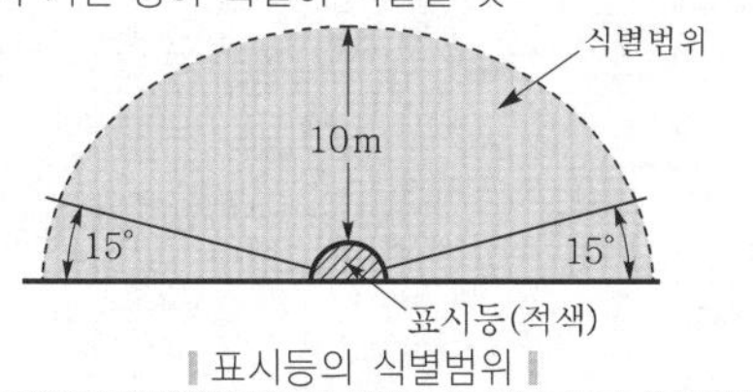 ‖표시등의 식별범위‖	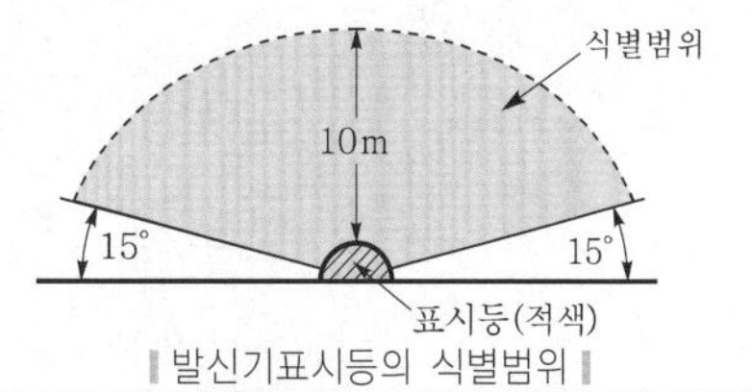 ‖발신기표시등의 식별범위‖

• **15° 이하**와 **15° 이상**을 확실히 구분해야 한다.

☆☆

문제 08

특정소방대상물에 설치된 소방시설 등을 구성하는 전부 또는 일부를 개설, 이전 또는 정비하는 소방시설공사의 착공신고 대상 3가지를 쓰시오. (단, 고장 또는 파손 등으로 인하여 작동시킬 수 없는 소방시설을 긴급히 교체하거나 보수하여야 하는 경우에는 신고하지 않을 수 있다.) (15.7.문12)

득점	배점
	6

○

○

○

해답 ① 수신반
② 소화펌프
③ 동력(감시)제어반

해설 **공사업법 시행령 4조**

특정소방대상물에 설치된 소방시설 등을 구성하는 전부 또는 일부를 **개설**, **이전** 또는 **정비**하는 공사(단, 고장 또는 파손 등으로 인하여 작동시킬 수 없는 소방시설을 긴급히 교체하거나 보수하여야 하는 경우에는 신고하지 않을 수 있다.)

(1) **수신반**
(2) **소화펌프**
(3) **동력(감시)제어반**

☆☆

문제 09

자동화재탐지설비의 계통도와 주어진 조건을 이용하여 다음 각 물음에 답하시오. (19.4.문18, 15.11.문4)

득점	배점
	10

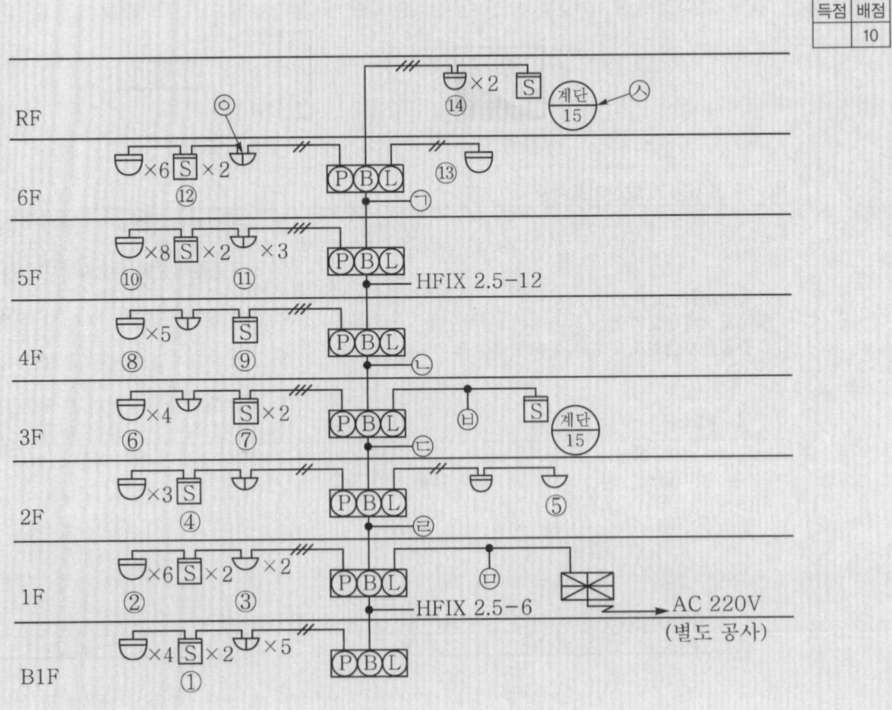

〔조건〕
○ 발신기세트에는 경종, 표시등, 발신기 등을 수용한다.
○ 경종은 발화층 및 직상 4개층 우선경보방식이다.
○ 종단저항은 감지기 말단에 설치한 것으로 한다.

(가) ㉠~㉣ 개소에 해당되는 곳의 전선 가닥수를 쓰시오.
㉠ : ㉡ : ㉢ : ㉣ :

(나) ㉤ 개소의 전선 가닥수에 대한 상세내역을 쓰시오.
○

(다) ㉥ 개소의 전선 가닥수는 몇 가닥인가?
○

(라) ㉦과 같은 그림기호의 의미를 상세히 기술하시오.
○

(마) ㉧의 감지기는 어떤 종류의 감지기인지 그 명칭을 쓰시오.
○ ◠ :

(바) 본 도면의 설비에 대한 전체 회로수는 모두 몇 회로인가?
○

해답 (가) ㉠ 9가닥 ㉡ 16가닥 ㉢ 19가닥 ㉣ 22가닥
(나) 회로선 15, 회로공통선 3, 경종선 7, 경종표시등공통선 1, 응답선 1, 표시등선 1
(다) 4가닥
(라) 경계구역 번호가 15인 계단
(마) 정온식 스포트형 감지기(방수형)
(바) 15회로

해설 (가)~(다) **6층**이므로 **일제경보방식**이다.

기 호	배선 가닥수	배선의 용도
㉠	9가닥	회로선 4, 회로공통선 1, 경종선 1, 경종표시등공통선 1, 응답선 1, 표시등선 1
㉡	16가닥	회로선 8, 회로공통선 2, 경종선 3, 경종표시등공통선 1, 응답선 1, 표시등선 1
㉢	19가닥	회로선 10, 회로공통선 2, 경종선 4, 경종표시등공통선 1, 응답선 1, 표시등선 1
㉣	22가닥	회로선 12, 회로공통선 2, 경종선 5, 경종표시등공통선 1, 응답선 1, 표시등선 1
㉤	28가닥	회로선 15, 회로공통선 3, 경종선 7, 경종표시등공통선 1, 응답선 1, 표시등선 1
㉥	4가닥	회로선 2, 공통선 2(종단저항이 감지기 말단에 설치되어 있지만 (계단 15)이 2곳에 있고 ⑭번 앞의 가닥수가 3가닥이므로 ㉥은 **4가닥**이 된다.) 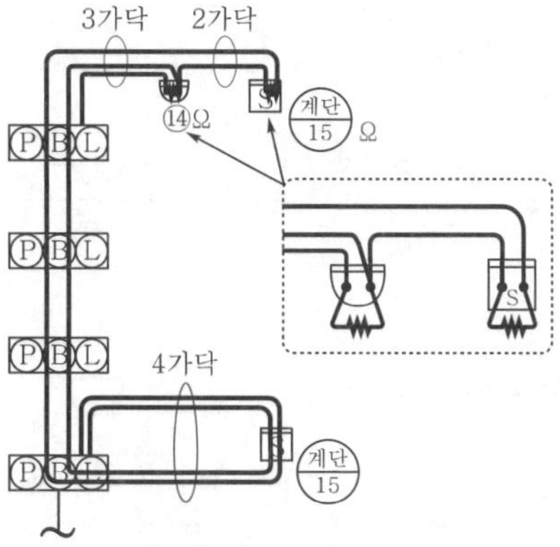

‖ 실제 배선 ‖

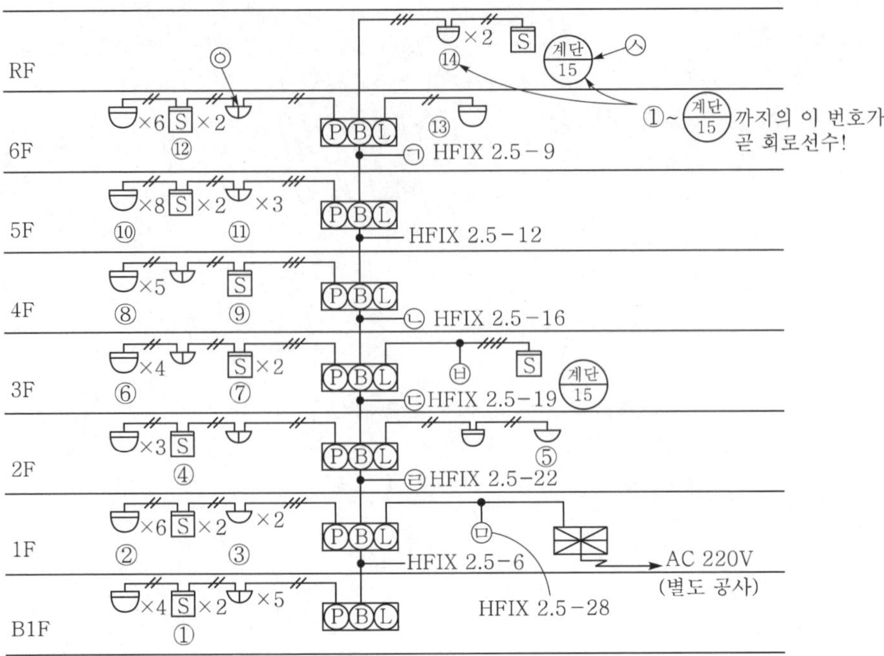

- 회로선 : **경계구역 번호**를 세어보면 된다.
- 회로공통선$=\dfrac{\text{회로선}}{7}$(절상)

  예 ㉣ $\dfrac{\text{회로선}}{7}=\dfrac{12}{7}=1.7 \fallingdotseq 2$가닥(절상)

  ㉤ $\dfrac{\text{회로선}}{7}=\dfrac{15}{7}=2.1 \fallingdotseq 3$가닥(절상)
- 경종선 : **각 층**마다 1가닥
- 경종표시등공통선 : 조건에서 명시하지 않으면 **무조건 1가닥**
- 응답선 : **무조건 1가닥**
- 표시등선 : **무조건 1가닥**

㈑, ㈒ 옥내배선기호

명 칭	그림기호	적 요
경계구역 경계선	—— - ——	
경계구역 번호	○	• ① : 경계구역 번호가 1 • 계단 7 : 경계구역 번호가 7인 계단
차동식 스포트형 감지기		
보상식 스포트형 감지기		
정온식 스포트형 감지기		• 방수형 : • 내산형 : • 내알칼리형 : • 방폭형 : EX

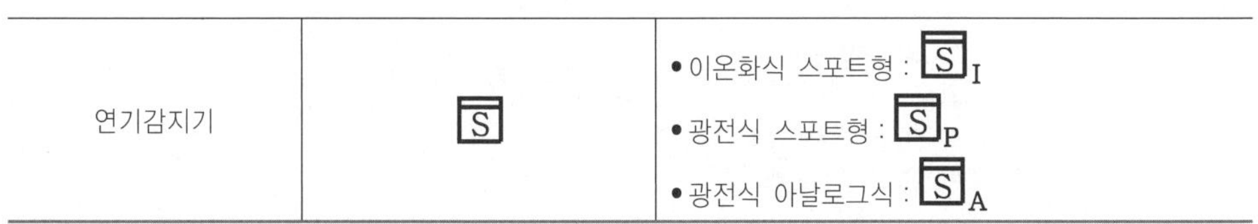

연기감지기	S	• 이온화식 스포트형 : $\boxed{S}_I$ • 광전식 스포트형 : $\boxed{S}_P$ • 광전식 아날로그식 : $\boxed{S}_A$

(바) 경계구역 번호가 ① ~ (계단/15)으로서 15까지 있으므로 **15회로**!

★★★

문제 10

비상전원의 내화내열전선 사용범위 중 분말소화설비의 배선범위를 그림에 직접 표시하시오.
(단, ▬▬ : 내화배선, ▨▨ : 내열배선, ──── : 일반배선, ········ : 배관으로 표시한다.)

(17.11.문1, 16.11.문13, 16.4.문10, 09.7.문9)

득점	배점
	6

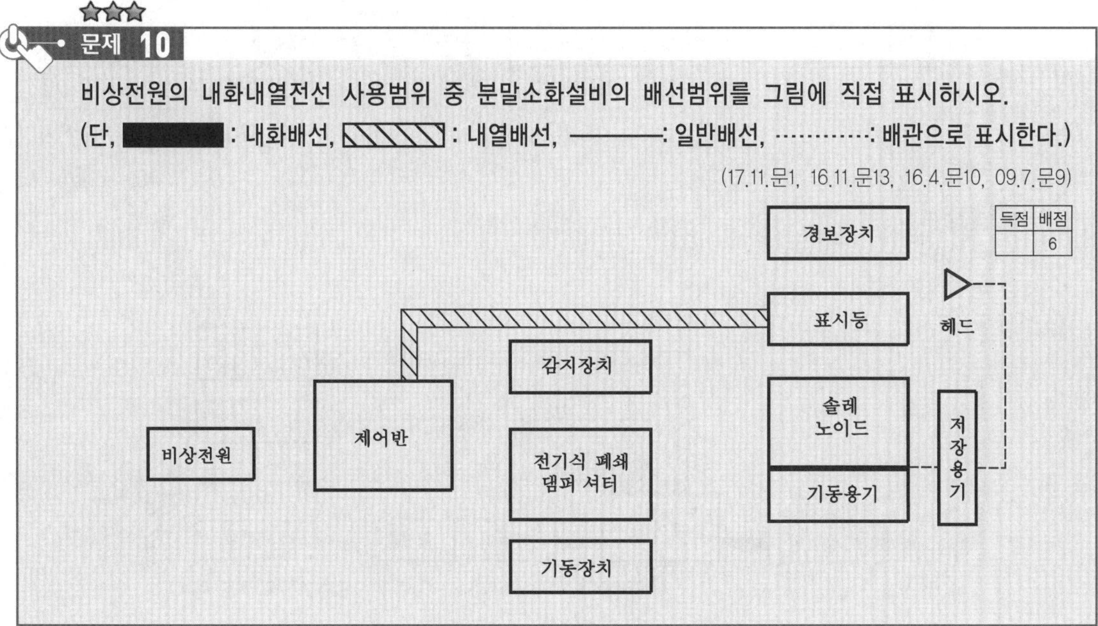

해답

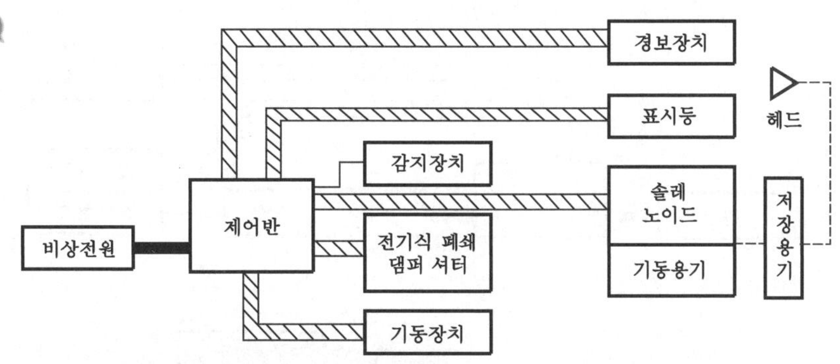

해설

• **기동용기**는 **압력실린더**로서 **배선**이 **연결**되지 **않는다**. 모든 장치에 배선이 연결된다고 생각하지 말라.

•

배선 구분	배선기준	근 거
비상전원~제어반 (전원회로의 배선)	내화배선	NFPC 203 11조, NFTC 203 2.8.1.1
제어반~감지장치 (감지기 상호간 또는 감지기로부터 수신기에 이르는 감지기회로의 배선)	일반배선	NFPC 203 11조, NFTC 203 2.8.1.2에 의해 **일반배선**이란 ① 실드선, ② 광케이블(전자파 방해를 받지 않고 내열성능이 있는 것), ③ 내화배선 또는 내열배선을 모두 포함한다. 그러므로 제어반~감지장치 배선을 **내열배선**으로 답해도 맞을 수 있지만 감지기회로의 배선을 통칭하는 **일반배선**으로 답하는 것이 가장 정확한 답이다.

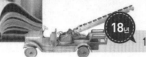

① 제어반~경보장치 ② 제어반~표시등 ③ 제어반~솔레노이드 ④ 제어반~전기식 폐쇄댐퍼 셔터(그 밖의 배선)	내화배선 또는 내열배선	NFPC 203 11조, NFTC 203 2.8.1.1에 의해 그 밖의 배선은 **내화배선** 또는 **내열배선**으로 하도록 되어 있지만 실무에서는 내열배선을 사용하는 것이 일반적이므로 **내열배선**을 답으로 하는 것을 권장한다.

- 기동용기~용기, 용기~헤드 사이는 **배관**(-------)이 연결된다. 배선은 연결되지 않는다.
- 제어반에서 솔레노이드가 아닌 기동용기로 내열배선을 연결하면 틀린다. 주의!

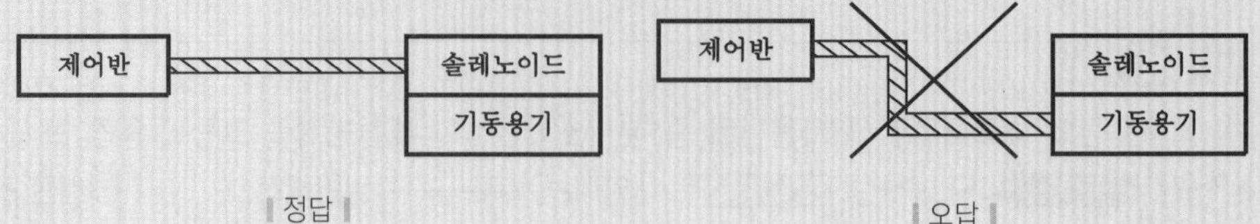

제어반
솔레노이드
기동용기

| 정답 |

제어반
솔레노이드
기동용기

| 오답 |

중요

배선공사

(1) 옥내소화전설비

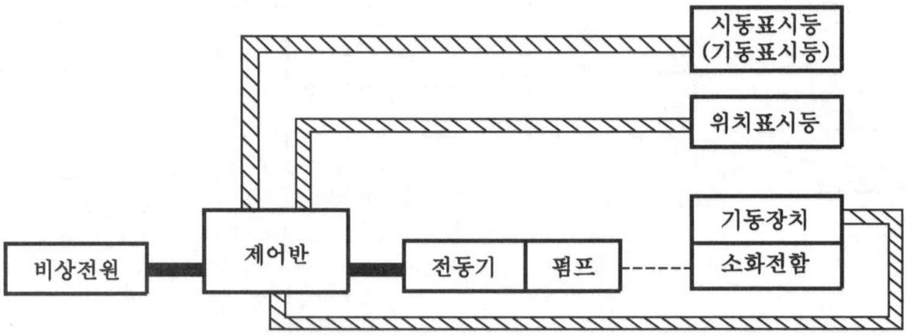

시동표시등
(기동표시등)
위치표시등
기동장치
소화전함
비상전원
제어반
전동기
펌프

(2) 옥외소화전설비

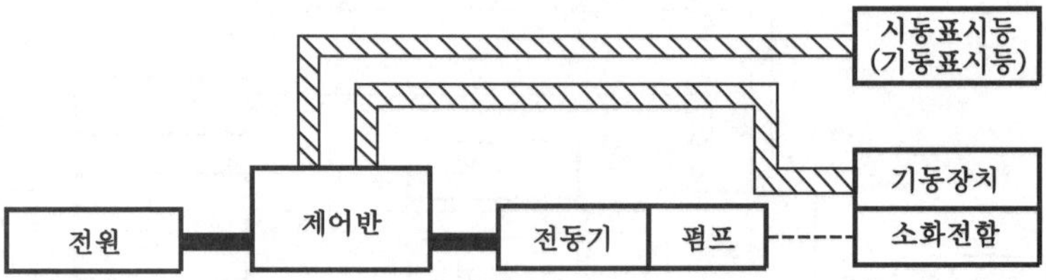

시동표시등
(기동표시등)
기동장치
소화전함
전원
제어반
전동기
펌프

(3) 자동화재탐지설비

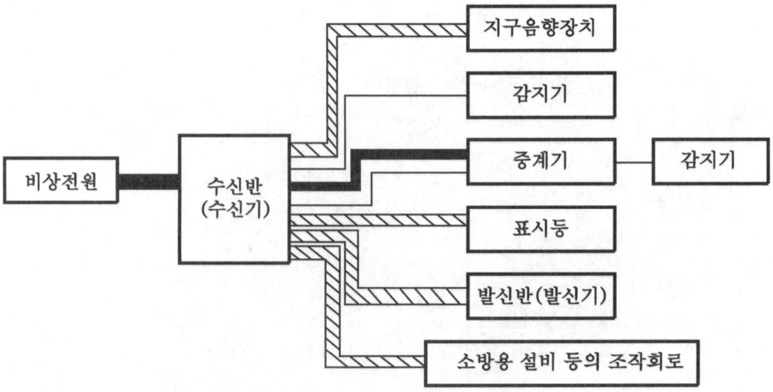

지구음향장치
감지기
비상전원
수신반
(수신기)
중계기
감지기
표시등
발신반(발신기)
소방용 설비 등의 조작회로

(4) 비상벨 · 자동식 사이렌

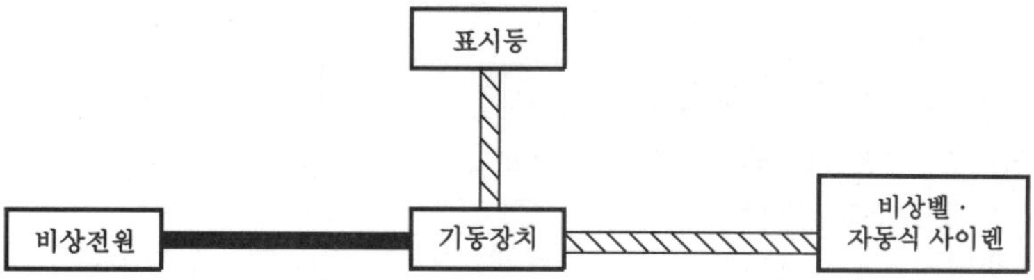

표시등
비상전원
기동장치
비상벨 · 자동식 사이렌

(5) 스프링클러설비 · 물분무소화설비 · 포소화설비

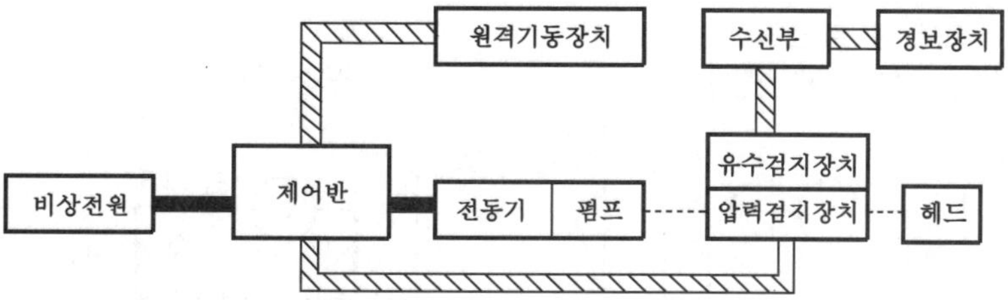

원격기동장치
수신부
경보장치
비상전원
제어반
전동기
펌프
유수검지장치
압력검지장치
헤드

(6) 이산화탄소소화설비 · 할론소화설비 · 분말소화설비

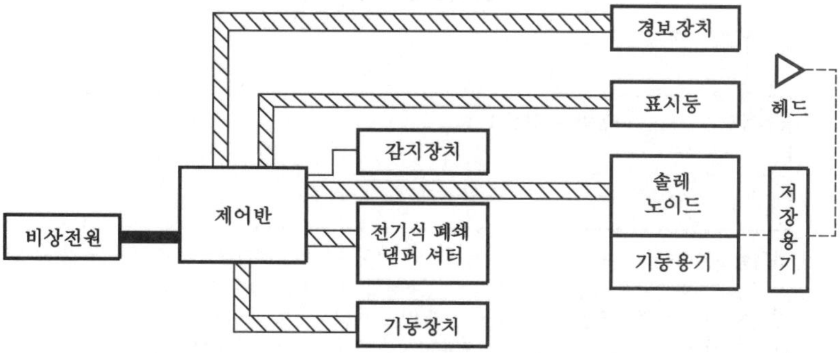

경보장치
표시등
헤드
감지장치
제어반
솔레 노이드
비상전원
전기식 폐쇄 댐퍼 셔터
저장용기
기동용기
기동장치

• 전기식 폐쇄댐퍼 셔터＝전자식 폐쇄댐퍼

☆☆
문제 11

다음은 자동방화문설비의 자동방화문에서 R형 중계기까지의 결선도 및 계통도에 대한 것이다. 주어진 조건을 참조하여 각 물음에 답하시오. (17.4.문7, 12.4.문16, 04.7.문13)

득점	배점
	7

DOOR RELEASE 1
S
LS
DOOR RELEASE 2
S
LS
기동선
공통선
확인선 1
확인선 2
R형 중계기

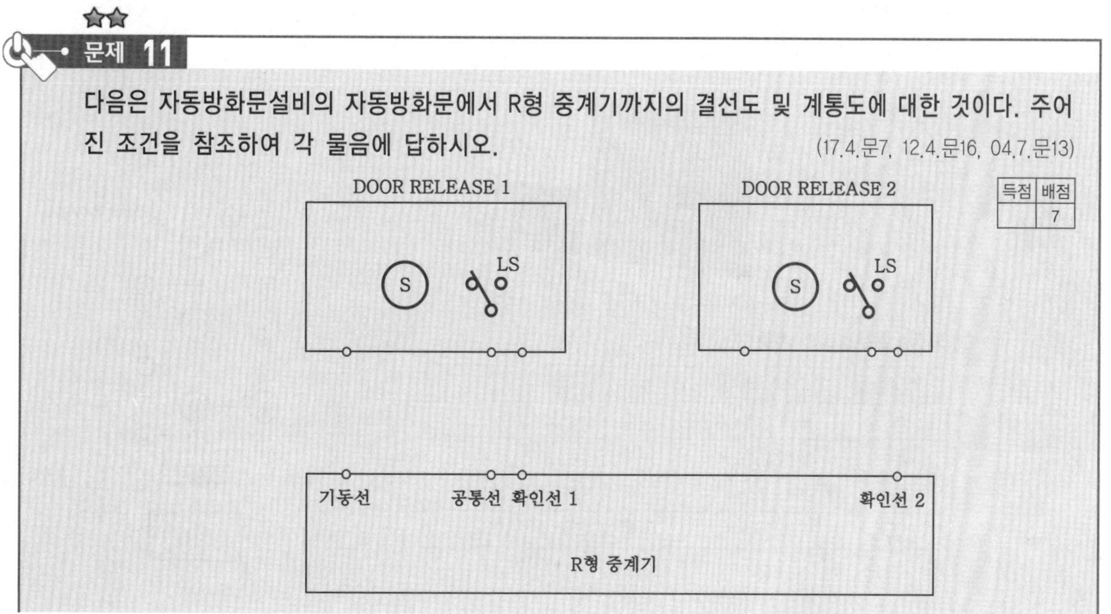

〔조건〕
- 전선의 가닥수는 최소한으로 한다.
- 방화문 감지기회로는 본 문제에서 제외한다.
- DOOR RELEASE 1에서 DOOR RELEASE 2의 확인선은 별도로 배선한다.

(가) DOOR RELEASE의 설치목적은?
(나) 미완성된 도면을 완성하시오.

해답 (가) 화재발생으로 인한 연기가 계단측으로 유입되는 것 방지
(나)

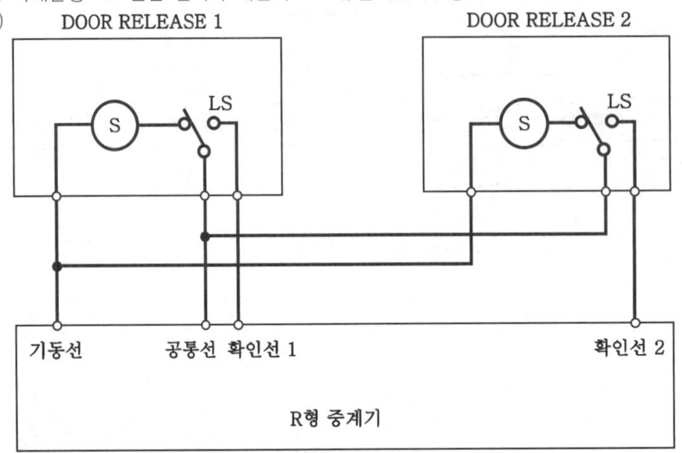

해설 (가) **자동방화문**(Door Release)은 화재발생으로 인한 연기가 계단측으로 유입되는 것을 방지하기 위하여 피난계단 전실 등의 출입문에 시설하는 설비로서, 평상시 개방되어 있다가 화재발생시 감지기의 작동 또는 기동스위치의 조작에 의하여 방화문을 폐쇄시켜 연기유입을 막음으로써 피난활동에 지장이 없도록 한다. 과거 자동방화문 폐쇄기(Door Release)는 **전자석**이나 **영구자석**을 이용하는 방식을 채택해 왔으나 정전, 자력감소 등 사용상 불합리한 점이 많아 최근에는 **걸고리 방식**이 주로 사용된다.

- Ⓢ : 솔레노이드밸브(Solenoid Valve)
- LS : 리밋스위치(Limit Switch)
- 확인선=기동확인선

| 자동방화문(Door Release) |

(나) **자동방화문설비**의 **계통도**

기 호	내 역	용 도
ⓐ	HFIX 2.5—3	공통, 기동, 확인
ⓑ	HFIX 2.5—4	공통, 기동, 확인 2
ⓒ	HFIX 2.5—7	공통, (기동, 확인 2)×2
ⓓ	HFIX 2.5—10	공통, (기동, 확인 2)×3

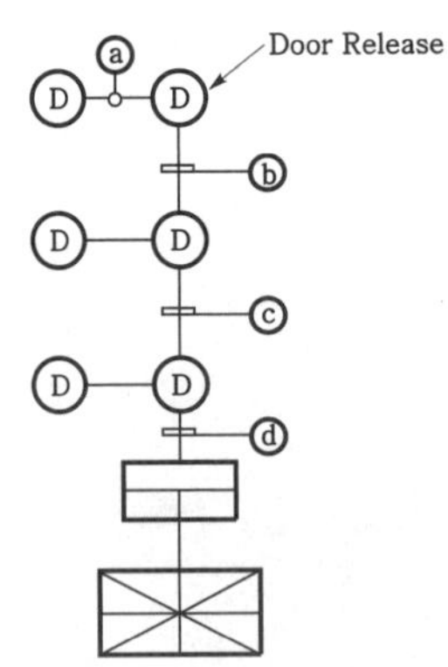

비교

자동방화문 회로

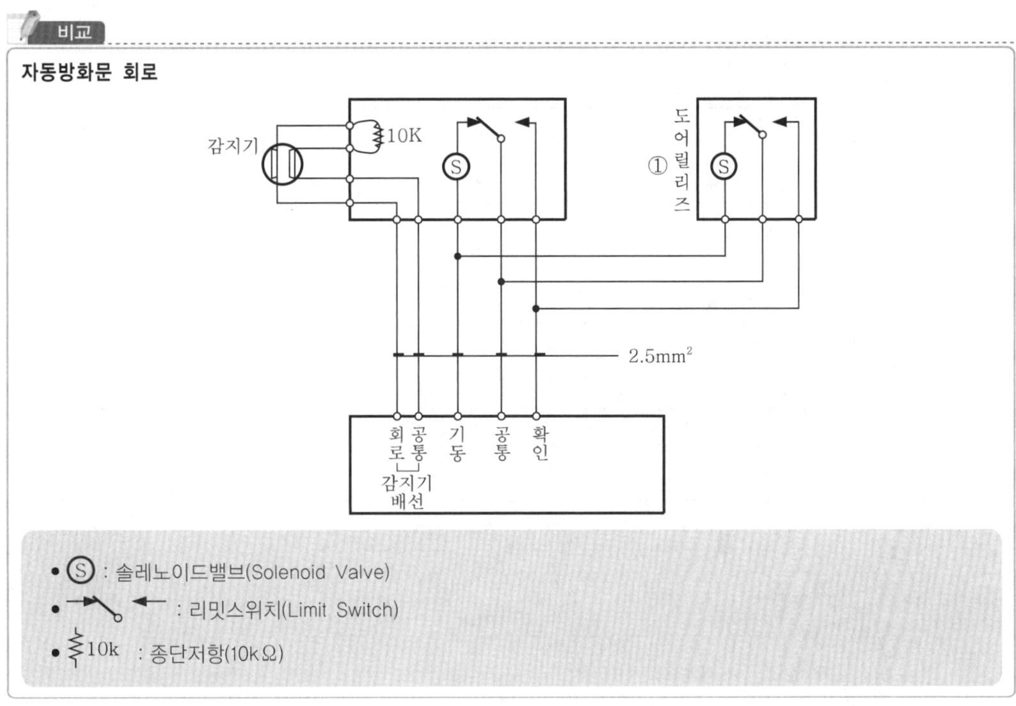

- Ⓢ : 솔레노이드밸브(Solenoid Valve)
- 리밋스위치(Limit Switch)
- 10k : 종단저항(10kΩ)

☆☆

문제 12

그림과 같은 건축물의 평면도에 객석유도등을 설치하고자 한다. 다음 각 물음에 답하시오. (11.7.문1)

득점	배점
	6

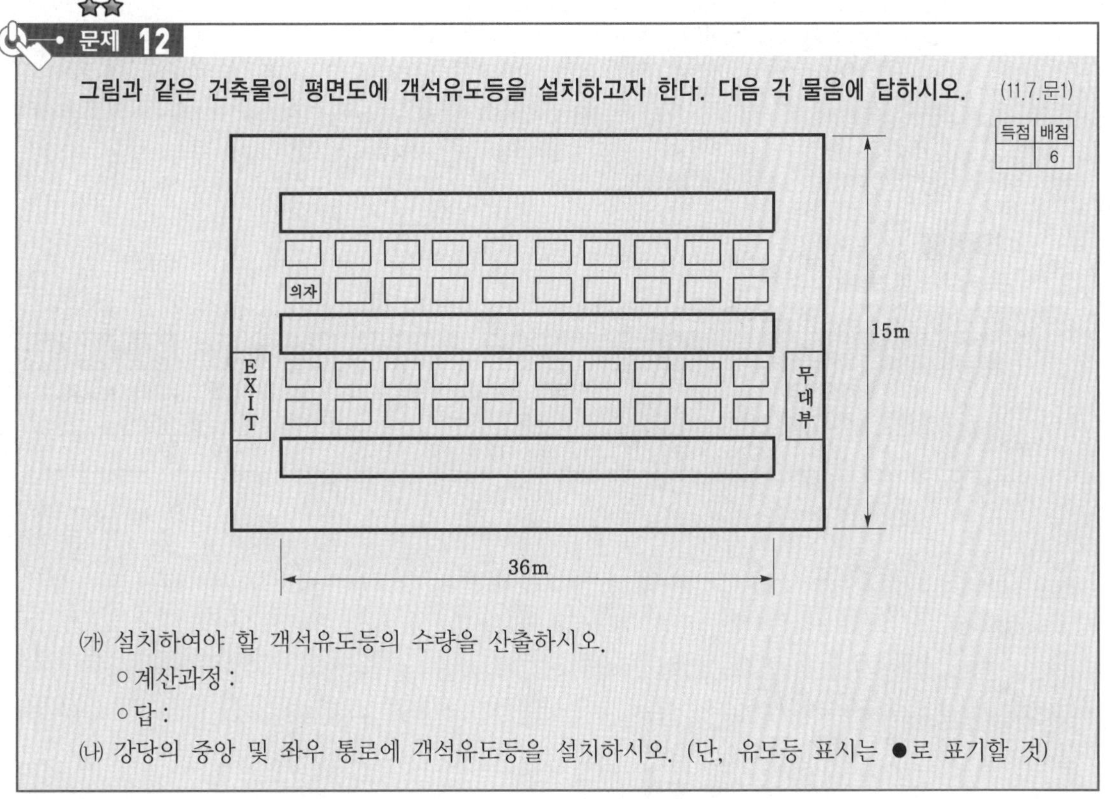

(가) 설치하여야 할 객석유도등의 수량을 산출하시오.

○ 계산과정 :

○ 답 :

(나) 강당의 중앙 및 좌우 통로에 객석유도등을 설치하시오. (단, 유도등 표시는 ●로 표기할 것)

해답 (가) ○ 계산과정 : $\frac{36}{4}-1=8$개, 8×통로 3개=24개

○ 답 : 24개

(나)

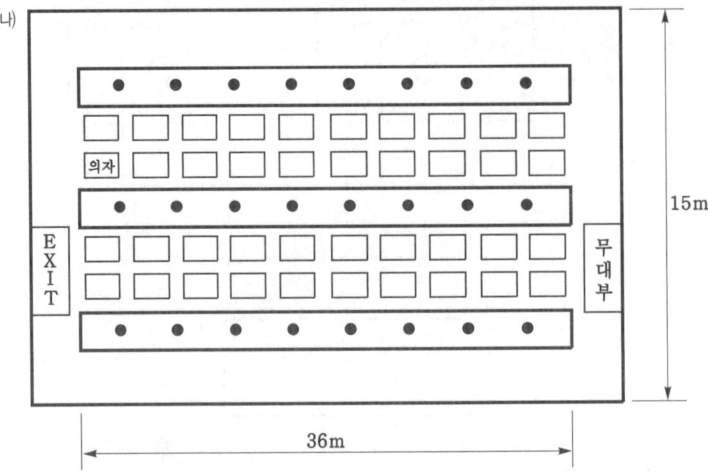

해설 (가), (나) **객석유도등**

$$설치개수=\frac{객석통로의\ 직선\ 부분의\ 길이[m]}{4}-1=\frac{36}{4}-1=8개$$

∴ 8개×통로 3개=24개

- **36m** : 평면도에서 주어진 객석통로의 직선길이
- **통로 3개** : 원칙적으로 객석유도등은 객석의 통로, 바닥 또는 벽에 설치하여야 하지만 (나)의 지문에서 객석유도등은 강당의 **중앙** 및 **좌우 통로**에 설치하라고 하였으므로 통로는 **3개**가 되는 것이다.
- 객석유도등의 배치는 답과 같이 **균등**하게 **배치**하면 된다.
- 평면도에서 세로의 길이가 15m라고 주어졌다고 해서 세로 부분의 설치개수= $\frac{15}{4}-1 ≒ 3$개로 계산하면 틀리게 되는 것이다. 거듭 주의하라. 단지 **통로**가 **3개**가 있으므로 **3개**가 되는 것이다. 만약 세로길이 15m에 통로가 4개라면 이때에는 **4개**가 된다.

중요

최소설치개수 산정식

설치개수 산정시 소수가 발생하면 반드시 **절상**한다.

객석유도등	유도표지	복도통로유도등, 거실통로유도등
개수= $\frac{\textbf{객석통로의 직선 부분의 길이[m]}}{4}-1$	개수= $\frac{\textbf{구부러진 곳이 없는 부분의 보행거리[m]}}{15}-1$	개수= $\frac{\textbf{구부러진 곳이 없는 부분의 보행거리[m]}}{20}-1$

☆☆

문제 13

자동화재탐지설비의 P형 수신기에 연결되는 발신기와 감지기의 미완성 결선도를 〔조건〕을 참조하여 완성하시오. (12.7.문15)

득점	배점
	6

〔조건〕

○ 발신기에 설치된 단자는 왼쪽부터 ① 응답, ② 지구, ③ 지구공통이다.

○ 종단저항은 감지기 내장형으로 설치한다.

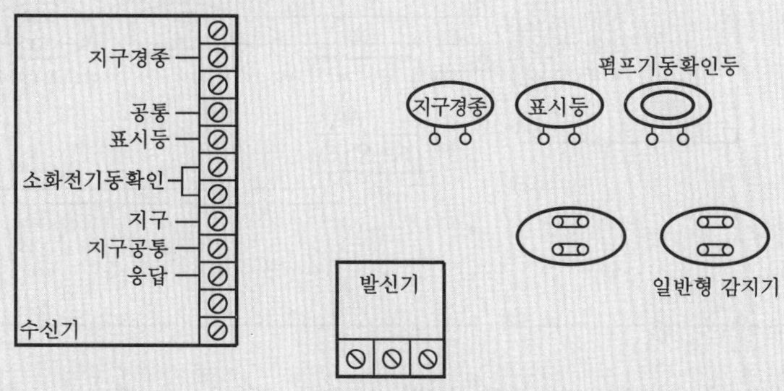

해답

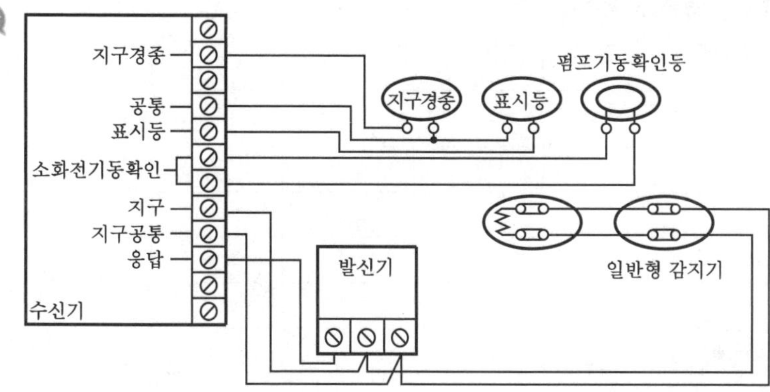

해설

- 〔조건 ②〕에서 종단저항은 **감지기 내장형**이므로 종단저항을 **감지기회로 말단**에 설치하여야 한다.
- 다음과 같이 그려도 정답이다.

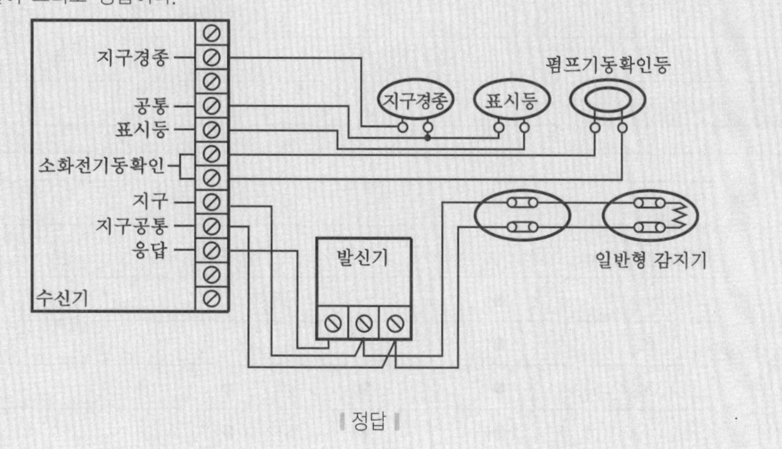

▮정답▮

비교

종단저항이 **발신기**에 **설치**되어 있는 경우의 **결선도**

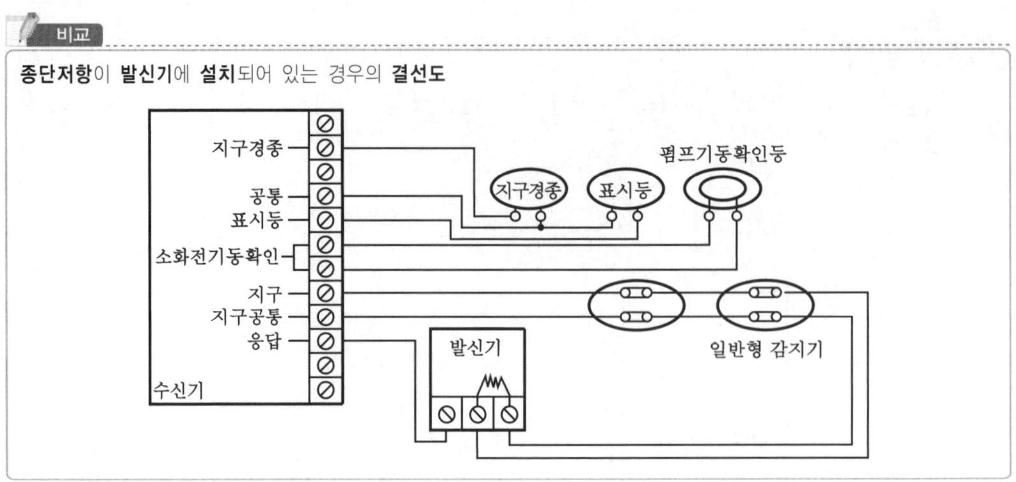

☆ **문제 14**

지하 3층, 지상 11층의 건물에 표와 같이 화재가 발생했을 경우 우선적으로 경보하여야 하는 층을 표시하시오. (단, 경보표시는 ●를 사용한다.) (10.10.문15)

득점	배점
	6

11층						
7층						
6층						
5층						
4층						
3층	화재(●)					
2층		화재(●)				
1층			화재(●)			
지하 1층				화재(●)		
지하 2층					화재(●)	
지하 3층						화재(●)

해답

11층						
7층	●					
6층	●	●				
5층	●	●	●			
4층	●	●	●			

3층	화재(●)	●	●			
2층		화재(●)	●			
1층			화재(●)	●		
지하 1층			●	화재(●)	●	●
지하 2층			●	●	화재(●)	●
지하 3층			●	●	●	화재(●)

해설 **자동화재탐지설비의 음향장치 설치기준**(NFPC 203 8조, NFTC 203 2.5.1.2)

(1) 주음향장치는 수신기의 내부 또는 그 직근에 설치할 것

(2) **11층**(공동주택 **16층**) **이상**인 특정소방대상물

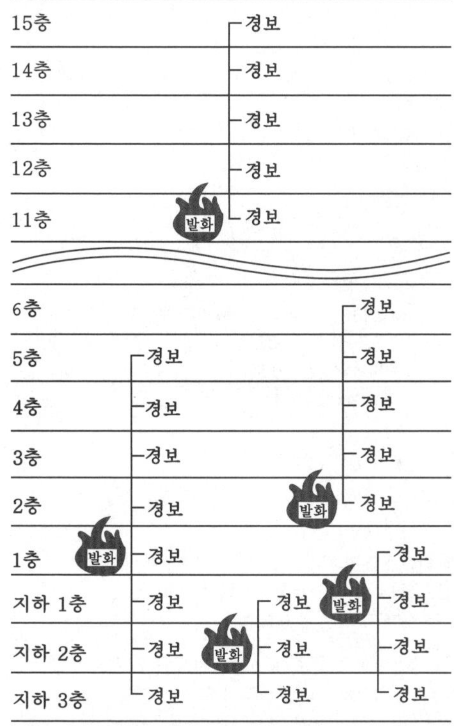

‖ 발화층 및 직상 4개층 우선경보방식 ‖

발화층	경보층	
	11층(공동주택 16층) 미만	11층(공동주택 16층) 이상
2층 이상 발화	전층 일제경보	• 발화층 • 직상 4개층
1층 발화		• 발화층 • 직상 4개층 • 지하층
지하층 발화		• 발화층 • 직상층 • 기타의 지하층

☆☆☆
문제 15

자동화재탐지설비의 발신기에서 표시등=30mA/1개, 경종=50mA/1개로 1회로당 80mA의 전류가 소모되며, 지하 1층, 지상 11층의 각 층별 2회로씩 총 24회로인 공장에서 P형 수신반 최말단 발신기까지 500m 떨어진 경우 다음 각 물음에 답하시오. (단, 발화층 및 직상 4개층 우선경보방식인 경우이다.)

(16.6.문6, 14.7.문2, 11.7.문2)

득점	배점
	8

(가) 표시등 및 경종의 최대소요전류와 총 소요전류를 구하시오.
- ○ 표시등의 최대소요전류 :
- ○ 경종의 최대소요전류 :
- ○ 총 소요전류 :

(나) 2.5mm^{2}의 전선을 사용한 경우 최말단 경종 동작시 전압강하는 얼마인지 계산하시오.
- ○ 계산과정 :
- ○ 답 :

(다) (나)의 계산에 의한 경종 작동여부를 설명하시오.
- ○ 이유 :
- ○ 답 :

해답 (가) ○ 표시등의 최대소요전류 : $30\times24=720\text{mA}=0.72\text{A}$ ○ 답 : 0.72A
○ 경종의 최대소요전류 : $50\times12=600\text{mA}=0.6\text{A}$ ○ 답 : 0.6A
○ 총 소요전류 : $0.72+0.6=1.32\text{A}$ ○ 답 : 1.32A

(나) ○ 계산과정 : $e=\dfrac{35.6\times500\times0.82}{1000\times2.5}=5.838\fallingdotseq5.84\text{V}$
○ 답 : 5.84V

(다) ○ 이유 : $V_r=24-5.84=18.16\text{V}$
18.16V로서 $24\times0.8=19.2\text{V}$ 미만이므로
○ 답 : 작동하지 않는다.

해설 (가) ① **표시등의 최대소요전류**
일반적으로 1회로당 표시등은 1개씩 설치되므로
$30\text{mA}\times24$개 $=720\text{mA}=0.72\text{A}$

- 문제에서 전체 **24회로**이므로 **표시등**은 **24개**이다.
- 1000mA=1A이므로 720mA=**0.72A**이다.
- 단위가 주어지지 않았으므로 **720mA**라고 답해도 맞다.

② **경종의 최대소요전류**
일반적으로 1회로당 경종은 1개씩 설치되므로
$50\text{mA}\times12$개 $=600\text{mA}=0.6\text{A}$

- 단서에서 **'발화층 및 직상 4개층 우선경보방식'**이므로 경종에서 최대로 전류가 소모될 때는 **1층**에서 화재가 발생한 경우이다. 1층에서 화재가 발생하여 **1층**, **2층**, **3층**, **4층**, **5층**, **지하 1층**의 경종이 동작할 때이므로 각 층에 **2회로×6개층=12개**이다.
- 1000mA=1A이므로 600mA=**0.6A**이다.
- 단위가 주어지지 않았으므로 **600mA**라고 답해도 맞다.

③ **총 소요전류**
총 소요전류=표시등의 최대소요전류+경종의 최대소요전류=0.72A+0.6A=1.32A

(나) **전선단면적**(단상 2선식)

$$A=\frac{35.6LI}{1000e}$$

여기서, A : 전선단면적[mm^2]
L : 선로길이[m]
I : 전류[A]
e : 전압강하[V]

경종 및 표시등은 **단상 2선식**이므로 전압강하 e는

$$e=\frac{35.6LI}{1000A}=\frac{35.6\times500\times0.82}{1000\times2.5}=5.838≒5.84\text{V}$$

- 전압강하는 최대전류를 기준으로 하므로 경종 및 표시등에 흐르는 전류를 고려해야 한다.
- L(**500m**) : 문제에서 주어진 값
- I(**0.82A**) : (가)에서 구한 **표시등 최대소요전류**(**0.72A**)와 **최말단 경종전류**(50mA×2개=100mA=**0.1A**)의 합이다. (가)에서 구한 총 소요전류의 합인 1.32A를 곱하지 않도록 특히 주의하라!

〈비교〉

14.7.문2(나), 11.7.문2(다)	18.4.문15(나), 16.6.문6(다)
경종이 작동하였다고 가정했을 때 최말단에서의 전압강하(경종에서 전류가 최대로 소모될 때 즉, 지상 1층 경종동작시 전압강하를 구하라는 문제)	최말단 경종동작시 전압강하(지상 11층 경종동작시 전압강하를 구하라는 문제)
지상 1층 경종동작	지상 11층 경종동작

- A(**2.5mm²**) : 문제에서 주어진 값

(다) **전압강하**

$$e=V_s-V_r$$

여기서, e : 전압강하[V]
V_s : 입력전압(정격전압)[V]
V_r : 출력전압[V]

출력전압 V_r는

$V_r=V_s-e=24-5.84=18.16\text{V}$

- 자동화재탐지설비의 정격전압 : **직류 24V**이므로 $V_s=24\text{V}$

자동화재탐지설비의 정격전압은 **직류 24V**이고, 정격전압의 **80%** 이상에서 동작해야 하므로
동작전압=24×0.8=19.2V
출력전압은 **18.16V**로서 정격전압의 **80%**인 **19.2V** 미만이므로 **경종**은 **작동**하지 않는다.

중요

(1) **전압강하**(일반적으로 저항이 주어졌을 때 적용. 단, 예외도 있음)

단상 2선식	3상 3선식
$e=V_s-V_r=2IR$	$e=V_s-V_r=\sqrt{3}IR$

여기서, e : 전압강하[V], V_s : 입력전압[V], V_r : 출력전압[V], I : 전류[A], R : 저항[Ω]

(2) **전압강하**(일반적으로 저항이 주어지지 않았을 때 적용. 단, 예외도 있음)
① **정의** : 입력전압과 출력전압의 차
② **저압수전시 전압강하** : **조명 3%**(기타 5%) 이하(KEC 232.3.9)

전기방식	전선단면적	적응설비
단상 2선식	$A=\frac{35.6LI}{1000e}$	• 기타설비(경종, 표시등, 유도등, 비상조명등, 솔레노이드밸브, 감지기 등)
3상 3선식	$A=\frac{30.8LI}{1000e}$	• 소방펌프 • 제연팬
단상 3선식, 3상 4선식	$A=\frac{17.8LI}{1000e'}$	–

여기서, L : 선로길이[m]
I : 전부하전류[A]
e : 각 선간의 전압강하[V]
e' : 각 선간의 1선과 중성선 사이의 전압강하[V]

2018. 6. 30 시행

▌2018년 기사 제2회 필답형 실기시험▐

자격종목	시험시간	형별	수험번호	성명	감독위원 확 인
소방설비기사(전기분야)	3시간				

※ 다음 물음에 답을 해당 답란에 답하시오.(배점 : 100)

☆☆

문제 01

다음은 광전식 분리형 감지기에 대한 설치기준이다. 각 물음에 답하시오. (16.6.문3, 07.11.문9)

득점	배점
	5

ㅇ감지기의 송광부는 설치된 뒷벽으로부터 (①)m 이내 위치에 설치할 것
ㅇ감지기의 광축길이는 (②) 범위 이내일 것
ㅇ감지기의 수광부는 설치된 뒷벽으로부터 (③)m 이내 위치에 설치할 것
ㅇ광축의 높이는 천장 등 높이의 (④)% 이상일 것
ㅇ광축은 나란한 벽으로부터 (⑤)m 이상 이격하여 설치할 것

해답 ① 1
② 공칭감시거리
③ 1
④ 80
⑤ 0.6

해설 **광전식 분리형 감지기**의 **설치기준**(NFPC 203 7조 ③항 15호, NFTC 203 2.4.3.15)
(1) 감지기의 송광부와 수광부는 설치된 뒷벽으로부터 **1m 이내** 위치에 설치할 것
(2) 감지기의 광축의 길이는 **공칭감시거리** 범위 이내일 것
(3) 광축의 높이는 천장 등 높이의 **80% 이상**일 것
(4) 광축은 나란한 벽으로부터 **0.6m 이상** 이격하여 설치할 것
(5) 감지기의 수광면은 **햇빛**을 직접 받지 않도록 설치할 것

중요

아날로그식 분리형 광전식 감지기의 공칭감시거리(감지기형식 19조)
5~100m 이하로 하여 **5m 간격**으로 한다.

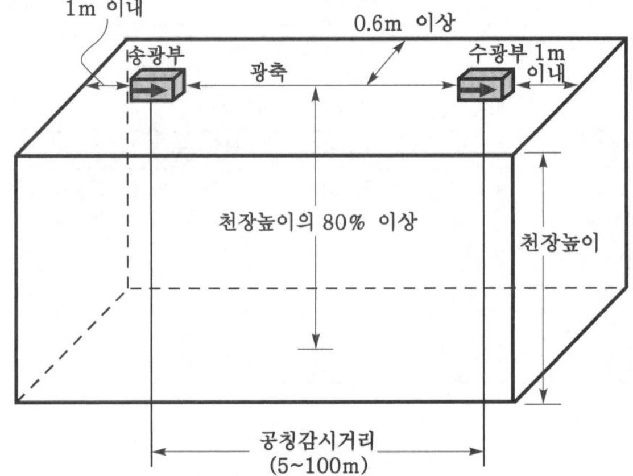

중요

특수한 장소에 설치하는 감지기(NFPC 203 7조 ④항, NFTC 203 2.4.4)

장 소	적응 감지기
• 화학공장 • 격납고 • 제련소	• 광전식 분리형 감지기 • 불꽃감지기
• 전산실 • 반도체공장	• 광전식 공기흡입형 감지기

☆☆☆

문제 02

그림은 준비작동식 스프링클러설비의 전기적 계통도이다. Ⓐ~Ⓕ까지에 대한 다음 표의 빈칸에 알맞은 배선수와 배선의 용도를 작성하시오. (단, 배선수는 운전조작상 필요한 최소전선수를 쓰도록 하시오.)

(06.7.문6)

득점	배점
	12

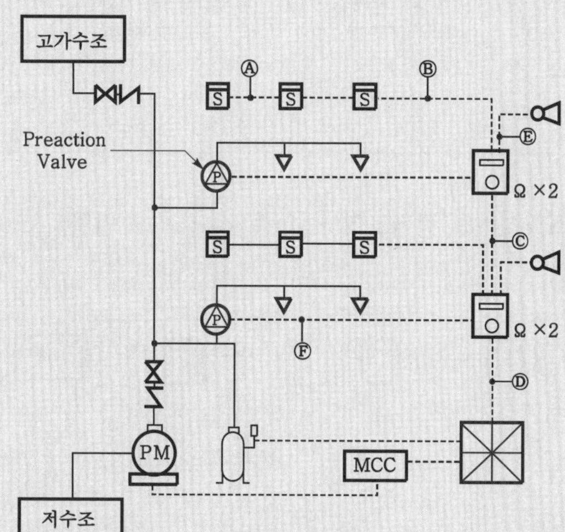

기 호	구 분	배선수	배선 굵기	배선의 용도
A	감지기↔감지기		$1.5mm^2$	
B	감지기↔SVP		$1.5mm^2$	
C	SVP↔SVP		$2.5mm^2$	
D	2 Zone일 경우		$2.5mm^2$	
E	사이렌↔SVP		$2.5mm^2$	
F	Preaction Valve↔SVP		$2.5mm^2$	

해답

기 호	구 분	배선수	배선 굵기	배선의 용도
A	감지기↔감지기	4	$1.5mm^2$	지구, 공통 각 2가닥
B	감지기↔SVP	8	$1.5mm^2$	지구, 공통 각 4가닥
C	SVP↔SVP	8	$2.5mm^2$	전원⊕·⊖, 감지기 A·B, 밸브기동, 밸브개방확인, 밸브주의, 사이렌
D	2 Zone일 경우	14	$2.5mm^2$	전원⊕·⊖, (감지기 A·B, 밸브기동, 밸브개방확인, 밸브주의, 사이렌)×2
E	사이렌↔SVP	2	$2.5mm^2$	사이렌 2
F	Preaction Valve↔SVP	4	$2.5mm^2$	밸브기동 1, 밸브개방확인 1, 밸브주의 1, 공통 1

- 기호 A : 지구=회로, 지구 2, 공통 2라고 해도 정답
- 기호 B : 지구=회로, 지구 4, 공통 4라고 해도 정답
- 기호 F : [단서]에서 최소전선수로 쓰라고 했으므로 4가닥이 정답
- 기호 C, D, F : **밸브기동**, **밸브개방확인**, **밸브주의**를 **솔레노이드밸브**, **압력스위치**, **탬퍼스위치**로 써도 정답

해설 **준비작동식** 스프링클러설비의 **동작설명**

(1) 감지기 A·B 작동
(2) 수신반에 신호(화재표시등 및 지구표시등 점등)
(3) 솔레노이드밸브 동작
(4) 프리액션밸브 동작
(5) 압력스위치 작동
(6) 수신반에 신호(기동표시등 및 밸브개방표시등 점등)
(7) 사이렌 경보

참고

준비작동식 스프링클러설비

준비작동식 스프링클러설비는 준비작동밸브의 1차측에 **가압수**를 채워놓고 2차측에는 **대기압**의 **공기**를 채운다. 화재가 발생하여 2개 이상의 감지기회로가 작동하면 준비작동밸브를 개방함과 동시에 가압펌프를 동작시켜 가압수를 각 헤드까지 송수한 후 대기상태에서 헤드가 열에 의하여 개방되면 즉시 살수되는 장치이다.

☆☆ 문제 03

다음은 할론(Halon)소화설비의 평면도이다. 다음 각 물음에 답하시오.

(17.11.문2, 15.11.문10, 13.11.문17, 12.4.문1, 11.5.문16, 09.4.문14, 03.7.문3)

득점	배점
	13

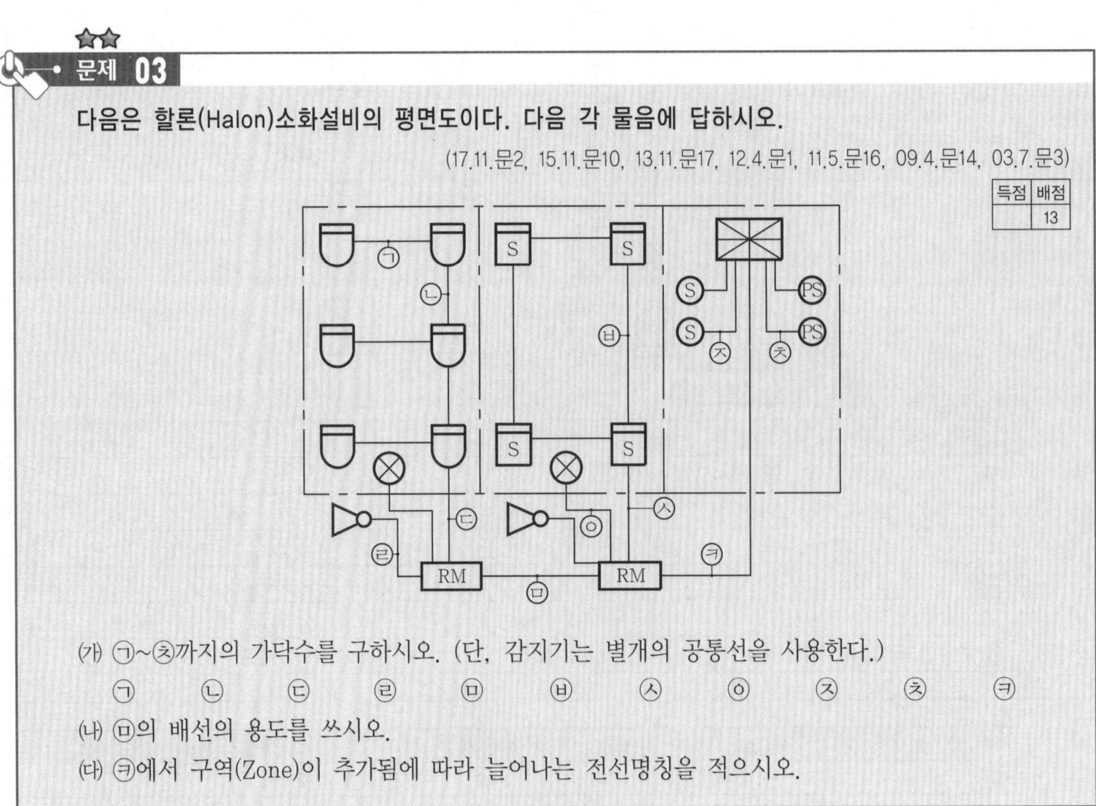

(가) ㉠~㉩까지의 가닥수를 구하시오. (단, 감지기는 별개의 공통선을 사용한다.)

㉠	㉡	㉢	㉣	㉤	㉥	㉦	㉧	㉨	㉩	㉪

(나) ㉤의 배선의 용도를 쓰시오.

(다) ㉪에서 구역(Zone)이 추가됨에 따라 늘어나는 전선명칭을 적으시오.

해답 (가) ㉠ 4 ㉡ 8 ㉢ 8 ㉣ 2 ㉤ 9 ㉥ 4 ㉦ 8 ㉧ 2 ㉨ 2 ㉩ 2 ㉪ 14

(나) 전원 ⊕, ⊖, 방출지연스위치, 감지기공통, 감지기 A·B, 기동스위치, 사이렌, 방출표시등

(다) 감지기 A, 감지기 B, 기동스위치, 사이렌, 방출표시등

해설 (가), (나)

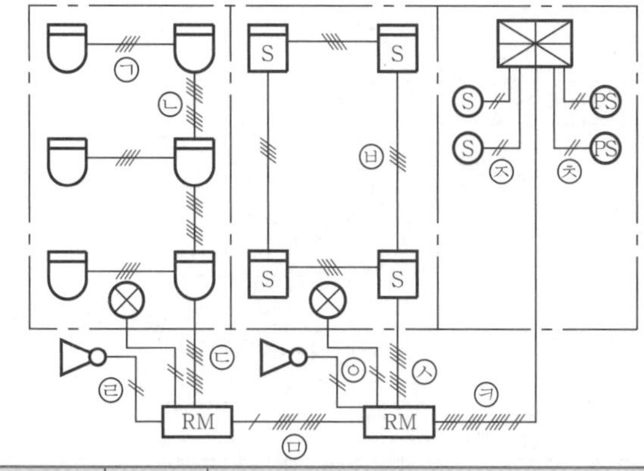

기 호	가닥수	용 도
㉠, ㉥	4	지구선 2, 공통선 2
㉡, ㉢, ㉦	8	지구선 4, 공통선 4
㉣	2	사이렌 2
㉤	9	전원 ⊕ · ⊖, 방출지연스위치, 감지기공통, 감지기 A · B, 기동스위치, 사이렌, 방출표시등
㉧	2	방출표시등 2
㉨	2	솔레노이드 밸브기동 2
㉩	2	압력스위치 2
㉪	14	전원 ⊕ · ⊖, 방출지연스위치, 감지기공통, (감지기 A · B, 기동스위치, 사이렌, 방출표시등)×2

중요

송배선식과 **교차회로방식**

구 분	송배선식	교차회로방식
목적	**감지기회로**의 **도통시험**을 용이하게 하기 위하여	감지기의 **오동작** 방지
원리	배선의 도중에서 분기하지 않는 방식	하나의 담당구역 내에 **2 이상**의 **감지기회로**를 설치하고 **2 이상**의 **감지기회로**가 **동시**에 **감지**되는 때에 설비가 작동하는 방식으로 회로방식이 **AND 회로**에 해당된다.
적용설비	• 자동화재탐지설비 • 제연설비	• **분**말소화설비 • **할**론소화설비 • **이**산화탄소소화설비 • **준**비작동식 스프링클러설비 • **일**제살수식 스프링클러설비 • **할**로겐화합물 및 불활성기체 소화설비 • **부**압식 스프링클러설비 기억법 **분할이 준일할부**
가닥수 산정	종단저항을 수동발신기함 내에 설치하는 경우 **루프(Loop)**된 곳은 **2가닥, 기타 4가닥**이 된다. 수동 발신기함 루프(Loop) ‖ 송배선식 ‖	**말단**과 **루프**(Loop)된 곳은 **4가닥, 기타 8가닥**이 된다. 말단 수동 발신기함 루프(Loop) ‖ 교차회로방식 ‖

중요

동작순서

할론소화설비 · 이산화탄소소화설비 동작순서	준비작동식 스프링클러설비 동작순서
① 2개 이상의 감지기회로 작동 ② 수신반에 신호 ③ **화재표시등, 지구표시등** 점등 ④ **사이렌** 경보 ⑤ 기동용기 솔레노이드 개방 ⑥ 약제 방출 ⑦ **압력스위치** 작동 ⑧ 방출표시등 점등	① 감지기 A · B 작동 ② 수신반에 신호(**화재표시등** 및 **지구표시등** 점등) ③ **전자밸브** 작동 ④ **준비작동식 밸브** 작동 ⑤ **압력스위치** 작동 ⑥ 수신반에 신호(**기동표시등** 및 **밸브개방표시등** 점등) ⑦ 사이렌 경보

(다) **구역**(Zone)이 추가됨에 따라 늘어나는 배선명칭

CO_2 및 할론소화설비 · 분말소화설비	준비작동식 스프링클러설비
① 감지기 A ② 감지기 B ③ 기동스위치 ④ 사이렌 ⑤ 방출표시등	① 감지기 A ② 감지기 B ③ 밸브기동(SV) ④ 밸브개방확인(PS) ⑤ 밸브주의(TS) ⑥ 사이렌

• 방출지연스위치는 일반적으로 구역(Zone)마다 추가하지 않음을 특히 주의하라!
• 방출지연스위치=비상스위치=방출지연비상스위치=Abort Switch

☆ 문제 04

피난구유도등의 설치 제외 장소에 대한 다음 (   ) 안을 완성하시오. (05.7.문3)

득점	배점
	6

○ 바닥면적이 (①)m^2 미만인 층으로서 옥내로부터 직접 지상으로 통하는 출입구(외부의 식별이 용이한 경우에 한한다.)
○ 거실 각 부분으로부터 하나의 출입구에 이르는 보행거리가 (②)m 이하이고 비상조명등과 유도표지가 설치된 거실의 출입구
○ 출입구가 3 이상 있는 거실로서 그 거실 각 부분으로부터 하나의 출입구에 이르는 보행거리가 (③)m 이하인 경우에는 주된 출입구 2개소 외의 출입구(유도표지가 부착된 출입구를 말한다.) 다만, 공연장, 집회장, 관람장, 전시장, 판매시설, 운수시설, 숙박시설, 노유자시설, 의료시설, 장례시설(장례식장)의 경우에는 그러하지 아니하다.

해답 ① 1000
② 20
③ 30

해설 **설치 제외 장소**

(1) **자동화재탐지설비의 감지기 설치 제외 장소**(NFPC 203 7조 ⑤항, NFTC 203 2.4.5)
① 천장 또는 반자의 높이가 **20m** 이상인 곳(감지기의 부착높이에 따라 적응성이 있는 장소 제외)
② **헛간** 등 외부와 기류가 통하여 화재를 유효하게 감지할 수 없는 장소
③ **목욕실** · 욕조나 샤워시설이 있는 화장실 기타 이와 유사한 장소
④ **부식성** 가스 체류 장소
⑤ 감지기의 **유지관리**가 어려운 장소

(2) **누전경보기의 수신부 설치 제외 장소**(NFPC 205 5조 ②항, NFTC 205 2.2.2)
① 온도변화가 급격한 장소
② 습도가 높은 장소

③ **가**연성의 증기, 가스 등 또는 부식성의 증기, 가스 등의 다량 체류 장소
④ **대전류회로, 고주파발생회로** 등의 영향을 받을 우려가 있는 장소
⑤ **화**약류 제조, 저장, 취급장소

기억법 온습누가대화(온도·습도가 높으면 누가 대화하냐?)

(3) **피난구유도등의 설치 제외 장소**(NFPC 303 11조 ①항, NFTC 303 2.8.1)
① 옥내에서 직접 지상으로 통하는 출입구(바닥면적 **1000m²** 미만 층)
② **대각선 길이**가 **15m** 이내인 구획된 실의 출입구
③ 비상조명등·유도표지가 설치된 거실 출입구(거실 각 부분에서 출입구까지의 **보행거리 20m** 이하)
④ 출입구가 **3 이상**인 거실(거실 각 부분에서 출입구까지의 **보행거리 30m** 이하는 주된 출입구 **2개 외**의 출입구)

(4) **통로유도등의 설치 제외 장소**(NFPC 303 11조 ②항, NFTC 303 2.8.2)
① 길이 **30m** 미만의 복도·통로(구부러지지 않은 복도·통로)
② 보행거리 **20m** 미만의 복도·통로(출입구에 **피난구유도등**이 설치된 복도·통로)

(5) **객석유도등의 설치 제외 장소**(NFPC 303 11조 ③항, NFTC 303 2.8.3)
① **채광**이 충분한 객석(**주간**에만 사용)
② **통**로유도등이 설치된 객석(거실 각 부분에서 거실 출입구까지의 **보행거리 20m** 이하)

기억법 채객보통(채소는 객관적으로 보통이다.)

(6) **비상조명등의 설치 제외 장소**(NFPC 304 5조 ①항, NFTC 304 2.2.1)
① 거실 각 부분에서 출입구까지의 **보행거리 15m** 이내
② **공동주택·경기장·의원**·의료시설·**학교 거실**

(7) **휴대용 비상조명등의 설치 제외 장소**(NFPC 304 5조 ②항, NFTC 304 2.2.2)
① 복도·통로·창문 등을 통해 **피**난이 용이한 경우(**지상 1층·피난층**)
② **숙박시설**로서 복도에 비상조명등을 설치한 경우

기억법 휴피(휴지로 피 닦아.)

☆☆☆

문제 05

감지기회로의 도통시험을 위한 종단저항의 설치기준 3가지를 쓰시오. (16.4.문7, 08.11.문14)

○
○
○

득점	배점
	4

해답 ① 점검 및 관리가 쉬운 장소에 설치할 것
② 전용함 설치시 바닥에서 1.5m 이내의 높이에 설치
③ 감지기회로의 끝부분에 설치하고 종단감지기에 설치시 구별이 쉽도록 해당 기판 및 감지기외부 등에 표시

해설 **종단저항**의 **설치기준**(NFPC 203 11조, NFTC 203 2.8.1.3)
(1) **점검** 및 **관리**가 쉬운 장소에 설치할 것
(2) **전용함**을 설치하는 경우, 그 설치높이는 바닥으로부터 **1.5m** 이내로 할 것
(3) 감지기회로의 **끝부분**에 설치하며, **종단감지기**에 설치할 경우에는 구별이 쉽도록 해당 감지기의 **기판** 및 감지기 외부 등에 별도의 **표시**를 할 것

용어

종단저항과 **무반사 종단저항**

종단저항	무반사 종단저항
감지기회로의 **도통시험**을 용이하게 하기 위하여 **감지기회로**의 **끝**부분에 설치하는 저항	전송로로 전송되는 전자파가 전송로의 종단에서 반사되어 교신을 방해하는 것을 막기 위해 **누설동축케이블**의 끝부분에 설치하는 저항

☆☆☆

문제 06

지하주차장에 준비작동식 스프링클러설비를 설치하고, 차동식 스포트형 감지기 2종을 설치하여 소화설비와 연동하는 감지기를 배선하고자 한다. 미완성 평면도를 참고하여 다음 각 물음에 답하시오. (단, 층고는 3.5m이며 내화구조이다.) (17.4.문3, 16.6.문14, 15.4.문3, 14.7.문15, 13.4.문10, 12.4.문15, 09.7.문1)

득점	배점
	5

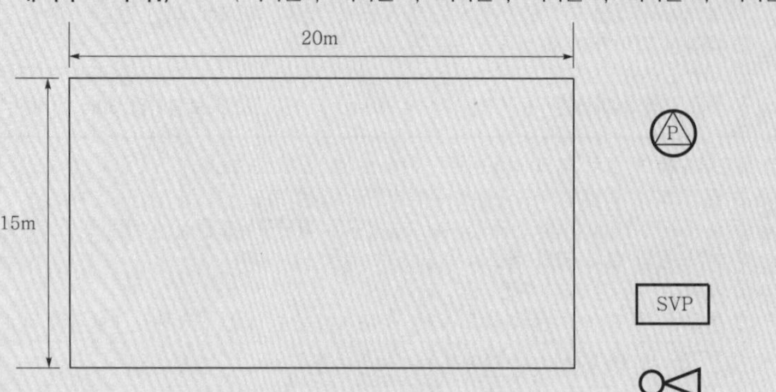

(가) 본 설비에 필요한 감지기 수량을 산출하시오.
  ○ 계산과정 :
  ○ 답 :

(나) 각 설비 및 감지기 간 배선도를 평면도에 작성하고 배선에 필요한 가닥수를 표시하시오. (단, SVP와 준비작동밸브 간의 공통선은 겸용으로 사용하지 않는다.)

해답 (가) ○ 계산과정 : $\frac{(20\times15)}{70}=4.28 ≒ 5$

5×2개 회로$=10$개

○ 답 : 10개

(나)

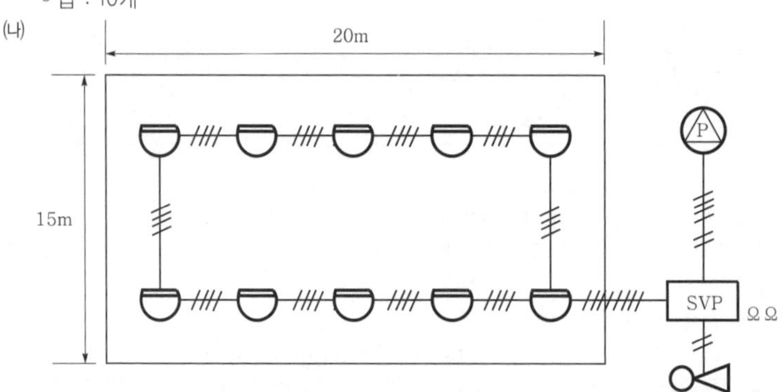

해설 (가) **감지기**의 **부착높이**에 따른 **바닥면적**(NFPC 203 7조, NFTC 203 2.4.3.9.1) (단위 : m^2)

부착높이 및 소방대상물의 구분		감지기의 종류				
		차동식·보상식 스포트형		정온식 스포트형		
		1종	2종	특 종	1종	2종
4m 미만	내화구조	90	70	70	60	20
	기타 구조	50	40	40	30	15
4m 이상 8m 미만	내화구조	45	35	35	30	–
	기타 구조	30	25	25	15	–

내화구조의 소방대상물로서 부착높이가 **4m** 미만의 **차동식 스포트형 2종** 감지기 1개가 담당하는 바닥면적은 **70m²**이므로

$$\frac{(20\times15)}{70}=4.28 \fallingdotseq 5$$

∴ 5×2개 회로=10개

- 문제에서 주어진 준비작동식은 **교차회로방식**을 적용하고, 교차회로방식은 **2개 회로**를 곱해야 한다.
- 이 설비는 **지하 1층**만 있으므로 감지기 수량은 **10개**가 되는 것이다.
- SVP 옆에는 종단저항 2개(ΩΩ)를 반드시 표시할 것

(나) ① **준비작동식** 스프링클러설비는 **교차회로방식**을 적용하여야 하므로 감지기회로의 배선은 **말단** 및 **루프**(Loop)된 곳은 **4가닥**, 그 외는 **8가닥**이 된다.

② 준비작동식 밸브(Preaction Valve)는 〔단서 조건〕에 의해 **공통선**을 **겸용**으로 사용하지 **않으므로 6가닥**(밸브기동(SV) 2, 밸브개방확인(PS) 2, 밸브주의(TS) 2)이 필요하다.

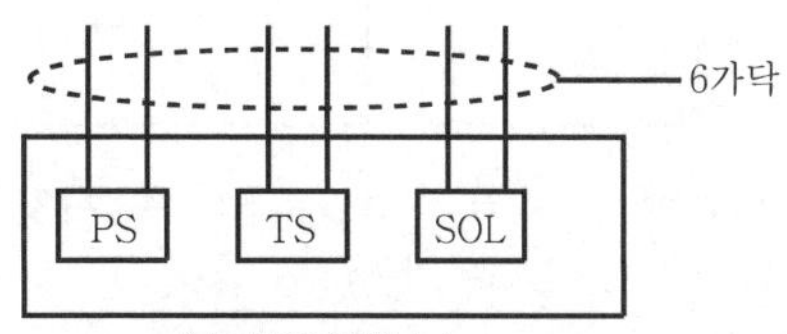

‖ 프리액션밸브 ‖

비교

SVP와 준비작동밸브 간의 **공통선**을 **겸용**으로 사용하는 경우

※ **전선내역** : 4가닥(밸브기동(SV) 1, 밸브개방확인(PS) 1, 밸브주의(TS) 1, 공통 1)

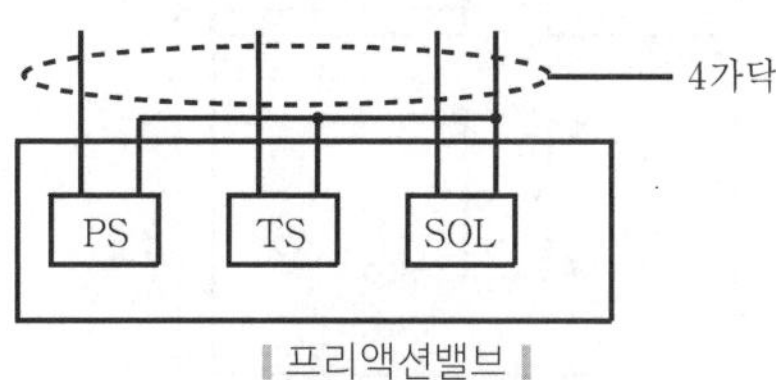

‖ 프리액션밸브 ‖

③ 사이렌(Siren)은 **2가닥**이 필요하다.

④ 가로가 20m로서 세로보다 길기 때문에 감지기는 **가로**에 **5개**, **세로**에 **2개**를 배치하면 된다.

⑤ SVP 옆에 **종단저항 2개**(ΩΩ)도 반드시 표시하도록 하자! 종단저항 표시를 하지 않았다고 하여 틀릴 수도 있다. 종단저항 표시는 Ω×**2**로 해도 된다.

중요

교차회로방식

구 분	설 명
정의	하나의 방호구역 내에 2 이상의 감지기회로를 설치하고 2 이상의 감지기회로가 동시에 감지되는 때에 설비가 작동되도록 하는 방식
적용설비	• 분말소화설비 • 할론소화설비 • 이산화탄소소화설비 • 준비작동식 스프링클러설비 • 일제살수식 스프링클러설비 • 할로겐화합물 및 불활성기체 소화설비 기억법 **분할이 준일할**

☆☆ 문제 07

그림과 같이 사무실 용도로 사용되고 있는 건축물의 복도에 통로유도등을 설치하고자 한다. 다음 각 물음에 답하시오. (12.7.문13)

득점	배점
	6

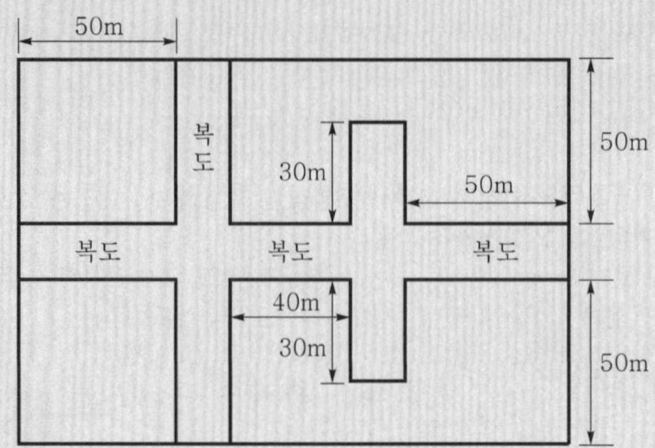

(가) 통로유도등을 설치하여야 할 곳을 작은 점(●)으로 표시하시오.

(나) 통로유도등은 총 몇 개가 소요되는가?

해답 (가)

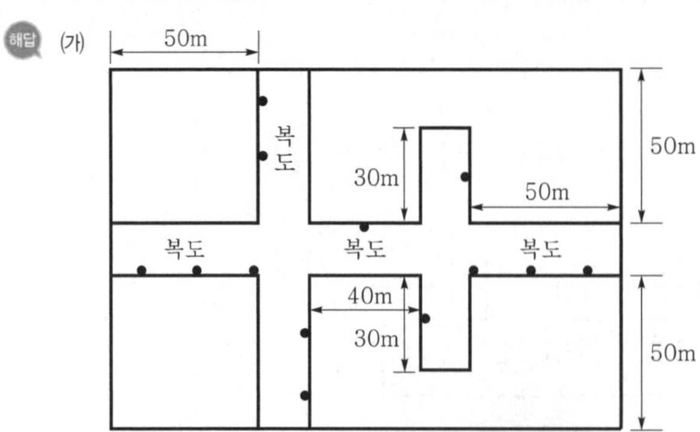

(나) 13개

해설

- **'복도'**에 설치하므로 복도통로유도등을 설치하여야 한다.
- 복도통로유도등은 구부러진 모퉁이 및 보행거리 **20m**마다 설치하여야 한다.
- **벽**으로부터는 **10m**마다 설치한다.
- 보행거리 20m마다 복도통로유도등을 설치하다 보면 구부러진 모퉁이에도 자동적으로 설치되므로 여기서는 구부러진 모퉁이는 적용할 필요가 없다.
- 구부러진 모퉁이는 방향은 다르지만 중복되는 위치에는 유도등을 일반적으로 설치하지 않을 수 있다.

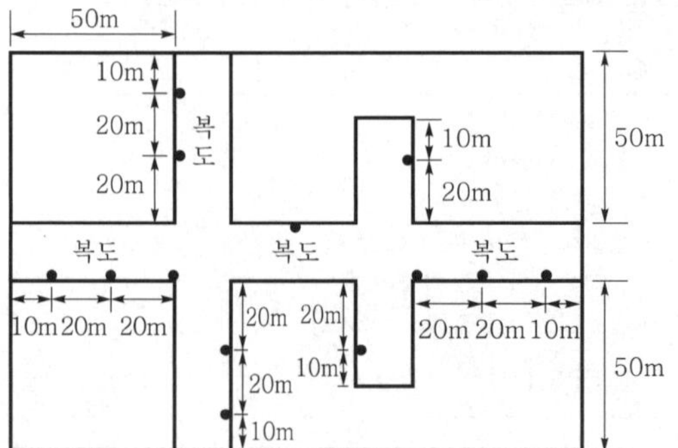

설치개수

복도·거실 통로유도등	유도표지	객석유도등
개수 $\geq \frac{\text{보행거리}}{20} - 1$	개수 $\geq \frac{\text{보행거리}}{15} - 1$	개수 $\geq \frac{\text{직선부분 길이}}{4} - 1$

☆☆
문제 08

비상콘센트설비의 설치기준에 관해 다음 빈칸을 완성하시오. (19.4.문3, 14.4.문8)

득점	배점
	5

○ 전원회로는 각 층에 있어서 (①)되도록 설치할 것. 다만, 설치해야 할 층의 비상콘센트가 1개인 때에는 하나의 회로로 할 수 있다.
○ 전원회로는 (②)에서 전용회로로 할 것. 다만, 다른 설비의 회로의 사고에 따른 영향을 받지 아니하도록 되어 있는 것에 있어서는 그러하지 아니하다.
○ 콘센트마다 (③)를 설치하여야 하며, (④)가 노출되지 아니하도록 할 것
○ 하나의 전용회로에 설치하는 비상콘센트는 (⑤) 이하로 할 것

해답 ① 2 이상
② 주배전반
③ 배선용 차단기
④ 충전부
⑤ 10개

해설 **비상콘센트설비**의 설치기준(NFPC 504 4조, NFTC 504 2.1)

구 분	전 압	공급용량	플러그접속기
단상교류	220V	1.5kVA 이상	접지형 2극

(1) 하나의 전용회로에 설치하는 비상콘센트는 **10개** 이하로 할 것(전선의 용량은 **3개** 이상일 때 **3개**)

설치하는 비상콘센트 수량	전선의 용량산정시 적용하는 비상콘센트 수량	전선의 용량
1	1개 이상	1.5kVA 이상
2	2개 이상	3.0kVA 이상
3~10	3개 이상	4.5kVA 이상

(2) 전원회로는 각 층에 있어서 **2 이상**이 되도록 설치할 것(단, 설치해야 할 층의 콘센트가 **1개**인 때에는 하나의 회로로 할 수 있다.)
(3) 플러그접속기의 칼받이 접지극에는 **접지공사**를 해야 한다. (감전 보호가 목적이므로 **보호접지**를 해야 한다.)
(4) 풀박스는 **1.6mm** 이상의 철판을 사용할 것
(5) 절연저항은 **전원부**와 **외함** 사이를 **직류 500V 절연저항계**로 측정하여 **20MΩ** 이상일 것
(6) 전원으로부터 각 층의 비상콘센트에 분기되는 경우에는 **분기배선용 차단기**를 보호함 안에 설치할 것
(7) 바닥으로부터 **0.8~1.5m** 이하의 높이에 설치할 것
(8) 전원회로는 **주배전반**에서 **전용회로**로 하며, 배선의 종류는 **내화배선**이어야 한다.
(9) 콘센트마다 **배선용 차단기**를 설치하며, **충전부**가 노출되지 않도록 할 것

★★★

문제 09

사무실(1동)과 공장(2동)으로 구분되어 있는 건물에 자동화재탐지설비의 P형 발신기세트와 습식스프링클러설비를 설치하고, 수신기는 경비실에 설치하였다. 경보방식은 동별 구분경보방식을 적용하였으며, 옥내소화전의 가압송수장치는 기동용 수압개폐장치를 사용하는 방식인 경우에 다음 물음에 답하시오. (14.11.문15, 10.4.문17, 08.4.문16)

득점	배점
	12

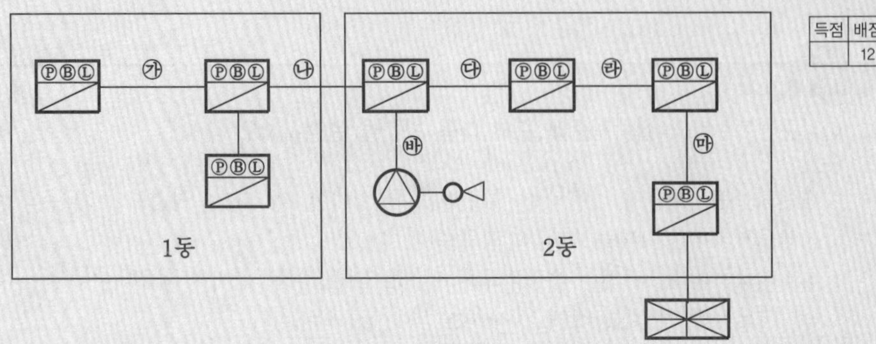

(가) 빈칸 ㉮, ㉰, ㉱, ㉲ 안에 전선 가닥수 및 전선의 용도를 쓰시오. (단, 스프링클러설비와 자동화재탐지설비의 공통선은 각각 별도로 사용하며, 전선은 최소 가닥수를 적용한다.)

기 호	가닥수	자동화재탐지설비							스프링클러설비			
		용도1	용도2	용도3	용도4	용도5	용도6	용도7	용도1	용도2	용도3	용도4
㉮												
㉯	10	응답	지구3	지구 공통	경종	경종표시등 공통	표시등	기동확인표시등2				
㉰												
㉱												
㉲												
㉳	4								압력스위치	탬퍼스위치	사이렌	공통

(나) 공장동에 설치한 폐쇄형 헤드를 사용하는 습식스프링클러의 유수검지장치용 음향장치는 어떤 경우에 울리게 되는가?

(다) 습식스프링클러 유수검지장치용 음향장치는 담당구역의 각 부분으로부터 하나의 음향장치까지의 수평거리를 몇 m 이하로 하여야 하는가?

해답 (가)

기 호	가닥수	자동화재탐지설비							스프링클러설비			
		용도1	용도2	용도3	용도4	용도5	용도6	용도7	용도1	용도2	용도3	용도4
㉮	8	응답	지구	지구 공통	경종	경종표시등 공통	표시등	기동확인 표시등2				

㉯	10	응답	지구3	지구 공통	경종	경종표시등 공통	표시등	기동확인 표시등2				
㉰	16	응답	지구4	지구 공통	경종2	경종표시등 공통	표시등	기동확인 표시등2	압력 스위치	탬퍼 스위치	사이렌	공통
㉱	17	응답	지구5	지구 공통	경종2	경종표시등 공통	표시등	기동확인 표시등2	압력 스위치	탬퍼 스위치	사이렌	공통
㉲	18	응답	지구6	지구 공통	경종2	경종표시등 공통	표시등	기동확인 표시등2	압력 스위치	탬퍼 스위치	사이렌	공통
㉳	4								압력 스위치	탬퍼 스위치	사이렌	공통

(나) 헤드개방시 또는 시험장치의 개폐밸브 개방

(다) 25m

 (가)

- 문제에서처럼 **동별 구분**되어 있을 때는 가닥수를 **구분경보방식**으로 산정한다.
- 구분경보방식은 **경종개수**가 **동별**로 **추가**되는 것에 주의하라!
- 구분경보방식=구분명동방식
- 지구선은 발신기세트 수를 세면 된다.
- 문제에서 기동용 수압개폐방식(**자동기동방식**)도 주의하여야 한다. 옥내소화전함이 자동기동방식이므로 감지기배선을 제외한 간선에 '**기동확인표시등2**'가 추가로 사용되어야 한다. 특히, 옥내소화전배선은 구역에 따라 가닥수가 늘어나지 않는 것에 주의하라!
- **습식 · 건식 스프링클러설비**의 **가닥수 산정**

배 선	가닥수 산정
• 압력스위치	**알람체크밸브** 또는 **건식밸브수**마다 1가닥씩 추가
• 탬퍼스위치	
• 사이렌	
• 공통	1가닥

- 압력스위치=유수검지스위치
- 탬퍼스위치(Tamper Switch)=밸브폐쇄 확인스위치=밸브개폐 확인스위치

(나) **유수검지장치용 음향장치**의 **경보**

① **헤드**가 **개방**되는 경우

② **시험장치**의 **개폐밸브**를 **개방**하는 경우

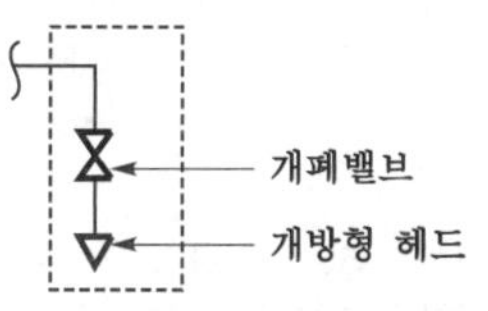

‖ 시험장치의 구성(신형) ‖

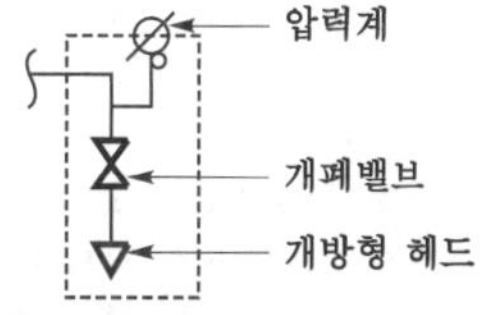

‖ 시험장치의 구성(구형) ‖

- '**헤드개방시**'라고 써도 무리는 없겠지만 정확하게 '**헤드개방시 또는 시험장치의 개폐밸브 개방**'이라고 정확히 쓰도록 하자.

(다) **수평거리**와 **보행거리**

① **수평거리**

수평거리	적용대상
수평거리 **25m** 이하	• 발신기 • 음향장치(확성기) • 비상콘센트(지하상가 · 바닥면적 **3000m²** 이상)
수평거리 **50m** 이하	• 비상콘센트(기타)

② **보행거리**

보행거리	적용대상
보행거리 **15m** 이하	• 유도표지
보행거리 **20m** 이하	• 복도통로유도등 • 거실통로유도등 • 3종 연기감지기
보행거리 **30m** 이하	• 1·2종 연기감지기

③ **수직거리**

수직거리	적용대상
수직거리 **10m** 이하	• 3종 연기감지기
수직거리 **15m** 이하	• 1·2종 연기감지기

• **음향장치**의 수평거리는 **25m** 이하이다.

☆☆☆

문제 10

자동화재탐지설비의 감지기회로 및 음향장치에 대한 사항이다. 다음 각 물음에 답하시오.

(17.11.문8, 11.7.문14, 06.11.문12)

득점	배점
	5

(가) 자동화재탐지설비의 감지기회로의 전로저항은 몇 Ω 이하가 되도록 해야 하는가?

(나) P형 수신기 및 GP형 수신기의 감지기회로의 배선에 있어서 하나의 공통선이 담당하는 구역은 몇 개 이하로 해야 하는가?

(다) 지구음향장치의 시험방법 및 판정기준을 쓰시오.

○ 시험방법 :

○ 판정기준 :

해답 (가) 50Ω

(나) 7개 이하

(다) ○ 시험방법 : 임의의 감지기 또는 발신기가 작동했을 때 화재신호와 연동하여 음향장치의 정상작동 여부 확인

○ 판정기준 : 지구음향장치가 작동하고 음량이 정상일 것. 음량은 음향장치의 중심에서 1m 떨어진 곳에서 90dB 이상

해설 (가), (나) **자동화재탐지설비**의 **배선**

① 자동화재탐지설비의 **감지기회로**의 **전로저항**은 **50Ω 이하**가 되도록 해야 한다.

② 자동화재탐지설비의 **감지기회로**의 **절연저항**은 **0.1MΩ 이상**이어야 한다.

③ P형 수신기 및 GP형 수신기의 감지기회로의 배선에 있어서 하나의 공통선에 접속할 수 있는 경계구역은 **7개 이하**로 해야 한다.

(다) **자동화재탐지설비**의 **시험**

시험종류	시험방법	가부판정의 기준
화재표시 작동시험	① 회로선택스위치로서 실행하는 시험 : 동작시험스위치를 눌러서 스위치 주의등의 점등을 확인한 후 회로선택스위치를 차례로 회전시켜 **1회로**마다 화재시의 작동시험을 행할 것 ② 감지기 또는 발신기의 작동시험과 함께 행하는 방법 : 감지기 또는 발신기를 차례로 작동시켜 경계구역과 지구표시등과의 접속상태를 확인할 것	① 각 **릴레이**(relay)의 작동 ② **화재표시등, 지구표시등** 그 밖의 표시장치의 점등(램프의 단선도 함께 확인할 것) ③ **음향장치** 작동확인 ④ **감지기회로** 또는 **부속기기회로**와의 연결접속이 정상일 것

회로도통 시험	**감지기회로**의 **단선**의 **유무**와 기기 등의 접속상황을 확인하기 위해서 다음과 같은 시험을 행할 것 ① 도통시험스위치를 누른다. ② 회로선택스위치를 차례로 회전시킨다. ③ 각 회선별로 전압계의 전압을 확인한다. (단, 발광다이오드로 그 정상 유무를 표시하는 것은 발광다이오드의 점등 유무를 확인한다.) ④ 종단저항 등의 접속상황을 조사한다.	각 회선의 **전압계**의 **지시치** 또는 발광다이오드(LED)의 점등유무 상황이 정상일 것
공통선 시험 (단, 7회선 이하는 제외)	공통선이 담당하고 있는 경계구역의 적정 여부를 다음에 따라 확인할 것 ① 수신기 내 접속단자의 회로공통선을 1선 제거한다. ② 회로도통시험의 예에 따라 도통시험스위치를 누르고, 회로선택스위치를 차례로 회전시킨다. ③ 전압계 또는 발광다이오드를 확인하여 「단선」을 지시한 경계구역의 회선수를 조사한다.	공통선이 담당하고 있는 경계구역수가 **7 이하**일 것
동시작동 시험 (단, 1회선은 제외)	감지기회로가 동시에 수회선 작동하더라도 수신기의 기능에 이상이 없는가의 여부를 다음에 따라 확인할 것 ① 주전원에 의해 행한다. ② 각 회선의 화재작동을 복구시키는 일이 없이 **5회선**(5회선 미만은 전회선)을 동시에 작동시킨다. ③ ②의 경우 주음향장치 및 지구음향장치를 작동시킨다. ④ 부수신기와 표시기를 함께 하는 것에 있어서는 이 모두를 작동상태로 하고 행한다.	각 회선을 동시 작동시켰을 때 ① **수신기**의 이상 유무 ② **부수신기**의 이상 유무 ③ **표시장치**의 이상 유무 ④ **음향장치**의 이상 유무 ⑤ **화재**시 **작동**을 정확하게 계속하는 것일 것
회로저항 시험	감지기회로의 1회선의 선로저항치가 수신기의 기능에 이상을 가져오는지 여부 확인 ① **저항계** 또는 **테스터**(tester)를 사용하여 감지기회로의 공통선과 표시선(회로선) 사이의 전로에 대해 측정한다. ② 항상 개로식인 것에 있어서는 회로의 말단을 도통상태로 하여 측정한다.	하나의 감지기회로의 합성저항치는 **50**Ω 이하로 할 것
예비전원 시험	상용전원 및 비상전원이 사고 등으로 정전된 경우, 자동적으로 예비전원으로 절환되며, 또한 정전복구시에 자동적으로 상용전원으로 절환되는지의 여부를 다음에 따라 확인할 것 ① 예비전원시험스위치를 누른다. ② 전압계의 지시치가 지정범위 내에 있을 것(단, 발광다이오드로 그 정상 유무를 표시하는 것은 발광다이오드의 정상 점등 유무를 확인한다.) ③ 교류전원을 개로(또는 상용전원을 차단)하고 자동절환릴레이의 작동상황을 조사한다.	① 예비전원의 **전압** ② 예비전원의 **용량** ③ 예비전원의 **절환상황** ④ 예비전원의 **복구작동**이 정상일 것
저전압시험	정격전압의 **80%**로 하여 행한다.	–
비상전원 시험	비상전원으로 **축전지설비**를 사용하는 것에 대해 행한다.	–
지구음향장치 작동시험	임의의 감지기 또는 발신기를 작동했을 때 화재신호와 연동하여 음향장치의 정상작동 여부 확인	지구음향장치가 작동하고 음량이 정상일 것. 음량은 음향장치의 중심에서 1m 떨어진 위치에서 90dB 이상일 것

☆☆
문제 11

어떤 건물에 대한 소방설비의 배선도면을 보고 다음 각 물음에 답하시오. (단, 배선공사는 후강전선관을 사용한다고 한다.) (15.4.문4, 03.4.문8)

득점	배점
	13

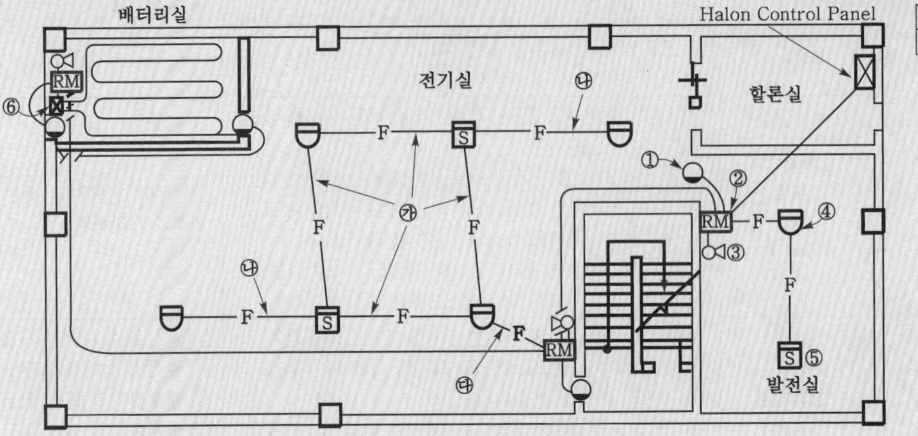

(가) 다음 표시된 그림기호의 명칭을 쓰시오.

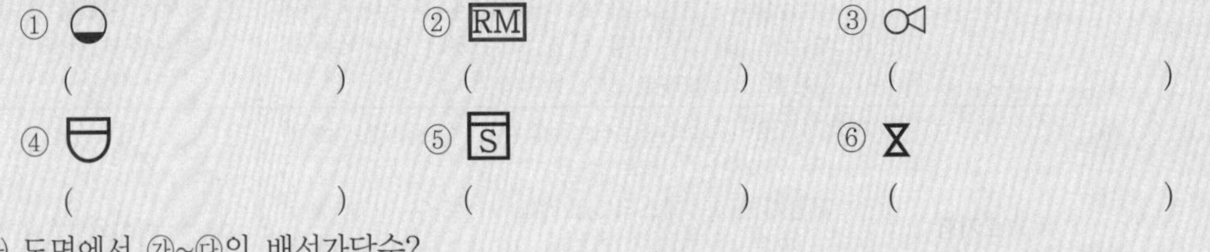

(나) 도면에서 ㉮~㉰의 배선가닥수?

㉮ ㉯ ㉰

(다) 도면에서 물량을 산출할 때 어떤 박스를 몇 개 사용하여야 하는지 각각 구분하여 답하시오.

(라) 부싱은 몇 개가 소요되겠는가?

해답 (가) ① 방출표시등 ② 수동조작함 ③ 사이렌
④ 차동식 스포트형 감지기 ⑤ 연기감지기 ⑥ 차동식 분포형 감지기의 검출부

(나) ㉮ 4가닥 ㉯ 4가닥 ㉰ 8가닥

(다) 8각박스 : 16개
4각박스 : 4개

(라) 40개

해설 (가) 옥내배선기호

명 칭	그림기호	적 요
방출표시등	⊗ 또는 ◐	• 벽붙이형 : ├⊗
수동조작함	RM	• 소방설비용 : RM_F
사이렌	○◁	• 모터사이렌 : Ⓜ◁ • 전자사이렌 : Ⓢ◁
차동식 스포트형 감지기	⊖	–
보상식 스포트형 감지기	⊜	–

정온식 스포트형 감지기	◡	• 방수형 : • 내산형 : • 내알칼리형 : • 방폭형 : EX
연기감지기	S	• 점검 박스 붙이형 : S • 매입형 : S
차동식 분포형 감지기의 검출부	⧖	–

• 차동식 분포형 감지기의 검출부의 심벌은 원칙적으로 ⧖이지만 공기관의 접속부분에는 차동식 분포형 감지기의 검출부가 설치되므로 본 문제에서는 ⊠을 차동식 분포형 감지기의 검출부로 보아야 한다.

(나) 평면도에서 할론 컨트롤 패널(Halon Control Panel)을 사용하였으므로, 할론소화설비인 것을 알 수 있다. 할론소화설비의 감지기회로의 배선은 **교차회로방식**으로서 말단과 루프(Loop)된 곳은 **4가닥**, 기타는 **8가닥**이 있다.

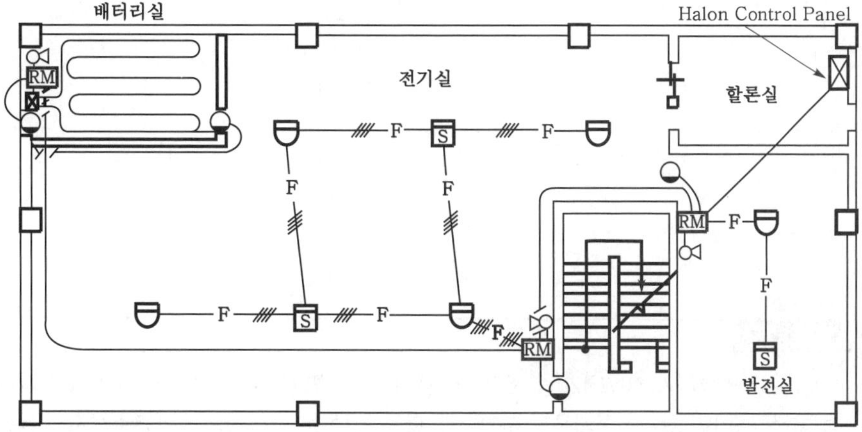

(다) ◯ : 8각박스(16개)

▢ : 4각박스(4개)

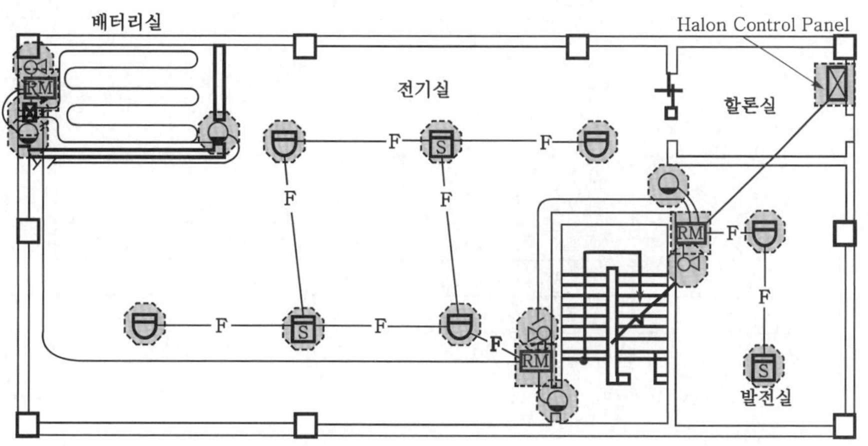

(라) ◯ : 부싱표시(40개)

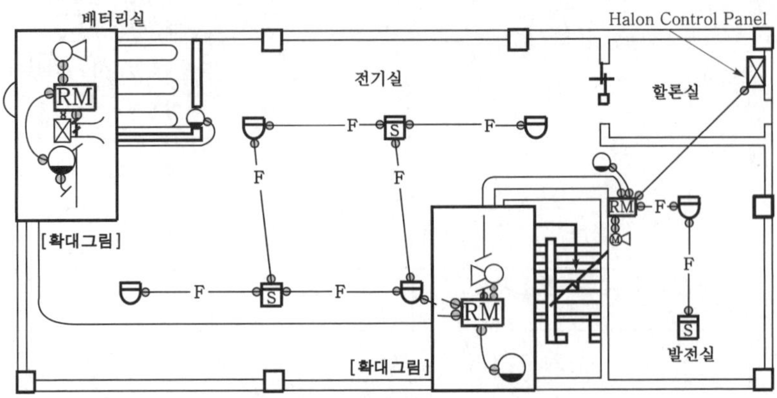

참고

계통도

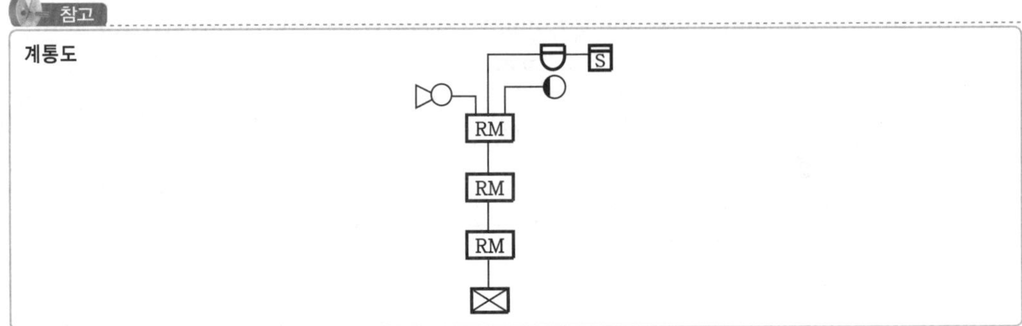

☆☆☆

문제 12

비상용 조명부하가 40W 120등, 60W 50등이 있다. 방전시간은 30분이며 연축전지 HS형 54셀, 허용 최저전압 90V, 최저축전지온도 5℃일 때 다음 각 물음에 답하시오. [연축전지의 용량환산시간 K(상단은 900Ah－2000Ah, 하단은 900Ah이다.)] (16.4.문15, 08.11.문8)

득점	배점
	6

형 식	온도[℃]	10분 1.6V	10분 1.7V	10분 1.8V	30분 1.6V	30분 1.7V	30분 1.8V
CS	25	0.9 0.8	1.15 1.06	1.6 1.42	1.41 1.34	1.6 1.55	2.0 1.88
	5	1.15 1.1	1.35 1.25	2.0 1.8	1.75 1.75	1.85 1.8	2.45 2.35
	−5	1.35 1.25	1.6 1.5	2.65 2.25	2.05 2.05	2.2 2.2	3.1 3.0
HS	25	0.58	0.7	0.93	1.03	1.14	1.38
	5	0.62	0.74	1.05	1.11	1.22	1.54
	−5	0.68	0.82	1.15	1.2	1.35	1.68

(가) 축전지용량을 구하시오. (단, 전압은 100V이며 연축전지의 용량환산시간 K는 표와 같으며 보수율은 0.8이라고 한다.)

○ 계산과정 :

○ 답 :

(나) 자기방전량만 충전하는 방식은?
(다) 연축전지와 알칼리축전지의 공칭전압은?
○ 연축전지 :
○ 알칼리축전지 :

해답 (가) ○ 계산과정 : $I=\dfrac{40\times120+60\times50}{100}=78\text{A}$

$C=\dfrac{1}{0.8}\times1.22\times78=118.95\text{Ah}$

○ 답 : 118.95Ah

(나) 세류충전방식

(다) ○ 연축전지 : 2V/cell
○ 알칼리축전지 : 1.2V/cell

해설 (가) ① 축전지의 공칭전압$=\dfrac{\text{허용최저전압[V]}}{\text{셀수}}=\dfrac{90}{54}=1.666=1.7\text{V/셀}$

방전시간 30분, 축전지의 공칭전압 1.7V, 형식 HS형 최저축전지온도 5℃이므로 도표에서 용량환산시간은 **1.22** 가 된다.

형 식	온도[℃]	10분			30분		
		1.6V	1.7V	1.8V	1.6V	1.7V	1.8V
CS	25	0.9 0.8	1.15 1.06	1.6 1.42	1.41 1.34	1.6 1.55	2.0 1.88
	5	1.15 1.1	1.35 1.25	2.0 1.8	1.75 1.75	1.85 1.8	2.45 2.35
	−5	1.35 1.25	1.6 1.5	2.65 2.25	2.05 2.05	2.2 2.2	3.1 3.0
HS	25	0.58	0.7	0.93	1.03	1.14	1.38
	5	0.62	0.74	1.05	1.11	1.22	1.54
	−5	0.68	0.82	1.15	1.2	1.35	1.68

② 전류 $I=\dfrac{P}{V}=\dfrac{40\times120+60\times50}{100}=78\text{A}$

③ 축전지의 용량 $C=\dfrac{1}{L}KI=\dfrac{1}{0.8}\times1.22\times78=118.95\text{Ah}$

(나) **충전방식**

충전방식	설 명
보통충전방식	필요할 때마다 표준시간율로 충전하는 방식
급속충전방식	보통 충전전류의 **2배**의 **전류**로 충전하는 방식
부동충전방식	① 전지의 자기방전을 보충함과 동시에 상용부하에 대한 전력공급은 충전기가 부담하되, 부담하기 어려운 일시적인 대전류부하는 축전지가 부담하도록 하는 방식으로 **가장 많이 사용**된다. ② 축전지와 부하를 충전기(정류기)에 병렬로 접속하여 충전과 방전을 동시에 행하는 방식이다. 표준부동전압 : **2.15~2.17V** 교류입력(교류전원) / 정류기(충전기) / 축전지 / 부하(상시부하) ▌부동충전방식▐
균등충전방식	각 축전지의 전위차를 보정하기 위해 1~3개월마다 10~12시간 1회 충전하는 방식이다. 균등충전전압 : **2.4~2.5V**

세류충전 (트리클충전) **방식**	**자기방전량**만 항상 **충전**하는 방식
회복충전방식	축전지의 과방전 및 방치상태, 가벼운 설페이션현상 등이 생겼을 때 기능회복을 위하여 실시하는 충전방식 ※ **설페이션**(sulfation) : 충전이 부족할 때 축전지의 극판에 백색 황색연이 생기는 현상

(다) **연축전지**와 **알칼리축전지**의 비교

구 분	연축전지	알칼리축전지
공칭전압	2.0V/cell	1.2V/cell
방전종지전압	1.6V/cell	0.96V/cell
기전력	2.05~2.08V/cell	1.32V/cell
공칭용량	10Ah	5Ah
기계적 강도	약하다.	강하다.
과충방전에 의한 전기적 강도	약하다.	강하다.
충전시간	길다.	짧다.
종류	클래드식, 페이스트식	소결식, 포켓식
수명	5~15년	15~20년

중요

※ **공칭전압**의 **단위**는 V로도 나타낼 수 있지만 좀 더 정확히 표현하자면 **V/cell**이다.

문제 13

자동화재탐지설비에 대한 다음 각 물음에 답하시오. (16.4.문2, 09.4.문15)

(가) P형 5회로 수신기와 수동발신기, 경종, 표시등 사이를 결선하시오. (단, 방호대상물은 $2500m^2$인 지하 1층, 지상 3층 건물임)

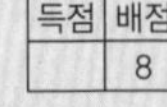

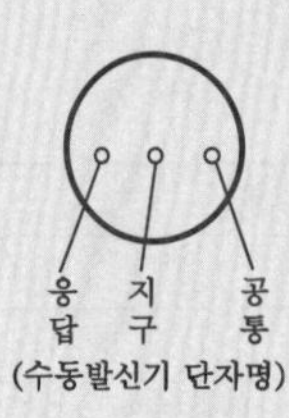

발신기 표시등 경종

3층

2층

지상 1층

지하 1층

수동발신기공통 회로1지구 회로2지구 회로3지구 회로4지구 회로5지구 응답 경종 경종 경종 경종 경종표시등공통 표시등

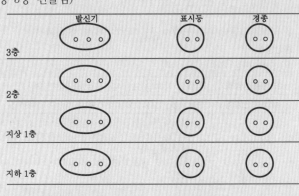

(나) 종단저항은 어느 선과 어느 선 사이에 연결하여야 하는가?

(다) 발신기창의 상부에 설치하는 표시등의 색깔은?

(라) 발신기표시등의 점멸상태는 어떻게 되어 있어야 하는지 그 상태를 설명하시오.

(마) 발신기표시등은 그 불빛의 부착면으로부터 몇 도 이상의 범위 안에서 몇 m의 거리에서 식별할 수 있어야 하는가?

(가)

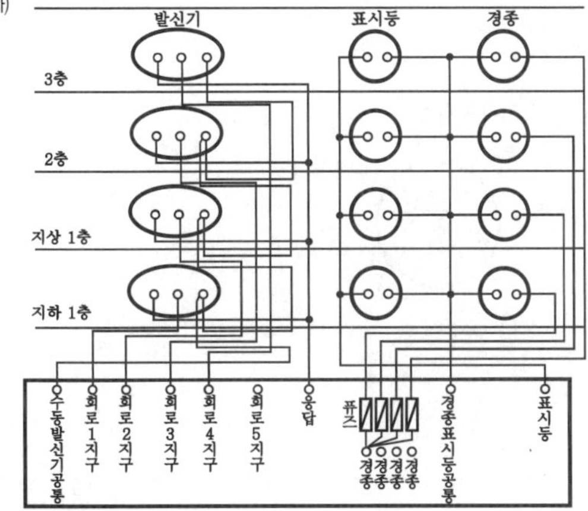

(나) 지구선과 지구공통선
(다) 적색
(라) 항상 점등
(마) 15° 이상의 범위 안에서 10m 거리에서 식별

해설 (가) 11층 미만이므로 **일제경보방식**이지만 경종선 가닥수는 발화층 및 직상 4개층 우선경보방식과 동일하다.

- 결선시 **수동발신기 공통선**을 특히 유의하여 결선할 것. 수동발신기 공통선은 **송배선식**(Two Wire Detector) 방식. 즉, 회로공통선이 발신기단자로 들어갔다가 다시 나오도록 배선하여야 하므로 반드시 해답과 같이 결선하여야 한다. 주의! 주의!
- ▯ : 퓨즈(Fuse)이다.

참고

발화층 및 **직상 4개층 우선경보방식**의 **배선**

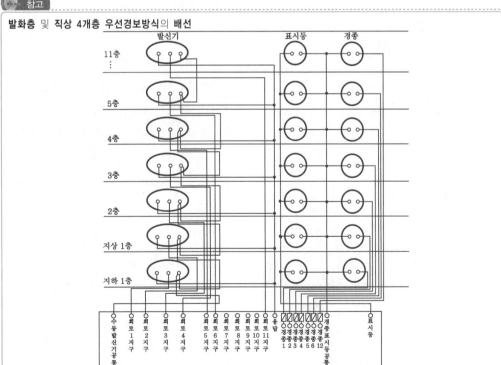

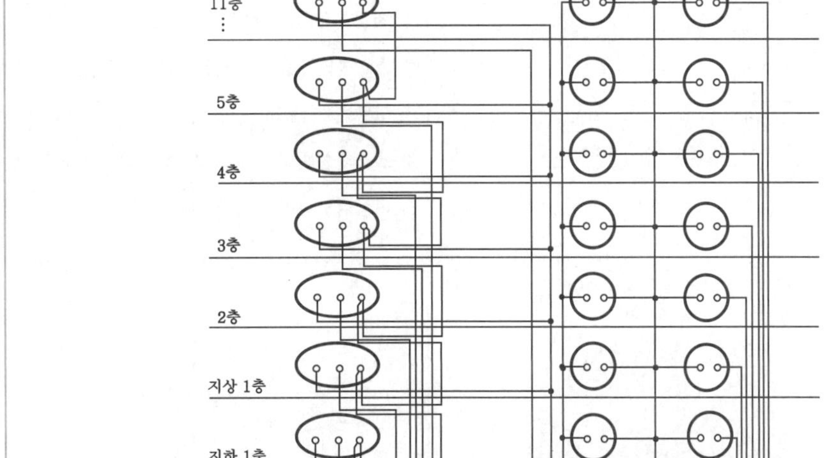

- 일제경보방식과 우선경보방식의 차이점은 단지 **경종선**의 결선방식만 달라진다. (잘 구분하여 보라!)
- 선의 '**접속**'과 '**교차**'에 주의하여 접속되는 부분에는 반드시 점(•)을 찍어야 정답!

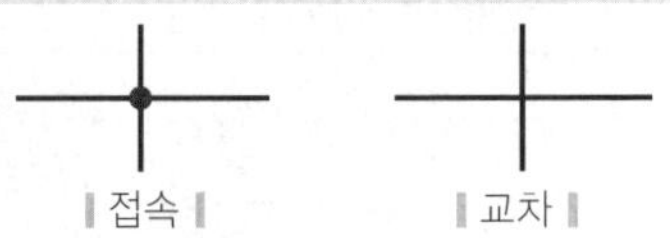

‖ 접속 ‖ ‖ 교차 ‖

(나) 종단저항은 회로선(**지구선**)과 회로공통선(**지구공통선**) 사이에 연결한다.

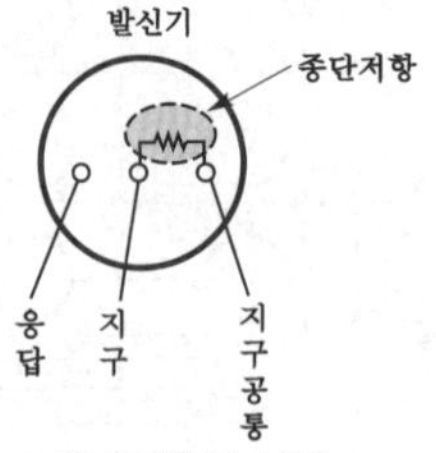

‖ 종단저항의 설치 ‖

(다)~(마) **발신기표시등**

목 적	점멸상태
발신기의 위치표시	항상 점등

발신기표시등은 **함**의 **상부**에 설치하며 그 불빛이 부착면으로부터 **15° 이상**의 범위 안에서 **10m 거리**에서 식별할 수 있는 **적색등**일 것

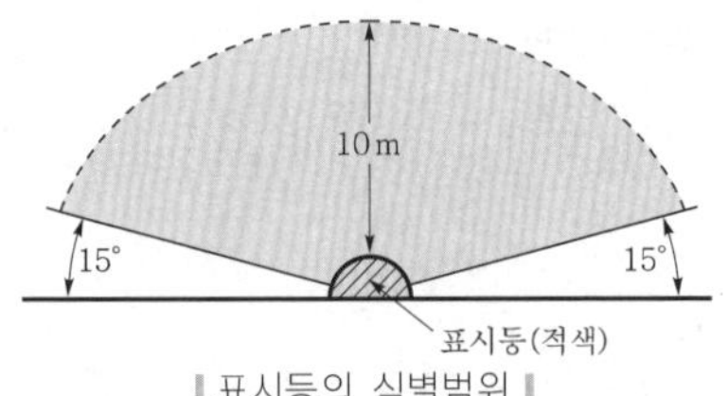

‖ 표시등의 식별범위 ‖

비교

표시등과 **발신기표시등**의 식별

① **옥내소화전설비**의 표시등(NFPC 102 7조 ③항, NFTC 102 2.4.3) ② **옥외소화전설비**의 표시등(NFPC 109 7조 ④항, NFTC 109 2.4.4) ③ **연결송수관설비**의 표시등(NFPC 502 6조, NFTC 502 2.3.1.6.1)	① **자동화재탐지설비**의 발신기표시등(NFPC 203 9조 ②항, NFTC 203 2.6) ② **스프링클러설비**의 화재감지기회로의 발신기표시등(NFPC 103 9조 ③항, NFTC 103 2.6.3.5.3) ③ **미분무소화설비**의 화재감지기회로의 발신기표시등(NFPC 104A 12조 ①항, NFTC 104A 2.9.1.8.3) ④ **포소화설비**의 화재감지기회로의 발신기표시등(NFPC 105 11조 ②항, NFTC 105 2.8.2.2.2) ⑤ **비상경보설비**의 화재감지기회로의 발신기표시등(NFPC 201 4조 ⑤항, NFTC 201 2.1.5.3)
부착면과 **15° 이하**의 각도로도 발산되어야 하며 주위의 밝기가 **0lx**인 장소에서 측정하여 **10m** 떨어진 위치에서 켜진 등이 확실히 식별될 것 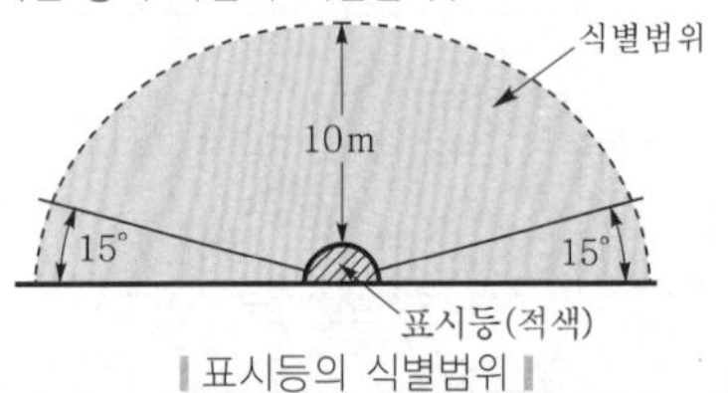 ‖ 표시등의 식별범위 ‖	부착면으로부터 **15° 이상**의 범위 안에서 **10m** 거리에서 식별 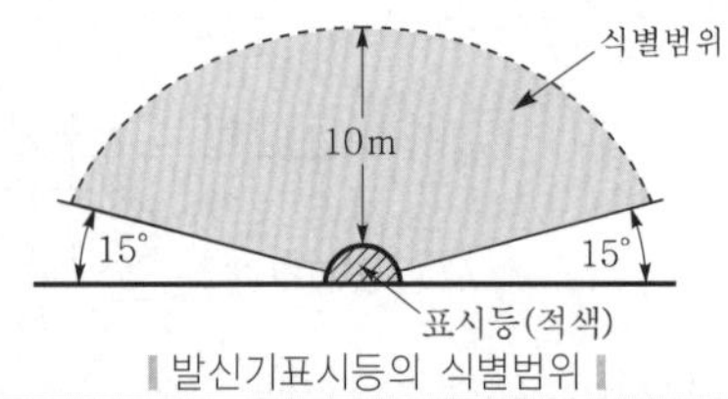 ‖ 발신기표시등의 식별범위 ‖

- **15° 이하**와 **15° 이상**을 확실히 구분해야 한다.

18년 2018. 11. 10 시행

2018년 기사 제4회 필답형 실기시험

자격종목	시험시간	형별	수험번호	성명	감독위원 확 인
소방설비기사(전기분야)	3시간				

※ 다음 물음에 답을 해당 답란에 답하시오.(배점 : 100)

문제 01

지상 20m되는 500m^{3}의 저수조에 양수하는 데 15kW 용량의 전동기를 사용한다면 몇 분 후에 저수조에 물이 가득 차겠는지 쓰시오. (단, 전동기의 효율은 70%이고 여유계수는 1.2이다.) (10.10.문9)

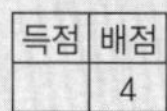

득점	배점
	4

○ 계산과정 :

○ 답 :

해답

○ 계산과정 : $\dfrac{9.8\times1.2\times20\times500}{15\times0.7}=11200\text{초}=186.666 \fallingdotseq 186.67\text{분}$

○ 답 : 186.67분

해설

$$t=\frac{9.8KHQ}{P\eta}=\frac{9.8\times1.2\times20\times500}{15\times0.7}=11200\text{초}$$

1분=60초이므로 $\dfrac{11200\text{초}}{60}=186.666 \fallingdotseq 186.67\text{분}$

- 소수점에 대한 특별한 조건이 없을 때는 소수점 이하 3째자리에서 반올림하면 된다.

참고

1. 전동기의 용량을 구하는 식

(1) 일반적인 설비 : **물** 사용설비

※ 아래의 3가지 식은 모두 같은 식이다. 어느 식을 적용하여 풀어도 답은 옳다. 틀리지 않는다. 소수점의 차이가 조금씩 나지만 그것은 틀린 답이 아니다. (단, 식 적용시 각각의 단위에 유의하라!!) 본 책에서는 독자들의 혼동을 막고자 **1가지** 식으로만 **답안**을 **제시**하였음을 밝혀둔다.

①

$$P=\frac{9.8KHQ}{\eta t}$$

여기서, P : 전동기용량〔kW〕
η : 효율
t : 시간〔s〕
K : 여유계수
H : 전양정〔m〕
Q : 양수량(유량)〔m^3〕

②

$$P=\frac{0.163KHQ}{\eta}$$

여기서, P : 전동기용량〔kW〕
η : 효율
H : 전양정〔m〕
Q : 양수량(유량)〔m^3/min〕
K : 여유계수

③

$$P = \frac{\gamma HQ}{1000\eta} K$$

여기서, P : 전동기용량〔kW〕
η : 효율
γ : 비중량(물의 비중량 9800N/m^3)
H : 전양정〔m〕
Q : 양수량(유량)〔m^3/s〕
K : 여유계수

(2) 제연설비(배연설비) : **공기** 또는 **기류** 사용설비

$$P = \frac{P_T Q}{102 \times 60\eta} K$$

여기서, P : 배연기 동력〔kW〕
P_T : 전압(풍압)〔mmAq, mmH$_2$O〕
Q : 풍량〔m^3/min〕
K : 여유율
η : 효율

주의

제연설비(배연설비)의 전동기의 소요동력은 반드시 위의 식을 적용하여야 한다. 주의! 또 주의!

2. 아주 중요한 단위환산 (꼭! 기억하시나)

(1) 1mmAq=10^{-3}mH$_2$O=10^{-3}m
(2) 760mmHg=10.332mH$_2$O=10.332m
(3) 1Lpm=10^{-3}m^3/min
(4) 1HP=0.746kW

☆☆☆
문제 02

제1종 연기감지기의 설치기준에 대하여 다음 (　　) 안의 빈칸을 채우시오. (11.5.문17)

ㅇ계단 및 경사로에 있어서는 수직거리 (①)m마다 1개 이상으로 할 것
ㅇ복도 및 통로에 있어서는 보행거리 (②)m마다 1개 이상으로 할 것
ㅇ감지기는 벽 또는 보로부터 (③)m 이상 떨어진 곳에 설치할 것
ㅇ천장 또는 반자 부근에 (④)가 있는 경우에는 그 부근에 설치할 것

득점	배점
	4

해답
① 15
② 30
③ 0.6
④ 배기구

해설 **연기감지기**(NFPC 203 7조, NFTC 203 2.4.3.10)

(1) 감지기는 **복도** 및 **통로**에 있어서는 보행거리 **30m**(3종은 20m)마다, **계단** 및 **경사로**에 있어서는 수직거리 **15m**(3종은 **10m**)마다 1개 이상으로 할 것
(2) 천장 또는 반자가 **낮은 실내** 또는 **좁은 실내**에 있어서는 출입구의 가까운 부분에 설치할 것
(3) 천장 또는 반자 부근에 **배기구**가 있는 경우에는 그 부근에 설치할 것
(4) 감지기는 벽 또는 보로부터 **0.6m** 이상 떨어진 위치에 설치하여야 한다.

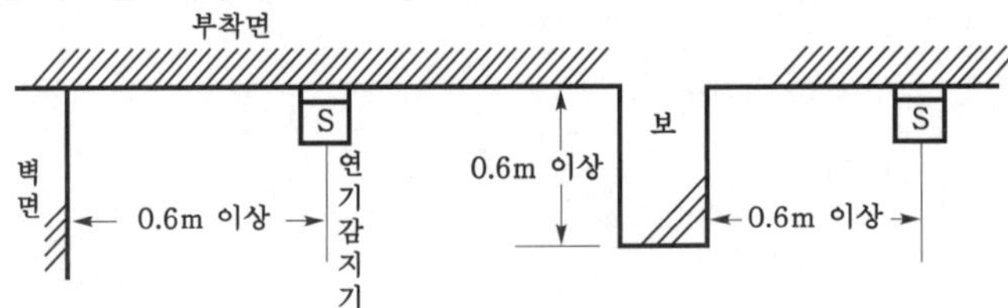

중요

수평거리 · 보행거리

(1) **수평거리**

수평거리	기 기
수평거리 **25m** 이하	① **발**신기 ② **음**향장치(확성기) ③ **비**상콘센트(**지**하상가 · 지하층 바닥면적 **3000m^2** 이상)
수평거리 **50m** 이하	비상콘센트(기타)

기억법 발음2비지(발음이 비슷하지!)

(2) **보행거리**

보행거리	기 기
보행거리 **15m** 이하	유도표지
보행거리 **20m** 이하	① 복도**통**로유도등 ② 거실**통**로유도등 ③ 3종 연기감지기
보행거리 **30m** 이하	1 · 2종 연기감지기

기억법 보통2(보통이 아니네요!)

(3) **수직거리**

수직거리	적용대상
수직거리 10m 이하	3종 연기감지기
수직거리 15m 이하	1 · 2종 연기감지기

☆☆☆

문제 03

비상방송설비에 대한 설치기준으로 다음 (　　) 안에 알맞은 말 또는 수치를 쓰시오.

(19.6.문10, 14.4.문9)

득점	배점
	4

○ 확성기의 음성입력은 실내에 설치하는 것에 있어서는 (①)W 이상일 것
○ 음량조정기를 설치하는 경우 음량조정기의 배선은 (②)으로 할 것
○ 조작부의 조작스위치는 바닥으로부터 (③)m 이상 (④)m 이하의 높이에 설치할 것
○ 확성기는 각 층마다 설치하되, 그 층의 각 부분으로부터 하나의 확성기까지의 수평거리가 (⑤)m 이하가 되도록 할 것

해답 ① 1　② 3선식　③ 0.8　④ 1.5　⑤ 25

해설 **비상방송설비**의 **설치기준**(NFPC 202 4조, NFTC 202 2.1.1)

(1) 확성기의 음성입력은 **3W**(실내는 **1W**) 이상일 것
(2) 음량조정기의 배선은 **3선식**으로 할 것
(3) 기동장치에 의한 **화재신고**를 수신한 후 필요한 음량으로 방송이 개시될 때까지의 소요시간은 **10초** 이하로 할 것
(4) 조작부의 조작스위치는 바닥으로부터 **0.8~1.5m** 이하의 높이에 설치할 것
(5) 다른 전기회로에 의하여 **유도장애**가 생기지 아니하도록 할 것
(6) 확성기는 **각 층**마다 설치하되, 각 부분으로부터의 수평거리는 **25m** 이하일 것

☆☆☆

문제 04

가압송수장치를 기동용 수압개폐방식으로 사용하는 1, 2, 3동의 공장 내부에 옥내소화전함과 자동화재탐지설비용 발신기를 다음과 같이 설치하였다. 다음 각 물음에 답하시오. (15.7.문11, 08.7.문17)

득점	배점
	13

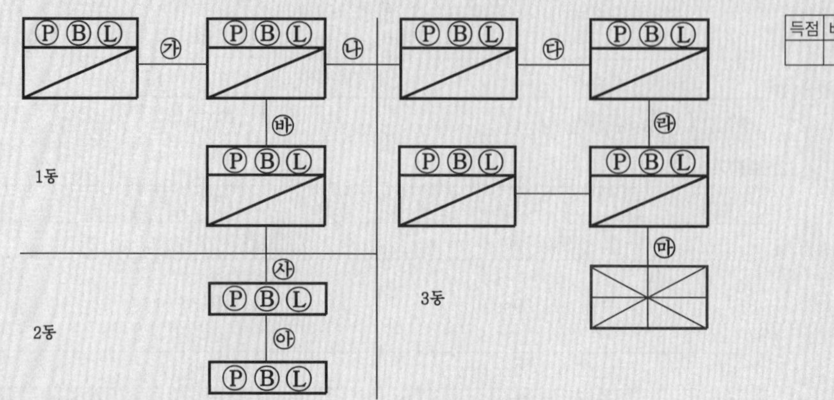

(가) 기호 ㉮~㉵의 전선가닥수를 표시한 도표이다. 전선가닥수를 표 안에 숫자로 쓰시오. (단, 가닥수가 필요 없는 곳은 공란으로 둘 것)

기 호	회로선	회로 공통선	경종선	경종 표시등 공통선	표시 등선	응답선	기동 확인 표시등	합 계
㉮								
㉯								
㉰								
㉱								
㉲								
㉳								
㉴								
㉵								

(나) 도면의 P형 수신기는 최소 몇 회로용을 사용하여야 하는가? (단, 회로수 산정시 10%의 여유를 둔다.)

(다) 수신기를 설치하여야 하지만, 상시근무자가 없는 곳이다. 이때의 수신기의 설치장소는?

(라) 수신기가 설치된 장소에는 무엇을 비치하여야 하는가?

해답 (가)

기 호	회로선	회로 공통선	경종선	경종 표시등 공통선	표시등선	응답선	기동 확인 표시등	합 계
㉮	1	1	1	1	1	1	2	8
㉯	5	1	2	1	1	1	2	13
㉰	6	1	3	1	1	1	2	15
㉱	7	1	3	1	1	1	2	16
㉲	9	2	3	1	1	1	2	19
㉳	3	1	2	1	1	1	2	11
㉴	2	1	1	1	1	1	–	7
㉵	1	1	1	1	1	1	–	6

(나) 10회로용
(다) 관계인이 쉽게 접근할 수 있고 관리가 용이한 장소
(라) 경계구역 일람도

 (가)

기 호	가닥수	배선내역
㉮	HFIX 2.5－8	회로선 1, 회로공통선 1, 경종선 1, 경종표시등공통선 1, 표시등선 1, 응답선 1, 기동확인표시등 2
㉯	HFIX 2.5－13	회로선 5, 회로공통선 1, 경종선 2, 경종표시등공통선 1, 표시등선 1, 응답선 1, 기동확인표시등 2
㉰	HFIX 2.5－15	회로선 6, 회로공통선 1, 경종선 3, 경종표시등공통선 1, 표시등선 1, 응답선 1, 기동확인표시등 2
㉱	HFIX 2.5－16	회로선 7, 회로공통선 1, 경종선 3, 경종표시등공통선 1, 표시등선 1, 응답선 1, 기동확인표시등 2
㉲	HFIX 2.5－19	회로선 9, 회로공통선 2, 경종선 3, 경종표시등공통선 1, 표시등선 1, 응답선 1, 기동확인표시등 2
㉳	HFIX 2.5－11	회로선 3, 회로공통선 1, 경종선 2, 경종표시등공통선 1, 표시등선 1, 응답선 1, 기동확인표시등 2
㉴	HFIX 2.5－7	회로선 2, 회로공통선 1, 경종선 1, 경종표시등공통선 1, 표시등선 1, 응답선 1
㉵	HFIX 2.5－6	회로선 1, 회로공통선 1, 경종선 1, 경종표시등공통선 1, 표시등선 1, 응답선 1

- 문제에서처럼 **동별**로 구분되어 있을 때는 가닥수를 **구분경보방식**으로 산정한다.
- **구분경보방식**은 **경종개수**가 **동별**로 **추가**되는 것에 주의하라!
- 구분경보방식=구분명동방식
- 문제에서 기동용 수압개폐방식(**자동기동방식**)도 주의하여야 한다. 옥내소화전함이 자동기동방식이므로 감지기배선을 제외한 간선에 '**기동확인표시등 2**'가 추가로 사용되어야 한다. 특히, 옥내소화전배선은 구역에 따라 가닥수가 늘어나지 않는 것에 주의하라!

비교

옥내소화전함이 **수동기동방식**인 경우

기 호	가닥수	배선내역
㉮	HFIX 2.5–11	회로선 1, 회로공통선 1, 경종선 1, 경종표시등공통선 1, 표시등선 1, 응답선 1, 기동 1, 정지 1, 공통 1, 기동확인표시등 2
㉯	HFIX 2.5–16	회로선 5, 회로공통선 1, 경종선 2, 경종표시등공통선 1, 표시등선 1, 응답선 1, 기동 1, 정지 1, 공통 1, 기동확인표시등 2
㉰	HFIX 2.5–18	회로선 6, 회로공통선 1, 경종선 3, 경종표시등공통선 1, 표시등선 1, 응답선 1, 기동 1, 정지 1, 공통 1, 기동확인표시등 2
㉱	HFIX 2.5–19	회로선 7, 회로공통선 1, 경종선 3, 경종표시등공통선 1, 표시등선 1, 응답선 1, 기동 1, 정지 1, 공통 1, 기동확인표시등 2
㉲	HFIX 2.5–22	회로선 9, 회로공통선 2, 경종선 3, 경종표시등공통선 1, 표시등선 1, 응답선 1, 기동 1, 정지 1, 공통 1, 기동확인표시등 2
㉳	HFIX 2.5–14	회로선 3, 회로공통선 1, 경종선 2, 경종표시등공통선 1, 표시등선 1, 응답선 1, 기동 1, 정지 1, 공통 1, 기동확인표시등 2
㉴	HFIX 2.5–7	회로선 2, 회로공통선 1, 경종선 1, 경종표시등공통선 1, 표시등선 1, 응답선 1
㉵	HFIX 2.5–6	회로선 1, 회로공통선 1, 경종선 1, 경종표시등공통선 1, 표시등선 1, 응답선 1

용어

옥내소화전설비의 **기동방식**

자동기동방식	수동기동방식
기동용 수압개폐장치를 이용하는 방식	ON, OFF 스위치를 이용하는 방식

(나) 기호 ㉤에서 회로선은 최대 **9가닥**이므로
9×1.1(여유 10%)=9.9≒10회로(절상)

- **'10% 여유를 둔다'**는 뜻은 1.1(1+0.1=1.1)을 곱하라는 뜻이다. 10%라고 해서 0.1이 아님을 주의하라!
- **회로수** 산정은 반드시 **절상**한다. **'절상'**이란 **소수점**은 무조건 **올린다**는 뜻이다.

(다), (라) **자동화재탐지설비의 수신기 설치기준**(NFPC 203 5조, NFTC 203 2.2.3)
① **수위실** 등 상시 사람이 상주하는 곳(관계인이 쉽게 접근할 수 있고 관리가 용이한 장소에 설치 가능)
② **경계구역 일람도** 비치(주수신기 설치시 기타 수신기는 제외)
③ 조작스위치는 **바**닥에서 **0.8~1.5m**의 위치에 설치
④ 하나의 경계구역은 하나의 **표시등 · 문자**가 표시될 것
⑤ **감지기, 중계기, 발신기**가 작동하는 경계구역을 표시

기억법 수경바표감(수경야채는 바로 표창장 감이오.)

용어

경계구역 일람도	주수신기
회로배선이 각 구역별로 어떻게 결선되어 있는지 나타낸 도면	**모든 수신기**와 연결되어 **각 수신기**의 **상황**을 **감시**하고 **제어**할 수 있는 수신기

☆☆☆
문제 05

P형 수신기와 감지기와의 배선회로에서 종단저항은 11kΩ, 배선저항은 50Ω, 릴레이저항은 550Ω이며 회로전압이 DC 24V일 때 다음 각 물음에 답하시오. (16.4.문9, 15.7.문10, 12.11.문17, 07.4.문5)

득점	배점
	4

(가) 평소 감시전류는 몇 mA인가?
○ 계산과정 :
○ 답 :

(나) 감지기가 동작할 때(화재시)의 전류는 몇 mA인가? (단, 배선저항은 무시한다.)
○ 계산과정 :
○ 답 :

해답 (가) ○ 계산과정 : $I=\dfrac{24}{11\times10^3+550+50}$
$=0.002068\text{A} ≒ 2.07\text{mA}$
○ 답 : 2.07mA

(나) ○ 계산과정 : $I=\dfrac{24}{550}$
$=0.043636\text{A} ≒ 43.64\text{mA}$
○ 답 : 43.64mA

해설 (가) **감시전류** I는

$$I=\frac{\text{회로전압}}{\text{종단저항}+\text{릴레이저항}+\text{배선저항}}$$
$$=\frac{24}{11\times10^3+550+50}$$
$$=0.002068\text{A}=2.068\text{mA} ≒ 2.07\text{mA}$$

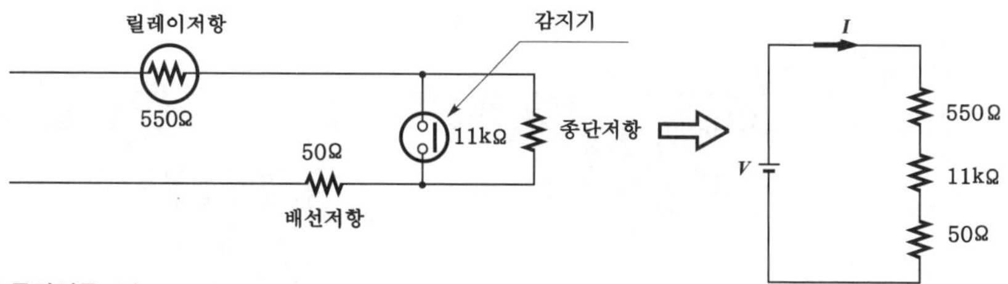

(나) **동작전류** I는

$$I=\frac{\text{회로전압}}{\text{릴레이저항}}=\frac{24}{550}=0.043636\text{A}=43.636\text{mA} \fallingdotseq 43.64\text{mA}$$

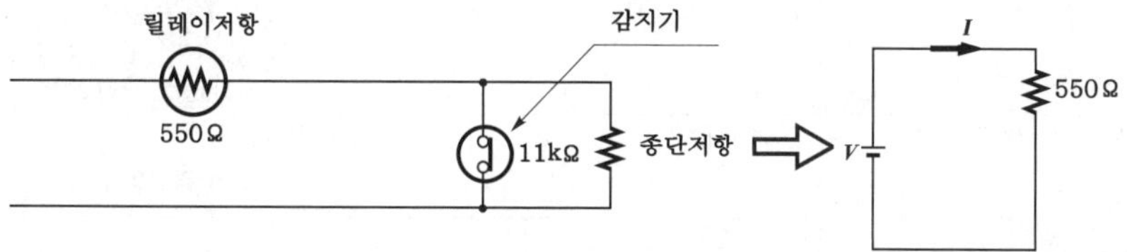

- 원칙적으로 동작전류 $I=\frac{\text{회로전압}}{\text{릴레이저항}+\text{배선저항}}$으로 구하여야 하지만, 단서 조건에 의해 **배선저항**은 **생략**하였다. 주의하라! 만약 단서 조건이 없는 경우에는 다음과 같이 배선저항까지 고려하여 동작전류를 구하여야 한다.

$\therefore$ 동작전류$=\frac{\text{회로전압}}{\text{릴레이저항}+\text{배선저항}}=\frac{24}{550+50}=0.04\text{A}=40\text{mA}$

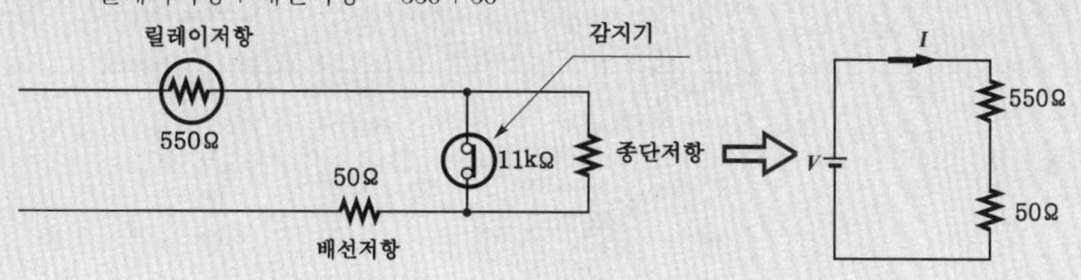

☆☆☆ 문제 06

소방관련법상 사용하는 비상전원의 종류 3가지를 쓰시오. (15.7.문4, 14.7.문4, 10.10.문12)

○

○

○

득점	배점
	4

해답 ① 자기발전설비
② 축전지설비
③ 비상전원수전설비

해설 **비상전원**의 **종류**
(1) 자가발전설비
(2) 축전지설비
(3) 비상전원수전설비
(4) 전기저장장치

- 위 4가지 중 3가지를 답하면 된다.
- 일반적으로 **축전지설비**라고 표현하고 있으므로 '**축전지**'가 아니고 '**축전지설비**'라고 해야 정답

중요

(1) 각 **설비**의 **비상전원 종류**

설 비	비상전원	비상전원 용량
• 자동화재**탐**지설비	• **축**전지설비 • 전기저장장치	**10분** 이상(30층 미만) **30분** 이상(30층 이상)
• 비상**방**송설비	• 축전지설비 • 전기저장장치	
• 비상**경**보설비	• 축전지설비 • 전기저장장치	**10분** 이상
• **유**도등	• 축전지	**20분** 이상 ※ 예외규정 : **60분** 이상 (1) **11층** 이상(지하층 제외) (2) 지하층 · 무창층으로서 **도매시장 · 소매시장 · 여객자동차터미널 · 지하철역사 · 지하상가**
• **무**선통신보조설비	명시하지 않음	**30분** 이상 기억법 **탐경유방무축**
• 비상콘센트설비	• 자가발전설비 • 축전지설비 • 비상전원수전설비 • 전기저장장치	**20분** 이상
• **스**프링클러설비 • **미**분무소화설비	• **자**가발전설비 • **축**전지설비 • **전**기저장장치 • 비상전원**수**전설비(차고 · 주차장으로서 스프링클러설비(또는 미분무소화설비)가 설치된 부분의 바닥면적 합계가 1000m^2 미만인 경우)	**20분** 이상(30층 미만) **40분** 이상(30~49층 이하) **60분** 이상(50층 이상) 기억법 **스미자 수전축**
• 포소화설비	• 자가발전설비 • 축전지설비 • 전기저장장치 • 비상전원수전설비 – 호스릴포소화설비 또는 포소화전만을 설치한 차고 · 주차장 – 포헤드설비 또는 고정포방출설비가 설치된 부분의 바닥면적(스프링클러설비가 설치된 차고 · 주차장의 바닥면적 포함)의 합계가 1000m^2 미만인 것	**20분** 이상
• **간**이스프링클러설비	• 비상전원**수**전설비	**10분**(숙박시설 바닥면적 합계 300~600m^2 미만, 근린생활시설 바닥면적 합계 1000m^2 이상, 복합건축물 연면적 1000m^2 이상은 **20분**) 이상 기억법 **간수**
• 옥내소화전설비 • 연결송수관설비	• 자가발전설비 • 축전지설비 • 전기저장장치	**20분** 이상(30층 미만) **40분** 이상(30~49층 이하) **60분** 이상(50층 이상)
• 제연설비 • 분말소화설비 • 이산화탄소소화설비 • 물분무소화설비 • 할론소화설비 • 할로겐화합물 및 불활성기체 소화설비 • 화재조기진압용 스프링클러설비	• 자가발전설비 • 축전지설비 • 전기저장장치	**20분** 이상
• 비상조명등	• 자가발전설비 • 축전지설비 • 전기저장장치	**20분** 이상 ※ 예외규정 : **60분** 이상 (1) **11층** 이상(지하층 제외) (2) 지하층 · 무창층으로서 **도매시장 · 소매시장 · 여객자동차터미널 · 지하철역사 · 지하상가**
• 시각경보장치	• 축전지설비 • 전기저장장치	명시하지 않음

(2) **비상전원**의 **용량**

설 비	비상전원의 용량
자동화재탐지설비, 비상경보설비, 자동화재속보설비	**10분** 이상
• 유도등, 비상조명등, 비상콘센트설비, 제연설비, 물분무소화설비 • 옥내소화전설비(30층 미만) • 특별피난계단의 계단실 및 부속실 제연설비(30층 미만) • 스프링클러설비(30층 미만) • 연결송수관설비(30층 미만)	**20분** 이상
무선통신보조설비의 증폭기	**30분** 이상
• 옥내소화전설비(30~49층 이하) • 특별피난계단의 계단실 및 부속실 제연설비(30~49층 이하) • 연결송수관설비(30~49층 이하) • 스프링클러설비(30~49층 이하)	**40분** 이상
• 유도등 · 비상조명등(지하상가 및 11층 이상) • 옥내소화전설비(50층 이상) • 특별피난계단의 계단실 및 부속실 제연설비(50층 이상) • 연결송수관설비(50층 이상) • 스프링클러설비(50층 이상)	**60분** 이상

☆☆

문제 07

무선통신보조설비의 분배기 설치기준에 대하여 3가지를 쓰시오.

득점	배점
	6

○
○
○

해답 ① 먼지 · 습기 및 부식 등에 이상이 없을 것
② 임피던스는 50Ω의 것
③ 점검이 편리하고 화재 등의 피해의 우려가 없는 장소

해설 **분배기 · 분파기 · 혼합기의 설치기준**(NFPC 505 7조, NFTC 505 2.4.1)
(1) 먼지 · 습기 및 부식 등에 따라 기능에 이상을 가져오지 아니하도록 할 것
(2) 임피던스는 **50**Ω의 것으로 할 것
(3) **점검**이 **편리**하고 화재 등의 재해로 인한 피해의 우려가 없는 장소에 설치할 것

중요

무선통신보조설비

명 칭	그림기호	비 고
누설동축케이블		• 천장에 은폐하는 경우 :
안테나		• 내열형 : H
분배기		
무선기 접속단자		• 소방용 : F • 경찰용 : P • 자위용 : G
혼합기		
분파기	F	필터를 포함한다.

☆☆☆

문제 08

복도통로유도등의 설치기준을 4가지 쓰시오.

득점	배점
	6

○

○

○

○

해답 ① 복도에 설치하되 피난구유도등이 설치된 출입구의 맞은편 복도에는 입체형으로 설치하거나, 바닥에 설치할 것
② 구부러진 모퉁이 및 통로유도등을 기점으로 보행거리 20m마다 설치할 것
③ 바닥으로부터 높이 1m 이하의 위치에 설치할 것
④ 바닥에 설치하는 통로유도등은 하중에 따라 파괴되지 않는 강도의 것으로 할 것

해설 **복도통로유도등**의 **설치기준**(NFPC 303 6조, NFTC 303 2.3.1.1)

(1) **복도**에 설치하되 피난구유도등이 설치된 출입구의 맞은편 복도에는 입체형으로 설치하거나, 바닥에 설치할 것
(2) 구부러진 모퉁이 및 통로유도등을 기점으로 **보행거리 20m**마다 설치할 것
(3) 바닥으로부터 높이 **1m 이하**의 위치에 설치할 것(단, 지하층 또는 무창층의 용도가 **도매시장 · 소매시장 · 여객자동차터미널 · 지하철역사** 또는 **지하상가**인 경우에는 복도 · 통로 중앙부분의 바닥에 설치할 것)
(4) 바닥에 설치하는 통로유도등은 하중에 따라 파괴되지 않는 강도의 것으로 할 것

※ **복도통로유도등** : 피난통로가 되는 복도에 설치하는 통로유도등으로서 피난구의 방향을 명시하는 것

비교

(1) **거실통로유도등**의 **설치기준**(NFPC 303 6조, NFTC 303 2.3.1.2)
① 거실의 통로에 설치할 것(단, 거실의 통로가 **벽체** 등으로 **구획**된 경우에는 **복도통로유도등**을 설치할 것)
② 구부러진 모퉁이 및 **보행거리 20m**마다 설치할 것
③ 바닥으로부터 높이 **1.5m 이상**의 위치에 설치할 것

(2) **계단통로유도등**의 **설치기준**(NFPC 303 6조, NFTC 303 2.3.1.3)
① 각 층의 **경사로참** 또는 **계단참**마다(1개 층에 경사로참 또는 계단참이 2 이상 있는 경우에는 2개의 계단참마다) 설치할 것
② 바닥으로부터 높이 **1m 이하**의 위치에 설치할 것

☆☆

문제 09

화재에 의한 열, 연기 또는 불꽃(화염) 이외의 요인에 의하여 자동화재탐지설비가 작동하여 화재경보를 발하는 것을 "비화재보(Unwanted Alarm)"라 한다. 즉, 자동화재탐지설비가 정상적으로 작동하였다고 하더라도 화재가 아닌 경우의 경보를 "비화재보"라 하며 비화재보의 종류는 다음과 같이 구분할 수 있다. (17.11.문3, 07.7.문15)

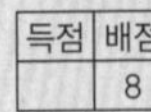

(가) 설비 자체의 결함이나 오동작 등에 의한 경우(False Alarm)
① 설비자체의 기능상 결함
② 설비의 유지관리 불량
③ 실수나 고의적인 행위가 있을 때

(나) 주위상황이 대부분 순간적으로 화재와 같은 상태(실제 화재와 유사한 환경이나 상황)로 되었다가 정상상태로 복귀하는 경우(일과성 비화재보 : Nuisance Alarm)

위 설명 중 "(나)"항의 일과성 비화재보로 볼 수 있는 Nuisance Alarm에 대한 방지책을 4가지만 쓰시오.

○
○
○
○

해답 ① 비화재보에 적응성이 있는 감지기 사용
② 환경적응성이 있는 감지기 사용
③ 감지기 설치수의 최소화
④ 연기감지기의 설치 제한

해설 **일과성 비화재보(Nuisance Alarm)**의 **방지책**

(1) **비화재보**에 **적응성**이 있는 감지기 사용
(2) **환경적응성**이 있는 감지기 사용
(3) **감지기** 설치수의 **최소화**
(4) **연기감지기**의 설치 제한
(5) 경년변화에 따른 **유지보수**
(6) **아날로그 감지기**와 인텔리전트 수신기의 사용

비교

구 분	종 류
① **지하구**(지하공동구)에 **설치**하는 **감지기** ② **교차회로방식**으로 하지 않아도 되는 감지기 ③ **일과성 비화재보(Nuisance Alarm)**시 **적응성 감지기**	① 불꽃감지기 ② 정온식 감지선형 감지기 ③ 분포형 감지기 ④ 복합형 감지기 ⑤ 광전식분리형 감지기 ⑥ 아날로그방식의 감지기 ⑦ 다신호방식의 감지기 ⑧ 축적방식의 감지기 기억법 불정감 복분(복분자) 광아다축

☆☆☆
문제 10

도면은 Y-Δ 기동회로의 미완성 회로이다. 이 회로를 보고 다음 각 물음에 답하시오.

(17.4.문12, 15.11.문2, 14.4.문1, 13.4.문6, 12.7.문9, 08.7.문14, 00.11.문10)

득점	배점
	10

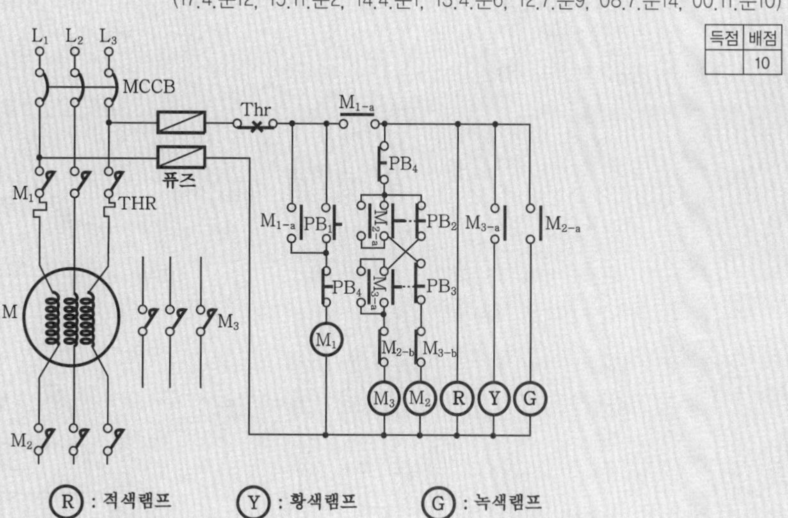

Ⓡ : 적색램프 Ⓨ : 황색램프 Ⓖ : 녹색램프

(가) 주회로부분의 미완성된 Y-△ 회로를 완성하시오.

(나) 누름버튼스위치 PB_1을 누르면 어느 램프가 점등되는가?

(다) 전자개폐기 (M_1)이 동작되고 있는 상태에서 다음 표에 있는 버튼을 눌렀을 때 점등되는 램프를 쓰시오.

PB_2	PB_3

(라) 제어회로의 Thr은 무엇을 나타내는가?

(마) MCCB의 우리말 명칭은?

해답 (가)

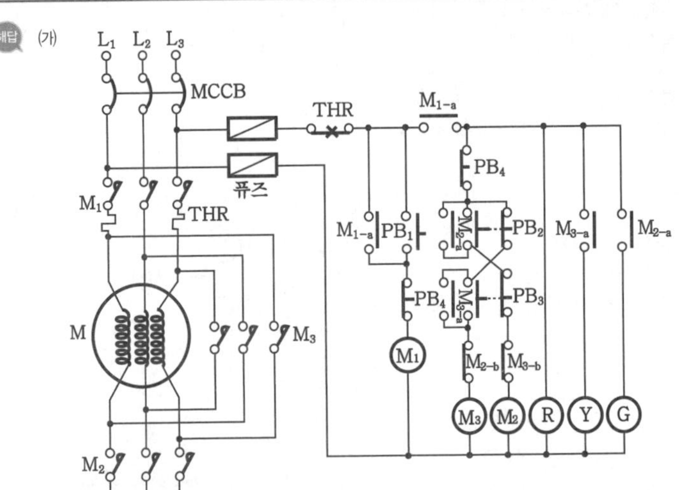

(R) : 적색램프, (Y) : 황색램프, (G) : 녹색램프

(나) (R)

(다)

PB_2	PB_3
(G)	(Y)

(라) 열동계전기 b접점

(마) 배선용 차단기

해설 (가) **전동기**의 **Y-Δ 결선**

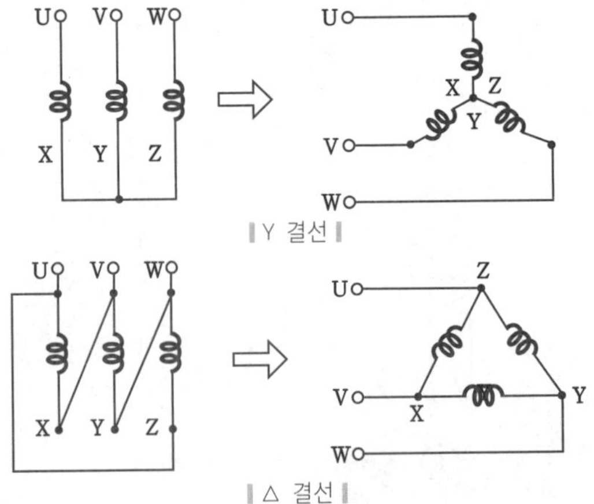

▌Y 결선▐

▌Δ 결선▐

(나), (다) 동작설명

① 누름버튼스위치 PB_1을 누르면 전자개폐기 Ⓜ₁이 여자되어 적색램프 Ⓡ을 점등시킨다.

② 누름버튼스위치 PB_2를 누르면 전자개폐기 M_2가 여자되어 녹색램프 Ⓖ점등, 전동기를 Ⓨ기동시킨다.

③ 누름버튼스위치 PB_3를 누르면 M_2 소자, Ⓖ소등, 전자개폐기 M_3가 여자되어 황색램프 Ⓨ점등, 전동기를 △ 운전시킨다.

④ 누름버튼스위치 PB_4를 누르면 여자 중이던 M_1 · M_3가 소자되고, Ⓡ · Ⓨ가 소등되며, 전동기는 정지한다.

⑤ 운전 중 과부하가 걸리면 열동계전기 THR이 작동하여 전동기를 정지시키므로 점검을 요한다.

(라) **열동계전기**(Thermal Relay) : 전동기 **과부하**(과전류) **보호용** 계전기이다.

주회로의 THR	제어회로의 Thr
열동계전기	열동계전기 b접점

- Thr에 대한 질문이므로 **'열동계전기 b접점'**이라고 써야 정확한 답이다. 주회로의 THR를 물어보는건지, 제어회로의 Thr을 물어보는건지 질문을 정확히 파악하고 답하라!
- 제어회로=보조회로

(마) **MCCB**(Molded Case Circuit Breaker) : 퓨즈를 사용하지 않고 **바이메탈**(Bimetal)이나 전자석으로 회로를 차단하는 개폐기

☆☆☆

문제 11

3선식 배선에 의하여 상시 충전되는 유도등의 전기회로에 점멸기를 설치하는 경우에는 어느 때에 점등되도록 하여야 하는지 그 기준을 5가지 쓰시오. (11.11.문7)

득점	배점
	5

○
○
○
○
○

해답 ① 자동화재탐지설비의 감지기 또는 발신기가 작동되는 때

② 비상경보설비의 발신기가 작동되는 때

③ 상용전원이 정전되거나 전원선이 단선되는 때

④ 방재업무를 통제하는 곳 또는 전기실의 배전반에서 수동으로 점등하는 때

⑤ 자동소화설비가 작동되는 때

해설 **3선식 배선**시 반드시 점등되어야 하는 경우(NFPC 303 10조, NFTC 303 2.7.4)

(1) **자동화재탐지설비**의 **감지기** 또는 **발신기**가 작동되는 때

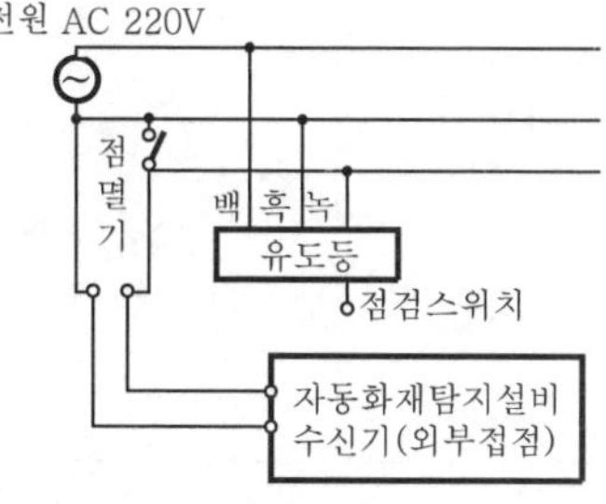

‖ 자동화재탐지설비의 감지기 또는 발신기가 작동되는 때 ‖

(2) **비상경보설비**의 **발신기**가 작동되는 때

(3) **상용전원**이 **정전**되거나 **전원선**이 **단선**되는 때

(4) **방재업무**를 **통제**하는 곳 또는 **전기실**의 **배전반**에서 **수동**으로 **점등**하는 때

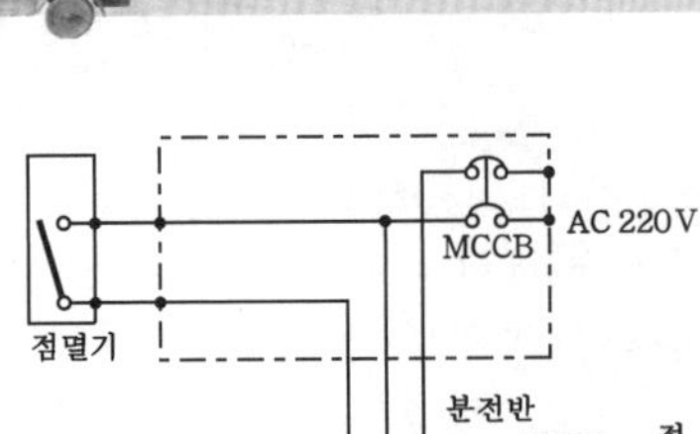

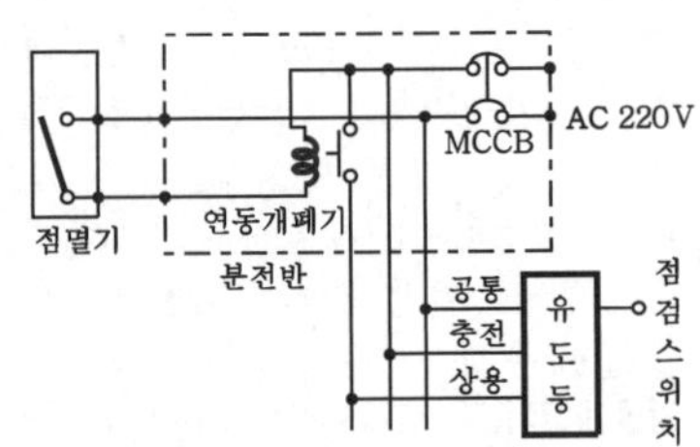

‖ 수동 점등 ‖

(5) **자동소화설비**가 작동되는 때

기억법 **탐경 상방자**

비교

3선식 배선에 의해 **상시 충전**되는 **구조**로서 **유도등을 항상 점등상태로 유지하지 않아도 되는 경우**(NFPC 303 10조, NFTC 303 2.7.3.2)

(1) 특정소방대상물 또는 그 부분에 **사람**이 **없는 경우**
(2) **외부**의 **빛**에 의해 피난구 또는 피난방향을 쉽게 식별할 수 있는 장소
(3) **공연장, 암실** 등으로서 어두워야 할 필요가 있는 장소
(4) 특정소방대상물의 **관계인** 또는 **종사원**이 주로 사용하는 장소

☆☆☆

문제 12

비상방송설비가 설치된 지하 2층, 지상 11층, 연면적 4500m^{2}의 특정소방대상물이 있다. 다음의 층에서 화재가 발생했을 때 우선적으로 경보할 층을 쓰시오. (14.11.문7, 12.11.문6)

득점	배점
	4

○ 2층 :
○ 지하 1층 :

해답 ○ 2층 : 2 · 3 · 4 · 5 · 6층
○ 지하 1층 : 지하 1 · 2층, 지상 1층

해설 **발화층** 및 **직상 4개층 우선경보방식**(NFPC 202 4조, NFTC 202 2.1.1.7)
화재시 원활한 대피를 위하여 위험한 층(발화층 및 직상 4개층)부터 우선적으로 경보하는 방식

발화층	경보층	
	11층(공동주택 16층) 미만	11층(공동주택 16층) 이상
2층 이상 발화	전층 일제경보	• 발화층 • 직상 4개층
1층 발화		• 발화층 • 직상 4개층 • 지하층
지하층 발화		• 발화층 • 직상층 • 기타의 지하층

• **11층 이상**이므로 **발화층** 및 **직상 4개층 우선경보방식**으로 산정한다.

☆☆☆
문제 13

누전경보기에 관해 다음 각 물음에 답하시오. (14.4.문16, 11.5.문8, 06.11.문1, 98.8.문9)

득점	배점
	6

(가) 1급 누전경보기와 2급 누전경보기를 구분하는 전류[A]기준은?

(나) 전원은 분전반으로부터 전용회로로 하고 각 극에 각 극을 개폐할 수 있는 무엇을 설치해야 하는가? (단, 배선용 차단기는 제외한다.)

(다) ZCT의 명칭과 기능을 쓰시오.

○명칭 :

○기능 :

해답 (가) 60A

(나) 개폐기 및 15A 이하 과전류차단기

(다) ○명칭 : 영상변류기

○기능 : 누설전류 검출

해설 **누전경보기**

(가) 누전경보기를 구분하는 **정격전류** : **60A**

정격전류	종 별
60A 초과	1급
60A 이하	1급 또는 2급

(나) 누전경보기의 **전원**(NFPC 205 6조, NFTC 205 2.3.1)

① 전원은 분전반으로부터 **전용회로**로 하고, 각 극에 **개폐기** 및 **15A** 이하의 **과전류차단기**(**배선용 차단기**에 있어서는 **20A** 이하의 것으로 각 극을 개폐할 수 있는 것)를 설치할 것

② 전원을 분기할 때에는 다른 차단기에 따라 전원이 차단되지 않도록 할 것

③ 전원의 개폐기에는 누전경보기용임을 표시한 표지를 할 것

- '**개폐기**'도 꼭 답란에 써야 한다.
- '**개폐기 또는 15A 이하 과전류차단기**'라고 쓰면 틀린다.
- '**15A 이하**'도 꼭 답란에 기재하여야 한다.

(다) 변류기와 영상변류기

명 칭	변류기(CT)	영상변류기(ZCT)
그림기호		
역할(기능)	대전류를 소전류로 변환(일반전류 검출)	누설전류 검출

변류기=계기용 변류기

☆☆☆
문제 14

길이 20m의 통로에 객석유도등을 설치하려고 한다. 이때 필요한 객석유도등의 수량은 최소 몇 개인가? (05.5.문6)

득점	배점
	4

○계산과정 :

○답 :

해답 ◦계산과정 : $\frac{20}{4}-1=4$개

◦답 : 4개

해설 $\text{설치개수}=\frac{\text{객석통로의 직선부분의 길이[m]}}{4}-1=\frac{20}{4}-1=4$개

중요

최소 설치개수 산정식

설치개수 산정시 소수가 발생하면 반드시 **절상**한다.

구 분	설치개수
객석유도등	$\text{설치개수}=\frac{\text{객석통로의 직선부분의 길이[m]}}{4}-1$
유도표지	$\text{설치개수}=\frac{\text{구부러진 곳이 없는 부분의 보행거리[m]}}{15}-1$
복도통로유도등, 거실통로유도등	$\text{설치개수}=\frac{\text{구부러진 곳이 없는 부분의 보행거리[m]}}{20}-1$

문제 15

감지기의 형식승인 및 제품검사기술기준에서 아날로그식 분리형 광전식 감지기의 시험방법에 대해 다음 (　　) 안을 완성하시오. (16.6.문3)

◦공칭감시거리는 (①)m 이상 (②)m 이하로 하여 (③)m 간격으로 한다.

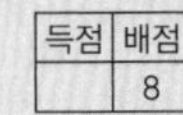

득점	배점
	8

해답 ① 5　② 100　③ 5

해설 **아날로그식 분리형 광전식 감지기**의 **공칭감시거리**(감지기형식 19)

5~100m 이하로 하여 **5m 간격**으로 한다.

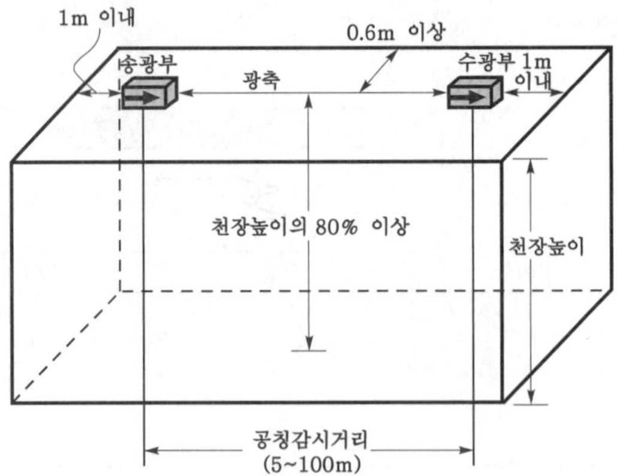

중요

광전식 분리형 감지기의 **설치기준**(NFPC 203 7조 3항 15호, NFTC 203 2.4.3.15)

(1) 감지기의 **수광면**은 **햇빛**을 직접 받지 않도록 설치할 것

(2) 광축은 나란한 벽으로부터 **0.6m 이상** 이격하여 설치할 것

(3) 감지기의 송광부와 수광부는 설치된 **뒷벽**으로부터 **1m 이내** 위치에 설치할 것

(4) 광축의 높이는 천장 등 높이의 **80% 이상**일 것

(5) 감지기의 광축의 길이는 **공칭감시거리** 범위 이내일 것

★★
문제 16

주어진 동작설명에 적합하도록 미완성된 시퀀스회로를 완성하시오. (단, 각 접점 및 스위치의 명칭을 기입하시오.) (12.4.문2, 07.4.문4)

득점	배점
	10

〔동작설명〕

- ○ MCCB를 투입하면 표시램프 GL이 점등되도록 한다.
- ○ 전동기 운전용 누름버튼스위치 PBS_{-on}을 누르면 전자접촉기 MC가 여자되고 MC_{-a} 접점에 의해 자기유지되며 전동기가 기동되고, 동시에 전자접촉기 보조 a접점인 MC_{-a} 접점에 의하여 전동기 운전등인 RL이 점등된다.
- ○ 이때 전자접촉기 보조접점 MC_{-b}에 의하여 GL이 소등된다.
- ○ 전동기가 정상운전 중 정지용 누름버튼스위치 PBS_{-off}를 누르면 PBS_{-on}을 누르기 전의 상태로 된다.
- ○ 전동기에 과전류가 흐르면 열동계전기 접점인 THR에 의하여 전동기는 정지하고 모든 접점은 최초의 상태로 복귀한다.

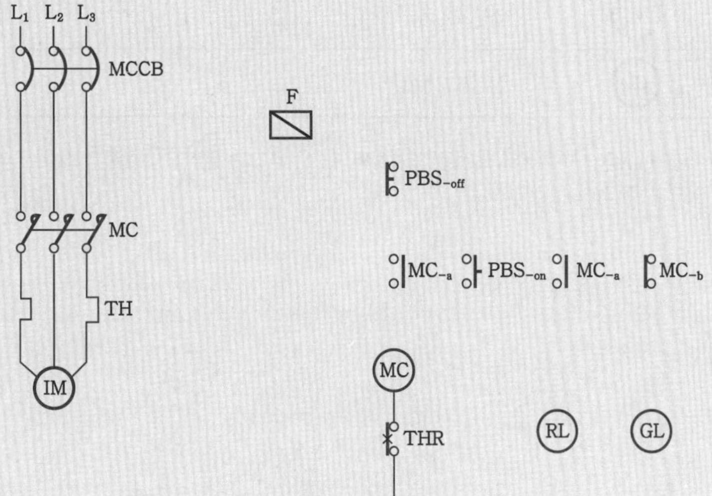

해답

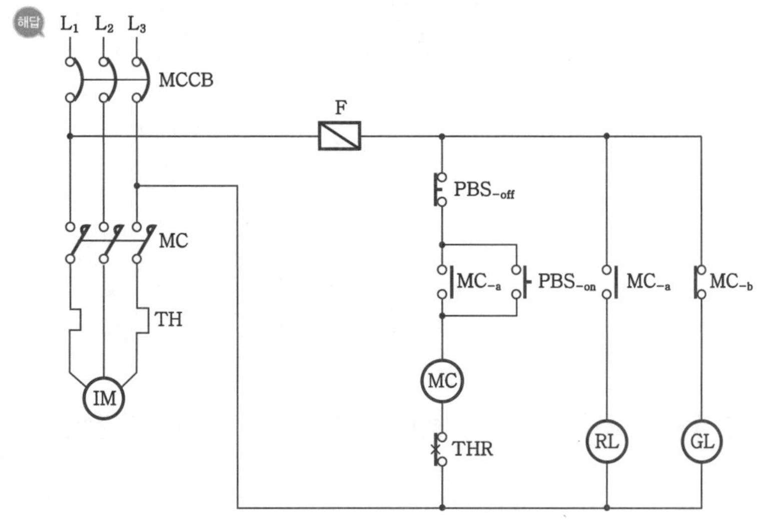

해설 **시퀀스회로 심벌**

심 벌	명 칭
(MCCB 심벌)	배선용 차단기(MCCB)
(F 심벌)	포장퓨즈(F)
(PB 심벌)	수동조작 자동복귀접점(PB_{-on})
(보조접점 심벌)	보조스위치접점(전자접촉기 보조접점)
(THR 심벌)	수동복귀접점(THR)
(IM)	3상 유도전동기
(MC)	전자개폐기 코일
(RL)	기동표시등
(GL)	정지표시등

- 제시된 부품만 이용해서 배선을 연결하면 된다. 별도로 퓨즈(⊠), 접점 등을 추가하여 그리면 틀릴 수 있으니 주의하라!

어느 누구도 과거로 돌아가서 새롭게 시작할 수 없지만, 지금부터 시작해서 새로운 결실을 맺을 수는 있다.

- 칼 바르트 -

과년도 출제문제

2017년

소방설비기사 실기(전기분야)

** 수험자 유의사항 **

1. 문제지를 받는 즉시 응시 종목의 문제가 맞는지 확인하셔야 합니다.
2. 답안지 내 인적사항 및 답안작성(계산식 포함)은 검정색 필기구만을 계속 사용하여야 합니다.
3. 답안정정 시에는 **두 줄(=)**을 긋고 다시 기재 가능하며, **수정테이프 사용** 또한 **가능**합니다.
4. 계산문제는 반드시 '계산과정'과 '답'란에 정확히 기재하여야 하며 **계산과정이 틀리거나 없는 경우 0점 처리**됩니다.
   ※ 연습이 필요 시 연습란을 이용하여야 하며, 연습란은 채점대상이 아닙니다.
5. 계산문제는 **최종결과** 값(답)에서 **소수 셋째자리에서 반올림**하여 **둘째자리**까지 구하여야 하나 개별 문제에서 소수처리에 대한 별도 요구사항이 있을 경우, 그 요구사항에 따라야 합니다.
6. 답에 단위가 없으면 오답으로 처리됩니다. (단, 문제의 요구사항에 단위가 주어졌을 경우는 생략되어도 무방합니다.)
7. 문제에서 요구한 가지 수 이상을 답란에 표기한 경우, **답란기재 순**으로 **요구한 가지 수**만 채점합니다.

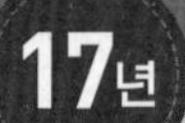

2017. 4. 16 시행

▌2017년 기사 제1회 필답형 실기시험▐			수험번호	성명	감독위원 확 인
자격종목 **소방설비기사(전기분야)**	시험시간 **3시간**	형별			

※ 다음 물음에 답을 해당 답란에 답하시오.(배점 : 100)

☆☆☆

문제 01

그림은 배연창설비로서 계통도 및 조건을 참고하여 다음 각 물음에 답하시오.

(17.11.문10, 15.7.문5, 11.7.문16, 09.10.문9)

유사문제부터 풀어보세요.
실력이 팍!팍! 올라갑니다.

득점	배점
	9

[조건]

- 전동구동장치는 MOTOR방식이며, 사용전선은 HFIX전선을 사용한다.
- 화재감지기가 작동되거나 수동조작함의 스위치를 ON시키면 배연창이 동작되어 수신기에 동작상태를 표시하게 된다.
- 화재감지기는 자동화재탐지설비용 감지기를 겸용으로 사용한다.

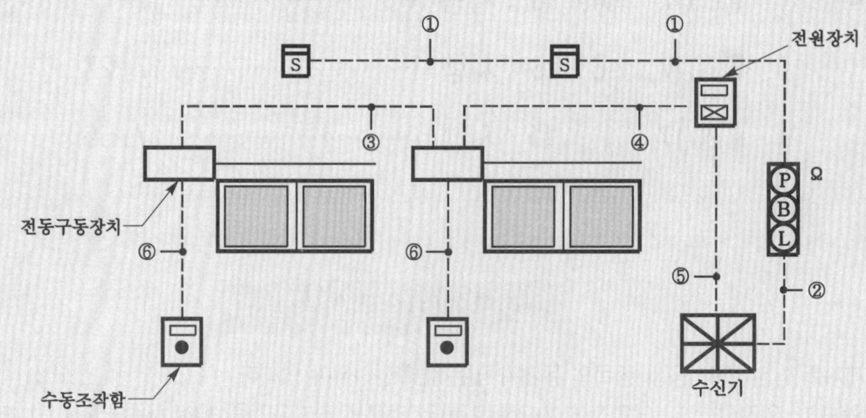

(가) 이 설비는 일반적으로 몇 층 이상의 건물에 시설하여야 하는가?
(나) 배선수와 각 배선의 용도를 답안지표에 작성하시오.

기 호	전선의 종류, 배선의 수	구 간	용 도
①	HFIX 1.5-4	감지기↔감지기	지구 2, 공통 2
②		발신기↔수신기	
③	HFIX 2.5-5	전동구동장치↔전동구동장치	전원 ⊕·⊖, 기동 1, 복구 1, 동작확인 1
④		전동구동장치↔전원장치	
⑤		전원장치↔수신기	
⑥		전동구동장치↔수동조작함	

해답 (가) **6층 이상**

(나)

기 호	전선의 종류, 배선의 수	구 간	용 도
①	HFIX 1.5-4	감지기↔감지기	지구 2, 공통 2
②	HFIX 2.5-6	발신기↔수신기	응답 1, 지구 1, 경종표시등공통 1, 경종 1, 표시등 1, 지구공통 1
③	HFIX 2.5-5	전동구동장치↔전동구동장치	전원 ⊕·⊖, 기동 1, 복구 1, 동작확인 1
④	HFIX 2.5-6	전동구동장치↔전원장치	전원 ⊕·⊖, 기동 1, 복구 1, 동작확인 2
⑤	HFIX 2.5-8	전원장치↔수신기	전원 ⊕·⊖, 교류전원 2, 기동 1, 복구 1, 동작확인 2
⑥	HFIX 2.5-5	전동구동장치↔수동조작함	전원 ⊕·⊖, 기동 1, 복구 1, 정지 1

해설 (가) **배연창설비**

6층 이상의 고층건물에 시설하는 설비로서 화재로 인한 연기를 신속하게 외부로 배출시키므로, 피난 및 소화활동에 지장이 없도록 하기 위한 설비

(나) **배연창설비**의 **종류**

① **솔레노이드방식**

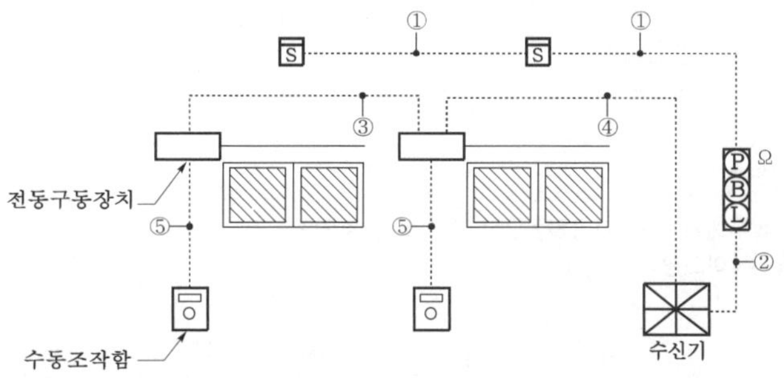

기 호	내 역	용 도
①	HFIX 1.5-4	지구 2, 공통 2
②	HFIX 2.5-6	응답 1, 지구 1, 경종표시등공통 1, 경종 1, 표시등 1, 지구공통 1
③	HFIX 2.5-3	기동 1, 확인 1, 공통 1
④	HFIX 2.5-5	기동 2, 확인 2, 공통 1
⑤	HFIX 2.5-3	기동 1, 확인 1, 공통 1

- '확인'을 '기동확인'으로 써도 된다. 그렇지만 '기동확인표시등'이라고 쓰면 틀린다.
- '배선수' 칸에는 배선수만 물어보았으므로 배선굵기까지는 쓸 필요가 없다. 배선굵기까지 함께 답해도 틀리지는 않지만 점수를 더 주지는 않는다.
- 경종=벨
- 경종표시등공통=벨표시등공통
- 지구=회로
- 지구공통=회로공통

② **MOTOR방식**

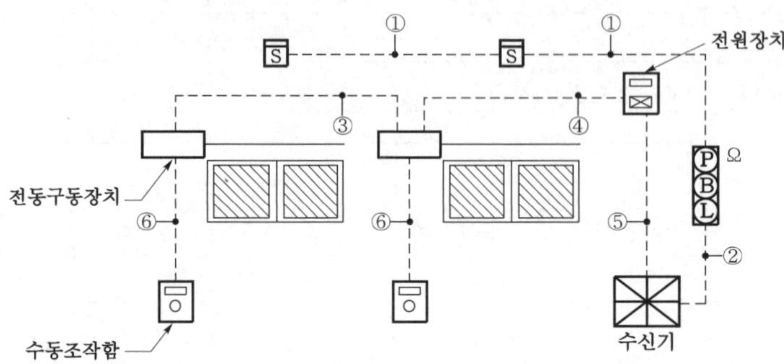

기 호	내 역	용 도
①	HFIX 1.5-4	지구 2, 공통 2
②	HFIX 2.5-6	응답 1, 지구 1, 경종표시등공통 1, 경종 1, 표시등 1, 지구공통 1
③	HFIX 2.5-5	전원 ⊕·⊖, 기동 1, 복구 1, 동작확인 1
④	HFIX 2.5-6	전원 ⊕·⊖, 기동 1, 복구 1, 동작확인 2
⑤	HFIX 2.5-8	전원 ⊕·⊖, 교류전원 2, 기동 1, 복구 1, 동작확인 2
⑥	HFIX 2.5-5	전원 ⊕·⊖, 기동 1, 복구 1, 정지 1

- 기호 ⑤ MOTOR방식은 전동구동장치에 전력소모가 많아서 수신기에서 공급하는 전원 ⊕·⊖ 직류전원으로는 전력이 부족하여 별도의 '**교류전원 2가닥**'이 반드시 필요하다. 잘못된 타출판사 책을 보면서 혼동하지 말라!
- 경종=벨
- 경종표시등공통=벨표시등공통

중요

실제 실무에서 주로 사용하는 배연창설비의 계통도

(1) **솔레노이드방식**

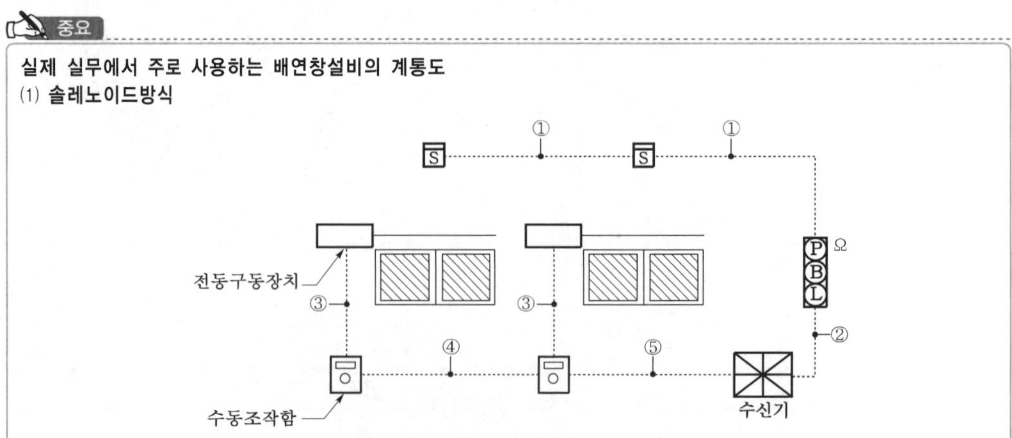

기 호	내 역	용 도
①	HFIX 1.5-4	지구 2, 공통 2
②	HFIX 2.5-6	응답 1, 지구 1, 벨표시등공통 1, 벨 1, 표시등 1, 지구공통 1
③	HFIX 2.5-3	기동 1, 확인 1, 공통 1
④	HFIX 2.5-3	기동 1, 확인 1, 공통 1
⑤	HFIX 2.5-5	기동 2, 확인 2, 공통 1

(2) **MOTOR방식**

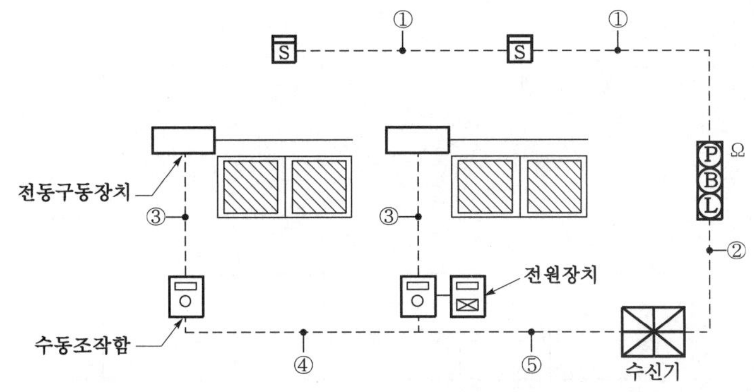

기 호	내 역	용 도
①	HFIX 1.5-4	지구 2, 공통 2
②	HFIX 2.5-6	응답 1, 지구 1, 벨표시등공통 1, 벨 1, 표시등 1, 지구공통 1
③	HFIX 2.5-5	전원 ⊕·⊖, 기동 1, 복구 1, 동작확인 1
④	HFIX 2.5-7	전원 ⊕·⊖, 교류전원 2, 기동 1, 복구 1, 동작확인 1
⑤	HFIX 2.5-8	전원 ⊕·⊖, 교류전원 2, 기동 1, 복구 1, 동작확인 2

• 실제 실무에서는 수동조작함이 수신기에 직접 연결된다.

☆☆ 문제 02

다음은 자동화재탐지설비의 평면도이다. 도면을 보고 다음 각 물음에 답하시오. (단, 모든 배관은 슬래브 내 매입배관이며, 이중천장이 없는 구조이다.) (13.7.문7, 11.11.문15)

득점	배점
	10

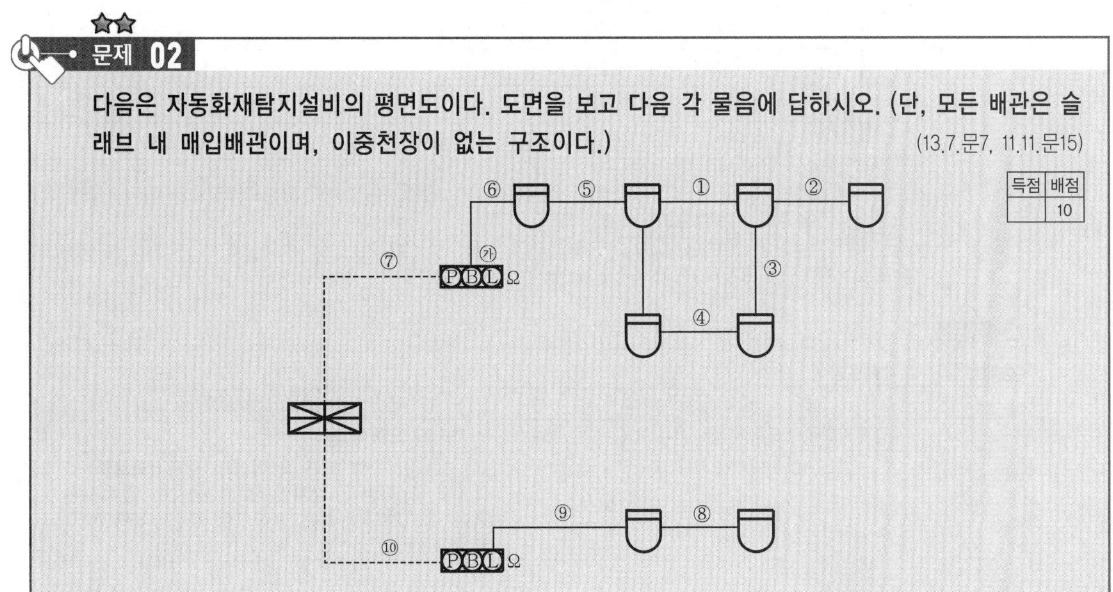

(가) 도면의 각 배선(점선 및 실선)에 전선 가닥수를 표기하시오.

기 호	①	②	③	④	⑤	⑥	⑦	⑧	⑨	⑩
가닥수										

(나) 수동발신기(P형)세트 ㉮와 이에 접속된 감지기 사이의 전선관 관경은 최소 몇 mm인지 쓰시오. (단, HFIX 1.5mm^{2}의 피복절연물을 포함한 전선의 단면적은 9mm^{2}이며 HFIX 2.5mm^{2}의 피복절연물을 포함한 전선의 단면적은 13mm^{2}이다.)

○ 계산과정 :

○ 답 :

(다) 수동발신기(P형)세트 ㉮에 내장된 것 4가지를 쓰시오.

○

○

○

○

해답 (가)

기 호	①	②	③	④	⑤	⑥	⑦	⑧	⑨	⑩
가닥수	2	4	2	2	4	4	6	4	4	6

(나) ○ 계산과정 : $\sqrt{9\times4\times\frac{4}{\pi}\times3}=11.7$

○ 답 : 16mm

(다) ① 발신기 ② 경종 ③ 표시등 ④ 종단저항

 (가)

기 호	가닥수	배선내역
①	2	지구선 1, 공통선 1
②	4	지구선 2, 공통선 2
③	2	지구선 1, 공통선 1
④	2	지구선 1, 공통선 1
⑤	4	지구선 2, 공통선 2
⑥	4	지구선 2, 공통선 2
⑦	6	지구선 1, 회로공통선 1, 경종선 1, 경종표시등공통선 1, 표시등선 1, 응답선 1
⑧	4	지구선 2, 공통선 2
⑨	4	지구선 2, 공통선 2
⑩	6	지구선 1, 회로공통선 1, 경종선 1, 경종표시등공통선 1, 표시등선 1, 응답선 1

- 문제에서 **평면도**이므로 일제경보방식, 우선경보방식 고민할 것 없이 **일제경보방식**으로 가닥수를 산정하면 된다. **평면도**는 **일제경보방식**임을 잊지 말자!
- 종단저항이 수동발신기함(ⓅⒷⓁ)에 설치되어 있으므로 감지기간 및 감지기와 발신기세트간 배선은 **루프**(loop)된 곳은 **2가닥**, **기타 4가닥**이 된다.

중요

송배선식과 **교차회로방식**

구 분	송배선식	교차회로방식
목적	**감지기회로**의 **도통시험**을 용이하게 하기 위하여	감지기의 **오동작** 방지
원리	배선의 도중에서 분기하지 않는 방식	하나의 담당구역 내에 **2 이상**의 **감지기회로**를 설치하고 **2 이상**의 **감지기회로**가 **동시**에 **감지**되는 때에 설비가 작동하는 방식으로 회로방식이 **AND 회로**에 해당된다.

적용 설비	• 자동화재탐지설비 • 제연설비	• **분**말소화설비 • **할**론소화설비 • **이**산화탄소소화설비 • **준**비작동식 스프링클러설비 • **일**제살수식 스프링클러설비 • **할**로겐화합물 및 불활성기체 소화설비 • **부**압식 스프링클러설비 기억법 **분할이 준일할부**
가닥수 산정	종단저항을 수동발신기함 내에 설치하는 경우 **루프(loop)**된 곳은 **2가닥, 기타 4가닥**이 된다. 수동 발신기함 / 루프(loop) ‖ 송배선식 ‖	**말단**과 **루프**(loop)된 곳은 **4가닥, 기타 8가닥**이 된다. 말단 / 수동 발신기함 / 루프(loop) ‖ 교차회로방식 ‖

(나) ① 문제의 질문은 **기호 ⑥ 전선관 관경**을 말한다.

②

〈전선관 굵기 선정〉

• 접지선을 포함한 케이블 또는 절연도체의 내부 단면적(피복절연물 포함)이 **금속관, 합성수지관, 가요전선관 등 전선관 단면적**의 $\frac{1}{3}$을 초과하지 않도록 할 것(KSC IEC/TS 61200-52의 521.6 표준준용, KEC 핸드북 p.301, p.306, p.313)

감지기-감지기 및 감지기-발신기세트의 배선은 HFIX **1.5mm²**를 사용하고 4가닥이므로

$$\frac{\pi D^2}{4} \times \frac{1}{3} \geq \text{전선단면적(피복절연물 포함)} \times \text{가닥수}$$

$$D \geq \sqrt{\text{전선단면적(피복절연물 포함)} \times \text{가닥수} \times \frac{4}{\pi} \times 3}$$

여기서, D : 후강전선관 굵기(내경)[mm]

후강전선관 굵기 D는

$$D \geq \sqrt{\text{전선단면적(피복절연물 포함)} \times \text{가닥수} \times \frac{4}{\pi} \times 3}$$

$$\geq \sqrt{9 \times 4 \times \frac{4}{\pi} \times 3}$$

≥ 11.7mm(∴ 16mm 선정)

• 9mm² : (나)의 [단서]에서 주어짐
• 4가닥 : (개)의 기호 ⑥에서 구함

‖ 후강전선관 vs 박강전선관 ‖

구 분	후강전선관	박강전선관
사용장소	• 공장 등의 배관에서 특히 **강도**를 필요로 하는 경우 • **폭발성가스**나 **부식성가스**가 있는 장소	• 일반적인 장소
관의 호칭 표시방법	• **안지름**(내경)의 근사값을 **짝수**로 표시	• **바깥지름**(외경)의 근사값을 **홀수**로 표시
규격	16mm, 22mm, 28mm, 36mm, 42mm, 54mm, 70mm, 82mm, 92mm, 104mm	19mm, 25mm, 31mm, 39mm, 51mm, 63mm, 75mm

(다) **수동발신기세트**(fire alarm box set)

발신기, **경종**, **표시등**이 하나의 세트로 구성되어 있고, 일반적으로 **종단저항**이 내장되어 있다.

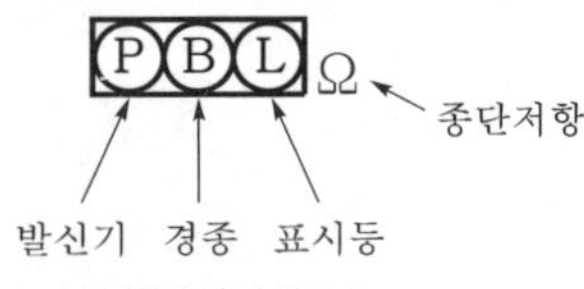

‖ 수동발신기세트 ‖

- 발신기, 수동발신기 둘 다 맞는 답
- 경종, 지구경종 둘 다 맞는 답

☆☆☆

문제 03

그림은 준비작동식 스프링클러설비에 관한 배선연결계통도이다. 다음 각 물음에 답하시오.

(16.6.문14, 15.4.문3, 14.7.문15, 13.4.문10, 12.4.문15)

득점	배점
	10

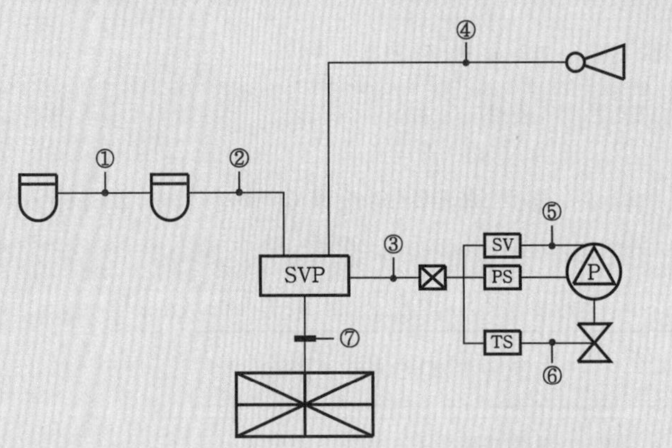

(가) ①~⑦까지의 가닥수는?

기 호	①	②	③	④	⑤	⑥	⑦
가닥수							

(나) ④의 음향장치는 어떤 경우에 작동하는지 쓰시오.

(다) 준비작동밸브의 2차측 주밸브를 잠근 상태에서 유수검지장치의 전기적 작동방법 2가지를 쓰시오.

○

○

(라) 감지기의 회로방식을 감지기 A·B회로로 구분하여 결선하는 이유는 무엇이며, 이와 같은 회로방식을 무슨 회로방식이라고 하는가?

○ 이유 :

○ 회로방식 :

(마) (라)와 같은 회로방식을 적용하지 않고 하나의 회로로 구성하여도 무방한 감지기의 종류 3가지를 쓰시오.

○

○

○

(가)

기 호	①	②	③	④	⑤	⑥	⑦
가닥수	4	8	4	2	2	2	8

(나) 감지기 A·B회로 중 1개 회로 이상이 작동한 경우

(다) ① 슈퍼비조리판넬의 기동스위치를 ON한다.
② A·B회로가 다른 두 개의 감지기를 동시에 작동한다.

(라) ○ 이유 : 감지기의 오동작 방지
○ 회로방식 : 교차회로방식

(마) ① 분포형 감지기
② 복합형 감지기
③ 불꽃감지기

해설 (가) **가닥수** 및 **배선**의 **용도**

기 호	가닥수	배선의 용도
①	4	지구선 2, 공통선 2
②	8	지구선 4, 공통선 4
③	4	솔레노이드밸브(SV) 1, 압력스위치(PS) 1, 탬퍼스위치(TS) 1, 공통선 1
④	2	사이렌 2
⑤	2	솔레노이드밸브 2
⑥	2	탬퍼스위치 2
⑦	8	전원 ⊕·⊖, 사이렌, 감지기 A·B, 솔레노이드밸브(SV), 압력스위치(PS), 탬퍼스위치(TS)

- 기호 ③ 6가닥도 답이 될 수 있지만 요즘에는 주로 4가닥으로 배선하니 **4가닥**이 보다 확실한 답이다. 최소가닥수라는 말이 없어도 6가닥으로 답을 하면 틀리게 채점될 수도 있다.
- 솔레노이드밸브=밸브기동=SV(Solenoid Valve)
- 압력스위치=밸브개방확인=PS(Pressure Switch)
- 탬퍼스위치=밸브주의=TS(Tamper Switch)

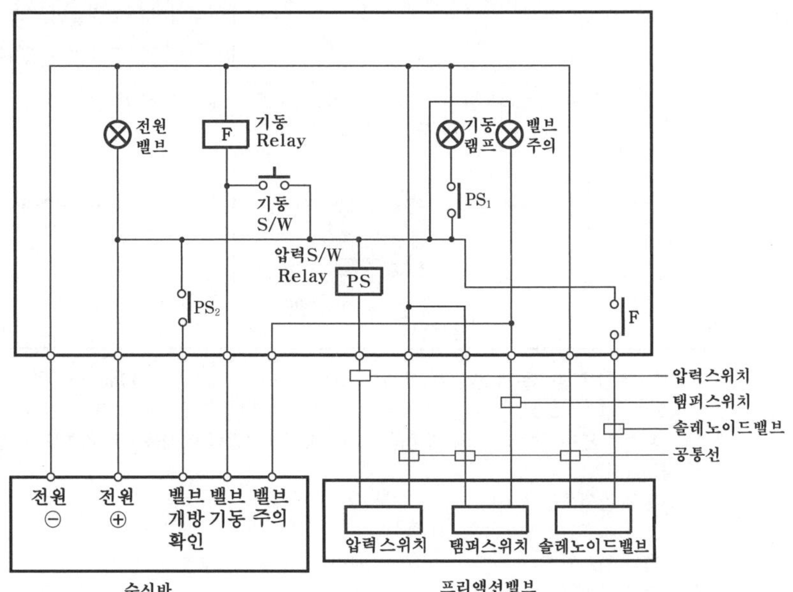

‖ 슈퍼비조리판넬~프리액션밸브 가닥수(4가닥인 경우) ‖

(나) 감지기 A·B회로 중 감지기 1개 회로 이상이 작동하면 **음향장치**(사이렌)가 작동한다.

감지기 1개 회로 작동	감지기 2개 회로 작동
음향장치로 경보하여 관계인이 확인할 수 있도록 함	**음향장치**로 경보하여 실내에 있는 사람을 대피시키고 **스프링클러설비**를 **작동**시킴

- '감지기 A·B회로 중 1개 이상이 작동한 경우'라고 답을 써도 맞는다.
- '감지기 1회로 작동시'만 써도 정답이다.

(다) 유수검지장치의 전기적 작동방법

준비작동식 스프링클러설비	일제살수식 스프링클러설비
① 수신반에서 솔레노이드밸브 개방 ② 슈퍼비조리판넬의 기동스위치 ON(수동기동스위치를 누른 경우) ③ A·B회로가 다른 두 개의 감지기 동시 작동(2개 회로의 감지기가 작동한 경우)	① 수동기동함의 누름버튼을 눌러서 동작 ② 수신반에서 해당 감지회로를 복수로 동작
※ 준비작동밸브의 2차측 주밸브를 잠그고 실시할 것	※ 일제개방밸브의 2차측 주밸브를 잠그고 실시할 것

(라) **송배선식**과 **교차회로방식**

구 분	송배선식	교차회로방식
목적	**감지기회로**의 **도통시험**을 용이하게 하기 위하여	감지기의 **오동작** 방지
원리	배선의 도중에서 분기하지 않는 방식	하나의 담당구역 내에 **2 이상**의 **감지기회로**를 설치하고 **2 이상**의 **감지기회로**가 **동시**에 **감지**되는 때에 설비가 작동하는 방식으로 회로방식이 **AND회로**에 해당된다.
적용설비	• 자동화재탐지설비 • 제연설비	• **분**말소화설비 • **할**론소화설비 • **이**산화탄소소화설비 • **준**비작동식 스프링클러설비 • **일**제살수식 스프링클러설비 • **할**로겐화합물 및 불활성기체 소화설비 • **부**압식 스프링클러설비 기억법 **분할이 준일할부**
가닥수 산정	종단저항을 수동발신기함 내에 설치하는 경우 **루프(loop)**된 곳은 **2가닥, 기타 4가닥**이 된다. 수동발신기함 / 루프(loop) ∥ 송배선식 ∥	**말단**과 **루프(loop)**된 곳은 **4가닥, 기타 8가닥**이 된다. 수동발신기함 / 말단 / 루프(loop) ∥ 교차회로방식 ∥

(마) **지하층·무창층** 등으로서 환기가 잘 되지 아니하거나 실내면적이 **40m²** 미만인 장소, 감지기의 부착면과 실내바닥과의 거리가 **2.3m** 이하인 곳으로서 일시적으로 발생한 열·연기 또는 먼지 등으로 인하여 화재신호를 발신할 우려가 있는 장소에 설치 가능한 감지기(**교차회로방식**을 **적용**하지 **않아도** 되는 감지기)

① **불꽃**감지기
② **정온식 감지선형** 감지기
③ **분포형** 감지기
④ **복합형** 감지기
⑤ **광전식 분리형** 감지기
⑥ **아날로그방식**의 감지기
⑦ **다신호방식**의 감지기
⑧ **축적방식**의 감지기

기억법 불정감 복분(복분자) 광아다축

☆☆☆
문제 04

어느 건물의 자동화재탐지설비의 수신기를 보니 스위치주의등이 점멸하고 있었다. 어떤 경우에 점멸하는지 그 원인을 2가지만 쓰시오. (07.7.문6)

○
○

득점	배점
	4

해답 ① 지구경종 정지스위치 ON시
② 주경종 정지스위치 ON시

해설 **스위치주의등 점멸**시의 **원인**(스위치주의등이 점멸하는 경우)
(1) **지**구경종 정지스위치 ON시
(2) **주**경종 정지스위치 ON시
(3) **자**동복구스위치 ON시
(4) **도**통시험스위치 ON시
(5) 동**작**시험스위치 ON시(작동시험스위치 ON시)

기억법 **자지 주도작**

• **'지구경종 정지스위치'**, **'주경종 정지스위치'**에서 **정지**라는 말도 꼭 써야 맞는다.

주의

스위치주의등이 **점멸하지 않는 경우**
(1) 복구스위치 ON시
(2) 예비전원스위치 ON시

☆☆☆
문제 05

도면은 준비작동식 스프링클러설비에 사용되는 Super Visory Panel에서 수신기까지의 내부결선도이다. 다음 각 물음에 답하시오. (16.11.문1, 12.7.문8, 07.4.문2)

득점	배점
	12

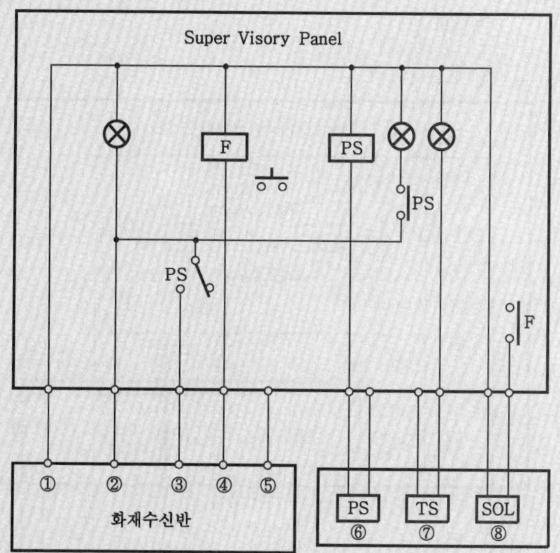

(가) ①~⑤ 단자의 단자명은 무엇인지 쓰시오.

①	②	③	④	⑤

(나) ⑥~⑧에 표기된 심벌은 각각 무엇인지 쓰시오.

⑥ ⑦ ⑧

(다) 미완성 도면을 완성하시오.

해답 (가)

①	②	③	④	⑤
전원 ⊖	전원 ⊕	밸브개방확인	밸브기동	밸브주의

(나) ⑥ 압력스위치 ⑦ 탬퍼스위치 ⑧ 솔레노이드밸브

(다)

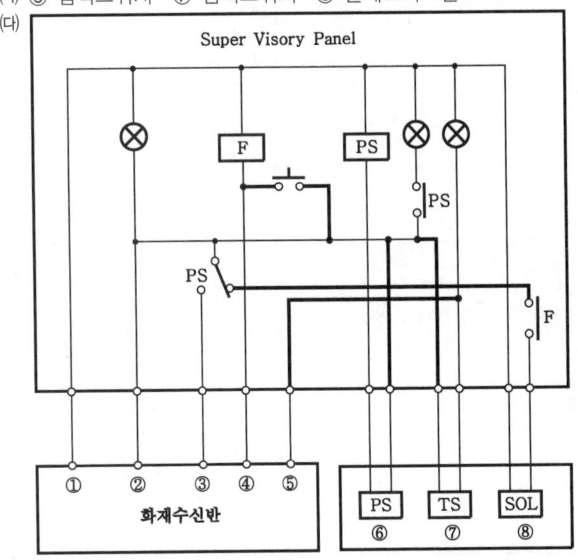

해설 (가)

- 전선의 용도에 관한 명칭을 답할 때 **전원** ⊖와 **전원** ⊕가 바뀌지 않도록 주의할 것!!
- 일반적으로 **공통선**(common line)은 **전원** ⊖를 사용하므로 **기호** ①이 **전원** ⊖가 되어야 한다.

(나) ⑥ 압력스위치=PS(Pressure Switch)
⑦ 탬퍼스위치=TS(Tamper Switch)
⑧ 솔레노이드밸브=SOL(Solenoid Value)

(다) 완성된 결선도로 나타내면 다음과 같다.

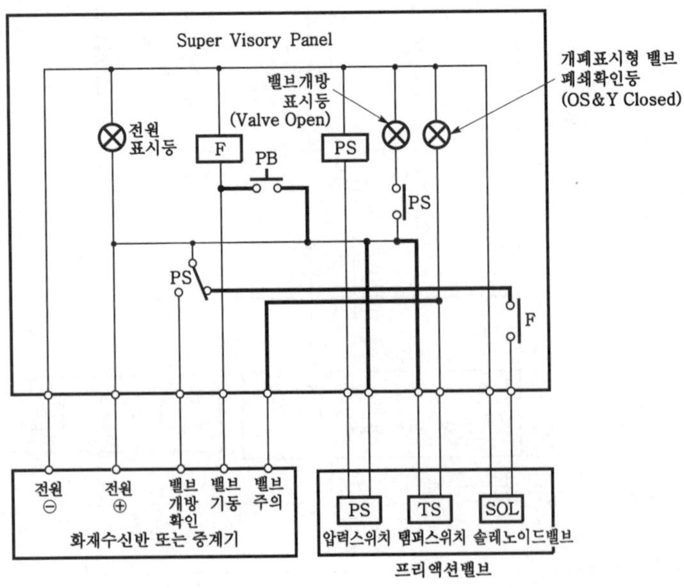

• (다)와 같이 결선문제는 하나만 틀려도 부분점수가 없고 모두 틀리니 주의!

중요

(1) **동작설명**

① 준비작동식 스프링클러설비를 기동시키기 위하여 푸시버튼스위치(PB)를 누르면 릴레이(F)가 여자되며 릴레이(F)의 접점(F)이 닫히므로 솔레노이드밸브(SOL)가 작동된다.

② 솔레노이드밸브에 의해 준비작동밸브가 개방되며 이때 준비작동밸브 1차측의 물이 2차측으로 이동한다.

③ 이로 인해 배관 내의 압력이 떨어지므로 압력스위치(PS)가 작동되면 릴레이(PS)가 여자되어 릴레이(PS)의 접점(PS)에 의해 램프(valve open)를 점등시키고 밸브개방확인 신호를 보낸다.

④ 평상시 게이트밸브가 닫혀 있으면 탬퍼스위치(TS)가 폐로되어 램프(OS & Y Closed)가 점등되어 게이트밸브가 닫혀 있다는 것을 알려준다.

(2) **수동조작함**과 **슈퍼비조리판넬**의 비교

구 분	수동조작함	슈퍼비조리판넬(super visory panel)
사용설비	• 이산화탄소소화설비 • 할론소화설비	• 준비작동식 스프링클러설비
기능	• 화재시 **작동문**을 **폐쇄**시키고 **가스**를 **방출**, **화재**를 **진화**시키는 데 사용하는 함	• 준비작동밸브의 **수동조정장치**
전면부착부품	전원감시등 방출표시등 기동스위치	전원감시등 밸브개방표시등 밸브주의표시등 기동스위치

☆☆

문제 06

다음은 자동방화문설비의 자동방화문에서 R type REPEATER까지의 결선도 및 계통도에 대한 것이다. 주어진 조건을 참조하여 각 물음에 답하시오. (12.4.문16, 04.7.문13)

득점	배점
	7

[조건]

○ 전선의 가닥수는 최소한으로 한다.
○ 방화문 감지기회로는 본 문제에서 제외한다.
○ 자동방화문설비는 층별로 구획되어 설치되어 있다.

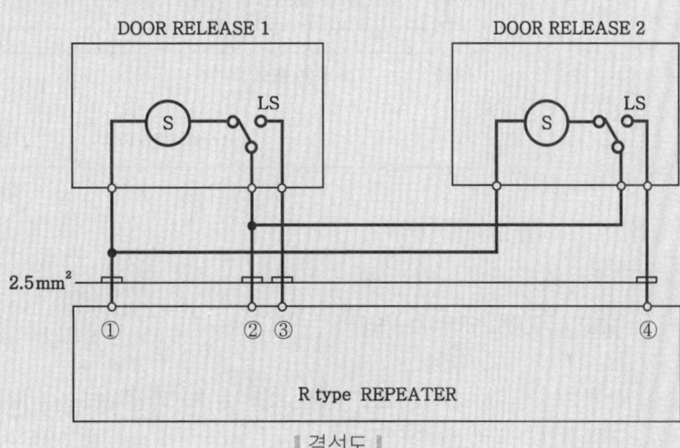

‖ 결선도 ‖

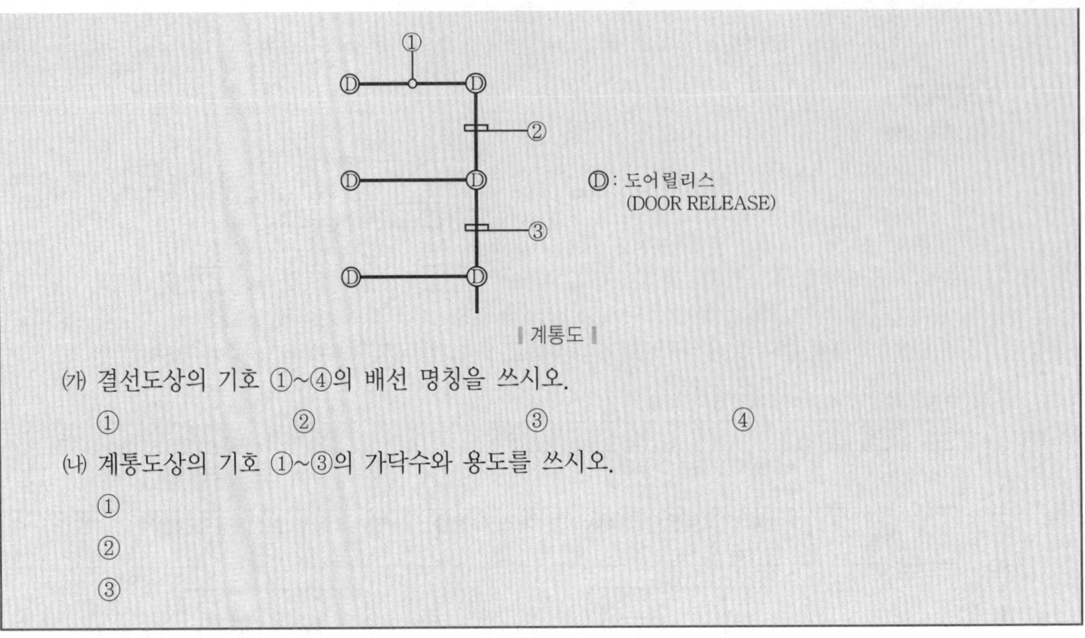

‖ 계통도 ‖

(가) 결선도상의 기호 ①~④의 배선 명칭을 쓰시오.

① ② ③ ④

(나) 계통도상의 기호 ①~③의 가닥수와 용도를 쓰시오.

①

②

③

해답 (가) ① 기동 1 ② 공통 1 ③ 확인 1 ④ 확인 2

(나) ① 3가닥 : 공통 1, 기동 1, 확인 1

② 4가닥 : 공통 1, 기동 1, 확인 2

③ 7가닥 : 공통 1, (기동 1, 확인 2)×2

해설 (가) **자동방화문**(door release)은 화재발생으로 인한 연기가 계단측으로 유입되는 것을 방지하기 위하여 피난계단전실 등의 출입문에 시설하는 설비로서, 평상시 개방되어 있다가 화재발생시 감지기의 작동 또는 기동스위치의 조작에 의하여 방화문을 폐쇄시켜 연기유입을 막음으로써 피난활동에 지장이 없도록 한다. 과거 자동방화문(door release) 폐쇄기는 **전자석**이나 **영구자석**을 이용하는 방식을 채택해 왔으나 정전, 자력감소 등 사용상 불합리한 점이 많아 최근에는 **걸고리방식**이 주로 사용된다.

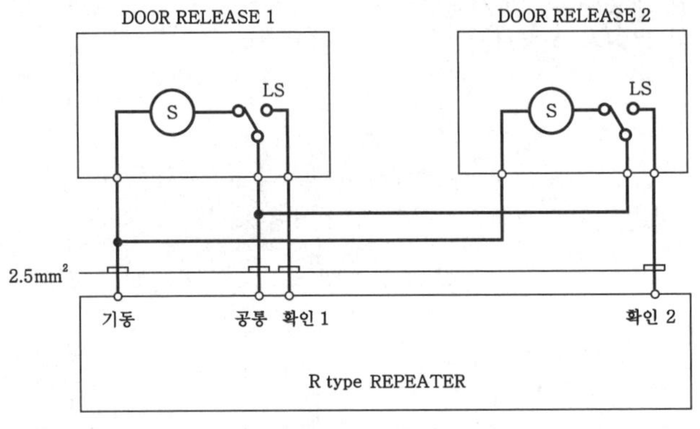

‖ 결선도 ‖

- R type REPEATER : R형 중계기
- Ⓢ : 솔레노이드밸브(Solenoid Valve)
- LS : 리밋스위치(Limit Switch)
- 확인 1, 확인 2라고 구분해서 답해도 좋고, 그냥 둘 다 '**확인**'이라고 써도 된다.
- '**확인**'은 '**기동확인**'이라고 답해도 정답!

‖ 자동방화문(door release) ‖

(나) **자동방화문설비**의 **계통도**

기 호	내 역	용 도
①	HFIX 2.5－3	공통 1, 기동 1, 확인 1
②	HFIX 2.5－4	공통 1, 기동 1, 확인 2
③	HFIX 2.5－7	공통 1, (기동 1, 확인 2)×2
④	HFIX 2.5－10	공통 1, (기동 1, 확인 2)×3

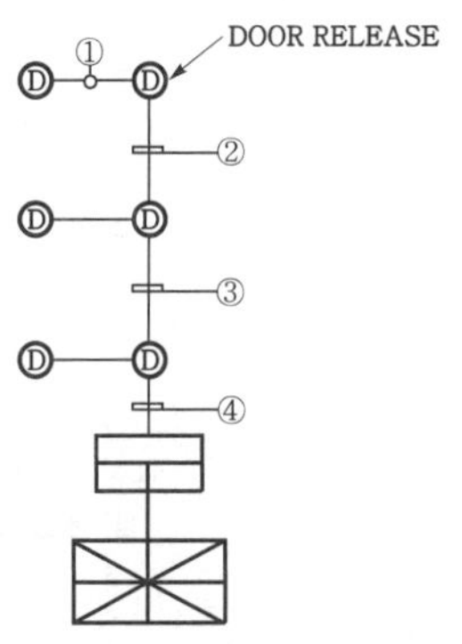

• 조건에서 층별로 구획되어 있든, 구획되어 있지 않든 가닥수는 변동이 없다. 너무 고민하지 말라!

문제 07

다음은 자동화재탐지설비의 구성요소인 감지기의 개략적인 회로이다. 회로를 참고하여 다음 물음에 답하시오. (19.6.문12, 07.4.문15)

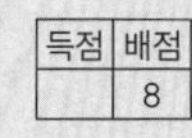

득점	배점
	8

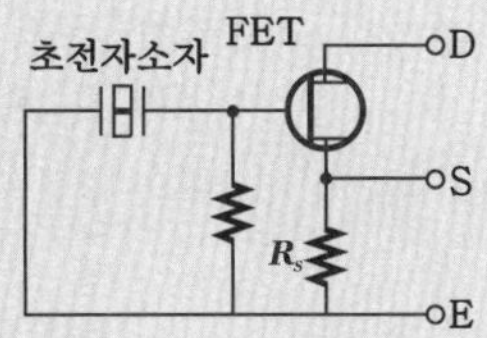

(가) 이와 같은 기본회로를 갖는 감지기의 구체적인 명칭을 쓰시오.

(나) 초전자소자는 상황화글리신(TGS), 세라믹의 티탄산납, 폴리플루오르화비닐(PVF_2)이 사용되고 있다. 이들 소자에서 발생되는 초전효과 또는 파이로(Pyro)효과는 무엇인지 쓰시오.

(다) 상기 회로의 감지기는 어떤 화재성상에 민감한 응답특성을 가지고 있는지 쓰시오.

(라) 이와 같은 기본회로를 갖는 감지기의 설치기준으로 ( ) 안을 채우시오.

- 감지기는 (①)와(과) (②)을(를) 기준으로 감시구역이 모두 포용될 수 있도록 설치할 것
- 감지기는 화재감지를 유효하게 감지할 수 있는 (③) 또는 (④) 등에 설치할 것
- 감지기를 (⑤)에 설치하는 경우에는 바닥을 향하여 설치할 것

해답 (가) 초전형 적외선식 불꽃감지기
(나) 어떤 결정을 가열하면 온도변화에 따라 전하가 발생하는 현상
(다) 불꽃연소
(라) ① 공칭감시거리
② 공칭시야각
③ 모서리
④ 벽
⑤ 천장

해설 (가) **초전형 적외선식 불꽃감지기**의 **등가회로**

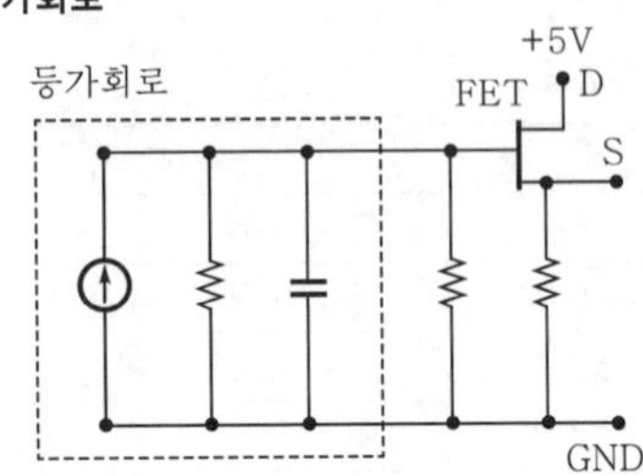

- (가) **구체적**인 **명칭**을 쓰라고 하였으므로 단지 '**불꽃감지기**'라고만 답하면 틀린다. 반드시 **초전형 적외선식 불꽃감지기**라고 답하여야 한다. 주의!

(나) **초전효과(파이로효과)**
① 어떤 결정을 가열하면 온도변화에 따라 전하가 발생하는 현상
② 온도변화에 따라 유전체 결정의 분극크기가 변화해서 전압이 나타나는 현상

(다) **불꽃감지기**이므로 **불꽃연소**에 민감한 응답특성을 가지고 있다.

불꽃연소	표면연소
빛을 **발산**하는 기체상태에서의 연소	**빛**을 **발산**하지 **않는** 연소

- '**불꽃연소**'를 '**불꽃**'이라고만 답을 쓰면 틀린다. '**불꽃연소**'라고 정확히 답하여야 한다.

(라) **불꽃감지기**의 **설치기준**(NFPC 203 7조 ③항 13호, NFTC 203 2.4.3.13)
① 감지기는 **공칭감시거리**와 **공칭시야각**을 기준으로 감시구역이 모두 포용될 수 있도록 설치할 것
② 감지기는 화재감지를 유효하게 할 수 있는 **모서리** 또는 **벽** 등에 설치할 것
③ 감지기를 **천장**에 설치하는 경우에는 **바닥**을 향하여 설치할 것
④ **수분**이 많이 발생할 우려가 있는 장소에는 **방수형**으로 설치할 것

- 설치기준이므로 기호 ④를 '**벽면**'이라고 쓰면 틀릴 수 있다. '**벽**'이라고 정확히 답해야 한다.

중요

불꽃감지기의 **공칭감시거리 · 공칭시야각**(감지기형식 19-3)

조 건	공칭감시거리	공칭시야각
20m 미만의 장소에 적합한 것	1m 간격	5° 간격
20m 이상의 장소에 적합한 것	5m 간격	

문제 08

감지기가 그림과 같이 배치되어 있을 때 연결의 예에 따라 실제배선도를 완성하시오. (13.4.문5)

득점	배점
	5

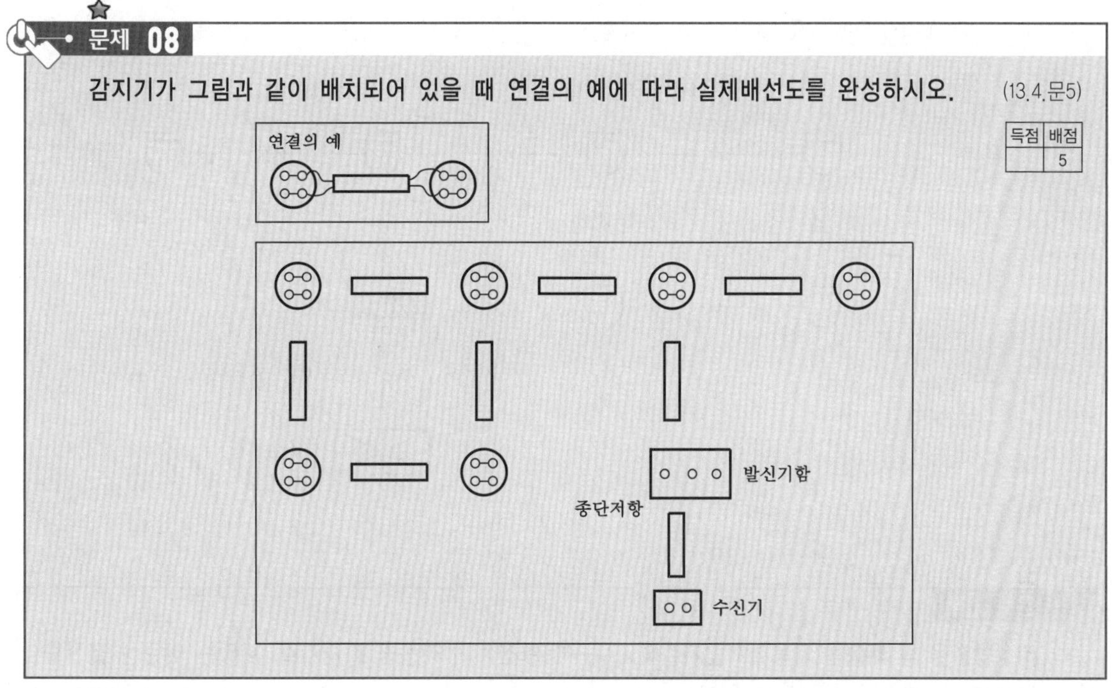

해답

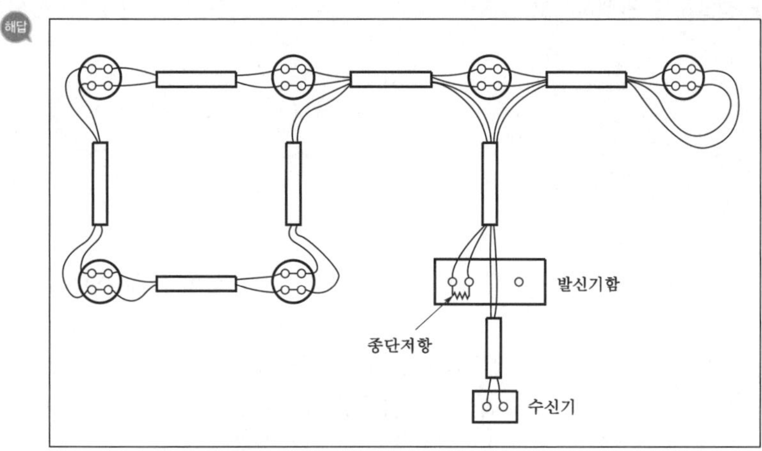

해설

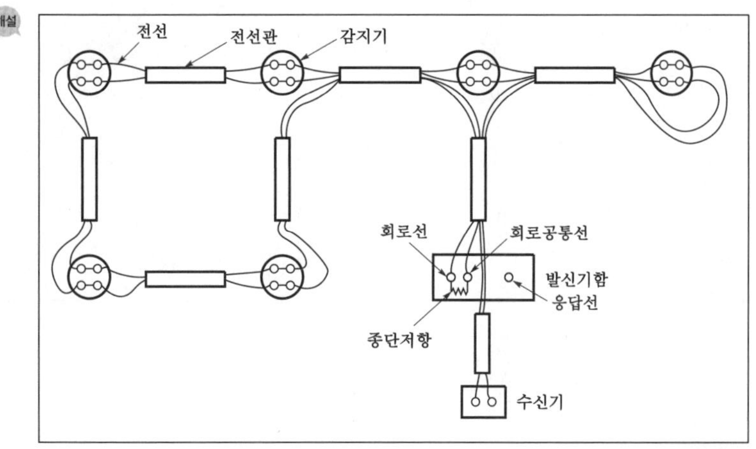

• **전선관** 안에는 **전선**을 표시하지 않아도 된다.

일반적으로 감지기의 배선은 **송배선식**으로서 이를 평면도로 나타내면 다음과 같다.

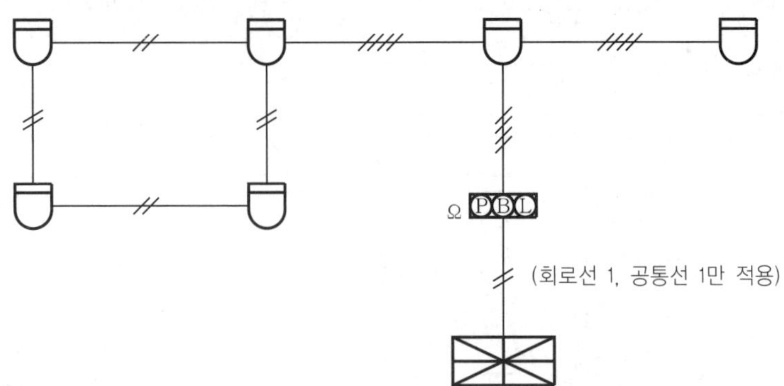

비상방송을 할 때에는 자동화재탐지설비의 지구음향장치의 작동을 정지시킬 수 있는 미완성 결선도를 범례 및 조건을 참고하여 완성하시오. (12.11.문16, 97.8.문13)

득점	배점
	5

〔범례〕

: 작동스위치 : 절환스위치

: 정지스위치 Ⓧ : 계전기

: 감지기 Ⓑ : 경종

〔조건〕

① 작동스위치를 누르거나 화재에 의하여 감지기가 작동되면 계전기 X_1이 여자되어 자기유지되며 X_{1-a}접점에 의하여 경종이 작동된다.

② 정지스위치를 누르면 계전기 X_1이 소자되고 경종이 작동을 정지한다.

③ 작동스위치 또는 감지기에 의하여 경종 작동 중 절환스위치를 비상방송설비 쪽으로 이동하면 계전기 X_2가 여자되고 X_{2-b}접점에 의하여 경종이 작동을 정지한다.

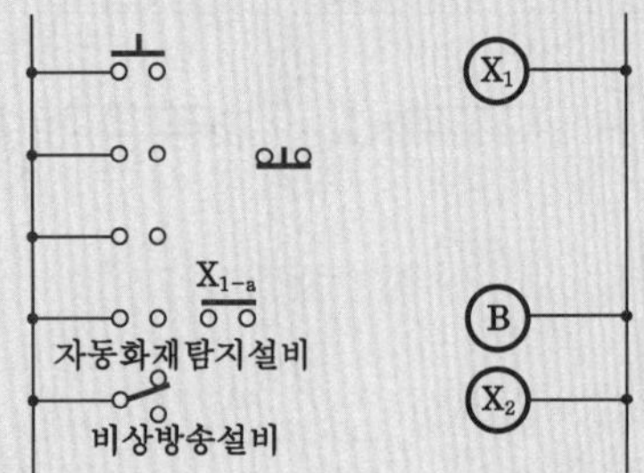

해답

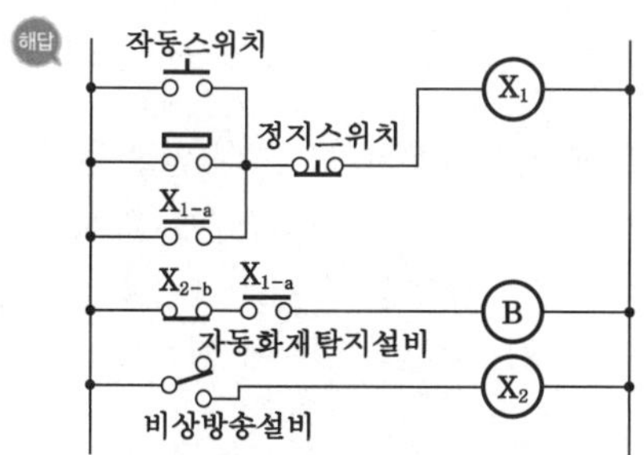

해설 감지기와 X_{1-a}접점은 서로 위치가 바뀌어도 된다.

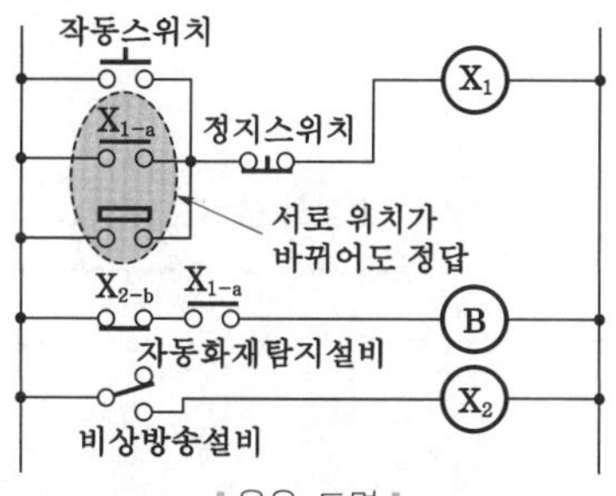

▮옳은 도면▮

• 미완성 결선도를 완성하는 문제는 하나라도 연결이 잘못되면 부분점수가 없으니 거듭 주의해서 연결할 것

중요

자동화재탐지설비와 **연동**한 **비상방송설비**의 **도면**

절환스위치(⚯)를 비상방송 쪽으로 이동하면 릴레이 X_2가 여자되고 X_{2-b}접점에 의하여 지구경종이 작동을 정지하며, 비상방송설비에 있는 X_{2-a}접점이 폐로되어 비상방송을 할 수 있다.

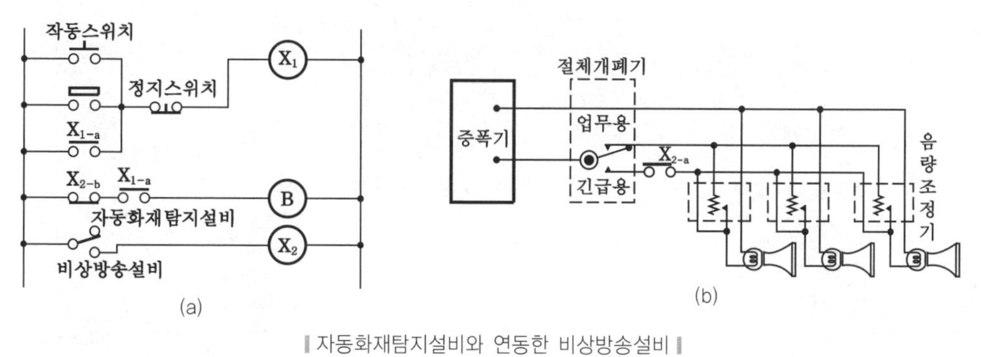

▮자동화재탐지설비와 연동한 비상방송설비▮

☆☆ 문제 10

소방용 케이블과 다른 용도의 케이블을 배선전용실에 함께 배선할 때 다음 ( ) 안을 완성하시오.

(17.6.문7, 11.7.문5, 09.7.문3)

득점	배점
	4

(가) 소방용 케이블을 내화성능을 갖는 배선전용실 등의 내부에 소방용이 아닌 케이블과 함께 노출하여 배선할 때 소방용 케이블과 다른 용도의 케이블간의 피복과 피복간의 이격거리는 ( ) 이상이어야 한다.

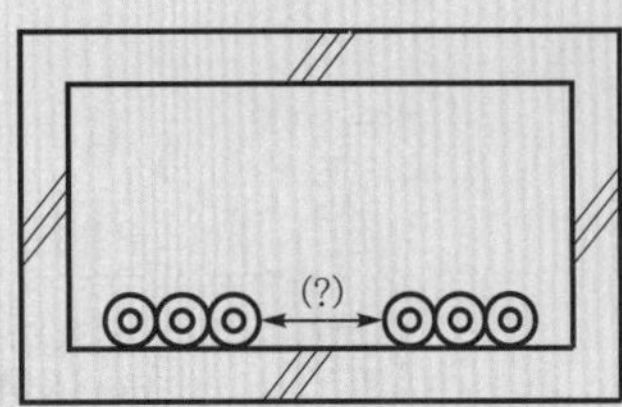

(나) 부득이하여 "(가)"와 같이 이격시킬 수 없어 불연성 격벽을 설치한 경우에 격벽의 높이는 ( ) 이상이어야 한다.

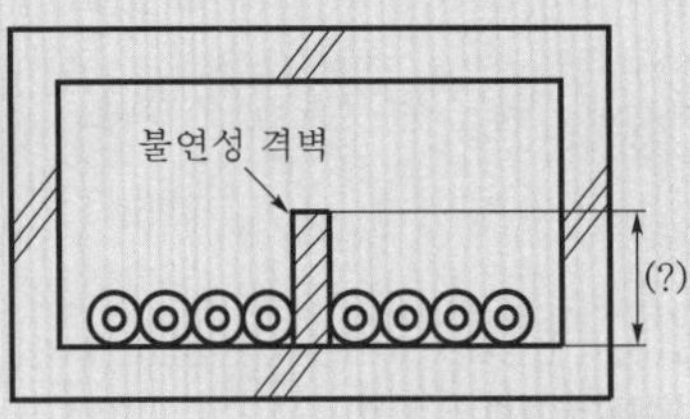

 (가) 15cm
(나) 가장 굵은 케이블 지름의 1.5배

- (가) 단위가 주어지지 않았으므로 **cm**까지 정확히 써야 한다.
- (나) '**배**'란 말도 없으므로 **1.5배**에서 '**배**'까지 정확히 써야 확실한 답이다.
- (나) '**가장 굵은 케이블 지름**'이라는 말도 꼭 써야 정답이다.

소방용 케이블과 다른 용도의 케이블을 배선전용실에 함께 배선할 경우

(1) 소방용 케이블을 내화성능을 갖는 배선전용실 등의 내부에 소방용이 아닌 케이블과 함께 노출하여 배선할 때 소방용 케이블과 다른 용도의 케이블간의 피복과 피복간의 이격거리는 **15cm** 이상이어야 한다.

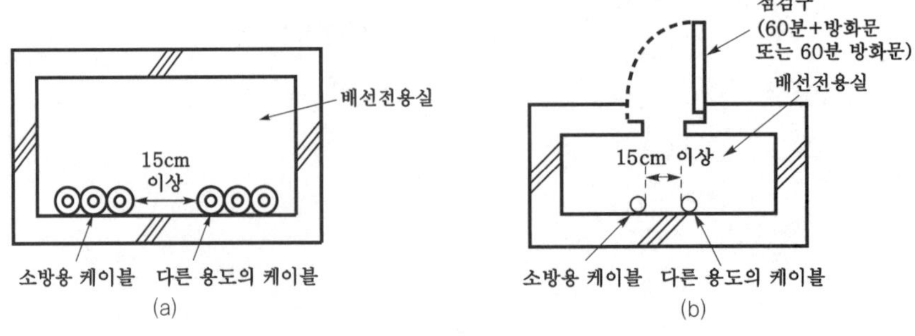

▌소방용 케이블과 다른 용도의 케이블 이격거리▐

(2) 불연성 격벽을 설치한 경우에 격벽의 높이는 **가장 굵은 케이블 지름**의 **1.5배** 이상이어야 한다.

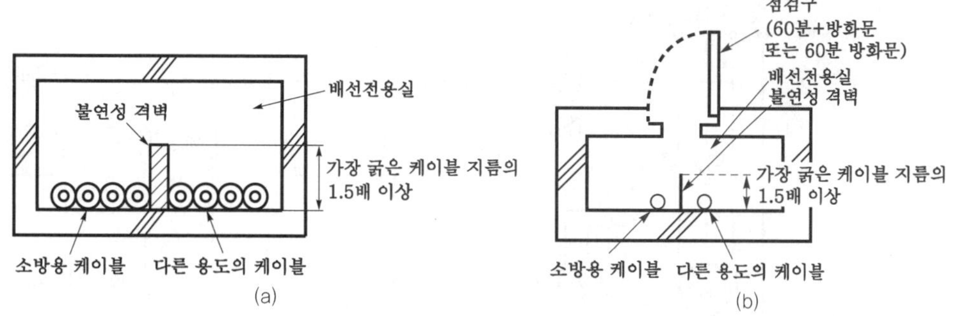

‖ 불연성 격벽을 설치한 경우 ‖

문제 11

도면은 타이머를 이용하여 기동시 Y로 기동하고 t초 후 자동적으로 △로 운전되는 Y-△기동회로이다. 이 회로도를 보고 다음 각 물음에 답하시오. (15.11.문2, 14.4.문1, 13.4.문6, 12.7.문9, 08.7.문14, 00.11.문10)

득점	배점
	9

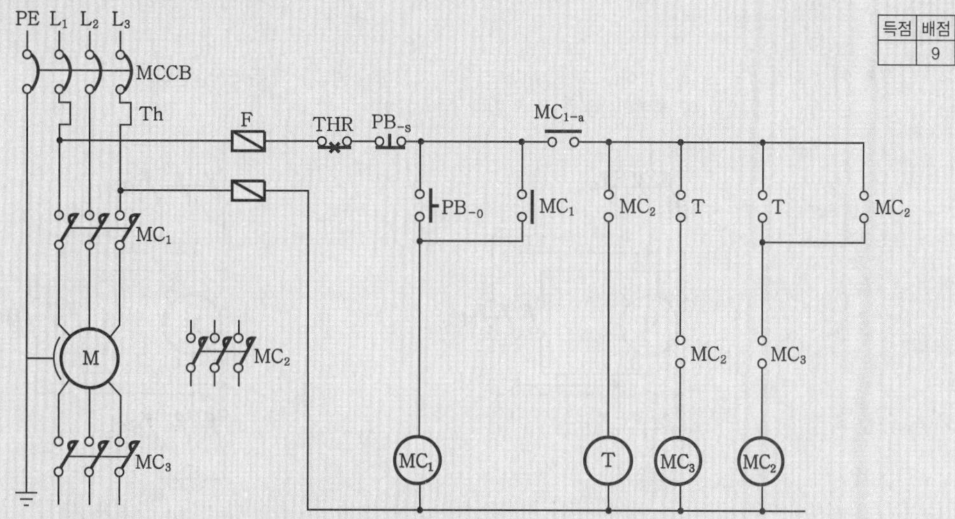

(가) 타이머를 이용한 Y-△ 미완성 기동회로를 완성하시오.

(나) 유도전동기의 권선을 Y결선으로 하여 기동하고 기동 후 △결선으로 바꾸어 운전하는 이유를 쓰시오.

(다) 상기 회로도에 의한 유도전동기의 Y-△기동회로의 동작설명이다. ( ) 안에 알맞은 기호 또는 문자를 쓰시오.

㉠ PB_{-0}를 누르면 ( )과 ( )가 여자되어 주접점 MC_1이 닫히면서 전동기가 Y기동된다. PB_{-0}에서 손을 떼어도 계속 Y가 기동된다. 동시에 타이머코일도 여자된다.

㉡ 타이머의 설정 시간 t가 지나면 ( )접점이 열려 ( )가 소자되어 Y기동이 정지되고, ( )가 붙어 ( )가 여자되면서 △운전으로 전환된다.

㉢ ( )와 ( )는 인터록이 유지되어 안전운전이 된다.

㉣ 정지용 PB_{-s}를 누르거나 전동기에 과부하가 걸려 ( )이 작동하면 운전 중인 전동기는 정지한다.

해답 (가)

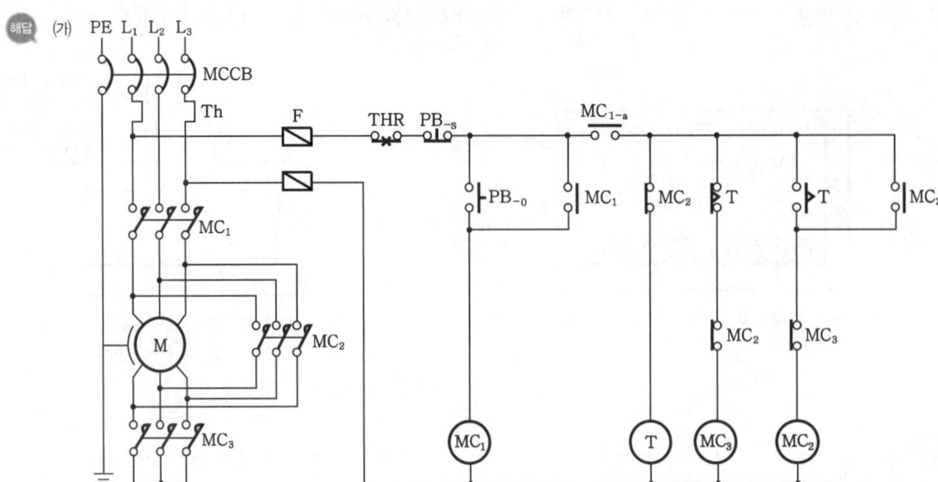

(나) 기동전류를 작게 하기 위하여

(다) ㉠ MC_1, MC_3

㉡ T_{-b}, MC_3, T_{-a}, MC_2

㉢ MC_{2-b}, MC_{3-b}

㉣ THR

해설 (가) 주회로의 Y-△ 결선방식은 2가지이다. 다음에 제시하는 방법은 모두 답이 된다.

* ◌ : 특별히 이 부분의 '**점**'을 잘 찍도록 주의하라!

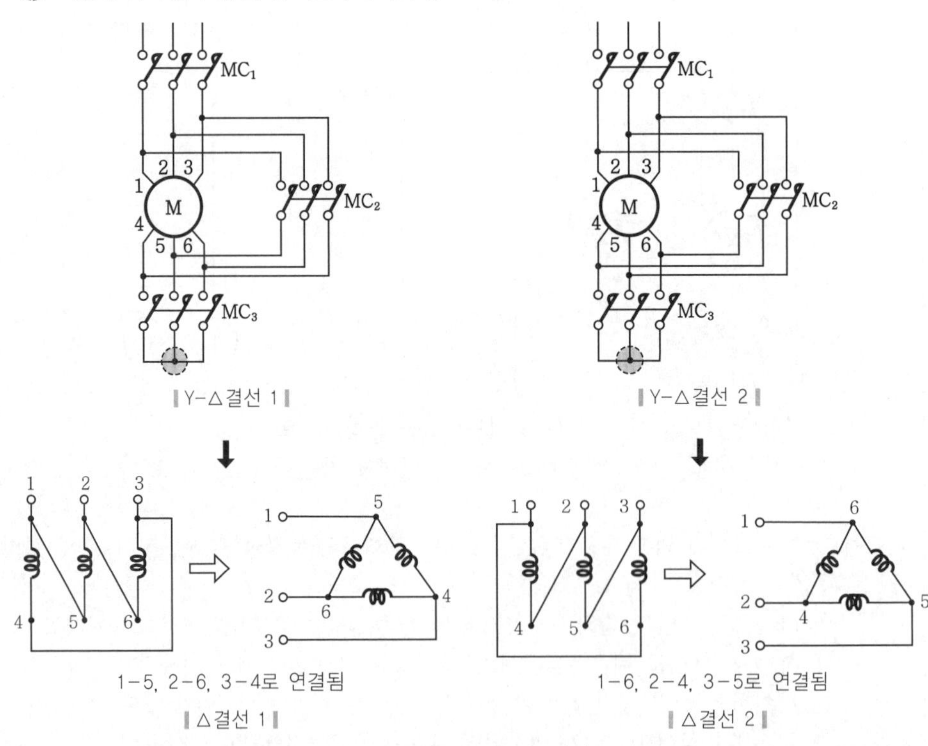

‖ Y-△결선 1 ‖

‖ Y-△결선 2 ‖

1-5, 2-6, 3-4로 연결됨

‖ △결선 1 ‖

1-6, 2-4, 3-5로 연결됨

‖ △결선 2 ‖

- 타이머접점( )은 일반접점( ) 표시와 조금 다르다. 실수하지 않고 잘 그리도록 하라!
- 만약 Motor(M)와 MC_1의 간격이 좁아서 다음과 같이 MC_2결선을 MC_1 위에 연결해도 맞다.

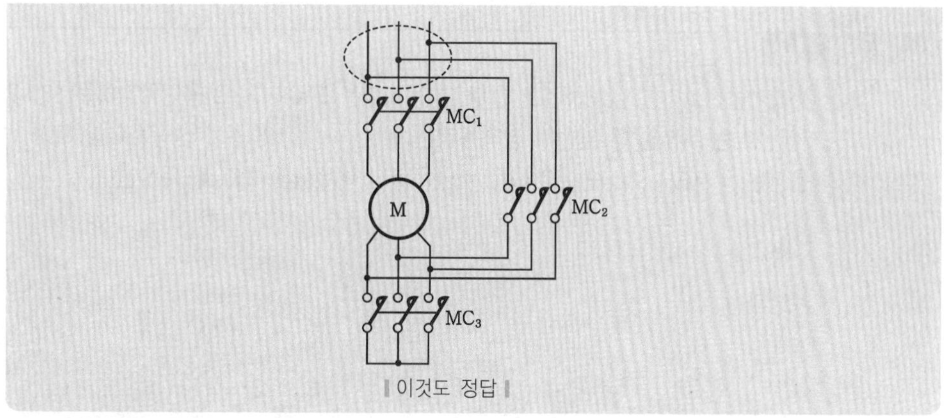

▌이것도 정답▐

(나) **Y-Δ 기동방식**

① 전동기의 기동전류를 작게 하기 위하여 Y결선으로 기동하고 일정 시간 후 Δ결선으로 운전하는 방식

② 직입기동시 전류가 많이 소모되므로 Y결선으로 직입기동의 $\frac{1}{3}$ 전류로 기동하고 Δ결선으로 전환하여 운전하는 방법

Y결선 선전류	Δ결선 선전류
$I_Y = \dfrac{V_l}{\sqrt{3}\,Z}$ 여기서, I_Y : 선전류[A] V_l : 선간전압[V] Z : 임피던스[Ω]	$I_\Delta = \dfrac{\sqrt{3}\,V_l}{Z}$ 여기서, I_Δ : 선전류[A] V_l : 선간전압[V] Z : 임피던스[Ω]

$$\frac{\text{Y결선 선전류}}{\text{Δ결선 선전류}} = \frac{I_Y}{I_\Delta} = \frac{\dfrac{V_l}{\sqrt{3}\,Z}}{\dfrac{\sqrt{3}\,V_l}{Z}} = \frac{1}{3}\left(\therefore \text{ Y결선을 하면 기동전류는 Δ결선에 비해 } \frac{1}{3}\text{로 경감(감소)한다.}\right)$$

- **'기동전류를 줄이기 위해'** 또는 **'기동하는 데 전력소모를 줄이기 위해'** 이렇게 쓰는 경우에 이것도 옳은 답이다(책에 있는 것과 똑같이 암기할 필요는 없다).
- 기동전류=시동전류

(다) **동작설명**

① PB_{-0}를 누르면 MC_1과 MC_3가 여자되어 주접점 M_1이 닫히면서 전동기가 Y기동된다. PB_{-0}에서 손을 떼어도 계속 Y가 기동된다. 동시에 타이머코일도 여자된다.

② 타이머의 설정 시간 t가 지나면 T_{-b}접점이 열려 MC_3가 소자되어 Y기동이 정지되고, T_{-a}가 붙어 MC_2가 여자되면서 Δ운전으로 전환된다.

③ MC_{2-b}와 MC_{3-b}는 인터록이 유지되어 안전운전이 된다.

④ 정지용 PB_{-s}를 누르거나 전동기에 과부하가 걸려 THR이 작동하면 운전 중인 전동기는 정지한다.

- ② : 여기서는 **T_{-b}, T_{-a}**라고 a접점인지, b접점인지 정확히 표시를 해주는 것이 좋겠다. 그냥 T라고 쓰지 않도록 하자.
- ③ : 여기서도 MC_{2-b}, MC_{3-b}처럼 a접점인지, b접점인지 표시를 정확히 해주자.
- ④ : **THR**이라고 답해야지 옳다. 모두 기호로 나타냈으므로 이때는 **'열동계전기(수동복구 b접점)'**으로 답하지 않도록 한다.

☆☆

문제 12

비상용 자가발전설비를 설치하려고 한다. 기동용량은 500kVA, 허용전압강하는 15%까지 허용하며, 과도리액턴스는 20%일 때 발전기 정격용량은 몇 kVA 이상의 것을 선정하여야 하며, 발전기용 차단기의 용량은 몇 MVA 이상인가? (단, 차단용량의 여유율은 25%로 계산한다.)

(16.6.문11, 14.7.문10, 10.4.문11, 09.7.문7)

득점	배점
	6

(가) 발전기 정격용량
- ○ 계산과정 :
- ○ 답 :

(나) 차단기의 용량
- ○ 계산과정 :
- ○ 답 :

해답 (가) ○ 계산과정 : $\left(\frac{1}{0.15}-1\right)\times 0.2\times 500 = 566.666 ≒ 566.67\text{kVA}$

○ 답 : 566.67kVA

(나) ○ 계산과정 : $\frac{566.67}{0.2}\times 1.25 ≒ 3541\text{kVA} = 3.541\text{MVA} ≒ 3.54\text{MVA}$

○ 답 : 3.54MVA

해설 (가) **발전기 정격용량**(발전기용량)의 **산정**

$$P_n \geq \left(\frac{1}{e}-1\right)X_L P$$

여기서, P_n : 발전기 정격용량(발전기용량)[kVA], e : 허용전압강하

X_L : 과도리액턴스, P : 기동용량[kVA]

$P_n \geq \left(\frac{1}{0.15}-1\right)\times 0.2\times 500 = 566.666 ≒ 566.67\text{kVA}$

(나) 발전기용 **차단기**의 **용량**

$$P_s \geq \frac{P_n}{X_L}\times 1.25(\text{여유율})$$

여기서, P_s : 발전기용 차단기의 용량[kVA]

X_L : 과도리액턴스

P_n : 발전기 정격용량(발전기용량)[kVA]

$P_s \geq \frac{566.67}{0.2}\times 1.25 ≒ 3541\text{kVA} = 3.541\text{MVA} ≒ 3.54\text{MVA}$

- [단서]에서 여유율 **25%**를 계산하라고 하여 1.25를 추가로 곱하지 않도록 주의하라! 왜냐하면 발전기용 차단기의 용량공식에 이미 여유율 25%가 적용되었기 때문이다.

  $P_s \geq \frac{566.67}{0.2}\times 1.25\times \cancel{1.25}$
- 1000kVA=1MVA이므로 3541kVA=3.541MVA
- [문제조건]에 의해 반드시 발전기 정격용량은 **kVA**, 차단기의 용량은 **MVA**로 구해야 한다.

☆☆
문제 13

스프링클러설비의 감시제어반에서 도통시험 및 작동시험을 할 수 있어야 하는 회로 5가지를 쓰시오.

(09.4.문10)

득점	배점
	5

○
○
○
○
○

해답 ① 기동용 수압개폐장치의 압력스위치회로
② 수조 또는 물올림수조의 저수위감시회로
③ 유수검지장치 또는 일제개방밸브의 압력스위치회로
④ 일제개방밸브를 사용하는 설비의 화재감지기회로
⑤ 급수배관에 설치되어 있는 개폐밸브의 폐쇄상태 확인회로

해설 **감시제어반**에서 **도통시험** 및 **작동시험**을 할 수 있어야 하는 회로

스프링클러설비	화재조기진압용 스프링클러설비	옥외소화전설비 · 물분무소화설비	옥내소화전설비 · 포소화설비
① 기동용 수압개폐장치의 **압력스위치회로** ② 수조 또는 물올림수조의 **저수위감시회로** ③ **유수검지장치** 또는 **일제개방밸브**의 **압력스위치회로** ④ 일제개방밸브를 사용하는 설비의 **화재감지기회로** ⑤ 급수배관에 설치되어 있는 **개폐밸브**의 **폐쇄상태 확인회로** 기억법 기스유수일급	① **기동용 수압개폐장치**의 **압력스위치회로** ② **수조** 또는 **물올림수조**의 **저수위감시회로** ③ **유수검지장치** 또는 **압력스위치회로** ④ 급수배관에 설치되어 있는 **개폐밸브**의 **폐쇄상태 확인회로** 기억법 조기수유급	① **기동용 수압개폐장치**의 **압력스위치회로** ② **수조** 또는 **물올림수조**의 **저수위감시회로** 기억법 옥물수기	① **기동용 수압개폐장치**의 **압력스위치회로** ② **수조** 또는 **물올림수조**의 **저수위감시회로** ③ 급수배관에 설치되어 있는 **개폐밸브**의 **폐쇄상태 확인회로** 기억법 옥포기수급

• '수조 또는 물올림수조의 저수위감시회로'를 '수조 또는 물올림수조의 감시회로'라고 써도 틀린 답은 아니다.

☆☆☆
문제 14

한국전기설비규정(KEC)에서 규정하는 금속관공사의 시설조건에 관한 ( ) 안에 알맞은 말을 쓰시오.

득점	배점
	6

○ 전선은 (①)((②) 제외)일 것
○ 전선은 (③)일 것. 단, 다음의 것은 적용하지 않는다.
  – 짧고 가는 금속관에 넣은 것
  – 단면적 (④)mm^2(알루미늄선은 단면적 (⑤)mm^2) 이하의 것
○ 전선은 금속관 안에서 (⑥)이 없도록 할 것

해답 ① 절연전선
② 옥외용 비닐절연전선
③ 연선
④ 10
⑤ 16
⑥ 접속점

해설 **금속관공사**의 **시설조건**(KEC 232.12.1)
(1) 전선은 **절연전선**(**옥외용 비닐절연전선** 제외)일 것
(2) 전선은 **연선**일 것. 단, 다음의 것은 적용하지 않는다.
① 짧고 가는 금속관에 넣은 것
② 단면적 **10mm^2**(알루미늄선은 단면적 **16mm^2**) 이하의 것
(3) 전선은 금속관 안에서 **접속점**이 없도록 할 것

" 밧줄을 던져라. 안전한 항구를 떠나 멀리 항해를 떠나라. 항해하며 바람과 맞서라. 탐험하라. 꿈을 꾸어라. 그리고 찾아내라. "

\- 마크 트웨인 -

2017. 6. 25 시행

▌2017년 기사 제2회 필답형 실기시험▐

자격종목	시험시간	형별	수험번호	성명	감독위원 확인
소방설비기사(전기분야)	3시간				

※ 다음 물음에 답을 해당 답란에 답하시오.(배점 : 100)

☆☆☆
문제 01

가스누설경보기에 관한 다음 각 물음에 답하시오. (10.4.문13, 08.11.문9)

득점	배점
	8

(가) 수신 개시로부터 가스누설표시까지의 소요시간은 몇 초 이내이며, 지구등은 등이 켜질 때 어떤 색으로 표시되어야 하는지 쓰시오.

(나) 예비전원으로 사용하는 축전지의 종류를 쓰시오.

(다) 예비전원의 용량에 대하여 간단히 쓰시오.
- ○1회선용 :
- ○2회로 이상 :

(라) 경보기와 절연된 충전부와 외함간 및 절연된 선로간의 절연저항은 DC 500V 절연저항계로 측정한 값이 각각 몇 MΩ 이상이어야 하는지 쓰시오.
- ○절연된 충전부와 외함간 :
- ○절연된 선로간 :

해답 (가) ① 60초 이내
② 황색

(나) 알칼리계 2차 축전지, 리튬계 2차 축전지 또는 무보수밀폐형 연축전지

(다) ○1회선용 : 감시상태를 20분간 계속한 후 유효하게 작동되어 10분간 경보할 수 있는 용량
○2회로 이상 : 연결된 모든 회로에 대하여 감시상태를 10분간 계속한 후 2회선을 유효하게 작동시키고 10분간 경보할 수 있는 용량

(라) ○절연된 충전부와 외함간 : 5MΩ 이상
○절연된 선로간 : 20MΩ 이상

해설 (가) ① 소요시간

기 기	시 간
P·R형 수신기	5초 이내
중계기	5초 이내
비상방송설비	10초 이내
가스누설경보기	60초 이내

기억법 시중5(시중을 드시오!), 6가(육체미가 아름답다.)

② 축적형 수신기

전원차단시간	축적시간	화재표시감지시간
1~3초 이하	30~60초 이하	60초(차단 및 인가 1회 이상 반복)

③ 가스누설경보기의 **점등색**

누설등(가스누설표시등)	지구등	화재등
황색		적색

용어

누설등	지구등
가스의 누설을 표시하는 표시등	가스가 누설할 경계구역의 위치를 표시하는 표시등

(나) **예비전원**

기 기	예비전원
• 수신기 • 중계기	**원통밀폐형 니켈카드뮴축전지** 또는 **무보수밀폐형 연축전지**
• 유도등	**알칼리계 2차 축전지** 또는 **리튬계 2차 축전지**
• 비상조명등 • 가스누설경보기 • 자동화재속보설비의 속보기	**알칼리계 2차 축전지, 리튬계 2차 축전지** 또는 **무보수밀폐형 연축전지**

• 3가지 축전지를 모두 답하여야 하며, 어떤 이는 가스누설경보기의 예비전원을 '**원통밀폐형 니켈카드뮴축전지 또는 무보수밀폐형 연축전지**'로 답하는 사람이 있다. 이것은 잘못된 답이다. 법이 개정되었다. 반드시 '**알칼리계 2차 축전지, 리튬계 2차 축전지 또는 무보수밀폐형 연축전지**'로 답하여야 한다.

(다) **예비전원**의 **용량**

기 기	예비전원의 용량
수신기	감시상태를 **60분**간 계속한 후 ① **P형** 및 **P형 복합식**의 **수신기용**: **2회선**이 작동하는 때의 소비전류로 **10분** 이상 계속하여 흘릴 수 있는 용량 ② **R형** 및 **R형 복합식**의 **수신기용**: **2개**의 중계기가 작동하는 때의 소비전류로 10분간 계속하여 흘릴 수 있는 용량
중계기	감시상태를 **60분**간 계속한 후 ① **자동화재탐지설비용**: 최대소비전류로 **10분**간 계속 흘릴 수 있는 용량 ② **가스누설경보기용**: 가스누설경보기의 기준에 규정된 용량 ③ **GP형 · GP형 복합식 · GR형 · GR형 복합식 수신기용**: 각각 그 용량을 합한 용량
자동화재속보기	감시상태를 **60분**간 지속한 후 **10분** 이상 동작이 지속될 수 있는 용량
가스누설경보기	① **1회선용**(단독형 포함): 감시상태를 **20분**간 계속한 후 유효하게 작동되어 **10분**간 경보를 발할 수 있는 용량 ② **2회로 이상**: 연결된 모든 회로에 대하여 감시상태를 **10분**간 계속한 후 **2회선**을 유효하게 작동시키고 **10분**간 경보를 발할 수 있는 용량 ※ '**10분 이상**'이라고 쓰지 않도록 주의하라! '**10분간**'이라고 써야 한다.

(라) 가스누설경보기의 **절연저항시험**

구 분	설 명
절연된 충전부와 외함간	직류 500V 절연저항계, **5MΩ** 이상
교류입력측과 외함간	직류 500V 절연저항계, **20MΩ** 이상
절연된 선로간	직류 500V 절연저항계, **20MΩ** 이상
10회로 이상	직류 500V 절연저항계, **50MΩ** 이상

중요

절연저항시험(정대! 정대! 중요)

절연저항계	절연저항	대 상
DC 250V	0.1MΩ 이상	• 1경계구역의 절연저항
DC 500V	5MΩ 이상	• 누전경보기 • 가스누설경보기 • 수신기 • 자동화재속보설비 • 비상경보설비 • 유도등(교류입력측과 외함간 포함) • 비상조명등(교류입력측과 외함간 포함)
	20MΩ 이상	• 경종 • 발신기 • 중계기 • 비상콘센트 • 기기의 절연된 선로간 • 기기의 충전부와 비충전부간 • 기기의 교류입력측과 외함간(유도등 · 비상조명등 제외)
	50MΩ 이상	• 감지기(정온식 감지선형 감지기 제외) • 가스누설경보기(10회로 이상) • 수신기(10회로 이상)
	1000MΩ 이상	• 정온식 감지선형 감지기

★★ 문제 02

옥내소화전설비의 감시 및 동력제어반의 연결계통도를 참고하여 다음 각 물음에 답하시오.

(12.11.문1, 09.10.문18)

득점	배점
	9

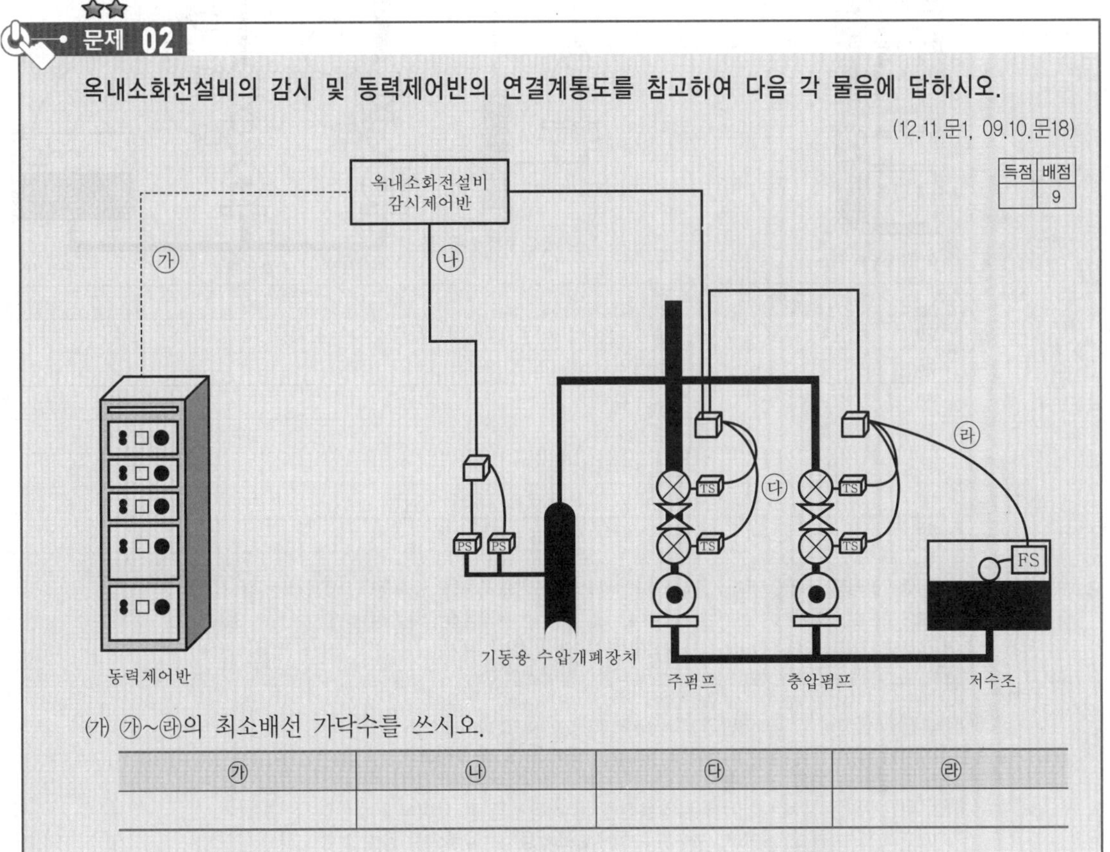

(가) ㉮~㉱의 최소배선 가닥수를 쓰시오.

㉮	㉯	㉰	㉱

(나) 옥내소화전설비에는 제어반을 설치하되, 감시제어반과 동력제어반으로 구분하여 설치하여야 한다. 감시제어반의 기능은 다음의 기준에 적합하여야 한다. (   ) 안을 채우시오.
- ○ 각 펌프의 작동 여부를 확인할 수 있는 (①) 및 (②)기능이 있어야 할 것
- ○ 각 펌프를 자동 및 수동으로 작동시키거나 작동을 중단시킬 수 있어야 할 것
- ○ 비상전원을 설치한 경우에는 상용전원 및 비상전원 공급 여부를 확인할 수 있을 것
- ○ 수조 또는 물올림수조가 (③)로 될 때 표시등 및 음향으로 경보할 것
- ○ 기동용 수압개폐장치의 압력스위치회로, 수조 또는 물올림수조의 저수위감시회로, 급수배관에 설치되어 있는 개폐밸브의 폐쇄상태 확인회로마다 (④)시험 및 (⑤)시험을 할 수 있어야 할 것

해답 (가)

㉮	㉯	㉰	㉱
5	3	2	2

(나) ① 표시등 ② 음향경보 ③ 저수위 ④ 도통 ⑤ 작동

해설 (가)

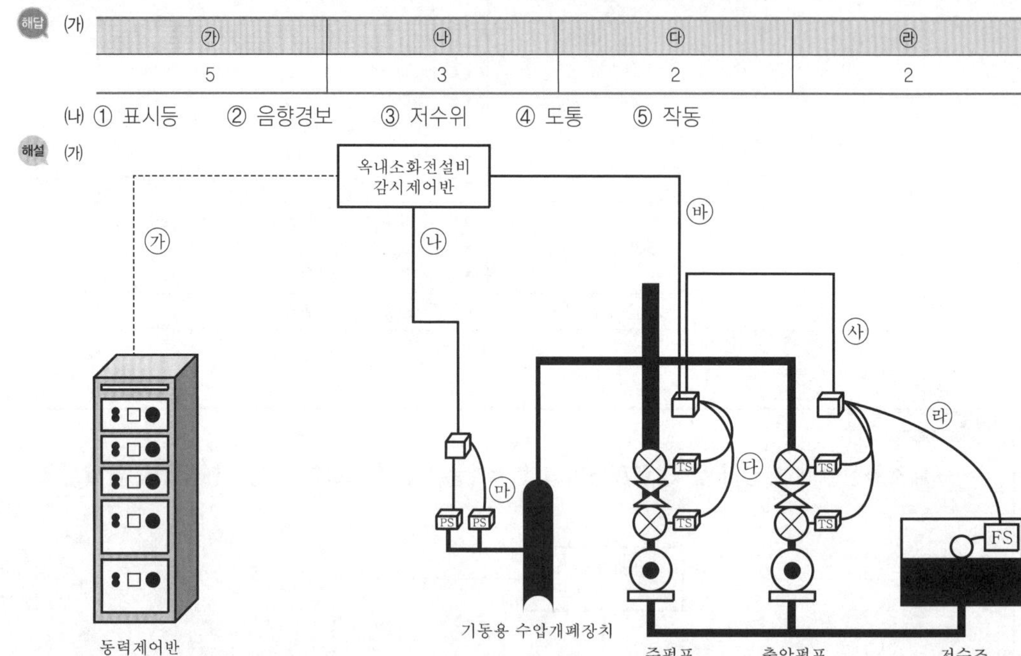

기 호	내 역	배선의 용도
㉮	HFIX 2.5-5	기동 1, 정지 1, 공통 1, 전원표시등 1, 기동표시등 1
㉯	HFIX 2.5-3	압력스위치 2, 공통 1
㉰	HFIX 2.5-2	탬퍼스위치 2
㉱	HFIX 2.5-2	플로트스위치 2
㉲	HFIX 2.5-2	압력스위치 2
㉳	HFIX 2.5-6	탬퍼스위치 4, 플로트스위치 1, 공통 1
㉴	HFIX 2.5-4	탬퍼스위치 2, 플로트스위치 1, 공통 1

- 기호 ㉮ 동력제어반(MCC반)에는 일반적으로 **전원표시등**을 사용한다. 사용하는 것이 원칙이다.
- 기호 ㉮ 전원표시등=전원감시표시등, 기동표시등=기동확인표시등
- 기호 ㉰ 탬퍼스위치(Tamper Switch)=밸브폐쇄확인스위치
- 기호 ㉱ 플로트스위치(Float Switch)=감수경보스위치

(나) 옥내소화전설비 감시제어반의 기능(NFPC 102 9조, NFTC 102 2.6.2)
① 각 펌프의 작동 여부를 확인할 수 있는 **표시등** 및 **음향경보**기능이 있어야 할 것
② 각 펌프를 **자동** 및 **수동**으로 작동시키거나 작동을 중단시킬 수 있어야 할 것
③ 비상전원을 설치한 경우에는 **상용전원** 및 **비상전원** 공급 여부를 확인할 수 있을 것
④ 수조 또는 물올림수조가 **저수위**로 될 때 **표시등** 및 **음향**으로 경보할 것

⑤ 기동용 수압개폐장치의 압력스위치회로, 수조 또는 물올림수조의 저수위감시회로, 급수배관에 설치되어 있는 개폐밸브의 폐쇄상태 확인회로마다 **도통**시험 및 **작동**시험을 할 수 있어야 할 것

⑥ 예비전원이 확보되고 **예비전원**의 적합 여부를 시험할 수 있어야 할 것

- 기호 ④와 ⑤ **도통시험**과 **작동시험**은 답이 바뀌어도 옳다.

중요

감시제어반에서 **도통시험** 및 **작동시험**을 할 수 있어야 하는 회로

스프링클러설비	화재조기진압용 스프링클러설비	옥외소화전설비 · 물분무소화설비	옥내소화전설비 · 포소화설비
① 기동용 수압개폐장치의 **압력스위치회로** ② 수조 또는 물올림수조의 **저수위감시회로** ③ **유수검지장치** 또는 **일제개방밸브**의 **압력스위치회로** ④ 일제개방밸브를 사용하는 설비의 **화재감지기회로** ⑤ 급수배관에 설치되어 있는 **개폐밸브**의 **폐쇄상태 확인회로** 기억법 기스유수일급	① **기동용 수압개폐장치**의 **압력스위치회로** ② **수조** 또는 **물올림수조**의 **저수위감시회로** ③ **유수검지장치** 또는 **압력스위치회로** ④ 급수배관에 설치되어 있는 **개폐밸브**의 **폐쇄상태 확인회로** 기억법 조기수유급	① **기동용 수압개폐장치**의 **압력스위치회로** ② **수조** 또는 **물올림수조**의 **저수위감시회로** 기억법 옥물수기	① **기동용 수압개폐장치**의 **압력스위치회로** ② **수조** 또는 **물올림수조**의 **저수위감시회로** ③ 급수배관에 설치되어 있는 **개폐밸브**의 **폐쇄상태 확인회로** 기억법 옥포기수급

- '**수조 또는 물올림수조의 저수위감시회로**'를 '**수조 또는 물올림수조의 감시회로**'라고 써도 틀린 답은 아니다.

☆☆☆

문제 03

그림은 자동화재탐지설비로서 내화구조인 지하 1층 지상 8층인 건물의 지상 1층 평면도이다. 다음 각 물음에 답하시오. (단, 건물의 층고는 3m이다.) (11.11.문17)

득점	배점
	9

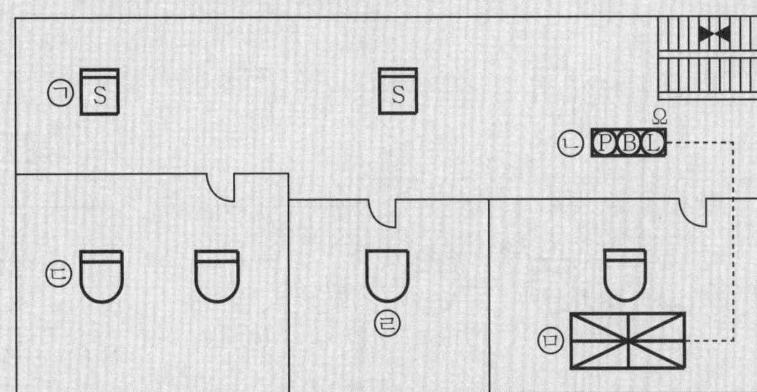

(가) 위의 도면상에 표시된 감지기를 루프식 배선방식을 사용하여 발신기에 연결하고 배선 가닥수를 표시하시오.

(나) ㉠~㉤에 표시되는 그림기호에 맞는 명칭과 형별의 빈칸을 완성하시오.

항 목	명 칭	형 별
㉠		
㉡	발신기	P형
㉢		
㉣		
㉤	수신기	P형

(다) 발신기와 수신기 사이의 배관길이가 20m일 경우 전선은 몇 m가 필요한지 소요량을 산출하시오. (단, 전선의 할증률은 10%로 계산한다.)
- 계산과정 :
- 답 :

해답 (가)

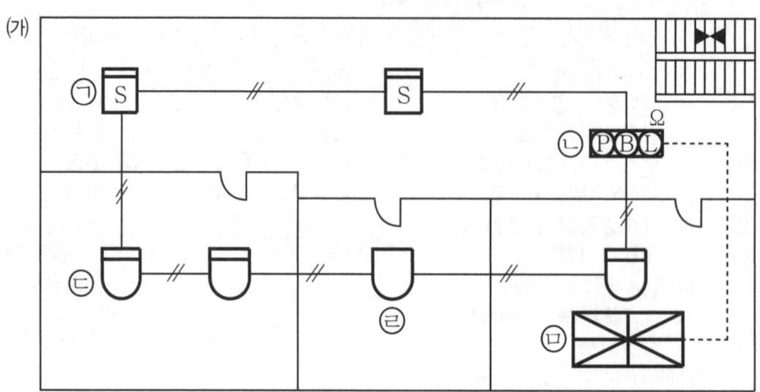

(나)

항 목	명 칭	형 별
㉠	연기감지기	스포트형
㉡	발신기	P형
㉢	차동식 감지기	스포트형
㉣	정온식 감지기	스포트형
㉤	수신기	P형

(다) ○ 계산과정 : $20 \times 23 \times 1.1 = 506\text{m}$
○ 답 : 506m

해설 (가) **루프**(loop)**배선방식**이므로 가능한 한 **모두 루프**되도록 배선해야 한다. 답과 같이 배선하는 것이 옳고 다음과 같이 배선하면 **전선**이 더 **많이 소요**되므로 답으로 적합하지 않을 수 있다.

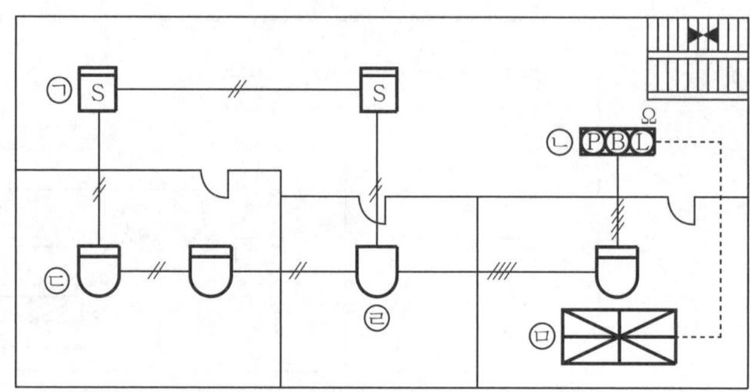

‖ 틀린 답안 ‖

- 자동화재탐지설비이고 종단저항이 수동발신기함(PBL)에 설치되어 있으므로 **루프**(loop)된 곳은 **2가닥**, **기타 4가닥**이 된다.
- 문제에서 발신기와 수신기간의 배선 가닥수를 표시하라는 말이 없으므로 표시하지 않아도 된다. 만약 이것 때문에 걱정이 된다면 발신기와 수신기간에도 **23가닥**이라고 배선 가닥수를 표시하도록 하자. 왜냐하면 발신기와 수신기간의 배선 가닥수를 표시했다고 해서 틀린 답으로 채점되지는 않기 때문이다.

(나) ① ㉠, ㉢, ㉣ : [단서]에서 층고는 **3m**이므로 8m 미만까지는 감지기의 형별은 **스포트형**을 사용하면 된다. 만약 층고가 8m 이상이라면 자동화재탐지설비 및 시각경보장치의 화재안전성능기준(NFPC 203) 7조 ①항에 의해 스포트형 감지기는 사용이 불가하다. 형별을 물어보았으므로 '**2종**'이라고 쓰면 틀린다. '**2종**'은 종별을 물어볼 때 답해야 한다.

항 목	명 칭	형 별	종 별
㉠	연기감지기	스포트형	2종
㉡	발신기	P형	–
㉢	차동식 감지기	스포트형	2종
㉣	정온식 감지기	스포트형	2종
㉤	수신기	P형	–

② ㉡ : ㉤에서 **P형 수신기를** 사용하였으므로 **발신기**도 **P형**을 사용한다. 참고로 발신기는 '**P형**'만 존재한다.

‖ 수신기에 따른 사용 발신기 ‖

수신기	발신기
• P형 수신기 • R형 수신기	• P형 발신기

중요

옥내배선기호

명 칭	그림기호	적 요
차동식 스포트형 감지기	⊖	–
보상식 스포트형 감지기	⊜	–
정온식 스포트형 감지기	◡	• 방수형 : ◡ • 내산형 : ◡ • 내알칼리형 : ◡ • 방폭형 : ◡EX
연기감지기	S	• 점검박스 붙이형 : S • 매입형 : S
발신기세트 단독형	ⓅⒷⓁ	• **수동발신기함** 또는 **발신기세트**라고도 부른다.
수신기	⊠	• 가스누설경보설비와 일체인 것 : ⊠ • 가스누설경보설비 및 방배연 연동과 일체인 것 : ⊠
부수신기(표시기)	⊞	–

(다) 전선소요량=배관길이×전선 가닥수×전선할증률=20m×23가닥×1.1=506m

- **20m** : 문제에서 주어진 값
- **23가닥**
  - **일제경보방식**이지만 **경종선**은 **층**마다 **1가닥**씩 **추가**된다.
  - 문제에서 특별한 조건이 없더라도 **회로공통선**은 회로선이 7회로를 넘을 경우 반드시 **1가닥**씩 **추가**하여야 한다. 이것을 공식으로 나타내면 다음과 같다.

$$\text{회로공통선} = \frac{\text{회로선}}{7} \ (\text{절상})$$

예 전체 23가닥 : 회로공통선$=\frac{회로선}{7}=\frac{9}{7}=1.28 \fallingdotseq 2$가닥(절상)

- 문제에서 특별한 조건이 없으면 **경종표시등공통선**은 회로선이 7회로를 넘더라도 **계속 1가닥**으로 한다. 다시 말하면 경종표시등공통선은 문제에서 조건이 있을 때만 가닥수가 증가한다. 주의하라!
- **발신기**와 **수신기** 사이에는 지하 1층~지상 8층까지의 모든 전선이 연결되는 곳이므로 6가닥이 아닌 **23가닥**이 된다. 특히 주의하라. 또한 계단에 연기감지기를 설치한다면 일반적으로 2종 연기감지기를 설치하고 2종 연기감지기는 수직거리 15m마다 설치하므로 연기감지기수$=\frac{수직거리}{15m}=\frac{(9층\times 3m)}{15m}\fallingdotseq 2$개를 설치하면 된다. 이것을 계통도로 표시하면 다음과 같다.

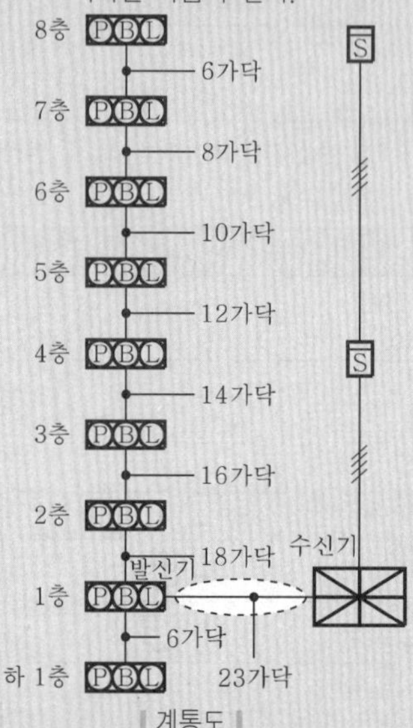

‖ 계통도 ‖

가닥수	배선 내역
6가닥	회로선 1, 회로공통선 1, 경종선 1, 경종표시등공통선 1, 표시등선 1, 응답선 1
8가닥	회로선 2, 회로공통선 1, 경종선 2, 경종표시등공통선 1, 표시등선 1, 응답선 1
10가닥	회로선 3, 회로공통선 1, 경종선 3, 경종표시등공통선 1, 표시등선 1, 응답선 1
12가닥	회로선 4, 회로공통선 1, 경종선 4, 경종표시등공통선 1, 표시등선 1, 응답선 1
14가닥	회로선 5, 회로공통선 1, 경종선 5, 경종표시등공통선 1, 표시등선 1, 응답선 1
16가닥	회로선 6, 회로공통선 1, 경종선 6, 경종표시등공통선 1, 표시등선 1, 응답선 1
18가닥	회로선 7, 회로공통선 1, 경종선 7, 경종표시등공통선 1, 표시등선 1, 응답선 1
23가닥	회로선 9, 회로공통선 2, 경종선 9, 경종표시등공통선 1, 표시등선 1, 응답선 1

- **1.1** : 문제에서 전선할증률이 10%이므로 1+0.1=1.1이 된다. 0.1을 적용하지 않도록 주의하라!

문제 04

청각장애인용 시각경보장치의 설치기준에 대한 다음 (　) 안을 완성하시오.

(19.4.문16, 16.6.문13, 15.7.문8, 산업 13.7.문1, 산업 07.4.문4)

득점	배점
	6

○ 복도·통로·청각장애인용 객실 및 공용으로 사용하는 (①)에 설치하며, 각 부분에서 유효하게 경보를 발할 수 있는 위치에 설치할 것

○ 공연장·집회장·관람장 또는 이와 유사한 장소에 설치하는 경우에는 시선이 집중되는 (②) 부분 등에 설치할 것

○ 바닥으로부터 (③)m 이상 (④)m 이하의 높이에 설치할 것. 다만, 천장높이가 2m 이하는 (⑤)에서 (⑥)m 이내의 장소에 설치해야 한다.

해답 ① 거실 ② 무대부 ③ 2 ④ 2.5 ⑤ 천장 ⑥ 0.15

해설 **청각장애인용 시각경보장치**의 **설치기준**(NFPC 203 8조, NFTC 203 2.5.2)

(1) **복도 · 통로 · 청각장애인용 객실** 및 공용으로 사용하는 **거실**에 설치하며, 각 부분에서 유효하게 경보를 발할 수 있는 위치에 설치할 것
(2) **공연장 · 집회장 · 관람장** 또는 이와 유사한 장소에 설치하는 경우에는 시선이 집중되는 **무대부 부분** 등에 설치할 것
(3) 바닥으로부터 **2~2.5m** 이하의 높이에 설치할 것(단, 천장높이가 **2m 이하**는 **천장**에서 **0.15m** 이내의 장소에 설치)

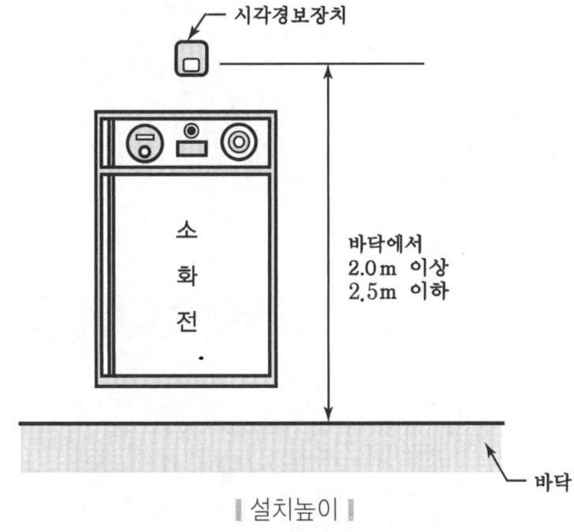

‖ 설치높이 ‖

(4) 광원은 전용의 **축전지설비** 또는 **전기저장장치**에 의하여 점등되도록 할 것(단, 시각경보기에 작동전원을 공급할 수 있도록 형식승인을 얻은 **수신기**를 설치한 경우는 제외)

용어

시각경보장치
자동화재탐지설비에서 발하는 화재신호를 시각경보기에 전달하여 청각장애인에게 **점멸**형태의 **시각경보**를 하는 것

‖ 시각경보장치(시각경보기) ‖

문제 05

옥내소화전설비의 비상전원으로 자가발전설비 또는 축전지설비를 설치할 때 비상전원 설치기준 5가지를 쓰시오. (19.4.문7 · 9, 13.7.문16, 08.11.문1)

○
○
○
○
○

득점	배점
	5

해답 ① 점검에 편리하고 화재 및 침수 등의 재해로 인한 피해를 받을 우려가 없는 곳에 설치
② 옥내소화전설비를 유효하게 20분 이상 작동할 수 있을 것

③ 상용전원으로부터 전력의 공급이 중단된 때에는 자동으로 비상전원으로부터 전력을 공급받을 수 있을 것
④ 비상전원의 설치장소는 다른 장소와 방화구획하여야 하며, 그 장소에는 비상전원의 공급에 필요한 기구나 설비 외의 것을 두지 말 것(단, 열병합발전설비에 필요한 기구나 설비 제외)
⑤ 비상전원을 실내에 설치하는 때에는 그 실내에 비상조명등 설치

해설 **옥내소화전설비**의 **비상전원**의 **설치기준**(NFPC 102 8조, NFTC 102 2.5.3)
(1) **점검**에 편리하고 화재 및 침수 등의 재해로 인한 피해를 받을 우려가 없는 곳에 설치
(2) 옥내소화전설비를 유효하게 **20분** 이상 작동할 수 있을 것
(3) 상용전원으로부터 전력의 공급이 중단된 때에는 **자동**으로 비상전원으로부터 전력을 공급받을 수 있을 것
(4) 비상전원의 설치장소는 다른 장소와 **방화구획**하여야 하며, 그 장소에는 비상전원의 공급에 필요한 기구나 설비 외의 것을 두지 말 것(단, **열병합발전설비**에 필요한 기구나 설비 제외)
(5) 비상전원을 실내에 설치하는 때에는 그 실내에 **비상조명등** 설치

- ③ '자동'이란 말도 반드시 쓸 것
- ④ 단서인 열병합발전설비 내용도 적어야 정답이다.

중요

각 **설비**의 **비상전원 종류**

설 비	비상전원	비상전원 용량
• 자동화재**탐**지설비	• **축**전지설비 • 전기저장장치	**10분** 이상(30층 미만) **30분** 이상(30층 이상)
• 비상**방**송설비	• 축전지설비 • 전기저장장치	
• 비상**경**보설비	• 축전지설비 • 전기저장장치	**10분** 이상
• **유**도등	• 축전지	**20분** 이상 ※ 예외규정 : **60분** 이상 (1) **11층** 이상(지하층 제외) (2) 지하층 · 무창층으로서 **도매시장 · 소매시장 · 여객자동차터미널 · 지하철역사 · 지하상가**
• **무**선통신보조설비	명시하지 않음	**30분** 이상 기억법 **탐경유방무축**
• 비상콘센트설비	• 자가발전설비 • 축전지설비 • 비상전원수전설비 • 전기저장장치	**20분** 이상
• **스**프링클러설비 • **미**분무소화설비	• **자**가발전설비 • **축**전지설비 • **전**기저장장치 • 비상전원**수**전설비(차고 · 주차장으로서 스프링클러설비(또는 미분무소화설비)가 설치된 부분의 바닥면적 합계가 1000m^2 미만인 경우)	**20분** 이상(30층 미만) **40분** 이상(30~49층 이하) **60분** 이상(50층 이상) 기억법 **스미자 수전축**
• 포소화설비	• 자가발전설비 • 축전지설비 • 전기저장장치 • 비상전원수전설비 – 호스릴포소화설비 또는 포소화전만을 설치한 차고 · 주차장 – 포헤드설비 또는 고정포방출설비가 설치된 부분의 바닥면적(스프링클러설비가 설치된 차고 · 주차장의 바닥면적 포함)의 합계가 1000m^2 미만인 것	**20분** 이상
• **간**이스프링클러설비	• 비상전원**수**전설비	**10분**(숙박시설 바닥면적 합계 300~600m^2 미만, 근린생활시설 바닥면적 합계 1000m^2 이상, 복합건축물 연면적 1000m^2 이상은 **20분**) 이상 기억법 **간수**

• 옥내소화전설비 • 연결송수관설비	• 자가발전설비 • 축전지설비 • 전기저장장치	**20분** 이상(30층 미만) **40분** 이상(30~49층 이하) **60분** 이상(50층 이상)
• 제연설비 • 분말소화설비 • 이산화탄소소화설비 • 물분무소화설비 • 할론소화설비 • 할로겐화합물 및 불활성 기체 소화설비 • 화재조기진압용 스프링클러설비	• 자가발전설비 • 축전지설비 • 전기저장장치	**20분** 이상
• 비상조명등	• 자가발전설비 • 축전지설비 • 전기저장장치	**20분** 이상 ※ 예외규정 : **60분** 이상 (1) **11층** 이상(지하층 제외) (2) 지하층 · 무창층으로서 **도매시장 · 소매시장 · 여객자동차터미널 · 지하철 역사 · 지하상가**
• 시각경보장치	• 축전지설비 • 전기저장장치	명시하지 않음

☆☆ 문제 06

다음은 비상방송설비의 계통도를 나타내고 있다. 각 층 사이의 ①~⑤까지의 배선수와 각 배선의 용도를 쓰시오. (단, 긴급용 방송과 업무용 방송을 겸용으로 하는 설비이다.)

(12.7.문16, 09.7.문14)

득점	배점
	10

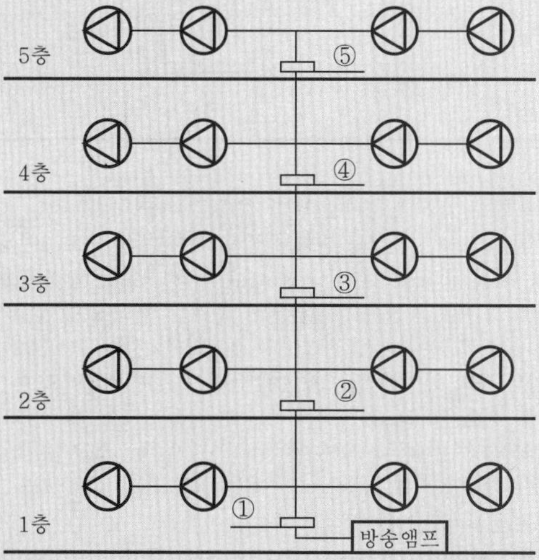

5층 ⑤
4층 ④
3층 ③
2층 ②
1층 ① 방송앰프

구 분	배선수	배선의 용도
①		
②		
③		
④		
⑤		

해답

구 분	배선수	배선의 용도
①	11	업무용 배선 1, 긴급용 배선 5, 공통선 5
②	9	업무용 배선 1, 긴급용 배선 4, 공통선 4
③	7	업무용 배선 1, 긴급용 배선 3, 공통선 3
④	5	업무용 배선 1, 긴급용 배선 2, 공통선 2
⑤	3	업무용 배선 1, 긴급용 배선 1, 공통선 1

해설 **3선식 실제배선**(음량조정기가 1개만 설치되어 모든 층을 동시에 제어하는 경우)

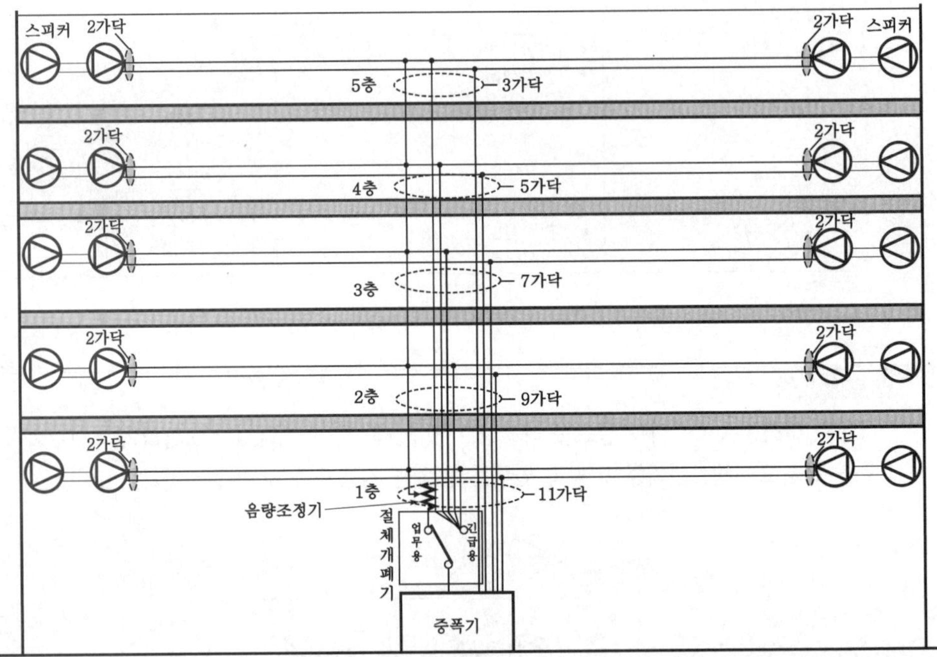

- 3선식 배선의 가닥수 쉽게 산정하는 방법 : 가닥수=(층수×2)+1
- [단서]에서 긴급용 방송과 업무용 방송을 겸용하는 설비이므로 **3선식**으로 하여야 한다.
- 비상방송설비는 자동화재탐지설비와 달리 층마다 공통선과 긴급용 배선이 1가닥씩 늘어난다는 것을 특히 주의하라! 업무용 배선은 병렬연결로 층마다 늘어나지 않고 1가닥이면 된다.
- 공통선이 늘어나는 이유는 비상방송설비의 화재안전기준(NFPC 202 5조 1호, NFTC 202 2.2.1.1)에 "**화재로 인하여 하나의 층의 확성기 또는 배선이 단락 또는 단선되어도 다른 층의 화재통보에 지장이 없도록 할 것**"으로 되어 있기 때문이다. 많은 타출판사에서 답을 잘못 제시하고 있다. 주의!
- 공통선을 층마다 추가하기 때문에 공통선이 아니라고 말하는 사람이 있다. 그렇지 않다. 공통선은 증폭기에서 층마다 1가닥씩 올라가지만 증폭기에서는 공통선이 하나의 단자에 연결되므로 **공통선**이라고 부르는 것이 맞다.
- 긴급용 배선=긴급용=비상용=비상용 배선
- 업무용 배선=업무용

비교

(1) **비상용 방송과 업무용 방송을 겸용하지 않는 2선식 배선인 경우**

구 분	배선수	배선의 용도
①	10	긴급용 배선 5, 공통선 5
②	8	긴급용 배선 4, 공통선 4
③	6	긴급용 배선 3, 공통선 3
④	4	긴급용 배선 2, 공통선 2
⑤	2	긴급용 배선 1, 공통선 1

- 2선식 배선의 가닥수 쉽게 산정하는 방법 : 가닥수=층수×2

(2) **3선식 배선**

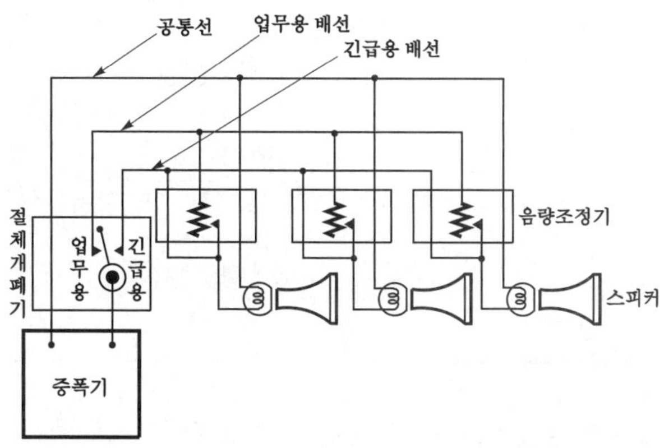

▌3선식 배선 1▐

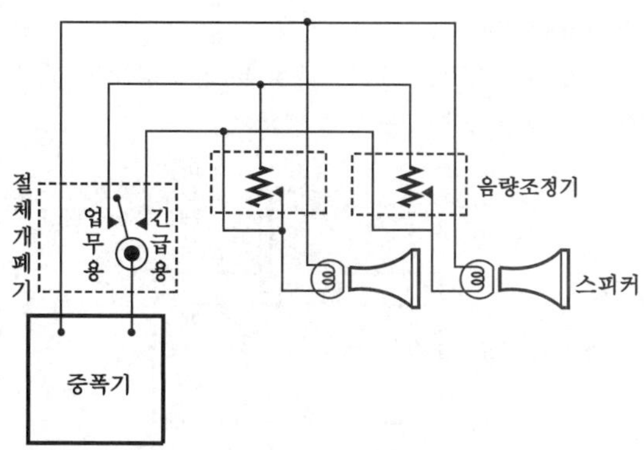

▌3선식 배선 2▐

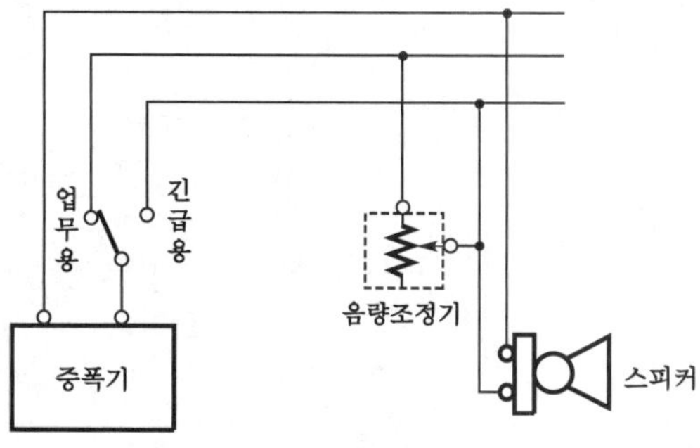

▌3선식 배선 3▐

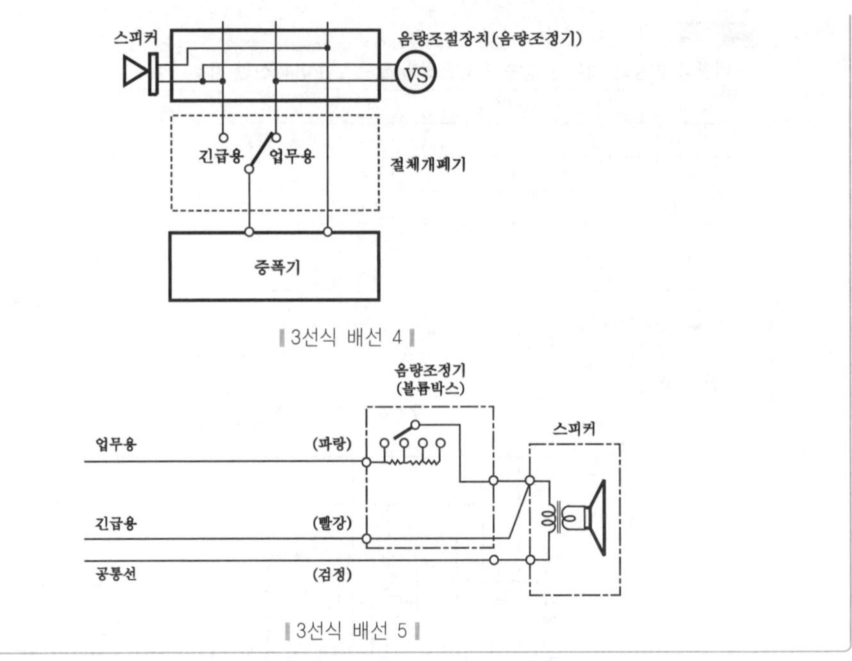

▌3선식 배선 4▐

▌3선식 배선 5▐

☆☆
문제 07

소방용 케이블과 다른 용도의 케이블을 배선전용실에 함께 배선할 때 다음 각 물음에 답하시오.

(17.4.문11, 16.6.문16, 11.7.문5, 09.7.문3)

득점	배점
	4

(가) 소방용 케이블을 내화성능을 갖는 배선전용실 등의 내부에 소방용이 아닌 케이블과 함께 노출하여 배선할 때 소방용 케이블과 다른 용도의 케이블간의 피복과 피복간의 이격거리는 몇 cm 이상이어야 하는지 쓰시오.

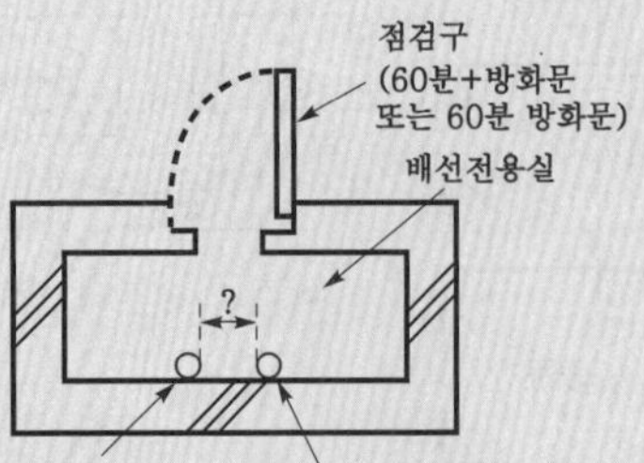

(나) 부득이하여 "(가)"와 같이 이격시킬 수 없어 불연성 격벽을 설치한 경우에 격벽의 높이는 굵은 케이블 지름의 몇 배 이상이어야 하는지 쓰시오.

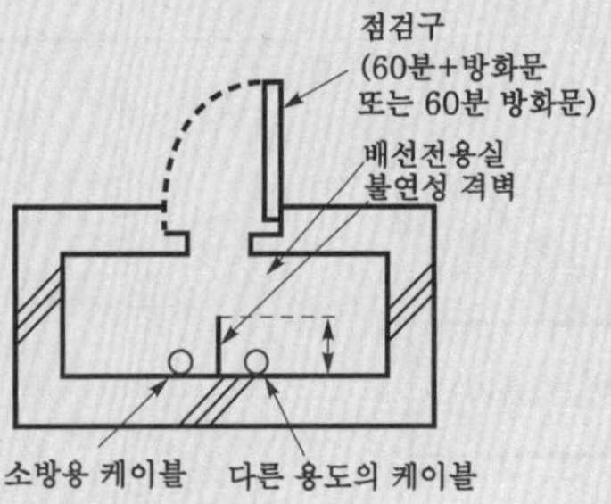

해답 (가) 15cm (나) 1.5배

해설 **소방용 케이블과 다른 용도의 케이블을 배선전용실에 함께 배선할 경우**

(1) 소방용 케이블을 내화성능을 갖는 배선전용실 등의 내부에 소방용이 아닌 케이블과 함께 노출하여 배선할 때 소방용 케이블과 다른 용도의 케이블간의 피복과 피복간의 이격거리는 **15cm** 이상이어야 한다.

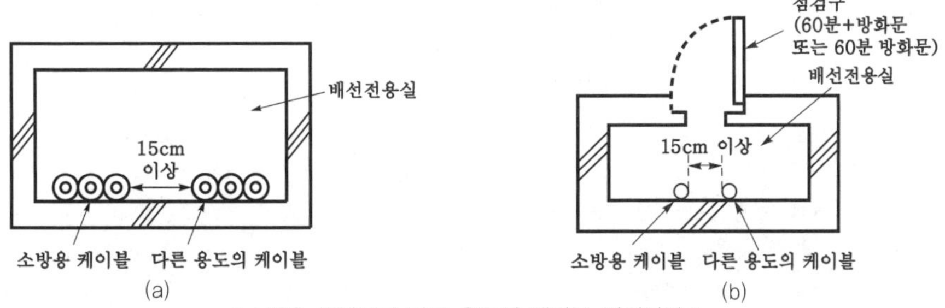

‖ 소방용 케이블과 다른 용도의 케이블 이격거리 ‖

(2) 불연성 격벽을 설치한 경우에 격벽의 높이는 **가장 굵은 케이블 지름**의 **1.5배** 이상이어야 한다.

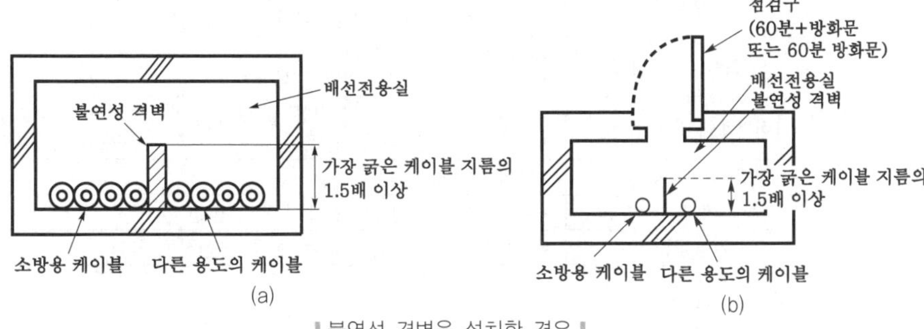

‖ 불연성 격벽을 설치한 경우 ‖

☆☆
문제 08

차동식 스포트형 감지기의 구조에 관한 다음 그림에서 주어진 번호의 명칭 및 역할을 간단히 설명하시오.

(19.11.문2, 15.11.문16, 14.4.문7)

득점	배점
	8

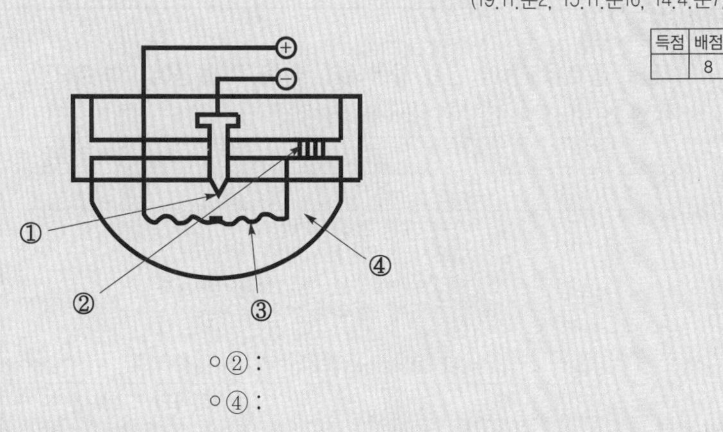

○ ① :
○ ② :
○ ③ :
○ ④ :

해답 ① 고정접점 : 가동접점과 접촉되어 화재신호 발신
② 리크공 : 감지기의 오동작 방지
③ 다이어프램 : 공기팽창에 의해 접점이 잘 밀려 올라가도록 함
④ 감열실 : 열을 유효하게 받음

해설 차동식 스포트형 감지기(공기의 팽창 이용)

(1) 구성요소

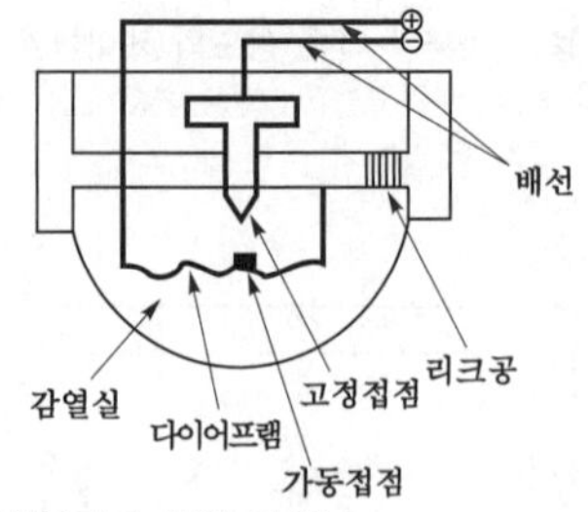

▌차동식 스포트형 감지기(공기의 팽창 이용)▐

- ① '**접점**'이라고 써도 되지만 보다 정확한 답은 '**고정접점**'이므로 **고정접점**이라고 확실하게 답하자!
- ② 리크공=리크구멍
- ③ 다이어프램=다이아후렘
- ④ 감열실=공기실

구성요소	설 명
고정접점	• 가동접점과 **접**촉되어 화재**신**호를 발신하는 역할 • 전기접점으로 **PGS합금**으로 구성되어 있다.
리크공(leak hole)	• **감지기**의 **오동작 방지** • 완만한 온도상승시 열의 조절구멍
다이어프램(diaphragm)	• 공기의 팽창에 의해 **접**점이 잘 **밀**려 올라가도록 하는 역할 • 신축성이 있는 금속판으로 인청동판이나 황동판으로 만들어져 있다.
감열실(chamber)	• **열**을 **유**효하게 받는 역할
배선	• 수신기에 화재신호를 보내기 위한 전선
가동접점	• 고정접점에 접촉되어 화재신호를 발신하는 역할

기억법 **접접신**
리오
다접밀
감열유

(2) **동작원리**

화재발생시 감열부의 공기가 팽창하여 **다이어프램**을 밀어 올려 접점을 붙게 함으로써 수신기에 신호를 보낸다.

☆☆☆

문제 09

다음은 통로유도등에 관한 사항이다. 다음 각 물음에 답하시오. (08.4.문13)

득점	배점
	6

(가) 기호 ①~③에 알맞은 내용을 쓰시오.

구 분	복도통로유도등	거실통로유도등	계단통로유도등
설치장소	복도	(①)	계단
설치방법	구부러진 모퉁이 및 피난구유도등이 설치된 출입구의 맞은편 복도에 입체형 또는 바닥에 설치한 통로유도등을 기점으로 보행거리 20m마다 설치	(②)	각 층의 경사로참 또는 계단참마다
설치높이	(③)	바닥으로부터 높이 1.5m 이상	바닥으로부터 높이 1m 이하

(나) 계단통로유도등은 비상전원의 성능에 따라 유효점등시간 동안 등을 켠 후 주위조도가 0lx인 상태에서 조도의 측정방법과 조도기준에 대하여 쓰시오.

(다) 통로유도등 표시면의 바탕색은 무엇인지 쓰시오.

해답 (가) ① 거실의 통로
② 구부러진 모퉁이 및 보행거리 20m마다
③ 바닥으로부터 높이 1m 이하

(나) 바닥면 또는 디딤바닥면으로부터 높이 2.5m의 위치에 그 유도등을 설치하고 그 유도등의 바로 밑으로부터 수평거리로 10m 떨어진 위치에서의 법선조도가 0.5lx 이상

(다) 백색

해설 (가)

구 분	복도통로유도등	거실통로유도등	계단통로유도등
설치장소	**복도**	**거실**의 **통로**	**계단**
설치방법	구부러진 모퉁이 및 피난구유도등이 설치된 출입구의 맞은편 복도에 입체형 또는 바닥에 설치한 통로유도등을 기점으로 보행거리 **20m**마다 설치	구부러진 모퉁이 및 보행거리 **20m**마다	각 층의 **경사로참** 또는 **계단참**마다
설치높이	바닥으로부터 높이 **1m 이하**	바닥으로부터 높이 **1.5m 이상**	바닥으로부터 높이 **1m 이하**

- 거실의 통로 : '**거실**'이라고 쓰지 않도록 주의하라!
- 구부러진 모퉁이 **및 보행거리 20m**마다 : '**구부러진 모퉁이 또는 보행거리 20m마다**'라고 쓰지 않도록 주의하라! '**및**'과 '**또는**'는 다른 의미이다.
- 바닥으로부터 높이 **1m 이하** : '**이상**', '**이하**'도 정확히 구분하라!

중요

설치높이

구 분	유도등 · 유도표지
1m 이하	• 복도통로유도등 • 계단통로유도등 • 통로유도표지
1.5m 이상	• 피난구유도등 • 거실통로유도등

(나) 통로유도등은 비상전원의 성능에 따라 유효점등시간 동안 등을 켠 후 주위조도가 0lx인 상태에서 다음과 같은 방법으로 측정하는 경우의 조도(유도등의 형식승인 및 제품검사의 기술기준 23조)

계단통로유도등	복도통로유도등, 거실통로유도등
바닥면 또는 디딤바닥면으로부터 높이 **2.5m**의 위치에 그 유도등을 설치하고 그 유도등의 바로 밑으로부터 수평거리로 **10m** 떨어진 위치에서의 법선조도가 **0.5lx** 이상	복도통로유도등은 바닥면으로부터 **1m** 높이에, 거실통로유도등은 바닥면으로부터 **2m** 높이에 설치하고 그 유도등의 중앙으로부터 **0.5m** 떨어진 위치의 바닥면 조도와 유도등의 전면 중앙으로부터 **0.5m** 떨어진 위치의 조도가 1lx 이상이어야 한다. 단, 바닥면에 설치하는 통로유도등은 그 유도등의 바로 윗부분 1m의 높이에서 법선조도가 **1lx** 이상

- '**이상**'이란 말도 꼭 쓰도록 하라!

(다) **표시면**의 **색상**

통로유도등	피난구유도등
백색바탕에 **녹색문자**	**녹색바탕**에 **백색문자**

- 여기서는 **바탕색**만 물어보았기 때문에 '**백색**'이라고 답하면 된다.

☆☆

문제 10

다음은 자동화재탐지설비의 부대전기설비 계통도의 일부분이다. 조건을 보고 ①~⑦까지의 최소가닥수를 산정하시오. (10.7.문10)

득점	배점
	6

〔조건〕

① 건물의 규모는 지하 3층, 지상 5층이며, 연면적은 4000m^2이다.

② 선로의 수는 최소로 하고 공통선은 회로공통선과 경종표시등공통선을 분리한다.

③ 옥내소화전설비는 기동용 수압개폐장치를 이용한 자동기동방식으로 한다.

④ 옥내소화전설비에 해당하는 가닥수도 포함하여 산정한다.

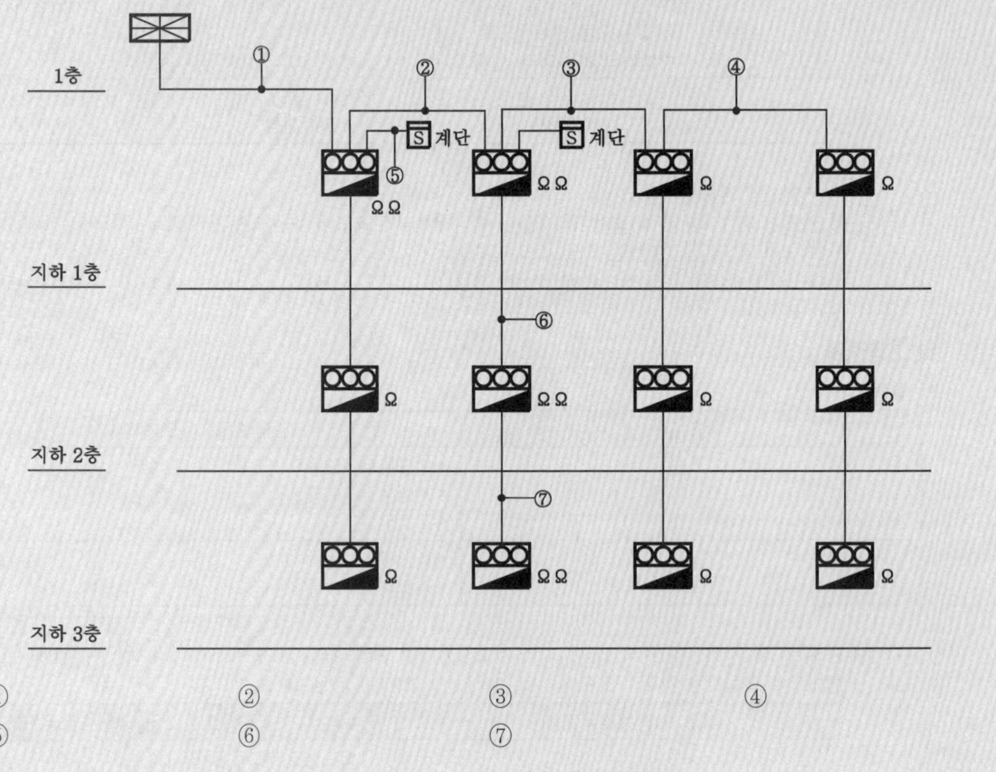

① ② ③ ④

⑤ ⑥ ⑦

해답 ① 27가닥 ② 22가닥 ③ 15가닥 ④ 12가닥

⑤ 4가닥 ⑥ 12가닥 ⑦ 9가닥

해설

- 지하층이지만 경종선은 층마다 1가닥씩 추가된다.
- 아래 기준에 따라 하나의 층의 경종선 배선이 **단락**되더라도 다른 층의 화재통보에 지장이 없도록 하기 위해 **경종선**이 **층마다 1가닥**씩 **추가**된다.

> NFPC 203 5조, NFTC 203 2.2.3.9
> 화재로 인하여 하나의 층의 **지구음향장치 배선**이 **단락**되어도 다른 층의 화재통보에 지장이 없도록 각 층 배선상에 유효한 조치를 할 것

- 〔조건 ③〕에 **자동기동방식**도 주의하여야 한다. 옥내소화전함이 자동기동방식이므로 감지기배선을 제외한 간선에 '**기동확인표시등 2**'가 추가로 사용되어야 한다. 특히, 옥내소화전배선은 구역에 따라 가닥수가 늘어나지 않는 것에 주의하라!
- 기동확인표시등=기동표시등
- 회로공통선이라고 조건에 주어졌으므로 **발신기공통선**으로 답하는 것보다 **회로공통선**으로 답하는 것이 더 옳은 답이다.

기 호	가닥수	배선내역
①	HFIX 2.5－27	회로선 16, 회로공통선 3, 경종선 3, 경종표시등공통선 1, 응답선 1, 표시등선 1, 기동확인표시등 2
②	HFIX 2.5－22	회로선 12, 회로공통선 2, 경종선 3, 경종표시등공통선 1, 응답선 1, 표시등선 1, 기동확인표시등 2
③	HFIX 2.5－15	회로선 6, 회로공통선 1, 경종선 3, 경종표시등공통선 1, 응답선 1, 표시등선 1, 기동확인표시등 2
④	HFIX 2.5－12	회로선 3, 회로공통선 1, 경종선 3, 경종표시등공통선 1, 응답선 1, 표시등선 1, 기동확인표시등 2
⑤	HFIX 1.5－4	지구, 공통 각 2가닥
⑥	HFIX 2.5－12	회로선 4, 회로공통선 1, 경종선 2, 경종표시등공통선 1, 응답선 1, 표시등선 1, 기동확인표시등 2
⑦	HFIX 2.5－9	회로선 2, 회로공통선 1, 경종선 1, 경종표시등공통선 1, 응답선 1, 표시등선 1, 기동확인표시등 2

중요

발화층 및 **직상 4개층 우선경보방식 특정소방대상물**
11층 이상(공동주택 **16층** 이상)의 특정소방대상물

비교

옥내소화전함이 **수동기동방식**인 경우

기 호	가닥수	배선내역
①	HFIX 2.5－30	회로선 16, 회로공통선 3, 경종선 3, 경종표시등공통선 1, 응답선 1, 표시등선 1, 기동 1, 정지 1, 공통 1, 기동확인표시등 2
②	HFIX 2.5－25	회로선 12, 회로공통선 2, 경종선 3, 경종표시등공통선 1, 응답선 1, 표시등선 1, 기동 1, 정지 1, 공통 1, 기동확인표시등 2
③	HFIX 2.5－18	회로선 6, 회로공통선 1, 경종선 3, 경종표시등공통선 1, 응답선 1, 표시등선 1, 기동 1, 정지 1, 공통 1, 기동확인표시등 2
④	HFIX 2.5－15	회로선 3, 회로공통선 1, 경종선 3, 경종표시등공통선 1, 응답선 1, 표시등선 1, 기동 1, 정지 1, 공통 1, 기동확인표시등 2
⑤	HFIX 1.5－4	지구, 공통 각 2가닥
⑥	HFIX 2.5－15	회로선 4, 회로공통선 1, 경종선 2, 경종표시등공통선 1, 응답선 1, 표시등선 1, 기동 1, 정지 1, 공통 1, 기동확인표시등 2
⑦	HFIX 2.5－12	회로선 2, 회로공통선 1, 경종선 1, 경종표시등공통선 1, 응답선 1, 표시등선 1, 기동 1, 정지 1, 공통 1, 기동확인표시등 2

용어

옥내소화전설비의 **기동방식**

자동기동방식	수동기동방식
기동용 수압개폐장치를 이용하는 방식	ON, OFF 스위치를 이용하는 방식

문제 11

다음은 소방시설용 비상전원수전설비로서 고압 또는 특고압으로 수전하는 도면이다. 다음 각 물음에 답하시오. (10.7.문9)

득점	배점
	6

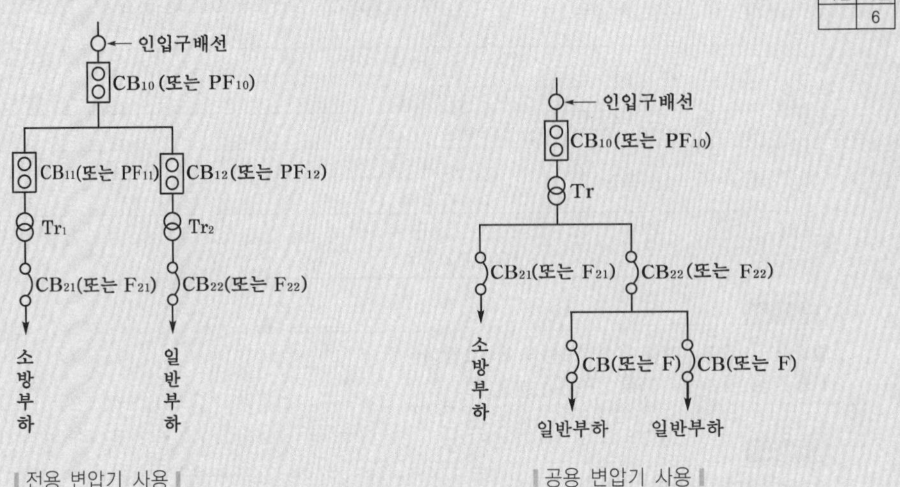

‖전용 변압기 사용‖ ‖공용 변압기 사용‖

(가) 다음 약호의 명칭을 쓰시오.

약 호	명 칭
CB	
PF	
F	
Tr	

(나) 일반회로의 과부하 또는 단락사고시에 CB_{10}(또는 PF_{10})이 어떤 기기보다 먼저 차단되어서는 안 되는지 쓰시오.

(다) CB_{11}(또는 PF_{11})은 어느 것과 동등 이상의 차단용량이어야 하는지 쓰시오.

해답 (가)

약 호	명 칭
CB	전력차단기
PF	전력퓨즈(고압 또는 특고압용)
F	퓨즈(저압용)
Tr	전력용 변압기

(나) CB_{12}(또는 PF_{12}) 및 CB_{22}(또는 F_{22})

(다) CB_{12}(또는 PF_{12})

해설 **고압 또는 특고압 수전의 경우**

전용의 전력용 변압기에서 소방부하에 전원을 공급하는 경우

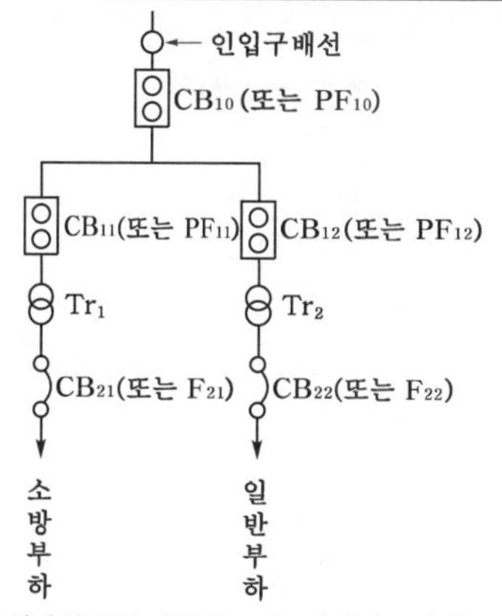

[주] 1. 일반회로의 과부하 또는 단락사고시에 CB_{10}(또는 PF_{10})이 CB_{12}(또는 PF_{12}) 및 CB_{22}(또는 F_{22})보다 먼저 차단되어서는 아니 된다.

2. CB_{11}(또는 PF_{11})은 CB_{12}(또는 PF_{12})와 동등 이상의 차단용량일 것

3.

약 호	명 칭
CB	전력차단기
PF	전력퓨즈(고압 또는 특고압용)
F	퓨즈(저압용)
Tr	전력용 변압기

공용의 전력용 변압기에서 소방부하에 전원을 공급하는 경우

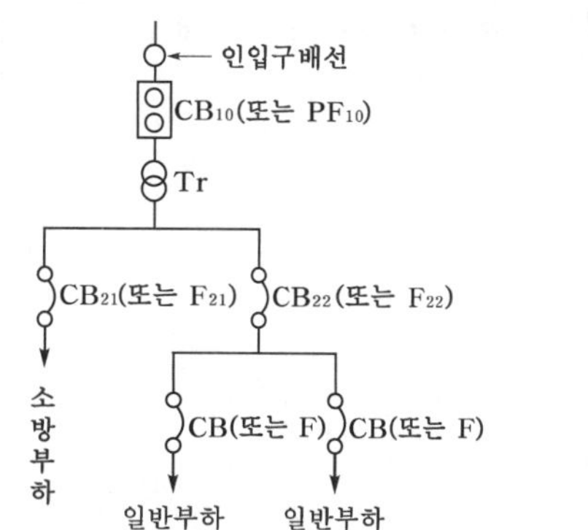

[주] 1. 일반회로의 과부하 또는 단락사고시에 CB_{10}(또는 PF_{10})이 CB_{22}(또는 F_{22}) 및 CB(또는 F)보다 먼저 차단되어서는 아니 된다.

2. CB_{21}(또는 F_{21})은 CB_{22}(또는 F_{22})와 동등 이상의 차단용량일 것

3.

약 호	명 칭
CB	전력차단기
PF	전력퓨즈(고압 또는 특고압용)
F	퓨즈(저압용)
Tr	전력용 변압기

- (가) '**전력차단기**'를 '**전력용 차단기**'라고 쓰지 않도록 주의하라! 틀리게 채점될 수도 있다.
- (가) '**전력용 변압기**'를 '**전력변압기**'라고 쓰지 않도록 주의하라! 틀리게 채점될 수도 있다.
- (가) 전력퓨즈(고압 또는 특고압용), 퓨즈(저압용) 등 (　　) 내용도 꼭 써야 한다. (　　) 내용을 적지 않으면 틀린다.
- (나) CB_{12} 및 CB_{22}만 쓰지 말고 (　　)의 PF_{12}, F_{22}도 꼭 쓰도록 한다. (　　) 내용을 적지 않으면 틀리게 채점될 수도 있다. 문제에서 **일반회로**(일반부하)라고 하였으므로 **소방부하**의 **차단기**인 CB_{11}(또는 PF_{11}) 및 CB_{21}(또는 F_{21})은 **해당**되지 **않는다.**
- '**CB_{22}(또는 F_{22}) 및 CB(또는 F)**'라고 써도 정답. 왜냐하면 문제에서 전용변압기인지 공용변압기인지 주어지지 않았기 때문
- (다) CB_{12}만 쓰지 말고 (　　)의 PF_{12}도 꼭 쓰도록 한다. (　　) 내용을 적지 않으면 틀리게 채점될 수도 있다.

비교

저압수전의 경우

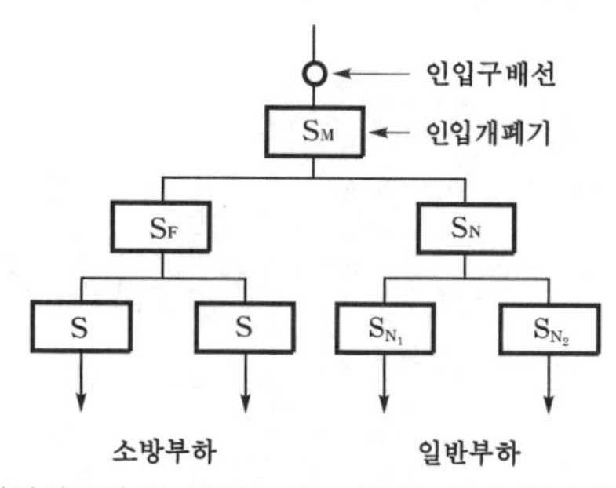

[주] 1. 일반회로의 과부하 또는 단락사고시 S_M이 S_N, S_{N_1} 및 S_{N_2}보다 먼저 차단되어서는 아니 된다.

2. S_F는 S_N과 동등 이상의 차단용량일 것

약 호	명 칭
S	저압용 개폐기 및 과전류차단기

☆☆☆
문제 12

다음과 같은 장소에 차동식 스포트형 감지기 2종을 설치하는 경우와 광전식 스포트형 2종을 설치하는 경우 최소 감지기 소요개수를 산정하시오. (단, 주요구조부는 내화구조, 감지기의 설치높이는 3m 이다.)

(07.11.문8)

득점	배점
	6

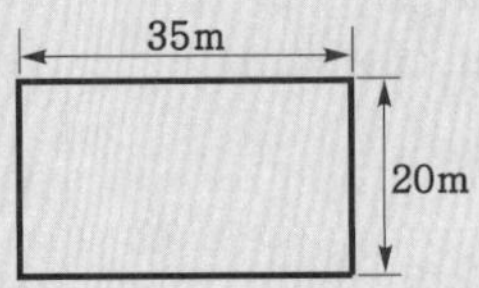

(가) 차동식 스포트형 감지기(2종) 소요개수
○ 계산과정 :
○ 답 :

(나) 광전식 스포트형 감지기(2종) 소요개수
○ 계산과정 :
○ 답 :

해답

(가) ○ 계산과정 : $\frac{350}{70}=5$개, $\frac{350}{70}=5$개

○ 답 : 10개

(나) ○ 계산과정 : $\frac{300}{150}=2$개, $\frac{400}{150}=2.6 \fallingdotseq 3$개

○ 답 : 5개

해설

- **$600m^2$ 이하** 중 $350m^2$씩 나누어서 계산하지 않고 $700m^2$로 바로 나누면 오답으로 채점될 확률이 높다. $700m^2$로 바로 나누면 감지기 소요개수는 동일하게 나오지만 자동화재탐지설비 및 시각경보장치의 화재안전성능기준(NFPC 203) 4조에 의해 하나의 경계구역면적을 $600m^2$ 이하로 해야 하므로 당연히 감지기도 하나의 경계구역면적 내에서 감지기 소요개수를 산정해야 한다.
- $600m^2$ 초과시 감지기 개수 산정방법

① $\frac{\text{전체 면적}}{\text{감지기 1개가 담당하는 바닥면적}}$으로 계산하여 최소개수 확인

② 전체면적을 $600m^2$ 이하로 적절히 분할하여 $\frac{600m^2 \text{ 이하}}{\text{감지기 1개가 담당하는 바닥면적}}$로 각각 계산하여 최소개수가 나오도록 적용(한쪽을 소수점이 없도록 면적을 분할하면 최소개수가 나옴)

(가) **차동식 스포트형 감지기(2종)**(NFPC 203 7조, NFTC 203 2.4.3.9.1)

(단위 : m^2)

부착높이 및 특정소방대상물의 구분		감지기의 종류						
		차동식 스포트형		보상식 스포트형		정온식 스포트형		
		1종	2종	1종	2종	특 종	1종	2종
4m 미만	내화구조	90	70	90	70	70	60	20
	기타구조	50	40	50	40	40	30	15
4~8m 미만	내화구조	45	35	45	35	35	30	설치 불가능
	기타구조	30	25	30	25	25	15	

조건에서 **내화구조**, 설치높이가 3m(4m 미만)이므로 감지기 1개가 담당하는 바닥면적은 **70m²**가 되어 (35×20)m²=700m²이므로 **600m²** 이하로 **경계구역**을 나누어 감지기개수를 산출하면 다음과 같다.

$\frac{350\text{m}^2}{70\text{m}^2}=5$개, $\frac{350\text{m}^2}{70\text{m}^2}=5$개 ∴ 5개+5개=10개

참고

주요구조부
건축물의 구조상 중요한 부분 중 건축물의 외형을 구성하는 골격

(나) **광전식 스포트형 감지기(2종)**(NFPC 203 7조, NFTC 203 2.4.3.10.1)

(단위 : m²)

부착높이	감지기의 종류	
	1종 및 2종	3종
4m 미만 →	150	50
4~20m 미만	75	−

광전식 스포트형 감지기는 **연기감지기**의 한 종류이고, 설치높이가 **3m**(4m 미만)이므로 감지기 1개가 담당하는 바닥면적은 150m²가 되어 $\frac{300\text{m}^2}{150\text{m}^2}=2$개, $\frac{400\text{m}^2}{150\text{m}^2}=2.6$개$=3$개(절상) ∴ 2개+3개=5개

참고

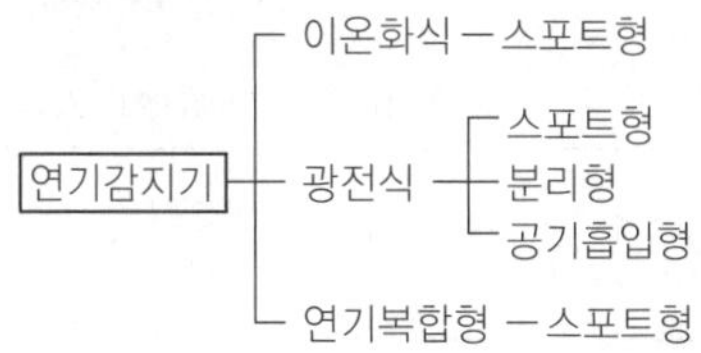

중요

자동화재탐지설비의 **경계구역**의 **설정기준**(NFPC 203 4조, NFTC 203 2.1.1)
(1) 1경계구역이 2개 이상의 **건축물**에 미치지 않을 것
(2) 1경계구역이 2개 이상의 **층**에 미치지 않을 것(단, 2개층이 **500m²** 이하는 제외)
(3) 1경계구역의 면적은 **600m²** 이하로 하고, 1변의 길이는 50m 이하로 할 것(단, 주출입구에서 내부 전체가 보이는 것은 **1000m²** 이하)

☆☆☆

문제 13

수신기로부터 배선거리 100m의 위치에 모터사이렌이 접속되어 있다. 사이렌이 명동될 때의 사이렌의 단자전압을 구하시오. (단, 수신기는 정전압출력이라고 하고 전선은 2.5mm² HFIX전선이며, 사이렌의 정격전력은 48W라고 가정한다. 전압변동에 의한 부하전류의 변동은 무시한다. 2.5mm² 동선의 전기저항은 8.75Ω/km라고 한다.) (산업 16.6.문8, 산업 15.11.문8, 산업 14.11.문15, 08.11.문13)

○ 계산과정 :
○ 답 :

득점	배점
	5

해답

○ 계산과정 : $I=\frac{48}{24}=2\text{A}$

$e=2\times2\times0.875=3.5\text{V}$

$V_r=24-3.5=20.5\text{V}$

○ 답 : 20.5V

해설 수신기의 입력전압은 **직류 24V**이므로

전류 $I = \frac{P}{V} = \frac{48}{24} = 2\text{A}$

배선저항은 km당 전기저항이 8.75Ω이므로 100m일 때는 0.875Ω$\left(\frac{100}{1000} \times 8.75 = 0.875\Omega\right)$이 된다.

V_s : 입력전압, V_r : 출력전압(단자전압)이라 하면

사이렌은 **단상 2선식**이므로

전압강하 $e = V_s - V_r = 2IR$에서

$e = 2IR = 2 \times 2 \times 0.875 = 3.5\text{V}$

위 식에서

사이렌의 **단자전압** $V_r = V_s - e = 24 - 3.5 = 20.5\text{V}$

중요

단상 2선식과 **3상 3선식**

구 분	단상 2선식	3상 3선식
적응기기	• 기타기기(**사이렌**, 경종, 표시등, 유도등, 비상조명등, 솔레노이드밸브, 감지기 등)	• 소방펌프 • 제연팬
전압강하 1 (**전기저항**이 주어졌을 때 적용)	$e = V_s - V_r = 2IR$	$e = V_s - V_r = \sqrt{3}IR$
	여기서, e : 전압강하[V], V_s : 입력전압[V], V_r : 출력전압[V], I : 전류[A], R : 저항[Ω]	
전압강하 2 (**전기저항**이 주어지지 않았을 때 적용)	$A = \frac{35.6LI}{1000e}$	$A = \frac{30.8LI}{1000e}$
	여기서, A : 전선의 단면적[mm^2], L : 선로길이[m], I : 전부하전류[A] e : 각 선간의 전압강하[V]	

비교

단서에서 '**전압변동에 의한 부하전류의 변동은 무시한다**' 또는 '**전압강하가 없다고 가정한다**'라는 말이 없을 경우

(1) **사이렌**의 **저항**

$$P = VI = \frac{V^2}{R} = I^2R$$

여기서, P : 전력[W]

V : 전압[V]

I : 전류[A]

R : 저항(사이렌저항)[Ω]

사이렌의 **저항** R는

$R = \frac{V^2}{P} = \frac{24^2}{48} = 12\Omega$

배선저항은 km당 전기저항이 8.75Ω이므로 100m일 때는 **0.875**Ω$\left(\frac{100}{1000} \times 8.75 = 0.875\Omega\right)$이 된다.

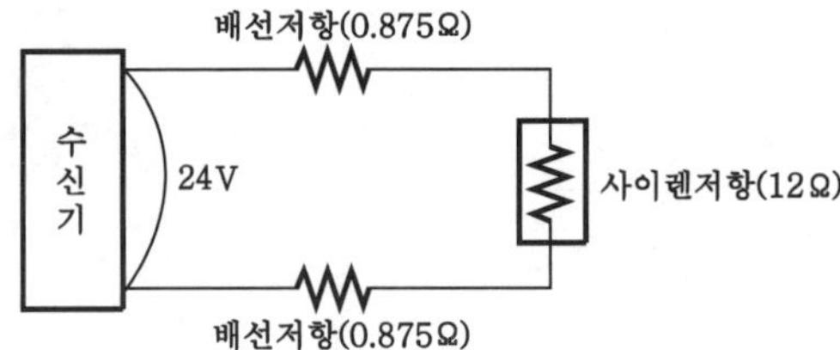

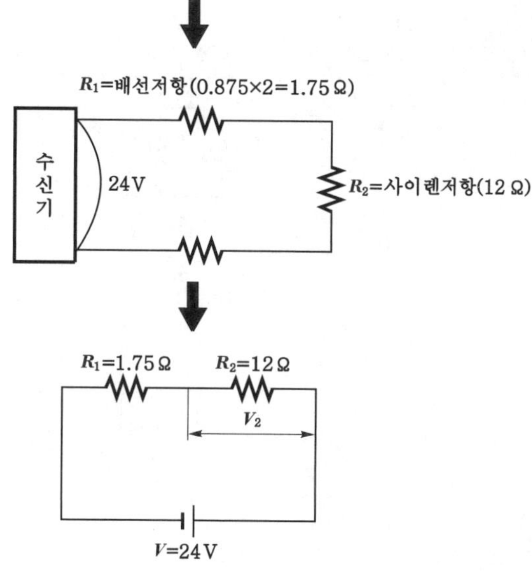

(2) **사이렌**의 **단자전압**

사이렌의 **단자전압** V_2는

$$V_2 = \frac{R_2}{R_1 + R_2} V$$

$$= \frac{12}{1.75 + 12} \times 24 = 20.945 \fallingdotseq 20.95\text{V}$$

문제 14 ★★

논리식 $Z = (A + B + C) \cdot (A \cdot B \cdot C + D)$를 릴레이회로(유접점회로)와 논리회로(무접점회로)로 바꾸어 그리시오.

득점	배점
	6

해답 ① 릴레이회로(유접점회로)

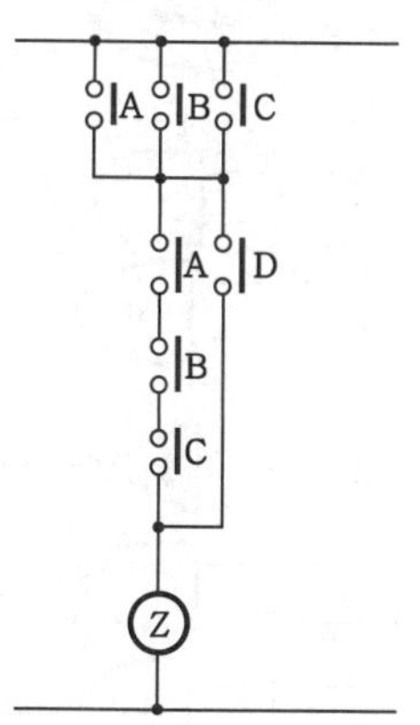

② 논리회로(무접점회로)

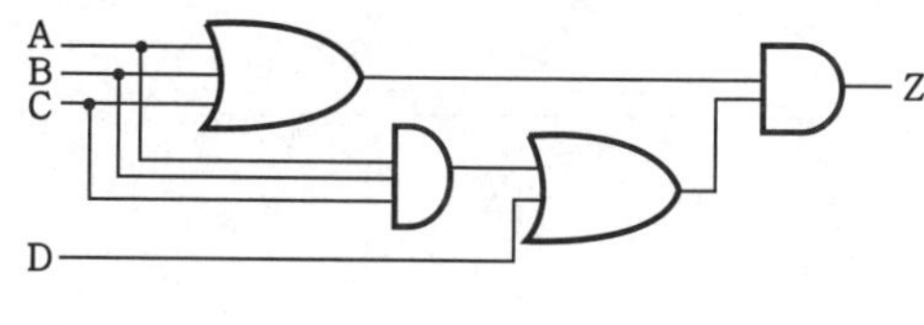

• 문제의 논리식은 불대수로 더 이상 간소화되지 않는다.

• 릴레이회로(유접점회로)는 다음과 같이 그려도 **정답**이다.

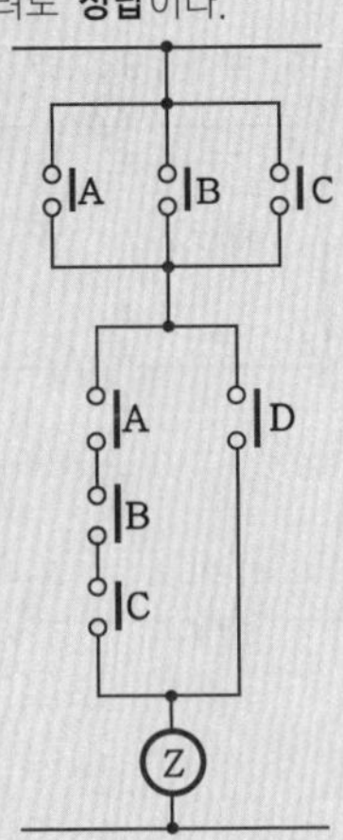

• 논리회로(무접점회로)에서 'Z'도 꼭 써야 정답이다.

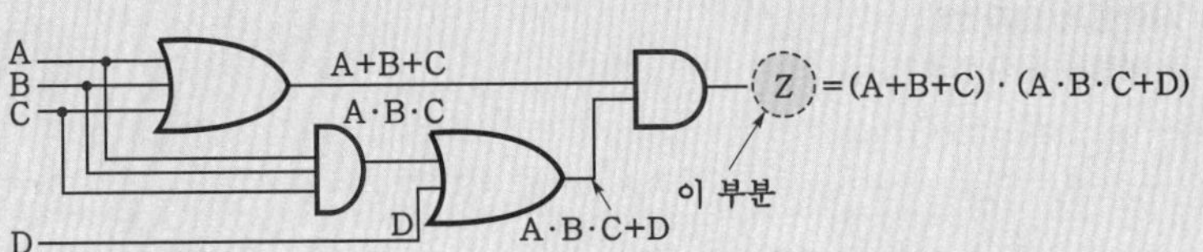

중요

시퀀스회로와 **논리회로**의 관계

회로	시퀀스회로	논리식	논리회로
직렬회로		Z=A·B Z=AB	
병렬회로		Z=A+B	
a접점		Z=A	
b접점		$Z=\overline{A}$	

문제 15

도면과 같은 회로를 누름버튼스위치 PB_1 또는 PB_2 중 먼저 ON 조작된 측의 램프만 점등되는 병렬 우선회로가 되도록 고쳐서 그리시오. (단, PB_1측의 계전기는 (R_1), 램프는 (L_1)이며, PB_2측 계전기는 (R_2), 램프는 (L_2)이다. 또한 추가되는 접점이 있을 경우에는 최소수만 사용하여 그리도록 한다.)

(10.4.문1)

득점	배점
	6

〔기존 도면〕

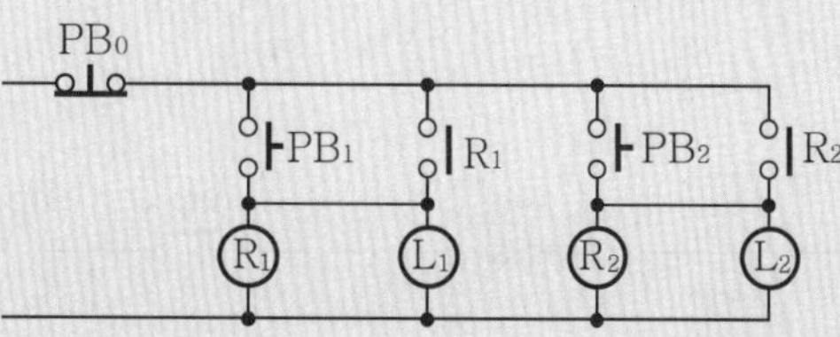

〔병렬 우선회로〕

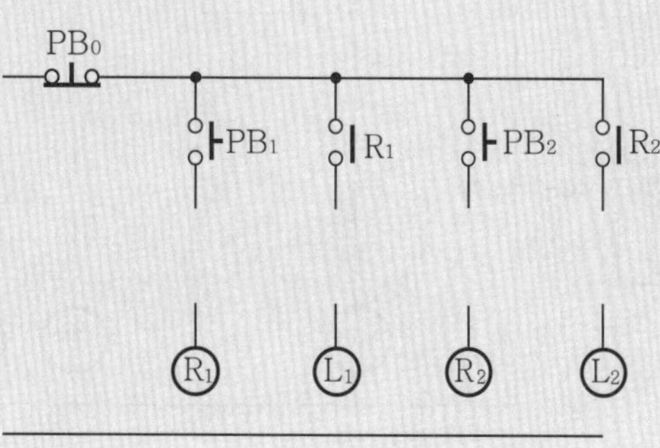

해답

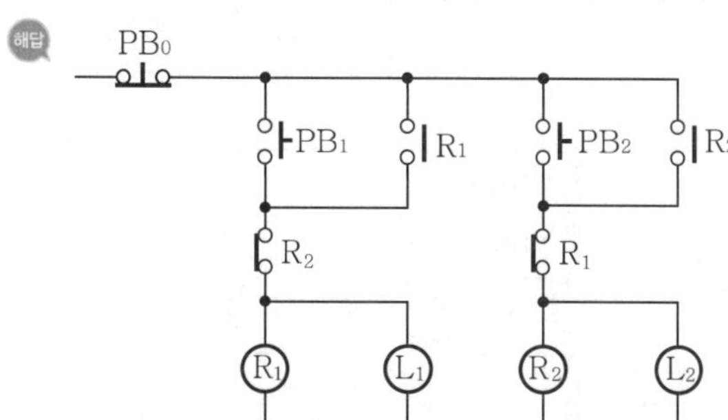

해설 다음과 같이 **인터록**(interlock)**접점**을 추가하여 그리면 된다.

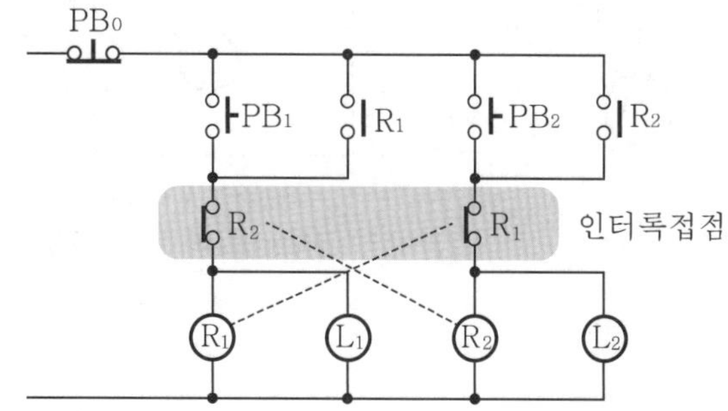

- 원칙적으로는 인터록접점 기호에 R_{2-b}, R_{1-b}라고 확실하게 써주는 게 좋지만 굳이 안 써도 틀린건 아니다. 접점 자체가 b접점이기 때문에 안 써도 정답이다.

용어

인터록회로(interlock circuit)
두 가지 중 어느 한 가지 동작만 이루어질 수 있도록 배선 도중에 b접점을 추가하여 놓은 것으로, 전동기의 **Y-Δ 기동회로 · 정역전 기동회로** 등에 많이 적용된다.

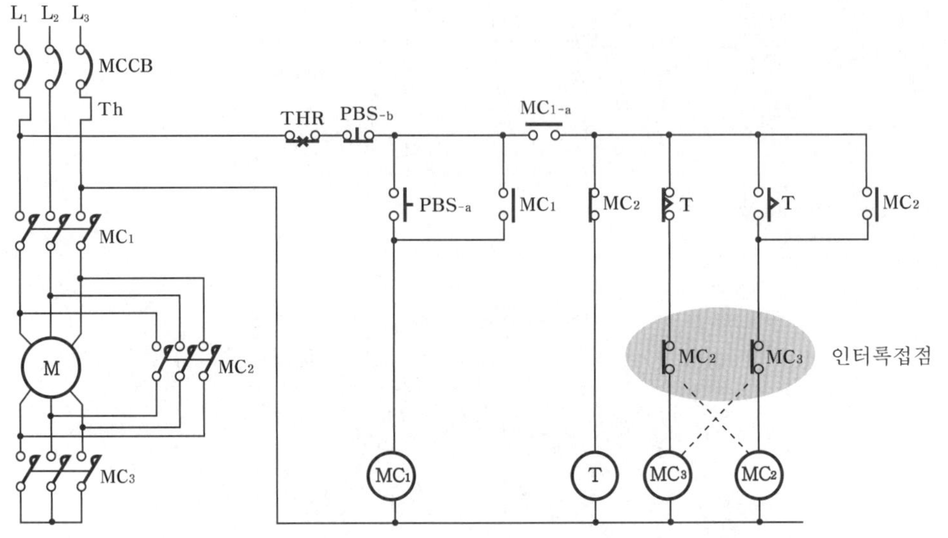

▌Y-Δ 기동회로에 사용된 인터록접점▐

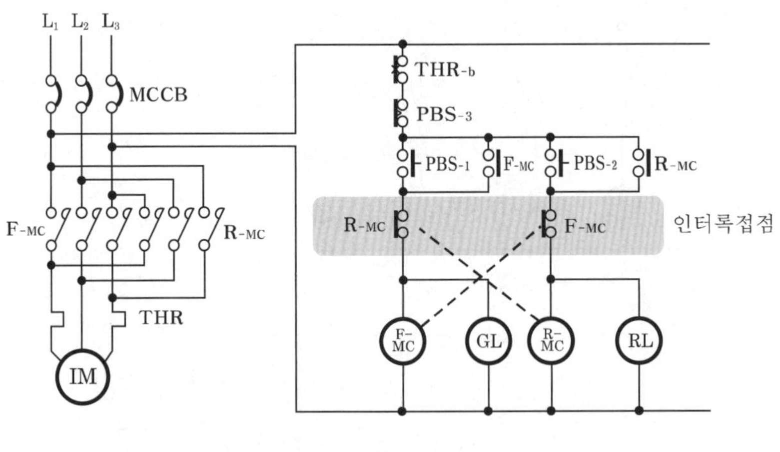

▌정역전 기동회로에 사용된 인터록접점▐

2017. 11. 11 시행

▌2017년 기사 제4회 필답형 실기시험 ▌			수험번호	성명	감독위원 확 인
자격종목 **소방설비기사(전기분야)**	시험시간 **3시간**	형별			

※ 다음 물음에 답을 해당 답란에 답하시오.(배점 : 100)

☆☆☆

문제 01

비상전원의 배선 사용기준 중 분말소화설비의 배선기준을 그림에 직접 표시하시오. (단, ▬▬ : 내화배선, ─ - ─ : 내열배선, -------- : 일반배선으로 표시한다.) (16.11.문13, 16.4.문10, 09.7.문9)

득점	배점
	5

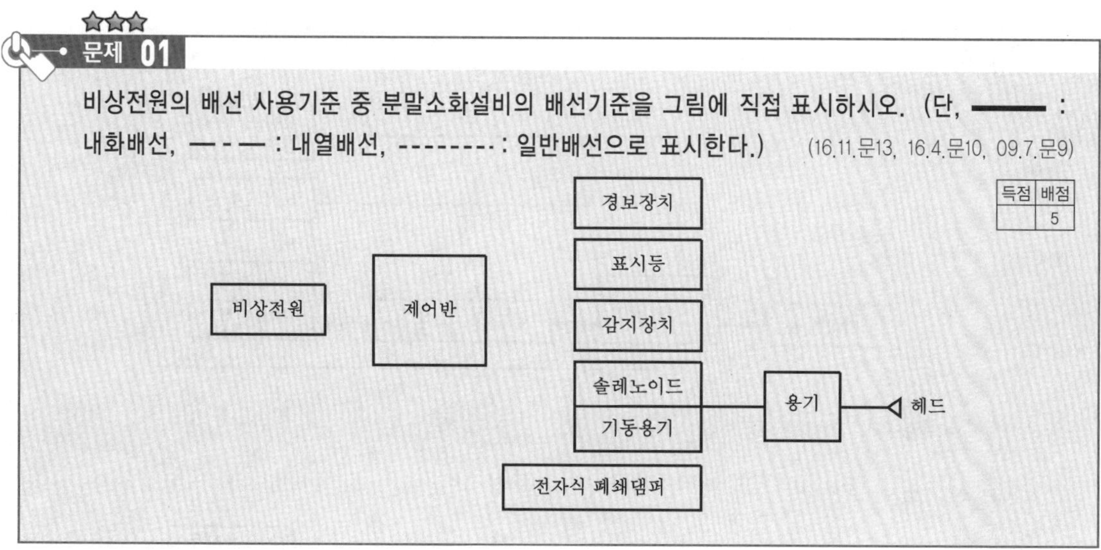

해답

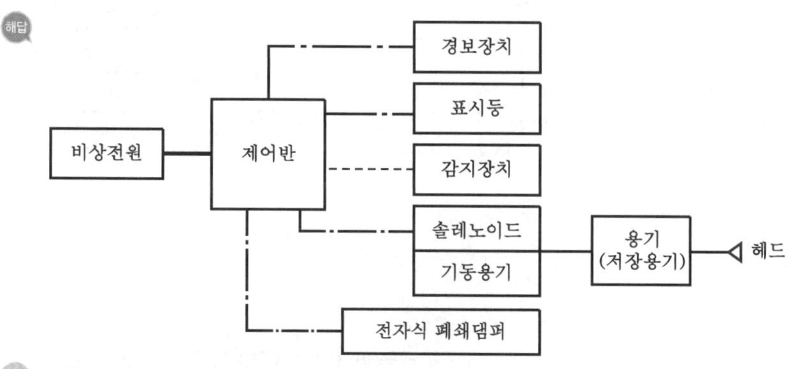

해설

- 기동용기는 압력실린더로서 배선이 연결되지 않는다. 모든 장치에 배선이 연결된다고 생각하지 말라.
-

배선 구분	배선기준	근 거
비상전원~제어반 (전원회로의 배선)	내화배선	NFPC 203 11조, NFTC 203 2.8.1.1
제어반~감지장치 (감지기 상호간 또는 감지기로부터 수신기에 이르는 감지기회로의 배선)	일반배선	NFPC 203 11조, NFTC 203 2.8.1.2에 의해 **일반배선**이란 ① 실드선, ② 광케이블(전자파 방해를 받지 않고 내열성능이 있는 것), ③ 내화배선 또는 내열배선을 모두 포함한다. 그러므로 제어반~감지장치 배선을 **내열배선**으로 답해도 맞을 수 있지만 감지기회로의 배선을 통칭하는 **일반배선**으로 답하는 것이 가장 정확한 답이다.

제어반~경보장치, 제어반~표시등, 제어반~솔레노이드, 제어반~전자식 폐쇄댐퍼 (그 밖의 배선)	내화배선 또는 내열배선	NFPC 203 11조, NFTC 203 2.8.1.1에 의해 그 밖의 배선은 **내화배선** 또는 **내열배선**으로 하도록 되어 있지만 실무에서는 내열배선을 사용하는 것이 일반적이므로 **내열배선**을 답으로 하는 것을 권장한다.

• 기동용기~용기, 용기~헤드 사이는 배관(————)이 연결된다. 배선은 연결되지 않는다.

중요

배선공사(내화배선 : ━━━━, 내열배선 : —·—·—, 일반배선 : --------, 배관 : ————)

(1) 옥내소화전설비

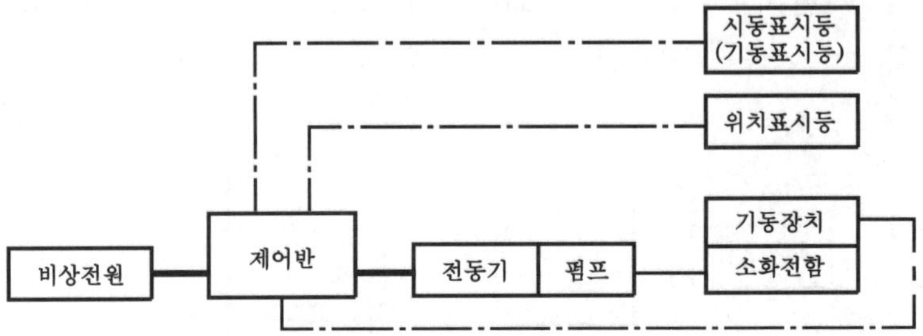

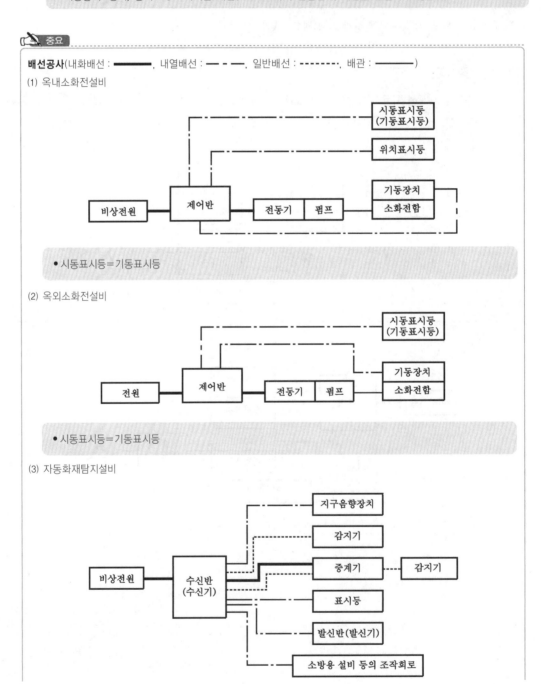

비상전원
제어반
전동기
펌프
시동표시등
(기동표시등)
위치표시등
기동장치
소화전함

• 시동표시등=기동표시등

(2) 옥외소화전설비

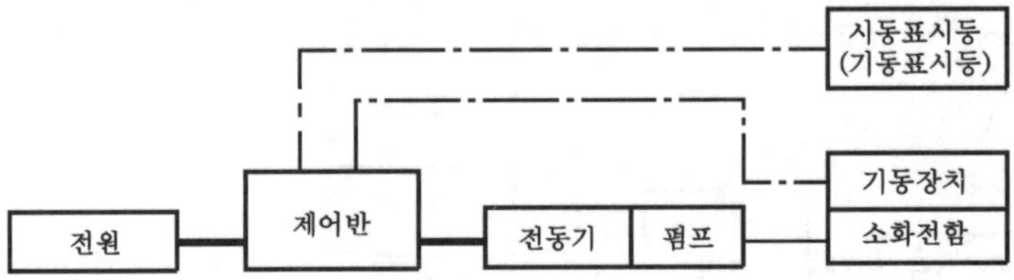

전원
제어반
전동기
펌프
시동표시등
(기동표시등)
기동장치
소화전함

• 시동표시등=기동표시등

(3) 자동화재탐지설비

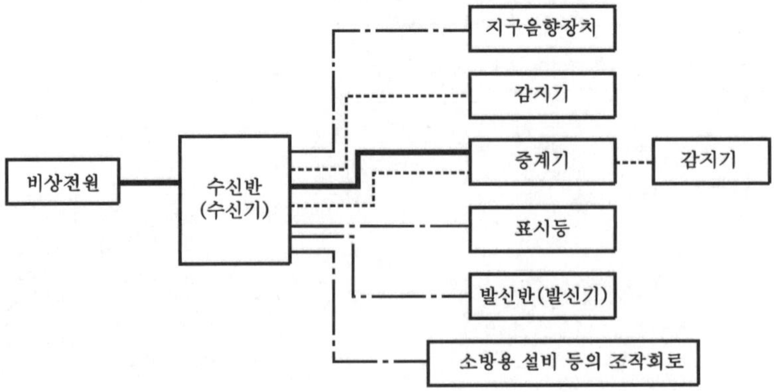

비상전원
수신반
(수신기)
지구음향장치
감지기
중계기
감지기
표시등
발신반(발신기)
소방용 설비 등의 조작회로

(4) 비상벨 · 자동식 사이렌

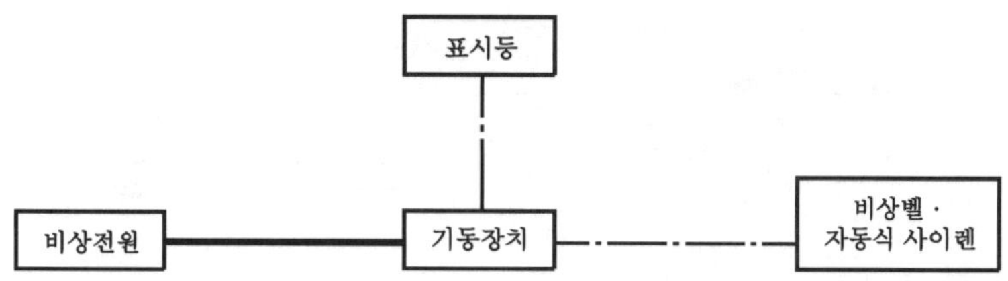

(5) 스프링클러설비 · 물분무소화설비 · 포소화설비

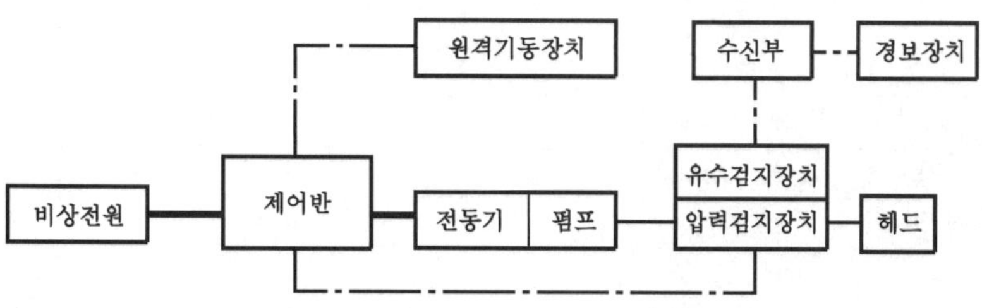

(6) 이산화탄소소화설비 · 할론소화설비 · 분말소화설비

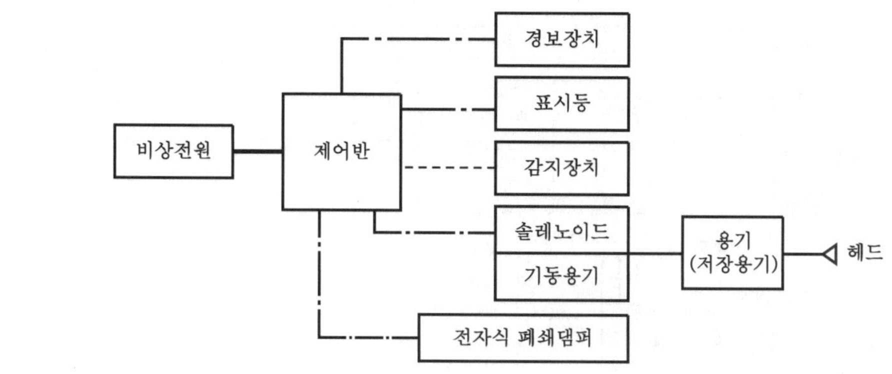

☆☆☆ 문제 02

도면은 할론(halon)소화설비의 수동조작함에서 할론제어반까지의 결선도 및 계통도(3zone)이다. 주어진 도면과 조건을 이용하여 다음 각 물음에 답하시오.

(15.11.문10, 13.11.문17, 12.4.문1, 11.5.문16, 09.4.문14, 03.7.문3)

득점	배점
	8

[조건]

○ 전선의 가닥수는 최소가닥수로 한다.

○ 복구스위치 및 도어스위치는 없는 것으로 한다.

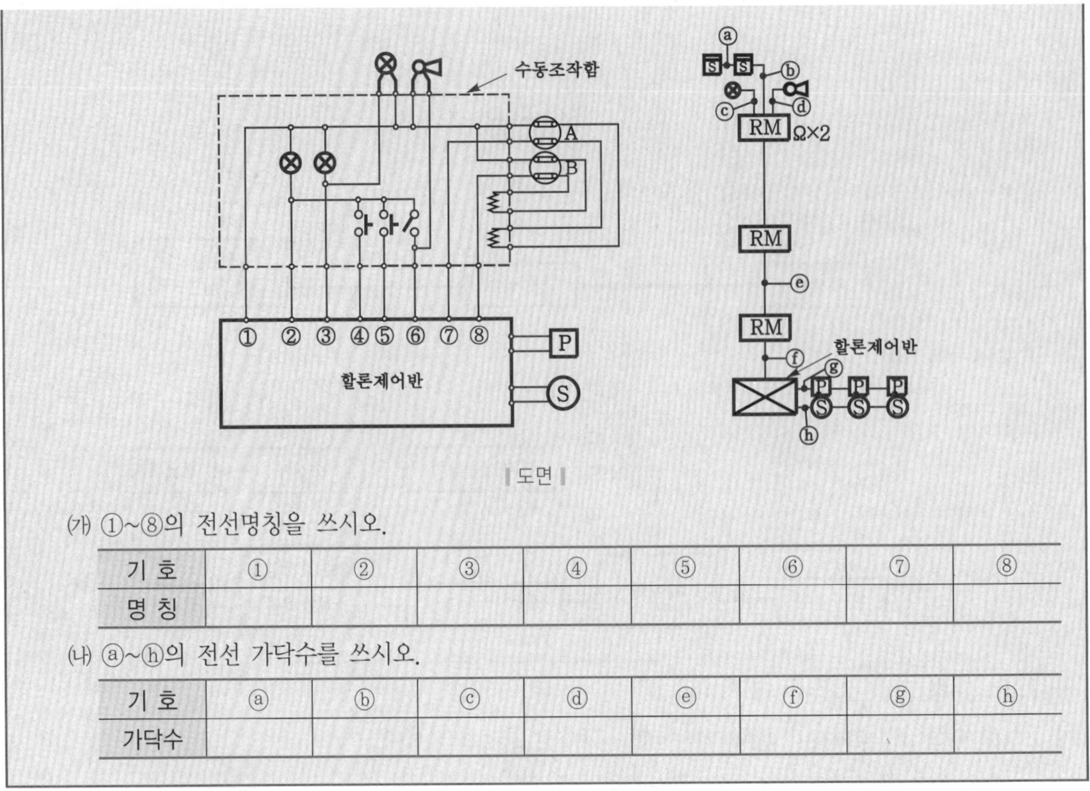

▮도면▮

(가) ①~⑧의 전선명칭을 쓰시오.

기 호	①	②	③	④	⑤	⑥	⑦	⑧
명 칭								

(나) ⓐ~ⓗ의 전선 가닥수를 쓰시오.

기 호	ⓐ	ⓑ	ⓒ	ⓓ	ⓔ	ⓕ	ⓖ	ⓗ
가닥수								

해답 (가)

기 호	①	②	③	④	⑤	⑥	⑦	⑧
명 칭	전원 ⊖	전원 ⊕	방출 표시등	방출지연 스위치 또는 기동스위치	기동스위치 또는 방출지연 스위치	사이렌	감지기 A	감지기 B

(나)

기 호	ⓐ	ⓑ	ⓒ	ⓓ	ⓔ	ⓕ	ⓖ	ⓗ
가닥수	4	8	2	2	13	18	4	4

해설 (가)

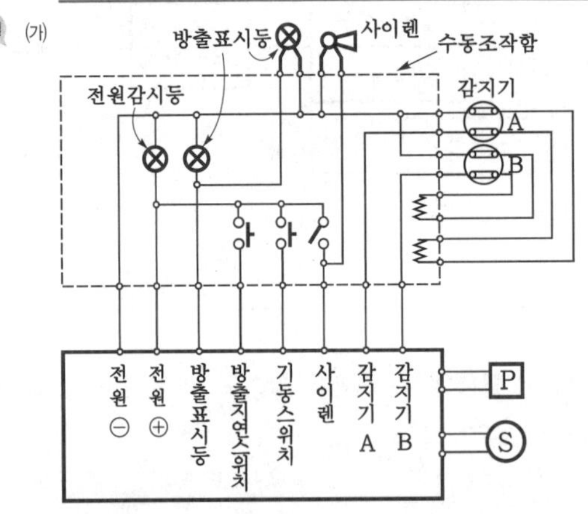

- 전선의 용도에 관한 명칭을 답할 때 전원 ⊖와 전원 ⊕가 바뀌지 않도록 주의할 것
- 일반적으로 공통선(common line)은 전원 ⊖를 사용하므로 기호 ①이 전원 ⊖가 되어야 한다.
- 기호 ④, ⑤의 명칭은 결선도상에서는 구분이 안 되므로 **방출지연스위치**와 **기동스위치**의 명칭을 바꿔도 된다.
- 방출지연스위치=비상스위치=방출지연비상스위치

(나)

기 호	내 역	용 도
ⓐ	HFIX 1.5-4	지구, 공통 각 2가닥
ⓑ	HFIX 1.5-8	지구, 공통 각 4가닥
ⓒ	HFIX 2.5-2	방출표시등 2
ⓓ	HFIX 2.5-2	사이렌 2
ⓔ	HFIX 2.5-13	전원 ⊕・⊖, 방출지연스위치 1, (감지기 A 1, 감지기 B 1, 기동스위치 1, 사이렌 1, 방출표시등 1)×2
ⓕ	HFIX 2.5-18	전원 ⊕・⊖, 방출지연스위치 1, (감지기 A 1, 감지기 B 1, 기동스위치 1, 사이렌 1, 방출표시등 1)×3
ⓖ	HFIX 2.5-4	압력스위치 3, 공통 1
ⓗ	HFIX 2.5-4	솔레노이드밸브 기동 3, 공통 1

- **방출지연스위치**는 〔조건〕에서 최소가닥수 산정이므로 방호구역마다 가닥수가 늘어나지 않고 반드시 1가닥으로 해야 한다. 방호구역마다 가닥수가 늘어나도록 산정하면 틀린다.

중요

사이렌과 **방출표시등**

구 분	심 벌	설치목적
사이렌	◁○	실내에 설치하여 실내에 있는 **인명대피**
방출표시등	⊗	실외의 출입구 위에 설치하여 **출입금지**

용어

방출지연스위치(비상스위치)
자동복귀형 스위치로서 수동식 기동장치의 타이머를 순간 정지시키는 기능의 스위치

주의

다음과 같이 문제에서 방출지연스위치가 표시되어 있지 않다고 하더라도 조건에서 '**방출지연스위치**'를 생략한다는 말이 없는 한 가닥수에서 **방출지연스위치**는 반드시 **추가**하여야 한다.

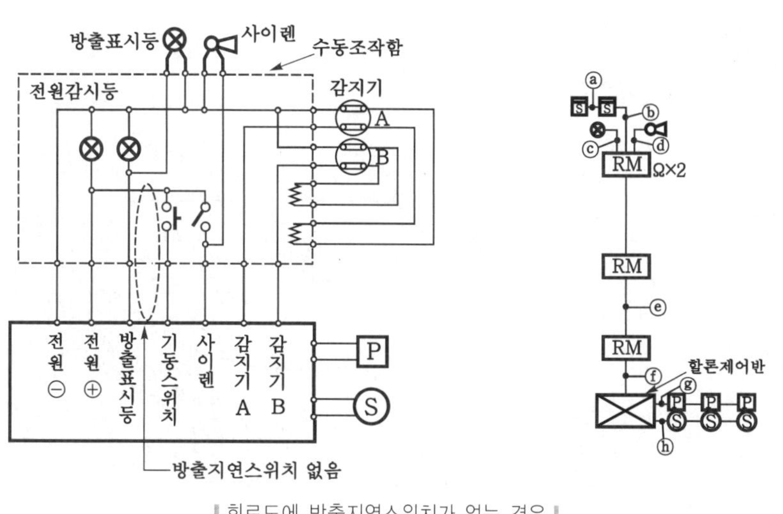

‖ 회로도에 방출지연스위치가 없는 경우 ‖

기 호	내 역	용 도
ⓐ	HFIX 1.5-4	지구, 공통 각 2가닥
ⓑ	HFIX 1.5-8	지구, 공통 각 4가닥
ⓒ	HFIX 2.5-2	방출표시등 2
ⓓ	HFIX 2.5-2	사이렌 2
ⓔ	HFIX 2.5-13	전원 ⊕·⊖, 방출지연스위치 1, (감지기 A 1, 감지기 B 1, 기동스위치 1, 사이렌 1, 방출표시등 1)×2
ⓕ	HFIX 2.5-18	전원 ⊕·⊖, 방출지연스위치 1, (감지기 A 1, 감지기 B 1, 기동스위치 1, 사이렌 1, 방출표시등 1)×3
ⓖ	HFIX 2.5-4	압력스위치 3, 공통 1
ⓗ	HFIX 2.5-4	솔레노이드밸브 기동 3, 공통 1

☆☆

문제 03

작동표시장치를 설치하지 않아도 되는 감지기 3가지를 쓰시오. (09.10.문15)

득점	배점
	6

○
○
○

해답 ① 방폭구조의 감지기
② 차동식 분포형 감지기
③ 정온식 감지선형 감지기

해설 **작동표시장치**를 설치하지 않아도 되는 **감지기**(감지기형식 5조)
(1) **방폭구조**의 감지기
(2) 감지기가 작동한 경우 **수신기**에 그 감지기가 **작동**한 **내용**이 표시되는 **감지기**
(3) **차동식 분포형 감지기**
(4) **정온식 감지선형 감지기**

용어

작동표시장치
감지기가 작동되었다는 것을 표시해 주는 장치

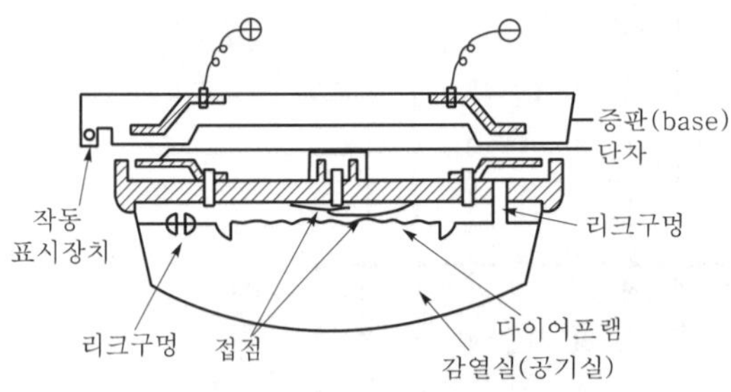

‖ 감지기의 작동표시장치 ‖

비교

구 분	종 류
• **지하구**(지하공동구)에 **설치**하는 **감지기** • **교차회로방식**으로 하지 않아도 되는 감지기 • **일과성 비화재보(nuisance alarm)**시 **적응성 감지기**	① 불꽃감지기 ② 정온식 감지선형 감지기 ③ 분포형 감지기 ④ 복합형 감지기 ⑤ 광전식 분리형 감지기 ⑥ 아날로그방식의 감지기 ⑦ 다신호방식의 감지기 ⑧ 축적방식의 감지기 기억법 **불정감 복분(복분자) 광아다축**

☆☆
문제 04

객석유도등을 설치하지 않아도 되는 경우를 2가지 쓰시오. (14.7.문9, 14.4.문13, 12.11.문14)

○

○

득점	배점
	4

해답 ① 채광이 충분한 객석(주간에만 사용)
② 통로유도등이 설치된 객석(거실 각 부분에서 거실 출입구까지의 보행거리 20m 이하)

해설 **설치제외장소**

(1) **자동화재탐지설비의 감지기 설치제외장소**(NFPC 203 7조 ⑤항, NFTC 203 2.4.5)
① 천장 또는 반자의 높이가 **20m** 이상인 곳(감지기의 부착높이에 따라 적응성이 있는 장소 제외)
② **헛간** 등 외부와 기류가 통하여 화재를 유효하게 감지할 수 없는 장소
③ **목욕실**·욕조나 샤워시설이 있는 화장실, 기타 이와 유사한 장소
④ **부식성** 가스 체류장소
⑤ **프레스공장·주조공장** 등 화재발생의 위험이 적은 장소로서 감지기의 **유지관리**가 어려운 장소

(2) **누전경보기의 수신부 설치제외장소**(NFPC 205 5조, NFTC 205 2.2.2)
① 온도변화가 급격한 장소
② 습도가 높은 장소
③ 가연성의 증기, 가스 등 또는 부식성의 증기, 가스 등의 다량체류장소
④ **대전류회로, 고주파발생회로** 등의 영향을 받을 우려가 있는 장소
⑤ 화약류 제조, 저장, 취급장소

기억법 **온습누가대화(온도·습도가 높으면 누가 대화하냐?)**

(3) **피난구유도등의 설치제외장소**(NFPC 303 11조 ①항, NFTC 303 2.8.1)
① 옥내에서 직접 지상으로 통하는 출입구(바닥면적 **1000m²** 미만 층)
② **대각선 길이**가 **15m** 이내인 구획된 실의 출입구
③ 비상조명등·유도표지가 설치된 거실 출입구(거실 각 부분에서 출입구까지의 **보행거리 20m** 이하)
④ 출입구가 **3 이상**인 거실(거실 각 부분에서 출입구까지의 **보행거리 30m** 이하는 주된 출입구 **2개 외**의 출입구)

(4) **통로유도등의 설치제외장소**(NFPC 303 11조 ②항, NFTC 303 2.8.2)
① 길이 **30m** 미만의 복도·통로(구부러지지 않은 복도·통로)
② 보행거리 **20m** 미만의 복도·통로(출입구에 **피난구유도등**이 설치된 복도·통로)

(5) **객석유도등의 설치제외장소**(NFPC 303 11조 ③항, NFTC 303 2.8.3)
① **채광**이 충분한 객석(**주간**에만 사용)
② **통**로유도등이 설치된 객석(거실 각 부분에서 거실 출입구까지의 **보행거리 20m** 이하)

기억법 **채객보통(채소는 객관적으로 보통이다.)**

(6) **비상조명등의 설치제외장소**(NFPC 304 5조 ①항, NFTC 304 2.2.1)
① 거실 각 부분에서 출입구까지의 **보행거리 15m** 이내
② **공동주택·경기장·의원**·의료시설·**학교 거실**

(7) **휴대용 비상조명등의 설치제외장소**(NFPC 304 5조 ②항, NFTC 304 2.2.2)
① 복도·통로·창문 등을 통해 피난이 용이한 경우(**지상 1층·피난층**)
② **숙박시설**로서 복도에 비상조명등을 설치한 경우

기억법 **휴피(휴지로 피 닦아!)**

☆

문제 05

시각경보기를 설치하여야 하는 특정소방대상물을 3가지 쓰시오.

(19.4.문16, 17.6.문4, 16.6.문13, 15.7.문8, 산업 13.7.문1, 산업 07.4.문4)

득점	배점
	6

○
○
○

해답 ① 근린생활시설
② 문화 및 집회시설
③ 종교시설

해설 **시각경보기를 설치하여야 하는 특정소방대상물**(소방시설법 시행령 〔별표 4〕)
(1) 근린생활시설
(2) 문화 및 집회시설
(3) 종교시설
(4) 판매시설
(5) 운수시설
(6) 운동시설
(7) 위락시설
(8) 물류터미널
(9) 의료시설
(10) 노유자시설
(11) 업무시설
(12) 숙박시설
(13) 발전시설 및 장례시설(장례식장)
(14) 도서관
(15) 방송국
(16) 지하상가

• 시각경보장치의 설치기준을 쓰지 않도록 주의하라! 특정소방대상물과 설치기준은 다르다.

비교

청각장애인용 시각경보장치의 **설치기준**(NFPC 203 8조, NFTC 203 2.5.2)
(1) **복도·통로·청각장애인용 객실** 및 공용으로 사용하는 **거실**에 설치하며, 각 부분에서 유효하게 경보를 발할 수 있는 위치에 설치할 것
(2) **공연장·집회장·관람장** 또는 이와 유사한 장소에 설치하는 경우에는 시선이 집중되는 **무대부 부분** 등에 설치할 것
(3) 바닥으로부터 **2~2.5m** 이하의 높이에 설치할 것(단, 천장높이가 **2m 이하**는 천장에서 **0.15m** 이내의 장소에 설치)

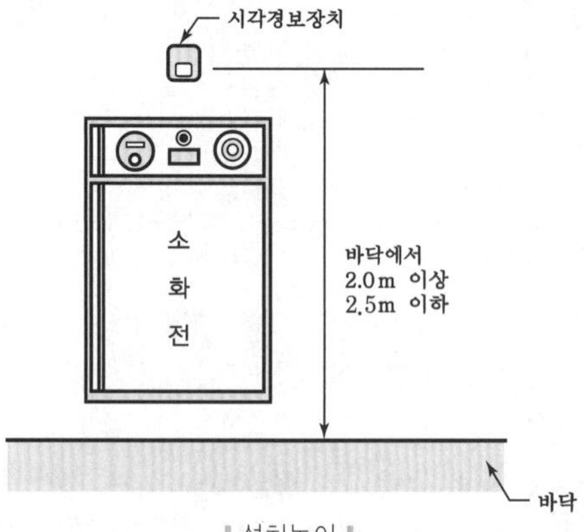

‖ 설치높이 ‖

(4) 광원은 **전용**의 **축전지설비** 또는 **전기저장장치**에 의해 점등되도록 할 것(단, 시각경보기에 작동전원을 공급할 수 있도록 형식승인을 얻은 **수신기**를 설치한 경우는 제외)

☆☆☆
문제 06

다음은 기동용 수압개폐장치를 사용하는 옥내소화전함과 습식 스프링클러설비가 설치된 지상 6층의 호텔계통도이다. 다음 각 물음에 답하시오.

(13.11.문1, 10.4.문4)

득점	배점
	8

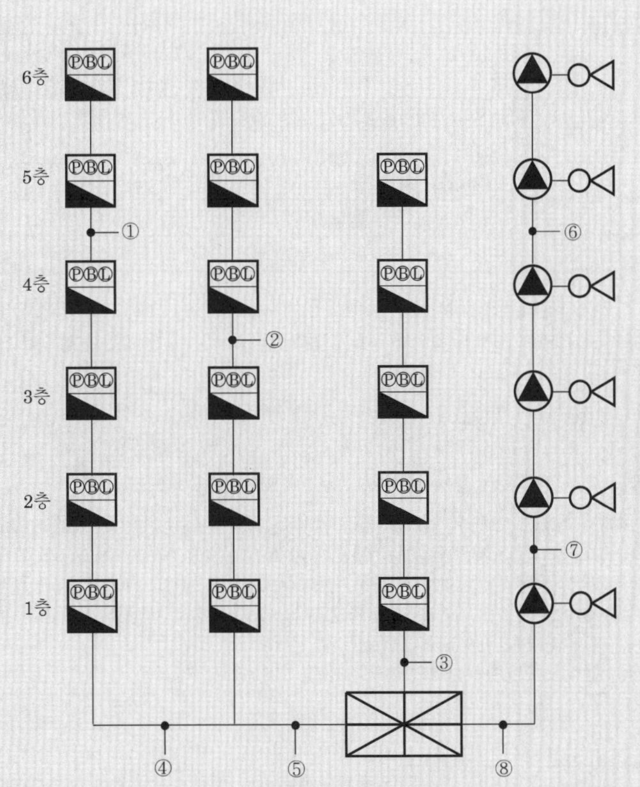

(가) 기호 ①~⑧의 가닥수를 쓰시오.

기 호	①	②	③	④	⑤	⑥	⑦	⑧
가닥수								

(나) 경계구역이 7경계구역을 넘을 경우 추가되는 배선의 명칭을 쓰시오.

(다) 기호 ⑤에 들어가는 회로선은 몇 가닥인지 쓰시오.

(라) 기호 ④에 들어가는 경종선은 몇 가닥인지 쓰시오.

(마) 기호 ⑤에 들어가는 경종선은 몇 가닥인지 쓰시오.

해답 (가)

기 호	①	②	③	④	⑤	⑥	⑦	⑧
가닥수	10	12	16	18	25	7	16	19

(나) 회로공통선

(다) 12가닥

(라) 6가닥

(마) 6가닥

해설 (가)

기 호	가닥수	전선의 사용용도(가닥수)
①	10	회로선 2, 회로공통선 1, 경종선 2, 경종표시등공통선 1, 응답선 1, 표시등선 1, 기동확인표시등 2
②	12	회로선 3, 회로공통선 1, 경종선 3, 경종표시등공통선 1, 응답선 1, 표시등선 1, 기동확인표시등 2
③	16	회로선 5, 회로공통선 1, 경종선 5, 경종표시등공통선 1, 응답선 1, 표시등선 1, 기동확인표시등 2
④	18	회로선 6, 회로공통선 1, 경종선 6, 경종표시등공통선 1, 응답선 1, 표시등선 1, 기동확인표시등 2
⑤	25	회로선 12, 회로공통선 2, 경종선 6, 경종표시등공통선 1, 응답선 1, 표시등선 1, 기동확인표시등 2
⑥	7	유수검지스위치 2, 탬퍼스위치 2, 사이렌 2, 공통 1
⑦	16	유수검지스위치 5, 탬퍼스위치 5, 사이렌 5, 공통 1
⑧	19	유수검지스위치 6, 탬퍼스위치 6, 사이렌 6, 공통 1

- 문제 그림에서 6층이므로 일제경보방식이다.
- 문제에서 특별한 조건이 없더라도 **회로공통선**은 회로선이 7회로가 넘을 경우 반드시 1가닥씩 추가하여야 한다. 이것을 공식으로 나타내면 다음과 같다.

$$\text{회로공통선} = \frac{\text{회로선}}{7} \text{ (절상)}$$

예 기호 ⑤ 회로공통선 $= \frac{\text{회로선}}{7} = \frac{12}{7} = 1.7 \fallingdotseq 2$가닥(절상)

- 문제에서 특별한 조건이 없으면 경종표시등공통선은 회로선이 7회로가 넘더라도 계속 1가닥으로 한다. 다시 말하면 경종표시등공통선은 문제에서 조건이 있을 때만 가닥수가 증가한다. 주의하라!
- 문제에서 기동용 수압개폐방식(**자동기동방식**)도 주의하여야 한다. 옥내소화전함이 자동기동방식이므로 감지기배선을 제외한 간선에 '**기동확인표시등 2**'가 추가로 사용되어야 한다. 특히, 옥내소화전배선은 구역에 따라 가닥수가 늘어나지 않는 것에 주의하라!
- **습식 · 건식 스프링클러설비**의 **가닥수 산정**

배 선	가닥수 산정
유수검지스위치	**알람체크밸브(습식 밸브)** 또는 **건식 밸브수**마다 1가닥씩 추가
탬퍼스위치	
사이렌	
공통	1가닥

- 유수검지스위치=압력스위치
- 탬퍼스위치(Tamper Switch)=밸브폐쇄 확인스위치=밸브개폐 확인스위치=급수개폐밸브 작동표시스위치

(나) 회로공통선은 회로선 7개 초과시마다(7경계구역이 넘을 시마다) 1가닥씩 추가한다.

(다) 회로선은 종단저항수 또는 경계구역번호 개수 또는 발신기세트수마다 1가닥씩 추가한다. **발신기세트수**가 **12개**이므로 **12가닥**이다.

(라), (마) **일제경보방식**이지만 층마다 경종선이 추가된다. 그러므로 기호 ④, ⑤는 **6층**이기 때문에 **6가닥**이 된다.

중요

발화층 및 **직상 4개층 우선경보방식**과 **일제경보방식**

발화층 및 직상 4개층 우선경보방식	일제경보방식
• 화재시 **안전**하고 **신속**한 **인명**의 **대피**를 위하여 화재가 발생한 층과 **인근층부터** 우선하여 별도로 **경보**하는 방식 • 지하층을 제외한 **11층 이상**(공동주택 16층 이상)의 특정소방대상물에 적용	• **소규모 특정소방대상물**에서 화재발생시 **전층**에 **동시**에 **경보**하는 방식

☆☆☆ **문제 07**

도면은 누전경보기의 설치 회로도이다. 이 회로를 보고 다음 각 물음에 답하시오. (단, 도면의 잘못된 부분은 모두 정상회로로 수정한 것으로 가정하고 답할 것) (11.5.문8, 10.10.문17, 05.10.문5, 02.10.문4)

득점	배점
	10

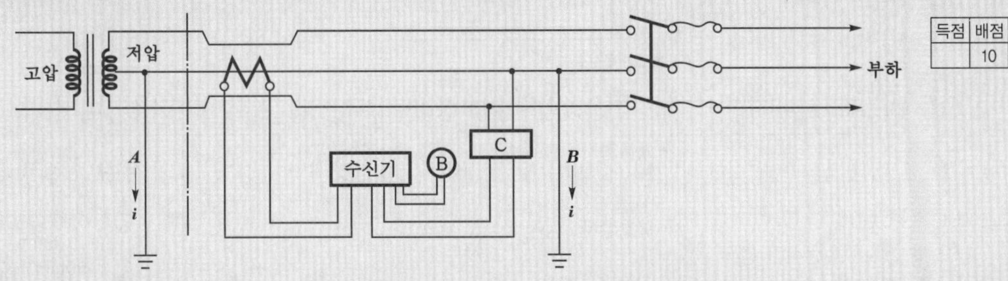

수신기 : 1급, C : 과전류차단기, B : 음향장치

(가) 회로에서 잘못된 부분을 3가지만 지적하여 올바른 방법을 설명하시오.
　○ 잘못된 부분 :
　○ 올바른 방법 :

(나) A의 접지선에 접지하여야 할 접지의 종류를 쓰시오.

(다) 회로에서 C에 사용하는 과전류차단기의 용량은 몇 A 이하이어야 하는가?

(라) 회로의 음향장치는 정격전압의 몇 % 전압에서 음향을 발할 수 있어야 하는가?

(마) 회로에서 변류기의 절연저항을 측정하였을 경우 절연저항값은 몇 MΩ 이상이어야 하는가? (단, 1차 권선 또는 2차 권선과 외부금속부와의 사이로 차단기의 개폐부에 DC 500V 절연저항계를 사용한다.)

(바) 누전경보기의 공칭작동전류치는 몇 mA 이하이어야 하는가?

해답 (가) ① ┌ 잘못된 부분 : 영상변류기가 1선만 관통
　　　　└ 올바른 방법 : 3선을 모두 영상변류기에 관통
　② ┌ 잘못된 부분 : 변압기 중성점 접지선이 각각 영상변류기의 전원측(A)과 부하측(B)에 설치
　　└ 올바른 방법 : 영상변류기의 전원측(A)만 설치
　③ ┌ 잘못된 부분 : 개폐기 2차측 중성선에 퓨즈 설치
　　└ 올바른 방법 : 동선으로 직결

(나) 변압기 중성점 접지　　(다) 15A 이하
(라) 80%　　(마) 5MΩ 이상
(바) 200mA 이하

해설 (가) **올바른 회로**

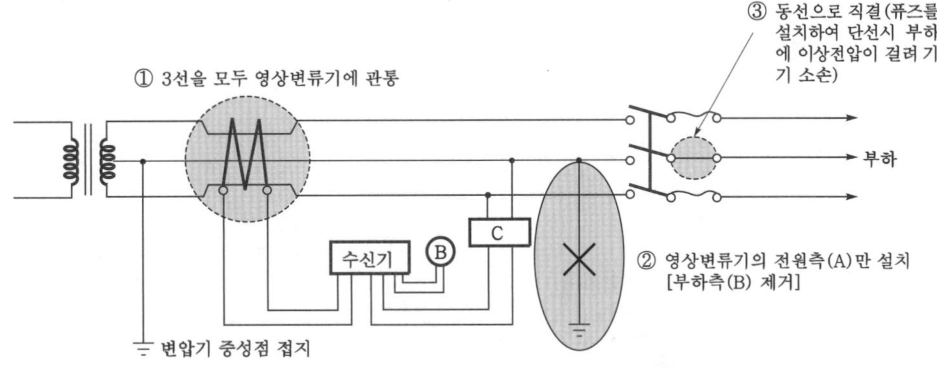

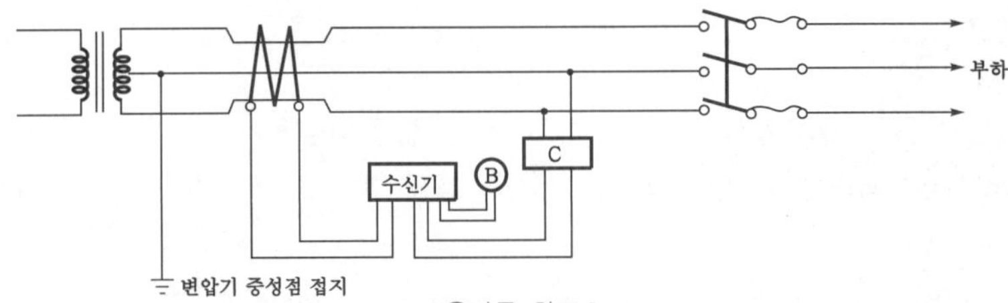

‖ 올바른 회로 ‖

(나)

접지 대상	접지시스템 구분	접지시스템 시설 종류	접지도체의 단면적 및 종류
특고압 · 고압 설비	• **계통접지** : 전력계통의 이상 현상에 대비하여 대지와 계통을 접지하는 것 • **보호접지** : 감전보호를 목적으로 기기의 한 점 이상을 접지하는 것 • **피뢰시스템 접지** : 뇌격전류를 안전하게 대지로 방류하기 위해 접지하는 것	• 단독접지 • 공통접지 • 통합접지	**6mm²** 이상 연동선
일반적인 경우			구리 **6mm²** (철제 **50mm²**) 이상
변압기		• **변압기 중성점 접지**	**16mm²** 이상 연동선

(다) **과전류차단기**와 **배선용 차단기**

구 분	과전류차단기	배선용 차단기
용량	• **15A** 이하	• **20A** 이하
기능	• 사고전류 차단	• 부하전류 개폐 • 사고전류 차단
특징	• 재사용 불가능	• 재사용 가능

(라) 음향장치는 정격전압의 **80%** 전압에서 음향을 발할 수 있어야 한다.

(마) 변류기의 절연저항은 **직류 500V 절연저항계**로 측정하여 **5MΩ** 이상이어야 한다.

(바)

공칭작동전류치	감도조정장치의 조정범위(최대치)
200mA 이하	**1A**

용어

공칭작동전류치
누전경보기를 작동시키기 위하여 필요한 누설전류의 값으로 제조자에 의하여 표시된 값

중요

절연저항시험(절대! 절대! 중요)

절연저항계	절연저항	대 상
직류 250V	0.1MΩ 이상	• 1경계구역의 절연저항
직류 500V	**5MΩ** 이상	• **누전경보기** • 가스누설경보기 • 수신기 • 자동화재속보설비 • 비상경보설비 • 유도등(교류입력측과 외함간 포함) • 비상조명등(교류입력측과 외함간 포함)
	20MΩ 이상	• 경종 • 발신기 • 중계기 • 비상콘센트 • 기기의 절연된 선로간 • 기기의 충전부와 비충전부간 • 기기의 교류입력측과 외함간(유도등 · 비상조명등 제외)
	50MΩ 이상	• 감지기(정온식 감지선형 감지기 제외) • 가스누설경보기(10회로 이상) • 수신기(10회로 이상)
	1000MΩ 이상	• 정온식 감지선형 감지기

☆☆☆

문제 08

자동화재탐지설비의 수신기에서 공통선시험을 하는 목적과 시험방법을 설명하시오.

(19.11.문14, 15.11.문14, 11.7.문14, 11.5.문10, 09.10.문1)

○ 목적 :

○ 시험방법 :

득점	배점
	6

해답 ○ 목적 : 공통선이 담당하고 있는 경계구역의 적정 여부 확인

○ 시험방법 : ① 수신기 내 접속단자의 공통선 1선 제거

② 회로도통시험의 예에 따라 도통시험스위치를 누른 후 회로선택스위치를 차례로 회전

③ 전압계 또는 표시등을 확인하여 단선을 지시한 경계구역의 회선수 확인

해설 **자동화재탐지설비**의 **수신기**의 **시험방법**

구 분	공통선시험	예비전원시험
목적	공통선이 담당하고 있는 경계구역의 적정 여부를 확인하기 위하여	상용전원 및 비상전원 정전시 자동적으로 예비전원으로 절환되며, 정전복구시에 자동적으로 상용전원으로 절환되는지의 여부를 확인하기 위하여
시험방법	① 수신기 내 접속단자의 **공통선**을 **1선 제거** ② 회로도통시험의 예에 따라 **도통시험스위치**를 누른 후 **회로선택스위치**를 차례로 **회전** ③ 전압계 또는 표시등(LED)을 확인하여 **'단선'**을 지시한 경계구역의 **회선수**를 **조사**(확인)	① 예비전원 시험스위치 ON ② **전압계**의 지시치가 지정범위 내에 있을 것 ③ 교류전원을 개로(또는 상용전원을 차단)하고 **자동절환릴레이**의 작동상황을 조사
판정기준	공통선이 담당하고 있는 **경계구역수**가 **7 이하**일 것	① 예비전원의 **전압**이 정상일 것 ② 예비전원의 **용량**이 정상일 것 ③ 예비전원의 **절환**이 정상일 것 ④ 예비전원의 **복구**가 정상일 것

참고

공통선시험

예전에는 **시험용 계기(전압계)**로 **'단선'**을 지시한 경계구역의 회선수를 조사했으나 요즘에는 **전압계** 또는 **표시등**(LED)으로 **'단선'**을 지시한 경계구역의 회선수를 조사한다.

☆☆

문제 09

다음 표는 소화설비별로 사용할 수 있는 비상전원의 종류를 나타낸 것이다. 각 소화설비별로 설치하여야 하는 비상전원을 찾아 빈칸에 ○표 하시오.

(15.7.문4, 10.10.문12)

설비명	자가발전설비	축전지설비	비상전원수전설비
옥내소화전설비, 물분무소화설비, 이산화탄소소화설비, 할론소화설비, 비상조명등, 제연설비, 연결송수관설비			
스프링클러설비, 포소화설비			
자동화재탐지설비, 비상경보설비, 유도등, 비상방송설비			
비상콘센트설비			

득점	배점
	4

해답

설비명	자가발전설비	축전지설비	비상전원수전설비
옥내소화전설비, 물분무소화설비, 이산화탄소소화설비, 할론소화설비, 비상조명등, 제연설비, 연결송수관설비	○	○	
스프링클러설비, 포소화설비	○	○	○
자동화재탐지설비, 비상경보설비, 유도등, 비상방송설비		○	
비상콘센트설비	○	○	○

해설 각 **설비**의 **비상전원 종류**

설 비	비상전원	비상전원 용량
• 자동화재**탐**지설비	• **축**전지설비 • 전기저장장치	**10분** 이상(30층 미만) **30분** 이상(30층 이상)
• 비상**방**송설비	• 축전지설비 • 전기저장장치	
• 비상**경**보설비	• 축전지설비 • 전기저장장치	**10분** 이상
• **유**도등	• 축전지	**20분** 이상 ※ 예외규정 : **60분** 이상 (1) **11층** 이상(지하층 제외) (2) 지하층 · 무창층으로서 **도매시장 · 소매시장 · 여객자동차터미널 · 지하철역사 · 지하상가**
• **무**선통신보조설비	명시하지 않음	**30분** 이상 기억법 **탐경유방무축**
• 비상콘센트설비	• 자가발전설비 • 축전지설비 • 비상전원수전설비 • 전기저장장치	**20분** 이상
• **스**프링클러설비 • **미**분무소화설비	• **자**가발전설비 • **축**전지설비 • **전**기저장장치 • 비상전원**수**전설비(차고 · 주차장으로서 스프링클러설비(또는 미분무소화설비)가 설치된 부분의 바닥면적 합계가 1000m^2 미만인 경우)	**20분** 이상(30층 미만) **40분** 이상(30~49층 이하) **60분** 이상(50층 이상) 기억법 **스미자 수전축**
• 포소화설비	• 자가발전설비 • 축전지설비 • 전기저장장치 • 비상전원수전설비 – 호스릴포소화설비 또는 포소화전만을 설치한 차고 · 주차장 – 포헤드설비 또는 고정포방출설비가 설치된 부분의 바닥면적(스프링클러설비가 설치된 차고 · 주차장의 바닥면적 포함)의 합계가 1000m^2 미만인 것	**20분** 이상
• **간**이스프링클러설비	• 비상전원**수**전설비	**10분**(숙박시설 바닥면적 합계 300~600m^2 미만, 근린생활시설 바닥면적 합계 1000m^2 이상, 복합건축물 연면적 1000m^2 이상은 **20분**) 이상 기억법 **간수**
• 옥내소화전설비 • 연결송수관설비 • 특별피난계단의 계단실 및 부속실 제연설비	• 자가발전설비 • 축전지설비 • 전기저장장치	**20분** 이상(30층 미만) **40분** 이상(30~49층 이하) **60분** 이상(50층 이상)
• 제연설비 • 분말소화설비 • 이산화탄소소화설비 • 물분무소화설비 • 할론소화설비 • 할로겐화합물 및 불활성기체 소화설비 • 화재조기진압용 스프링클러설비	• 자가발전설비 • 축전지설비 • 전기저장장치	**20분** 이상
• 비상조명등	• 자가발전설비 • 축전지설비 • 전기저장장치	**20분** 이상 ※ 예외규정 : **60분** 이상 (1) **11층** 이상(지하층 제외) (2) 지하층 · 무창층으로서 **도매시장 · 소매시장 · 여객자동차터미널 · 지하철역사 · 지하상가**
• 시각경보장치	• 축전지설비 • 전기저장장치	명시하지 않음

중요

비상전원의 **용량**

설 비	비상전원의 용량
• 자동화재탐지설비, 비상경보설비, 자동화재속보설비	**10분** 이상
• 유도등, 비상조명등, 비상콘센트설비, 제연설비, 포소화설비, 물분무소화설비 • 옥내소화전설비(30층 미만) • 특별피난계단의 계단실 및 부속실 제연설비(30층 미만) • 스프링클러설비(30층 미만) • 연결송수관설비(30층 미만)	**20분** 이상
• 무선통신보조설비의 증폭기	**30분** 이상
• 옥내소화전설비(30~49층 이하) • 특별피난계단의 계단실 및 부속실 제연설비(30~49층 이하) • 연결송수관설비(30~49층 이하) • 스프링클러설비(30~49층 이하)	**40분** 이상
• 유도등 · 비상조명등(지하상가 및 11층 이상) • 옥내소화전설비(50층 이상) • 특별피난계단의 계단실 및 부속실 제연설비(50층 이상) • 연결송수관설비(50층 이상) • 스프링클러설비(50층 이상)	**60분** 이상

☆☆☆

문제 10

그림은 6층 이상의 사무실 건물에 시설하는 배연창설비로서 계통도 및 조건을 참고하여 배선수와 각 배선의 용도를 다음 표에 작성하시오. (17.4.문1, 15.7.문5, 12.7.문5, 11.7.문16, 07.7.문6, 09.10.문9)

득점	배점
	10

〔조건〕

○ 전동구동장치는 솔레노이드식이다.
○ 화재감지기가 작동되거나 수동조작함의 스위치를 ON시키면 배연창이 동작되어 수신기에 동작상태를 표시하게 된다.
○ 화재감지기는 자동화재탐지설비용 감지기를 겸용으로 사용한다.

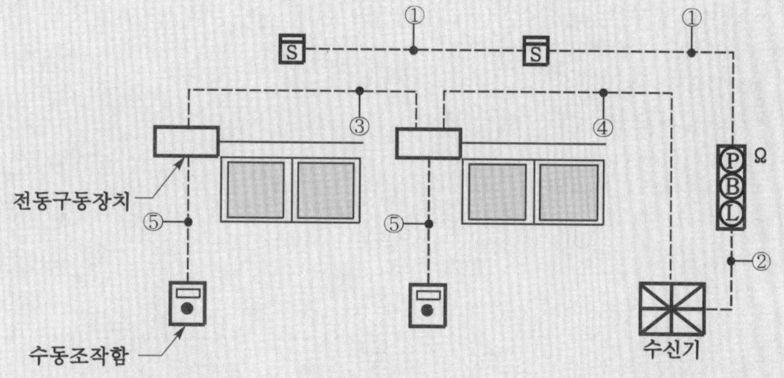

기 호	구 분	배선수	배선의 용도
①	감지기 ↔ 감지기		
②	발신기 ↔ 수신기		
③	전동구동장치 ↔ 전동구동장치		
④	전동구동장치 ↔ 수신기		
⑤	전동구동장치 ↔ 수동조작함		

해답

기 호	구 분	배선수	배선의 용도
①	감지기↔감지기	4	지구 2, 공통 2
②	발신기↔수신기	6	응답 1, 지구 1, 경종표시등공통 1, 경종 1, 표시등 1, 지구공통 1
③	전동구동장치↔전동구동장치	3	기동 1, 확인 1, 공통 1
④	전동구동장치↔수신기	5	기동 2, 확인 2, 공통 1
⑤	전동구동장치↔수동조작함	3	기동 1, 확인 1, 공통 1

해설 (1) **배연창설비**

6층 이상의 고층건물에 시설하는 설비로서 화재로 인한 연기를 신속하게 외부로 배출시키므로, 피난 및 소화활동에 지장이 없도록 하기 위한 설비

(2) **배연창설비**의 **종류**

① **솔레노이드방식**

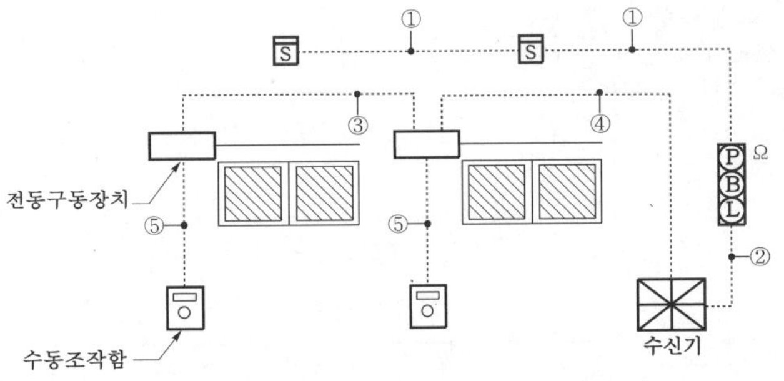

기 호	내 역	용 도
①	HFIX 1.5-4	지구 2, 공통 2
②	HFIX 2.5-6	응답 1, 지구 1, 경종표시등공통 1, 경종 1, 표시등 1, 지구공통 1
③	HFIX 2.5-3	기동 1, 확인 1, 공통 1
④	HFIX 2.5-5	기동 2, 확인 2, 공통 1
⑤	HFIX 2.5-3	기동 1, 확인 1, 공통 1

- '**확인**'을 '**기동확인**'으로 써도 된다. 그렇지만 '**기동확인표시등**'이라고 쓰면 틀린다.
- '**배선수**' 칸에는 배선수만 물어보았으므로 배선굵기까지는 쓸 필요가 없다. 배선굵기까지 함께 답해도 틀리지는 않지만 점수를 더 주지는 않는다.
- 경종=벨
- 경종표시등공통=벨표시등공통
- 지구=회로
- 지구공통=회로공통

② **MOTOR방식**

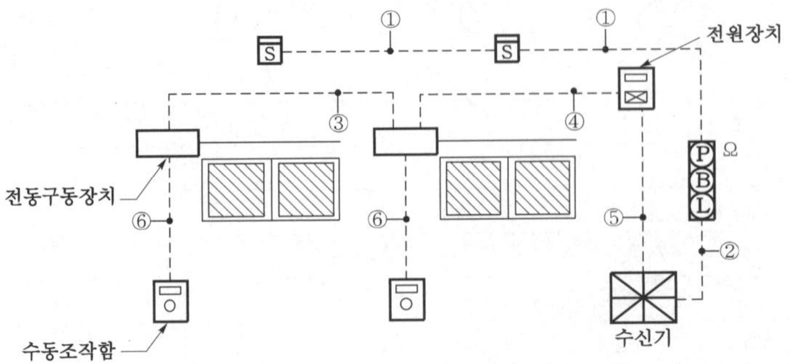

기 호	내 역	용 도
①	HFIX 1.5-4	지구 2, 공통 2
②	HFIX 2.5-6	응답 1, 지구 1, 경종표시등공통 1, 경종 1, 표시등 1, 지구공통 1
③	HFIX 2.5-5	전원 ⊕·⊖, 기동 1, 복구 1, 동작확인 1
④	HFIX 2.5-6	전원 ⊕·⊖, 기동 1, 복구 1, 동작확인 2
⑤	HFIX 2.5-8	전원 ⊕·⊖, 교류전원 2, 기동 1, 복구 1, 동작확인 2
⑥	HFIX 2.5-5	전원 ⊕·⊖, 기동 1, 복구 1, 정지 1

- 기호 ⑤ MOTOR방식은 전동구동장치에 전력소모가 많아서 수신기에서 공급하는 전원 ⊕·⊖ 직류전원으로는 전력이 부족하여 별도의 **'교류전원 2가닥'**이 반드시 필요하다. 잘못된 타출판사 책을 보면서 혼동하지 말라!
- 경종=벨
- 경종표시등공통=벨표시등공통

중요

실제 실무에서 주로 사용하는 배연창설비의 계통도

(1) **솔레노이드방식**

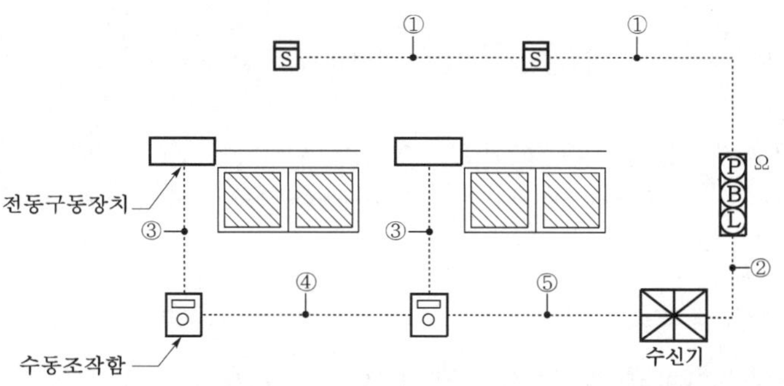

기 호	내 역	용 도
①	HFIX 1.5-4	지구 2, 공통 2
②	HFIX 2.5-6	응답 1, 지구 1, 벨표시등공통 1, 벨 1, 표시등 1, 지구공통 1
③	HFIX 2.5-3	기동 1, 확인 1, 공통 1
④	HFIX 2.5-3	기동 1, 확인 1, 공통 1
⑤	HFIX 2.5-5	기동 2, 확인 2, 공통 1

(2) **MOTOR방식**

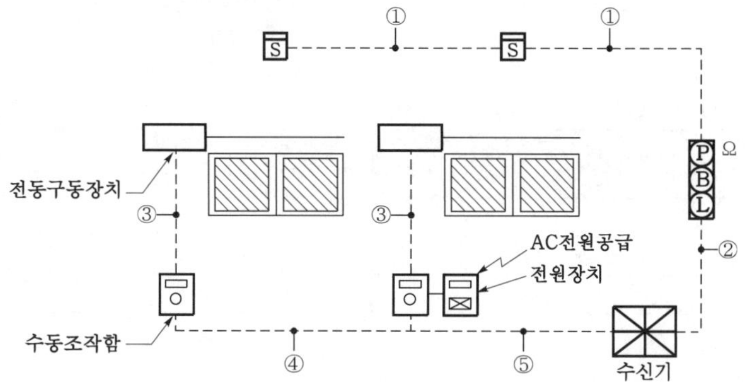

기 호	내 역	용 도
①	HFIX 1.5-4	지구 2, 공통 2
②	HFIX 2.5-6	응답 1, 지구 1, 벨표시등공통 1, 벨 1, 표시등 1, 지구공통 1
③	HFIX 2.5-5	전원 ⊕·⊖, 기동 1, 복구 1, 동작확인 1
④	HFIX 2.5-7	전원 ⊕·⊖, 교류전원 2, 기동 1, 복구 1, 동작확인 1
⑤	HFIX 2.5-9	전원 ⊕·⊖, 교류전원 2, 기동 2, 복구 1, 동작확인 2

• 실제 실무에서는 수동조작함이 수신기에 직접 연결된다.

☆☆

문제 11

비상콘센트설비에 대한 다음 각 물음에 답하시오. (14.4.문12, 13.4.문16, 12.7.문4, 11.5.문4)

득점	배점
	7

(가) 전원회로 및 공급용량에 대한 (　　) 안을 완성하시오.

○ 전원회로는 (①)교류 (②)V인 것으로서, 그 공급용량은 (③)kVA 이상인 것으로 할 것

(나) 전원부와 외함 사이의 절연저항값과 절연내력의 방법에 대해 쓰시오.

○ 절연저항값 :

○ 절연내력의 방법(150V 초과) :

해답 (가) ① 단상　② 220　③ 1.5

(나) ○ 절연저항값 : 직류 500V 절연저항계로 측정하여 20MΩ 이상

○ 절연내력의 방법(150V 초과) : 정격전압에 2를 곱하여 1000을 더한 실효전압을 가하여 1분 이상 견딜 것

해설

• (가) ① '**교류**'라는 말이 뒤에 있으므로 '**단상**'이라는 말만 쓰면 된다.
• (나) 절연내력의 방법에서 '**1분 이상 견딜 것**'이란 말도 꼭 써야 한다.

(가), (나) **비상콘센트설비**의 **일반사항**(NFPC 504 4조, NFTC 504 2.1)

구 분	전 압	용 량	플러그접속기
단상 교류	220V	1.5kVA 이상	접지형 2극

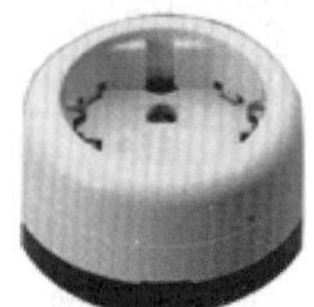

‖ 접지형 2극 플러그접속기 ‖

① 하나의 전용회로에 설치하는 비상콘센트는 **10개** 이하로 할 것(전선의 용량은 **3개** 이상일 때 **3개**)

설치하는 비상콘센트 수량	전선의 용량산정시 적용하는 비상콘센트 수량	전선의 용량
1	1개 이상	1.5kVA 이상
2	2개 이상	3.0kVA 이상
3~10	3개 이상	4.5kVA 이상

② 전원회로는 각 층에 있어서 **2 이상**이 되도록 설치할 것(단, 설치해야 할 층의 콘센트가 **1개**인 때에는 하나의 회로로 할 수 있다.)
③ 플러그접속기의 칼받이 접지극에는 **접지공사**를 해야 한다. (감전 보호가 목적이므로 **보호접지**를 해야 한다.)
④ 풀박스는 **1.6mm** 이상의 철판을 사용할 것
⑤ 절연저항은 **전원부**와 **외함** 사이를 **직류 500V 절연저항계**로 측정하여 **20MΩ** 이상일 것
⑥ 전원으로부터 각 층의 비상콘센트에 분기되는 경우에는 **분기배선용 차단기**를 보호함 안에 설치할 것
⑦ 바닥으로부터 **0.8~1.5m** 이하의 높이에 설치할 것
⑧ 전원회로는 주배전반에서 **전용회로**로 하며, 배선의 종류는 **내화배선**이어야 한다.

※ **풀박스**(pull box) : 배관이 긴 곳 또는 굴곡 부분이 많은 곳에서 시공을 용이하게 하기 위하여 배선 도중에 사용하여 전선을 끌어들이기 위한 박스

비상콘센트설비(emergency consent system)
화재시 **소방대**의 **조명용** 또는 소화활동상 필요한 **장비**의 **전원설비**

(나) **절연저항시험**과 **절연내력시험**

절연저항시험	절연내력시험
전원부와 외함 등의 절연이 얼마나 잘 되어 있는가를 확인하는 시험	평상시보다 높은 전압을 인가하여 절연이 파괴되는지의 여부를 확인하는 시험

① **절연저항시험**

절연저항계	절연저항	대 상
직류 250V	0.1MΩ 이상	• 1경계구역의 절연저항
직류 500V	5MΩ 이상	• 누전경보기 • 가스누설경보기 • 수신기 • 자동화재속보설비 • 비상경보설비 • 유도등(교류입력측과 외함간 포함) • 비상조명등(교류입력측과 외함간 포함)
	20MΩ 이상	• 경종 • 발신기 • 중계기 • **비상콘센트** • 기기의 절연된 선로간 • 기기의 충전부와 비충전부간 • 기기의 교류입력측과 외함간(유도등 · 비상조명등 제외)
	50MΩ 이상	• 감지기(정온식 감지선형 감지기 제외) • 가스누설경보기(10회로 이상) • 수신기(10회로 이상)
	1000MΩ 이상	• 정온식 감지선형 감지기

② **절연내력시험**(NFPC 504 4조, NFTC 504 2.1.6.2)

구 분	150V 이하	150V 초과
실효전압(시험전압)	**1000V**	**(정격전압×2)+1000V** 예 정격전압이 220V인 경우 : (220×2)+1000=1440V
견디는 시간	**1분** 이상	**1분** 이상

- **정격전압이 150V 이하** : **1000V**의 실효전압을 가하여 **1분** 이상 견딜 것
- **정격전압이 150V 초과** : 정격전압에 **2를 곱하여 1000**을 **더한 실효전압**을 가하여 **1분** 이상 견디는 것으로 할 것

☆☆
문제 12

그림과 같이 구획된 철근콘크리트 건물의 공장이 있다. 설치높이가 5m인 곳에 자동화재탐지설비의 차동식 스포트형 1종 감지기를 설치하고자 한다. 다음 각 물음에 답하시오. (19.6.문4, 13.11.문3)

득점	배점
	7

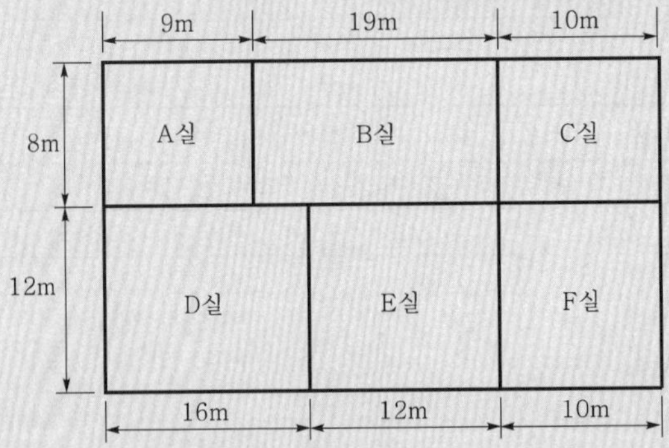

(가) 다음 표를 완성하여 감지기개수를 산정하시오.

구 분	계산과정	설치수량(개)
A실		
B실		
C실		
D실		
E실		
F실		
합계		

(나) 이 건물의 경계구역을 산정하시오.

○ 계산과정 :

○ 답 :

해답 (가)

구 분	계산과정	설치수량(개)
A실	$\frac{9 \times 8}{45} = 1.6 ≒ 2$개	2개
B실	$\frac{19 \times 8}{45} = 3.3 ≒ 4$개	4개
C실	$\frac{10 \times 8}{45} = 1.7 ≒ 2$개	2개
D실	$\frac{16 \times 12}{45} = 4.2 ≒ 5$개	5개
E실	$\frac{12 \times 12}{45} = 3.2 ≒ 4$개	4개
F실	$\frac{10 \times 12}{45} = 2.6 ≒ 3$개	3개
합계	$2+4+2+5+4+3=20$개	20개

(나) ○ 계산과정 : $\frac{38 \times 20}{600} = 1.2 ≒ 2$경계구역

○ 답 : 2경계구역

해설 (가) **감지기 1개**가 담당하는 **바닥면적**(NFPC 203 7조, NFTC 203 2.4.3.9.1)

(단위 : m^2)

부착높이 및 특정소방대상물의 구분		감지기의 종류				
		차동식·보상식 스포트형		정온식 스포트형		
		1종	2종	특종	1종	2종
4m 미만	내화구조	90	70	70	60	20
	기타구조	50	40	40	30	15
4m 이상 8m 미만	내화구조 →	45	35	35	30	설치 불가능
	기타구조	30	25	25	15	

● [문제조건]이 **5m**, **내화구조**(철근콘크리트 건물), **차동식 스포트형 1종**이므로 감지기 1개가 담당하는 바닥면적은 **$45m^2$**이다.

구 분	계산과정	설치수량(개)
A실	$\frac{\text{적용면적}}{45m^2} = \frac{(9 \times 8)m^2}{45m^2} = 1.6 ≒ 2$개(절상)	2개
B실	$\frac{\text{적용면적}}{45m^2} = \frac{(19 \times 8)m^2}{45m^2} = 3.3 ≒ 4$개(절상)	4개
C실	$\frac{\text{적용면적}}{45m^2} = \frac{(10 \times 8)m^2}{45m^2} = 1.7 ≒ 2$개(절상)	2개
D실	$\frac{\text{적용면적}}{45m^2} = \frac{(16 \times 12)m^2}{45m^2} = 4.2 ≒ 5$개(절상)	5개
E실	$\frac{\text{적용면적}}{45m^2} = \frac{(12 \times 12)m^2}{45m^2} = 3.2 ≒ 4$개(절상)	4개
F실	$\frac{\text{적용면적}}{45m^2} = \frac{(10 \times 12)m^2}{45m^2} = 2.6 ≒ 3$개(절상)	3개
합계	2개+4개+2개+5개+4개+3개=20개	20개

(나) $\text{경계구역} = \frac{\text{전용면적}}{600m^2}$

$$= \frac{\text{가로길이} \times \text{세로길이}}{600m^2} = \frac{(9+19+10)m \times (8+12)m}{600m^2} = \frac{(38 \times 20)m^2}{600m^2} = 1.2 ≒ 2\text{경계구역(절상)}$$

아하! 그렇구나 각 층의 경계구역 산정

(1) 여러 개의 **건축물**이 있는 경우 각각 **별개**의 **경계구역**으로 한다.
(2) 여러 개의 **층**이 있는 경우 각각 **별개**의 **경계구역**으로 한다. (단, **2개층**의 면적의 합이 **500m² 이하**인 경우는 **1경계구역**으로 할 수 있다.)
(3) **지하층**과 **지상층**은 **별개**의 **경계구역**으로 한다(**지하 1층**인 경우에도 **별개**의 **경계구역**으로 한다. 주의! 또 주의!!).
(4) 1경계구역의 면적은 **600m² 이하**로 하고, 한 변의 길이는 **50m 이하**로 한다.
(5) **목욕실 · 화장실** 등도 **경계구역면적**에 **포함**한다.
(6) **계단 및 엘리베이터**의 **면적**은 **경계구역 면적**에서 **제외**한다.

☆☆
문제 13

다음 그림은 사무실 용도 건물의 자동화재탐지설비 1층 평면도이다. 이 건물은 지상 3층으로 연면적은 2000m²이다. 각 층 평면이 1층과 동일하다고 할 때 평면도 및 주어진 조건을 이용하여 다음 각 물음에 답하시오. (14.4.문17, 02.10.문8)

득점	배점
	10

〔평면도〕

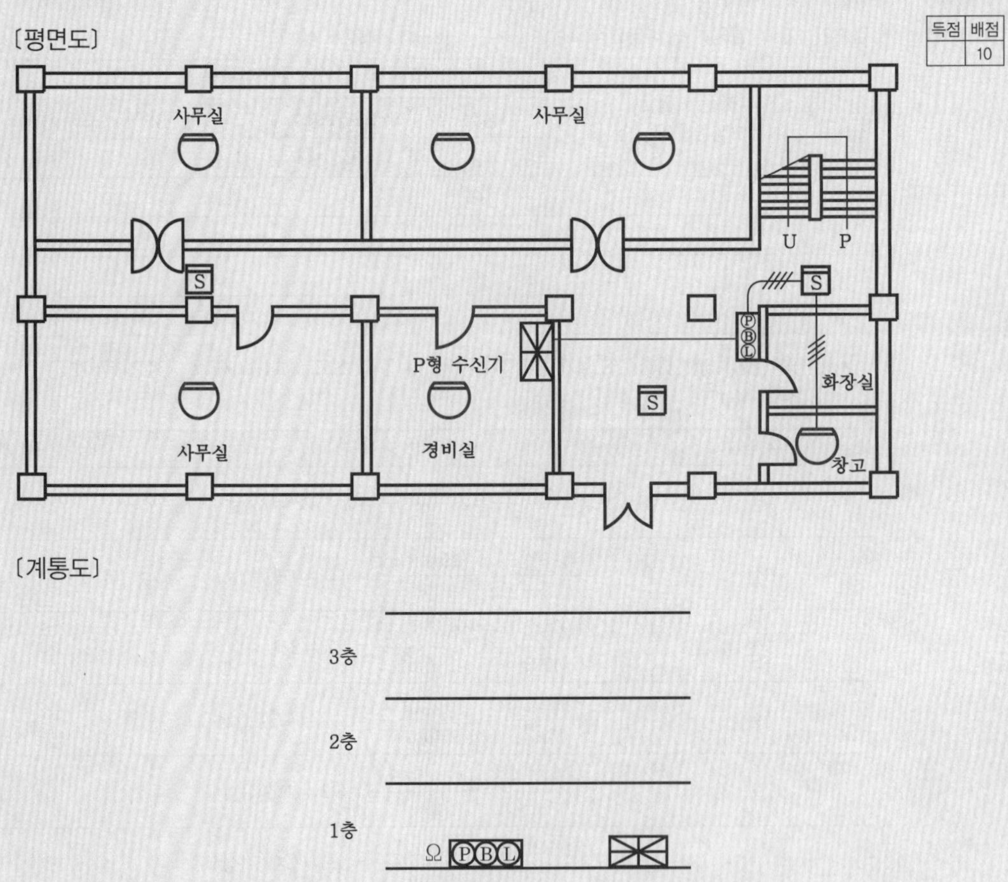

〔조건〕
○ 계통도 작성시 각 층 수동발신기세트는 1개씩 설치하는 것으로 한다.
○ 계단실의 감지기는 설치를 제외한다.

○ 간선의 사용전선은 2.5mm²이며, 공통선은 발신기공통 1선, 경종표시등공통 1선을 각각 사용한다.
○ 계통도 작성시 선수는 최소로 한다.
○ 전선관공사는 후강전선관으로 콘크리트 내 매입 시공한다.
○ 각 실은 이중천장이 없는 구조이며, 천장에 감지기를 바로 취부한다.
○ 각 실의 바닥에서 천장까지 높이는 2.8m이다.

(가) 도면의 P형 수신기는 최소 몇 회로용을 사용하여야 하는지 쓰시오.

(나) 수신기에서 발신기세트까지의 배선 가닥수는 몇 가닥이며, 여기에 사용되는 후강전선관은 몇 mm를 사용하는지 쓰시오. (단, HFIX 2.5mm²의 피복절연물을 포함한 전선의 단면적은 13mm²이다.)
○ 배선 가닥수 :
○ 후강전선관 굵기(계산과정 및 답) :

(다) 연기감지기를 매입인 것으로 사용할 경우 그림기호를 그리시오.

(라) 주어진 평면도에 배관 및 배선을 하여 자동화재탐지설비의 도면을 완성하시오. (단, 배선 가닥수도 표기하시오.)

(마) 본 설비에 대한 간선계통도를 그리시오. (단, 계통도에 배선 가닥수도 표기하시오.)

해답 (가) 5회로용

(나) ○ 배선 가닥수 : 10가닥

○ 후강전선관 굵기(계산과정 및 답) : $\sqrt{13 \times 10 \times \frac{4}{\pi} \times 3} = 22.2$

$\therefore$ 28mm

(다)

(라)

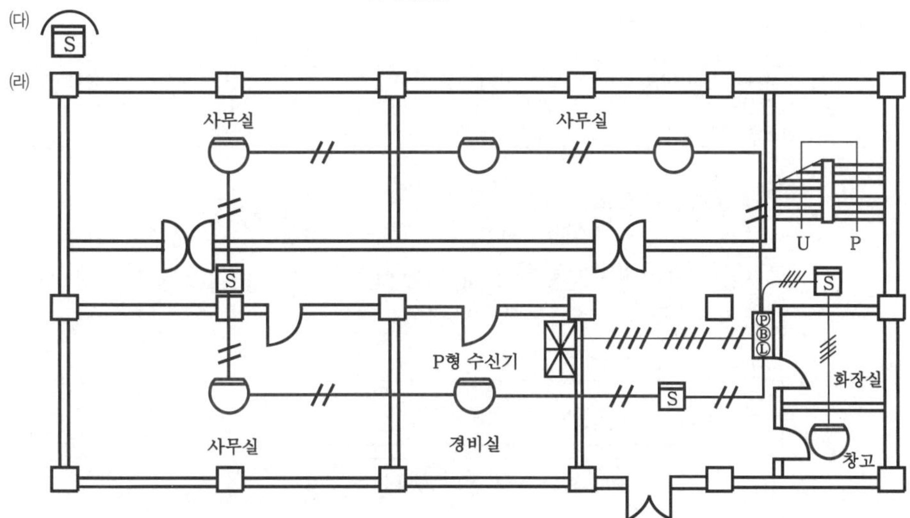

(마)

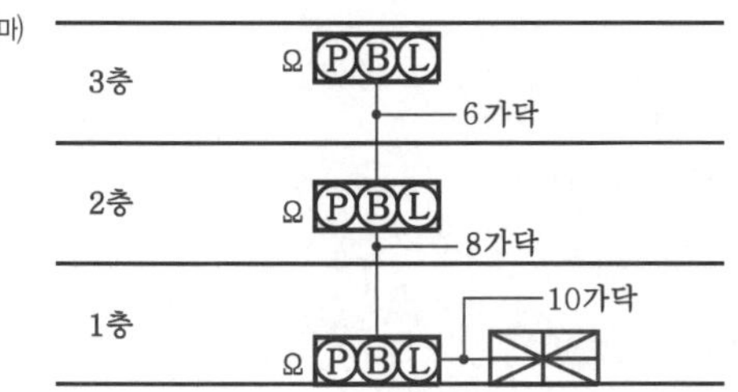

해설 (가) ① 한 층의 바닥면적 $= \dfrac{\text{연면적}}{\text{전체 층수}}$

$$= \frac{2000\text{m}^2}{3\text{층}} \fallingdotseq 666.666\text{m}^2$$(지상 3층, 연면적 2000m^2는 문제에서 주어진 값)

하지만 연면적 안에는 계단면적이 포함되어 있고, 계통도의 1층에 종단저항이 1개만 표시되어 있으므로 한 층의 바닥면적은 600m^2 이하로 볼 수 있다.

② 한 층의 경계구역수 $= \dfrac{\text{한 층의 바닥면적}}{600\text{m}^2} = \dfrac{600\text{m}^2 \text{ 이하}}{600\text{m}^2} \fallingdotseq 1$경계구역

• 각 층이 1경계구역으로 1회로이므로 P형 수신기는 최소 **1회로×3층=3회로**이므로 **5회로용**을 사용하면 된다. P형 수신기는 5회로용, 10회로용, 15회로용, 20회로용, 25회로용, 30회로용, 35회로용, 40회로용 등 이런 식으로 5회로씩 증가한다. 참고로 실무에서는 40회로가 넘는 경우 R형 수신기를 채택하고 있다. 그냥 3회로라고 답하면 틀린다. 주의하라!

아하! 그렇구나 각 층의 경계구역 산정

(1) 여러 개의 **건축물**이 있는 경우 각각 **별개**의 **경계구역**으로 한다.
(2) 여러 개의 **층**이 있는 경우 각각 **별개**의 **경계구역**으로 한다. (단, **2개층**의 면적의 합이 **500m² 이하**인 경우는 **1경계구역**으로 할 수 있다.)
(3) **지하층**과 **지상층**은 **별개**의 **경계구역**으로 한다(**지하 1층**인 경우에도 **별개**의 **경계구역**으로 한다. 주의! 또 주의!!).
(4) 1경계구역의 면적은 **600m² 이하**로 하고, 한 변의 길이는 **50m 이하**로 한다.
(5) **목욕실·화장실** 등도 **경계구역면적**에 **포함**한다.
(6) **계단** 및 **엘리베이터**의 면적은 **경계구역면적**에서 **제외**한다.

(나) ① 지상 3층이므로 **일제경보방식**으로 가닥수를 산정하면 **10가닥**이 된다(수신기~발신기세트 배선내역 : **회로선 3, 발신기공통선 1, 경종선 3, 경종표시등공통선 1, 응답선 1, 표시등선 1**).

 중요

발화층 및 **직상 4개층 우선경보방식**과 **일제경보방식**

직상 4개층 우선경보방식	일제경보방식
• **11층 이상**(공동주택 **16층** 이상)의 특정소방대상물에 적용 • 화재시 **안전**하고 **신속**한 **인명**의 **대피**를 위하여 화재가 발생한 층과 **인근층부터** 우선하여 별도로 **경보**하는 방식	• **소규모 특정소방대상물**에서 화재발생시 **전층**에 **동시**에 **경보**하는 방식

②

〈전선관 굵기 선정〉
• 접지선을 포함한 케이블 또는 절연도체의 내부 단면적(피복절연물 포함)이 **금속관, 합성수지관, 가요전선관 등 전선관 단면적**의 $\frac{1}{3}$을 초과하지 않도록 할 것(KSC IEC/TS 61200-52의 521.6 표준 준용, KEC 핸드북 p.301, p.306, p.313)

2.5mm²가 **10가닥**이므로 다음과 같이 계산한다.

$$\frac{\pi D^2}{4} \times \frac{1}{3} \geq \text{전선단면적(피복절연물 포함)} \times \text{가닥수}$$

$$D \geq \sqrt{\text{전선단면적(피복절연물 포함)} \times \text{가닥수} \times \frac{4}{\pi} \times 3}$$

여기서, D : 후강전선관 굵기(내경)[mm]

후강전선관 굵기 D는

$$D \geq \sqrt{\text{전선단면적(피복절연물 포함)} \times \text{가닥수} \times \frac{4}{\pi} \times 3}$$

$$\geq \sqrt{13 \times 10 \times \frac{4}{\pi} \times 3}$$

$\geq 22.2\text{mm}$($\therefore$ 28mm 선정)

• 13mm² : (나)의 [단서]에서 주어짐
• 10가닥 : (나)의 ①에서 구함

‖ 후강전선관 vs 박강전선관 ‖

구 분	후강전선관	박강전선관
사용장소	• 공장 등의 배관에서 특히 **강도**를 필요로 하는 경우 • **폭발성가스**나 **부식성가스**가 있는 장소	• 일반적인 장소
관의 호칭 표시방법	• **안지름**(내경)의 근사값을 **짝수**로 표시	• **바깥지름**(외경)의 근사값을 **홀수**로 표시
규격	16mm, 22mm, 28mm, 36mm, 42mm, 54mm, 70mm, 82mm, 92mm, 104mm	19mm, 25mm, 31mm, 39mm, 51mm, 63mm, 75mm

(다) 옥내배선기호

명 칭	그림기호	비 고
연기감지기	S	• 점검박스 붙이형 : S • 매입형 : S
정온식 스포트형 감지기		• 방수형 : • 내산형 : • 내알칼리형 : • 방폭형 : EX
차동식 스포트형 감지기		–
보상식 스포트형 감지기		–

(라) ① 자동화재탐지설비의 감지기회로의 배선은 **송배선식**이므로 루프(loop)된 곳은 **2가닥**, 기타는 **4가닥**이 된다.
② 수신기과 수동발신기세트간에는 **10가닥**이 표기되어야 한다(4가닥씩 끊어서 12가닥 표시하는 것이 정석!).

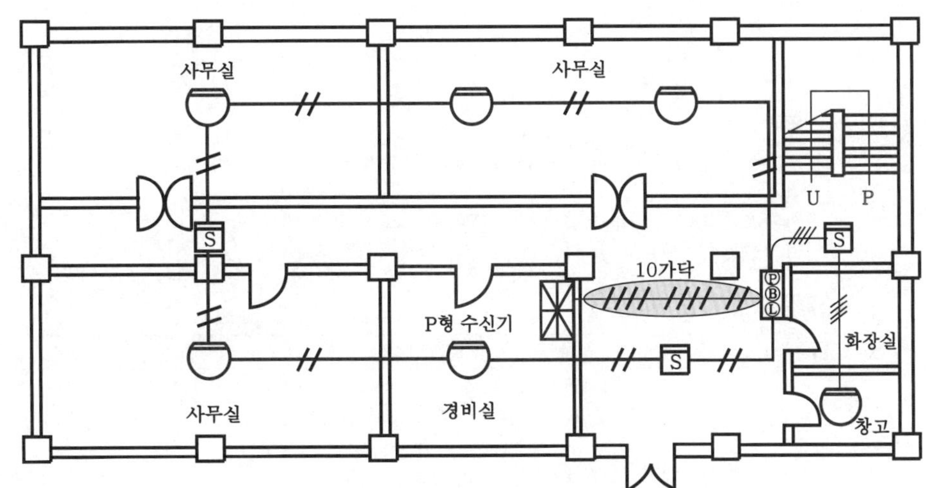

(마) ① 일반계통도 작성시 감지기도 구분하여 표시하는 것이 좋다. 하지만 이 문제에서는 '**간선계통도**'를 그리라고 하였으므로 '**감지기부분**'까지는 그리지 않아도 된다. 단, '**감지기**'를 그렸다고 해서 틀리지는 않는다.
② 문제의 미완성 계통도에서 수동발신기세트 옆에 종단저항(Ω)이 1개만 그려져 있으므로 완성 계통도 작성시 각 층에 종단저항을 1개씩만 그리면 된다.

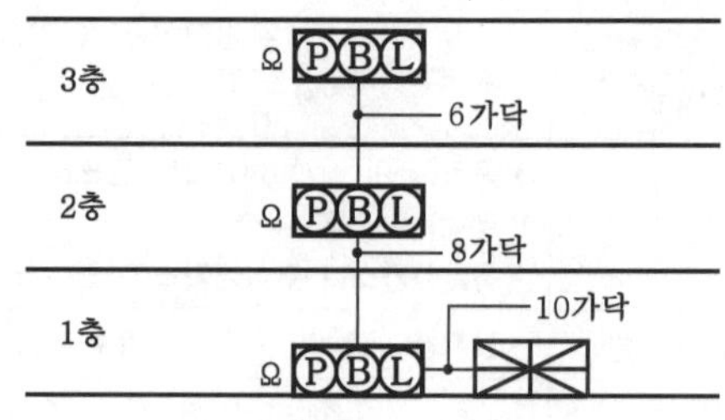

‖ 올바른 간선계통도 ‖

가닥수	전선굵기	배선내역
6가닥	$2.5mm^2$	회로선 1, 발신기공통선 1, 경종선 1, 경종표시등공통선 1, 응답선 1, 표시등선 1
8가닥		회로선 2, 발신기공통선 1, 경종선 2, 경종표시등공통선 1, 응답선 1, 표시등선 1
10가닥		회로선 3, 발신기공통선 1, 경종선 3, 경종표시등공통선 1, 응답선 1, 표시등선 1

☆☆☆

문제 14

20W 중형 피난구유도등 30개가 AC 220V 사용전원에 연결되어 점등되고 있다. 이때 전원으로부터 공급전류〔A〕를 구하시오. (단, 유도등의 역률은 0.7이며, 유도등 배터리의 충전전류는 무시한다.)

(19.4.문10, 16.6.문12, 13.4.문8)

○ 계산과정 :
○ 답 :

득점	배점
	4

해답 ○ 계산과정 : $I=\dfrac{20\times30}{220\times0.7}=3.896 ≒ 3.9\text{A}$

○ 답 : 3.9A

해설 **유도등**은 **단상 2선식**이므로

$$P= VI\cos\theta\eta$$

여기서, P : 전력〔W〕
V : 전압〔V〕
I : 전류〔A〕
$\cos\theta$: 역률
η : 효율

전류 I는

$$I=\frac{P}{V\cos\theta\eta}=\frac{20\text{W}\times30\text{개}}{220\text{V}\times0.7}=3.896 ≒ 3.9\text{A}$$

- **효율**(η)은 주어지지 않았으므로 **무시**한다.
- 역률이 70%라고 주어져도 0.7을 적용하면 된다.(70%=0.7)

중요

방 식	공 식	적응설비
단상 2선식	$P= VI\cos\theta\eta$ 여기서, P : 전력〔W〕, V : 전압〔V〕, I : 전류〔A〕 $\cos\theta$: 역률, η : 효율	• 기타설비(유도등 · 비상조명등 · 솔레노이드밸브 · 감지기 등)
3상 3선식	$P= \sqrt{3}\,VI\cos\theta\eta$ 여기서, P : 전력〔W〕, V : 전압〔V〕, I : 전류〔A〕 $\cos\theta$: 역률, η : 효율	• 소방펌프 • 제연팬

문제 15

자동화재탐지설비 P형 수신기의 화재표시작동시험 후 화재가 발생하지 않았는데도 화재표시등과 지구표시등이 점등되어 복구스위치를 눌렀으나 복구되지 않는 경우 3가지를 쓰시오. (단, 복구스위치를 누르면 OFF, 떼면 즉시 ON 되는 경우이다.) (19.4.문8, 17.4.문1, 15.7.문5, 12.7.문5, 11.7.문16, 09.10.문9, 07.7.문6)

ㅇ
ㅇ
ㅇ

득점	배점
	5

해답 ① 복구스위치 배선 불량
② 릴레이 자체 불량
③ 릴레이배선 불량

해설 **복구스위치**를 눌러도 **화재표시등**과 **지구표시등**이 **소등**되지 않는 경우
(1) 복구스위치 배선 불량
(2) 릴레이 자체 불량
(3) 릴레이배선 불량
(4) 화재표시등 및 지구표시등 배선 불량

- [단서]로 볼 때 복구스위치는 정상 작동되는 것으로 판단되므로 '**복구스위치 불량**'이라고 적으면 틀린다.

중요

화재표시작동시험

시험방법	가부판정기준(확인사항)
① 회로선택스위치로서 실행하는 시험 : 동작시험스위치를 눌러서 스위치주의등의 점등을 확인한 후 회로선택스위치를 차례로 회전시켜 **1회로**마다 화재시의 작동시험을 행할 것 ② 감지기 또는 발신기의 작동시험과 함께 행하는 방법 : 감지기 또는 발신기를 차례로 작동시켜 경계구역과 지구표시등과의 접속상태를 확인할 것	① 각 **릴레이**(relay)의 작동 ② **화재표시등, 지구표시등**, 그 밖의 표시장치의 점등(램프의 단선도 함께 확인할 것) ③ **음향장치** 작동확인 ④ **감지기회로** 또는 **부속기기회로**와의 연결접속이 정상일 것

비교

스위치주의등이 점멸하는 경우	스위치주의등이 점멸하지 않는 경우
① **지**구경종 정지스위치 ON시 ② **주**경종 정지스위치 ON시 ③ **자**동복구스위치 ON시 ④ **도**통시험스위치 ON시 ⑤ 동**작**시험스위치 ON시 기억법 **자지 주도작**	① 복구스위치 ON시 ② 예비전원스위치 ON시

"갈 수 있는 한 최대한 멀리 가보지 않는다면 어떻게 나의 한계를 알 수 있겠는가? 최대한 멀리 나아가보자. 나의 한계가 어디까지인지."

- A.E.하치너 -

좋은 습관 3가지

1. 남보다 먼저 하루를 계획하라.
2. 메모를 생활화하라.
3. 항상 웃고 남을 칭찬하라.

과년도 출제문제

2016년

소방설비기사 실기(전기분야)

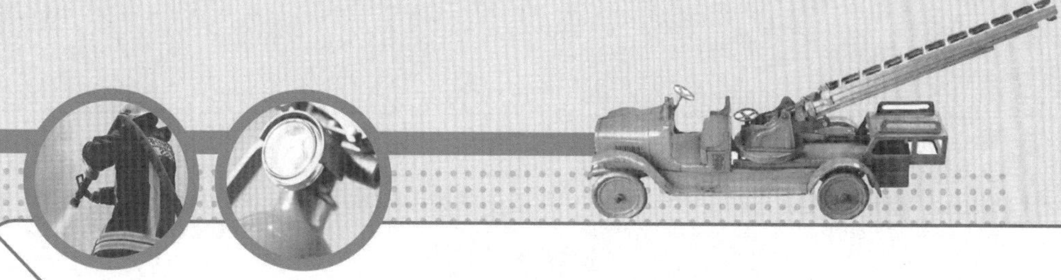

** 수험자 유의사항 **

1. 문제지를 받는 즉시 응시 종목의 문제가 맞는지 확인하셔야 합니다.
2. 답안지 내 인적사항 및 답안작성(계산식 포함)은 검정색 필기구만을 계속 사용하여야 합니다.
3. 답안정정 시에는 **두 줄(=)**을 긋고 다시 기재 가능하며, **수정테이프 사용** 또한 **가능**합니다.
4. 계산문제는 반드시 '계산과정'과 '답'란에 정확히 기재하여야 하며 **계산과정이 틀리거나 없는 경우 0점 처리**됩니다.
   ※ 연습이 필요 시 연습란을 이용하여야 하며, 연습란은 채점대상이 아닙니다.
5. 계산문제는 **최종결과** 값(답)에서 **소수 셋째자리에서 반올림**하여 **둘째자리**까지 구하여야 하나 개별 문제에서 소수처리에 대한 별도 요구사항이 있을 경우, 그 요구사항에 따라야 합니다.
6. 답에 단위가 없으면 오답으로 처리됩니다. (단, 문제의 요구사항에 단위가 주어졌을 경우는 생략되어도 무방합니다.)
7. 문제에서 요구한 가지 수 이상을 답란에 표기한 경우, **답란기재 순**으로 **요구한 가지 수**만 채점합니다.

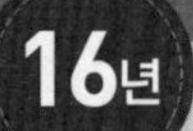

2016. 4. 17 시행

▌2016년 기사 제1회 필답형 실기시험▐

자격종목	시험시간	형별	수험번호	성명	감독위원 확 인
소방설비기사(전기분야)	**3시간**				

※ 다음 물음에 답을 해당 답란에 답하시오.(배점 : 100)

문제 01

비상콘센트의 비상전원으로 자가발전설비나 비상전원수전설비를 설치하지 않아도 되는 경우 2가지를 쓰시오.

득점	배점
	5

○
○

해답 ① 둘 이상의 변전소에서 전력을 동시 공급받는 경우
② 하나의 변전소에서 전력 공급이 중단될 때 자동으로 타변전소에서 전력 공급이 가능한 상용전원 설치

해설 **비상콘센트설비 비상전원**(자가발전설비나 비상전원수전설비) **설치제외**(NFPC 504 4조, NFTC 504 2.1.1.2)
둘 이상의 변전소에서 전력을 동시에 공급받을 수 있거나 하나의 변전소로부터 전력의 공급이 중단되는 때에는 자동으로 다른 변전소로부터 전력을 공급받을 수 있도록 **상용전원**을 설치한 경우

비교

비상콘센트설비의 **비상전원 설치대상**(NFPC 504 4조, NFTC 504 2.1.1.2)
(1) **7층** 이상(지하층 제외)으로 연면적 **2000m²** 이상
(2) **지하층**의 바닥면적 합계 **3000m²** 이상

• '지하층 제외'라는 말도 반드시 써야 한다.

중요

각 **설비**의 **비상전원 종류**

설 비	비상전원	비상전원 용량
• 자동화재**탐**지설비	• **축**전지설비 • 전기저장장치	**10분** 이상(30층 미만) **30분** 이상(30층 이상)
• 비상**방**송설비	• 축전지설비 • 전기저장장치	
• 비상**경**보설비	• 축전지설비 • 전기저장장치	**10분** 이상
• **유**도등	• 축전지	**20분** 이상 ※ 예외규정 : **60분** 이상 (1) **11층** 이상(지하층 제외) (2) 지하층 · 무창층으로서 **도매시장 · 소매시장 · 여객자동차터미널 · 지하철역사 · 지하상가**
• **무**선통신보조설비	명시하지 않음	**30분** 이상 기억법 **탐경유방무축**
• 비상콘센트설비	• 자가발전설비 • 축전지설비 • 비상전원수전설비 • 전기저장장치	**20분** 이상
• **스**프링클러설비 • **미**분무소화설비	• **자**가발전설비 • **축**전지설비 • **전**기저장장치 • 비상전원**수**전설비(차고 · 주차장으로서 스프링클러설비(또는 미분무소화설비)가 설치된 부분의 바닥면적 합계가 1000m² 미만인 경우)	**20분** 이상(30층 미만) **40분** 이상(30~49층 이하) **60분** 이상(50층 이상) 기억법 **스미자 수전축**

• 포소화설비	• 자가발전설비 • 축전지설비 • 전기저장장치 • 비상전원수전설비 – 호스릴포소화설비 또는 포소화전만을 설치한 차고·주차장 – 포헤드설비 또는 고정포방출설비가 설치된 부분의 바닥면적(스프링클러설비가 설치된 차고·주차장의 바닥면적 포함)의 합계가 1000m² 미만인 것	**20분** 이상
• **간**이스프링클러설비	• 비상전원**수**전설비	**10분**(숙박시설 바닥면적 합계 300~600m² 미만, 근린생활시설 바닥면적 합계 1000m² 이상, 복합건축물 연면적 1000m² 이상은 **20분**) 이상 기억법 **간수**
• 옥내소화전설비 • 연결송수관설비	• 자가발전설비 • 축전지설비 • 전기저장장치	**20분** 이상(30층 미만) **40분** 이상(30~49층 이하) **60분** 이상(50층 이상)
• 제연설비 • 분말소화설비 • 이산화탄소소화설비 • 물분무소화설비 • 할론소화설비 • 할로겐화합물 및 불활성기체 소화설비 • 화재조기진압용 스프링클러설비	• 자가발전설비 • 축전지설비 • 전기저장장치	**20분** 이상
• 비상조명등	• 자가발전설비 • 축전지설비 • 전기저장장치	**20분** 이상 ※ 예외규정 : **60분** 이상 (1) **11층** 이상(지하층 제외) (2) 지하층·무창층으로서 **도매시장·소매시장·여객자동차터미널·지하철역사·지하상가**
• 시각경보장치	• 축전지설비 • 전기저장장치	명시하지 않음

☆☆☆

문제 02

P형 5회로 수신기와 수동발신기, 경종, 표시등 사이를 결선하시오. (단, 연면적 2500m²인 지하 1층, 지상 4층의 건물이다.)

(09.4.문15)

득점	배점
	8

유사문제부터 풀어보세요.
실력이 팍!팍! 올라갑니다.

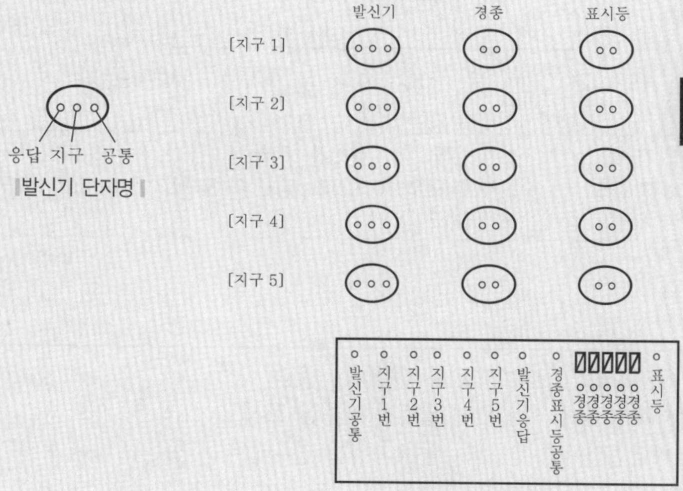

발신기 경종 표시등

[지구 1]
[지구 2]
[지구 3]
[지구 4]
[지구 5]

응답 지구 공통

‖발신기 단자명‖

발신기공통 지구1번 지구2번 지구3번 지구4번 지구5번 발신기응답 경종표시등공통 경종 경종 경종 경종 경종 표시등

‖P형 5회로 수신기‖

해답

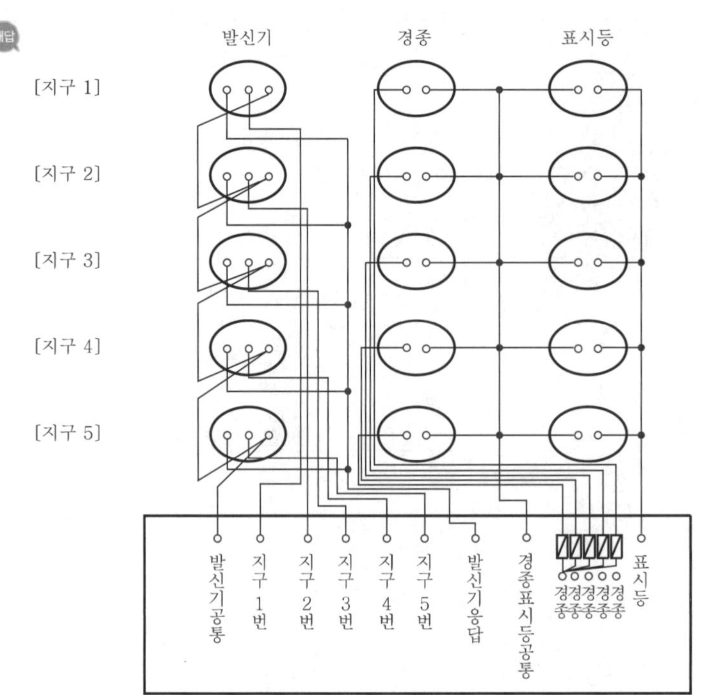

‖P형 5회로 수신기‖

해설 11층 미만이므로 **일제경보방식**에 의해 배선하여야 하지만 **경종선**은 **층마다 1가닥씩 추가**된다.

여기서, ▨ : 퓨즈(Fuse)

- 결선시 **발신기공통선**을 특히 유의하여 결선할 것. 발신기공통선은 **송배선식**(two wire detector) 방식으로 배선하여야 하므로 반드시 해답과 같이 결선하여야 한다. 주의! 주의!(이것이 정답이다!)

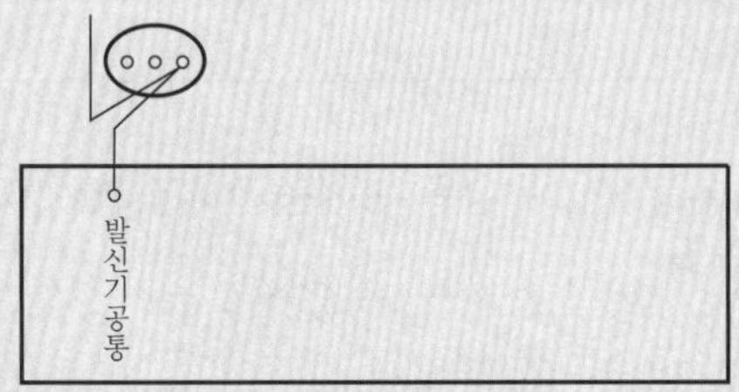

- 발신기 〔지구 1〕의 지구선이 수신기 〔지구 1번〕에 연결되도록 해야 한다. 나머지도 이런 식으로 연결해야 한다. 이 순서가 바뀌면 틀린다. 주의!

발신기 〔**지구 1**〕 **지구선** —— **수신기 〔지구 1번〕**, **발신기 〔지구 2〕 지구선** —— **수신기 〔지구 2번〕** 발신기 〔**지구 3**〕 **지구선** —— **수신기 〔지구 3번〕**, **발신기 〔지구 4〕 지구선** —— **수신기 〔지구 4번〕** 발신기 〔**지구 5**〕 **지구선** —— **수신기 〔지구 5번〕**

☆☆

문제 03

단독경보형 감지기의 설치기준 중 (　　) 안에 알맞은 내용을 쓰시오. (14.11.문6)

(가) 각 실마다 설치하되, 바닥면적이 (　①　)m^2를 초과하는 경우에는 (　②　)m^2마다 1개 이상 설치하여야 한다.

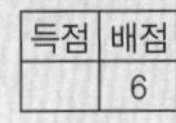

득점	배점
	6

(나) 이웃하는 실내의 바닥면적이 각각 (③)m^2 미만이고, 벽체의 상부의 전부 또는 일부가 개방되어 이웃하는 실내와 공기가 상호 유통되는 경우에는 이를 (④)개의 실로 본다.
(다) 상용전원을 주전원으로 사용시 (⑤)는 제품검사에 합격한 것을 사용한다.

해답 (가) ① 150, ② 150
(나) ③ 30, ④ 1
(다) ⑤ 2차 전지

해설 **단독경보형 감지기**의 **설치기준**(NFPC 201 5조, NFTC 201 2.2.1)

(1) 각 실(이웃하는 실내의 바닥면적이 각각 (**30**)m^2 **미만**이고 벽체 상부의 전부 또는 일부가 개방되어 이웃하는 실내와 공기가 상호 유통되는 경우에는 이를 (**1**)**개**의 실로 본다.)마다 설치하되, 바닥면적 (**150**)m^2를 초과하는 경우에는 (**150**)m^2마다 1개 이상을 설치할 것
(2) 최상층의 계단실의 천장(**외기**가 **상통**하는 **계단실**의 경우 제외)에 설치할 것
(3) 건전지를 주전원으로 사용하는 단독경보형 감지기는 정상적인 작동상태를 유지할 수 있도록 **건전지**를 교환할 것
(4) 상용전원을 주전원으로 사용하는 단독경보형 감지기의 (**2차 전지**)는 제품검사에 합격한 것을 사용할 것

중요

단독경보형 감지기의 구성
(1) 시험버튼
(2) 음향장치
(3) 작동표시장치

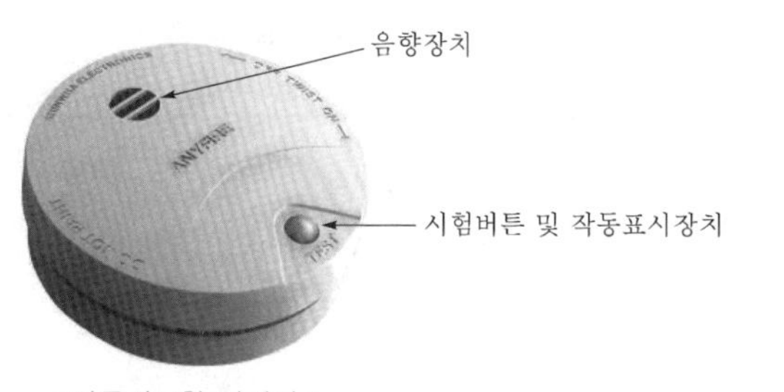

‖ 단독경보형 감지기 ‖

☆☆
문제 04

각 층의 높이가 4m인 지하 2층, 지상 4층 소방대상물에 자동화재탐지설비의 경계구역을 설정하는 경우에 대하여 다음 물음에 답하시오. (10.10.문16)

득점	배점
	7

(가) 층별 바닥면적이 그림과 같을 경우 자동화재탐지설비 경계구역은 최소 몇 개로 구분하여야 하는지 산출식과 경계구역수를 빈칸에 쓰시오. (단, 경계구역은 면적기준만을 적용하며 계단, 경사로 및 피트 등의 수직경계구역의 면적을 제외한다.)

4층 : $100m^2$
3층 : $350m^2$
2층 : $600m^2$
1층 : $1020m^2$
지하 1층 : $1200m^2$
지하 2층 : $1800m^2$

층	산출식	경계구역수
4층		
3층		
2층		
1층		
지하 1층		
지하 2층		
경계구역의 합계		

(나) 본 소방대상물에 계단과 엘리베이터가 각각 1개씩 설치되어 있는 경우 P형 수신기는 몇 회로용을 설치해야 하는지 구하시오.

○ 산출과정 :

○ 답 :

 해답 (가)

층	산출식	경계구역수
4층	$\frac{100+350}{500}=0.9 ≒ 1$	1경계구역
3층		
2층	$\frac{600}{600}=1$	1경계구역
1층	$\frac{1020}{600}=1.7≒2$	2경계구역
지하 1층	$\frac{1200}{600}=2$	2경계구역
지하 2층	$\frac{1800}{600}=3$	3경계구역
경계구역의 합계		9경계구역

(나) ○ 산출과정

각 층 : 9경계구역

계단 : 지상층 $\frac{16}{45}=0.35≒$1경계구역

지하층 $\frac{8}{45}=0.17≒$1경계구역

엘리베이터 : 1경계구역

∴ 9+1+1+1=12경계구역

○ 답 : 15회로용

해설 (가) 하나의 경계구역의 면적은 **600m²** 이하로 하고, **500m²** 이하는 **2개**의 층을 **하나**의 **경계구역**으로 할 수 있으므로

층	경계구역
4층	$\frac{(100+350)\,\text{m}^2}{500\text{m}^2}=0.9≒1$경계구역(절상)
3층	
2층	$\frac{600\text{m}^2}{600\text{m}^2}=1$경계구역
1층	$\frac{1020\text{m}^2}{600\text{m}^2}=1.7≒2$경계구역(절상)
지하 1층	$\frac{1200\text{m}^2}{600\text{m}^2}=2$경계구역
지하 2층	$\frac{1800\text{m}^2}{600\text{m}^2}=3$경계구역
합계	9경계구역

- 한 변의 길이가 주어지지 않았으므로 **길이**는 **무시**하고, 1경계구역의 면적 **600m²** 이하 또는 **2개**의 층 합계 **500m²** 이하로만 경계구역을 산정하면 된다.
- 3층, 4층을 합하여 1경계구역으로 계산하는 것에 특히 주의하라! 3층, 4층 따로따로 계산하면 틀린다.
- 경계구역 산정은 **소수점**이 발생하면 반드시 **절상**한다.

아하! 그렇구나 각 층의 경계구역 산정

① 여러 개의 **건축물**이 있는 경우 각각 **별개**의 **경계구역**으로 한다.
② 여러 개의 **층**이 있는 경우 각각 **별개**의 **경계구역**으로 한다. (단, **2개층**의 면적의 합이 **500m^2 이하**인 경우는 **1경계구역**으로 할 수 있다.)
③ **지하층**과 **지상층**은 **별개**의 **경계구역**으로 한다. (**지하 1층**인 경우에도 **별개**의 **경계구역**으로 한다. 주의! 또 주의!)
④ 1경계구역의 면적은 **600m^2 이하**로 하고, 한 변의 길이는 **50m 이하**로 할 것
⑤ **목욕실 · 화장실** 등도 **경계구역 면적**에 **포함**한다.
⑥ **계단 · 엘리베이터 승강로(권상기실이 있는 경우는 권상기실) · 린넨슈트 · 파이프덕트** 등은 각각 **별개**의 **경계구역**으로 한다.

(나) ① **계단**

구 분	경계구역
지상층	• 수직거리 : 16m • 경계구역 : $\frac{\text{수직거리}}{45\text{m}} = \frac{16\text{m}}{45\text{m}}$ $= 0.35 \fallingdotseq$ 1경계구역(절상)
지하층	• 수직거리 : 8m • 경계구역 : $\frac{\text{수직거리}}{45\text{m}} = \frac{8\text{m}}{45\text{m}}$ $= 0.17 \fallingdotseq$ 1경계구역(절상)
합계	2경계구역

- **지하층**과 **지상층**은 **별개**의 **경계구역**으로 한다.
- 수직거리 **45m 이하**를 **1경계구역**으로 하므로 $\frac{\text{수직거리}}{45\text{m}}$를 하면 경계구역을 구할 수 있다.
- 경계구역 산정은 **소수점**이 발생하면 반드시 **절상**한다.

아하! 그렇구나 계단의 경계구역 산정

① **수직거리 45m** 이하마다 **1경계구역**으로 한다.
② **지하층**과 **지상층**은 **별개**의 **경계구역**으로 한다. (단, **지하 1층**인 경우에는 지상층과 **동일 경계구역**으로 한다.)

② **엘리베이터 권상기실**

엘리베이터가 1개소 설치되어 있으므로 엘리베이터 권상기실은 1개가 되어 **1경계구역**이다.

- 엘리베이터 권상기실은 계단, 경사로와 같이 **45m**마다 구획하는 것이 아니므로 엘리베이터 권상기실마다 각각 1개의 경계구역으로 산정한다. 거듭 주의하라!!

아하! 그렇구나 엘리베이터 승강로 · 린넨슈트 · 파이프덕트의 경계구역 산정

수직거리와 관계없이 무조건 각각 **1개**의 **경계구역**으로 한다.

③ 총 경계구역=각 층+계단+엘리베이터
=9+2+1=12경계구역(수신기는 15회로용 사용)

- 경계구역(회로)을 물어본 것이 아니라 몇 회로용 수신기를 사용하여야 하는지를 물어보았으므로 반드시 '**15회로용**'이라고 답하여야 한다. 12회로(경계구역)라고 답하면 틀린다.

☆☆
문제 05

자동화재탐지설비의 평면도를 보고 다음 각 물음에 답하시오. (15.7.문17, 10.4.문17, 08.11.문17)

득점	배점
	9

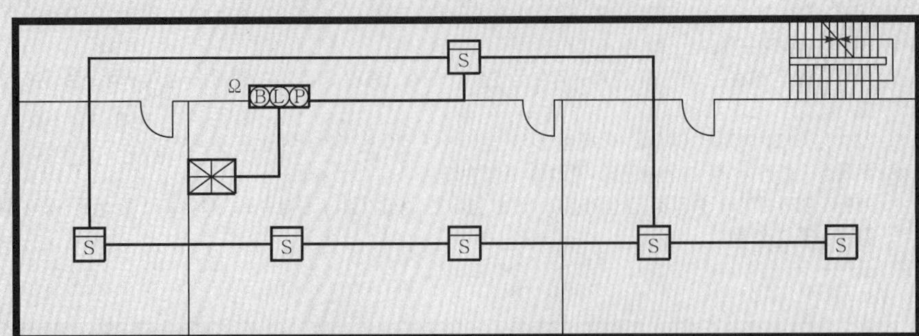

(가) 각 기기장치 사이를 연결하는 배선의 가닥수를 평면도상에 표기하시오.

(나) 다음의 도표상에 명시한 자재를 시공하는 데 필요한 노무비를 주어진 품셈표를 적용하여 산출하시오. (단, 노무비는 수량, 공량, 노임단가의 빈칸을 채우고 산출하며, 층고는 3.5m이고, 내선전공의 노임단가는 105000원을 적용한다.)

○답란

품 명	규 격	단 위	수 량	공 량	노임단가(원)	노무비(원)
감지기	연기감지기	개				
발신기	P형	개				
표시등	DC 24V	개				
경종	DC 24V	개				
전선관	16C	m	76	0.08		
전선	HFIX $1.5mm^2$	m	208	0.01		
전선관	28C	m	7	0.14		
전선	HFIX $2.5mm^2$	m	77	0.01		
P형 수신기	5회로	대				
–	–	–	–	–	소 계	

｜품셈표｜

공 종	단 위	내선전공	비 고
연기감지기	개	0.13	(1) 천장높이 4m 기준 1m 증가시마다 5% 가산 (2) 매입형 또는 특수구조인 경우 조건에 따라 선정
시험기(공기관 포함)	개	0.15	(1) 상동 (2) 상동
분포형의 공기관	m	0.025	(1) 상동 (2) 상동
검출기	개	0.30	
공기관식의 Booster	개	0.10	
발신기 P형	개	0.30	1급(방수형)
회로시험기	개	0.10	

수신기 P형(기본공수) (회선수 공수 산출 가산요)	대	6.0	〔회선수에 대한 산정〕 매 1회선에 대해서 형식 \ 직종 : 내선전공 P형 : 0.3 R형 : 0.2 ※ R형은 수신반 인입감시 회선수 기준 〔참고〕 산정 예 : P형의 10회분 기본공수는 6인, 회선당 할증수는 10×0.3=3 ∴ 6+3=9인
부수신기(기본공수)	대	3.0	
소화전 기동 릴레이	대	1.5	
경종	개	0.15	
표시등	개	0.20	
표지판	개	0.15	

해답 (가)

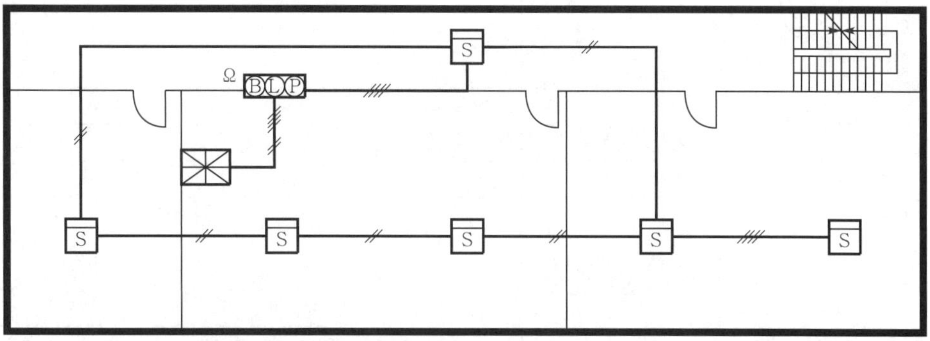

(나)

품 명	규 격	단 위	수 량	공 량	노임단가(원)	노무비(원)
감지기	연기감지기	개	6	0.13	105000	6×0.13×105000=81900
발신기	P형	개	1	0.3	105000	1×0.3×105000=31500
표시등	DC 24V	개	1	0.2	105000	1×0.2×105000=21000
경종	DC 24V	개	2	0.15	105000	2×0.15×105000=31500
전선관	16C	m	76	0.08	105000	76×0.08×105000=638400
전선	HFIX 1.5mm^2	m	208	0.01	105000	208×0.01×105000=218400
전선관	28C	m	7	0.14	105000	7×0.14×105000=102900
전선	HFIX 2.5mm^2	m	77	0.01	105000	77×0.01×105000=80850
P형 수신기	5회로	대	1	6+1×0.3 =6.3	105000	(6+1×0.3)×105000=661500
-	-	-	-	-	소 계	1867950

해설 (가)

표 시	가닥수	산출내역
─////─//─	6가닥	회로선 1, 회로공통선 1, 경종선 1, 경종표시등공통선 1, 응답선 1, 표시등선 1
─////─	4가닥	회로선 2, 공통선 2
─//─	2가닥	회로선 1, 공통선 1

- 종단저항이 발신기세트에 설치되어 있으므로 자동화재탐지설비의 감지기회로의 배선은 **송배선식**으로 루프(loop)된 곳은 **2가닥**, 기타는 **4가닥**이어야 한다.

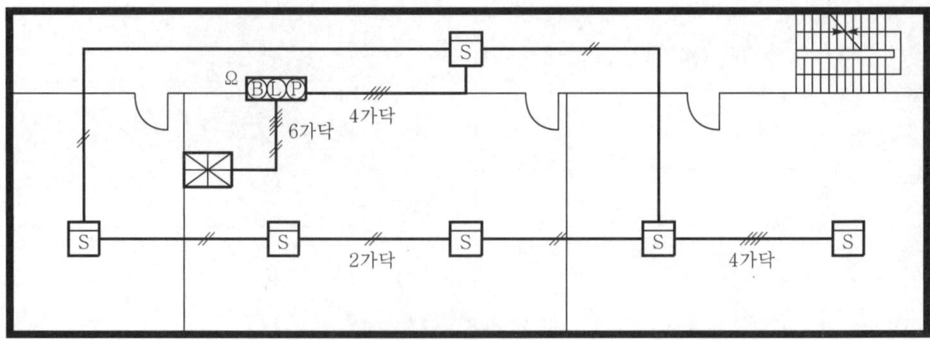

(나)

공 종	단 위	내선전공	비 고
연기감지기	개	**0.13**	(1) 천장높이 4m 기준 1m 증가시마다 5% 가산 (2) 매입형 또는 특수구조인 경우 조건에 따라 선정
시험기(공기관 포함)	개	0.15	(1) 상동 (2) 상동
분포형의 공기관	m	0.025	(1) 상동 (2) 상동
검출기	개	0.30	
공기관식의 Booster	개	0.10	
발신기 P형	개	**0.30**	1급(방수형)
회로시험기	개	0.10	
수신기 P형(기본공수) **(회선수 공수 산출 가산요)**	대	**6.0**	〔회선수에 대한 산정〕 매 1회선에 대해서 직종 \ 형식 : 내선전공 **P형** : **0.3** R형 : 0.2 ※ R형은 수신반 인입감시 회선수 기준 〔참고〕 산정 예 : P형의 10회분 기본공수는 6인, 회선당 할증수는 10×0.3=3 ∴ 6+3=9인
부수신기(기본공수)	대	3.0	
소화전 기동 릴레이	대	1.5	
경종	개	**0.15**	
표시등	개	**0.20**	
표지판	개	0.15	

감지기

연기감지기는 평면도에서 **6개**, 내선전공 공량 **0.13**, 노임단가는 **105000원**이므로

$6 \times 0.13 \times 105000 = 81900$ **원**

발신기

발신기 P형 **1개**, 내선전공 공량 **0.3**, 노임단가는 **105000원**이므로

$1 \times 0.3 \times 105000 = 31500$ **원**

표시등

표시등 **1개**, 내선전공 공량 **0.2**, 노임단가는 **105000원**이므로

$1 \times 0.2 \times 105000 = 21000$ **원**

경종

경종은 **주경종 1개**(수신기에 포함), **발신기세트**에 **1개** 총 **2개**, 내선전공 공량 **0.15**, 노임단가는 **105000원**이므로
2×0.15×105000=**31500원**

- 수신기에는 자동화재탐지설비의 화재안전성능기준(NFPC 203) 8조 ①항에 의해 **주경종 1개**가 반드시 있다는 것을 기억하라!

P형 수신기

P형 수신기는 **1대**이고, 평면도에서 P형 수신기(5회로용)이지만 실제로 사용되는 회로수는 **종단저항**이 **1개**로서 **1회로**이므로 수신기 회선당 할증 0.3을 적용하면
(6+1×0.3)×105000=**661500원**

- 수신기 회선당 할증은 **실제 사용되는 회선수**가 몇 회선인지를 파악하고 이것을 적용하는 것을 기억하라!
- 종단저항=회로수

실제 사용되는 회로수를 아는 경우	실제 사용되는 회로수를 모르는 경우
실제 회로수 적용	규격에 있는 회로수 적용

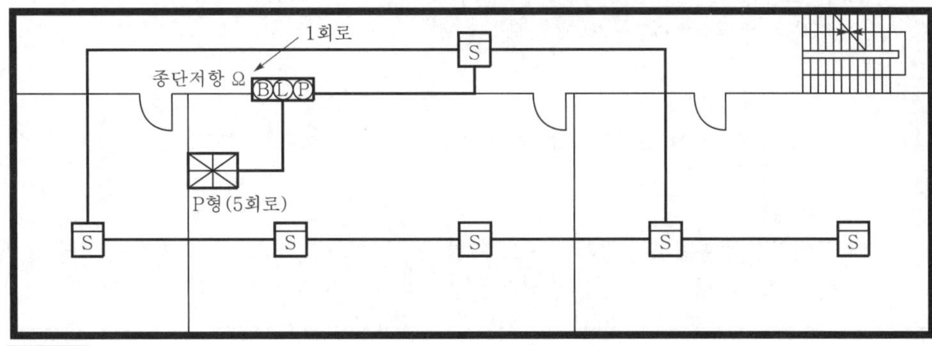

소계

각각의 노무비를 모두 더하면
81900+31500+21000+31500+638400+218400+102900+80850+661500=**1867950원**

★★ **문제 06**

공장의 건축평면도에 자동화재탐지설비를 설계하고자 한다. 주어진 조건을 이용하여 다음 각 물음에 답하시오.

(산업 10.10.문8)

득점	배점
	8

〔조건〕

① 바닥으로부터 천장의 높이는 10m이다.
② 천장에서는 감지기 설치시 장애물이 없는 것으로 한다.
③ 벽은 1mm 두께의 철판의 양측 사이에 보온재를 채운다.
④ 공장 내와 방재실은 칸막이가 없고 감지기 설치도면을 작성할 때 축척은 무시하고 작성한다.
⑤ 하나의 경계구역은 $600m^2$ 이내로 한다.
⑥ 방재실에 사용되는 감지기는 공장 내의 감지기와 연결한다.
⑦ 각 수동발신기세트에 연결되는 공장 내의 감지기는 같은 수로 한다.
⑧ 감지기는 연기감지기를 사용하고 그 심벌은 ⊟ 으로 표시한다.
⑨ 전선 가닥수는 다음 예와 같이 표시한다. (예 —////—)

〔평면도〕

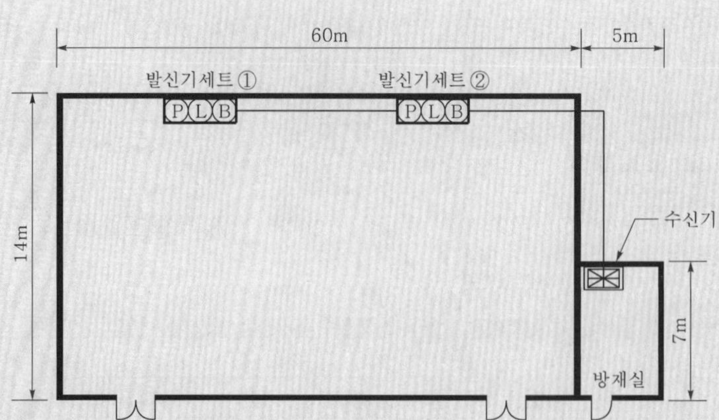

(가) 본 소방대상물에는 연기감지기를 제외하고 어떤 감지기들을 사용할 수 있는지 그 사용 가능한 감지기를 종류별로 2가지만 쓰시오.

○

○

(나) 본 건축평면도에 설치하여야 할 연기감지기의 개수를 산정하시오.

○ 공장 :

○ 방재실 :

(다) 주어진 건축평면도에 감지기를 그려 넣고 감지기와 감지기 간, 감지기와 발신기 간, 발신기세트 ①과 발신기세트 ② 사이, 발신기세트 ②와 수신기 사이의 전선가닥수를 명시하시오.

해답 (가) ① 차동식 분포형 감지기

② 불꽃감지기

(나) ① 공장

○ 계산과정 : $\frac{420}{75}=5.6 \fallingdotseq 6$개, $\frac{420}{75}=5.6 \fallingdotseq 6$개

$6+6=12$개

○ 답 : 12개

② 방재실

○ 계산과정 : $\frac{35}{75}=0.46 \fallingdotseq 1$개

○ 답 : 1개

(다)

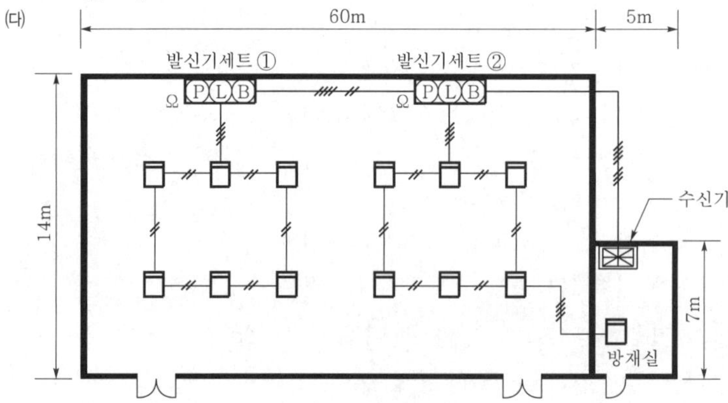

해설 (가) **자동화재탐지설비** 및 **시각경보장치**(NFTC 203 2.4.6(2))

‖ 설치장소별 감지기적응성 ‖

설치장소		적응열감지기					적응연기감지기						불꽃감지기	비 고
환경상태	적응장소	차동식 스포트형	차동식 분포형	보상식 스포트형	정온식	열아날로그식	이온화식 스포트형	광전식 스포트형	이온아날로그식 스포트형	광전아날로그식 스포트형	광전식 분리형	광전아날로그식 분리형		
넓은 공간으로 천장이 높아 열 및 연기가 확산하는 장소	체육관, 항공기격납고, 높은 천장의 창고·**공장**, 관람석 상부 등 감지기 부착 높이가 **8m** 이상의 장소		○								○	○	○	–

〔조건 ①〕, 〔조건 ④〕에서 천장의 높이 **8m** 이상의 공장이므로 사용 가능한 감지기는 다음과 같다.

① 차동식 분포형 감지기
② 광전식 분리형 감지기 ┐
③ 광전아날로그식 분리형 감지기 ┘ 연기감지기
④ 불꽃감지기

또는 자동화재탐지설비 및 시각경보장치의 화재안전성능기준(NFPC 203) 7조에서 〔조건 ①〕에서 천장높이가 10m이고, 연기감지기를 제외하면 **차동식 분포형 감지기**와 **불꽃감지기**가 답이 된다.

부착높이	감지기의 종류
8~<u>15</u>m 미만	• 차동식 <u>분</u>포형 • <u>이</u>온화식 <u>1</u>종 또는 <u>2</u>종 ┐ • <u>광</u>전식(스포트형, 분리형, 공기흡입형) 1종 또는 2종 ├ 제외 • <u>연</u>기<u>복</u>합형 ┘ • <u>불</u>꽃감지기 기억법 **15분 이광12 연복불**

(나) **연기감지기**의 **바닥면적**(NFPC 203 7조, NFTC 203 2.4.3.10.1)

(단위 : m^2)

부착높이	감지기의 종류	
	1종 및 2종	3종
4m 미만	150	50
4~20m 미만 ⟶	75	설치 불가능

① **공장**의 **바닥면적**=60×14=**840m²**
② **방재실**의 **바닥면적**=5×7=**35m²**
　　　　　　　　　　　　875m²

경계구역은

공장·방재실$=\dfrac{875\,\mathrm{m}^2}{600\,\mathrm{m}^2}=1.4$ ≒ **2경계구역**(절상)

- 〔조건 ⑤〕에 의해 **1**경계구역은 **600m²**이다.
- 〔조건 ⑧〕에 의해 **연기감지기**를 선정한다.
- 〔조건 ④, ⑥〕에 의해 **공장**과 **방재실**은 하나의 **경계구역**으로 한다.

감지기의 **설치개수**

① 공장 : $\frac{420\text{m}^2}{75\text{m}^2} = 5.6 \fallingdotseq$ **6개**(절상)

$\frac{420\text{m}^2}{75\text{m}^2} = 5.6 \fallingdotseq$ **6개**(절상)

$6+6=$ **12개**

② 방재실 : $\frac{35\text{m}^2}{75\text{m}^2} = 0.46 \fallingdotseq$ **1개**(절상)

- [조건 ⑦]에서 **'발신기세트에 연결되는 공장 내의 감지기는 같은 수로 하라'**고 하였으므로 공장의 바닥면적 840m²를 절반(420m²)으로 나누어야 한다.
- 연기감지기의 종별은 일반적으로 **2종**을 사용한다.
- [조건 ①]에서 공장의 높이가 10m이므로 2종 연기감지기 1개가 담당하는 바닥면적은 **75m²**가 된다.

(다)

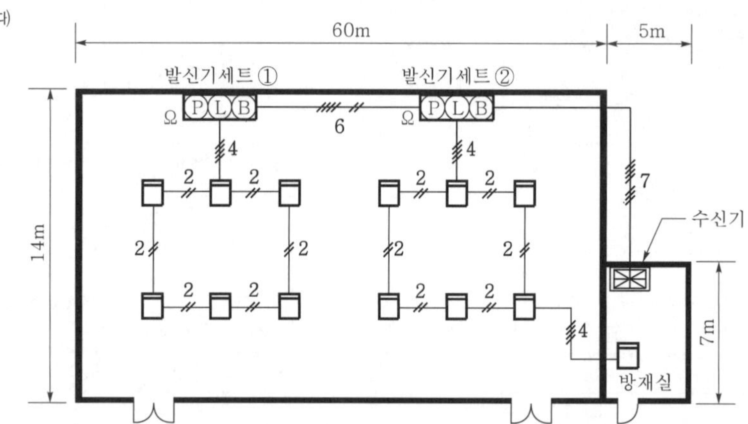

가닥수	배선의 용도
2가닥	지구, 공통
4가닥	지구, 공통 각 2가닥
6가닥	회로선 1, 회로공통선 1, 경종선 1, 경종표시등공통선 1, 응답선 1, 표시등선 1
7가닥	회로선 2, 회로공통선 1, 경종선 1, 경종표시등공통선 1, 응답선 1, 표시등선 1

- [조건 ⑧]에서 주어진 연기감지기의 심벌이 ☐이다. 좀 이상하다. 원칙적으로 Ⓢ이 맞는 것인데 말이다. 하지만 여기서는 연기감지기 심벌을 주어진 조건대로 S를 빼고 ☐으로 그리는 것이 보다 정확한 답이다. 하라는 대로만 하면 된다.
- 경제성을 고려하여 가능하면 감지기의 배치형태는 **루프(loop)**가 되도록 한다.
- 감지기의 부착높이가 **2.3m** 이하 또는 실내면적이 **40m²** 미만인 장소는 **출입구**의 **가까운 부분**에 설치하여야 하므로 방재실은 40m² 미만으로서 감지기를 출입의 가까운 부근에 설치하여야 한다. 중앙에 설치하지 않도록 주의할 것!!
- 발신기세트에 종단저항을 설치할 경우 감지기부분의 배선은 **루프(loop)**된 곳은 **2가닥, 기타**는 **4가닥**이 된다.
- **평면도**이므로 무조건 **일제경보방식**으로 간선의 가닥수를 산정하면 된다.

☆☆☆

문제 07

건물 내부에 가압송수장치를 기동용 수압개폐장치로 사용하는 옥내소화전함과 P형 발신기세트를 다음과 같이 설치하였다. 다음 각 물음에 답하시오. (08.11.문14)

득점	배점
	9

(가) ㉮~㉳의 전선가닥수를 쓰시오.

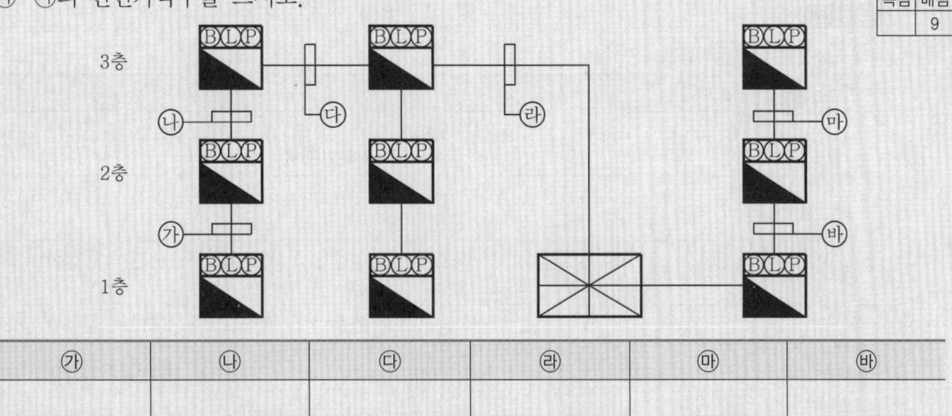

㉮	㉯	㉰	㉱	㉲	㉳

(나) 감지기회로의 종단저항의 설치목적을 쓰시오.

(다) 감지기회로의 전로저항은 몇 〔Ω〕 이하이어야 하는지 쓰시오.

(라) 수신기의 각 회로별 종단에 설치되는 감지기에 접속되는 배선의 전압은 감지기 정격전압의 몇 〔%〕 이상이어야 하는지 쓰시오.

해답 (가)

㉮	㉯	㉰	㉱	㉲	㉳
8	10	12	15	8	10

(나) 도통시험 용이

(다) 50Ω 이하

(라) 80%

해설 (가)

기 호	가닥수	배선내역
㉮	HFIX 2.5-8	회로선 1, 발신기공통선 1, 경종선 1, 경종표시등공통선 1, 응답선 1, 표시등선 1, 기동확인표시등 2
㉯	HFIX 2.5-10	회로선 2, 발신기공통선 1, 경종선 2, 경종표시등공통선 1, 응답선 1, 표시등선 1, 기동확인표시등 2
㉰	HFIX 2.5-12	회로선 3, 발신기공통선 1, 경종선 3, 경종표시등공통선 1, 응답선 1, 표시등선 1, 기동확인표시등 2
㉱	HFIX 2.5-15	회로선 6, 발신기공통선 1, 경종선 3, 경종표시등공통선 1, 응답선 1, 표시등선 1, 기동확인표시등 2
㉲	HFIX 2.5-8	회로선 1, 발신기공통선 1, 경종선 1, 경종표시등공통선 1, 응답선 1, 표시등선 1, 기동확인표시등 2
㉳	HFIX 2.5-10	회로선 2, 발신기공통선 1, 경종선 2, 경종표시등공통선 1, 응답선 1, 표시등선 1, 기동확인표시등 2

- **지상 3층**이므로 가닥수는 **일제경보방식**이다.
- 문제에서 기동용 수압개폐방식(**자동기동방식**)도 주의하여야 한다. 옥내소화전함이 자동기동방식이므로 감지기배선을 제외한 간선에 '**기동확인표시등 2**'가 추가로 사용되어야 한다. 특히, 옥내소화전배선은 구역에 따라 가닥수가 늘어나지 않는 것에 주의하라!

비교

옥내소화전함이 **수동기동방식**인 경우

기호	가닥수	배선내역
㉮	HFIX 2.5-11	회로선 1, 발신기공통선 1, 경종선 1, 경종표시등공통선 1, 응답선 1, 표시등선 1, 기동 1, 정지 1, 공통 1, 기동확인표시등 2
㉯	HFIX 2.5-13	회로선 2, 발신기공통선 1, 경종선 2, 경종표시등공통선 1, 응답선 1, 표시등선 1, 기동 1, 정지 1, 공통 1, 기동확인표시등 2
㉰	HFIX 2.5-15	회로선 3, 발신기공통선 1, 경종선 3, 경종표시등공통선 1, 응답선 1, 표시등선 1, 기동 1, 정지 1, 공통 1, 기동확인표시등 2
㉱	HFIX 2.5-18	회로선 6, 발신기공통선 1, 경종선 3, 경종표시등공통선 1, 응답선 1, 표시등선 1, 기동 1, 정지 1, 공통 1, 기동확인표시등 2
㉲	HFIX 2.5-11	회로선 1, 발신기공통선 1, 경종선 1, 경종표시등공통선 1, 응답선 1, 표시등선 1, 기동 1, 정지 1, 공통 1, 기동확인표시등 2
㉳	HFIX 2.5-13	회로선 2, 발신기공통선 1, 경종선 2, 경종표시등공통선 1, 응답선 1, 표시등선 1, 기동 1, 정지 1, 공통 1, 기동확인표시등 2

용어

옥내소화전설비의 **기동방식**

자동기동방식	수동기동방식
기동용 수압개폐장치를 이용하는 방식	ON, OFF 스위치를 이용하는 방식

(나) **종단저항**과 **무반사 종단저항**

종단저항	무반사 종단저항
감지기회로의 **도통시험**을 용이하게 하기 위하여 **감지기회로**의 **끝**부분에 설치하는 저항	전송로로 전송되는 전자파가 전송로의 종단에서 반사되어 교신을 방해하는 것을 막기 위해 **누설동축케이블**의 끝부분에 설치하는 저항

(다)

50Ω 이하	0.1MΩ 이상 (1경계구역마다 직류 250V 절연저항측정기 사용)
감지기회로의 전로저항	감지기회로 및 부속회로의 전로의 대지 사이 및 배선 상호간의 절연저항

(라) **음향장치**의 **구조** 및 **성능기준**(NFPC 203 8조, NFTC 203 2.5.1.4)

① 정격전압의 **80%** 전압에서 음향을 발할 것
② 음량은 **1m** 떨어진 곳에서 **90dB** 이상일 것
③ **감지기·발신기**의 작동과 **연동**하여 작동할 것

☆☆☆
문제 08

전실제연설비의 계통도이다. 다음 표의 구분에 따른 사용전선의 배선수와 소요명세내역을 쓰시오. (단, 모든 댐퍼는 모터구동방식, 배선은 운전조작상 최소전선수, 별도의 복구선은 없는 것으로 한다.)

(09.7.문10)

득점	배점
	5

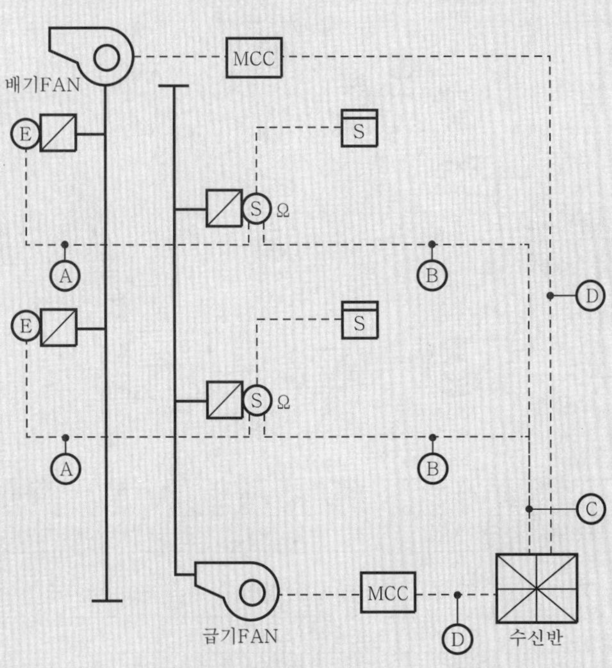

기 호	구 분	배선수	소요명세내역
Ⓐ	배기댐퍼 ↔ 급기댐퍼		
Ⓑ	급기댐퍼 ↔ 수신반		
Ⓒ	2 ZONE일 경우		
Ⓓ	MCC ↔ 수신반		

해답

기 호	구 분	배선수	소요명세내역
Ⓐ	배기댐퍼 ↔ 급기댐퍼	4	전원 ⊕・⊖, 기동, 확인
Ⓑ	급기댐퍼 ↔ 수신반	7	전원 ⊕・⊖, 기동, 감지기, 확인 3
Ⓒ	2 ZONE일 경우	12	전원 ⊕・⊖, (기동, 감지기, 확인 3)×2
Ⓓ	MCC ↔ 수신반	5	기동, 정지, 공통, 전원표시등, 기동확인표시등

해설

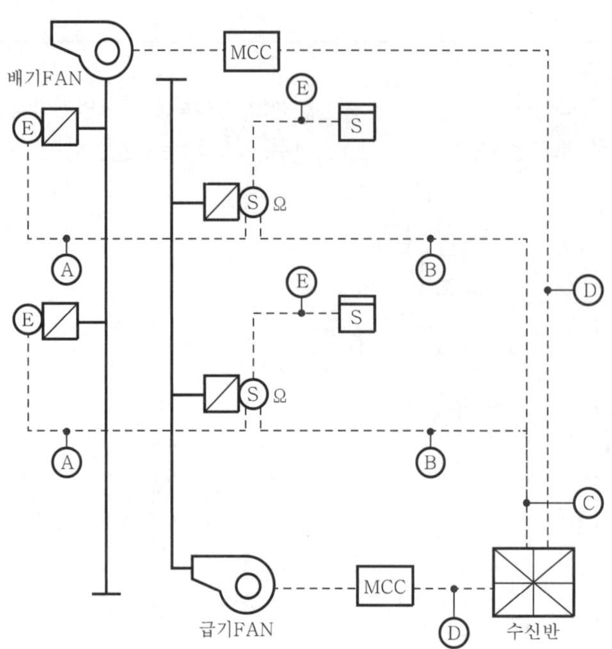

배선수 및 배선의 용도는 다음과 같다.

기 호	구 분	배선수	배선굵기	배선의 용도
Ⓐ	배기댐퍼 ↔ 급기댐퍼	4	2.5mm^2	전원 ⊕·⊖, 기동(배기댐퍼 기동), 확인(배기댐퍼 확인)
Ⓑ	급기댐퍼 ↔ 수신반	7	2.5mm^2	전원 ⊕·⊖, 기동(급배기댐퍼 기동), 감지기, 확인 3(배기댐퍼 확인, 급기댐퍼 확인, 수동기동 확인)
Ⓒ	2 ZONE일 경우	12	2.5mm^2	전원 ⊕·⊖, (기동, 감지기, 확인 3)×2
Ⓓ	MCC ↔ 수신반	5	2.5mm^2	기동, 정지, 공통, 전원표시등, 기동확인표시등
Ⓔ	급기댐퍼 ↔ 연기감지기	4	1.5mm^2	(감지기, 감지기공통)×2

* Ⓒ 확인 3 : 배기댐퍼 확인, 급기댐퍼 확인, 수동기동 확인
  Ⓓ : 실제 실무에서는 **교류방식**은 4가닥(**기동 2**, **확인 2**), **직류방식**은 4가닥(**전원 ⊕·⊖**, **기동 1**, **확인 1**)을 사용한다.

- 일반적으로 MCC ↔ 수신반 사이에는 5가닥(기동, 정지, 공통, 전원표시등, 기동확인표시등)이 사용된다.
- 배기댐퍼 기동확인=확인=기동확인=배기댐퍼 확인
- 급기댐퍼 기동확인=확인=기동확인=급기댐퍼 확인
- 감지기=지구=회로
- 전원표시등=전원감시표시등
- 기동확인표시등=기동표시등
- NFPC 501A 22·23조, NFTC 501A 2.19.1, 2.20.1.2.5에 따라 Ⓑ, Ⓒ에는 **'수동기동확인'**이 반드시 추가되어야 한다.

> **특별피난계단의 계단실 및 부속실 제연설비**(NFPC 501A 22·23조, NFTC 501A 2.19.1, 2.20.1.2.5)
> - **수동기동장치** : 배출댐퍼 및 개폐기의 직근 또는 제연구역에는 장치의 작동을 위하여 수동기동장치를 설치하고 스위치는 바닥으로부터 0.8m 이상 1.5m 이하의 높이에 설치해야 한다. (단, 계단실 및 그 부속실을 동시에 제연하는 제연구역에는 그 부속실에만 설치할 수 있다.)
> - **제어반** : 제연설비의 제어반은 다음 각 호의 기준에 적합하도록 설치하여야 한다.
>   마. **수동기동장치**의 **작동여부**에 대한 **감시기능**

- 채점위원이 **'수동기동 확인'**은 근래에 법이 바뀌어 잘 모를 수도 있다. 그러므로 답안에 **'NFPC 501A 23조, NFTC 501A 2.20.1.2.5에 의해 수동기동 확인 추가'**라는 말을 꼭 쓰도록 하라!

비교

'감지기의 공통선을 별도로 배선한다.'는 조건이 있을 때의 가닥수

기 호	구 분	배선수	배선굵기	배선의 용도
Ⓐ	배기댐퍼 ↔ 급기댐퍼	4	$2.5mm^2$	전원 ⊕·⊖, 기동, 확인
Ⓑ	급기댐퍼 ↔ 수신반	8	$2.5mm^2$	전원 ⊕·⊖, 기동, 감지기, 감지기공통, 확인 3
Ⓒ	2 ZONE일 경우	13	$2.5mm^2$	전원 ⊕·⊖, 감지기공통, (기동, 감지기, 확인 3)×2
Ⓓ	MCC ↔ 수신반	5	$2.5mm^2$	기동, 정지, 공통, 전원표시등, 기동확인표시등
Ⓔ	급기댐퍼 ↔ 연기감지기	4	$1.5mm^2$	(감지기, 감지기공통)×2

☆☆☆

문제 09

P형 수신기와 감지기와의 배선회로에서 종단저항은 10kΩ, 릴레이저항은 750Ω, 배선회로의 저항은 50Ω이며 회로전압이 DC 24V일 때 다음 각 물음에 답하시오. (15.7.문10, 12.11.문17, 07.4.문5)

득점	배점
	5

(가) 평상시 감시전류[mA]를 구하시오.

○ 계산과정 :

○ 답 :

(나) 감지기가 동작할 때(화재시)의 전류[mA]를 구하시오.

○ 계산과정 :

○ 답 :

해답

(가) ○ 계산과정 : $I=\dfrac{24}{10\times10^3+750+50}=2.222\times10^{-3}\text{A}=2.222\text{mA}\fallingdotseq2.22\text{mA}$

○ 답 : 2.22mA

(나) ○ 계산과정 : $I=\dfrac{24}{750+50}=0.03\text{A}=30\text{mA}$

○ 답 : 30mA

해설 (가) **감시전류** I는

$$I=\frac{\text{회로전압}}{\text{종단저항}+\text{릴레이저항}+\text{배선저항}}=\frac{24}{10\times10^3+750+50}=2.222\times10^{-3}\text{A}=2.222\text{mA}\fallingdotseq2.22\text{mA}$$

릴레이저항 750Ω 감지기 10kΩ 종단저항 50Ω 배선저항 I V 750Ω 10kΩ 50Ω

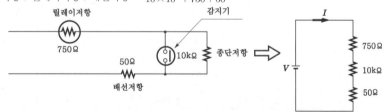

• 1A=1000mA이므로 $2.222\times10^{-3}\text{A}=2.222\text{mA}$

(나) **동작전류** I는

$$I=\frac{\text{회로전압}}{\text{릴레이저항}+\text{배선저항}}=\frac{24}{750+50}=0.03\text{A}=30\text{mA}$$

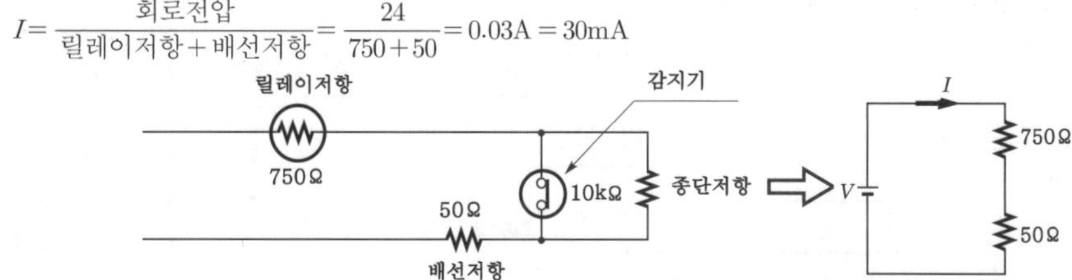

• 1A=1000mA이므로 0.03A=30mA

☆☆

문제 10

다음 그림은 스프링클러설비의 블록다이어그램이다. 각 구성요소 간 배선을 내화배선, 내열배선, 일반배선으로 구분하여 블록다이어그램을 완성하시오. (단, 내화배선 : ▬▬, 내열배선 : ▭, 일반배선 : ▮▮▮▮▮▮)

(19.11.문6, 17.11.문1, 16.11.문13, 09.7.문9)

득점	배점
	5

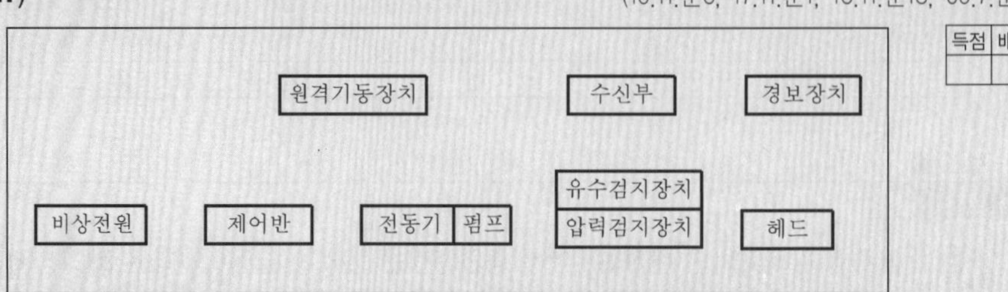

해답

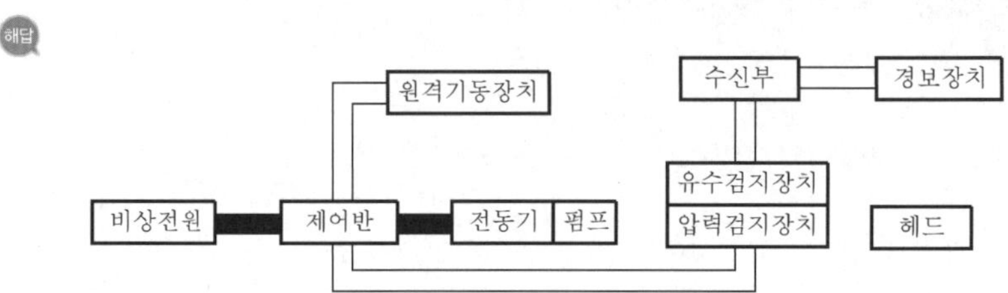

해설

- 일반배선은 사용되지 않는다. 일반배선을 어디에 그릴까를 고민하지 말라!
- 배관(펌프－압력검지장치(유수검지장치), 압력검지장치(유수검지장치)－헤드)은 표시하라는 말이 없으므로 표시하지 않는 것이 좋다. 이 부분은 배선이 아니고 **배관**으로 연결해야 하는 부분이다.

중요

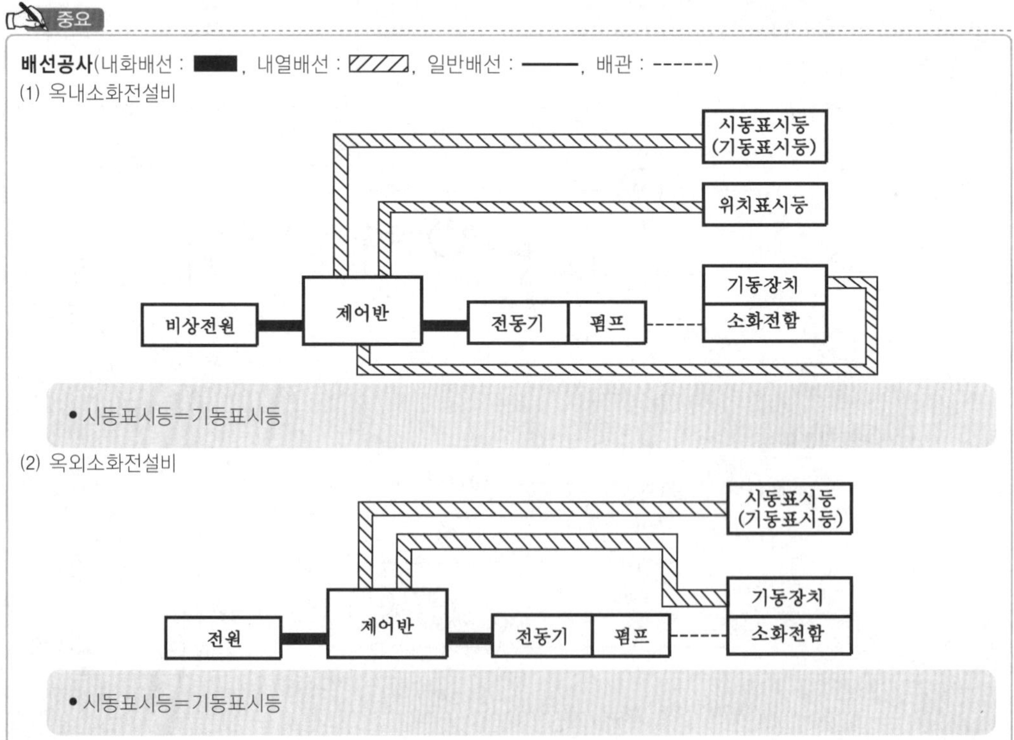

배선공사(내화배선 : ▬▬, 내열배선 : ▨, 일반배선 : ──, 배관 : ------)

(1) 옥내소화전설비

- 시동표시등＝기동표시등

(2) 옥외소화전설비

- 시동표시등＝기동표시등

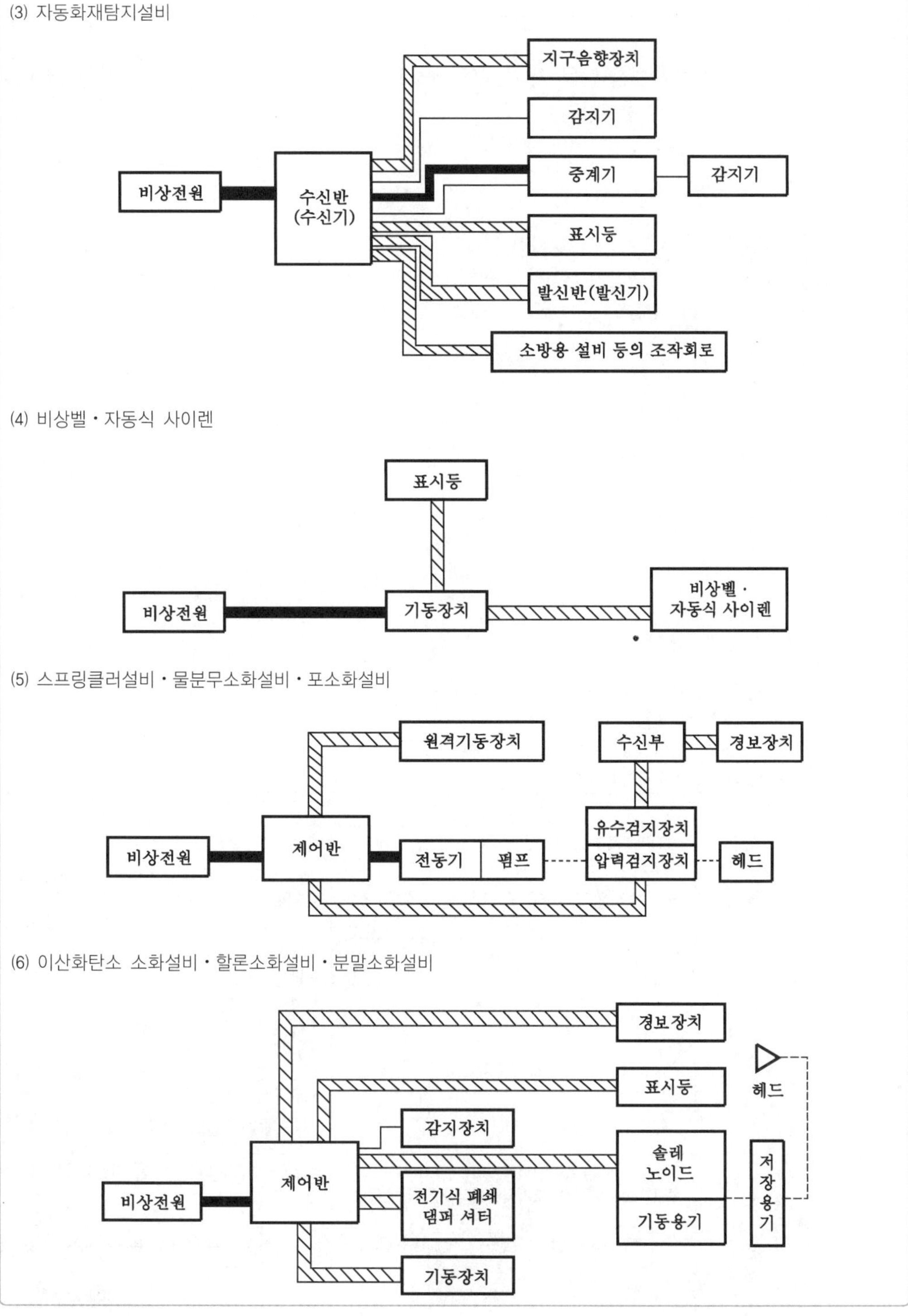
(3) 자동화재탐지설비
지구음향장치
감지기
비상전원
수신반
(수신기)
중계기
감지기
표시등
발신반(발신기)
소방용 설비 등의 조작회로
(4) 비상벨 · 자동식 사이렌
표시등
비상전원
기동장치
비상벨 ·
자동식 사이렌
(5) 스프링클러설비 · 물분무소화설비 · 포소화설비
원격기동장치
수신부
경보장치
비상전원
제어반
전동기
펌프
유수검지장치
압력검지장치
헤드
(6) 이산화탄소 소화설비 · 할론소화설비 · 분말소화설비
경보장치
헤드
표시등
감지장치
비상전원
제어반
솔레
노이드
전기식 폐쇄
댐퍼 셔터
저
장
용
기
기동용기
기동장치

☆☆☆

문제 11

감지기회로의 배선에 대한 다음 각 물음에 답하시오. (19.11.문11, 15.7.문16, 14.7.문11, 12.11.문7)

득점	배점
	6

(가) 송배선식에 대하여 설명하시오.

(나) 송배선식의 적용설비 2가지만 쓰시오.

○

○

(다) 교차회로의 방식에 대하여 설명하시오.

(라) 교차회로방식의 적용설비 5가지만 쓰시오.

○

○

○

○

○

해답 (가) 도통시험을 용이하게 하기 위해 배선의 도중에서 분기하지 않는 방식

(나) ① 자동화재탐지설비
② 제연설비

(다) 하나의 담당구역 내에 2 이상의 감지기회로를 설치하고 2 이상의 감지기회로가 동시에 감지되는 때에 설비가 작동하는 방식

(라) ① 분말소화설비
② 할론소화설비
③ 이산화탄소 소화설비
④ 준비작동식 스프링클러설비
⑤ 일제살수식 스프링클러설비

해설 **송배선식**과 **교차회로방식**

구 분	송배선식	교차회로방식
목적	**감지기회로**의 **도통시험**을 용이하게 하기 위하여	감지기의 **오동작** 방지
원리	배선의 도중에서 분기하지 않는 방식	하나의 담당구역 내에 **2 이상**의 **감지기회로**를 설치하고 **2 이상**의 **감지기회로**가 **동시**에 **감지**되는 때에 설비가 작동하는 방식으로 회로방식이 **AND회로**에 해당된다.
적용설비	• 자동화재탐지설비 • 제연설비	• **분**말소화설비 • **할**론소화설비 • **이**산화탄소 소화설비 • **준**비작동식 스프링클러설비 • **일**제살수식 스프링클러설비 • **할**로겐화합물 및 불활성기체 소화설비 • **부**압식 스프링클러설비 기억법 **분할이 준일할부**
가닥수 산정	종단저항을 수동발신기함 내에 설치하는 경우 **루프(loop)**된 곳은 **2가닥, 기타 4가닥**이 된다. 수동발신기함 / 루프(loop) ▌송배선식▐	**말단**과 **루프(loop)**된 곳은 **4가닥, 기타 8가닥**이 된다. 수동발신기함 / 말단 / 루프(loop) ▌교차회로방식▐

• 문제에서 이미 '감지기회로'라고 명시하였으므로 (가) **'감지기회로의 도통시험을 용이하게 하기 위해 배선의 도중에서 분기하지 않는 방식'**이라고 **감지기회로**라는 말을 다시 쓸 필요는 없다.

문제 12

정온식 감지선형 감지기는 외피에 다음의 구분에 의한 공칭작동온도의 색상을 표시하여야 한다. 색상에 따른 적당한 공칭작동온도를 표시하시오.

득점	배점
	5

○ 백색 :
○ 청색 :
○ 적색 :

해답
○ 백색 : 80℃ 이하
○ 청색 : 80~120℃ 이하
○ 적색 : 120℃ 이상

해설 **정온식 감지선형 감지기의 공칭작동온도의 색상**(감지기형식 37조)

온 도	색 상
80℃ 이하	**백색**
80℃ 이상~120℃ 이하	**청색**
120℃ 이상	**적색**

- 이 문제는 감지기의 형식승인 및 제품검사기술기준 37조에 있는 사항으로 원칙적으로는 온도의 중복을 피하기 위해 아래와 같이 80℃ 초과, 120℃ 초과 등으로 답을 하는 것도 틀리다고는 볼 수 없지만 위의 답과 같이 80℃ 이상, 120℃ 이상으로 답을 하는 것이 더 옳다. (악법도 법이다!)

‖ 정온식 감지선형 감지기의 공칭작동온도의 색상 ‖

온 도	색 상
80℃ 이하	**백색**
80℃ 이상~120℃ 이하	**청색**
120℃ 이상	**적색**

용어

정온식 감지선형 감지기
일국소의 주위온도가 일정한 온도 이상이 되는 경우에 작동하는 것으로서 외관이 전선으로 되어 있는 것

‖ 정온식 감지선형 감지기 ‖

☆☆☆
문제 13

그림과 같은 유접점 시퀀스회로에 대해 다음 각 물음에 답하시오. (16.11.문5, 05.10.문4, 04.7.문4)

득점	배점
	6

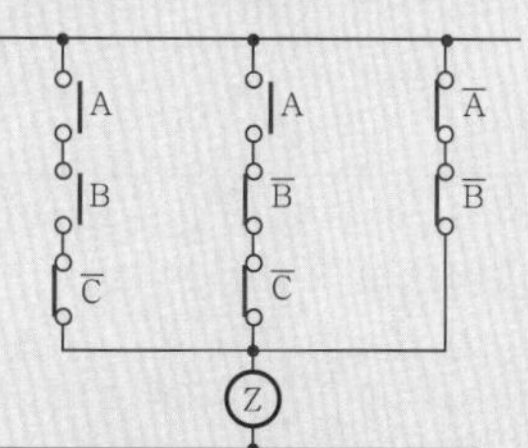
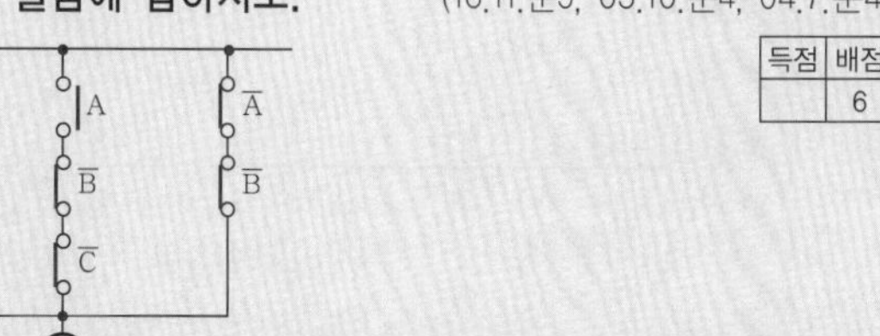

(가) 그림의 시퀀스도를 가장 간략화한 논리식으로 표현하시오. (단, 최초의 논리식을 쓰고 이것을 간략화하는 과정을 기술하시오.)
(나) (가)에서 가장 간략화한 논리식을 무접점 논리회로로 그리시오.

해답 (가) $Z=AB\overline{C}+A\overline{B}\,\overline{C}+\overline{A}\,\overline{B}=A\overline{C}(B+\overline{B})+\overline{A}\,\overline{B}=A\overline{C}+\overline{A}\,\overline{B}$

(나)

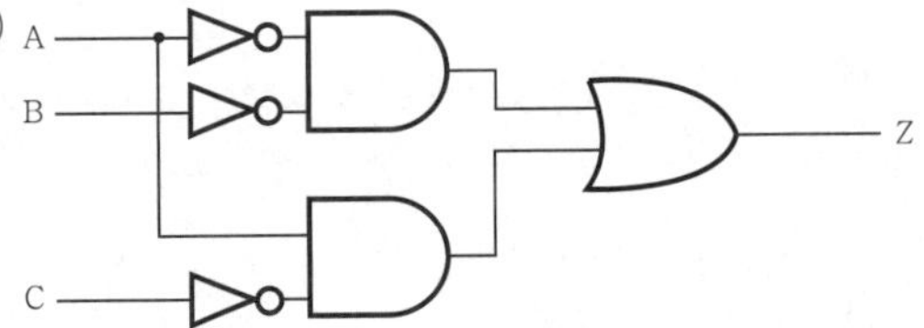

해설 (가) **간소화**

$$Z=AB\overline{C}+A\overline{B}\,\overline{C}+\overline{A}\,\overline{B}$$
$$=A\overline{C}\underbrace{(B+\overline{B})}_{X+\overline{X}=1}+\overline{A}\,\overline{B}$$
$$=\underbrace{A\overline{C}\cdot 1}_{X\cdot 1=X}+\overline{A}\,\overline{B}$$
$$=A\overline{C}+\overline{A}\,\overline{B}$$

중요

불대수의 **정리**

정 리	논리합	논리곱	비 고
(정리 1)	$X+0=X$	$X\cdot 0=0$	–
(정리 2)	$X+1=1$	$X\cdot 1=X$	
(정리 3)	$X+X=X$	$X\cdot X=X$	
(정리 4)	$\overline{X}+X=1$	$\overline{X}\cdot X=0$	
(정리 5)	$\overline{X}+Y=Y+\overline{X}$	$X\cdot Y=Y\cdot X$	교환법칙
(정리 6)	$X+(Y+Z)=(X+Y)+Z$	$X(YZ)=(XY)Z$	결합법칙
(정리 7)	$X(Y+Z)=XY+XZ$	$(X+Y)(Z+W)=$ $XZ+XW+YZ+YW$	분배법칙
(정리 8)	$X+XY=X$	$X+\overline{X}Y=X+Y$	흡수법칙
(정리 9)	$\overline{(X+Y)}=\overline{X}\cdot\overline{Y}$	$\overline{(X\cdot Y)}=\overline{X}+\overline{Y}$	드모르간의 정리

(나) **무접점 논리회로**

시퀀스	논리식	논리회로
직렬회로	$Z=A\cdot B$ $Z=AB$	A, B — Z
병렬회로	$Z=A+B$	A, B — Z
a접점	$Z=A$	A — Z A — Z
b접점	$Z=\overline{A}$	A — Z A — Z A — Z

- 무접점 논리회로로 그린 후 논리식을 써서 반드시 다시 한 번 검토해 보는 것이 좋다.

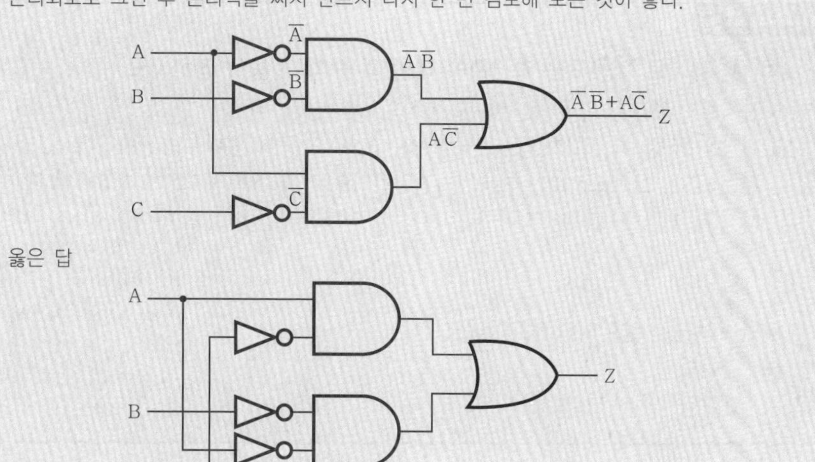

- 이것도 옳은 답

☆☆☆ 문제 14

지상 15층, 지하 5층 연면적 $7000m^2$의 특정소방대상물에 자동화재탐지설비의 음향장치를 설치하고자 한다. 다음 각 물음에 답하시오. (산업 13.11.문9)

득점	배점
	5

- ○ 11층에서 발화한 경우 경보를 발하여야 하는 층 :
- ○ 1층에서 발화한 경우 경보를 발하여야 하는 층 :
- ○ 지하 1층에서 발화한 경우 경보를 발하여야 하는 층 :

해답
- ○ 11층에서 발화한 경우 경보를 발하여야 하는 층 : 11층, 12~15층
- ○ 1층에서 발화한 경우 경보를 발하여야 하는 층 : 1층, 2~5층, 지하 1~5층
- ○ 지하 1층에서 발화한 경우 경보를 발하여야 하는 층 : 지하 1층, 1층, 지하 2~5층

해설 **자동화재탐지설비의 발화층 및 직상 4개층 우선경보방식** : **11층**(공동주택 **16층**) 이상인 특정소방대상물(NFPC 203 8조, NFTC 203 2.5.1.2)

발화층	경보층	
	11층(공동주택 16층) 미만	11층(공동주택 16층) 이상
2층 이상 발화	전층 일제 경보	• 발화층 • 직상 4개층
1층 발화		• 발화층 • 직상 4개층 • 지하층
지하층 발화		• 발화층 • 직상층 • 기타의 지하층

- 11층 발화 : **11층**(발화층), **12~15층**(직상 4개층)
- 1층 발화 : **1층**(발화층), **2~5층**(직상 4개층), **지하 1~5층**(지하층)
- 지하 1층 발화 : **지하 1층**(발화층), **1층**(직상층), **지하 2~5층**(기타의 지하층)

☆☆

문제 15

예비전원설비로 이용되는 축전지에 대한 다음 각 물음에 답하시오. (08.11.문8)

득점	배점
	6

(가) 자기방전량만을 항상 충전하는 방식의 명칭을 쓰시오.

(나) 비상용 조명부하 200V용, 50W 80등, 30W 70등이 있다. 방전시간은 30분이고, 축전지는 HS형 110cell이며, 허용최저전압은 190V, 최저축전지온도가 5℃일 때 축전지용량[Ah]을 구하시오. (단, 경년용량저하율은 0.8, 용량환산시간은 1.2h이다.)

○ 계산과정 :

○ 답 :

(다) 연축전지와 알칼리축전지의 공칭전압[V]을 쓰시오.

○ 연축전지 :

○ 알칼리축전지 :

해답 (가) 세류충전방식

(나) ○ 계산과정 : $I=\dfrac{50\times80+30\times70}{200}$

$=30.5\text{A}$

$C=\dfrac{1}{0.8}\times1.2\times30.5$

$=45.75\text{Ah}$

○ 답 : 45.75Ah

(다) ○ 연축전지 : 2V

○ 알칼리축전지 : 1.2V

해설 (가) **충전방식**

구 분	설 명
보통충전방식	필요할 때마다 표준시간율로 충전하는 방식
급속충전방식	보통 충전전류의 **2배**의 **전류**로 충전하는 방식
부동충전방식	① 전지의 자기방전을 보충함과 동시에 상용부하에 대한 전력공급은 충전기가 부담하되, 부담하기 어려운 일시적인 대전류부하는 축전지가 부담하도록 하는 방식으로 **가장 많이 사용**된다. ② 축전지와 부하를 충전기(정류기)에 병렬로 접속하여 충전과 방전을 동시에 행하는 방식이다. 표준부동전압 : **2.15~2.17V** 교류입력 (교류전원) / 정류기 (충전기) / 축전지 / 부하 (상시부하) ▮부동충전방식▮
균등충전방식	각 축전지의 전위차를 보정하기 위해 1~3개월마다 10~12시간 1회 충전하는 방식이다. 균등충전전압 : **2.4~2.5V**
세류충전 (트리클충전) **방식**	**자기방전량**만 항상 **충전**하는 방식
회복충전방식	축전지의 과방전 및 방치상태, 가벼운 설페이션현상 등이 생겼을 때 기능회복을 위하여 실시하는 충전방식 ※ **설페이션**(sulfation) : 충전이 부족할 때 축전지의 극판에 백색 황색연이 생기는 현상

(나) ① **전류**

$$I=\frac{P}{V}$$

여기서, I : 전류〔A〕
P : 전력〔W〕
V : 전압〔V〕

전류 $I=\frac{P}{V}=\frac{50\times80+30\times70}{200}=30.5\text{A}$

② **축전지**의 **용량**

$$C=\frac{1}{L}KI$$

여기서, C : 축전지용량〔Ah〕
L : 용량저하율(보수율)
K : 용량환산시간〔h〕
I : 방전전류〔A〕

축전지의 용량 $C=\frac{1}{L}KI=\frac{1}{0.8}\times1.2\times30.5=45.75\text{Ah}$

(다) **연축전지**와 **알칼리축전지**의 비교

구 분	연축전지	알칼리축전지
공칭전압	2.0V/cell	1.2V/cell
방전종지전압	1.6V/cell	0.96V/cell
기전력	2.05~2.08V/cell	1.32V/cell
공칭용량	10Ah	5Ah
기계적 강도	약하다.	강하다.
과충방전에 의한 전기적 강도	약하다.	강하다.
충전시간	길다.	짧다.
종류	클래드식, 페이스트식	소결식, 포켓식
수명	5~15년	15~20년

중요

공칭전압의 **단위**는 V로도 나타낼 수 있지만 좀 더 정확히 표현하자면 **V/cell**이다.

☆☆☆

문제 16

자동화재탐지설비용 감지기를 설치하지 않은 장소에 대해 5가지를 쓰시오. (단, 화재안전기준 각 호의 내용을 1가지로 본다.)

(13.4.문3, 10.4.문5)

득점	배점
	5

○
○
○
○
○

해답 ① 부식성 가스 체류장소
② 목욕실·욕조나 샤워시설이 있는 화장실, 기타 이와 유사한 장소
③ 천장 또는 반자의 높이가 20m 이상인 장소(단, 감지기의 부착높이에 따라 적응성이 있는 장소 제외)

④ 고온도 및 저온도로서 감지기의 기능이 정지되기 쉽거나 감지기의 유지관리가 어려운 장소
⑤ 헛간 등 외부와 기류가 통하는 장소로서 감지기에 의하여 화재발생을 유효하게 감지할 수 없는 장소

해설

- **'실내용적이 $20m^3$ 이하인 장소'**는 쓰지 않도록 주의하라! 쓰면 틀린다. → 2015년 1월 23일에 이 내용은 삭제되었다.

감지기의 **설치제외장소**(NFPC 203 7조 ⑤항, NFTC 203 2.4.5)

(1) 천장 또는 반자의 높이가 **20m** 이상인 장소(단, 감지기의 부착높이에 따라 적응성이 있는 장소 제외)
(2) **헛간** 등 외부와 기류가 통하는 장소로서 감지기에 의하여 **화재발생**을 유효하게 감지할 수 없는 장소
(3) **목욕실** · 욕조나 샤워시설이 있는 **화장실,** 기타 이와 유사한 장소
(4) **부식성** 가스가 체류하고 있는 장소
(5) **프레스공장** · **주조공장** 등 화재발생의 위험이 적은 장소로서 감지기의 유지관리가 어려운 장소
(6) **고온도** 및 **저온도**로서 감지기의 기능이 정지되기 쉽거나 감지기의 **유지관리**가 어려운 장소
(7) **파이프덕트** 등 그 밖의 이와 비슷한 것으로서 **2개** 층마다 방화구획된 것이나 수평단면적이 **$5m^2$** 이하인 것
(8) **먼지** · **가루** 또는 **수증기**가 다량으로 체류하는 장소 또는 **주방** 등 평상시에 연기가 발생하는 장소(**연기감지기**만 적용)

기억법 **감제헛목 부프주고**

"아는 것만으로는 충분하지 않다. 적용해야만 한다. 자발적 의지만으로는 충분하지 않다. 실행해야만 한다."

– 괴테 –

▌2016년 기사 제2회 필답형 실기시험▐

자격종목	시험시간	형별	수험번호	성명	감독위원 확 인
소방설비기사(전기분야)	3시간				

※ 다음 물음에 답을 해당 답란에 답하시오.(배점 : 100)

문제 01

하나의 단지 내에 다수동이 존재하는 경우 자동화재탐지설비의 효율적 관리와 감시를 위해 통신망을 구성하여 중앙집중관리시스템을 구성하고자 한다. 통신망의 위상(Topology)에 따른 망의 개요와 장점 및 단점을 각각 3가지만 쓰시오. (08.4.문2)

득점	배점
	6

구 분 \ 망의 종류	STAR형	RING형
망의 개요		
장점	○ ○ ○	○ ○ ○
단점	○ ○ ○	○ ○ ○

해답

구 분 \ 망의 종류	STAR형	RING형
망의 개요	각 호스트가 중앙전송제어장치에 직접 연결되는 방식	각 호스트가 양쪽 호스트와 전용으로 연결되어 루프형태를 이루는 방식
장점	○확장 용이 ○유지·보수 용이 ○한 호스트의 고장이 전체 네트워크에 영향을 미치지 않음	○설치와 재구성이 쉬움 ○장애발생 호스트를 쉽게 찾음 ○STAR형보다 케이블링에 드는 비용이 적음
단점	○설치시 케이블링에 비용이 많이 듦 ○통신량이 많은 경우 전송지연 발생 ○중앙전송제어장치 고장시 네트워크 동작 불능	○링을 제어하기 위한 절차 복잡 ○링에 결함 발생시 전체 네트워크 사용 불능 ○호스트 추가시 링을 절단하고 호스트 추가

해설

구 분 \ 망의 종류	STAR형	RING형
구조		
망의 개요	① 각 호스트가 **중앙전송제어장치**에 점대점으로 링크에 의해 직접 접속되는 방식	① 각 호스트가 양쪽 호스트와 전용으로 점대점으로 연결되어 **루프형태**를 이루는 방식

망의 개요	② 모든 노드(node)가 **중앙 노드**에 직접 연결되는 토폴로지 구성 형태 ③ 모든 통신이 중앙제어기를 경유해서 이루어지는 방식	② 각 장치들이 **원형**(환형) 경로를 따라 연결되는 **네트워크 형상** ③ 각 장치가 **이웃**하는 장치와 **점대점 링크**를 갖는 방식
장점	① **확장**이 **용이**함 ② 고장발견이 쉽고 **유지ㆍ보수**가 용이함 ③ 한 호스트의 고장이 **전체 네트워크**에 영향을 **미치지 않음** ④ 한 링크가 제거되어도 다른 링크는 영향을 받지 않음	① **설치**와 **재구성**이 쉬움 ② 장애가 발생한 **호스트**를 **쉽게 찾음** ③ 호스트의 수가 늘어나도 **네트워크**의 성능에는 별로 **영향**을 **미치지 않음** ④ STAR형보다 **케이블링**에 드는 **비용**이 **적음**
단점	① 설치시에 **케이블링**에 **비용**이 많이 듦 ② 통신량이 많은 경우 **전송지연**이 발생함 ③ **중앙전송제어장치**가 고장이 나면 네트워크는 **동작**이 **불가능**	① 링을 제어하기 위한 **절차**가 **복잡**하여 기본적인 지연이 존재함 ② 링에 결함이 발생하면 **전체 네트워크**를 사용할 수 없기 때문에 이를 해결하기 위해 **이중링**을 사용함 ③ 호스트를 추가하기 위해서는 **링**을 **절단**하고 **호스트**를 **추가**해야 함

☆☆☆

문제 02

상가 매장에 설치되어 있는 제연설비의 전기적인 계통도이다. Ⓐ~Ⓔ까지의 배선수와 각 배선의 용도를 쓰시오. (단, 모든 댐퍼는 기동, 복구형 댐퍼방식이며, 배선수는 운전조작상 필요한 최소전선수를 쓰도록 한다.)

(08.11.문4)

득점	배점
	10

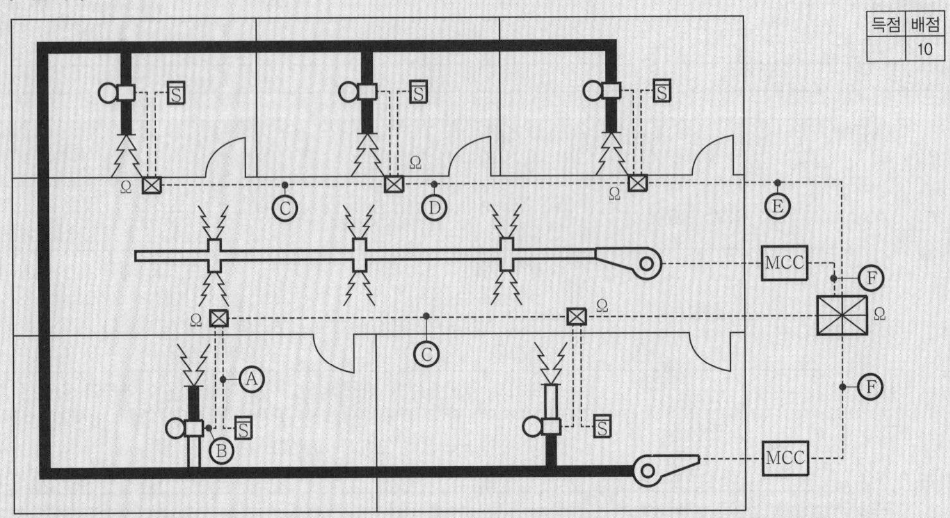

기 호	구 분	배선수	배선굵기	배선의 용도
Ⓐ	감지기 ↔ 수동조작함		$1.5mm^2$	
Ⓑ	댐퍼 ↔ 수동조작함		$2.5mm^2$	
Ⓒ	수동조작함 ↔ 수동조작함		$2.5mm^2$	
Ⓓ	수동조작함 ↔ 수동조작함		$2.5mm^2$	
Ⓔ	수동조작함 ↔ 수신반		$2.5mm^2$	
Ⓕ	MCC ↔ 수신반	5	$2.5mm^2$	공통, 기동, 정지, 운전표시, 정지표시

해답

기 호	구 분	배선수	배선굵기	배선의 용도
Ⓐ	감지기↔수동조작함	4	1.5mm²	지구, 공통 각 2가닥
Ⓑ	댐퍼↔수동조작함	5	2.5mm²	전원 ⊕·⊖, 복구, 기동, 확인
Ⓒ	수동조작함↔수동조작함	6	2.5mm²	전원 ⊕·⊖, 복구, 지구, 기동, 확인
Ⓓ	수동조작함↔수동조작함	9	2.5mm²	전원 ⊕·⊖, 복구, (지구, 기동, 확인)×2
Ⓔ	수동조작함↔수신반	12	2.5mm²	전원 ⊕·⊖, 복구, (지구, 기동, 확인)×3
Ⓕ	MCC↔수신반	5	2.5mm²	공통, 기동, 정지, 운전표시, 정지표시

해설

- 단서에서 기동, 복구형 댐퍼방식이므로 '**복구선**'이 추가되는 것에 주의하라!

(1) **제연설비**

화재시 발생하는 연기를 감지하여 방연 및 제연함은 물론 화재의 확대, 연기의 확산을 막아 질식으로 인한 귀중한 인명피해를 줄이는 안전설비

(2) **기동형 댐퍼를 사용할 경우**

기 호	구 분	배선수	배선굵기	배선의 용도
Ⓐ	감지기↔수동조작함	4	1.5mm²	지구, 공통 각 2가닥
Ⓑ	댐퍼↔수동조작함	4	2.5mm²	전원 ⊕·⊖, 기동, 확인
Ⓒ	수동조작함↔수동조작함	5	2.5mm²	전원 ⊕·⊖, 지구, 기동, 확인
Ⓓ	수동조작함↔수동조작함	8	2.5mm²	전원 ⊕·⊖, (지구, 기동, 확인)×2
Ⓔ	수동조작함↔수신반	11	2.5mm²	전원 ⊕·⊖, (지구, 기동, 확인)×3
Ⓕ	MCC↔수신반	5	2.5mm²	공통, 기동, 정지, 운전표시(기동확인표시등), 정지표시(전원표시등)

* Ⓕ : 실제 실무에서는 **교류방식**은 4가닥(**기동 2**, **확인 2**), **직류방식**은 4가닥(**전원 ⊕·⊖**, **기동 1**, **확인 1**)을 사용한다.

(3) **동일한 용어**

- 지구=감지기
- 복구=복구스위치
- 기동=기동스위치
- 정지=정지스위치
- 확인=기동표시등=기동확인표시등=기동표시
- 전원표시=전원표시등=전원감시등

☆☆ 문제 03

광전식 분리형 감지기의 설치기준 중 (　　) 안에 알맞은 것을 쓰시오. (19.6.문6, 07.11.문9)

득점	배점
	5

- ○감지기의 (①)은 햇빛을 직접 받지 않도록 설치할 것
- ○광축은 나란한 벽으로부터 (②) 이상 이격하여 설치할 것
- ○감지기의 송광부와 수광부는 설치된 (③)으로부터 1m 이내 위치에 설치할 것
- ○광축의 높이는 천장 등 높이의 (④) 이상일 것
- ○감지기의 광축의 길이는 (⑤) 범위 이내일 것

○답란

①	②	③	④	⑤

①	②	③	④	⑤
수광면	0.6m	뒷벽	80%	공칭감시거리

해설

- '**수광면**'을 '**수광부**'로 답하지 않도록 주의하라!
- '**뒷벽**'이라고 써야지 '**벽**'만 쓰면 틀린다.
- '**공칭감지거리**'로 쓰지 않도록 주의하라!

(1) **광전식 분리형 감지기**의 **설치기준**(NFPC 203 7조 ③항 15호, NFTC 203 2.4.3.15)

① 감지기의 **수광면**은 **햇빛**을 직접 받지 않도록 설치할 것
② 광축은 나란한 벽으로부터 **0.6m 이상** 이격하여 설치할 것
③ 감지기의 송광부와 수광부는 설치된 **뒷벽**으로부터 **1m 이내** 위치에 설치할 것
④ 광축의 높이는 천장 등 높이의 **80% 이상**일 것
⑤ 감지기의 광축의 길이는 **공칭감시거리** 범위 이내일 것

(2) **아날로그식 분리형 광전식 감지기**의 **공칭감시거리**(감지기형식 19)
5~100m 이하로 하여 **5m 간격**으로 한다.

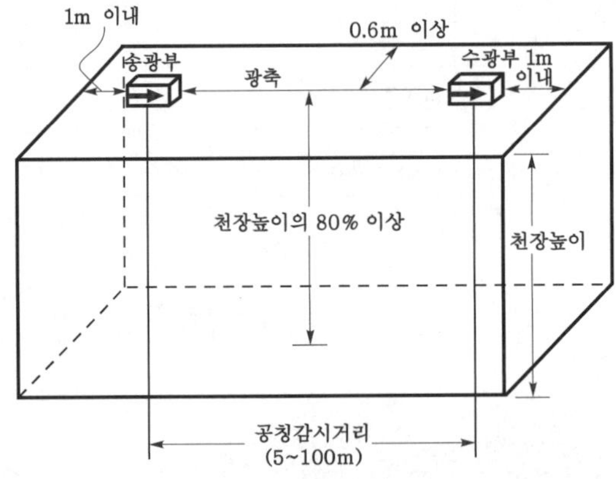

▎광전식 분리형 감지기▎

(3) **특수한 장소**에 **설치하는 감지기**(NFPC 203 7조 ④항, NFTC 203 2.4.4)

장 소	적응감지기
• 화학공장 • 격납고 • 제련소	• 광전식 분리형 감지기 • 불꽃감지기
• 전산실 • 반도체공장	• 광전식 공기흡입형 감지기

☆☆

문제 04

초고층빌딩이나 대단지 아파트 등에 사용되는 R형 수신기용 신호선으로 사용하는 쉴드선에 대하여 다음 각 물음에 답하시오.

(09.4.문1)

(가) 신호선을 쉴드선으로 사용하는 이유를 쓰시오.
(나) 신호선을 서로 꼬아서 사용하는 이유를 쓰시오.
(다) 쉴드선을 접지하는 이유를 쓰시오.

득점	배점
	5

(가) 전자파의 방해 방지
(나) 자계를 서로 상쇄시키기 위해
(다) 유도전파를 대지로 흘려보내기 위해

- (가) '**전파 방해 방지**'라고 써도 맞다.
- (나) '**자계 상쇄 목적**'이라고 써도 맞다.
- 쉴드선=실드선

쉴드선(shield wire)(NFPC 203 11조, NFTC 203 2.8.1.2.1)

구 분	설 명
사용처	**아날로그식, 다신호식 감지기**나 **R형 수신기용**으로 사용하는 배선
사용목적	**전자파 방해**를 **방지**하기 위하여
서로 꼬아서 사용하는 이유	**자계**를 서로 **상쇄**시키도록 하기 위하여 2선을 서로 꼬아서 사용 ‖ 쉴드선의 내부 ‖
접지이유	**유도전파**가 발생하는 경우 이 전파를 **대지**로 흘려보내기 위하여
종류	① **내열성 케이블(H-CVV-SB)** : 비닐절연 비닐시즈 내열성 제어용 케이블 ② **난연성 케이블(FR-CVV-SB)** : 비닐절연 비닐시즈 난연성 제어용 케이블
광케이블의 경우	**전자파 방해**를 받지 않고 **내열성능**이 있는 경우 사용 가능

중요

쉴드선의 **단면** 및 **외형**

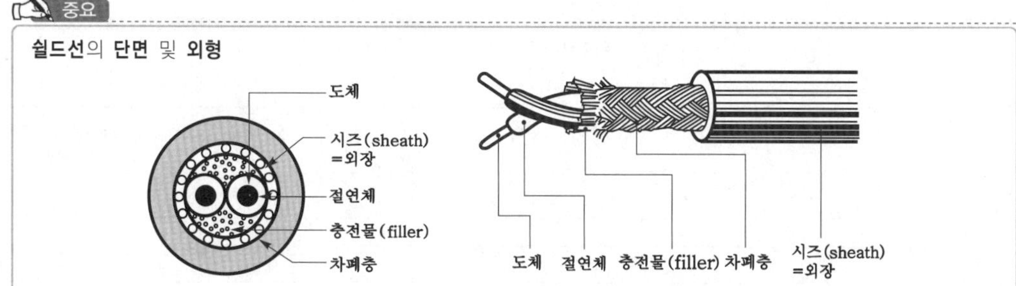

‖ 쉴드선 ‖

참고

R형 수신기의 **통신방식**

구 분	설 명
변조방식	**PCM(Pulse Code Modulation) 방식** : 데이터를 전송하기 위해서 모든 정보를 **0**과 **1**의 디지털데이터로 변환하여 **8비트**의 펄스로 변환시켜 통신선로를 이용하여 송수신하는 방식
전송방식	**시분할(Time Division) 방식** : 좁은 시간 간격으로 펄스를 분할하고 다시 각 중계기별로 **펄스 위치**를 어긋나게 하여 분할된 펄스를 각 중계기별로 송수신하는 방식
신호(제어)방식	**번지 지정(Polling Addressing) 방식** : 수신기와 수많은 중계기 간의 통신에서 **중계기 호출신호**에 따라 데이터의 중복을 피하고 해당하는 중계기를 호출하여 데이터를 주고받는 방식

☆☆ **문제 05**

다음은 내화구조인 지하 1층, 지상 5층인 건물의 지상 1층 평면도이다. 각 층의 층고는 4.3m이고 천장과 반자 사이의 높이는 0.5m이다. 각 실에는 반자가 설치되어 있으며, 계단감지기는 3층과 5층에 설치되어 있다. 다음 각 물음에 답하시오. (10.7.문8)

득점	배점
	7

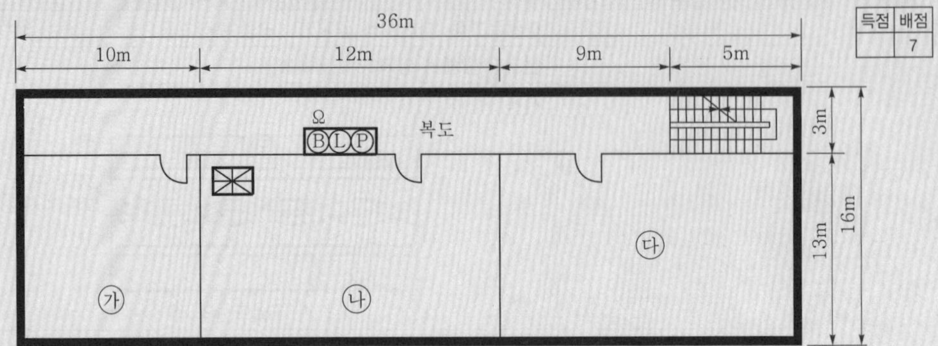

(가) 다음의 빈칸에 해당 개소에 설치하여야 하는 감지기의 수량을 산출식과 함께 쓰시오.

개 소	적용 감지기 종류	산출식	수량(개)
㉮실	차동식 스포트형 2종		
㉯실	연기감지기 2종		
㉰실	정온식 스포트형 1종		
복도	연기감지기 2종		

(나) (가)에서 구한 감지기수량을 위 평면도상에 각 감지기의 도시기호를 이용하여 그려 넣고 각 기기 간을 배선하되 배선수를 명시하시오. (배선수 명시 예 —///—)

해답 (가)

개 소	적용 감지기 종류	산출식	수량(개)
㉮실	차동식 스포트형 2종	$\frac{10\times13}{70}=1.86 \fallingdotseq 2$	2개
㉯실	연기감지기 2종	$\frac{13\times12}{150}=1.04 \fallingdotseq 2$	2개
㉰실	정온식 스포트형 1종	$\frac{13\times(9+5)}{60}=3.03 \fallingdotseq 4$	4개
복도	연기감지기 2종	$\frac{(10+12+9)}{30}=1.03 \fallingdotseq 2$	2개

(나)

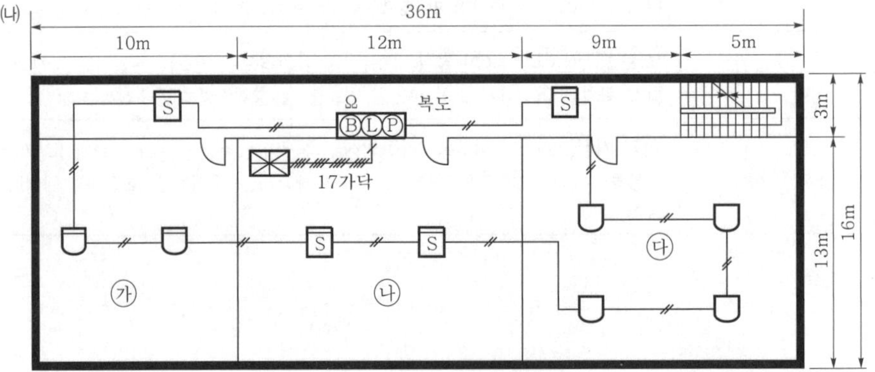

해설 (가)

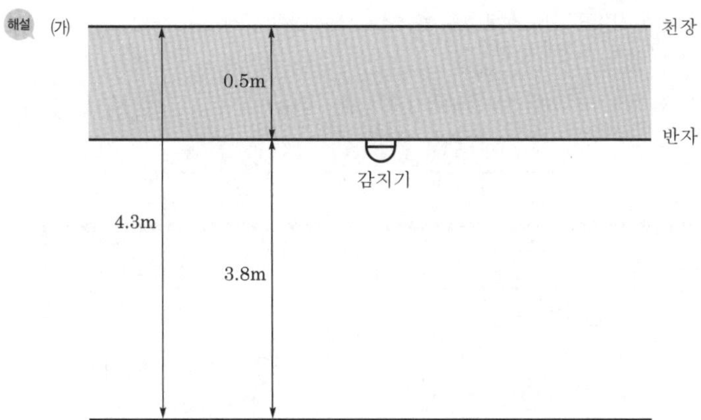

높이는 4.3m, 천장과 반자 사이의 간격은 **0.5m**이므로 바닥에서부터 감지기까지의 설치높이는 **4.3-0.5=3.8m**가 된다.

㉮, ㉰는 높이 **3.8m**, 조건에서 **내화구조**이므로 감지기 개수를 산출하면

(단위 : m^2)

부착높이 및 특정소방대상물의 구분		감지기의 종류				
		차동식·보상식 스포트형		정온식 스포트형		
		1종	2종	특종	1종	2종
4m 미만	내화구조	90	70	70	60	20
	기타 구조	50	40	40	30	15
4m 이상 8m 미만	내화구조	45	35	35	30	설치 불가능
	기타 구조	30	25	25	15	

㉮ 차동식 스포트형 감지기 2종$=\dfrac{\text{적용면적}}{70\text{m}^2}=\dfrac{(10\times13)\text{m}^2}{70\text{m}^2}\fallingdotseq1.86\fallingdotseq2$개(절상)

㉰ 정온식 스포트형 감지기 1종$=\dfrac{\text{적용면적}}{60\text{m}^2}=\dfrac{13\times(9+5)\text{m}^2}{60\text{m}^2}\fallingdotseq3.03\fallingdotseq4$개(절상)

㉯는 연기감지기로서 높이 **3.8m**만 고려하고 내화구조 또는 기타 구조와 무관하게 바닥면적이 정해지므로

(단위 : m^2)

부착높이	감지기의 종류	
	1종 및 2종	3종
4m 미만	150	50
4~20m 미만	75	설치 불가능

㉯ 연기감지기 2종$=\dfrac{13\times12}{150}=1.04\fallingdotseq2$개(절상)

복도는 연기감지기 2종을 설치하므로

보행거리 20m 이하	보행거리 30m 이하
3종 연기감지기	1·2종 연기감지기

복도 연기감지기 2종$=\dfrac{\text{보행거리}}{30\text{m}}=\dfrac{(10+12+9)\text{m}}{30\text{m}}\fallingdotseq1.03\fallingdotseq2$개(절상)

- **계단**은 **복도**의 길이에 **포함시키지 않는 것**에 주의할 것!
  복도는 적용 면적이 아닌 보행거리로 감지기 개수를 산정하는 것에 특히 주의하라!
- 복도는 별도의 경계구역으로 하지 않아도 됨

(나) 자동화재탐지설비의 감지기 사이의 회로의 배선은 송배선식으로 하여야 하므로 감지기 간 배선수는 다음과 같다. 루프된 곳은 **2가닥**, 그 외는 **4가닥**이 된다.

다음과 같이 결선해도 되지만 가능하면 루프(loop)형태로 배선해야 가닥수가 적게 소요되므로 답과 같이 결선하는 것을 권장한다.

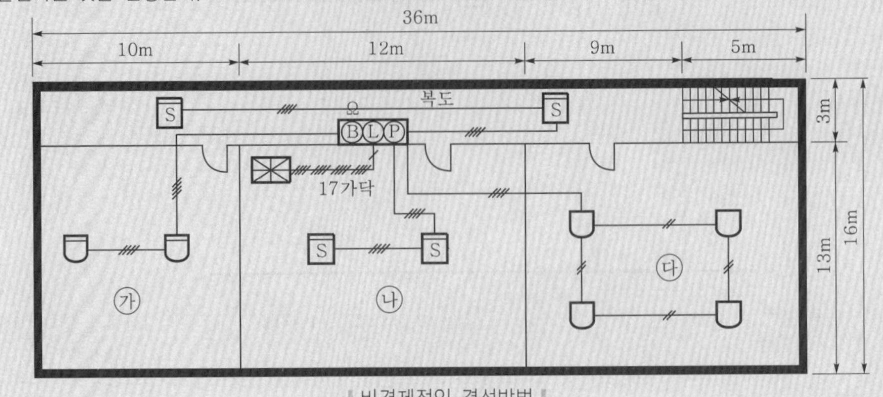

‖ 비경제적인 결선방법 ‖

- 지상 5층이므로 일제경보방식이지만 **경종선**은 **1가닥씩 추가**한다.
- 17가닥 : 회로선 7, 회로공통선 1, 경종선 6, 경종표시등공통선 1, 응답선 1, 공통선 1

17가닥

- 지하 1층, 지상 5층 건물이므로 각 층에 회로선 1가닥씩 **6가닥**, 계단에 회로선 **1가닥** 총 **7가닥**이 된다.
- 단서에서 계단감지기에 대한 언급이 있으므로 계단도 회로선을 추가하는 것이 옳다.
- **경종선**은 층수를 세면 되므로 **6가닥**이 된다.
- 계단은 경계구역 면적에서 제외하므로 (3m×5m)를 빼주어야 한다.
- 계단의 회로선은 $\frac{4.3\text{m}\times 6\text{층}}{45\text{m}} = 0.5 \fallingdotseq 1$회로가 된다(계단의 1경계구역은 높이 **45m** 이하이므로 45m로 나눔).
- 계단의 경계구역(회로)은 지하층과 지상층은 별개의 경계구역으로 하지만 지하 1층의 경우에는 지상층과 동일 경계구역으로 할 수 있으므로 **동일 경계구역**으로 처리하였다.

☆☆☆

문제 06

자동화재탐지설비의 발신기에서 표시등=40mA/1개, 경종=50mA/1개로 1회로당 90mA의 전류가 소모되며, 지하 1층, 지상 11층의 각 층별 2회로씩 총 24회로인 공장에서 P형 수신반 최말단 발신기까지 500m 떨어진 경우 다음 각 물음에 답하시오. (단, 직상 4개층 우선경보방식인 경우이다.)

(14.7.문2, 11.7.문2)

득점	배점
	10

(가) 표시등 및 경종의 최대소요전류와 총 소요전류를 구하시오.

○ 표시등의 최대소요전류 :

○ 경종의 최대소요전류 :

○ 총 소요전류 :

(나) 사용전선의 종류를 쓰시오.

(다) 2.5mm^2의 전선을 사용한 경우 최말단 경종 동작시 전압강하는 얼마인지 계산하시오.

○ 계산과정 :

○ 답 :

(라) (다)의 계산에 의한 경종 작동 여부를 설명하시오.
　○ 이유 :
　○ 답 :
(마) 직상 4개층 우선경보방식을 설치할 수 있는 특정소방대상물의 범위를 쓰시오.

해답 (가) ○ 표시등의 최대소요전류 : $40\times24=960\text{mA}=0.96\text{A}$ ○ 답 : 0.96A
○ 경종의 최대소요전류 : $50\times12=600\text{mA}=0.6\text{A}$ ○ 답 : 0.6A
○ 총 소요전류 : $0.96+0.6=1.56\text{A}$ ○ 답 : 1.56A
(나) 450/750V 저독성 난연 가교폴리올레핀 절연전선
(다) ○ 계산과정 : $e=\dfrac{35.6\times500\times1.06}{1000\times2.5}=7.547\fallingdotseq7.55\text{V}$
○ 답 : 7.55V
(라) ○ 이유 : $V_r=24-7.55=16.45\text{V}$
16.45V로서 $24\times0.8=19.2\text{V}$ 미만이므로
○ 답 : 작동하지 않는다.
(마) 11층(공동주택 16층) 이상

해설 (가) ① **표시등의 최대소요전류**
일반적으로 1회로당 표시등은 1개씩 설치되므로
$40\text{mA}\times24$개$=960\text{mA}=0.96\text{A}$

- 문제에서 전체 **24회로**이므로 **표시등**은 **24개**이다.
- 1000mA=1A이므로 960mA=**0.96A**이다.
- 단위가 주어지지 않았으므로 **960mA**라고 답해도 맞다.

② **경종의 최대소요전류**
일반적으로 1회로당 경종은 1개씩 설치되므로
$50\text{mA}\times12$개$=600\text{mA}=0.6\text{A}$

- 단서에서 '**발화층 및 직상 4개층 우선경보방식**'이므로 경종에서 최대로 전류가 소모될 때는 **1층**에서 화재가 발생한 경우이다. 1층에서 화재가 발생하여 **1층**, **2층**, **3층**, **4층**, **5층**, **지하 1층**의 경종이 동작할 때이므로 각 층에 **2회로×6개층=12개**이다.
- 1000mA=1A이므로 600mA=**0.6A**이다.
- 단위가 주어지지 않았으므로 **600mA**라고 답해도 맞다.

③ **총 소요전류**
총 소요전류=표시등의 최대소요전류+경종의 최대소요전류=0.96A+0.6A=1.56A

(나)
- '소방'용은 모두 **HFIX(450/750V 저독성 난연 가교폴리올레핀 절연전선)** 전선 사용
- 전선의 종류를 물어볼 때 'HFIX'라고 약호로 쓰면 틀리게 채점될 수 있다. 정확히 '**450/750V 저독성 난연 가교폴리올레핀 절연전선**'이라고 명칭을 쓰도록 하자!

중요

전선의 **명칭**

약 호	명 칭	최고허용온도
OW	옥외형 비닐절연전선	60℃
DV	인입용 비닐절연전선	
HFIX	450/750V 저독성 난연 가교폴리올레핀 절연전선	90℃
CV	가교폴리에틸렌 절연비닐외장케이블	

(다) **전선단면적**(단상 2선식)

$$A=\frac{35.6LI}{1000e}$$

여기서, A : 전선단면적[mm^2]
L : 선로길이[m]
I : 전류[A]
e : 전압강하[V]

경종 및 표시등은 **단상 2선식**이므로 전압강하 e는

$$e=\frac{35.6LI}{1000A}=\frac{35.6\times 500\times 1.06}{1000\times 2.5}=7.547 \fallingdotseq 7.55\text{V}$$

- 전압강하는 최대전류를 기준으로 하므로 경종 및 표시등에 흐르는 전류를 고려해야 한다.
- L(500m) : 문제에서 주어진 값
- I(1.06A) : (가)에서 구한 **표시등 최대소요전류(0.96A)**와 **최말단 경종전류**(50mA×2개=100mA=**0.1A**)의 합이다. (가)에서 구한 총 소요전류의 합인 1.56A를 곱하지 않도록 특히 주의하라!

〈비교〉

14.7.문2(나), 11.7.문2(다)	이 문제
경종이 작동하였다고 가정했을 때 최말단에서의 전압강하(경종에서 전류가 최대로 소모될 때 즉, 지상 1층 경종동작시 전압강하를 구하라는 문제)	최말단 경종동작시 전압강하(지상 11층 경종동작시 전압강하를 구하라는 문제)
지상 1층 발화한 경우를 의미	**지상 11층** 발화한 경우를 의미

- A(2.5mm^2) : 문제에서 주어진 값

(라) **전압강하**

$$e=V_s-V_r$$

여기서, e : 전압강하[V]
V_s : 입력전압(정격전압)[V]
V_r : 출력전압[V]

출력전압 V_r는

$$V_r=V_s-e=24-7.55=16.45\text{V}$$

- 자동화재탐지설비의 정격전압 : **직류 24V**이므로 $V_s=24\text{V}$

자동화재탐지설비의 정격전압은 **직류 24V**이고, 정격전압의 **80%** 이상에서 동작해야 하므로
동작전압=24×0.8=19.2V
출력전압은 **16.45V**로서 정격전압의 **80%**인 **19.2V** 미만이므로 **경종**은 **작동**하지 않는다.

중요

(1) **전압강하**(일반적으로 저항이 주어졌을 때 적용. 단, 예외도 있음)

단상 2선식	3상 3선식
$e=V_s-V_r=2IR$	$e=V_s-V_r=\sqrt{3}\,IR$

여기서, e : 전압강하[V], V_s : 입력전압[V], V_r : 출력전압[V], I : 전류[A], R : 저항[Ω]

(2) **전압강하**(일반적으로 저항이 주어지지 않았을 때 적용. 단, 예외도 있음)
① **정의** : 입력전압과 출력전압의 차
② **저압수전시 전압강하** : **조명 3%**(기타 5%) 이하(KEC 232.3.9)

전기방식	전선단면적	적응설비
단상 2선식	$A=\frac{35.6LI}{1000e}$	• 기타설비(경종, 표시등, 유도등, 비상조명등, 솔레노이드밸브, 감지기 등)
3상 3선식	$A=\frac{30.8LI}{1000e}$	• 소방펌프 • 제연팬
단상 3선식, 3상 4선식	$A=\frac{17.8LI}{1000e'}$	–

여기서, L : 선로길이[m]
I : 전부하전류[A]
e : 각 선간의 전압강하[V]
e' : 각 선간의 1선과 중성선 사이의 전압강하[V]

(마) 자동화재탐지설비의 **직상 4개층 우선경보방식 특정소방대상물** : **11층**(공동주택 **16층**) 이상인 특정소방대상물(NFPC 203 8조, NFTC 203 2.5.1.2)

‖ 직상 4개층 우선경보방식 ‖

발화층	경보층	
	11층(공동주택 16층) 미만	11층(공동주택 16층) 이상
2층 이상 발화	전층 일제 경보	• 발화층 • 직상 4개층
1층 발화		• 발화층 • 직상 4개층 • 지하층
지하층 발화		• 발화층 • 직상층 • 기타의 지하층

☆

문제 07

자동화재탐지설비의 수신기에 대한 비상전원 축전지의 용량을 산출하고자 한다. 주어진 조건을 이용하여 다음 각 물음에 답하시오. (14.11.문8, 11.5.문7)

득점	배점
	5

〔조건〕

① 경년 용량저하율은 0.8이다.

② 감시시간에 대한 용량 환산시간계수는 1.8이다.

③ 작동시간에 대한 용량 환산시간계수는 0.5이다.

④ 감시전류는 0.1A이다.

⑤ 2회선 작동전류 및 다른 회선 감시시의 전류는 0.7A이다.

(가) 60분간 감시 후 2회선이 10분간 작동하는 경우의 축전지의 용량〔Ah〕을 구하시오.

○ 계산과정 :

○ 답 :

(나) 1분간 2회선 작동함과 동시에 다른 회선을 감시하는 경우 및 10분간 2회선 작동함과 동시에 다른 회선을 감시하는 경우의 용량〔Ah〕을 구하시오.

○ 계산과정 :

○ 답 :

(가) ○ 계산과정 : $\frac{1}{0.8}[1.8\times0.1+0.5\times(0.7-0.1)]=0.6\text{Ah}$

○ 답 : 0.6Ah

(나) ○ 계산과정 : $\frac{1}{0.8}\times0.5\times0.7=0.437 \fallingdotseq 0.44\text{Ah}$

○ 답 : 0.44Ah

• 새로운 문제가 나와서 당황스럽겠지만 그럴수록 침착!

‖ 축전지의 용량 ‖

60분간 감시 후 2회선이 10분간 작동하는 경우	1분간 2회선 작동함과 동시에 다른 회선을 감시하는 경우 및 10분간 2회선 작동함과 동시에 다른 회선 감시의 경우
$C=\frac{1}{L}[K_1I_1+K_2(I_2-I_1)]$	$C=\frac{1}{L}K_2I_2$

여기서, C : 축전지의 용량[Ah]
L : 경년변화계수(0.8)
K_1 : 감시시간에 대한 용량 환산시간계수[**1.8**(니켈카드뮴), **2.3**(연축전지)]
K_2 : 작동시간에 대한 용량 환산시간계수[**0.5**(니켈카드뮴), **0.65**(연축전지)]
I_1 : 감시전류[A]
I_2 : 2회선 작동전류 및 다른 회선 감시시의 전류[A]

(가) **60분간 감시 후 2회선이 10분간 작동하는 경우**

$$C=\frac{1}{L}[K_1I_1+K_2(I_2-I_1)]=\frac{1}{0.8}[1.8\times0.1+0.5\times(0.7-0.1)]=\mathbf{0.6Ah}$$

- L(0.8) : [조건 ①]에서 주어진 값
- K_1(1.8) : [조건 ②]에서 주어진 값
- I_1(0.1A) : [조건 ④]에서 주어진 값
- K_2(0.5) : [조건 ③]에서 주어진 값
- I_2(0.7A) : [조건 ⑤]에서 주어진 값

(나) **1분간 2회선 작동함과 동시에 다른 회선을 감시하는 경우 및 10분간 2회선 작동함과 동시에 다른 회선 감시의 경우**

$$C=\frac{1}{L}K_2I_2=\frac{1}{0.8}\times0.5\times0.7=0.437 \fallingdotseq \mathbf{0.44Ah}$$

- L(0.8) : [조건 ①]에서 주어진 값
- K_2(0.5) : [조건 ③]에서 주어진 값
- I_2(0.7A) : [조건 ⑤]에서 주어진 값

☆☆☆

문제 08

다음의 기계기구와 운전조건을 이용하여 옥상의 소방용 고가수조에 물을 올릴 때 사용되는 양수펌프에 대한 수동 및 자동운전을 할 수 있도록 주회로와 제어회로를 완성하시오. (단, 회로작성에 필요한 접점수는 최소수만 사용하며, 접점기호와 약호를 기입하시오.) (09.4.문12)

득점	배점
	5

[조건]

〈기계기구〉

- 운전용 누름버튼스위치(PB_{-on}) 1개
- 정지용 누름버튼스위치(PB_{-off}) 1개
- 배선용 차단기(MCCB) 1개
- 자동·수동 전환스위치(S/S) 1개
- 전자접촉기(MC) 1개
- 열동계전기(THR) 1개
- 플로트스위치(FS) 1개

○ 퓨즈(제어회로용) 2개
○ 3상 유도전동기 1대

〈운전조건〉

○ 자동운전과 수동운전이 가능하도록 하여야 한다.
○ 자동운전은 리미트스위치(만수위 검출)에 의하여 이루어지도록 한다.
○ 수동운전인 경우에는 다음과 같이 동작되도록 한다.
 – 운전용 누름버튼스위치에 의하여 전자접촉기가 여자되어 전동기가 운전되도록 한다.
 – 정지용 누름버튼스위치에 의하여 전자접촉기가 소자되어 전동기가 정지되도록 한다.
 – 전동기운전 중 과부하 또는 과열이 발생되면 열동계전기가 동작되어 전동기가 정지되도록 한다.
  (단, 자동운전시에서도 열동계전기가 동작하면 전동기가 정지하도록 한다.)

〔회로도〕

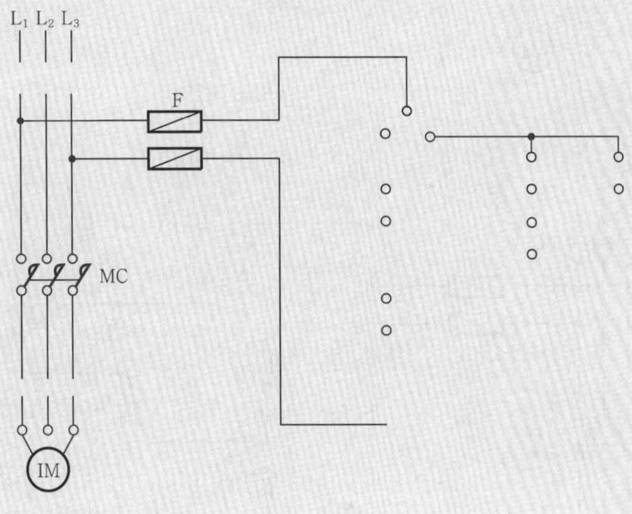

해답

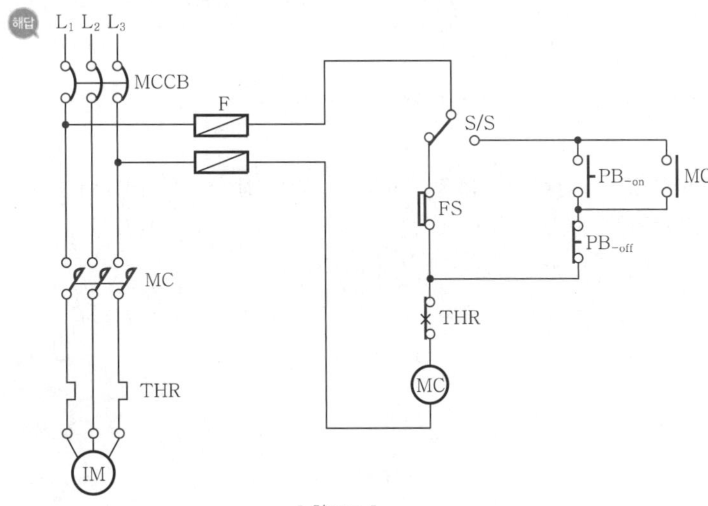

▌회로도▌

해설 다음과 같이 그려도 옳은 답이 된다.

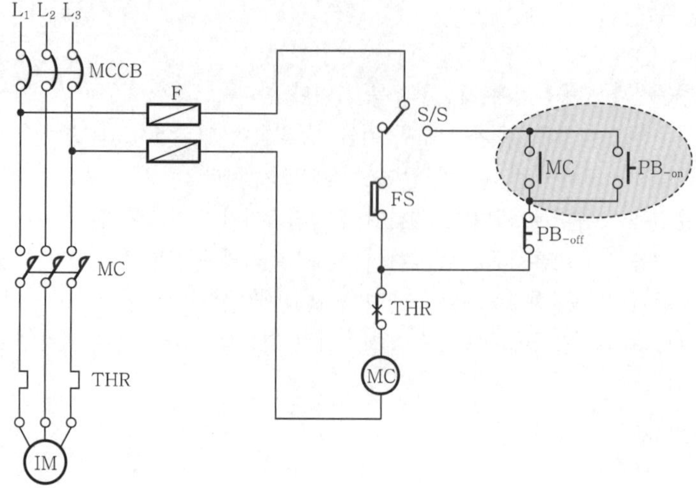

‖옳은 도면‖

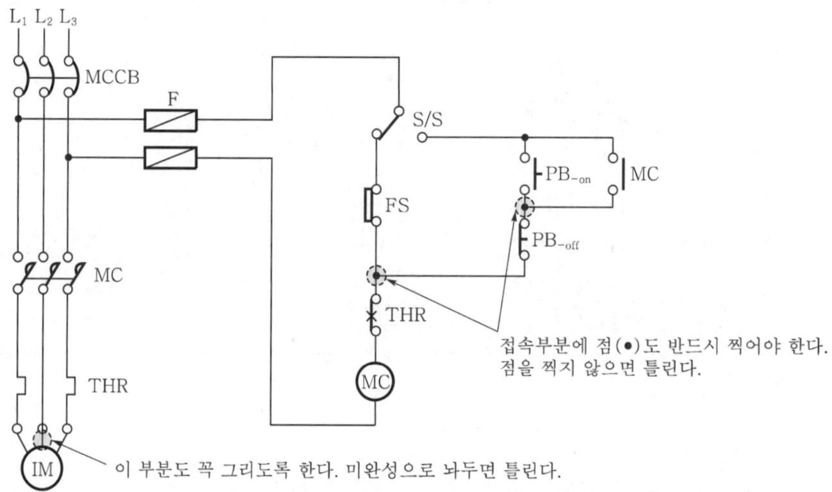

- 〈운전조건〉에서 리미트스위치는 **만수위**에 **검출**된다고 하였으므로 **b접점**으로 하는 것이 옳다. 기존 과년도 기출처럼 a접점이 아님을 특히 주의하라!
- 리미트스위치(플로트스위치)의 심벌은 FS 또는 (FS)으로 둘 다 옳다.

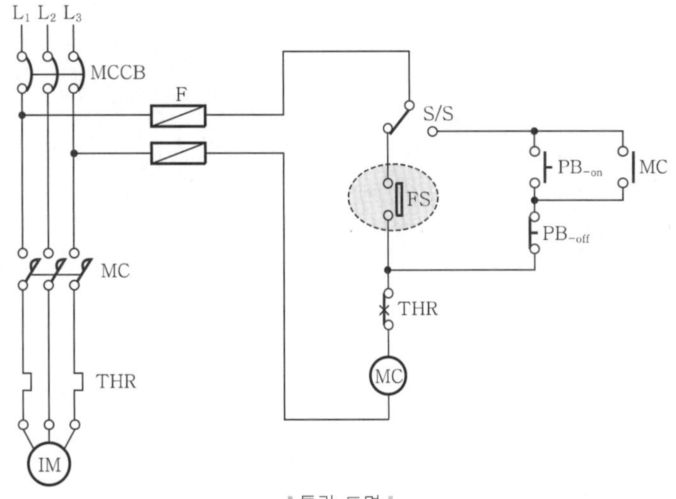

▌틀린 도면▌

★★

문제 09

다음 그림과 같이 지하 1층에서 지상 5층까지 각 층의 평면이 동일하고, 각 층의 높이가 4m인 학원건물에 자동화재탐지설비를 설치한 경우이다. 다음 물음에 답하시오. (12.11.문12)

득점	배점
	7

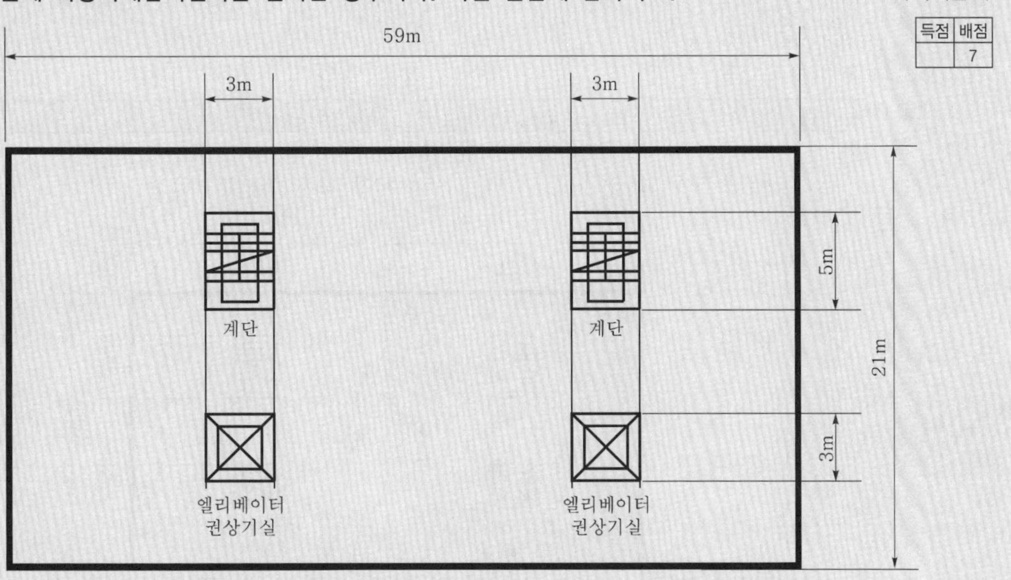

(가) 하나의 층에 대한 자동화재탐지설비의 수평 경계구역수를 구하시오.

○ 계산과정 :

○ 답 :

(나) 본 소방대상물 자동화재탐지설비의 수직 및 수평 경계구역수를 구하시오.

○ 수평경계구역

− 계산과정 :

− 답 :

> ○ 수직경계구역
> – 계산과정 :
> – 답 :
>
> (다) 본 건물에 설치해야 하는 수신기의 형별을 쓰시오.
> (라) 계단감지기는 각각 몇 층에 설치해야 하는지 쓰시오.
> (마) 엘리베이터 권상기실 상부에 설치해야 하는 감지기의 종류를 쓰시오.

해답

(가) ○ 계산과정 : $\dfrac{\frac{59}{2}\times 21-(3\times5)\times1-(3\times3)\times1}{600}=0.9 ≒ 1$경계구역

1경계구역×2개=2경계구역

$\dfrac{59}{50}=1.18 ≒ 2$경계구역

○ 답 : 2경계구역

(나) ○ 수평경계구역

– 계산과정 : $2\times6=12$경계구역

– 답 : 12경계구역

○ 수직경계구역

– 계산과정 : $\dfrac{4\times6}{45}=0.53 ≒ 1$

$2+(1\times2)=4$경계구역

– 답 : 4경계구역

(다) P형 수신기

(라) 지상 2층, 지상 5층

(마) 연기감지기 2종

해설 (가)

구 분	경계구역
지상 1층	• 길이가 59m로서 50m를 초과하므로 2개로 나누어 계산 • 적용 면적 : 595.5m² $\left(\frac{59\text{m}}{2}\times21\text{m}-(3\times5)\text{m}^2\times1개-(3\times3)\text{m}^2\times1개=595.5\text{m}^2\right)$ 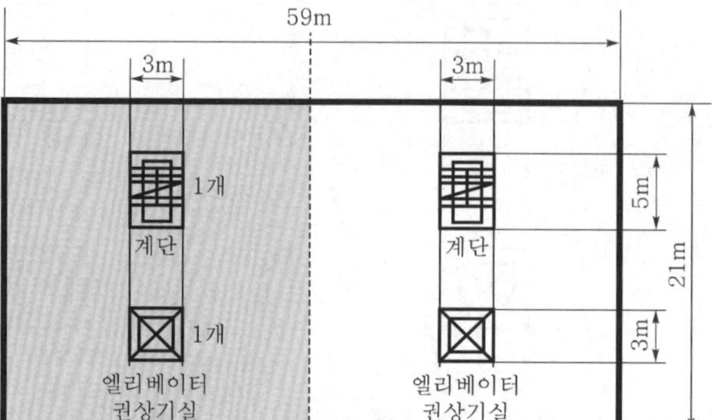 59m를 2개로 나누었으므로 계단과 엘리베이터는 각각 1개씩만 곱하면 된다. • 면적 경계구역 : $\frac{적용면적}{600\text{m}^2}=\frac{595.5\text{m}^2}{600\text{m}^2}=0.9 ≒ 1$경계구역(절상) • 1경계구역×2개=2경계구역 • 길이 경계구역 한 변의 길이가 59m로 50m를 초과하므로 길이를 나누어도 $\frac{59\text{m}}{50\text{m}}=1.18 ≒ 2$경계구역(절상) • 길이, 면적으로 각각 경계구역을 산정하여 둘 중 큰 것 선택

• **계단** 및 **엘리베이터**의 면적은 **적용 면적**에 포함되지 **않는다**.

아하! 그렇구나 각 층의 경계구역 산정

① 여러 개의 **건축물**이 있는 경우 각각 **별개**의 **경계구역**으로 한다.
② 여러 개의 **층**이 있는 경우 각각 **별개**의 **경계구역**으로 한다. (단, **2개층**의 면적의 합이 **500m^2 이하**인 경우는 **1경계구역**으로 할 수 있다.)
③ **지하층**과 **지상층**은 **별개**의 **경계구역**으로 한다(**지하 1층**인 경우에도 **별개**의 **경계구역**으로 한다. 주의! 또 주의!!).
④ 1경계구역의 면적은 **600m^2 이하**로 하고, 한 변의 길이는 **50m 이하**로 한다.
⑤ **목욕실 · 화장실** 등도 **경계구역 면적**에 **포함**한다.
⑥ **계단 및 엘리베이터의 면적**은 **경계구역 면적**에서 **제외**한다.

(나) ① **수평경계구역**
한 층당 2경계구역×6개층=12경계구역
② **수직경계구역**
계단+엘리베이터=2+2=4경계구역

구 분	경계구역
엘리베이터	• 2경계구역
계단 (지하 1층~지상 5층)	• 수직거리 : 4m×6층 = 24m • 경계구역 : $\frac{수직거리}{45m} = \frac{24m}{45m} = 0.53 ≒ 1$경계구역(절상) ∴ 1경계구역×2개소=2경계구역
합계	4경계구역

- **지하 1층**과 **지상층**은 **동일 경계구역**으로 한다.
- 수직거리 **45m 이하**를 **1경계구역**으로 하므로 $\frac{수직거리}{45m}$를 하면 경계구역을 구할 수 있다.
- 경계구역 산정은 **소수점**이 발생하면 반드시 **절상**한다.
- 엘리베이터의 경계구역은 높이 45m 이하마다 나누는 것이 아니고, **엘리베이터 개수**마다 **1경계구역**으로 한다.

아하! 그렇구나 계단 · 엘리베이터의 경계구역 산정

① **수직거리 45m** 이하마다 **1경계구역**으로 한다.
② **지하층**과 **지상층**은 **별개**의 **경계구역**으로 한다. (단, **지하 1층**인 경우에는 지상층과 **동일 경계구역**으로 한다.)
③ **엘리베이터마다 1경계구역**으로 한다.

(다) **수신기**의 **설치장소**

P형 수신기	R형 수신기
4층 이상이고 **40회로** 이하	**40회로** 초과, 중계기가 사용되는 대형 건축물(4층 이상)

- **지상 5층**으로서 **총 16경계구역**(수평 12경계구역+수직 4경계구역)으로서 **4층 이상**이고 **40회로 이하**이므로 **P형 수신기**를 설치한다.
- 16경계구역=16회로

(라), (마)

계단 엘리베이터 / 엘리베이터 계단
5층 4층 3층 2층 1층 지하 1층

‖ 연기감지기(2종) ‖

구 분	감지기 개수
엘리베이터	2개
계단 (지하 1층~지상 5층)	• 수직거리 : 4m×6층=24m • 감지기 개수 : $\frac{\text{수직거리}}{15\text{m}} = \frac{24\text{m}}{15\text{m}} = 1.6 ≒ 2$개(절상) ∴ 2개×2개소=4개
합계	6개

- 특별한 조건이 없는 경우 수직경계구역에는 **연기감지기 2종**을 설치한다.
- 연기감지기 2종은 수직거리 **15m 이하**마다 설치하여야 하므로 $\frac{\text{수직거리}}{15\text{m}}$를 하면 감지기 개수를 구할 수 있다.
- 감지기 개수 산정시 **소수점**이 발생하면 반드시 **절상**한다.
- 엘리베이터의 연기감지기 2종은 수직거리 15m마다 설치되는 것이 아니고 **엘리베이터 개수**마다 **1개씩** 설치한다.
- 계단에는 2개를 설치하므로 적당한 간격인 **지상 2층**과 **지상 5층**에 설치하면 된다.

아하! 그렇구나 **계단 · 엘리베이터의 감지기 개수 산정**

① 연기감지기 **1 · 2종** : 수직거리 **15m**마다 설치한다.
② 연기감지기 **3종** : 수직거리 **10m**마다 설치한다.
③ **지하층**과 **지상층**은 **별도**로 **감지기 개수**를 **산정**한다. (단, 지하 1층의 경우에는 제외한다.)
④ **엘리베이터마다** 연기감지기는 **1개씩** 설치한다.

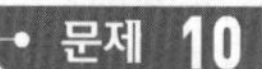

☆☆☆ **문제 10**

한국전기설비규정(KEC)의 금속관시설에 관한 사항이다. ( ) 안에 알맞은 말을 쓰시오.

득점	배점
	5

○ 관 상호간 및 관과 박스 기타의 부속품과는 (①)접속 기타 이와 동등 이상의 효력이 있는 방법에 의하여 견고하고 또한 전기적으로 완전하게 접속할 것
○ 관의 (②)부분에는 전선의 피복을 손상하지 아니하도록 적당한 구조의 (③)을 사용할 것. 다만, 금속관공사로부터 (④)공사로 옮기는 경우에는 그 부분의 관의 (⑤)부분에는 (⑥) 또는 이와 유사한 것을 사용하여야 한다.

해답 ① 나사
② 끝
③ 부싱
④ 애자사용
⑤ 끝
⑥ 절연부싱

해설 **금속관시설**(KEC 232.12.3)

(1) 관 상호간 및 관과 박스 기타의 부속품과는 **나사접속** 기타 이와 동등 이상의 효력이 있는 방법에 의하여 견고하고 또한 전기적으로 완전하게 접속할 것
(2) 관의 **끝부분**에는 전선의 피복을 손상하지 아니하도록 적당한 구조의 **부싱**을 사용할 것(단, 금속관공사로부터 **애자사용공사**로 옮기는 경우에는 그 부분의 관의 **끝부분**에는 **절연부싱** 또는 이와 유사한 것을 사용하여야 한다.)
(3) 금속관을 금속제의 **풀박스**에 접속하여 사용하는 경우에는 (1)의 규정에 준하여 시설하여야 한다(단, 기술상 부득이한 경우에는 관 및 풀박스를 건조한 곳에서 불연성의 조영재에 견고하게 시설하고 또한 관과 풀박스 상호간을 전기적으로 접속하는 때에는 제외)

- **풀박스**(pull box) : 배관이 긴 곳 또는 굴곡 부분이 많은 곳에서 시공이 용이하도록 전선을 끌어들이기 위해 배선 도중에 사용하는 박스

☆☆☆

문제 11

유도전동기 부하에 사용할 비상용 자가발전설비를 선정하려고 한다. 다음 각 물음에 답하시오. (단, 기동용량 700kVA, 기동시 전압강하 20%까지 허용, 과도리액턴스 25%이다.) (14.7.문10, 09.7.문7)

득점	배점
	5

(가) 발전기용량은 몇 kVA 이상을 선정해야 하는지 구하시오.

○ 계산과정 :

○ 답 :

(나) 발전기용 차단기의 차단용량을 구하시오. (단, 차단용량의 여유율은 25%이다.)

○ 계산과정 :

○ 답 :

해답

(가) ○ 계산과정 : $\left(\frac{1}{0.2}-1\right)\times 0.25\times 700 = 700\text{kVA}$

○ 답 : 700kVA

(나) ○ 계산과정 : $\frac{700}{0.25}\times 1.25 = 3500\text{kVA}$

○ 답 : 3500kVA

해설 (가) **발전기용량**의 **산정**

$$P_n \geq \left(\frac{1}{e}-1\right)X_L P$$

여기서, P_n : 발전기용량〔kVA〕

e : 허용전압강하

X_L : 과도리액턴스

P : 기동용량〔kVA〕

$P_n \geq \left(\frac{1}{0.2}-1\right)\times 0.25\times 700 = 700\text{kVA}$

(나) 발전기용 **차단기**의 **용량**

$$P_s \geq \frac{P_n}{X_L}\times 1.25(\text{여유율})$$

여기서, P_s : 발전기용 차단기의 용량〔kVA〕

X_L : 과도리액턴스

P_n : 발전기용량〔kVA〕

$P_s \geq \frac{700}{0.25}\times 1.25 = 3500\text{kVA}$

- 단서에서 여유율 **25%**를 계산하라고 하여 1.25를 추가로 곱하지 않도록 주의하라! 왜냐하면 발전기용 차단기의 용량공식에 이미 여유율 25%가 적용되었기 때문이다.

$P_s \geq \frac{700}{0.25}\times 1.25\times \cancel{1.25}$

- 여유율 25%=125%=1.25
- 단위가 주어지지 않았으므로 **3500kVA**, **3.5MVA** 둘 다 맞다.

☆☆☆

문제 12

22W 중형 피난구유도등 24개가 AC 220V 사용전원에 연결되어 점등되고 있다. 이때 전원으로부터 공급전류〔A〕를 구하시오. (단, 유도등의 역률은 0.8이며, 유도등 배터리의 충전전류는 무시한다.)

(19.4.문10, 17.11.문14, 13.4.문8)

○ 계산과정 :

○ 답 :

득점	배점
	4

해답 ○ 계산과정 : $I=\dfrac{22\times24}{220\times0.8}=3\text{A}$

○ 답 : 3A

해설 **유도등**은 **단상 2선식**이므로

$$P=VI\cos\theta\eta$$

여기서, P : 전력〔W〕

V : 전압〔V〕

I : 전류〔A〕

$\cos\theta$: 역률

η : 효율

전류 I는

$$I=\frac{P}{V\cos\theta\eta}=\frac{22\times24\text{개}}{220\times0.8}=3\text{A}$$

• **효율**(η)은 주어지지 않았으므로 **무시**한다.

중요

방 식	공 식	적응설비
단상 2선식	$P=VI\cos\theta\eta$ 여기서, P : 전력〔W〕, V : 전압〔V〕, I : 전류〔A〕 $\cos\theta$: 역률, η : 효율	• 기타설비(유도등・비상조명등・솔레노이드밸브・감지기 등)
3상 3선식	$P=\sqrt{3}\,VI\cos\theta\eta$ 여기서, P : 전력〔W〕, V : 전압〔V〕, I : 전류〔A〕 $\cos\theta$: 역률, η : 효율	• 소방펌프 • 제연팬

☆☆

문제 13

청각장애인용 시각경보장치의 설치기준을 3가지만 쓰시오. (단, 화재안전기준 각 호의 내용을 1가지로 본다.)

(19.4.문16, 17.11.문5, 17.6.문4, 15.7.문8, 산업13.7.문1, 산업07.4.문4)

○

○

○

득점	배점
	5

해답 ① 복도・통로・청각장애인용 객실 및 공용으로 사용하는 거실에 설치하며, 각 부분에서 유효하게 경보를 발할 수 있는 위치에 설치

② 공연장·집회장·관람장 또는 이와 유사한 장소에 설치하는 경우에는 시선이 집중되는 무대부 부분 등에 설치

③ 바닥에서 2~2.5m 이하의 높이에 설치(단, 천장높이가 2m 이하는 천장에서 0.15m 이내의 장소에 설치)

해설 **청각장애인용 시각경보장치**의 **설치기준**(NFPC 203 8조, NFTC 203 2.5.2)

(1) **복도·통로·청각장애인용 객실** 및 공용으로 사용하는 **거실**에 설치하며, 각 부분에서 유효하게 경보를 발할 수 있는 위치에 설치할 것

(2) **공연장·집회장·관람장** 또는 이와 유사한 장소에 설치하는 경우에는 시선이 집중되는 **무대부 부분** 등에 설치할 것

(3) 바닥으로부터 **2~2.5m** 이하의 높이에 설치할 것(단, 천장높이가 **2m 이하**는 천장에서 **0.15m** 이내의 장소에 설치)

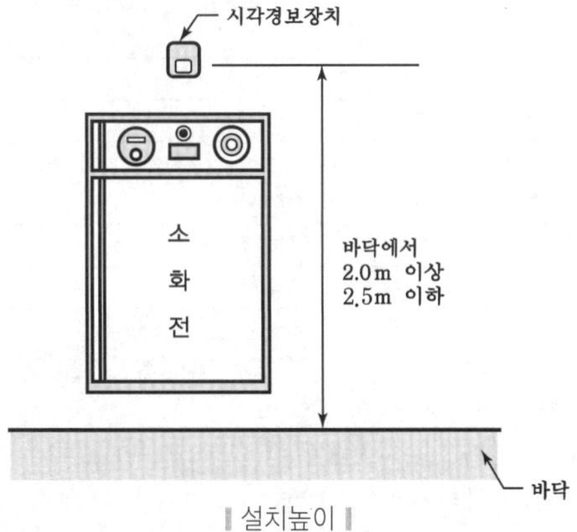

‖ 설치높이 ‖

(4) 광원은 **전용**의 **축전지설비** 또는 **전기저장장치**에 의해 점등되도록 할 것(단, 시각경보기에 작동전원을 공급할 수 있도록 형식승인을 얻은 **수신기**를 설치한 경우 제외)

☆☆☆ 문제 14

자동화재탐지설비와 스프링클러설비 프리액션밸브의 간선계통도이다. 다음 각 물음에 답하시오.

(19.11.문12, 17.4.문3, 15.4.문3, 14.7.문15, 14.4.문2, 13.4.문10, 12.4.문15, 11.7.문18, 04.4.문14)

득점	배점
	8

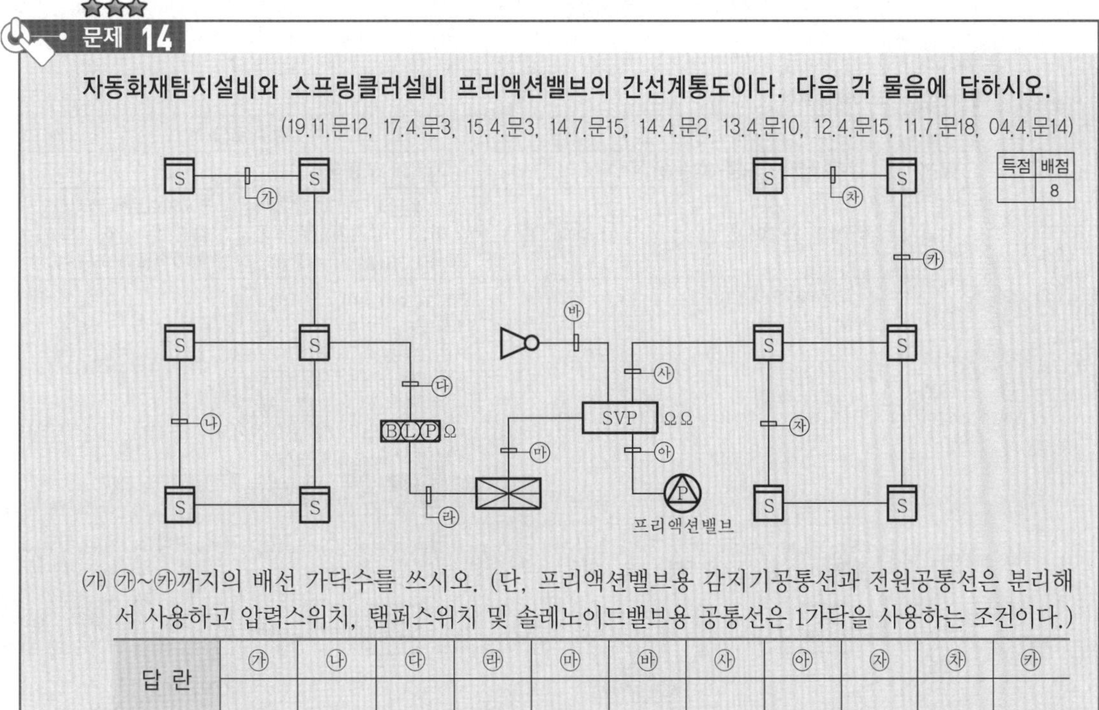

(가) ㉮~㉸까지의 배선 가닥수를 쓰시오. (단, 프리액션밸브용 감지기공통선과 전원공통선은 분리해서 사용하고 압력스위치, 탬퍼스위치 및 솔레노이드밸브용 공통선은 1가닥을 사용하는 조건이다.)

답 란	㉮	㉯	㉰	㉱	㉲	㉳	㉴	㉵	㉶	㉷	㉸

(나) ㉲의 배선별 용도를 쓰시오. (단, 해당 가닥수까지만 기록)

해답 (가)

답 란	㉮	㉯	㉰	㉱	㉲	㉳	㉴	㉵	㉶	㉷	㉸
	4가닥	2가닥	4가닥	6가닥	9가닥	2가닥	8가닥	4가닥	4가닥	4가닥	8가닥

(나) 전원 ⊕·⊖, 사이렌, 감지기 A·B, 솔레노이드밸브, 압력스위치, 탬퍼스위치, 감지기공통

해설 (가), (나)

기 호	가닥수	내 역
㉮	4가닥	지구선 2, 공통선 2
㉯	2가닥	지구선 1, 공통선 1
㉰	4가닥	지구선 2, 공통선 2
㉱	6가닥	지구선 1, 회로공통선 1, 경종선 1, 경종표시등공통선 1, 응답선 1, 표시등선 1
㉲	9가닥	전원 ⊕·⊖, 사이렌, 감지기 A·B, 솔레노이드밸브, 압력스위치, 탬퍼스위치, 감지기공통
㉳	2가닥	사이렌 2
㉴	8가닥	지구선 4, 공통선 4
㉵	4가닥	솔레노이드밸브 1, 압력스위치 1, 탬퍼스위치 1, 공통선 1
㉶	4가닥	지구선 2, 공통선 2
㉷	4가닥	지구선 2, 공통선 2
㉸	8가닥	지구선 4, 공통선 4

- 자동화재탐지설비의 회로수는 일반적으로 **수동발신기함**(ⒷⓁⓅ) 수를 세어 보면 되므로 **1회로**(발신기 세트 1개)이므로 ㉱는 **6가닥**이 된다.
- 원칙적으로 수동발신기함의 심벌은 ⓅⒷⓁ이 맞다.
- 솔레노이드밸브 = 밸브기동 = SV(Solenoid Valve)
- 압력스위치 = 밸브개방확인 = PS(Pressure Switch)
- 탬퍼스위치 = 밸브주의 = TS(Tamper Switch)
- 여기서는 조건에서 **압력스위치, 탬퍼스위치, 솔레노이드밸브**라는 명칭을 사용하였으므로 (나)의 답에서 우리가 일반적으로 사용하는 밸브개방 확인, 밸브주의, 밸브기동 등의 용어를 사용하면 오답으로 채점될 수 있다. 주의하라! **주어진 조건**에 있는 **명칭**을 사용하여야 빈틈없는 올바른 답이 된다.

중요

송배선식과 **교차회로방식**

구 분	송배선식	교차회로방식
목적	**감지기회로**의 **도통시험**을 용이하게 하기 위하여	감지기의 **오동작** 방지
원리	배선의 도중에서 분기하지 않는 방식	하나의 담당구역 내에 **2 이상**의 **감지기회로**를 설치하고 **2 이상**의 **감지기회로**가 **동시**에 **감지**되는 때에 설비가 작동하는 방식으로 회로방식이 **AND회로**에 해당된다.
적용설비	• 자동화재탐지설비 • 제연설비	• **분**말소화설비 • **할**론소화설비 • **이**산화탄소 소화설비 • **준**비작동식 스프링클러설비 • **일**제살수식 스프링클러설비 • **할**로겐화합물 및 불활성기체 소화설비 • **부**압식 스프링클러설비 기억법 분할이 준일할부
가닥수 산정	종단저항을 수동발신기함 내에 설치하는 경우 **루프(loop)**된 곳은 **2가닥, 기타 4가닥**이 된다. 수동발신기함 / 루프(loop) ∥ 송배선식 ∥	**말단**과 **루프**(loop)된 곳은 **4가닥, 기타 8가닥**이 된다. 말단 / 수동발신기함 / 루프(loop) ∥ 교차회로방식 ∥

비교

(1) 감지기공통선과 전원공통선은 1가닥을 사용하고 압력스위치, 탬퍼스위치 및 솔레노이드밸브의 공통선은 1가닥을 사용하는 경우

기 호	가닥수	내 역
㉮	4가닥	지구선 2, 공통선 2
㉯	2가닥	지구선 1, 공통선 1
㉰	4가닥	지구선 2, 공통선 2
㉱	6가닥	지구선 1, 회로공통선 1, 경종선 1, 경종표시등공통선 1, 응답선 1, 표시등선 1
㉲	8가닥	전원 ⊕·⊖, 사이렌, 감지기 A·B, 솔레노이드밸브, 압력스위치, 탬퍼스위치
㉳	2가닥	사이렌 2
㉴	8가닥	지구선 4, 공통선 4
㉵	4가닥	솔레노이드밸브 1, 압력스위치 1, 탬퍼스위치 1, 공통선 1
㉶	4가닥	지구선 2, 공통선 2
㉷	4가닥	지구선 2, 공통선 2
㉸	8가닥	지구선 4, 공통선 4

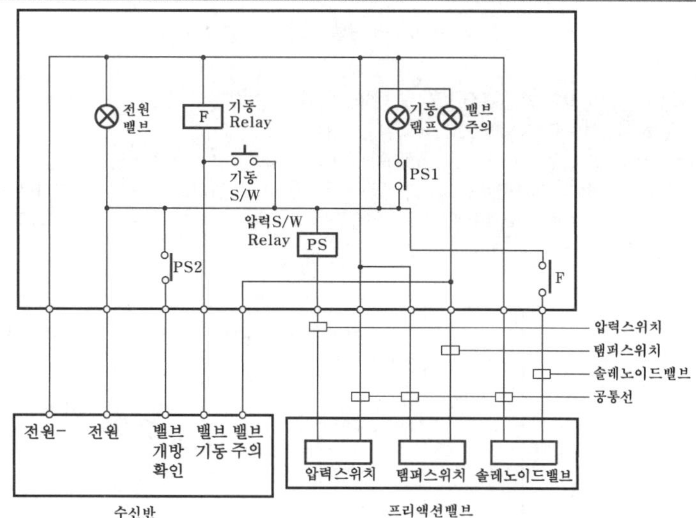

‖ 슈퍼비조리판넬~프리액션밸브 가닥수 : 4가닥인 경우 ‖

(2) 특별한 조건이 있는 경우

기 호	가닥수	내 역
㉮	4가닥	지구선 2, 공통선 2
㉯	2가닥	지구선 1, 공통선 1
㉰	4가닥	지구선 2, 공통선 2
㉱	6가닥	지구선 1, 회로공통선 1, 경종선 1, 경종표시등공통선 1, 응답선 1, 표시등선 1
㉲	8가닥	전원 ⊕·⊖, 사이렌, 감지기 A·B, 솔레노이드밸브, 압력스위치, 탬퍼스위치
㉳	2가닥	사이렌 2
㉴	8가닥	지구선 4, 공통선 4
㉵	6가닥	솔레노이드밸브 2, 압력스위치 2, 탬퍼스위치 2
	5가닥	솔레노이드밸브 2, 압력스위치 1, 탬퍼스위치 1, 공통선 1
㉶	4가닥	지구선 2, 공통선 2
㉷	4가닥	지구선 2, 공통선 2
㉸	8가닥	지구선 4, 공통선 4

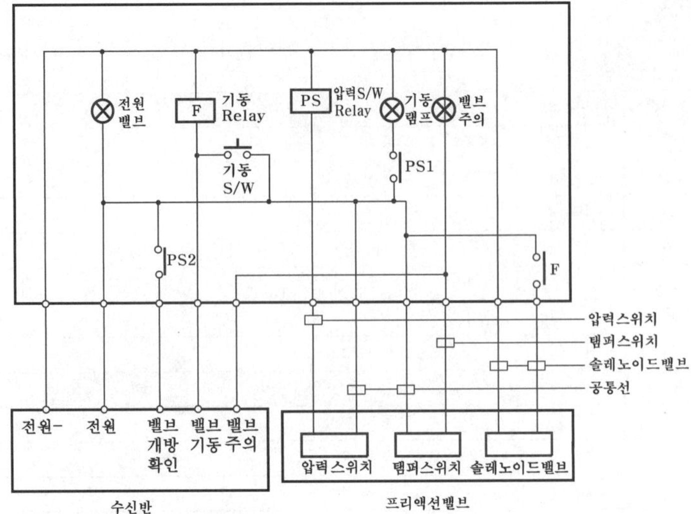

‖ 슈퍼비조리판넬~프리액션밸브 가닥수 : 5가닥인 경우 ‖

- 감지기공통선과 전원공통선(전원 ⊖)에 대한 조건이 없는 경우 감지기공통선은 전원공통선(전원 ⊖)에 연결하여 1선으로 사용하므로 감지기공통선이 필요 없다.
- 솔레노이드밸브(SV), 압력스위치(PS), 탬퍼스위치(TS)에 대한 특별한 조건이 없는 경우 공통선을 사용하지 않고 솔레노이드밸브(SV) 2, 압력스위치(PS) 2, 탬퍼스위치(TS) 2 총 **6가닥**으로 하면 된다. 또는 솔레노이드밸브(SV) 2, 압력스위치(PS) 1, 탬퍼스위치(TS) 1, 공통선 1 총 **5가닥**으로 할 수도 있다. 이때에는 **6가닥** 또는 **5가닥** 둘 다 답이 된다.

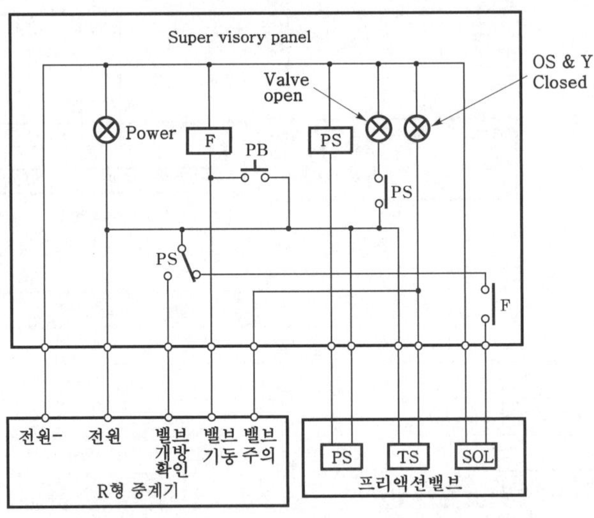

‖ 슈퍼비조리판넬~프리액션밸브 가닥수 : 5~6가닥인 경우 ‖

☆☆☆
문제 15

감지기의 부착높이 및 특정소방대상물의 구분에 따른 설치면적 기준이다. 다음 표의 ①~⑧에 해당되는 면적을 쓰시오. (15.4.문13, 05.7.문8)

(단위 면적 : m^2)

득점	배점
	8

부착높이 및 특정소방대상물의 구분		감지기의 종류						
		차동식 스포트형		보상식 스포트형		정온식 스포트형		
		1종	2종	1종	2종	특 종	1종	2종
4m 미만	주요구조부를 내화구조로 한 특정소방대상물 또는 그 부분	①	70	①	70	70	60	⑦
	기타 구조의 특정소방대상물 또는 그 부분	②	③	②	③	40	30	⑧
4m 이상 8m 미만	주요구조부를 내화구조로 한 특정소방대상물 또는 그 부분	45	④	45	④	④	⑤	–
	기타 구조의 특정소방대상물 또는 그 부분	30	25	30	25	25	⑥	–

○ 답란

①	②	③	④	⑤	⑥	⑦	⑧

해답

①	②	③	④	⑤	⑥	⑦	⑧
90	50	40	35	30	15	20	15

해설 **감지기**의 **바닥면적**(NFPC 203 7조, NFTC 203 2.4.3.9.1)

(단위 : m^2)

부착높이 및 특정소방대상물의 구분		감지기의 종류						
		차동식 스포트형		보상식 스포트형		정온식 스포트형		
		1종	2종	1종	2종	특 종	1종	2종
4m 미만	주요구조부를 내화구조로 한 특정소방대상물 또는 그 부분	**90**	70	**90**	70	70	60	**20**
	기타 구조의 특정소방대상물 또는 그 부분	**50**	**40**	**50**	**40**	40	30	**15**
4m 이상 8m 미만	주요구조부를 내화구조로 한 특정소방대상물 또는 그 부분	45	**35**	45	**35**	**35**	**30**	–
	기타 구조의 특정소방대상물 또는 그 부분	30	25	30	25	25	**15**	–

참고

주요구조부
건축물의 구조상 중요한 부분 중 건축물의 외형을 구성하는 골격

문제 16

1층 경비실에 있는 수신기를 지하 1층의 방재센터로 이설하고자 할 때, 수신기의 전원선은 배선전용실인 EPS실을 이용하여 시공하고자 한다. 이때 다음 물음에 답하시오.

득점	배점
	5

(가) 수신기의 전원을 수납하는 배선의 종류와 전선관의 종류에 대해서 쓰시오.
- ○배선의 종류 :
- ○전선관의 종류 :

(나) 배선전용실을 이용하여 전원선을 시공하고자 할 경우 관련된 기준을 3가지 쓰시오.
- ○
- ○
- ○

해답 (가) ○배선의 종류 : 내화배선
○전선관의 종류 : 금속관

(나) ① 배선을 내화성능을 갖는 것으로 할 것
② 다른 설비의 배선과 15cm 이상 떨어질 것
③ 다른 설비의 배선 사이의 배선지름(배선의 지름이 다른 경우에는 가장 큰 것)의 1.5배 이상 높이의 불연성 격벽 설치

해설 (가) **배선의 종류**

자동화재탐지설비 및 시각경보장치의 화재안전기준(NFPC 203 11조, NFTC 203 2.8.1)에 의해 수신기는 **내화배선**으로 하도록 되어 있다.

전선관의 종류

옥내소화전설비의 화재안전기술기준(NFTC 102) 2.7.2에 의해 다음의 관 중 하나를 사용할 수 있다.

① 금속관
② 2종 금속제 가요전선관
③ 합성수지관

- 전선관의 종류는 위의 3가지 중 1가지만 써도 되고 모두를 써도 정답으로 인정될 것으로 판단된다. 그래도 걱정이 된다면 3가지를 모두 쓰도록 하자!

(나) 옥내소화전설비의 화재안전기준(NFTC 102) 2.7.2을 참고하면 다음과 같이 쓸 수 있다.

① 배선을 **내화성능**을 갖는 것으로 할 것
② 다른 설비의 배선과 **15cm** 이상 떨어질 것
③ 다른 설비의 배선 사이의 배선지름(배선의 지름이 다른 경우에는 가장 큰 것)의 **1.5배** 이상 높이의 **불연성 격벽** 설치

용어

EPS(Electrical Piping Shaft 또는 Electric Pipe Shaft)**실**

건축물이나 다른 공작물을 건설할 경우 보통 설계도면에 표시되어 전기공사의 동력용 전선, 전등용 전선, 전열용 전선 등 여러 종류의 **전기 관련**된 **전선**이 **경유**하는 **실**

우리 내부에는 승리와 패배의 씨앗이 있다. 당신은 어느 씨앗을 뿌릴 것인가? 승리의 씨앗!

- 롬멜로 -

▌2016년 기사 제4회 필답형 실기시험▐

자격종목	시험시간	형별	수험번호	성명	감독위원 확 인
소방설비기사(전기분야)	3시간				

※ 다음 물음에 답을 해당 답란에 답하시오.(배점 : 100)

☆☆

문제 01

다음은 준비작동식 스프링클러설비의 회로계통도를 보여 주고 있다. 다음 각 물음에 답하시오.

(17.4.문6, 12.7.문8, 07.4.문2)

득점	배점
	10

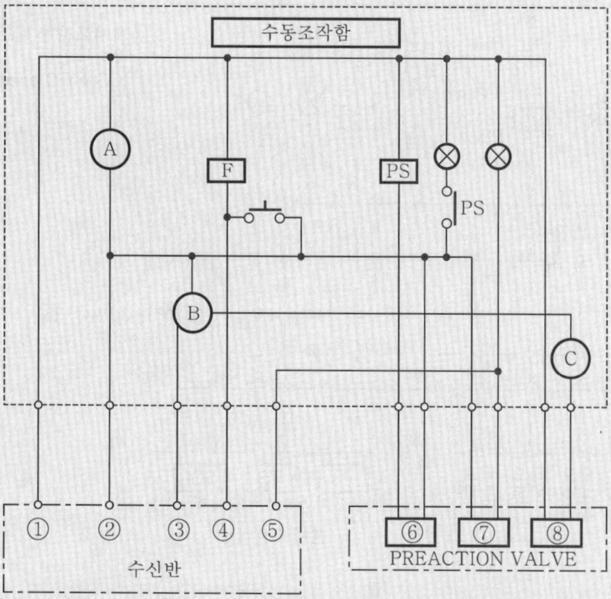

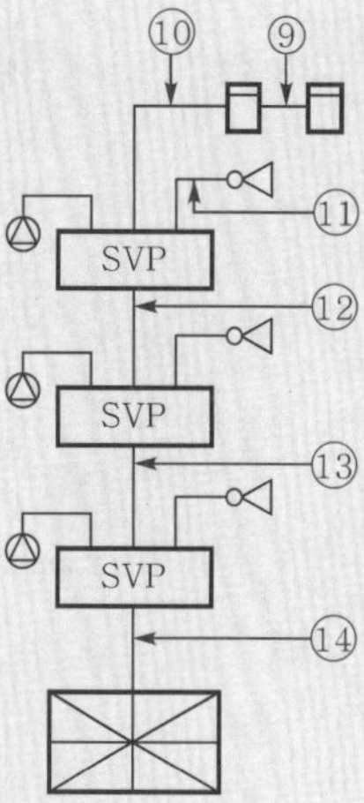

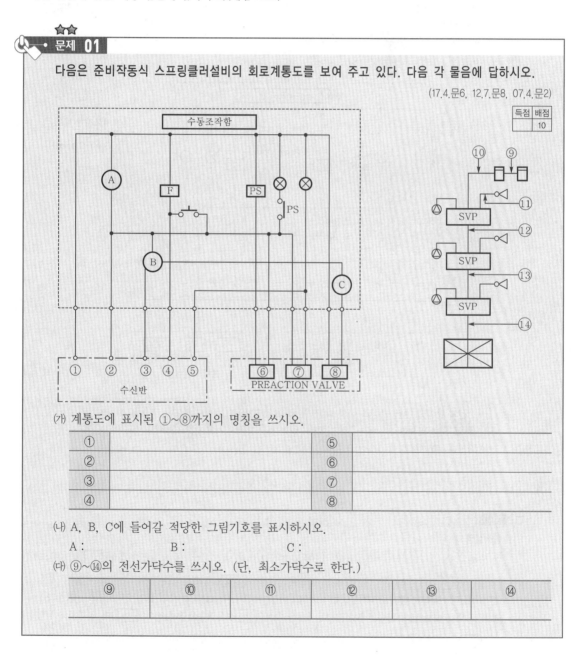

(가) 계통도에 표시된 ①~⑧까지의 명칭을 쓰시오.

①		⑤	
②		⑥	
③		⑦	
④		⑧	

(나) A, B, C에 들어갈 적당한 그림기호를 표시하시오.

A : B : C :

(다) ⑨~⑭의 전선가닥수를 쓰시오. (단, 최소가닥수로 한다.)

⑨	⑩	⑪	⑫	⑬	⑭

해답 (가)

①	전원 ⊖	⑤	밸브주의
②	전원 ⊕	⑥	압력스위치
③	밸브개방확인	⑦	탬퍼스위치
④	밸브기동	⑧	솔레노이드밸브

(나) A : ⊗　　B : PS　　C : F

(다)

⑨	⑩	⑪	⑫	⑬	⑭
4가닥	8가닥	2가닥	8가닥	14가닥	20가닥

해설 (가), (나) 완성된 결선도로 나타내면 다음과 같다.

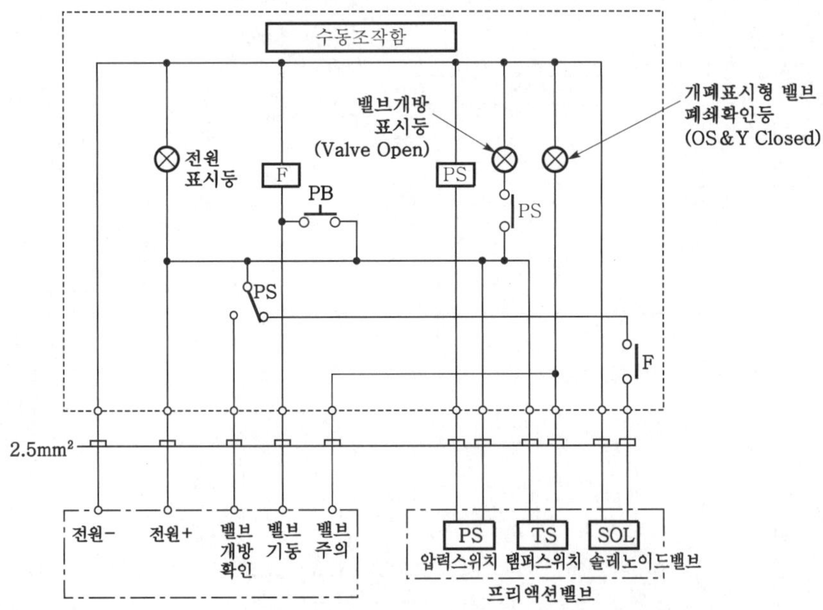

- 전선의 용도에 관한 명칭을 답할 때 **전원** ⊖와 **전원** ⊕가 바뀌지 않도록 주의할 것!!
  일반적으로 **공통선**(common line)은 **전원** ⊖를 사용하므로 **기호** ①이 **전원** ⊖가 되어야 한다.
- 압력스위치=PS
- 탬퍼스위치=TS
- 솔레노이드밸브=SOL

중요

(1) **동작설명**

① 준비작동식 스프링클러설비를 기동시키기 위하여 푸시버튼스위치(PB)를 누르면 릴레이(F)가 여자되며 릴레이(F)의 접점(F)이 닫히므로 솔레노이드밸브(SOL)가 작동된다.

② 솔레노이드밸브에 의해 준비작동밸브가 개방되며 이때 준비작동밸브 1차측의 물이 2차측으로 이동한다.

③ 이로 인해 배관 내의 압력이 떨어지므로 압력스위치(PS)가 작동되면 릴레이(PS)가 여자되어 릴레이(PS)의 접점(PS)에 의해 램프(valve open)를 점등시키고 밸브개방확인 신호를 보낸다.

④ 또한, 평상시 게이트밸브가 닫혀 있으면 탬퍼스위치(TS)가 폐로되어 램프(OS & Y Closed)가 점등되어 게이트밸브가 닫혀 있다는 것을 알려준다.

(2) **수동조작함**과 **슈퍼비조리판넬**의 비교

구 분	수동조작함	슈퍼비조리판넬(super visory panel)
사용설비	• 이산화탄소 소화설비 • 할론소화설비	• 준비작동식 스프링클러설비
기능	• 화재시 **작동문**을 **폐쇄**시키고 **가스**를 **방출**, **화재**를 **진화**시키는 데 사용하는 함	• 준비작동밸브의 **수동조정장치**
전면부착부품	전원감시등 방출표시등 기동스위치	전원감시등 밸브개방표시등 밸브주의표시등 기동스위치

(다)

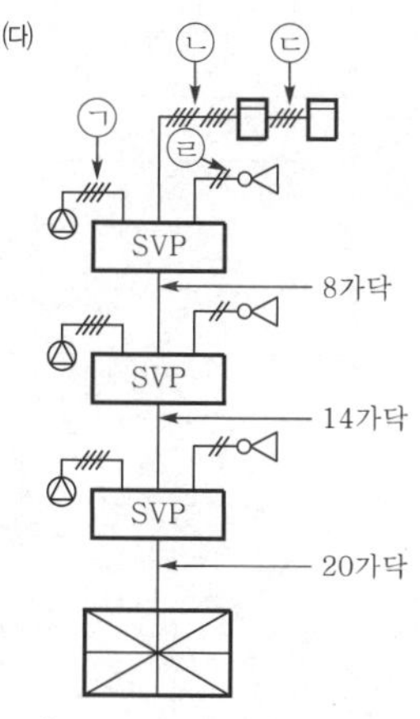

㉠ 프리액션밸브~슈퍼비조리판넬 : **4가닥**(밸브기동(SV) 1, 밸브개방확인(PS) 1, 밸브주의(TS) 1, 공통 1)
㉡ 감지기~슈퍼비조리판넬 : **8가닥**(지구, 공통 각 4가닥)
㉢ 감지기 상호간 : **4가닥**(지구, 공통 각 2가닥)
㉣ 사이렌 : **2가닥**

‖ 간선배관 ‖

내 역	배선의 용도
HFIX 2.5-8	전원 ⊕·⊖, 감지기 A·B, 밸브기동, 밸브개방확인, 밸브주의, 사이렌
HFIX 2.5-14	전원 ⊕·⊖, (감지기 A·B, 밸브기동, 밸브개방확인, 밸브주의, 사이렌)×2
HFIX 2.5-20	전원 ⊕·⊖, (감지기 A·B, 밸브기동, 밸브개방확인, 밸브주의, 사이렌)×3

☆☆☆

문제 02

다음 표는 어느 건물의 자동화재탐지설비 공사에 소요되는 자재물량이다. 주어진 품셈을 이용하여 내선전공의 노임단가와 공량의 빈칸을 채우고 인건비를 산출하시오. (산업 14.11.문16, 14.7.문18, 10.10.문1)

〔조건〕

득점	배점
	10

① 공구손료는 인건비의 3%, 내선전공의 M/D는 100000원을 적용한다.

② 콘크리트박스는 매입을 원칙으로 하며, 박스커버의 내선전공은 적용하지 않는다.

③ 빈칸에 숫자를 적을 필요가 없는 부분은 공란으로 남겨 둔다.

(가) 내선전공의 노임단가 및 공량

품 명	규 격	단 위	수 량	노임단가	공 량
수신기	P형 5회로	EA	1		
발신기	P형	EA	5		
경종	DC-24V	EA	5		
표시등	DC-24V	EA	5		
차동식 감지기	스포트형	EA	60		
전선관(후강)	steel 16호	m	70		
전선관(후강)	steel 22호	m	100		
전선관(후강)	steel 28호	m	400		
전선	$1.5mm^2$	m	10000		
전선	$2.5mm^2$	m	15000		
콘크리트박스	4각	EA	5		
콘크리트박스	8각	EA	55		
박스커버	4각	EA	5		
박스커버	8각	EA	55		
계					

(나) 인건비

품 명	단 위	공 량	단가[원]	금액[원]
내선전공	인			
공구손료	식			
계				

[표 1] 전선관배관

(m당)

합성수지 전선관		금속(후강)전선관		금속가요전선관	
관의 호칭	내선전공	관의 호칭	내선전공	관의 호칭	내선전공
14	0.04	–	–	–	–
16	0.05	16	0.08	16	0.044
22	0.06	22	0.11	22	0.059
28	0.08	28	0.14	28	0.072
36	0.10	36	0.20	36	0.087
42	0.13	42	0.25	42	0.104
54	0.19	54	0.34	54	0.136
70	0.28	70	0.44	70	0.156

〔표 2〕 박스(box) 신설

(개당)

종 별	내선전공
8각 Concrete Box	0.12
4각 Concrete Box	0.12
8각 Outlet Box	0.20
중형 4각 Outlet Box	0.20
대형 4각 Outlet Box	0.20
1개용 Switch Box	0.20
2~3개용 Switch Box	0.20
4~5개용 Switch Box	0.25
노출형 Box(콘크리트 노출기준)	0.29
플로어박스	0.20

〔표 3〕 옥내배선

(m당, 직종 : 내선전공)

규 격	관내배선	규 격	관내배선
$6mm^2$ 이하	0.010	$120mm^2$ 이하	0.077
$16mm^2$ 이하	0.023	$150mm^2$ 이하	0.088
$38mm^2$ 이하	0.031	$200mm^2$ 이하	0.107
$50mm^2$ 이하	0.043	$250mm^2$ 이하	0.130
$60mm^2$ 이하	0.052	$300mm^2$ 이하	0.148
$70mm^2$ 이하	0.061	$325mm^2$ 이하	0.160
$100mm^2$ 이하	0.064	$400mm^2$ 이하	0.197

〔표 4〕 자동화재경보장치 설치

공 종	단 위	내선전공	비 고
Spot형 감지기 (차동식, 정온식, 보상식) 노출형	개	0.13	(1) 천장높이 4m 기준 1m 증가시마다 5% 가산 (2) 매입형 또는 특수구조인 경우 조건에 따라 선정
시험기(공기관 포함)	개	0.15	(1) 상동 (2) 상동
분포형의 공기관	m	0.025	(1) 상동 (2) 상동
검출기	개	0.30	
공기관식의 Booster	개	0.10	
발신기 P형	개	0.30	
회로시험기	개	0.10	
수신기 P형(기본공수) (회선수 공수 산출 가산요)	대	6.0	〔회선수에 대한 산정〕 매 1회선에 대해서
부수신기(기본공수)	대	3.0	

형식 \ 직종	내선전공
P형	0.3
R형	0.2

수신기 P형(기본공수) (회선수 공수 산출 가산요)	대	6.0	※ R형은 수신반 인입감시 회선수 기준 [참고] 산정 예 : P형의 10회분 기본공수는 6인, 회선당 할증수는 10×0.3=3　∴ 6+3=9인
부수신기(기본공수)	대	3.0	
소화전 기동 릴레이	대	1.5	
경종	개	0.15	
표시등	개	0.20	
표지판	개	0.15	

해답 (가) 내선전공의 노임단가 및 공량

품 명	규 격	단 위	수 량	노임단가	공 량
수신기	P형 5회로	EA	1	100000원	6+(5×0.3)=7.5
발신기	P형	EA	5	100000원	5×0.3=1.5
경종	DC-24V	EA	5	100000원	5×0.15=0.75
표시등	DC-24V	EA	5	100000원	5×0.2=1
차동식 감지기	스포트형	EA	60	100000원	60×0.13=7.8
전선관(후강)	steel 16호	m	70	100000원	70×0.08=5.6
전선관(후강)	steel 22호	m	100	100000원	100×0.11=11
전선관(후강)	steel 28호	m	400	100000원	400×0.14=56
전선	$1.5mm^2$	m	10000	100000원	10000×0.01=100
전선	$2.5mm^2$	m	15000	100000원	15000×0.01=150
콘크리트박스	4각	EA	5	100000원	5×0.12=0.6
콘크리트박스	8각	EA	55	100000원	55×0.12=6.6
박스커버	4각	EA	5		
박스커버	8각	EA	55		
계					348.35

(나) 인건비

품 명	단 위	공 량	단가[원]	금액[원]
내선전공	인	348.35	100000	34835000
공구손료	식	3%	34835000	1045050
계				35880050

해설 (가) 내선전공의 노임단가 및 공량

품 명	규 격	단 위	수 량	노임단가	공 량
수신기	P형 5회로	EA	1	100000원	6+(5×0.3)=7.5
발신기	P형	EA	5	100000원	5×0.3=1.5
경종	DC-24V	EA	5	100000원	5×0.15=0.75
표시등	DC-24V	EA	5	100000원	5×0.2=1
차동식 감지기	스포트형	EA	60	100000원	60×0.13=7.8
전선관(후강)	steel 16호	m	70	100000원	70×0.08=5.6
전선관(후강)	steel 22호	m	100	100000원	100×0.11=11
전선관(후강)	steel 28호	m	400	100000원	400×0.14=56
전선	$1.5mm^2$	m	10000	100000원	10000×0.01=100
전선	$2.5mm^2$	m	15000	100000원	15000×0.01=150

콘크리트박스	4각	EA	5	100000원	5×0.12=0.6
콘크리트박스	8각	EA	55	100000원	55×0.12=6.6
박스커버	4각	EA	5		
박스커버	8각	EA	55		
계					7.5+1.5+0.75+1+7.8+5.6+11+56+100+150+0.6+6.6=348.35

(나) 인건비

품 명	단 위	공 량	단 가	금 액
내선전공	인	348.35	100000원	348.35×100000=34835000원
공구손료	식	3%	34835000원	34835000×0.03=1045050원
계				34835000+1045050=35880050원

- 〔조건 ②〕, 〔조건 ③〕에 의해 박스커버의 내선전공은 적용하지 않고 공란으로 남겨 둘 것
- 박스커버의 내선전공이 없으므로 공량도 당연히 공란으로 둘 것
- 〔조건 ①〕에 의해 **공구손료**는 **3%** 적용
- 공구손료=내선전공 합계×0.03(3%)=34835000원×0.03=1045050원
- 총 인건비=내선전공 합계+공구손료=34835000원+1045050원=35880050원

〔표 4〕 자동화재경보장치 설치

<table>
<tr><th>공 종</th><th>단 위</th><th>내선전공</th><th>비 고</th></tr>
<tr><td>Spot형 감지기 (차동식, 정온식, 보상식) 노출형</td><td>개</td><td>0.13</td><td>(1) 천장높이 4m 기준 1m 증가시마다 5% 가산
(2) 매입형 또는 특수구조인 경우 조건에 따라 선정</td></tr>
<tr><td>시험기(공기관 포함)</td><td>개</td><td>0.15</td><td>(1) 상동
(2) 상동</td></tr>
<tr><td>분포형의 공기관</td><td>m</td><td>0.025</td><td>(1) 상동
(2) 상동</td></tr>
<tr><td>검출기</td><td>개</td><td>0.30</td><td></td></tr>
<tr><td>공기관식의 Booster</td><td>개</td><td>0.10</td><td></td></tr>
<tr><td>발신기 P형</td><td>개</td><td>0.30</td><td></td></tr>
<tr><td>회로시험기</td><td>개</td><td>0.10</td><td></td></tr>
<tr><td>수신기 P형(기본공수) (회선수 공수 산출 가산요)</td><td>대</td><td>6.0</td><td rowspan="2">〔회선수에 대한 산정〕
매 1회선에 대해서
<table><tr><th>형 식 \ 직 종</th><th>내선전공</th></tr><tr><td>P형</td><td>0.3</td></tr><tr><td>R형</td><td>0.2</td></tr></table>
※ R형은 수신반 인입감시 회선수 기준
〔참고〕 산정 예 : P형의 10회분 기본공수는 6인, 회선당 할증수는 10×0.3=3 ∴ 6+3=9인</td></tr>
<tr><td>부수신기(기본공수)</td><td>대</td><td>3.0</td></tr>
<tr><td>소화전 기동 릴레이</td><td>대</td><td>1.5</td><td></td></tr>
<tr><td>경종</td><td>개</td><td>0.15</td><td></td></tr>
<tr><td>표시등</td><td>개</td><td>0.20</td><td></td></tr>
<tr><td>표지판</td><td>개</td><td>0.15</td><td></td></tr>
</table>

수신기

- P형 수신기는 **1대**이고, 규격에서 **5회로**이므로 수신기 회선당 할증 0.3을 적용하면 6+(5회로×0.3)=**7.5**
- 단, 실제 사용되는 회로수가 있다면 규격을 적용하는 것이 아니고 **실제 사용되는 회로수**를 적용해야 한다.

실제 사용되는 회로수를 아는 경우	실제 사용되는 회로수를 모르는 경우
실제 회로수 적용	규격에 있는 회로수 적용

발신기

- 발신기 P형 **5개**, 내선전공 공량 **0.3**이므로 5개×0.3=**1.5**

경종

- 경종은 **5개**, 내선전공 공량 **0.15**이므로 5개×0.15=**0.75**

표시등

- 표시등은 **5개**, 내선전공 공량 **0.2**이므로 5개×0.2=**1**

차동식 감지기(스포트형)

- 차동식 스포트형 감지기는 **60개**, 내선전공 공량은 **0.13**이므로 60개×0.13=**7.8**

〔표 1〕 전선관배관

(m당)

합성수지 전선관		금속(후강)전선관		금속가요전선관	
관의 호칭	내선전공	관의 호칭	내선전공	관의 호칭	내선전공
14	0.04	–	–	–	–
16	0.05	**16** →	**0.08**	16	0.044
22	0.06	**22** →	**0.11**	22	0.059
28	0.08	**28** →	**0.14**	28	0.072
36	0.10	36	0.20	36	0.087
42	0.13	42	0.25	42	0.104
54	0.19	54	0.34	54	0.136
70	0.28	70	0.44	70	0.156

후강전선관(16mm)

- 후강전선관 16mm는 **70m**, 내선전공 공량은 **0.08**이므로 70m×0.08=**5.6**
- 규격에서 steel 16호는 **16mm**를 뜻한다.

후강전선관(22mm)

- 후강전선관 22mm는 **100m**, 내선전공 공량은 **0.11**이므로 100m×0.11=**11**
- 규격에서 steel 22호는 **22mm**를 뜻한다.

후강전선관(28mm)

- 후강전선관 28mm는 **400m**, 내선전공 공량은 **0.14**이므로 400m×0.14=**56**
- 규격에서 steel 28호는 **28mm**를 뜻한다.

〔표 3〕 옥내배선

(m당, 직종 : 내선전공)

규 격	관내배선	규 격	관내배선
6mm^2 이하 →	**0.010**	120mm^2 이하	0.077
16mm^2 이하	0.023	150mm^2 이하	0.088
38mm^2 이하	0.031	200mm^2 이하	0.107
50mm^2 이하	0.043	250mm^2 이하	0.130
60mm^2 이하	0.052	300mm^2 이하	0.148
70mm^2 이하	0.061	325mm^2 이하	0.160
100mm^2 이하	0.064	400mm^2 이하	0.197

전선(1.5mm^2)

- 전선 1.5mm^2 **10000m**, 내선전공 공량은 **0.01**이므로 10000m×0.01=**100**
- 전선 1.5mm^{2}이므로 **6mm^2 이하** 적용

전선(2.5mm^2)

- 전선 2.5mm^2 **15000m**, 내선전공 공량은 **0.01**이므로 15000m×0.01=**150**
- 전선 2.5mm^{2}이므로 **6mm^2 이하** 적용

〔표 2〕 박스(box) 신설

(개당)

총 별	내선전공
8각 Concrete Box →	**0.12**
4각 Concrete Box →	**0.12**
8각 Outlet Box	0.20
중형 4각 Outlet Box	0.20
대형 4각 Outlet Box	0.20
1개용 Switch Box	0.20
2~3개용 Switch Box	0.20
4~5개용 Switch Box	0.25
노출형 Box(콘크리트 노출기준)	0.29
플로어박스	0.20

- 표 제목 **'총별'**은 **'층별'**의 오타일 뿐이다. 고민하지 말라! **실제 문제**에서 주어진 **오타**이므로 그대로 두었다.

콘크리트박스(4각)

- 4각 콘크리트박스(Concrete Box)는 **5개**, 내선전공 공량은 **0.12**이므로 5개×0.12=**0.6**
- 콘크리트박스라고 명시하고 있으므로 Outlet Box를 적용하지 않는 것에 주의할 것

콘크리트박스(8각)

- 8각 콘크리트박스(Concrete Box)는 **55개**, 내선전공 공량은 **0.12**이므로 55개×0.12=**6.6**
- 콘크리트박스라고 명시하고 있으므로 Outlet Box를 적용하지 않는 것에 주의할 것

문제 03

다음 도면을 보고 각 물음에 답하시오. (15.7.문17, 10.4.문17, 08.11.문17)

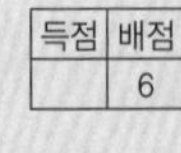

득점	배점
	6

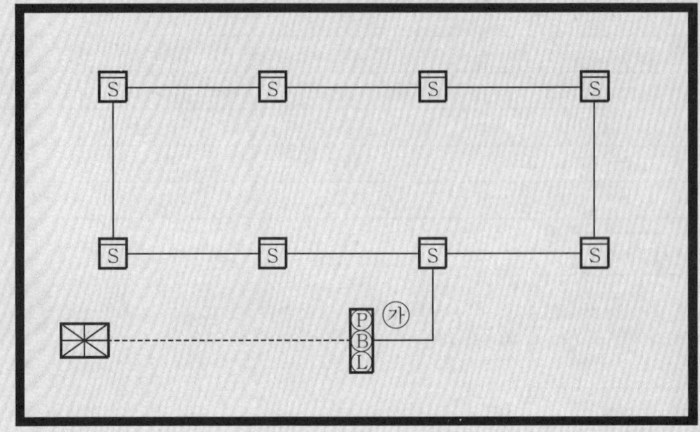

(가) ㉮는 수동으로 화재신호를 발신하는 P형 발신기세트이다. 발신기세트와 수신기 간의 배선길이가 15m인 경우 전선은 총 몇 m가 필요한지 산출하시오. (단, 층고, 할증 및 여유율 등은 고려하지 않는다.)

○ 계산과정 :

○ 답 :

(나) 상기 건물에 설치된 감지기가 2종인 경우 8개의 감지기가 최대로 감지할 수 있는 감지구역의 바닥면적[m^2] 합계를 구하시오. (단, 천장높이는 5m인 경우이다.)

○ 계산과정 :

○ 답 :

(다) 감지기와 감지기 간, 감지기와 P형 발신기세트 간의 길이가 각각 10m인 경우 전선관 및 전선물량을 산출과정과 함께 쓰시오. (단, 층고, 할증 및 여유율 등은 고려하지 않는다.)

품 명	규 격	산출과정	물량[m]
전선관	16C		
전선	2.5mm^2		

 해답

(가) ○ 계산과정 : $15 \times 6 = 90$m

○ 답 : 90m

(나) ○ 계산과정 : $75 \times 8 = 600$m^2

○ 답 : 600m^2

(다)

품 명	규 격	산출과정	물량[m]
전선관	16C	10×9=90m	90m
전선	2.5mm^2	10×8×2+10×4=200m	200m

해설 (가)

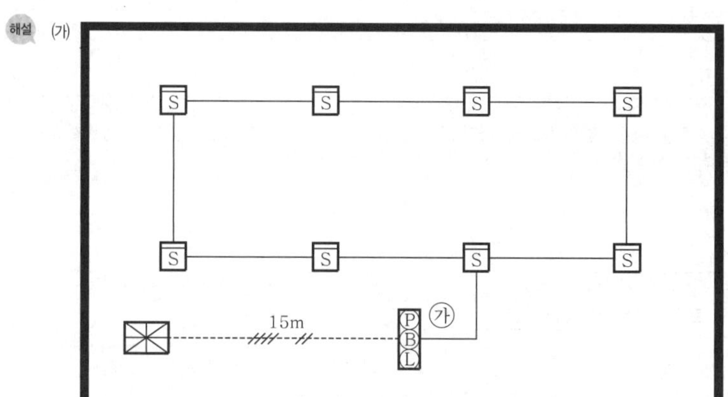

- 수동조작함, 슈퍼비조리판넬 등이 없고, 발신기세트와 수신기만 있으므로 자동화재탐지설비로 보고 송배선식으로 계산(교차회로 방식 아님)
- 15m×6가닥=90m
- 6가닥 : 회로선 1, 회로공통선 1, 경종선 1, 경종표시등공통선 1, 표시등선 1, 응답선 1

(나) **연기감지기**의 **부착높이**(NFPC 203 7조, NFTC 203 2.4.3.10.1)

부착높이	감지기의 종류	
	1종 및 2종	3종
4m 미만	150	50
4~20m 미만 →	75	–

부착높이가 **5m**인 연기감지기(2종)의 1개가 담당하는 바닥면적은 **75m²**이므로
75m²×8개=600m²

- **8개** : 문제에서 주어진 값
- **600m²** : 연기감지기 1개가 담당하는 바닥면적이 최대 **75m²**이므로 75m²×8개=**600m²**
- 도면은 **복도** 또는 **통로**가 아니므로 **'보행거리'** 개념으로 감지기를 설치해서는 안 된다. **면적 개념**으로 감지기를 설치하여야 한다.
- 이 문제에서는 **'부착높이=천장높이'**를 같은 개념으로 봐야 한다.

(다)

구 분	산출내역	수신기와 발신기세트 사이의 물량을 제외한 길이[m]
전선관	감지기와 감지기 사이의 거리 **10m×8**=80m 감지기와 발신기세트 사이의 거리 **10m×1**=10m	90m
전선	감지기와 감지기 사이의 거리 **10m×8×2가닥**=160m 감지기와 발신기세트 사이의 거리 **10m×1×4가닥**=40m	200m

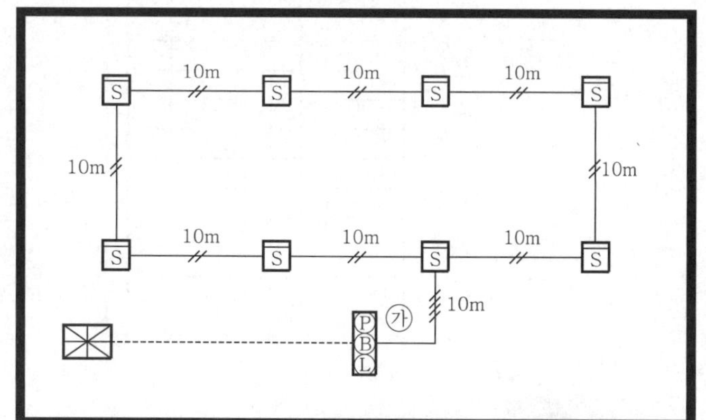

가닥수	내 역
2가닥	지구선 1, 공통선 1
4가닥	지구선 2, 공통선 2

- 문제에서 요구하는 대로 **감지기**와 **감지기 간**, **감지기**와 **P형 발신기세트** 간의 길이만 산정한다.
- **발신기세트**와 **수신기 간**의 전선관 및 전선물량은 산출하지 않는 것에 주의하라!

비교

송배선식과 **교차회로방식**

구 분	송배선식	교차회로방식
목적	**감지기회로**의 **도통시험**을 용이하게 하기 위하여	감지기의 **오동작** 방지
원리	배선의 도중에서 분기하지 않는 방식	하나의 담당구역 내에 **2 이상**의 **감지기회로**를 설치하고 **2 이상**의 **감지기회로**가 **동시**에 **감지**되는 때에 설비가 작동하는 방식
적용설비	• 자동화재탐지설비 • 제연설비	• **분**말소화설비 • **할**론소화설비 • **이**산화탄소 소화설비 • **준**비작동식 스프링클러설비 • **일**제살수식 스프링클러설비 • **할**로겐화합물 및 불활성기체 소화설비 • **부**압식 스프링클러설비 기억법 **분할이 준일할부**
가닥수 산정	종단저항을 수동발신기함 내에 설치하는 경우 **루프(loop)**된 곳은 **2가닥**, **기타 4가닥**이 된다. 수동 발신기함 / 루프(loop) ∥ 송배선식 ∥	**말단**과 **루프**(loop)된 곳은 **4가닥**, **기타 8가닥**이 된다. 수동 발신기함 / 말단 / 루프(loop) ∥ 교차회로방식 ∥

☆☆

문제 04

지하 3층 및 지상 14층이고 각 층의 높이가 3.3m인 다음과 같은 소방대상물에 수직경계구역을 설정할 경우 다음 각 물음에 답하시오. (12.4.문4)

득점	배점
	10

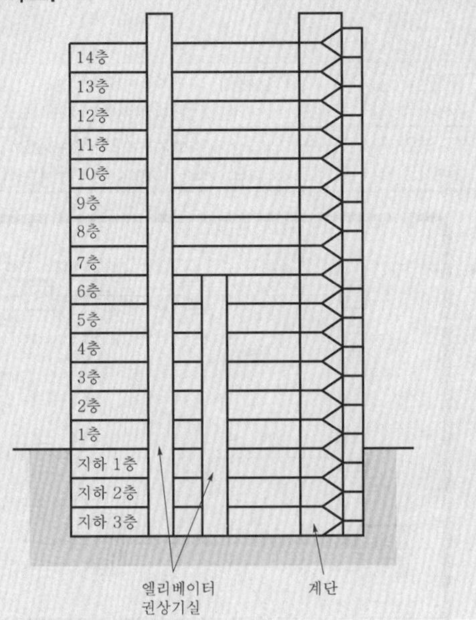

(가) 상기의 건축단면도상에 표시된 엘리베이터 권상기실과 계단실에 감지기를 설치해야 하는 위치를 찾아 연기감지기의 그림기호를 이용하여 도면에 그려 넣으시오.

(나) 본 소방대상물에 자동화재탐지설비의 수직경계구역은 총 몇 개의 회로로 구분해야 하는지 쓰시오.

○ 엘리베이터 권상기실 (　　　)회로+계단 (　　　)회로=합계 (　　　)회로

(다) 연기가 멀리 이동해서 감지기에 도달하는 장소에 설치하는 연기감지기의 종류를 1가지 쓰시오.

○

해답 (가)

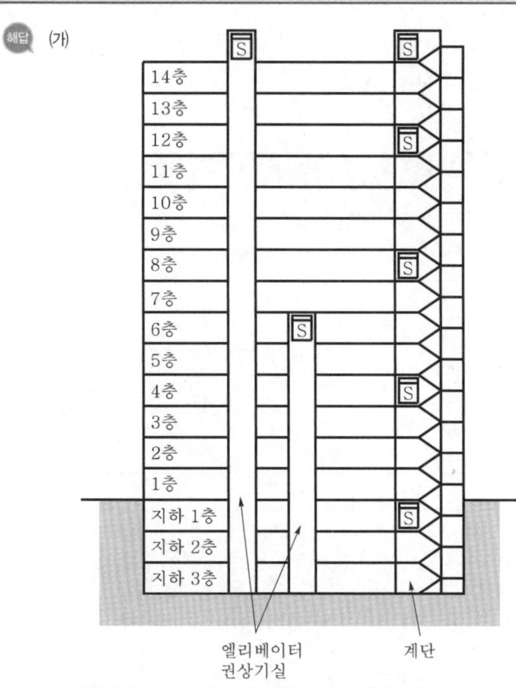

(나) 엘리베이터 권상기실 (2)회로+계단 (3)회로=합계 (5)회로

(다) 광전식 분리형 감지기

해설 (가) **연기감지기(2종)**

구 분	감지기 개수
엘리베이터	2개
지상층	• 수직거리 : 3.3m×14층=46.2m • 감지기 개수 : $\frac{\text{수직거리}}{15\text{m}} = \frac{45\text{m}}{15\text{m}} + \frac{1.2\text{m}}{15\text{m}} = 3.08 \fallingdotseq 4$개(절상)
지하층	• 수직거리 : 3.3m×3층=9.9m • 감지기 개수 : $\frac{\text{수직거리}}{15\text{m}} = \frac{9.9\text{m}}{15\text{m}} = 0.66 \fallingdotseq 1$개(절상)
합계	7개

- 특별한 조건이 없는 경우 수직경계구역에는 **연기감지기 2종**을 설치한다.
- 연기감지기 2종은 수직거리 **15m 이하**마다 설치하여야 하므로 $\frac{\text{수직거리}}{15\text{m}}$를 하면 감지기 개수를 구할 수 있다.
- 감지기 개수 산정시 **소수점**이 발생하면 반드시 **절상**한다.
- 계단의 하나의 경계구역 높이는 45m이므로, 46.2m는 수직거리가 45m를 초과하므로 45m 이하로 나누어 위와 같이 감지기 개수를 산출하여야 한다.

- 엘리베이터의 연기감지기 2종은 수직거리 15m마다 설치되는 것이 아니고 **엘리베이터 개수**마다 **1개**씩 설치한다.
- 연기감지기는 **옥상**에 **설치**해야 한다. 14층에 설치하면 틀린다.
- 지상층에는 4개의 감지기를 설치해야 하므로 약 **4개층씩** 적당한 간격으로 설치해야 한다.

아하! 그렇구나 계단 · 엘리베이터의 감지기 개수 산정

① 연기감지기 **1 · 2종** : 수직거리 **15m**마다 설치한다.
② 연기감지기 **3종** : 수직거리 **10m**마다 설치한다.
③ **지하층**과 **지상층**은 **별도**로 **감지기 개수**를 **산정**한다. (단, 지하 1층의 경우에는 제외한다.)
④ **엘리베이터**마다 **연기감지기**를 **1개**씩 설치한다.

(나) **경계구역수** : 2+2+1=5회로

구 분	경계구역
엘리베이터	• 2회로
지상층	• 수직거리 : 3.3m×14층=46.2m • 경계구역 : $\frac{\text{수직거리}}{45\text{m}}=\frac{46.2\text{m}}{45\text{m}}$ $=1.02 \fallingdotseq 2$회로(절상)
지하층	• 수직거리 : 3.3m×3층=9.9m • 경계구역 : $\frac{\text{수직거리}}{45\text{m}}=\frac{9.9\text{m}}{45\text{m}}$ $=0.22 \fallingdotseq 1$회로(절상)
합계	5회로

- 경계구역=회로
- **지하층**과 **지상층**은 **별개**의 **경계구역**으로 한다.
- 수직거리 **45m 이하**를 **1경계구역**으로 하므로 $\frac{\text{수직거리}}{45\text{m}}$를 하면 경계구역을 구할 수 있다.
- 경계구역 산정은 **소수점**이 발생하면 반드시 **절상**한다.
- 엘리베이터의 경계구역은 높이 45m 이하마다 나누는 것이 아니고, **엘리베이터 개수**마다 **1경계구역**으로 한다.

아하! 그렇구나 계단 · 엘리베이터의 경계구역 산정

① **수직거리 45m** 이하마다 **1경계구역**으로 한다.
② **지하층**과 **지상층**은 **별개**의 **경계구역**으로 한다. (단, **지하 1층**인 경우에는 지상층과 **동일 경계구역**으로 한다.)
③ **엘리베이터**마다 **1경계구역**으로 한다.

(다) 문제에서 '**수직경계구역**'이라고 하였으므로 여기서는 **계단**, **경사로**를 의미한다. 자동화재탐지설비 및 시각경보장치의 화재안전기술기준(NFTC 203) 2.4.6(2)에서 계단, 경사로로서 연기가 멀리 이동해서 감지기에 도달하는 장소에는 다음의 감지기를 설치할 수 있다. 문제에서 수직경계구역이라는 말이 없이 '**연기가 멀리 이동해서 감지기에 도달하는 장소**'라고만 문제가 주어졌다면 **광전식 공기흡입형 감지기**도 답이 될 수 있을 것이다.
① **광전식 스포트형 감지기**
② **광전 아날로그식 스포트형 감지기**
③ **광전식 분리형 감지기**
④ **광전 아날로그식 분리형 감지기**

☆☆
문제 05

그림은 10개의 접점을 가진 스위칭회로이다. 이 회로의 접점수를 최소화하여 스위칭회로를 그리시오. (단, 주어진 스위칭회로의 논리식을 최소화하는 과정을 모두 기술하고 최소화된 스위칭회로를 그리도록 한다.) (16.4.문13, 05.10.문4, 04.7.문4)

득점	배점
	5

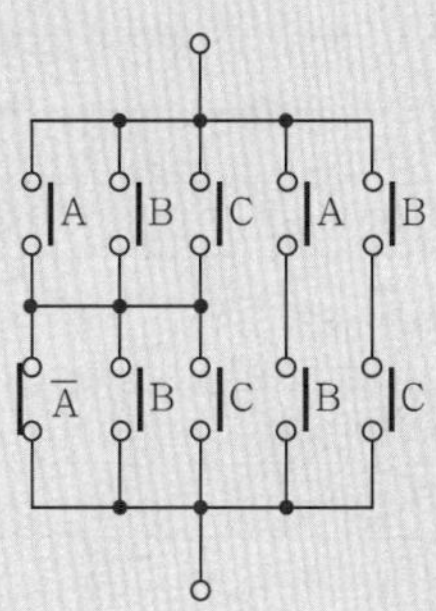

(가) 논리식 :

(나) 최소화한 스위칭회로 :

(가) 논리식 : $(A+B+C)\cdot(\overline{A}+B+C)+AB+BC$

$=\overline{A}A+AB+AC+\overline{A}B+BB+BC+\overline{A}C+BC+CC+AB+BC$

$=AB+AC+\overline{A}B+B+BC+\overline{A}C+C$

$=(AB+\overline{A}B+B+BC)+(AC+\overline{A}C+C)$

$=B(A+\overline{A}+1+C)+C(A+\overline{A}+1)$

$=B+C$

(나) 최소화한 스위칭회로

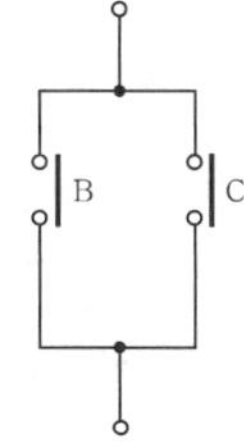

(가) **논리식**

도면의 스위칭회로를 이상적인 시스템(system)의 구성을 위해 간소화하면 다음과 같다.

$(A+B+C)\cdot(\overline{A}+B+C)+AB+BC$

$=\underbrace{\overline{A}A}_{\overline{X}\cdot X=0}+AB+AC+\overline{A}B+\underbrace{BB}_{X\cdot X=X}+BC+\overline{A}C+\cancel{BC}+\underbrace{CC}_{X\cdot X=X}+\cancel{AB}+\cancel{BC}$ ← 같은 것은 하나만 남겨두고 모두 삭제

$=AB+AC+\overline{A}B+B+BC+\overline{A}C+C$

$=(AB+\overline{A}B+B+BC)+(AC+\overline{A}C+C)$

$=B(\underbrace{A+\overline{A}+1+C}_{X+1=1})+C(\underbrace{A+\overline{A}+1}_{X+1=1})=\underbrace{B\cdot 1}_{X\cdot 1=X}+\underbrace{C\cdot 1}_{X\cdot 1=X}=B+C$

중요

불대수의 정리

정 리	논리합	논리곱	비 고
(정리 1)	$X+0=X$	$X\cdot 0=0$	-
(정리 2)	$X+1=1$	$X\cdot 1=X$	
(정리 3)	$X+X=X$	$X\cdot X=X$	
(정리 4)	$\overline{X}+X=1$	$\overline{X}\cdot X=0$	
(정리 5)	$\overline{X}+Y=Y+\overline{X}$	$X\cdot Y=Y\cdot X$	교환법칙
(정리 6)	$X+(Y+Z)=(X+Y)+Z$	$X(YZ)=(XY)Z$	결합법칙
(정리 7)	$X(Y+Z)=XY+XZ$	$(X+Y)(Z+W)=$ $XZ+XW+YZ+YW$	분배법칙
(정리 8)	$X+XY=X$	$X+\overline{X}Y=X+Y$	흡수법칙
(정리 9)	$\overline{(X+Y)}=\overline{X}\cdot\overline{Y}$	$\overline{(X\cdot Y)}=\overline{X}+\overline{Y}$	드모르간의 정리

※ **스위칭회로**(switching circuit) : 회로의 개폐 또는 접속 등을 변환시키기 위한 것

(나) **최소화한 스위칭회로**

시퀀스	논리식	논리회로	시퀀스회로(스위칭회로)
직렬회로	$Z=A\cdot B$ $Z=AB$	A, B — Z	A, B, Z
병렬회로	$Z=A+B$	A, B — Z	A, B, Z
a접점	$Z=A$	A — Z A — Z	A, Z
b접점	$Z=\overline{A}$	A — Z A — Z A — Z	$\overline{A}$, Z

☆☆

문제 06

공기관식 차동식 분포형 감지기의 설치도면이다. 다음 각 물음에 답하시오. (단, 주요구조부를 내화구조로 한 소방대상물인 경우이다.)

(08.4.문8)

득점	배점
	8

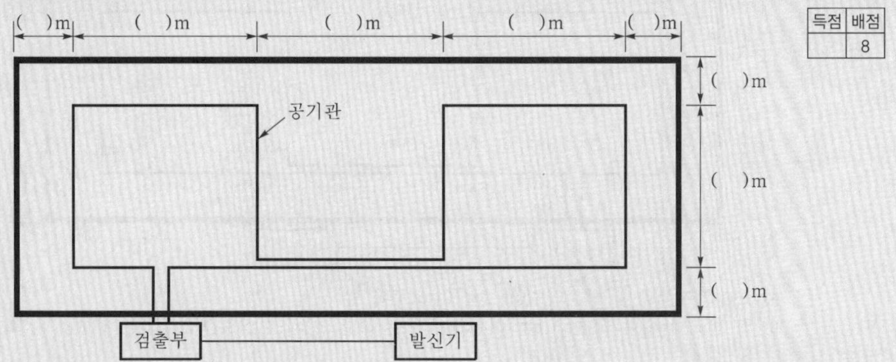

(가) 내화구조일 경우의 공기관 상호간의 거리와 감지구역의 각 변과의 거리는 몇 m 이하가 되도록 하여야 하는지 도면의 ( ) 안에 쓰시오.

(나) 공기관의 노출부분의 길이는 몇 m 이상이 되어야 하는지 쓰시오.

○답 :

(다) 종단저항을 발신기에 설치할 경우 차동식 분포형 감지기의 검출기와 발신기 간에 연결해야 하는 전선의 가닥수를 도면에 표기하시오.

(라) 검출부의 설치높이를 쓰시오.

○답 :

(마) 검출부분에 접속하는 공기관의 길이는 몇 m 이하로 하여야 하는지 쓰시오.

○답 :

(바) 공기관의 재질을 쓰시오.

○답 :

(사) 검출부의 경사도는 몇 도 이하이어야 하는지 쓰시오.

○답 :

해답 (가), (다)

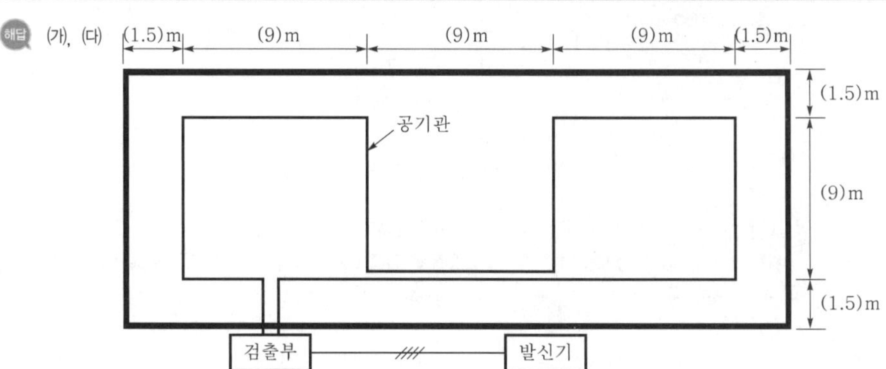

(나) 20m

(라) 바닥에서 0.8~1.5m 이하

(마) 100m

(바) 중공동관

(사) 5도

해설 **공기관식 차동식 분포형 감지기**의 **설치기준**(NFPC 203 7조, NFTC 203 2.4.3.7)

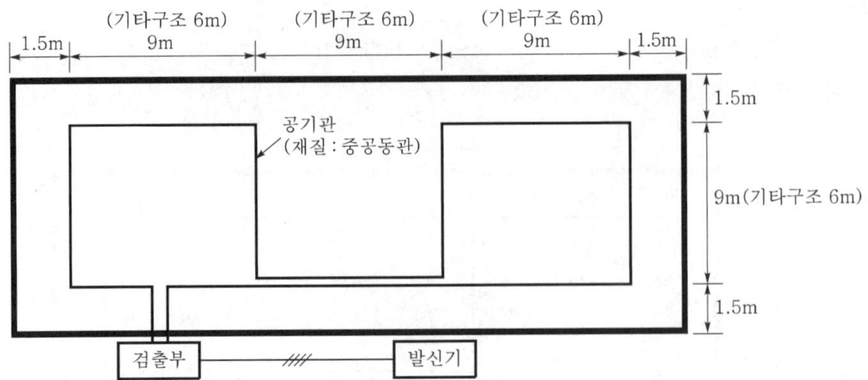

(1) 노출부분은 감지구역마다 **20m** 이상이 되도록 할 것
(2) 각 변과의 수평거리는 **1.5m** 이하가 되도록 하고, 공기관 상호간의 거리는 6m(내화구조는 9m) 이하가 되도록 할 것
(3) 공기관(재질 : 중공동관)은 **도중**에서 분기하지 않도록 할 것
(4) 하나의 검출부분에 접속하는 공기관의 길이는 **100m** 이하로 할 것
(5) 검출부는 5° 이상 경사되지 않도록 부착할 것
(6) 검출부는 바닥에서 **0.8~1.5m** 이하의 위치에 설치할 것

‖ 경사제한각도 ‖

차동식 분포형 감지기	스포트형 감지기
5° 이상	45° 이상

- (가) : **내화구조**이므로 공기관 상호간의 거리는 **9m** 이하이다.
- (다) : 검출부는 '**일반 감지기**'로 생각하면 배선하기가 쉽다. 다음의 실제배선을 보라!

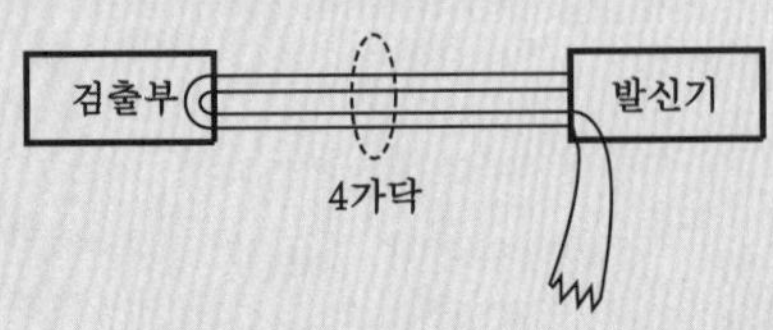

‖ 종단저항이 발신기에 설치되어 있는 경우 ‖

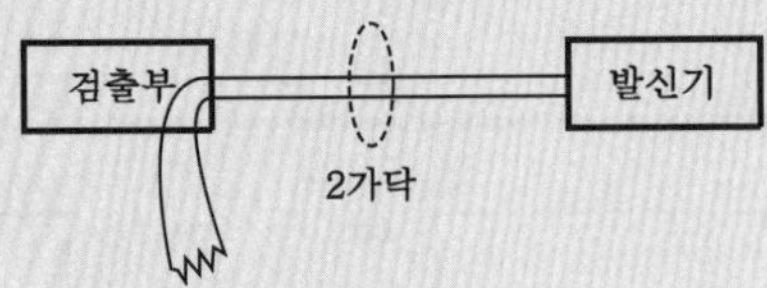

‖ 종단저항이 검출부에 설치되어 있는 경우 ‖

- (라) : 단순히 검출부의 설치높이라고 물어보면 '**바닥에서**'라는 말을 반드시 쓰도록 한다.
- (바) : '**동관**'이라고 답해도 좋지만 정확하게 '**중공동관**'이라고 답하도록 하자!(재질을 물어보았으므로 동관이라고 써도 답은 맞다.)

용어

중공동관
가운데가 비어 있는 구리관

☆☆
문제 07

비상용 조명설비의 부하가 30W 120등, 60W 60등이 있다. 방전시간은 30분, 연축전지 HS형 54셀, 허용최저전압 90V, 최저축전지온도 5℃일 때 다음 각 물음에 답하시오. (단, 전압은 100V이며, 보수율은 0.8이다.)

득점	배점
	6

‖ 연축전지의 용량환산시간 K(상단은 900~2000Ah, 하단은 900Ah 이하) ‖

형 식	온도[℃]	10분			30분		
		1.6V	1.7V	1.8V	1.6V	1.7V	1.8V
CS	25	0.9 0.8	1.15 1.06	1.6 1.42	1.41 1.34	1.6 1.55	2.0 1.88
	5	1.15 1.1	1.35 1.25	2.0 1.8	1.75 1.75	1.85 1.8	2.45 2.35
	−5	1.35 1.25	1.6 1.5	2.65 2.25	2.05 2.05	2.2 2.2	3.1 3.0
HS	25	0.58	0.7	0.93	1.03	1.14	1.38
	5	0.62	0.74	1.05	1.11	1.22	1.54
	−5	0.68	0.82	1.15	1.2	1.35	1.68

(가) 필요한 축전지용량[Ah]을 구하시오.
- ○계산과정 :
- ○답 :

(나) 연축전지에서 CS형과 HS형은 어떤 방전상태로 구분되는지 쓰시오.
- ○CS형 :
- ○HS형 :

(가) ○계산과정 : $\frac{90}{54} = 1.666 \fallingdotseq 1.7\text{V/셀}$

$$I = \frac{30 \times 120 + 60 \times 60}{100} = 72\text{A}$$

$$C = \frac{1}{0.8} \times 1.22 \times 72 = 109.8\text{Ah}$$

○답 : 109.8Ah

(나) ○CS형 : 부하에 따라 일정한 방전전류를 가진다.
○HS형 : 부하에 따라 방전전류가 급격히 변한다.

(가) 축전지의 공칭전압$= \frac{\text{허용최저전압[V]}}{\text{셀수}} = \frac{90}{54} = 1.666 \fallingdotseq 1.7\text{V/셀}$

방전시간 30분, 축전지의 공칭전압 1.7V/셀, 형식 HS형, 최저축전지온도 5℃이므로 도표에서 용량환산시간은 **1.22**가 된다.

전류

$$I = \frac{P}{V}$$

여기서, I : 전류(방전전류)[A]
P : 전력[W]
V : 전압[V]

전류 $I = \frac{P}{V} = \frac{30 \times 120 + 60 \times 60}{100} = 72\text{A}$

축전지의 용량

$$C = \frac{1}{L}KI$$

여기서, C: 축전지용량[Ah], L: 용량저하율(보수율)
K: 용량환산시간[h], I: 방전전류[A]

축전지의 용량 $C = \frac{1}{L}KI = \frac{1}{0.8} \times 1.22 \times 72 = 109.8\text{Ah}$

(나) ① 축전지의 종류

종 별		연축전지		알칼리축전지	
형식명		클래드식(CS형)	페이스트식(HS형)	포켓식 (AL, AM, AMH, AH형)	소결식 (AH, AHH형)
작용 물질	양극	이산화연(PbO_2)		수산화니켈(NiOOH)	
	음극	연(Pb)		카드뮴(Cd)	
	전해액	황산(H_2SO_4)		가성칼리(KOH)	
공칭전압		2.0V	2.0V	1.2V	1.2V
공칭용량 방전시간율		10시간율	10시간율	5시간율	5시간율
수명		12~15년	5~7년	15~20년	15~20년

* 수명은 적정 조건 아래서 사용한 경우임

② 방전특성

CS형(클래드식)	HS형(페이스트식)
부하에 따라 일정한 방전전류를 가짐	부하에 따라 방전전류가 급격히 변함

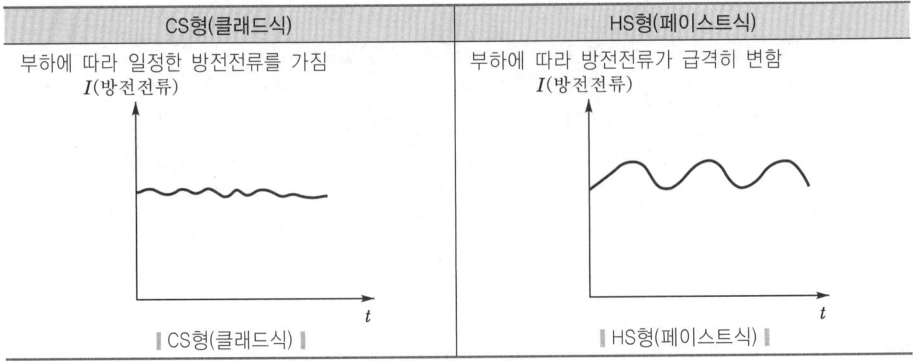

| CS형(클래드식) | | HS형(페이스트식) |

☆☆ 문제 08

다음 그림은 3상 교류회로에 설치된 누전경보기의 결선도이다. 정상상태와 누전 발생시 a점, b점 및 c점에서 키르히호프의 제1법칙을 적용하여 선전류 I_1, I_2, I_3 및 선전류의 벡터합 계산과 관련된 각 물음에 답하시오.

(산업 13.4.문11, 09.4.문4)

득점	배점
	8

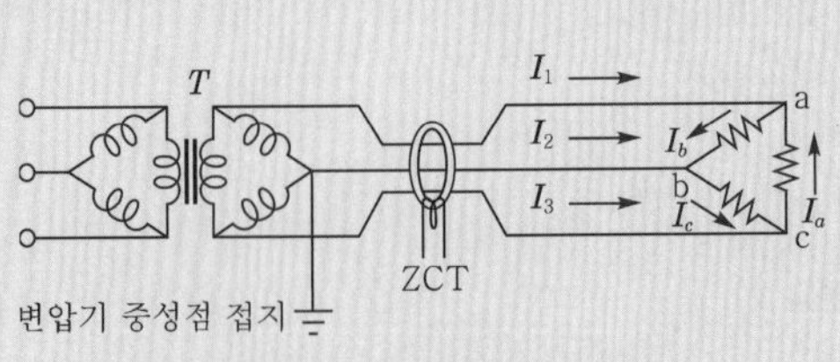

| 정상상태 |

(가) 정상상태시 선전류

a점 : I_1 =(　　　　), b점 : I_2 =(　　　　), c점 : I_3 =(　　　　)

(나) 정상상태시 선전류의 벡터합

$I_1 + I_2 + I_3$ =(　　　　)

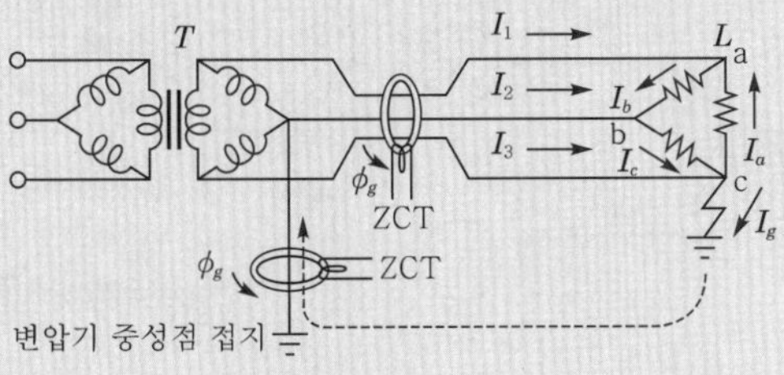

‖ 누전상태 ‖

(다) 누전시 선전류

a점 : I_1 =(　　　　), b점 : I_2 =(　　　　), c점 : I_3 =(　　　　)

(라) 누전시 선전류의 벡터합

$I_1 + I_2 + I_3$ =(　　　　)

해답 (가) a점 : $I_1 = (I_b - I_a)$, b점 : $I_2 = (I_c - I_b)$, c점 : $I_3 = (I_a - I_c)$

(나) $I_1 + I_2 + I_3 = (I_b - I_a + I_c - I_b + I_a - I_c = 0)$

(다) a점 : $I_1 = (I_b - I_a)$, b점 : $I_2 = (I_c - I_b)$, c점 : $I_3 = (I_a - I_c + I_g)$

(라) $I_1 + I_2 + I_3 = (I_b - I_a + I_c - I_b + I_a - I_c + I_g = I_g)$

해설 전류의 흐름이 **같은 방향**은 "+", **반대방향**은 "−"로 표시하면 다음과 같이 된다.

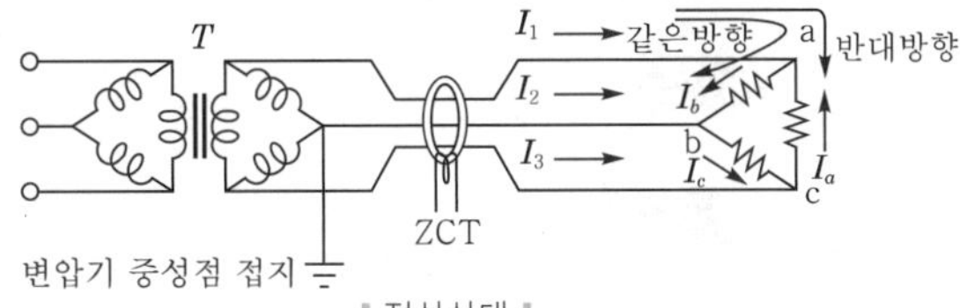

‖ 정상상태 ‖

(가) **정상상태시**

① a점 : $\dot{I}_1 = \dot{I}_b - \dot{I}_a$

② b점 : $\dot{I}_2 = \dot{I}_c - \dot{I}_b$

③ c점 : $\dot{I}_3 = \dot{I}_a - \dot{I}_c$

④ 정상상태시 선전류의 벡터합 $= \dot{I}_1 + \dot{I}_2 + \dot{I}_3 = \dot{I}_b - \dot{I}_a + \dot{I}_c - \dot{I}_b + \dot{I}_a - \dot{I}_c = 0$

(나) **누전시**

① a점 : $\dot{I}_1 = \dot{I}_b - \dot{I}_a$

② b점 : $\dot{I}_2 = \dot{I}_c - \dot{I}_b$

③ c점 : $\dot{I}_3 = \dot{I}_a - \dot{I}_c + \dot{I}_g$

④ 누전시 선전류의 벡터합 $= \dot{I}_1 + \dot{I}_2 + \dot{I}_3 = \dot{I}_b - \dot{I}_a + \dot{I}_c - \dot{I}_b + \dot{I}_a - \dot{I}_c + \dot{I}_g = \dot{I}_g$

• 벡터합이므로 $\dot{I}_1$, $\dot{I}_2$, $\dot{I}_3$, $\dot{I}_a$, $\dot{I}_b$, $\dot{I}_c$, $\dot{I}_g$ 기호 위에 반드시 '·'을 찍는 것이 원칙이지만 이 문제 그림으로 보면 기호 위에 점(·)을 안 찍어도 정답 처리될 것으로 보인다. 하지만 점을 찍는다고 틀리지는 않기 때문에 무조건 점(·)을 찍는 것으로 하자!

☆☆

문제 09

다음 회로에서 램프 L의 작동을 주어진 타임차트에 표시하시오. (단, PB : 누름버튼스위치, LS : 리미트스위치, X : 릴레이) (10.7.문3)

득점	배점
	5

(가)

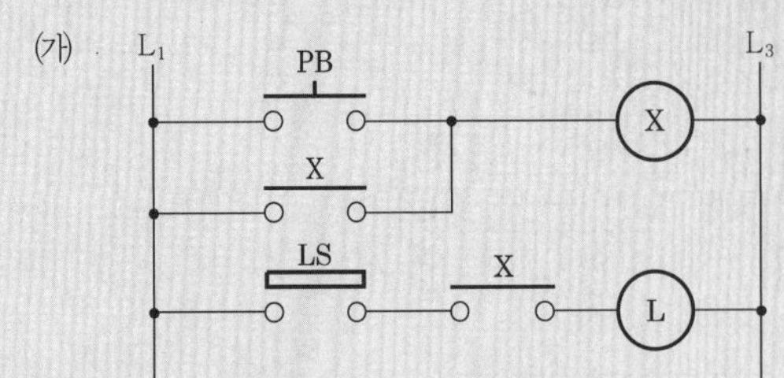

▎타임차트 ▎

(나)

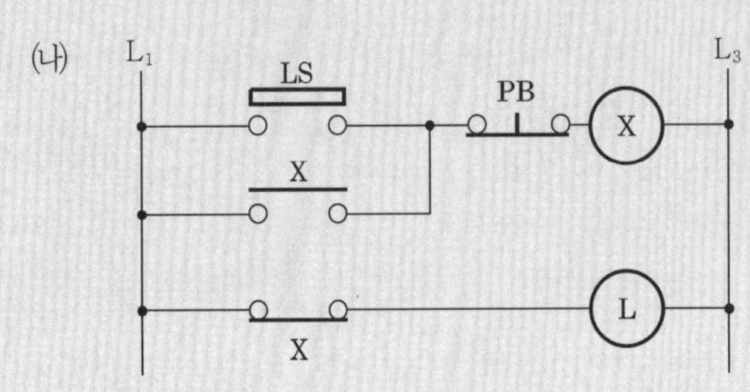

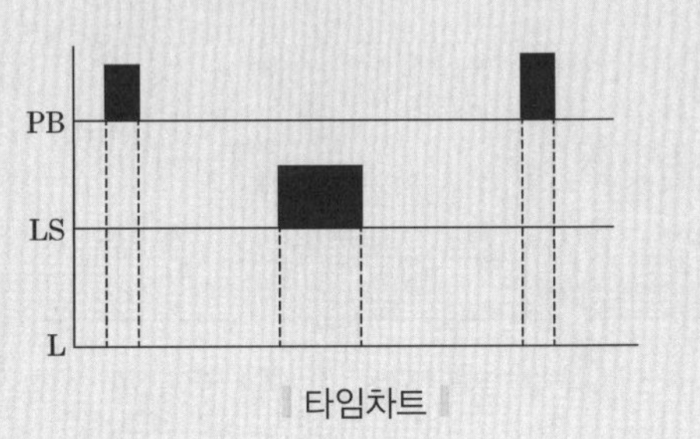

▎타임차트 ▎

해답 (가)

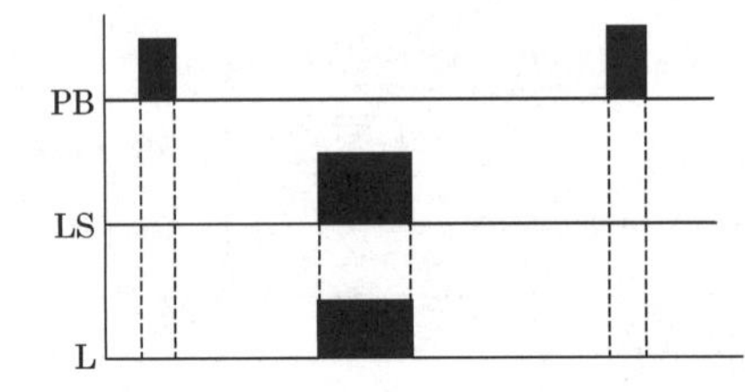

(나)

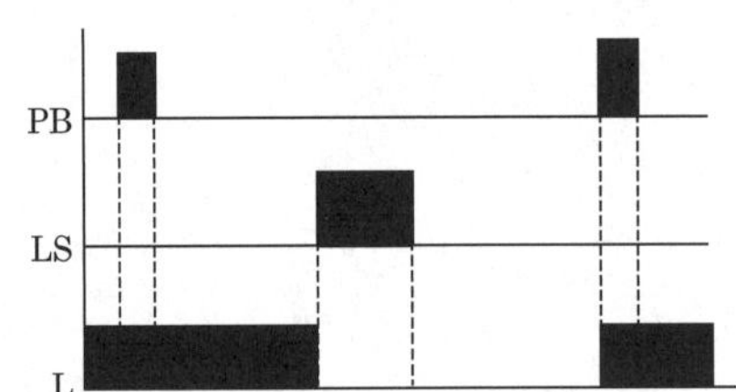

해설 (가) **동작설명**

① 누름버튼스위치 PB를 누르면 릴레이 Ⓧ가 여자되고 자기 유지된다.

② 리미트스위치 LS를 터치할 때만 램프 Ⓛ가 점등된다.

(나) **동작설명**

① 평상시 램프 Ⓛ가 점등된다.

② 리미트스위치 LS를 터치하면 릴레이 Ⓧ가 여자되고 자기 유지되며 램프 Ⓛ가 소등된다.

③ 누름버튼스위치 PB를 누르면 릴레이 Ⓧ가 소자되고 램프 Ⓛ가 다시 점등된다.

- 누름버튼스위치=푸시버튼스위치

 용어

구 분	설 명
타임차트(time chart)	시퀀스회로의 동작상태를 시간의 흐름에 따라 변화되는 상태를 나타낸 표
릴레이 (relay)	전자력에 의해 접점을 개폐하는 기능을 가진 장치로서, "**계전기**"라고도 부른다. 아마추어(armature) 복귀스프링 커버 샤프트(shaft) 프레임(frame) 유동단자 코일(coil) 접점 보빈(bobbin) 고정단자 플러그 리드단자 ‖ 릴레이의 구조 ‖
누름버튼스위치 (PB ; Push Button switch)	수동조작 자동복귀스위치로서 회로의 기동, 정지에 주로 사용된다. ‖ 푸시버튼스위치 ‖
리미트스위치 (LS ; Limit Switch)	외부의 어떤 접촉에 의해 접점이 개폐되는 스위치 ‖ 리미트스위치 ‖

☆☆☆

문제 10

금속관공사로서 노출배관을 나타낸 그림이다. 이 그림을 보고 다음 각 물음에 답하시오.

(12.4.문5, 07.4.문1)

득점	배점
	5

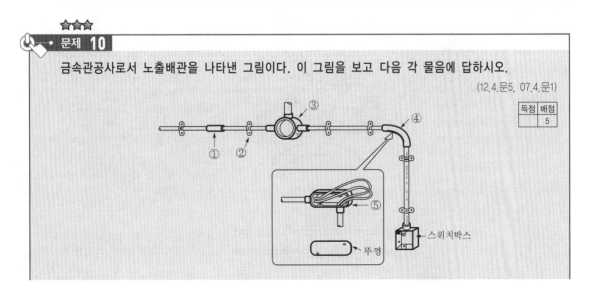

(가) 그림에 표시된 ①~④의 자재 명칭을 답란에 쓰시오.

○ 답란

①	②	③	④

(나) 그림에서 ④ 대신에 ⑤에 그려진 자재를 활용한다고 할 때, ⑤의 명칭을 쓰시오.

○ 답 :

해답 (가)

①	②	③	④
커플링	새들	환형 3방출 정크션박스	노멀밴드

(나) 유니버설엘보

해설 (가), (나)

- 환형 3방출 정크션박스=환형 3방출 정션박스
- 노멀밴드=노멀벤드
- 유니버설엘보=유니버셜엘보우
- 아우트렛박스=아웃렛박스

중요

금속관공사에 **이용되는 부품**

명 칭	외 형	설 명
부싱 (bushing)		**전선**의 **절연피복**을 **보호**하기 위하여 금속관 끝에 취부하여 사용되는 부품
유니언커플링 (union coupling)		**금속전선관 상호간**을 **접속**하는 데 사용되는 부품(**관**이 **고정**되어 있을 때)
노멀밴드 (normal bend)		**매입**배관공사를 할 때 **직각**으로 굽히는 곳에 사용하는 부품
유니버설엘보 (universal elbow)		**노출**배관공사를 할 때 관을 **직각**으로 굽히는 곳에 사용하는 부품
링리듀서 (ring reducer)		금속관을 아우트렛박스에 로크너트만으로 고정하기 어려울 때 보조적으로 사용되는 부품
커플링 (coupling)	커플링 전선관	**금속전선관 상호간**을 **접속**하는 데 사용되는 부품(**관**이 **고정**되어 있지 **않을 때**)

새들 (saddle)		**관**을 **지지**하는 데 사용하는 재료
로크너트 (lock nut)		**금속관**과 **박스**를 **접속**할 때 사용하는 재료로 최소 **2개**를 사용한다.
리머 (reamer)		금속관 **말단**의 **모**를 **다듬**기 위한 기구
파이프커터 (pipe cutter)		금속관을 **절단**하는 기구
환형 3방출 정크션박스		배관을 **분기**할 때 사용하는 박스
파이프벤더 (pipe bender)		금속관(후강전선관, 박강전선관)을 구부릴 때 사용하는 공구 ※ 28mm 이상은 **유압식 파이프벤더**를 사용한다.

문제 11

공기관식 차동식 분포형 감지기의 3정수시험 중 접점수고(간격)시험시 수고치가 다음에 해당하는 경우에 각각 나타나는 현상을 쓰시오.

득점	배점
	5

(가) 비정상적인 경우 :
(나) 낮은 경우 :
(다) 높은 경우 :

해답 (가) 감지기 미작동
(나) 비화재보
(다) 지연동작

해설 **접점수고시험**
감지기의 접점수고치가 적정치를 보유하고 있는지를 확인하기 위한 시험

‖수고치‖

비정상적인 경우	낮은 경우	높은 경우
감지기가 작동되지 않는다.	감지기가 예민하게 되어 비화재보의 원인이 된다.	감지기의 감도가 저하되어 지연동작의 원인이 된다.

중요

3정수시험
차동식 분포형 공기관식 감지기는 감도기준 설정이 가열시험으로는 어렵기 때문에 온도시험에 의하지 않고 이론 시험으로 대신 하는 것으로 **리크저항시험**, **등가용량시험**, **접점수고시험**이 있다.

‖ 3정수시험 ‖

리크저항시험	등가용량시험	접점수고시험
리크저항 측정	다이어프램의 기능 측정	접점의 간격 측정

☆☆☆
문제 12

경비실에서 400m 떨어진 공장(지상 6층, 지하 1층)은 각 층별로 발신기가 2개씩 설치되며 일제경보 방식으로 동작한다. 1층에서 화재가 발생하였을 경우 경종, 표시등의 공통선에 대한 소요전류와 전압강하를 계산하시오. (13.11.문13)

득점	배점
	4

〔조건〕
① 사용된 전선 : HFIX 2.5mm^2
② 발신기 경종 : 50mA/개, 표시등 : 30mA/개

(가) 소요전류
○ 계산과정 :
○ 답 :

(나) 전압강하
○ 계산과정 :
○ 답 :

해답 (가) ○ 계산과정 : 경종 $50\times2\times7=700\text{mA}=0.7\text{A}$
표시등 $30\times2\times7=420\text{mA}=0.42\text{A}$
$0.7+0.42=1.12\text{A}$
○ 답 : 1.12A

(나) ○ 계산과정 : $\dfrac{35.6\times400\times1.12}{1000\times2.5}=6.379\fallingdotseq6.38\text{V}$
○ 답 : 6.38V

해설 (가) 일반적으로 1회로당 경종은 1개씩 설치되고 일제경보방식이므로
50mA×2개×7개층=700mA=0.7A

• 문제에서 각 층에 **발신기**가 **2개씩** 설치되므로 각 층에 **경종**도 **2개씩** 설치한다.

비교

발화층 및 직상 4개층 **우선경보방식**

<table>
<tr><th rowspan="2">발화층</th><th colspan="2">경보층</th></tr>
<tr><th>11층(공동주택 16층) 미만</th><th>11층(공동주택 16층) 이상</th></tr>
<tr><td>2층 이상 발화</td><td rowspan="3">전층 일제경보</td><td>• 발화층
• 직상 4개층</td></tr>
<tr><td>1층 발화</td><td>• 발화층
• 직상 4개층
• 지하층</td></tr>
<tr><td>지하층 발화</td><td>• 발화층
• 직상층
• 기타의 지하층</td></tr>
</table>

중요

발화층 및 직상 4개층 우선경보방식 특정소방대상물
11층(공동주택 16층) 이상인 특정소방대상물

발신기 개수와 동일하게 **표시등**이 설치되므로 **각 층**별로 **2개씩 7개층**(지상 6층, 지하 1층)에 설치된다.
30mA×2개×7개층=420mA=0.42A

- 1000mA=1A이므로 420mA=0.42A이다.

소요전류=경종전류+표시등전류=0.7A+0.42A=**1.12A**

- 문제에서 단위가 주어지지 않았으므로 700mA+420mA=**1120mA**로 답해도 된다.

(나) **전선단면적**(단상 2선식)

$$A=\frac{35.6LI}{1000e}$$

여기서, A : 전선단면적〔mm^2〕
L : 선로길이〔m〕
I : 전류〔A〕
e : 전압강하〔V〕

표시등은 **단상 2선식**이므로 전압강하 e는

$$e=\frac{35.6LI}{1000A}=\frac{35.6\times400\times1.12}{1000\times2.5}=6.379 ≒ 6.38\text{V}$$

- L**(400m)** : 문제에서 주어진 값
- I **(1.12A)** : **지상 1층**에서 **발화**되었을 때는 **표시등**과 **경종**이 **함께 동작**하므로 (가)에서 구한 값이다. 만약 화재가 발생하지 않은 평상시라면 표시등만 점등되므로 (가)에서 구한 표시등의 전류만 계산하면 된다. 주의하라!
- **평상시**의 **전압강하**는 다음과 같다. 참고하라!

$$e=\frac{35.6LI}{1000A}=\frac{35.6\times400\times0.42}{1000\times2.5}=2.392 ≒ 2.39\text{V}$$

- A**(2.5**mm^2**)** : 문제에서 주어진 값

중요

(1) **전압강하**(일반적으로 저항이 주어지지 않은 경우에 적용. 단, 예외도 있음)
① **정의** : 입력전압과 출력전압의 차
② **저압수전시 전압강하** : **조명 3%**(기타 5%) 이하(KEC 232.3.9)

전기방식	전선단면적	적응설비
단상 2선식	$A=\frac{35.6LI}{1000e}$	• 기타설비(경종, 표시등, 유도등, 비상조명등, 솔레노이드밸브, 감지기 등)
3상 3선식	$A=\frac{30.8LI}{1000e}$	• 소방펌프 • 제연팬
단상 3선식, 3상 4선식	$A=\frac{17.8LI}{1000e'}$	–

여기서, L : 선로길이〔m〕
I : 전부하전류〔A〕
e : 각 선간의 전압강하〔V〕
e' : 각 선간의 1선과 중성선 사이의 전압강하〔V〕

(2) **전압강하**(일반적으로 저항이 주어진 경우에 적용. 단, 예외도 있음)

단상 2선식	3상 3선식
$e=V_s-V_r=2IR$	$e=V_s-V_r=\sqrt{3}IR$

여기서, e : 전압강하[V], V_s : 입력전압[V], V_r : 출력전압[V], I: 전류[A], R: 저항[Ω]

☆☆

문제 13

다음 그림은 옥내소화전설비의 블록선도이다. 각 구성요소 간에 내화 · 내열 · 일반 배선으로 배선하시오. (단, 내화배선 : ▬, 내열배선 : ▨, 일반배선 : ——) (19.11.문6, 16.4.문10, 09.7.문9)

득점	배점
	5

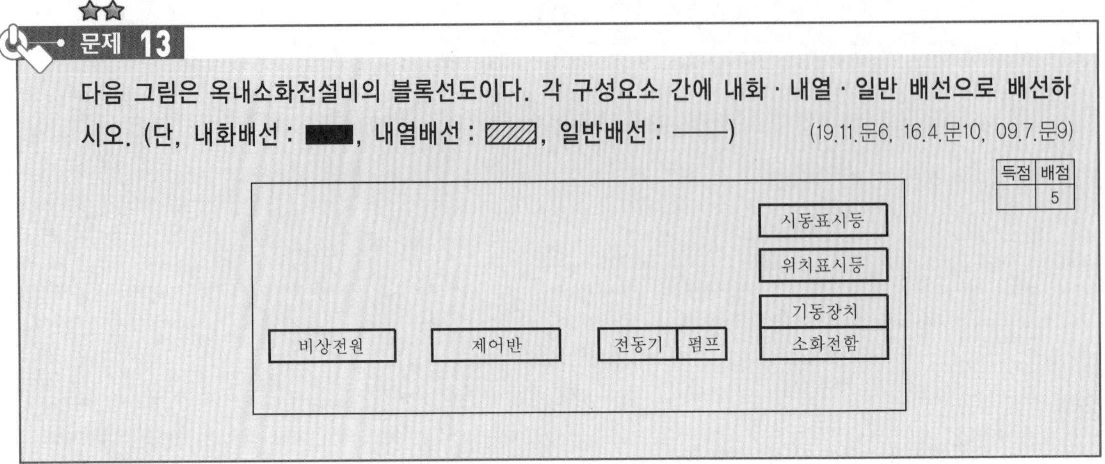

해답

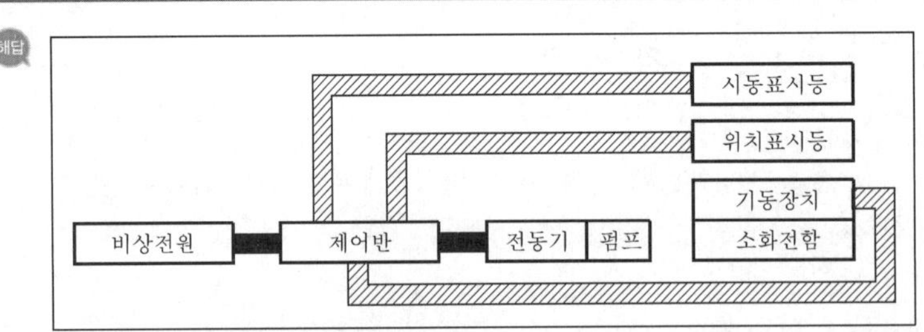

해설

- **일반배선**은 사용되지 않는다. 일반배선을 어디에 그리느냐를 고민하지 말라!
- 펌프 – 소화전함의 **배관**은 표시하라는 말이 없으므로 표시하지 않는 것이 좋다.

중요

배선공사(내화배선 : ▬, 내열배선 : ▨, 일반배선 : ——, 배관 : ------)

(1) 옥내소화전설비

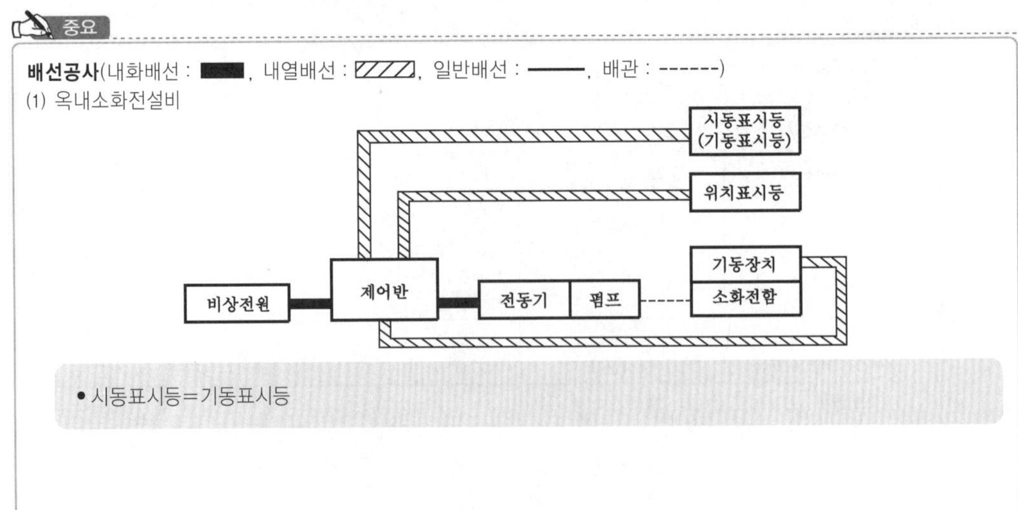

- 시동표시등=기동표시등

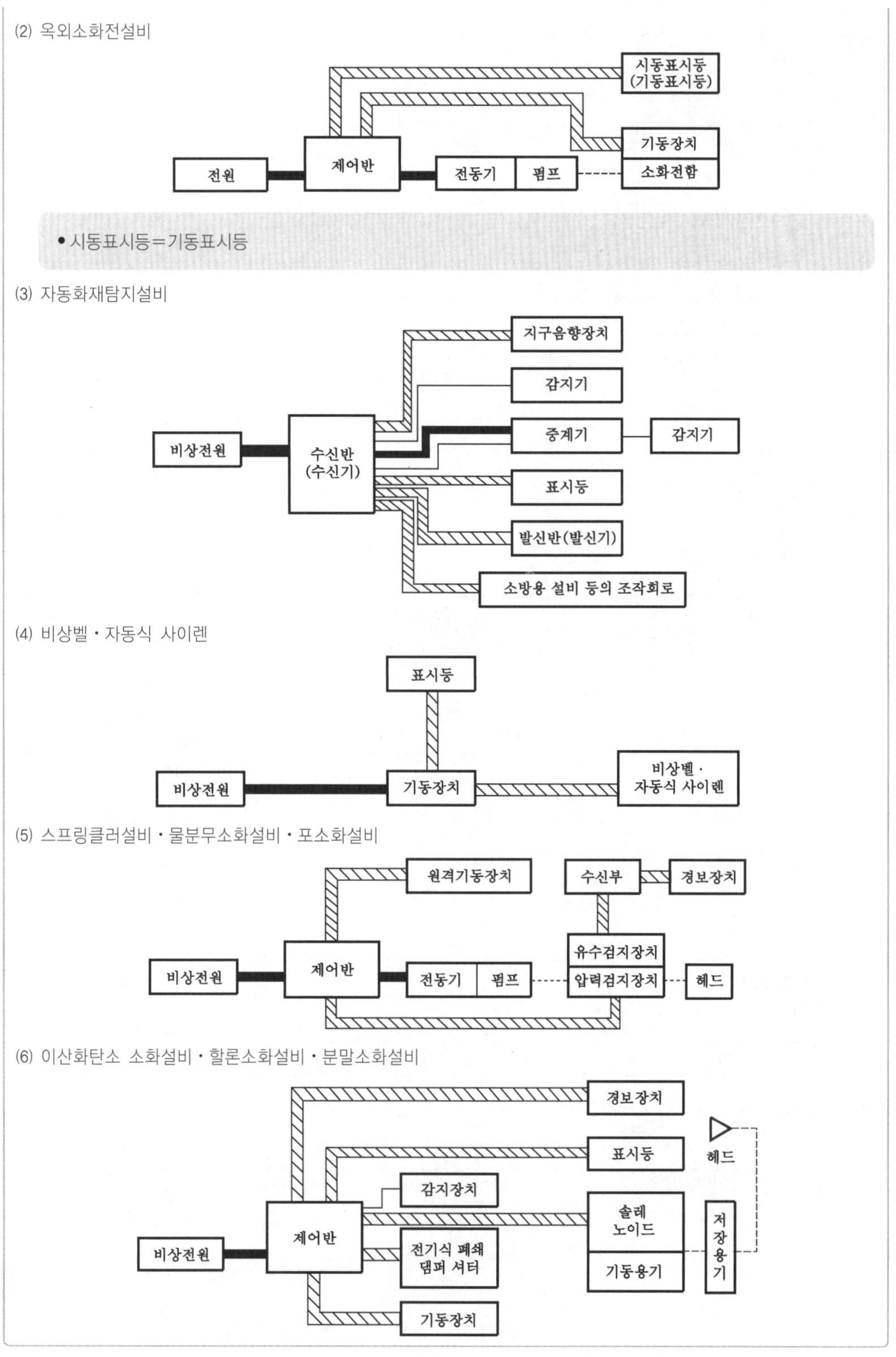

(2) 옥외소화전설비
시동표시등 (기동표시등)
기동장치
전원
제어반
전동기
펌프
소화전함
• 시동표시등＝기동표시등
(3) 자동화재탐지설비
지구음향장치
감지기
비상전원
수신반 (수신기)
중계기
감지기
표시등
발신반(발신기)
소방용 설비 등의 조작회로
(4) 비상벨 · 자동식 사이렌
표시등
비상전원
기동장치
비상벨 · 자동식 사이렌
(5) 스프링클러설비 · 물분무소화설비 · 포소화설비
원격기동장치
수신부
경보장치
유수검지장치
비상전원
제어반
전동기
펌프
압력검지장치
헤드
(6) 이산화탄소 소화설비 · 할론소화설비 · 분말소화설비
경보장치
헤드
표시등
감지장치
솔레노이드
저장용기
비상전원
제어반
전기식 폐쇄 댐퍼 셔터
기동용기
기동장치

문제 14

보상식과 열복합형 감지기를 상호 비교하는 다음 항목을 채우시오. (10.4.문8)

득점	배점
	4

구 분	보상식 감지기	열복합형 감지기
1. 동작방식		
2. 신호출력		
3. 목적		
4. 적응성		

해답

구 분	보상식 감지기	열복합형 감지기
1. 동작방식	차동식과 정온식의 OR회로	차동식과 정온식의 AND 회로
2. 신호출력	차동식, 정온식 2가지 중 1가지 기능이 작동하면 신호 발신	차동식, 정온식 2가지 기능 동시 작동 시 신호 발신
3. 목적	실보방지	비화재보방지
4. 적응성	심부화재의 우려가 있는 장소	지하층·무창층으로서 환기가 잘되지 않는 장소

해설

구 분	보상식 감지기	열복합형 감지기
동작방식	차동식과 정온식의 **OR회로**	차동식과 정온식의 **AND 회로**
신호출력	차동식, 정온식 2가지 중 **1가지** 기능이 작동하면 신호 발신	차동식, 정온식 **2가지** 기능 **동시 작동** 시 신호 발신
목적	**실보**방지	**비화재보**방지
적응성	**심부화재**의 우려가 있는 장소	① **지하층·무창층**으로서 환기가 잘되지 않는 장소 ② 실내면적 **40m²** 미만인 장소 ③ 감지기의 부착면과 실내바닥과의 거리가 **2.3m** 이하인 곳으로서 일시적으로 발생한 열·연기 또는 먼지 등으로 인하여 화재신호를 발신할 우려가 있는 장소

용어

실 보	비화재보
화재가 발생했는데 감지기가 **작동**하지 **않는 것**	화재가 발생하지 않았는데 감지기가 **작동**하는 것

참고

(1) **일반감지기**

종 류	설 명
차동식 스포트형 감지기	주위온도가 일정 상승률 이상 될 때 작동하는 것으로 **일국소에서의 열효과**에 의하여 작동하는 것
정온식 스포트형 감지기	일국소의 주위온도가 일정 온도 이상 될 때 작동하는 것으로 **외관이 전선이 아닌 것**
보상식 스포트형 감지기	**차동식 스포트형+정온식 스포트형의 성능을 겸**한 것으로 둘 중 한 기능이 작동되면 신호를 발하는 것

(2) **특수감지기**

종 류	설 명
다신호식 감지기	1개의 감지기 내에서 다음과 같다. ① 각 서로 다른 종별 또는 감도 등의 기능을 갖춘 것으로서 일정 시간 간격을 두고 각각 다른 2개 이상의 화재신호를 발하는 감지기 ② 동일 종별 또는 감도를 갖는 2개 이상의 센서를 통해 감지하여 화재신호를 각각 발신하는 감지기
아날로그식 감지기	주위의 온도 또는 연기의 양의 변화에 따른 화재정보신호값을 출력하는 방식의 감지기

(3) **복합형 감지기**

종 류	설 명
열복합형 감지기	**차동식 스포트형+정온식 스포트형**의 성능이 있는 것으로 두 가지 기능이 동시에 작동되면 신호를 발한다.
연복합형 감지기	**이온화식+광전식**의 성능이 있는 것으로 두 가지 기능이 동시에 작동되면 신호를 발한다.
열·연기복합형 감지기	**열감지기+연감지기**의 성능이 있는 것으로 두 가지 기능이 동시에 작동되면 신호를 발한다.
불꽃복합형 감지기	**불꽃자외선식+불꽃적외선식+불꽃영상분석식**의 성능 중 두 가지 성능이 있는 것으로 두 가지 기능이 동시에 작동되면 신호를 발한다.

☆☆
문제 15

차동식 분포형 공기관식 감지기 시험방법에 대한 설명 중 ㉮와 ㉯에 알맞은 내용을 답란에 쓰시오.

(13.7.문14)

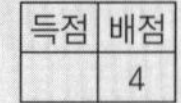

득점	배점
	4

① 검출부의 시험공 또는 공기관의 한쪽 끝에 (㉮)을(를) 접속하고 시험코크 등을 유통시험 위치에 맞춘 후 다른 끝에 (㉯)을(를) 접속시킨다.
② (㉯)(으)로 공기를 주입하고 (㉮)의 수위를 눈금의 0점으로부터 100mm 상승시켜 수위를 정지시킨다.
③ 시험코크 등에 의해 송기구를 개방하여 상승수위의 $\frac{1}{2}$까지 내려가는 시간(유통시간)을 측정한다.

○답란

㉮	㉯

해답

㉮	㉯
마노미터	테스트펌프

해설 (1) **차동식 분포형 공기관식 감지기**의 **유통시험**

공기관에 공기를 유입시켜 **공**기관의 **누설, 찌그러짐, 막힘** 등의 유무 및 공기관의 **길이**를 확인하는 시험이다.

기억법 **공길누찌**

① 검출부의 시험공 또는 공기관의 한쪽 끝에 **마노미터**를, 시험코크 등을 유통시험 위치에 맞추고 다른 한쪽 끝에 **테스트펌프**를 접속한다.
② **테스트펌프**로 공기를 주입하고 **마노미터**의 수위를 0점으로부터 **100mm**까지 상승시켜 수위를 정지시킨다(정지하지 않으면 공기관에 누설이 있는 것).

③ 시험코크를 이동시켜 송기구를 열고 수위가 $\frac{1}{2}$(50mm)까지 내려가는 시간(**유통시간**)을 측정하여 공기관의 길이를 산출한다.

- 공기관의 두께는 **0.3mm** 이상, 외경은 **1.9mm** 이상이며, 공기관의 길이는 **20~100m** 이하이어야 한다.
- 차동식 분포형 공기관식 감지기＝공기관식 차동식 분포형 감지기

(2) **차동식 분포형 공기관식 감지기**의 **접점수고시험시 검출부**의 **공기관에 접속하는 기기**

① 마노미터

② 테스트펌프

- 마노미터(manometer)＝마노메타
- 테스트펌프(test pump)＝공기주입기＝공기주입시험기
- ㉮와 ㉯의 답이 서로 바뀌면 틀린다. 공기를 주입하는 것은 **테스트펌프**이고 수위 상승을 확인하는 것은 **마노미터**이기 때문이다.

문제 16

연기감지기를 설치할 수 없는 경우 차동식 분포형 감지기 1·2종 모두 적응성이 있는 환경상태 5가지를 쓰시오.

득점	배점
	5

○

○

○

○

○

해답 ① 먼지 또는 미분 등이 다량으로 체류하는 장소
② 부식성 가스가 발생할 우려가 있는 장소
③ 배기가스가 다량으로 체류하는 장소
④ 연기가 다량으로 유입할 우려가 있는 장소
⑤ 물방울이 발생하는 장소

해설 **환경상태**(연기감지기를 설치할 수 없는 경우)(NFTC 203 2.4.6(1))

차동식 분포형 1·2종	정온식 특종·1종
① **먼지** 또는 **미분** 등이 다량으로 체류하는 장소 ② **부식성 가스**가 발생할 우려가 있는 장소 ③ **배기가스**가 다량으로 체류하는 장소 ④ **연기**가 다량으로 유입할 우려가 있는 장소 ⑤ **물방울**이 발생하는 장소	① **먼지** 또는 **미분** 등이 다량으로 체류하는 장소 ② **부식성 가스**가 발생할 우려가 있는 장소 ③ **연기**가 다량으로 유입할 우려가 있는 장소 ④ **물방울**이 발생하는 장소 ⑤ 현저하게 **고온**으로 되는 장소 ⑥ **수증기**가 다량으로 머무는 장소 ⑦ 불을 사용하는 설비로서 **불꽃**이 **노출**되는 장소

포기하는 사람보다 더 나쁜 사람은 시작하기를 두려워하는 사람이다.
- 얼 나이팅게일 -

과년도 출제문제

2015년

소방설비기사 실기(전기분야)

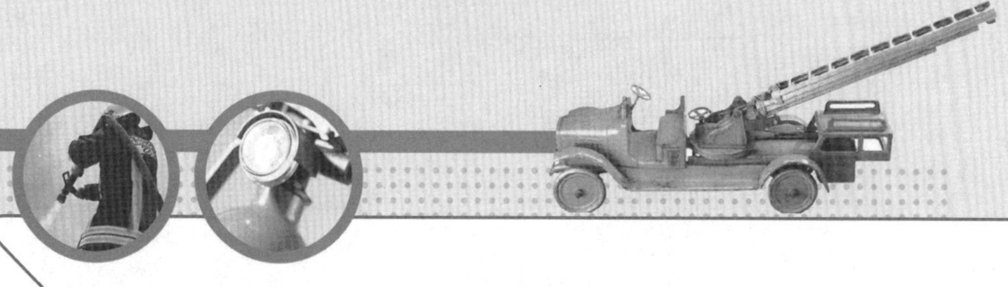

** 수험자 유의사항 **

1. 문제지를 받는 즉시 응시 종목의 문제가 맞는지 확인하셔야 합니다.
2. 답안지 내 인적사항 및 답안작성(계산식 포함)은 검정색 필기구만을 계속 사용하여야 합니다.
3. 답안정정 시에는 **두 줄(=)**을 긋고 다시 기재 가능하며, **수정테이프 사용** 또한 **가능**합니다.
4. 계산문제는 반드시 '계산과정'과 '답'란에 정확히 기재하여야 하며 **계산과정이 틀리거나 없는 경우 0점 처리**됩니다.
   ※ 연습이 필요 시 연습란을 이용하여야 하며, 연습란은 채점대상이 아닙니다.
5. 계산문제는 **최종결과** 값(답)에서 **소수 셋째자리에서 반올림**하여 **둘째자리**까지 구하여야 하나 개별 문제에서 소수처리에 대한 별도 요구사항이 있을 경우, 그 요구사항에 따라야 합니다.
6. 답에 단위가 없으면 오답으로 처리됩니다. (단, 문제의 요구사항에 단위가 주어졌을 경우는 생략되어도 무방합니다.)
7. 문제에서 요구한 가지 수 이상을 답란에 표기한 경우, **답란기재 순**으로 **요구한 가지 수**만 채점합니다.

15년

2015. 4. 19 시행

▌2015년 기사 제1회 필답형 실기시험▐

자격종목	시험시간	형별	수험번호	성명	감독위원 확 인
소방설비기사(전기분야)	3시간				

※ 다음 물음에 답을 해당 답란에 답하시오.(배점 : 100)

☆ 문제 01

그림 (a)와 같은 △결선회로와 등가인 그림 (b)의 Y결선회로의 A, B, C의 저항값〔Ω〕을 구하시오.

득점	배점
	3

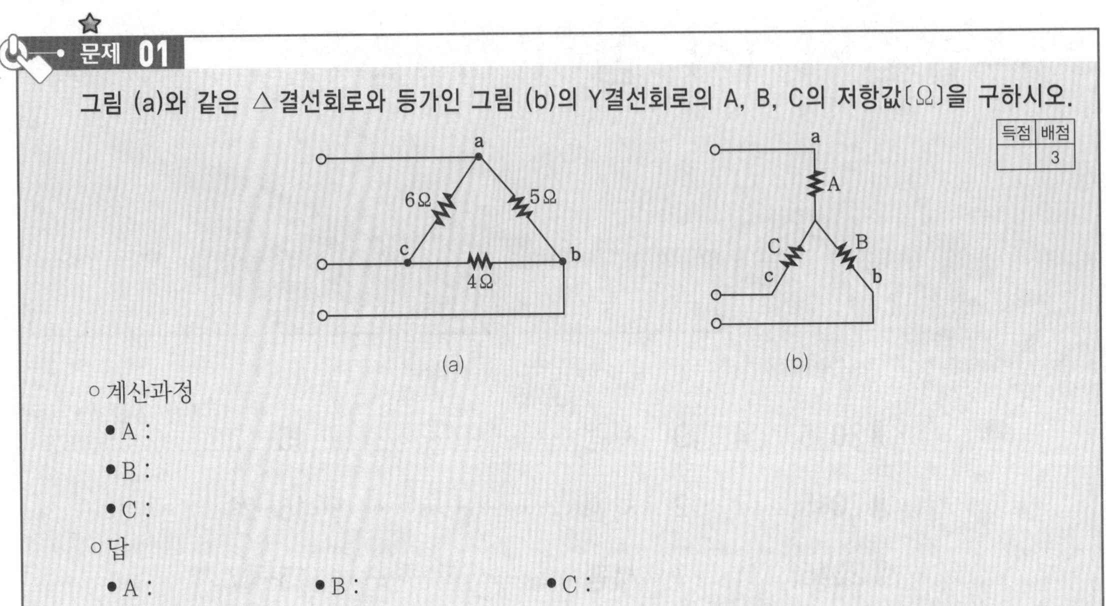

○ 계산과정

• A :

• B :

• C :

○ 답

• A : • B : • C :

해답 ○ 계산과정

• A : $\frac{5 \times 6}{5+4+6} = 2\,\Omega$

• B : $\frac{5 \times 4}{5+4+6} = 1.333 \fallingdotseq 1.33\,\Omega$

• C : $\frac{4 \times 6}{5+4+6} = 1.6\,\Omega$

○ 답

A : 2Ω, B : 1.33Ω, C : 1.6Ω

해설 **△ → Y변환**이므로

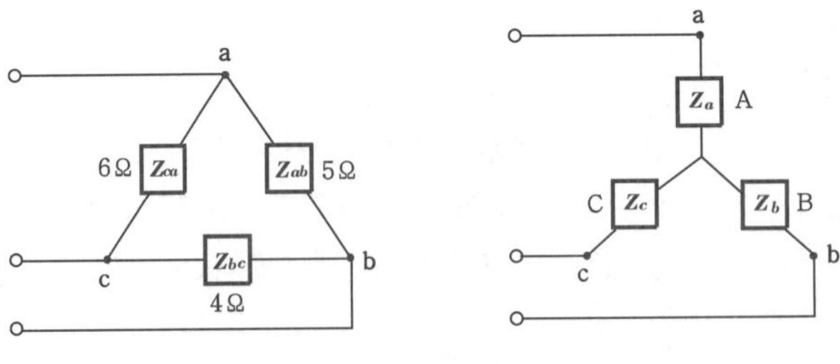

▌△－Y변환▐

$$A = Z_a = \frac{Z_{ab} \cdot Z_{ca}}{Z_{ab}+Z_{bc}+Z_{ca}} = \frac{5\times6}{5+4+6} = 2\,\Omega$$

$$B = Z_b = \frac{Z_{ab} \cdot Z_{bc}}{Z_{ab}+Z_{bc}+Z_{ca}} = \frac{5\times4}{5+4+6} = 1.333 \fallingdotseq 1.33\,\Omega$$

$$C = Z_c = \frac{Z_{bc} \cdot Z_{ca}}{Z_{ab}+Z_{bc}+Z_{ca}} = \frac{4\times6}{5+4+6} = 1.6\,\Omega$$

중요

Y-△회로의 변환

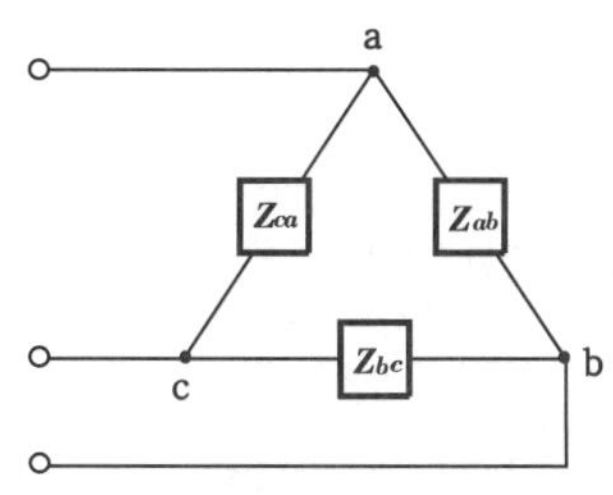

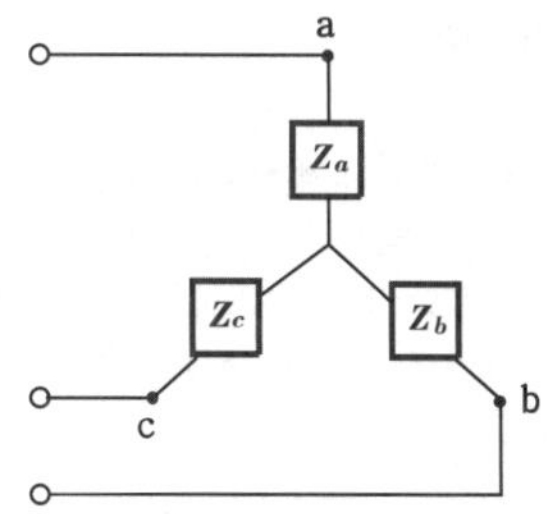

‖ Y-△변환 ‖

△ → Y변환	Y→△변환
$Z_a = \frac{Z_{ab} \cdot Z_{ca}}{Z_{ab}+Z_{bc}+Z_{ca}}$ [Ω] $Z_b = \frac{Z_{ab} \cdot Z_{bc}}{Z_{ab}+Z_{bc}+Z_{ca}}$ [Ω] $Z_c = \frac{Z_{bc} \cdot Z_{ca}}{Z_{ab}+Z_{bc}+Z_{ca}}$ [Ω]	$Z_{ab} = \frac{Z_aZ_b+Z_bZ_c+Z_cZ_a}{Z_c}$ [Ω] $Z_{bc} = \frac{Z_aZ_b+Z_bZ_c+Z_cZ_a}{Z_a}$ [Ω] $Z_{ca} = \frac{Z_aZ_b+Z_bZ_c+Z_cZ_a}{Z_b}$ [Ω]
평형부하인 경우에는 $Z_Y = \frac{Z_\triangle}{3}$ [Ω]	평형부하인 경우에는 $Z_\triangle = 3Z_Y$ [Ω]

☆

문제 02

한국전기설비규정(KEC)에 의한 단락전류에 대한 보호를 위해 단락보호장치의 설치위치에 관한 사항이다. 다음 ( ) 안을 완성하시오.

득점	배점
	4

단락전류보호장치는 분기점(O)에 설치해야 한다. 단, 그림과 같이 분기회로의 단락보호장치 설치점(B)과 분기점(O) 사이에 다른 분기회로 또는 (①)의 접속이 없고 단락, 화재 및 인체에 대한 위험이 최소화될 경우, 분기회로의 단락보호장치 P_2는 분기점(O)으로부터 (②)m까지 이동하여 설치할 수 있다.

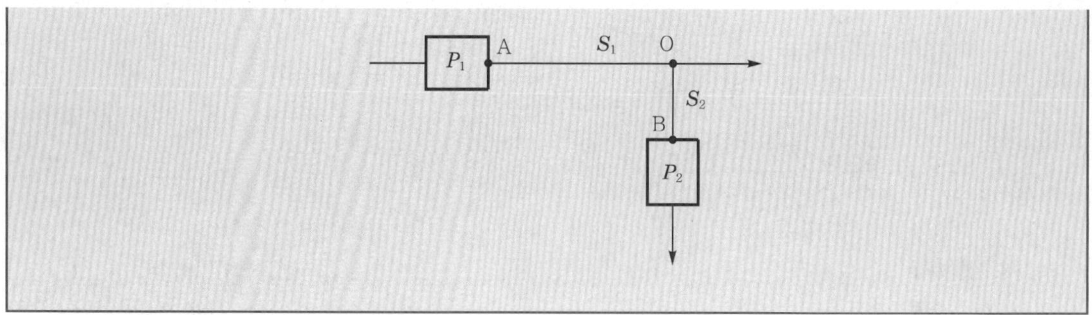

해답 ① 콘센트

② 3

해설 **단락보호장치**의 **설치위치**(KEC 212.5.2)

단락전류보호장치는 분기점(O)에 설치해야 한다. 단, 그림과 같이 분기회로의 단락보호장치 설치점(B)과 분기점(O) 사이에 다른 분기회로 또는 **콘센트**의 접속이 없고 **단락**, **화재** 및 **인체**에 대한 위험이 최소화될 경우, 분기회로의 단락보호장치 P_2는 분기점(O)으로부터 **3m**까지 이동하여 설치할 수 있다.

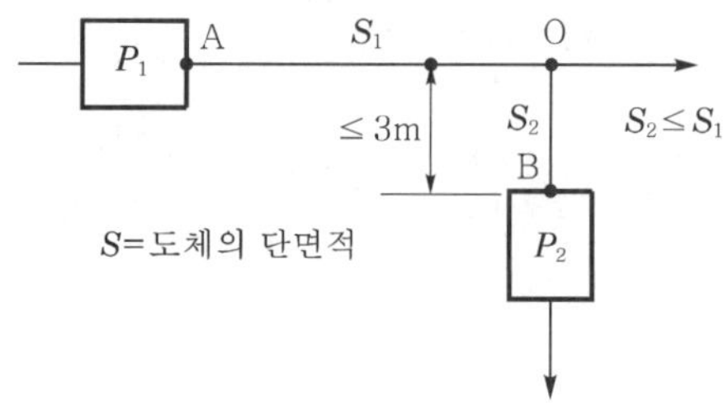

여기서, P_1 : 주회로의 보호장치

A : 주회로의 단락보호장치 설치점

P_2 : 분기회로의 보호장치

S_1 : 주회로도체의 단면적[mm^2]

O : 분기회로의 분기점

S_2 : 분기회로도체의 단면적[mm^2]

B : 분기회로의 단락보호장치 설치점

☆☆☆

문제 03

도면은 준비작동식 스프링클러설비의 평면도이다. 도면을 보고 다음 각 물음에 답하시오.

(17.4.문3, 16.6.문14, 14.7.문15, 13.4.문10, 12.4.문15, 04.4.문14)

득점	배점
	6

(가) 기호 ①~④까지 최소가닥수를 쓰시오.

① ② ③ ④

(나) 기호 ⓐ~ⓒ의 명칭을 쓰시오.

ⓐ ⓑ ⓒ

유사문제부터 풀어보세요. 실력이 팍!팍! 올라갑니다.

(다) 3층 건물일 경우 간선계통도를 그리시오.

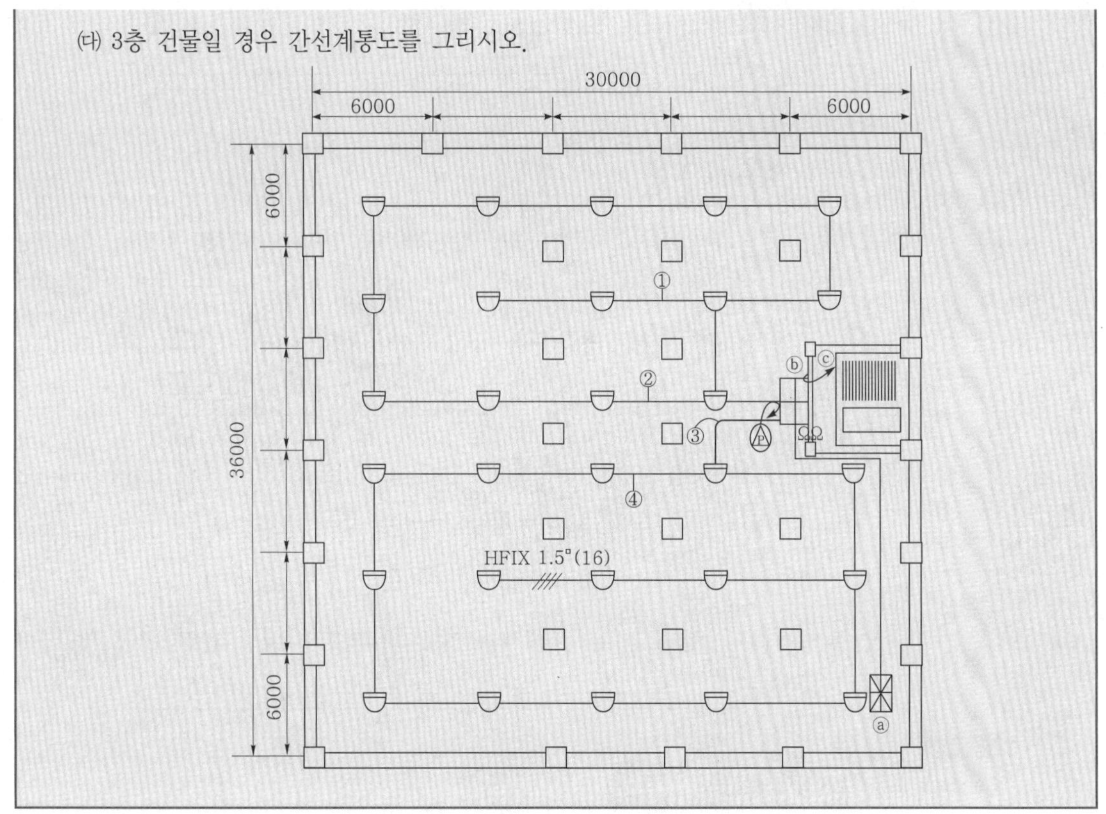

해답 (가) ① 8가닥 ② 4가닥 ③ 8가닥 ④ 4가닥

(나) ⓐ 감시제어반(수신반) ⓑ 슈퍼비조리 판넬 ⓒ 상승

(다)

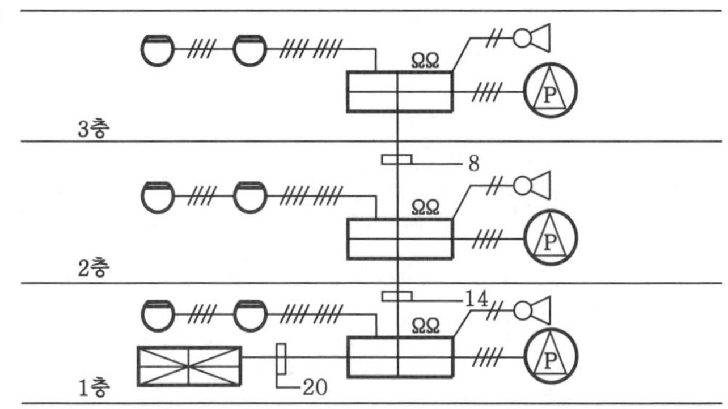

해설 (가) 준비작동식 스프링클러설비는 교차회로방식이므로 **말단**과 **루프**(loop)된 곳은 **4가닥**, **기타 8가닥**이 된다.

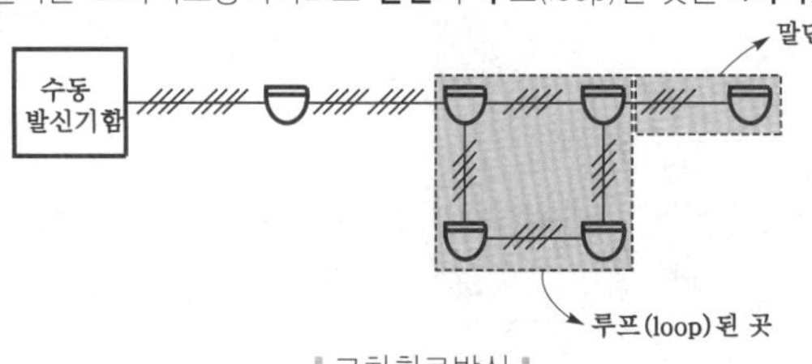

‖ 교차회로방식 ‖

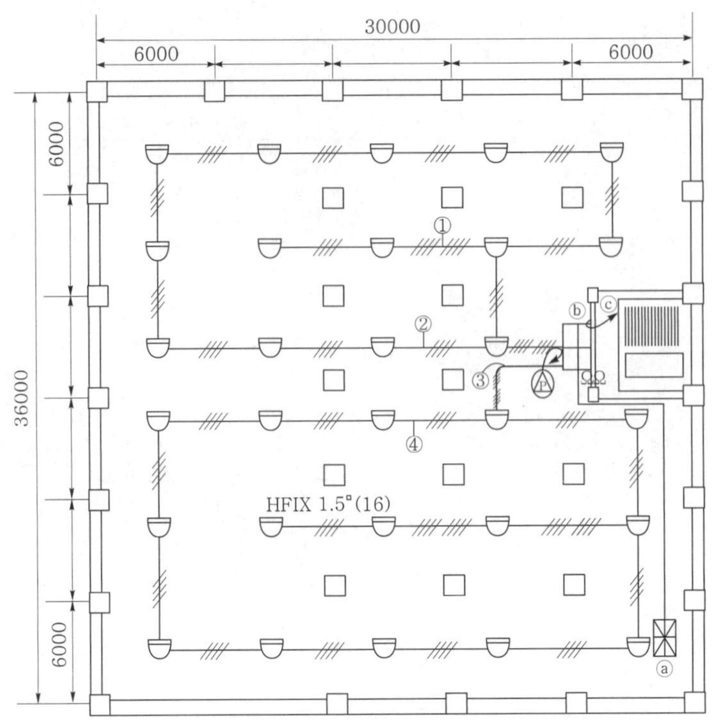

중요

송배선식과 **교차회로방식**의 **적용설비**

송배선식	교차회로방식
① 자동화재탐지설비 ② 제연설비	① **분**말소화설비 ② **할**론소화설비 ③ **이**산화탄소 소화설비 ④ **준**비작동식 스프링클러설비 ⑤ **일**제살수식 스프링클러설비 ⑥ **할**로겐화합물 및 불활성기체 소화설비 ⑦ **부**압식 스프링클러설비 기억법 **분할이 준일할부**

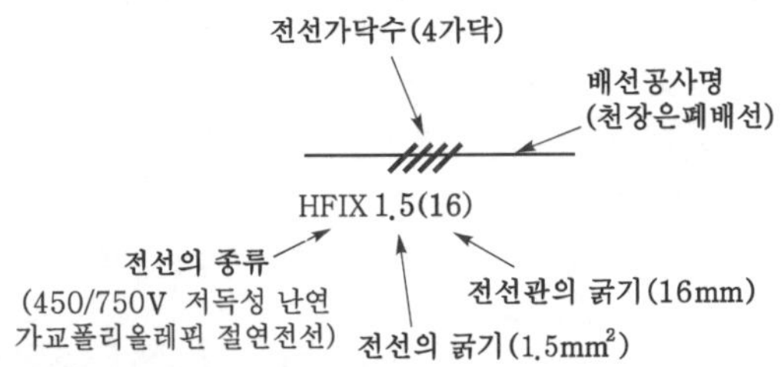

• 슈퍼비조리 판넬의 배선기호는 SVP 가 맞는데 이 문제에서는 슈퍼비조리 판넬을 ⊞로 표기하였다. 배선기호가 잘못되었더라도 ⊞에서 Ⓟ가 연결되어 있으므로 **슈퍼비조리 판넬**로 답해야 한다. 단지 배선기호만 보고 부수신기(표시기)로 답하면 틀린다. 이 문제처럼 배선기호를 잘못 표기하여 출제하는 문제들이 많으므로 평면도 전체를 파악한 후 답해야 틀리지 않는다.

(나) **옥내배선기호**

명 칭	그림기호	적 요
천장은폐배선	————	• 천장 속의 배선을 구별하는 경우 : —·—·—·—
바닥은폐배선	— — — —	
노출배선	···············	• 바닥면 노출배선을 구별하는 경우 : —··—··—
상승	○↗	• 케이블의 방화구획 관통부 : ◎↗
인하	↙○	• 케이블의 방화구획 관통부 : ↙◎
소통	↙○↗	• 케이블의 방화구획 관통부 : ↙◎↗
수신기	⊠	• 가스누설경보설비와 일체인 것 : ⊠△ • 가스누설경보설비 및 방배연 연동과 일체인 것 : ⊠△⊟ • P형 10회로용 수신기 : ⊠ P-10 • 원칙적으로 감시제어반(수신반)에 대한 옥내배선기호는 없지만 일반적으로 감시제어반(수신반)의 그림기호는 수신기와 함께 사용한다.
부수신기(표시기)	⊞	
슈퍼비조리 판넬	SVP	
경보밸브(습식)	—▲—	
경보밸브(건식)	—△—	
프리액션밸브	—Ⓟ—	
경보델류지밸브	◀D	

(다) 전선의 내역 및 용도

• 평면도를 보고 계통도를 그려야 하므로 평면도에 있는 심벌을 그대로 사용해야 한다. 예를 들어, ⊞ 이 심벌이 잘못되었기 때문에 계통도에서 SVP 로 그리면 틀릴 수 있다.

가닥수	용 도
8가닥	전원 ⊕ · ⊖, 감지기 A · B, 사이렌, 밸브기동, 밸브개방확인, 밸브주의
14가닥	전원 ⊕ · ⊖, (감지기 A · B, 사이렌, 밸브기동, 밸브개방확인, 밸브주의)×2
20가닥	전원 ⊕ · ⊖, (감지기 A · B, 사이렌, 밸브기동, 밸브개방확인, 밸브주의)×3

• 평면도상에 사이렌이 그려져 있지 않지만 NFPC 103 9조, NFTC 103 2.6.1.3에 의해 스프링클러설비에는 음향장치를 반드시 설치해야 하므로 사이렌은 꼭 추가!! 주의하라!

‖ 스프링클러설비의 화재안전기준(NFPC 103 9조, NFTC 103 2.6.1.3) ‖

제9조(음향장치 및 기동장치)
3. 음향장치는 **유수검지장치** 및 **일제개방밸브** 등의 담당구역마다 설치하되 그 구역의 각 부분으로부터 하나의 음향장치까지의 **수평거리**는 **25m** 이하가 되도록 할 것

• 법 개정으로 **전화선** 삭제

☆☆☆
문제 04

어떤 건물에 대한 소방설비의 배선도면을 보고 다음 각 물음에 답하시오. (단, 배선공사는 후강전선관을 사용한다고 한다.)

(03.4.문8)

득점	배점
	12

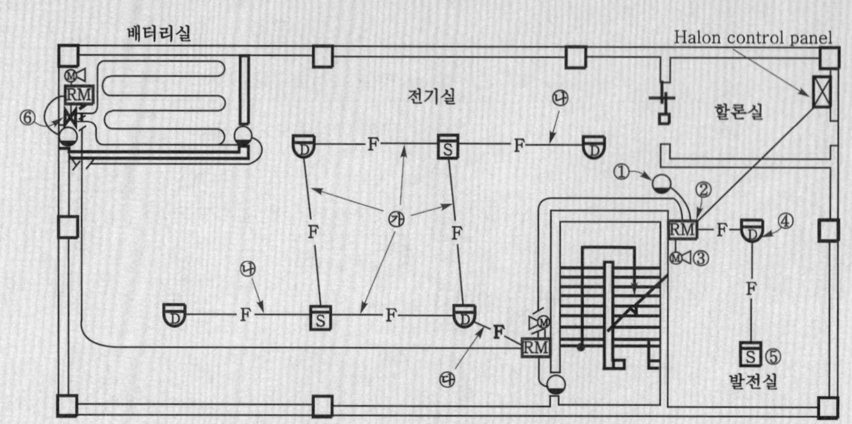

(가) 도면에 표시된 그림기호 ①~⑥의 명칭은 무엇인가?

① ② ③

④ ⑤ ⑥

(나) 도면에서 ㉮~㉰의 배선가닥수는 몇 본인가?

㉮ ㉯ ㉰

(다) 도면에서 물량을 산출할 때 박스는 어떤 박스를 몇 개 사용하여야 하는지 각각 구분하여 답하시오.

(라) 부싱은 몇 개가 소요되겠는가?

해답 (가) ① 방출표시등 ② 수동조작함 ③ 모터사이렌
④ 차동식 스포트형 감지기 ⑤ 연기감지기 ⑥ 차동식 분포형 감지기의 검출부

(나) ㉮ 4본 ㉯ 4본 ㉰ 8본

(다) ○4각박스 : 4개
○8각박스 : 16개

(라) 40개

해설 (가) 옥내배선기호

명 칭	그림기호	적 요
방출표시등	⊗ 또는 ◐	• 벽붙이형 : ├─⊗
수동조작함	RM	• 소방설비용 : RM_F
사이렌	○◁	• 모터사이렌 : Ⓜ◁ • 전자사이렌 : Ⓢ◁
차동식 스포트형 감지기	⊖	• 예전기호 : D
보상식 스포트형 감지기	⊜	

정온식 스포트형 감지기		• 방수형 : • 내산형 : • 내알칼리형 : • 방폭형 : EX
연기감지기	S	• 점검박스 붙이형 : S • 매입형 : S

- D 는 예전에 사용하던 **'차동식 스포트형 감지기'**의 심벌이다.
- ⑥ ⧗을 게이트밸브라고 답하는 사람도 있는데 틀린다. ⧗이 게이트밸브의 심벌도 맞지만 수동조작함 (RM)이 연결되므로 **'차동식 분포형 감지기의 검출부'**가 정답! 게이트밸브는 수동조작함 (RM)에 연결되지 않는다. 이 문제는 도면을 보고 **'차동식 분포형 감지기의 검출부'**인지 **'게이트밸브'**인지를 판단해야 한다.

(나) 평면도에서 할론컨트롤 판넬(Halon control panel)을 사용하였으므로, 할론소화설비인 것을 알 수 있다. 할론소화설비의 감지기회로의 배선은 **교차회로방식**으로서 **말단**과 **루프**(loop)된 곳은 **4가닥**(4본), 기타는 **8가닥**(8본)이 있다.

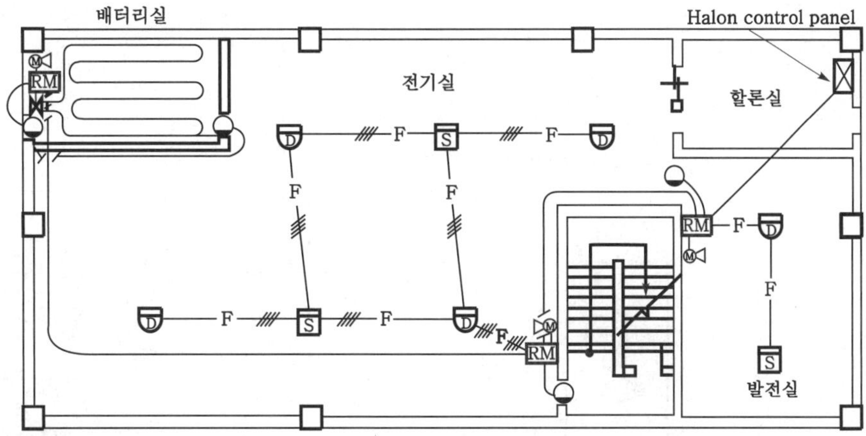

(다) 각각 구분하여 답하라고 하였으므로 **4각박스, 8각박스** 통틀어 **20개**라고 답하면 틀린다.

○ : 4각박스(4개)

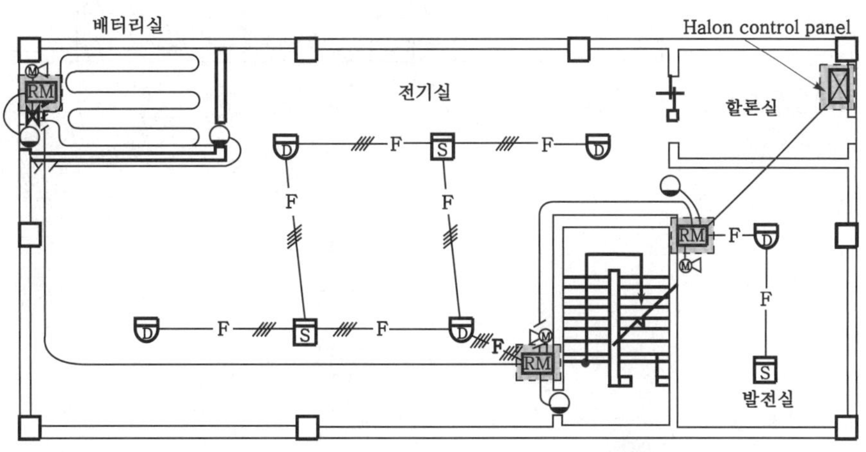

○ (점선 원) : 8각박스(16개)

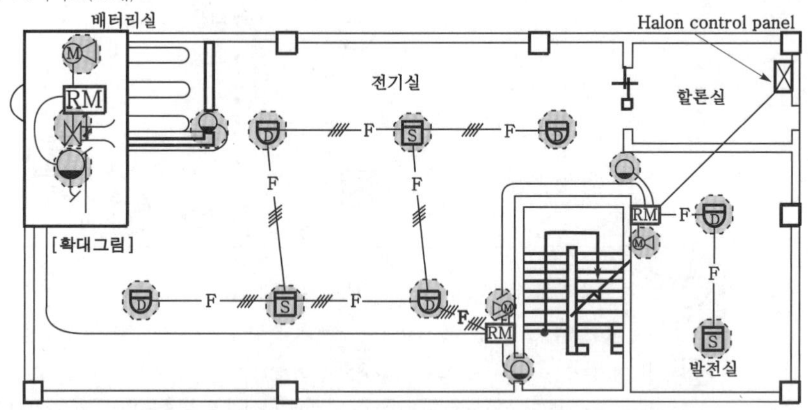

4각박스	8각박스
(1) 4방출 이상인 곳 (2) 한쪽면 2방출 이상인 곳 (3) 간선배관 ─ **발**신기세트 ─ **제**어반 ─ **부**수신기 ─ **수**신기 ─ **수**동조작함 ─ **슈**퍼비조리 판넬, 할론컨트롤 판넬 기억법 4발제부수슈(네팔에 있는 제부가 수술했다.)	4각박스 이외의 곳 ─ 감지기 ─ 사이렌 ─ 방출표시등 ─ 알람체크밸브 ─ 건식밸브 ─ 준비작동식 밸브 ─ 유도등 등

(라) ○ : 부싱표시(40개)

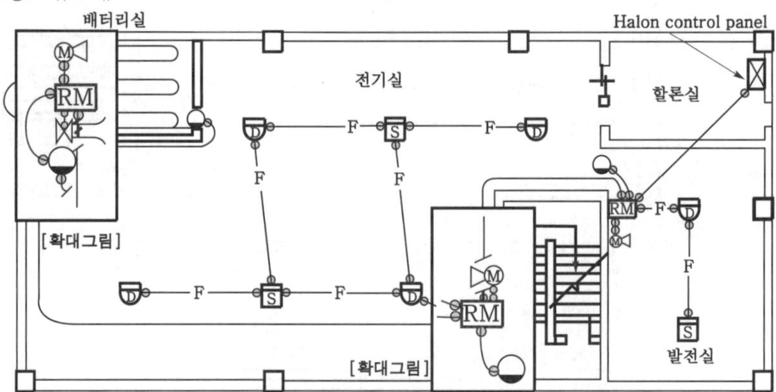

참고

계통도

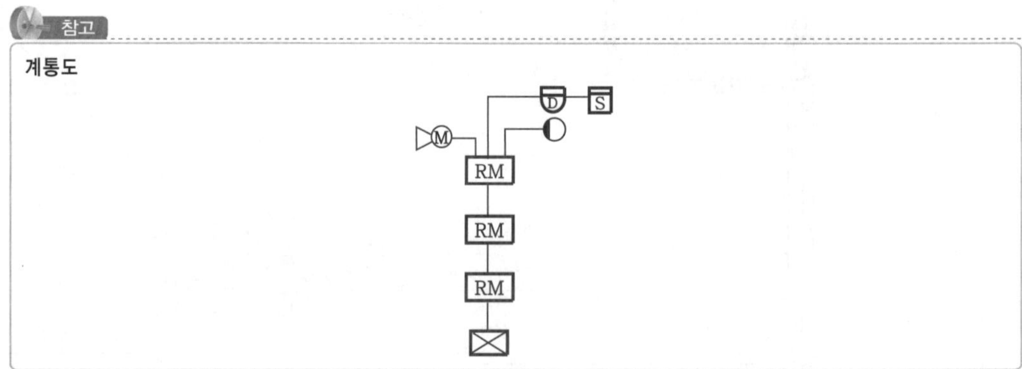

문제 05

다음은 프리액션 스프링클러설비의 계통도이다. 그림을 보고 표의 가닥수 및 용도를 쓰시오.

(산업 11.11.문7)

득점	배점
	6

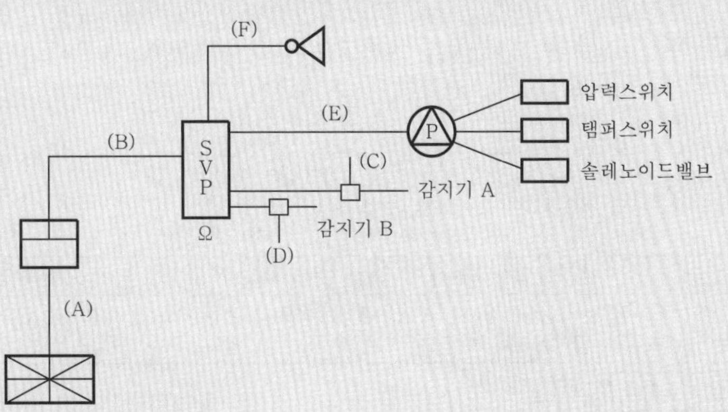

기 호	가닥수	용 도
A		
B	8	
C		
D		
E		
F		

해답

기 호	가닥수	용 도
A	4	전원 ⊕ · ⊖, 신호선 2
B	8	전원 ⊕ · ⊖, 사이렌, 감지기 A · B, 솔레노이드밸브 1, 압력스위치 1, 탬퍼스위치 1
C	4	지구선 2, 공통선 2
D	4	지구선 2, 공통선 2
E	4	솔레노이드밸브 1, 압력스위치 1, 탬퍼스위치 1, 공통선 1
F	2	사이렌 2

해설

기호 Ⓐ

- 전원 ⊕ · ⊖를 **전원선 2**라고 답해도 정답!!

일반적인 **중계기~중계기**, **중계기~수신기** 사이의 가닥수

설 비	가닥수	내 역
• 자동화재탐지설비	7	전원선 2(전원 ⊕ · ⊖) 신호선 2 응답선 1 표시등선 1 기동램프 1(옥내소화전설비와 겸용인 경우)
• 프리액션 스프링클러설비 (준비작동식 스프링클러설비) • 제연설비 • 가스계 소화설비	4	전원선 2(전원 ⊕ · ⊖) 신호선 2

※ **가스계 소화설비**
(1) 분말소화설비
(2) 이산화탄소 소화설비
(3) 할론소화설비
(4) 할로겐화합물 및 불활성기체 소화설비

기호 Ⓑ

- 예전에는 전화선도 사용했지만 최근에는 **전화선**을 **사용**하지 **않는다.**
- 예시에 가닥수가 8가닥으로 표시되어 있으므로 전화선은 반드시 빼야 한다.
- 문제에서 특별한 조건이 없으면 예전대로 **9가닥**으로 답하면 된다.
- 전원 ⊕·⊖를 **전원선 2**라고 답해도 정답!!

예전 가닥수(9가닥)	요즘 가닥수(8가닥)
전원 ⊕·⊖, 전화, 사이렌, 감지기 A·B, 솔레노이드밸브, 압력스위치, 탬퍼스위치	전원 ⊕·⊖, 사이렌, 감지기 A·B, 솔레노이드밸브, 압력스위치, 탬퍼스위치

기호 Ⓒ, Ⓓ

- **프리액션 스프링클러설비**는 **교차회로방식**이지만 **감지기 A·B** 각각은 **송배선식**이므로 **지구선 2, 공통선 2**가 된다.

기호 Ⓔ

- 특별한 조건이 없으므로 최소 가닥수인 **4가닥**으로 답하면 정답!

예전 가닥수(6가닥)	최근 가닥수(4가닥)
솔레노이드밸브 2, 압력스위치 2, 탬퍼스위치 2	솔레노이드밸브 1, 압력스위치 1, 탬퍼스위치 1, 공통선 1

기호 Ⓕ

- **사이렌**은 당연히 **2가닥**!!
- **사이렌 1, 공통선 1**이라고 답해도 정답!!

☆☆☆

문제 06

이산화탄소 소화설비의 화재안전기준에서 정하는 화재감지기회로는 교차회로방식으로 한다. 이 경우 교차회로방식을 적용하지 않아도 되는 감지기의 종류 5가지를 쓰시오. (14.7.문6, 08.7.문12)

득점	배점
	5

○
○
○
○
○

해답 ① 불꽃감지기
② 정온식 감지선형 감지기
③ 분포형 감지기
④ 복합형 감지기
⑤ 광전식 분리형 감지기

구 분	종 류
• **지하구**(지하공동구)에 **설치**하는 **감지기** • **교차회로방식**으로 하지 않아도 되는 감지기 • **일과성 비화재보(nuisance alarm)**시 **적응성 감지기**	• **불**꽃감지기 • **정**온식 **감**지선형 감지기 • **분**포형 감지기 • **복**합형 감지기 • **광**전식 분리형 감지기 • **아**날로그방식의 감지기 • **다**신호방식의 감지기 • **축**적방식의 감지기 기억법 **불정감 복분(복분자) 광아다축**

★★★

문제 07

유량 2400$l$pm, 양정 100m인 스프링클러설비용 펌프전동기의 용량〔kW〕을 구하시오. (단, 펌프의 효율은 0.6, 전달계수는 1.1이다.)

(09.7.문5)

○ 계산과정 :

○ 답 :

득점	배점
	5

○ 계산과정 : $\dfrac{9.8\times1.1\times100\times(2400\times10^{-3})}{0.6\times60}=71.867 ≒ 71.87\text{kW}$

○ 답 : 71.87kW

$1l\text{pm}=10^{-3}\text{m}^3/\text{min}$ 이므로

$$P=\frac{9.8KHQ}{\eta t}=\frac{9.8\times1.1\times100\times(2400\times10^{-3})}{0.6\times60}=71.867 ≒ 71.87\text{kW}$$

• $2400\times10^{-3}=2.4$로 써도 맞다.

$$\frac{9.8\times1.1\times100\times2.4}{0.6\times60}=71.867 ≒ 71.87\text{kW}$$

중요

1. 전동기의 용량을 구하는 식

(1) **일반적인 설비** : **물**을 사용하는 설비

$$P=\frac{9.8\,KHQ}{\eta t}$$

여기서, P : 전동기의 용량〔kW〕

η : 효율

t : 시간〔s〕

K : 여유계수(전달계수)

H : 전양정〔m〕

Q : 양수량(유량)〔m^3〕

(2) **제연설비(배연설비)** : **공기** 또는 **기류**를 사용하는 설비

$$P=\frac{P_T\,Q}{102\times60\eta}K$$

여기서, P : 배연기의 동력〔kW〕

P_T : 전압(풍압)〔mmAq, mmH_2O〕

Q : 풍량〔m^3/min〕

K : 여유율

η : 효율

2. 아주 중요한 단위환산(꼭! 기억하시라)

(1) 1mmAq=10^{-3}mH$_2$O=10^{-3}m

(2) 760mmHg=10.332mH$_2$O=10.332m

(3) 1$l$pm=10^{-3}m^3/min

(4) 1HP=0.746kW

☆☆☆

문제 08

일제명동방식의 경계구역이 5회로인 자동화재탐지설비의 간선계통도를 그리고 간선계통도상에 최소 전선수를 표기하시오. (단, 수신기는 P형 5회로 수신기이다.) (05.7.문11)

득점	배점
	7

해답

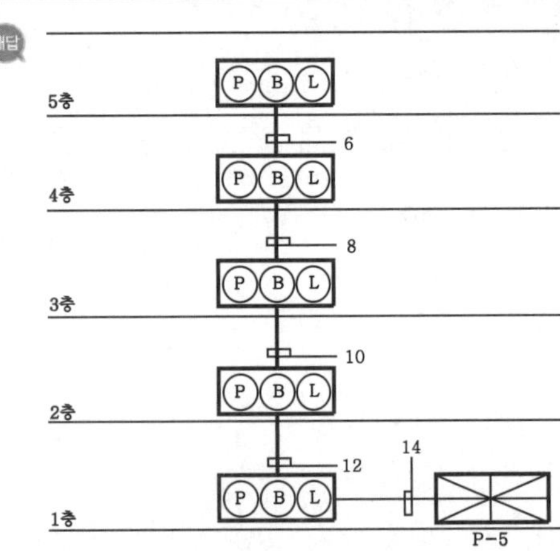

해설 문제에서 **일제명동방식**이라고 하였으므로 가닥수 및 용도를 표기하면 다음과 같다.

가닥수	내 역	용 도
6	HFIX 2.5-6	회로선 1, 발신기공통선 1, 경종선 1, 경종표시등공통선 1, 응답선 1, 표시등선 1
8	HFIX 2.5-8	회로선 2, 발신기공통선 1, 경종선 2, 경종표시등공통선 1, 응답선 1, 표시등선 1
10	HFIX 2.5-10	회로선 3, 발신기공통선 1, 경종선 3, 경종표시등공통선 1, 응답선 1, 표시등선 1
12	HFIX 2.5-12	회로선 4, 발신기공통선 1, 경종선 4, 경종표시등공통선 1, 응답선 1, 표시등선 1
14	HFIX 2.5-14	회로선 5, 발신기공통선 1, 경종선 5, 경종표시등공통선 1, 응답선 1, 표시등선 1

중요

직상 4개층 우선경보방식 특정소방대상물 : **11층(공동주택 16층) 이상**의 특정소방대상물

- '**간선계통도상에 최소 전선수를 표기하시오**'라고 명시하였으므로 계통도에 6, 8, 10, 12, 14가닥 표시를 하지 않으면 틀린다.
- 단서에서 '**P형 5회로 수신기**'라고 명시하였으므로 수신기 아래에 **P-5**라고 반드시 표기해야 빈틈없는 답!

☆
문제 09

제어백효과를 이용하면 열전대식 감지기의 작동원리를 설명할 수 있다. 이 원리에 대해 설명하시오.

득점	배점
	4

해답 서로 다른 두 금속을 접속하여 접속점에 온도차를 주면 열기전력 발생

해설 **열전효과**(Thermoelectric effect)

효 과	설 명
제어백효과 (Seebeck effect) : 제백효과	① 서로 다른 두 금속을 접속하여 접속점에 **온도차**를 주면 **열기전력**이 발생하는 효과 ② **온도변화**에 따른 **열팽창률**이 다른 두 금속을 붙여 사용하는 방법 ③ 다른 종류의 금속선으로 된 폐회로의 **두 접합점**의 **온도**를 달리하였을 때 발생하는 효과
펠티에효과 (Peltier effect)	① **두 종류**의 **금속**으로 된 회로에 **전류**를 흘리면 각 접속점에서 열의 흡수 또는 발생이 일어나는 현상
톰슨효과 (Thomson effect)	① 균질의 철사에 **온도구배**가 있을 때 여기에 전류가 흐르면 열의 흡수 또는 발생이 일어나는 현상

☆☆☆
문제 10

도면은 지하 1층, 지상 9층으로 연면적이 4500m^{2}인 건물에 설치된 자동화재탐지설비의 계통도이다. 간선의 전선 가닥수와 각 전선의 용도 및 가닥수를 답안작성 예시와 같이 작성하시오. (단, 자동화재탐지설비를 운용하기 위한 최소 전선수를 사용하도록 한다.) (19.4.문18)

득점	배점
	10

〔답안작성 예시〕

번 호	가닥수	전선의 사용용도(가닥수)
⑪	12	응답선(2), 지구선(2), 공통선(2), 경종선(2), 표시등선(2), 경종 및 표시등공통선(2)

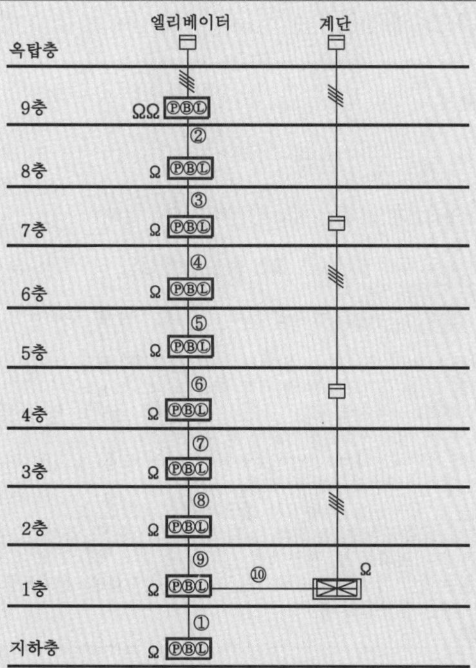

해답

번 호	가닥수	전선의 사용용도(가닥수)
①	6	응답선(1), 지구선(1), 공통선(1), 경종선(1), 표시등선(1), 경종 및 표시등공통선(1)
②	7	응답선(1), 지구선(2), 공통선(1), 경종선(1), 표시등선(1), 경종 및 표시등공통선(1)
③	9	응답선(1), 지구선(3), 공통선(1), 경종선(2), 표시등선(1), 경종 및 표시등공통선(1)
④	11	응답선(1), 지구선(4), 공통선(1), 경종선(3), 표시등선(1), 경종 및 표시등공통선(1)
⑤	13	응답선(1), 지구선(5), 공통선(1), 경종선(4), 표시등선(1), 경종 및 표시등공통선(1)
⑥	15	응답선(1), 지구선(6), 공통선(1), 경종선(5), 표시등선(1), 경종 및 표시등공통선(1)
⑦	17	응답선(1), 지구선(7), 공통선(1), 경종선(6), 표시등선(1), 경종 및 표시등공통선(1)
⑧	20	응답선(1), 지구선(8), 공통선(2), 경종선(7), 표시등선(1), 경종 및 표시등공통선(1)
⑨	22	응답선(1), 지구선(9), 공통선(2), 경종선(8), 표시등선(1), 경종 및 표시등공통선(1)
⑩	26	응답선(1), 지구선(11), 공통선(2), 경종선(10), 표시등선(1), 경종 및 표시등공통선(1)

해설

- 지상 9층이므로 일제경보방식이다.
- 아래 기준에 따라 하나의 층의 경종선 배선이 단락되더라도 다른 층의 화재통보에 지장이 없도록 하기 위해 **경종선**이 **층마다 1가닥**씩 **추가**된다.

> NFPC 203 5조, NFTC 203 2.2.3.9
> 화재로 인하여 하나의 층의 지구음향장치 배선이 **단락**되어도 **다른 층의 화재통보에 지장이 없도록** 각 층 배선상에 유효한 조치를 할 것

- 조건이 없는 경우 **경종** 및 **표시등공통선**은 지구선이 7가닥을 초과해도 추가하지 않음

☆☆☆

문제 11

무선통신보조설비의 설치기준에 관한 다음 물음에 답 또는 빈칸을 채우시오. (13.7.문12)

득점	배점
	8

(가) 누설동축케이블의 끝부분에는 어떤 것을 견고하게 설치하여야 하는가?
(나) 누설동축케이블 및 안테나는 고압의 전로로부터 ( )m 이상 떨어진 위치에 설치할 것
(다) 수신기가 설치된 장소 등 사람이 상시 근무하는 장소에는 옥외안테나의 위치가 모두 표시된 옥외안테나 ( )를 비치할 것
(라) 증폭기의 전면에는 주회로의 전원이 정상인지의 여부를 표시할 수 있는 ( ) 및 ( )를 설치할 것

해답 (가) 무반사 종단저항
(나) 1.5
(다) 위치표시도
(라) 표시등, 전압계

해설 **무선통신보조설비**의 **설치기준**(NFPC 505 5~7조, NFTC 505 2.2~2.4)

(1) **누설동축케이블 등**

① 누설동축케이블 및 동축케이블은 **불연** 또는 **난연성**의 것으로서 습기 등의 환경조건에 따라 전기의 특성이 변질되지 않는 것으로 할 것
② 누설동축케이블 및 안테나는 **금속판** 등에 의하여 **전파의 복사** 또는 **특성**이 현저하게 저하되지 않는 위치에 설치할 것
③ **누설동축케이블**과 이에 접속하는 **안테나** 또는 **동축케이블**과 이에 접속하는 **안테나**일 것
④ 누설동축케이블 및 동축케이블은 화재에 따라 해당 케이블의 피복이 소실된 경우에 케이블 본체가 떨어지지 않도록 4m 이내마다 금속제 또는 자기제 등의 지지금구로 벽·천장·기둥 등에 견고하게 고정시킬 것(단, 불연재료로 구획된 반자 안에 설치하는 경우 제외)
⑤ 누설동축케이블 및 안테나는 고압전로로부터 **1.5m** 이상 떨어진 위치에 설치할 것(해당 전로에 **정전기차폐장치**를 유효하게 설치한 경우에는 제외)
⑥ 누설동축케이블의 끝부분에는 **무반사 종단저항**을 설치할 것
⑦ 누설동축케이블, 동축케이블, 분배기, 분파기, 혼합기 등의 임피던스는 **50**Ω으로 할 것
⑧ 증폭기의 전면에는 **표시등** 및 **전압계**를 설치할 것
⑨ 증폭기의 전원은 전기가 정상적으로 공급되는 **축전지설비**, **전기저장장치** 또는 **교류전압 옥내간선**으로 하고, 전원까지의 배선은 **전용**으로 할 것
⑩ **비상전원 용량**

설 비	비상전원의 용량
자동화재탐지설비, 비상경보설비, 자동화재속보설비	**10분** 이상

유도등, 비상조명등, 비상콘센트설비, 옥내소화전설비(30층 미만), 제연설비, 물분무소화설비, 특별피난계단의 계단실 및 부속실 제연설비(30층 미만), 스프링클러설비(30층 미만), 연결송수관설비(30층 미만)	**20분** 이상
무선통신보조설비의 증폭기	**30분** 이상
옥내소화전설비(30~49층 이하), 특별피난계단의 계단실 및 부속실 제연설비(30~49층 이하), 연결송수관설비(30~49층 이하), 스프링클러설비(30~49층 이하)	**40분** 이상
유도등 · 비상조명등(지하상가 및 11층 이상), 옥내소화전설비(50층 이상), 특별피난계단의 계단실 및 부속실 제연설비(50층 이상), 연결송수관설비(50층 이상), 스프링클러설비(50층 이상)	**60분** 이상

(2) **옥외안테나**

① 건축물, 지하가, 터널 또는 공동구의 출입구(「건축법 시행령」 제39조에 따른 출구 또는 이와 유사한 출입구) 및 출입구 인근에서 통신이 가능한 장소에 설치할 것

② 다른 용도로 사용되는 안테나로 인한 통신장애가 발생하지 않도록 설치할 것

③ 옥외안테나는 견고하게 설치하며 파손의 우려가 없는 곳에 설치하고 그 가까운 곳의 보기 쉬운 곳에 "**무선통신보조설비 안테나**"라는 표시와 함께 통신가능거리를 표시한 표지를 설치할 것

④ 수신기가 설치된 장소 등 사람이 상시 근무하는 장소에는 옥외안테나의 위치가 모두 표시된 옥외안테나 **위치표시도**를 비치할 것

용어

(1) **누설동축케이블**과 **동축케이블**

누설동축케이블	동축케이블
동축케이블의 외부도체에 가느다란 홈을 만들어서 **전파**가 **외부**로 **새어나갈 수 있도록** 한 케이블	유도장애를 방지하기 위해 전파가 누설되지 않도록 만든 케이블

(2) **종단저항**과 **무반사 종단저항**

종단저항	무반사 종단저항
감지기회로의 **도통시험**을 용이하게 하기 위하여 **감지기회로**의 **끝**부분에 설치하는 저항	전송로로 전송되는 전자파가 전송로의 종단에서 반사되어 교신을 방해하는 것을 막기 위해 **누설동축케이블**의 **끝**부분에 설치하는 저항

☆☆☆

문제 12

길이 50m의 통로에 객석유도등을 설치하려고 한다. 이때 필요한 객석유도등의 수량은 최소 몇 개인가?

(05.5.문6)

○ 계산과정 :

○ 답 :

득점	배점
	4

해답 ○ 계산과정 : $\frac{50}{4}-1=11.5 \fallingdotseq 12$개

○ 답 : 12개

해설 $설치개수=\frac{객석통로의\ 직선부분의\ 길이[m]}{4}-1=\frac{50}{4}-1=11.5 \fallingdotseq 12$개

∴ 객석유도등의 개수 산정은 절상이므로 12개를 설치한다.

중요

최소 설치개수 산정식

설치개수 산정시 소수가 발생하면 반드시 **절상**한다.

(1) **객석유도등**

$$설치개수=\frac{객석통로의\ 직선부분의\ 길이[m]}{4}-1$$

(2) **유도표지**

$$설치개수=\frac{구부러진\ 곳이\ 없는\ 부분의\ 보행거리[m]}{15}-1$$

(3) **복도통로유도등, 거실통로유도등**

$$설치개수=\frac{구부러진\ 곳이\ 없는\ 부분의\ 보행거리[m]}{20}-1$$

문제 13

차동식 스포트형, 보상식 스포트형, 정온식 스포트형 감지기는 부착높이 및 특정소방대상물에 따라 다음 표에 따른 바닥면적마다 1개 이상을 설치하여야 한다. 표의 빈칸에 해당되는 면적기준을 쓰시오.

(16.6.문15, 05.7.문8)

득점	배점
	6

(단위 : m^2)

부착높이 및 특정소방대상물의 구분		감지기의 종류						
		차동식 스포트형		보상식 스포트형		정온식 스포트형		
		1종	2종	1종	2종	특 종	1종	2종
4m 미만	내화구조	90	70	①	70	②	60	20
	기타구조	③	40	50	④	40	30	15
4m 이상 8m 미만	내화구조	45	⑤	45	35	35	⑥	–
	기타구조	30	25	30	⑦	25	⑧	–

해답 ① 90　② 70　③ 50　④ 40
⑤ 35　⑥ 30　⑦ 25　⑧ 15

해설 **스포트형 감지기**의 **바닥면적**(NFPC 203 7조, NFTC 203 2.4.3.9.1)

(단위 : m^2)

부착높이 및 특정소방대상물의 구분		감지기의 종류						
		차동식 스포트형		보상식 스포트형		정온식 스포트형		
		1종	2종	1종	2종	특 종	1종	2종
4m 미만	주요구조부를 내화구조로 한 특정소방대상물 또는 그 부분	90	70	**90**	70	**70**	60	20
	기타구조의 특정소방대상물 또는 그 부분	**50**	40	50	**40**	40	30	15
4m 이상 8m 미만	주요구조부를 내화구조로 한 특정소방대상물 또는 그 부분	45	**35**	45	35	35	**30**	–
	기타구조의 특정소방대상물 또는 그 부분	30	25	30	**25**	25	**15**	–

참고

주요구조부 : 건축물의 구조상 중요한 부분 중 건축물의 외형을 구성하는 골격

문제 14

직류전원설비에 대한 다음 각 물음에 답하시오. (19.4.문11, 00.8.문4)

득점	배점
	6

(가) 축전지에는 수명이 있으며, 또한 부하를 만족하는 용량을 감정하기 위한 계수로서 보통 0.8로 하는 것을 무엇이라 하는가?

(나) 전지 개수를 결정할 때 셀수를 N, 1셀당 축전지의 공칭전압을 V_B[V/cell], 부하의 정격전압을 V[V], 축전지 용량 C[Ah]라 하면 셀수 N은 어떻게 표현되는가?

(다) 그림과 같이 구성되는 충전방식은 무슨 충전방식인가?

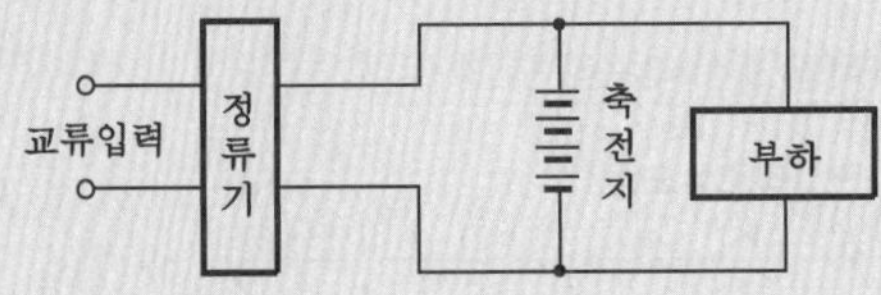

해답 (가) 용량저하율(보수율)

(나) $N = \frac{V}{V_B}$

(다) 부동충전방식

해설 (가) **용량저하율** : 용량저하를 고려하여 설계시에 미리 보상하여 주는 값

(나) $N = \frac{V[\mathrm{V}]}{V_B[\mathrm{V/cell}]}$ =cell

단위를 보고 생각해 보면 쉽게 알 수 있을 것이다.

(다) **부동충전방식**이란 축전지와 부하를 충전기(정류기)에 병렬로 접속하여 충전과 방전을 동시에 행하는 방식이다.

문제 15

보충량 12000CMH, 누설량 10m^3/min, 전압 30mmAq인 제연설비용 송풍기의 전동기 용량[kW]을 구하시오. (단, 효율은 60%, 전달계수는 1.1이다.) (07.11.문7)

○ 계산과정 :

○ 답 :

득점	배점
	8

해답 ○ 계산과정 : $\frac{30 \times (200+10)}{102 \times 60 \times 0.6} \times 1.1 = 1.887 \fallingdotseq 1.89\mathrm{kW}$

○ 답 : 1.89kW

해설 (1) **기호**

- Q : 풍량=보충량+누설량=200m^3/min+10m^3/min
  - m^3/h=CMH(Cubic Meter per Hour)
  - 1h=60min이므로 12000m^3/h=12000m^3/60min
  - 12000CMH=12000m^3/h=12000m^3/60min=200m^3/min
- P_T : 30mmAq
- η : 60%=0.6
- K : 1.1

(2) 제연설비(배연설비)

$$P = \frac{P_T Q}{102 \times 60\eta} K$$

여기서, P : 배연기 동력(전동기 용량)[kW]
P_T : 전압(풍압)[mmAq, mmH$_2$O]
Q : 풍량[m^3/min]
K : 여유율(전달계수)
η : 효율

전동기 용량 P는

$$P = \frac{P_T Q}{102 \times 60\eta} K = \frac{30 \times (200+10)}{102 \times 60 \times 0.6} \times 1.1 = 1.887 \fallingdotseq 1.89\mathrm{kW}$$

주의

제연설비(배연설비)의 전동기의 소요동력은 반드시 위의 식을 적용하여야 한다. 주의! 또 주의!

비교

전동기의 용량을 구하는 식 – 일반적인 설비

$$P = \frac{9.8KHQ}{\eta t}$$

여기서, P : 전동기 용량〔kW〕
η : 효율
t : 시간〔s〕
K : 여유계수
H : 전양정〔m〕
Q : 양수량(유량)〔m^3〕

용어

보충량	누설량
방연풍속을 유지하기 위하여 제연구역에 보충하여야 할 공기량	**틈새**를 통하여 제연구역으로부터 흘러나가는 공기량

☆

문제 16

비상방송설비에서 AMP와 스피커 간 임피던스 매칭을 하기 위한 순서 3단계를 쓰시오.

(14.11.문18, 산업 13.4.문8)

득점	배점
	6

○
○
○

해답 ① 스피커의 임피던스 및 음성입력 선정
② AMP의 출력선정
③ AMP의 출력모드 설정

해설 **AMP와 스피커 간 임피던스 매칭순서**

(1) 스피커의 **임피던스** 및 **음성입력** 선정(음성입력 **실외 3W** 이상, **실내 1W** 이상으로 선정)
(2) 스피커의 **임피던스** 및 **음성입력**에 따른 **AMP**(앰프)의 **출력**선정
(3) **AMP**(앰프)의 **출력모드** 설정

비교

임피던스 미터(RLC Meter)의 **측정방법**
(1) **주파수범위**를 **설정**한다.
(2) 측정하고자 하는 부품의 **양단**에 **탐침**을 **접촉**한다.
(3) **임피던스**를 **측정**한다.

"궁금증이 많으면 많이 나아가고, 궁금증이 적으면 적게 나아간다.
아무 궁금증이 없으면 전혀 나아가지 못한다."

– 주희 –

2015. 7. 12 시행

2015년 기사 제2회 필답형 실기시험

자격종목	시험시간	형별	수험번호	성명	감독위원 확 인
소방설비기사(전기분야)	3시간				

※ 다음 물음에 답을 해당 답란에 답하시오.(배점 : 100)

문제 01

그림과 같은 자동화재탐지설비의 평면도에서 ①~⑤의 전선 가닥수를 주어진 표의 빈칸에 쓰시오.

(17.4.문21, 14.7.문17, 11.11.문15, 05.5.문15)

득점	배점
	5

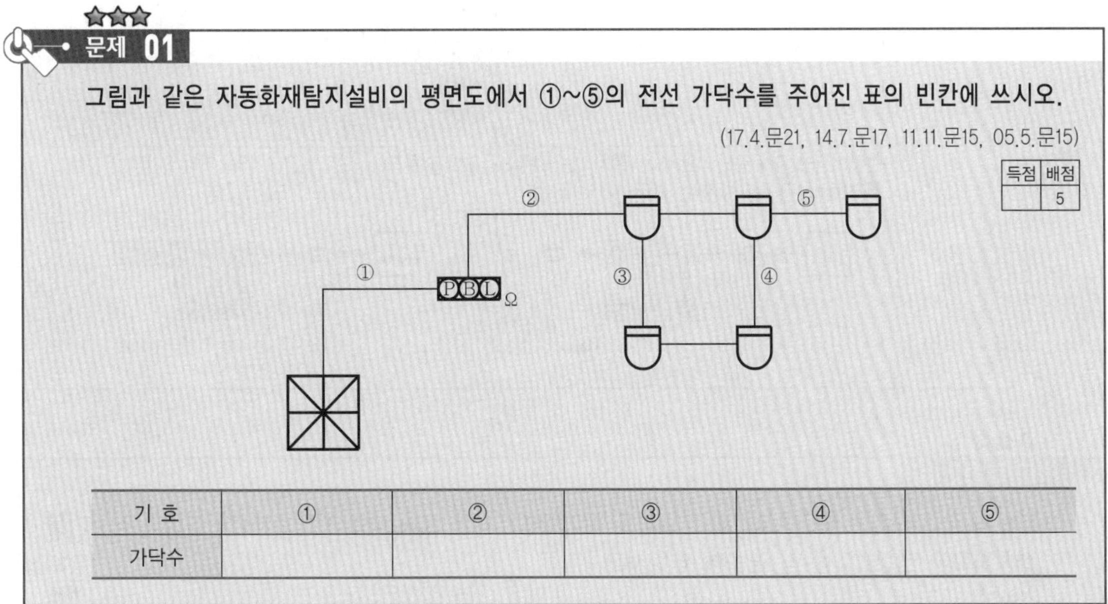

기 호	①	②	③	④	⑤
가닥수					

해답

기 호	①	②	③	④	⑤
가닥수	6	4	2	2	4

해설

기 호	가닥수	배선내역
①	6	지구선 1, 회로공통선 1, 경종선 1, 경종표시등공통선 1, 표시등선 1, 응답선 1
②	4	지구선 2, 공통선 2
③	2	지구선 1, 공통선 1
④	2	지구선 1, 공통선 1
⑤	4	지구선 2, 공통선 2

- 문제에서 **평면도**이므로 일제경보방식, 우선경보방식 고민할 것 없이 **일제경보방식**으로 가닥수를 산정하면 된다. **평면도**는 **일제경보방식**임을 잊지 말자!
- 종단저항이 수동발신기함(ⓅⒷⓁ)에 설치되어 있으므로 **루프**(loop)된 곳은 **2가닥**, **기타 4가닥**이 된다.

중요

송배선식과 **교차회로방식**

구 분	송배선식	교차회로방식
목적	**감지기회로**의 **도통시험**을 용이하게 하기 위하여	감지기의 **오동작** 방지
원리	배선의 도중에서 분기하지 않는 방식	하나의 담당구역 내에 **2 이상**의 **감지기회로**를 설치하고 **2 이상**의 **감지기회로**가 **동시**에 **감지**되는 때에 설비가 작동하는 방식으로 회로방식이 **AND회로**에 해당된다.
적용 설비	• 자동화재탐지설비 • 제연설비	• **분**말소화설비 • **할**론소화설비 • **이**산화탄소 소화설비 • **준**비작동식 스프링클러설비 • **일**제살수식 스프링클러설비 • **할**로겐화합물 및 불활성기체 소화설비 • **부**압식 스프링클러설비 기억법 **분할이 준일할부**
가닥수 산정	종단저항을 수동발신기함 내에 설치하는 경우 **루프(loop)**된 곳은 **2가닥**, **기타 4가닥**이 된다. 수동발신기함 / 루프(loop) ‖ 송배선식 ‖	**말단**과 **루프**(loop)된 곳은 **4가닥**, **기타 8가닥**이 된다. 말단 / 수동발신기함 / 루프(loop) ‖ 교차회로방식 ‖

☆☆☆

문제 02

그림과 같이 구획된 철근콘크리트 건물의 공장이 있다. 다음 표에 따라 자동화재탐지설비의 감지기를 설치하고자 한다. 다음 각 물음에 답하시오. (09.7.문16)

득점	배점
	10

(가) 다음 표를 완성하여 감지기 개수를 선정하시오.

구 역	설치높이〔m〕	감지기 종류	계산내용	감지기 개수
A구역	3.5	연기감지기 2종		
B구역	3.5	연기감지기 2종		
C구역	4.5	연기감지기 2종		
D구역	3.8	정온식 스포트형 1종		
E구역	5.5	차동식 스포트형 2종		

(나) 해당 구역에 감지기를 배치하시오.

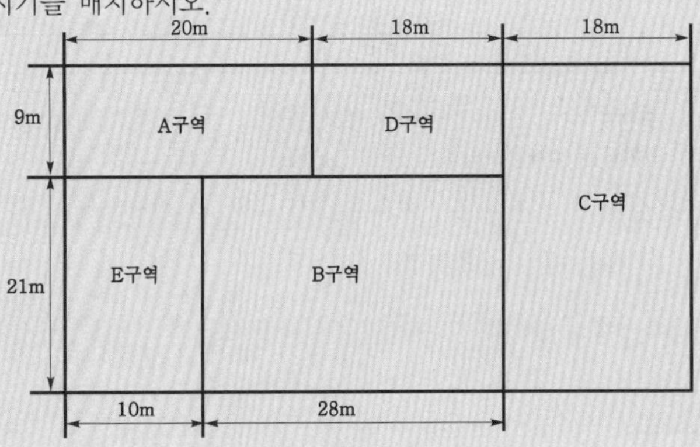

 (가)

구 역	설치높이[m]	감지기 종류	계산내용	감지기 개수
A구역	3.5	연기감지기 2종	$\frac{20\times9}{150}=1.2$	2개
B구역	3.5	연기감지기 2종	$\frac{28\times21}{150}=3.92$	4개
C구역	4.5	연기감지기 2종	$\frac{18\times(9+21)}{75}=7.2$	8개
D구역	3.8	정온식 스포트형 1종	$\frac{18\times9}{60}=2.7$	3개
E구역	5.5	차동식 스포트형 2종	$\frac{10\times21}{35}=6$	6개

(나)

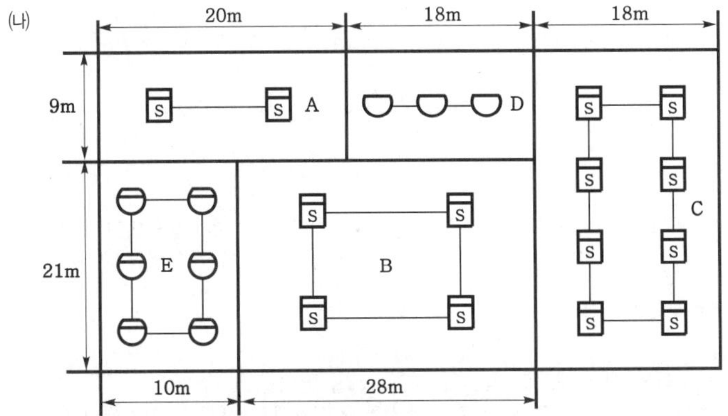

해설 (가) ① **연기감지기**의 **바닥면적**(NFPC 203 7조, NFTC 203 2.4.3.10.1)

(단위 : m^2)

부착높이	감지기의 종류	
	1종 및 2종	3종
4m 미만 ⟶	150	50
4~20m 미만 ⟶	75	–

A구역

설치높이 3.5m이므로 4m 미만이고, 연기감지기 2종 : 바닥면적 **150m²**

$$\frac{(20\times9)\text{m}^2}{150\text{m}^2}=1.2 \fallingdotseq 2\text{개(절상)}$$

B구역

설치높이 3.5m이므로 4m 미만이고, 연기감지기 2종 : 바닥면적 **150m²**

$$\frac{(28\times21)\text{m}^2}{150\text{m}^2}=3.92 \fallingdotseq 4\text{개(절상)}$$

C구역

설치높이 4.5m이므로 4~20m 미만이고, 연기감지기 2종 : 바닥면적 **75m²**

$$\frac{18\times(9+21)\text{m}^2}{75\text{m}^2}=7.2 \fallingdotseq 8\text{개(절상)}$$

② **스포트형 감지기**의 **바닥면적**(NFPC 203 7조, NFTC 203 2.4.3.9.1)

(단위 : m^2)

부착높이 및 특정소방대상물의 구분		감지기의 종류				
		차동식 · 보상식 스포트형		정온식 스포트형		
		1종	2종	특 종	1종	2종
4m 미만	내화구조	90	70	70	60	20
	기타구조	50	40	40	30	15
4m 이상 8m 미만	내화구조	45	35	35	30	–
	기타구조	30	25	25	15	–

D구역

주요구조부가 내화구조(**철근콘크리트**)이고 설치높이 3.8m이므로 4m 미만이고, 정온식 스포트형 1종 : 바닥면적 **60m²**

$$\frac{(18\times9)\text{m}^2}{60\text{m}^2}=2.7 \fallingdotseq 3\text{개(절상)}$$

E구역

주요구조부가 내화구조(**철근콘크리트**)이고 설치높이 5.5m이므로 4~8m 미만이고, 차동식 스포트형 2종 : 바닥면적 **35m²**

$$\frac{(10\times21)\text{m}^2}{35\text{m}^2}=6\text{개(절상)}$$

(나)

- **가로**와 **세로**의 **길이**를 잘 비교하여 적절하게 감지기를 배치할 것
- 단지 감지기만 배치하라고 하였으므로 **감지기 상호간**의 **배관**은 하지 **않아도 된다**.

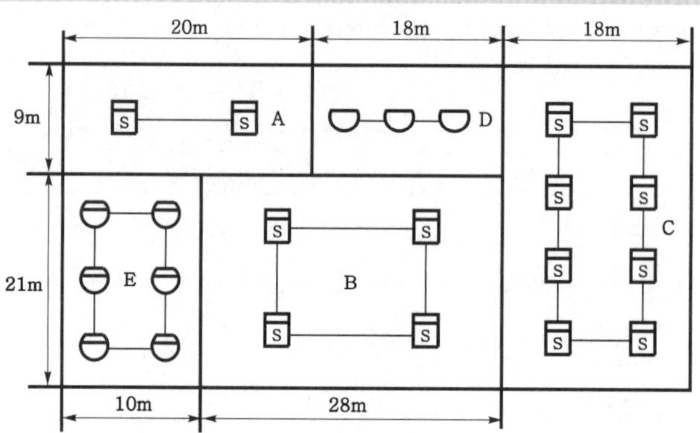

▌옳은 도면▌

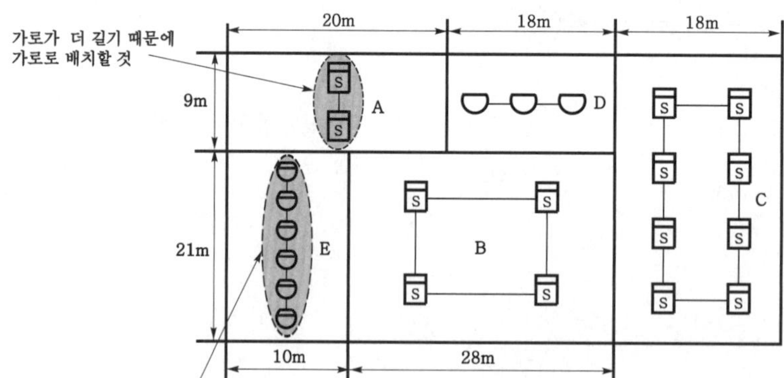

▌틀린 도면▌

☆☆☆

문제 03

감지기회로의 배선방식으로 교차회로방식을 사용할 경우 다음 각 물음에 답하시오. (10.4.문14)

득점	배점
	3

(가) 불대수의 정리를 이용하여 간단한 논리식을 쓰시오.

(나) 무접점회로로 나타내시오.

(다) 진리표를 완성하시오.

A	B	C

해답 (가) $A \cdot B = C$

(나)

(다)

A	B	C
0	0	0
0	1	0
1	0	0
1	1	1

해설 (가) **송배선식**과 **교차회로방식**

구 분	송배선식	교차회로방식
목적	**감지기회로**의 **도통시험**을 용이하게 하기 위하여	감지기의 **오동작** 방지
원리	배선의 도중에서 분기하지 않는 방식	하나의 담당구역 내에 **2 이상**의 **감지기회로**를 설치하고 **2 이상**의 **감지기회로**가 **동시**에 **감지**되는 때에 설비가 작동하는 방식으로 회로방식이 **AND 회로**에 해당된다.
적용설비	• 자동화재탐지설비 • 제연설비	• **분**말소화설비 • **할**론소화설비 • **이**산화탄소 소화설비 • **준**비작동식 스프링클러설비 • **일**제살수식 스프링클러설비 • **할**로겐화합물 및 불활성기체 소화설비 • **부**압식 스프링클러설비 기억법 **분할이 준일할부**
가닥수 산정	종단저항을 수동발신기함 내에 설치하는 경우 **루프(loop)**된 곳은 **2가닥, 기타 4가닥**이 된다. 수동 발신기함 / 루프(loop) ▌송배선식▐	**말단**과 **루프**(loop)된 곳은 **4가닥, 기타 8가닥**이 된다. 수동 발신기함 / 말단 / 루프(loop) ▌교차회로방식▐

• (다)의 진리표에서 출력을 X 또는 Z로 표시하지 않고 C로 표시하고 있으므로 특히 주의하라!

옳은 답(O)	틀린 답(X)
• $AB=C$ • $C=AB$ • $C=A\cdot B$	• $AB=Z$ • $AB=X$ • $Z=AB$ • $Z=A\cdot B$ • $X=AB$ • $X=A\cdot B$

• (나)의 무접점회로도 마찬가지이다.

A, B → C

| 옳은 답(O) |

A, B → X (a)

A, B → Z (b)

| 틀린 답(X) |

(나), (다) **시퀀스회로**와 **논리회로**

명 칭	시퀀스회로	논리회로	진리표
AND회로 **(교차회로방식)**	A, B, X-a	$X=A\cdot B$ 입력신호 A, B가 동시에 1일 때만 출력신호 X가 1이 된다.	A B X: 0 0 0 / 0 1 0 / 1 0 0 / 1 1 1
OR회로	A, B, X-a	$X=A+B$ 입력신호 A, B 중 어느 하나라도 1이면 출력신호 X가 1이 된다.	A B X: 0 0 0 / 0 1 1 / 1 0 1 / 1 1 1
NOT회로	A, X-b	$X=\overline{A}$ 입력신호 A가 0일 때만 출력신호 X가 1이 된다.	A X: 0 1 / 1 0
NAND회로	A, B, X-b	$X=\overline{A\cdot B}$ 입력신호 A, B가 동시에 1일 때만 출력신호 X가 0이 된다.(AND회로의 부정)	A B X: 0 0 1 / 0 1 1 / 1 0 1 / 1 1 0
NOR회로	A, B, X-b	$X=\overline{A+B}$ 입력신호 A, B가 동시에 0일 때만 출력신호 X가 1이 된다.(OR회로의 부정)	A B X: 0 0 1 / 0 1 0 / 1 0 0 / 1 1 0
EXCLUSIVE OR회로	$\overline{A}$, A, B, $\overline{B}$, X-a	$X=A\oplus B=\overline{A}B+A\overline{B}$ 입력신호 A, B 중 어느 한쪽만이 1이면 출력신호 X가 1이 된다.	A B X: 0 0 0 / 0 1 1 / 1 0 1 / 1 1 0

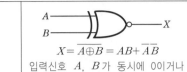

EXCLUSIVE NOR회로	(유접점회로: A, $\overline{A}$, B, $\overline{B}$, X_{-a})	$X=\overline{A \oplus B}=AB+\overline{A}\,\overline{B}$ 입력신호 A, B가 동시에 0이거나 1일 때만 출력신호 X가 1이 된다.	(진리표 아래)

A	B	X
0	0	**1**
0	1	**0**
1	0	**0**
1	1	**1**

용어

용 어	설 명
불대수(Boolean algebra) =논리대수	① 임의의 회로에서 일련의 기능을 수행하기 위한 **가장 최적**의 **방법**을 결정하기 위하여 이를 수식적으로 표현하는 방법 ② 여러 가지 조건의 논리적 관계를 **논리기호**로 나타내고 이것을 **수식**적으로 **표현**하는 방법
무접점회로(논리회로)	**집적회로**를 **논리기호**를 사용하여 알기 쉽도록 표현해 놓은 회로
진리표(진가표, 참값표)	논리대수에 있어서 ON, OFF 또는 동작, 부동작의 상태를 **1**과 **0**으로 나타낸 표

☆☆☆

문제 04

다음 표를 보고 각 설비에서 해당되는 비상전원에 ○ 표시를 하시오. (14.7.문4, 10.10.문12)

득점	배점
	4

구 분	자가발전설비	축전지	비상전원수전설비
옥내소화전설비, 제연설비, 연결송수관설비			
비상콘센트설비			
자동화재탐지설비, 유도등			
스프링클러설비			

해답

구 분	자가발전설비	축전지	비상전원수전설비
옥내소화전설비, 제연설비, 연결송수관설비	○	○	
비상콘센트설비	○	○	○
자동화재탐지설비, 유도등		○	
스프링클러설비	○	○	○

해설 각 **설비**의 **비상전원 종류**

설 비	비상전원	비상전원 용량
• 자동화재**탐**지설비	• **축**전지설비 • 전기저장장치	**10분** 이상(30층 미만) **30분** 이상(30층 이상)
• 비상**방**송설비	• 축전지설비 • 전기저장장치	
• 비상**경**보설비	• 축전지설비 • 전기저장장치	**10분** 이상
• **유**도등	• 축전지	**20분** 이상 ※ 예외규정 : **60분** 이상 (1) **11층** 이상(지하층 제외) (2) 지하층 · 무창층으로서 **도매시장 · 소매시장 · 여객자동차터미널 · 지하철역사 · 지하상가**
• **무**선통신보조설비	명시하지 않음	**30분** 이상 기억법 **탐경유방무축**
• 비상콘센트설비	• 자가발전설비 • 축전지설비 • 비상전원수전설비 • 전기저장장치	**20분** 이상

• **스**프링클러설비 • **미**분무소화설비	• **자**가발전설비 • **축**전지설비 • **전**기저장장치 • 비상전원**수**전설비(차고·주차장으로서 스프링클러설비(또는 미분무소화설비)가 설치된 부분의 바닥면적 합계가 1000m² 미만인 경우)	**20분** 이상(30층 미만) **40분** 이상(30~49층 이하) **60분** 이상(50층 이상) 기억법 **스미자 수전축**
• 포소화설비	• 자가발전설비 • 축전지설비 • 전기저장장치 • 비상전원수전설비 – 호스릴포소화설비 또는 포소화전만을 설치한 차고·주차장 – 포헤드설비 또는 고정포방출설비가 설치된 부분의 바닥면적(스프링클러설비가 설치된 차고·주차장의 바닥면적 포함)의 합계가 1000m² 미만인 것	**20분** 이상
• **간**이스프링클러설비	• 비상전원**수**전설비	**10분**(숙박시설 바닥면적 합계 300~600m² 미만, 근린생활시설 바닥면적 합계 1000m² 이상, 복합건축물 연면적 1000m² 이상은 **20분**) 이상 기억법 **간수**
• 옥내소화전설비 • 연결송수관설비	• 자가발전설비 • 축전지설비 • 전기저장장치	**20분** 이상(30층 미만) **40분** 이상(30~49층 이하) **60분** 이상(50층 이상)
• 제연설비 • 분말소화설비 • 이산화탄소소화설비 • 물분무소화설비 • 할론소화설비 • 할로겐화합물 및 불활성기체 소화설비 • 화재조기진압용 스프링클러설비	• 자가발전설비 • 축전지설비 • 전기저장장치	**20분** 이상
• 비상조명등	• 자가발전설비 • 축전지설비 • 전기저장장치	**20분** 이상 ※ 예외규정 : **60분** 이상 (1) **11층** 이상(지하층 제외) (2) 지하층·무창층으로서 **도매시장·소매시장·여객자동차터미널·지하철역사·지하상가**
• 시각경보장치	• 축전지설비 • 전기저장장치	명시하지 않음

중요

비상전원의 **용량**

설 비	비상전원의 용량
자동화재탐지설비, 비상경보설비, 자동화재속보설비	**10분** 이상
유도등, 비상조명등, 비상콘센트설비, 제연설비, 물분무소화설비 옥내소화전설비(30층 미만) 특별피난계단의 계단실 및 부속실 제연설비(30층 미만) 스프링클러설비(30층 미만) 연결송수관설비(30층 미만)	**20분** 이상
무선통신보조설비의 증폭기	**30분** 이상
옥내소화전설비(30~49층 이하) 특별피난계단의 계단실 및 부속실 제연설비(30~49층 이하) 연결송수관설비(30~49층 이하) 스프링클러설비(30~49층 이하)	**40분** 이상
유도등·비상조명등(지하상가 및 11층 이상) 옥내소화전설비(50층 이상) 특별피난계단의 계단실 및 부속실 제연설비(50층 이상) 연결송수관설비(50층 이상) 스프링클러설비(50층 이상)	**60분** 이상

☆☆☆
문제 05

그림은 배연창설비로서 계통도 및 조건을 참고하여 배선수와 각 배선의 용도를 쓰시오.

(19.4.문8, 17.11.문10, 17.4.문1, 12.7.문5, 11.7.문16, 09.10.문9, 07.7.문6)

득점	배점
	6

〔조건〕
- ○ 전동구동장치는 솔레노이드식이다.
- ○ 화재감지기가 작동되거나 수동조작함의 스위치를 ON시키면 배연창이 동작되어 수신기에 동작상태를 표시하게 된다.
- ○ 화재감지기는 자동화재탐지설비용 감지기를 겸용으로 사용한다.

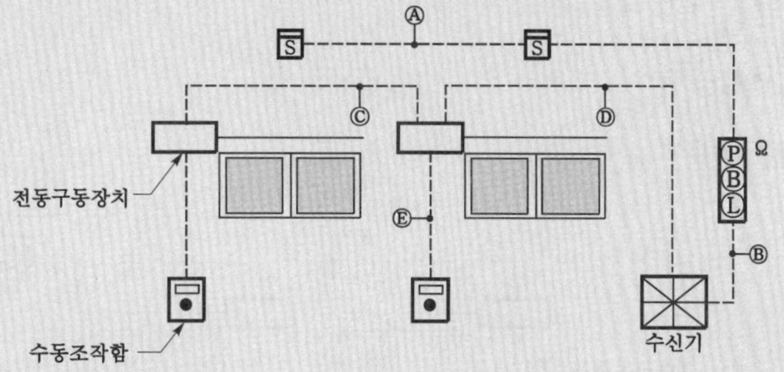

기 호	구 분	배선수	배선의 용도
Ⓐ	감지기 ↔ 감지기		
Ⓑ	발신기 ↔ 수신기		
Ⓒ	전동구동장치 ↔ 전동구동장치		
Ⓓ	전동구동장치 ↔ 수신기		
Ⓔ	전동구동장치 ↔ 수동조작함		

해답

기 호	구 분	배선수	배선의 용도
Ⓐ	감지기 ↔ 감지기	4	지구 2, 공통 2
Ⓑ	발신기 ↔ 수신기	6	응답, 지구, 경종표시등공통, 경종, 표시등, 지구공통
Ⓒ	전동구동장치 ↔ 전동구동장치	3	기동, 확인, 공통
Ⓓ	전동구동장치 ↔ 수신기	5	기동 2, 확인 2, 공통
Ⓔ	전동구동장치 ↔ 수동조작함	3	기동, 확인, 공통

해설 (개) **배연창설비** : **6층 이상**의 고층건물에 시설하는 설비로서 화재로 인한 연기를 신속하게 외부로 배출시키므로, 피난 및 소화활동에 지장이 없도록 하기 위한 설비

(나) **배연창설비**

① **솔레노이드 방식**

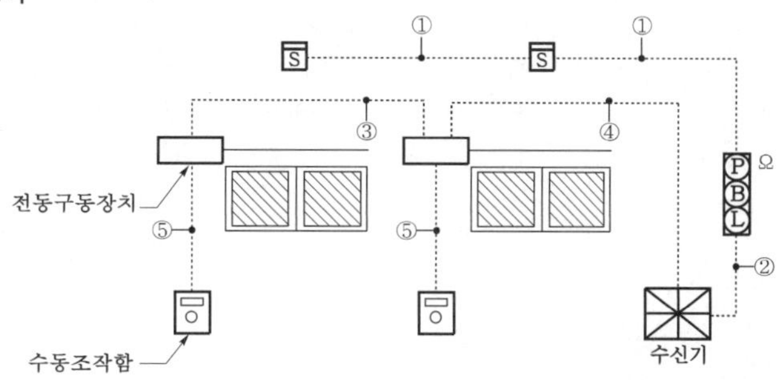

기 호	내 역	용 도
①	HFIX 1.5-4	지구, 공통 각 2가닥
②	HFIX 2.5-6	응답, 지구, 경종표시등공통, 경종, 표시등, 지구공통
③	HFIX 2.5-3	기동, 확인, 공통
④	HFIX 2.5-5	기동 2, 확인 2, 공통
⑤	HFIX 2.5-3	기동, 확인, 공통

- **'확인'**을 **'기동확인'**으로 써도 된다. 그렇지만 **'기동확인표시등'**이라고 쓰면 틀린다.
- **'배선수'** 칸에는 배선수만 물어보았으므로 배선굵기까지는 쓸 필요가 없다. 배선굵기까지 함께 답해도 틀리지는 않지만 점수를 더 주지는 않는다.
- 경종=벨
- 경종표시등공통=벨표시등공통
- 지구=회로
- 지구공통=회로공통

② **MOTOR 방식**

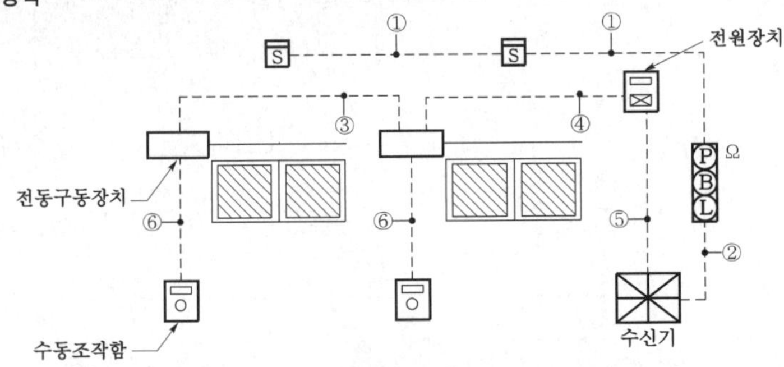

기 호	내 역	용 도
①	HFIX 1.5-4	지구, 공통 각 2가닥
②	HFIX 2.5-6	응답, 지구, 경종표시등공통, 경종, 표시등, 지구공통
③	HFIX 2.5-5	전원 ⊕ · ⊖, 기동, 복구, 동작확인
④	HFIX 2.5-6	전원 ⊕ · ⊖, 기동, 복구, 동작확인 2
⑤	HFIX 2.5-8	전원 ⊕ · ⊖, 교류전원 2, 기동, 복구, 동작확인 2
⑥	HFIX 2.5-5	전원 ⊕ · ⊖, 기동, 복구, 정지

★★★

문제 06

연축전지의 정격용량이 100Ah이고, 상시부하가 13kW, 표준전압이 100V인 부동충전방식 충전기의 2차 충전전류값은 몇이겠는가? (단, 연축전지의 방전율은 10시간율로 한다.) (19.4.문11, 10.4.문9, 08.7.문8)

득점	배점
	3

○ 계산과정 :

○ 답 :

해답
○ 계산과정 : $\frac{100}{10}+\frac{13\times10^3}{100}=140\text{A}$

○ 답 : 140A

해설
$$2\text{차 충전전류}=\frac{\text{축전지의 정격용량}}{\text{축전지의 공칭용량}}+\frac{\text{상시부하}}{\text{표준전압}}$$
$$=\frac{100}{10}+\frac{13\times10^3}{100}$$
$$=140\text{A}$$

※ 연축전지의 공칭용량은 **10Ah**, 알칼리축전지의 공칭용량은 **5Ah**이다.

- 문제에서 단위가 주어지지 않았으므로 답에 단위 'A'를 반드시 써야 한다. 항상 답에는 반드시 단위를 쓰는 습관을 들이자!
- 단서의 **10시간율**은 크게 고민할 필요가 없다. **공칭용량**을 **10Ah**로 하라는 뜻이다. 공칭용량을 모를까 봐 친절하게도 문제에서 알려주었을 뿐이다.

문제 07

배선의 공사방법 중 내화배선의 공사방법에 대한 다음 ( )를 완성하시오. (13.4.문18)

금속관·2종 금속제 (①) 또는 (②)에 수납하여 (③)로 된 벽 또는 바닥 등에 벽 또는 바닥의 표면으로부터 (④)의 깊이로 매설하여야 한다.

득점	배점
	7

해답
① 가요전선관
② 합성수지관
③ 내화구조
④ 25mm 이상

해설
- **내화배선** : **금속관·2종 금속제 가요전선관** 또는 **합성수지관**에 수납하여 **내화구조**로 된 벽 또는 바닥 등에 벽 또는 바닥의 표면으로부터 **25mm** 이상의 깊이로 매설
- **내열배선** : **금속관·금속제 가요전선관·금속덕트** 또는 **케이블 공사**방법

중요

배선에 사용되는 전선의 종류 및 공사방법(NFTC 102 2.7.2)

(1) **내화배선**

사용전선의 종류	공사방법
① 450/750V 저독성 난연 가교 폴리올레핀 절연전선(HFIX) ② 0.6/1kV 가교 폴리에틸렌 절연 저독성 난연 폴리올레핀 시스 전력 케이블 ③ 6/10kV 가교 폴리에틸렌 절연 저독성 난연 폴리올레핀 시스 전력용 케이블 ④ 가교 폴리에틸렌 절연 비닐시스 트레이용 난연 전력 케이블 ⑤ 0.6/1kV EP 고무절연 클로로프렌 시스 케이블 ⑥ 300/500V 내열성 실리콘 고무 절연전선(180℃) ⑦ 내열성 에틸렌-비닐 아세테이트 고무 절연 케이블 ⑧ 버스덕트(Bus Duct)	• 금속관 공사 • 2종 금속제 가요전선관 공사 • 합성수지관 공사 • **내화구조**로 된 벽 또는 바닥 등에 벽 또는 바닥의 표면으로부터 **25mm** 이상의 깊이로 매설할 것
• 내화전선	• 케이블 공사

(2) **내열배선**

사용전선의 종류	공사방법
① 450/750V 저독성 난연 가교 폴리올레핀 절연전선(HFIX) ② 0.6/1kV 가교 폴리에틸렌 절연 저독성 난연 폴리올레핀 시스 전력 케이블 ③ 6/10kV 가교 폴리에틸렌 절연 저독성 난연 폴리올레핀 시스 전력용 케이블 ④ 가교 폴리에틸렌 절연 비닐시스 트레이용 난연 전력 케이블 ⑤ 0.6/1kV EP 고무절연 클로로프렌 시스 케이블 ⑥ 300/500V 내열성 실리콘 고무 절연전선(180℃) ⑦ 내열성 에틸렌-비닐 아세테이트 고무 절연 케이블 ⑧ 버스덕트(Bus Duct)	• 금속관 공사 • 금속제 가요전선관 공사 • 금속덕트 공사 • 케이블 공사
• 내화전선	• 케이블 공사

문제 08

청각장애인용 시각경보장치의 설치기준에 대한 다음 (   ) 안을 완성하시오.

(19.4.문16, 17.11.문5, 17.6.문4, 16.6.문13, 산업 13.7.문1, 산업 07.4.문4)

득점	배점
	3

○ 공연장 · 집회장 · 관람장 또는 이와 유사한 장소에 설치하는 경우에는 시선이 집중되는 (①) 등에 설치할 것

○ 바닥으로부터 (②)m 이하의 높이에 설치할 것. 다만, 천장높이가 2m 이하는 천장에서 (③)m 이내의 장소에 설치해야 한다.

해답 ① 무대부 부분 ② 2m 이상 2.5 ③ 0.15

해설

- ① '**무대부**'만 쓰지 말고 '**무대부 부분**'이라고 정확히 답하자!
- ② 2.5만 쓰면 틀린다! '**2m 이상 2.5**'라고 써야 올바른 답!

청각장애인용 시각경보장치의 **설치기준**(NFPC 203 8조, NFTC 203 2.5.2)

(1) **복도 · 통로 · 청각장애인용 객실** 및 공용으로 사용하는 **거실**에 설치하며, 각 부분에서 유효하게 경보를 발할 수 있는 위치에 설치할 것

(2) **공연장 · 집회장 · 관람장** 또는 이와 유사한 장소에 설치하는 경우에는 시선이 집중되는 **무대부 부분** 등에 설치할 것

(3) 바닥으로부터 **2~2.5m** 이하의 높이에 설치할 것(단, 천장높이가 **2m 이하**는 천장에서 **0.15m** 이내의 장소에 설치)

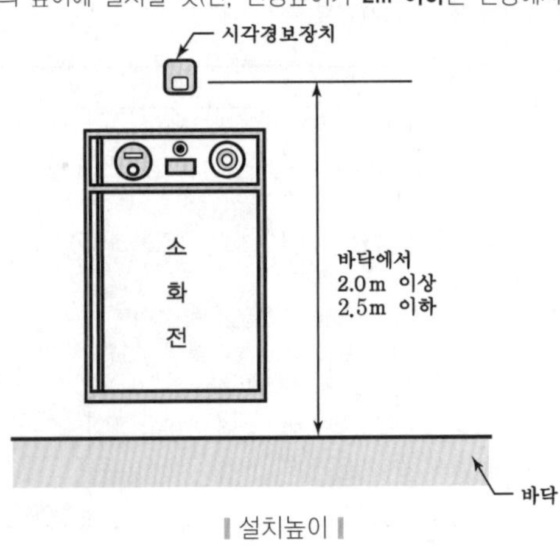

❙ 설치높이 ❙

(4) 광원은 전용의 **축전지설비** 또는 **전기저장장치**에 의하여 점등되도록 할 것(단, 시각경보기에 작동전원을 공급할 수 있도록 형식승인을 얻은 **수신기**를 설치한 경우 제외)

☆☆ 문제 09

P형 수동발신기에서 주어진 단자의 명칭을 쓰고 내부결선을 완성하여 각 단자와 연결하시오. 또한 LED, 푸시버튼(push button)의 기능을 간략하게 설명하시오. (06.7.문7, 01.4.문3)

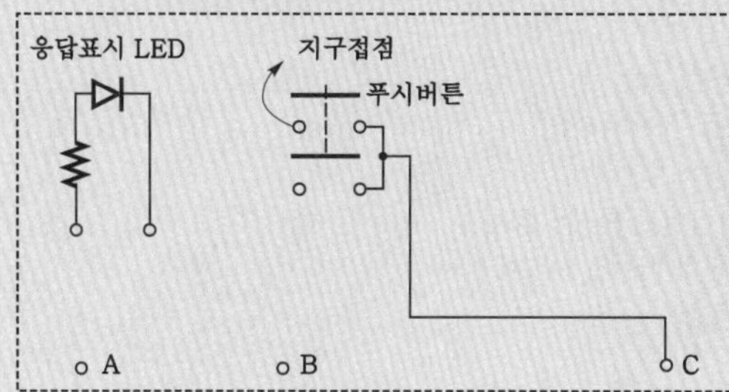

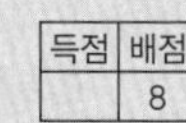

득점	배점
	8

A : 응답선
B : 지구선
C : 공통선

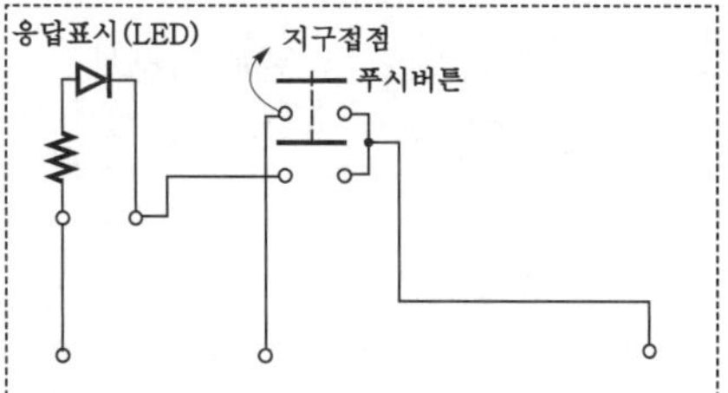

① LED : 발신기의 신호가 수신기에 전달되었는가를 확인하여 주는 램프
② 푸시버튼 : 수동조작에 의해 수신기에 화재신호를 발신하는 스위치

- A : '**응답**', '**응답단자**'라고 써도 된다.
- B : '**지구**', '**지구단자**', '**회로선**', '**회로**', '**회로단자**'라고 써도 된다.
- C : '**공통**', '**공통단자**'라고 써도 된다.

(1) **P형 수동발신기**의 동일도면을 소개하면 다음과 같다.

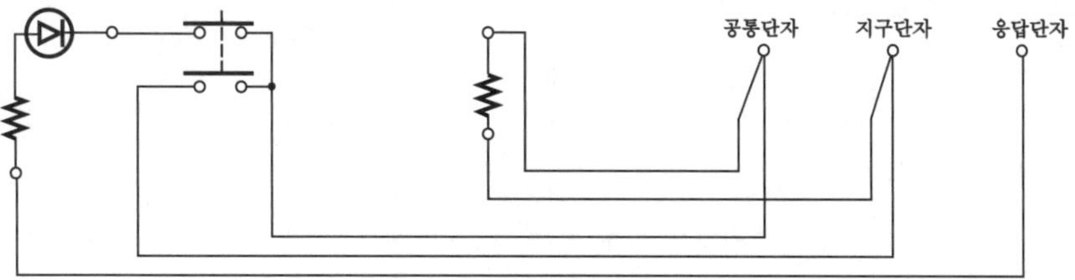

‖ P형 발신기 세부도면 ‖

〈**용도** 및 **기능**〉
① **공통단자** : 지구 · 응답단자를 공유한 단자
② **지구단자** : 화재신호를 수신기에 알리기 위한 단자
③ **응답단자** : 발신기의 신호가 수신기에 전달되었는가를 확인하여 주기 위한 단자

(2) **P형 발신기**의 일반도면

‖P형 발신기‖

참고

P형 수신기의 **기능**
① 화재표시 작동시험장치
② 수신기와 감지기 사이의 도통시험장치
③ 상용전원과 예비전원의 자동절환장치
④ 예비전원 양부시험장치
⑤ 기록장치

☆☆☆

문제 10

P형 수신기와 감지기와의 배선회로에서 종단저항은 11kΩ, 배선저항은 50Ω, 릴레이저항은 550Ω이며 회로전압이 DC 24V일 때 다음 각 물음에 답하시오. (16.4.문9, 12.11.문17, 07.4.문5)

득점	배점
	4

(가) 평소 감시전류는 몇 mA인가?
○ 계산과정 :
○ 답 :

(나) 감지기가 동작할 때(화재시)의 전류는 몇 mA인가? (단, 배선저항은 무시한다.)
○ 계산과정 :
○ 답 :

해답 (가) ○ 계산과정 : $I = \frac{24}{11 \times 10^3 + 550 + 50}$

$= 0.002068\text{A} \fallingdotseq 2.07\text{mA}$

○ 답 : 2.07mA

(나) ○ 계산과정 : $I = \frac{24}{550}$

$= 0.043636\text{A} \fallingdotseq 43.64\text{mA}$

○ 답 : 43.64mA

해설 (가) **감시전류** I는

$$I = \frac{\text{회로전압}}{\text{종단저항} + \text{릴레이저항} + \text{배선저항}}$$

$$= \frac{24}{11 \times 10^3 + 550 + 50}$$

$$= 0.002068\text{A} = 2.068\text{mA} \fallingdotseq 2.07\text{mA}$$

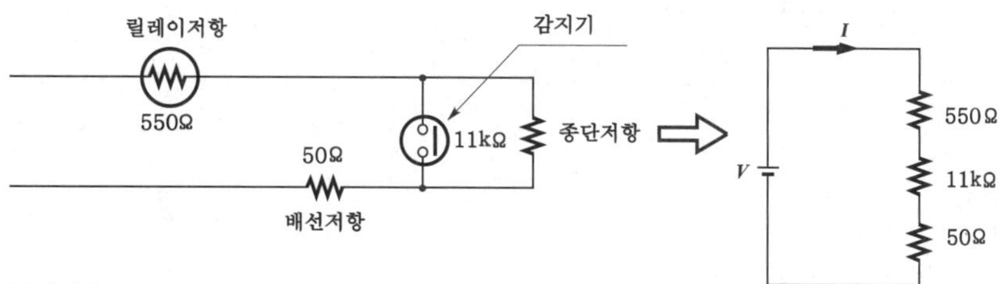

(나) **동작전류** I는

$$I = \frac{\text{회로전압}}{\text{릴레이저항}} = \frac{24}{550} = 0.043636\text{A} = 43.636\text{mA} \fallingdotseq 43.64\text{mA}$$

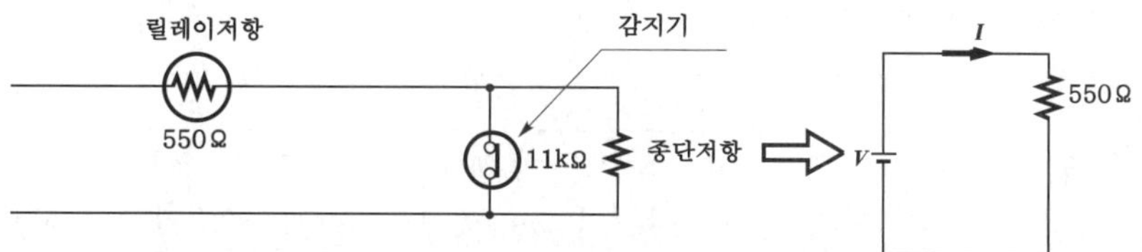

원칙적으로 동작전류 $I = \frac{\text{회로전압}}{\text{릴레이저항} + \text{배선저항}}$ 으로 구하여야 하지만, 단서조건에 의해 **배선저항**은 **생략**하였다. 주의하라! 만약 단서조건이 없는 경우에는 다음과 같이 배선저항까지 고려하여 동작전류를 구하여야 한다.

$\therefore$ 동작전류 $= \frac{\text{회로전압}}{\text{릴레이저항} + \text{배선저항}} = \frac{24}{550+50} = 0.04\text{A} = 40\text{mA}$

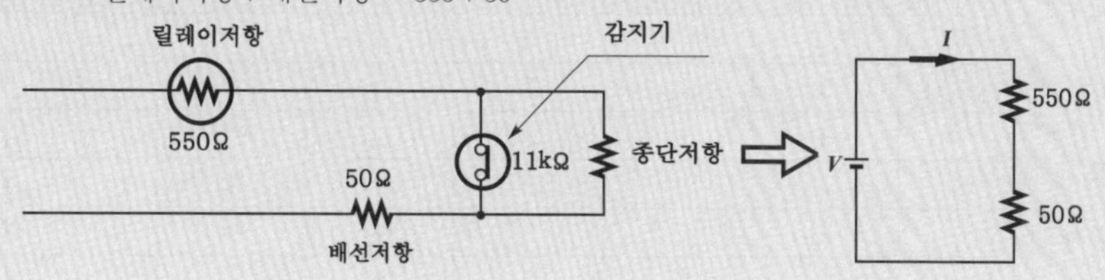

☆☆☆

문제 11

가압송수장치를 기동용 수압개폐방식으로 사용하는 1, 2, 3동의 공장 내부에 옥내소화전함과 자동화재탐지설비용 발신기를 다음과 같이 설치하였다. 다음 각 물음에 답하시오. (08.7.문17)

득점	배점
	13

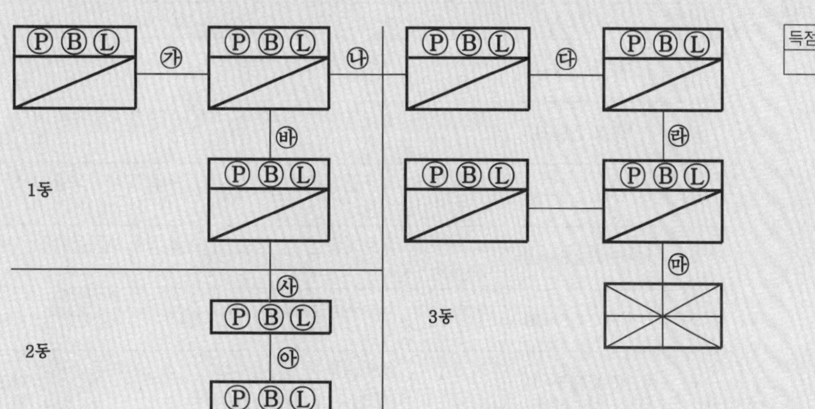

(가) 기호 ㉮~㉵의 전선 가닥수를 표시한 도표이다. 전선 가닥수를 표 안에 숫자로 쓰시오. (단, 가닥수가 필요 없는 곳은 공란으로 둘 것)

기 호	회로선	회로 공통선	경종선	경종 표시등 공통선	표시 등선	응답선	기동 확인 표시등	합 계
㉮								
㉯								
㉰								
㉱								
㉲								
㉳								
㉴								
㉵								

(나) 도면의 P형 수신기는 최소 몇 회로용을 사용하여야 하는가? (단, 회로수 산정시 10%의 여유를 둔다.)
(다) 수신기를 설치하여야 하지만, 상시근무자가 없는 곳이다. 이때의 수신기의 설치장소는?
(라) 수신기가 설치된 장소에는 무엇을 비치하여야 하는가?

해답 (가)

기 호	회로선	회로 공통선	경종선	경종 표시등 공통선	표시등선	응답선	기동 확인 표시등	합 계
㉮	1	1	1	1	1	1	2	8
㉯	5	1	2	1	1	1	2	13
㉰	6	1	3	1	1	1	2	15
㉱	7	1	3	1	1	1	2	16
㉲	9	2	3	1	1	1	2	19
㉳	3	1	2	1	1	1	2	11
㉴	2	1	1	1	1	1	–	7
㉵	1	1	1	1	1	1	–	6

(나) 10회로용
(다) 관계인이 쉽게 접근할 수 있고 관리가 용이한 장소
(라) 경계구역 일람도

해설 (가)

기 호	가닥수	배선내역
㉮	HFIX 2.5-8	회로선 1, 회로공통선 1, 경종선 1, 경종표시등공통선 1, 표시등선 1, 응답선 1, 기동확인표시등 2
㉯	HFIX 2.5-13	회로선 5, 회로공통선 1, 경종선 2, 경종표시등공통선 1, 표시등선 1, 응답선 1, 기동확인표시등 2
㉰	HFIX 2.5-15	회로선 6, 회로공통선 1, 경종선 3, 경종표시등공통선 1, 표시등선 1, 응답선 1, 기동확인표시등 2
㉱	HFIX 2.5-16	회로선 7, 회로공통선 1, 경종선 3, 경종표시등공통선 1, 표시등선 1, 응답선 1, 기동확인표시등 2
㉲	HFIX 2.5-19	회로선 9, 회로공통선 2, 경종선 3, 경종표시등공통선 1, 표시등선 1, 응답선 1, 기동확인표시등 2
㉳	HFIX 2.5-11	회로선 3, 회로공통선 1, 경종선 2, 경종표시등공통선 1, 표시등선 1, 응답선 1, 기동확인표시등 2
㉴	HFIX 2.5-7	회로선 2, 회로공통선 1, 경종선 1, 경종표시등공통선 1, 표시등선 1, 응답선 1
㉵	HFIX 2.5-6	회로선 1, 회로공통선 1, 경종선 1, 경종표시등공통선 1, 표시등선 1, 응답선 1

- 문제에서처럼 **동별**로 구분되어 있을 때는 가닥수를 **구분경보방식**으로 산정한다.
- **구분경보방식**은 **경종개수**가 **동별**로 **추가**되는 것에 주의하라!
- 구분경보방식=구분명동방식
- 문제에서 기동용 수압개폐방식(**자동기동방식**)도 주의하여야 한다. 옥내소화전함이 자동기동방식이므로 감지기배선을 제외한 간선에 '**기동확인표시등 2**'가 추가로 사용되어야 한다. 특히, 옥내소화전배선은 구역에 따라 가닥수가 늘어나지 않는 것에 주의하라!

비교

옥내소화전함이 **수동기동방식**인 경우

기 호	가닥수	배선내역
㉮	HFIX 2.5-11	회로선 1, 회로공통선 1, 경종선 1, 경종표시등공통선 1, 표시등선 1, 응답선 1, 기동 1, 정지 1, 공통 1, 기동확인표시등 2
㉯	HFIX 2.5-16	회로선 5, 회로공통선 1, 경종선 2, 경종표시등공통선 1, 표시등선 1, 응답선 1, 기동 1, 정지 1, 공통 1, 기동확인표시등 2
㉰	HFIX 2.5-18	회로선 6, 회로공통선 1, 경종선 3, 경종표시등공통선 1, 표시등선 1, 응답선 1, 기동 1, 정지 1, 공통 1, 기동확인표시등 2
㉱	HFIX 2.5-19	회로선 7, 회로공통선 1, 경종선 3, 경종표시등공통선 1, 표시등선 1, 응답선 1, 기동 1, 정지 1, 공통 1, 기동확인표시등 2
㉲	HFIX 2.5-22	회로선 9, 회로공통선 2, 경종선 3, 경종표시등공통선 1, 표시등선 1, 응답선 1, 기동 1, 정지 1, 공통 1, 기동확인표시등 2
㉳	HFIX 2.5-14	회로선 3, 회로공통선 1, 경종선 2, 경종표시등공통선 1, 표시등선 1, 응답선 1, 기동 1, 정지 1, 공통 1, 기동확인표시등 2
㉴	HFIX 2.5-7	회로선 2, 회로공통선 1, 경종선 1, 경종표시등공통선 1, 표시등선 1, 응답선 1
㉵	HFIX 2.5-6	회로선 1, 회로공통선 1, 경종선 1, 경종표시등공통선 1, 표시등선 1, 응답선 1

용어

옥내소화전설비의 **기동방식**

자동기동방식	수동기동방식
기동용 수압개폐장치를 이용하는 방식	ON, OFF 스위치를 이용하는 방식

(나) 기호 ㉲에서 회로선은 최대 **9가닥**이므로
9×1.1(여유 10%)=9.9≒10회로(절상)

- '**10% 여유를 둔다**'는 뜻은 1.1(1+0.1=1.1)을 곱하라는 뜻이다. 10%라고 해서 0.1이 아님을 주의하라!
- **회로수** 산정은 반드시 **절상**한다. '**절상**'이란 **소수점**은 무조건 **올린다**는 뜻이다.

(다), (라) **자동화재탐지설비의 수신기 설치기준**(NFPC 203 5조, NFTC 203 2.2.3)
① **수위실** 등 상시 사람이 상주하는 곳(관계인이 쉽게 접근할 수 있고 관리가 용이한 장소에 설치 가능)
② **경계구역 일람도** 비치(주수신기 설치시 기타 수신기는 제외)
③ 조작스위치는 **바**닥에서 **0.8~1.5m**의 위치에 설치
④ 하나의 경계구역은 하나의 **표시등·문자**가 표시될 것
⑤ **감지기, 중계기, 발신기**가 작동하는 경계구역을 표시

기억법 **수경바표감**(수경야채는 바로 표창장 감이오.)

용어

경계구역 일람도	주수신기
회로배선이 각 구역별로 어떻게 결선되어 있는지 나타낸 도면	**모든 수신기**와 연결되어 **각 수신기**의 **상황**을 **감시**하고 **제어**할 수 있는 수신기

☆

문제 12

특정소방대상물에 설치된 소방시설 등을 구성하는 전부 또는 일부를 개설, 이전 또는 정비하는 소방시설공사의 착공신고 대상 3가지를 쓰시오. (단, 고장 또는 파손 등으로 인하여 작동시킬 수 없는 소방시설을 긴급히 교체하거나 보수하여야 하는 경우에는 신고하지 않을 수 있다.)

득점	배점
	6

○
○
○

해답 ① 수신반
② 소화펌프
③ 동력(감시)제어반

해설 **공사업법 시행령 4조**
특정소방대상물에 설치된 소방시설 등을 구성하는 전부 또는 일부를 **개설**, **이전** 또는 **정비**하는 공사(단, 고장 또는 파손 등으로 인하여 작동시킬 수 없는 소방시설을 긴급히 교체하거나 보수하여야 하는 경우에는 신고하지 않을 수 있다.)
(1) **수신반**
(2) **소화펌프**
(3) **동력(감시)제어반**

☆☆

문제 13

다음 조건에서 설명하는 감지기의 명칭을 쓰시오. (단, 감지기의 종별은 무시한다.) (09.10.문17)

득점	배점
	2

〔조건〕
○ 공칭작동온도 : 75℃
○ 작동방식 : 반전바이메탈식, 60V, 0.1A
○ 부착높이 : 8m

해답 정온식 스포트형 감지기

해설
- 작동방식(**반전바이메탈식**)을 보고 **정온식 스포트형 감지기**인 것을 알자!
- 단서에서 감지기의 종별은 적지 않도록 하자!

 중요

감지방식

차동식 스포트형 감지기	정온식 스포트형 감지기
① **공기**의 **팽창** 이용 ② **열기전력** 이용 ③ **반도체** 이용	① **바이메탈**의 활곡 이용 ② **바이메탈**의 반전 이용 ③ **금속**의 **팽창계수차** 이용 ④ **액체**(기체)의 팽창 이용 ⑤ **가용절연물** 이용 ⑥ **감열반도체소자** 이용

☆
문제 14

휴대용 비상조명등의 적합설치기준에 대한 다음 (　　) 안을 완성하시오.

득점	배점
	8

(가) 다음 장소에 설치할 것

ㅇ숙박시설 또는 다중이용업소에는 객실 또는 영업장 안의 구획된 실마다 잘 보이는 곳(외부에 설치시 출입문 손잡이로부터 (①)m 이내 부분)에 1개 이상 설치

ㅇ「유통산업발전법」 제2조 제3호에 따른 대규모점포(지하상가 및 지하역사는 제외한다.)와 영화상영관에는 보행거리 (②)m 이내마다 (③)개 이상 설치

ㅇ지하상가 및 지하역사에는 보행거리 (④)m 이내마다 (⑤)개 이상 설치

(나) 설치높이는 바닥으로부터 (　　)m 이상 (　　)m 이하의 높이에 설치할 것

(다) 사용시 (　　)으로 점등되는 구조일 것

(라) 건전지 및 충전식 밧데리의 용량은 (　　)분 이상 유효하게 사용할 수 있는 것으로 할 것

해답 (가) ① 1
② 50
③ 3
④ 25
⑤ 3

(나) 0.8, 1.5

(다) 자동

(라) 20

해설 **휴대용 비상조명등**의 **적합설치기준**(NFPC 304 4조, NFTC 304 2.1.2)

(1) 다음 장소에 설치할 것

① **숙박시설** 또는 **다중이용업소**에는 **객실** 또는 영업장 안의 **구획**된 **실**마다 잘 보이는 곳(외부에 설치시 출입문 손잡이로부터 **1m** 이내 부분)에 **1개 이상** 설치

② 「유통산업발전법」 제2조 제3호에 따른 **대규모점포**(지하상가 및 지하역사를 제외한다)와 **영화상영관**에는 **보행거리 50m** 이내마다 **3개 이상** 설치

③ **지하상가** 및 **지하역사**에는 **보행거리 25m** 이내마다 **3개 이상** 설치

(2) 설치높이는 바닥으로부터 **0.8~1.5m** 이하의 높이에 설치할 것

(3) 어둠 속에서 위치를 확인할 수 있도록 할 것

(4) 사용시 **자동**으로 **점등**되는 구조일 것

(5) 외함은 **난연성능**이 있을 것

(6) 건전지를 사용하는 경우에는 **방전방지조치**를 하여야 하고, **충전식 밧데리**의 경우에는 **상시 충전**되도록 할 것

(7) 건전지 및 충전식 밧데리의 용량은 **20분** 이상 유효하게 사용할 수 있는 것으로 할 것

☆☆

문제 15

도면은 상용전원과 예비전원의 절환회로이다. 다음 각 물음에 답하시오. (19.6.문16, 11.11.문1, 09.7.문11)

(가) 도면에서 MCCB의 명칭을 쓰시오.

(나) 미완성된 부분을 완성하시오.

득점	배점
	6

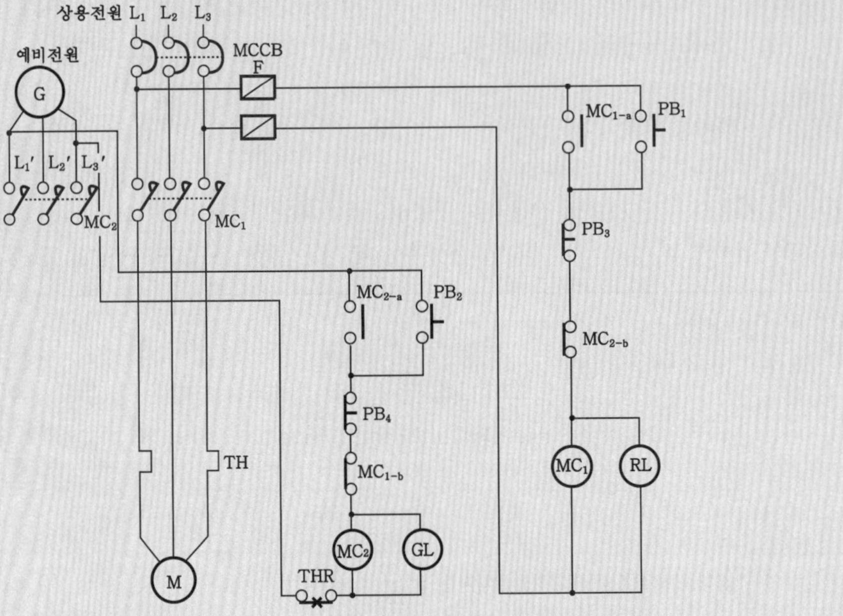

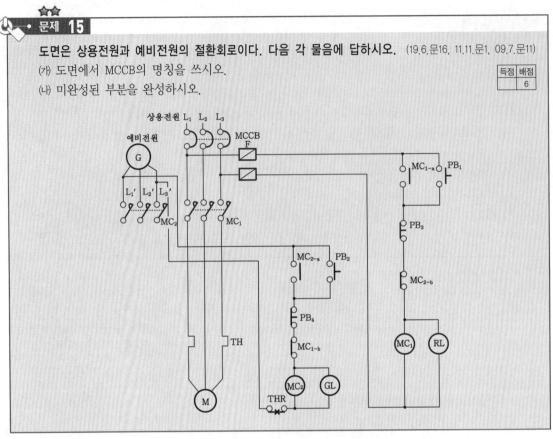

해답 (가) 배선용 차단기

(나)

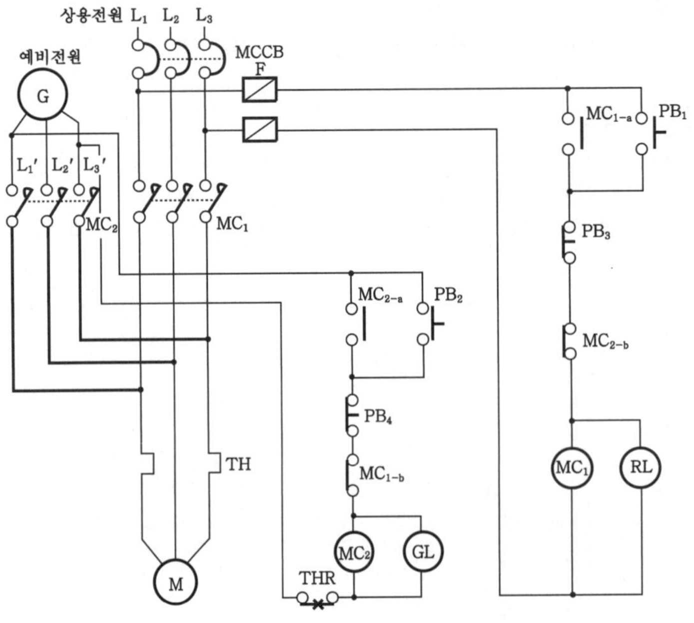

해설 (1) **범례**

	: 배선용 차단기(MCCB)		: 전자접촉기 보조 a접점(MC_{-a})
	: 전자접촉기 주접점(MC)		: 전자접촉기 보조 b접점(MC_{-b})
	: 서멀릴레이(TH)		: 서멀릴레이 b접점(THR_{-b})
IM	: 3상 유도전동기	MC	: 전자접촉기 코일
GL	: 정지표시등		: 정지용 푸시버튼스위치(PB_1)
RL	: 기동표시등		: 기동용 푸시버튼스위치(PB_2)

(2) **동작설명**

PB_1을 누르면 전자접촉기 MC_1이 여자되고 RL이 점등되며 전자접촉기 보조접점 MC_{1-a}가 폐로되어 자기유지된다. 이와 동시에 전자접촉기 MC_1의 주접점이 닫혀 유도전동기는 상용전원으로 운전된다.
상용전원으로 운전 중 PB_3를 누르면, MC_1이 소자되어 유도전동기는 정지하고, 상용전원 운전표시등 RL은 소등한다. 상용전원 고장시 예비전원으로 운전하기 위해 PB_2를 누르면 전자접촉기 MC_2가 여자되고 GL이 점등되며 전자접촉기 보조접점 MC_{2-a}가 폐로되어 자기유지된다. 이와 동시에 전자접촉기 MC_2의 주접점이 닫혀 유도전동기는 예비전원으로 운전된다. 예비전원으로 운전 중 PB_4를 누르면 MC_2가 소자되어 유도전동기는 정지되고 예비전원 운전표시등 GL은 소등한다.

Tip

원칙적으로 위의 도면은 잘못되었다. 위와 같이 열동계전기(TH) 1개를 사용할 경우 상용전원으로 전원을 공급하여 운전 중 전동기에 과부하가 걸릴 경우 회로를 차단시켜 주지 못한다. 열동계전기 1개를 더 추가하여 다음과 같이 배선하여야 완전한 도면이 된다. 단, 위의 문제에서는 미완성된 부분만 완성하라고 하였으므로 위와 같이 결선해도 옳은 답이 된다.

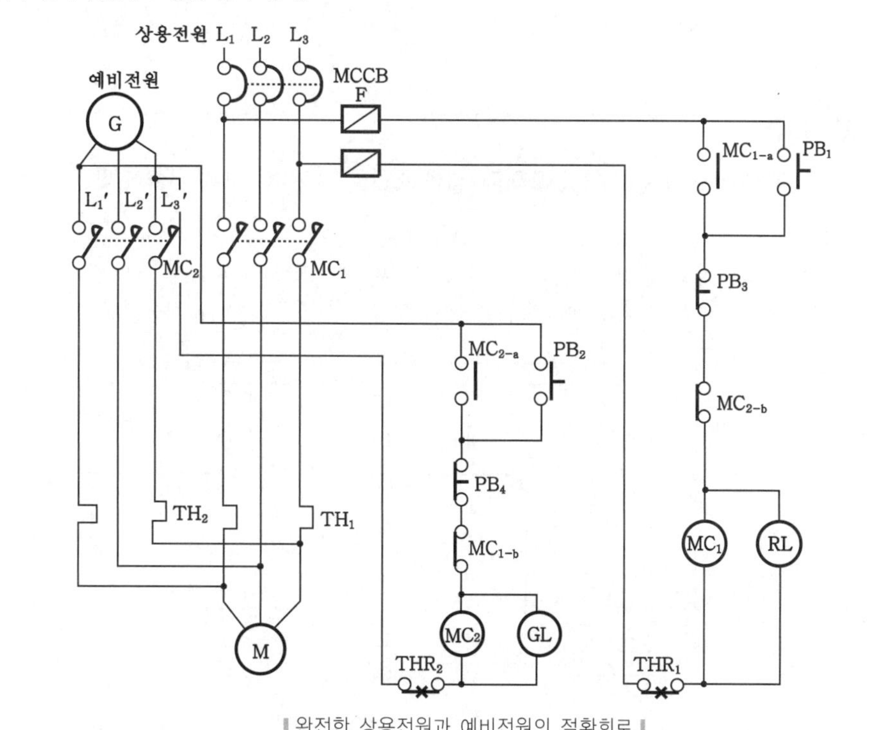

‖ 완전한 상용전원과 예비전원의 절환회로 ‖

☆☆

문제 16

지하층 · 무창층 등으로서 환기가 잘 되지 아니하거나 감지기의 부착면과 실내바닥과의 거리가 2.3m 이하인 곳으로서 일시적으로 발생한 열 · 연기 또는 먼지 등으로 인하여 화재신호를 발신할 우려가 있는 장소에 설치가능한 감지기(교차회로방식의 적용이 필요 없는 감지기) 5가지를 쓰시오.

(19.11.문11, 16.4.문11, 14.7.문11, 12.11.문7)

득점	배점
	5

○
○
○
○
○

해답 ① 불꽃감지기 ② 정온식 감지선형 감지기
③ 분포형 감지기 ④ 복합형 감지기
⑤ 광전식 분리형 감지기

해설 **지하층 · 무창층** 등으로서 환기가 잘 되지 아니하거나 실내면적이 **40m²** 미만인 장소, 감지기의 부착면과 실내바닥과의 거리가 **2.3m** 이하인 곳으로서 일시적으로 발생한 열 · 연기 또는 먼지 등으로 인하여 화재신호를 발신할 우려가 있는 장소에 설치가능한 감지기(교차회로방식의 적용이 필요 없는 감지기)

① **불꽃**감지기
② **정온식 감지선형** 감지기
③ **분포형** 감지기
④ **복합형** 감지기
⑤ **광전식 분리형** 감지기
⑥ **아날로그방식**의 감지기
⑦ **다신호방식**의 감지기
⑧ **축적방식**의 감지기

기억법 불정감 복분(복분자) 광아다축

☆☆☆

문제 17

다음은 자동화재탐지설비의 평면도이다. 다음 조건을 참고하여 표의 산출식 및 총물량을 산출하시오.

(16.4.문5, 10.4.문17, 08.11.문17)

득점	배점
	7

[조건]

천장의 높이는 3.5m이고 반자는 없으며 발신기세트와 수신기는 바닥으로부터 1.2m의 높이에 설치되어 있으며, 배관의 할증은 5%, 배선의 할증은 10%를 적용한다.

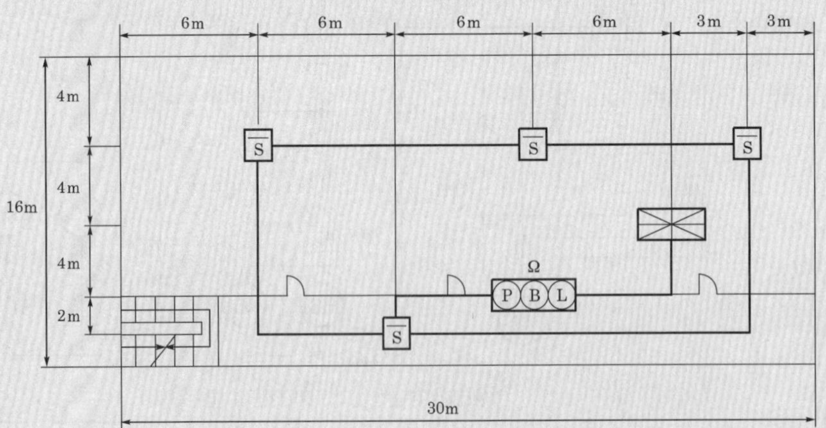

구 분		산출식	총물량
전선관 16C	감지기와 감지기 간	6+6+6+3+4+4+2+6+6+6+3+4+4+2=62m	75.92m
	감지기와 발신기 간	6+2+(3.5−1.2)=10.3m	
	할증[%]	(62+10.3)×5%=3.62m	
전선 (HFIX 1.5mm²)	감지기와 감지기 간		
	감지기와 발신기 간		
	할증[%]		
전선관 22C	발신기와 수신기 간		
	할증[%]		
전선 (HFIX 2.5mm²)	발신기와 수신기 간	41.6×6=249.6m	274.56m
	할증[%]	249.6×10%=24.96m	

해답

구 분		산출식	총물량
전선관 16C	감지기와 감지기 간	6+6+6+3+4+4+2+6+6+6+3+4+4+2=62m	75.92m
	감지기와 발신기 간	6+2+(3.5−1.2)=10.3m	
	할증[%]	(62+10.3)×5%=3.62m	
전선 (HFIX 1.5mm²)	감지기와 감지기 간	62×2=124m	181.72m
	감지기와 발신기 간	10.3×4=41.2m	
	할증[%]	(124+41.2)×10%=16.52m	
전선관 22C	발신기와 수신기 간	6+4+(3.5−1.2)+(3.5−1.2)=14.6m	15.33m
	할증[%]	14.6×5%=0.73m	
전선 (HFIX 2.5mm²)	발신기와 수신기 간	41.6×6=249.6m	274.56m
	할증[%]	249.6×10%=24.96m	

해설

구 분	산출식	총물량[m]
전선관(16C)	감지기와 감지기 간의 전선관 12m+9m+10m+15m+6m+10m=**62m** 감지기와 발신기 간의 전선관 6m+2m+2.3m=**10.3m** 전선관(배관) 할증 5% (62+10.3)m×0.05=3.615≒**3.62m**	62m+10.3m+3.62m=75.92m

- **전선관(배관)** 할증 [조건]에서 **5%**이므로 적용
- 총물량은 다음과 같이 구할 수도 있다.

(62+10.3)m×(1+0.05)=75.915≒75.92m
↳ [조건]에 의해 5% 가산

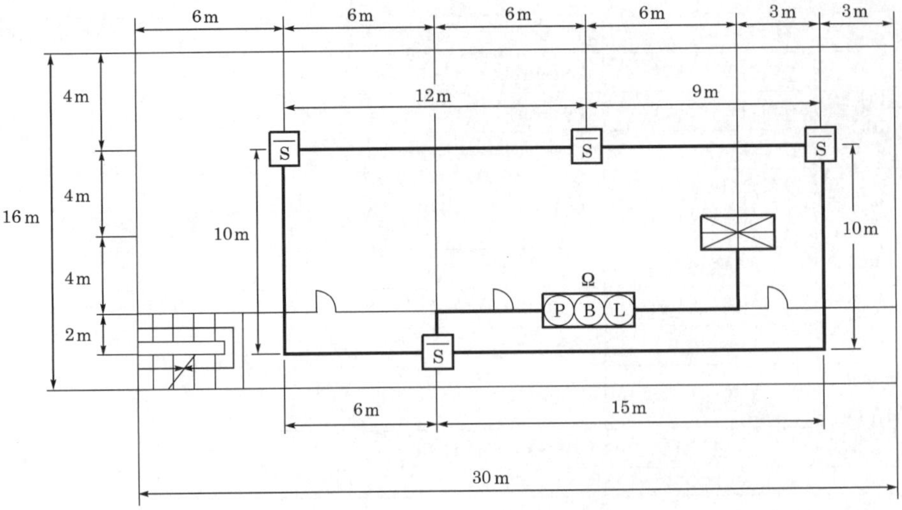

▌감지기와 감지기 간의 전선관▐

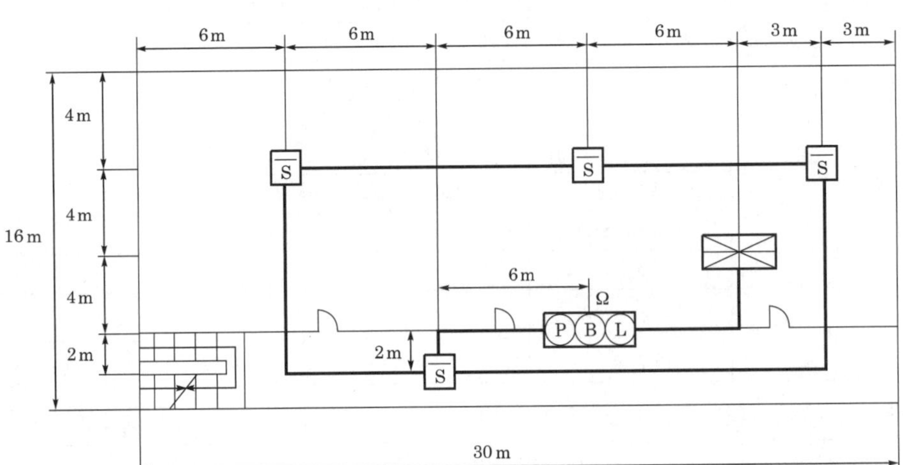

▌감지기와 발신기 간의 전선관(평면도)▐

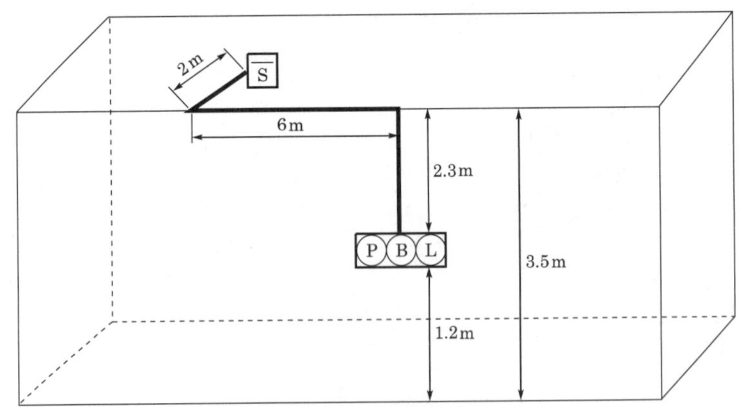

▌감지기와 발신기 간의 전선관(입면도)▐

구 분	산출식	총물량[m]
전선 (HFIX 1.5mm²)	감지기와 감지기 간의 전선 62m×2가닥=124m 감지기와 발신기 간의 전선 10.3m×4가닥=41.2m 전선(배선) 할증 10% (124+41.2)m×0.1=16.52m	124m+41.2m+16.52m=181.72m

- **전선(배선) 할증**은 [조건]에서 **10%**이므로 **0.1** 적용
- 총물량은 다음과 같이 구할 수도 있다.

(124+41.2)m×(1+0.1)=181.72m
↳ [조건]에 의해 10% 가산

가닥수	내 역
2가닥	지구선 1, 공통선 1
4가닥	지구선 2, 공통선 2

- 종단저항이 발신기에 설치되어 있는 경우 감지기회로의 가닥수

구 분	가닥수
루프(loop)	2가닥
기타	4가닥

구 분	산출식	총물량[m]
전선관(22C)	발신기와 수신기 간의 전선관 6m+4m+2.3m+2.3m=14.6m 전선관(배관) 할증 5% 14.6m×0.05=0.73m	14.6m+0.73m=15.33m

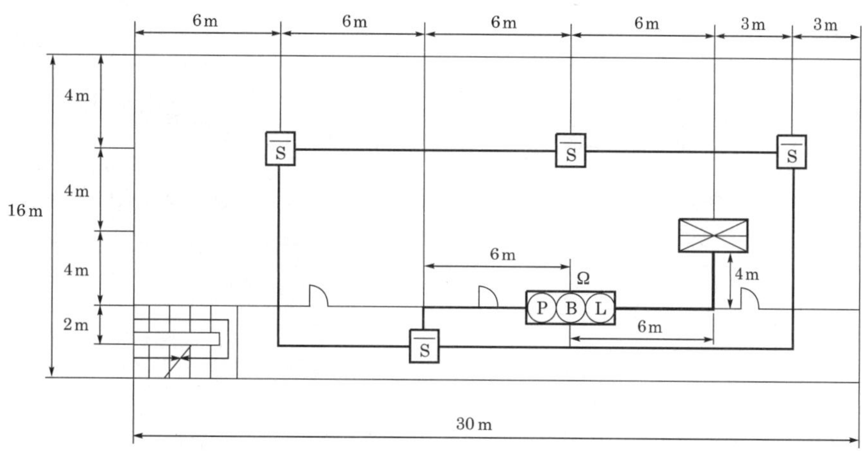

▮발신기와 수신기 간의 전선관(평면도)▮

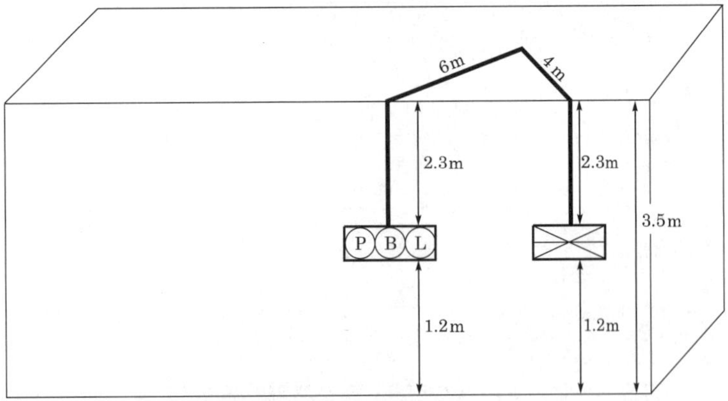

‖발신기와 수신기 간의 전선관(입면도)‖

구 분	산출식	총물량[m]
전선(HFIX $2.5mm^2$)	발신기와 수신기 간의 전선 14.6m×6가닥=87.6m 전선(배선) 할증 10% 87.6m×0.1=8.76m	87.6m+8.76m=96.36m

- 발신기와 수신기 간의 거리가 14.6m인데 41.6m로 문제가 잘못 출제되었다. 이런 경우 41.6m가 예시로 주어졌으므로 그냥 그대로 두면 된다. 틀린 부분을 수정하라는 말이 있기 전까지는 그대로 두라! 위 해설은 틀린 부분을 수정해서 계산한 값이다.
- **전선(배관) 할증**은 [조건]에서 **10%**이므로 **0.1** 적용
- 총물량은 다음과 같이 구할 수도 있다.
  87.6m×(1+0.1)=96.36m

가닥수	내 역
6가닥	회로선 1, 회로공통선 1, 경종선 1, 경종표시등공통선 1, 표시등선 1, 응답선 1

비교

송배선식과 **교차회로방식**

구 분	송배선식	교차회로방식
목적	**감지기회로**의 **도통시험**을 용이하게 하기 위하여	감지기의 **오동작** 방지
원리	배선의 도중에서 분기하지 않는 방식	하나의 담당구역 내에 **2 이상**의 **감지기회로**를 설치하고 **2 이상**의 **감지기회로**가 **동시**에 **감지**되는 때에 설비가 작동하는 방식
적용설비	• 자동화재탐지설비 • 제연설비	• **분**말소화설비 • **할**론소화설비 • **이**산화탄소 소화설비 • **준**비작동식 스프링클러설비 • **일**제살수식 스프링클러설비 • **할**로겐화합물 및 불활성기체 소화설비 • **부**압식 스프링클러설비 기억법 **분할이 준일할부**
가닥수 산정	종단저항을 수동발신기함 내에 설치하는 경우 **루프(loop)**된 곳은 **2가닥**, **기타 4가닥**이 된다. 수동발신기함 / 루프(loop) ‖송배선식‖	**말단**과 **루프**(loop)된 곳은 **4가닥**, **기타 8가닥**이 된다. 말단 / 수동발신기함 / 루프(loop) ‖교차회로방식‖

2015. 11. 7 시행

▮2015년 기사 제4회 필답형 실기시험▮

자격종목	시험시간	형별	수험번호	성명	감독위원 확인
소방설비기사(전기분야)	3시간				

※ 다음 물음에 답을 해당 답란에 답하시오.(배점 : 100)

☆☆

문제 01

수신기에서 60m 떨어진 장소의 감지기가 작동할 때 소비된 전류가 400mA라고 한다. 이때의 전압강하[V]를 구하시오. (단, 전선굵기는 1.6mm이다.) (14.11.문11, 14.4.문5)

○ 계산과정 :

○ 답 :

득점	배점
	5

해답

○ 계산과정 : $\frac{35.6 \times 60 \times (400 \times 10^{-3})}{1000 \times (\pi \times 0.8^2)} = 0.424 ≒ 0.42\text{V}$

○ 답 : 0.42V

해설 **전압강하**

전기방식	전선단면적	적응설비
단상 2선식	$A = \frac{35.6LI}{1000e}$	• 기타설비(경종, 표시등, 유도등, 비상조명등, 솔레노이드밸브, 감지기 등)
3상 3선식	$A = \frac{30.8LI}{1000e}$	• 소방펌프 • 제연팬
단상 3선식, 3상 4선식	$A = \frac{17.8LI}{1000e'}$	–

여기서, A : 전선의 단면적[mm²]

L : 선로길이[m]

I : 전부하전류[A]

e : 각 선간의 전압강하[V]

e' : 각 선간의 1선과 중성선 사이의 전압강하[V]

감지기는 단상 2선식이므로 $e = \frac{35.6LI}{1000A} = \frac{35.6 \times 60 \times (400 \times 10^{-3})}{1000 \times (\pi \times 0.8^2)} = 0.424 ≒ 0.42\text{V}$

• **전선의 굵기**가 mm로 주어졌으므로 반드시 전선의 **단면적[mm²]**으로 변환해야 한다. 주의!

$$A = \pi r^2 = \frac{\pi d^2}{4}$$

여기서, A : 전선의 단면적[mm²]

r : 전선의 반지름[mm]

d : 전선의 굵기(지름)[mm]

$A = \pi r^2 = \pi \times 0.8^2 \text{mm}^2$

• 1mA=1×10⁻³A이므로 전류 $I = 400\text{mA} = (400 \times 10^{-3})\text{A}$

☆☆☆

문제 02

그림은 Y-△ 시동제어회로의 미완성 도면이다. 이 도면과 주어진 조건을 이용하여 다음 각 물음에 답하시오. (17.4.문12, 14.4.문1, 13.4.문6, 12.7.문9, 08.7.문14, 00.11.문10)

득점	배점
	6

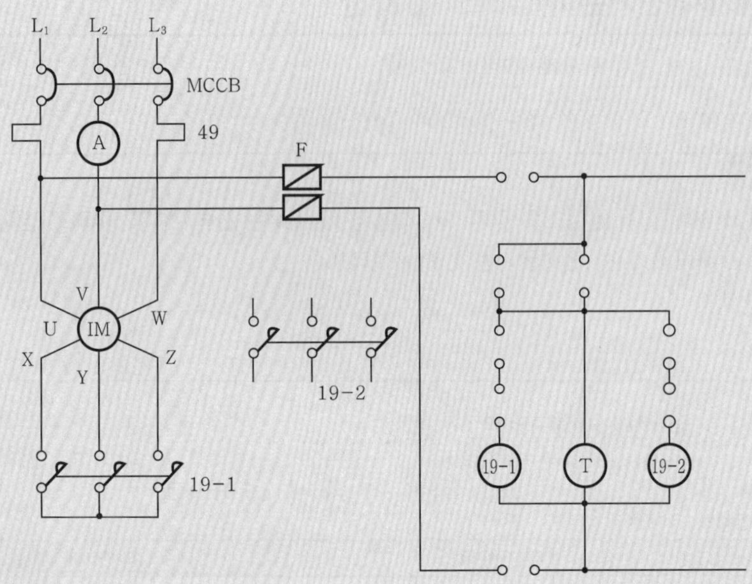

〔조건〕

- ○ (A) : 전류계
- ○ (PL) : 표시등
- ○ (T) : 스타델타 타이머
- ○ 19－1 : 전자접촉기(Y)
- ○ 19－2 : 전자접촉기(△)

(가) Y－△ 운전이 가능하도록 주회로 부분을 미완성 도면에 완성하시오.

(나) Y－△ 운전이 가능하도록 보조회로(제어회로) 부분을 미완성 도면에 완성하시오.

(다) MCCB를 투입하면 표시등 (PL)이 점등되도록 미완성 도면에 회로를 구성하시오.

(라) Y결선에서는 각 상의 권선에 가해지는 전압은 정격전압의 몇 배로 되는가?

○

(마) Y결선에서의 시동전류는 △결선에 비하여 얼마 정도로 경감되는가?

○

해답 (가)~(다)

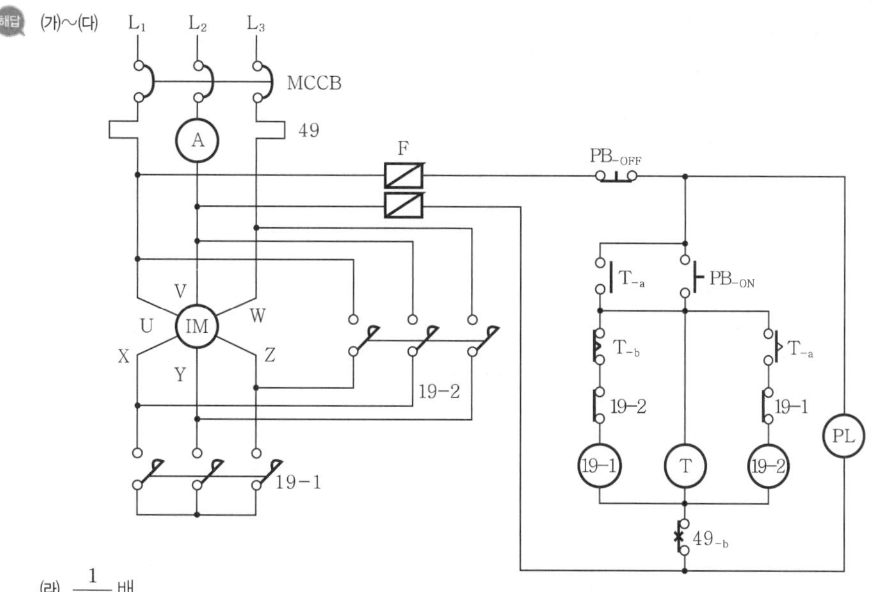

(라) $\frac{1}{\sqrt{3}}$배

(마) $\frac{1}{3}$

해설 (가) **Y결선**

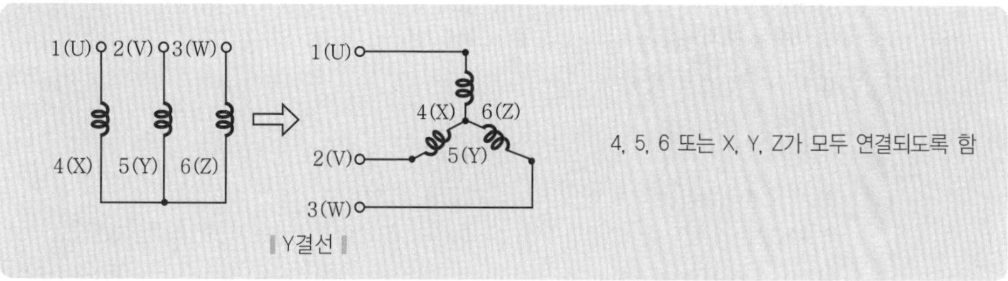

Y결선

△결선

△결선은 다음 그림의 △결선 1 또는 △결선 2 어느 것으로 연결해도 옳은 답이다.

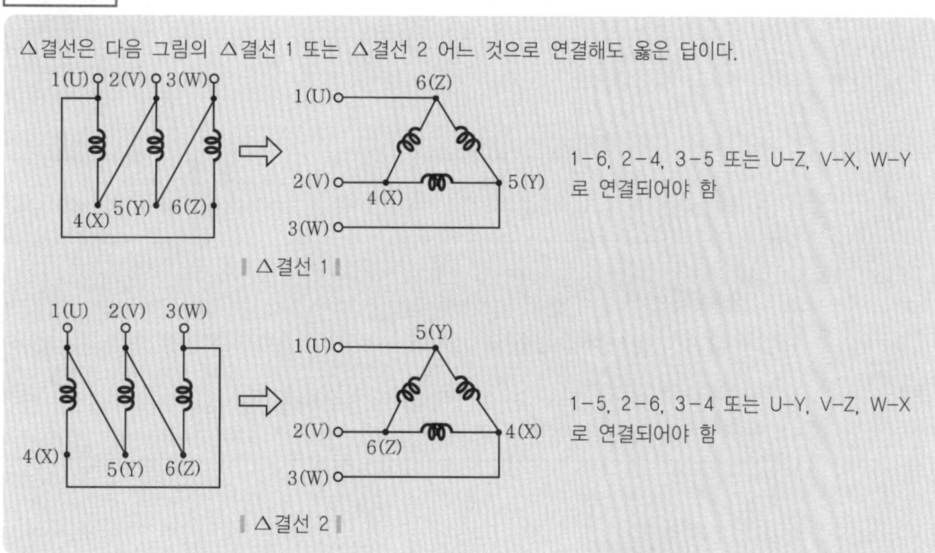

△결선 1

△결선 2

- 답에는 △결선을 U-Z, V-X, W-Y로 결선한 것을 제시하였다. 다음과 같이 △결선을 U-Y, V-Z, W-X로 결선한 도면도 답이 된다.

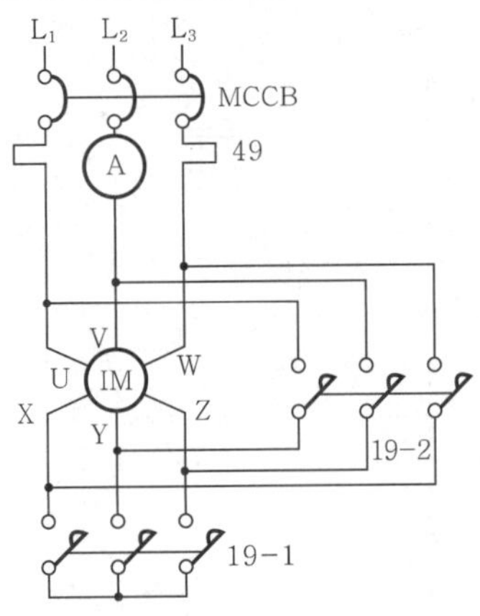

| 옳은 도면 |

- 보조회로(제어회로) 결선시 열동계전기 b접점은 TH_{-b}로 표기하지 않도록 주의하라!! 열동계전기가 주회로에 49로 표기되어 있으므로 49_{-b}로 표기하는 것이 옳다.

(나), (다) **동작설명**

(1) 배선용 차단기 MCCB를 투입하면 전원이 공급되고 (PL) 램프가 점등된다.
(2) 기동용 푸시버튼 스위치 PB_{-ON}을 누르면 타이머 T는 통전된다.
(3) 타이머 T 순시 a접점에 의해 19-1이 여자되고 19-1 주접점이 닫혀서 3상 유도전동기 (IM)이 Y결선으로 기동한다.
(4) 타이머 T의 설정시간 후 T의 한시접점에 의해 19-1이 소자되고, 19-2가 여자된다.
(5) 19-2 주접점이 닫혀서 (IM)이 △결선으로 운전된다.
(6) 19-1, 19-2 인터록 b접점에 의해 19-1, 19-2 전자접촉기와 동시 투입을 방지한다.
(7) PB_{-OFF}를 누르거나 운전 중 과부하가 걸리면 열동계전기 49_{-b}가 개로되어 19-1, T, 19-2가 소자되고 (IM)은 정지한다.

(라)

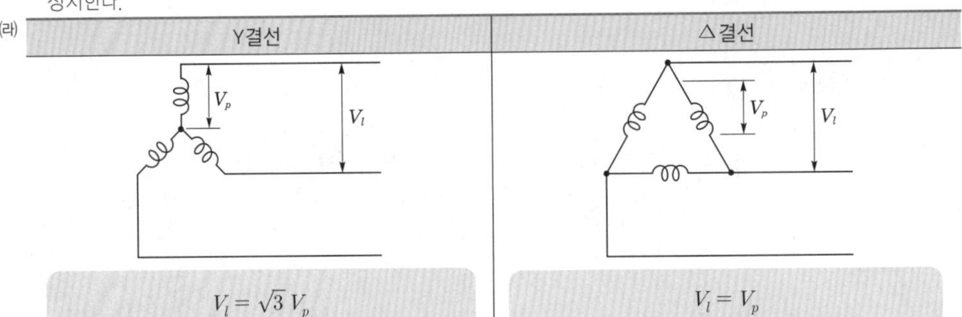

Y결선	△결선
$V_l = \sqrt{3}\,V_p$	$V_l = V_p$
여기서, V_p : 상전압(각 상의 권선에 가해지는 전압)〔V〕 V_l : 선간전압(정격전압)〔V〕	여기서, V_p : 상전압(각 상의 권선에 가해지는 전압)〔V〕 V_l : 선간전압(정격전압)〔V〕
상전압 $V_p = \dfrac{V_l}{\sqrt{3}} = \dfrac{1}{\sqrt{3}} V_l \left(\therefore \dfrac{1}{\sqrt{3}} \text{배} \right)$	**상전압** $V_p = V_l (\therefore 1\text{배})$

(마)

Y결선 선전류	△결선 선전류
$I_Y = \frac{V_l}{\sqrt{3}\,Z}$ 여기서, I_Y : 선전류[A] V_l : 선간전압[V] Z : 임피던스[Ω]	$I_\triangle = \frac{\sqrt{3}\,V_l}{Z}$ 여기서, $I_\triangle$: 선전류[A] V_l : 선간전압[V] Z : 임피던스[Ω]

$$\frac{\text{Y결선 선전류}}{\triangle\text{결선 선전류}} = \frac{I_Y}{I_\triangle} = \frac{\frac{V_l}{\sqrt{3}\,Z}}{\frac{\sqrt{3}\,V_l}{Z}} = \frac{1}{3}$$

(∴ **시동전류**는 Y결선을 하면 △결선에 비해 $\frac{1}{3}$로 경감(감소)한다.)

☆

문제 03

한국전기설비규정(KEC)에 의한 금속제 가요전선관공사의 시설조건 및 부속품의 시설에 관한 다음 ( ) 안에 알맞은 말을 쓰시오.

득점	배점
	7

- 전선은 절연전선((①) 제외)일 것
- 전선은 연선일 것. 단, 단면적 $10mm^2$(알루미늄선 단면적 $16mm^2$) 이하인 것은 그러하지 아니하다.
- 가요전선관 안에는 전선에 접속점이 없도록 할 것
- 가요전선관은 (②)종 금속제 가요전선관일 것. 단, 전개된 장소 또는 점검할 수 있는 은폐된 장소(옥내배선의 사용전압이 (③)V 초과인 경우에는 전동기에 접속하는 부분으로서 가요성을 필요로 하는 부분에 사용하는 것에 한함)에는 1종 가요전선관(습기가 많은 장소 또는 물기가 있는 장소에는 비닐피복 1종 가요전선관에 한함)을 사용할 수 있다.
- 관 상호 간 및 관과 박스, 기타의 부속품과는 견고하고 또한 전기적으로 완전하게 접속할 것
- 가요전선관의 (④)부분은 피복을 손상하지 아니하는 구조로 되어 있을 것
- 2종 금속제 가요전선관을 사용하는 경우에 습기 많은 장소 또는 물기가 있는 장소에 시설하는 때에는 (⑤)종 가요전선관일 것
- 1종 금속제 가요전선관에는 단면적 (⑥)mm^2 이상의 나연동선을 전체 길이에 걸쳐 삽입 또는 첨가하여 그 나연동선과 1종 금속제 가요전선관을 양쪽 끝에서 전기적으로 완전하게 접속할 것. 단, 관의 길이가 (⑦)m 이하인 것을 시설하는 경우에는 그러하지 아니하다.

해답 ① 옥외용 비닐절연전선
② 2
③ 400
④ 끝
⑤ 비닐피복 2
⑥ 2.5
⑦ 4

해설 (1) **금속제 가요전선관공사 시설조건**(KEC 232.13.1)

① 전선은 절연전선(**옥외용 비닐절연전선** 제외)일 것

② 전선은 연선일 것.(단, 단면적 **10mm²**(**알루미늄선** 단면적 **16mm²**) 이하인 것은 제외)

③ 가요전선관 안에는 전선에 접속점이 없도록 할 것

④ 가요전선관은 **2종** 금속제 가요전선관일 것. 단, 전개된 장소 또는 점검할 수 있는 은폐된 장소(옥내배선의 사용전압이 **400V** 초과인 경우에는 전동기에 접속하는 부분으로서 가요성을 필요로 하는 부분에 사용하는 것에 한함)에는 1종 가요전선관(습기가 많은 장소 또는 물기가 있는 장소에는 비닐피복 1종 가요전선관에 한함)을 사용할 수 있다.

(2) **가요전선관 및 부속품의 시설**(KEC 232.13.3)

① 관 상호 간 및 관과 박스, 기타의 부속품과는 견고하고 또한 전기적으로 완전하게 접속할 것

② 가요전선관의 **끝**부분은 피복을 손상하지 아니하는 구조로 되어 있을 것

③ 2종 금속제 가요전선관을 사용하는 경우에 습기가 많은 장소 또는 물기가 있는 장소에 시설하는 때에는 **비닐피복 2종** 가요전선관일 것

④ 1종 금속제 가요전선관에는 단면적 **2.5mm²** 이상의 나연동선을 전체 길이에 걸쳐 삽입 또는 첨가하여 그 나연동선과 1종 금속제 가요전선관을 양쪽 끝에서 전기적으로 완전하게 접속할 것. 단, 관의 길이가 **4m** 이하인 것을 시설하는 경우에는 그러하지 아니하다.

⑤ 가요전선관공사는 KEC 211과 140에 준하여 접지공사를 할 것

☆☆

문제 04

자동화재탐지설비의 계통도와 주어진 조건을 이용하여 다음 각 물음에 답하시오. (18.4.문9)

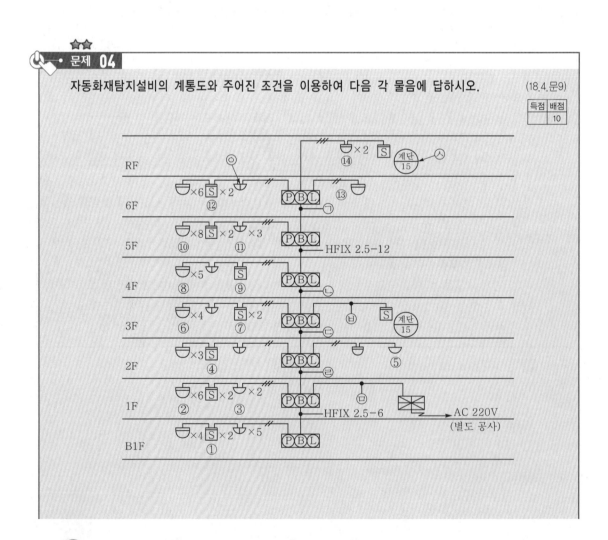

득점	배점
	10

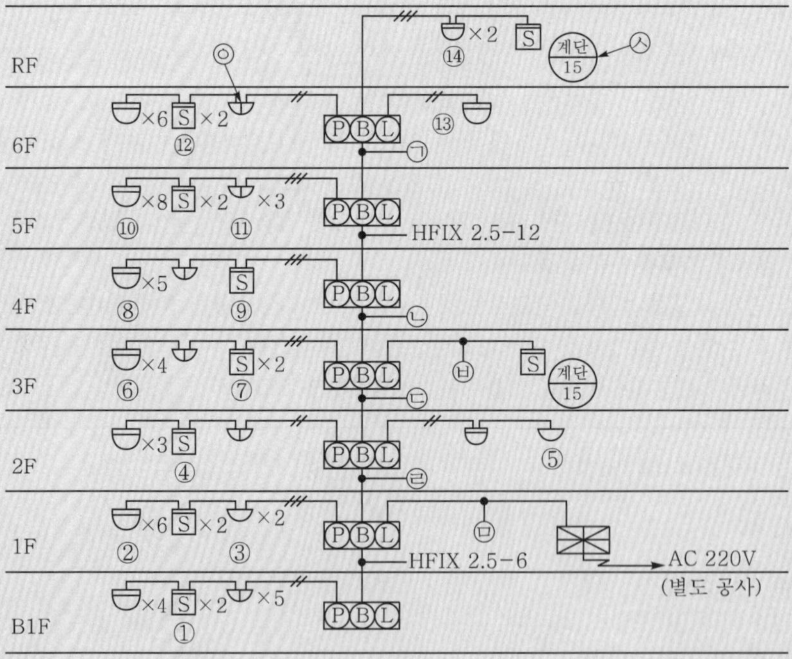

〔조건〕
① 발신기세트에는 경종, 표시등, 발신기 등을 수용한다.
② 경종은 일제경보방식이다.
③ 종단저항은 감지기 말단에 설치한 것으로 한다.

(가) ㉠~㉣ 개소에 해당되는 곳의 전선 가닥수를 쓰시오.
㉠ : ㉡ : ㉢ : ㉣ :

(나) ㉤ 개소의 전선 가닥수에 대한 상세내역을 쓰시오.
○

(다) ㉥ 개소의 전선 가닥수는 몇 가닥인가?
○

(라) ㉦과 같은 그림기호의 의미를 상세히 기술하시오.
○

(마) ㉧의 감지기는 어떤 종류의 감지기인지 그 명칭을 쓰시오.
○ ⌓ :

(바) 본 도면의 설비에 대한 전체 회로수는 모두 몇 회로인가?

해답 (가) ㉠ 9가닥 ㉡ 16가닥 ㉢ 19가닥 ㉣ 22가닥
(나) 회로선 15, 회로공통선 3, 경종선 7, 경종표시등공통선 1, 응답선 1, 표시등선 1
(다) 4가닥
(라) 경계구역 번호가 15인 계단
(마) 정온식 스포트형 감지기(방수형)
(바) 15회로

해설 (가)~(다)

기 호	배선 가닥수	배선의 용도
㉠	9가닥	회로선 4, 회로공통선 1, 경종선 1, 경종표시등공통선 1, 응답선 1, 표시등선 1
㉡	16가닥	회로선 8, 회로공통선 2, 경종선 3, 경종표시등공통선 1, 응답선 1, 표시등선 1
㉢	19가닥	회로선 10, 회로공통선 2, 경종선 4, 경종표시등공통선 1, 응답선 1, 표시등선 1
㉣	22가닥	회로선 12, 회로공통선 2, 경종선 5, 경종표시등공통선 1, 응답선 1, 표시등선 1
㉤	28가닥	회로선 15, 회로공통선 3, 경종선 7, 경종표시등공통선 1, 응답선 1, 표시등선 1
㉥	4가닥	회로선 2, 공통선 2(종단저항이 감지기 말단에 설치되어 있지만 (계단 15)이 2곳에 있고 ⑭번 앞의 가닥수가 3가닥이므로 ㉥은 **4가닥**이 된다.) 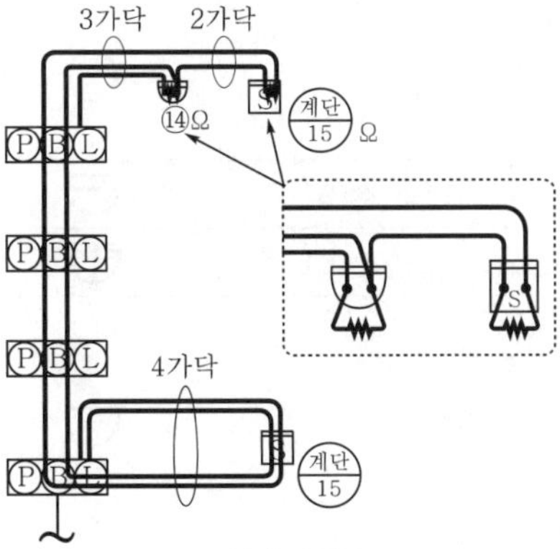 3가닥 2가닥 ⑭Ω S (계단 15) Ω P B L 4가닥 ▌실제 배선▐

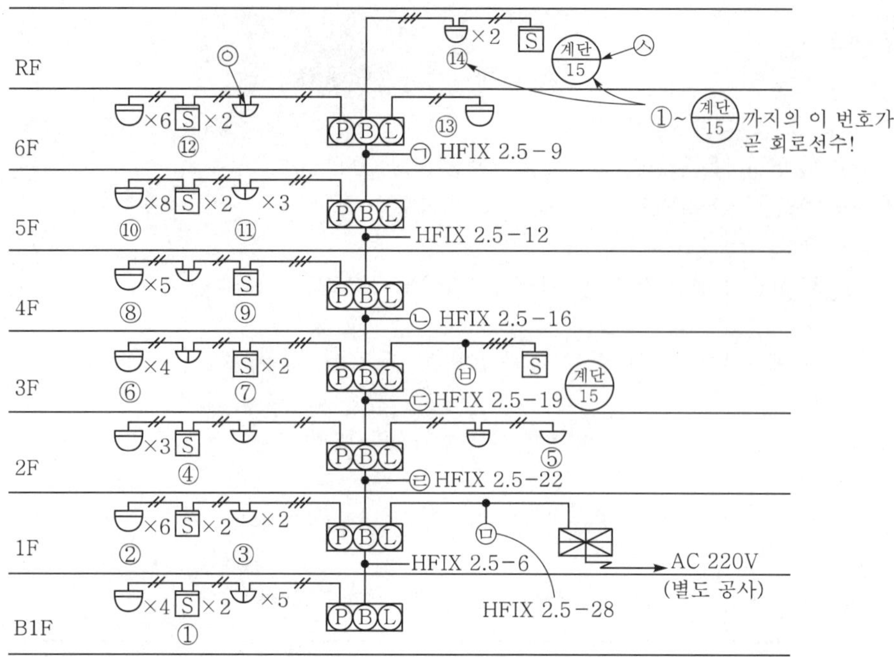

- [조건 ②]에 의해 **일제경보방식**이다.
- 회로선 : **경계구역 번호**를 세어보면 된다.
- 회로공통선$=\frac{\text{회로선}}{7}$(절상)

  예 ㉣ $\frac{\text{회로선}}{7}=\frac{12}{7}=1.7 \fallingdotseq 2$가닥(절상)

  ㉤ $\frac{\text{회로선}}{7}=\frac{15}{7}=2.1 \fallingdotseq 3$가닥(절상)
- 경종선 : **각 층**마다 1가닥
- 경종표시등공통선 : 조건에서 명시하지 않으면 **무조건 1가닥**
- 응답선 : **무조건 1가닥**
- 표시등선 : **무조건 1가닥**

(라), (마) 옥내배선기호

명 칭	그림기호	적 요
경계구역 경계선	━━ ‒ ━━	
경계구역 번호	○	• ① : 경계구역 번호가 1 • 계단 7 : 경계구역 번호가 7인 계단
차동식 스포트형 감지기	⊖	
보상식 스포트형 감지기	⊜	
정온식 스포트형 감지기	◡	• 방수형 : • 내산형 : • 내알칼리형 : • 방폭형 : EX

연기감지기	S	• 이온화식 스포트형 : $\boxed{S}_I$ • 광전식 스포트형 : $\boxed{S}_P$ • 광전식 아날로그식 : $\boxed{S}_A$

(바) 경계구역 번호가 ① ~ (계단/15)으로서 15까지 있으므로 **15회로**!

☆☆ 문제 05

다음 소방시설 그림기호의 명칭을 쓰시오.

(11.5.문11)

득점	배점
	4

(가) ○◁ :　　　　(나) (B) :

(다) D :　　　　(라) S :

해답 (가) 사이렌
(나) 비상벨
(다) 정온식 스포트형 감지기
(라) 연기감지기

해설
• 문제 (나)에서 소방시설 도시기호(소방시설 자체점검사항 등에 관한 고시 [별표])에는 (B)의 명칭이 **'비상벨'**, 옥내배선기호에는 **'경보벨'**로 되어있으므로 **비상벨** 또는 **경보벨** 모두 정답! **'경종'**으로 답하면 채점위원에 따라 오답처리가 될 수 있으니 주의!

중요

옥내배선기호

명 칭	그림기호	기 호
사이렌	○◁	
모터사이렌	(M)◁	
전자사이렌	(S)◁	
경보벨	(B)	• 방수용 : (B) • 방폭형 : $(B)_{EX}$
기동장치	(F)	• 방수용 : (F) • 방폭형 : $(F)_{EX}$
비상전화기	(ET)	
기동버튼	(E)	• 가스계 소화설비 : $(E)_G$ • 수계 소화설비 : $(E)_W$
차동식 스포트형 감지기	⊖	
보상식 스포트형 감지기	⊜	

정온식 스포트형 감지기	(기호)	• 방수형 : (기호) • 내산형 : (기호) • 내알칼리형 : (기호) • 방폭형 : (기호)$_{EX}$
연기감지기	S	• 이온화식 스포트형 : S_I • 광전식 스포트형 : S_P • 광전식 아날로그식 : S_A

☆☆
문제 06

옥내소화전설비의 전기적 계통도이다. 그림을 보고 주어진 표의 Ⓐ와 Ⓑ의 배선수와 각 배선의 용도를 쓰시오. (단, 사용전선은 HFIX전선이며, 배선수는 운전조작상 필요한 최소 전선수를 쓰도록 한다.)

득점	배점
	6

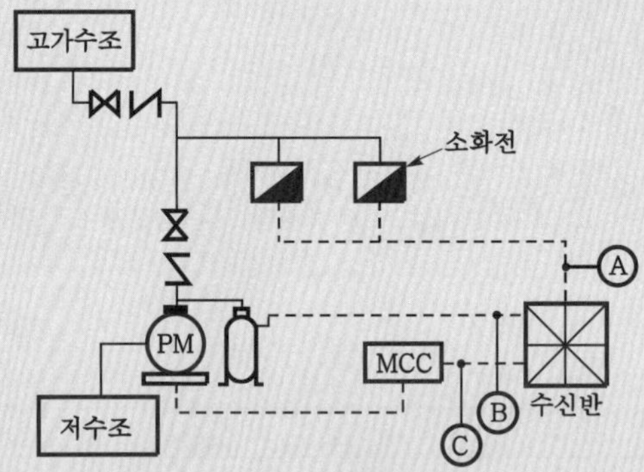

기 호	구 분		배선수	배선굵기	배선의 용도
Ⓐ	소화전함 ↔ 수신반	ON, OFF식		2.5mm^2 이상	
		수압개폐식		2.5mm^2 이상	
Ⓑ	압력탱크 ↔ 수신반			2.5mm^2 이상	
Ⓒ	MCC ↔ 수신반		5	2.5mm^2 이상	공통, ON, OFF, 운전표시, 정지표시

해답

기 호	구 분		배선수	배선굵기	배선의 용도
Ⓐ	소화전함 ↔ 수신반	ON, OFF식	5	2.5mm^2 이상	기동, 정지, 공통, 기동확인표시등 2
		수압개폐식	2	2.5mm^2 이상	기동확인표시등 2
Ⓑ	압력탱크 ↔ 수신반		2	2.5mm^2 이상	압력스위치 2
Ⓒ	MCC ↔ 수신반		5	2.5mm^2 이상	공통, ON, OFF, 운전표시, 정지표시

해설 **옥내소화전설비**의 구성은 일반수원, 고가수조 또는 저수조 및 모터펌프 기동장치, 배관의 개폐밸브, 호스, 노즐 및 소화전함 등으로 구성되며 소화전펌프의 기동방식에 따라 **ON, OFF 스위치**에 따른 수동기동방식과 **기동용 수압개폐장치**를 부설하는 자동기동방식이 있다.

- ON, OFF식=수동기동방식
- 수압개폐식=자동기동방식

* Ⓒ : 실제 실무에서는 **교류방식**은 4가닥(**기동 2, 확인 2**), **직류방식**은 4가닥(**전원 ⊕ · ⊖, 기동 1, 확인 1**)을 사용한다.

참고

옥내소화전설비와 **옥외소화전설비**

옥내소화전설비	옥외소화전설비
초기소화를 목적으로 옥내의 문 또는 계단 가까이에 설치하는 설비 ‖ 옥내소화전(함) ‖	옥외에 설치하여 **외부소화** 및 **인접건물**로의 **연소 방지** 목적으로 설치되는 설비 ‖ 옥외소화전 ‖

문제 07

감지기회로의 배선방식에는 송배선식과 교차회로방식이 있다. 이와 같이 배선하는 주 이유를 각각 쓰시오. (11.11.문4)

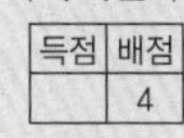

득점	배점
	4

○ 송배선식 :

○ 교차회로방식 :

해답 ○ 송배선식 : 감지기회로의 도통시험 용이
○ 교차회로방식 : 감지기의 오동작 방지

해설

- 송배선식 : '**감지기의 도통시험 용이**'보다 '**감지기회로의 도통시험 용이**'가 정확한 답이다.

중요

송배선식과 **교차회로방식**

구 분	송배선식	교차회로방식
목적	**감지기회로**의 **도통시험**을 용이하게 하기 위하여	감지기의 **오동작** 방지
원리	배선의 도중에서 분기하지 않는 방식	하나의 담당구역 내에 **2 이상**의 **감지기회로**를 설치하고 **2 이상**의 **감지기회로**가 **동시**에 **감지**되는 때에 설비가 작동하는 방식으로 회로방식이 **AND 회로**에 해당된다.
적용 설비	• 자동화재탐지설비 • 제연설비	• **분**말소화설비 • **할**론소화설비 • **이**산화탄소 소화설비 • **준**비작동식 스프링클러설비 • **일**제살수식 스프링클러설비 • **할**로겐화합물 및 불활성기체 소화설비 • **부**압식 스프링클러설비 기억법 **분할이 준일할부**
가닥수 산정	종단저항을 수동발신기함 내에 설치하는 경우 **루프(loop)**된 곳은 **2가닥**, **기타 4가닥**이 된다.	**말단**과 **루프(loop)**된 곳은 **4가닥**, **기타 8가닥**이 된다.

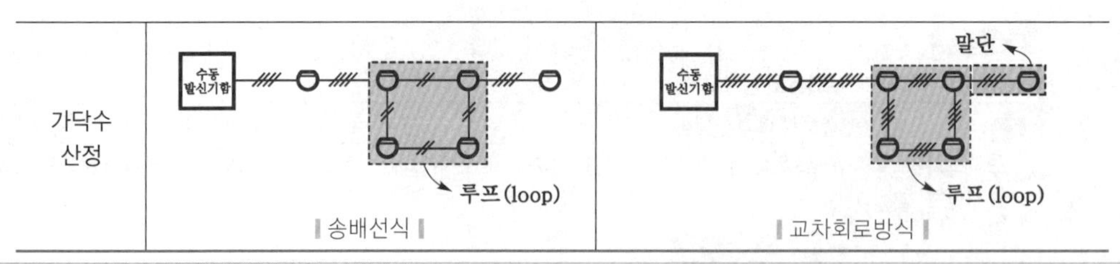

문제 08

다음과 같은 전원설비의 도면에서 ①과 ②의 명칭을 쓰시오. (19.6.문15, 09.4.문8)

득점	배점
	6

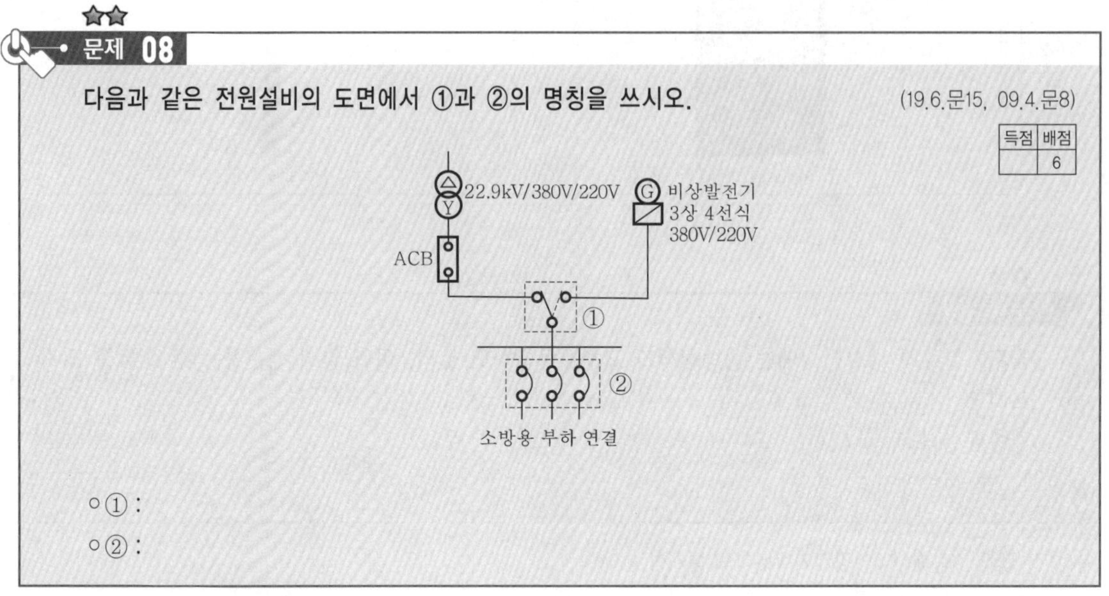

○ ① :

○ ② :

해답 ① 자동절환개폐기
② 배선용 차단기

해설

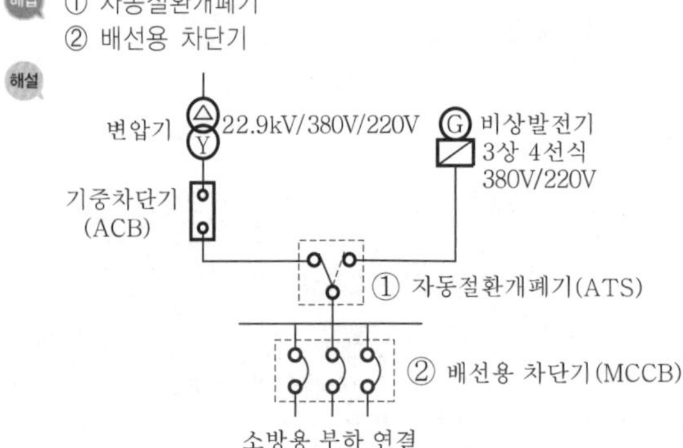

용 어	약 호	설 명
자동절환개폐기 (**A**uto **T**ransfer **S**witch)	ATS	상용전원과 예비전원을 자동적으로 전환시켜 주는 장치
기중차단기 (**A**ir **C**ircuit **B**reaker)	ACB	압축공기를 사용하여 아크(arc)를 소멸시키는 대용량 저압전기개폐장치
배선용 차단기 (**M**olded **C**ase **C**ircuit **B**reaker)	MCCB	퓨즈를 사용하지 않고 바이메탈이나 전자석으로 회로를 차단하는 저압용 개폐기

- '자동전환개폐기' 또는 '자동전환스위치'는 그리 적합한 용어가 아니므로 사용하지 않도록 하라!
- 자동절환개폐기=자동절환스위치

☆☆☆

문제 09

화재 발생시 화재를 검출하기 위하여 감지기를 설치한다. 이때 축적기능이 없는 감지기로 설치하여야 하는 경우 3가지만 쓰시오. (11.11.문10)

○
○
○

득점	배점
	6

해답 ① 교차회로방식에 사용되는 감지기
② 급속한 연소확대가 우려되는 장소에 사용되는 감지기
③ 축적기능이 있는 수신기에 연결하여 사용하는 감지기

해설 **축적형 감지기**(NFPC 203 5·7조, NFTC 203 2.2.2·2.4.3)

설치장소 (축적기능이 있는 감지기를 사용하는 경우)	설치제외장소 (축적기능이 없는 감지기를 사용하는 경우)
① **지하층·무창층**으로 환기가 잘 되지 않는 장소 ② 실내면적이 **40m²** 미만인 장소 ③ 감지기의 부착면과 실내 바닥의 거리가 **2.3m 이하**인 장소로서 일시적으로 발생한 열·연기·먼지 등으로 인하여 감지기가 화재신호를 발신할 우려가 있는 때 기억법 지423축	① **축적형 수신기**에 연결하여 사용하는 경우 ② **교차회로방식**에 사용하는 경우 ③ **급속**한 **연소확대**가 우려되는 장소 기억법 축교급외

중요

(1) **감지기**

종 류	설 명
다신호식 감지기	1개의 감지기 내에서 다음과 같다. ① 각 서로 다른 종별 또는 감도 등의 기능을 갖춘 것으로서 일정 시간 간격을 두고 각각 다른 2개 이상의 화재신호를 발하는 감지기 ② 동일 종별 또는 감도를 갖는 2개 이상의 센서를 통해 감지하여 화재신호를 각각 발신하는 감지기
아날로그식 감지기	주위의 온도 또는 연기의 양의 변화에 따른 화재정보신호값을 출력하는 방식의 감지기
축적형 감지기	일정 농도·온도 이상의 연기 또는 온도가 일정 시간(공칭축적시간) 연속하는 것을 전기적으로 검출함으로써 작동하는 감지기(단, 단순히 작동시간만을 지연시키는 것 제외)
재용형 감지기	**다시 사용**할 수 있는 성능을 가진 감지기

(2) **지하층·무창층** 등으로서 환기가 잘 되지 아니하거나 실내면적이 **40m²** 미만인 장소, 감지기의 부착면과 실내 바닥과의 거리가 **2.3m** 이하인 곳으로서 일시적으로 발생한 열·연기 또는 먼지 등으로 인하여 화재신호를 발신할 우려가 있는 장소에 설치가능한 감지기
① **불꽃**감지기
② **정온식 감지선형** 감지기
③ **분포형** 감지기
④ **복합형** 감지기
⑤ **광전식 분리형** 감지기
⑥ **아날로그방식**의 감지기
⑦ **다신호방식**의 감지기
⑧ **축적방식**의 감지기

기억법 불정감 복분(복분자) 광아다축

☆☆☆
문제 10

다음은 이산화탄소 소화설비의 간선계통이다. 각 물음에 답하시오. (단, 감지기공통선과 전원공통선은 각각 분리해서 사용하는 조건이다.)

(11.5.문16)

득점	배점
	13

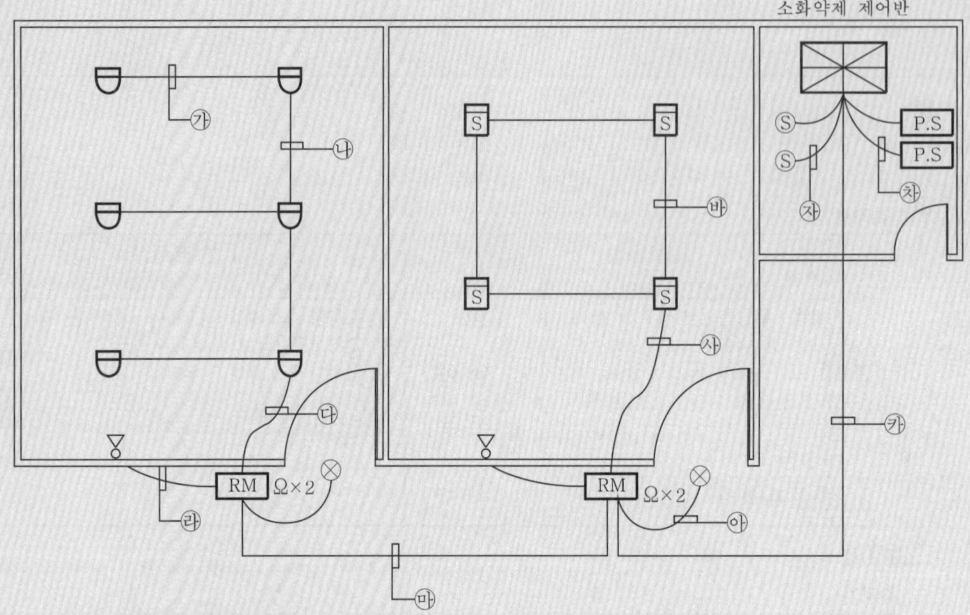

(가) ㉮~㉶까지의 배선 가닥수를 쓰시오.

㉮	㉯	㉰	㉱	㉲	㉳	㉴	㉵	㉶	㉷	㉸

(나) ㉲의 배선별 용도를 쓰시오. (단, 해당 배선 가닥수까지만 기록)

번 호	배선의 용도	번 호	배선의 용도
1		6	
2		7	
3		8	
4		9	
5		10	

(다) ㉸의 배선 중 ㉲의 배선과 병렬로 접속하지 않고 추가해야 하는 배선의 용도는?

번 호	배선의 용도
1	
2	
3	
4	
5	

해답 (가)

㉮	㉯	㉰	㉱	㉲	㉳	㉴	㉵	㉶	㉷	㉸
4	8	8	2	9	4	8	2	2	2	14

(나)

번 호	배선의 용도	번 호	배선의 용도
1	전원 ⊕ 1가닥	6	감지기 B 1가닥
2	전원 ⊖ 1가닥	7	기동스위치 1가닥
3	방출지연스위치 1가닥	8	사이렌 1가닥
4	감지기공통 1가닥	9	방출표시등 1가닥
5	감지기 A 1가닥	10	

(다)

번 호	배선의 용도
1	감지기 A
2	감지기 B
3	기동스위치
4	사이렌
5	방출표시등

해설 (가), (나)

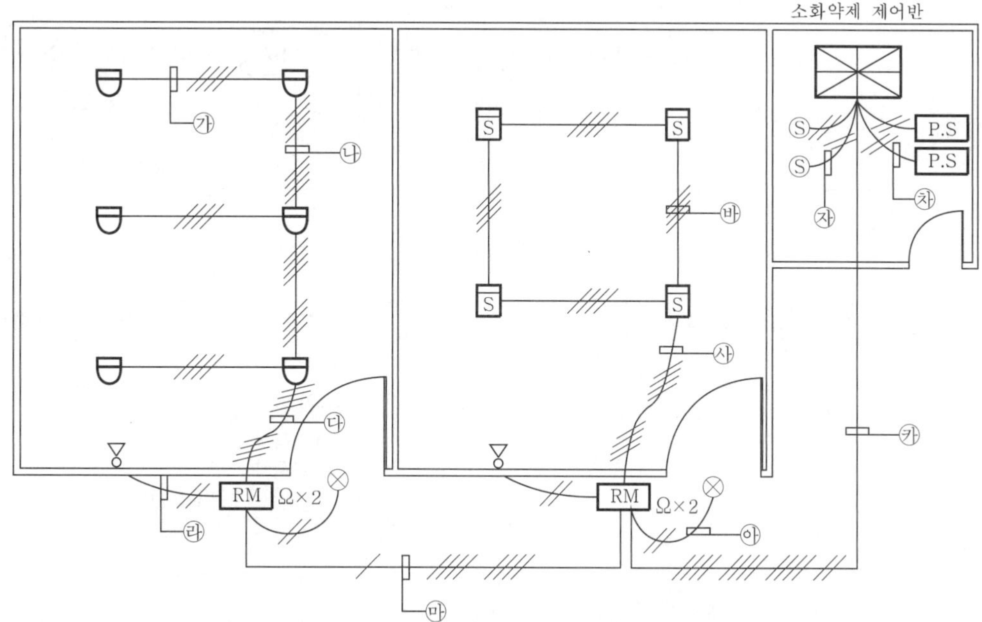

기 호	가닥수	용 도
㉮, ㉳	4	지구선 2, 공통선 2
㉯, ㉰, ㉴	8	지구선 4, 공통선 4
㉱	2	사이렌 2
㉲	9	전원 ⊕ · ⊖, 방출지연스위치, 감지기공통, 감지기 A · B, 기동스위치, 사이렌, 방출표시등
㉵	2	방출표시등 2
㉶	2	솔레노이드밸브 기동 2
㉷	2	압력스위치 2
㉸	14	전원 ⊕ · ⊖, 방출지연스위치, 감지기공통, (감지기 A · B, 기동스위치, 사이렌, 방출표시등)×2

중요

송배선식과 **교차회로방식**

구 분	송배선식	교차회로방식
목적	**감지기회로**의 **도통시험**을 용이하게 하기 위하여	감지기의 **오동작** 방지
원리	배선의 도중에서 분기하지 않는 방식	하나의 담당구역 내에 **2 이상**의 **감지기회로**를 설치하고 **2 이상**의 **감지기회로**가 **동시**에 **감지**되는 때에 설비가 작동하는 방식으로 회로방식이 **AND 회로**에 해당된다.
적용설비	• 자동화재탐지설비 • 제연설비	• **분**말소화설비 • **할**론소화설비 • **이**산화탄소 소화설비 • **준**비작동식 스프링클러설비 • **일**제살수식 스프링클러설비 • **할**로겐화합물 및 불활성기체 소화설비 • **부**압식 스프링클러설비 기억법 **분할이 준일할부**
가닥수 산정	종단저항을 수동발신기함 내에 설치하는 경우 **루프(loop)**된 곳은 **2가닥, 기타 4가닥**이 된다. 수동 발신기함 / 루프(loop) ‖ 송배선식 ‖	**말단**과 **루프**(loop)된 곳은 **4가닥, 기타 8가닥**이 된다. 수동 발신기함 / 말단 / 루프(loop) ‖ 교차회로방식 ‖

중요

동작순서

할론 · 이산화탄소 소화설비 동작순서	준비작동식 스프링클러설비 동작순서
① 2개 이상의 감지기회로 작동 ② 수신반에 신호 ③ **화재표시등, 지구표시등** 점등 ④ **사이렌** 경보 ⑤ 기동용기 솔레노이드 개방 ⑥ 약제 방출 ⑦ **압력스위치** 작동 ⑧ 방출표시등 점등	① 감지기 A · B 작동 ② 수신반에 신호(**화재표시등** 및 **지구표시등** 점등) ③ **전자밸브** 작동 ④ **준비작동식 밸브** 작동 ⑤ **압력스위치** 작동 ⑥ 수신반에 신호(**기동표시등** 및 **밸브개방표시등** 점등) ⑦ 사이렌 경보

(다) **구역**(zone)이 추가됨에 따라 늘어나는 배선명칭

이산화탄소(CO_2) 및 할론소화설비 · 분말소화설비	준비작동식 스프링클러설비
① 감지기 A ② 감지기 B ③ 기동스위치 ④ 사이렌 ⑤ 방출표시등	① 감지기 A ② 감지기 B ③ 밸브기동(SV) ④ 밸브개방확인(PS) ⑤ 밸브주의(TS) ⑥ 사이렌

• 구역(zone)이 늘어남에 따라 추가되는 배선의 용도를 쓰라는 뜻이다. 한국말이 참 어렵다. ㅎㅎ

문제 11

피난구유도등의 2선식 배선방식과 3선식 배선방식의 미완성 결선도를 완성하고, 배선방식의 차이점을 2가지만 쓰시오. (19.6.문1, 11.5.문12, 06.11.문11)

득점	배점
	6

(가) 미완성 결선도

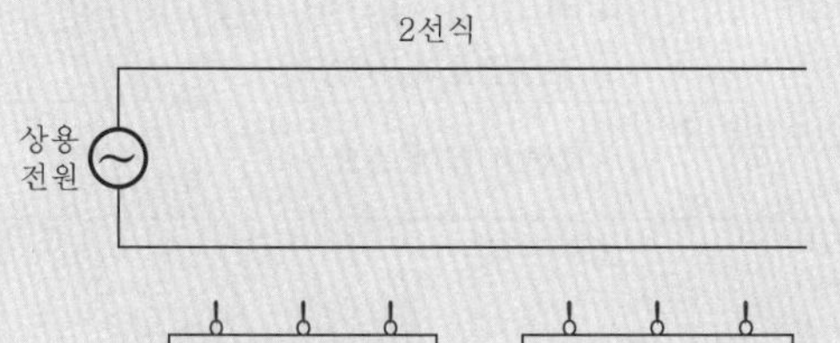

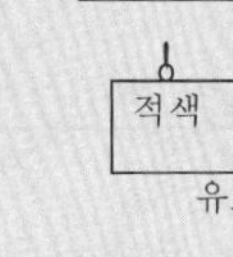

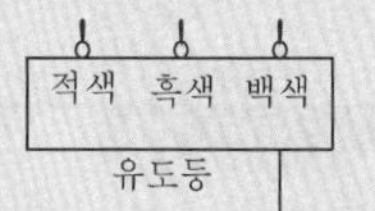

(나) 배선방식의 차이점

구 분	2선식	3선식
점등상태		
충전상태		

해답 (가)

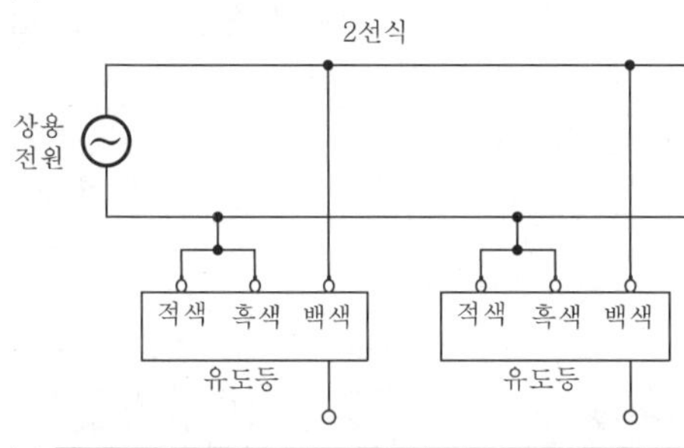

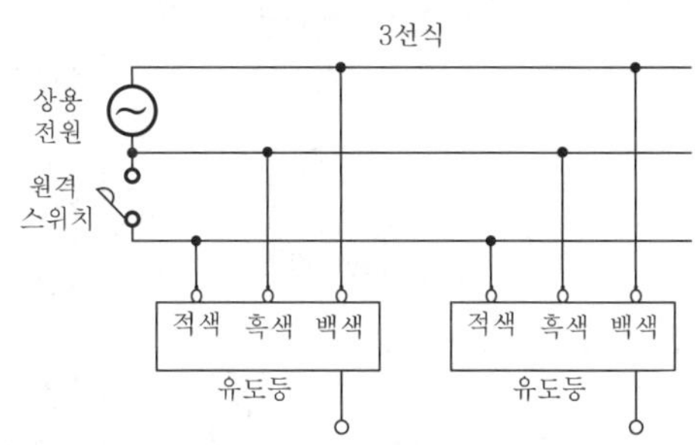

(나)

구 분	2선식	3선식
점등상태	• 평상시 및 화재시 : 점등	• 평상시 : 소등(원격스위치 ON시 점등) • 화재시 : 점등
충전상태	• 평상시 : 충전 • 화재시 : 방전	• 평상시 : 충전 • 화재시 : 방전

해설 **2선식 배선**과 **3선식 배선**

구 분	2선식 배선	3선식 배선
배선형태	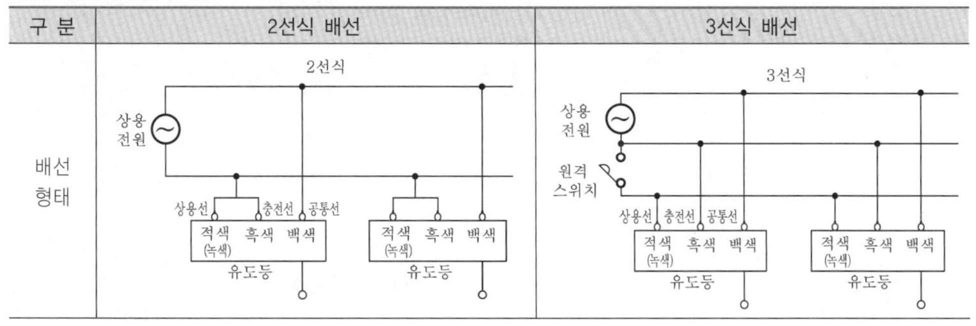	

점등 상태	• 평상시 : **상용전원**에 의해 점등 • 화재시 : **비상전원**에 의해 점등	• 평상시 : 소등(원격스위치 ON시 **상용전원**에 의해 점등) • 화재시 : **비상전원**에 의해 점등
충전 상태	• 평상시 : 충전 • 화재시 : 충전되지 않고 방전	• 평상시 : 원격스위치 ON, OFF와 관계없이 충전 • 화재시 : 원격스위치 ON, OFF와 관계없이 충전되지 않고 방전
장점	• **배선**이 **절약**된다.	• 평상시에는 유도등을 소등시켜 놓을 수 있으므로 **절전효과**가 있다.
단점	• 평상시에는 유도등이 점등상태에 있으므로 **전기소모**가 많다.	• **배선**이 **많이 소요**된다.

☆☆☆

문제 12

거실의 높이 20m 이상 되는 곳에 설치할 수 있는 감지기를 2가지 쓰시오.

득점	배점
	3

○

○

해답 ① 불꽃감지기
② 광전식(분리형, 공기흡입형) 중 아날로그방식

해설 **감지기**의 **부착높이**(NFPC 203 7조, NFTC 203 2.4.1)

부착높이	감지기의 종류
4m 미만	• 차동식(스포트형, 분포형) • 보상식 스포트형 • 정온식(스포트형, 감지선형) → **열**감지기 • 이온화식 또는 광전식(스포트형, 분리형, 공기흡입형) : **연**기감지기 • 열복합형 • 연기복합형 • 열연기복합형 → **복**합형 감지기 • **불**꽃감지기 기억법 **열연불복 4미**
4~8m 미만	• 차동식(스포트형, 분포형) • 보상식 스포트형 • **정**온식(스포트형, 감지선형) **특**종 또는 1종 → **열**감지기 • **이**온화식 1종 또는 2종 • **광**전식(스포트형, 분리형, 공기흡입형) 1종 또는 2종 → 연기감지기 • 열복합형 • 연기복합형 • 열연기복합형 → **복**합형 감지기 • **불**꽃감지기 기억법 **8미열 정특1 이광12 복불**
8~15m 미만	• 차동식 **분**포형 • **이**온화식 1종 또는 2종 • **광**전식(스포트형, 분리형, 공기흡입형) 1종 또는 2종 • **연**기**복**합형 • **불**꽃감지기 기억법 **15분 이광12 연복불**

15~20m 미만	• 이온화식 1종 • 광전식(스포트형, 분리형, 공기흡입형) 1종 • 연기복합형 • 불꽃감지기 기억법 이광불연복2
20m 이상	• 불꽃감지기 • 광전식(분리형, 공기흡입형) 중 아날로그방식 기억법 불광아

☆

문제 13

평면도를 보고 다음 물음에 답하시오. (06.11.문3)

득점	배점
	6

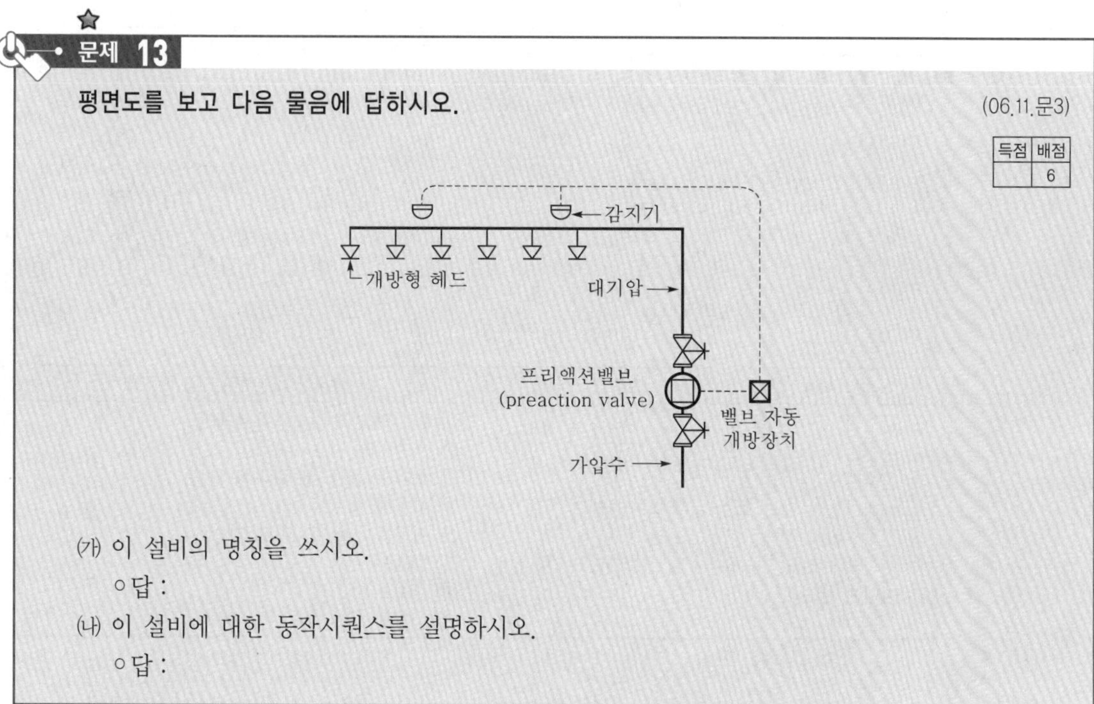

(가) 이 설비의 명칭을 쓰시오.

○답 :

(나) 이 설비에 대한 동작시퀀스를 설명하시오.

○답 :

해답 (가) 준비작동식 스프링클러설비 또는 일제살수식 스프링클러설비

(나) ① 감지기 A · B 작동
② 수신반에 신호(화재표시등 및 지구표시등 점등)
③ 전자밸브 작동
④ 준비작동식 밸브 또는 일제살수식 밸브 작동
⑤ 압력스위치 작동
⑥ 수신반에 신호(기동표시등 및 밸브개방표시등 점등)
⑦ 사이렌 경보

해설 (가)

• 문제가 좀 잘못되었다. **프리액션밸브**(preaction valve)가 있으므로 **준비작동식 스프링클러설비**라고 볼 수도 있고, **개방형 헤드**, **2차측 대기압**, **감지기**가 설치되어 있으므로 **일제살수식 스프링클러설비**라고도 볼 수 있다. 이때에는 2가지를 함께 답하도록 한다.

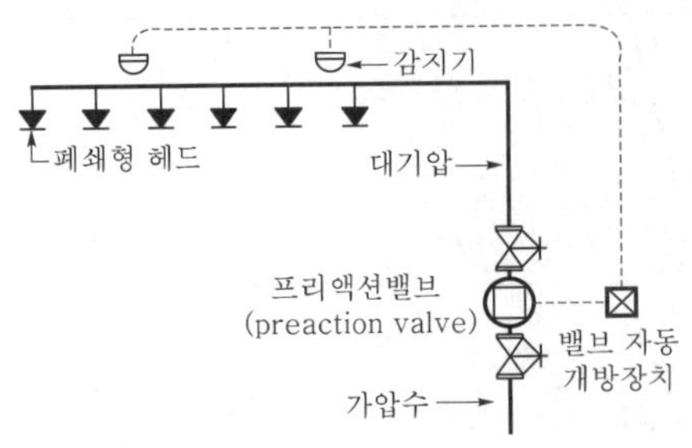

| 준비작동식 스프링클러설비 |

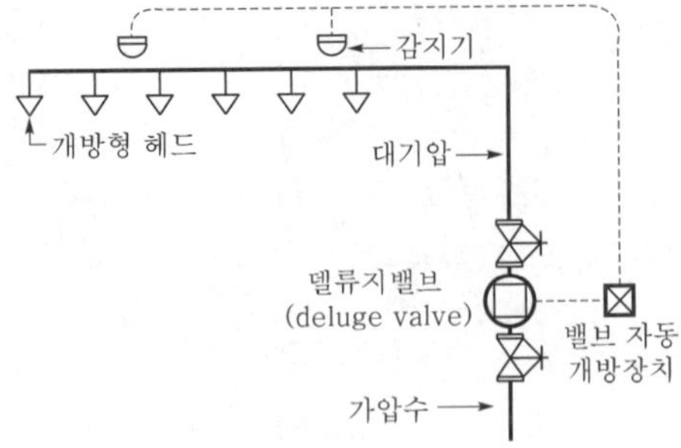

| 일제살수식 스프링클러설비 |

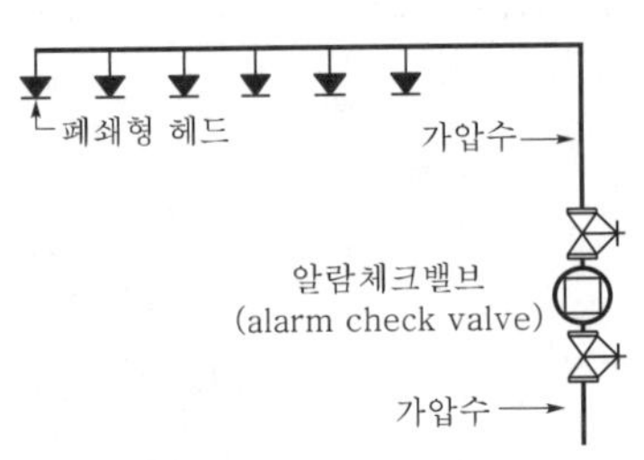

| 습식 스프링클러설비 |

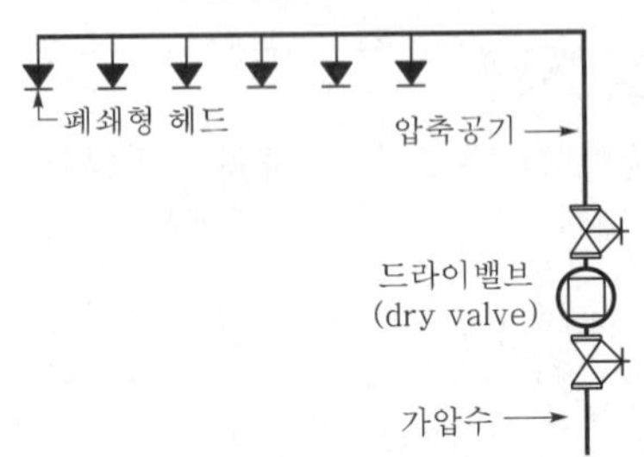

| 건식 스프링클러설비 |

(나) 동작시퀀스(동작순서)

준비작동식 · 일제살수식 스프링클러설비	할론 · 이산화탄소 소화설비
① 감지기 A · B 작동 ② 수신반에 신호(화재표시등 및 지구표시등 점등) ③ 전자밸브 작동 ④ 준비작동식 밸브 또는 일제살수식 밸브 작동 ⑤ 압력스위치 작동 ⑥ 수신반에 신호(기동표시등 및 밸브개방표시등 점등) ⑦ 사이렌 경보	① 2개 이상의 감지기회로 작동 ② 수신반에 신호 ③ 화재표시등, 지구표시등 점등 ④ 사이렌 경보 ⑤ 기동용기 솔레노이드 개방 ⑥ 약제방출 ⑦ 압력스위치 작동 ⑧ 방출표시등 점등

☆ **문제 14**

수신기의 화재표시 작동시험을 실시할 때 확인사항 3가지를 쓰시오. (11.7.문14, 11.5.문10)

○
○
○

득점	배점
	6

해답 ① 릴레이의 작동
② 음향장치의 작동
③ 화재표시등, 지구표시등 등의 표시장치 점등

• '**확인사항**'이란 '**가부판정기준**'을 쓰라는 말이다.

해설 **수신기**의 **시험**(성능시험)

시험종류	시험방법	가부판정기준(확인사항)
화재표시 작동시험	① 회로선택스위치로서 실행하는 시험 : 동작 시험스위치를 눌러서 스위치 주의등의 점등을 확인한 후 회로선택스위치를 차례로 회전시켜 **1회로**마다 화재시의 작동시험을 행할 것 ② 감지기 또는 발신기의 작동시험과 함께 행하는 방법 : 감지기 또는 발신기를 차례로 작동시켜 경계구역과 지구표시등과의 접속상태를 확인할 것	① 각 **릴레이**(relay)의 작동 ② **화재표시등, 지구표시등** 그 밖의 표시장치의 점등(램프의 단선도 함께 확인할 것) ③ **음향장치** 작동확인 ④ **감지기회로** 또는 **부속기기회로**와의 연결접속이 정상일 것
회로도통시험	목적 : **감지기회로**의 **단선**의 **유무**와 기기 등의 접속상황을 확인 ① 도통시험스위치를 누른다. ② 회로선택스위치를 차례로 회전시킨다. ③ 각 회선별로 전압계의 전압을 확인한다. (단, 발광다이오드로 그 정상 유무를 표시하는 것은 발광다이오드의 점등 유무를 확인한다.) ④ 종단저항 등의 접속상황을 조사한다.	각 회선의 **전압계**의 **지시치** 또는 발광다이오드(LED)의 점등 유무 상황이 정상일 것
공통선시험 (단, 7회선 이하는 제외)	목적 : 공통선이 담당하고 있는 경계구역의 적정 여부 확인 ① 수신기 내 접속단자의 회로공통선을 1선 제거한다. ② 회로도통시험의 예에 따라 도통시험스위치를 누르고, 회로선택스위치를 차례로 회전시킨다. ③ 전압계 또는 발광다이오드를 확인하여 **'단선'**을 지시한 경계구역의 회선수를 조사한다.	공통선이 담당하고 있는 경계구역수가 **7 이하**일 것
예비전원시험	목적 : 상용전원 및 비상전원이 사고 등으로 정전된 경우, 자동적으로 예비전원으로 절환되며, 또한 정전복구시에 자동적으로 상용전원으로 절환되는지의 여부 확인 ① 예비전원시험스위치를 누른다. ② 전압계의 지시치가 지정범위 내에 있을 것 (단, 발광다이오드로 그 정상 유무를 표시하는 것은 발광다이오드의 정상 점등 유무를 확인한다.) ③ 교류전원을 개로(또는 상용전원을 차단)하고 자동절환릴레이의 작동상황을 조사한다.	① 예비전원의 **전압** ② 예비전원의 **용량** ③ 예비전원의 **절환상황** ④ 예비전원의 **복구작동**이 정상일 것
동시작동시험 (단, 1회선은 제외)	목적 : 감지기회로가 동시에 수회선 작동하더라도 수신기의 기능에 이상이 없는가의 여부 확인 ① 주전원에 의해 행한다. ② 각 회선의 화재작동을 복구시키는 일이 없이 **5회선**(5회선 미만은 전회선)을 동시에 작동시킨다. ③ ②의 경우 주음향장치 및 지구음향장치를 작동시킨다. ④ 부수신기와 표시기를 함께 하는 것에 있어서는 이 모두를 작동상태로 하고 행한다.	각 회선을 동시 작동시켰을 때 ① **수신기**의 이상 유무 ② **부수신기**의 이상 유무 ③ **표시장치**의 이상 유무 ④ **음향장치**의 이상 유무 ⑤ **화재**시 **작동**을 정확하게 계속하는 것일 것

지구음향장치 작동시험	목적 : 화재신호와 연동하여 음향장치의 정상 작동 여부 확인 임의의 감지기 또는 발신기를 작동	① 지구음향장치가 작동하고 음량이 정상일 것 ② 음량은 음향장치의 중심에서 **1m** 떨어진 위치에서 **90dB** 이상일 것
회로저항시험	감지기회로의 선로저항치가 수신기의 기능에 이상을 가져오는지 여부 확인	하나의 감지기회로의 합성저항치는 **50Ω** 이하로 할 것
저전압시험	정격전압의 **80%**로 하여 행한다.	–
비상전원시험	비상전원으로 **축전지설비**를 사용하는 것에 대해 행한다.	

☆☆

문제 15

P형 수신기 점검시 다음 시험의 양부판정기준을 쓰시오. (15.11.문15, 11.7.문14, 11.5.문10)

득점	배점
	6

(가) 공통선시험 양부판정기준

○

(나) 회로저항시험 양부판정기준

○

(다) 지구음향장치 작동시험 양부판정기준

○

해답 (가) 공통선이 담당하고 있는 경계구역수가 7 이하일 것
(나) 하나의 감지기회로의 합성저항치는 50Ω 이하로 할 것
(다) 지구음향장치가 작동하고 음량이 정상일 것

해설 **문제 14 참조**

☆☆☆

문제 16

차동식 스포트형 감지기의 구조를 나타낸 그림이다. 각 부분의 명칭(㉮~㉱)을 쓰고 ㉮의 기능에 대하여 간단히 설명하시오. (19.11.문2, 14.4.문7)

득점	배점
	6

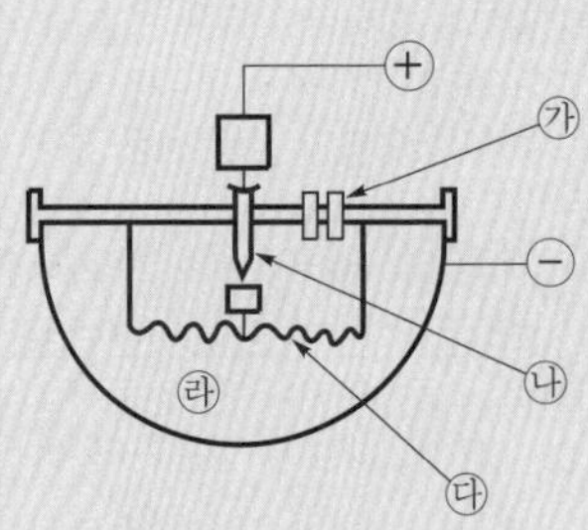

(가) ㉮~㉱ 부분의 명칭

㉮		㉰	
㉯		㉱	

(나) ㉮의 기능

○

해답 (가)

㉮	리크공	㉰	다이어프램
㉯	고정접점	㉱	감열실

(나) 감지기의 오동작 방지

해설 차동식 스포트형 감지기(공기의 팽창 이용)

(1) 구성요소

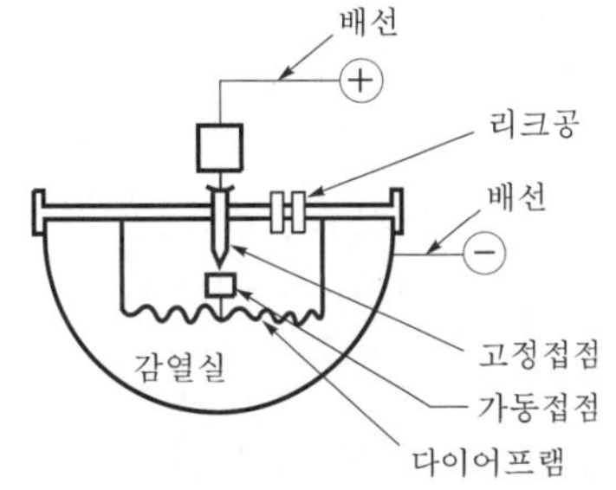

▮차동식 스포트형 감지기(공기의 팽창 이용)▮

㉯ '**접점**'이라고 써도 되지만 보다 정확한 답은 '**고정접점**'이므로 **고정접점**이라고 확실하게 답하자!

구성요소	설 명
감열실(chamber)	열을 유효하게 받는 역할
다이어프램(diaphragm)	• 공기의 팽창에 의해 **접**점이 잘 **밀**려 올라가도록 하는 역할 • 신축성이 있는 금속판으로 인청동판이나 황동판으로 만들어져 있다.
고정접점	• 가동접점과 **접**촉되어 화재**신**호 발신 • 전기접점은 **PGS합금**으로 구성
가동접점	• 고정접점과 접촉되어 화재신호 발신 • 전기접점은 **PGS합금**으로 구성
배선	수신기에 화재신호를 보내기 위한 전선
리크공(leak hole)	• **감지기**의 **오동작 방지** • 완만한 온도상승시 열의 조절구멍

• 감열실=공기실
• 리크공=리크구멍

기억법 **감열유**
다접밀
접접신
리오

(2) **동작원리**

화재발생시 감열부의 공기가 팽창하여 **다이어프램**을 밀어 올려 접점을 붙게 함으로써 수신기에 신호를 보낸다.

"장벽이 서있는 것은 가로막기 위함이 아니라 그것을 우리가 얼마나 간절히 원하는지 보여줄 기회를 주기 위해 거기 서있는 것이다."

– 랜디 포시 '마지막 강의' –

허물을 덮어주세요

어느 화가가 알렉산드로스 대왕의 초상화를 그리기로 한 후 고민에 빠졌습니다. 왜냐하면 대왕의 이마에는 추하기 짝이 없는 상처가 있었기 때문입니다.

화가는 대왕의 상처를 그대로 화폭에 담고 싶지는 않았습니다.

대왕의 위엄에 손상을 입히고 싶지 않았기 때문이죠.

그러나 상처를 그리지 않는다면 그 초상화는 진실한 것이 되지 못하므로 화가 자신의 신망은 여지없이 땅에 떨어지고 말 것입니다.

화가는 고민 끝에 한 가지 방법을 생각해냈습니다.

대왕이 이마에 손을 짚고 쉬고 있는 모습을 그려야겠다고 생각한 것입니다.

다른 사람의 상처를 보셨다면 그의 허물을 가려줄 방법을 생각해 봐야 하지 않을까요? 사랑은 허다한 허물을 덮는다고 합니다.

• 「지하철 사랑의 편지」 중에서 •

과년도 출제문제

2014년

소방설비기사 실기(전기분야)

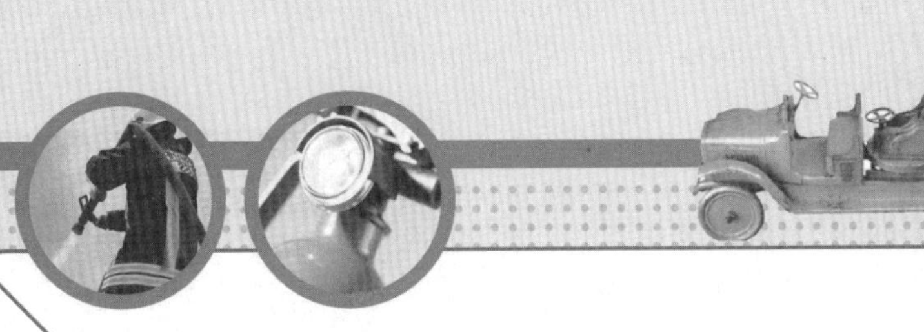

**** 수험자 유의사항 ****

1. 문제지를 받는 즉시 응시 종목의 문제가 맞는지 확인하셔야 합니다.
2. 답안지 내 인적사항 및 답안작성(계산식 포함)은 검정색 필기구만을 계속 사용하여야 합니다.
3. 답안정정 시에는 **두 줄(=)**을 긋고 다시 기재 가능하며, **수정테이프 사용** 또한 **가능**합니다.
4. 계산문제는 반드시 '계산과정'과 '답'란에 정확히 기재하여야 하며 **계산과정이 틀리거나 없는 경우 0점 처리**됩니다.
   ※ 연습이 필요 시 연습란을 이용하여야 하며, 연습란은 채점대상이 아닙니다.
5. 계산문제는 **최종결과** 값(답)에서 **소수 셋째자리에서 반올림**하여 **둘째자리**까지 구하여야 하나 개별 문제에서 소수처리에 대한 별도 요구사항이 있을 경우, 그 요구사항에 따라야 합니다.
6. 답에 단위가 없으면 오답으로 처리됩니다. (단, 문제의 요구사항에 단위가 주어졌을 경우는 생략되어도 무방합니다.)
7. 문제에서 요구한 가지 수 이상을 답란에 표기한 경우, **답란기재 순**으로 **요구한 가지 수**만 채점합니다.

2014. 4. 20 시행

2014년 기사 제1회 필답형 실기시험

자격종목	시험시간	형별	수험번호	성명	감독위원 확 인
소방설비기사(전기분야)	3시간				

※ 다음 물음에 답을 해당 답란에 답하시오.(배점 : 100)

☆☆

문제 01

도면은 소방펌프용 모터의 Y-△ 기동방식의 미완성 시퀀스 도면이다. 도면을 보고 다음 각 물음에 답하시오.

(17.4.문12, 15.11.문2, 13.4.문6, 12.7.문9, 08.7.문14, 00.11.문10)

득점	배점
	6

유사문제부터 풀어보세요.
실력이 팍!팍! 올라갑니다.

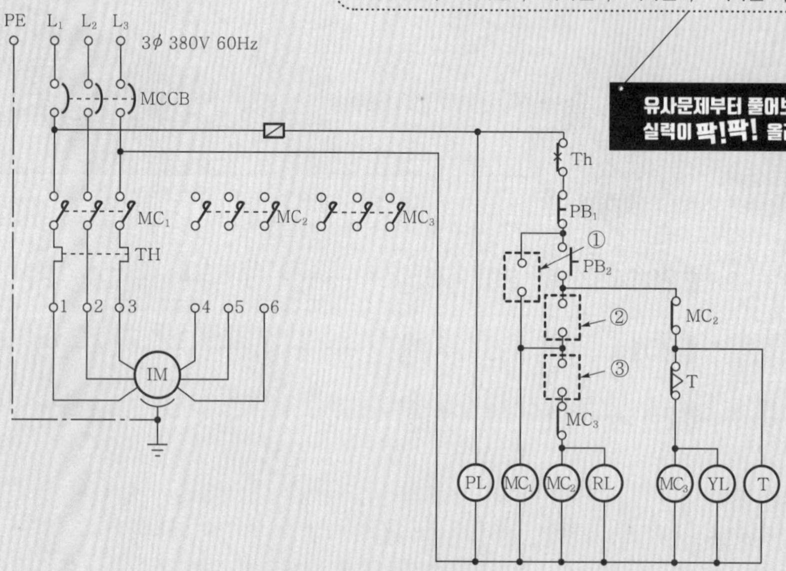

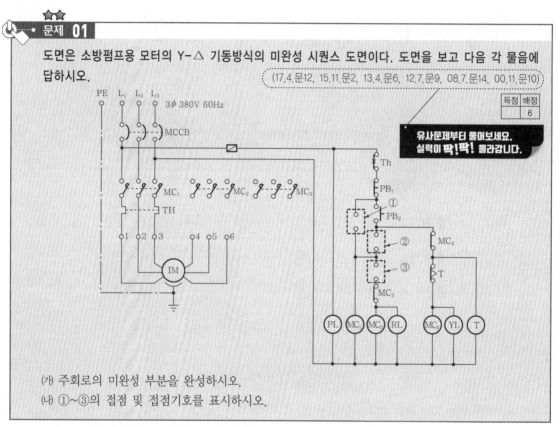

(가) 주회로의 미완성 부분을 완성하시오.

(나) ①~③의 접점 및 접점기호를 표시하시오.

해답 (가)

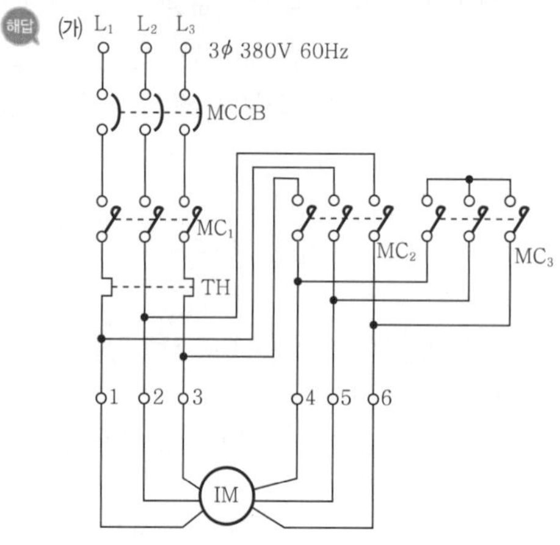

(나) ① MC_1 ② MC_3 ③ MC_1

해설 **Y-△ 기동방식**

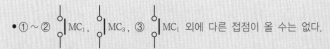

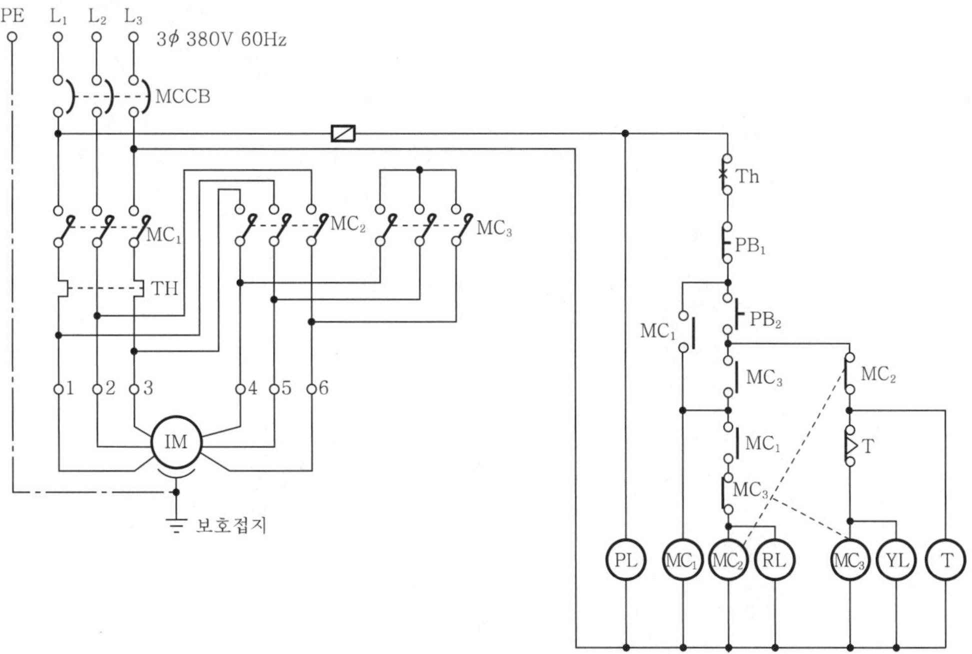

- ①~② MC_1, MC_3, ③ MC_1 외에 다른 접점이 올 수는 없다.
- **주회로결선도** : 기존에 많이 보았던 Y-△ 기동방식과 모양이 많이 달라도 번호를 보고 잘 결선하면 된다.
- △결선은 다음 그림의 △결선 1 또는 △결선 2 어느 것으로 연결해도 옳은 답이다.

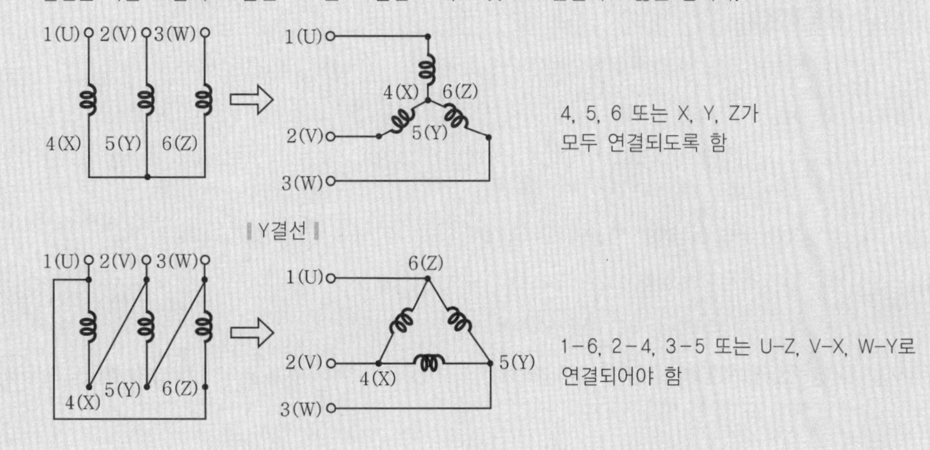

‖ Y결선 ‖

‖ △결선 1 ‖

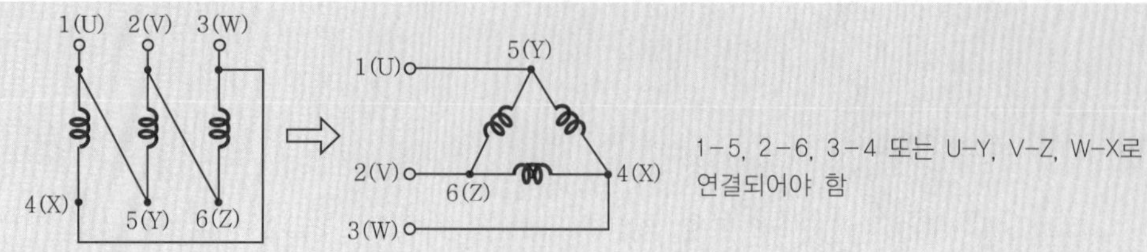

▮ △결선 2 ▮

- 답에는 △결선을 1-5, 2-6, 3-4로 결선한 것을 제시하였다. 다음과 같이 △결선을 1-6, 2-4, 3-5로 결선한 도면도 답이 된다.

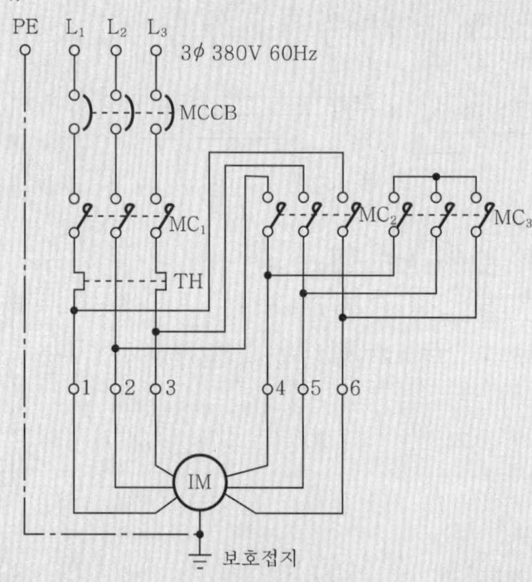

▮ 옳은 도면 ▮

- 3상 유도전동기 (IM)은 감전보호목적이므로 보호접지를 하면 된다.

동작설명

(1) 배선용 차단기 MCCB를 투입하면 전원이 공급되고 (PL)램프가 점등된다.

(2) 기동용 푸시버튼 스위치 PB_2를 누르면 MC_3여자, (YL)램프 점등, 타이머 T는 통전된다.

(3) MC_3 a접점에 의해 MC_1이 여자되고 자기유지되며 MC_1, MC_3 주접점이 닫혀서 3상 유도전동기 (IM)은 Y결선으로 기동한다.

(4) 타이머 T의 설정시간 후 T의 한시접점에 의해 MC_3 소자, (YL)램프가 소등된다.

(5) MC_3 b접점이 원상태로 복귀되어 MC_2 여자, (RL)램프가 점등된다.

(6) MC_2 주접점이 닫혀서 (IM)은 △결선으로 운전된다.

(7) 운전 중 과부하가 걸리면 열동계전기 TH가 개로되어 MC_1, MC_2가 소자, (RL)이 소등되고, (IM)은 정지한다.

문제 02

그림은 자동화재탐지설비와 프리액션 스프링클러설비의 계통도이다. 그림을 보고 다음 각 물음에 답하시오. (단, 감지기공통선과 전원공통선은 분리해서 사용하고, 프리액션밸브용 압력스위치, 탬퍼스위치 및 솔레노이드밸브의 공통선은 1가닥을 사용한다.) (19.11.문12, 16.6.문14, 11.7.문18)

득점	배점
	8

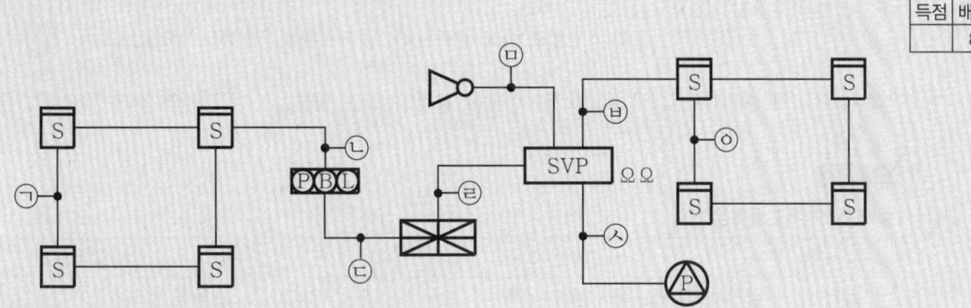

(가) 그림을 보고 ㉠~㉧까지의 가닥수를 쓰시오.

기 호	㉠	㉡	㉢	㉣	㉤	㉥	㉦	㉧
가닥수								

(나) ㉣의 가닥수와 배선내역을 쓰시오.

	가닥수	내 역
㉣		

해답 (가)

기 호	㉠	㉡	㉢	㉣	㉤	㉥	㉦	㉧
가닥수	2가닥	4가닥	6가닥	9가닥	2가닥	8가닥	4가닥	4가닥

(나)

	가닥수	내 역
㉣	9가닥	전원 ⊕·⊖, 사이렌, 감지기 A·B, 솔레노이드밸브, 프리액션밸브용 압력스위치, 탬퍼스위치, 감지기 공통

해설

기 호	가닥수	내 역
㉠	2가닥	지구선 1, 공통선 1
㉡	4가닥	지구선 2, 공통선 2
㉢	6가닥	지구선 1, 회로공통선 1, 경종선 1, 경종표시등공통선 1, 응답선 1, 표시등선 1
㉣	9가닥	전원 ⊕·⊖, 사이렌, 감지기 A·B, 솔레노이드밸브, 프리액션밸브용 압력스위치, 탬퍼스위치, 감지기 공통
㉤	2가닥	사이렌 2
㉥	8가닥	지구선 4, 공통선 4
㉦	4가닥	솔레노이드밸브 1, 프리액션밸브용 압력스위치 1, 탬퍼스위치 1, 공통선 1
㉧	4가닥	지구선 2, 공통선 2

- 자동화재탐지설비의 회로수는 일반적으로 **수동발신기함**(ⓅⒷⓁ) 수를 세어보면 되므로 **1회로**(발신기세트 1개)이므로 ⓒ은 **6가닥**이 된다.
- 자동화재탐지설비에서 도면에 종단저항 표시가 없는 경우 **종단저항**은 **수동발신기함**에 설치된 것으로 보면 된다.
- 솔레노이드밸브=밸브기동=SV(Solenoid Valve)
- 프리액션밸브용 압력스위치=밸브개방 확인=PS(Pressure Switch)
- 탬퍼스위치=밸브주의=TS(Tamper Switch)
- 여기서는 조건에서 **프리액션밸브용 압력스위치, 탬퍼스위치, 솔레노이드밸브**라는 명칭을 사용하였으므로 (나)의 답에서 우리가 일반적으로 사용하는 밸브개방 확인, 밸브주의, 밸브기동 등의 용어를 사용하면 오답으로 채점될 수 있다. 주의하라! **주어진 조건**에 있는 **명칭**을 사용하여야 빈틈없는 올바른 답이 된다.

중요

송배선식과 **교차회로방식**

구 분	송배선식	교차회로방식
목적	**감지기회로**의 **도통시험**을 용이하게 하기 위하여	감지기의 **오동작** 방지
원리	배선의 도중에서 분기하지 않는 방식	하나의 담당구역 내에 **2 이상**의 **감지기회로**를 설치하고 **2 이상**의 **감지기회로**가 **동시**에 **감지**되는 때에 설비가 작동하는 방식으로 회로방식이 **AND회로**에 해당된다.
적용 설비	• 자동화재탐지설비 • 제연설비	• **분**말소화설비 • **할**론소화설비 • **이**산화탄소 소화설비 • **준**비작동식 스프링클러설비 • **일**제살수식 스프링클러설비 • **할**로겐화합물 및 불활성기체 소화설비 • **부**압식 스프링클러설비 기억법 **분할이 준일할부**
가닥수 산정	종단저항을 수동발신기함 내에 설치하는 경우 **루프(loop)**된 곳은 **2가닥, 기타 4가닥**이 된다. 수동발신기함 / 루프(loop) ▌송배선식▐	**말단**과 **루프**(loop)된 곳은 **4가닥, 기타 8가닥**이 된다. 수동발신기함 / 말단 / 루프(loop) ▌교차회로방식▐

비교

(1) 감지기공통선과 전원공통선은 1가닥을 사용하고 프리액션밸브용 압력스위치, 탬퍼스위치 및 솔레노이드밸브의 공통선은 1가닥을 사용하는 경우

기 호	가닥수	내 역
㉠	2가닥	지구선 1, 공통선 1
㉡	4가닥	지구선 2, 공통선 2
㉢	6가닥	지구선 1, 회로공통선 1, 경종선 1, 경종표시등공통선 1, 응답선 1, 표시등선 1
㉣	8가닥	전원 ⊕·⊖, 사이렌, 감지기 A·B, 솔레노이드밸브, 프리액션밸브용 압력스위치, 탬퍼스위치
㉤	2가닥	사이렌 2
㉥	8가닥	지구선 4, 공통선 4
㉦	4가닥	솔레노이드밸브 1, 프리액션밸브용 압력스위치 1, 탬퍼스위치 1, 공통선 1
㉧	4가닥	지구선 2, 공통선 2

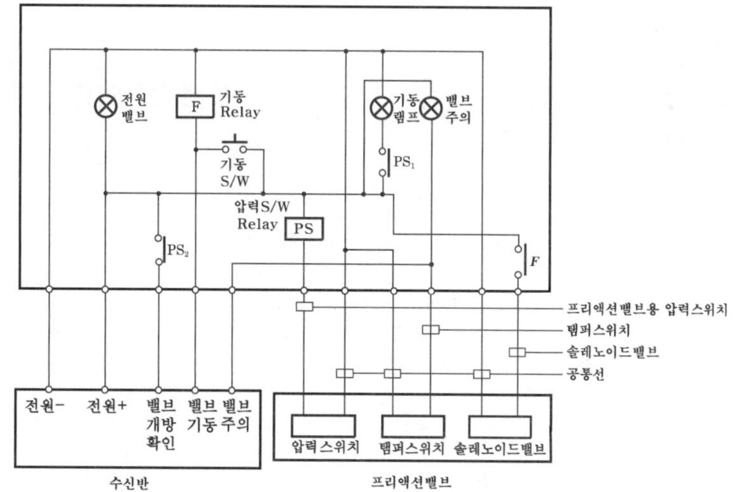

‖ 슈퍼비조리판넬~프리액션밸브 가닥수 : 4가닥인 경우 ‖

(2) 감지기공통선과 전원공통선은 1가닥을 사용하고 슈퍼비조리판넬과 프리액션밸브간의 공통선은 겸용하지 않는 경우

기 호	가닥수	내 역
㉠	2가닥	지구선 1, 공통선 1
㉡	4가닥	지구선 2, 공통선 2
㉢	6가닥	지구선 1, 회로공통선 1, 경종선 1, 경종표시등공통선 1, 응답선 1, 표시등선 1
㉣	8가닥	전원 ⊕ · ⊖, 사이렌, 감지기 A · B, 솔레노이드밸브, 프리액션밸브용 압력스위치, 탬퍼스위치
㉤	2가닥	사이렌 2
㉥	8가닥	지구선 4, 공통선 4
㉦	6가닥	솔레노이드밸브 2, 프리액션밸브용 압력스위치 2, 탬퍼스위치 2
㉧	4가닥	지구선 2, 공통선 2

- 감지기공통선과 전원공통선(전원⊖)에 대한 조건이 없는 경우 감지기공통선은 전원공통선(전원⊖)에 연결하여 1선으로 사용하므로 **감지기공통선**이 필요 **없다.**
- 솔레노이드밸브(SV), 프리액션밸브용 압력스위치(PS), 탬퍼스위치(TS)에 따라 공통선을 사용하지 않으면 솔레노이드밸브(SV) 2, 프리액션밸브용 압력스위치(PS) 2, 탬퍼스위치(TS) 2 총 **6가닥**이 된다.

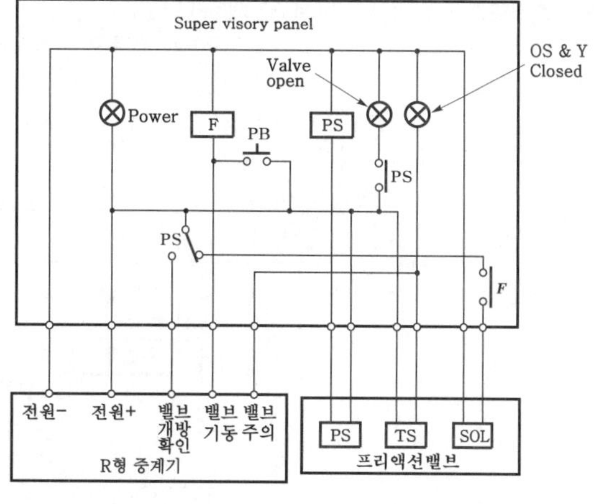

‖ 슈퍼비조리판넬~프리액션밸브 가닥수 : 6가닥인 경우 ‖

☆

문제 03

자동화재탐지설비의 중계기 설치기준에서 중계기로 직접 전력을 공급받는 경우는 어떻게 해야 하는지 설명하시오.

득점	배점
	3

해답 전원입력측 배선에 과전류차단기를 설치하고 전원 정전시 즉시 수신기에 표시되는 것으로 하며 상용전원 및 예비전원 시험을 할 수 있을 것

해설 **자동화재탐지설비**의 **중계기 설치기준**(NFPC 203 6조, NFTC 203 2.3.1)

① 수신기에서 직접 감지기회로의 **도통시험**을 하지 않는 것에 있어서는 **수신기**와 **감지기** 사이에 설치할 것
② **조작** 및 **점검**에 편리하고 **화재** 및 **침수** 등의 재해로 인한 피해를 받을 우려가 없는 장소에 설치할 것
③ 수신기에 의하여 감시되지 않는 배선을 통하여 전력을 공급받는 것에 있어서는 **전원입력측**의 배선에 **과전류차단기**를 설치하고 해당 전원의 **정**전시 즉시 **수**신기에 **표**시되는 것으로 하며, **상용전원** 및 **예비전원**의 시험을 할 수 있도록 할 것

기억법 중전과 정수표상예

- 이런 문제의 경우 **'전원입력측 배선에 과전류차단기 설치'**라고만 쓰면 부분점수를 인정받기는 어렵다. 모두 확실하게 써야 한다.

☆☆☆

문제 04

3선식 배선에 의하여 상시 충전되는 유도등의 전기회로에 점멸기를 설치하는 경우에는 어떤 때에 유도등이 반드시 점등되도록 하여야 하는지 그 경우를 5가지 쓰시오.

득점	배점
	5

○
○
○
○
○

해답 ① 자동화재탐지설비의 감지기 또는 발신기가 작동되는 때
② 비상경보설비의 발신기가 작동되는 때
③ 상용전원이 정전되거나 전원선이 단선되는 때
④ 방재업무를 통제하는 곳 또는 전기실의 배전반에서 수동으로 점등하는 때
⑤ 자동소화설비가 작동되는 때

해설 유도등의 **3선식 배선**시 반드시 점등되어야 하는 경우(NFPC 303 10조, NFTC 303 2.7.4)

(1) **자동화재탐지설비**의 **감지기** 또는 **발신기**가 작동되는 때

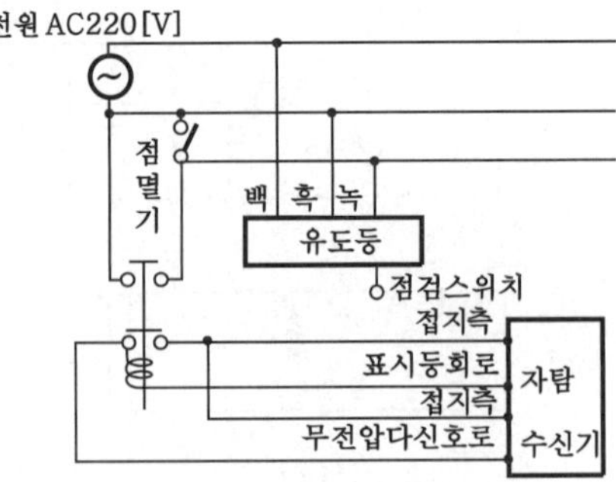

‖ 자동화재탐지설비와 연동 ‖

(2) **비**상**경**보설비의 **발**신기가 작동되는 때
(3) **상**용전원이 **정**전되거나 **전**원선이 **단**선되는 때
(4) **방**재업무를 **통**제하는 곳 또는 전기실의 **배**전반에서 **수**동으로 **점**등하는 때

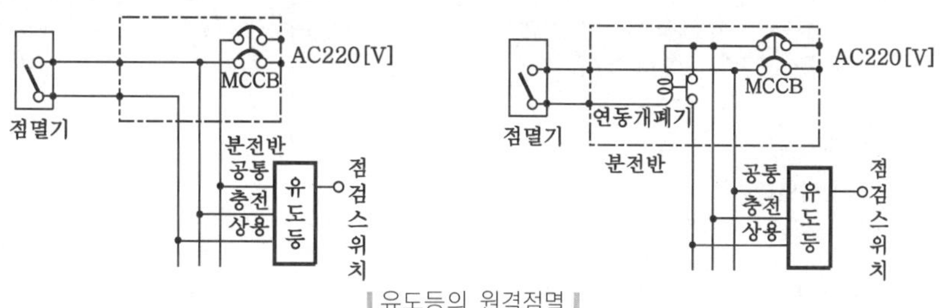

‖ 유도등의 원격점멸 ‖

(5) **자**동**소**화설비가 작동되는 때

기억법
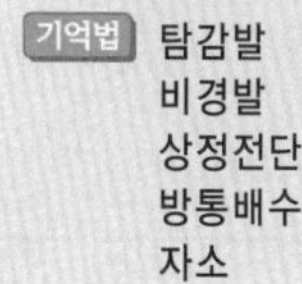
탐감발
비경발
상정전단
방통배수점
자소

☆☆
문제 05

분전반에서 150m의 거리에 직류 24V, 전류 0.8A인 스프링클러설비용 솔레노이드밸브를 설치하려고 한다. 전선의 굵기는 몇 mm^2인지 계산상의 최소 굵기를 구하시오. (단, 전압강하는 3% 이내이고, 전선은 동선을 사용한다.) (15.11.문1, 14.11.문11)

○ 계산과정 :
○ 답 :

득점	배점
	4

해답 ○ 계산과정 : $e = 24 \times 0.03 = 0.72\text{V}$

$$A = \frac{35.6 \times 150 \times 0.8}{1000 \times 0.72} = 5.93\text{mm}^2$$

○ 답 : 5.93mm^2

해설 **전압강하**

전기방식	전선단면적	적응설비
단상 2선식	$A = \frac{35.6LI}{1000e}$	• 기타설비(경종, 표시등, 유도등, 비상조명등, 솔레노이드밸브, 감지기 등)
3상 3선식	$A = \frac{30.8LI}{1000e}$	• 소방펌프 • 제연팬
단상 3선식 3상 4선식	$A = \frac{17.8LI}{1000e'}$	–

여기서, A : 전선의 단면적[mm^2]
L : 선로길이[m]
I : 전부하전류[A]
e : 각 선간의 전압강하[V]
e' : 각 선간의 1선과 중성선 사이의 전압강하[V]

전압강하는 **3%** 이내이므로
전압강하 e = 전압 × 전압강하 $= 24 \times 0.03 = 0.72\text{V}$

솔레노이드밸브는 **단상 2선식**이므로 전선단면적 $A=\dfrac{35.6LI}{1000e}=\dfrac{35.6\times150\times0.8}{1000\times0.72}=5.93\text{mm}^2$

- '**직류**'라고 전압이 주어져서 너무 고민하지 말라! 기존 교류와 같이 동일한 식으로 계산하면 된다.
- '**계산상의 최소 굵기**'로 구하라고 하였으므로 그냥 구한 값으로 답하면 된다. 이때는 '**공칭단면적**'으로 답하면 틀린다! 주의하라.

참고

공칭단면적

① 0.5mm²	② 0.75mm²	③ 1mm²	④ 1.5mm²	⑤ 2.5mm²	⑥ 4mm²	⑦ 6mm²
⑧ 10mm²	⑨ 16mm²	⑩ 25mm²	⑪ 35mm²	⑫ 50mm²	⑬ 70mm²	⑭ 95mm²
⑮ 120mm²	⑯ 150mm²	⑰ 185mm²	⑱ 240mm²	⑲ 300mm²	⑳ 400mm²	㉑ 500mm²

용어

공칭단면적 : 실제 실무에서 생산되는 규정된 전선의 굵기를 말한다.

☆☆☆
문제 06

다음은 기동용 수압개폐장치를 사용하는 옥내소화전함과 P형 발신기를 사용한 자동화재탐지설비가 설치된 8층의 건축물이 있다. 다음 각 물음에 답하시오. (12.11.문10)

득점	배점
	10

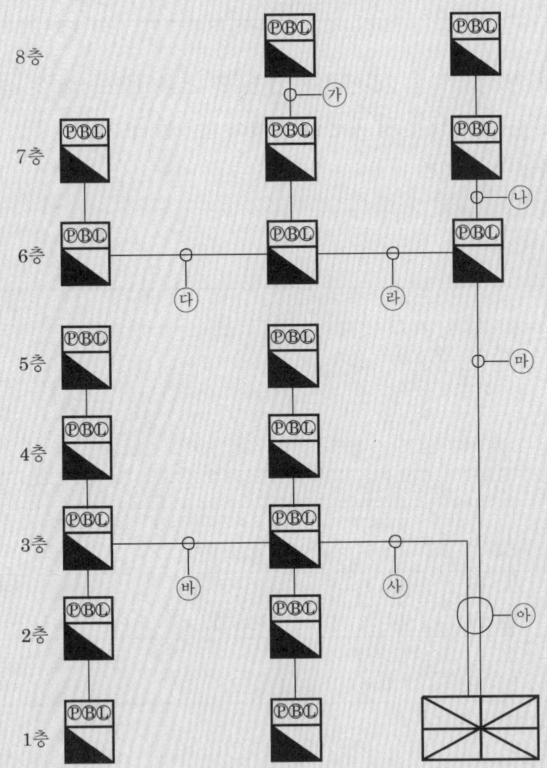

(가) 기호 ㉮~㉵의 최소 선수를 쓰시오.

㉮ ㉯ ㉰ ㉱

㉲ ㉳ ㉴ ㉵

(나) 자동화재탐지설비의 발신기 설치기준에 관한 (　　) 안을 완성하시오.

○ 조작이 쉬운 장소에 설치하고 (①)는 바닥으로부터 0.8m 이상 1.5m 이하의 높이에 설치할 것

○ 특정소방대상물의 층마다 설치하되, 해당 특정소방대상물의 각 부분으로부터 하나의 발신기까지의 수평거리가 (②)m 이하가 되도록 할 것. 다만, 복도 또는 별도로 구획된 실로서 보행거리가 (③)m 이상일 경우에는 추가로 설치하여야 한다.

○ 발신기의 위치를 표시하는 표시등은 함의 (④)에 설치하되, 그 불빛은 부착면으로부터 15° 이상의 범위 안에서 부착지점으로부터 (⑤)m 이내의 어느 곳에서도 쉽게 식별할 수 있는 적색등으로 해야 한다.

해답 (가) ㉮ 8가닥　㉯ 10가닥　㉰ 10가닥
㉱ 14가닥　㉲ 18가닥　㉳ 16가닥
㉴ 22가닥　㉵ 40가닥

(나) ① 스위치　② 25　③ 40　④ 상부　⑤ 10

해설 (가)

기 호	가닥수	내 역
㉮	8	회로선 1, 회로공통선 1, 경종선 1, 경종표시등공통선 1, 응답선 1, 표시등선 1, 기동확인표시등 2
㉯	10	회로선 2, 회로공통선 1, 경종선 2, 경종표시등공통선 1, 응답선 1, 표시등선 1, 기동확인표시등 2
㉰	10	회로선 2, 회로공통선 1, 경종선 2, 경종표시등공통선 1, 응답선 1, 표시등선 1, 기동확인표시등 2
㉱	14	회로선 5, 회로공통선 1, 경종선 3, 경종표시등공통선 1, 응답선 1, 표시등선 1, 기동확인표시등 2
㉲	18	회로선 8, 회로공통선 2, 경종선 3, 경종표시등공통선 1, 응답선 1, 표시등선 1, 기동확인표시등 2
㉳	16	회로선 5, 회로공통선 1, 경종선 5, 경종표시등공통선 1, 응답선 1, 표시등선 1, 기동확인표시등 2
㉴	22	회로선 10, 회로공통선 2, 경종선 5, 경종표시등공통선 1, 응답선 1, 표시등선 1, 기동확인표시등 2
㉵	40	회로선 18, 회로공통선 4, 경종선 8, 경종표시등공통선 2, 응답선 2, 표시등선 2, 기동확인표시등 4

- 지상 8층이므로 일제경보방식이다.
- 문제에서 특별한 조건이 없더라도 **회로공통선**은 회로선이 7회로가 넘을시 반드시 1가닥씩 추가하여야 한다. 이것을 공식으로 나타내면 다음과 같다.

$$\text{회로공통선} = \frac{\text{회로선}}{7}\ (\text{절상})$$

예 기호 ㉲ 회로공통선$= \dfrac{\text{회로선}}{7} = \dfrac{8}{7} = 1.1 \fallingdotseq 2$가닥(절상)

- **경종선**은 **층**마다 1가닥씩 **증가**한다.
- 문제에서 기동용 수압개폐방식(**자동기동방식**)도 주의하여야 한다. 옥내소화전함이 자동기동방식이므로 감지기배선을 제외한 간선에 '**기동확인표시등 2**'가 추가로 사용되어야 한다. 특히, 옥내소화전배선은 구역에 따라 가닥수가 늘어나지 않는 것에 주의하라!
- ㉵는 배관이 2개이므로 ㉴의 가닥수(22가닥)와 ㉲의 가닥수(18가닥)를 더해야 한다. 그러므로 22가닥+18가닥=40가닥이 된다.

중요

발화층 및 직상 4개층 우선경보방식과 **일제경보방식**

발화층 및 직상 4개층 우선경보방식	일제경보방식
• 화재시 **안전**하고 **신속**한 **인명**의 **대피**를 위하여 화재가 발생한 층과 **인근 층부터** 우선하여 별도로 **경보**하는 방식 • 지하층을 제외한 **11층 이상**(공동주택 **16층 이상**)의 특정소방대상물에 적용	• **소규모 특정소방대상물**에서 화재발생시 **전층**에 **동시**에 **경보**하는 방식

(나) **자동화재탐지설비의 발신기**의 **설치기준**(NFPC 203 9조, NFTC 203 2.6.1)

① 조작이 **쉬운 장소**에 설치하고, 스위치는 바닥으로부터 **0.8~1.5m** 이하의 높이에 설치

② 특정소방대상물의 **층**마다 설치하되, 해당 특정소방대상물의 각 부분으로부터 하나의 발신기까지의 **수평거리**가 **25m** 이하가 되도록 할 것(단, 복도 또는 별도로 구획된 실로서 **보행거리**가 **40m** 이상일 경우에는 추가로 설치)

③ **기둥** 또는 **벽**이 설치되지 아니한 **대형공간**의 경우 **발신기**는 설치대상장소의 **가장 가까운 장소**의 **벽** 또는 **기둥** 등에 설치

④ 발신기의 위치를 표시하는 **표시등**은 **함**의 **상부**에 설치하되, 그 불빛은 부착면으로부터 **15°** 이상의 범위 안에서 부착지점으로부터 **10m** 이내의 어느 곳에서도 쉽게 식별할 수 있는 **적색등**으로 해야 한다.

비교

표시등과 **발신기표시등**의 식별

① **옥내소화전설비**의 **표시등**(NFPC 102 7조 ③항, NFTC 102 2.4.3) ② **옥외소화전설비**의 **표시등**(NFPC 109 7조 ④항, NFTC 109 2.4.4) ③ **연결송수관설비**의 **표시등**(NFPC 502 6조, NFTC 502 2.3.1.6.1)	① **자동화재탐지설비**의 발신기표시등(NFPC 203 9조 ②항, NFTC 203 2.6) ② **스프링클러설비**의 화재감지기회로의 발신기표시등(NFPC 103 9조 ③항, NFTC 103 2.6.3.5.3) ③ **미분무소화설비**의 화재감지기회로의 발신기표시등(NFPC 104A 12조 ①항, NFTC 104A 2.9.1.8.3) ④ **포소화설비**의 화재감지기회로의 발신기표시등(NFPC 105 11조 ②항, NFTC 105 2.8.2.2.2) ⑤ **비상경보설비**의 화재감지기회로의 발신기표시등(NFPC 201 4조 ⑤항, NFTC 201 2.1.5.3)
부착면과 **15° 이하**의 각도로도 발산되어야 하며 주위의 밝기가 **0lx**인 장소에서 측정하여 **10m** 떨어진 위치에서 켜진 등이 확실히 식별될 것 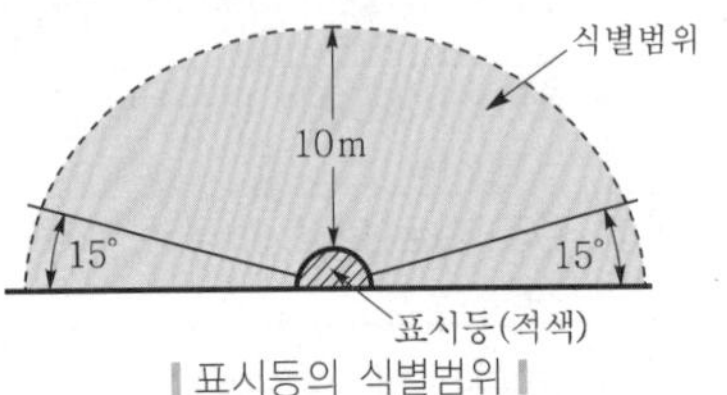 ▌표시등의 식별범위▐	부착면으로부터 **15° 이상**의 범위 안에서 **10m** 거리에서 식별 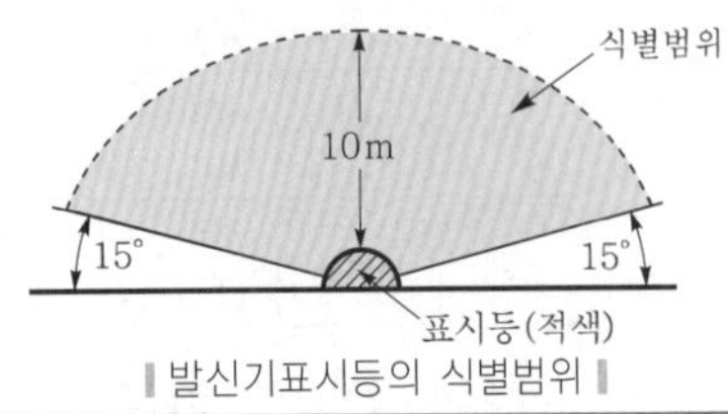 ▌발신기표시등의 식별범위▐

• **15° 이하**와 **15° 이상**을 확실히 구분해야 한다.

문제 07

차동식 스포트형 감지기의 구조에 관한 다음 그림에서 주어진 번호의 명칭 및 역할을 간단히 설명하시오.

(19.11.문2, 17.6.문8, 15.11.문16)

득점	배점
	7

○ ①

○ ②

○ ③

○ ④

해답 ① 감열실 : 열을 유효하게 받음
② 다이어프램 : 공기팽창에 의해 접점이 잘 밀려올라가도록 함
③ 고정접점 : 가동접점과 접촉되어 화재신호 발신
④ 리크공 : 감지기의 오동작 방지

해설 차동식 스포트형 감지기(공기의 팽창 이용)
(1) 구성요소

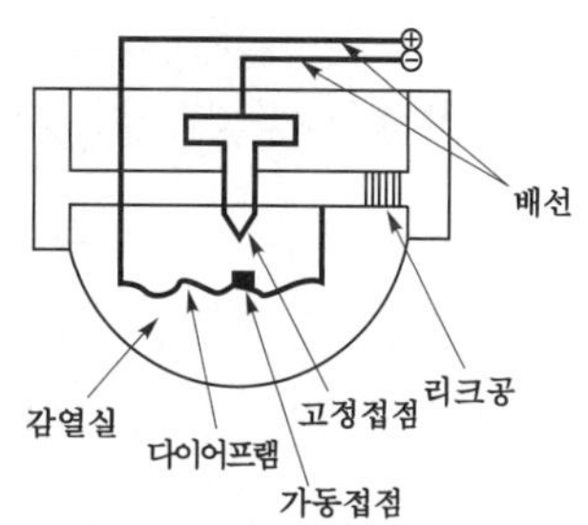

‖ 차동식 스포트형 감지기(공기의 팽창 이용) ‖

③ '**접점**'이라고 써도 되지만 보다 정확한 답은 '**고정접점**'이므로 **고정접점**이라고 확실하게 답하자!

구성요소	설 명
감열실(chamber)	열을 유효하게 받는 역할
다이어프램(diaphragm)	• 공기의 팽창에 의해 **접**점이 잘 **밀**려올라가도록 하는 역할 • 신축성이 있는 금속판으로 인청동판이나 황동판으로 만들어져 있다.
고정접점	• 가동접점과 **접**촉되어 화재**신**호를 발신하는 역할 • 전기접점으로 **PGS합금**으로 구성되어 있다.
배선	수신기에 화재신호를 보내기 위한 전선
리크공(leak hole)	• **감지기**의 **오동작 방지** • 완만한 온도상승시 열의 조절구멍

감열실=공기실

기억법 **감열유**
다접밀
접접신
리오

(2) **동작원리**
화재발생시 감열부의 공기가 팽창하여 **다이어프램**을 밀어올려 접점을 붙게 함으로써 수신기에 신호를 보낸다.

☆☆
문제 08

비상콘센트설비의 설치기준에 관한 다음 빈 칸을 완성하시오. (19.4.문3)

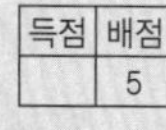

득점	배점
	5

○ 전원회로는 각 층에 있어서 (㉮)되도록 설치할 것. 다만, 설치해야 할 층의 비상콘센트가 1개인 때에는 하나의 회로로 할 수 있다.
○ 전원회로는 (㉯)에서 전용회로로 할 것. 다만, 다른 설비의 회로의 사고에 따른 영향을 받지 아니하도록 되어 있는 것에 있어서는 그러하지 아니하다.
○ 콘센트마다 (㉰)를 설치해야 하며, (㉱)가 노출되지 아니하도록 할 것
○ 하나의 전용회로에 설치하는 비상콘센트는 (㉲) 이하로 할 것

해답 ㉮ 2 이상 ㉯ 주배전반 ㉰ 배선용 차단기 ㉱ 충전부 ㉲ 10개

해설 **비상콘센트설비**의 설치기준(NFPC 504 4조, NFTC 504 2.1)

구 분	전 압	공급용량	플러그접속기
단상교류	220V	1.5kVA 이상	접지형 2극

(1) 하나의 전용회로에 설치하는 비상콘센트는 **10개** 이하로 할 것(전선의 용량은 **3개** 이상일 때 **3개**)

설치하는 비상콘센트 수량	전선의 용량산정시 적용하는 비상콘센트 수량	전선의 용량
1	1개 이상	1.5kVA 이상
2	2개 이상	3.0kVA 이상
3~10	3개 이상	4.5kVA 이상

(2) 전원회로는 각 층에 있어서 **2 이상**이 되도록 설치할 것(단, 설치해야 할 층의 콘센트가 **1개**인 때에는 하나의 회로로 할 수 있다.)
(3) 플러그접속기의 칼받이 접지극에는 **접지공사**를 해야 한다. (감전 보호가 목적이므로 **보호접지**를 해야 한다.)
(4) 풀박스는 **1.6mm** 이상의 철판을 사용할 것
(5) 절연저항은 **전원부**와 **외함** 사이를 **직류 500V 절연저항계**로 측정하여 **20MΩ** 이상일 것
(6) 전원으로부터 각 층의 비상콘센트에 분기되는 경우에는 **분기배선용 차단기**를 보호함 안에 설치할 것
(7) 바닥으로부터 **0.8~1.5m** 이하의 높이에 설치할 것
(8) 전원회로는 **주배전반**에서 **전용회로**로 하며, 배선의 종류는 **내화배선**이어야 한다.
(9) 콘센트마다 **배선용 차단기**를 설치하며, **충전부**가 노출되지 않도록 할 것

☆☆☆
문제 09

비상방송설비에 대한 설치기준의 ( ) 안에 알맞은 말 또는 수치를 쓰시오. (19.6.문10)

득점	배점
	4

○ 확성기의 음성입력은 실내에 설치하는 것에 있어서는 (①)W 이상일 것
○ 음량조정기를 설치하는 경우 음량조정기의 배선은 (②)으로 할 것
○ 기동장치에 의한 화재신고를 수신한 후 필요한 음량으로 방송이 개시될 때까지의 소요시간은 (③)초 이하로 할 것
○ 확성기는 각 층마다 설치하되, 그 층의 각 부분으로부터 하나의 확성기까지의 수평거리가 (④)m 이하가 되도록 할 것

해답 ① 1 ② 3선식 ③ 10 ④ 25

해설 **비상방송설비**의 **설치기준**(NFPC 202 4조, NFTC 202 2.1.1)
(1) 확성기의 음성입력은 **3W**(실내는 **1W**) 이상일 것
(2) 음량조정기의 배선은 **3선식**으로 할 것
(3) 기동장치에 의한 **화재신고**를 수신한 후 필요한 음량으로 방송이 개시될 때까지의 소요시간은 **10초** 이하로 할 것
(4) 조작부의 조작스위치는 바닥으로부터 **0.8~1.5m** 이하의 높이에 설치할 것
(5) 다른 전기회로에 의하여 **유도장애**가 생기지 아니하도록 할 것
(6) 확성기는 **각 층**마다 설치하되, 각 부분으로부터의 수평거리는 **25m** 이하일 것

☆☆
문제 10

P형 수신기와 감지기와의 배선회로에서 P형 수신기 종단저항은 10kΩ, 감시전류는 2.2mA, 릴레이 저항은 950Ω, DC 24V일 때 감지기가 동작할 때의 전류(동작전류)는 몇 mA인가? (06.4.문15)

득점	배점
	3

○ 계산과정 :
○ 답 :

해답 ○ 계산과정 : $I=\frac{24}{950}=0.025263\text{A} ≒ 25.26\text{mA}$

○ 답 : 25.26mA

해설 (1) **감시전류**

$$감시전류=\frac{회로전압}{종단저항+릴레이저항+배선저항}$$ 에서

$$종단저항+릴레이저항+배선저항=\frac{회로전압}{감시전류}$$

$$배선저항=\frac{회로전압}{감시전류}-종단저항-릴레이저항=\frac{24}{2.2\times10^{-3}}-(10\times10^3)-950=-40.909 ≒ -40.91\Omega$$

(2) **동작전류**

$$동작전류=\frac{회로전압}{릴레이저항+배선저항}=\frac{24}{950-40.91}=0.0264\text{A} ≒ 26.4\text{mA}$$

원칙적으로 위와 같이 동작전류 $I=\frac{회로전압}{릴레이저항+배선저항}$으로 구하여야 하지만, 이 문제에서는 배선저항이 "−"값이 나오므로 이때에는 배선저항을 무시하고 답을 구하는 것이 타당하다.

$$\therefore 동작전류=\frac{회로전압}{릴레이저항}=\frac{24}{950}=0.025263\text{A} ≒ 25.26\text{mA}$$

☆

문제 11

이산화탄소소화설비의 제어반에서 수동으로 기동스위치를 조작하였으나 기동용기가 개방되지 않았다. 기동용기가 개방되지 않은 이유에 대해 전기적 원인을 4가지만 쓰시오. (단, 제어반의 회로기판은 정상이다.)

(19.6.문18, 08.4.문11)

득점	배점
	5

○

○

○

○

해답 ① 제어반의 공급전원 차단
② 기동스위치 접점 불량
③ 기동용 시한계전기(타이머) 불량
④ 기동용 솔레노이드의 코일 단선

해설 기동스위치 조작에 의한 **기동용기 미개방 원인**

(1) 제어반의 **공급전원 차단**
(2) **기동스위치**의 **접점 불량**
(3) **기동용 시한계전기(타이머)**의 **불량**
(4) 제어반에서 **기동용 솔레노이드**에 연결된 **배선**의 **단선**
(5) 제어반에서 **기동용 솔레노이드**에 연결된 **배선**의 **오접속**
(6) **기동용 솔레노이드**의 **코일 단선**
(7) **기동용 솔레노이드**의 **절연 파괴**

비교

시험용 푸시버튼스위치 조작에 의한 **누전경보기**의 **미작동 원인**
(1) **접속단자**의 **접속 불량**
(2) **푸시버튼스위치**의 **접촉 불량**
(3) **회로**의 **단선**
(4) **수신기 자체**의 **고장**
(5) 수신기 전원퓨즈 단선

☆

문제 12

정격전압이 220V인 비상콘센트설비의 절연내력시험을 할 경우 시험전압과 견디는 시간을 쓰시오.

(17.11.문11, 13.4.문16, 12.7.문4, 11.7.문10, 11.5.문4)

득점	배점
	5

(가) 시험전압
　○ 계산과정 :
　○ 답 :
(나) 견디는 시간 :

해답 (가) 시험전압
　○ 계산과정 : $(220\times2)+1000=1440\text{V}$
　○ 답 : 1440V
(나) 견디는 시간 : 1분 이상

해설 (1) **비상콘센트설비**의 **절연내력시험**(NFPC 504 4조, NFTC 504 2.1.6.2)

구 분	150V 이하	150V 초과
실효전압(시험전압)	**1000V**	**(정격전압×2)+1000V**
견디는 시간	**1분** 이상	**1분** 이상

(220V×2)+1000V=1440V

(2) **절연저항시험**

절연저항계	절연저항	대 상
직류 250V	0.1MΩ 이상	• 1경계구역의 절연저항
직류 500V	5MΩ 이상	• 누전경보기 • 가스누설경보기 • 수신기 • 자동화재속보설비 • 비상경보설비 • 유도등(교류입력측과 외함간 포함) • 비상조명등(교류입력측과 외함간 포함)
	20MΩ 이상	• 경종 • 발신기 • 중계기 • 비상콘센트 • 기기의 절연된 선로간 • 기기의 충전부와 비충전부간 • 기기의 교류입력측과 외함간(유도등 · 비상조명등 제외)
	50MΩ 이상	• 감지기(정온식 감지선형 감지기 제외) • 가스누설경보기(10회로 이상) • 수신기(10회로 이상)
	1000MΩ 이상	• 정온식 감지선형 감지기

☆☆
문제 13

자동화재탐지설비의 감지기 설치제외장소 5가지를 쓰시오. (12.11.문14)

득점	배점
	5

○
○
○
○
○

해답 ① 부식성 가스가 체류하고 있는 장소
② 고온도 및 저온도로서 감지기의 기능이 정지되기 쉽거나 감지기의 유지관리가 어려운 장소
③ 목욕실 · 욕조나 샤워시설이 있는 화장실, 기타 이와 유사한 장소
④ 프레스공장 · 주조공장 등 화재발생의 위험이 적은 장소로서 감지기의 유지관리가 어려운 장소
⑤ 헛간 등 외부와 기류가 통하여 화재를 유효하게 감지할 수 없는 장소

해설 **설치제외장소**

(1) **자동화재탐지설비의 감지기 설치제외장소**(NFPC 203 7조 ⑤항, NFTC 203 2.4.5)
① 천장 또는 반자의 높이가 **20m** 이상인 곳(감지기의 부착높이에 따라 적응성이 있는 장소 제외)
② **헛간** 등 외부와 기류가 통하여 화재를 유효하게 감지할 수 없는 장소
③ **목욕실** · 욕조나 샤워시설이 있는 화장실, 기타 이와 유사한 장소
④ **부식성** 가스 체류장소
⑤ **프레스공장 · 주조공장** 등 화재발생의 위험이 적은 장소로서 감지기의 **유지관리**가 어려운 장소
⑥ 고온도 및 저온도로서 감지기의 기능이 정지되기 쉽거나 감지기의 유지관리가 어려운 장소

기억법 감제헛목 부프주유2고

(2) **누전경보기의 수신부 설치제외장소**(NFPC 205 5조, NFTC 205 2.2.2)
① 온도변화가 급격한 장소
② 습도가 높은 장소
③ 가연성의 증기, 가스 등 또는 부식성의 증기, 가스 등의 다량 체류장소
④ **대전류회로, 고주파발생회로** 등의 영향을 받을 우려가 있는 장소
⑤ 화약류 제조, 저장, 취급장소

기억법 온습누가대화(온도 · 습도가 높으면 누가 대화하냐?)

(3) **피난구유도등의 설치제외장소**(NFPC 303 11조 ①항, NFTC 303 2.8.1)
① 옥내에서 직접 지상으로 통하는 출입구(바닥면적 **1000m^2** 미만 층)
② **대각선 길이**가 **15m** 이내인 구획된 실의 출입구
③ 비상조명등 · 유도표지가 설치된 거실 출입구(거실 각 부분에서 출입구까지의 **보행거리 20m** 이하)
④ 출입구가 **3 이상**인 거실(거실 각 부분에서 출입구까지의 **보행거리 30m** 이하는 주된 출입구 **2개 외**의 출입구)

(4) **통로유도등의 설치제외장소**(NFPC 303 11조 ②항, NFTC 303 2.8.2)
① 길이 **30m** 미만의 복도 · 통로(구부러지지 않은 복도 · 통로)
② 보행거리 **20m** 미만의 복도 · 통로(출입구에 **피난구유도등**이 설치된 복도 · 통로)

(5) **객석유도등의 설치제외장소**(NFPC 303 11조 ③항, NFTC 303 2.8.3)
① **채광**이 충분한 객석(**주간**에만 사용)
② **통**로유도등이 설치된 객석(거실 각 부분에서 거실 출입구까지의 **보행거리 20m** 이하)

기억법 채객보통(채소는 객관적으로 보통이다.)

(6) **비상조명등의 설치제외장소**(NFPC 304 5조 ①항, NFTC 304 2.2.1)
① 거실 각 부분에서 출입구까지의 **보행거리 15m** 이내
② **공동주택 · 경기장 · 의원** · 의료시설 · **학교 거실**

(7) **휴대용 비상조명등의 설치제외장소**(NFPC 304 5조 ②항, NFTC 304 2.2.2)
① 복도 · 통로 · 창문 등을 통해 피난이 용이한 경우(**지상 1층 · 피난층**)
② **숙박시설**로서 복도에 비상조명등을 설치한 경우

기억법 휴피(휴지로 피 닦아.)

☆☆☆

문제 14

한국전기설비규정(KEC)의 금속관시설에 관한 사항이다. (   ) 안에 알맞은 말을 쓰시오.

득점	배점
	5

○ 관 상호간 및 관과 박스 기타의 부속품과는 (①)접속 기타 이와 동등 이상의 효력이 있는 방법에 의하여 견고하고 또한 전기적으로 완전하게 접속할 것
○ 관의 (②)부분에는 전선의 피복을 손상하지 아니하도록 적당한 구조의 (③)을 사용할 것. 다만, 금속관공사로부터 (④)공사로 옮기는 경우에는 그 부분의 관의 (⑤)부분에는 (⑥) 또는 이와 유사한 것을 사용하여야 한다.

해답 ① 나사
② 끝
③ 부싱
④ 애자사용
⑤ 끝
⑥ 절연부싱

해설 **금속관시설**(KEC 232.12.3)
(1) 관 상호간 및 관과 박스 기타의 부속품과는 **나사접속** 기타 이와 동등 이상의 효력이 있는 방법에 의하여 견고하고 또한 전기적으로 완전하게 접속할 것
(2) 관의 **끝부분**에는 전선의 피복을 손상하지 아니하도록 적당한 구조의 부싱을 사용할 것(단, 금속관공사로부터 **애자사용공사**로 옮기는 경우에는 그 부분의 관의 **끝부분**에는 **절연부싱** 또는 이와 유사한 것을 사용하여야 한다.)
(3) 금속관을 금속제의 **풀박스**에 접속하여 사용하는 경우에는 (1)의 규정에 준하여 시설하여야 한다(단, 기술상 부득이한 경우에는 관 및 풀박스를 건조한 곳에서 불연성의 조영재에 견고하게 시설하고 또한 관과 풀박스 상호간을 전기적으로 접속하는 때에는 제외)

• **풀박스**(pull box) : 배관이 긴 곳 또는 굴곡 부분이 많은 곳에서 시공이 용이하도록 전선을 끌어들이기 위해 배선 도중에 사용하는 박스

☆☆

문제 15

무선통신보조설비의 옥외안테나 설치기준 3가지를 쓰시오. (19.6.문2, 13.11.문7)

득점	배점
	6

○
○
○

해답 ① 건축물, 지하가, 터널 또는 공동구의 출입구 및 출입구 인근에서 통신이 가능한 장소에 설치할 것
② 다른 용도로 사용되는 안테나로 인한 통신장애가 발생하지 않도록 설치할 것
③ 수신기가 설치된 장소 등 사람이 상시 근무하는 장소에는 옥외안테나의 위치가 모두 표시된 옥외안테나 위치표시도를 비치할 것

해설 **옥외안테나**의 **설치기준**(NFPC 505 6조, NFTC 505 2.3)
옥외안테나는 다음의 기준에 따라 설치하여야 한다.
(1) 건축물, 지하가, 터널 또는 공동구의 출입구 및 출입구 인근에서 통신이 가능한 장소에 설치할 것
(2) 다른 용도로 사용되는 안테나로 인한 통신장애가 발생하지 않도록 설치할 것
(3) 옥외안테나는 견고하게 설치하며 파손의 우려가 없는 곳에 설치하고 그 가까운 곳의 보기 쉬운 곳에 "**무선통신보조설비 안테나**"라는 표시와 함께 통신가능거리를 표시한 표지를 설치할 것
(4) 수신기가 설치된 장소 등 사람이 상시 근무하는 장소에는 옥외안테나의 위치가 모두 표시된 옥외안테나 위치표시도를 비치할 것

☆ 문제 16

그림은 어느 전기회로에 전류를 측정하기 위한 도면의 일부분이다. 다음 각 물음에 답하시오.

득점	배점
	5

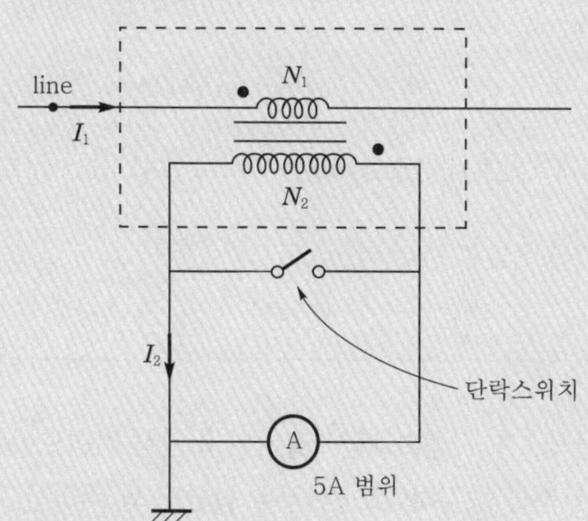

(가) 그림에서 [ ]의 명칭 및 역할은 무엇인가?

○ 명칭 :

○ 역할 :

(나) 전류 I_2는 어떻게 구할 수 있는지 전류 I_1, 권수 N_1, N_2를 이용하여 식을 쓰시오.

해답 (가) ○ 명칭 : 변류기

○ 역할 : 대전류를 소전류로 변환

(나) $I_2 = \frac{N_1}{N_2} \times I_1$

해설 (가) **변류기**의 **의미**

명 칭	변류기(CT)	영상변류기(ZCT)
그림기호		
역할(기능)	대전류를 소전류로 변환(일반전류 검출)	누설전류 검출

변류기=계기용 변류기

(나) **권수비**

$$a = \frac{N_1}{N_2} = \frac{V_1}{V_2} = \frac{I_2}{I_1} = \sqrt{\frac{R_1}{R_2}}$$

여기서, a : 권수비

N_1 : 1차 코일권수

N_2 : 2차 코일권수

V_1 : 정격 1차전압[V]

V_2 : 정격 2차전압[V]

I_1 : 정격 1차전류[A]

I_2 : 정격 2차전류[A]

R_1 : 정격 1차저항[Ω]

R_2 : 정격 2차저항[Ω]

2차전류 $I_2 = \frac{N_1}{N_2} \times I_1$

권수비＝권선비

• 사용할 때 주의해야 할 사항은 운전 중에는 절대로 2차측(전류계가 부착된 회로)을 개방해서는 안 된다. 2차측이 개방되면 큰 1차전류의 대부분이 무부하전류(여자전류)가 되어 **2차측**에 **큰 유도기전력**을 **발생**시켜 **변류기**를 **소손**시키게 되므로, 개방시에는 반드시 2차측을 단락한 후 전류계를 제거해야 한다.

☆☆

문제 17

도면은 어느 사무실 건물의 1층 자동화재탐지설비의 미완성 평면도를 나타낸 것이다. 이 건물은 지상 3층으로 각 층의 평면은 1층과 동일하다고 할 경우 평면도 및 주어진 조건을 이용하여 다음 각 물음에 답하시오. (17.11.문13, 02.10.문8)

득점	배점
	10

(가) 도면의 P형 수신기는 최소 몇 회로용을 사용하여야 하는가?

(나) 수신기에서 발신기 세트까지의 배선가닥수는 몇 가닥이며, 여기에 사용되는 후강전선관은 몇 mm를 사용하는가?

○ 가닥수 :

○ 후강전선관(계산과정 및 답) :

(다) 연기감지기를 매입인 것으로 사용한다고 하면 그림 기호는 어떻게 표시하는가?

(라) 배관 및 배선을 하여 자동화재탐지설비의 도면을 완성하고 배선가닥수를 표기하도록 하시오.

(마) 간선계통도를 그리고 간선의 가닥수를 표기하시오.

〔조건〕

○ 계통도 작성시 각 층 수동발신기는 1개씩 설치하는 것으로 한다.
○ 계단실의 감지기는 설치를 제외한다.
○ 간선의 사용전선은 2.5mm^{2}이며, 공통선은 발신기 공통 1선, 경종표시등 공통 1선을 각각 사용한다.
○ 계통도 작성시 선수는 최소로 한다.
○ 전선관공사는 후강전선관으로 콘크리트 내 매입 시공한다.
○ 각 실은 이중천장이 없는 구조이며, 천장에 감지기를 바로 취부한다.
○ 각 실의 바닥에서 천장까지 높이는 2.8m이다.
○ HFIX 2.5mm^{2}의 피복절연물을 포함한 전선의 단면적은 13mm^{2}이다.

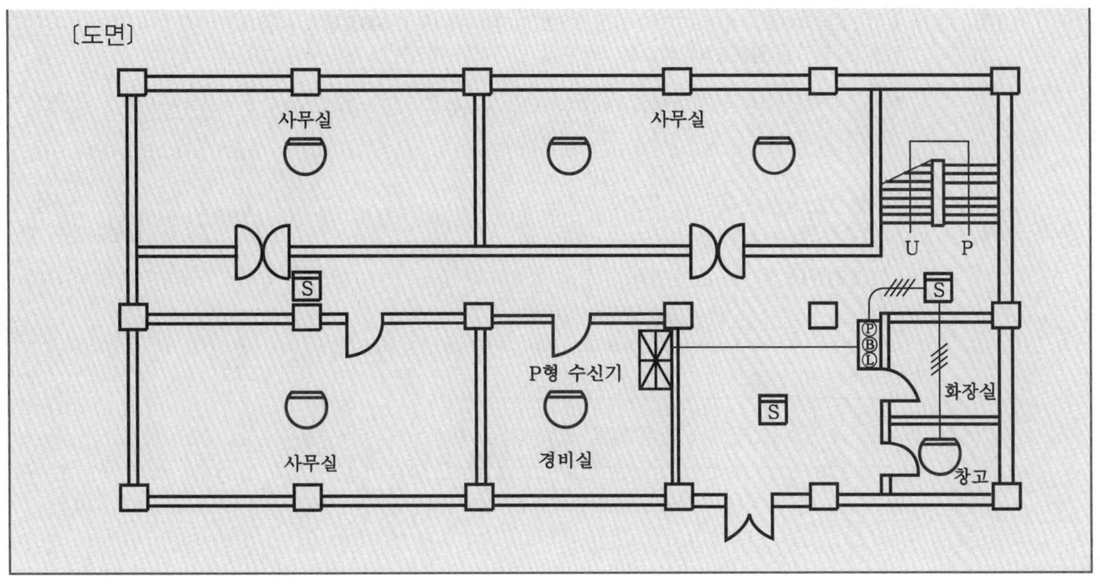

해답 (가) 3회로이므로 5회로용

(나) ○ 가닥수 : 10가닥

○ 후강전선관(계산과정 및 답) : $\sqrt{13 \times 10 \times \frac{4}{\pi} \times 3} = 22.2$

$\therefore$ 28mm

(다)

(라)

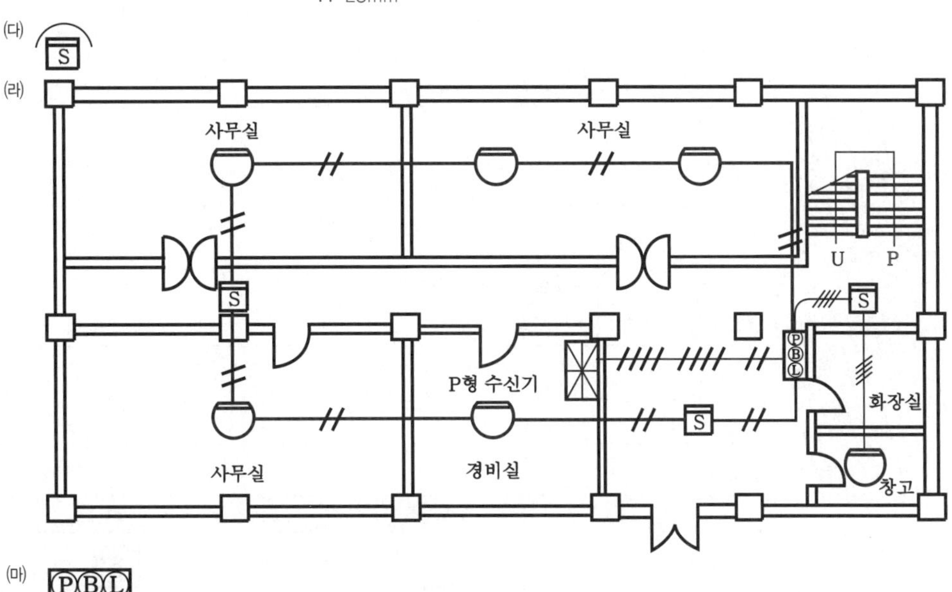

(마)

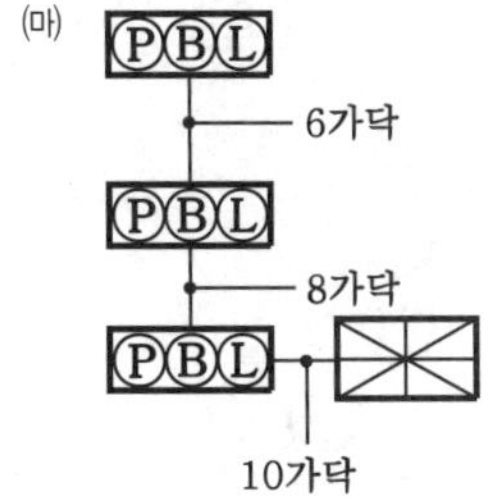

해설 (가) 각 층이 1회로이므로 P형 수신기는 최소 3회로(지상 3층)이므로 **5회로용**을 사용하면 된다.
(나) ① 지상 3층이므로 **일제경보방식**으로 가닥수를 산정하면 **10가닥**이 된다.

- 수신기~발신기세트 배선내역 : 회로선 3, 발신기공통선 1, 경종선 3, 경종표시등공통선 1, 응답선 1, 표시등선 1

②

〈전선관 굵기 선정〉

- 접지선을 포함한 케이블 또는 절연도체의 내부 단면적(피복절연물 포함)이 **금속관, 합성수지관, 가요전선관 등 전선관 단면적**의 $\frac{1}{3}$을 초과하지 않도록 할 것(KSC IEC/TS 61200-52의 521.6 표준 준용, KEC 핸드북 p.301, p.306, p.313)

2.5mm²가 10가닥이므로 다음과 같이 계산한다.

$$\frac{\pi D^2}{4} \times \frac{1}{3} \geq \text{전선단면적(피복절연물 포함)} \times \text{가닥수}$$

$$D \geq \sqrt{\text{전선단면적(피복절연물 포함)} \times \text{가닥수} \times \frac{4}{\pi} \times 3}$$

여기서, D : 후강전선관 굵기(내경)〔mm〕

후강전선관 굵기 D는

$$D \geq \sqrt{\text{전선단면적(피복절연물 포함)} \times \text{가닥수} \times \frac{4}{\pi} \times 3}$$

$$\geq \sqrt{13 \times 10 \times \frac{4}{\pi} \times 3}$$

≧ 22.2mm(∴ 28mm 선정)

- 13mm² : 〔조건〕에서 주어짐
- 10가닥 : (나)의 ①에서 구함

‖ 후강전선관 vs 박강전선관 ‖

구 분	후강전선관	박강전선관
사용장소	• 공장 등의 배관에서 특히 **강도**를 필요로 하는 경우 • **폭발성가스**나 **부식성가스**가 있는 장소	• 일반적인 장소
관의 호칭 표시방법	• **안지름**(내경)의 근사값을 **짝수**로 표시	• **바깥지름**(외경)의 근사값을 **홀수**로 표시
규격	16mm, 22mm, 28mm, 36mm, 42mm, 54mm, 70mm, 82mm, 92mm, 104mm	19mm, 25mm, 31mm, 39mm, 51mm, 63mm, 75mm

(다) 옥내배선기호

명 칭	그림기호	비 고
연기감지기	S	• 점검박스 붙이형 : S • 매입형 : S
정온식 스포트형 감지기	◡	• 방수형 : • 내산형 : • 내알칼리형 : • 방폭형 : EX

차동식 스포트형 감지기		–
보상식 스포트형 감지기		–

(라) 자동화재탐지설비의 감지기회로의 배선은 **송배선식**이므로 루프(loop)된 곳은 2가닥, 기타는 4가닥이 된다.

(마) 계통도 작성시 감지기도 구분하여 표시하는 것이 타당하다. 하지만 이 문제에서는 **'간선계통도'**를 그리라고 하였으므로 **'감지기 부분'**까지는 그리지 않아도 된다. **'감지기 부분'**을 그렸다고 해서 틀리지는 않는다.

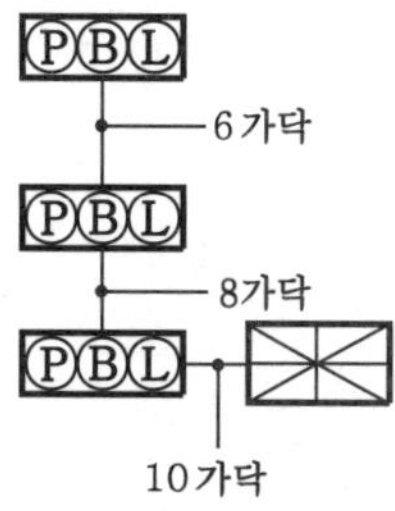

‖ 올바른 간선계통도 ‖

가닥수	전선굵기	배선내역
6가닥	$2.5mm^2$	회로선 1, 발신기공통선 1, 경종선 1, 경종표시등공통선 1, 응답선 1, 표시등선 1
8가닥	$2.5mm^2$	회로선 2, 발신기공통선 1, 경종선 2, 경종표시등공통선 1, 응답선 1, 표시등선 1
10가닥	$2.5mm^2$	회로선 3, 발신기공통선 1, 경종선 3, 경종표시등공통선 1, 응답선 1, 표시등선 1

☆

문제 18

다음에 주어진 진리표를 보고 다음 각 물음에 답하시오.

득점	배점
	6

A	B	C	X
0	0	0	0
0	0	1	0
0	1	0	1
0	1	1	0
1	0	0	1
1	0	1	1
1	1	0	1
1	1	1	0

(가) 카르노맵을 이용하여 간략화하고 논리식을 쓰시오.

A \ BC	00	01	11	10
0				
1				

○ 논리식 :

(나) 간략화된 논리식을 보고 유접점회로 및 무접점회로로 나타내시오.

○ 유접점회로 :

○ 무접점회로 :

해답 (가)

A \ BC	00	01	11	10
0				1
1	1	1		1

∘ 논리식 : $X = A\overline{B} + B\overline{C}$

(나) ① 유접점회로 ② 무접점회로

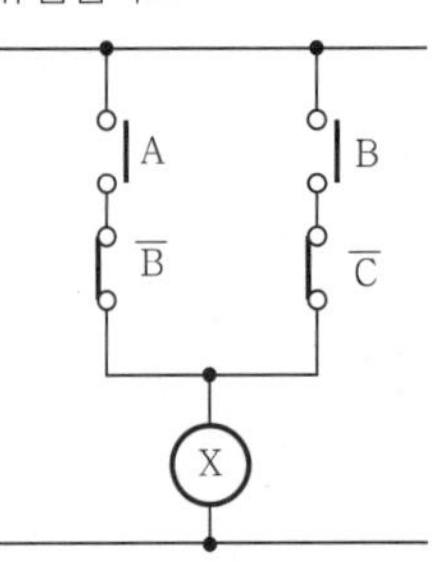

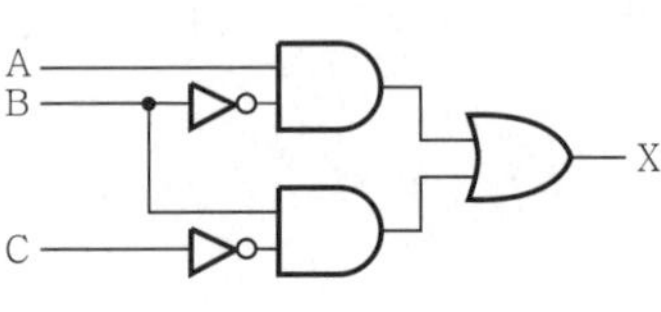

해설 (가) **카르노맵**(Karnaugh map) : 논리회로에 해당하는 진리표를 행렬로 정의한 표

‖ 진리표 ‖

A	B	C	X
0	0	0	0
0	0	1	0
0	1	0	1
0	1	1	0
1	0	0	1
1	0	1	1
1	1	0	1
1	1	1	0

⬇

X값이 1인 것만 카르노맵에 표시

A \ BC	00	01	11	10
0				1
1	1	1		1

⬇

표시한 1을 (1, 2, 4, 8, …)의 최대 개수로 묶어서 변하지 않는 변수만 작성

A \ BC	$\overline{B}\,\overline{C}$ 00	$\overline{B}C$ 01	BC 11	$B\overline{C}$ 10
$\overline{A}$ 0				1
A 1	1	1		1

(묶음: $A\overline{B}$, $B\overline{C}$)

⬇

이것을 논리식으로 작성하면 끝!

$$X = A\overline{B} + B\overline{C}$$

(나) ① 유접점회로

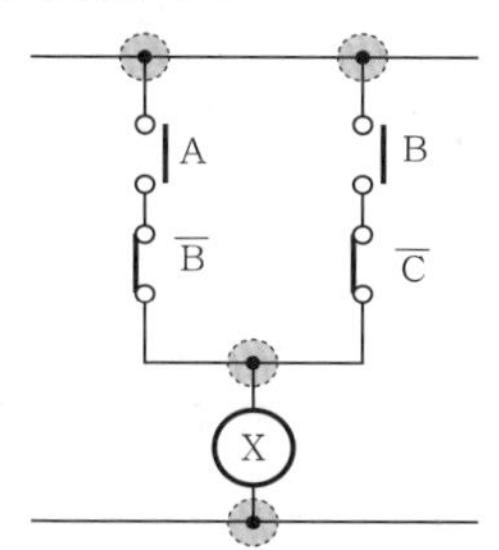

② 무접점회로

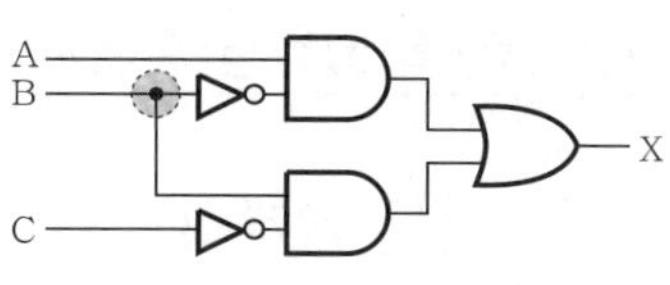

• 접속부분에 콤마(•)도 반드시 해야 한다. 접속부분에 **'콤마'**를 하지 않으면 틀린다.

중요

시퀀스회로와 **논리회로**의 관계

회 로	시퀀스회로	논리식	논리회로
직렬회로		Z＝A · B Z＝AB	
병렬회로		Z＝A＋B	
a접점		Z＝A	
b접점		$Z=\overline{A}$	

저 골짜기에 흐르는 물을 보라. 그의 앞에 있는 모든 장애물에 대해서 굽히고 적응함으로써 줄기차게 흘러 드디어는 바다에 이른다. 적응하는 힘이 자유자재로워야 사람도 그가 부딪친 환경에 굳센 것이다.

- 공자 -

2014. 7. 6 시행

▌2014년 기사 제2회 필답형 실기시험▌

자격종목	시험시간	형별	수험번호	성명	감독위원 확인
소방설비기사(전기분야)	3시간				

※ 다음 물음에 답을 해당 답란에 답하시오.(배점 : 100)

☆☆

문제 01

P형 발신기의 구조, 기능, 사용되는 수신기의 종류 등에 대하여 설명하시오. (97.5.문7)

득점	배점
	4

해답

구 분	P형 발신기
구조	스위치, 명판, 응답램프가 있다.
기능	스위치를 누르면 응답램프가 점등되고 수신기에 신호를 보낸다.
수신기의 종류	P형 수신기 또는 R형 수신기

해설

구 분	P형 발신기
구조	**스**위치, **명**판, **응**답램프가 있다. 기억법 스명응
기능	스위치를 누르면 응답램프가 점등되고 수신기에 신호를 보낸다.
수신기의 종류	P형 수신기 또는 R형 수신기

▌P형 발신기▌

참고

P형 수신기의 **기능**
① 화재표시 작동시험장치
② 수신기와 감지기 사이의 도통시험장치
③ 상용전원과 예비전원의 자동절환장치
④ 예비전원 양부시험장치
⑤ 기록장치

☆☆
문제 02

수위실에서 600m 떨어진 지하 1층, 지상 11층에 연면적 5000m²의 공장에 자동화재탐지설비를 설치하였는데 경종, 표시등이 각 층에 2회로(전체 24회로)일 때 다음 물음에 답하시오. (단, 표시등 30mA/개, 경종 50mA/개를 소모하고, 전선은 2.5mm²를 사용한다.) (16.6.문6, 11.7.문2)

득점	배점
	7

(가) 표시등 및 경종의 최대 소요전류와 총 소요전류는 각각 몇 A인가?

구 분	계산과정
표시등	
경종	
총 소요전류	

(나) 2.5mm²의 전선을 사용하여 경종이 작동하였다고 가정하였을 때 최말단에서의 전압강하는 최대 몇 V인지 계산하시오.

○ 계산과정 :

○ 답 :

(다) 직상 4개층 우선경보방식의 기준을 설명하시오.

(라) 경종작동 여부를 답하시오.

○ 계산과정 :

○ 답 :

해답 (가)

구 분	계산과정
표시등	○ 계산과정 : $30 \times 24 = 720\text{mA}$ $= 0.72\text{A}$ ○ 답 : 0.72A
경종	○ 계산과정 : $50 \times 12 = 600\text{mA}$ $= 0.6\text{A}$ ○ 답 : 0.6A
총 소요전류	○ 계산과정 : $0.72 + 0.6 = 1.32\text{A}$ ○ 답 : 1.32A

(나) ○ 계산과정 : $\dfrac{35.6 \times 600 \times 1.32}{1000 \times 2.5} = 11.278 \fallingdotseq 11.28\text{V}$

○ 답 : 11.28V

(다) 11층(공동주택 16층) 이상인 특정소방대상물

(라) ○ 계산과정 : $24 - 11.28 = 12.72\text{V}$

○ 답 : 정격전압 80%(19.2V) 미만이므로 작동불가

해설 (가) **〈표시등의 최대 소요전류〉**

일반적으로 1회로당 표시등은 1개씩 설치되고 평상시 및 화재시 모두 점등되므로 표시등 점등개수를 세면 된다. 표시등 점등개수는 전체 회로수와 같다. 문제에서 전체 24회로이므로 표시등은 24개가 된다.

$30\text{mA} \times 24\text{개} = 720\text{mA} = 0.72\text{A}$

- 문제에서 전체 **24회로**이므로 **표시등**은 **24개**이다.
- 1000mA=1A이므로 720mA=0.72A이다.

〈경종의 최대 소요전류〉

일반적으로 1회로당 경종은 1개씩 설치되므로

50mA×12개= 600mA

$=0.6\text{A}$

- 경종에서 최대로 전류가 소모될 때는 1층에서 화재가 발생하여 1층, 2층, 3층, 4층, 5층, 지하 1층의 경종이 동작할 때 이므로 각 층에 2회로 6개층=**12개**이다.
- 1000mA=1A이므로 600mA=0.6A이다.
- **지상 11층**이므로 직상 4개층 **우선경보방식**을 적용한다.

〈총 소요전류〉

총 소요전류=표시등의 최대 소요전류+경종의 최대 소요전류

=0.72A+0.6A

=1.32A

(나) **전선단면적**(단상 2선식)

$$A=\frac{35.6LI}{1000e}$$

여기서, A : 전선단면적[mm²]

L : 선로길이[m]

I : 전류[A]

e : 전압강하[V]

경종 및 표시등은 **단상 2선식**이므로 전압강하 e는

$$e=\frac{35.6LI}{1000A}=\frac{35.6\times600\times1.32}{1000\times2.5}=11.278 \fallingdotseq 11.28\text{V}$$

- 최대전압강하를 구하라고 했으므로 1층에서 화재가 발생했을 때 전류가 최대로 흐르기 때문에 1층에서 화재가 발생한 것으로 가정해야 한다.
- L(**600m**) : 문제에서 주어진 값
- I(**1.32A**) : (가)에서 구한 총 소요**전류**의 **합**이다.(특별한 조건이 없으면, **경종표시등공통선**의 전압강하를 구하면 된다.)
- A(**2.5mm²**) : 문제에서 주어진 값
- 경종 및 표시등 각각의 전압강하는 다음과 같다. 참고하라!

표시등(표시등선)의 전압강하 $e=\frac{35.6LI}{1000A}=\frac{35.6\times600\times0.72}{1000\times2.5}=6.151 \fallingdotseq 6.15\text{V}$

경종(경종선)의 전압강하 $e=\frac{35.6LI}{1000A}=\frac{35.6\times600\times0.6}{1000\times2.5}=5.126 \fallingdotseq 5.13\text{V}$

중요

전압강하

(1) **정의** : 입력전압과 출력전압의 차

(2) **저압수전시 전압강하** : **조명 3%**(기타 5%) 이하(KEC 232.3.9)

전기방식	전선단면적	적응설비
단상 2선식	$A=\dfrac{35.6LI}{1000e}$	• 기타설비(경종, 표시등, 유도등, 비상조명등, 솔레노이드밸브, 감지기 등)
3상 3선식	$A=\dfrac{30.8LI}{1000e}$	• 소방펌프 • 제연팬
단상 3선식 3상 4선식	$A=\dfrac{17.8LI}{1000e'}$	–

여기서, L : 선로길이〔m〕
I : 전부하전류〔A〕
e : 각 선간의 전압강하〔V〕
e' : 각 선간의 1선과 중성선 사이의 전압강하〔V〕

(다) 자동화재탐지설비의 **직상 4개층 우선경보방식 소방대상물** : **11층**(공동주택 **16층**) 이상인 특정소방대상물(NFPC 203 8조, NFTC 203 2.5.1.2)

우선경보방식

발화층	경보층	
	11층(공동주택 16층) 미만	11층(공동주택 16층) 이상
2층 이상 발화	전층 일제경보	• 발화층 • 직상 4개층
1층 발화		• 발화층 • 직상 4개층 • 지하층
지하층 발화		• 발화층 • 직상층 • 기타의 지하층

(라) 자동화재탐지설비의 정격전압은 **직류 24V**이고, 정격전압의 **80%**에서 동작해야 하므로
동작전압 $=24\times0.8=19.2$V
전압강하

$$e=V_s-V_r$$

여기서, e : 전압강하〔V〕
V_s : 입력전압(정격전압)〔V〕
V_r : 출력전압〔V〕

출력전압 V_r는
$V_r=V_s-e=24-11.28=12.72$V
∴ 출력전압은 **12.72V**로서 정격전압의 **80%**인 **19.2V 미만**이므로 **경종**은 **작동**하지 **않는다.**

참고

전압강하

단상 2선식	3상 3선식
$e=V_s-V_r=2IR$	$e=V_s-V_r=\sqrt{3}\,IR$
여기서, e : 전압강하〔V〕, V_s : 입력전압〔V〕, V_r : 출력전압〔V〕, I : 전류〔A〕, R : 저항〔Ω〕	

문제 03

극수변환식 3상 농형 유도전동기가 있다. 고속측은 4극이고 정격출력은 90kW이다. 저속측은 1/3속도라면 저속측의 극수와 정격출력은 몇 kW인지 계산하시오. (단, 슬립 및 정격토크는 저속측과 고속측이 같다고 본다.)

득점	배점
	6

(가) 극수
- 계산과정 :
- 답 :

(나) 정격출력
- 계산과정 :
- 답 :

해답 (가) 극수

○ 계산과정 : $\frac{P}{4}=\frac{\frac{1}{\frac{1}{3}N_s}}{\frac{1}{N_s}}=3$

$P=4\times3=12$극

○ 답 : 12극

(나) 정격출력

○ 계산과정 : $90 : N = P' : \frac{1}{3}N$

$P'=\frac{90\times\frac{1}{3}N}{N}=30\text{kW}$

○ 답 : 30kW

해설 (1) **극수**

동기속도 :

$$N_s=\frac{120f}{P}$$

여기서, N_s : 동기속도[rpm]
f : 주파수[Hz]
P : 극수

극수 $P=\frac{120f}{N_s}\propto\frac{1}{N_s}$

$$\frac{\text{저속측 극수}}{\text{고속측 극수}}=\frac{P}{4}=\frac{\frac{1}{\frac{1}{3}N_s}}{\frac{1}{N_s}}=3$$

$\frac{P}{4}=3$

저속측 극수 $P=4\times3=12$극

비교

회전속도 : $N=\frac{120f}{P}(1-s)$ [rpm]

여기서, N : 회전속도[rpm], f : 주파수[Hz], P : 극수, s : 슬립

※ **슬립(slip)** : 유도전동기의 **회전자 속도**에 대한 **고정자**가 만든 **회전자계**의 **늦음**의 **정도**를 말하며, 평상운전에서 슬립은 **4~8%** 정도 되며, 슬립이 클수록 회전속도는 느려진다.

(2) **출력**

$$P = 9.8\omega\tau = 9.8\times 2\pi\frac{N}{60}\times\tau\text{[W]}$$

여기서, P : 출력[W], ω : 각속도[rad/s]
N : 회전수[rpm], τ : 토크[kg·m]

$P\propto N$이므로 비례식으로 풀면

고속측 저속측

$90 : N = P' : \frac{1}{3}N$

$P'N = 90\times\frac{1}{3}N$

$P' = \frac{90\times\frac{1}{3}\cancel{N}}{\cancel{N}} = 30\text{kW}$

★★★

문제 04

비상콘센트설비 중 연면적 2000m² 이상 7층 건물에 사용하는 비상전원에 대한 다음 각 물음에 답하시오. (10.10.문12)

득점	배점
	4

(가) 어떤 전원설비를 사용하여야 하는지 2가지를 쓰시오.
○
○

(나) 비상콘센트설비의 전원부와 외함 사이의 절연저항의 측정방법에 대하여 쓰시오.

해답 (가) ① 비상전원수전설비
② 자가발전설비
(나) 직류 500V 절연저항계로 측정하여 20MΩ 이상

해설 (가) 각 **설비**의 **비상전원 종류**

설 비	비상전원	비상전원 용량
• 자동화재**탐**지설비	• **축**전지설비 • 전기저장장치	**10분** 이상(30층 미만) **30분** 이상(30층 이상)
• 비상**방**송설비	• 축전지설비 • 전기저장장치	
• 비상**경**보설비	• 축전지설비 • 전기저장장치	**10분** 이상
• **유**도등	• 축전지	**20분** 이상 ※ 예외규정 : **60분** 이상 (1) **11층** 이상(지하층 제외) (2) 지하층 · 무창층으로서 **도매시장 · 소매시장 · 여객자동차터미널 · 지하철역사 · 지하상가**
• **무**선통신보조설비	명시하지 않음	**30분** 이상 기억법 **탐경유방무축**
• 비상콘센트설비	• 자가발전설비 • 축전지설비 • 비상전원수전설비 • 전기저장장치	**20분** 이상
• **스**프링클러설비 • **미**분무소화설비	• **자**가발전설비 • **축**전지설비 • **전**기저장장치 • 비상전원**수**전설비(차고 · 주차장으로서 스프링클러설비(또는 미분무소화설비)가 설치된 부분의 바닥면적 합계가 1000m² 미만인 경우)	**20분** 이상(30층 미만) **40분** 이상(30~49층 이하) **60분** 이상(50층 이상) 기억법 **스미자 수전축**

• 포소화설비	• 자가발전설비 • 축전지설비 • 전기저장장치 • 비상전원수전설비 – 호스릴포소화설비 또는 포소화전만을 설치한 차고·주차장 – 포헤드설비 또는 고정포방출설비가 설치된 부분의 바닥면적(스프링클러설비가 설치된 차고·주차장의 바닥면적 포함)의 합계가 1000m² 미만인 것	**20분** 이상
• **간**이스프링클러설비	• 비상전원**수**전설비	**10분**(숙박시설 바닥면적 합계 300~600m² 미만, 근린생활시설 바닥면적 합계 1000m² 이상, 복합건축물 연면적 1000m² 이상은 **20분**) 이상 기억법 **간수**
• 옥내소화전설비 • 연결송수관설비	• 자가발전설비 • 축전지설비 • 전기저장장치	**20분** 이상(30층 미만) **40분** 이상(30~49층 이하) **60분** 이상(50층 이상)
• 제연설비 • 분말소화설비 • 이산화탄소소화설비 • 물분무소화설비 • 할론소화설비 • 할로겐화합물 및 불활성기체 소화설비 • 화재조기진압용 스프링클러설비	• 자가발전설비 • 축전지설비 • 전기저장장치	**20분** 이상
• 비상조명등	• 자가발전설비 • 축전지설비 • 전기저장장치	**20분** 이상 ※ 예외규정 : **60분** 이상 (1) **11층** 이상(지하층 제외) (2) 지하층·무창층으로서 **도매시장·소매시장·여객자동차터미널·지하철역사·지하상가**
• 시각경보장치	• 축전지설비 • 전기저장장치	명시하지 않음

(나) **절연저항시험**(절대! 절대! 중요)

절연저항계	절연저항	대 상
직류 250V	0.1MΩ 이상	• 1경계구역의 절연저항
직류 500V	5MΩ 이상	• 누전경보기 • 가스누설경보기 • 수신기 • 자동화재속보설비 • 비상경보설비 • 유도등(교류입력측과 외함간 포함) • 비상조명등(교류입력측과 외함간 포함)
	20MΩ 이상	• 경종 • 발신기 • 중계기 • 비상콘센트 • 기기의 절연된 선로간 • 기기의 충전부와 비충전부간 • 기기의 교류입력측과 외함간(유도등·비상조명등 제외)
	50MΩ 이상	• 감지기(정온식 감지선형 감지기 제외) • 가스누설경보기(10회로 이상) • 수신기(10회로 이상)
	1000MΩ 이상	• 정온식 감지선형 감지기

☆☆
문제 05

그림은 자동화재탐지설비의 일부분이다. 그림에서 P형 수신기로부터 시작하는 지구선 및 지구공통선을 감지기 1, 감지기 2~감지기 6을 경유하여 발신기까지 차례대로 연결하는 배선도를 완성하고, 이와 같은 배선방식의 명칭을 쓰시오. (08.7.문4)

득점	배점
	6

(가) 배선도 완성

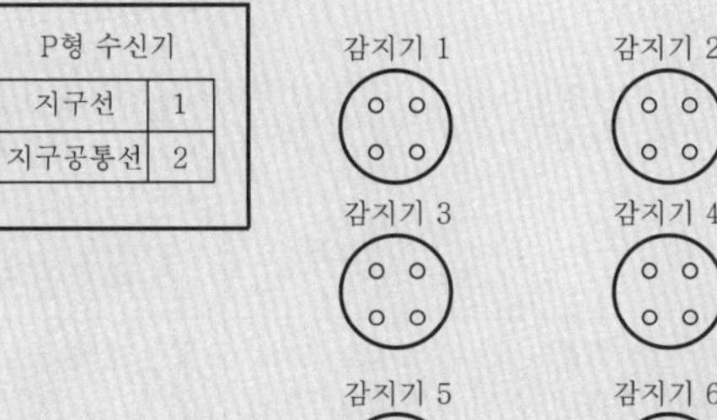

(나) 배선방식

해답 (가)

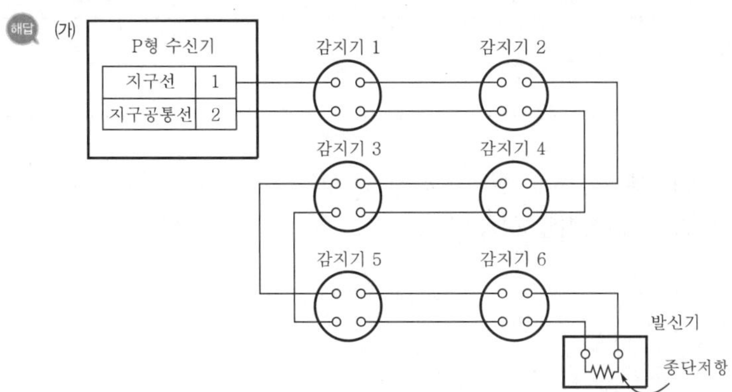

(나) 송배선식

해설 (가) 다음과 같이 그려도 답이 된다.

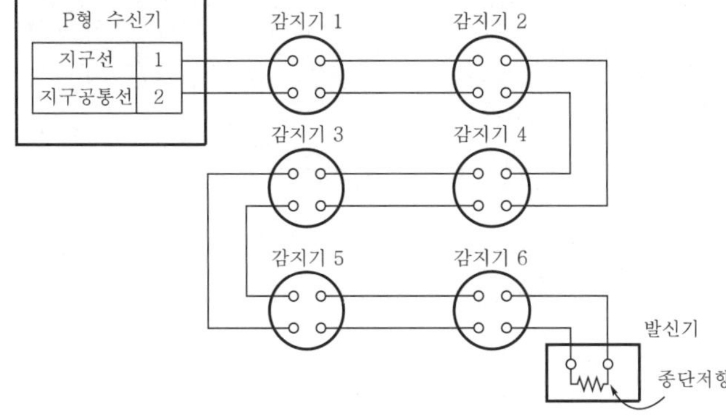

‖옳은 답‖

(나) **송배선식**과 **교차회로방식**

구 분	송배선식	교차회로방식
정의	**감지기회로**의 **도통시험**을 용이하게 하기 위하여 배선의 도중에서 분기하지 않는 방식	하나의 담당구역 내에 **2 이상**의 **감지기회로**를 설치하고 **2 이상**의 **감지기회로**가 **동시**에 **감지**되는 때에 설비가 작동하는 방식
적용설비	• 자동화재탐지설비 • 제연설비	• **분**말소화설비 • **할**론소화설비 • **이**산화탄소 소화설비 • **준**비작동식 스프링클러설비 • **일**제살수식 스프링클러설비 • **할**로겐화합물 및 불활성기체 소화설비 • **부**압식 스프링클러설비 기억법 **분할이 준일할부**
가닥수 산정	종단저항을 수동발신기함 내에 설치하는 경우 **루프(loop)**된 곳은 **2가닥**, **기타 4가닥**이 된다. 수동 발신기함 / 루프(loop) ∥ 송배선식 ∥	**말단**과 **루프**(loop)된 곳은 **4가닥**, **기타 8가닥**이 된다. 수동 발신기함 / 말단 / 루프(loop) ∥ 교차회로방식 ∥

☆☆☆

문제 06

스프링클러설비의 화재안전기준에서 정하는 일제개방밸브의 작동을 위한 화재감지기회로는 교차회로방식으로 한다. 이 경우 교차회로방식을 적용하지 않아도 되는 감지기 종류 8가지를 쓰시오.

(15.4.문6, 08.7.문12)

득점	배점
	4

○
○
○
○
○
○
○
○

해답 ① 불꽃감지기
② 정온식 감지선형 감지기
③ 분포형 감지기
④ 복합형 감지기
⑤ 광전식 분리형 감지기
⑥ 아날로그방식의 감지기
⑦ 다신호방식의 감지기
⑧ 축적방식의 감지기

구 분	종 류
• **지하구**(지하공동구)에 **설치**하는 **감지기** • **교차회로방식**으로 하지 않아도 되는 감지기 • **일과성 비화재보(nuisance alarm)**시 **적응성 감지기**	• **불**꽃감지기 • **정**온식 **감**지선형 감지기 • **분**포형 감지기 • **복**합형 감지기 • **광**전식 분리형 감지기 • **아**날로그방식의 감지기 • **다**신호방식의 감지기 • **축**적방식의 감지기 기억법 **불정감 복분(복분자) 광아다축**

☆☆☆

문제 07

저압 옥내배선공사의 금속관공사에 이용되는 부품의 명칭을 쓰시오. (19.11.문3, 09.7.문2)

득점	배점
	6

(가) 금속 상호간을 연결할 때 쓰여지는 배관부속자재
(나) 전선의 절연피복을 보호하기 위해 금속관 끝에 취부하는 것
(다) 금속관과 박스를 고정시킬 때 쓰여지는 배관부속자재

해답 (가) 커플링(관이 고정되어 있지 않을 때), 유니언 커플링(관이 고정되어 있을 때)
(나) 부싱
(다) 로크너트

• (가) 이 문제에서는 관이 고정되어 있는지 고정되어 있지 않은지 알 수 없으므로 이런 경우에는 **관이 고정되어 있을 때**와 **관이 고정되어 있지 않을 때**를 구분해서 **모두** 답하는 것이 좋다.

‖ 금속관공사에 이용되는 부품 ‖

명 칭	외 형	설 명
부싱(bushing)		전선의 절연피복을 보호하기 위하여 **금속관 끝**에 취부하여 사용되는 부품
유니언 커플링 (union coupling)		**금속전선관 상호**간을 **접속**하는 데 사용되는 부품(**관**이 **고정**되어 **있을 때**)
노멀밴드 (normal bend)		**매입배관**공사를 할 때 **직각**으로 굽히는 곳에 사용하는 부품
유니버설 엘보 (universal elbow)		**노출배관**공사를 할 때 관을 직각으로 굽히는 곳에 사용하는 부품

링리듀서 (ring reducer)		**금속관**을 **아우트렛 박스**에 로크너트만으로 고정하기 어려울 때 **보조적**으로 사용되는 **부품**
커플링 (coupling)	커플링 전선관	**금속전선관 상호**간을 **접속**하는 데 사용되는 부품(**관**이 **고정**되어 있지 **않을 때**)
새들(saddle)		**관**을 **지지**하는 데 사용하는 재료
로크너트 (lock nut)		**금속관**과 **박스**를 **접속**할 때 사용하는 재료로 최소 **2개**를 사용한다.
리머(reamer)		금속관 **말단**의 **모**를 다듬기 위한 기구
파이프 커터 (pipe cutter)		**금속관**을 **절단**하는 기구
환형 3방출 정크션 박스		**배관**을 **분기**할 때 사용하는 박스
파이프 벤더 (pipe bender)		**금속관**(후강전선관, 박강전선관)을 **구부릴 때** 사용하는 공구 ※ **28mm** 이상은 **유압식 파이프 벤더**를 사용한다.

☆☆☆
문제 08

풍량이 $5m^3/s$이고, 풍압이 35mmHg인 제연설비용 팬을 설치한 경우 이 팬을 운전하는 전동기의 소요 용량은 몇 kW인지 계산하시오. (단, 효율은 70%이고, 여유계수는 1.2이다.) (19.6.문7, 09.10.문14)

득점	배점
	5

○ 계산과정 :

○ 답 :

해답 ○ 계산과정 : $P_T = \frac{35}{760} \times 10332 ≒ 475.815\text{mmH}_2\text{O}$

$$P = \frac{475.815 \times (5 \times 60)}{102 \times 60 \times 0.7} \times 1.2 = 39.984 ≒ 39.98\text{kW}$$

○ 답 : 39.98kW

해설 **제연설비**이므로

(1) **단위환산**

760mmHg=10.332mH$_2$O=10332mmH$_2$O

비례식으로 풀면

760mmHg : 10332mmH$_2$O=35mmHg : □

760mmHg×□=10332mmH$_2$O×35mmHg

$□ = \frac{35\text{mmHg}}{760\text{mmHg}}$ ×10332mmH$_2$O=475.815mmH$_2$O

(2) **전동기**의 **용량**

$$P = \frac{P_T Q}{102 \times 60\eta} K$$

$$= \frac{475.815 \times (5 \times 60)}{102 \times 60 \times 0.7} \times 1.2 = 39.984 ≒ 39.98\text{kW}$$

- **mmHg**와 **mmH$_2$O** 단위를 혼동하지 말라. **mmHg**는 **수은주**의 단위이다.
- η(효율) : 단서에서 70%=0.7
- Q(풍량) : 5m^3/s=5m^3/$\frac{1}{60}$min=(5×60)m^3/min(∵ 1min=60s이므로 1s=$\frac{1}{60}$min)
- **'제연설비'**이므로 반드시 제연설비식에 의해 전동기의 용량을 산출하여야 한다. 다른 식으로 구해도 답은 비슷하게 나오지만 틀린 답이 된다. 주의!

중요

(1) **전동기의 용량을 구하는 식**

① **일반적인 설비** : **물**을 사용하는 설비

$$P = \frac{9.8KHQ}{\eta t}$$

여기서, P : 전동기의 용량〔kW〕
η : 효율
t : 시간〔s〕
K : 여유계수
H : 전양정〔m〕
Q : 양수량(유량)〔m^3〕

② **제연설비(배연설비)** : **공기** 또는 **기류**를 사용하는 설비

$$P = \frac{P_T Q}{102 \times 60\eta} K$$

여기서, P: 배연기의 동력〔kW〕
P_T : 전압(풍압)〔mmAq, mmH$_2$O〕
Q : 풍량〔m^3/min〕
K: 여유율
η : 효율

(2) **아주 중요한 단위환산** (꼭! 기억하시라.)

① 1mmAq=10^{-3}mH$_2$O=10^{-3} m
② 760mmHg=10.332mH$_2$O=10.332m
③ 1 $l$pm=10^{-3}m^3/min
④ 1HP=0.746kW

☆☆

문제 09

객석유도등을 설치하지 않아도 되는 경우를 2가지 쓰시오. (17.11.문4, 14.4.문13, 12.11.문14)

○

○

득점	배점
	4

해답 ① 채광이 충분한 객석(주간에만 사용)
② 통로유도등이 설치된 객석(거실 각 부분에서 거실 출입구까지의 보행거리 20m 이하)

해설 **설치제외장소**

(1) **자동화재탐지설비의 감지기 설치제외장소**(NFPC 203 7조 ⑤항, NFTC 203 2.4.5)
① 천장 또는 반자의 높이가 **20m** 이상인 곳(감지기의 부착높이에 따라 적응성이 있는 장소 제외)
② **헛간** 등 외부와 기류가 통하여 화재를 유효하게 감지할 수 없는 장소
③ **목욕실**·욕조나 샤워시설이 있는 화장실, 기타 이와 유사한 장소
④ **부식성** 가스 체류장소
⑤ **프레스공장·주조공장** 등 화재발생의 위험이 적은 장소로서 감지기의 **유지관리**가 어려운 장소

(2) **누전경보기의 수신부 설치제외장소**(NFPC 205 5조, NFTC 205 2.2.2)
① 온도변화가 급격한 장소
② 습도가 높은 장소
③ 가연성의 증기, 가스 등 또는 부식성의 증기, 가스 등의 다량체류장소
④ **대전류회로, 고주파발생회로** 등의 영향을 받을 우려가 있는 장소
⑤ 화약류 제조, 저장, 취급장소

기억법 **온습누가대화(온도·습도가 높으면 누가 대화하냐?)**

(3) **피난구유도등의 설치제외장소**(NFPC 303 11조 ①항, NFTC 303 2.8.1)
① 옥내에서 직접 지상으로 통하는 출입구(바닥면적 **1000m²** 미만 층)
② **대각선 길이**가 **15m** 이내인 구획된 실의 출입구
③ 비상조명등·유도표지가 설치된 거실 출입구(거실 각 부분에서 출입구까지의 **보행거리 20m** 이하)
④ 출입구가 **3 이상**인 거실(거실 각 부분에서 출입구까지의 **보행거리 30m** 이하는 주된 출입구 **2개 외**의 출입구)

(4) **통로유도등의 설치제외장소**(NFPC 303 11조 ②항, NFTC 303 2.8.2)
① 길이 **30m** 미만의 복도·통로(구부러지지 않은 복도·통로)
② 보행거리 **20m** 미만의 복도·통로(출입구에 **피난구유도등**이 설치된 복도·통로)

(5) **객석유도등의 설치제외장소**(NFPC 303 11조 ③항, NFTC 303 2.8.3)
① **채광**이 충분한 객석(**주간**에만 사용)
② **통**로유도등이 설치된 객석(거실 각 부분에서 거실 출입구까지의 **보행거리 20m** 이하)

기억법 **채객보통(채소는 객관적으로 보통이다.)**

(6) **비상조명등의 설치제외장소**(NFPC 304 5조 ①항, NFTC 304 2.2.1)
① 거실 각 부분에서 출입구까지의 **보행거리 15m** 이내
② **공동주택·경기장·의원**·의료시설·**학교 거실**

(7) **휴대용 비상조명등의 설치제외장소**(NFPC 304 5조 ②항, NFTC 304 2.2.2)
① 복도·통로·창문 등을 통해 피난이 용이한 경우(**지상 1층·피난층**)
② **숙박시설**로서 복도에 비상조명등을 설치한 경우

기억법 **휴피(휴지로 피 닦아.)**

☆☆
문제 10

비상용 자가발전설비를 설치하려고 한다. 기동용량 500kVA 허용전압강하는 15%까지 허용하며, 과도리액턴스는 20%일 때 발전기 정격용량은 몇 kVA 이상의 것을 선정하여야 하며, 발전기용 차단기의 차단용량은 몇 MVA 이상인가? (단, 차단용량의 여유율은 25%로 계산한다.)

(17.4.문13, 16.6.문11, 10.4.문11, 09.7.문7)

득점	배점
	4

(가) 발전기 용량
 ○ 계산과정 :
 ○ 답 :

(나) 차단기의 차단용량
 ○ 계산과정 :
 ○ 답 :

해답 (가) ○ 계산과정 : $\left(\frac{1}{0.15}-1\right)\times 0.2\times 500 = 566.666 ≒ 566.67$kVA
 ○ 답 : 566.67kVA

(나) ○ 계산과정 : $\frac{566.67}{0.2}\times 1.25 ≒ 3541$kVA $= 3.541$MVA $≒ 3.54$MVA
 ○ 답 : 3.54MVA

해설 (가) **발전기 용량**의 **산정**

$$P_n \geq \left(\frac{1}{e}-1\right)X_L P\text{[kVA]}$$

여기서, P_n : 발전기 정격용량[kVA], e : 허용전압강하
 X_L : 과도리액턴스, P : 기동용량[kVA]

$$P_n \geq \left(\frac{1}{0.15}-1\right)\times 0.2\times 500 = 566.666 ≒ 566.67\text{kVA}$$

(나) 발전기용 **차단기**의 **용량**

$$P_s \geq \frac{P_n}{X_L}\times 1.25\text{(여유율)}$$

여기서, P_s : 발전기용 차단기의 용량[kVA]
 X_L : 과도리액턴스
 P_n : 발전기용량[kVA]

$$P_s \geq \frac{566.67}{0.2}\times 1.25 ≒ 3541\text{kVA} = 3.541\text{MVA} ≒ 3.54\text{MVA}$$

- 단서에서 여유율 **25%**를 계산하라고 하여 1.25를 추가로 곱하지 않도록 주의하라!
 왜냐하면 발전기용 차단기의 용량공식에 이미 여유율 25%가 적용되었기 때문이다.

$$P_s \geq \frac{566.67}{0.2}\times 1.25\times \cancel{1.25}$$

- 1000kVA=1MVA이므로 3541kVA=3.541MVA

☆☆☆ 문제 11

하나의 방호구역 내에 2 이상의 화재감지기회로를 설치하고 2 이상의 화재감지기회로가 동시에 감지되는 때에 설비가 작동하는 방식을 적용하는 소화설비 5가지를 쓰시오. (19.11.문11, 16.4.문11, 15.7.문16, 12.11.문7)

득점	배점
	5

○
○
○
○
○

해답 ① 분말소화설비
② 할론소화설비
③ 이산화탄소소화설비
④ 준비작동식 스프링클러설비
⑤ 할로겐화합물 및 불활성기체 소화설비

해설 (1) **송배선식**과 **교차회로방식**

구 분	송배선식	교차회로방식
목적	**감지기회로**의 **도통시험**을 용이하게 하기 위하여	감지기의 **오동작** 방지
원리	배선의 도중에서 분기하지 않는 방식	하나의 담당구역 내에 **2 이상**의 **감지기회로**를 설치하고 **2 이상**의 **감지기회로**가 **동시**에 **감지**되는 때에 설비가 작동하는 방식으로 회로방식이 **AND회로**에 해당된다.
적용설비	• 자동화재탐지설비 • 제연설비	• **분**말소화설비 • **할**론소화설비 • **이**산화탄소소화설비 • **준**비작동식 스프링클러설비 • **일**제살수식 스프링클러설비 • **할**로겐화합물 및 불활성기체 소화설비 • **부**압식 스프링클러설비 기억법 **분할이 준일할부**
가닥수 산정	종단저항을 수동발신기함 내에 설치하는 경우 **루프(loop)**된 곳은 **2가닥**, **기타 4가닥**이 된다. 수동발신기함 / 루프(loop) ∥ 송배선식 ∥	**말단**과 **루프(loop)**된 곳은 **4가닥**, **기타 8가닥**이 된다. 말단 / 수동발신기함 / 루프(loop) ∥ 교차회로방식 ∥

(2) **지하층 · 무창층** 등으로서 환기가 잘 되지 아니하거나 실내면적이 **40m²** 미만인 장소, 감지기의 부착면과 실내 바닥과의 거리가 **2.3m** 이하인 곳으로서 일시적으로 발생한 열 · 연기 또는 먼지 등으로 인하여 화재신호를 발신할 우려가 있는 장소에 설치가능한 감지기(교차회로방식의 적용이 필요없는 감지기)
① **불꽃**감지기
② **정온식 감지선형** 감지기
③ **분포형** 감지기
④ **복합형** 감지기
⑤ **광전식 분리형** 감지기
⑥ **아날로그방식**의 감지기
⑦ **다신호방식**의 감지기
⑧ **축적방식**의 감지기

기억법 **불정감 복분(복분자) 광아다축**

문제 12

피난구유도등의 설치높이와 표시면에 대하여 다음 각 물음에 답하시오. (13.11.문8)

득점	배점
	5

(가) 피난구유도등의 피난구 바닥으로부터의 설치높이를 쓰시오.

(나) 표시면의 색상을 쓰시오.

해답 (가) 1.5m 이상
(나) 녹색바탕에 백색문자

해설 (가) **설치높이**

설치높이	유도등 · 유도표지
1m 이하	• 복도통로유도등 • 계단통로유도등 • 통로유도표지
1.5m 이상	• 피난구유도등 • 거실통로유도등

• 1.5m 이하, 1.5m 이내 등으로 쓰지 않도록 주의할 것!

(나) **표시면**의 **색상**

피난구유도등	통로유도등
녹색바탕에 **백색문자**	**백색바탕**에 **녹색문자**

• **복도통로유도등 · 거실통로유도등 · 계단통로유도등**은 **통로유도등**의 종류로서 모두 **백색바탕**에 **녹색문자**를 사용하도록 되어 있다.

문제 13

자동화재탐지설비에서 정온식 감지선형 감지기의 설치기준에 대한 물음에 답하시오. (12.7.문11)

득점	배점
	6

(가) 감지기의 단자부와 마감고정금구와의 설치간격의 기준은?

(나) 감지기의 굴곡반경의 기준은?

(다) 1종 감지선형 감지기와 감지구역의 각 부분과의 수평거리 기준은? (단, 주요구조부는 내화구조이다.)

해답 (가) 10cm
(나) 5cm
(다) 4.5m

해설 **정온식 감지선형 감지기**의 **설치기준**(NFPC 203 7조 ③항 12호, NFTC 203 2.4.3.12)

(1) 정온식 감지선형 감지기의 거리기준

종 별 / 수평거리	1종		2종	
	내화구조	기타구조	내화구조	기타구조
감지기와 감지구역의 각 부분과의 수평거리	**4.5m** 이하	3m 이하	3m 이하	1m 이하

(2) 감지선형 감지기의 굴곡반경 : **5cm** 이상
(3) 단자부와 마감고정금구와의 설치간격 : **10cm** 이내
(4) **보조선**이나 **고정금구**를 사용하여 감지선이 늘어지지 않도록 설치할 것
(5) 케이블트레이에 감지기를 설치하는 경우에는 **케이블트레이 받침대**에 **마감금구**를 사용하여 설치할 것
(6) **창고**의 **천장** 등에 지지물이 적당하지 않는 장소에서는 **보조선**을 설치하고 그 보조선에 설치할 것
(7) 분전반 내부에 설치하는 경우 **접착제**를 이용하여 **돌기**를 바닥에 고정시키고 그 곳에 감지기를 설치할 것

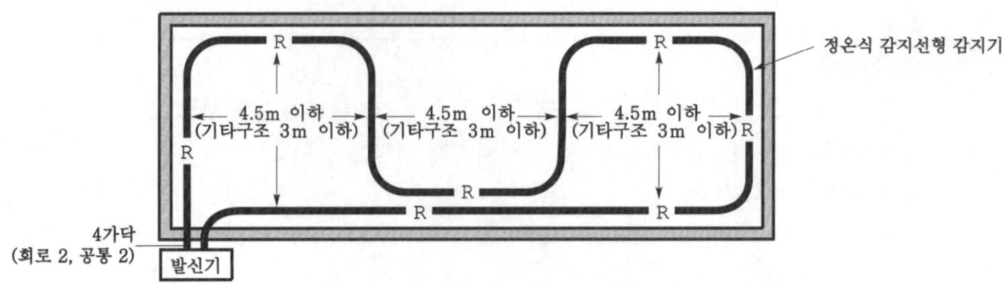

‖1종 정온식 감지선형 감지기‖

- '**기준**'이라고 질문하였으므로 "**이상, 이하, 이내**" 등은 쓰지 않아도 된다.
- 문제에서 단위가 주어지지 않았으므로 답에 **단위**를 반드시 써야 한다. 단위를 쓰지 않으면 틀린다.

☆☆☆

문제 14

자동화재탐지설비에 대한 다음 각 물음에 답하시오.

득점	배점
	8

(가) 연기감지기의 설치장소의 기준 3가지를 쓰시오.

○

○

○

(나) 스포트형 감지기를 부착시 몇 도 이상 경사되지 아니하여야 하는가?

(다) 공기관식 차동식 분포형 감지기의 공기관의 노출부분은 감지구역마다 몇 m 이상이 되도록 하여야 하는가?

해답 (가) ① 계단 · 경사로 및 에스컬레이터 경사로
② 복도(30m 미만 제외)
③ 천장 또는 반자의 높이가 15~20m 미만의 장소

(나) 45°

(다) 20m

해설 (가) **연기감지기**의 **설치장소**(NFPC 203 7조 ②항, NFTC 203 2.4.2)

① 계단 · 경사로 및 에스컬레이터 경사로
② 복도(**30m** 미만 제외)
③ 엘리베이터 승강로(권상기실이 있는 경우에는 권상기실) · 린넨슈트 · 파이프피트 및 덕트 기타 이와 유사한 장소
④ 천장 또는 반자의 높이가 **15~20m** 미만의 장소
⑤ 다음에 해당하는 특정소방대상물의 취침 · 숙박 · 입원 등 이와 유사한 용도로 사용되는 거실
㉠ **공**동주택 · **오**피스텔 · **숙**박시설 · **노**유자시설 · **수**련시설
㉡ 교육연구시설 중 **합숙소**
㉢ 의료시설, 근린생활시설 중 입원실이 있는 **의원** · **조산원**
㉣ **교**정 및 **군**사시설
㉤ 근린생활시설 중 **고시원**

기억법 **공오숙노수 합의조 교군고**

(나) **경사제한각도**

차동식 분포형 감지기	스포트형 감지기
5° 이상	45° 이상

(다) 공기관식 차동식 분포형 감지기의 공기관의 노출부분은 감지구역마다 **20m** 이상이 되도록 하여야 한다.

용어

린넨슈트(linen chute)
병원, 호텔 등에서 세탁물을 구분하여 실로 유도하는 통로

☆☆☆

문제 15

지하주차장에 준비작동식 스프링클러설비를 설치하고, 차동식 스포트형 감지기 2종을 설치하여 소화설비와 연동하는 감지기를 배선하고자 한다. 미완성 평면도를 참고하여 다음 각 물음에 답하시오. (단, 층고는 3.5m이며 내화구조이다.) (17.4.문3, 16.6.문14, 15.4.문3, 13.4.문10, 12.4.문15, 09.7.문1)

득점	배점
	6

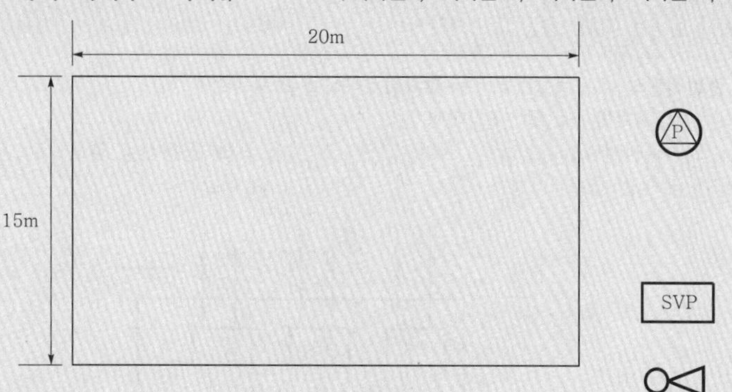

(가) 본 설비에 필요한 감지기 수량을 산출하시오.
- ○ 계산과정 :
- ○ 답 :

(나) 각 설비 및 감지기간 배선도를 평면도에 작성하고 배선에 필요한 가닥수를 표시하시오. (단, SVP와 준비작동밸브간의 공통선은 겸용으로 사용하지 않는다.)

해답

(가) ○ 계산과정 : $\frac{(20\times 15)}{70}=4.28 \fallingdotseq 5$

5×2개 회로$=10$개

○ 답 : 10개

(나)

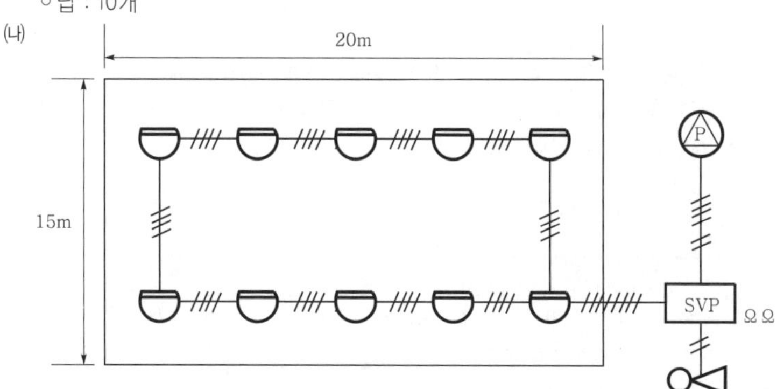

해설 (가) **감지기**의 **부착높이**에 따른 **바닥면적**(NFPC 203 7조, NFTC 203 2.4.3.9.1) (단위 : [m²])

부착높이 및 소방대상물의 구분		감지기의 종류				
		차동식 · 보상식 스포트형		정온식 스포트형		
		1종	2종	특 종	1종	2종
4m 미만	내화구조	90	▶ 70	70	60	20
	기타 구조	50	40	40	30	15
4m 이상 8m 미만	내화구조	45	35	35	30	−
	기타 구조	30	25	25	15	−

내화구조의 소방대상물로서 부착높이가 **4m** 미만의 **차동식 스포트형 2종** 감지기 1개가 담당하는 바닥면적은 **70m²**이므로

$\frac{(20\times15)}{70}=4.28 ≒ 5$

∴ 5×2개 회로=10개

- 문제에서 주어진 준비작동식은 교차회로방식을 적용하고, 교차회로방식은 2개 회로를 곱해야 한다.
- 이 설비는 **지하 1층**만 있으므로 감지기수량은 **10개**가 되는 것이다.

(나) ① **준비작동식** 스프링클러설비는 **교차회로방식**을 적용하여야 하므로 감지기회로의 배선은 **말단** 및 **루프**(loop)된 곳은 **4가닥**, 그 외는 **8가닥**이 된다.

② 준비작동식밸브(preaction valve)는 〔단서조건〕에 의해 **공통선**을 **겸용**으로 사용하지 **않으므로 6가닥**(밸브기동(SV) 2, 밸브개방확인(PS) 2, 밸브주의(TS) 2)이 필요하다.

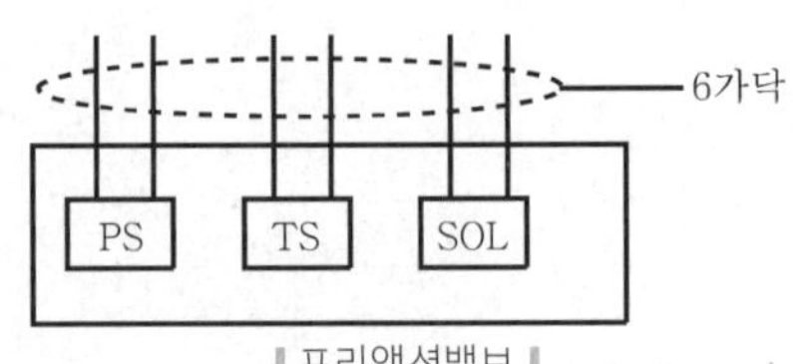

‖프리액션밸브‖

비교

SVP와 준비작동밸브간의 공통선을 겸용으로 사용하는 경우

※ **전선내역** : 4가닥(밸브기동(SV) 1, 밸브개방확인(PS) 1, 밸브주의(TS) 1, 공통 1)

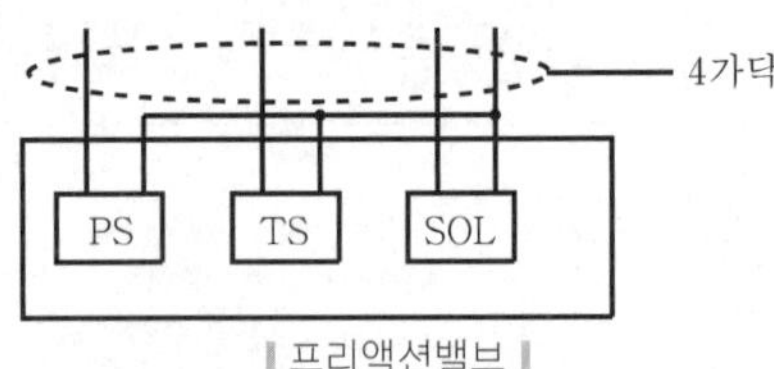

‖프리액션밸브‖

③ 사이렌(siren)은 **2가닥**이 필요하다.

④ 가로가 20m로서 세로보다 길기 때문에 감지기는 **가로**에 **5개**, **세로**에 **2개**를 배치하면 된다.

⑤ SVP 옆에 **종단저항 2개**(Ω Ω)도 반드시 표시하도록 하자! 종단저항 표시를 하지 않았다고 하여 틀릴 수도 있다. 종단저항표시는 Ω×**2**로 해도 된다.

중요

교차회로방식

구 분	설 명
정의	하나의 방호구역 내에 2 이상의 감지기회로를 설치하고 2 이상의 감지기회로가 동시에 감지되는 때에 설비가 작동되도록 하는 방식
적용설비	• **분**말소화설비 • **할**론소화설비 • **이**산화탄소소화설비 • **준**비작동식 스프링클러설비 • **일**제살수식 스프링클러설비 • **할**로겐화합물 및 불활성기체 소화설비 • **부**압식 스프링클러설비 기억법 **분할이 준일할부**

☆☆
문제 16

다음은 Y-△ 기동에 대한 시퀀스회로도이다. 그림을 보고 다음 각 물음에 답하시오. (97.1.문7)

득점	배점
	5

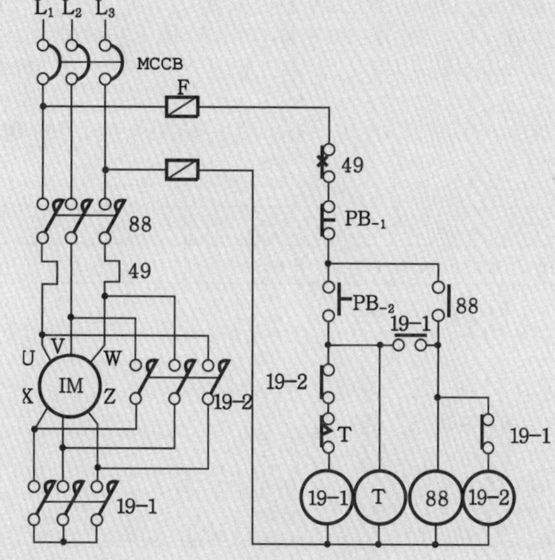

(가) 19－1과 19－2는 전자접촉기이다. 이것의 용도는 무엇인가?

○ 19－1 :

○ 19－2 :

(나) 그림에서 49(EOCR)는 어떤 계전기의 제어약호인가?

(다) MCCB는 무엇인가?(우리말로 쓰시오)

(라) 그림에서 (88) 은 어떤 용도의 전자접촉기인가?

해답 (가) ① 19－1(Y기동용)

② 19－2(△운전용)

(나) 전자식 과전류계전기

(다) 배선용 차단기

(라) 주전원 개폐용

해설 (가), (라)

19-1	19-2	88
Y결선 기동용	△결선 운전용	주전원 개폐용

(나)

EOCR	THR
전자식 과전류계전기 (Electronic Over Current Relay)	열동계전기 (THermal Relay)

• **'과전류계전기'**라고 답하면 틀린다. 정확히 **'전자식 과전류계전기'**라고 답하라!

중요

동작설명

(1) 이 회로는 전동기의 기동전류를 적게 하기 위하여 사용하는 방법으로 PB_{-2}를 누르면 19-1이 여자되고, T가 통전되며 전자접촉기 보조접점 19-1이 폐로되어 88이 여자된다. 또한 88접점이 폐로되어 자기유지된다.
(2) 이와 동시에 전자접촉기 주접점 88, 19-1이 닫혀 유도전동기는 Y결선으로 기동한다.
(3) 타이머의 설정시간 후 타이머의 한시동작 순시복귀 b접점이 개로되면 19-1이 소자되고 19-2가 여자되어 전동기는 △결선으로 운전된다.
(4) 운전 중 PB_{-1}을 누르거나 전동기에 과부하가 걸려 49가 작동하면 동작 중인 88, 19-1, 19-2, T가 모두 소자되고 전동기는 정지한다.

(다)

MCCB	ELB
배선용 차단기(**M**olded **C**ase **C**ircuit **B**reaker)	누전차단기(**E**arth **L**eakage **B**reaker)

중요

배선용 차단기의 특징

(1) 부하차단능력 우수
(2) 퓨즈가 필요 없으므로 **반영구적**으로 사용 가능
(3) **신뢰성**이 높다.
(4) 충전부가 케이스 내에 수용되어 안전
(5) **소형경량**

☆☆☆
문제 17

다음은 옥내소화전설비를 겸용한 자동화재탐지설비의 계통도이다. 기호 ㉮~㉲의 최소 전선가닥수를 쓰시오. (단, 옥내소화전은 기동용 수압개폐장치를 이용하는 방식을 채택하였다.) (11.11.문15)

득점	배점
	5

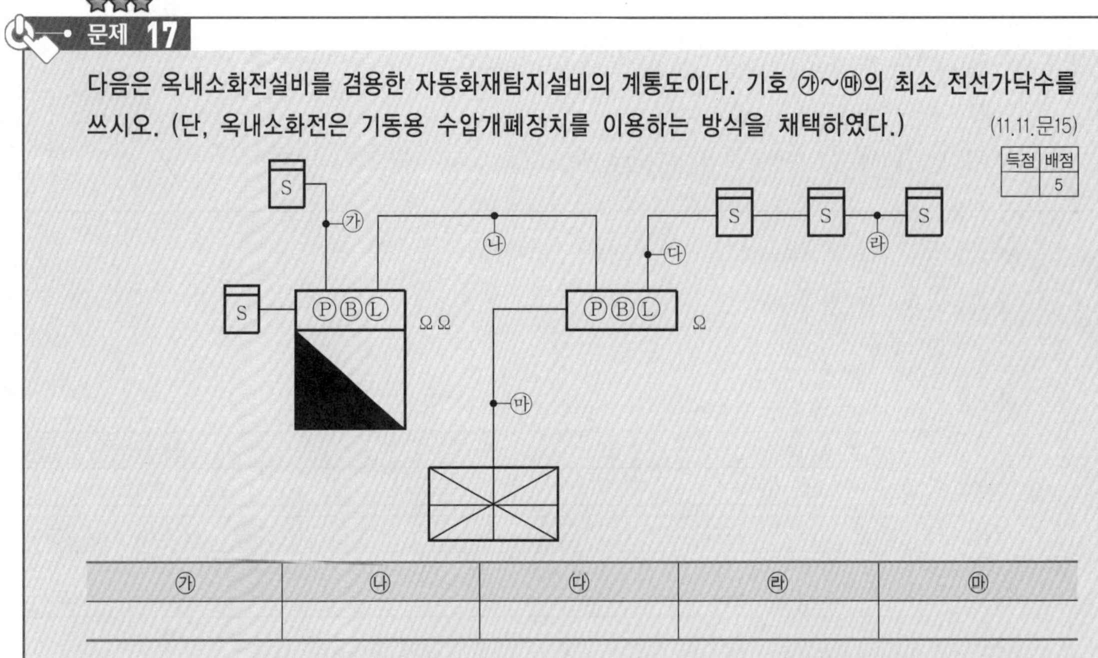

㉮	㉯	㉰	㉱	㉲

해답

㉮	㉯	㉰	㉱	㉲
4	9	4	4	10

해설

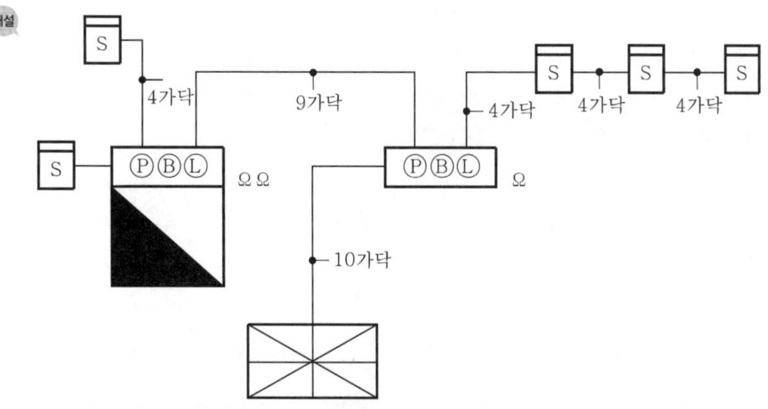

기 호	가닥수	내 역
㉮	4	회로선(2), 공통선(2)
㉯	9	회로선(2), 회로공통선(1), 경종선(1), 경종표시등공통선(1), 응답선(1), 표시등선(1), 기동확인표시등(2)
㉰	4	회로선(2), 공통선(2)
㉱	4	회로선(2), 공통선(2)
㉲	10	회로선(3), 회로공통선(1), 경종선(1), 경종표시등공통선(1), 응답선(1), 표시등선(1), 기동확인표시등(2)

• 면적도 주어지지 않고  및 ⓅⒷⓁ 가 한 층에 설치되어 있어 11층 이하로 볼 수 있으므로 **일제경보방식**이다.

• 문제에서 기동용 수압개폐방식(**자동기동방식**)도 주의하여야 한다. 옥내소화전함이 **기동용 수압개폐장치**를 이용한 방식(**자동기동방식**)이므로 감지기배선을 제외한 간선에 '**기동확인표시등 2**'가 추가로 사용되어야 한다. 특히, 옥내소화전배선은 구역에 따라 가닥수가 늘어나지 않는 것에 주의하라!

중요

발화층 및 직상 4개층 우선경보방식과 **일제경보방식**

발화층 및 직상 4개층 우선경보방식	일제경보방식
• 화재시 **안전**하고 **신속**한 **인명**의 **대피**를 위하여 화재가 발생한 층과 **인근층부터** 우선하여 별도로 **경보**하는 방식 • **11층**(공동주택 **16층**) 이상인 특정소방대상물	• **소규모 특정소방대상물**에서 화재발생시 **전층**에 **동시**에 **경보**하는 방식

☆☆

문제 18

다음 표는 어느 15층 건물의 자동화재탐지설비의 공사에 소요되는 자재물량이다. 주어진 조건 및 품셈을 이용하여 ①~⑰의 빈칸을 채우시오. (단, 주어진 도면은 1층의 평면도이며 모든 층의 구조는 동일하다.)

(19.4.문2, 16.11.문2, 산업14.11.문16, 10.10.문1)

득점	배점
	10

〔조건〕

ㅇ본 방호대상물은 이중천장이 없는 구조이다.

ㅇ공량산출시 내선전공의 단위공량은 첨부된 품셈표에서 찾아 적용한다.

ㅇ배관공사는 콘크리트 매입으로 전선관은 후강전선관을 사용한다.

○ 감지기 취부는 매입 콘크리트박스에 직접 취부하는 것으로 한다.
○ 감지기간 전선은 1.5mm^2 전선, 감지기간 배선을 제외한 전선은 2.5mm^2 전선을 사용한다.
○ 아우트렛 박스(outlet box)는 내선전공공량 산출에서 제외한다.
○ 내선전공 1인의 1일 최저 노임단가는 100000원으로 책정한다.

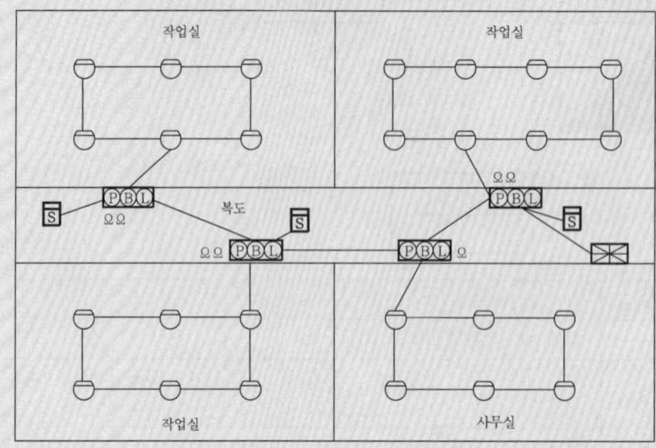

품 명	수 량	단 위	공량계(인)	공량합계(인)
수신기	1	대	(①)	(⑭)
발신기세트	(②)	개	(③)	
연기감지기	(④)	개	(⑤)	
차동식 감지기	(⑥)	개	(⑦)	
후강전선관(16mm)	1000	M	(⑧)	
후강전선관(22mm)	430	M	(⑨)	
후강전선관(28mm)	50	M	(⑩)	
후강전선관(36mm)	30	M	(⑪)	
전선(1.5mm^2)	4500	M	(⑫)	
전선(2.5mm^2)	1500	M	(⑬)	
직접노무비				(⑮)
공구손료(3%)				(⑯)
공구손료를 고려한 공사비 합계(원)				(⑰)

품 명	단 위	내선전공 공량	품 명	단 위	내선전공 공량
P형 수신기(기본 공수)	대	6	후강전선관(36mm)	M	0.2
P형 수신기 회선당 할증	회선	0.3	전선 1.5mm^2	M	0.01
부수신기(기본 공수)	대	3.0	전선 2.5mm^2	M	0.01
아우트렛 박스	개	0.2	발신기세트	개	0.9
후강전선관(16mm)	M	0.08	연기감지기	개	0.13
후강전선관(22mm)	M	0.11	차동식 스포트형 감지기	개	0.13
후강전선관(28mm)	M	0.14			

해답

품 명	수 량	단 위	공량계(인)	공량합계(인)
수신기	1	대	(6+(105×0.3)=37.5)	(37.5+54+5.85+50.7+80+47.3+7 +6+45+15=348.35)
발신기세트	(60)	개	(60×0.9=54)	
연기감지기	(45)	개	(45×0.13=5.85)	
차동식 감지기	(390)	개	(390×0.13=50.7)	
후강전선관(16mm)	1000	M	(1000×0.08=80)	
후강전선관(22mm)	430	M	(430×0.11=47.3)	
후강전선관(28mm)	50	M	(50×0.14=7)	
후강전선관(36mm)	30	M	(30×0.2=6)	
전선(1.5mm^2)	4500	M	(4500×0.01=45)	
전선(2.5mm^2)	1500	M	(1500×0.01=15)	
직접노무비				(348.35×100000=34835000원)
공구손료(3%)				(34835000×0.03=1045050)
공구손료를 고려한 공사비 합계(원)				(34835000+1045050=35880050)

해설

품 명	수 량	단 위	내선전공공량	공량계(인)	공량합계(인)
수신기	1	대	6 (회선당 0.3 할증)	(① 6+(105×0.3)=37.5인)	(⑭ 공량계의 합 : 37.5+54+5.85+50.7+80+47.3+7 +6+45+15 =348.35인)
발신기세트	(② 4개×15층=60개)	개	0.9	(③ 60×0.9=54인)	
연기감지기	(④ 3개×15층=45개)	개	0.13	(⑤ 45×0.13=5.85인)	
차동식 감지기	(⑥ 26개×15층=390개)	개	0.13	(⑦ 390×0.13=50.7인)	
후강전선관(16mm)	1000	M	0.08	(⑧ 1000×0.08=80인)	
후강전선관(22mm)	430	M	0.11	(⑨ 430×0.11=47.3인)	
후강전선관(28mm)	50	M	0.14	(⑩ 50×0.14=7인)	
후강전선관(36mm)	30	M	0.2	(⑪ 30×0.2=6인)	
전선(1.5mm^2)	4500	M	0.01	(⑫ 4500×0.01=45인)	
전선(2.5mm^2)	1500	M	0.01	(⑬ 1500×0.01=15인)	
직접노무비					(⑮ 348.35인×100000원 =34835000원)
공구손료(3%)					(⑯ 34835000원×0.03 =1045050원)
공구손료를 고려한 공사비 합계(원)					(⑰ 직접노무비+공구손료 : 34835000원+1045050원 =35880050원)

① 한 층당 7회선이므로, **7회선×15층=105회선**이 된다.(회선은 종단저항개수를 세어보면 쉽게 알 수 있다.)
⑭ 공량합계=공량계의 합이므로 **공량계**를 모두 더하면 된다.
⑯ 공구손료=직접노무비×0.03(3%)=34835000원×0.03=1045050원
⑰ 공구손료를 고려한 공사비 합계=직접노무비+공구손료=34835000원+1045050원=35880050원

용어

공구손료
공구를 사용하는 데 따른 손실비용으로 직접 노무비의 **3%**까지 적용한다.

2014. 11. 1 시행

▌2014년 기사 제4회 필답형 실기시험▐

자격종목	시험시간	형별	수험번호	성명	감독위원 확인
소방설비기사(전기분야)	**3시간**				

※ 다음 물음에 답을 해당 답란에 답하시오.(배점 : 100)

☆

문제 01

누전경보기의 구성요소 4가지와 각각의 기능에 대하여 답란에 쓰시오. (19.4.문4)

득점	배점
	4

구성요소	기 능

해답

구성요소	기 능
영상변류기	누설전류 검출
수신기	누설전류 증폭
음향장치	누전시 경보발생
차단기(차단릴레이 포함)	과부하시 전원차단

해설 **누전경보기**의 **구성요소**

(1) **4가지로 구분하는 방법**

구성요소	기 능
영상변류기(ZCT)	누설전류 검출
수신기	누설전류 증폭
음향장치	누전시 경보발생
차단기(차단릴레이 포함)	과부하시 전원차단

- **'차단기(차단릴레이 포함)'**를 **'차단릴레이'**라고 답하는 사람도 있다. 차단릴레이도 옳을 수 있지만 **차단기(차단릴레이 포함)**라고 정확히 답하자.

(2) **2가지로 구분하는 방법**

용 어	설 명
수신부	변류기로부터 검출된 **신호**를 **수신**하여 누전의 발생을 해당 소방대상물의 **관계인**에게 **경보**하여 주는 것(**차단기구**를 갖는 것 포함)
변류기	경계전로의 **누설전류**를 자동적으로 **검출**하여 이를 누전경보기의 수신부에 송신하는 것

- 누전경보기의 구성요소는 4가지로 구분하는 방법과 2가지로 구분하는 방법이 있는데 이 중에서 **2가지로 구분하는 방법**이 법 규정에 의해 더 **정확**하다고 볼 수 있다. 참고로 알아두길 바란다.

☆☆ 문제 02

자동화재탐지설비의 감지기 설치기준 중 축적기능이 있는 감지기 2가지와 축적기능이 없는 감지기를 사용하는 경우 3가지를 쓰시오.

득점	배점
	5

(가) 축적기능이 있는 감지기를 사용하는 경우
- ○
- ○

(나) 축적기능이 없는 감지기를 사용하는 경우
- ○
- ○
- ○

해답 (가) 축적기능이 있는 감지기를 사용하는 경우
① 지하층 · 무창층으로 환기가 잘 되지 않는 장소
② 실내면적이 40m^2 미만인 장소

(나) 축적기능이 없는 감지기를 사용하는 경우
① 축적형 수신기에 연결 사용
② 교차회로방식에 사용
③ 급속한 연소확대가 우려되는 장소

해설 **축적형 감지기**(NFPC 203 5 · 7조, NFTC 203 2.2.2, 2.4.3)

설치장소 (축적기능이 있는 감지기를 사용하는 경우)	설치제외장소 (축적기능이 없는 감지기를 사용하는 경우)
① **지하층 · 무창층**으로 환기가 잘 되지 않는 장소 ② 실내면적이 **40m^2** 미만인 장소 ③ 감지기의 부착면과 실내 바닥의 거리가 **2.3m 이하**인 장소로서 일시적으로 발생한 열 · 연기 · 먼지 등으로 인하여 감지기가 화재신호를 발신할 우려가 있는 때 기억법 지423축	① **축적형 수신기**에 연결하여 사용하는 경우 ② **교차회로방식**에 사용하는 경우 ③ **급속**한 **연소확대**가 우려되는 장소 기억법 축교급외

중요

(1) **감지기**

종 류	설 명
다신호식 감지기	1개의 감지기 내에서 다음과 같다. ① 각 서로 다른 종별 또는 감도 등의 기능을 갖춘 것으로서 일정 시간 간격을 두고 각각 다른 2개 이상의 화재신호를 발하는 감지기 ② 동일 종별 또는 감도를 갖는 2개 이상의 센서를 통해 감지하여 화재신호를 각각 발신하는 감지기
아날로그식 감지기	주위의 온도 또는 연기의 양의 변화에 따른 화재정보신호값을 출력하는 방식의 감지기
축적형 감지기	일정 농도 · 온도 이상의 연기 또는 온도가 일정 시간(공칭축적시간) 연속하는 것을 전기적으로 검출함으로써 작동하는 감지기(단, 단순히 작동시간만을 지연시키는 것 제외)
재용형 감지기	**다시 사용**할 수 있는 성능을 가진 감지기

(2) **지하층 · 무창층** 등으로서 환기가 잘 되지 아니하거나 실내면적이 **40m^2** 미만인 장소, 감지기의 부착면과 실내 바닥과의 거리가 **2.3m** 이하인 곳으로서 일시적으로 발생한 열 · 연기 또는 먼지 등으로 인하여 화재신호를 발신할 우려가 있는 장소에 설치가능한 감지기

① **불꽃**감지기 ② **정온식 감지선형** 감지기
③ **분포형** 감지기 ④ **복합형** 감지기
⑤ **광전식 분리형** 감지기 ⑥ **아날로그방식**의 감지기
⑦ **다신호방식**의 감지기 ⑧ **축적방식**의 감지기

기억법 불정감 복분(복분자) 광아다축

☆
문제 03

연결송수관설비의 가압송수장치에 대한 다음 물음에 답하고 (   ) 안을 완성하시오.

득점	배점
	5

(가) 지표면에서 최상층 방수구의 높이가 몇 m 이상의 특정소방대상물에는 연결송수관설비의 가압송수장치를 설치하여야 하는가?
(나) 송수구로부터 (①) 이내의 보기 쉬운 장소에 바닥으로부터 높이(②)로 설치할 것
(다) (③) 이상의 강판함에 수납하여 설치하고 "연결송수관설비 수동스위치"라고 표시한 표지를 부착할 것. 이 경우 문짝은 (④)로 설치할 수 있다.

해답 (가) 70m
(나) ① 5m　② 0.8m 이상 1.5m 이하
(다) ③ 1.5mm　④ 불연재료

해설 **연결송수관설비 가압송수장치의 설치기준**(NFPC 502 8조, NFTC 502 2.5)
(1) 지표면에서 최상층 방수구의 높이 **70m** 이상에 설치
(2) 송수구로부터 **5m** 이내의 보기 쉬운 장소에 바닥으로부터 높이 **0.8~1.5m 이하**로 설치
(3) **1.5mm** 이상의 강판함에 수납하여 설치하되 문짝은 **불연재료**로 설치

- 소방전기시험인데 소방기계 문제가 출제되어서 좀 당황하셨겠어요?ㅠㅠ 그 마음 충분히 이해합니다.
- (나), (다) 문제에서 단위가 주어지지 않았으므로 답란에 **단위** 및 **이상**, **이하**도 반드시 적어야 한다.

☆
문제 04

대형 피난유도등을 바닥에서 2m 되는 곳에서 점등하였을 때 바닥면의 조도가 20lx로 측정되었다. 유도등을 0.5m 밑으로 내려서 설치할 경우의 바닥면의 조도는 몇 lx가 되는지 계산하시오.
○ 계산과정 :
○ 답 :

득점	배점
	5

해답 ○ 계산과정 : $20 : E_a = \frac{1}{2^2} : \frac{1}{1.5^2}$

$$E_a \times \frac{1}{2^2} = 20 \times \frac{1}{1.5^2}$$

$$E_a = 35.555 ≒ 35.56\text{lx}$$

○ 답 : 35.56lx

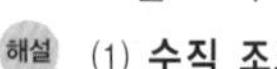

해설 (1) **수직 조도**

$$E = \frac{I}{r^2}$$

여기서, E : 수직 조도[lx]
I : 광도[cd]
r : 거리[m]

(2) 0.5m 밑으로 내렸을 때의 **a점 조도**

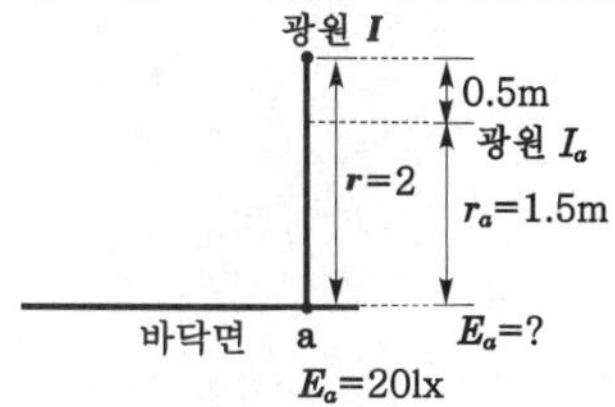

$$E_a = \frac{I_a}{{r_a}^2}$$

여기서, E_a : a점의 조도[lx]

I : 광도[cd]

r : 거리[m]

$$E_a = \frac{I_a}{{r_a}^2} \propto \frac{1}{{r_a}^2}$$

$$E : E_a = \frac{1}{r^2} : \frac{1}{{r_a}^2}$$

$$20 : E_a = \frac{1}{2^2} : \frac{1}{1.5^2}$$

$$E_a \times \frac{1}{2^2} = 20 \times \frac{1}{1.5^2}$$

$$E_a = 20 \times \frac{1}{1.5^2} \times 2^2 = 35.555 ≒ 35.56\text{lx}$$

비교

경사 조도

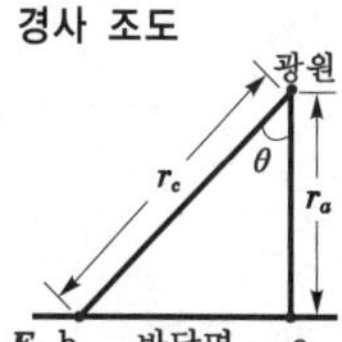

$$E_b = \frac{I\cos\theta}{{r_c}^2} = \frac{I\left(\frac{r_a}{r_c}\right)}{{r_c}^2}$$

여기서, E_b : b점의 조도[lx]

I : 광도[cd]

θ : 각도[°]

r_a : 수직거리[m]

r_c : 경사거리[m]

비교문제

바닥으로부터 높이 1m의 위치에 복도통로유도등을 설치한 경우 a점의 조도가 2lx일 때 바로 밑의 바닥으로부터 수평으로 0.5m 떨어진 지점의 b점의 조도는 몇 lx인가?

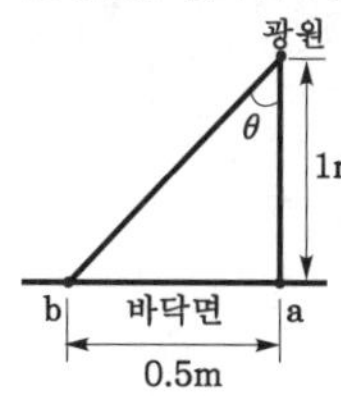

○ 계산과정 :

○ 답 :

해답 ○ 계산과정 : $I = 2 \times 1^2 = 2\text{cd}$

$$r_c = \sqrt{1^2 + 0.5^2} ≒ 1.118\text{m}$$

$$E_b = \frac{2 \times \frac{1}{1.118}}{1.118^2} = 1.431 ≒ 1.43\,\text{lx}$$

○ 답 : 1.43lx

해설 (1) **a점**의 **조도**

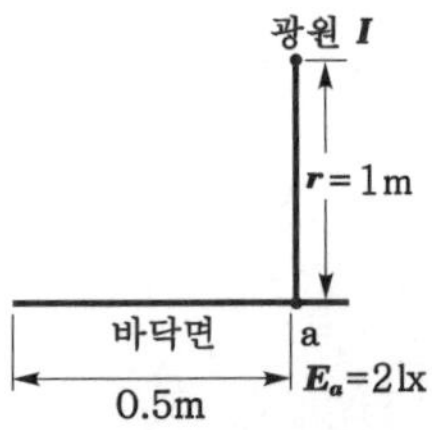

$$E_a = \frac{I}{r^2}$$

여기서, E_a : a점의 조도〔lx〕
I : 광도〔cd〕
r : 거리〔m〕

광도 I 는

$I = E_a r^2 = 2 \times 1^2 = 2\text{cd}$

(2) **b점**의 **조도**

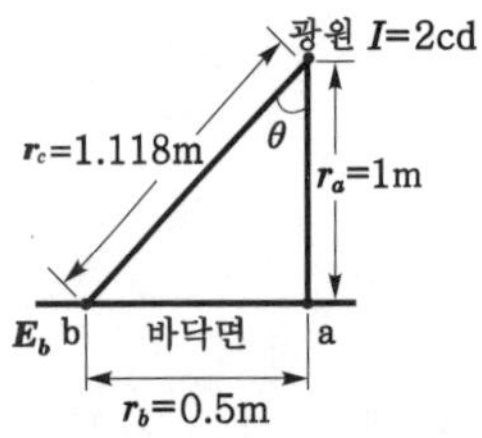

$$E_b = \frac{I\cos\theta}{{r_c}^2} = \frac{I\left(\frac{r_a}{r_c}\right)}{{r_c}^2}$$

여기서, E_b : b점의 조도〔lx〕
I : 광도〔cd〕
θ : 각도〔°〕
r_a : 수직거리〔m〕
r_b : 수평거리〔m〕
r_c : 경사거리〔m〕

피타고라스 정리에 의해

$r_c = \sqrt{{r_a}^2 + {r_b}^2} = \sqrt{1^2 + 0.5^2} ≒ 1.118\text{m}$

b점의 **조도** E_b 는

$$E_b = \frac{I\left(\frac{r_a}{r_c}\right)}{{r_c}^2} = \frac{2 \times \frac{1}{1.118}}{1.118^2} = 1.431 ≒ 1.43\text{lx}$$

• **조도** : 빛이 조명된 면에 닿는 정도를 말한다.

☆☆☆
문제 05

자동화재탐지설비에 사용되는 감지기의 절연저항시험을 하려고 한다. 사용기기와 판정기준은 무엇인가? (단, 감지기의 절연된 단자간의 절연저항 및 단자와 외함간의 절연저항이며 정온식 감지선형 감지기는 제외한다.) (19.11.문1)

ㅇ사용기기 :

ㅇ판정기준 :

득점	배점
	4

해답 ① 사용기기 : 직류 500V 절연저항계
② 판정기준 : 50MΩ 이상

해설 **절연저항시험**(절대! 절대! 중요)

절연저항계	절연저항	대 상
직류 250V	0.1MΩ 이상	• 1경계구역의 절연저항
직류 500V	5MΩ 이상	• 누전경보기 • 가스누설경보기 • 수신기 • 자동화재속보설비 • 비상경보설비 • 유도등(교류입력측과 외함간 포함) • 비상조명등(교류입력측과 외함간 포함)
	20MΩ 이상	• 경종 • 발신기 • 중계기 • 비상콘센트 • 기기의 절연된 선로간 • 기기의 충전부와 비충전부간 • 기기의 교류입력측과 외함간(유도등 · 비상조명등 제외)
	50MΩ 이상	• **감지기**(정온식 감지선형 감지기 제외) • 가스누설경보기(10회로 이상) • 수신기(10회로 이상)
	1000MΩ 이상	• 정온식 감지선형 감지기

☆☆
문제 06

단독경보형 감지기의 설치기준이다. (   ) 안에 들어갈 알맞은 내용을 채우시오. (16.4.문3)

득점	배점
	5

ㅇ각 실마다 설치하되, 바닥면적 (①)m^2를 초과하는 경우에는 (①)m^2마다 1개 이상을 설치하여야 한다.

ㅇ각 실(이웃하는 실내의 바닥면적이 각각 (②)이고 벽체 상부의 전부 또는 일부가 개방되어 이웃하는 실내와 공기가 상호유통되는 경우에는 이를 (③)의 실로 본다.

ㅇ(④)를 주전원으로 사용하는 단독경보형 감지기는 정상적인 작동상태를 유지할 수 있도록 (④)를 교환할 것

ㅇ상용전원을 주전원으로 사용하는 단독경보형 감지기의 (⑤)는 제품검사에 합격한 것을 사용할 것

해답 ① 150
② $30m^2$ 미만
③ 1개
④ 건전지
⑤ 2차 전지

해설 **단독경보형 감지기**의 **설치기준**(NFPC 201 5조, NFTC 201 2.2.1)

(1) 각 실(이웃하는 실내의 바닥면적이 각각 **$30m^2$ 미만**이고 벽체 상부의 전부 또는 일부가 개방되어 이웃하는 실내와 공기가 상호유통되는 경우에는 이를 **1개**의 실로 본다)마다 설치하되, 바닥면적 **$150m^2$**를 초과하는 경우에는 **$150m^2$**마다 1개 이상을 설치할 것
(2) 최상층의 계단실의 천장(**외기**가 **상통**하는 **계단실**의 경우 제외)에 설치할 것
(3) 건전지를 주전원으로 사용하는 단독경보형 감지기는 정상적인 작동상태를 유지할 수 있도록 **건전지**를 교환할 것
(4) 상용전원을 주전원으로 사용하는 단독경보형 감지기의 **2차 전지**는 제품검사에 합격한 것을 사용할 것

중요

단독경보형 감지기의 구성
(1) 시험버튼
(2) 음향장치
(3) 작동표시장치

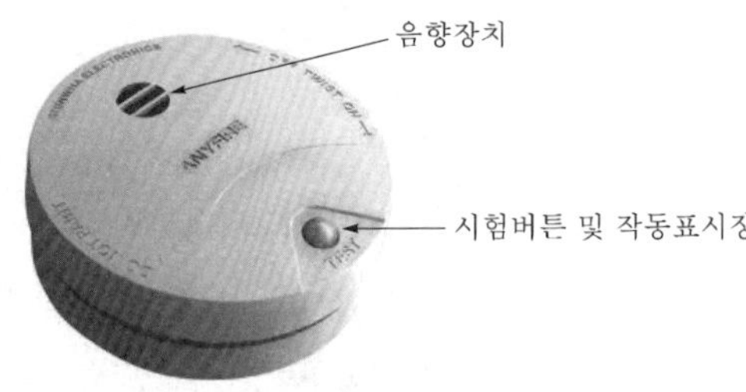

‖ 단독경보형 감지기 ‖

☆☆☆
문제 07

비상방송설비가 설치된 지하 2층, 지상 11층 내화구조로 된 업무용 건물이 있다. 다음 각 물음에 답하시오.

(12.11.문6)

득점	배점
	6

(가) 확성기의 음성입력은 몇 W 이상이어야 하는가?
(나) 기동장치에 의한 화재신고를 수신한 후 필요한 음량으로 방송이 개시될 때까지의 소요시간은 몇 초 이하로 하여야 하는가?
(다) 경보방식은 어떤 방식으로 하여야 하는지 그 방식을 쓰고, 그 방식의 발화층에 대한 경보층의 구체적인 경우를 3가지로 구분하여 설명하시오.
○ 경보방식 :
○ 발화층에 대한 경보층의 구체적인 경우 :

발화층	경보를 발하는 층
2층 이상	
1층	
지하층	

해답 (가) 실내 1W 이상, 실외 3W 이상

(나) 10초

(다) ① 경보방식 : 발화층 및 직상 4개층 우선경보방식

② 발화층에 대한 경보층의 구체적인 경우

발화층	경보를 발하는 층
2층 이상	발화층, 직상 4개층
1층	발화층, 직상 4개층, 지하층
지하층	발화층, 직상층, 기타의 지하층

해설 **비상방송설비**의 **설치기준**(NFPC 202 4조, NFTC 202 2.1.1)

① 확성기의 음성입력은 **3W**(실내는 **1W**) 이상일 것

② 음량조정기의 배선은 **3선식**으로 할 것

③ 기동장치에 의한 **화재신고**를 수신한 후 필요한 음량으로 방송이 개시될 때까지의 소요시간은 **10초** 이하로 할 것

④ 조작부의 조작스위치는 바닥으로부터 **0.8~1.5m** 이하의 높이에 설치할 것

기 기	설치높이
기타 기기	바닥에서 **0.8~1.5m** 이하
시각경보장치	바닥에서 **2~2.5m** 이하(단, 천장의 높이가 **2m 이하**인 경우에는 천장으로부터 **0.15m 이내**의 장소에 설치)

⑤ 다른 전기회로에 의하여 **유도장애**가 생기지 아니하도록 할 것

⑥ 확성기는 **각 층**마다 설치하되, 각 부분으로부터의 **수평거리**는 **25m** 이하일 것

⑦ **발화층** 및 **직상 4개층 우선경보방식** : 화재시 원활한 대피를 위하여 위험한 층(발화층 및 직상 4개층)부터 우선적으로 경보하는 방식

발화층	경보층	
	11층(공동주택 16층) 미만	11층(공동주택 16층) 이상
2층 이상 발화	전층 일제경보	• 발화층 • 직상 4개층
1층 발화		• 발화층 • 직상 4개층 • 지하층
지하층 발화		• 발화층 • 직상층 • 기타의 지하층

- (가) 문제에서 '**업무용 건물**'이라고 제시하고 있지만 **확성기**는 건물의 **실내** 또는 **실외**에 설치할 수 있으므로 이 문제에서처럼 실내, 실외를 명시하지 않은 경우 **실내**, **실외**를 **모두 답**하는 것이 정답이다.
- (나) 문제의 조건에서 일제경보방식, 우선경보방식에 대한 조건이 없지만 지하 2층, 지상 11층이라고 주어졌고 비상방송설비의 설치대상을 보면 아래 3가지 조건 중 하나의 경우에 비상방송설비를 설치하여야 한다. 문제에서 11층 이상이므로 **발화층** 및 **직상 4개층 우선경보방식**이 옳은 답이다.

  비상방송설비의 **설치대상**(소방시설법 시행령 [별표 4])
  ① 연면적 **3500m²** 이상
  ② **11층** 이상(지하층 제외)
  ③ **지하 3층** 이상

- (다) '**직상 4개층 우선경보방식**'으로 답하는 것보다 '**발화층 및 직상 4개층 우선경보방식**'이 보다 정확한 답이다.

☆☆
문제 08

비상용 조명부하에 연축전지를 설치하고자 한다. 주어진 조건과 표, 그림을 참고하여 연축전지의 용량〔Ah〕을 구하시오. (단, 2016년 건축전기설비 설계기준에 의할 것) (16.6.문7, 11.5.문7)

득점	배점
	5

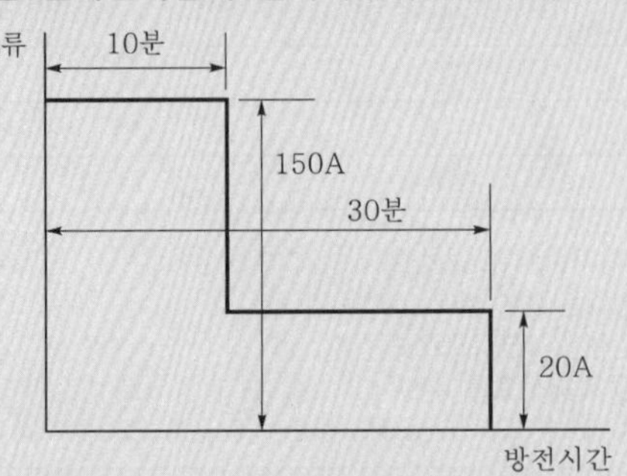

〔조건〕
- ○ 허용전압 최고 : 120V, 최저 : 88V
- ○ 부하정격전압 : 100V
- ○ 형식 : CS형
- ○ 최저허용전압〔V/셀〕 : 1.7V
- ○ 보수율 : 0.8
- ○ 최저 축전지온도 : 5℃
- ○ 최저 축전지온도에서 용량환산시간

형 식	온도〔℃〕	10분			30분		
		1.6V	1.7V	1.8V	1.6V	1.7V	1.8V
CS	25	0.8	1.06	1.42	1.07	1.35	1.65
	5	1.1	1.26	1.8	1.43	1.55	2.08
	−5	1.25	1.5	2.25	1.65	1.85	2.63
HS	25	0.58	0.7	0.93	0.81	0.92	1.16
	5	0.62	0.74	1.05	0.87	0.98	1.30
	−5	0.68	0.82	1.15	0.94	1.09	1.42

○ 계산과정 :
○ 답 :

해답

○ 계산과정 : $C_1 = \dfrac{1}{0.8} \times 1.26 \times 150 = 236.25\text{Ah}$

$C_2 = \dfrac{1}{0.8} \times 1.55 \times 20 = 38.75\text{Ah}$

○ 답 : 236.25Ah

해설

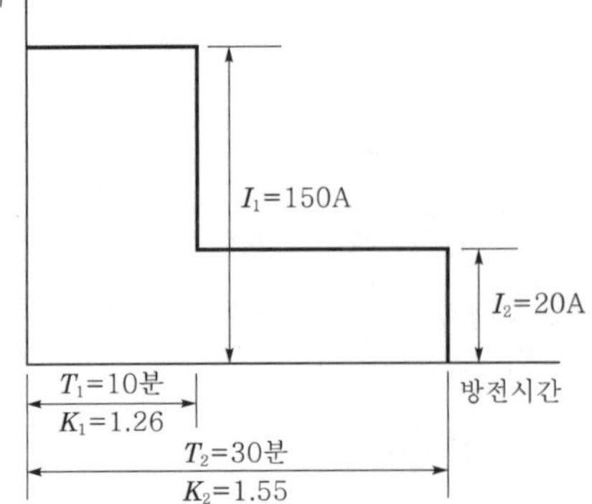

방전시간은 각각 **10분**과 **30분**, 최저허용전압 **1.7V**, **CS형**, 최저축전지온도 **5℃**이므로 K_1 **=1.26**, K_2 **=1.55**가 된다.

형 식	온도[℃]	10분			30분		
		1.6V	1.7V	1.8V	1.6V	1.7V	1.8V
CS	25	0.8	1.06	1.42	1.07	1.35	1.65
	5	1.1	1.26	1.8	1.43	1.55	2.08
	−5	1.25	1.5	2.25	1.65	1.85	2.63
HS	25	0.58	0.7	0.93	0.81	0.92	1.16
	5	0.62	0.74	1.05	0.87	0.98	1.30
	−5	0.68	0.82	1.15	0.94	1.09	1.42

축전지의 **용량 산출**

$$C = \frac{1}{L}KI$$

여기서, C: 축전지의 용량[Ah], L: 용량저하율(보수율), K: 용량환산시간[h], I: 방전전류[A]

(1) 식

$C_1 = \frac{1}{L}K_1I_1 = \frac{1}{0.8}\times 1.26\times 150 = 236.25$Ah

(2) 식

$C_2 = \frac{1}{L}K_2I_2 = \frac{1}{0.8}\times 1.55\times 20 = 38.75$Ah

(1)식과 (2)식 중 큰 값인 **236.25Ah** 선정

중요

축전지용량 산정

(1) **시간에 따라 방전전류가 감소하는 경우**

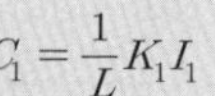

① $C_1 = \frac{1}{L}K_1I_1$

② $C_2 = \frac{1}{L}K_2I_2$

③ $C_3 = \frac{1}{L}K_3I_3$

셋 중 큰 값

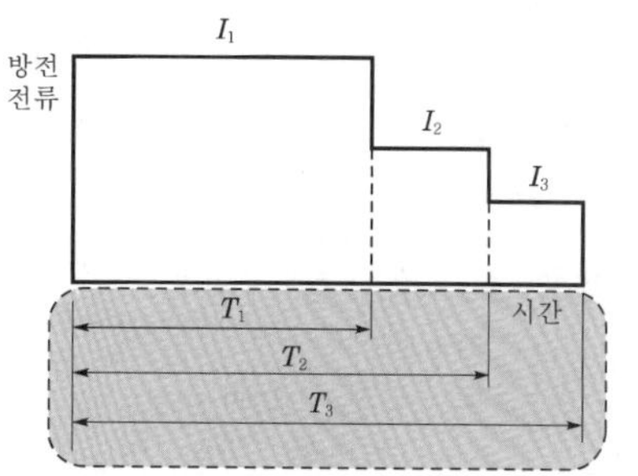

여기서, C: 축전지의 용량[Ah]
L: 용량저하율(보수율)
K: 용량환산시간[h]
I: 방전전류[A]

(2) **시간에 따라 방전전류가 증가하는 경우**

$$C = \frac{1}{L}[K_1I_1 + K_2(I_2 - I_1) + K_3(I_3 - I_2)]$$

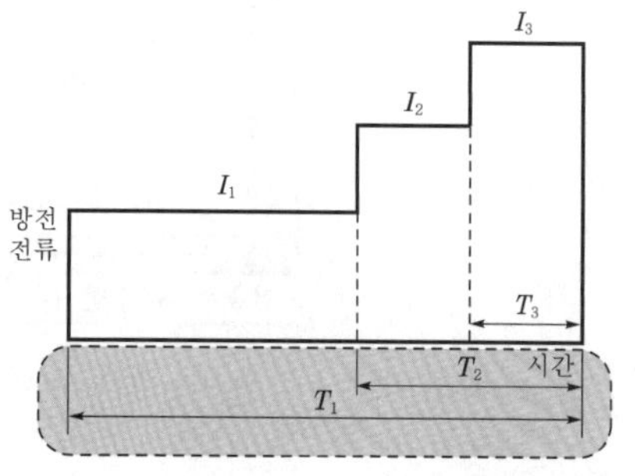

여기서, C: 축전지의 용량[Ah]
L: 용량저하율(보수율)
K: 용량환산시간[h]
I: 방전전류[A]

* 출처 : 2016년 건축전기설비 설계기준

예외규정

시간에 따라 **방전전류**가 **증가**하는 경우

$$C = \frac{1}{L}(K_1 I_1 + K_2 I_2 + K_3 I_3)$$

여기서, C : 축전지의 용량〔Ah〕
L : 용량저하율(보수율)
K : 용량환산시간〔h〕
I : 방전전류〔A〕

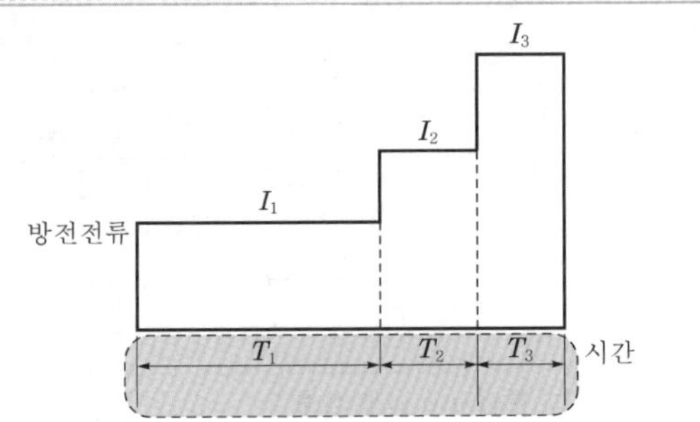

☆☆☆

문제 09

어느 특정소방대상물에 자동화재탐지설비용 공기관식 차동식 분포형 감지기를 설치하려고 한다. 다음 각 물음에 답하시오. (19.11.문5, 11.5.문14)

득점	배점
	5

(가) 공기관의 노출 부분은 감지구역마다 몇 m 이상으로 하여야 하는가?
(나) 하나의 검출 부분에 접속하는 공기관의 길이는 몇 m 이하로 하여야 하는가?
(다) 공기관과 감지구역의 각 변과의 수평거리는 몇 m 이하이어야 하는가?
(라) 공기관 상호간의 거리는 몇 m 이하이어야 하는가? (단, 주요구조부가 비내화구조이다.)
(마) 공기관의 두께와 바깥지름은 각각 몇 mm 이상인가?
○ 두께 :
○ 바깥지름 :

해답 (가) 20m 이상
(나) 100m 이하
(다) 1.5m 이하
(라) 6m 이하
(마) ○ 두께 : 0.3mm 이상
○ 바깥지름 : 1.9mm 이상

해설 **공기관식** 차동식 분포형 감지기의 **설치기준**(NFPC 203 7조, NFTC 203 2.4.3.7)

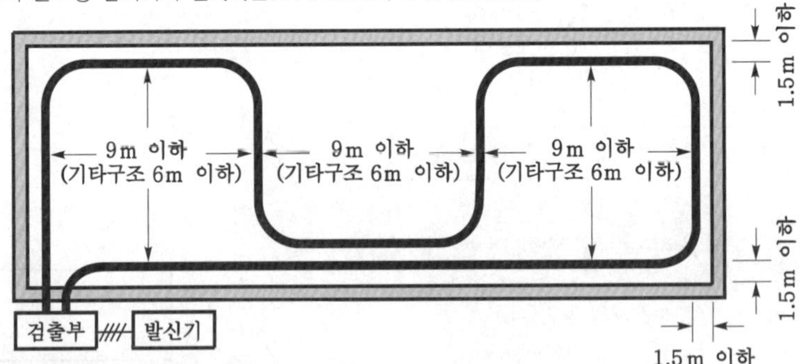

① 공기관의 노출 부분은 감지구역마다 **20m** 이상이 되도록 설치한다.
② 공기관과 감지구역의 각 변과의 수평거리는 **1.5m** 이하가 되도록 한다.

③ 공기관 상호간의 거리는 **6m**(내화구조는 **9m**) 이하가 되도록 한다.
④ 하나의 검출부에 접속하는 공기관의 길이는 **100m** 이하가 되도록 한다.
⑤ 검출부는 **5°** 이상 경사되지 않도록 한다.
⑥ **검출부**는 바닥으로부터 **0.8~1.5m** 이하의 위치에 설치한다.
⑦ 공기관은 도중에서 **분기**하지 않도록 한다.

※ **경사제한각도**

차동식 분포형 감지기	스포트형 감지기
5° 이상	**45°** 이상

- (라) : **비내화구조**이므로 공기관 상호간의 거리는 **6m** 이하이다. '**비내화구조**'는 '**기타구조**'임을 알라! 속지 말라!
- (마) : 공기관의 두께(굵기)는 **0.3mm** 이상, 외경(바깥지름)은 **1.9mm** 이상이어야 하며, **중공동관**을 사용하여야 한다.

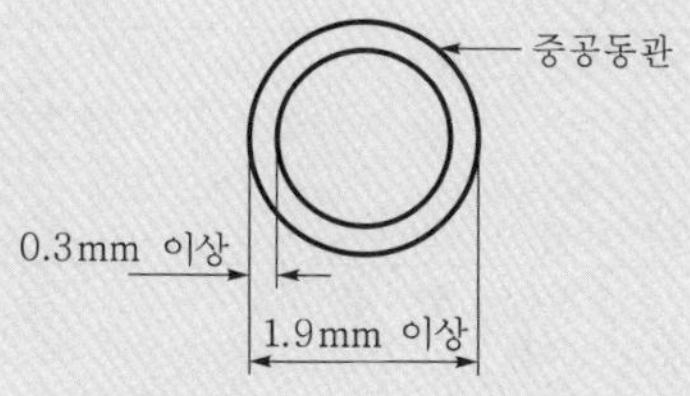

‖공기관의 두께 및 바깥지름‖

용어

중공동관
가운데가 비어 있는 구리관

☆☆☆
문제 10

무선통신보조설비의 누설동축케이블 등의 설치기준에 대한 다음 (　　) 안을 완성하시오.

(14.4.문15, 13.11.문7)

득점	배점
	5

○ 소방전용 주파수대에서 전파의 전송 또는 복사에 적합한 것으로서 (①)의 것으로 할 것
○ 누설동축케이블은 화재에 따라 해당 케이블의 피복이 소실된 경우에 케이블 본체가 떨어지지 않도록 (②)마다 (③) 또는 (④) 등의 지지금구로 벽 · 천장 · 기둥 등에 견고하게 고정시킬 것. 다만, (⑤)로 구획된 반자 안에 설치하는 경우에는 그러하지 아니하다.

해답 ① 소방전용　② 4m 이내　③ 금속제　④ 자기제　⑤ 불연재료

해설 **무선통신보조설비**의 **설치기준**(NFPC 505 5~7조, NFTC 505 2.2~2.4)
(1) 소방전용 주파수대에서 전파의 전송 또는 복사에 적합한 것으로서 소방전용의 것일 것
(2) 누설동축케이블 및 동축케이블은 **불연** 또는 **난연성**의 것으로서 습기 등의 환경조건에 따라 전기의 특성이 변질되지 않는 것으로 할 것
(3) 누설동축케이블 및 안테나는 **금속판** 등에 의하여 **전파의 복사** 또는 **특성**이 현저하게 저하되지 않는 위치에 설치할 것
(4) **누설동축케이블**과 이에 접속하는 **안테나** 또는 **동축케이블**과 이에 접속하는 **안테나**일 것
(5) 누설동축케이블 및 동축케이블은 화재에 따라 해당 케이블의 피복이 소실된 경우에 케이블 본체가 떨어지지 않도록 **4m 이내**마다 금속제 또는 자기제 등의 지지금구로 벽 · 천장 · 기둥 등에 견고하게 고정시킬 것(단, 불연재료로 구획된 반자 안에 설치하는 경우 제외)
(6) 누설동축케이블 및 안테나는 고압전로로부터 **1.5m** 이상 떨어진 위치에 설치할 것(해당 전로에 **정전기차폐장치**를 유효하게 설치한 경우에는 제외)

(7) 누설동축케이블의 끝부분에는 **무반사 종단저항**을 설치할 것
(8) 누설동축케이블, 동축케이블, 분배기, 분파기, 혼합기 등의 임피던스는 **50**Ω으로 할 것
(9) 증폭기의 전면에는 **표시등** 및 **전압계**를 설치할 것
(10) 증폭기의 전원은 전기가 정상적으로 공급되는 **축전지설비**, **전기저장장치** 또는 **교류전압 옥내간선**으로 하고, 전원까지의 배선은 **전용**으로 할 것
(11) **비상전원**의 **용량**

설 비	비상전원의 용량
자동화재탐지설비, 비상경보설비, 자동화재속보설비	**10분** 이상
유도등, 비상조명등, 비상콘센트설비, 제연설비, 물분무소화설비 옥내소화전설비(30층 미만) 특별피난계단의 계단실 및 부속실 제연설비(30층 미만) 스프링클러설비(30층 미만) 연결송수관설비(30층 미만)	**20분** 이상
무선통신보조설비의 증폭기	**30분** 이상
옥내소화전설비(30~49층 이하) 특별피난계단의 계단실 및 부속실 제연설비(30~49층 이하) 연결송수관설비(30~49층 이하) 스프링클러설비(30~49층 이하)	**40분** 이상
유도등 · 비상조명등(지하상가 및 11층 이상) 옥내소화전설비(50층 이상) 특별피난계단의 계단실 및 부속실 제연설비(50층 이상) 연결송수관설비(50층 이상) 스프링클러설비(50층 이상)	**60분** 이상

- ② '**4m 이내**'까지 정확히 답해야 한다. **4m**라고만 답하면 틀린다.
- ③, ④ '**금속제**'와 '**자기제**'는 답이 서로 바뀌어도 옳은 답으로 채점되니 고민하지 말라!

☆☆☆
문제 11

분전반에서 40m 거리에 AC 220V, 20W의 유도등 20개를 설치하고자 한다. 전압강하를 3V 이내로 하려면 전선의 최소 굵기(계산상 굵기)는 얼마 이상으로 하면 되는지 계산하시오. (단, 배선은 금속관 공사이며, 유도등의 역률은 95%, 전원공급방식은 단상 2선식이다.) (14.4.문5)

○ 계산과정 :
○ 답 :

득점	배점
	5

해답

○ 계산과정 : $I = \frac{20 \times 20}{220 \times 0.95} ≒ 1.913\text{A}$

$A = \frac{35.6 \times 40 \times 1.913}{1000 \times 3} = 0.908 ≒ 0.91\text{mm}^2$

○ 답 : 0.91mm^2

해설

$$A = \frac{35.6LI}{1000e}$$

(1) **단상 교류전력**

$$P = VI\cos\theta$$

여기서, P : 단상 교류전력[W]
V : 전압[V]
I : 전류[A]
$\cos\theta$: 역률

전류 $I=\frac{P}{V\cos\theta}=\frac{(20\text{W}\times 20\text{개})}{220\times 0.95}\fallingdotseq 1.913\text{A}$

• 문제에서 AC(교류)이므로 역률도 반드시 적용해야 한다. 95%=0.95

(2) **전선단면적**

전기방식	전선단면적	적응설비
단상 2선식	$A=\frac{35.6LI}{1000e}$	• 기타설비(경종, 표시등, 유도등, 비상조명등, 솔레노이드밸브, 감지기 등)
3상 3선식	$A=\frac{30.8LI}{1000e}$	• 소방펌프 • 제연팬
단상 3선식 3상 4선식	$A=\frac{17.8LI}{1000e'}$	–

여기서, A : 전선의 단면적[mm²]
L : 선로길이[m]
I : 전부하전류[A]
e : 각 선간의 전압강하[V]
e' : 각 선간의 1선과 중성선 사이의 전압강하[V]

전선단면적 $A=\frac{35.6LI}{1000e}=\frac{35.6\times 40\times 1.913}{1000\times 3}=0.908\fallingdotseq 0.91\text{mm}^2$

• e(전압강하) : 3V라고 주어졌으므로 그대로 적용하면 된다. 만약 3%라고 주어졌다면 $e=220\times 0.03=6.6\text{V}$가 된다.
• '**계산상 굵기**'를 구하라고 하였으므로 이때는 '**공칭단면적**'으로 답하면 틀린다! 주의하라.

참고

공칭단면적

① 0.5mm² ② 0.75mm² ③ 1mm² ④ 1.5mm² ⑤ 2.5mm² ⑥ 4mm² ⑦ 6mm²
⑧ 10mm² ⑨ 16mm² ⑩ 25mm² ⑪ 35mm² ⑫ 50mm² ⑬ 70mm² ⑭ 95mm²
⑮ 120mm² ⑯ 150mm² ⑰ 185mm² ⑱ 240mm² ⑲ 300mm² ⑳ 400mm² ㉑ 500mm²

용어

공칭단면적 : 실제 실무에서 생산되는 규정된 전선의 굵기를 말한다.

☆☆☆
문제 12

펌프용 전동기로 매 분당 13m³의 물을 높이가 20m인 탱크에 양수하려고 한다. 이때 각 물음에 답하시오. (단, 펌프용 전동기의 효율은 70%, 역률은 80%이고, 여유계수는 1.15이다.) (06.7.문15)

득점	배점
	6

(가) 펌프용 전동기의 용량은 몇 kW가 필요한가?
○ 계산과정 :
○ 답 :

(나) 이 펌프용 전동기의 역률을 95%로 개선하려면 전력용 콘덴서는 몇 kVA가 필요한가?
○ 계산과정 :
○ 답 :

해답 (가) ○ 계산과정 : $P=\frac{9.8\times1.15\times20\times13}{0.7\times60}=69.766 ≒ 69.77\text{kW}$

○ 답 : 69.77kW

(나) ○ 계산과정 : $Q_c=69.77\left(\frac{\sqrt{1-0.8^2}}{0.8}-\frac{\sqrt{1-0.95^2}}{0.95}\right)=29.395 ≒ 29.4\text{kVA}$

○ 답 : 29.4kVA

해설 (가) **전동기**의 **용량** P는

$$P=\frac{9.8KHQ}{\eta t}=\frac{9.8\times1.15\times20\times13}{0.7\times60}=69.766 ≒ 69.77\text{kW}$$

참고

1. 전동기의 용량을 구하는 식

(1) 일반적인 설비 : **물** 사용설비

$$P=\frac{9.8KHQ}{\eta t}$$

여기서, P : 전동기용량〔kW〕
η : 효율
t : 시간〔s〕
K : 여유계수
H : 전양정〔m〕
Q : 양수량(유량)〔m^3〕

(2) 제연설비(배연설비) : **공기** 또는 **기류** 사용설비

$$P=\frac{P_T\,Q}{102\times60\eta}K$$

여기서, P : 배연기 동력〔kW〕
PT : 전압(풍압)〔mmAq, mmH_2O〕
Q : 풍량〔m^3/min〕
K : 여유율
η : 효율

주의

제연설비(배연설비)의 전동기 소요동력은 반드시 위의 식을 적용하여야 한다. 주의! 또 주의!

2. 아주 중요한 단위환산 (꼭! 기억하시라.)

① $1\text{mmAq}=10^{-3}\text{mH}_2\text{O}=10^{-3}\text{m}$
② $760\text{mmHg}=10.332\text{mH}_2\text{O}=10.332\text{m}$
③ $1l\text{pm}=10^{-3}\text{m}^3/\text{min}$
④ 1HP=0.746kW

(나) 역률개선용 **전력용 콘덴서의 용량** Q_c는

$$Q_c=P(\tan\theta_1-\tan\theta_2)=P\left(\frac{\sin\theta_1}{\cos\theta_1}-\frac{\sin\theta_2}{\cos\theta_2}\right)\text{〔kVA〕}$$

여기서, Q_c : 콘덴서의 용량〔kVA〕
P : 유효전력〔kW〕
$\cos\theta_1$: 개선 전 역률
$\cos\theta_2$: 개선 후 역률
$\sin\theta_1$: 개선 전 무효율$(\sin\theta_1=\sqrt{1-\cos\theta_1^{\,2}})$
$\sin\theta_2$: 개선 후 무효율$(\sin\theta_2=\sqrt{1-\cos\theta_2^{\,2}})$

$$\therefore\ Q_c=P\left(\frac{\sqrt{1-\cos\theta_1^{\,2}}}{\cos\theta_1}-\frac{\sqrt{1-\cos\theta_2^{\,2}}}{\cos\theta_2}\right)$$

$$=69.77\left(\frac{\sqrt{1-0.8^2}}{0.8}-\frac{\sqrt{1-0.95^2}}{0.95}\right)=29.395 ≒ 29.4\text{kVA}$$

☆
문제 13

예비전원으로 시설하는 발전기에서 부하에 이르는 전로가 있다. 발전기와 가까운 장소에 설치하여야 하는 기기의 명칭 4가지를 쓰시오.

득점	배점
	4

○
○
○
○

해답 ① 개폐기
② 과전류 차단기
③ 전압계
④ 전류계

해설 **예비전원**

축전지-부하 간 설치기기	발전기-부하 간 설치기기
① 개폐기 ② 과전류 차단기	① 개폐기 ② 과전류 차단기 ③ 전압계 ④ 전류계

☆☆☆
문제 14

지상 1층에서 7층까지의 사무실용 내화구조 건축물이 있다. 계단은 각 층에 2개 장소에 있고 각 층의 높이는 3.6m이며, 각 층의 면적은 $560m^2$이다. 1층에 수신기가 설치되어 있고, 종단저항은 발신기세트에 내장되어 있으며, 계단은 별도로 감지기회로를 구성하여 3층의 발신기세트에 각각 연결될 경우 다음 각 물음에 답하시오. (06.11.문14, 94.10.문3)

득점	배점
	14

(가) 각 층에 설치하는 감지기의 종류를 쓰고 그 수량을 산정하시오.
○감지기의 종류 :
○수량 :

(나) 계단에 설치하는 감지기의 종류를 쓰고 그 수량을 산정하시오.
○감지기의 종류 :
○수량 :

(다) 각 층에 설치하는 발신기의 종류를 쓰고 그 수량을 산정하시오.
○발신기의 종류 :
○수량 :

(라) 1층에 설치하는 수신기의 종류를 쓰고 그 회로수를 쓰시오.
○수신기의 종류 :
○수량 :

(마) 종단저항은 몇 개가 필요한지 필요개소별로 그 개수를 쓰시오.

총 계	1층	2층	3층	4층	5층	6층	7층

(바) 계통도를 그리고 각 간선의 전선수량을 표현하시오.

옥상
7층
6층
5층
4층
3층
2층
1층

| 계통도 |

해답

(가) ① 감지기의 종류 : 차동식 스포트형(2종) ② 수량 : 56개
(나) ① 감지기의 종류 : 연기감지기(2종) ② 수량 : 4개
(다) ① 발신기의 종류 : P형 발신기 ② 수량 : 7개
(라) ① 수신기의 종류 : P형 수신기 ② 수량 : 9회로

(마)

총 계	1층	2층	3층	4층	5층	6층	7층
9개	1개	1개	3개	1개	1개	1개	1개

(바)

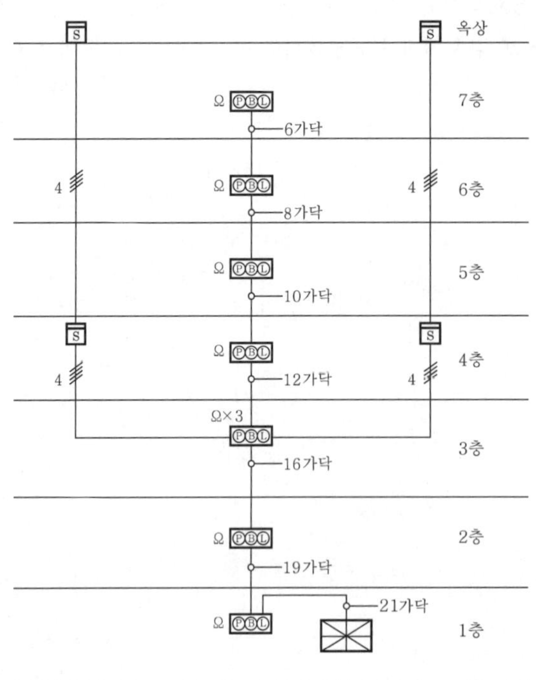

해설 (가) 각 층의 설치감지기 종류 및 수량 산정

‖ 감지기의 바닥면적 ‖

부착높이 및 소방대상물의 구분		감지기의 종류				
		차동식·보상식 스포트형		정온식 스포트형		
		1종	2종	특종	1종	2종
4m 미만	내화구조	$90m^2$	$70m^2$	$70m^2$	$60m^2$	$20m^2$
	기타구조	$50m^2$	$40m^2$	$40m^2$	$30m^2$	$15m^2$
4m 이상 8m 미만	내화구조	$45m^2$	$35m^2$	$35m^2$	$30m^2$	–
	기타구조	$30m^2$	$25m^2$	$25m^2$	$15m^2$	–

- 높이 **3.6m**, **내화구조**, 사무실이므로 **차동식 스포트형 감지기**, 일반적으로 종별은 **2종**이므로 감지기 1개의 바닥면적은 **$70m^2$**

층 별	적용 감지기	수량 산출	수 량
1층	차동식 스포트형(2종)	$\frac{560m^2}{70m^2}$=8개	8
2층	차동식 스포트형(2종)	$\frac{560m^2}{70m^2}$=8개	8
3층	차동식 스포트형(2종)	$\frac{560m^2}{70m^2}$=8개	8
4층	차동식 스포트형(2종)	$\frac{560m^2}{70m^2}$=8개	8
5층	차동식 스포트형(2종)	$\frac{560m^2}{70m^2}$=8개	8
6층	차동식 스포트형(2종)	$\frac{560m^2}{70m^2}$=8개	8
7층	차동식 스포트형(2종)	$\frac{560m^2}{70m^2}$=8개	8
계			56개

- 문제의 조건에 의해 **내화구조** 적용
- '**2종**'까지 정확하게 답을 써야 정답이다.

‖ 일반적으로 실무에서 사용하는 감지기의 종별 ‖

정온식 스포트형 감지기	기타 감지기 (차동식 스포트형 감지기, 연기감지기 등)
1종	2종

- **감지기**의 **적응장소**

정온식 스포트형 감지기	연기감지기	차동식 스포트형 감지기
① **영**사실 ② **주**방·주조실 ③ **용**접작업장 ④ **건**조실 ⑤ **조**리실 ⑥ **스**튜디오 ⑦ **보**일러실 ⑧ **살**균실	① **계단**·경사로 ② 복도·통로 ③ 엘리베이터 승강로(권상기실이 있는 경우에는 권상기실) ④ 린넨슈트 ⑤ 파이프피트 및 덕트 ⑥ 전산실 ⑦ 통신기기실	일반 **사무실**

기억법 **영주용건 정조스 보살**(영주의 용건이 정말 죠스와 보살을 만나는 것이냐?)

(나) 계단에 설치하는 감지기의 종류 및 수량 산정
(1) 적용 감지기 : **연기감지기(2종)**
(2) 설치수량
① 1개 계단높이 : 7층×3.6m=총 25.2m
② 1개 계단감지기 설치수량 : 감지기개수= $\frac{\text{수직거리}}{15\text{m}} = \frac{25.2\text{m}}{15\text{m}}$ =1.68 ≒ 2개
③ 2개 계단이므로 2개×2개 계단=총 4개 설치

• 계단의 경계구역 및 감지기개수 산출

경계구역	감지기개수
경계구역= $\frac{\text{수직거리}}{45\text{m}}$	① 연기감지기(1·2종) : 감지기개수= $\frac{\text{수직거리}}{15\text{m}}$ ② 연기감지기(3종) : 감지기개수= $\frac{\text{수직거리}}{10\text{m}}$

(다) 각 층에 설치하는 발신기 종류 및 수량산정

층 별	발신기 종류	수량 산출	수 량
1층	P형 발신기	$\frac{560\text{m}^2}{600\text{m}^2}$=0.93(절상)	1
2층	P형 발신기	$\frac{560\text{m}^2}{600\text{m}^2}$=0.93(절상)	1
3층	P형 발신기	$\frac{560\text{m}^2}{600\text{m}^2}$=0.93(절상)	1
4층	P형 발신기	$\frac{560\text{m}^2}{600\text{m}^2}$=0.93(절상)	1
5층	P형 발신기	$\frac{560\text{m}^2}{600\text{m}^2}$=0.93(절상)	1
6층	P형 발신기	$\frac{560\text{m}^2}{600\text{m}^2}$=0.93(절상)	1
7층	P형 발신기	$\frac{560\text{m}^2}{600\text{m}^2}$=0.93(절상)	1
계			7

• 사무실의 경계구역= $\frac{\text{바닥면적}}{600\text{m}^2}$(절상)

(라) 1층에 설치되는 수신기의 종류 및 회로수
① 수신기의 종류 : **P형 수신기**
② 회로수 : 각 층(7회로)+계단(2회로)=9회로

• **수신기**의 **설치장소** 및 적응 **발신기**

P형 수신기	R형 수신기
4층 이상 및 **40회로** 이하	중계기가 사용되는 대형 건축물 (**4층** 이상이고 **40회로** 초과)
P형 발신기	P형 발신기

• 지상 7층으로서 4층 이상이므로 **P형 수신기**가 적당하다.

(마) 종단저항 필요개소별 개수

총 계	1층	2층	3층	4층	5층	6층	7층
9개	1개	1개	3개	1개	1개	1개	1개

층 별	설치개소	개 수	용 도
1층	발신기 세트 내	1개	층별 1회로
2층	발신기 세트 내	1개	층별 1회로
3층	발신기 세트 내	3개	층별 1회로, 계단 2회로
4층	발신기 세트 내	1개	층별 1회로
5층	발신기 세트 내	1개	층별 1회로
6층	발신기 세트 내	1개	층별 1회로
7층	발신기 세트 내	1개	층별 1회로
계		9개	

- 문제의 조건에 의해 **계단**의 **감지기회로**는 **3층**에 연결한다.
- **계단**은 설치된 장소마다 **각각 1개**의 **회로**로 구성한다.

(바) **7층**이므로 일제경보방식이다.

층	가닥수	전선의 사용용도(가닥수)
7층	6	회로선(1), 회로공통선(1), 경종선(1), 경종표시등공통선(1), 응답선(1), 표시등선(1)
6층	8	회로선(2), 회로공통선(1), 경종선(2), 경종표시등공통선(1), 응답선(1), 표시등선(1)
5층	10	회로선(3), 회로공통선(1), 경종선(3), 경종표시등공통선(1), 응답선(1), 표시등선(1)
4층	12	회로선(4), 회로공통선(1), 경종선(4), 경종표시등공통선(1), 응답선(1), 표시등선(1)
3층	16	회로선(7), 회로공통선(1), 경종선(5), 경종표시등공통선(1), 응답선(1), 표시등선(1)
2층	19	회로선(8), 회로공통선(2), 경종선(6), 경종표시등공통선(1), 응답선(1), 표시등선(1)
1층	21	회로선(9), 회로공통선(2), 경종선(7), 경종표시등공통선(1), 응답선(1), 표시등선(1)

발화층 및 직상 4개층 우선경보방식
11층(공동주택 16층) 이상인 특정소방대상물

☆☆☆

문제 15

그림은 어느 공장 1층의 소화설비계통도이다. 공장에 수압개폐방식을 사용하는 옥내소화전설비와 습식 스프링클러설비가 설치되어 있을 때 다음 각 물음에 답하시오. (10.4.문17, 08.4.문16)

득점	배점
	8

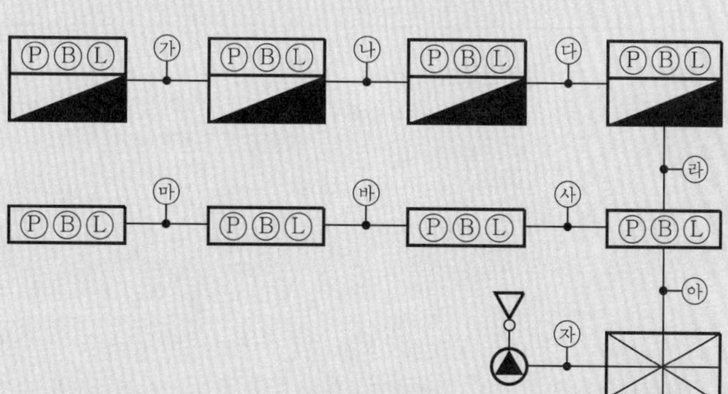

(가) ㉮~㉶의 최소 가닥수를 쓰시오.

㉮	㉯	㉰	㉱	㉲	㉳	㉴	㉵	㉶

(나) ㉮의 길이가 15m일 때 전선관의 길이[m]를 구하여라. (단, 할증률은 10%이며, 발신기세트와 발신기세트간, 발신기세트와 수신기간, 수신기와 알람체크밸브 사이의 길이는 모두 동일하고 알람체크밸브와 사이렌간의 길이는 무시한다.)

○ 계산과정 :

○ 답 :

(다) 단독발신기세트에 부착하는 기기명칭을 쓰시오.

○

○

○

 (가)

㉮	㉯	㉰	㉱	㉲	㉳	㉴	㉵	㉶
8	9	10	11	6	7	8	16	4

(나) ○ 계산과정 : $15 \times 9 \times 1.1 = 148.5\text{m}$

○ 답 : 148.5m

(다) ① 발신기
② 경종
③ 표시등

해설 (가)

기 호	가닥수	전선의 사용용도(가닥수)
㉮	8	회로선(1), 회로공통선(1), 경종선(1), 경종표시등공통선(1), 응답선(1), 표시등선(1), 기동확인표시등(2)
㉯	9	회로선(2), 회로공통선(1), 경종선(1), 경종표시등공통선(1), 응답선(1), 표시등선(1), 기동확인표시등(2)
㉰	10	회로선(3), 회로공통선(1), 경종선(1), 경종표시등공통선(1), 응답선(1), 표시등선(1), 기동확인표시등(2)
㉱	11	회로선(4), 회로공통선(1), 경종선(1), 경종표시등공통선(1), 응답선(1), 표시등선(1), 기동확인표시등(2)
㉲	6	회로선(1), 회로공통선(1), 경종선(1), 경종표시등공통선(1), 응답선(1), 표시등선(1)
㉳	7	회로선(2), 회로공통선(1), 경종선(1), 경종표시등공통선(1), 응답선(1), 표시등선(1)
㉴	8	회로선(3), 회로공통선(1), 경종선(1), 경종표시등공통선(1), 응답선(1), 표시등선(1)
㉵	16	회로선(8), 회로공통선(2), 경종선(1), 경종표시등공통선(1), 응답선(1), 표시등선(1), 기동확인표시등(2)
㉶	4	압력스위치(1), 탬퍼스위치(1), 사이렌(1), 공통(1)

- 지상 **1층만** 있으므로 **일제경보방식**이고, 경종선은 1가닥이다.
- 문제에서 특별한 조건이 없더라도 **회로공통선**은 회로선이 7회로가 넘을시 반드시 1가닥씩 추가하여야 한다. 이것을 공식으로 나타내면 다음과 같다. 단, **경종표시등공통선**은 문제에서 조건이 있을 때만 가닥수가 추가된다.

$$\text{회로공통선} = \frac{\text{회로선}}{7} \ (\text{절상})$$

예 기호 ㉵의 회로공통선$= \frac{\text{회로선}}{7} = \frac{8}{7} = 1.1 \fallingdotseq 2$가닥(절상)

- 문제에서 기동용 수압개폐방식(**자동기동방식**)도 주의하여야 한다. 옥내소화전함이 자동기동방식이므로 감지기배선을 제외한 간선에 **'기동확인표시등 2'**가 추가로 사용되어야 한다. 특히, 옥내소화전 배선은 구역에 따라 가닥수가 늘어나지 않는 것에 주의하라!
- ㉶ : 압력스위치＝유수검지스위치

중요

발화층 및 직상 4개층 우선경보방식과 **일제경보방식**

발화층 및 직상 4개층 우선경보방식	일제경보방식
• 화재시 **안전**하고 **신속**한 **인명**의 **대피**를 위하여 화재가 발생한 층과 **인근 층부터** 우선하여 별도로 **경보**하는 방식 • **11층(공동주택 16층) 이상**의 특정소방대상물에 적용	• **소규모 특정소방대상물**에서 화재발생시 **전층**에 **동시**에 **경보**하는 방식

(나) 문제의 조건에 의해 전선관의 길이는 모두 **15m**이다. (단, **알람체크밸브**와 **사이렌간**의 길이는 **무시**)

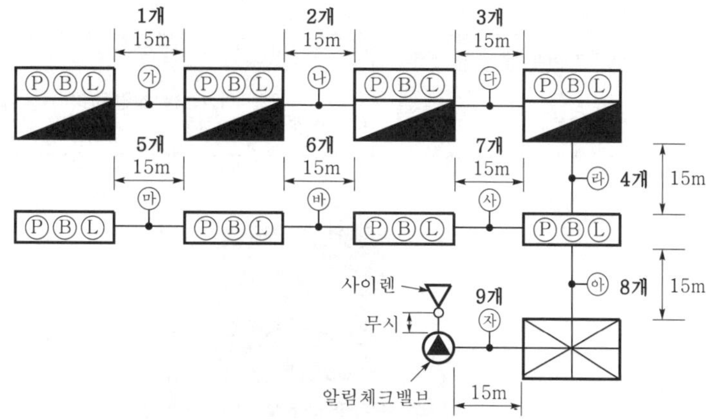

15m×9개×1.1=148.5m

• 할증률이 **10%**(0.1)이므로 **1.1**(1+0.1=1.1)을 곱해야 한다. 0.1을 곱하지 않도록 주의하라!

(다)

명 칭	도시기호	전기기기 명칭	비 고
발신기세트 옥내소화전 내장형	ⓅⒷⓁ ⊗	• Ⓟ : 발신기 • Ⓑ : 경종 • Ⓛ : 표시등 • ⊗ : 기동확인표시등	자동기동방식
	ⓅⒷⓁ ⊙⊙⊗	• Ⓟ : 발신기 • Ⓑ : 경종 • Ⓛ : 표시등 • ⊙ : 기동스위치 • ⊙ : 정지스위치 • ⊗ : 기동확인표시등	수동기동방식
발신기세트 단독형	ⓅⒷⓁ 또는 ⓅⒷⓁ	• Ⓟ : 발신기 • Ⓑ : 경종 • Ⓛ : 표시등	–

비교

틀린 도면을 소개하니 도시기호를 그리라는 문제가 나올 때 틀리지 않도록 주의할 것

‖틀린 도면‖

ⓅⓁⒷ 또는 ⓅⓁⒷ

‖틀린 도면‖

• 문제에서 '**단독발신기세트**'의 정확한 명칭은 **발신기세트단독형**임을 알라! 정확한 명칭을 기억하고 있길……
• **발신기**를 '**P형 발신기**'라고까지는 쓰지 않아도 된다.
• 문제에서 **발신기세트 옥내소화전 내장형** 심벌은 원칙적으로 잘못되었다. 이것도 알고는 있어야 한다.

☆☆
문제 16

피난구 유도등에는 적색 LED와 녹색 LED가 설치되어 있다. 평상시 적색 LED가 점등되었다면 이는 무엇을 뜻하는가?

득점	배점
	3

해답 비상전원의 불량

해설 **피난구유도등**의 **구성**

상용전원 감시램프	비상전원 감시램프	비상전원 점검스위치
상용전원 정상시 **녹색 LED 점등**	축전지 등의 **비상전원 불량시**(이상시) **적색 LED 점등**	누르거나 당기면 피난구 유도등이 비상전원으로 점등되어 **비상전원**의 **이상유무 확인**

‖ 피난구 유도등 ‖

- 피난구 유도등에서 축전지로 사용되는 전원은 **예비전원**과 **비상전원**을 혼용하고 있어서 여기서는 '**비상전원의 불량**' 또는 '**예비전원의 불량**' 모두 답이 된다. 다음의 두 법에서 혼용해서 사용하고 있으니 참고하기 바란다.

유도등 및 유도표지의 화재안전기준(NFPC 303 10조, NFTC 303 2.7.2)	유도등의 형식승인 및 제품검사의 기술기준
비상전원	**예비전원**

중요

적색 LED(비상전원 감시램프) **점등시의 원인** 3가지를 물어본다면 다음과 같이 답하라!
(1) **축전지** 자체의 불량
(2) 축전지의 **충전선** 불량
(3) 비상전원 **감시램프** 불량

☆☆☆
문제 17

자동화재탐지설비의 수신기의 설치기준을 5가지만 쓰시오.

득점	배점
	5

○
○
○
○
○

해답 ① 수위실 등 상시 사람이 근무하는 장소에 설치할 것
② 수신기가 설치된 장소에는 경계구역 일람도를 비치할 것
③ 수신기의 음향기구는 그 음량 및 음색이 다른 기기의 소음 등과 명확히 구별될 수 있는 것으로 할 것
④ 수신기는 감지기·중계기 또는 발신기가 작동하는 경계구역을 표시할 수 있는 것으로 할 것
⑤ 하나의 경계구역은 하나의 표시등 또는 하나의 문자로 표시되도록 할 것

해설 **자동화재탐지설비 수신기**의 **설치기준**(NFPC 203 5조, NFTC 203 2.2.3)

(1) **수위실** 등 상시 사람이 근무하고 있는 장소에 설치할 것(단, 사람이 상시 근무하는 장소가 없는 경우에는 **관계인**이 쉽게 접근할 수 있고 **관리**가 **용이**한 장소에 설치할 수 있다.)
(2) 수신기가 설치된 장소에는 **경계구역 일람도**를 비치할 것(단, **주수신기**를 설치하는 경우에는 주수신기를 제외한 기타 수신기는 제외)
(3) 수신기의 음향기구는 그 **음량** 및 **음색**이 다른 기기의 소음 등과 명확히 **구별**될 수 있는 것으로 할 것
(4) 수신기는 **감지기·중계기** 또는 **발신기**가 작동하는 경계구역을 표시할 수 있는 것으로 할 것
(5) 화재·가스 전기등에 대한 **종합방재반**을 설치한 경우에는 해당 조작반에 수신기의 작동과 연동하여 감지기·중계기 또는 발신기가 작동하는 경계구역을 표시할 수 있는 것으로 할 것
(6) 하나의 경계구역은 하나의 **표시등** 또는 하나의 **문자**로 표시되도록 할 것
(7) 수신기의 조작스위치는 바닥으로부터의 높이가 **0.8~1.5m** 이하인 장소에 설치할 것
(8) 하나의 특정소방대상물에 2 이상의 수신기를 설치하는 경우에는 수신기를 **상호간 연동**하여 **화재발생상황**을 각 수신기마다 **확인**할 수 있도록 할 것
(9) 화재로 인하여 하나의 층의 지구음향장치 또는 배선이 단락되어도 다른 층의 화재통보에 지장이 없도록 각 층 배선 상에 유효한 조치를 할 것

☆

문제 18

임피던스 미터의 용도 및 측정방법에 대하여 각각 3가지를 쓰시오. (15.7.문16, 산업13.4.문8)

득점	배점
	6

(가) 용도
○
○
○

(나) 측정 방법
○
○
○

해답 (가) 용도 : ① 저항 측정
② 인덕턴스 측정
③ 커패시턴스 측정

(나) 측정방법 : ① 주파수 범위를 설정한다.
② 측정하고자 하는 부품의 양단에 탐침을 접촉한다.
③ 임피던스를 측정한다.

해설

	임피던스 미터(RLC Meter)	접지저항계(Earth Tester)
용도	① **저항**(R) 측정 ② **인덕턴스**(L) 측정 ③ **커패시턴스**(C) 측정	**접지저항** 측정 ※ **접지저항**의 **측정방법** (1) 코올라우시 브리지법 (2) 접지저항계법
측정방법	① **주파수 범위**를 설정한다. ② 측정하고자 하는 부품의 양단에 **탐침**을 **접촉**한다. ③ **임피던스**를 **측정**한다.	① **영점조정**을 한다. ② **접지극**과 **접지봉**을 접지저항계의 각 단자에 **연결**한다. ③ 측정스위치를 눌러서 **접지저항**을 **측정**한다.
외형 또는 구성	‖임피던스 미터‖	E P C 검류계 영점조정장치 절환스위치 측정스위치 다이얼 접지극 접지봉 ‖접지저항계‖

프로와 아마추어의 차이

바둑을 좋아하는 사람은 바둑을 두면서 인생을 배운다고 합니다.

케이블TV에 보면 프로 기사(棋士)와 아마추어 기사가 네댓 점의 접바둑을 두는 시간이 매일 있습니다.

재미있는 것은 프로가 아마추어에게 지는 예는 거의 없다는 점입니다.

프로 기사는 수순, 곧 바둑의 '우선 순위'를 잘 알고 있기 때문에 상대를 헷갈리게 하여 약점을 유도해내고 일단 공격의 기회를 잡으면 끝까지 몰고 가서 이기는 것을 봅니다.

성공적인 삶을 살기 위해서는 자기 직업에 전문적인 지식을 갖춘 다음, 먼저 해야 할 일과 나중 해야 할 일을 정확히 파악하고 승산이 섰을 때 집중적으로 온 힘을 기울여야 한다는 삶의 지혜를, 저는 바둑에서 배웁니다.

•「지하철 사랑의 편지」 중에서•

과년도 출제문제

2013년

소방설비기사 실기(전기분야)

** 수험자 유의사항 **

1. 문제지를 받는 즉시 응시 종목의 문제가 맞는지 확인하셔야 합니다.
2. 답안지 내 인적사항 및 답안작성(계산식 포함)은 검정색 필기구만을 계속 사용하여야 합니다.
3. 답안정정 시에는 **두 줄(=)**을 긋고 다시 기재 가능하며, **수정테이프 사용** 또한 **가능**합니다.
4. 계산문제는 반드시 '계산과정'과 '답'란에 정확히 기재하여야 하며 **계산과정이 틀리거나 없는 경우 0점 처리**됩니다.

   ※ 연습이 필요 시 연습란을 이용하여야 하며, 연습란은 채점대상이 아닙니다.
5. 계산문제는 **최종결과** 값(답)에서 **소수 셋째자리에서 반올림**하여 **둘째자리**까지 구하여야 하나 개별 문제에서 소수처리에 대한 별도 요구사항이 있을 경우, 그 요구사항에 따라야 합니다.
6. 답에 단위가 없으면 오답으로 처리됩니다. (단, 문제의 요구사항에 단위가 주어졌을 경우는 생략되어도 무방합니다.)
7. 문제에서 요구한 가지 수 이상을 답란에 표기한 경우, **답란기재 순**으로 **요구한 가지 수**만 채점합니다.

2013. 4. 21 시행

▌2013년 기사 제1회 필답형 실기시험▐

자격종목	시험시간	형별	수험번호	성명
소방설비기사(전기분야)	3시간			

감독위원 확 인

※ 다음 물음에 답을 해당 답란에 답하시오.(배점 : 100)

☆☆☆
문제 01

사무실(1동), 공장(2동), 공장(3동)으로 구분되어 있는 건물에 자동화재 탐지설비의 P형 발신기 세트와 옥내소화전설비를 설치하고, 수신기는 경비실에 설치하였다. 경보방식은 동별 구분 경보방식을 적용하였으며 옥내소화전의 가압송수장치는 기동용 수압개폐장치를 사용하는 방식인 경우에 다음 물음에 답하시오.

득점	배점
	8

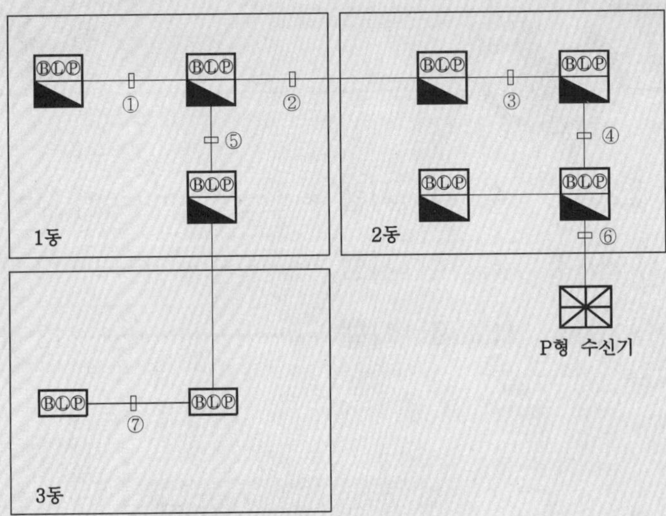

(가) 다음 ①~⑦의 가닥수를 쓰시오.

	지구선	경종선	지구공통선		지구선	경종선	지구공통선
①				⑤			
②				⑥			
③				⑦			
④							

(나) 자동화재 탐지설비 수신기의 설치기준이다. 다음 빈칸을 채우시오.

- ○수신기가 설치된 장소에는 (①)를 비치할 것
- ○수신기의 (②)는 그 음량 및 음색이 다른 기기의 소음 등과 명확히 구별될 수 있는 것으로 할 것
- ○수신기는 (③), (④) 또는 (⑤)가 작동하는 경계구역을 표시할 수 있는 것으로 할 것

해답 (가)

기 호	지구선	경종선	지구공통선	기 호	지구선	경종선	지구공통선
①	1	1	1	⑤	3	2	1
②	5	2	1	⑥	9	3	2
③	6	3	1	⑦	1	1	1
④	7	3	1				

(나) ① 경계구역 일람도 ② 음향기구 ③ 감지기 ④ 중계기 ⑤ 발신기

해설 (가)

기 호	가닥수	배선내역
①	**HFIX 2.5-8**	지구선 1, 경종선 1, 지구공통선 1, 경종표시등공통선 1, 표시등선 1, 응답선 1, 기동확인표시등 2
②	**HFIX 2.5-13**	지구선 5, 경종선 2, 지구공통선 1, 경종표시등공통선 1, 표시등선 1, 응답선 1, 기동확인표시등 2
③	**HFIX 2.5-15**	지구선 6, 경종선 3, 지구공통선 1, 경종표시등공통선 1, 표시등선 1, 응답선 1, 기동확인표시등 2
④	**HFIX 2.5-16**	지구선 7, 경종선 3, 지구공통선 1, 경종표시등공통선 1, 표시등선 1, 응답선 1, 기동확인표시등 2
⑤	**HFIX 2.5-11**	지구선 3, 경종선 2, 지구공통선 1, 경종표시등공통선 1, 표시등선 1, 응답선 1, 기동확인표시등 2
⑥	**HFIX 2.5-19**	지구선 9, 경종선 3, 지구공통선 2, 경종표시등공통선 1, 표시등선 1, 응답선 1, 기동확인표시등 2
⑦	**HFIX 2.5-6**	지구선 1, 경종선 1, 지구공통선 1, 경종표시등공통선 1, 표시등선 1, 응답선 1

- 문제에서처럼 **동별**로 구분되어 있을 때는 가닥수를 **구분경보방식**으로 산정한다.
- **구분경보방식**은 **경종개수**가 **동별**로 **추가**되는 것에 주의하라!
- 지구선은 발신기세트 수를 세면 된다.
- 구분경보방식=구분명동방식
- 문제에서 기동용 수압개폐방식(**자동기동방식**)도 주의하여야 한다. 옥내소화전함이 자동기동방식이므로 감지기배선을 제외한 간선에 **'기동확인표시등 2'**가 추가로 사용되어야 한다. 특히, 옥내소화전배선은 구역에 따라 가닥수가 늘어나지 않는 것에 주의하라!

비교

옥내소화전함이 **수동기동방식**인 경우

기 호	가닥수	배선내역
①	HFIX 2.5-11	지구선 1, 경종선 1, 지구공통선 1, 경종표시등공통선 1, 표시등선 1, 응답선 1, 기동 1, 정지 1, 공통 1, 기동확인표시등 2
②	HFIX 2.5-16	지구선 5, 경종선 2, 지구공통선 1, 경종표시등공통선 1, 표시등선 1, 응답선 1, 기동 1, 정지 1, 공통 1, 기동확인표시등 2
③	HFIX 2.5-18	지구선 6, 경종선 3, 지구공통선 1, 경종표시등공통선 1, 표시등선 1, 응답선 1, 기동 1, 정지 1, 공통 1, 기동확인표시등 2
④	HFIX 2.5-19	지구선 7, 경종선 3, 지구공통선 1, 경종표시등공통선 1, 표시등선 1, 응답선 1, 기동 1, 정지 1, 공통 1, 기동확인표시등 2
⑤	HFIX 2.5-14	지구선 3, 경종선 2, 지구공통선 1, 경종표시등공통선 1, 표시등선 1, 응답선 1, 기동 1, 정지 1, 공통 1, 기동확인표시등 2
⑥	HFIX 2.5-22	지구선 9, 경종선 3, 지구공통선 2, 경종표시등공통선 1, 표시등선 1, 응답선 1, 기동 1, 정지 1, 공통 1, 기동확인표시등 2
⑦	HFIX 2.5-6	지구선 1, 경종선 1, 지구공통선 1, 경종표시등공통선 1, 표시등선 1, 응답선 1

용어

옥내소화전설비의 **기동방식**

자동기동방식	수동기동방식
기동용 수압개폐장치를 이용하는 방식	ON, OFF 스위치를 이용하는 방식

(나) **자동화재 탐지설비 수신기**의 **설치기준**(NFPC 203 5조, NFTC 203 2.2.3)

① **수위실**(경비실) 등 상시 사람이 근무하는 장소에 설치할 것. 다만, 사람이 상시 근무하는 장소가 없는 경우에는 **관계인**이 쉽게 접근할 수 있고 관리가 용이한 장소에 설치할 수 있다.

② 수신기가 설치된 장소에는 **경계구역 일람도**를 비치할 것. 다만, 모든 수신기와 연결되어 각 수신기의 상황을 감시하고 제어할 수 있는 수신기(이하 **"주수신기"**라 한다.)를 설치하는 경우에는 주수신기를 제외한 기타 수신기는 그러하지 아니하다.

③ 수신기의 **음향기구**는 그 **음량** 및 **음색**이 다른 기기의 **소음** 등과 명확히 구별될 수 있는 것으로 할 것

④ 수신기는 **감지기 · 중계기** 또는 **발신기**가 작동하는 경계구역을 표시할 수 있는 것으로 할 것

⑤ 화재 · 가스 전기 등에 대한 **종합방재반**을 설치한 경우에는 해당 조작반에 수신기의 작동과 연동하여 감지기 · 중계기 또는 발신기가 작동하는 경계구역을 표시할 수 있는 것으로 할 것

⑥ 하나의 경계구역은 하나의 **표시등** 또는 하나의 **문자**로 표시되도록 할 것

⑦ 수신기의 조작스위치는 바닥으로부터의 높이가 **0.8~1.5m 이하**인 장소에 설치할 것

⑧ 하나의 특정소방대상물에 2 이상의 **수신기**를 설치하는 경우에는 수신기를 **상호**간 **연동**하여 화재발생 상황을 각 수신기마다 확인할 수 있도록 할 것

• 기호 ③~⑤의 감지기, 중계기, 발신기는 답이 서로 바뀌어도 이상없음

☆☆☆

문제 02

다음은 자동화재 탐지설비의 감시상태시 감지기회로를 등가회로로 나타낸 것이다. 감시상태시 감시전류〔mA〕와 감지기가 작동시의 동작전류〔mA〕를 구하시오.

득점	배점
	4

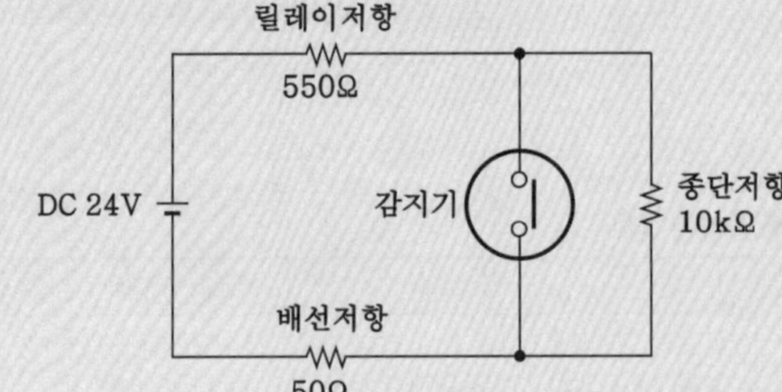

(가) 감시전류

○ 계산과정 :

(나) 동작전류

○ 계산과정 :

해답 (가) 감시전류

○ 계산과정 : $\dfrac{24}{(10\times10^3)+550+50}=2.264\times10^{-3} \fallingdotseq 2.26\times10^{-3}\text{A}=2.26\text{mA}$

○ 답 : 2.26mA

(나) 동작전류

○ 계산과정 : $\dfrac{24}{550+50}=0.04\text{A}=40\text{mA}$

○ 답 : 40mA

해설 (가) **감시전류** I는

$$I = \frac{\text{회로전압}}{\text{종단저항} + \text{릴레이저항} + \text{배선저항}}$$

$$= \frac{24}{(10\times10^3)+550+50} = 2.264\times10^{-3} \fallingdotseq 2.26\times10^{-3}\text{A} = 2.26\text{mA}$$

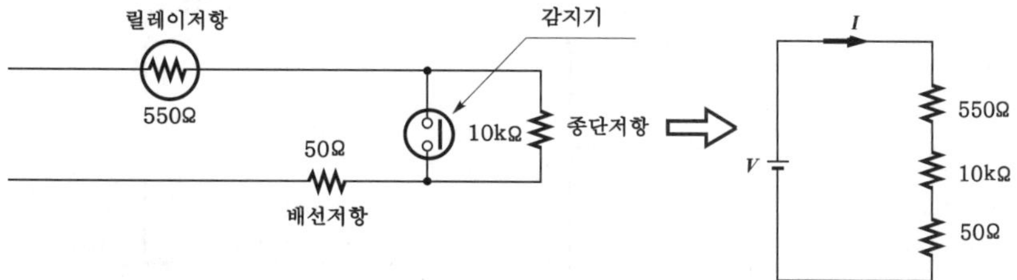

(나) **동작전류** I는

$$I = \frac{\text{회로전압}}{\text{릴레이저항} + \text{배선저항}} = \frac{24}{550+50} = 0.04\text{A} = 40\text{mA}$$

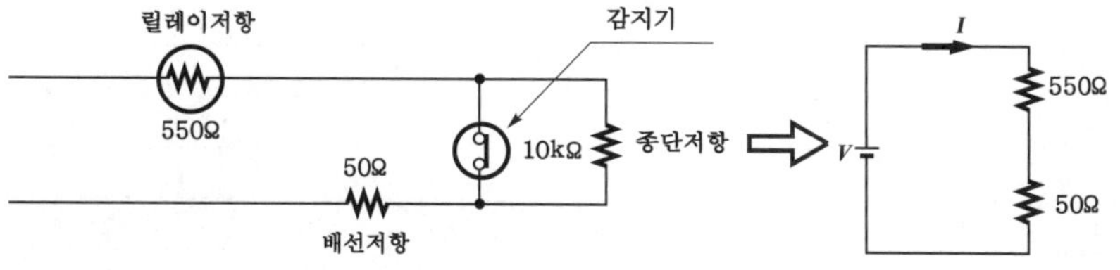

문제 03

감지기의 설치제외장소를 5가지만 쓰시오.

(16.4.문16, 10.4.문5)

득점	배점
	5

○

○

○

○

○

유사문제부터 풀어보세요.
실력이 팍!팍! 올라갑니다.

해답 ① 부식성가스 체류장소
② 목욕실 · 욕조나 샤워시설이 있는 화장실, 기타 이와 유사한 장소
③ 천장 또는 반자의 높이가 20m 이상인 장소(단, 감지기의 부착높이에 따라 적응성이 있는 장소 제외)
④ 고온도 및 저온도로서 감지기의 기능이 정지되기 쉽거나 감지기의 유지관리가 어려운 장소
⑤ 헛간 등 외부와 기류가 통하는 장소로서 감지기에 의하여 화재발생을 유효하게 감지할 수 없는 장소

해설 **감지기**의 **설치제외장소**(NFPC 203 7조 ⑤항, NFTC 203 2.4.5)
① 천장 또는 반자의 높이가 **20m** 이상인 장소(단, 감지기의 부착높이에 따라 적응성이 있는 장소 제외)
② **헛간** 등 외부와 기류가 통하는 장소로서 감지기에 의하여 **화재발생**을 유효하게 감지할 수 없는 장소
③ **목욕실** · 욕조나 샤워시설이 있는 **화장실**, 기타 이와 유사한 장소
④ **부식성**가스가 체류하고 있는 장소
⑤ **프레스공장** · **주조공장** 등 화재발생의 위험이 적은 장소로서 감지기의 유지관리가 어려운 장소
⑥ **고온도** 및 **저온도**로서 감지기의 기능이 정지되기 쉽거나 감지기의 **유지관리**가 어려운 장소
⑦ **파이프덕트** 등 그 밖의 이와 비슷한 것으로서 **2개** 층마다 방화구획된 것이나 수평단면적이 **5m^2** 이하인 것
⑧ **먼지** · **가루** 또는 **수증기**가 다량으로 체류하는 장소 또는 **주방** 등 평상시에 연기가 발생하는 장소(**연기감지기**만 적용)

기억법 감제헛목 부프주고

☆☆
문제 04

비내화구조인 건물에 차동식 스포트형 1종 감지기를 설치할 경우 다음 각 물음에 답하시오. (단, 감지기가 부착되어 있는 천장의 높이는 3.8m이다.)

득점	배점
	7

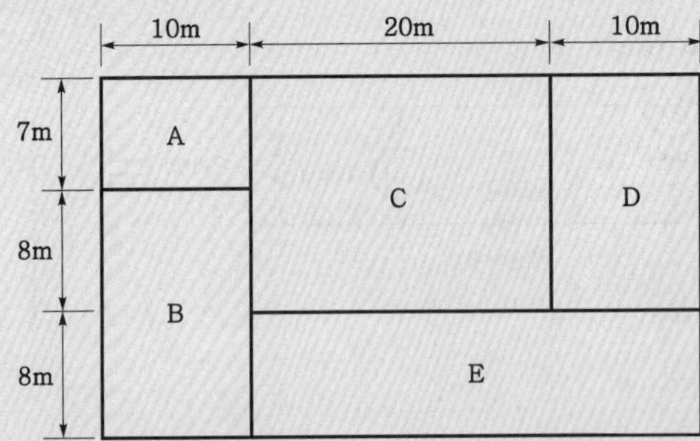

(가) 다음 각 실에 필요한 감지기의 수량을 산출하시오.

실	산출내역	개 수
A		
B		
C		
D		
E		
합계		

(나) 실 전체의 경계구역 수를 선정하시오.
○ 계산과정 :

해답 (가)

실	산출내역	개 수
A	$\frac{10\times7}{50}=1.4$	2
B	$\frac{10\times(8+8)}{50}=3.2$	4
C	$\frac{20\times(7+8)}{50}=6$	6
D	$\frac{10\times(7+8)}{50}=3$	3
E	$\frac{(20+10)\times8}{50}=4.8$	5
합계	$2+4+6+3+5=20$	20

(나) ○ 계산과정 : $\frac{(10+20+10)\times(7+8+8)}{600}=1.533=2$

○ 답 : 2경계구역

해설 (가) **감지기의 바닥면적**(NFPC 203 7조, NFTC 203 2.4.3.9.1) (단위 : m^2)

부착높이 및 소방대상물의 구분		감지기의 종류				
		차동식 · 보상식 스포트형		정온식 스포트형		
		1종	2종	특 종	1종	2종
4m 미만	내화구조	90	70	70	60	20
	기타구조 →	50	40	40	30	15
4m 이상 8m 미만	내화구조	45	35	35	30	–
	기타구조	30	25	25	15	–

- 기타구조=비내화구조
- 천장 높이 : 3.8m로서 4m 미만 적용

실	산출내역	개 수
A	$\frac{10\text{m}\times7\text{m}}{50\text{m}^2}=1.4 ≒ 2$개(절상)	2개
B	$\frac{10\text{m}\times(8+8)\text{m}}{50\text{m}^2}=3.2 ≒ 4$개(절상)	4개
C	$\frac{20\text{m}\times(7+8)\text{m}}{50\text{m}^2}=6$개	6개
D	$\frac{10\text{m}\times(7+8)\text{m}}{50\text{m}^2}=3$개	3개
E	$\frac{(20+10)\text{m}\times8\text{m}}{50\text{m}^2}=4.8 ≒ 5$개(절상)	5개
합계	$2+4+6+3+5=20$개	20개

(나) 경계구역$=\frac{(10+20+10)\text{m}\times(7+8+8)\text{m}}{600\text{m}^2}=1.533 ≒ 2$개(절상)

- 1경계구역은 **600m² 이하**이고, 한 변의 길이는 **50m 이하**이므로 $\frac{\text{적용면적}}{600\text{m}^2}$을 하면 경계구역을 구할 수 있다.
- 경계구역 산정은 **소수점**이 발생하면 반드시 **절상**한다.

아하! 그렇구나 각 층의 경계구역 산정

① 여러 개의 **건축물**이 있는 경우 각각 **별개**의 **경계구역**으로 한다.
② 여러 개의 **층**이 있는 경우 각각 **별개**의 **경계구역**으로 한다(단, **2개 층**의 면적의 합이 **500m² 이하**인 경우는 **1경계구역**으로 할 수 있다).
③ **지하층**과 **지상층**은 **별개**의 **경계구역**으로 한다(**지하 1층**인 경우에도 **별개**의 **경계구역**으로 한다. 주의! 또 주의!!).
④ 1경계구역의 면적은 **600m² 이하**로 하고, 한 변의 길이는 **50m 이하**로 한다.
⑤ **목욕실 · 화장실** 등도 **경계구역 면적**에 **포함**한다.
⑥ **계단** 및 **엘리베이터**의 면적은 **경계구역 면적**에서 **제외**한다.

문제 05

감지기가 그림과 같이 배치되어 있을 때 실제배선도를 완성하시오. (17.4.문9)

득점	배점
	5

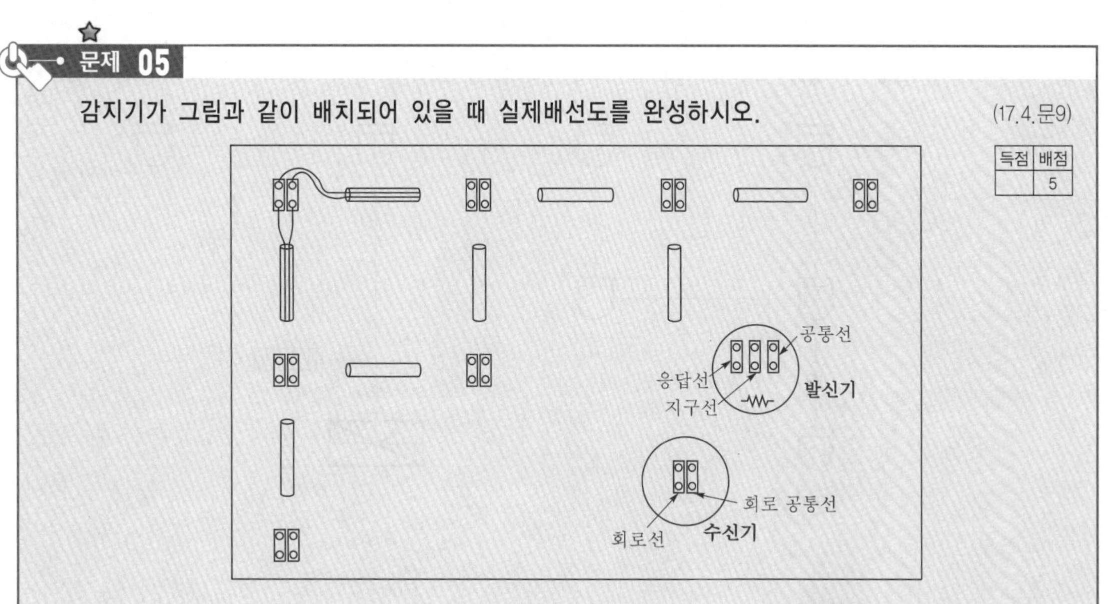

해답

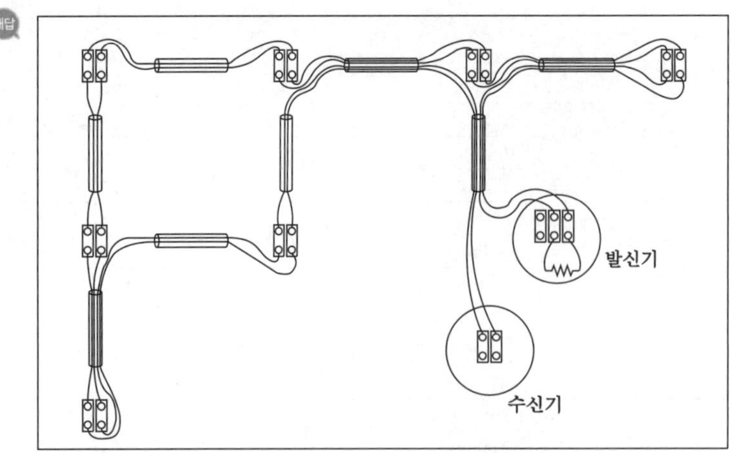

해설

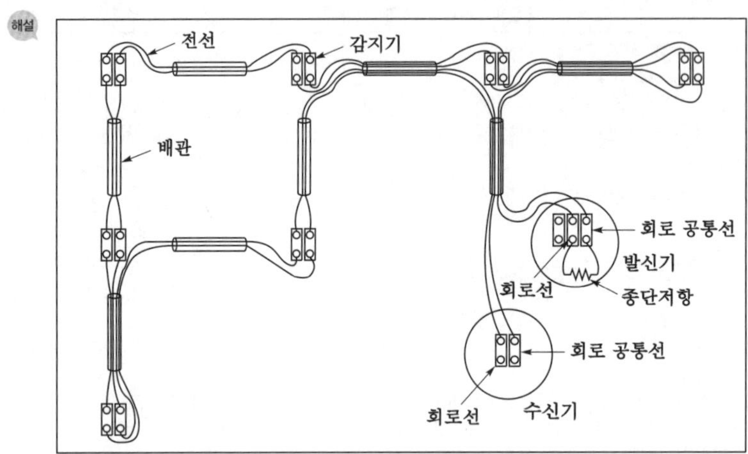

- 배관이 가늘어도 전선을 반드시 배관 안에 넣도록 하라! 연결시 전선이 배관 밖으로 나오게 되면 틀린다. 주의하라!

감지기의 배선은 **송배선식**으로서 평면도로 나타내면 다음과 같다.

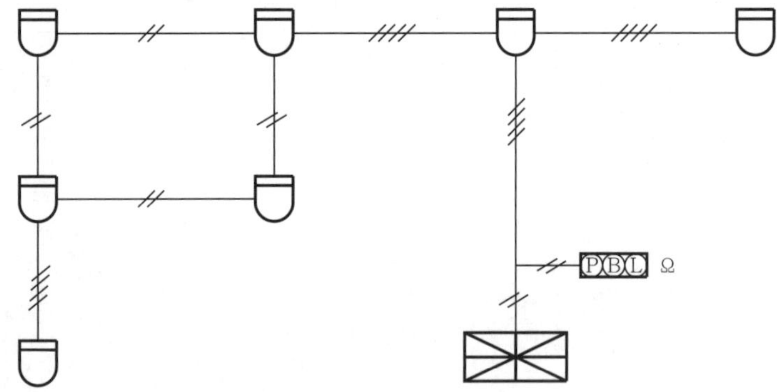

중요

송배선식과 **교차회로방식**

구 분	송배선식	교차회로방식
목적	**감지기회로**의 **도통시험**을 용이하게 하기 위하여	감지기의 **오동작** 방지
원리	배선의 도중에서 분기하지 않는 방식	하나의 담당구역 내에 **2 이상**의 **감지기회로**를 설치하고 **2 이상**의 **감지기회로**가 **동시**에 **감지**되는 때에 설비가 작동하는 방식으로 회로방식이 **AND 회로**에 해당된다.
적용 설비	• 자동화재탐지설비 • 제연설비	• **분**말소화설비 • **할**론소화설비 • **이**산화탄소 소화설비 • **준**비작동식 스프링클러설비 • **일**제살수식 스프링클러설비 • **할**로겐화합물 및 불활성기체 소화설비 • **부**압식 스프링클러설비 기억법 **분할이 준일할부**
가닥수 산정	종단저항을 수동발신기함 내에 설치하는 경우 **루프(loop)**된 곳은 **2가닥, 기타 4가닥**이 된다. 수동발신기함 / 루프(loop) ‖ 송배선식 ‖	**말단**과 **루프(loop)**된 곳은 **4가닥, 기타 8가닥**이 된다. 말단 / 수동발신기함 / 루프(loop) ‖ 교차회로방식 ‖

☆☆☆

문제 06

도면은 Y-△ 기동회로의 미완성 회로이다. 이 회로를 보고 다음 각 물음에 답하시오.

(17.4.문12, 15.11.문2, 14.4.문1, 12.7.문9, 08.7.문14, 00.11.문10)

득점	배점
	6

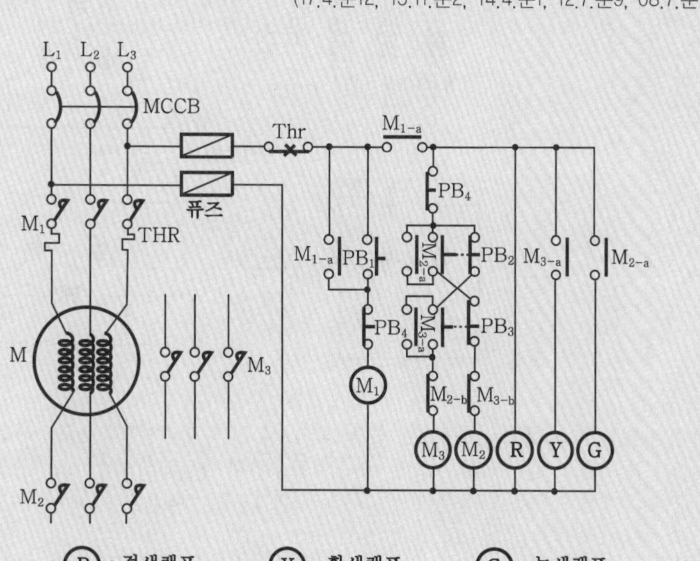

(가) 주회로 부분의 미완성된 Y-△ 회로를 완성하시오.
(나) 누름 버튼 스위치 PB_1을 누르면 어느 램프가 점등되는가?
(다) 전자개폐기 Ⓜ$_1$이 동작되고 있는 상태에서 PB_2를 눌렀을 때 어느 램프가 점등되는가?
(라) 전자개폐기 Ⓜ$_1$이 동작되고 있는 상태에서 PB_3를 눌렀을 때 어느 램프가 점등되는가?
(마) 제어회로의 Thr은 무엇을 나타내는가?
(바) MCCB의 우리말(원어에 대한 우리말) 명칭은?

해답 (가)

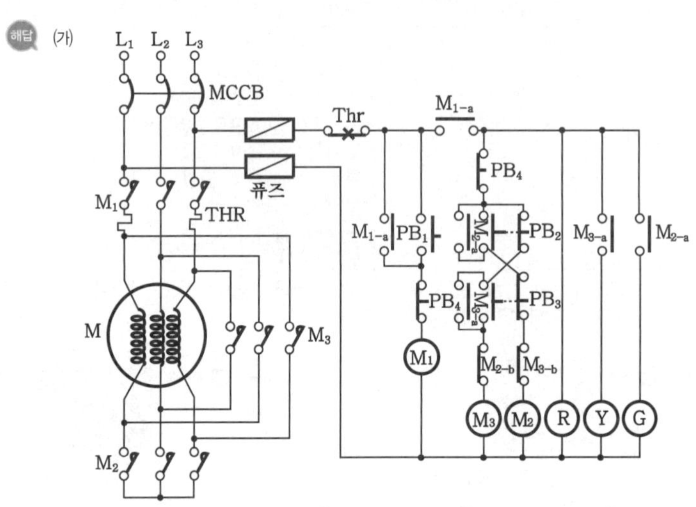

Ⓡ : 적색램프 Ⓨ : 황색램프 Ⓖ : 녹색램프

(나) Ⓡ (다) Ⓖ (라) Ⓨ
(마) 열동계전기 b접점 (바) 노 퓨즈 브레이커(배선용 차단기)

해설 (가) **전동기**의 **Y-Δ 결선**

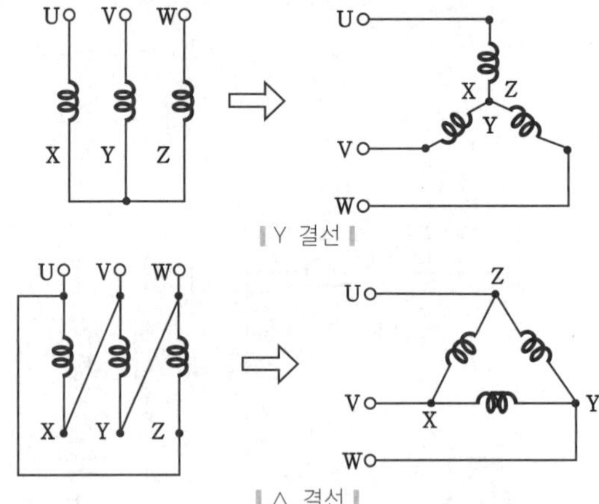

❙ Y 결선 ❙

U V W
X Y Z
U
V
W
Z
X
Y

❙ △ 결선 ❙

(나)~(라) 동작설명

① 누름 버튼 스위치 PB_1을 누르면 전자개폐기 Ⓜ$_1$ 이 여자되어 적색 램프 Ⓡ 을 점등시킨다.
② 누름 버튼 스위치 PB_2를 누르면 전자개폐기 Ⓜ$_2$ 가 여자되어 녹색 램프 Ⓖ 점등, 전동기를 Y기동시킨다.
③ 누름 버튼 스위치 PB_3를 누르면 Ⓜ$_2$ 소자, Ⓖ 소등, 전자개폐기 Ⓜ$_3$ 가 여자되어 황색 램프 Ⓨ 점등, 전동기를 △ 운전시킨다.
④ 누름 버튼 스위치 PB_4를 누르면 여자 중이던 Ⓜ$_1$ · Ⓜ$_3$ 가 소자되고, Ⓡ · Ⓨ 가 소등되며, 전동기는 정지한다.
⑤ 운전 중 과부하가 걸리면 열동계전기 THR이 작동하여 전동기를 정지시키므로 점검을 요한다.

(마) • '**수동복귀 b접점**'도 정답

열동계전기(thermal relay) : 전동기 **과부하**(과전류) **보호용** 계전기이다.

주회로의 THR	제어회로의 Thr
열동계전기	열동계전기 b접점

• 주회로의 THR를 물어보는건지, 제어회로의 Thr을 물어보는건지 질문을 정확히 파악하고 답하라!
• 제어회로＝보조회로

(바) **NFB**(No Fuse Breaker) : 퓨즈를 사용하지 않고 **바이메탈**(bimetal)이나 전자석으로 회로를 차단하는 개폐기의 일종으로서, 일반적으로 **MCCB**라고 불리어진다.

문제 07

감지기와 수신기의 기능상 문제로 인한 비화재보 중요원인 3가지를 쓰시오.

득점	배점
	6

○
○
○

해답 ① 수신기 릴레이의 오동작
② 전자파에 의한 감지기 오동작
③ 먼지, 분진 등에 의한 감지기 오동작

해설 • 기능상 문제로 인한 비화재보 중요원인을 물어보았으므로 위와 같이 답하여야 한다. **인위적 요인**, **기능상 요인**, **환경적 요인**, **설치상 요인** 등은 답이 될 수 없다.

비교

비화재보가 발생하는 원인(p.11－49 참조)
① **표시회로**의 절연 불량
② **감지기**의 기능 불량
③ **수신기**의 기능 불량
④ 감지기가 설치되어 있는 장소의 **온도변화**가 **급격**한 것에 의한 것

문제 08

20W 중형 피난구 유도등 30개가 AC 220V에서 점등되었다면 소요되는 전류는 몇 A인가? (단, 유도등의 역률은 70%이고 충전되지 않은 상태이다.) (19.4.문10, 17.11.문14, 16.6.문12)

○ 계산과정 :
○ 답 :

득점	배점
	4

해답 ○ 계산과정 : $I=\frac{(20\times 30\text{개})}{220\times 0.7}=3.896 \fallingdotseq 3.9\text{A}$

○ 답 : 3.9A

해설 **유도등**은 **단상 2선식**이므로

$$P=VI\cos\theta\eta$$

여기서, P : 전력〔W〕, V : 전압〔V〕
I : 전류〔A〕, $\cos\theta$: 역률
η : 효율

전류 I는

$$I = \frac{P}{V\cos\theta\eta} = \frac{(20\times30\text{개})}{220\times0.7} = 3.896 \fallingdotseq 3.9\text{A}$$

※ **효율**(η)은 주어지지 않았으므로 **무시**한다.

중요

방 식	공 식	적응설비
단상 2선식	$P = VI\cos\theta\eta$ 여기서, P : 전력[W] V : 전압[V] I : 전류[A] $\cos\theta$: 역률 η : 효율	• 기타설비(유도등·비상조명등·솔레노이드밸브·감지기 등)
3상 3선식	$P = \sqrt{3}\,VI\cos\theta\eta$ 여기서, P : 전력[W] V : 전압[V] I : 전류[A] $\cos\theta$: 역률 η : 효율	• 소방펌프 • 제연팬

☆☆ 문제 09

가스누설경보기에 관한 다음 각 물음에 답하시오.

득점	배점
	4

(개) 가스누설경보기는 가스누설신호를 수신한 경우에는 누설등이 점등되어 가스의 누설을 자동적으로 표현하고 있다. 이 경우 점등되는 누설등의 색깔을 쓰시오.

(내) 가스누설경보기를 구조와 용도에 따라 구분하여 (　　) 안에 쓰시오.

○구조에 따른 구분 : (　　)형, (　　)형

○용도에 따른 구분 : (　　)용, (　　)용과, (　　)용

(대) 가스누설경보기 중 가스누설을 검지하여 중계기 또는 수신부에 가스누설의 신호를 보내는 부분 또는 가스누설을 검지하여 이를 음향으로 경보하고 동시에 중계기 또는 수신부에 가스누설의 신호를 발신하는 부분을 무엇이라 하는가?

해답 (개) 황색

(내) ○구조에 따른 구분 : 단독, 분리

○용도에 따른 구분 : 가정, 영업, 공업

(대) 탐지부

해설 (개) **가스누설경보기**의 **점등색**

누설등(가스누설표시등)	지구등	화재등
황색		적색

용어

누설등	지구등
가스의 누설을 표시하는 표시등	가스가 누설될 경계구역의 위치를 표시하는 표시등

(나) **가스누설경보기**의 **분류**

구조에 따라	용도에 따라	비 고
단독형	가정용	–
분리형	영업용	1회로용
	공업용	1회로 이상용

- **'영업용'**을 **'일반용'**으로 답하지 않도록 주의하라. 일반용은 예전에 사용되던 용어로 요즘에는 **'일반용'** 이란 용어를 사용하지 않는다.

(다)

용 어	설 명
경보기구	가스누설경보기 등 화재의 발생 또는 화재의 발생이 예상되는 상황에 대하여 **경보**를 발하여 주는 설비
지구경보부	가스누설경보기의 수신부로부터 발하여진 신호를 받아 **경보음**을 발하는 것으로서 **경보기**에 **추가**로 **부착**하여 사용되는 부분
탐지부	가스누설경보기 중 가스누설을 검지하여 **중계기** 또는 **수신부**에 가스누설의 **신호**를 **발신**하는 부분 또는 **가스누설**을 **검지**하여 이를 **음향**으로 **경보**하고 동시에 중계기 또는 수신부에 가스누설의 신호를 발신하는 부분
수신부	가스누설경보기 중 탐지부에서 발하여진 가스누설신호를 **직접** 또는 **중계기**를 통하여 수신하고 이를 관계자에게 **음향**으로서 경보하여 주는 것
부속장치	경보기에 연결하여 사용되는 **환풍기** 또는 **지구경보부** 등에 **작동신호원**을 공급시켜 주기 위하여 경보기에 부수적으로 설치되어진 장치

☆☆☆

문제 10

지하 1층, 지하 2층의 주차장에 준비작동식 스프링클러설비를 하였다. 다음 각 물음에 답하시오. (단, ⊖ 전원선은 감지기공통선과 함께 사용하고, SVP와 프리액션밸브 간의 공통선을 사용한다.)

(17.4.문3, 16.6.문14, 15.4.문3, 14.7.문15, 12.4.문15)

득점	배점
	14

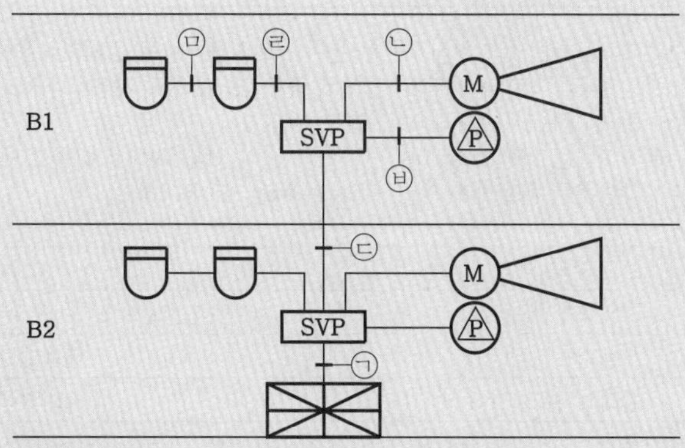

(가) ㉠~㉥의 가닥수를 쓰시오.

기 호	㉠	㉡	㉢	㉣	㉤	㉥
가닥수						

(나) 준비작동식 밸브에 설치되는 기기 명칭과 기능을 다음 빈칸에 쓰시오.

기기 명칭	기 능

(다) ㉢의 배선내역을 쓰시오.
(라) 슈퍼비조리판넬에 종단저항은 몇 개인지 쓰시오.
(마) ㉠의 사용전선과 굵기를 쓰시오.
- ○ 사용전선 :
- ○ 굵기 :

해답 (가)

기 호	㉠	㉡	㉢	㉣	㉤	㉥
가닥수	14가닥	2가닥	8가닥	8가닥	4가닥	4가닥

(나)

기기 명칭	기 능
압력스위치	프리액션밸브 2차측의 유수를 검지하여 수신반에 신호
탬퍼스위치	개폐밸브 폐쇄확인용
솔레노이드밸브	프리액션밸브 작동용

(다) 전원 ⊕·⊖, 감지기 A·B, 모터사이렌, 밸브기동, 밸브개방확인, 밸브주의
(라) 2개
(마) ○ 사용전선 : 450/750V 저독성 난연 가교폴리올레핀 절연전선
○ 굵기 : $2.5mm^2$

해설 (가)

기 호	가닥수	배선내역
㉠	14가닥	전원 ⊕·⊖, (감지기 A·B, 모터사이렌, 밸브기동, 밸브개방확인, 밸브주의)×2
㉡	2가닥	모터사이렌 2
㉢	8가닥	전원 ⊕·⊖, 감지기 A·B, 모터사이렌, 밸브기동, 밸브개방확인, 밸브주의
㉣	8가닥	지구선 4, 공통선 4
㉤	4가닥	지구선 2, 공통선 2
㉥	4가닥	밸브기동 1, 밸브개방확인 1, 밸브주의 1, 공통선 1

- 단서조건에 ⊖ 전원선과 감지기공통선을 함께 사용하므로 **감지기공통선**은 **필요 없다.**
- ㉥ : 단서조건에서 **'SVP와 프리액션밸브의 공통선을 별도로 사용한다'**라고 했으므로 4가닥(압력스위치 1, 탬퍼스위치 1, 공통선 1, 솔레노이드밸브 1)이다.
- ㉠ : 모터사이렌은 구역(zone)마다 1가닥씩 늘어난다. **'지하층'**이라고 하여 자동화재탐지설비처럼 1가닥으로 하는 것은 확실하게 틀린 답이다. 주의! 또 주의하라!

(나)

기기 명칭	기 능
압력스위치(PS)	프리액션밸브 2차측의 유수를 검지하여 수신반에 신호
탬퍼스위치(TS)	개폐밸브 폐쇄확인용
솔레노이드밸브(SV)	프리액션밸브 작동용

- 솔레노이드밸브=전자밸브

(다) 계통도에서 심벌이 Ⓜ◁이므로 '**모터사이렌**'이라고 답해야 한다. '**사이렌**'이라고 답하면 틀린다.

심 벌	명 칭
○◁	사이렌
Ⓜ◁	모터사이렌
Ⓢ◁	전자사이렌

(라) 교차회로 방식이므로 종단저항은 SVP 에 2개씩 필요하다.

(마)

- 전선 굵기

전선 굵기	용 도
$1.5mm^2$	감지기 배선
$2.5mm^2$	기타 배선

- 전원 ⊕ · ⊖에는 $4mm^2$를 사용하기도 하지만 $2.5mm^2$를 사용하는 경우도 있다. 여기서는 단지 일반적인 전선 굵기를 물어보았으므로 $2.5mm^2$로 답하는 것이 좋겠다.

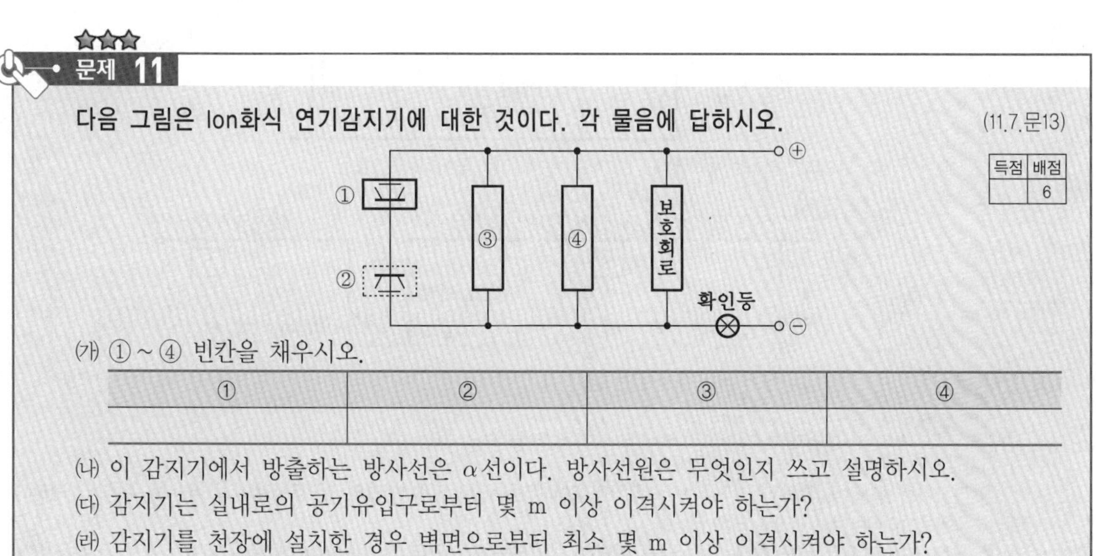

☆☆☆ 문제 11

다음 그림은 Ion화식 연기감지기에 대한 것이다. 각 물음에 답하시오. (11.7.문13)

득점	배점
	6

(가) ① ~ ④ 빈칸을 채우시오.

①	②	③	④

(나) 이 감지기에서 방출하는 방사선은 α선이다. 방사선원은 무엇인지 쓰고 설명하시오.
(다) 감지기는 실내로의 공기유입구로부터 몇 m 이상 이격시켜야 하는가?
(라) 감지기를 천장에 설치한 경우 벽면으로부터 최소 몇 m 이상 이격시켜야 하는가?

해답 (가)

①	②	③	④
내부이온실	외부이온실	신호증폭회로	스위칭회로

(나) 아메리슘 241 : 이온전류의 흐름을 돕는다.
(다) 1.5m
(라) 0.6m

해설 (가)

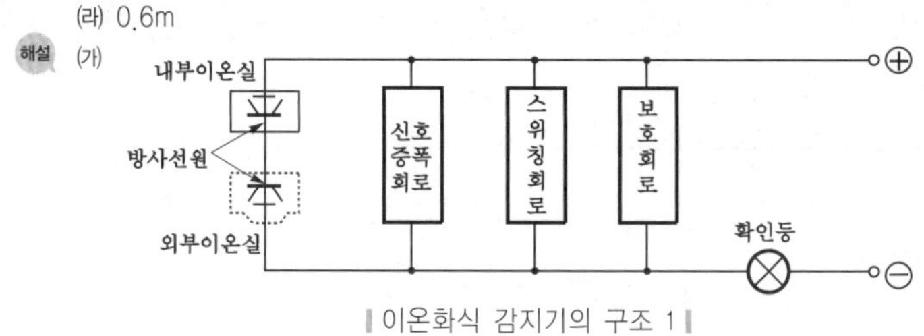

‖ 이온화식 감지기의 구조 1 ‖

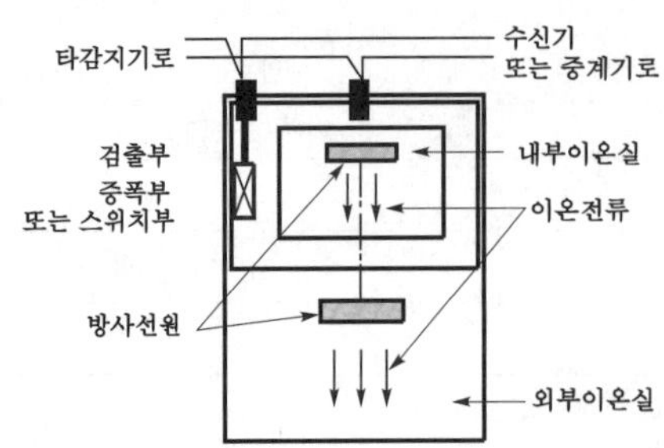

▌이온화식 감지기의 구조 2▐

(나) 방사선원 ┬ 아메리슘 241(Am^{241}) ┐
├ 아메리슘 95(Am^{95}) ┼ 이온전류의 흐름을 돕는다.
└ 라듐(Ra) ┘

(다) 감지기는 **공기유입구**로부터 **1.5m** 이상 이격시켜야 한다(**배기구**는 **그 부근**에 설치).

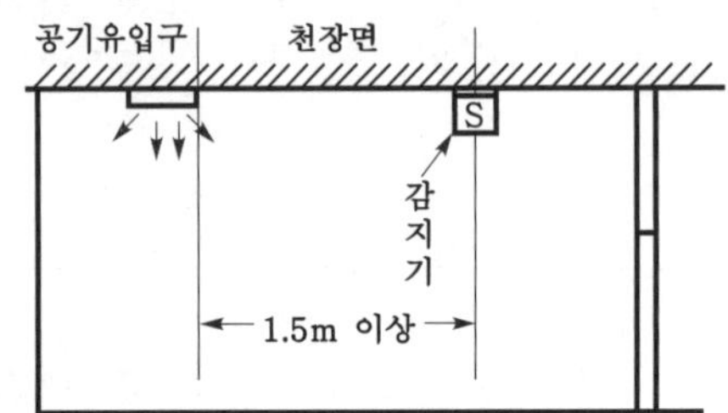

(라) 감지기는 벽 또는 보로부터 **0.6m** 이상 떨어진 위치에 설치하여야 한다.

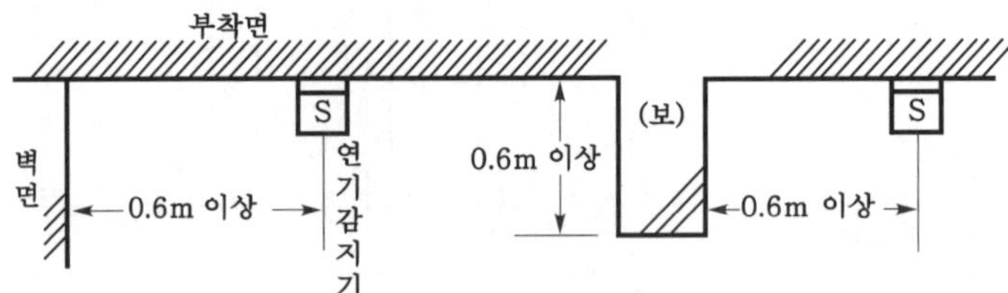

중요

연기감지기(NFPC 203 7조, NFTC 203 2.4.3.10)

① 감지기는 **복도** 및 **통로**에 있어서는 보행거리 **30m**(3종은 20m)마다, **계단** 및 **경사로**에 있어서는 수직거리 **15m**(3종은 **10m**)마다 1개 이상으로 할 것
② 천장 또는 반자가 **낮은 실내** 또는 **좁은 실내**에 있어서는 출입구의 가까운 부분에 설치할 것
③ 천장 또는 반자 부근에 **배기구**가 있는 경우에는 **그 부근**에 설치할 것

☆☆

문제 12

굴곡장소가 많거나 금속관공사의 시공이 어려운 경우, 전동기와 옥내배선을 연결할 경우 사용하는 공사방법을 쓰시오.

득점	배점
	3

해답 가요전선관공사

해설 **가요전선관공사**의 **시공장소**

① 굴곡장소가 많거나 금속관공사의 시공이 어려운 경우
② **전동기**와 **옥내배선**을 연결할 경우

• 실무에서는 **'플렉시블공사'**라고도 하는데 이것이 옳은 답은 아니다.

중요

명 칭	외 형	설 명
스트레이트박스콘넥터 (straight box connector)		**가요전선관**과 **박스** 연결
컴비네이션커플링 (combination coupling)		**가요전선관**과 **스틸전선관** 연결
스플리트커플링 (split coupling)		**가요전선관**과 **가요전선관** 연결

• 스트레이트박스콘넥터=스트레이트박스컨넥터

문제 13

저항이 100Ω인 경동선의 온도가 20℃이고 이 온도에서 저항온도계수가 0.00393이다. 경동선의 온도가 100℃로 상승할 때 저항값[Ω]은 얼마인가?

○ 계산과정 :

득점	배점
	4

해답 ○ 계산과정 : 100[1+0.00393(100−20)]=131.44Ω

○ 답 : 131.44Ω

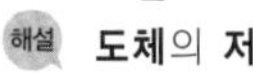

해설 **도체**의 **저항**

$$R_2 = R_1[1+\alpha_{t_1}(t_2 - t_1)]\,[\Omega]$$

여기서, R_1 : t_1[℃]에 있어서의 도체의 저항[Ω]

R_2 : t_2[℃]에 있어서의 도체의 저항[Ω]

t_1 : 상승 전의 온도[℃]

t_2 : 상승 후의 온도[℃]

α_{t_1} : t_1[℃]에서의 저항온도계수

도체의 저항 R_2는

$R_2 = R_1[1+\alpha_{t_1}(t_2-t_1)] = 100\times[1+0.00393(100-20)] = 131.44\,\Omega$

용어

저항온도계수

온도변화에 의한 저항의 변화를 비율로 나타낸 것

• p.10−78 문제 14와 비교해서 볼 것

☆☆
문제 14

배연창설비에 대한 다음 각 물음에 답하시오. (03.10.문11)

득점	배점
	5

(가) 배연창설비는 일반적으로 몇 층 이상의 건물에 시설하여야 하는가?
(나) 구동방식 2가지를 쓰시오.
○
○
(다) 건축물이 방화구획으로 구획된 경우에는 그 구획마다 몇 개소 이상의 배연창을 설치하여야 하는가?
(라) 배연창의 유효면적은 몇 m^2 이상이어야 하는가?

해답 (가) 6층 이상
(나) ① 솔레노이드 방식 ② 모터 방식
(다) 1개소
(라) $1m^2$

해설 (가) **배연창설비** : **6층 이상**의 고층건물에 시설하는 설비로서 화재로 인한 연기를 신속하게 외부로 배출시키므로, 피난 및 소화활동에 지장이 없도록 하기 위한 설비
(나) **구동방식**

구 분	솔레노이드 방식	모터 방식
전동구동장치	솔레노이드 사용	모터 사용
소비전력	작다	크다(별도의 전원장치 필요)
개방각도 조절	불가능	가능
복구방법	다소 불편(수동레버를 회전시켜서 복구)	쉬움(복구 스위치를 눌러서 복구)
화재감지기	자동화재 탐지설비용 감지기와 겸용 사용	자동화재 탐지설비용 감지기와 겸용 사용

(다), (라) **배연창설비**(건축설비기준 14)
① 건축물이 방화구획으로 구획된 경우에는 그 구획마다 **1개소** 이상의 배연창을 설치하되, 배연창의 상변과 천장 또는 반자로부터 수직거리가 **0.9m 이내**일 것(단, 반자높이가 바닥으로부터 **3m 이상**인 경우에는 배연창의 하변이 바닥으로부터 **2.1m 이상**의 위치에 놓이도록 설치할 것)
② 배연창의 유효면적은 **$1m^2$** 이상이고, 바닥면적의 $\frac{1}{100}$ 이상이 되도록 할 것(단, 바닥면적의 산정에 있어서 거실바닥면적의 $\frac{1}{20}$ **이상**으로 환기창을 설치한 거실의 면적은 제외)
③ 배연구는 **연기감지기** 또는 **열감지기**에 의하여 자동으로 열 수 있는 구조로 하되 손으로 열고 닫을 수 있도록 할 것
④ 배연구는 **예비전원**에 의하여 열 수 있도록 할 것

중요

배연창설비
(1) **솔레노이드 방식**

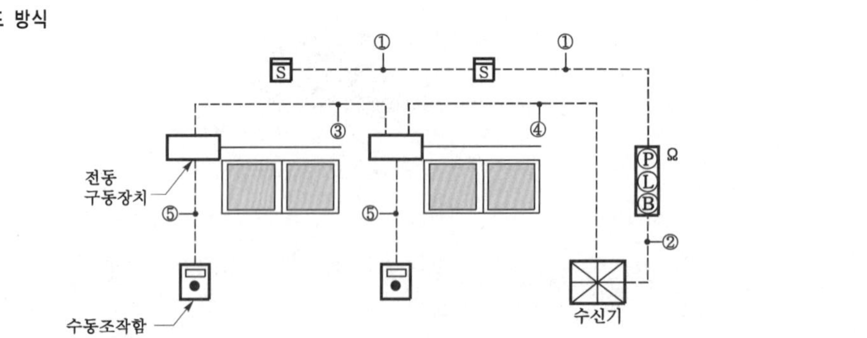

기 호	내 역	용 도
①	HFIX 1.5-4	지구, 공통 각 2가닥
②	HFIX 2.5-6	응답, 지구, 벨표시등 공통, 벨, 표시등, 지구공통
③	HFIX 2.5-3	기동, 확인, 공통
④	HFIX 2.5-5	기동 2, 확인 2, 공통
⑤	HFIX 2.5-3	기동, 확인, 공통

* 벨 표시등 공통은 경종표시등 공통을 의미한다.
* 벨은 경종을 의미한다.

(2) **Motor 방식**

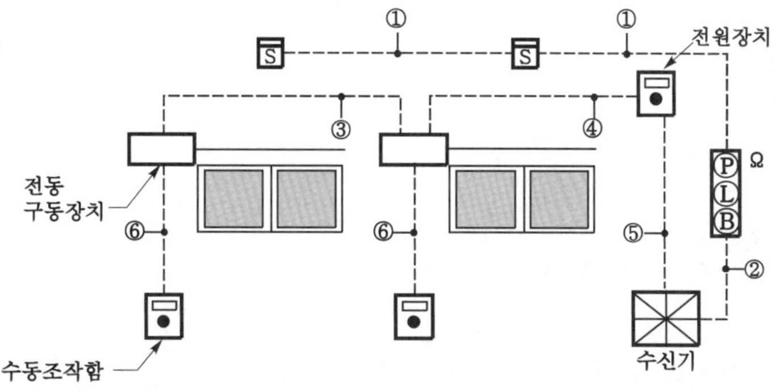

기 호	내 역	용 도
①	HFIX 1.5-4	지구, 공통 각 2가닥
②	HFIX 2.5-6	응답, 지구, 벨표시등 공통, 벨, 표시등, 지구공통
③	HFIX 2.5-5	전원 ⊕ · ⊖, 기동, 복구, 동작확인
④	HFIX 2.5-6	전원 ⊕ · ⊖, 기동, 복구, 동작확인 2
⑤	HFIX 2.5-8	전원 ⊕ · ⊖, 교류전원 2, 기동, 복구, 동작확인 2
⑥	HFIX 2.5-5	전원 ⊕ · ⊖, 기동, 복구, 정지

* 벨 표시등 공통은 경종표시등 공통을 의미한다.
* 벨은 경종을 의미한다.

☆ 문제 15

한국전기설비규정(KEC)에 의한 금속제 가요전선관공사의 시설조건 및 부속품의 시설에 관한 다음 ( ) 안에 알맞은 말을 쓰시오.

득점	배점
	5

○ 전선은 절연전선((①) 제외)일 것

○ 전선은 연선일 것. 단, 단면적 $10mm^2$(알루미늄선 단면적 $16mm^2$) 이하인 것은 그러하지 아니하다.

○ 가요전선관 안에는 전선에 접속점이 없도록 할 것

○ 가요전선관은 (②)종 금속제 가요전선관일 것. 단, 전개된 장소 또는 점검할 수 있는 은폐된 장소(옥내배선의 사용전압이 (③)V 초과인 경우에는 전동기에 접속하는 부분으로서 가요성을 필요로 하는 부분에 사용하는 것에 한함)에는 1종 가요전선관(습기가 많은 장소 또는 물기가 있는 장소에는 비닐피복 1종 가요전선관에 한함)을 사용할 수 있다.

○관 상호 간 및 관과 박스, 기타의 부속품과는 견고하고 또한 전기적으로 완전하게 접속할 것
○가요전선관의 (④)부분은 피복을 손상하지 아니하는 구조로 되어 있을 것
○2종 금속제 가요전선관을 사용하는 경우에 습기 많은 장소 또는 물기가 있는 장소에 시설하는 때에는 (⑤)종 가요전선관일 것
○1종 금속제 가요전선관에는 단면적 (⑥)mm^2 이상의 나연동선을 전체 길이에 걸쳐 삽입 또는 첨가하여 그 나연동선과 1종 금속제 가요전선관을 양쪽 끝에서 전기적으로 완전하게 접속할 것. 단, 관의 길이가 (⑦)m 이하인 것을 시설하는 경우에는 그러하지 아니하다.

해답 ① 옥외용 비닐절연전선
② 2
③ 400
④ 끝
⑤ 비닐피복 2
⑥ 2.5
⑦ 4

해설 (1) **금속제 가요전선관공사 시설조건**(KEC 232.13.1)
① 전선은 절연전선(**옥외용 비닐절연전선** 제외)일 것
② 전선은 연선일 것. 단, 단면적 $10mm^2$(알루미늄선 단면적 $16mm^2$) 이하인 것은 그러하지 아니하다.
③ 가요전선관 안에는 전선에 접속점이 없도록 할 것
④ 가요전선관은 **2종** 금속제 가요전선관일 것. 단, 전개된 장소 또는 점검할 수 있는 은폐된 장소(옥내배선의 사용전압이 **400V** 초과인 경우에는 전동기에 접속하는 부분으로서 가요성을 필요로 하는 부분에 사용하는 것에 한함)에는 1종 가요전선관(습기가 많은 장소 또는 물기가 있는 장소에는 비닐피복 1종 가요전선관에 한함)을 사용할 수 있다.

(2) **가요전선관 및 부속품의 시설**(KEC 232.13.3)
① 관 상호 간 및 관과 박스, 기타의 부속품과는 견고하고 또한 전기적으로 완전하게 접속할 것
② 가요전선관의 **끝**부분은 피복을 손상하지 아니하는 구조로 되어 있을 것
③ 2종 금속제 가요전선관을 사용하는 경우에 습기가 많은 장소 또는 물기가 있는 장소에 시설하는 때에는 **비닐피복 2종** 가요전선관일 것
④ 1종 금속제 가요전선관에는 단면적 **$2.5mm^2$** 이상의 나연동선을 전체 길이에 걸쳐 삽입 또는 첨가하여 그 나연동선과 1종 금속제 가요전선관을 양쪽 끝에서 전기적으로 완전하게 접속할 것. 단, 관의 길이가 **4m** 이하인 것을 시설하는 경우에는 그러하지 아니하다.
⑤ 가요전선관공사는 KEC 211과 140에 준하여 접지공사를 할 것

☆☆
문제 16

비상콘센트설비를 하려고 한다. 다음의 경우에는 어떻게 하여야 하는가?

(17.11.문11, 14.4.문12, 12.7.문4, 11.5.문4)

득점	배점
	6

(가) 비상콘센트의 플러그 접속기는 구체적으로 어떤 형(종류)의 플러그 접속기를 사용하여야 하는가?
(나) 하나의 전용회로에 설치하는 비상콘센트가 7개이다. 이 경우에 전선의 용량은 비상콘센트 몇 개의 공급용량을 합한 용량 이상의 것으로 하여야 하는가?
(다) 비상콘센트설비의 전원부와 외함 사이의 절연저항의 측정방법 및 절연내력의 시험방법에 대하여 설명하고 그 적합한 기준은 무엇인지를 설명하시오.
○절연저항의 측정방법 :
○절연내력의 시험방법 :

해답 (가) 접지형
(나) 3개
(다) ① 절연저항의 측정방법 : 직류 500V 절연저항계로 측정하여 20MΩ 이상
② 절연내력의 시험방법
정격전압이 150V 이하 : 1000V의 실효전압을 가하여 1분 이상 견딜 것
정격전압이 150V 초과 : 정격전압에 2를 곱하여 1000을 더한 실효전압을 가하여 1분 이상 견딜 것

해설 (가)

구 분	플러그 접속기
단상	접지형 2극 플러그 접속기

(나) 전선의 용량은 비상콘센트의 공급용량을 합한 용량 이상으로 할 것(단, 3개 이상은 **3개**)

비상콘센트 수량	전선의 용량
1	1.5kVA
2	3kVA
3~10	4.5kVA

(다) 절연저항시험과 절연내력시험

절연저항시험	절연내력시험
전원부와 외함 등의 절연이 얼마나 잘 되어 있는가를 확인하는 시험	평상시보다 높은 전압을 인가하여 절연이 파괴되는지의 여부를 확인하는 시험

문제 17

자동화재 탐지설비의 설치기준 중 축적기능이 있는 감지기를 사용하는 경우이다. 다음 빈칸을 채우시오.

득점	배점
	4

(①)·(②) 등으로서 환기가 잘 되지 아니하거나 실내면적이 (③)m^2 미만인 장소, 감지기의 부착면과 실내바닥과의 거리가 (④)m 이하인 장소로서 일시적으로 발생한 열·연기 또는 먼지 등으로 인하여 감지기가 화재신호를 발신할 우려가 있는 때에는 축적기능 등이 있는 것으로 설치할 것

해답 ① 지하층 ② 무창층 ③ 40 ④ 2.3

해설 (1) **축적형 감지기**(NFPC 203 5·7조, NFTC 203 2.2.2, 2.4.3)

설치장소 (축적기능이 있는 감지기를 사용하는 경우)	설치제외장소 (축적기능이 없는 감지기를 사용하는 경우)
① **지하층·무창층**으로 환기가 잘 되지 않는 장소 ② 실내면적이 **40m²** 미만인 장소 ③ 감지기의 부착면과 실내 바닥의 거리가 **2.3m 이하**인 장소로서 일시적으로 발생한 열·연기·먼지 등으로 인하여 감지기가 화재신호를 발신할 우려가 있는 때 기억법 지423축	① **축적형 수신기**에 연결하여 사용하는 경우 ② **교차회로방식**에 사용하는 경우 ③ **급속**한 **연소확대**가 우려되는 장소 기억법 축교급외

(2) **지하층·무창층** 등으로서 환기가 잘 되지 아니하거나 실내면적이 **40m²** 미만인 장소, 감지기의 부착면과 실내 바닥과의 거리가 **2.3m** 이하인 곳으로서 일시적으로 발생한 열·연기 또는 먼지 등으로 인하여 화재신호를 발신할 우려가 있는 장소에 설치가능한 감지기

① **불꽃**감지기 ② **정온식 감지선형** 감지기
③ **분포형** 감지기 ④ **복합형** 감지기
⑤ **광전식 분리형** 감지기 ⑥ **아날로그방식**의 감지기
⑦ **다신호방식**의 감지기 ⑧ **축적방식**의 감지기

기억법 **불정감 복분(복분자) 광아다축**

중요

감지기

종 류	설 명
다신호식 감지기	1개의 감지기 내에서 다음과 같다. ① 각 서로 다른 종별 또는 감도 등의 기능을 갖춘 것으로서 일정 시간 간격을 두고 각각 다른 2개 이상의 화재신호를 발하는 감지기 ② 동일 종별 또는 감도를 갖는 2개 이상의 센서를 통해 감지하여 화재신호를 각각 발신하는 감지기
아날로그식 감지기	주위의 온도 또는 연기의 양의 변화에 따른 화재정보신호값을 출력하는 방식의 감지기
축적형 감지기	일정 농도·온도 이상의 연기 또는 온도가 일정 시간(공칭축적시간) 연속하는 것을 전기적으로 검출함으로써 작동하는 감지기(단, 단순히 작동시간만을 지연시키는 것 제외)
재용형 감지기	**다시 사용**할 수 있는 성능을 가진 감지기

☆ 문제 18

전기방법 중 내화배선과 내열배선의 공사방법에서 배관구조의 차이점을 쓰시오. (15.7.문7)

○ 내화배선 :
○ 내열배선 :

득점	배점
	4

해답 ○ 내화배선 : 금속관·2종 금속제 가요전선관 또는 합성수지관에 수납하여 내화구조로 된 벽 또는 바닥 등에 벽 또는 바닥의 표면으로부터 25mm 이상의 깊이로 매설
○ 내열배선 : 금속관·금속제 가요전선관·금속덕트 또는 케이블 공사방법

해설 **배선에 사용되는 전선의 종류 및 공사방법**(NFTC 102 2.7.2)

(1) **내화배선**

사용전선의 종류	공사방법
① 450/750V 저독성 난연 가교폴리올레핀 절연전선(HFIX) ② 0.6/1kV 가교 폴리에틸렌 절연 저독성 난연 폴리올레핀 시스 전력 케이블 ③ 6/10kV 가교 폴리에틸렌 절연 저독성 난연 폴리올레핀 시스 전력용 케이블 ④ 가교 폴리에틸렌 절연 비닐시스 트레이용 난연 전력 케이블 ⑤ 0.6/1kV EP 고무절연 클로로프렌 시스 케이블 ⑥ 300/500V 내열성 실리콘 고무 절연전선(180℃) ⑦ 내열성 에틸렌-비닐 아세테이트 고무 절연 케이블 ⑧ 버스덕트(Bus Duct)	• 금속관 공사 • 2종 금속제 가요전선관 공사 • 합성수지관 공사 내화구조로 된 벽 또는 바닥 등에 벽 또는 바닥의 표면으로부터 25mm 이상의 깊이로 매설할 것
• 내화전선	• 케이블공사

(2) **내열배선**

사용전선의 종류	공사방법
① 450/750V 저독성 난연 가교폴리올레핀 절연전선(HFIX) ② 0.6/1kV 가교 폴리에틸렌 절연 저독성 난연 폴리올레핀 시스 전력 케이블 ③ 6/10kV 가교 폴리에틸렌 절연 저독성 난연 폴리올레핀 시스 전력용 케이블 ④ 가교 폴리에틸렌 절연 비닐시스 트레이용 난연 전력 케이블 ⑤ 0.6/1kV EP 고무절연 클로로프렌 시스 케이블 ⑥ 300/500V 내열성 실리콘 고무 절연전선(180℃) ⑦ 내열성 에틸렌-비닐 아세테이트 고무 절연 케이블 ⑧ 버스덕트(Bus Duct)	• 금속관 공사 • 금속제 가요전선관 공사 • 금속덕트 공사 • 케이블 공사
• 내화전선	• 케이블공사

2013. 7. 14 시행

2013년 기사 제2회 필답형 실기시험

자격종목	시험시간	형별	수험번호	성명	감독위원 확 인
소방설비기사(전기분야)	3시간				

※ 다음 물음에 답을 해당 답란에 답하시오.(배점 : 100)

☆☆

문제 01

외기에 면하여 상시 개방된 부분이 있는 장소로 외기에 면하는 각 부분으로부터 5m 미만의 범위 안에 있는 부분을 자동화재탐지설비 경계구역에 산입하지 않는 장소 3곳을 쓰시오. (11.11.문11)

득점	배점
	5

○

○

○

해답 ① 차고
② 주차장
③ 창고

해설 **차고 · 주차장 · 창고 등의 경계구역 면적산정**(NFPC 203 4조, NFTC 203 2.1.3)
외기에 면하여 상시 개방된 부분이 있는 **차고 · 주차장 · 창고** 등에 있어서는 외기에 면하는 각 부분으로부터 **5m** 미만의 범위안에 있는 부분은 경계구역의 면적에 산입하지 아니한다.

용어

용 어	설 명
경계구역	소방대상물 중 **화재신호**를 **발신**하고 그 **신호**를 **수신** 및 유효하게 **제어**할 수 있는 구역
산입(算入)	'**계산에 넣는다**'는 뜻

예제

외기에 개방된 가로 12m×세로 10m의 주차장의 **경계구역면적**
외기의 개방된 부분의 **5m** 미만은 경계구역 면적에 포함하지 않으므로
경계구역 면적 $= 10\text{m} \times 7\text{m} = 70\text{m}^2$

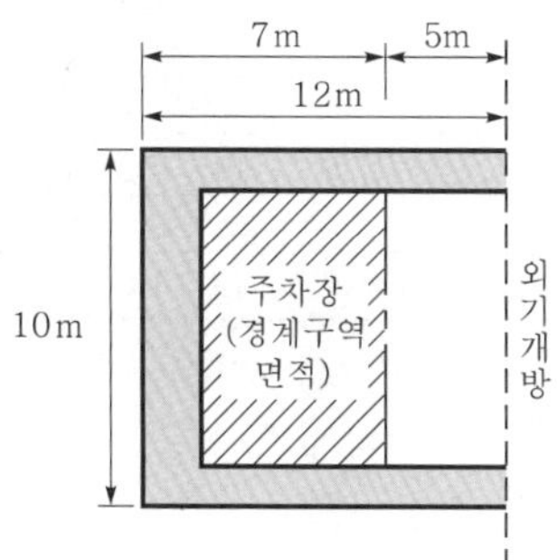

☆☆☆

문제 02

다음은 건물의 평면도를 나타낸 것으로 거실에는 정온식 스포트형 감지기 1종을 설치하고자 한다. 건물의 주요구조부는 내화구조이며, 감지기의 설치높이는 3m이다. 각 실에 설치될 감지기의 개수를 계산하시오.

득점	배점
	5

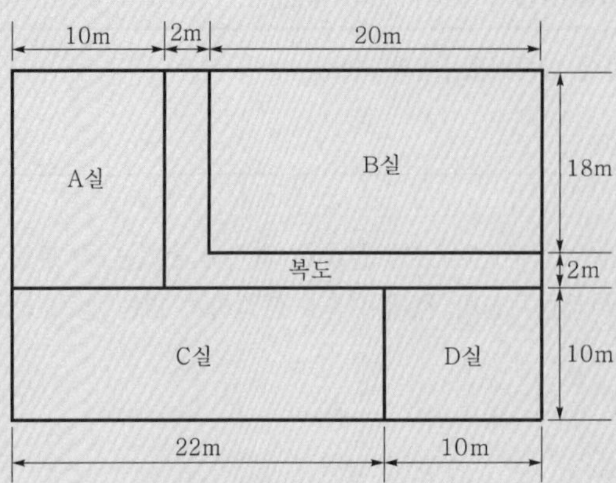

○ 감지기 설치수량 :

구 분	계산과정	설치수량(개)
A실		
B실		
C실		
D실		
합계		

해답 감지기 설치수량

구 분	계산과정	설치수량(개)
A실	$\frac{10\times(18+2)}{60}=3.3 \fallingdotseq 4$개	4개
B실	$\frac{(20\times18)}{60}=6$개	6개
C실	$\frac{(22\times10)}{60}=3.6 \fallingdotseq 4$개	4개
D실	$\frac{(10\times10)}{60}=1.6 \fallingdotseq 2$개	2개
합계	$4+6+4+2=16$개	16개

해설 **감지기 1개**가 담당하는 **바닥면적**(NFPC 203 7조, NFTC 203 2.4.3.9.1) (단위 : m^2)

부착높이 및 소방대상물의 구분		감지기의 종류				
		차동식 · 보상식 스포트형		정온식 스포트형		
		1종	2종	특 종	1종	2종
4m 미만	내화구조	90	70	70	60	20
	기타 구조	50	40	40	30	15
4m 이상 8m 미만	내화구조	45	35	35	30	설치 불가능
	기타 구조	30	25	25	15	

[문제조건] **3m**, **내화구조**, **정온식 스포트형 1종**이므로 감지기 1개가 담당하는 바닥면적은 **60m²**

구 분	계산과정	설치수량(개)
A실	$\frac{\text{적용면적}}{60m^2} = \frac{[10\times(18+2)]m^2}{60m^2} = 3.3 \fallingdotseq$ 4개(절상)	4개
B실	$\frac{\text{적용면적}}{60m^2} = \frac{(20\times18)m^2}{60m^2} =$ 6개	6개
C실	$\frac{\text{적용면적}}{60m^2} = \frac{(22\times10)m^2}{60m^2} = 3.6 \fallingdotseq$ 4개(절상)	4개
D실	$\frac{\text{적용면적}}{60m^2} = \frac{(10\times10)m^2}{60m^2} = 1.6 \fallingdotseq$ 2개(절상)	2개
합계	4개+6개+4개+2개=16개	16개

☆☆☆
문제 03

유도전동기 (IM)을 현장측과 제어실측 어느 쪽에서도 기동 및 정지제어가 가능하도록 배선하시오. (단, 푸시버튼스위치 기동용(PB_{-ON}) 2개, 정지용(PB_{-OFF}) 2개, 전자접촉기 a접점 1개(자기유지용)를 사용할 것)

득점	배점
	5

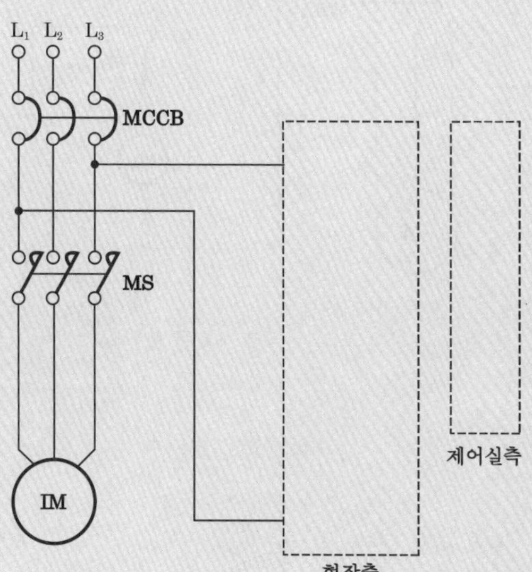

해답

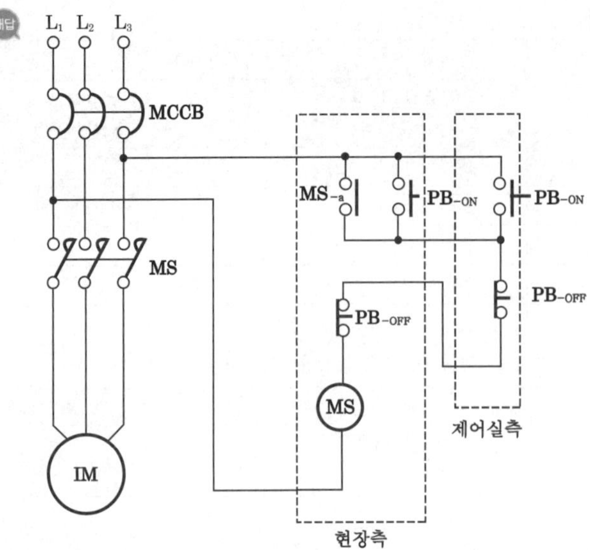

해설 **동작설명** : PB-ON을 누르면 전자접촉기 MS가 여자되고 MS-a접점이 폐로되어 자기유지된다. 또 전자접촉기 주접점이 닫혀 유도전동기 IM이 기동된다. PB-OFF를 누르면 전자접촉기 MS가 소자되어 자기유지가 해제되고 주접점이 열려 유도전동기는 정지한다.

※ 주회로에 열동계전기(⊐)가 없으므로 보조회로의 배선을 완성할 때 열동계전기접점( )을 그리지 않도록 주의하라.

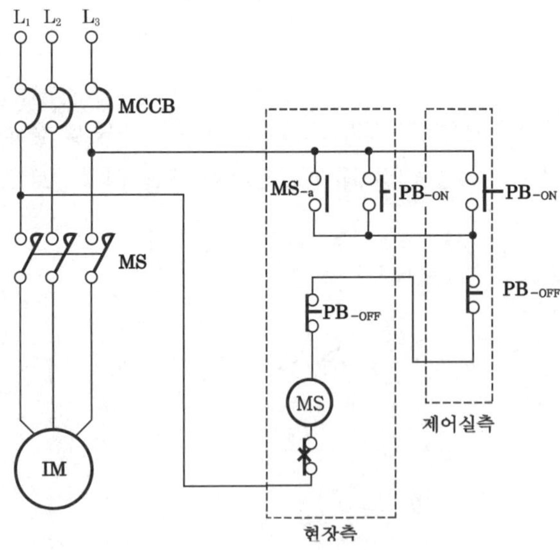

‖ 틀린 도면 ‖

☆☆ 문제 04

15층 건물에 비상콘센트를 설치하여야 할 층에 1개씩 설치하였다. 다음 각 물음에 답하시오. (단, 역률은 0.85이며, 안전율은 1.25배를 적용할 것)

득점	배점
	7

(가) 단상 220V를 사용할 때 간선의 허용전류[A]는?

○ 계산과정 :

○ 답 :

(나) 이 건물에 설치하여야 하는 비상콘센트함의 개수는 몇 개인가?

해답 (가) ○ 계산과정 : 정격전류

$$I_1 = \frac{(1.5\times10^3)\times 3\text{개}}{220} = 20.454 ≒ 20.45\text{A}$$

허용전류

$$I_2 = 1.25\times20.45 = 25.562 ≒ 25.56\text{A}$$

○ 답 : 25.56A

(나) 5개

해설 (가) **단상**(1ϕ)

$$P = VI$$

여기서, P : 단상전력(단상용량)[VA]

V : 전압[V]

I : 전류(정격전류)[A]

정격전류 $I_1 = \frac{P}{V} = \frac{(1.5\times10^3)\times 3\text{개}}{220} = 20.454 ≒ 20.45\text{A}$

- 비상콘센트 단상교류의 공급용량은 **1.5kVA** 이상이다.
- 전선의 용량은 비상콘센트의 공급용량을 합한 용량 이상으로 하되, 최대 **3개**까지의 용량으로 한다.
- 단상교류의 공급용량이 1.5kVA로서 단위가 kVA이므로 역률은 적용하지 않는 것에 특히 주의하라! 용량의 단위가 **kW** 또는 **W**일 때만 **역률**은 **적용**하는 것이다.

허용전류 I_2 =1.25배×전동기 정격전류합계$= 1.25\times20.45 = 25.562 ≒ 25.56$[A]

- **1.25배** : 문제의 단서에서 주어진 안전율 **1.25배**

(나) **비상콘센트**의 **설치**

(1) 원칙적으로 비상콘센트(함)는 **11층 이상**의 층에 설치하여야 하므로 **11~15층**까지 총 **5개**를 설치한다.

(2) **비상콘센트 설치대상**(소방시설법 시행령 [별표 4])

설치대상	조 건
지상층	**11층 이상**
지하 전층	**지하 3층 이상**이고, 지하층 바닥면적 합계가 **1000m²** 이상
지하가 중 터널	길이 **500m** 이상

☆☆☆

문제 05

전로의 절연열화에 의한 화재를 방지하기 위하여 절연저항을 측정하여 전로의 유지보수에 활용하여야 한다. 절연저항측정에 관한 다음 각 물음에 답하시오. (01.11.문8 비교)

득점	배점
	5

(가) 220V 전로에서 전선과 대지 사이의 절연저항이 0.2MΩ이라면 누설전류는 몇 mA인가?

○ 계산과정 :

○ 답 :

(나) 감지기회로 및 부속회로의 전로와 대지 사이 및 배선 상호간의 절연저항을 1경계구역마다 직류 250V의 절연저항측정기로 측정하여 몇 MΩ 이상이 되도록 하여야 하는가?

해답 (가) ○ 계산과정 : $\frac{220}{0.2 \times 10^6} = 0.0011\text{A} = 1.1\text{mA}$

○ 답 : 1.1mA

(나) 0.1MΩ 이상

해설 (가)

$$I = \frac{V}{R}$$

여기서, I : 전류(누설전류)[A]

R : 저항(절연저항)[Ω]

V : 전압[V]

누설전류 I는

$$I = \frac{V}{R} = \frac{220}{0.2 \times 10^6} = 0.0011\text{A} = 1.1\text{mA}$$

(나) **절연저항시험**(절대! 절대! 중요)

절연저항계	절연저항	대 상
직류 250V	0.1MΩ 이상	• 1경계구역의 절연저항
직류 500V	5MΩ 이상	• 누전경보기 • 가스 누설경보기 • 수신기 • 자동화재속보설비 • 비상경보설비 • 유도등(교류입력측과 외함간 포함) • 비상조명등(교류입력측과 외함간 포함)
	20MΩ 이상	• 경종 • 발신기 • 중계기 • 비상 콘센트 • 기기의 절연된 선로간 • 기기의 충전부와 비충전부간 • 기기의 교류입력측과 외함간(유도등 · 비상조명등 제외)
	50MΩ 이상	• 감지기(정온식 감지선형 감지기 제외) • 가스 누설경보기(10회로 이상) • 수신기(10회로 이상)
	1000MΩ 이상	• 정온식 감지선형 감지기

☆☆
문제 06

지하구에 설치하는 자동화재탐지설비의 감지기 설치기준에 관한 다음 (　　) 안을 완성하시오.

득점	배점
	5

○ 「자동화재탐지설비 및 시각경보장치의 화재안전성능기준(NFPC 203)」 7조 ①항 각 호의 감지기 중 먼지·습기 등의 영향을 받지 아니하고 발화지점(1m 단위)과 (①)를 확인할 수 있는 것을 설치할 것

○ 지하구 천장의 중심부에 설치하되 감지기와 천장 중심부 하단과의 수직거리는 (②)cm 이내로 할 것. 단, 형식승인내용에 설치방법이 규정되어 있거나, (③)의 심의를 거쳐 제조사 시방서에 따른 설치방법이 지하구화재에 적합하다고 인정되는 경우에는 형식승인내용 또는 심의결과에 의한 제조사 시방서에 따라 설치할 수 있다.

○ 발화지점이 지하구의 실제거리와 일치하도록 (④) 등에 표시할 것

○ 공동구 내부에 상수도용 또는 냉·난방용 설비만 존재하는 부분은 (⑤)를 설치하지 않을 수 있다.

해답 ① 온도
② 30
③ 중앙기술심의위원회
④ 수신기
⑤ 감지기

해설 **지하구 자동화재탐지설비**의 **감지기 설치기준**(NFPC 605 6조, NFTC 605 2.2.1)

(1) 「자동화재탐지설비 및 시각경보장치의 화재안전성능기준(NFPC 203)」 7조 ①항 각 호의 감지기 중 먼지·습기 등의 영향을 받지 아니하고 발화지점(1m 단위)과 **온도**를 확인할 수 있는 것을 설치할 것
(2) 지하구 천장의 중심부에 설치하되 감지기와 천장 중심부 하단과의 수직거리는 **30cm** 이내로 할 것. 단, 형식승인내용에 설치방법이 규정되어 있거나, **중앙기술심의위원회**의 심의를 거쳐 제조사 시방서에 따른 설치방법이 지하구화재에 적합하다고 인정되는 경우에는 형식승인내용 또는 심의결과에 의한 제조사 시방서에 따라 설치할 수 있다.
(3) 발화지점이 지하구의 실제거리와 일치하도록 **수신기** 등에 표시할 것
(4) 공동구 내부에 상수도용 또는 냉·난방용 설비만 존재하는 부분은 **감지기**를 설치하지 않을 수 있다.

☆☆☆

문제 07

다음은 자동화재탐지설비의 평면을 나타낸 도면이다. 이 도면을 보고 다음 각 물음에 답하시오. (단, 모든 배관은 슬래브 내 매입배관이며 이중천장이 없는 구조이다.)

(17.4.문2, 15.7.문1, 14.7.문17, 11.11.문15, 05.5.문15)

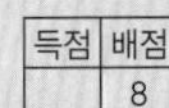

득점	배점
	8

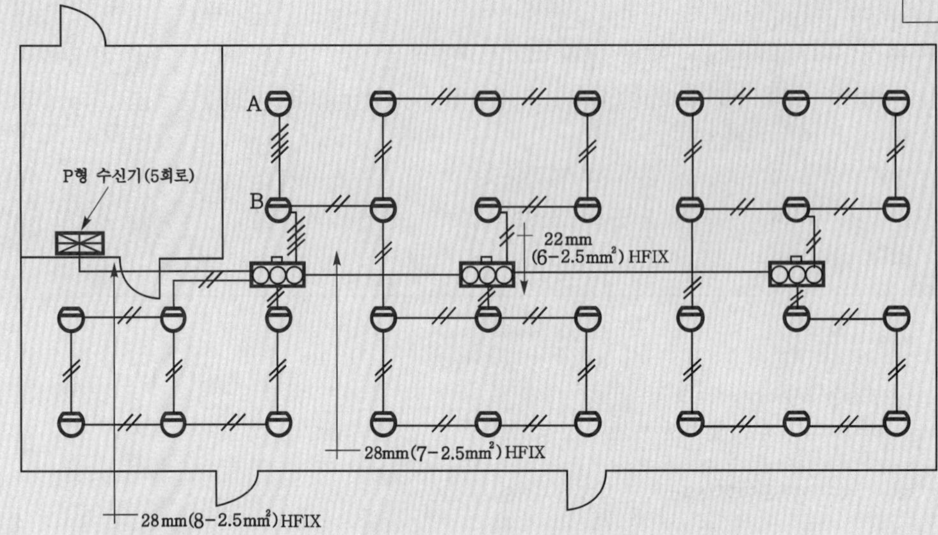

‖ 자동화재탐지설비 평면도(축척 : 없음) ‖

〔범례〕

⊖ : 차동식 스포트형 감지기(2종)

: 수동발신기 세트함

: 수신기 P형(5회로)

(가) 도면의 잘못된 부분(배관 및 배선)을 고쳐서 올바른 도면으로 그리시오. (단, 배관 및 배선가닥수는 최소화하여 적용한다.)

(나) A−B 사이의 전선관은 최소 몇 mm를 사용하면 되는지 구하시오. (단, HFIX $1.5mm^2$ 피복절연물을 포함한 전선의 단면적은 $9mm^2$이고, HFIX $2.5mm^2$ 피복절연물을 포함한 전선의 단면적은 $13mm^2$이다.)

○ 계산과정 :

○ 답 :

(다) 수동발신기 세트함에는 어떤 것들이 내장되는가?

 (가)

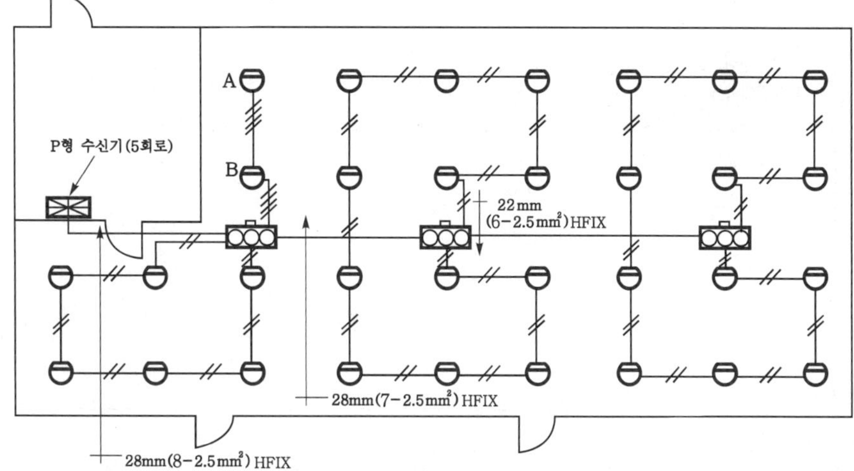

(나) ○ 계산과정 : $\sqrt{9 \times 4 \times \frac{4}{\pi} \times 3} = 11.7$

○ 답 : 16mm

(다) ① 수동발신기(P형)

② 경종

③ 표시등

해설 (가) 위의 도면은 3경계구역으로서 경계구역별 배관을 절단하고 **루프**(loop)형태로 배선하면 된다.

(나)

〈전선관 굵기 선정〉

- 접지선을 포함한 케이블 또는 절연도체의 내부 단면적(피복절연물 포함)이 **금속관, 합성수지관, 가요전선관 등 전선관 단면적**의 $\frac{1}{3}$을 초과하지 않도록 할 것(KSC IEC/TS 61200-52의 521.6 표준 준용, KEC 핸드북 p.301, p.306, p.313)

감지기의 배선은 HFIX 1.5mm^{2}로서 **4가닥**이므로 다음과 같이 계산한다.

$$\frac{\pi D^2}{4} \times \frac{1}{3} \geq \text{전선단면적(피복절연물 포함)} \times \text{가닥수}$$

$$D \geq \sqrt{\text{전선단면적(피복절연물 포함)} \times \text{가닥수} \times \frac{4}{\pi} \times 3}$$

여기서, D : 후강전선관 굵기(내경)[mm]

후강전선관 굵기 D는

$$D \geq \sqrt{\text{전선단면적(피복절연물 포함)} \times \text{가닥수} \times \frac{4}{\pi} \times 3} \geq \sqrt{9 \times 4 \times \frac{4}{\pi} \times 3} \geq 11.7\text{mm}(\therefore 16\text{mm 선정})$$

- 9mm^2 : (나)의 [단서]에서 주어짐
- 4가닥 : [평면도]에서 주어짐

‖ 후강전선관 vs 박강전선관 ‖

구 분	후강전선관	박강전선관
사용장소	• 공장 등의 배관에서 특히 **강도**를 필요로 하는 경우 • **폭발성가스**나 **부식성가스**가 있는 장소	• 일반적인 장소
관의 호칭 표시방법	• **안지름**(내경)의 근사값을 **짝수**로 표시	• **바깥지름**(외경)의 근사값을 **홀수**로 표시
규격	16mm, 22mm, 28mm, 36mm, 42mm, 54mm, 70mm, 82mm, 92mm, 104mm	19mm, 25mm, 31mm, 39mm, 51mm, 63mm, 75mm

(다) **수동발신기(발신기) 세트**(fire alarm box set) : 수동발신기(발신기), 경종, 표시등, 종단저항이 하나의 세트로 구성되어 있는 것

- 수동발신기=발신기
- 'P형'까지 정확히 쓰는 것이 확실한 답! 그냥 발신기라고만 답하면 틀릴 수 있으니 주의!!
- 수동발신기 세트함에 몇 가지를 쓰라고 하느냐에 따라 다음과 같이 답하는 것이 옳다. 단, 가지수가 없을 때는 3가지만 쓰는것 권장

3가지	4가지
① 수동발신기(발신기) ② 경종 ③ 표시등	① 수동발신기(발신기) ② 경종 ③ 표시등 ④ 종단저항

문제 08

펌프용 전동기로 매분당 5m³의 물을 높이 30m인 탱크에 양수하려고 한다. 이때 전동기의 용량은 몇 kW인가? (단, 전동기 효율은 72%이고 여유계수는 1.25이다.)

득점	배점
	5

○ 계산과정 :

○ 답 :

○ 계산과정 : $P=\dfrac{9.8\times1.25\times30\times5}{0.72\times60}=42.534 \fallingdotseq 42.53\text{kW}$

○ 답 : 42.53kW

해설 **전동기**의 **용량**

$$P=\frac{9.8KHQ}{\eta t}=\frac{9.8\times1.25\times30\text{m}\times5\text{m}^3}{0.72\times60\text{s}}=42.534 \fallingdotseq 42.53\text{kW}$$

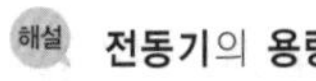

1. 전동기의 용량을 구하는 식

(1) **일반적인 설비**

$$P=\frac{9.8KHQ}{\eta t}$$

여기서, P : 전동기용량〔kW〕
η : 효율
t : 시간〔s〕
K : 여유계수
H : 전양정〔m〕
Q : 양수량(유량)〔m³〕

(2) **제연설비(배연설비)**

$$P=\frac{P_T Q}{102\times60\eta}K$$

여기서, P : 배연기 동력〔kW〕
P_T : 전압(풍압)〔mmAq, mmH₂O〕
Q : 풍량〔m³/min〕
K : 여유율
η : 효율

주의

제연설비(배연설비)의 전동기의 소요동력은 반드시 위의 식을 적용하여야 한다. 주의! 또 주의!

2. **아주 중요한 단위환산**(꼭! 기억하시라.)
   ① 1mmAq=10^{-3}mH_2O=10^{-3}m
   ② 760mmHg=10.332mH_2O=10.332m
   ③ 1 $l$pm=10^{-3}m^3/min
   ④ 1HP=0.746kW

☆☆☆

문제 09

3선식 배선에 의하여 상시 충전되는 유도등의 전기회로에 점멸기를 설치하는 경우 유도등이 반드시 점등되어야 하는 경우를 3가지만 쓰시오. (11.11.문7 비교)

○
○
○

득점	배점
	6

해답 ① 자동화재탐지설비의 감지기 또는 발신기가 작동되는 때
② 비상경보설비의 발신기가 작동되는 때
③ 상용전원이 정전되거나 전원선이 단선되었을 때

해설 **3선식 배선**시 반드시 점등되어야 하는 경우(NFPC 303 10조, NFTC 303 2.7.4)
① **자동화재탐지설비**의 **감지기** 또는 **발신기**가 작동되는 때

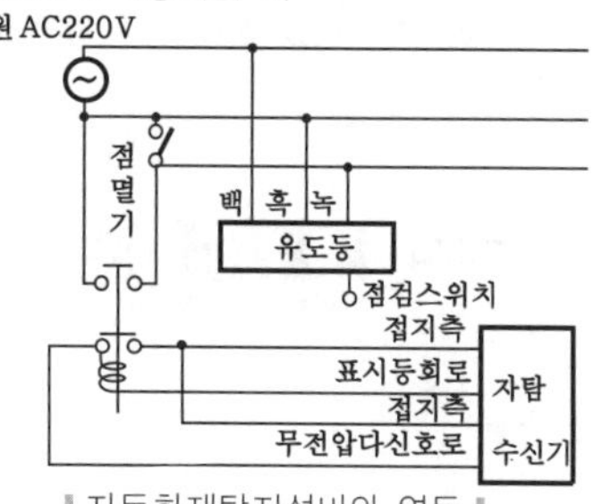

‖ 자동화재탐지설비와 연동 ‖

② **비상경보설비**의 **발신기**가 작동되는 때
③ **상용전원**이 **정전**되거나 **전원선**이 **단선**되는 때
④ **방재업무**를 **통제**하는 곳 또는 전기실의 배전반에서 **수동**으로 **점등**하는 때

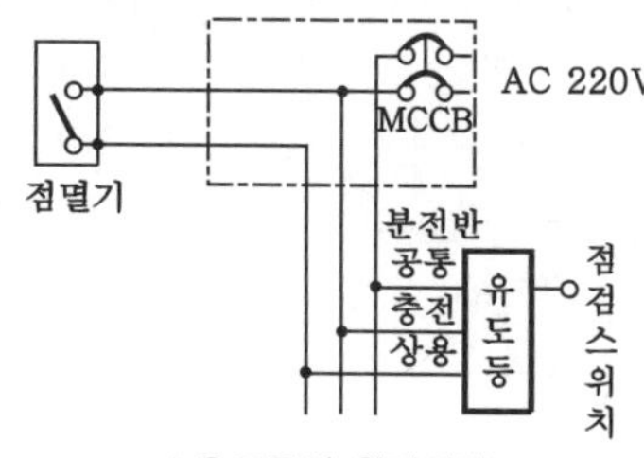

‖ 유도등의 원격점멸 ‖

⑤ **자동소화설비**가 작동되는 때

중요

3선식 배선

유도등의 3선식 배선	비상방송설비의 3선식 배선
① 공통선 ② 상용선 ③ 충전선	① 공통선 ② 업무용 배선 ③ 긴급용 배선

☆☆☆

문제 10

무선통신보조설비에 사용되는 무반사 종단저항의 설치목적을 쓰시오. (10.10.문2 비교)

득점	배점
	5

해답 전송로로 전송되는 전자파가 전송로의 종단에서 반사되어 교신을 방해하는 것을 막기 위함

해설 **종단저항과 무반사 종단저항**

구 분	종단저항	무반사 종단저항
적용설비	• 자동화재탐지설비 • 제연설비 • 준비작동식 스프링클러설비 • 일제살수식 스프링클러설비 • 분말소화설비 • 이산화탄소 소화설비 • 할론소화설비 • 할로겐화합물 및 불활성기체 소화설비 • 부압식 스프링클러설비	• 무선통신보조설비
설치위치	**감지기회로**의 **끝 부분**	**누설동축케이블**의 **끝 부분**
설치목적	감지기회로의 **도통시험**을 용이하게 하기 위함	전송로로 전송되는 전자파가 전송로의 종단에서 반사되어 **교신**을 **방해**하는 것을 막기 위함
외형	갈 흑 등 은	

☆

문제 11

다음은 비상콘센트 보호함의 시설기준이다. ( ) 안에 알맞은 것은? (19.4.문13)

득점	배점
	5

○ 보호함에는 쉽게 개폐할 수 있는 (㉠)을 설치하여야 한다.
○ 비상콘센트의 보호함 (㉡)에 "비상콘센트"라고 표시한 표지를 하여야 한다.
○ 비상콘센트의 보호함 상부에 (㉢)의 (㉣)을 설치하여야 한다. 다만, 비상콘센트의 보호함을 옥내소화전함 등과 접속하여 설치하는 경우에는 (㉤) 등이 표시등과 겸용할 수 있다.

해답 ㉠ 문
㉡ 표면
㉢ 적색
㉣ 표시등
㉤ 옥내소화전함

해설 **비상콘센트 보호함**의 **시설기준**(NFPC 504 5조, NFTC 504 2.2.1)

① 비상콘센트를 보호하기 위하여 **비상콘센트 보호함**을 설치하여야 한다.
② 보호함에는 **쉽게** 개폐할 수 있는 **문**을 설치하여야 한다.
③ 비상콘센트의 보호함 **표면**에 **"비상콘센트"**라고 표시한 표지를 하여야 한다.
④ 비상콘센트의 보호함 **상부**에 **적색**의 **표시등**을 설치하여야 한다.(단, 비상콘센트의 보호함을 **옥내소화전함** 등과 접속하여 설치하는 경우에는 **옥내소화전함** 등의 **표시등**과 **겸용**할 수 있다.)

‖ 비상콘센트 보호함 ‖

 용어

비상콘센트설비
화재시 소방대의 **조명용** 또는 소화활동상 필요한 **장비**의 **전원설비**

☆☆☆
문제 12

무선통신 보조설비의 누설동축케이블 등의 설치기준이다. ( ) 안에 알맞은 것은? (15.4.문11)

득점	배점
	5

- 누설동축케이블은 화재에 따라 해당 케이블의 피복이 소실될 경우에 케이블 본체가 떨어지지 않도록 (㉠)m 이하마다 금속제 또는 자기제 등의 지지금구로 벽, 천장, 기둥 등에 견고하게 고정시킬 것
- 누설동축케이블 및 안테나는 고압의 전로로부터 (㉡)m 이상 떨어진 위치에 설치할 것 다만, 해당 전로에 (㉢) 차폐장치를 유효하게 설치한 경우에는 그러하지 아니하다.
- 누설동축케이블은 불연성 또는 (㉣)의 것으로 습기 등의 환경조건에 따라 전기의 특성이 변질되지 않고, 노출하여 설치한 경우에는 피난 및 통행에 장애가 없도록 할 것
- 누설동축케이블 또는 동축케이블의 임피던스는 (㉤)Ω으로 할 것

해답 ㉠ 4 ㉡ 1.5
㉢ 정전기 ㉣ 난연성
㉤ 50

해설 **무선통신보조설비**의 **설치기준**(NFPC 505 5~7조, NFTC 505 2.2~2.4)

(1) 누설동축케이블 및 동축케이블은 **불연** 또는 **난연성**의 것으로서 습기 등의 환경조건에 따라 전기의 특성이 변질되지 않는 것으로 할 것
(2) 누설동축케이블 및 안테나는 **금속판** 등에 의하여 **전파의 복사** 또는 **특성**이 현저하게 저하되지 않는 위치에 설치할 것
(3) **누설동축케이블**과 이에 접속하는 **안테나** 또는 **동축케이블**과 이에 접속하는 **안테나**일 것
(4) 누설동축케이블 및 동축케이블은 화재에 따라 해당 케이블의 피복이 소실된 경우에 케이블 본체가 떨어지지 않도록 **4m 이내**마다 금속제 또는 자기제 등의 지지금구로 벽·천장·기둥 등에 견고하게 고정시킬 것(단, **불연재료**로 구획된 반자 안에 설치하는 경우 제외)
(5) 누설동축케이블 및 안테나는 고압전로로부터 **1.5m** 이상 떨어진 위치에 설치할 것(해당 전로에 **정전기차폐장치**를 유효하게 설치한 경우에는 제외)
(6) 누설동축케이블의 끝부분에는 **무반사 종단저항**을 설치할 것
(7) 누설동축케이블, 동축케이블, 분배기, 분파기, 혼합기 등의 임피던스는 **50**Ω으로 할 것
(8) 증폭기의 전면에는 **표시등** 및 **전압계**를 설치할 것
(9) 증폭기의 전원은 전기가 정상적으로 공급되는 **축전지설비**, **전기저장장치** 또는 **교류전압 옥내간선**으로 하고, 전원까지의 배선은 **전용**으로 할 것
(10) **비상전원 용량**

설 비	비상전원의 용량
자동화재탐지설비, 비상경보설비, 자동화재속보설비	**10분** 이상
유도등, 비상조명등, 비상콘센트설비, 옥내소화전설비(30층 미만), 제연설비, 물분무소화설비, 특별피난계단의 계단실 및 부속실 제연설비(30층 미만), 스프링클러설비(30층 미만), 연결송수관설비(30층 미만)	**20분** 이상
무선통신보조설비의 증폭기	**30분** 이상

옥내소화전설비(30~49층 이하), 특별피난계단의 계단실 및 부속실 제연설비(30~49층 이하), 연결송수관설비(30~49층 이하), 스프링클러설비(30~49층 이하)	**40분** 이상
유도등 · 비상조명등(지하상가 및 11층 이상), 옥내소화전설비(50층 이상), 특별피난계단의 계단실 및 부속실 제연설비(50층 이상), 연결송수관설비(50층 이상), 스프링클러설비(50층 이상)	**60분** 이상

용어

(1) **누설동축케이블**과 **동축케이블**

누설동축케이블	동축케이블
동축케이블의 외부도체에 가느다란 홈을 만들어서 **전파**가 **외부**로 **새어나갈 수 있도록** 한 케이블	유도장애를 방지하기 위해 전파가 누설되지 않도록 만든 케이블

(2) **종단저항**과 **무반사 종단저항**

종단저항	무반사 종단저항
감지기회로의 **도통시험**을 용이하게 하기 위하여 **감지기회로**의 **끝** 부분에 설치하는 저항	전송로로 전송되는 전자파가 전송로의 종단에서 반사되어 교신을 방해하는 것을 막기 위해 **누설동축케이블**의 **끝** 부분에 설치하는 저항

☆☆☆

문제 13

피난구유도등을 설치해야 되는 장소의 기준 4가지를 쓰시오. (05.7.문3 비교)

득점	배점
	5

○

○

○

○

해답 ① 옥내로부터 직접 지상으로 통하는 출입구 및 그 부속실의 출입구
② 직통계단 · 직통계단의 계단실 및 그 부속실의 출입구
③ 출입구에 이르는 복도 또는 통로로 통하는 출입구
④ 안전구획된 거실로 통하는 출입구

해설 **피난구유도등**의 **설치장소**(NFPC 303 5조, NFTC 303 2.2.1)

설치장소	도 해
옥내로부터 직접 지상으로 통하는 출입구 및 그 부속실의 출입구	옥외 실내
직통계단 · 직통계단의 **계단실** 및 그 부속실의 출입구	복도 계단
출입구에 이르는 **복도** 또는 **통로**로 통하는 출입구	거실 복도

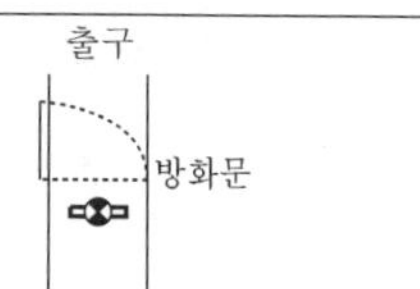

안전구획된 거실로 통하는 출입구	출구 / 방화문

비교

피난구 유도등의 설치제외 장소(NFPC 303 11조 ①항, NFTC 303 2.8.1)
(1) 옥내에서 직접 지상으로 통하는 출입구(바닥면적 **1000m²** 미만 층)
(2) 대각선 길이가 15m 이내인 구획된 실의 출입구
(3) 비상조명등 · 유도표지가 설치된 거실 출입구(거실 각 부분에서 출입구까지의 **보행거리 20m** 이하)
(4) 출입구가 **3 이상**인 거실(거실 각 부분에서 출입구까지의 **보행거리 30m** 이하는 주된 출입구 **2개 외**의 출입구)

☆☆
문제 14

차동식 분포형 공기관식 감지기의 시험방법에 관한 사항이다. ( ) 안을 완성하시오. (16.11.문15)
시험시 검출부 공기관의 한쪽 끝에 (㉠)를, 다른 한쪽 끝에 (㉡)를 접속한다.

득점	배점
	4

해답 ㉠ 마노미터 ㉡ 테스트펌프

해설 (1) **차동식 분포형 공기관식 감지기**의 **유통시험**
공기관에 공기를 유입시켜 **공**기관의 **누설, 찌그러짐, 막힘** 등의 유무 및 공기관의 **길이**를 확인하는 시험이다.

기억법 **공길누찌**

① 검출부의 시험공 또는 공기관의 한쪽 끝에 **마노미터**를, 다른 한쪽 끝에 **테스트펌프**를 접속한다.
② 테스트펌프로 공기를 불어넣어 마노미터의 수위를 **100mm**까지 상승시켜 수위를 정지시킨다(정지하지 않으면 공기관에 누설이 있는 것이다).
③ 시험코크를 이동시켜 송기구를 열고 수위가 **50mm**까지 내려가는 시간(**유통시간**)을 측정하여 공기관의 길이를 산출한다.

※ 공기관의 두께는 **0.3mm** 이상, 외경은 **1.9mm** 이상이며, 공기관의 길이는 **20~100m** 이하이어야 한다.

(2) **차동식 분포형 공기관식 감지기**의 **접점수고시험시 검출부**의 **공기관에 접속하는 기기**
① 마노미터
② 테스트펌프

- 마노미터(manometer)=마노메타
- 테스트펌프(test pump)=공기주입기=공기주입시험기
- ㉠과 ㉡의 답이 서로 바뀌어도 상관없다.

☆☆☆
문제 15

비상방송설비의 설치기준이다. ( ) 안에 적당한 용어 또는 수치를 쓰시오.

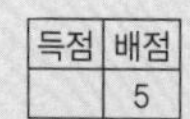

득점	배점
	5

○ 확성기의 음성입력은 (㉠)W(실내는 (㉡)W) 이상이어야 한다.
○ 음량조정기를 설치한 경우 음량조정기의 배선은 (㉢)으로 할 것
○ 기동장치에 따른 화재신고를 수신한 후 필요한 음량으로 화재발생 상황 및 피난에 유효한 방송이 자동으로 개시될 때까지의 소요시간은 (㉣)로 할 것
○ 조작부의 조작 스위치는 바닥으로부터 (㉤)m 이상 (㉥)m 이하의 높이에 설치할 것

해답 ㉠ 3 ㉡ 1 ㉢ 3선식 ㉣ 10초 이하 ㉤ 0.8 ㉥ 1.5

해설 **비상방송설비**의 **설치기준**(NFPC 202 4조, NFTC 202 2.1.1)

① 확성기의 음성입력은 **3W**(실내는 **1W**) 이상일 것
② 음량조정기의 배선은 **3선식**으로 할 것
③ 기동장치에 의한 **화재신고**를 수신한 후 필요한 음량으로 방송이 개시될 때까지의 소요시간은 **10초** 이하로 할 것
④ 조작부의 조작스위치는 바닥으로부터 **0.8~1.5m** 이하의 높이에 설치할 것
⑤ 다른 전기회로에 의하여 **유도장애**가 생기지 아니하도록 할 것
⑥ 확성기는 **각 층**마다 설치하되, 각 부분으로부터의 수평거리는 **25m** 이하일 것

문제 16

옥내소화전설비의 비상전원으로 자가발전설비 또는 축전지설비를 설치할 때 비상전원 설치기준 5가지를 쓰시오.

(19.4.문7 · 9, 17.6.문5, 08.11.문1 비교)

득점	배점
	5

○
○
○
○
○

해답 ① 점검에 편리하고 화재 및 침수 등의 재해로 인한 피해를 받을 우려가 없는 곳에 설치
② 옥내소화전설비를 유효하게 20분 이상 작동
③ 상용전원으로부터 전력의 공급이 중단된 때에는 자동으로 비상전원으로부터 전력을 공급받을 수 있을 것
④ 비상전원의 설치장소는 다른 장소와 방화구획하여야 하며, 그 장소에는 비상전원의 공급에 필요한 기구나 설비 외의 것을 두지 말 것(단, 열병합 발전설비에 필요한 기구나 설비 제외)
⑤ 비상전원을 실내에 설치하는 때에는 그 실내에 비상조명등 설치

해설 **옥내소화전설비**의 **비상전원의 설치기준**(NFPC 102 8조, NFTC 102 2.5.3)

① **점검**에 편리하고 화재 및 침수 등의 재해로 인한 피해를 받을 우려가 없는 곳에 설치
② 옥내소화전설비를 유효하게 **20분** 이상 작동할 수 있을 것
③ 상용전원으로부터 전력의 공급이 중단된 때에는 자동으로 비상전원으로부터 전력을 공급받을 수 있을 것
④ 비상전원의 설치장소는 다른 장소와 **방화구획**하여야 하며, 그 장소에는 비상전원의 공급에 필요한 기구나 설비 외의 것을 두지 말 것(단, **열병합 발전설비**에 필요한 기구나 설비 제외)
⑤ 비상전원을 실내에 설치하는 때에는 그 실내에 **비상조명등** 설치

중요

각 **설비**의 **비상전원 종류**

설 비	비상전원	비상전원 용량
• 자동화재**탐**지설비	• **축**전지설비 • 전기저장장치	**10분** 이상(30층 미만) **30분** 이상(30층 이상)
• 비상**방**송설비	• 축전지설비 • 전기저장장치	
• 비상**경**보설비	• 축전지설비 • 전기저장장치	**10분** 이상
• **유**도등	• 축전지	**20분** 이상 ※ 예외규정 : **60분** 이상 (1) **11층** 이상(지하층 제외) (2) 지하층 · 무창층으로서 **도매시장 · 소매시장 · 여객자동차터미널 · 지하철역사 · 지하상가**

• **무**선통신보조설비	명시하지 않음	**30분** 이상 기억법 **탐경유방무축**
• 비상콘센트설비	• 자가발전설비 • 축전지설비 • 비상전원수전설비 • 전기저장장치	**20분** 이상
• **스**프링클러설비 • **미**분무소화설비	• **자**가발전설비 • **축**전지설비 • **전**기저장장치 • 비상전원**수**전설비(차고·주차장으로서 스프링클러설비(또는 미분무소화설비)가 설치된 부분의 바닥면적 합계가 1000m² 미만인 경우)	**20분** 이상(30층 미만) **40분** 이상(30~49층 이하) **60분** 이상(50층 이상) 기억법 **스미자 수전축**
• 포소화설비	• 자가발전설비 • 축전지설비 • 전기저장장치 • 비상전원수전설비 – 호스릴포소화설비 또는 포소화전만을 설치한 차고·주차장 – 포헤드설비 또는 고정포방출설비가 설치된 부분의 바닥면적(스프링클러설비가 설치된 차고·주차장의 바닥면적 포함)의 합계가 1000m² 미만인 것	**20분** 이상
• **간**이스프링클러설비	• 비상전원**수**전설비	**10분**(숙박시설 바닥면적 합계 300~600m² 미만, 근린생활시설 바닥면적 합계 1000m² 이상, 복합건축물 연면적 1000m² 이상은 **20분**) 이상 기억법 **간수**
• 옥내소화전설비 • 연결송수관설비	• 자가발전설비 • 축전지설비 • 전기저장장치	**20분** 이상(30층 미만) **40분** 이상(30~49층 이하) **60분** 이상(50층 이상)
• 제연설비 • 분말소화설비 • 이산화탄소소화설비 • 물분무소화설비 • 할론소화설비 • 할로겐화합물 및 불활성기체 소화설비 • 화재조기진압용 스프링클러설비	• 자가발전설비 • 축전지설비 • 전기저장장치	**20분** 이상
• 비상조명등	• 자가발전설비 • 축전지설비 • 전기저장장치	**20분** 이상 ※ 예외규정 : **60분** 이상 (1) **11층** 이상(지하층 제외) (2) 지하층·무창층으로서 **도매시장·소매시장·여객자동차터미널·지하철 역사·지하상가**
• 시각경보장치	• 축전지설비 • 전기저장장치	명시하지 않음

☆☆☆

문제 17

다음은 기동용 수압개폐장치를 사용하는 옥내소화전설비와 자동화재탐지설비가 설치된 5층의 건축물이다. 다음 각 물음에 답하시오.

득점	배점
	8

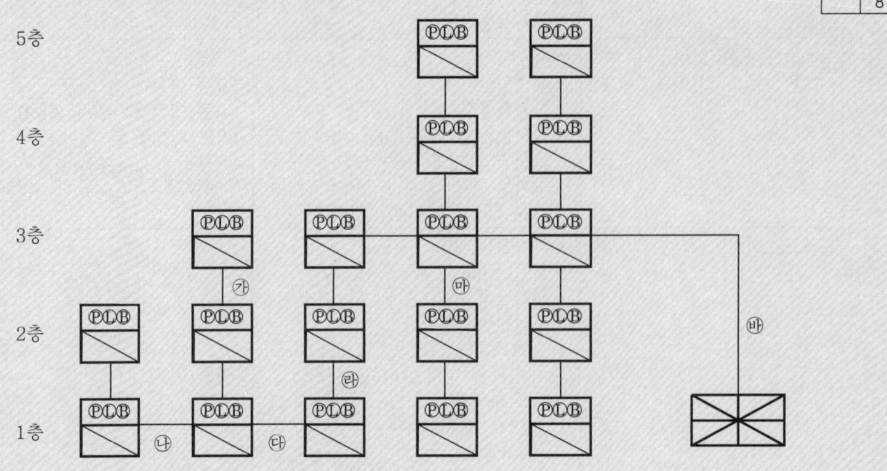

(가) 기호 ㉮~㉳의 가닥수를 쓰시오.

기 호	㉮	㉯	㉰	㉱	㉲	㉳
가닥수						

(나) 계단이 2개 장소에 설치되어 있고 층고는 4m일 때 P형 수신기는 최소 몇 회로용을 사용하여야 하는가?

(다) "㉳(수신기~발신기세트 사이)"의 회로선은 최소 몇 가닥이 필요한가?

해답 (가)

기 호	㉮	㉯	㉰	㉱	㉲	㉳
가닥수	8	10	14	15	10	31

(나) 20회로용

(다) 18가닥

해설 (가), (다)

기 호	가닥수	전선의 사용용도(가닥수)
㉮	8	회로선(1), 회로공통선(1), 경종선(1), 경종표시등공통선(1), 응답선(1), 표시등선(1), 기동확인표시등(2)
㉯	10	회로선(2), 회로공통선(1), 경종선(2), 경종표시등공통선(1), 응답선(1), 표시등선(1), 기동확인표시등(2)
㉰	14	회로선(5), 회로공통선(1), 경종선(3), 경종표시등공통선(1), 응답선(1), 표시등선(1), 기동확인표시등(2)
㉱	15	회로선(6), 회로공통선(1), 경종선(3), 경종표시등공통선(1), 응답선(1), 표시등선(1), 기동확인표시등(2)
㉲	10	회로선(2), 회로공통선(1), 경종선(2), 경종표시등공통선(1), 응답선(1), 표시등선(1), 기동확인표시등(2)
㉳	31	회로선(18), 회로공통선(3), 경종선(5), 경종표시등공통선(1), 응답선(1), 표시등선(1), 기동확인표시등(2)

- **지상 5층**이므로 일제경보방식이다.
- 문제에서 특별한 조건이 없더라도 **회로공통선**은 회로선이 7회로가 넘을 시 반드시 1가닥씩 추가하여야 한다. 이것을 공식으로 나타내면 다음과 같다.

$$\text{회로공통선}=\frac{\text{회로선}}{7}\ (\text{절상})$$

예 기호 ㉳의 회로공통선= $\frac{\text{회로선}}{7}=\frac{18}{7}=2.5 \fallingdotseq 3\text{가닥}(\text{절상})$

- 문제에서 특별한 조건이 없으면 경종표시등공통선은 회로선이 7회로가 넘더라도 계속 1가닥으로 한다. 다시 말하면 경종표시등공통선은 문제에서 조건이 있을 때만 가닥수가 증가한다. 주의하라!
- 문제에서 기동용 수압개폐방식(**자동기동방식**)도 주의하여야 한다. 옥내소화전함이 자동기동방식이므로 감지기배선을 제외한 간선에 '**기동확인표시등 2**'가 추가로 사용되어야 한다. 특히, 옥내소화전배선은 구역에 따라 가닥수가 늘어나지 않는 것에 주의하라!

중요

발화층 및 **직상 4개층 우선경보방식**과 **일제경보방식**

발화층 및 직상 4개층 우선경보방식	일제경보방식
• 화재시 **안전**하고 **신속**한 **인명**의 **대피**를 위하여 화재가 발생한 층과 **인근 층부터** 우선하여 별도로 **경보**하는 방식 • 11층(공동주택 16층) 이상인 특정소방대상물	• **소규모 특정소방대상물**에서 화재발생시 **전층**에 **동시**에 **경보**하는 방식

(나) 층고 **4m**이고 **5층**이므로

$$\text{계단의 경계구역(회로수)}=\frac{4\text{m}\times 5\text{층}}{45\text{m}}=0.4 \fallingdotseq 1\text{회로}$$

계단이 **2개** 장소에 설치되어 있으므로 1회로×2개 장소=2회로
총 경계구역(회로수)=수평경계구역+수직경계구역
=18회로+2회로=20회로

- **18회로** : (가)의 ㉳에서 회로선이 18이므로 18회로
- **2회로** : 바로 위에서 구한 값
- 20회로이므로 P형 수신기도 **20회로용**으로 사용하면 된다. P형 수신기는 5회로용, 10회로용, 15회로용, 20회로용, 25회로용, 30회로용, 35회로용, 40회로용 … 이런식으로 5회로씩 증가한다. 일반적으로 실무에서는 40회로가 넘는 경우 R형 수신기를 채택하고 있는 추세이다.
- 수직거리 **45m 이하**를 **1경계구역**으로 하므로 $\frac{\text{수직거리}(\text{층고}\times\text{층수})}{45\text{m}}$를 하면 경계구역을 구할 수 있다.
- 경계구역 산정은 **소수점**이 발생하면 반드시 **절상**한다.

중요

계단의 **경계구역 산정**

① **수직거리 45m** 이하마다 **1경계구역**으로 한다.
② **지하층**과 **지상층**은 **별개**의 **경계구역**으로 한다. (단, **지하 1층**인 경우는 지상층과 **동일경계구역**으로 한다.)

문제 18

모터컨트롤센터(M.C.C)에서 소화전 펌프모터에 전기를 공급하는 전동기설비에 대하여 다음 각 물음에 답하시오. (단, 전압은 3상 380V이고 모터의 용량은 15kW, 역률은 80%라고 한다.) (19.6.문11)

득점	배점
	7

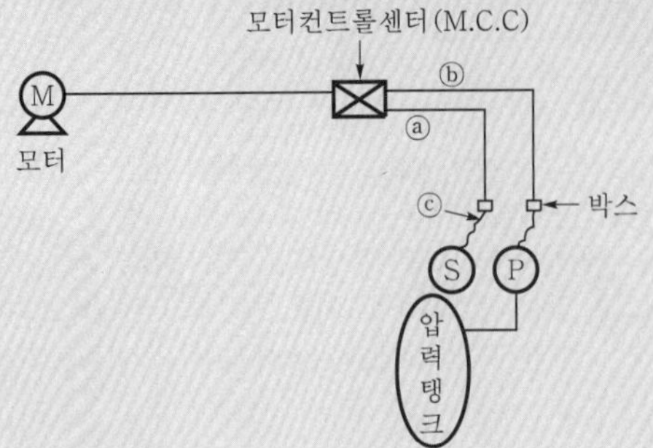

(가) 기호 ⓐ~ⓒ의 케이블을 보호하는 관의 종류를 각각 쓰시오.

ⓐ

ⓑ

ⓒ

(나) 소화펌프와 MCC반 사이의 배선은 어떤 종류의 케이블(전선)을 사용하여야 하는가?

(다) 사용되는 접지선의 색깔은?

(라) 모터의 기동방식은 일반적으로 어떤 방식을 사용하는가? 또한 소화펌프와 MCC반 사이의 가닥수는? (단, 접지선은 가닥수에서 제외한다.)

○ 기동방식 :

○ 가닥수 :

해답 (가) ⓐ 금속관 ⓑ 금속관 ⓒ 금속제 가요전선관

(나) 450/750V 저독성 난연 가교폴리올레핀 절연전선

(다) 녹색-노란색 혼용

(라) ○ 기동방식 : Y-△기동방식(이론상 기동보상기법)

○ 가닥수 : 6가닥

해설 (가)

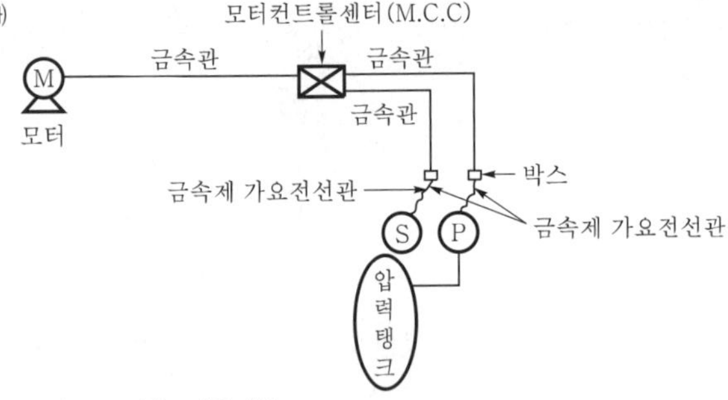

(나) **모터~MCC반** : 내화배선

- 다음 표의 8가지 중 1가지만 답하면 된다. 단, (가)의 문제로 유추해볼 때 **금속관공사**방법이므로 **'내화전선'**으로 답하면 틀린다.

중요

내화배선에 사용되는 전선의 종류 및 공사방법(NFTC 102 2.7.2)

사용전선의 종류	공사방법
① 450/750V 저독성 난연 가교 폴리올레핀 절연전선(HFIX) ② 0.6/1kV 가교 폴리에틸렌 절연 저독성 난연 폴리올레핀 시스 전력 케이블 ③ 6/10kV 가교 폴리에틸렌 절연 저독성 난연 폴리올레핀 시스 전력용 케이블 ④ 가교 폴리에틸렌 절연 비닐시스 트레이용 난연 전력 케이블 ⑤ 0.6/1kV EP 고무절연 클로로프렌 시스 케이블 ⑥ 300/500V 내열성 실리콘 고무 절연전선(180℃) ⑦ 내열성 에틸렌-비닐 아세테이트 고무 절연 케이블 ⑧ 버스덕트(Bus Duct)	**금속관**·**2종 금속제 가요전선관** 또는 **합성 수지관**에 수납하여 내화구조로 된 벽 또는 바닥 등에 벽 또는 바닥의 표면으로부터 **25mm** 이상의 깊이로 매설하여야 한다. 〈예외의 경우〉 ① 배선을 내화성능을 갖는 배선전용실 또는 배선용 샤프트·피트·덕트 등에 설치하는 경우 ② 배선전용실 또는 배선용 샤프트·피트·덕트 등에 다른 설비의 배선이 있는 경우에는 이로부터 **15cm** 이상 떨어지게 하거나 소화설비의 배선과 이웃하는 다른 설비의 배선 사이에 배선지름(배선의 지름이 다른 경우에는 가장 큰 것이 기준)의 **1.5배** 이상의 높이의 불연성 격벽을 설치하는 경우
내화전선	케이블공사의 방법

(다) **접지선** : **녹색-노란색**을 혼용해서 사용하며, 녹색-노란색은 접지선 용도 외에는 사용하지 말 것(KEC 규정)

(라) **유도전동기**의 **기동법**

기동법	전동기용량	전선가닥수(펌프~MCC반)
전전압기동법(직입기동)	**5.5kW** 미만(소형 전동기용)	3가닥
Y-△ 기동법	**5.5~15kW** 미만	6가닥
기동보상기법	**15kW** 이상	6가닥
리액터기동법	-	6가닥

※ 이론상으로 보면 유도전동기의 용량이 15kW이므로 기동보상기법을 사용하여야 하지만 실제로 전동기의 용량이 5.5kW 이상이면 Y-△ 기동방식을 채용하는 것이 대부분이다. 답안작성시에는 2가지를 함께 답하도록 한다.

중요

또 다른 이론

기동법	적정용량
전전압기동법(직입기동)	18.5kW 미만
Y-△ 기동법	18.5~90kW 미만
리액터기동법	90kW 이상

실패한 자가 패배한 것이 아니라, 포기한 자가 패배한 것이다.

- 장 파울 -

2013. 11. 9 시행

▌2013년 기사 제4회 필답형 실기시험▐

자격종목	시험시간	형별	수험번호	성명	감독위원 확 인
소방설비기사(전기분야)	3시간				

※ 다음 물음에 답을 해당 답란에 답하시오.(배점 : 100)

☆☆☆
문제 01

다음은 기동용 수압개폐장치를 사용하는 옥내소화전함과 자동화재탐지설비가 설치된 지하 1층, 지상 5층, 연면적 3500m^{2}인 건축물이다. 다음 각 물음에 답하시오. (17.11.문6, 10.4.문4)

득점	배점
	10

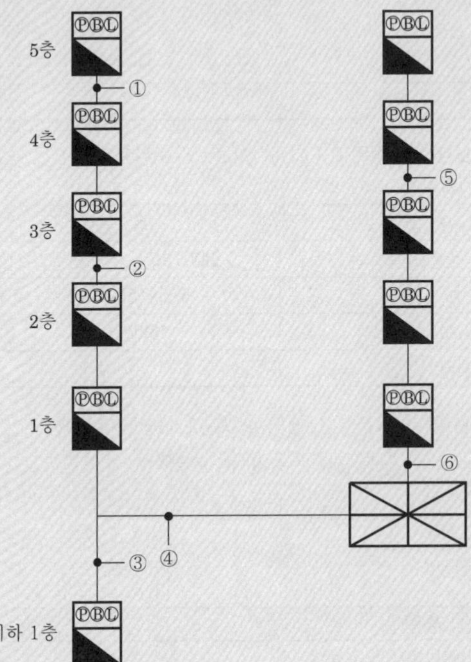

(가) 기호 ①~⑥의 가닥수를 쓰시오.

① ② ③ ④ ⑤ ⑥

(나) 옥내소화전설비의 기동방식은 다음의 2가지이다. 각 기동방식에 따른 가닥수와 배선명칭을 쓰시오.

○ ON, OFF 기동방식

○ 기동용 수압개폐장치방식

(다) 옥내소화전설비의 함의 두께 및 재질로 적합한 것 2가지를 쓰시오.

○

○

해답 (가) ① 8가닥 ② 12가닥 ③ 8가닥 ④ 18가닥 ⑤ 10가닥 ⑥ 16가닥

(나) ○ ON, OFF 기동방식 : 5가닥(기동, 정지, 공통, 기동확인표시등 2)

○ 기동용 수압개폐장치방식 : 2가닥(기동확인표시등 2)

(다) ○ 1.5mm 이상의 강판

○ 4mm 이상의 합성수지

해설 (가)

기 호	가닥수	전선의 사용용도(가닥수)
①	8	회로선(1), 회로공통선(1), 경종선(1), 경종표시등공통선(1), 응답선(1), 표시등선(1), 기동확인표시등(2)
②	12	회로선(3), 회로공통선(1), 경종선(3), 경종표시등공통선(1), 응답선(1), 표시등선(1), 기동확인표시등(2)
③	8	회로선(1), 회로공통선(1), 경종선(1), 경종표시등공통선(1), 응답선(1), 표시등선(1), 기동확인표시등(2)
④	18	회로선(6), 회로공통선(1), 경종선(6), 경종표시등공통선(1), 응답선(1), 표시등선(1), 기동확인표시등(2)
⑤	10	회로선(2), 회로공통선(1), 경종선(2), 경종표시등공통선(1), 응답선(1), 표시등선(1), 기동확인표시등(2)
⑥	16	회로선(5), 회로공통선(1), 경종선(5), 경종표시등공통선(1), 응답선(1), 표시등선(1), 기동확인표시등(2)

- 지상 **5층**이므로 일제경보방식이다.
- 문제에서 특별한 조건이 없더라도 **회로공통선**은 회로선이 7회로가 넘을 시 반드시 1가닥씩 추가하여야 한다. 이것을 공식으로 나타내면 다음과 같다.

$$\text{회로공통선} = \frac{\text{회로선}}{7}\ (\text{절상})$$

예 기호 ④의 회로공통선$=\frac{\text{회로선}}{7}=\frac{6}{7}=0.8 \fallingdotseq 1$가닥(절상)

- **경종선**은 **층수**를 세면 된다.
- 문제에서 기동용 수압개폐방식(**자동기동방식**)도 주의하여야 한다. 옥내소화전함이 자동기동방식이므로 감지기배선을 제외한 간선에 '**기동확인표시등 2**'가 추가로 사용되어야 한다. 특히, 옥내소화전 배선은 구역에 따라 가닥수가 늘어나지 않는 것에 주의하라!

중요

발화층 및 직상 4개층 우선경보방식과 **일제경보방식**

발화층 및 직상 4개층 우선경보방식	일제경보방식
• 화재시 **안전**하고 **신속**한 **인명**의 **대피**를 위하여 화재가 발생한 층과 **인근 층부터** 우선하여 별도로 **경보**하는 방식 • **11층(공동주택 16층) 이상**의 특정소방대상물에 적용	• **소규모 특정소방대상물**에서 화재발생시 **전층**에 **동시**에 **경보**하는 방식

(나)

구 분	배선수	배선굵기	배선의 용도
ON, OFF 기동방식	5	2.5mm^2	기동, 정지, 공통, 기동확인표시등 2
기동용 수압개폐장치방식	2	2.5mm^2	기동확인표시등 2

- '**기동**' 대신 **ON**, '**정지**' 대신 **OFF**라고 써도 된다.

용어

옥내소화전설비의 **기동방식**

수동기동방식	자동기동방식
ON, OFF 스위치를 이용하는 방식	기동용 수압개폐장치를 이용하는 방식

(다) **옥내소화전함**

㉠ **함**의 **재질** ┬ 두께 **1.5mm** 이상의 **강판**
　　　　　　 └ 두께 **4mm** 이상의 **합성수지**

㉡ 문짝의 면적 : **0.5m²** 이상

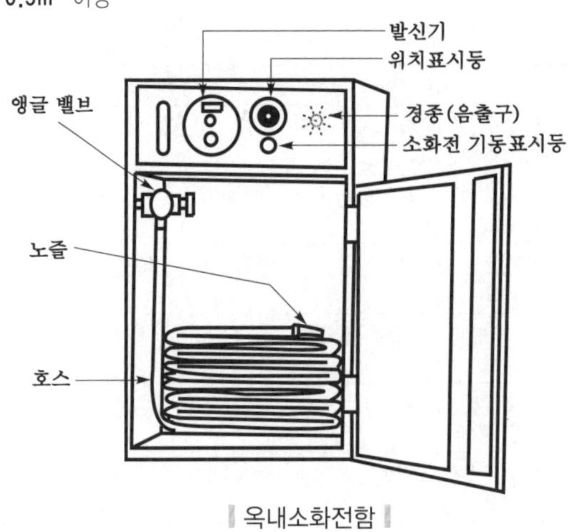

‖ 옥내소화전함 ‖

☆☆☆

문제 02

지상 2층 공장 건물에 자동화재탐지설비의 P형 발신기세트와 습식 스프링클러설비를 설치하고, 수신기는 경비실에 설치하였다. 경보방식은 일제경보방식을 적용하는 경우에 다음 물음에 답하시오.

득점	배점
	10

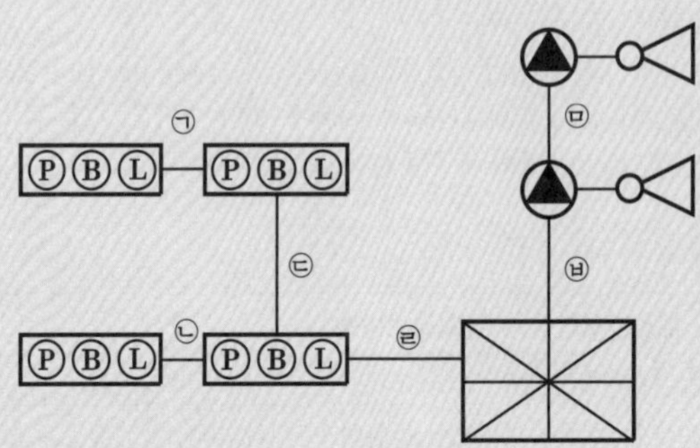

(가) 기호 ㉠~㉥의 각 가닥수를 쓰시오.

㉠　　㉡　　㉢　　㉣　　㉤　　㉥

(나) 습식 유수검지장치에 부착되어 있는 전기적인 장치 2가지를 쓰시오.

(다) 스프링클러설비 동력제어반의 설치기준에 의한 다음 각 사항에 대하여 쓰시오.

○ 제어반 전면부의 색 :

○ 전면부의 표지 :

○ 외함의 두께와 재질 :

해답 (가) ㉠ 6가닥　㉡ 6가닥　㉢ 7가닥　㉣ 10가닥　㉤ 4가닥　㉥ 7가닥

(나) 압력스위치, 탬퍼스위치

(다) ○ 적색
○ 스프링클러설비용 동력제어반
○ 1.5mm 이상의 강판 또는 이와 동등 이상의 강도 및 내열성능이 있는 것

 (가)

기 호	가닥수	배선내역
㉠	HFIX 2.5－6	회로선 1, 회로공통선 1, 경종선 1, 경종표시등공통선 1, 표시등선 1, 응답선 1
㉡	HFIX 2.5－6	회로선 1, 회로공통선 1, 경종선 1, 경종표시등공통선 1, 표시등선 1, 응답선 1
㉢	HFIX 2.5－7	회로선 2, 회로공통선 1, 경종선 1, 경종표시등공통선 1, 표시등선 1, 응답선 1
㉣	HFIX 2.5－10	회로선 4, 회로공통선 1, 경종선 2, 경종표시등공통선 1, 표시등선 1, 응답선 1
㉤	HFIX 2.5－4	압력스위치 1, 탬퍼스위치 1, 사이렌 1, 공통 1
㉥	HFIX 2.5－7	압력스위치 2, 탬퍼스위치 2, 사이렌 2, 공통 1

- 문제 조건에 의해 '**일제경보방식**' 적용
- ㉣ 문제에서 **지상 2층**이므로 **경종선 2가닥**
- 습식 · 건식 스프링클러설비의 가닥수 산정

배 선	가닥수 산정
• 압력스위치	**알람체크밸브** 또는 **건식밸브수**마다 1가닥씩 추가
• 탬퍼스위치	
• 사이렌	
• 공통	1가닥

(나)

용 어	설 명
압력스위치 (Pressure Switch)	• 물의 흐름을 감지하여 제어반에 신호를 보내 **펌프**를 **기동**시키는 스위치 • 유수검지장치의 작동여부를 확인할 수 있는 전기적 장치
탬퍼스위치 (Tamper Switch)	• 개폐표시형 밸브의 **개폐상태**를 **감시**하는 스위치

- 압력스위치＝유수검지스위치
- 탬퍼스위치(Tamper Switch)＝밸브 폐쇄확인스위치＝밸브 개폐확인스위치

(다) **스프링클러설비 동력제어반**의 **설치기준**(NFPC 103 13조, NFTC 103 2.10.4)
① 앞면은 **적색**으로 하고 "**스프링클러설비용 동력제어반**"이라고 표시한 표지를 설치할 것
② 외함은 두께 **1.5mm** 이상의 **강판** 또는 이와 동등 이상의 강도 및 **내열성능**이 있는 것으로 할 것

- **옥내소화전설비, 옥외소화전설비, 물분무소화설비, 포소화설비** 모두 동력제어반의 설치기준이 스프링클러설비와 동일하다(**적색, 1.5mm** 이상의 강판 등). 단, 표지만 옥내소화전설비는 '**옥내소화전설비용 동력제어반**', 옥외소화전설비는 '**옥외소화전설비용 동력제어반**' 등으로 다를 뿐이다.

동력제어반
펌프(pump)에 연결된 모터(moter)를 기동 · 정지시키는 곳으로서 "MCC(Motor Control Center)"라고 부른다.

☆☆☆

문제 03

그림과 같이 구획된 철근콘크리트 건물의 공장이 있다. 설치높이가 5m인 곳에 자동화재탐지설비의 차동식 스포트형 1종 감지기를 설치하고자 한다. 다음 각 물음에 답하시오. (19.6.문4, 17.11.문12)

득점	배점
	6

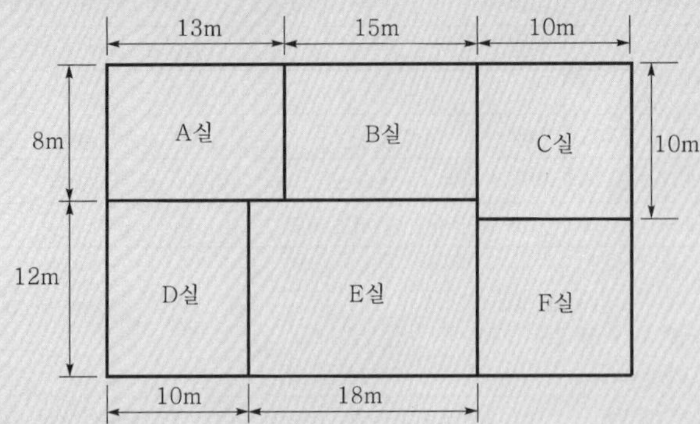

(가) 다음 표를 완성하여 감지기 개수를 산정하시오.

구 분	계산과정	설치수량(개)
A실		
B실		
C실		
D실		
E실		
F실		
합계		

(나) 이 건물의 경계구역을 산정하시오.

○ 계산과정 :

○ 답 :

해답 (가)

구 분	계산과정	설치수량(개)
A실	$\frac{13\times8}{45}=2.3$ ≒ 3개	3개
B실	$\frac{15\times8}{45}=2.6$ ≒ 3개	3개
C실	$\frac{10\times10}{45}=2.2$ ≒ 3개	3개
D실	$\frac{10\times12}{45}=2.6$ ≒ 3개	3개
E실	$\frac{18\times12}{45}=4.8$ ≒ 5개	5개
F실	$\frac{10\times10}{45}=2.2$ ≒ 3개	3개
합계	$3+3+3+3+5+3=20$개	20개

(나) ○ 계산과정 : $\frac{38\times20}{600}=1.2$ ≒ 2경계구역

○ 답 : 2경계구역

해설 (가) **감지기 1개**가 담당하는 **바닥면적**(NFPC 203 7조, NFTC 203 2.4.3.9.1)

(단위 : m^2)

부착높이 및 소방대상물의 구분		감지기의 종류				
		차동식 · 보상식 스포트형		정온식 스포트형		
		1종	2종	특종	1종	2종
4m 미만	내화구조	90	70	70	60	20
	기타 구조	50	40	40	30	15
4m 이상 8m 미만	내화구조 →	45	35	35	30	설치 불가능
	기타 구조	30	25	25	15	

〔문제조건〕 **5m**, **내화구조**(철근콘크리트 건물), **차동식 스포트형 1종**이므로 감지기 1개가 담당하는 바닥면적은 **45m²**이다.

구 분	계산과정	설치수량(개)
A실	$\frac{\text{적용면적}}{45\text{m}^2}=\frac{(13\times8)\text{m}^2}{45\text{m}^2}=2.3$ ≒ 3개(절상)	3개
B실	$\frac{\text{적용면적}}{45\text{m}^2}=\frac{(15\times8)\text{m}^2}{45\text{m}^2}=2.6$ ≒ 3개(절상)	3개
C실	$\frac{\text{적용면적}}{45\text{m}^2}=\frac{(10\times10)\text{m}^2}{45\text{m}^2}=2.2$ ≒ 3개(절상)	3개
D실	$\frac{\text{적용면적}}{45\text{m}^2}=\frac{(10\times12)\text{m}^2}{45\text{m}^2}=2.6$ ≒ 3개(절상)	3개
E실	$\frac{\text{적용면적}}{45\text{m}^2}=\frac{(18\times12)\text{m}^2}{45\text{m}^2}=4.8$ ≒ 5개(절상)	5개
F실	$\frac{\text{적용면적}}{45\text{m}^2}=\frac{(10\times10)\text{m}^2}{45\text{m}^2}=2.2$ ≒ 3개(절상)	3개
합계	3+3+3+3+5+3=20개	20개

(나) 경계구역$=\frac{\text{전용면적}}{600\text{m}^2}=\frac{(38\times20)\text{m}^2}{600\text{m}^2}=1.2$ ≒ 2경계구역(절상한다.)

아하! 그렇구나 각 층의 경계구역 산정

(1) 여러 개의 **건축물**이 있는 경우 각각 **별개**의 **경계구역**으로 한다.
(2) 여러 개의 **층**이 있는 경우 각각 **별개**의 **경계구역**으로 한다. (단, **2개 층**의 면적의 합이 **500m² 이하**인 경우는 **1경계구역**으로 할 수 있다.)
(3) **지하층**과 **지상층**은 **별개**의 **경계구역**으로 한다. (**지하 1층**인 경우에도 **별개**의 **경계구역**으로 한다. 주의! 또 주의!!)
(4) 1경계구역의 면적은 **600m² 이하**로 하고, 한 변의 길이는 **50m 이하**로 한다.
(5) **목욕실 · 화장실** 등도 **경계구역 면적**에 **포함**한다.
(6) **계단** 및 **엘리베이터**의 면적은 **경계구역 면적**에서 **제외**한다.

문제 04

2전력계법을 사용하여 3상 유도전동기의 전력을 측정하기 위한 미완성 도면이다. 미완성 도면을 완성하고 유효전력 계산식을 쓰시오. (단, P_1, P_2는 단상전력계의 지시값이다.)

득점	배점
	5

○ 도면완성 :

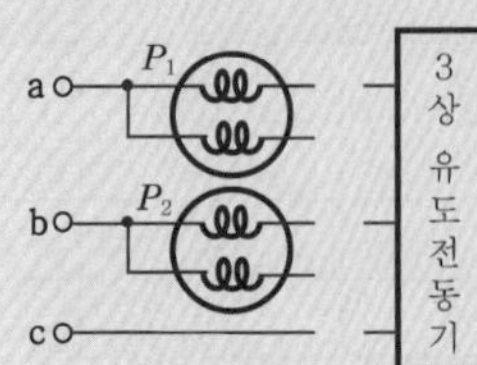

○ 계산식 :

해답 ○ 도면완성 :

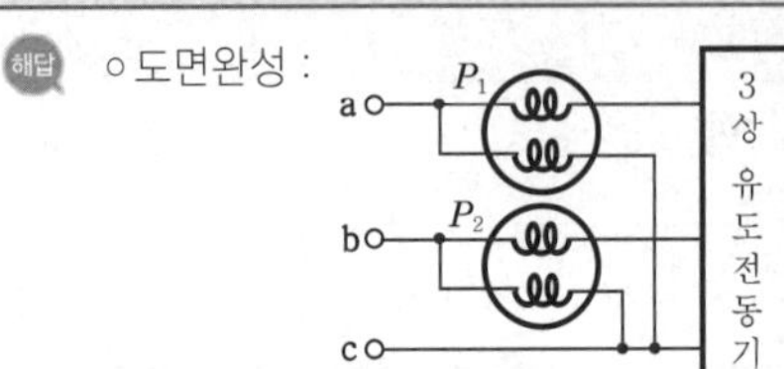

○ 계산식 : $P_1 + P_2$

해설 **3상전력**의 **측정**

<table>
<tr><th>2전력계법</th><th>3전력계법</th></tr>
<tr><td>단상전력계 2개로 측정하는 경우
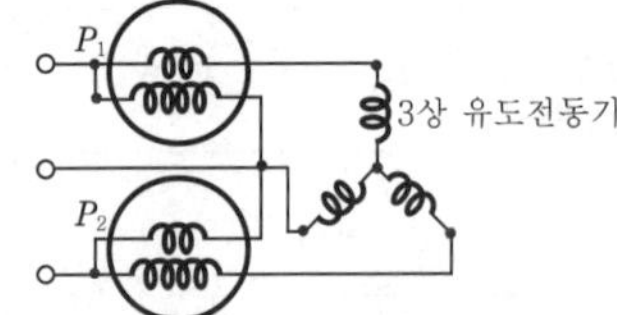
① 유효전력
$$P = P_1 + P_2 \text{[W]}$$
여기서, $P_1 \cdot P_2$: 전력계의 지시값[W]
② 무효전력
$$P_r = \sqrt{3}(P_1 - P_2) \text{[Var]}$$
여기서, $P_1 \cdot P_2$: 전력계의 지시값[W]
③ 역률
$$\cos\theta = \frac{P_1 + P_2}{2\sqrt{{P_1}^2 + {P_2}^2 - P_1 P_2}}$$
여기서, $P_1 \cdot P_2$: 전력계의 지시값[W]</td><td>단상전력계 3개로 측정하는 경우
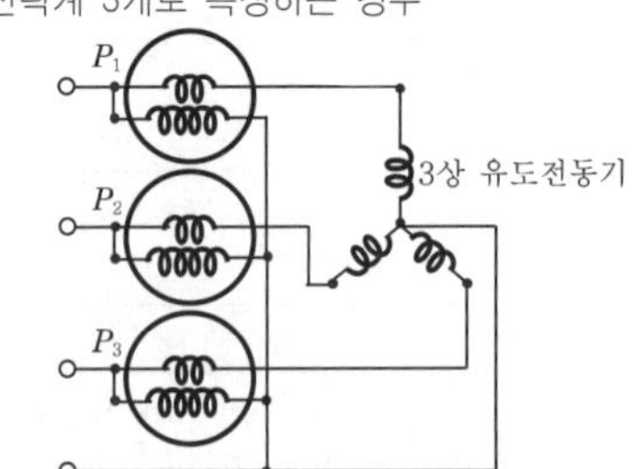
유효전력
$$P = P_1 + P_2 + P_3 \text{[W]}$$
여기서, $P_1 \cdot P_2 \cdot P_3$: 전력계의 지시값[W]</td></tr>
</table>

예제 1 2전력계법을 써서 3상전력을 측정하였더니 각 전력계가 +500W, +300W를 지시하였다. 전 전력(W)은?

해설 유효전력 $P = P_1 + P_2 = 500 + 300 = 800\text{W}$

예제 2 단상전력계 2개로 3상전력을 측정하고자 한다. 전력계의 지시가 각각 200W, 100W를 가리켰다고 한다. 부하의 역률은 약 몇 %인가?

해설 $\cos\theta = \dfrac{P_1 + P_2}{2\sqrt{{P_1}^2 + {P_2}^2 - P_1 P_2}} = \dfrac{200 + 100}{2\sqrt{200^2 + 100^2 - 200 \times 100}} = 0.866 = 86.6\%$

2전력계법	3전력계법
단상전력계 2개로 3상전력을 측정하기 위한 방법	단상전력계 3개로 3상전력을 측정하기 위한 방법

☆☆☆

문제 05

그림과 같이 미완성된 3상 유도전동기의 전전압기동 조작회로를 완성하시오.

득점	배점
	5

〔범례〕

- : MCB
- : 마그네트스위치 주접점
- : 서멀릴레이
- : 퓨즈
- : 터미널
- MC : 마그네트스위치 보조접점
- : 푸시버튼(OFF)
- : 푸시버튼(ON)
- MC : 마그네트스위치 코일
- : 서멀릴레이 접점
- M : 3상 유도전동기

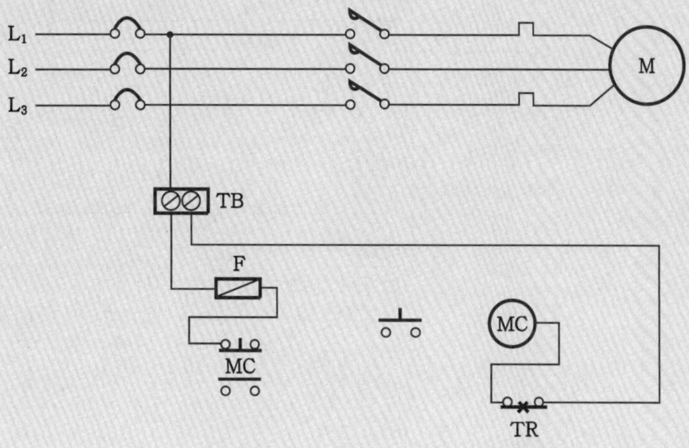

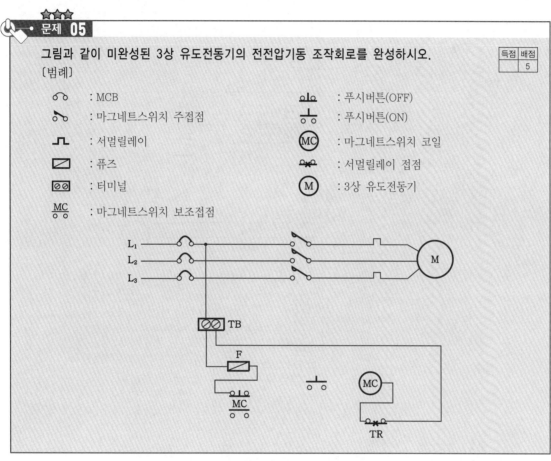

L₁ L₂ L₃ M TB F MC MC TR

해답

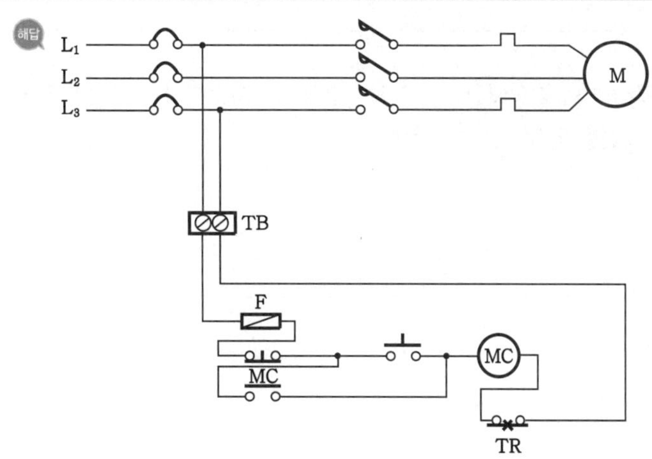

해설

- **자기유지접점**($\frac{MC}{\circ\ \circ}$)은 푸시버튼(ON)($\frac{\perp}{\circ\ \circ}$)과 **병렬**로 접속된다. 출제위원의 함정에 빠지지 마라!
- ( ) 부분도 반드시 결선하도록 주의하라!

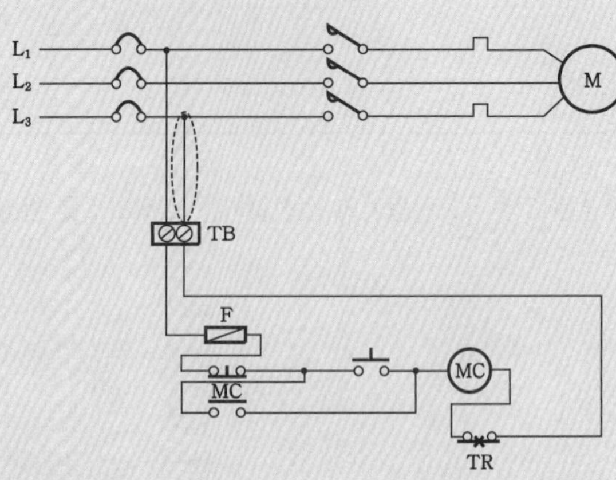

- ( ) 부분은 L_2단자에 연결해도 옳은 답이 된다.

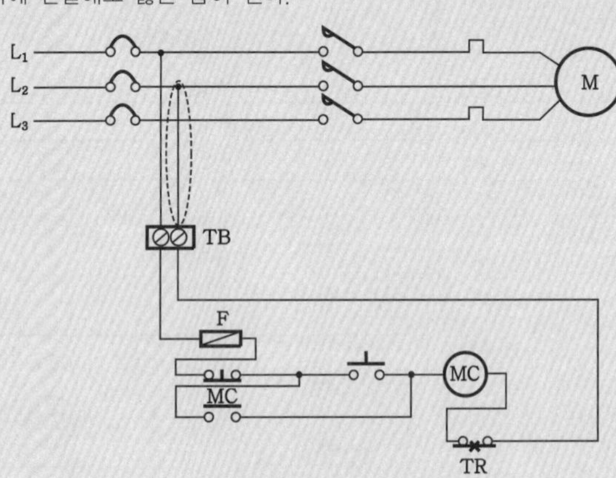

문제 06

자동화재탐지설비에 사용되는 감지기의 절연저항시험을 하려고 한다. 사용기기와 판정기준 및 측정위치를 쓰시오. (단, 정온식 감지선형 감지기는 제외한다.) (19.11.문1)

○ 사용기기 :
○ 판정기준 :
○ 측정위치 :

득점	배점
	6

해답 ○ 사용기기 : 직류 500V 절연저항계
○ 판정기준 : 50MΩ 이상
○ 측정위치 : 절연된 단자 간 및 단자와 외함 간

해설 (1) **절연저항시험**

절연저항계	절연저항	대 상
직류 250V	0.1MΩ 이상	• 1경계구역의 절연저항
직류 500V	5MΩ 이상	• 누전경보기 • 가스누설경보기 • 수신기 • 자동화재속보설비 • 비상경보설비 • 유도등(교류입력측과 외함 간 포함) • 비상조명등(교류입력측과 외함 간 포함)
	20MΩ 이상	• 경종 • 발신기 • 중계기 • 비상콘센트 • 기기의 절연된 선로 간 • 기기의 충전부와 비충전부 간 • 기기의 교류입력측과 외함 간(유도등 · 비상조명등 제외)
	50MΩ 이상	• 감지기(정온식 감지선형 감지기 제외) • 가스누설경보기(10회로 이상) • 수신기(10회로 이상)
	1000MΩ 이상	• 정온식 감지선형 감지기

(2) **측정위치**

절연저항값	측정위치
0.1MΩ 이상	1경계구역의 감지기회로 및 부속회로의 전로와 대지 사이 및 배선 상호간
5MΩ 이상	누전경보기 변류기의 절연된 1차권선과 2차권선간
20MΩ 이상	수신기의 교류입력측과 외함간
50MΩ 이상	감지기의 절연된 단자간 및 단자와 외함간
1000MΩ 이상	정온식 감지선형 감지기의 선간

☆☆☆ **문제 07**

무선통신보조설비의 설치기준에 대한 다음 각 물음에 답하시오. (19.6.문2, 14.11.문10, 14.4.문15)

득점	배점
	5

(가) 누설동축케이블은 화재에 따라 해당 케이블의 피복이 소실된 경우에 케이블 본체가 떨어지지 않도록 4m 이내마다 금속제 또는 자기제 등의 지지금구로 벽, 천장, 기둥 등에 견고하게 고정시켜야 한다. 다만, 어디에 설치하는 경우에는 그렇게 하지 않아도 되는가?
(나) 옥외안테나는 견고하게 설치하며 파손의 우려가 없는 곳에 설치하고 그 가까운 곳의 보기 쉬운 곳에 "무선통신보조설비 안테나"라는 표시와 함께 무엇을 표시한 표지를 설치하여야 하는가?
(다) 증폭기의 전면에서 주회로의 전원이 정상인지의 여부를 표시할 수 있도록 설치하는 것 2가지를 쓰시오.

해답 (가) 불연재료로 구획된 반자 안에 설치하는 경우
(나) 통신가능거리
(다) 표시등, 전압계

해설

• (가) '**불연재료로 구획된 장소**'라고 쓰면 틀린다. 정확하게 '**불연재료로 구획된 반자 안에 설치하는 경우**'라고 답하여야 한다.

중요

무선통신보조설비의 **설치기준**(NFPC 505 5~7조, NFTC 505 2.2~2.4)

(1) 누설동축케이블 및 동축케이블은 **불연** 또는 **난연성**의 것으로서 습기 등의 환경조건에 따라 전기의 특성이 변질되지 않는 것으로 할 것
(2) 누설동축케이블 및 안테나는 **금속판** 등에 의하여 **전파의 복사** 또는 **특성**이 현저하게 저하되지 않는 위치에 설치할 것
(3) **누설동축케이블**과 이에 접속하는 **안테나** 또는 **동축케이블**과 이에 접속하는 **안테나**일 것
(4) 누설동축케이블 및 동축케이블은 화재에 따라 해당 케이블의 피복이 소실된 경우에 케이블 본체가 떨어지지 않도록 **4m 이내**마다 **금속제** 또는 **자기제** 등의 지지금구로 벽 · 천장 · 기둥 등에 견고하게 고정시킬 것(단, **불연재료**로 구획된 반자 안에 설치하는 경우 제외)
(5) 누설동축케이블 및 안테나는 고압전로로부터 **1.5m** 이상 떨어진 위치에 설치할 것(해당 전로에 **정전기차폐장치**를 유효하게 설치한 경우에는 제외)
(6) 누설동축케이블의 끝부분에는 **무반사 종단저항**을 설치할 것
(7) 누설동축케이블, 동축케이블, 분배기, 분파기, 혼합기 등의 임피던스는 **50**Ω으로 할 것
(8) 증폭기의 전면에는 **표시등** 및 **전압계**를 설치할 것
(9) 옥외안테나는 견고하게 설치하며 파손의 우려가 없는 곳에 설치하고 그 가까운 곳의 보기 쉬운 곳에 **"무선통신보조설비 안테나"**라는 표시와 함께 **통신가능거리**를 표시한 표지를 설치할 것
(10) 수신기가 설치된 장소 등 사람이 상시 근무하는 장소에는 옥외안테나의 위치가 모두 표시된 옥외안테나 **위치표시도**를 비치할 것
(11) 증폭기의 전원은 전기가 정상적으로 공급되는 **축전지설비**, **전기저장장치** 또는 **교류전압 옥내간선**으로 하고, 전원까지의 배선은 **전용**으로 할 것
(12) **비상전원**의 **용량**

설 비	비상전원의 용량
자동화재탐지설비, 비상경보설비, 자동화재속보설비	**10분** 이상
유도등, 비상조명등, 비상콘센트설비, 옥내소화전설비(30층 미만), 제연설비, 물분무소화설비, 특별피난계단의 계단실 및 부속실 제연설비(30층 미만), 스프링클러설비(30층 미만), 연결송수관설비(30층 미만)	**20분** 이상
무선통신보조설비의 증폭기	**30분** 이상
옥내소화전설비(30~49층 이하), 특별피난계단의 계단실 및 부속실 제연설비(30~49층 이하), 연결송수관설비(30~49층 이하), 스프링클러설비(30~49층 이하)	**40분** 이상
유도등 · 비상조명등(지하상가 및 11층 이상), 옥내소화전설비(50층 이상), 특별피난계단의 계단실 및 부속실 제연설비(50층 이상), 연결송수관설비(50층 이상), 스프링클러설비(50층 이상)	**60분** 이상

☆☆☆

문제 08

피난구유도등에 대한 내용이다. 다음 각 물음에 답하시오. (14.7.문12)

득점	배점
	5

(가) 피난구유도등은 어떤 장소에 반드시 설치하여야 하는지 그 기술기준을 3가지 쓰시오. (단, 유사한 장소 또는 내용별로 묶어서 답하도록 한다.)

○

○

○

(나) 피난구유도등의 피난구 바닥으로부터의 설치높이를 쓰시오.

(다) 피난구유도등의 바탕색과 문자색은 무엇인지 쓰시오.

○ 바탕색 :

○ 문자색 :

해답 (가) ① 옥내로부터 직접 지상으로 통하는 출입구 및 그 부속실의 출입구
② 직통계단 · 직통계단의 계단실 및 그 부속실의 출입구
③ 안전구획된 거실로 통하는 출입구
(나) 1.5m 이상
(다) ○ 바탕색 : 녹색
○ 문자색 : 백색

해설 (가) **피난구유도등**의 **설치장소**(NFPC 303 5조, NFTC 303 2.2.1)

설치장소	도 해
옥내로부터 직접 지상으로 통하는 출입구 및 그 부속실의 출입구	옥외 / 실내
직통계단 · 직통계단의 **계단실** 및 그 부속실의 출입구	복도 / 계단
출입구에 이르는 **복도** 또는 **통로**로 통하는 출입구	거실 / 복도
안전구획된 거실로 통하는 출입구	출구 / 방화문

참고

피난구유도등 : 피난구 또는 피난경로로 사용되는 **출입구**가 있다는 것을 표시하는 **녹색등화**의 유도등

(나) **설치높이**

설치높이	유도등 · 유도표지
1m 이하	• 복도통로유도등 • 계단통로유도등 • 통로유도표지
1.5m 이상	• 피난구유도등 • 거실통로유도등

• 1.5m 이하, 1.5m 이내 등으로 쓰지 않도록 주의할 것!

(다) **표시면**의 **색상**

피난구유도등	통로유도등
녹색바탕에 **백색문자**	**백색바탕**에 **녹색문자**

• 복도통로유도등 · 거실통로유도등 · 계단통로유도등은 통로유도등의 종류로서 모두 **백색바탕**에 **녹색문자**를 사용하도록 되어 있다.

☆☆ 문제 09

다음은 브리지 정류회로(전파정류회로)의 미완성 도면이다. 다음 각 물음에 답하시오.

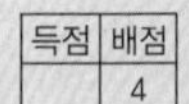

득점	배점
	4

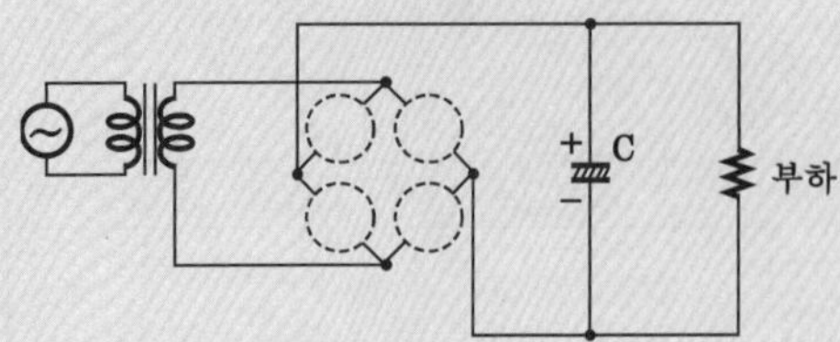

(가) 정류다이오드 4개를 사용하여 회로를 완성하시오.

(나) 회로상 C의 역할을 쓰시오.

해답 (가)

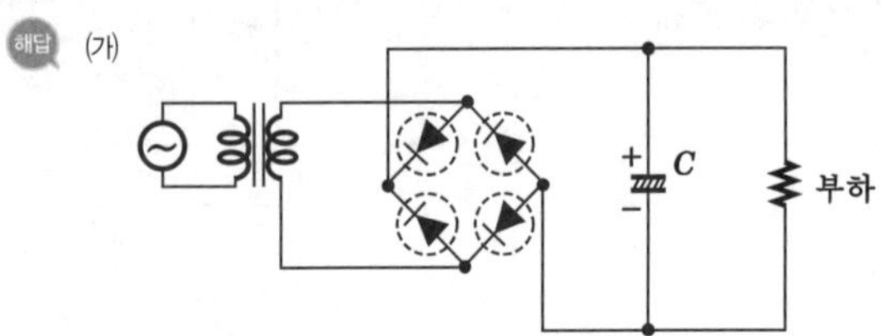

(나) 직류전압 일정하게 유지

해설 (가) 틀린 도면을 소개하니 다음과 같이 그리지 않도록 주의할 것, **콘덴서**의 **극성**(+, −)에 주의하라.

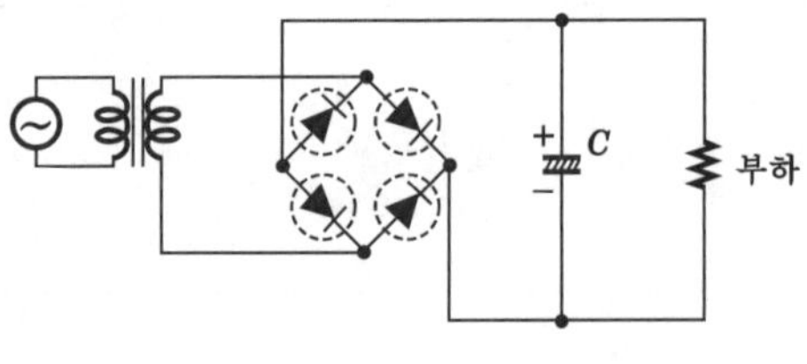

‖ 틀린 도면 ‖

비교

다이오드 2개를 이용한 **전파정류회로**

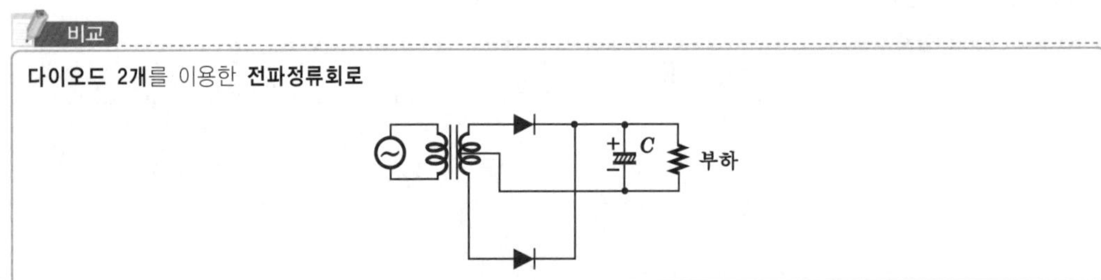

(나) **콘덴서**(condenser)는 **직류전압**을 **일정**하게 **유지**하기 위하여 **정류회로**의 **출력단**에 설치하여야 한다.

중요

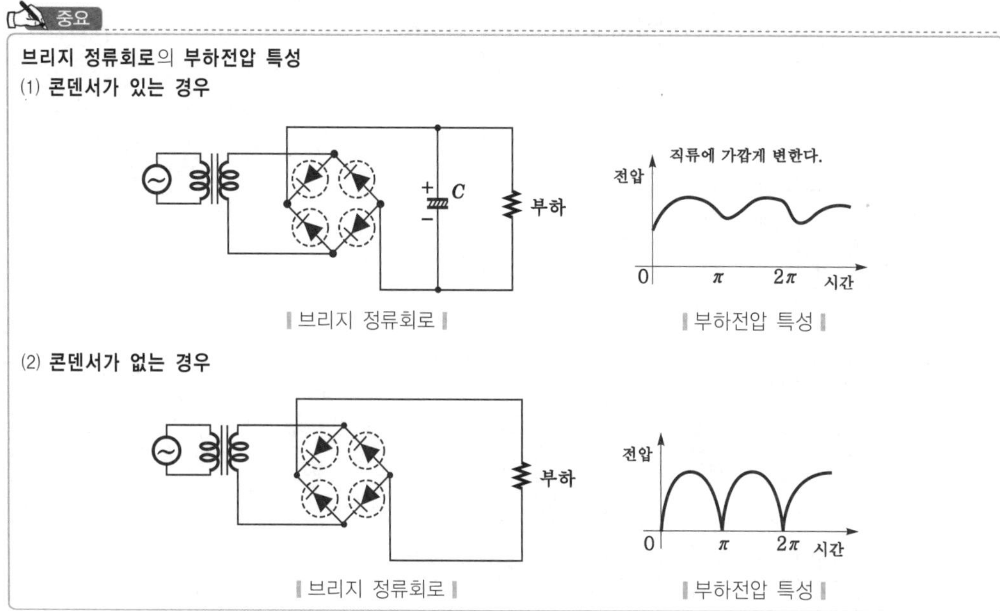

문제 10

그림은 자동화재탐지설비의 R형 수신기 중에서 지구표시등회로의 일부분이다. 다이오드 메트릭스회로를 사용하여 경계구역을 표시하고자 할 때 다이오드를 추가하여 회로를 완성하도록 하라. (단, 그림의 1~8은 1~8경계구역을 의미한다.)

득점	배점
	5

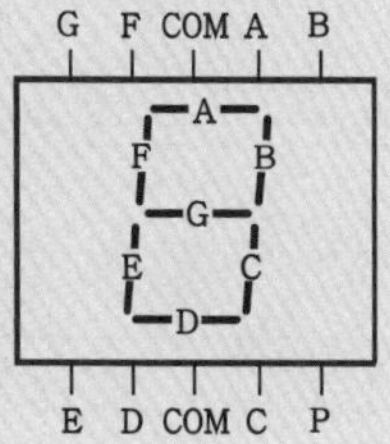

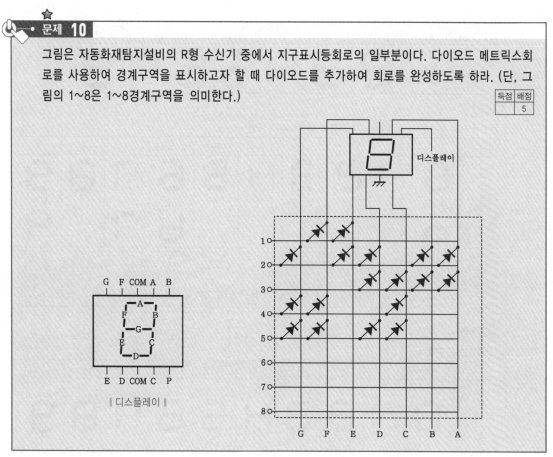

G F COM A B

E D COM C P

| 디스플레이 |

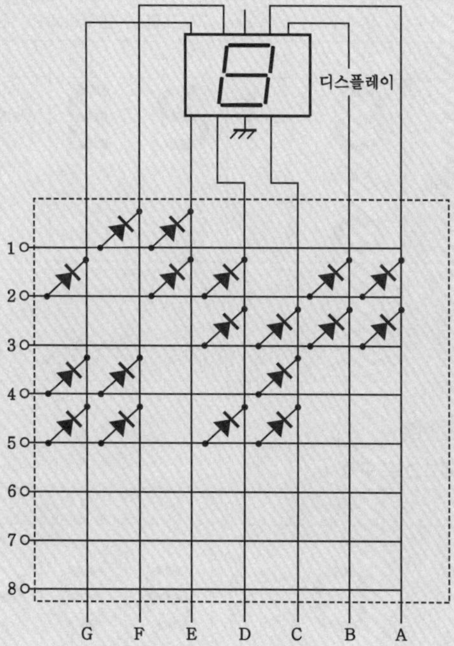

디스플레이

1 2 3 4 5 6 7 8

G F E D C B A

해답

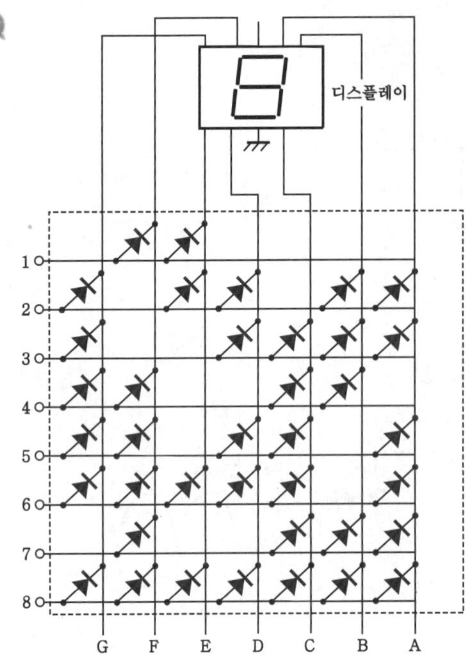

해설 답의 세그먼트 구성

숫자	1	2	3	4	5	6	7	8
세그먼트								

중요

일반적으로 각 숫자에 해당하는 **7세그먼트 표시장치**의 모습

숫자	0	1	2	3	4	5	6	7	8	9
세그먼트	또는	또는					또는	또는		또는

- **6**은 세그먼트가 **5개** 또는 **6개**로 구성되므로 둘 다 맞는 답이 되지만 답에서 제시한 것처럼 **6**은 **6개**, **7**은 **4개**를 권장한다.
- 본인이 가지고 있는 **'전자계산기'**를 보면 세그먼트 구성을 좀더 쉽게 알 수 있다.

비교

(1) **세그먼트 구성 1**

숫자	0	1	2	3	4	5	6	7	8	9
세그먼트										

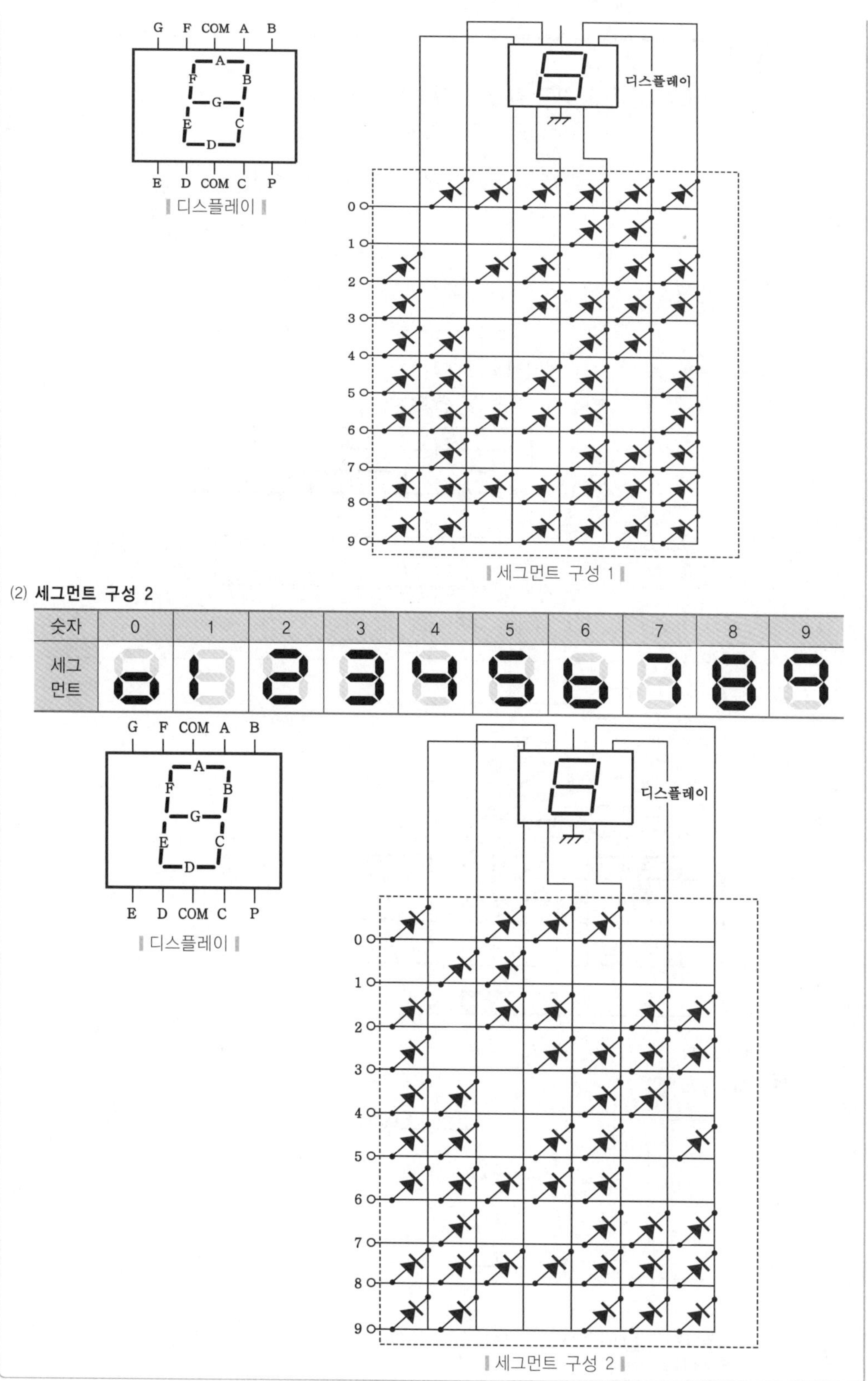

▮ 디스플레이 ▮

▮ 세그먼트 구성 1 ▮

(2) **세그먼트 구성 2**

숫자	0	1	2	3	4	5	6	7	8	9
세그먼트										

▮ 디스플레이 ▮

▮ 세그먼트 구성 2 ▮

☆☆ 문제 11

그림과 같은 유접점회로를 보고 다음 각 물음에 답하시오. (19.6.문5)

득점	배점
	6

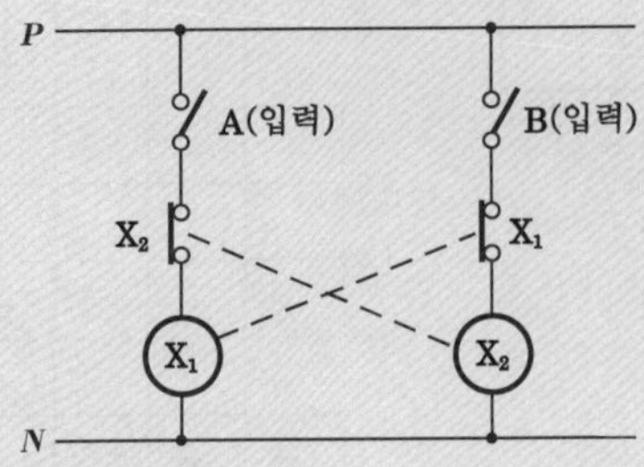

(가) 회로에 대한 논리회로를 그리시오.

(나) 회로의 동작상황을 보고 타임차트를 완성하시오.

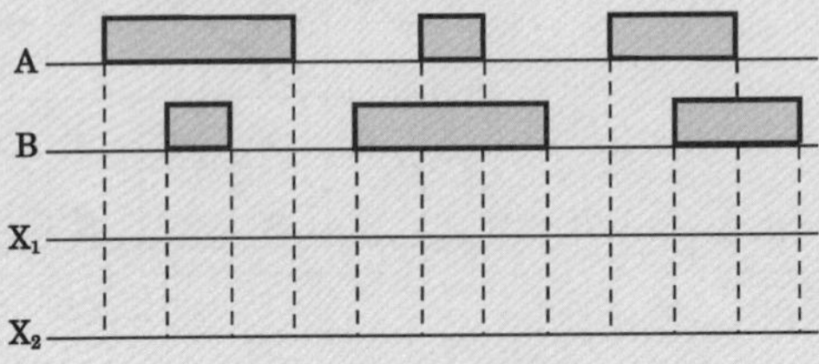

(다) 회로에서 접점 X_1과 X_2의 관계를 무엇이라 하는가?

해답 (가)

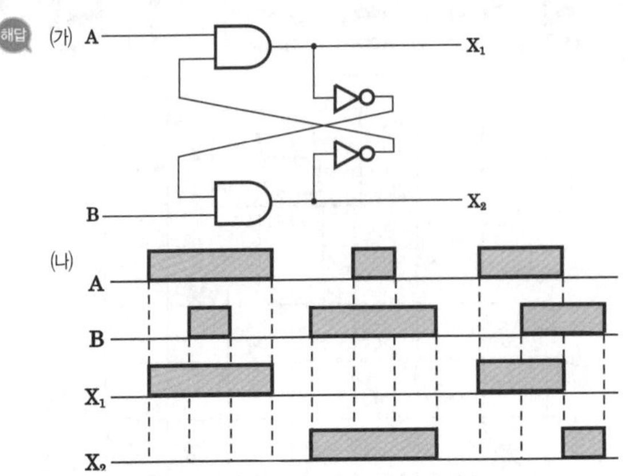

(다) 인터록

해설 (가) 다음과 같이 그려도 답이 된다.

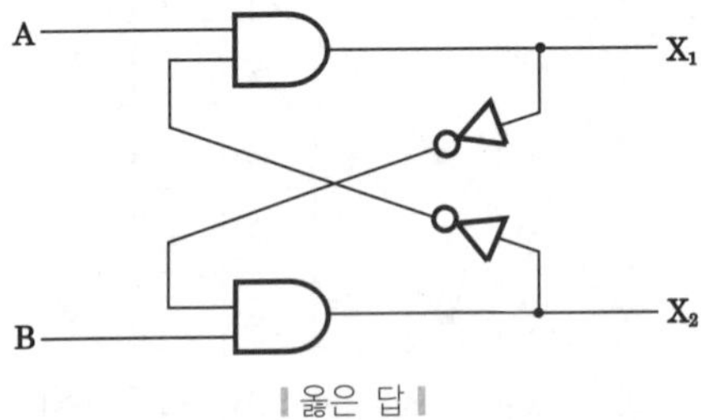

‖옳은 답‖

(나) **타임차트**(time chart) : 시퀀스회로의 동작상태를 시간의 흐름에 따라 변화되는 상태로 나타낸 표

(다) **인터록회로**(Interlock Circuit) : 두 가지 중 어느 한 가지 동작만 이루어질 수 있도록 배선 도중에 b접점을 추가하여 놓은 것으로, 전동기의 Y-△ **기동회로**에 많이 적용된다.

☆

문제 12

다음은 이산화탄소 소화설비에 대한 설명이다. ( ) 안에 알맞은 말을 넣으시오.

득점	배점
	6

(개) 전역방출방식에 있어서는 ( )마다, 국소방출방식에 있어서는 ( )마다 설치할 것
(내) 기동장치의 조작부 설치높이를 쓰시오.
(대) 수동식 기동장치의 타이머를 순간정지시키는 기능의 스위치(비상스위치)를 설치하는 목적은?

해답 (개) 방호구역, 방호대상물
(내) 바닥으로부터 높이 0.8~1.5m 이하
(대) 소화약제의 방출 지연

해설 **이산화탄소 소화설비**의 **수동식 기동장치 설치기준**(NFPC 106 6조, NFTC 106 2.3.1)
(1) **전역방출방식**에 있어서는 **방호구역**마다, **국소방출방식**에 있어서는 **방호대상물**마다 설치할 것
(2) 해당 방호구역의 출입구 부분 등 조작을 하는 자가 쉽게 피난할 수 있는 장소에 설치할 것
(3) 기동장치의 조작부는 바닥으로부터 높이 **0.8~1.5m 이하**의 위치에 설치하고, 보호판 등에 따른 보호장치를 설치할 것
(4) 기동장치에는 인근의 보기 쉬운 곳에 **"이산화탄소 소화설비 수동식 기동장치"**라는 표지를 할 것
(5) 전기를 사용하는 기동장치에는 **전원표시등**을 설치할 것
(6) 기동장치의 방출용 스위치는 음향경보장치와 연동하여 조작될 수 있는 것으로 할 것
(7) 기동장치에는 보호장치를 설치해야 하며, 보호장치를 개방하는 경우 기동장치에 설치된 부저 또는 벨 등에 의하여 경고음을 발할 것
(8) 기동장치를 옥외에 설치하는 경우 빗물 또는 외부 충격의 영향을 받지 아니하도록 설치할 것

중요

비상스위치(방출지연스위치)

구 분	설 명
정의	자동복귀형 스위치로서 **수동식 기동장치**의 **타이머**를 **순간정지**시키는 기능의 스위치
설치장소	**수동식 기동장치**의 **부근**
설치목적	**소화약제**의 **방출 지연**

☆☆

문제 13

수위실에서 400m 떨어진 지하 1층, 지상 11층, 연면적 5000m²의 공장에 자동화재탐지설비를 설치하였는데 경종, 표시등이 각 층에 2회로(전체 24회로)일 때 다음 물음에 답하시오. (단, 표시등 30mA/개, 경종 50mA/개를 소모하고, 전선은 HFIX 2.5mm²를 사용한다. (16.11.문12)

득점	배점
	5

(개) 표시등의 총 소모전류[A]는?
○ 계산과정 :
○ 답 :

(내) 지상 1층에서 발화되었을 때 경종의 소모전류[A]는?
○ 계산과정 :
○ 답 :

(대) 지상 1층에서 발화되었을 때 수위실과 공장 간의 전압강하는?
○ 계산과정 :
○ 답 :

해답 (개) ○ 계산과정 : $30\times24=720\text{mA}=0.72\text{A}$
○ 답 : 0.72A
(내) ○ 계산과정 : $50\times2\times6=600\text{mA}=0.6\text{A}$
○ 답 : 0.6A

(다) ○ 계산과정 : $\dfrac{35.6\times400\times(0.72+0.6)}{1000\times2.5}=7.518 \fallingdotseq 7.52\text{V}$

○ 답 : 7.52V

해설 (가) 일반적으로 1회로당 표시등은 1개씩 설치되므로
30mA×24개=720mA=0.72A

- 문제에서 전체 **24회로**이므로 **표시등**은 **24개**이다.
- 1000mA = 1A이므로 720mA = 0.72A이다.

(나) 일반적으로 1회로당 경종은 1개씩 설치되므로
50mA×2개×6개층=600mA=0.6A

- 문제에서 각 층에 **2회로**이므로 **한 층**에 설치되는 **경종**은 **2개**이다.
- **지상 11층** 이상이므로 **우선경보방식**이다.
- 자동화재탐지설비의 **발화층 및 직상 4개층 우선경보방식**(NFPC 203 8조, NFTC 203 2.5.1.2)

발화층	경보층	
	11층(공동주택 16층) 미만	11층(공동주택 16층) 이상
2층 이상 발화	전층 일제경보	• 발화층 • 직상 4개층
1층 발화		• 발화층 • 직상 4개층 • 지하층
지하층 발화		• 발화층 • 직상층 • 기타의 지하층

- **지상 1층** 발화이므로 **6개층**(지상 1층, 지상 2층, 지상 3층, 지상 4층, 지상 5층, 지하 1층) 경보

중요

발화층 및 직상 4개층 우선경보방식 소방대상물
11층(공동주택 **16층**) 이상인 특정소방대상물

(다) **전선단면적**(단상 2선식)

$$A=\frac{35.6LI}{1000e}$$

여기서, A : 전선단면적[mm²]
L : 선로길이[m]
I : 전류[A]
e : 전압강하[V]

표시등은 **단상 2선식**이므로 전압강하 e는

$$e=\frac{35.6LI}{1000A}=\frac{35.6\times400\times(0.72+0.6)}{1000\times2.5}=7.518 \fallingdotseq 7.52\text{V}$$

- L(**400m**) : 문제에서 주어진 값
- I((**0.72+0.6**)A) : **지상 1층**에서 **발화**되었을 때는 **표시등**과 **경종**이 **함께 동작**하므로 (가), (나)에서 구한 **전류**의 **합**이다. 만약 화재가 발생하지 않은 평상시라면 표시등만 점등되므로 (가)에서 구한 표시등의 전류만 계산하면 된다. 주의하라!
- **평상시**의 **전압강하**는 다음과 같다. 참고하라!

$$e=\frac{35.6LI}{1000A}=\frac{35.6\times400\times0.72}{1000\times2.5}=4.101 \fallingdotseq 4.1\text{V}$$

- A(**2.5mm²**) : 문제에서 주어진 값

중요

전압강하

(1) **정의** : 입력전압과 출력전압의 차

(2) **저압수전시 전압강하** : **조명 3%**(기타 5%) 이하(KEC 232.3.9)

전기방식	전선단면적	적응설비
단상 2선식	$A=\dfrac{35.6LI}{1000e}$	• 기타설비(경종, 표시등, 유도등, 비상조명등, 솔레노이드밸브, 감지기 등)
3상 3선식	$A=\dfrac{30.8LI}{1000e}$	• 소방펌프 • 제연팬
단상 3선식 3상 4선식	$A=\dfrac{17.8LI}{1000e'}$	–

여기서, L : 선로길이〔m〕

I : 전부하전류〔A〕

e : 각 선간의 전압강하〔V〕

e' : 각 선간의 1선과 중성선 사이의 전압강하〔V〕

참고

전압강하

단상 2선식	3상 3선식
$e=V_s-V_r=2IR$	$e=V_s-V_r=\sqrt{3}\,IR$

여기서, e : 전압강하〔V〕, V_s : 입력전압〔V〕, V_r : 출력전압〔V〕, I : 전류〔A〕, R : 저항〔Ω〕

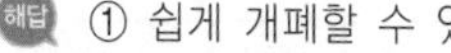

문제 14

비상콘센트 보호함의 설치기준에 의해 비상콘센트 보호함에 설치해야 할 것 3가지를 쓰시오.

○

○

○

득점	배점
	5

해답 ① 쉽게 개폐할 수 있는 문

② 비상콘센트라고 표시한 표지

③ 적색의 표시등

해설 **비상콘센트 보호함**의 **설치기준**(NFPC 504 5조, NFTC 504 2.2.1)

(1) **쉽게 개폐**할 수 있는 문을 설치할 것

(2) 표면에 "**비상콘센트**"라고 표시한 표지를 할 것

(3) 상부에 **적색**의 **표시등**을 설치할 것(단, 비상콘센트의 보호함을 옥내소화전함 등과 접속하여 설치하는 경우에는 옥내소화전함 등의 표시등과 겸용 가능)

▎비상콘센트 보호함 ▎

용어

비상콘센트설비
화재시 소방대의 **조명용** 또는 소화활동상 필요한 **장비**의 **전원설비**

문제 15

그림은 공기관식 차동식 분포형 감지기의 시험에 관한 것이다. 시험방법을 참고하여 어떤 시험인지 쓰시오.

득점	배점
	3

〔시험방법〕
① 검출부의 시험콕 레버 위치를 중앙(PA)에 위치한다.
② 공기관의 일단(P1)을 제거한 후, 그곳에 마노미터를 접속시키고 다른 한쪽에 공기주입시험기를 접속시킨다.
③ 공기주입시험기로 공기를 주입시켜 마노미터의 수위를 100mm로 유지시킨다.
④ 시험콕을 하단(DL)으로 이동시키는 등에 의하여 급기구를 개방한다.
⑤ 이때 수위가 1/2(50mm)이 될 때까지의 시간을 측정한다.

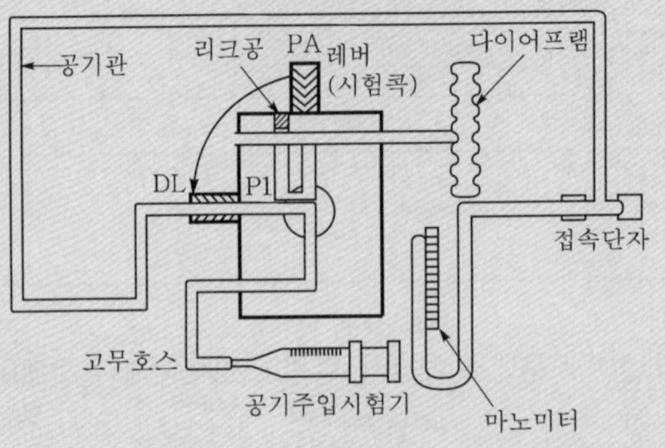

해답 유통시험

해설 **시험방법**

유통시험	접점수고시험
• 검출부의 시험콕 레버 위치를 중앙(PA)에 위치한다. • 공기관의 일단(P1)을 제거한 후, 그곳에 마노미터를 접속시키고 다른 한쪽에 공기주입시험기를 접속시킨다. • 공기주입시험기로 공기를 주입시켜 마노미터의 수위를 100mm로 유지시킨다. • 시험콕을 하단(DL)으로 이동시키는 등에 의하여 급기구를 개방한다. • 이때 수위가 1/2(50mm)이 될 때까지의 시간을 측정한다.	• 공기관의 일단(P1)을 제거한 후, 그곳에 마노미터와 공기주입시험기를 접속한다. • 검출부의 시험용 레버를 접점수고위치(DL)로 돌린다. • 공기주입시험기로 미량의 공기를 서서히 주입한다. • 감지기의 접점이 붙는 순간 공기주입을 멈추고, 마노미터의 수위를 읽어 접점수고치를 측정한다.

• 공기주입시험기＝테스트펌프

중요

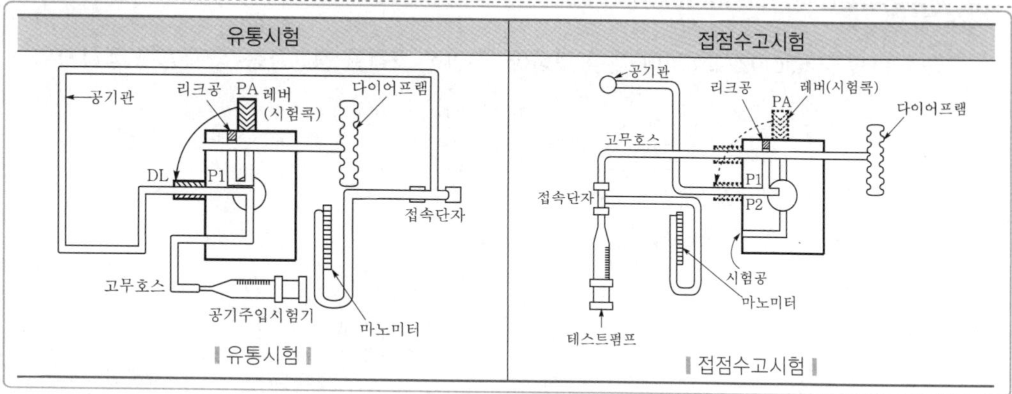

문제 16

다음은 광전식 스포트형 감지기와 광전식 분리형 감지기의 원리에 대한 설명이다. (　　) 안을 완성하시오.

득점	배점
	4

○ 광전식 스포트형 감지기는 화재발생시 연기입자에 의해 (①)된 빛이 수광부 내로 들어오는 것을 감지하는 것으로 이러한 검출방식을 (②)식이라 한다.

○ 광전식 분리형 감지기는 화재발생시 연기입자에 의해 수광부의 수광량이 (③)하므로 이를 검출하여 화재신호를 발하는 것으로 이러한 검출방식을 (④)식이라 한다.

해답 ① 난반사 ② 산란광 ③ 감소 ④ 감광

해설 **광전식 스포트형 감지기**와 **광전식 분리형 감지기**

광전식 스포트형 감지기(산란광식)	광전식 분리형 감지기(감광식)
화재발생시 연기입자에 의해 **난반사**된 빛이 수광부 내로 들어오는 것을 감지하는 것으로 이러한 검출방식을 **산란광식**이라 한다.	연기입자에 의해 수광부의 수광량이 **감소**하므로 이를 검출하여 화재신호를 발하는 것으로 이러한 검출방식을 **감광식**이라 한다.
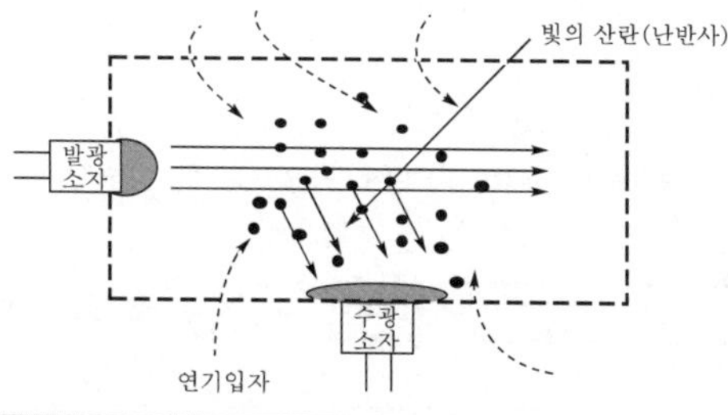	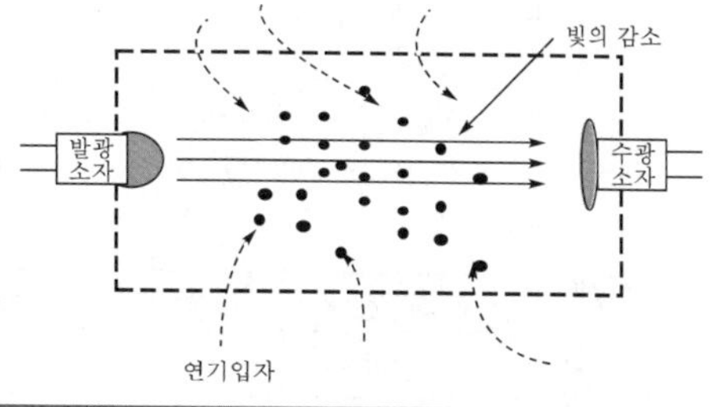

• 난반사=산란

★★★ 문제 17

다음은 할론(halon)소화설비에 대한 것이다. 주어진 조건을 참고하여 각 물음에 답하시오.

(17.11.문2, 15.11.문10, 12.4.문1, 11.5.문16, 09.4.문14, 03.7.문3)

득점	배점
	10

[조건]

○ 전선의 가닥수는 최소한으로 한다.

○ 복구 스위치 및 도어 스위치는 없는 것으로 한다.

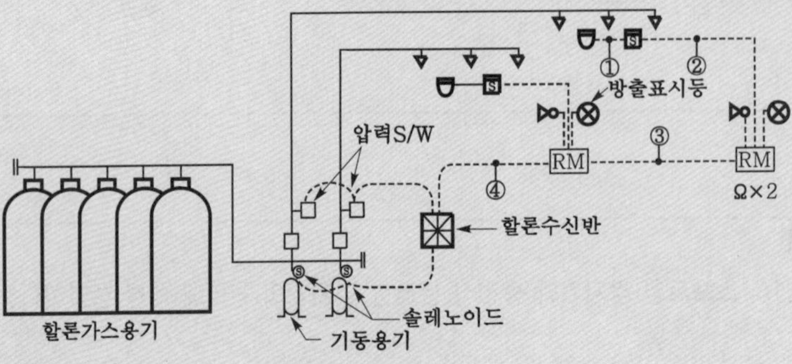

(가) 그림기호 RM의 명칭은?

(나) 감지기 부분 배선 ①, ②의 전선가닥수는?

①

②

(다) ③의 전선가닥수 및 전선의 용도는?

○ 전선가닥수 :

○ 전선의 용도 :

(라) ④의 전선가닥수는?

해답 (가) 수동조작함

(나) ① 4가닥

② 8가닥

(다) ○ 전선가닥수 : 8가닥

○ 전선의 용도 : 전원 ⊕ · ⊖, 감지기 A · B, 기동스위치, 사이렌, 방출표시등, 방출지연스위치

(라) 13가닥

해설 (가)

구 분	수동조작함	수퍼비조리판넬
심벌	RM	SVP
적용설비	• 이산화탄소 소화설비 • 할론소화설비 • 할로겐화합물 및 불활성기체 소화설비	• 준비작동식 스프링클러설비

(나)~(라)

기 호	내 역	용 도
①	HFIX 1.5-4	지구, 공통 각 2가닥
②	HFIX 1.5-8	지구, 공통 각 4가닥
③	HFIX 2.5-8	전원 ⊕·⊖, 감지기 A·B, 기동스위치, 사이렌, 방출표시등, 방출지연스위치
④	HFIX 2.5-13	전원 ⊕·⊖, 방출지연스위치, (감지기 A·B, 기동스위치, 사이렌, 방출표시등)×2

"할 수 있다고 믿는 사람은 그렇게 되고, 할 수 없다고 믿는 사람 역시 그렇게 된다.
- 샤를 드골 -"

공부 최적화를 위한 좋은 신발 고르기

1. 신발을 신은 뒤 엄지손가락을 엄지발가락 끝에 놓고 눌러본다. (엄지손가락으로 가볍게 약간 눌려지는 것이 적당)
2. 신발을 신어본 뒤 볼이 조이지 않는지 확인한다. (신발의 볼이 여유가 있어야 발이 편하다)
3. 신발 구입은 저녁 무렵에 한다. (발은 아침 기상시 가장 작고 저녁 무렵에는 0.5~1cm 커지기 때문)
4. 선 상태에서 신발을 신어본다. (서면 의자에 앉았을 때보다 발길이가 1cm까지 커지기 때문
5. 양 발 중 큰 발의 크기에 따라 맞춘다.
6. 신발 모양보다 기능에 초점을 맞춘다.
7. 외국인 평균치에 맞춘 신발을 살 때는 발등 높이 · 발너비를 잘 살핀다. (한국인은 발등이 높고 발너비가 상대적으로 넓다)
8. 앞쪽이 뾰족하고 굽이 3cm 이상인 하이힐은 가능한 한 피한다.
9. 통굽 · 뽀빠이 구두는 피한다. (보행이 불안해지고 보행시 척추 · 뇌에 충격)

자료 : 을지병원 족부클리닉

찾아보기

VISION 연속 판매1위

교재 및 인강을 통한 합격 수기

"한번에! 빠르게! 합격하기!!"

고졸 인문계 출신 합격!

필기시험을 치르고 실기 책을 펼치는 순간 머리가 하얗게 되더군요. 그래서 어떻게 공부를 해야 하나 인터넷을 뒤적이다가 공하성 교수님 강의가 제일 좋다는 이야기를 듣고 공부를 시작했습니다. 관련학과도 아닌 고졸 인문계 출신인 저도 제대로 이해할 수 있을 정도로 정말 정리가 잘 되어 있더군요. 문제 하나하나 풀어가면서 설명해주시는데 머릿속에 쏙쏙 들어왔습니다. 약 3주간 미친 듯이 문제를 풀고 부족한 부분은 강의를 들었습니다. 그렇게 약 6주간 공부 후 시험결과 실기점수 74점으로 최종 합격하게 되었습니다. 정말 빠른 시간에 합격하게 되어 뿌듯했고 공하성 교수님 강의를 접한 게 정말 잘했다는 생각이 들었습니다. 저도 할 수 있다는 것을 깨닫게 해준 성안당 출판사와 공하성 교수님께 정말 감사의 말씀을 올립니다.

_ 김○건님의 글

시간 단축 및 이해도 높은 강의!

소방은 전공분야가 아닌 관계로 다른 방법의 공부를 필요로 하게 되어 공하성 교수님의 패키지 강의를 수강하게 되었습니다. 전공이든, 비전공이든 학원을 다니거나 동영상강의를 집중적으로 듣고 공부하는 것이 혼자 공부하는 것보다 엄청난 시간적 이점이 있고 이해도도 훨씬 높은 것 같습니다. 주로 공하성 교수님 실기 강의를 3번 이상 반복 수강하고 남는 시간은 노트정리 및 암기하여 실기 역시 높은 점수로 합격을 하였습니다. 처음 기사시험을 준비할 때 '할 수 있을까?'하는 의구심도 들었지만 나이 60세에 새로운 자격증을 하나둘 새로 취득하다 보니 미래에 대한 막연한 두려움도 극복이 되는 것 같습니다.

_ 김○규님의 글

단 한번에 합격!

퇴직 후 진로를 소방감리로 결정하고 먼저 공부를 시작한 친구로부터 공하성 교수님 인강과 교재를 추천받았습니다. 이것이 단 한번에 필기와 실기를 합격한 지름길이었다고 생각합니다. 인강을 듣는 중 공하성 교수님 특유의 기억법과 유사 항목에 대한 정리가 공부에 큰 도움이 되었습니다. 인강 후 공하성 교수님께서 강조한 항목을 중심으로 이론교재로만 암기를 했는데 이때는 처음부터 끝까지 하지 않고 네 과목을 번갈아 가면서 암기를 했습니다. 지루함을 피하기 위함이고 이는 공하성 교수님께서 추천하는 공부법이었습니다. 필기시험을 거뜬히 합격하고 실기시험에 매진하여 시험을 봤는데, 문제가 예상했던 것보다 달라서 당황하기도 했고 그래서 약간의 실수도 있었지만 실기도 한번에 합격을 할 수 있었습니다. 실기시험이 끝나고 바로 성안당의 공하성 교수님 교재로 소방설비기사 전기 공부를 하고 있습니다. 전공이 달라 이해하고 암기하는 데 어려움이 있긴 하지만 반복해서 하면 반드시 합격하리라 확신합니다. 나이가 많은 데도 불구하고 단 한번에 합격하는 데 큰 도움을 준 성안당과 공하성 교수님께 감사드립니다.

_ 최○수님의 글

성안당 e러닝 bm.cyber.co.kr(031-950-6332) | Yes Media Group 예스미디어 www.ymg.kr(010-3182-1190)

VISION 연속 판매1위

교재 및 인강을 통한 합격 수기

"한번에! 빠르게! 합격하기!!"

공하성 교수의 열강!

이번 2회차 소방설비기사에 합격하였습니다. 실기는 정말 인강을 듣지 않을 수 없더라고요. 그래서 공하성 교수님의 강의를 신청하였고 하루에 3~4강씩 시청, 복습, 문제풀이 후 또 시청 순으로 퇴근 후에도 잠자리 들기 전까지 열심히 공부하였습니다. 특히 교수님이 강의 도중에 책에는 없는 추가 예제를 풀이해 주는 것이 이해를 수월하게 했습니다. 교수님의 열강 덕분에 시험은 한 문제 제외하고 모두 풀었지만 확신이 서지 않아 전전긍긍하다가 며칠 전에 합격 통보를 받았을 때는 정말 보람 있고 뿌듯했습니다. 올해는 조금 휴식을 취한 뒤에 내년에는 교수님의 소방시설관리사를 공부할 예정입니다. 그때도 이렇게 후기를 적을 기회가 주어졌으면 하는 바람이고요. 저도 합격하였는데 여러분들은 더욱 수월하게 합격하실 수 있을 것입니다. 모두 파이팅하시고 좋은 결과가 있길 바랍니다. 감사합니다.

_ 이○현님의 글

이해하기 쉽고, 암기하기 쉬운 강의!

소방설비기사 실기시험까지 합격하여 최종합격까지 한 25살 직장인입니다. 직장인이다 보니 시간에 쫓겨 자격증을 따는 것이 막연했기 때문에 필기과목부터 공하성 교수님의 인터넷 강의를 듣기 시작하였습니다. 꼼꼼히 필기과목을 들은 것이 결국은 실기시험까지 도움이 되었던 것 같습니다. 실기의 난이도가 훨씬 높지만 어떻게 보면 필기의 확장판이라고 할 수 있습니다. 그래서 필기과목부터 꾸준하고 꼼꼼하게 강의를 듣고 실기 강의를 들었더니 정말로 그 효과가 배가 되었습니다. 공하성 교수님의 강의를 들을 때 가장 큰 장점은 공부에 아주 많은 시간을 쏟지 않아도 되는 거였습니다. 증거로 직장을 다니는 저도 합격하게 되었으니까요. 하지만 그렇게 하기 위해서는 필기부터 실기까지 공하성 교수님이 만들어 놓은 커리큘럼을 정확하고, 엄격하게 따라가야 합니다. 정말 순서대로, 이해하기 쉽게, 암기하기 쉽게 강의를 구성해 놓으셨습니다. 이 강의를 듣고 더 많은 합격자가 나오면 좋겠습니다.

_ 엄○지님의 글

59세 소방 쌍기사 성공기!

저는 30년간 직장생활을 하는 평범한 회사원입니다. 인강은 무엇을 들을까 하고 탐색하다가 공하성 교수님의 샘플 인강을 듣고 소방설비기사 전기 인강을 들었습니다. 2개월 공부 후 소방전기 필기시험에 우수한 성적으로 합격하고, 40일 준비 후 4월에 시행한 소방전기 실기시험에서도 당당히 합격하였습니다. 실기시험에서는 가닥수 구하기가 많이 어려웠는데, 공하성 교수님의 인강을 자주 듣고, 그림을 수십 번 그리며 가닥수를 공부하였더니 합격할 수 있다는 자신감이 생겼습니다. 소방전기 기사시험 합격 후 소방기계 기사 필기는 유체역학과 소방기계시설의 구조 및 원리에 전념하여 필기시험에서 90점으로 합격하였습니다. 돌이켜 보면, 소방설비 기계기사가 소방설비 전기기사보다 훨씬 더 어렵고 힘들었습니다. 고민 끝에 공하성 교수님의 10년간 기출문제 특강을 집중해서 듣고, 10년 기출문제를 3회 이상 반복하여 풀고 또 풀었습니다. "합격을 축하합니다."라는 글이 눈에 들어왔습니다. 점수 확인 결과 고득점으로 합격하였습니다. 이렇게 해서 저는 올해 소방전기, 소방기계 쌍기사 자격증을 취득했습니다. 인터넷 강의와 기출문제는 공하성 교수님께서 출간하신 책으로 10년분을 3회 이상 풀었습니다. 1년 내에 소방전기, 소방기계 쌍기사를 취득할 수 있도록 헌신적으로 도와주신 공하성 교수님께 깊은 감사를 드리며 저의 기쁨과 행복을 보내드립니다.

_ 오○훈님의 글

VISION 연속 판매1위

교재 및 인강을 통한 합격 수기

"한번에! 빠르게! 합격하기!!"

소방설비기사 원샷 원킬!

처음엔 강의는 듣지 않고 책의 문제만 봤습니다. 그런데 책을 보고 이해해보려 했지만 잘 되지 않았습니다. 그래도 처음은 경험이나 해보자고 동영상강의를 듣지 않고 책으로만 공부를 했었습니다. 간신히 필기를 합격하고 바로 친구의 추천으로 공하성 교수님의 동영상강의를 신청했고, 확실히 혼자 할 때보다 공하성 교수님 강의를 들으니 이해가 잘 되었습니다. 중간중간 공하성 교수님의 재미있는 농담에 강의를 보다가 혼자 웃기도 하고 재미있게 강의를 들었습니다. 물론 본인의 노력도 필요하지만 인강을 들으니 필기 때는 전혀 이해가 안 가던 부분들도 실기 때 강의를 들으니 이해가 잘 되었습니다. 생소한 분야이고 지식이 전혀 없던 자격증 도전이었지만 한번에 합격할 수 있어서 너무 기쁘네요. 여러분들도 저를 보고 희망을 가지시고 열심히 해서 꼭 합격하시길 바랍니다.

_ 이○목님의 글

소방설비기사(전기) 합격!

41살에 첫 기사 자격증 취득이라 기쁩니다. 실무에 필요한 소방설계 지식도 쌓고 기사 자격증도 취득하기 위해 공하성 교수님의 강의를 들었습니다. 재미나고 쉽게 설명해주시는 공하성 교수님의 강의로 필기·실기시험 모두 합격할 수 있었습니다.

_ 이○용님의 글

소방설비기사 합격!

시간을 의미 없이 보내는 것보다 미래를 준비하는 것이 좋을 것 같아 소방설비기사를 공부하게 되었습니다. 퇴근 후 열심히 노력한 결과 1차 필기시험에 합격하게 되었습니다. 기쁜 마음으로 2차 실기시험을 준비하기 위해 전에 선배에게 추천받은 강의를 주저없이 구매하였습니다. 1차 필기시험을 너무 쉽게 합격해서인지 2차 실기시험을 공부하는데, 처음에는 너무 생소하고 이해되지 않는 부분이 많았는데 교수님의 자세하고 반복적인 설명으로 조금씩 내용을 이해하게 되었고 자신감도 조금씩 상승하게 되었습니다. 한 번 강의를 다 듣고 두 번 강의를 들으니 처음보다는 훨씬 더 이해가 잘 되었고 과년도 문제를 풀면서 중요한 부분을 파악하였습니다. 드디어 실기시험 시간이 다가왔고 완전한 자신감은 없었지만 실기시험을 보게 되었습니다. 확실히 아는 것이 많이 있었고 많은 문제에 생각나는 답을 기재한 결과 시험에 합격하였다는 문자를 받게 되었습니다. 합격까지의 과정에 온라인강의가 가장 많은 도움이 되었고, 반복해서 학습하는 것이 얼마나 중요한지 새삼 깨닫게 되었습니다. 자격시험에 도전하시는 모든 분들께 저의 합격수기가 조금이나마 도움이 되었으면 하는 바람입니다.

_ 이○인님의 글

교재 및 인강을 통한 합격 수기

소방설비기사 합격!

저는 직장인으로 4회차 필기시험 합격 후 소방설비기사 실기시험을 봐야겠다고 결심을 하고 어떻게 하면 단시간에 합격을 할 수 있을까 고민하다가 여러 관련 카페의 추천 글을 보고 소방하면 공하성이라는 것을 알게 되었습니다. 샘플강의를 들어보고 결정을 해서 수강을 했는데 너무나도 쉽게 설명을 해주셨습니다. 공하성 교수님이 설명해 주시는 것을 여러 번 반복해서 들으니 점점 용어 및 설명이 이해가 되기 시작했습니다. 특히 전기분야의 경우 감지기나 가닥수 관련 내용이 독학하기에는 어려웠는데 공하성 교수님의 강의를 들어 이해하는 데 큰 도움이 되었던 것 같습니다. 저의 공부기간은 두 달로 필기는 보름 정도, 실기는 1달 반을 준비했습니다. 필기는 독학으로 5년치 정도 반복 학습으로 무난히 합격을 했고, 실기는 동영상강의 3번을 듣고 기출은 7년치 정도 보고, 마지막 1주 남기고는 요약집을 들고 다니며 암기를 했습니다. 실기는 시험의 특성상 외웠던 것을 직접 써보며 확인하는 게 꼭 필요합니다. 조금 아쉬운 점은 10년치 정도는 공부를 못한 게 마음에 남습니다. 이제 소방설비기사 기계분야도 열공준비 중입니다. 모든 분들에게 이 글이 도움이 되셨으면 하는 바람입니다.

_ 이○훈님의 글

소방설비기사 4개월 공부로 합격!

7월 초부터 공부를 시작하여 11월 초 실기시험을 볼 때까지 약 4개월 동안 하루에 3시간 정도 공부를 했던 것 같습니다. 직장인이라 공부할 시간이 많지 않아 꾸준히 매일 3시간씩만 공부하자 생각을 했습니다. 공하성 교수님 기사 과년도 기출 포함 동영상강의를 신청하여 1회 완료하였고, 그 이후는 기출문제 위주로만 공부했습니다. 기사 시험을 보기 전에 위험물기능사와 소방설비산업기사 기계를 합격했는데 성안당 공하성 교수님 강의를 보고 공부했고, 그 기억이 남아 있어 기사를 공부하는 데 크게 어려움이 없었습니다. 인강을 보면 쉽게 설명해주는 면도 있지만, 시험에 나올 부분만 설명해 주는 것이 좋았습니다. 불필요하게 외워라 하는 부분 없이 넘어가는 것이 공부 진도를 빨리 진행할 수 있게 해주었습니다. 필기는 인강 1회, 기출문제 2회독 했고, 실기는 인강 1회, 기출문제 1회독을 했습니다. 기계분야의 경우 필기는 유체역학을 중점으로 한 덕분인지 유체역학 점수가 잘 나와서 여유있게 합격했고, 실기는 스프링클러, 옥내소화전 부분 계산문제를 중점으로 하여 계산문제만 다 맞자 하는 생각으로 공부했습니다. 암기 부분은 범위가 너무 넓어 어느 정도 선까지 암기를 해야 할지도 모르겠고, 시간이 부족하여 기출문제를 1회독도 못한 상태여서 과감히 포기했습니다. 그 대신 계산하는 문제들은 확실히 다 맞고 넘어가자 생각했습니다. 그렇게 생각하고 공부를 했고, 시험당일에도 다행히 계산 부분은 제가 풀 수 있는 문제들로 출제되어 풀고 넘어갔습니다. 제가 포기했던 암기 부분에서는 공부를 안 했기에 어렵게 느껴졌고 제가 아는 선에서 그냥 풀고, 찍고 넘어갔습니다. 최대한 답란을 공란으로 두지 않으려 했고 시간도 끝까지 활용했습니다. 시험이 끝난 후 제 생각으로 가채점을 해봤을 때 50점 후반대에서 떨어질 것으로 생각했습니다. 내년 초에 다시 준비하려고 생각했는데 합격 문자를 통보받고 무척 기뻤습니다. 산업인력공단 홈페이지 접속해서 합격임을 다시 한 번 확인했고, 점수를 확인해 본 결과 암기 부분에서도 일정 부분 맞아 합격선에 들 수 있었습니다. 모르는 문제가 있었음에도 끝까지 풀었던 것이 당락을 가른 것 같습니다. 이번 기계 기사를 합격했으니 내년에는 전기 기사에 도전할 것입니다. 다들 파이팅하세요!

_ 현○원님의 글

찐합격

당신도 이번에 반드시 합격합니다!

전기 | 실기

요점노트

소방설비[산업]기사

우석대학교 소방방재학과 교수 공하성

도서 A/S 안내

성안당에서 발행하는 모든 도서는 저자와 출판사, 그리고 독자가 함께 만들어 나갑니다.

좋은 책을 펴내기 위해 많은 노력을 기울이고 있습니다. 혹시라도 내용상의 오류나 오탈자 등이 발견되면 "좋은 책은 나라의 보배"로서 우리 모두가 함께 만들어 간다는 마음으로 연락주시기 바랍니다. 수정 보완하여 더 나은 책이 되도록 최선을 다하겠습니다.

성안당은 늘 독자 여러분들의 소중한 의견을 기다리고 있습니다. 좋은 의견을 보내주시는 분께는 성안당 쇼핑몰의 포인트(3,000포인트)를 적립해 드립니다.

잘못 만들어진 책이나 부록 등이 파손된 경우에는 교환해 드립니다.

저자 문의 : http://pf.kakao.com/_TZKbxj
cafe.daum.net/firepass
cafe.naver.com/fireleader

본서 기획자 e-mail : coh@cyber.co.kr(최옥현)

홈페이지 : http://www.cyber.co.kr 전화 : 031) 950-6300

CONTENTS

소방시설의 설계 및 시공

특별부록

승리의 원리

서부 영화를 보면 대개 어떻습니까?

어느 술집에서, 카우보이 모자를 쓴 선한 총잡이가 담배를 물고 탁자에 앉아 조용히 술잔을 기울이고 있습니다.

곧이어 그 뒤에 등장하는 악한 총잡이가 양다리를 벌리고 섰습니다.

손은 벌써 허리춤에 찬 권총 가까이 대고 이렇게 소리를 지르죠.

"야, 이 비겁자야! 어서 총을 뽑아라. 내가 본때를 보여줄 테다."

여전히 침묵이 흐르고 주위 사람들은 숨을 죽이고 이들을 지켜봅니다.

그러다가 일순간 총성이 울려 퍼지고 한 총잡이가 쓰러집니다.

물론 각본에 따라 이루어지는 일이지만, 쓰러진 총잡이는 등을 보이고 앉아 있던 선한 총잡이가 아니라 금방이라도 총을 뽑을 것처럼 떠들어대던 악한 총잡이입니다.

승리는 침묵 속에서 준비한 자의 것입니다. 서두르는 사람이 먼저 쓰러지게 되어 있거든요.

무슨 일을 하든 조용히 준비하는 사람이 승리합니다.

• 도서출판 규장의 「지하철 사랑의 편지」 중에서 •

요점노트 실기
(전기분야)

소방시설의 설계 및 시공

제 1 장 경보설비의 구조 및 원리

제 2 장 피난구조설비 및 소화활동설비

제 3 장 소화 및 제연 · 연결송수관설비

제 4 장 소방전기설비

제 5 장 간선 및 배선 시공기준

제 6 장 도 면

소방시설의 설계 및 시공

Key Point

※ **경보설비**
화재발생 사실을 통보하는 기계·기구 또는 설비

※ **자동화재탐지설비**
건물 내에 발생한 화재를 초기단계에서 자동적으로 발견하여 관계인에게 통보하는 설비

제 1 장 경보설비의 구조 및 원리

1. 경보설비의 종류

① 자동화재탐지설비·시각경보기 ② 자동화재속보설비
③ 누전경보기 ④ 비상방송설비
⑤ 비상경보설비(비상벨설비, 자동식 사이렌설비)
⑥ 가스누설경보기 ⑦ 단독경보형 감지기
⑧ 통합감시시설 ⑨ 화재알림설비

2. 자동화재탐지설비

(1) 구성요소

① 감지기 ② 수신기 ③ 발신기 ④ 중계기
⑤ 음향장치 ⑥ 표시등 ⑦ 전원 ⑧ 배선

(2) 설치대상(소방시설법 시행령 [별표 4])

설치대상	조 건
① 정신의료기관·의료재활시설	• 창살설치 : 바닥면적 300[m²] 미만 • 기타 : 바닥면적 300[m²] 이상
② 노유자시설	• 연면적 400[m²] 이상
③ <u>근</u>린생활시설·<u>위</u>락시설 ④ <u>의</u>료시설(정신의료기관, 요양병원 제외) ⑤ <u>복</u>합건축물·장례시설 기억법 근위의복 6	• 연면적 <u>6</u>00[m²] 이상
⑥ 목욕장·문화 및 집회시설, 운동시설 ⑦ 종교시설 ⑧ 방송통신시설·관광휴게시설 ⑨ 업무시설·판매시설 ⑩ 항공기 및 자동차 관련시설·공장·창고시설 ⑪ 지하가(터널 제외)·운수시설·발전시설·위험물 저장 및 처리시설 ⑫ 교정 및 군사시설 중 국방·군사시설	• 연면적 1000[m²] 이상
⑬ <u>교</u>육연구시설·<u>동</u>식물관련시설 ⑭ <u>자</u>원순환관련시설·<u>교</u>정 및 군사시설(국방·군사시설 제외) ⑮ <u>수</u>련시설(숙박시설이 있는 것 제외) ⑯ 묘지관련시설 기억법 교동자교수 2	• 연면적 <u>2</u>000[m²] 이상
⑰ 지하가 중 터널	• 길이 1000[m] 이상
⑱ 특수가연물 저장·취급	• 지정수량 500배 이상

Key Point

⑲ 수련시설(숙박시설이 있는 것)	• 수용인원 **100명** 이상
⑳ 발전시설	• 전기저장시설
㉑ 지하구 ㉒ 노유자생활시설 ㉓ 전통시장 ㉔ 숙박시설 ㉕ 아파트 등 · 기숙사 ㉖ 6층 이상 건축물 ㉗ 요양병원(정신병원, 의료시설 제외) ㉘ 조산원, 산후조리원	• 전부

(3) 구성도

- 자동화재탐지설비
  - 감지기
    - 열감지기
      - 차동식
        - 분포형
          - 공기관식(1종, 2종, 3종)
          - 열전대식(1종, 2종, 3종)
          - 열반도체식(1종, 2종, 3종)
        - 스포트형(1종, 2종)
      - 정온식
        - 감지선형(특종, 1종, 2종)
        - 스포트형(특종, 1종, 2종)
      - 복합식
        - 열복합식 스포트형
        - 보상식 스포트형(특종, 1종, 2종)
    - 열연기복합형 — 스포트형
    - 연기감지기
      - 이온화식 — 스포트형
        - 비축적형(1종, 2종, 3종)
        - 축적형(1종, 2종, 3종)
      - 광전식
        - 스포트형
          - 비축적형(1종, 2종, 3종)
          - 축적형(1종, 2종, 3종)
        - 분리형
          - 비축적형(1종, 2종)
          - 축적형(1종, 2종)
        - 공기흡입형
      - 연기복합형 — 스포트형
    - 불꽃감지기
      - 자외선식 — 스포트형(옥내형, 옥외형, 도로형)
      - 적외선식 — 스포트형(옥내형, 옥외형, 도로형)
      - 자외선 · 적외선 겸용식 — 스포트형(옥내형, 옥외형, 도로형)
      - 불꽃복합형 — 스포트형(옥내형, 옥외형, 도로형)
  - 수신기
    - P형
    - R형
    - GP형
    - GR형
    - 복합식
      - P형
      - R형
      - GP형
      - GR형
  - 발신기 — P형

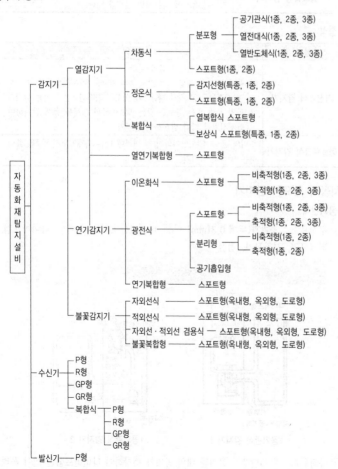

* **P형 수신기**
  소방대상물에 설치되는 수신기

Key Point

* **차동식 분포형 감지기의 종류**
① 공기관식
② 열전대식
③ 열반도체식

3. 감지기

(1) 종별

종 별	설 명
차동식 분포형 감지기	**넓은 범위**에서의 **열효과**에 의하여 작동한다.
차동식 스포트형 감지기	**일국소**에서의 **열효과**에 의하여 작동한다.
이온화식 연기감지기	**이온전류**가 **변화**하여 작동한다.
광전식 연기감지기	**광량**의 **변화**로 작동한다.
보상식 스포트형 감지기	**차동식 스포트형+정온식 스포트형**을 겸용한 것으로 **한 가지** 기능이 작동되면 신호를 발한다.
열복합형 감지기	**차동식 스포트형+정온식 스포트형**을 겸용한 것으로 **두 가지** 기능이 동시에 작동되면 신호를 발한다.

(2) 형식

형 식	설 명
다신호식 감지기	1개의 감지기 내에서 다음과 같다. ① 각 서로 다른 종별 또는 감도 등의 기능을 갖춘 것으로서 일정 시간 간격을 두고 각각 다른 2개 이상의 화재신호를 발하는 감지기 ② 동일 종별 또는 감도를 갖는 2개 이상의 센서를 통해 감지하여 화재신호를 각각 발신하는 감지기
아날로그식 감지기	주위의 온도 또는 연기의 양의 변화에 따른 화재정보신호값을 출력하는 방식의 감지기

* **차동식 분포형 감지기**
넓은 범위의 열효과에 의하여 작동하는 것

* **차동식 스포트형 감지기**
일국소의 열효과에 의하여 작동하는 것

* **공기관식의 구성요소**
① 공기관
② 다이어프램
③ 리크구멍
④ 접점
⑤ 시험장치

4. 차동식 분포형 감지기

(1) 공기관식

① 구성요소 : 공기관(두께 0.3〔mm〕 이상, 바깥지름 1.9〔mm〕 이상) 다이어프램, 리크구멍, 시험장치, 접점

리크구멍=리크공=리크홀=리크밸브

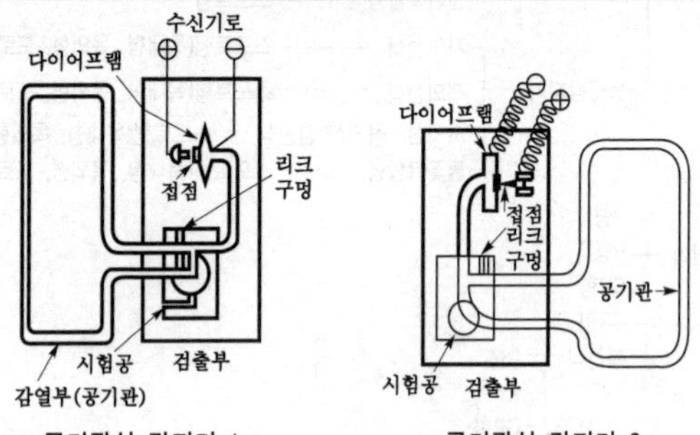

❙공기관식 감지기 1❙ ❙공기관식 감지기 2❙

② 동작원리 : 화재발생시 공기관 내의 공기가 팽창하여 **다이어프램**을 밀어 올려 접점을 붙게 함으로써 수신기에 신호를 보낸다.

Key Point

③ 공기관 상호간의 접속 : **슬리브**에 삽입한 후 **납땜**한다.

④ 검출부와 공기관의 접속 : **공기관 접속단자**에 삽입한 후 납땜한다.

⑤ 고정방법

㉠ 직선 부분 : 35〔cm〕 이내

㉡ 굴곡 부분 : 5〔cm〕 이내

㉢ 접속 부분 : 5〔cm〕 이내

㉣ 굴곡반경 : 5〔mm〕 이상

(2) 열전대식

① 구성요소 : 열전대, 미터릴레이

※ 미터릴레이 : 전압계가 부착되어 있는 릴레이

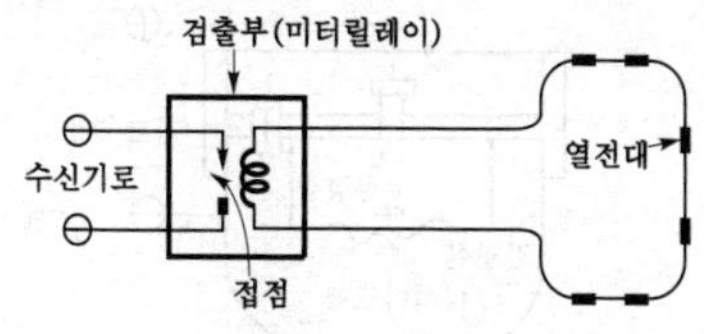

▮열전대식 감지기▮

② 동작원리 : 화재발생시 열전대부가 가열되면 **열기전력**이 발생하여 **미터릴레이**에 전류가 흘러 접점을 붙게 함으로써 수신기에 신호를 보낸다.

③ 열전대부의 접속 : **슬리브**에 삽입한 후 **압착**한다.

④ 고정방법 : 메신저와이어(Messenger Wire) 사용시 30〔cm〕 이내

※ 메신저와이어 : 열전대가 늘어지지 않도록 고정시키기 위한 철선

(3) 열반도체식

① 구성요소 : 열반도체 소자, 수열판, 미터릴레이

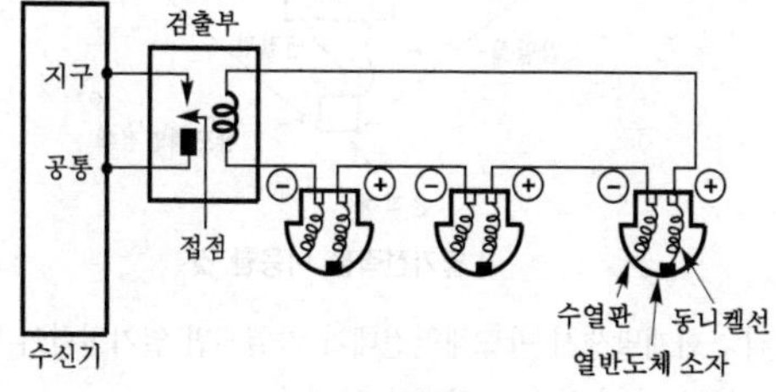

▮열반도체식 감지기▮

② 동작원리 : 화재발생시 수열판이 가열되면 열반도체 소자에 **열기전력**이 발생하여 **미터릴레이**를 작동시켜 수신기에 신호를 보낸다.

※ 미터릴레이
전압계가 부착되어 있는 릴레이

※ 극성이 있는 감지기
① 열전대식
② 열반도체식

※ 열반도체 소자의 구성요소
① 비스무트(Bi)
② 안티몬(Sb)
③ 텔루륨(Te)

Key Point

※ 차동식 스포트형 감지기
1. 공기의 팽창 이용
① 감열실
② 다이어프램
③ 리크구멍
④ 접점
⑤ 작동표시장치
2. 열기전력 이용
① 감열실
② 반도체열전대
③ 고감도릴레이

※ 리크구멍과 같은 의미
① 리크공
② 리크홀
③ 리크밸브

※ 고감도릴레이
미소한 전압으로도 동작하는 계전기

5. 차동식 스포트형 감지기

(1) 공기의 팽창을 이용한 것

① 구성요소 : 감열실, 다이어프램, 리크구멍, 접점, 작동표시장치

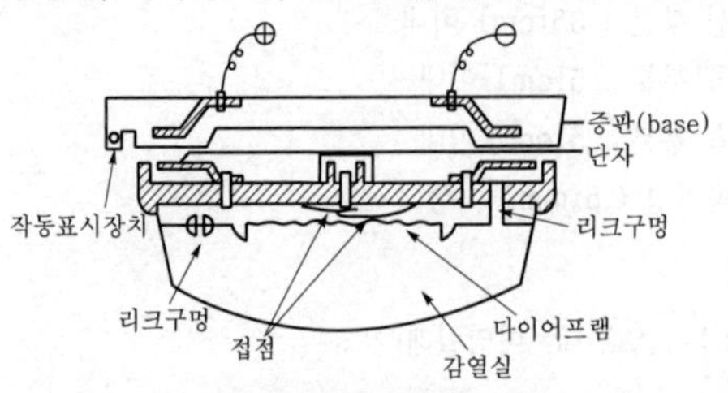

| 공기의 팽창을 이용한 것 1 |

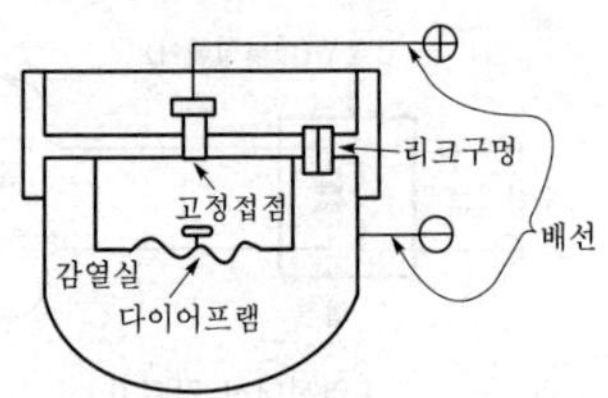

| 공기의 팽창을 이용한 것 2 |

② 동작원리 : 화재발생시 감열부의 공기가 팽창하여 다이어프램을 밀어 올려 접점을 붙게 함으로써 수신기에 신호를 보낸다.

(2) 열기전력을 이용한 것

① 구성요소 : 감열실, 반도체열전대, 고감도릴레이

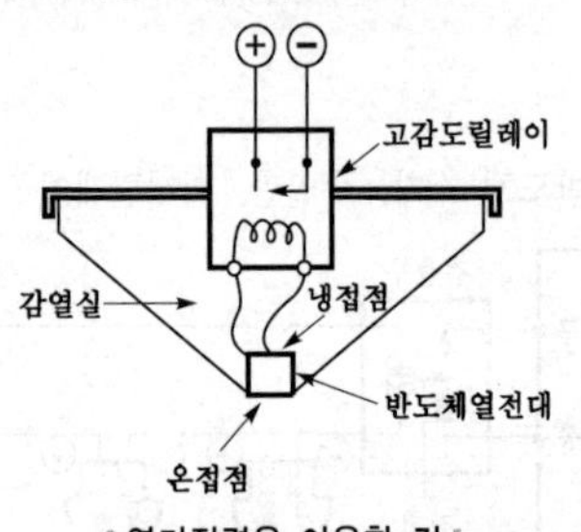

| 열기전력을 이용한 것 |

② 동작원리 : 화재발생시 반도체열전대가 가열되면 열기전력이 발생하여 **고감도릴레이**를 작동시켜 수신기에 신호를 보낸다.

> ※ **고감도릴레이** : 미소한 전압으로도 동작하는 계전기

Key Point

6. 정온식 스포트형 감지기

(1) **바이메탈**의 활곡·반전을 이용한 것

(2) 금속의 팽창계수차를 이용한 것

(3) **액체(기체)**의 팽창을 이용한 것

(4) 가용절연물을 이용한 것

※ **바이메탈** : 팽창계수가 다른 금속을 서로 붙여서 열에 의해 어느 한쪽으로 휘어지게 만든 것

7. 정온식 감지선형 감지기

(1) **종류**

① 선 전체가 감열 부분으로 되어 있는 것

② 감열부가 띄엄띄엄 존재해 있는 것

(2) **고정방법**

① 직선 부분 : 50〔cm〕 이내

② 단자 부분 : 10〔cm〕 이내

③ 굴곡 부분 : 10〔cm〕 이내

④ 굴곡반경 : 5〔cm〕 이상

(3) **감지선의 접속**

단자를 사용하여 접속한다.

※ 정온식 감지선형 감지기 : 비재용형

8. 보상식 스포트형 감지기의 동작원리

차동식으로 동작	정온식으로 동작
화재발생시 주위의 온도가 급격히 상승하면 **다이어프램**을 밀어 올려 수신기에 신호를 보낸다.	화재발생시 일정 온도 이상이 되면 팽창률이 큰 금속이 **활곡** 또는 **반전**하여 수신기에 신호를 보낸다.

＊ 바이메탈
팽창계수가 다른 금속을 서로 붙여서 열에 의해 어느 한쪽으로 휘어지게 만든 것

＊ 비재용형
① 정온식 스포트형 감지기(가용절연물 이용)
② 정온식 감지선형 감지기

＊ 보상식 스포트형 감지기의 구성요소
① 감열실
② 다이어프램
③ 리크구멍
④ 고팽창금속
⑤ 저팽창금속

9. 이온화식 연기감지기

(1) 구성요소

이온실, 신호증폭회로, 스위칭회로, 작동표시장치

※ 이온실
내부이온실(⊕전류)과 외부이온실(⊖전류)로 구성되어 있으며, 내부이온실은 밀폐되어 있고, 외부이온실은 개방되어 있다.

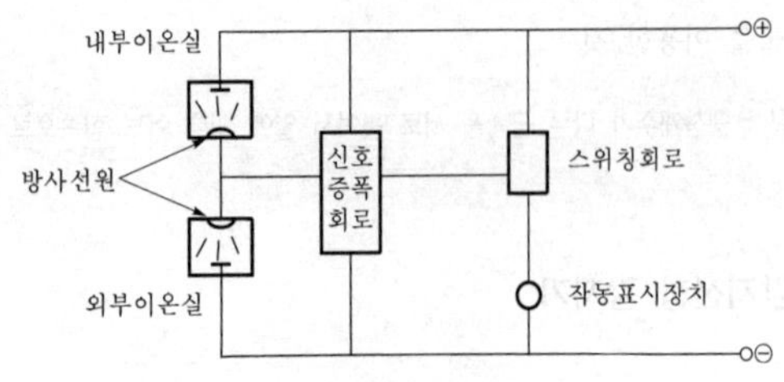

| 이온화식 감지기 1 |

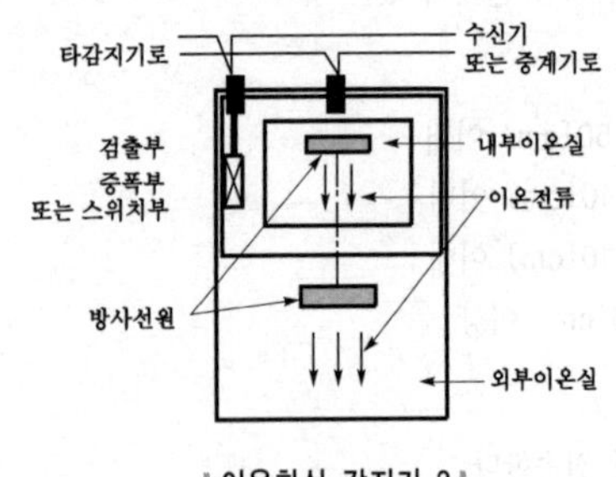

| 이온화식 감지기 2 |

※ **방사선원** : Am^{241}, Am^{95}, Ra

(2) 동작원리

화재발생시 연기입자의 침입으로 **이온전류**의 흐름이 저항을 받아 이온전류가 작아지면 이것을 검출부, 증폭부, 스위칭 회로에 전달하여 수신기에 신호를 보낸다.

※ **방사선** : α선

10. 광전식 스포트형 감지기

(1) 구성요소

발광부, 수광부, 차광판, 신호증폭회로, 스위칭회로, 작동표시장치

※ 광전식 스포트형 감지기
① 산란광식
② 감광식

Key Point

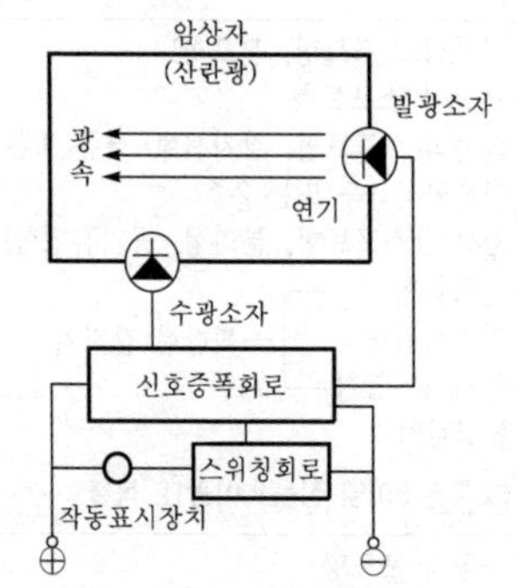

|광전식 스포트형 감지기 1|

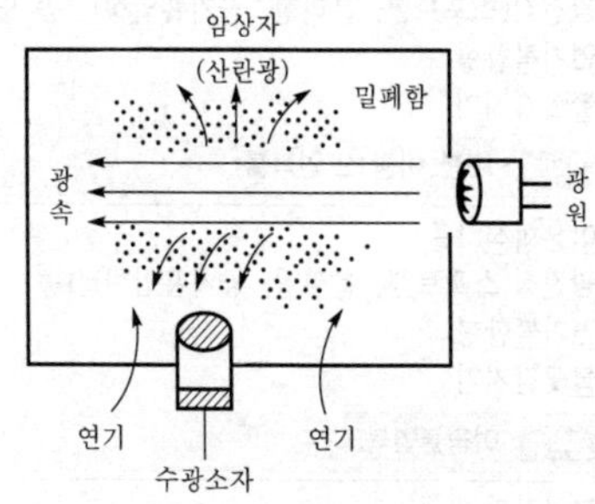

|광전식 스포트형 감지기 2|

(2) **동작원리**

화재발생시 연기입자의 침입으로 광반사가 일어나 광전소자의 저항이 변화하면 이것을 수신기에 전달하여 신호를 보낸다.

> ※ **산란광식 감지기** : 연기가 암상자 내로 유입되면 빛이 산란현상을 일으켜 광전소자의 저항이 변화하여 수신기에 신호를 보낸다.

11. 감지기의 설치기준

(1) **부착높이**(NFPC 203 7조, NFTC 203 2.4.1)

부착높이	감지기의 종류
4[m] 미만	• 차동식(스포트형, 분포형) • 보상식 스포트형 • 정온식(스포트형, 감지선형) ─ 열감지기 • 이온화식 또는 광전식(스포트형, 분리형, 공기흡입형) : 연기감지기 • 열복합형 • 연기복합형 • 열연기복합형 ─ 복합형 감지기 • 불꽃감지기 기억법 열연불복 4미

* **산란광식 감지기의 동작원리**
연기가 암상자 내로 유입되면 빛이 산란현상을 일으켜 광전소자의 저항이 변화하여 수신기에 신호를 보낸다

* **감광식 감지기의 동작원리**
연기가 암상자 내로 유입되면 수광소자로 들어오는 빛의 양이 감소하여 광전소자 저항의 변화로 수신기에 신호를 보낸다.

4~8[m] 미만	• 차동식(스포트형, 분포형) • 보상식 스포트형 • 정온식(스포트형, 감지선형) 특종 또는 1종 — 열감지기 • 이온화식 1종 또는 2종 • 광전식(스포트형, 분리형, 공기흡입형) 1종 또는 2종 — 연기감지기 • 열복합형 • 연기복합형 • 열연기복합형 — 복합형 감지기 • 불꽃감지기 기억법 8미열 정특1 이광12 복불
8~15[m] 미만	• 차동식 분포형 • 이온화식 1종 또는 2종 • 광전식(스포트형, 분리형, 공기흡입형) 1종 또는 2종 • 연기복합형 • 불꽃감지기 기억법 15분 이광12 연복불
15~20[m] 미만	• 이온화식 1종 • 광전식(스포트형, 분리형, 공기흡입형) 1종 • 연기복합형 • 불꽃감지기 기억법 이광불연복2
20[m] 이상	• 불꽃감지기 • 광전식(분리형, 공기흡입형) 중 아날로그방식 기억법 불광아

※ **8~15[m] 미만에 설치 가능한 감지기**
① 차동식 분포형
② 이온화식 1·2종
③ 광전식 1·2종
④ 연기복합형
⑤ 불꽃감지기

(2) 연기감지기의 설치장소

① 계단·경사로 및 에스컬레이터 경사로
② 복도(30[m] 미만 제외)
③ 엘리베이터 승강로(권상기실이 있는 경우에는 권상기실)·린넨슈트·파이프피트 및 덕트, 기타 이와 유사한 장소
④ 천장 또는 반자의 높이가 15~20[m] 미만의 장소
⑤ 다음에 해당하는 특정소방대상물의 취침·숙박·입원 등 이와 유사한 용도로 사용되는 거실
㉠ 공동주택·오피스텔·숙박시설·노유자시설·수련시설
㉡ 합숙소
㉢ 의료시설, 입원실이 있는 의원·조산원
㉣ 교정 및 군사시설
㉤ 고시원

기억법 공오숙노수 합의조 교군고

※ **린넨슈트** : 병원, 호텔 등에서 세탁물을 구분하여 실로 유도하는 통로

※ **린넨슈트**
병원, 호텔 등에서 세탁물을 구분하여 실로 유도하는 통로

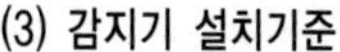

(3) 감지기 설치기준

① 감지기(차동식 분포형 제외)는 실내로의 공기유입구로부터 1.5〔m〕 이상 떨어진 위치에 설치할 것

② 감지기는 천장 또는 반자의 옥내의 면하는 부분에 설치할 것

③ 보상식 스포트형 감지기는 정온점이 감지기 주위의 평상시 최고온도보다 20〔℃〕 이상 높은 것으로 설치하여야 한다.

④ 정온식 감지기는 **주방 · 보일러실** 등으로 다량의 화기를 단속적으로 취급하는 장소에 설치한다.

⑤ 스포트형 감지기는 45° 이상 경사지지 아니하도록 부착할 것

⑥ 바닥면적 (단위 : 〔m^2〕)

부착높이 및 소방대상물의 구분		감지기의 종류				
		차동식 · 보상식 스포트형		정온식 스포트형		
		1종	2종	특종	1종	2종
4〔m〕 미만	내화구조	90	70	70	60	20
	기타구조	50	40	40	30	15
4〔m〕 이상 8〔m〕 미만	내화구조	45	35	35	30	–
	기타구조	30	25	25	15	–

중요

정온식 감지기의 **설치장소**

① 주방
② 조리실
③ 용접작업장
④ 건조실
⑤ 살균실
⑥ 보일러실
⑦ 주조실
⑧ 영사실
⑨ 스튜디오

(4) 공기관식 감지기의 설치기준

① 노출 부분은 감지구역마다 20〔m〕 이상이 되도록 할 것

② 각 변과의 수평거리는 1.5〔m〕 이하가 되도록 하고, 공기관 상호간의 거리는 6〔m〕(내화구조는 9〔m〕) 이하가 되도록 할 것

③ 공기관은 도중에서 분기하지 아니하도록 할 것

④ 하나의 검출 부분에 접속하는 공기관의 길이는 100〔m〕 이하로 할 것

⑤ 검출부는 5° 이상 경사지지 아니하도록 부착할 것

⑥ 검출부는 바닥으로부터 0.8~1.5〔m〕 이하의 위치에 설치할 것

*공기관의 길이
20~100〔m〕 이하

Key Point

※ 각 부분과의 수평거리
1. 공기관식 : 1.5[m] 이하
2. 정온식 감지선형
① 1종 : 3[m] 이하 (내화구조 4.5[m] 이하)
② 2종 : 1[m] 이하 (내화구조 3[m] 이하)

※ 열전대식 감지기
4~20개 이하

※ 열반도체식 감지기
2~15개 이하

중요

경사제한각도

차동식 분포형 감지기	스포트형 감지기
5° 이상	45° 이상

(5) 열전대식 감지기의 설치기준

① 하나의 검출부에 접속하는 열전대부는 **4~20개** 이하로 할 것

② 바닥면적 (단위 : [m^2])

분 류	바닥면적	설치개수(최소개수)
내화구조	22[m^2]	1개 이상(4개)
기타구조	18[m^2]	1개 이상(4개)

(6) 열반도체식 감지기의 설치기준

① 하나의 검출기에 접속하는 감지부는 **2~15개** 이하가 되도록 할 것

② 바닥면적 (단위 : [m^2])

부착높이 및 소방대상물의 구분		감지기의 종류	
		1종	2종
8[m] 미만	내화구조	65	36
	기타구조	40	23
8[m] 이상 15[m] 미만	내화구조	50	36
	기타구조	30	23

(7) 정온식 감지선형 감지기의 설치기준

① 각 부분과의 수평거리

1종	2종
3[m](내화구조는 4.5[m]) 이하	1[m](내화구조는 3[m]) 이하

(8) 연기감지기의 설치기준

① 복도 및 통로는 보행거리 **30[m]**(3종은 **20[m]**)마다 1개 이상으로 할 것
② 계단 및 경사로는 수직거리 **15[m]**(3종은 **10[m]**)마다 1개 이상으로 할 것
③ 천장 또는 반자가 낮은 실내 또는 좁은 실내는 **출입구**의 가까운 부분에 설치할 것
④ 천장 또는 반자 부근에 **배기구**가 있는 경우에는 그 부근에 설치할 것
⑤ 감지기는 벽 또는 보로부터 **0.6[m]** 이상 떨어진 곳에 설치할 것

Key Point

⑥ 바닥면적 (단위 : [m²])

부착높이	감지기의 종류	
	1종 및 2종	3종
4[m] 미만	150	50
4~20[m] 미만	75	

벽 또는 보의 설치거리

스포트형 감지기	연기감지기
0.3[m] 이상	0.6[m] 이상

* 벽 또는 보의 설치거리
① 스포트형 감지기 : 0.3[m] 이상
② 연기감지기 : 0.6[m] 이상

(9) 감지기의 설치제외장소

① 천장 또는 반자의 높이가 20[m] 이상인 장소
② 부식성 가스가 체류하고 있는 장소
③ **목욕실** · 화장실, 기타 이와 유사한 장소
④ 파이프덕트 등 2개층마다 방화구획된 것 또는 수평단면적이 5[m²] 이하인 것
⑤ 먼지 · 가루 또는 **수증기**가 다량으로 체류하는 장소

* 방화구획
화재시 불이 번지지 않도록 내화구조로 구획해 놓은 것

12. 감지기의 기능시험

(1) 차동식 분포형 감지기

① 화재작동시험
㉠ 공기관식 : 펌프시험, 작동계속시험, 유통시험, 접점수고시험

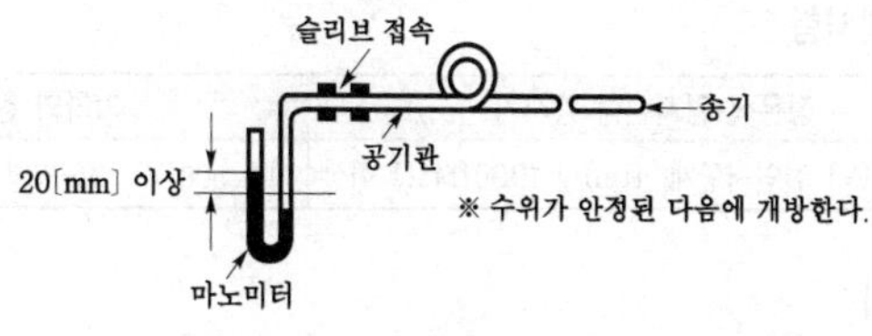

‖ 유통시험 ‖

* 펌프시험
테스트펌프로 감지기에 공기를 불어넣어 작동할 때까지의 시간이 지정치인가를 확인하기 위한 시험

* 유통시험
확인할 수 있는 것
① 공기관의 길이
② 공기관의 누설
③ 공기관의 찌그러짐

㉡ 열전대식 : 화재작동시험, 합성저항시험

② 연소시험
㉠ 감지기를 작동시키지 않고 행하는 시험
㉡ 감지기를 작동시키고 행하는 시험

Key Point

(2) 스포트형 감지기

① 가열시험 : 감지기를 가열한 경우 감지기가 정상적으로 작동하는가를 확인

② 연소시험

(3) 정온식 형식승인 및 감지선형 감지기

① 합성저항시험 : 감지기의 **단선 유무** 확인

(4) 연기감지기

① 가연시험 : 가연시험기에 의해 가연한 경우 **동작 유무** 확인

13. 감지기의 형식승인 및 제품검사기술기준

(1) 부품의 구조 및 기능

① 표시등

㉠ **2개** 이상을 **병렬**로 접속할 것(단, **방전등** 또는 **발광다이오드** 제외)

㉡ 보호덮개를 설치할 것(단, 발광다이오드 제외)

㉢ 작동표시장치의 표시등은 주변 조도가 **(500±25)**〔lx〕인 조건에서 감지기 정면으로부터 **6**〔m〕 떨어진 위치에서 식별되어야 한다.

※ **옥내소화전표시등**
130〔%〕 전압을 24시간 연속하여 가함

② 음향장치

㉠ 사용전압의 **80**〔**%**〕인 전압에서 경보할 것

㉡ 음압은 **1**〔m〕 떨어진 곳에서 **85**〔dB〕 이상일 것

③ 변압기

㉠ 정격 1차 전압은 **300**〔V〕 이하로 한다.

㉡ 외함에는 접지단자를 설치하여야 한다.(단, 단독경보형 감지기 제외)

※ **절연저항시험**
① 측정기구
: 직류 500〔V〕 메거
② 판정기준
: 50〔MΩ〕 이상

(2) 절연저항시험

정온식 감지선형 감지기	기타의 감지기
직류 500〔V〕 절연저항계, 1〔m〕당 **1000**〔MΩ〕 이상	직류 500〔V〕 절연저항계, **50**〔MΩ〕 이상

14. 수신기

※ **P형 수신기**
공통신호방식

※ **R형 수신기**
개별신호방식

※ **GP형 수신기**
P형 수신기+가스누설경보기

※ **GR형 수신기**
R형 수신기+가스누설경보기

수신기 종류	설 명
P형 수신기	감지기 또는 발신기의 신호를 **공통신호**로서 수신하여 화재발생을 **관계인**에게 통보한다.
R형 수신기	감지기 또는 발신기의 신호를 **고유신호**로서 수신하여 화재발생을 **관계인**에게 통보한다.
GP형 수신기	**P형** 수신기와 **가스누설경보기**의 수신부 기능을 겸한다.
GR형 수신기	**R형** 수신기와 **가스누설경보기**의 수신부 기능을 겸한다.

Key Point

15. P형 수신기의 기능

① 화재표시 작동시험장치
② 수신기와 감지기 사이의 도통시험장치
③ 상용전원과 예비전원의 자동절환장치
④ 예비전원 양부시험장치
⑤ 기록장치

16. R형 수신기

구 분	설 명
기능	① 화재표시 작동시험장치 ② 수신기와 중계기 사이의 단선 · 단락 · 도통시험장치 ③ 상용전원과 예비전원의 자동절환장치 ④ 예비전원 양부시험장치 ⑤ 기록장치 ⑥ 지구등 또는 적당한 표시장치
특징	① 선로수가 적어 경제적이다. ② 선로길이를 길게 할 수 있다. ③ 증설 또는 이설이 비교적 쉽다. ④ 화재발생지구를 선명하게 숫자로 표시할 수 있다. ⑤ 신호의 전달이 확실하다.

※ R형 수신기의 특징
① 선로수가 적어 경제적이다.
② 선로길이를 길게 할 수 있다.
③ 신호전달이 확실하다.

17. 수신기의 적합기준(NFPC 203 5조, NFTC 203 2.2.1)

① 해당 특정소방대상물의 경계구역을 각각 표시할 수 있는 회선수 이상의 수신기를 설치할 것
② 해당 특정소방대상물에 가스누설탐지설비가 설치된 경우에는 가스누설탐지설비로부터 가스누설신호를 수신하여 가스누설경보를 할 수 있는 수신기를 설치할 것(가스누설탐지설비의 수신부를 별도로 설치한 경우는 제외)

18. 수신기의 설치기준

① 수신기가 설치된 장소에는 **경계구역일람도**를 비치할 것(단, **주수신기**를 설치하는 경우에는 **주수신기**를 제외한 기타 수신기는 제외)
② 음향기구는 음량 및 음색이 다른 기기의 소음 등과 구별될 수 있을 것
③ **감지기 · 중계기 · 발신기**가 작동하는 경계구역을 표시할 수 있을 것
④ 1 경계구역은 하나의 **표시등** 또는 하나의 **문자**로 표시되도록 할 것
⑤ 조작스위치는 바닥으로부터 0.8~1.5[m] 이하의 높이에 설치할 것
⑥ 하나의 특정소방대상물에 2 이상의 수신기를 설치하는 경우에는 수신기를 **상호간** 연동하여 **화재발생 상황**을 각 수신기마다 **확인**할 수 있도록 할 것

※ 수신기의 설치기준
★ 꼭 기억하세요 ★

※ 경계구역일람도
회로배선이 각 구역별로 어떻게 결선되어 있는지 나타낸 도면

Key Point

※ **예비전원시험**
1. 시험목적
상용전원 및 비상전원 정전시 자동적으로 예비전원으로 절환되며, 정전복구시에 자동적으로 상용전원으로 절환되는지의 여부 확인
2. 시험방법
① 예비전원 시험스위치 ON
② 전압계의 지시치가 지정범위 내에 있을 것
③ 교류전원을 개로(또는 상용전원을 차단)하고 자동절환 릴레이의 작동상황을 조사
3. 판정기준
① 예비전원의 전압이 정상일 것
② 예비전원의 용량이 정상일 것
③ 예비전원의 절환이 정상일 것
④ 예비전원의 복구가 정상일 것

※ **동시작동시험**
5회선을 동시에 작동시켜 수신기의 기능에 이상 여부 확인

설치높이

기 기	설치높이
기타기기	바닥에서 0.8~1.5〔m〕 이하
시각경보장치	바닥에서 2~2.5〔m〕 이하(단, 천장의 높이가 2〔m〕 **이하**인 경우에는 천장으로부터 0.15〔m〕 **이내**의 장소에 설치)

19. 수신기의 성능시험

성능시험	설 명
화재표시작동시험	**1회로**마다 화재시의 작동시험을 행한다.
회로도통시험	감지기회로의 **단선 유무** 확인 중요 **회로도통시험** 정상상태: 2~6〔V〕 / 단선상태: 0〔V〕 / 단락상태: 22~26〔V〕
회로저항시험	감지기회로의 선로저항치가 수신기의 기능에 이상을 가져오는지 여부 확인
공통선시험	공통선이 담당하고 있는 경계구역의 적정 여부 확인
예비전원시험	상용전원과 비상전원이 자동절환되는지의 여부 확인
동시작동시험	**5회선**을 동시에 작동시켜 행한다.
저전압시험	정격전압의 **80〔%〕** 이하로 하여 행한다.
비상전원시험	비상전원으로 **축전지설비**를 사용하는 것에 대해 행한다.
지구음향장치 작동시험	화재신호와 연동하여 음향장치의 정상 작동여부를 확인한다.

중요

제외되는 경우

공통선시험	동시작동시험
7회선 이하	1회선

20. 수신기 부근에 비치하여야 할 부속품

① 예비전구
② 예비퓨즈
③ 취급설명서
④ 수신기회로도
⑤ 예비품 교환에 필요한 특수한 공구
⑥ 경계구역일람도

Key Point

중요

수신기의 부속품
① 예비전구
② 예비퓨즈
③ 취급설명서

21. 수신기의 형식승인 및 제품검사기술기준

(1) 구조 및 일반기능

① P형 · R형 수신기의 수신완료까지의 소요시간은 **5초** 이내이어야 한다.

② 축적형인 수신기(아날로그식 축적형인 수신기는 제외)
축적을 설정한 회선으로 화재신호를 수신하는 경우 다음에 적합하여야 한다.

㉠ 최초의 화재신호수신 시점부터 30초 이상 60초 이하의 시간(이하 **"축적시간"**이라 함)동안 해당 회선의 전원을 차단 및 전원인가를 1회 이상 반복한 후 60초의 시간(이하 **"화재표시감지시간"**이라 함)동안 화재신호를 감시하여야 한다. 이 경우 전원차단시간은 1초 이상 3초 이하이어야 한다.

㉡ 공칭축적시간(제조사 설계시간)은 축적시간 범위에서 10초 간격이어야 한다.

㉢ 최초 화재신호수신 시점부터 화재표시감지시간동안 주음향장치에 의해 경보하여야 하며 지구표시장치에 의해 해당 경계구역을 자동적으로 표시하고 해당 회선의 축적검출을 확인할 수 있어야 한다.

㉣ 화재표시감지시간동안 동일 회선의 화재신호를 수신하는 경우 해당 기준에 따른 화재표시를 하여야 한다. 이 경우 화재신호수신 시점부터 화재표시까지의 소요시간은 5초 이내이어야 한다.

㉤ 발신기로부터 화재신호를 수신하는 경우 축적검출기능을 해제하고 화재표시를 하여야 한다.

③ 수신기의 예비전원

㉠ 원통밀폐형 니켈카드뮴축전지

㉡ 무보수밀폐형 연축전지

* **수신기의 예비전원**
  ① 원통밀폐형 니켈 카드뮴축전지
  ② 무보수밀폐형 연축전지

(2) 사용하지 않는 회로방식

① 접지전극에 직류전류를 통하는 회로방식

② 수신기에 접속되는 외부배선과 다른 설비의 외부배선을 공용으로 하는 회로방식

(3) 절연저항시험

구 분	설 명
절연된 충전부와 외함간	직류 500〔V〕 절연저항계, **5**〔MΩ〕 이상
교류입력측과 외함간	직류 500〔V〕 절연저항계, **20**〔MΩ〕 이상
절연된 선로간	직류 500〔V〕 절연저항계, **20**〔MΩ〕 이상

Key Point

22. 발신기

발신기 종류	설 명
P형 발신기	수동으로 발신기의 **공통신호**를 수신기에 발신하는 것으로서 동시통화가 되지 않는 것

* P형 발신기
① 공통신호
② 발신과 동시에 통화 불가능

23. P형 발신기

구성요소 : 보호판, 스위치, 응답램프, 외함, 명판

* P형 발신기

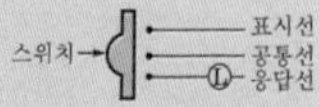

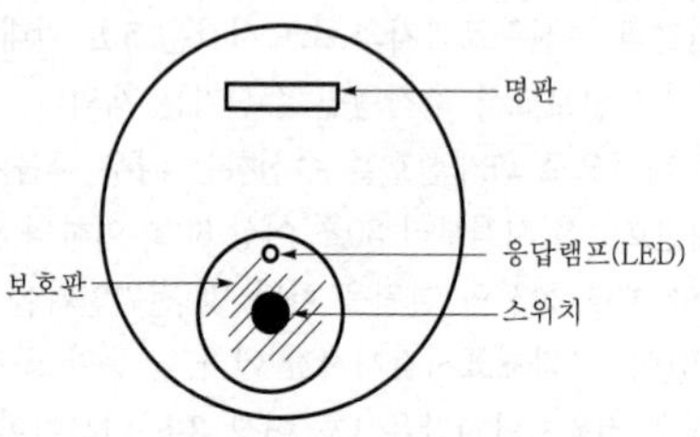

▮P형 발신기▮

* 표시선과 같은 의미
① 지구선
② 회로선
③ 신호선

24. 발신기의 설치기준

① 조작이 쉬운 장소에 설치하고, 스위치는 바닥으로부터 0.8~1.5〔m〕 이하의 높이에 설치할 것

② 특정소방대상물의 **층**마다 설치하되, 해당 소방대상물의 각 부분으로부터 하나의 발신기까지의 **수평거리**가 25〔m〕 이하가 되도록 할 것. 다만, 복도 또는 별도로 구획된 실로서 **보행거리**가 40〔m〕 이상일 경우에는 추가로 설치하여야 한다.

* 수평거리와 같은 의미
① 유효반경
② 직선거리

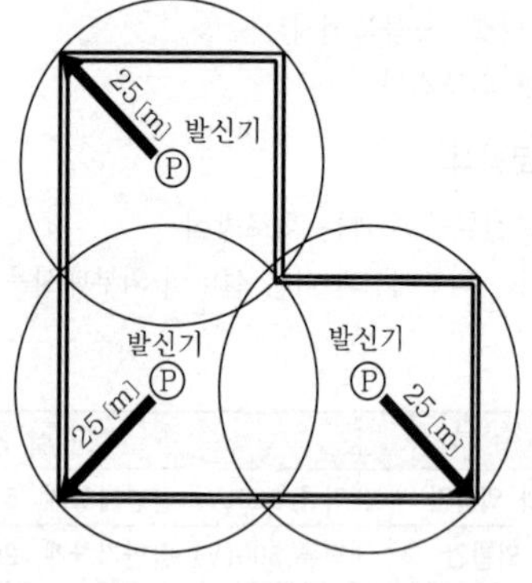

▮발신기의 설치거리▮

Key Point

25. 발신기의 형식승인 및 제품검사기술기준

(1) 외함의 두께(강판 사용)

1.2[mm] 이상

(2) 절연저항시험

절연된 단자간	단자와 외함간
직류 500[V] 절연저항계, 20[MΩ] 이상	직류 500[V] 절연저항계, 20[MΩ] 이상

26. 중계기의 설치기준

① 수신기에서 직접 감지기회로의 도통시험을 하지 않는 경우에는 **수신기**와 **감지기** 사이에 설치할 것

② 조작 및 **점검**이 편리하고 **화재** 및 **침수** 등의 재해로 인한 피해를 받을 우려가 없는 장소에 설치할 것

③ 중계기로 직접 전력을 공급받을 경우에는 **전원 입력측**의 배선에 과전류차단기를 설치하고 전원의 정전이 즉시 수신기에 표시되는 것으로 하며, **상용전원** 및 **예비전원**의 시험을 할 수 있도록 할 것

※ 중계기
수신기와 감지기 사이에 설치

27. 중계기의 기능시험

① 절연저항시험

② 작동시험

③ 예비전원시험

※ 중계기의 시험
① 상용전원시험
② 예비전원시험

28. 중계기의 형식승인 및 제품검사기술기준

(1) 구조 및 기능

① 수신개시로부터 발신개시까지의 시간 : **5초** 이내

② 중계기의 예비전원

㉠ 원통밀폐형 니켈카드뮴 축전지

㉡ 무보수밀폐형 연축전지

※ 중계기의 예비전원
① 원통밀폐형 니켈카드뮴축전지
② 무보수밀폐형 연축전지

(2) 절연저항시험

절연된 충전부와 외함간	절연된 선로간
직류 500[V] 절연저항계, 20[MΩ] 이상	직류 500[V] 절연저항계, 20[MΩ] 이상

Key Point

29. 자동화재 탐지설비의 음향장치 설치기준

※ **음향장치의 종류**
① 주음향장치 : 수신기의 내부 또는 그 직근에 설치하는 음향장치
② 지구음향장치 : 소방대상물의 각 구역에 설치하는 음향장치

① 주음향장치는 수신기의 내부 또는 그 직근에 설치할 것

② **11층**(공동주택 **16층**) **이상**인 특정소방대상물의 경보

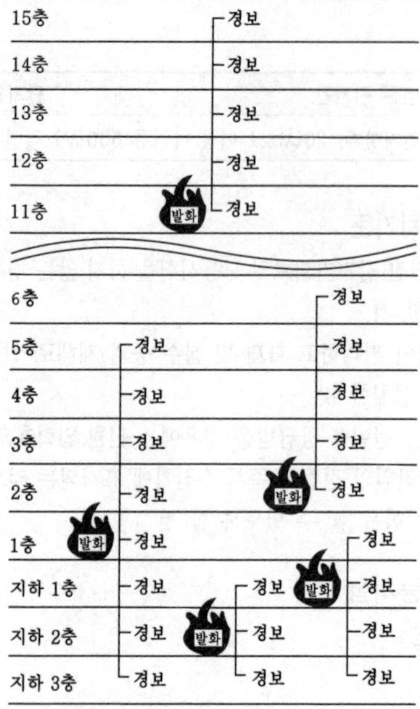

❙음향장치의 경보❙

※ **발화층 및 직상 4개층 우선경보방식의 특정소방대상물**
11층(공동주택은 16층) 이상의 특정소방대상물
① 2층 이상 : 발화층 · 직상 4개층
② 1층 : 발화층 · 직상 4개층 · 지하층
③ 지하층 : 발화층 · 직상층 · 기타의 지하층

❙발화층 및 직상 4개층 우선경보방식❙

발화층	경보층	
	11층(공동주택 16층) 미만	11층(공동주택 16층) 이상
2층 이상 발화	전층 일제경보	• 발화층 • 직상 4개층
1층 발화		• 발화층 • 직상 4개층 • 지하층
지하층 발화		• 발화층 • 직상층 • 기타의 지하층

③ 지구음향장치는 특정소방대상물의 **층**마다 설치하되, 해당 특정소방대상물의 각 부분으로부터 하나의 음향장치까지의 **수평거리**가 25[m] 이하가 되도록 하고, 해당 층의 각 부분에 유효하게 경보를 발할 수 있도록 설치할 것(단, **비상방송설비**를 자동화재탐지설비의 **감지기**와 연동하여 작동하도록 설치한 경우에는 지구음향장치를 설치하지 아니할 수 있다.)

Key Point

중요

수평거리와 보행거리

(1) 수평거리

수평거리	적용대상
수평거리 25〔m〕 이하	• 발신기 • 음향장치(확성기) • 비상콘센트(지하상가 · 바닥면적 3000〔m^2〕 이상)
수평거리 50〔m〕 이하	• 비상콘센트(기타)

(2) 보행거리

보행거리	적용대상
보행거리 15〔m〕 이하	• 유도표지
보행거리 20〔m〕 이하	• 복도통로유도등 • 거실통로유도등 • 3종 연기감지기
보행거리 30〔m〕 이하	• 1 · 2종 연기감지기

30. 음향장치의 구조 및 성능기준

① 정격전압의 80〔%〕 전압에서 음향을 발할 것
② 음량은 1〔m〕 떨어진 곳에서 90〔dB〕 이상일 것
③ **감지기 · 발신기**의 작동과 **연동**하여 작동할 것

※ 음향장치의 구조 및 성능기준
★ 꼭 기억하세요 ★

31. 경종의 형식승인 및 제품검사기술기준

(1) 구조 및 일반기준

① 정격전압의 ±20〔%〕 범위에서 기능에 이상이 없을 것
② 소비전류는 정격전압에서 50〔mA〕 이하일 것

※ 경종의 소비전류
50〔mA〕 이하

(2) 절연저항시험

절연된 단자간	단자와 외함간
직류 500〔V〕 절연저항계, 20〔MΩ〕 이상	직류 500〔V〕 절연저항계, 20〔MΩ〕 이상

※ 절연저항시험
① 절연된 단자간
: 20〔MΩ〕 이상
② 단자와 외함간
: 20〔MΩ〕 이상

32. 가부판정의 기준(KEC 112, 211.2.8, 211.5)

전로의 사용전압	시험전압	절연저항
SELV 및 PELV	직류 250〔V〕	0.5〔MΩ〕 이상
FELV, 500〔V〕 이하	직류 500〔V〕	1.0〔MΩ〕 이상
500〔V〕 초과	직류 1000〔V〕	1.0〔MΩ〕 이상

〔비고〕 1. **ELV**(Extra Low Voltage) : 특별저압(2차 저압이 교류 50[V] 이하, 직류 120[V] 이하)
2. **SELV**(Safety Extra Low Voltage) : 비접지회로(1차와 2차가 전기적으로 절연되고 비접지)
3. **PELV**(Protective Extra Low Voltage) : 접지회로(1차와 2차가 전기적으로 절연되고 접지)
4. **FELV**(Functional Extra-Low Voltage) : 기능적 특별저압(전기적으로 절연되어 있지 않음)

Key Point

33. 비화재보가 발생하는 원인

① 표시회로의 절연 불량
② 감지기의 기능 불량
③ 급격한 온도변화에 의한 감지기 동작
④ 수신기의 기능 불량

34. 동작하지 않는 경우의 원인

① 전원의 고장
② 전기회로의 접촉불량 및 단선
③ 릴레이 · 감지기 등의 접점 불량
④ 감지기의 기능 불량

※ **릴레이**
'계전기'라고도 부른다.

35. 자동화재속보설비

(1) 표시기능

① 동작시간 표시기능
② 동작횟수 표시기능
③ 전화번호 표시기능
④ 화재경보 표시기능
⑤ 비상스위치동작 표시기능

(2) 설치기준

① **자동화재탐지설비**와 연동하여 소방관서에 통보할 것
② 스위치는 바닥으로부터 0.8~1.5〔m〕 이하의 높이에 설치하고, 보기 쉬운 곳에 스위치임을 표시할 것

(3) 설치대상

설치대상	조 건
① 수련시설 ② 노유자시설	• 바닥면적 500〔m^2〕 이상
③ 공장 및 창고시설 ④ 업무시설(무인경비시스템)	• 바닥면적 1500〔m^2〕 이상

36. 속보기의 성능시험 기술기준

(1) 구조 및 기능

① **20초** 이내에 **3회** 이상 소방관서에 자동속보할 것
② 다이얼링 : **10회** 이상

※ **속보기**
20초 이내에 3회 이상 소방관서에 속보

(2) 부품의 구조 및 기능 : 예비전원

① 알칼리계 2차 축전지

Key Point

② 리튬계 2차 축전지

③ 무보수밀폐형 연축전지

(3) 절연저항시험

구 분	설 명
절연된 충전부와 외함간	직류 500〔V〕 절연저항계, 5〔MΩ〕 이상
교류입력측과 외함간	직류 500〔V〕 절연저항계, 20〔MΩ〕 이상
절연된 선로간	직류 500〔V〕 절연저항계, 20〔MΩ〕 이상

37. 비상경보설비의 계통도

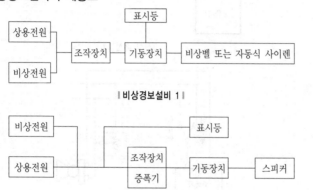

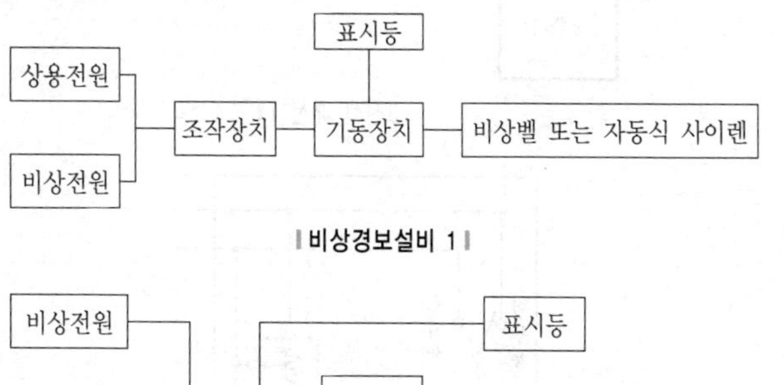

‖ 비상경보설비 1 ‖

비상전원

상용전원

표시등

조작장치

증폭기

기동장치

스피커

‖ 비상경보설비 2 ‖

38. 단독경보형 감지기의 설치기준

각 실마다 설치하되, 바닥면적이 150〔m^2〕 초과시 **150〔m^2〕**마다 1개씩 설치할 것

39. 비상방송설비의 계통도

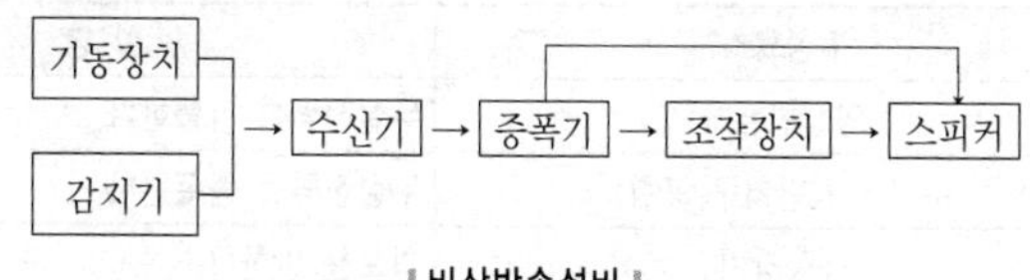

‖ 비상방송설비 ‖

40. 비상방송설비의 설치기준

① 확성기의 음성입력은 실내 **1〔W〕**, 실외 **3〔W〕** 이상일 것

② 확성기는 **각 층**마다 설치하되, 각 부분으로부터의 수평거리는 **25〔m〕** 이하일 것

③ 음량조정기는 **3선식** 배선일 것

④ 조작스위치는 바닥으로부터 **0.8~1.5〔m〕** 이하의 높이에 설치할 것

⑤ 다른 전기회로에 의하여 **유도장애**가 생기지 않을 것

※ 비상벨설비
화재발생상황을 경종으로 경보하는 설비

※ 자동식 사이렌설비
화재발생상황을 사이렌으로 경보하는 설비

※ 단독경보형 감지기
감지기에 음향장치가 내장되어 있는 것으로서, 150〔m^2〕마다 설치한다.

Key Point

※ 확성기(스피커)
① 스피커
② 스피커(벽붙이형)
③ 스피커(소방설비용)
④ 스피커 (아우트렛만인 경우)
⑤ 폰형 스피커

⑥ 비상방송 개시시간은 **10초** 이하일 것

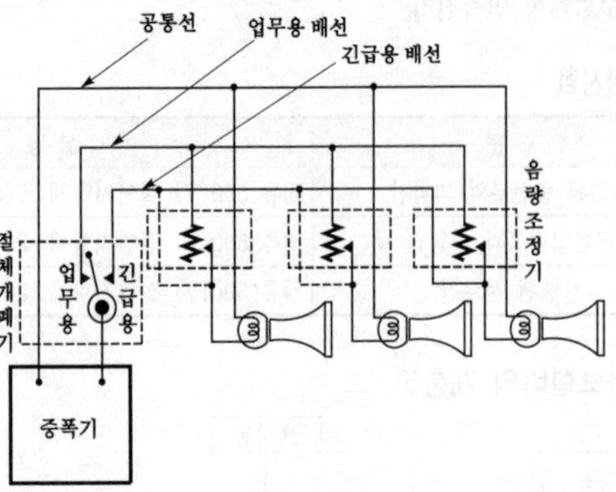

❙3선식 배선 1❙

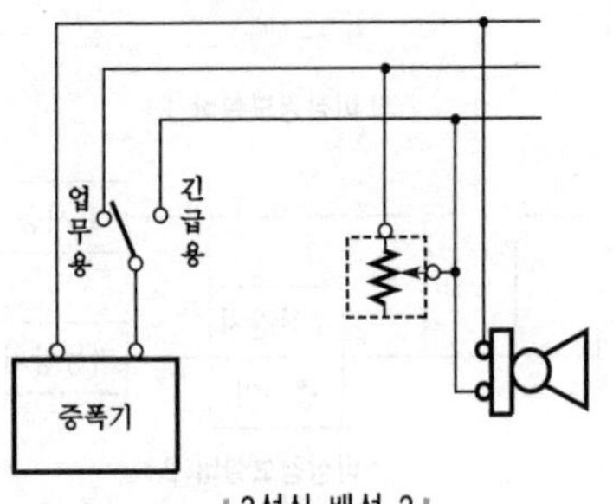

❙3선식 배선 2❙

41. 누전경보기

※ 누전경보기의 기능시험
① 누설전류측정시험
② 동작시험
③ 도통시험

(1) 구성요소

구성요소	설 명
영상변류기	**누설전류**를 **검출**한다.
수신부(차단기구 포함)	**누설전류**를 **증폭**한다.
음향장치	경보를 발한다.

영상변류기와 변류기

영상변류기(ZCT)	변류기(CT)
누설전류 검출	일반전류 검출

(2) 집합형 수신부의 내부결선도(5~10회로용)

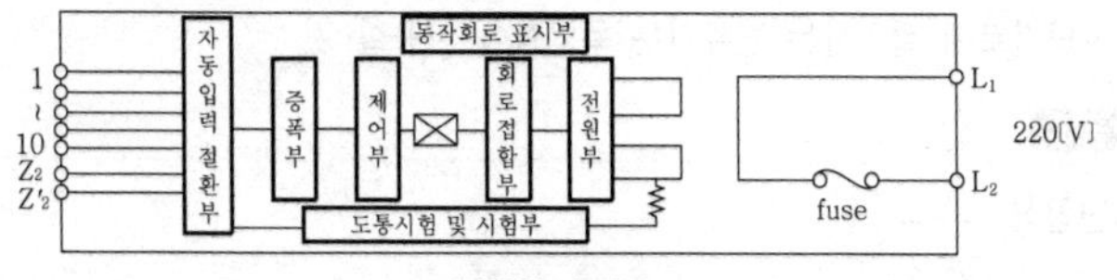

‖집합형 수신부‖

(3) 수신부 증폭부의 방식

① **매칭트랜스**나 **트랜지스터**를 조합하여 계전기를 동작시키는 방식

② **트랜지스터**나 I.C로 증폭하여 계전기를 동작시키는 방식

③ **트랜지스터** 또는 I.C와 **미터릴레이**를 증폭하여 계전기를 동작시키는 방식

※ **매칭트랜스** : 변류기의 신호를 수신부에 유효하게 전달해 주기 위한 변압기

(4) 차단기구가 있는 수신부의 내부 회로도

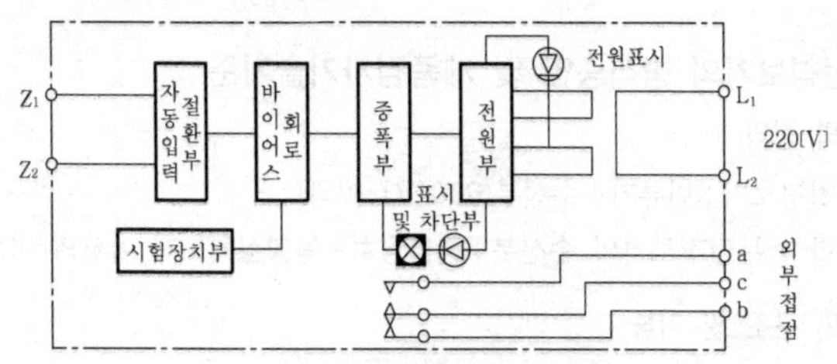

‖수신부(차단기구 부착)‖

수신부의 설치장소	수신부의 설치제외장소
옥내의 점검에 편리한 장소	① 습도가 높은 장소 ② 온도의 변화가 급격한 장소 ③ 화약류제조 · 저장 · 취급장소 ④ **대전류회로 · 고주파발생회로** 등의 영향을 받을 우려가 있는 장소 ⑤ 가연성의 증기 · 먼지 · 가스 · 부식성의 증기 · 가스 다량체류장소

42. 누전경보기의 설치방법

60〔A〕 초과	60〔A〕 이하
1급 누전경보기 설치	**1급** 또는 **2급** 누전경보기 설치

Key Point

※ 집합형 수신부
2개 이상의 변류기를 연결하여 사용하는 수신부로서 하나의 전원장치 및 음향장치 등으로 구성된 것

※ 트랜지스터
PNP 또는 NPN 접합으로 이루어진 3단자 반도체 소자로서, 주로 증폭용으로 사용된다.

※ 바이어스회로
증폭부가 정상적인 기능을 발휘할 수 있도록 도와주는 회로

※ 누전경보기 설치
① 60〔A〕 초과 : 1급
② 60〔A〕 이하 : 1급 또는 2급

※ 변류기의 설치
① 옥외인입선의 제1지점의 부하측
② 제2종 접지선측

(1) 변류기는 옥외인입선의 **제1지점**의 **부하측** 또는 **제2종**의 **접지선측**에 설치할 것
(2) 옥외전로에 설치하는 변류기는 **옥외형**을 사용할 것

중요

유기전압식

$$E = 4.44 f N_2 \phi_S \text{[V]}$$

여기서, ϕ_g : 누설전류에 의한 자속[Wb], N_2 : 변류기 2차 권선수
f : 주파수[Hz], E : 유기전압[V]

43. 누전경보기의 전원기준

*** 누전경보기의 설치**
① 개폐기 및 15[A] 이하의 과전류차단기 설치
② 20[A] 이하의 배선용 차단기 설치

① 각 극에 **개폐기** 및 **15[A] 이하**의 **과전류차단기**를 설치할 것(배선용 차단기는 20[A] 이하)
② 분전반으로부터 전용회로로 할 것
③ 개폐기에는 누전경보기임을 표시할 것

44. 누전경보기의 형식승인 및 제품검사기술기준

(1) 용어의 정의

① 누전경보기 : 변류기+수신부(**600[V]** 이하)
② 집합형 누전경보기의 수신부 : **전원장치+음향장치**(2개 이상의 변류기 사용)

(2) 부품의 구조 및 기능

*** 음향측정**
① 사용기기 : 음량계
② 판정기준 : 1[m] 위치에서 70[dB] 이상(고장표시장치용은 60[dB] 이상)

① 음향장치
㉠ 사용전압의 **80[%]**에서 경보할 것
㉡ 주음향장치용 : **70[dB]** 이상
㉢ 고장표시장치용 : **60[dB]** 이상
② 반도체 : **최대사용전압** 및 **최대사용전류**에 견딜 수 있을 것

*** 공칭작동전류치**
누전경보기를 작동시키기 위하여 필요한 누설전류의 값으로서 제조자에 의하여 표시된 값

용어

※ dB(decibel) : 음향의 국제표준단위

중요

공칭작동전류치	감도조정장치의 조정범위
200[mA] 이하	1[A] 이하

Key Point

(3) **절연저항시험 :** 직류 500〔V〕 절연저항계, 5〔MΩ〕 이상

① 절연된 1차 권선과 2차 권선간의 절연저항

② 절연된 1차 권선과 외부금속부간의 절연저항

③ 절연된 2차 권선과 외부금속부간의 절연저항

45. 가스누설경보기의 형식승인 및 제품검사기술기준

※ 가스누설경보기
가스로 인한 사고를 미연에 방지하여 주는 경보장치

(1) 경보기의 분류

단독형	분리형
• 가정용	• 영업용 : **1회로용** • 공업용 : 1회로 이상용

(2) 분리형 수신부의 기능

수신개시로부터 가스누설표시까지의 소요시간은 **60초** 이내일 것

(3) 음향장치

구 분	설 명
주음향장치용(공업용)	**90〔dB〕** 이상
주음향장치용(단독형, 영업용)	**70〔dB〕** 이상
고장표시장치용	**60〔dB〕** 이상
충전부와 비충전부 사이의 절연저항	직류 500〔V〕 절연저항계, **20〔MΩ〕** 이상

※ 가스누설경보기
1. 단독형 : 70〔dB〕 이상
2. 분리형
① 영업용 : 70〔dB〕 이상
② 공업용 : 90〔dB〕 이상

(4) 절연저항시험

구 분	설 명
절연된 충전부와 외함간	직류 500〔V〕 절연저항계, **5〔MΩ〕** 이상
교류입력측과 외함간	직류 500〔V〕 절연저항계, **20〔MΩ〕** 이상
절연된 선로간	직류 500〔V〕 절연저항계, **20〔MΩ〕** 이상

중요

수신기~감지부 전선

공업용	영업용
0.75〔mm^2〕 4P	0.75〔mm^2〕 3P

Key Point

제 2 장 피난구조설비 및 소화활동설비

※ **유도등**
화재시에 피난을 유도하기 위한 등으로서 정상상태에서는 상용전원에 따라 켜지고 상용전원이 정전되는 경우에는 비상전원으로 자동전환되어 켜지는 등

1. 유도등

구 분	설 명
피난구유도등	피난구 또는 피난경로로 사용되는 출입구가 있다는 것을 표시하는 녹색등화의 유도등
통로유도등	피난통로를 안내하기 위한 유도등
객석유도등	객석의 통로, 바닥 또는 벽에 설치하는 유도등

2. 유도등 및 유도표지의 종류

피난구유도등, 통로유도등, 유도표지	객석유도등
모든 소방대상물	① 공연장 ② 집회장 ③ 관람장 ④ 운동시설 ⑤ 유흥주점 영업시설(카바레, 나이트클럽)

중요

색 표시

피난구유도등	통로유도등
녹색바탕에 **백색**문자	**백색**바탕에 **녹색**문자

※ **피난구유도등의 설치장소**
★ 꼭 기억하세요 ★

3. 피난구유도등의 설치장소

① 옥내로부터 직접 지상으로 통하는 **출입구** 및 그 부속실의 출입구
② **직통계단** · 직통계단의 계단실 및 그 부속실의 출입구
③ 출입구에 이르는 **복도** 또는 통로로 통하는 **출입구**
④ **안전구획**된 거실로 통하는 출입구

4. 복도통로유도등의 설치기준

① 복도에 설치할 것
② 구부러진 모퉁이 및 **보행거리 20[m]**마다 설치할 것
③ 바닥으로부터 높이 **1[m] 이하**의 위치에 설치할 것(단, 지하층 또는 무창층의 용도가 **도매시장 · 소매시장 · 여객자동차터미널 · 지하철역사** 또는 **지하상가**인 경우에는 복도 · 통로 중앙 부분의 바닥에 설치할 것)
④ 바닥에 설치하는 통로유도등은 하중에 따라 파괴되지 아니하는 강도의 것으로 할 것

조명도

통로유도등	비상조명등	객석유도등
1[lx] 이상	1[lx] 이상	0.2[lx] 이상

5. 유도표지의 설치기준(NFPC 303 8조, NFTC 303 2.5.1.2)

피난구 유도표지	통로 유도표지
출입구 상단에 설치	바닥에서 **1[m] 이하**의 높이에 설치

6. 유도표지의 적합기준

‖축광표지(축광표지 성능인증 8 · 9조)‖

구 분	피난기구 · 유도표지
식별도 시험	위치표지는 주위조도 **0[lx]**에서 **60분간** 발광 후 직선거리가 **축광유도표지**는 **20[m]**, **축광위치표지**는 **10[m]** 떨어진 위치에서 식별
휘도 시험	표지면의 휘도는 주위조도 **0[lx]**에서 **60분**간 발광 후 **7[mcd/m²]** 이상

7. 최소설치개수 산정식

(1) 객석유도등

$$\text{설치개수}=\frac{\text{객석통로의 직선 부분의 길이[m]}}{4}-1$$

(2) 유도표지

$$\text{설치개수}=\frac{\text{구부러진 곳이 없는 부분의 보행거리[m]}}{15}-1$$

(3) 복도통로유도등, 거실통로유도등

$$\text{설치개수}=\frac{\text{구부러진 곳이 없는 부분의 보행거리[m]}}{20}-1$$

Key Point

※ 조명도
① 통로유도등
: 바로 밑의 바닥으로부터 수평으로 0.5[m] 떨어진 곳에서 측정하여(바닥매설시 직상부 1[m] 높이에서 측정) 1[lx] 이상
② 객석유도등
: 바닥면 또는 디딤바닥면에서 높이 0.5[m]의 위치에 설치하고 그 유도등의 바로 밑에서 0.3[m] 떨어진 위치에서의 수평조도가 0.2[lx] 이상

※ 보행거리
1. 보행거리 15[m] 이하 : 유도표지
2. 보행거리 20[m] 이하
① 복도통로유도등
② 거실통로유도등
③ 3종 연기감지기
3. 보행거리 30[m] 이하 : 1·2종 연기감지기

Key Point

8. 유도등의 전원

구 분	설 명
전원	축전지, 전기저장장치, 교류전압의 옥내간선
비상전원	축전지
비상전원 용량	20분 이상

예외규정

유도등의 60분 이상 작동용량
(1) **11층** 이상(지하층 제외)
(2) 지하층 · 무창층으로서 **도매시장 · 소매시장 · 여객자동차터미널 · 지하철역사 · 지하상가**

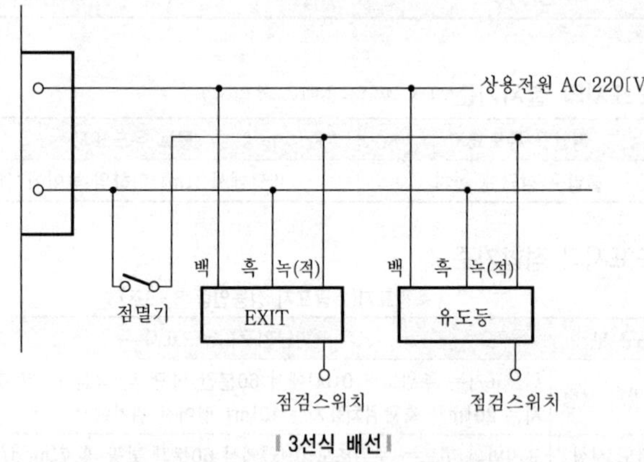

▮ **3선식 배선** ▮

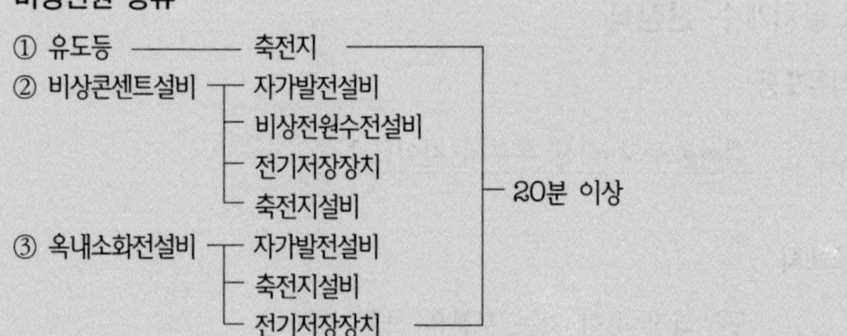

9. 유도등의 3선식 배선시 점등되는 경우(점멸기 설치시)

① **자동화재탐지설비**의 감지기 또는 발신기가 작동되는 때
② **비상경보설비**의 발신기가 작동되는 때
③ 상용전원이 정전되거나 전원선이 단선되는 때
④ 방재업무를 통제하는 곳 또는 전기실의 배전반에서 수동적으로 점등하는 때
⑤ **자동소화설비**가 작동되는 때

*** 비상전원**
상용전원 정전시를 대비하기 위한 전원

*** 유도등 배선**
① 백색 : 공통선
② 흑색 : 충전선
③ 녹색(적색) : 상용선

*** 배전반**
제어스위치, 모선, 표시등 등을 하나의 함에 설치해 놓은 것

*** 분전반**
배전반 내의 차단기 2차측에서 분기하여 여러 분기개폐기를 하나의 함에 설치해 놓은 것

Key Point

10. 유도등의 비상전원 감시램프가 점등상태일 때의 원인

① 축전지의 접촉 불량

② 비상전원용 퓨즈의 단선

③ 축전지의 불량

④ 축전지의 누락

11. 유도등의 형식승인 및 제품검사기술기준

(1) 용어의 정의

용 어	설 명
광속표준전압	비상전원으로 유도등을 켜는 데 필요한 축전지의 단자전압
표시면	피난구나 피난방향을 안내하기 위한 문자 또는 부호등이 표시된 면
조사면	표시면 외의 조명에 사용되는 면

(2) 일반구조

인출선 굵기	인출선 길이
0.75[mm^2] 이상	150[mm] 이상

(3) 예비전원

① 유도등의 예비전원은 **알칼리계 2차 축전지** 또는 **리튬계 2차 축전지**이어야 한다.

② 인출선은 적당한 **색깔**에 의하여 쉽게 구분할 수 있어야 한다.

③ 방전종지전압

알칼리계 2차 축전지	리튬계 2차 축전지
셀당 1[V]	셀당 2.75[V]

(4) 절연저항시험

직류 500[V] 절연저항계, 5[MΩ] 이상

(5) 소음의 크기

0.1[m] 거리에서 40[dB] 이하

12. 비상조명등의 설치기준

① 소방대상물의 각 거실과 지상에 이르는 복도·계단·통로에 설치할 것

② 조도는 각 부분의 바닥에서 1[lx] 이상일 것

③ **점검스위치**를 설치하고 **20분** 이상 작동시킬 수 있는 용량의 **축전지**와 **예비전원 충전장치**를 내장할 것

＊ 피난구유도등
녹색바탕에 백색글씨 또는 문자

＊ 통로유도등
백색바탕에 녹색글씨 또는 문자

＊ 비상조명등
화재발생 등에 따른 정전시에 안전하고 원활한 피난활동을 할 수 있도록 거실 및 피난통로 등에 설치되어 자동 점등되는 조명등

＊ 예비전원을 내장하는 비상조명등
① 점검스위치 설치
② 축전지 내장
③ 예비전원 충전장치 내장

예외규정

비상조명등의 **60분 이상 작동용량**
(1) **11층** 이상(지하층 제외)
(2) 지하층 · 무창층으로서 **도매시장 · 소매시장 · 여객자동차터미널 · 지하철역사 · 지하상가**

13. 비상조명등의 형식승인 및 제품검사기술기준

(1) 일반구조

인출선 굵기	인출선 길이
0.75〔mm^2〕 이상	**150〔mm〕** 이상

(2) 절연저항시험

직류 500〔V〕 절연저항계, **5〔MΩ〕** 이상

14. 비상콘센트설비

※ 비상콘센트설비
화재시 소화활동 등에 필요한 전원을 전용회선으로 공급하는 설비

(1) 전원회로의 설치기준

구 분	전 압	용 량	플러그접속기
단상교류	220〔V〕	1.5〔kVA〕 이상	접지형 2극

① 1 전용회로에 설치하는 비상콘센트는 **10개** 이하로 할 것(전선의 용량은 최대 **3개**)

② 풀박스는 **1.6〔mm〕** 이상의 철판을 사용할 것

※ 풀박스
배관이 긴 곳 또는 굴곡 부분이 많은 곳에서 시공이 용이하도록 전선을 끌어들이기 위해 배선 도중에 사용하는 박스

(2) 설치대상

① **11층** 이상의 층(지하층 제외)

② **지하 3층** 이상이고, 지하층의 바닥면적 합계가 **1000〔m^2〕** 이상은 지하층의 전 층

③ 지하가 중 터널길이 **500〔m〕** 이상

15. 비상콘센트의 설치기준

① **11층** 이상(지하층 제외)의 각 층마다 설치할 것

② 바닥으로부터 **0.8~1.5〔m〕** 이하의 높이에 설치할 것

※ 설치높이

기 기	설치높이
기타 기기	바닥에서 0.8~1.5〔m〕 이하
시각 경보 장치	바닥에서 2~2.5〔m〕 이하 (단, 천장의 높이가 2〔m〕 이하인 경우에는 천장으로부터 0.15〔m〕 이내의 장소에 설치)

Key Point

16. 누설동축케이블의 설치기준

① 소방전용 주파수대에 **전파의 전송** 또는 **복사**에 적합한 것으로서 **소방전용**의 것으로 할 것(단, 소방대 상호간의 **무선연락**에 지장이 없는 경우에는 다른 용도와 겸용할 수 있다.)

② 누설동축케이블과 이에 접속하는 안테나 또는 동축케이블과 이에 접속하는 안테나일 것

③ 누설동축케이블 및 동축케이블은 화재에 따라 해당 케이블의 피복이 소실된 경우에 케이블 본체가 떨어지지 않도록 **4[m]** 이내마다 금속제 또는 자기제 등의 지지금구로 벽·천장·기둥 등에 견고하게 고정시킬 것(단, **불연재료**로 구획된 반자 안에 설치하는 경우 제외)

④ 누설동축케이블 및 안테나는 고압전로로부터 **1.5[m]** 이상 떨어진 위치에 설치할 것(단, 해당 전로에 **정전기차폐장치**를 유효하게 설치한 경우에는 제외)

⑤ 누설동축케이블의 끝 부분에는 **무반사 종단저항**을 설치할 것

※ **불연재료**
불에 타지 않는 재료

용어

※ **무반사 종단저항** : 전송로로 전송되는 전자파가 전송로의 종단에서 반사되어 교신을 방해하는 것을 막기 위한 저항

17. 분배기·분파기·혼합기의 설치기준

① 먼지·습기 및 부식 등에 의하여 기능에 이상을 가져 오지 않을 것

② 임피던스는 **50[Ω]**일 것

③ 점검에 편리하고 재해로 인한 피해의 우려가 없는 장소에 설치할 것

용어

분배기, 분파기, 혼합기

용 어	설 명
분배기	신호의 전송로가 분기되는 장소에 설치하는 것으로 임피던스 매칭(Matching)과 신호 균등분배를 위해 사용하는 장치
분파기	서로 다른 주파수의 합성된 신호를 분리하기 위해서 사용하는 장치
혼합기	두 개 이상의 입력신호를 원하는 비율로 조합한 출력이 발생하도록 하는 장치

Key Point

※ **증폭기 전면설치**
① 표시등
② 전압계

※ **전기저장장치**
외부 전기에너지를 저장해 두었다가 필요한 때 전기를 공급하는 장치

※ **비상전원용량**
★ 꼭 기억하세요 ★

18. 증폭기 및 무선중계기의 설치기준(NFPC 505 8조, NFTC 505 2.5)

① 전원은 **축전지설비, 전기저장장치** 또는 **교류전압 옥내간선**으로 하고, 전원까지의 배선은 **전용**으로 할 것
② 증폭기의 전면에는 전원확인 **표시등** 및 **전압계**를 설치할 것
③ 증폭기의 비상전원 용량은 **30분** 이상일 것
④ **증폭기 및 무선중계기**를 설치하는 경우에는 전파법에 따른 적합성평가를 받은 제품으로 설치할 것
⑤ 디지털방식의 무전기를 사용하는 데 지장이 없도록 설치할 것

비상전원용량

설 비	비상전원의 용량
① 자동화재탐지설비, 비상경보설비, 자동화재속보설비 기억법 탐경속1	10분 이상
① 유도등, 비상조명등, 비상콘센트설비, 제연설비, 물분무소화설비 ② 옥내소화전설비(30층 미만) ③ 특별피난계단의 계단실 및 부속실 제연설비(30층 미만) ④ 스프링클러설비(30층 미만) ⑤ 연결송수관설비(30층 미만)	20분 이상
① 무선통신보조설비의 증폭기	30분 이상
① 옥내소화전설비(30~49층 이하) ② 특별피난계단의 계단실 및 부속실 제연설비(30~49층 이하) ③ 연결송수관설비(30~49층 이하) ④ 스프링클러설비(30~49층 이하)	40분 이상
① 유도등 · 비상조명등(지하상가 및 11층 이상) ② 옥내소화전설비(50층 이상) ③ 특별피난계단의 계단실 및 부속실 제연설비(50층 이상) ④ 연결송수관설비(50층 이상) ⑤ 스프링클러설비(50층 이상)	60분 이상

19. 무선통신보조설비의 설치제외(NFPC 505 4조, NFTC 505 2.1.1)

① 지하층으로서 소방대상물의 바닥부분 **2면 이상**이 지표면과 동일한 경우의 해당층
② 지하층으로서 지표면으로부터의 깊이가 **1〔m〕 이하**인 경우의 해당층

Key Point

제 3 장 소화 및 제연 · 연결송수관설비

1. 옥내소화전설비의 상용전원

저압수전	특고압 · 고압수전
인입개폐기의 **직후**에서 분기하여 **전용배선**으로 할 것	전력용 변압기 2차측의 주차단기 1차측에서 분기하여 **전용배선**으로 할 것

2. 옥내소화전설비의 비상전원

자가발전설비, 축전지설비

① 점검에 편리하고 재해로 인한 피해를 받을 우려가 없는 곳에 설치할 것

② **20분** 이상 작동할 수 있을 것

③ 비상전원의 설치장소는 다른 장소와 **방화구획**할 것

④ 비상전원을 실내에 설치하는 때에는 그 실내에 **비상조명등**을 설치할 것

중요

비상전원 설치제외

① 2 이상의 변전소에서 동시에 전력을 공급받을 수 있는 경우

② 하나의 변전소로부터 전력의 공급이 중단된 때에 자동으로 다른 변전소로부터 전력을 공급받을 수 있도록 상용전원을 설치한 경우

3. 옥내소화전설비의 표시등 설치기준

① **위치표시등**은 함의 상부에 설치하되 불빛은 **15°** 이상의 범위 안에서 **10〔m〕** 떨어진 범위 안에서 쉽게 식별할 수 있을 것

② 가압송수장치의 기동을 표시하는 표시등은 옥내소화전함의 상부 또는 그 직근에 설치하되 적색등일 것

③ 적색등은 사용전압의 **130〔%〕**인 전압을 **24시간** 가하는 경우 **단선, 현저한 광속변화, 전류변화** 등이 발생하지 않을 것

4. 스프링클러설비 제어반의 도통시험 및 작동시험을 할 수 있어야 하는 회로

① 기동용 수압개폐장치의 압력스위치회로

② 수조 또는 물올림수조의 저수위감시회로

③ 유수검지장치 또는 일제개방밸브의 압력스위치회로

④ 일제개방밸브를 사용하는 설비의 화재감지기회로

⑤ 개폐밸브의 개폐상태 확인회로

※ 수전
전기를 공급하는 것

※ 상용전원회로의 배선
① 저압수전
: 인입개폐기의 직후에서 분기
② 특 · 고압수전
: 전력용 변압기 2차측의 주차단기 1차측에서 분기

※ 방화구획
화재시 불이 번지지 않도록 내화구조로 구획해 놓은 것

※ 수조
물을 담아 두는 큰 통

※ 유수검지장치
배관 내에서 물이 이동하는 것을 감지하는 장치

Key Point

※ 전자개방밸브
솔레노이드밸브

5. CO_2 · 분말소화설비의 전기식 기동장치 설치기준

7병 이상의 저장용기를 동시에 개방하는 설비는 **2병** 이상에 **전자개방밸브**를 설치할 것

6. 분말소화약제의 가압용 가스용기

가스용기를 **3병** 이상 설치한 경우 **2병** 이상에 **전자개방밸브**를 부착할 것

※ 제연설비의 설치 장소
① 1 제연구역의 면적은 1000[m²] 이내
② 거실과 통로는 각각 제연구획
③ 통로상의 제연구역은 보행중심선의 길이가 60[m]를 초과하지 않을 것
④ 1 제연구역은 직경 60[m] 원내에 들어갈 것

7. 제연구역의 구획

① 1 제연구역의 면적은 **1000[m²]** 이내로 할 것
② 거실과 통로는 각각 제연구획할 것
③ 통로 상의 제연구역은 보행중심선의 길이가 **60[m]**를 초과하지 않을 것
④ 1 제연구역은 직경 **60[m]** 원내에 들어갈 것
⑤ 1 제연구역은 **2개** 이상의 층에 미치지 않을 것

제 4 장 소방전기설비

※ 전원의 종류
1. 상용전원
① 교류전원
② 축전지설비
2. 비상전원
① 비상전원수전설비
② 자가발전설비
③ 축전지설비
④ 전기저장장치
3. 예비전원

1. 전원의 종류

전원 종류	설 명
상용전원	평상시 주전원으로 사용되는 전원
비상전원	상용전원 정전 때를 대비하기 위한 전원
예비전원	상용전원 고장시 또는 용량 부족시 최소한의 기능을 유지하기 위한 전원

※ 부동충전전압
2.15~2.17[V]

※ 균등충전전압
2.4~2.5[V]

2. 충전방식

(1) 보통충전

(2) 급속충전

(3) 부동충전

① 전지의 자기방전을 보충함과 동시에 상용부하에 대한 전력공급은 충전기가 부담하되 부담하기 어려운 일시적인 대전류 부하는 축전지가 부담하도록 하는 방식

Key Point

② 축전지와 **부하**를 **충전기**에 **병렬**로 **접속**하여 사용하는 충전방식

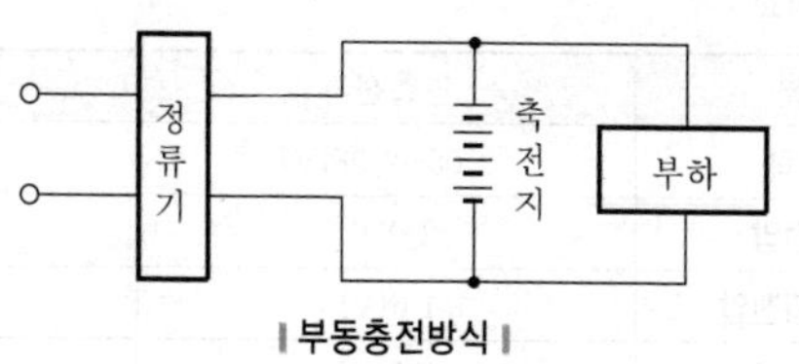

| 부동충전방식 |

(4) 균등충전

(5) 세류충전(트리클충전)

자기방전량만 항상 충전하는 방식

3. 부동충전방식

(1) 장점

① 축전지의 수명이 연장된다.
② 축전지 용량이 적어도 된다.
③ 부하변동에 대한 방전전압을 일정하게 유지할 수 있다.
④ 보수가 용이하다.

(2) 2차 전류

$$2\text{차 전류} = \frac{\text{축전지의 정격용량}}{\text{축전지의 공칭용량}} + \frac{\text{상시부하}}{\text{표준전압}} \text{[A]}$$

(3) 2차 출력

2차 출력=표준전압×2차 전류〔kVA〕

(4) 축전지의 용량

$$C = \frac{1}{L} KI \text{[Ah]}$$

여기서, C : 축전지용량
L : 용량저하율(보수율)
K : 용량환산시간〔h〕
I : 방전전류〔A〕

※ **부동충전방식의 장점**
★ 꼭 기억하세요 ★

※ **용량저하율**
부하를 만족하는 용량을 감정하기 위한 계수

4. 축전지(Battery)

(1) 축전지의 비교

구 분	연축전지	알칼리축전지
기전력	2.05~2.08[V]	1.32[V]
공칭전압	2.0[V]	1.2[V]
방전종지전압	1.6[V]	0.96[V]
공칭용량	10[Ah]	5[Ah]
충전시간	길다	짧다
수명	5~15년	15~20년
종류	클래드식, 페이스트식	소결식, 포켓식

※ **공칭전압**
공통적으로 결정하여 사용되고 있는 전압

※ **소결식**
니켈을 주성분으로 한 금속분말을 소결해서 만든 다공성 기판의 가는 구멍 속에 양극작용 물질을 채운 양극판과 음극작용 물질을 채운 음극판으로 된 알칼리 축전지의 형식

(2) 연축전지의 화학반응식

$$\underset{(+)}{PbO_2} + \underset{\text{전해액}}{2H_2SO_4} + Pb \underset{\text{충전}}{\overset{\text{방전}}{\rightleftarrows}} \underset{(+)}{PbSO_4} + 2H_2O + \underset{(-)}{PbSO_4}$$

연축전지

충전시	방전시
① 양극 : 적갈색 ② 음극 : 회백색	① 양극 : 회백색 ② 음극 : 회백색

5. 비상전원

(1) 비상전원수전설비

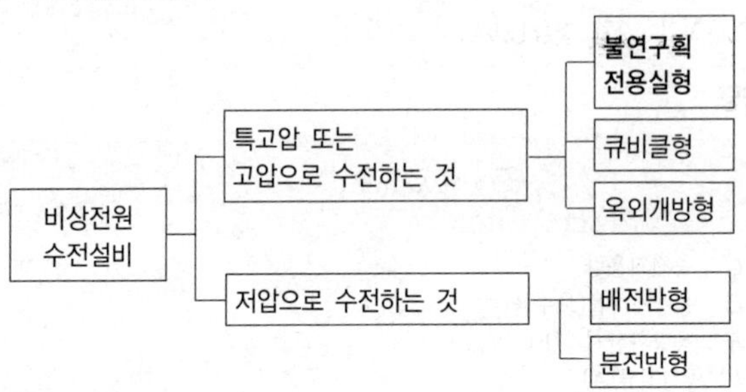

※ **큐비클**
차단기, 단로기, 각종 계기 등이 들어 있는 철제함

※ **배전반**
제어스위치, 모선, 표시등 등을 하나의 함에 설치해 놓은 것

※ **분전반**
배전반 내의 차단기 2차측에서 분기하여 여러 분기 개폐기를 하나의 함에 설치해 놓은 것

(2) 축전지설비

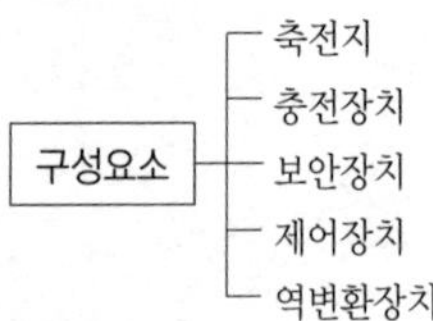

Key Point

※ **역변환장치** : 직류를 교류로 바꾸는 장치

(3) 자가발전설비

① 비상용 동기발전기의 병렬운전조건

㉠ 기전력의 **크기**가 같을 것

㉡ 기전력의 **위상**이 같을 것

㉢ 기전력의 **주파수**가 같을 것

㉣ 기전력의 **파형**이 같을 것

※ 비상용 동기발전기의 병렬운전조건
★ 꼭 기억하세요 ★

② 발전기의 용량산정식

$$P_n \geq \left(\frac{1}{e}-1\right)X_L P \text{ [kVA]}$$

여기서, P_n : 발전기 정격출력[kVA]　　e : 허용전압강하
X_L : 과도리액턴스　　P : 기동용량[kVA]

③ 발전기용 차단용량

$$P_s = \frac{1.25P_n}{X_L} \text{ [kVA]}$$

여기서, P_s : 발전기용 차단용량[kVA]　　P_n : 발전기용량[kVA]
X_L : 과도리액턴스

6. 예비전원

(1) 예비전원의 구비조건

① 사용목적에 적합할 것

② 신뢰도가 높을 것

③ 취급, 운전, 조작이 간편할 것

④ 경제적일 것

(2) 자동절환장치의 시설

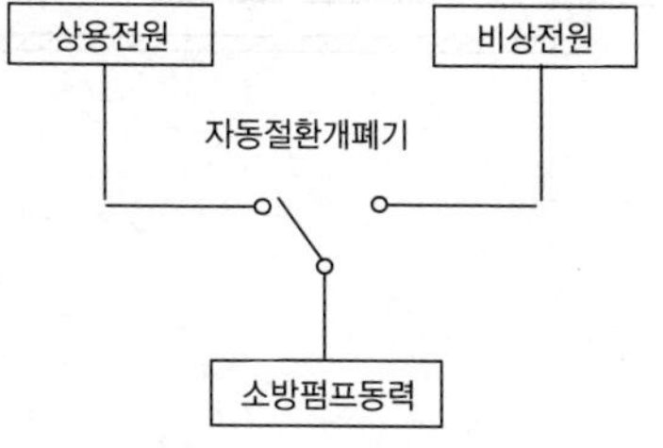

※ 자동절환장치와 같은 의미
① 자동절환스위치
② 자동절환개폐기

7. 소방시설의 배선공사

(1) 자동화재탐지설비

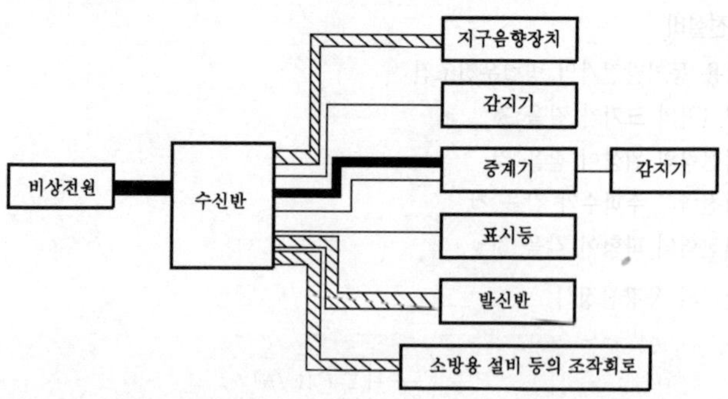

※ 자동화재탐지설비
1. 내화배선
① 비상전원~수신반
② 수신반~중계기
2. 내열배선
① 수신반~지구음향장치
② 수신반~발신반
③ 수신반~소방용 설비 등의 조작회로

(2) 무선통신보조설비

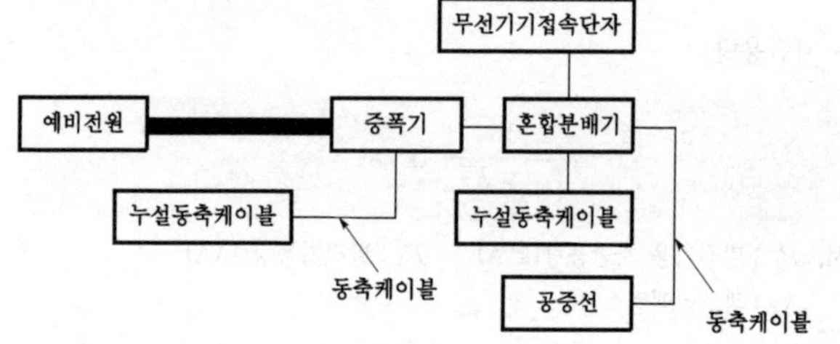

※ 무선통신보조설비 배선공사
★ 꼭 기억하세요 ★

※ 누설동축케이블
동축케이블의 외부도체에 가느다란 홈을 만들어서 전파가 외부로 새어나갈 수 있도록 한 케이블

※ 동축케이블
전파가 유도장애를 받지 않도록 중앙도체를 관에 넣고 전체를 절연체로 피복한 케이블

(3) 옥내소화전설비

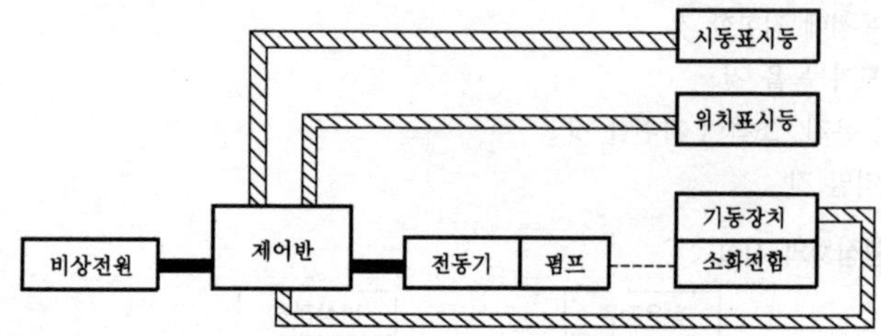

Key Point

(4) 옥외소화전설비

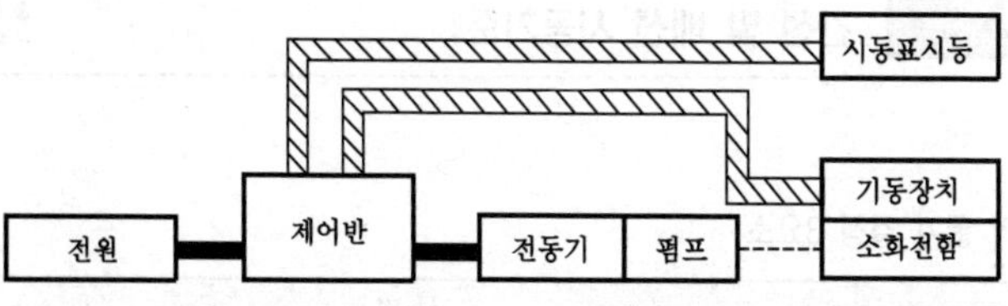

※ 옥내소화전설비 배선공사
★ 꼭 기억하세요 ★

8. 내화배선과 내열배선

(1) 내화배선

사용전선의 종류	공사방법
① 450/750〔V〕 저독성 난연 가교폴리올레핀 절연전선(HFIX) ② 0.6/1〔kV〕 가교폴리에틸렌 절연 저독성 난연 폴리올레핀 시스 전력 케이블 ③ 6/10〔kV〕 가교폴리에틸렌 절연 저독성 난연 폴리올레핀 시스 전력용 케이블 ④ 가교폴리에틸렌 절연 비닐시스 트레이용 난연 전력 케이블 ⑤ 0.6/1〔kV〕 EP 고무 절연 클로로프렌 시스 케이블 ⑥ 300/500〔V〕 내열성 실리콘 고무 절연전선(180〔℃〕) ⑦ 내열성 에틸렌-비닐 아세테이트 고무 절연 케이블 ⑧ 버스덕트(Bus Duct)	• 금속관공사 • 2종 금속제 가요전선관공사 • 합성수지관공사 내화구조로 된 벽 또는 바닥 등에 벽 또는 바닥의 표면으로부터 25〔mm〕 이상의 깊이로 매설할 것
내화전선	• 케이블공사

※ 내화배선 공사방법
① 금속관공사
② 2종 금속제 가요전선관공사
③ 합성수지관공사

(2) 내열배선

사용전선의 종류	공사방법
① 450/750〔V〕 저독성 난연 가교폴리올레핀 절연전선(HFIX) ② 0.6/1〔kV〕 가교폴리에틸렌 절연 저독성 난연 폴리올레핀 시스 전력 케이블 ③ 6/10〔kV〕 가교폴리에틸렌 절연 저독성 난연 폴리올레핀 시스 전력용 케이블 ④ 가교폴리에틸렌 절연 비닐시스 트레이용 난연 전력 케이블 ⑤ 0.6/1〔kV〕 EP 고무 절연 클로로프렌 시스 케이블 ⑥ 300/500〔V〕 내열성 실리콘 고무 절연전선(180〔℃〕) ⑦ 내열성 에틸렌-비닐 아세테이트 고무 절연 케이블 ⑧ 버스덕트(Bus Duct)	• 금속관공사 • 금속제 가요전선관공사 • 금속덕트공사 • 케이블공사
내화전선	• 케이블공사

※ 내열배선 공사방법
① 금속관공사
② 금속제 가요전선관공사
③ 금속덕트공사
④ 케이블공사

Key Point

제 5 장 간선 및 배선 시공기준

1. 전선

※ 전선의 굵기 결정요소
① 허용전류
② 전압강하
③ 기계적 강도
④ 전력손실
⑤ 경제성

(1) 전선의 굵기 결정 3요소

3요소	설 명
허용전류	전선에 안전하게 흘릴 수 있는 최대전류
전압강하	입력전압과 출력전압의 차
기계적 강도	기계적인 힘에 의하여 손상을 받는 일이 없이 견딜 수 있는 능력

※ 허용전류
전선의 피복이 손상되지 않는 한 흘릴 수 있는 최대전류

(2) 전선의 단면적 계산

전기방식	전선 단면적
단상2선식	$A=\frac{35.6LI}{1000e}$
3상3선식	$A=\frac{30.8LI}{1000e}$

여기서, A : 전선의 단면적〔mm^2〕
L : 선로길이〔m〕
I : 전부하전류〔A〕
e : 각 선간의 전압강하〔V〕

(3) 전선의 구비조건

① 도전율이 클 것
② 내구성이 좋을 것
③ 비중이 작을 것
④ 기계적 강도가 클 것
⑤ 가설이 쉽고 가격이 저렴할 것

(4) 전선의 접속시 주의사항

① 접속으로 인하여 전기저항이 증가하지 않을 것
② 접속 부분의 전선의 강도를 20〔%〕 이상 감소시키지 않을 것
③ 접속 부분은 그 부분의 절연전선의 절연물과 동등 이상의 절연효력이 있는 것으로 충분히 피복할 것

(5) 연선에 관련된 식

① 소선의 총수

$$N=3n(1+n)+1$$

여기서, N : 소선의 총수
n : 소선의 층수

Key Point

② 연선의 직경

$$D=(1+2n)\,d\,[\mathrm{mm}]$$

여기서, D : 연선의 직경
n : 소선의 층수
d : 소선 한 가닥의 지름[mm]

③ 연선의 단면적

$$S=\pi r^2 N\,[\mathrm{mm}^2]$$

여기서, S : 연선의 단면적[mm^2]
r : 소선 1가닥의 반지름[mm]
N : 소선의 총수

(6) 전선의 명칭

약 호	명 칭	최고허용온도
OW	옥외형 비닐절연전선	60[℃]
DV	인입용 비닐절연전선	
HFIX	450/750[V] 저독성 난연 가교폴리올레핀 절연전선	90[℃]
CV	가교폴리에틸렌절연 비닐외장케이블	

2. 전압강하율과 전압변동률

(1) 전압강하율

$$\varepsilon=\frac{V_S-V_R}{V_R}\times 100\,[\%]$$

여기서, V_S : 입력전압[V]
V_R : 출력전압[V]

(2) 전압변동률

$$\delta=\frac{V_{Ro}-V_R}{V_R}\times 100\,[\%]$$

여기서, V_{Ro} : 무부하시 출력전압[V]
V_R : 부하시 출력전압[V]

* 전압강하
① 단상2선식

$$e=V_s-V_r=2IR$$

② 3상3선식

$$e=V_s-V_r=\sqrt{3}\,IR$$

여기서,
e :전압강하[V]
V_s :입력전압[V]
V_r :출력전압[V]
I :전류[A]
R :저항[Ω]

Key Point

3. 전동기

(1) 전동기의 용량산정

$$P\eta t = 9.8KHQ$$

여기서, P : 전동기 용량〔kW〕　　η : 효율
t : 시간〔s〕　　K : 여유계수
H : 전양정〔m〕　　Q : 양수량〔m^3〕

단위환산

① 1〔$l$pm〕$=10^{-3}$〔m^3/min〕
② 1〔mmAq〕$=10^{-3}$〔m〕
③ 1〔HP〕$=0.746$〔kW〕

※ $l$pm
'Liter per minute'의 약자이다.

(2) 전동기의 속도

① 동기속도

$$N_S = \frac{120f}{P} \text{〔rpm〕}$$

여기서, N_S : 동기속도〔rpm〕　　P : 극수
f : 주파수〔Hz〕

② 회전속도

$$N = \frac{120f}{P}(1-S) \text{〔rpm〕}$$

여기서, N : 회전속도〔rpm〕　　P : 극수
f : 주파수〔Hz〕　　S : 슬립

(3) 과전류트립 동작시간 및 특성(산업용 배선차단기)(KEC 표 212.3-2)

정격전류의 구분	시 간	정격전류의 배수 (모든 극에 통전)	
		부동작전류	동작전류
63A 이하	60분	1.05배	1.3배
63A 초과	120분		

전선관 단면적

케이블 또는 절연도체의 내부 단면적이 휨(가요)전선관 단면적의 $\frac{1}{3}$을 초과하지 않도록 할 것(KSC IEC/TS 61200-52의 521.6 표준 준용)

(4) 역률개선용 전력용 콘덴서의 용량

$$Q_C = P(\tan\theta_1 - \tan\theta_2) = P\left(\frac{\sin\theta_1}{\cos\theta_1} - \frac{\sin\theta_2}{\cos\theta_2}\right)$$
$$= P\left(\frac{\sqrt{1-\cos{\theta_1}^2}}{\cos\theta_1} - \frac{\sqrt{1-\cos{\theta_2}^2}}{\cos\theta_2}\right)\text{[kVA]}$$

여기서, Q_C : 콘덴서의 용량[kVA]
P : 유효전력[kW]
$\cos\theta_1$: 개선 전 역률
$\cos\theta_2$: 개선 후 역률
$\sin\theta_1$: 개선 전 무효율($\sin\theta_1 = \sqrt{1-\cos{\theta_1}^2}$)
$\sin\theta_2$: 개선 후 무효율($\sin\theta_2 = \sqrt{1-\cos{\theta_2}^2}$)

(5) 조명

$$FUN = AED$$

여기서, F : 광속[lm]
U : 조명률
N : 등 개수
A : 단면적[m^2]
E : 조도[lx]
D : 감광보상률$\left(D = \frac{1}{M}\right)$
M : 유지율

4. 감지기회로의 도통시험을 위한 종단저항의 기준

① 점검 및 관리가 쉬운 장소에 설치할 것
② 전용함 설치시 바닥에서 1.5[m] 이내의 높이에 설치할 것
③ 감지기회로의 **끝 부분**에 설치하며, 종단감지기에 설치할 경우 구별이 쉽도록 해당감지기의 기판 등에 별도의 표시를 할 것

5. 송배선식과 교차회로방식

(1) 송배선식

① 정의 : 수신기에서 2차측의 외부배선의 **도통시험**을 용이하게 하기 위해 배선의 도중에서 분기하지 않도록 하는 배선
② 적응감지기
㉠ **차동식** 스포트형 감지기
㉡ **정온식** 스포트형 감지기
㉢ **보상식** 스포트형 감지기

Key Point

※ 콘덴서의 용량단위
원래 콘덴서 용량의 단위는 kVar인데 우리가 언제부터인가 kVA로 잘못 표기하고 있는 것이다.

※ 감광보상률
먼지 등으로 인하여 빛이 감소되는 것을 보상해 주는 비율

※ 도통시험
감지기회로의 단선유무 확인

※ 송배선방식
① 자동화재탐지설비
② 제연설비

Key Point

※ 교차회로방식
① CO_2소화설비
② 분말소화설비
③ 할론소화설비
④ 준비작동식 스프링클러설비
⑤ 일제살수식 스프링클러설비
⑥ 부압식 스프링클러설비
⑦ 할로겐화합물 및 불활성기체 소화설비

(2) 교차회로방식

① 정의 : 하나의 담당구역 내에 2 이상의 감지기회로를 설치하고 2 이상의 감지기 회로가 동시에 감지되는 때에 설비가 기동되도록 하는 방식

② 적응설비
㉠ 분말소화설비
㉡ 할론소화설비
㉢ 이산화탄소소화설비
㉣ 준비작동식 스프링클러설비
㉤ 일제살수식 스프링클러설비
㉥ 부압식 스프링클러설비
㉦ 할로겐화합물 및 불활성기체 소화설비

기억법 분할이 준일부할

6. 저압옥내배선공사의 지지점간 거리

지지점간 거리	저압옥내배선공사
1〔m〕 이하	가요전선관 · 캡타이어케이블공사
1.5〔m〕 이하	합성수지관공사
2〔m〕 이하	금속관 · 케이블공사
3〔m〕 이하	금속덕트 · 버스덕트공사

※ 금속관의 두께
① 콘크리트 매설 : 1.2〔mm〕 이상
② 기타 : 1〔mm〕 이상

※ 금속관공사
① 곡률반경 : 6배 이상
② 굴곡각도 : 90° 이하
③ 굴곡개소 : 3개소 이하
④ 관의 길이 : 30〔m〕 이하

7. 금속관공사

① 금속관의 굴곡은 되도록 적게 할 것
② 관 안측의 반지름은 관 안지름의 **6배** 이상으로 할 것
③ 1개소의 굴곡각도는 **90°** 이하로 할 것
④ 굴곡개소는 **3개소** 이하로 할 것
⑤ 관의 길이는 **30〔m〕** 이하로 할 것

8. 합성수지관공사

(1) 합성수지관의 장점

① 가볍고 시공이 용이하다.
② 내부식성이다.
③ 강제전선관에 비해 가격이 저렴하다.
④ 절단이 용이하다.
⑤ 접지가 불필요하다.

합성수지관=경질비닐전선관

Key Point

(2) 공사방법

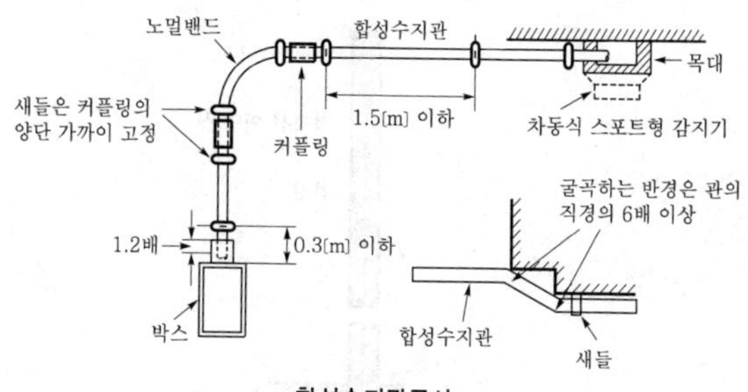

∥합성수지관공사∥

9. 접지시스템

(1) **접지시스템의 구분**(KEC 140)

접지대상	접지시스템 구분	접지시스템 시설 종류	접지도체의 단면적 및 종류
특고압 · 고압 설비	• **계통접지** : 전력계통의 이상현상에 대비하여 대지와 계통을 접지하는 것 • **보호접지** : 감전보호를 목적으로 기기의 한 점 이상을 접지하는 것 • **피뢰시스템 접지** : 뇌격전류를 안전하게 대지로 방류하기 위해 접지하는 것	• 단독접지 • 공통접지 • 통합접지	6[mm²] 이상 연동선
일반적인 경우			구리 6[mm²] (철제 50[mm²]) 이상
변압기		• 변압기 중성점 접지	16[mm²] 이상 연동선

※ 접지시스템의 구분
★ 꼭 기억하세요 ★

※ **접지저항 측정**
어스테스트(접지저항계)

※ **절연저항 측정**
메거(절연저항계)

(2) **접지도체에 피뢰시스템이 접속되는 경우 접지도체의 단면적**(KEC 142.3.1)

구 리	철 제
16[mm²] 이상	50[mm²] 이상

(3) **큰 고장전류가 접지도체를 통하여 흐르지 않을 경우 접지도체의 최소 단면적**(KEC 142.3.1)

구 리	철 제
6[mm²] 이상	50[mm²] 이상

(4) 접지공사의 노출시공

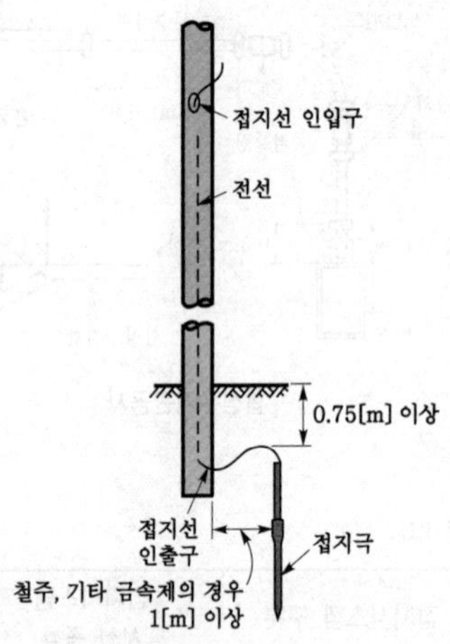

1. 경계구역

(1) 정의

소방대상물 중 화재신호를 발신하고 그 신호를 수신 및 유효하게 제어할 수 있는 구역

(2) 경계구역의 설정기준

① 1경계구역이 2개 이상의 **건축물**에 미치지 않을 것
② 1경계구역이 2개 이상의 **층**에 미치지 않을 것
③ 1경계구역의 면적은 **600〔m²〕** 이하로 하고, 1변의 길이는 **50〔m〕** 이하로 할 것

(3) 1경계구역 높이 : 45〔m〕 이하

(4) 경계구역의 경계선

① 복도
② 통로
③ 방화벽

※ **접지선의 종류**
① 절연전선
② 케이블

※ **경계구역의 설정 기준**
★ 꼭 기억하세요 ★

※ **별도의 경계구역**
① 계단
② 경사로
③ 엘리베이터 권상기실
④ 린넨슈트
⑤ 파이프피트 및 덕트

※ **계단의 1경계구역**
높이 45〔m〕 이하

※ **5〔m〕 미만 경계구역 면적 삽입제외**
① 차고
② 주차장
③ 창고

Key Point

중요

약호

배 선	약 호
지구선	L
경종선	B
지구공통선	Lc
응답선	A
표시등선	PL

2. 자동화재탐지설비

(1) 일제명동방식(일제경보방식), 발화층 및 직상 4개층 우선경보방식

배 선	가닥수 산정
• 회로선	**종단저항수** 또는 **경계구역번호 개수** 또는 **발신기세트수**마다 1가닥 추가
• 공통선	**회로선 7개** 초과시마다 1가닥씩 추가
• 경종선	**층수**마다 1가닥씩 추가
• 경종표시등공통선	1가닥(조건에 따라 1가닥씩 추가)
• 응답선(발신기선)	1가닥
• 표시등선	

(2) 구분명동방식(구분경보방식)

배 선	가닥수 산정
• 회로선	**종단저항수** 또는 **경계구역번호 개수** 또는 **발신기세트수**마다 1가닥 추가
• 공통선	**회로선 7개** 초과시마다 1가닥씩 추가
• 경종선	**동**마다 1가닥씩 추가
• 경종표시등공통선	1가닥(조건에 따라 1가닥씩 추가)
• 응답선(발신기선)	1가닥
• 표시등선	

중요

경보방식

경보방식	설 명
일제경보방식	층별 구분 없이 일제히 경보하는 방식
발화층 및 직상 4개층 우선경보방식	화재시 안전한 대피를 위하여 위험한 층부터 우선적으로 경보하는 방식
구분경보방식	동별로 구분하여 경보하는 방식

* **지하층과 지상층**
별개의 경계구역

* **회로공통선과 같은 의미**
① 지구공통선
② 발신기공통선
③ 감지기공통선

Key Point

3. 옥내 및 옥외소화전설비

(1) 계통도

(a) 기동용 수압개폐장치 이용방식　　(b) ON－OFF 기동방식

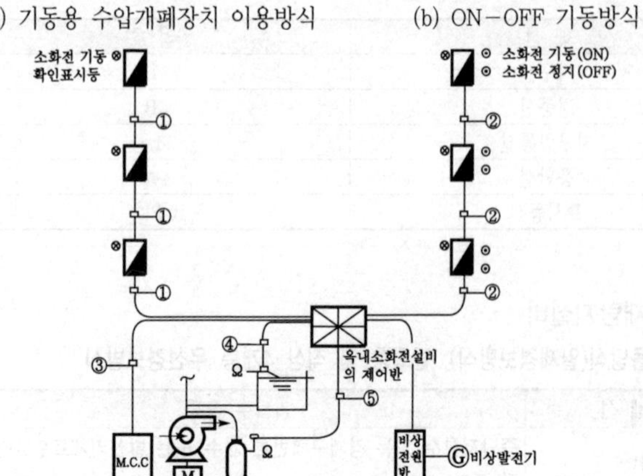

기 호	내 역	용 도
①	HFIX 2.5-2	기동확인표시등 2
②	HFIX 2.5-5	기동, 정지, 공통, 기동확인표시등 2
③	HFIX 2.5-5	기동, 정지, 공통, 전원표시등, 기동확인표시등
④	HFIX 2.5-2	감수경보장치 2
⑤	HFIX 2.5-2	압력스위치 2

* 기호 ③에서 전원표시등은 생략할 수 있다.

(2) 계통도

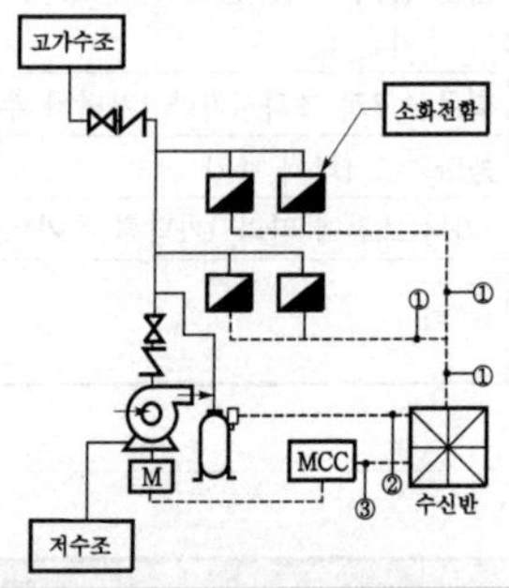

기 호	내 역	용 도	비 고
①	HFIX 2.5-2	기동확인표시등 2	수압개폐식
	HFIX 2.5-5	기동, 정지, 공통, 기동확인표시등 2	ON－OFF식
②	HFIX 2.5-2	압력스위치 2	－
③	HFIX 2.5-5	기동, 정지, 공통, 전원표시등, 기동확인표시등	－

* 기호 ③에서 전원표시등은 생략할 수 있지만 일반적으로는 추가한다.

※ **소화전펌프의 기동방식**
① 기동용 수압개폐장치 이용방식
② ON－OFF 기동방식

※ **M.C.C**
모터컨트롤센터로서, 동력제어반이라고도 부른다.

※ **감수경보장치**
물올림장치 내의 물의 양이 저하되었을 때 경보하여 주는 장치

※ **기동확인표시등**
간단히 "확인"이라고도 한다.

Key Point

4. 스프링클러설비

(1) 습식

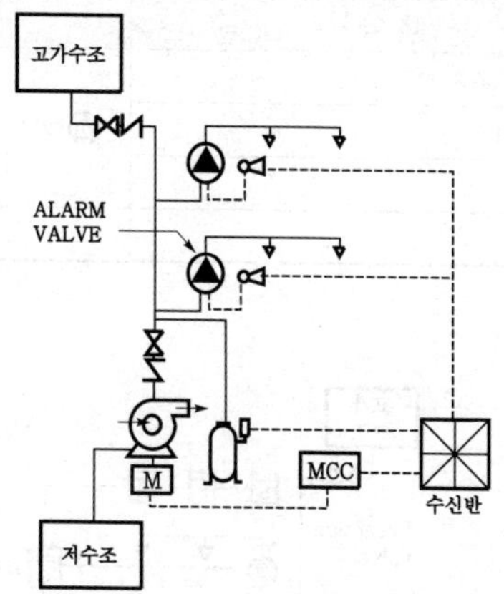

스프링클러설비(습식)

① 알람밸브 ↔ 사이렌 : 유수검지스위치 1, 탬퍼스위치 1, 공통 1

② 사이렌 ↔ 수신반

내 역	추 가
• 유수검지스위치	▲(습식 밸브)마다 1가닥씩 추가
• 탬퍼스위치	
• 사이렌	
• 공통	무조건 1가닥

(2) 건식

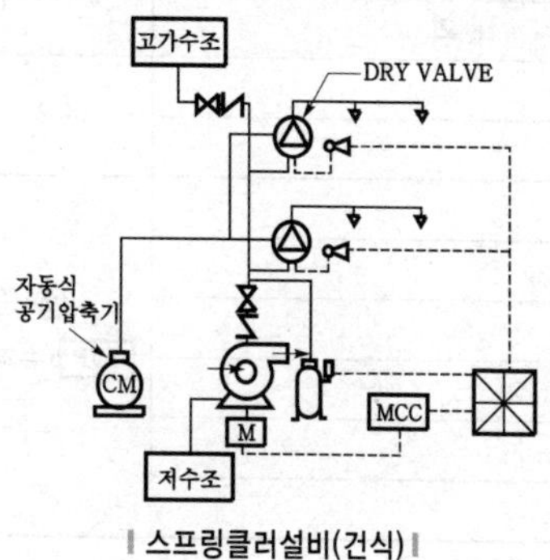

스프링클러설비(건식)

※ 습식의 작동순서
① 화재발생
② 헤드개방
③ 유수검지장치작동
④ 수신반에 신호
⑤ 수신반의 밸브개방표시등 점등 및 사이렌 경보

※ 유수검지스위치와 같은 의미
① 알람스위치
② 압력스위치

※ 탬퍼스위치와 같은 의미
① 밸브폐쇄확인스위치
② 밸브개폐확인스위치
③ 모니터링스위치
④ 밸브모니터링스위치
⑤ 개폐표시형 밸브모니터링스위치

※ 경보밸브(건식)

① 알람밸브 ↔ 사이렌 : 유수검지스위치 1, 탬퍼스위치 1, 공통 1

② 사이렌 ↔ 수신반

내 역	추 가
• 유수검지스위치	Ⓐ(건식 밸브)마다 1가닥씩 추가
• 탬퍼스위치	
• 사이렌	
• 공통	무조건 1가닥

※ 준비작동식
스프링클러설비의 오동작을 방지하기 위하여 개발된 것으로, 2개 이상의 감지기 및 헤드가 작동되어야 살수되는 장치이다.

※ SV(밸브기동)
① 밸브개방
② 솔레노이드밸브
③ 솔레노이트밸브 기동

※ PS(밸브개방 확인)
압력스위치

※ TS(밸브주의)
탬퍼스위치

(3) 준비작동식

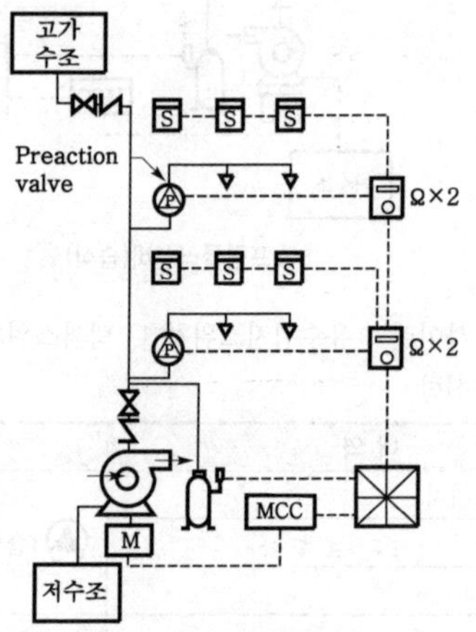

‖스프링클러설비(준비작동식)‖

내 역	추 가
• 전원 ⊕	무조건 1가닥
• 전원 ⊖	
• 감지기 A	Ⓟ(준비작동식 밸브) 또는 SVP(슈퍼비조리 판넬)마다 1가닥씩 추가
• 감지기 B	
• 밸브기동(SV)	
• 밸브개방 확인(PS)	
• 밸브주의(TS)	
• 사이렌	

Key Point

※ **슈퍼비조리 판넬**
준비작동밸브의 조정장치로서, '수동조작함'이라고 말할 수 있다.

(4) 슈퍼비조리 판넬 접속도

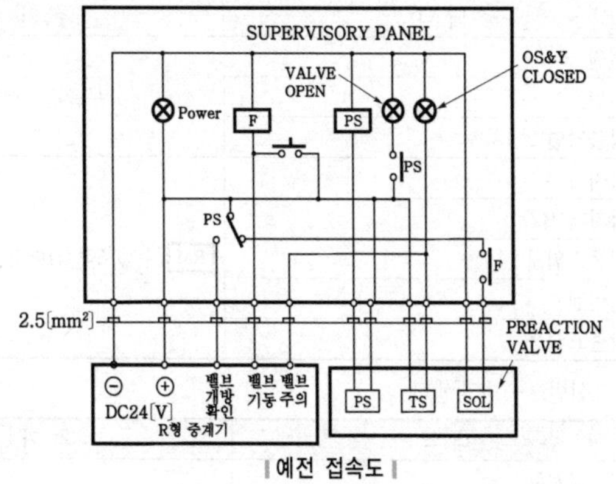

‖ 예전 접속도 ‖

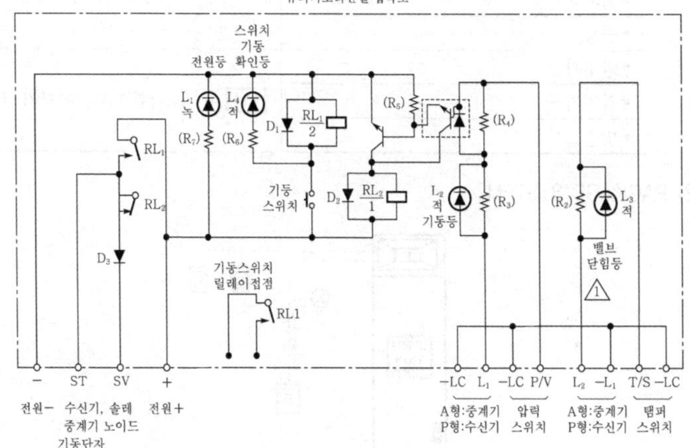

‖ 요즘 접속도 ‖

5. CO_2 및 할론소화설비

(1) 고정식 시스템

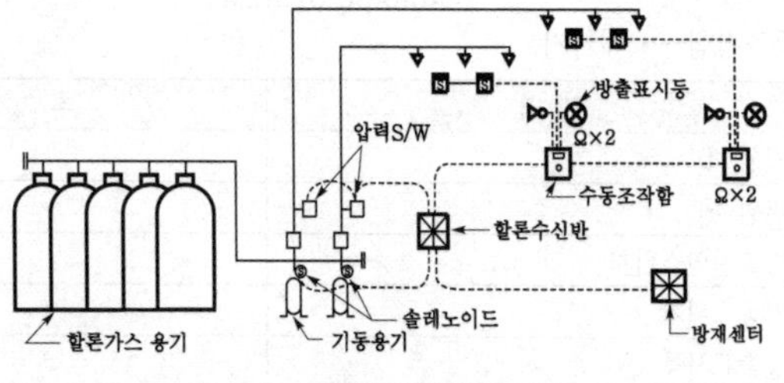

‖ 고정식 시스템 ‖

Key Point

① 수동조작함 ↔ 수동조작함

내 역	추 가
• 전원 ⊕	무조건 1가닥
• 전원 ⊖	
• 방출지연스위치	
• 감지기 A	RM (수동조작함)마다 1가닥씩 추가
• 감지기 B	
• 기동스위치	
• 사이렌	
• 방출표시등	

② 할론수신반 ↔ 방재센터

내 역	추 가
• 전원표시등	무조건 1가닥
• 화재표시등	
• 공통	
• 감지기 A	RM (수동조작함)마다 1가닥씩 추가
• 감지기 B	
• 방출표시등	

(2) PACKAGE SYSTEM

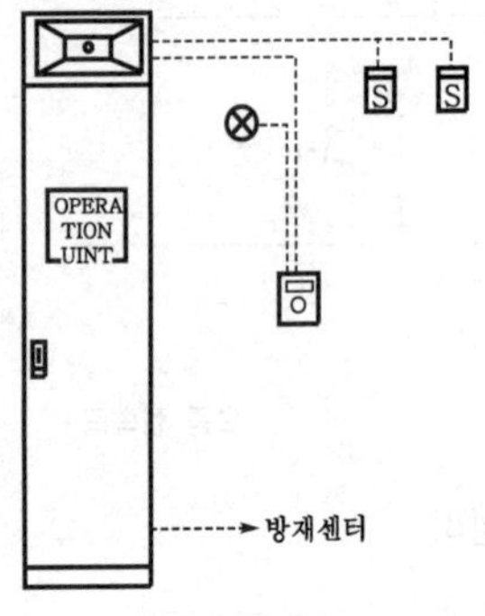

‖ PACKAGE SYSTEM ‖

① 수동조작함 ↔ 패키지

내 역	추 가
• 전원 ⊕	
• 전원 ⊖	
• 방출지연스위치	
• 기동스위치	*
• 방출표시등	*

※ **사이렌**
실내에 설치하여 인명을 대피시킨다.

※ **방출표시등**
실외에 설치하여 출입을 금지시킨다.

※ **방재센터**
화재를 사전에 예방하고 초기에 진압하기 위해 모든 소방시설을 제어하고 비상방송 등을 통해 인명을 대피시키는 총체적 지휘본부

※ **수동조작함**
화재발생시 작동문을 폐쇄시키고 가스방출, 화재를 진화시키는 데 사용되는 함

② 패키지 ↔ 방재센터

내 역	추 가
• 공통	*
• 감지기 A	*
• 감지기 B	*
• 방출표시등	*

(3) HALON 수동조작함 결선도

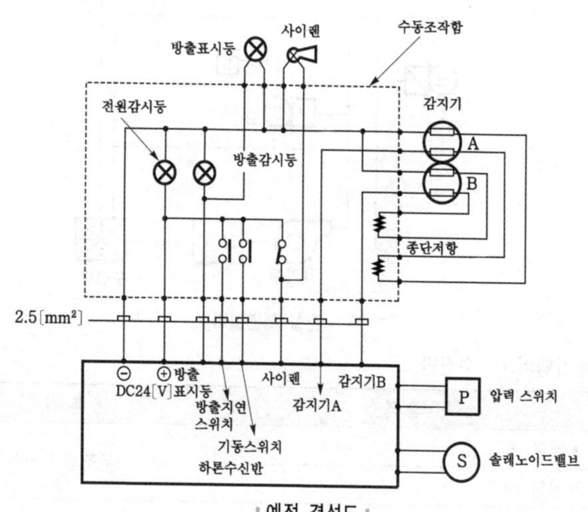

예전 결선도

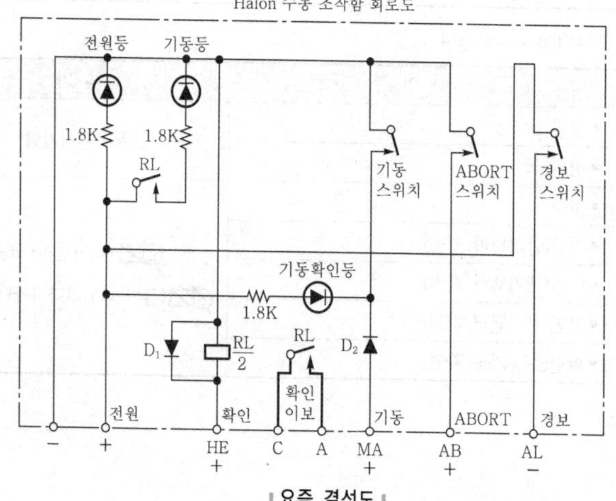

요즘 결선도

Key Point

※ 심벌

명 칭	심 벌
방출표시등	
방출표시등 (벽붙이형)	
사이렌	
모터사이렌	
전자사이렌	

※ 회로도의 각 기능

① 기동등 : 수동조작함 전면표시부에 위치
② 기동확인등 : 기동스위치 동작확인 (기동스위치 바로 위에 위치)
③ D_1 : Relay 역지 Diode
④ D_2 : 기동확인등 및 기동스위치 역류 방지
⑤ 확인 이보 : 외부 소방시설 연동용(평상시에는 사용하지 않음)
⑥ 경보스위치 : 문을 열면 사이렌이 울리도록 되어 있음
⑦ 방출지연스위치 : ABORT 스위치

※ 전실 제연설비
전실 내에 신선한 공기를 유입하여 연기가 계단 쪽으로 확산되는 것을 방지하기 위한 설비

6. 제연설비

1. **전실 제연설비(특별피난계단의 계단실 및 부속실 제연설비)** : NFPC 501A, NFTC 501A에 따름

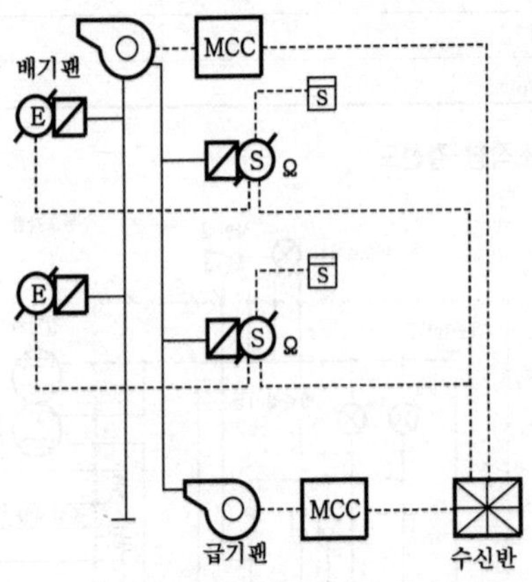

‖ 전실 제연설비 ‖

① 배기댐퍼 ↔ 수신반

내 역	추 가
• 전원 ⊕	무조건 1가닥
• 전원 ⊖	
• 기동(배기댐퍼 기동)	(배기댐퍼)마다 1가닥씩 추가
• 확인(배기댐퍼 확인)	

※ 기동출력
간단히 "기동"이라고도 부른다.

※ 기동확인
간단히 "확인"이라고도 부른다.

② 급기댐퍼 ↔ 수신반

내 역	추 가
• 전원 ⊕	무조건 1가닥
• 전원 ⊖	
• 지구	(배기댐퍼) 또는 (급기댐퍼)마다 1가닥씩 추가
• 기동(급기댐퍼 기동)	
• 확인(배기댐퍼 확인)	
• 확인(급기댐퍼 확인)	
• 확인(수동기동 확인)	

※ 지구선과 같은 의미
① 감지기선
② 회로선
③ 신호선
④ 표시선

Key Point

③ MCC ↔ 수신반

내 역	추 가
• 기동스위치	무조건 1가닥
• 정지스위치	
• 공통	
• 전원표시등	
• 기동확인표시등	

• 기동 · 복구방식을 채택할 경우 복구스위치가 구역당 1가닥씩 추가된다.
• MCC ↔ 수신반 : 실제 실무에서는 **교류방식**은 4가닥(**기동 2, 확인 2**), **직류방식**은 4가닥(**전원 ⊕ · ⊖, 기동 1, 확인 1**)을 사용한다.

2. 상가제연설비(거실제연설비) : NFPC 501, NFTC 501에 따름

(1) 개방형

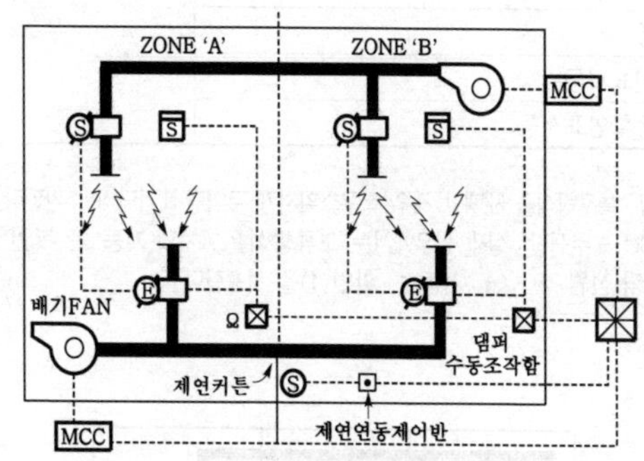

▌상가제연설비(개방형)▐

① 급기댐퍼 ↔ 배기댐퍼

내 역	추 가
• 전원 ⊕	무조건 1가닥
• 전원 ⊖	
• 기동(급기댐퍼 기동)	Ⓢ⊠(급기댐퍼)마다 1가닥씩 추가
• 확인(급기댐퍼 확인)	

② 배기댐퍼 ↔ 수동조작함

내 역	추 가
• 전원 ⊕	무조건 1가닥
• 전원 ⊖	
• 기동(급기댐퍼 기동)	Ⓢ⊠(급기댐퍼) 또는 Ⓔ⊠(배기댐퍼)마다 1가닥씩 추가
• 기동(배기댐퍼 기동)	
• 확인(급기댐퍼 확인)	
• 확인(배기댐퍼 확인)	

※ 급기댐퍼

그림에서 S는 'Supply(공급하다)'의 약자이다.

※ 배기댐퍼

그림에서 E는 'Exhaust(배출하다)'의 약자이다.

③ 수동조작함 ↔ 수동조작함

내 역	추 가
• 전원 ⊕	무조건 1가닥
• 전원 ⊖	
• 지구	Ⓢ(급기댐퍼) 또는 Ⓔ(배기댐퍼)마다 1가닥씩 추가
• 기동스위치	
• 기동 2(배기댐퍼 기동, 급기댐퍼 기동)	
• 확인(급기댐퍼 확인)	
• 확인(배기댐퍼 확인)	

※ MCC
'Motor Control Center'의 약자로서 동력제어반을 의미한다.

④ MCC ↔ 수신반

내 역	추 가
• 기동스위치	무조건 1가닥
• 정지스위치	
• 공통	
• 전원표시등	
• 기동확인표시등	

- 기동 · 복구방식을 채택할 경우 복구스위치가 구역당 1가닥씩 추가된다.
- MCC ↔ 수신반 : 실제 실무에서는 **교류방식**은 4가닥(**기동 2, 확인 2**), **직류방식**은 4가닥(**전원 ⊕ · ⊖, 기동 1, 확인 1**)을 사용한다.

※ **밀폐형의 동작순서**
① 매장의 화재발생
② 감지기작동
③ 수신반에 신호
④ 화재가 발생한 매장의 배기댐퍼 · 배기 FAN 작동
⑤ 연기배출
⑥ 복도의 급기 FAN 작동

(2) 밀폐형

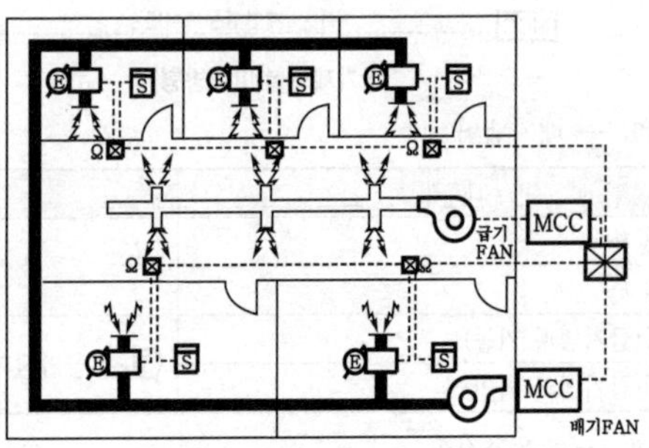

‖ 상가제연설비(밀폐형) ‖

① 배기댐퍼 ↔ 수동조작함

내 역	추 가
• 전원 ⊕	무조건 1가닥
• 전원 ⊖	
• 기동(배기댐퍼 기동)	Ⓔ(배기댐퍼)마다 1가닥씩 추가
• 확인(배기댐퍼 확인)	

Key Point

② 수동조작함 ↔ 수동조작함

내 역	추 가
• 전원 ⊕	
• 전원 ⊖	
• 지구	*
• 기동(배기댐퍼 기동)	*
• 확인(배기댐퍼 확인)	*

③ MCC ↔ 수신반

내 역	추 가
• 기동스위치	
• 정지스위치	
• 공통	
• 전원표시등	
• 기동확인표시등	

- 기동 · 복구방식을 채택할 경우 복구스위치가 구역당 1가닥씩 추가된다.
- MCC ↔ 수신반 : 실제 실무에서는 **교류방식**은 4가닥(**기동** 2, **확인** 2), **직류방식**은 4가닥(**전원** ⊕ · ⊖, **기동** 1, **확인** 1)을 사용한다.

※ **배기댐퍼 확인**
간단히 '확인'이라고도 말한다.

7. 자동방화문설비(도어릴리즈설비)

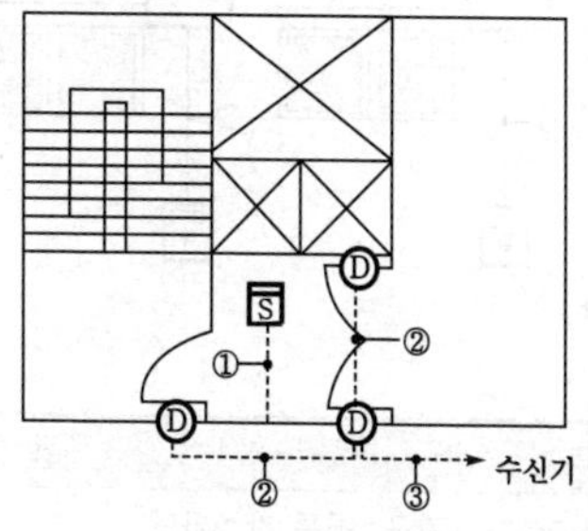

기 호	내 역	용 도
①	HFIX 1.5-4	지구, 공통 각 2가닥
②	HFIX 2.5-3	기동, 확인, 공통
③	HFIX 1.5-4	지구, 공통 각 2가닥
④	HFIX 2.5-5	기동, 확인 3, 공통

※ **자동방화문**
영어로는 "DOOR RELEASE"라고 한다.

※ **자동방화문의 간선 내역**

내 용	추 가
• 기동	*
• 확인	*
• 공통	

Key Point

8. 방화셔터설비

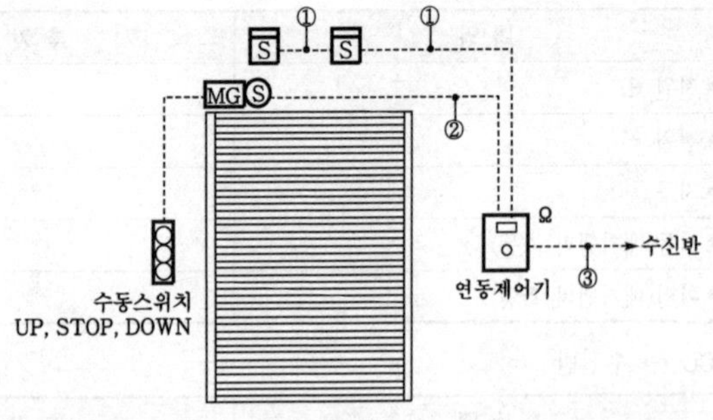

※ 방화셔터의 간선 내역

내 용	추 가
• 기동	*
• 확인	*
• 공통	

기 호	내 역	용 도
①	HFIX 1.5-4	지구, 공통 각 2가닥
②	HFIX 2.5-3	기동, 확인, 공통
③	HFIX 2.5-6	지구, 공통, 기동 2, 확인 2

※ 배연창설비
화재로 인한 연기를 신속하게 외부로 배출시키므로, 피난 및 소화활동에 지장이 없도록 하기 위한 설비

※ 전동구동장치
배연창을 자동으로 열리게 하기 위한 장치

※ 솔레노이드방식
솔레노이드의 작동에 의해 배연창이 열리게 하는 방식

9. 배연창설비

(1) 솔레노이드방식

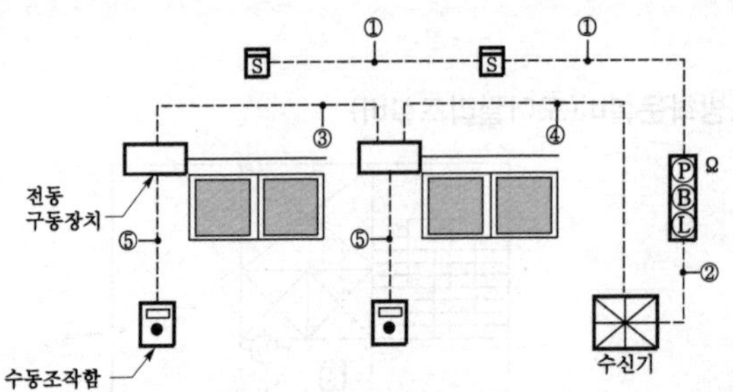

기 호	내 역	용 도
①	HFIX 1.5-4	지구, 공통 각 2가닥
②	HFIX 2.5-6	응답, 지구, 경종표시등 공통, 경종, 표시등, 지구 공통
③	HFIX 2.5-3	기동, 확인, 공통
④	HFIX 2.5-5	기동 2, 확인 2, 공통
⑤	HFIX 2.5-3	기동, 확인, 공통

(2) MOTOR방식

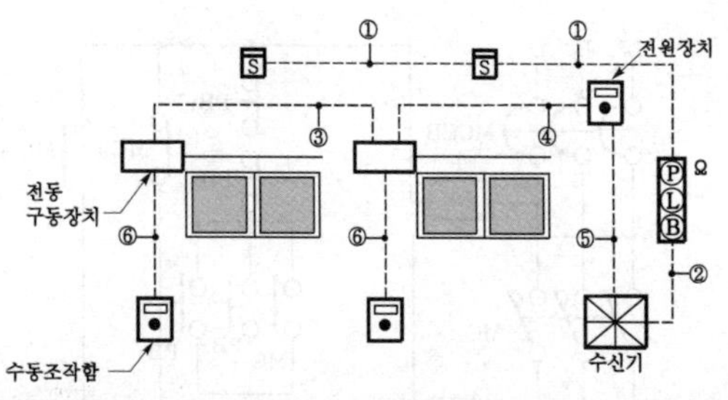

기 호	내 역	용 도
①	HFIX 1.5-4	지구, 공통 각 2가닥
②	HFIX 2.5-6	응답, 지구, 경종표시등 공통, 경종, 표시등, 지구공통
③	HFIX 2.5-5	전원 ⊕·⊖, 기동, 복구, 동작확인
④	HFIX 2.5-6	전원 ⊕·⊖, 기동, 복구, 동작확인 2
⑤	HFIX 2.5-8	전원 ⊕·⊖, 교류전원 2, 기동, 복구, 동작확인 2
⑥	HFIX 2.5-5	전원 ⊕·⊖, 기동, 복구, 정지

※ **MOTOR방식**
MOTOR의 작동에 의해 배연창이 열리게 하는 방식

10. 시퀀스의 기본회로

(1) 자기유지회로

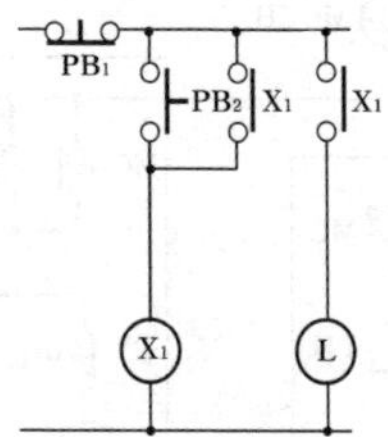

※ **주로 사용되는 시퀀스회로**
① 자기유지회로
② 2개소 기동정지회로
③ Y-△ 기동회로

(2) 1개소 기동정지회로

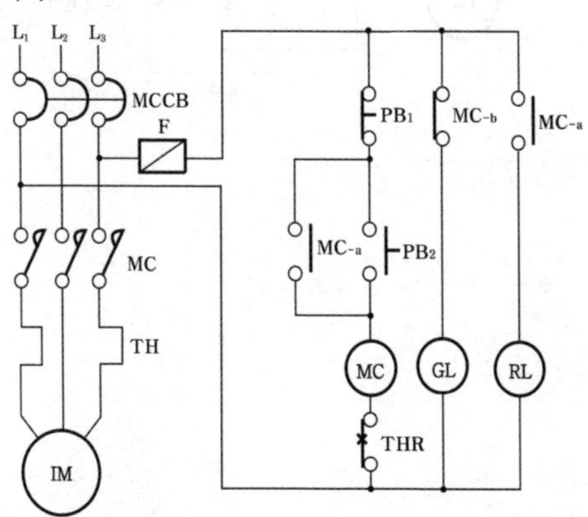

※ **자기유지**
한 번 동작하면 원상태를 계속 유지하는 것

※ **유도전동기(IM)**
교류전동기의 일종으로 전자유도작용에 의한 힘을 받아 회전하는 기계

※ MCCB
'Molded Case Circuit Breaker'의 약자로서 배선용 차단기를 의미한다.

(3) 2개소 기동정지회로 1

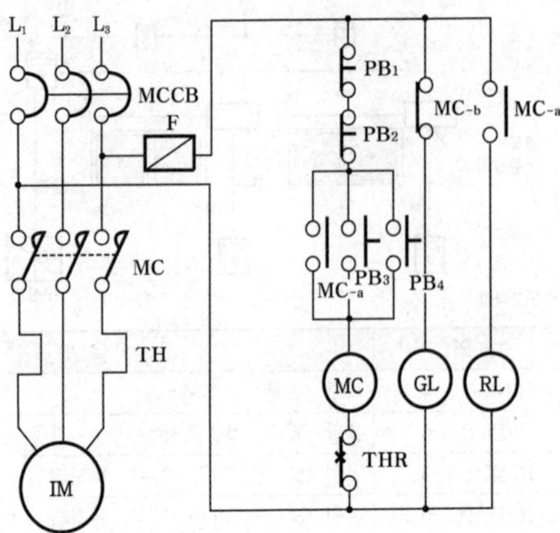

(4) 2개소 기동정지회로 2

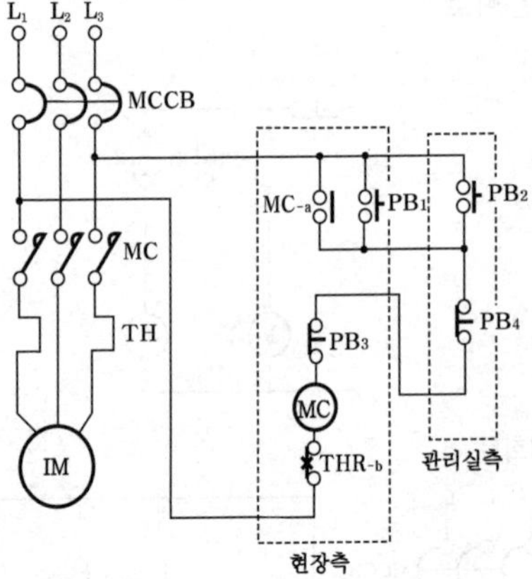

Key Point

(5) 3개소 기동정지회로

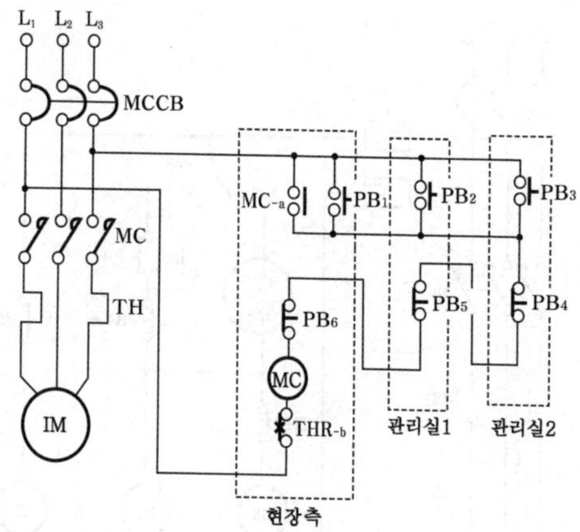

※ 3개소 기동정지회로
★ 꼭 기억하세요 ★

(6) 상용전원과 예비전원의 절환회로

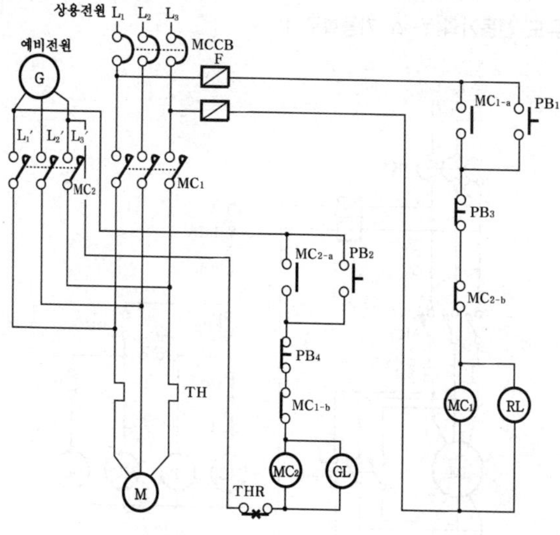

※ **상용전원**
평상시 주전원으로 사용되는 전원으로, 종류로는 교류전원과 축전지설비가 있다.

※ **예비전원**
상용전원 고장시 또는 용량부족시 최소한의 기능을 유지하기 위한 전원

(7) 펌프모터의 레벨제어

※ 퓨즈(Fuse)의 역할
① 부하전류 통전
② 과전류 차단

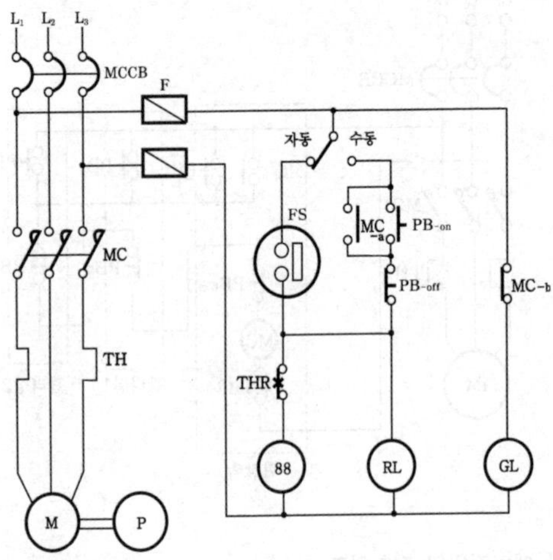

(8) 3상 유도 전동기의 Y-△ 기동회로 1

※ Y-△ 기동회로
★ 꼭 기억하세요 ★

※ Y-△ 기동회로
전동기의 기동전류를 적게 하기 위하여 Y결선으로 기동한 후 일정 시간 후 △결선으로 운전하는 방식

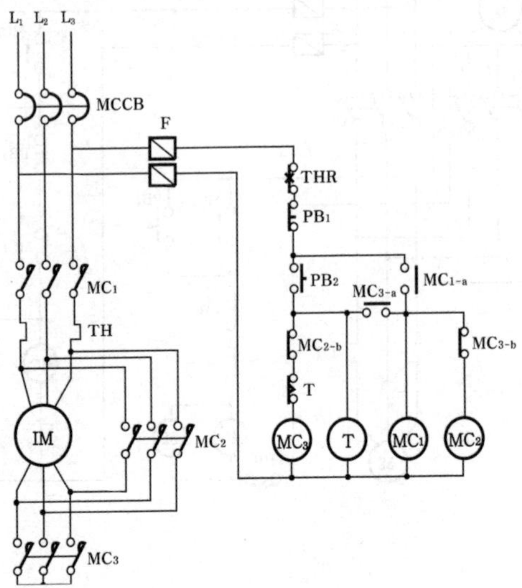

Key Point

(9) 3상 유도전동기의 Y-△ 기동회로 2

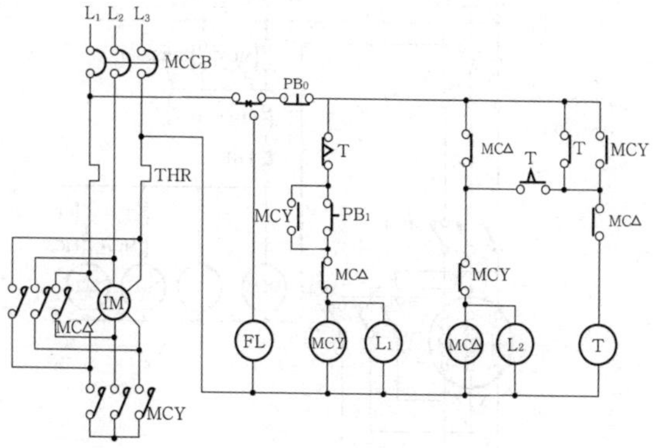

※ **푸시버튼스위치(PB)**
사람의 손에 의하여 누르면 작동하고 손을 떼면 스프링의 힘에 의해 원상태로 복귀되는 스위치로서, 이것은 '수동조작 자동복귀접점'이라 한다.

(10) 3상 유도 전동기의 Y-△ 기동회로 3

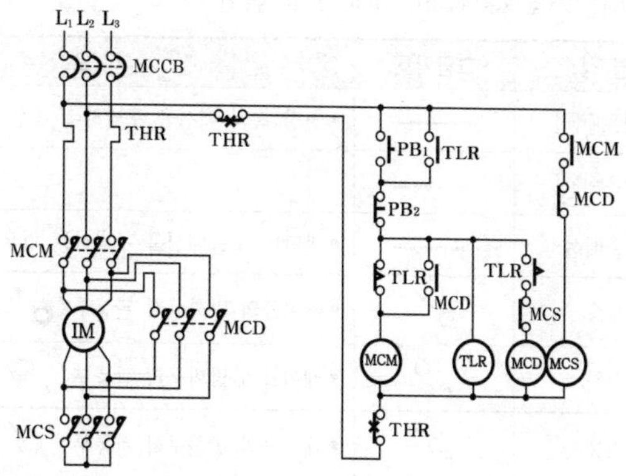

※ **Y-△ 기동회로**
설계자에 따라 여러 가지 형태로 설계할 수 있다. 안전을 가장 우선시한다면 Y-△ 기동회로(10)을 권한다.

Key Point

※ 타이머(Timer)
미리 설정된 시간 후에 이미 ON 또는 OFF하는 기능을 가진 스위치

(11) 3상 유도전동기의 Y-△ 기동회로 4

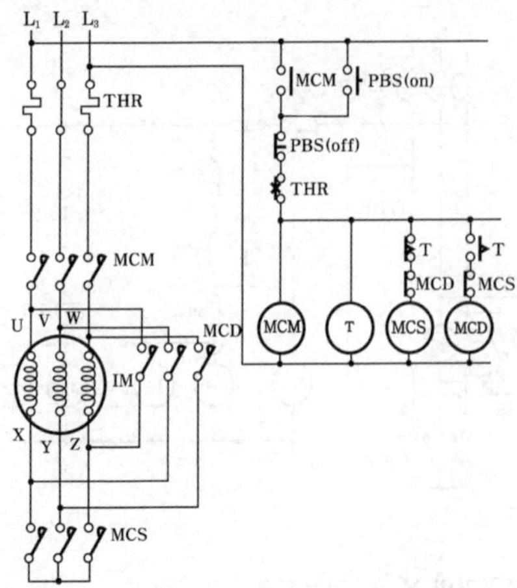

11. 옥내배선기호(KSC 0301) : 1990 2015 확인

명 칭		그림기호	적 요
천장은폐배선		─────	• 천장 속의 배선을 구별하는 경우 : ─·─·─·
바닥은폐배선		─ ─ ─ ─	
노출배선		··············	• 바닥면 노출배선을 구별하는 경우 : ─··─··─
상승		(기호)	• 케이블의 방화구획 관통부 : (기호)
인하		(기호)	• 케이블의 방화구획 관통부 : (기호)
소통		(기호)	• 케이블의 방화구획 관통부 : (기호)
정류장치		(기호)	
축전지		(기호)	
비상조명등	백열등	(기호)	• 일반용 조명 형광등에 조립하는 경우 : (기호)
	형광등	(기호)	• 계단에 설치하는 통로유도등과 겸용 : (기호)

※ 정류장치
교류를 직류로 바꾸어 주는 장치

※ 역변환장치
직류를 교류로 바꾸어 주는 장치

※ 비상조명등
평상시에 소등되어 있다가 비상시에 점등된다.

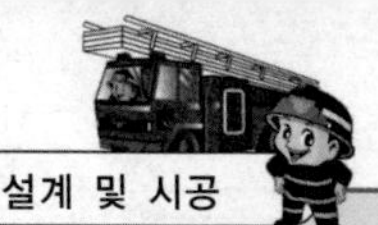

명 칭		그림기호	적 요
유도등	백열등		• 객석유도등 :
	형광등		• 중형 : 중 • 통로유도등 : • 계단에 설치하는 비상용 조명과 겸용 :
비상 콘센트			
배전반, 분전반 및 제어반			• 배전반 : • 분전반 : • 제어반 :
보안기			
스피커			• 벽붙이형 : • 소방설비용 : F • 아우트렛만인 경우 : • 폰형 스피커 :
증폭기		AMP	• 소방설비용 : AMP F
차동식 스포트형 감지기			
보상식 스포트형 감지기			
정온식 스포트형 감지기			• 방수형 : • 내산형 : • 내알칼리형 : • 방폭형 : EX
연기 감지기		S	• 점검박스 붙이형 : S • 매입형 : S

※ 유도등
평상시에 상용전원에 의해 점등되어 있다가, 비상시에 비상전원에 의해 점등된다.

※ 아우트렛만인 경우
스피커의 배관 및 배선이 모두 되어 있는 상태에서 스피커는 설치되어 있지 않고 단지 박스만 설치되어 있는 경우를 말한다.

※ 방폭형
폭발성 가스에 의해 인화되지 않는 형태

Key Point

※ **가건물**
임시로 설치되어 있는 건물

※ **경보벨**
'소방시설도시기호'에서는 **비상벨**이라고 말한다.

※ **부수신기**
수신기의 보조역할을 하는 것으로서, 경계구역을 블록(Block) 단위로 표현한다.

※ **경계구역**
소방대상물 중 화재신호를 발신하고 그 신호를 수신 및 유효하게 제어할 수 있는 구역

명 칭	그림기호	적 요
감지선	—◉—	• 감지선과 전선의 접속점 : —●— • 가건물 및 천장 안에 시설할 경우 : ---◉--- • 관통 위치 : —○—○—
공기관	———	• 가건물 및 천장 안에 시설할 경우 : -------- • 관통 위치 : —○—○—
열전대	—■—	• 가건물 및 천장 안에 시설할 경우 : —□—
열반도체	(∞)	
차동식 분포형 감지기의 검출부	⧗	
P형 발신기	Ⓟ	• 옥외형 : Ⓟ • 방폭형 : Ⓟ EX
회로 시험기	⊡	
경보벨	Ⓑ	• 방수용 : Ⓑ • 방폭형 : Ⓑ EX
수신기	⊠	• 가스누설경보설비와 일체인 것 : ⊠⧄ • 가스누설경보설비 및 방배연 연동과 일체인 것 : ⊠⧄⧄
부수신기 (표시기)	⊞	
중계기	⊟	
표시등	◐	
차동스포트 시험기	T	
경계구역 경계선	—‐—	
경계구역 번호	○	• 경계구역 번호가 1인 계단 : (계단/1)

Key Point

명 칭	그림기호	적 요
기동장치	Ⓕ	• 방수용 : Ⓕ • 방폭형 : $Ⓕ_{EX}$
비상 전화기	(ET)	
기동 버튼	Ⓔ	• 가스계 소화설비 : $Ⓔ_G$ • 수계 소화설비 : $Ⓔ_W$
제어반		
표시반		• 창이 3개인 표시반 :
표시등	◐	• 시동표시등과 겸용 :
자동폐쇄 장치	(ER)	• 방화문용 : $(ER)_D$ • 방화셔터용 : $(ER)_S$ • 연기방지 수직벽용 : $(ER)_W$ • 방화댐퍼용 : $(ER)_{SD}$
연동 제어기		• 조작부를 가진 연동제어기 :
누설동축 케이블	———	• 천장에 은폐하는 경우 : — - —
안테나		• 내열형 : $△_H$
혼합기		
분배기		
분파기 (필터 포함)	F	
무선기 접속단자	◎	• 소방용 : $◎_F$ • 경찰용 : $◎_P$ • 자위용 : $◎_G$

※ **혼합기**
두 개 이상의 입력신호를 원하는 비율로 조합한 출력이 발생하도록 하는 장치

※ **분배기**
신호의 전송로가 분기되는 장소에 설치하는 것으로 임피던스 매칭(Matching)과 신호 균등분배를 위해 사용하는 장치

※ **분파기**
서로 다른 주파수의 합성된 신호를 분리하기 위해서 사용하는 장치

좋은 습관 3가지

1. 남보다 먼저 하루를 계획하라.
2. 메모를 생활화하라.
3. 항상 웃고 남을 칭찬하라.

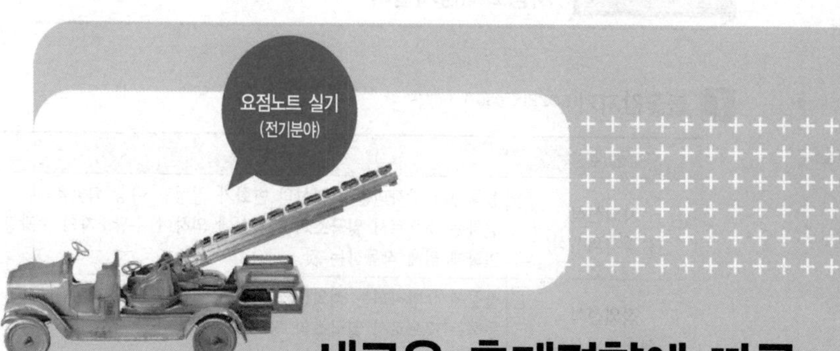

새로운 출제경향에 따른
특별부록

제 1 장 자동화재탐지설비

※ 불꽃감지기의 종류
① 자외선식
② 적외선식
③ 자외선·적외선 겸용식
④ 불꽃복합식

1 불꽃감지기(KOFEIS 0301)

종 류	설 명
자외선식 (불꽃자외선식)	불꽃에서 방사되는 **자외선**의 **변화**가 일정량 이상 되었을 때 작동하는 것으로서 **일국소**의 자외선에 의하여 수광소자의 수광량 변화에 의해 작동하는 것
적외선식 (불꽃적외선식)	불꽃에서 방사되는 **적외선**의 **변화**가 일정량 이상 되었을 때 작동하는 것으로서 **일국소**의 적외선에 의하여 수광소자의 수광량 변화에 의해 작동하는 것
자외선·적외선 겸용식 (불꽃자외선·적외선 겸용식)	불꽃에서 방사되는 **불꽃**의 **변화**가 일정량 이상 되었을 때 작동하는 것으로서 **자외선** 또는 **적외선**에 의한 수광소자의 수광량 변화에 의하여 1개의 화재신호를 발신하는 것
불꽃복합식	불꽃자외선식+불꽃적외선식+불꽃영상분석식의 성능 중 두 가지 성능이 있는 것으로 두 가지 성능의 **감지기능**이 함께 작동될 때 화재신호를 발신하거나 또는 두 개의 **화재신호**를 각각 발신하는 것

※ UV tron
'가스봉입 방전관'을 의미한다.

※ 불꽃감지기의 불꽃 검출원리
① 광전자방출 효과형
② 광도전 효과형
③ 광기전력 효과형

중요

불꽃 검출방식

검출방식	설 명	검출소자
외부광전 효과를 이용한 방식	빛에 의해 고체 내의 **여기전자**가 진공 중에 방출되는 **광전자 방사원리**를 이용한 방식	• UV tron
광도전 효과를 이용한 방식	빛에 의해 **전기저항**이 변화하는 것을 이용한 방식	• PbS • PbSe
광기전력 효과를 이용한 방식	빛에 의해 발생한 **기전력**을 이용한 방식	• 태양전지 • 광트랜지스터

※ 불꽃 검출원리 : 광전자방출 효과형·광도전 효과형·광기전력 효과형

(1) 자외선식 감지기의 구성도

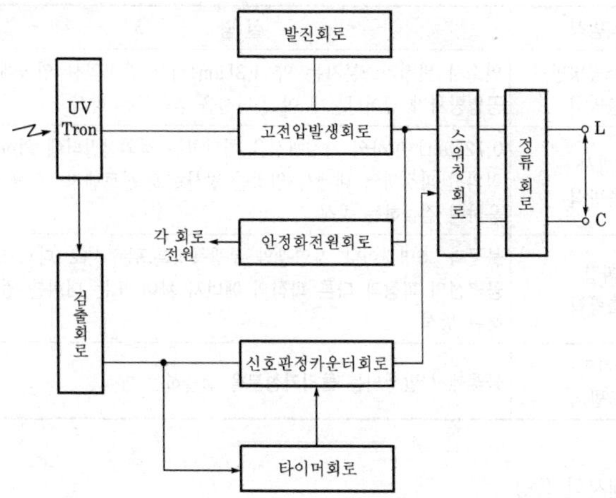

(2) 적외선식 감지기

① 적외선식 감지기의 구성도

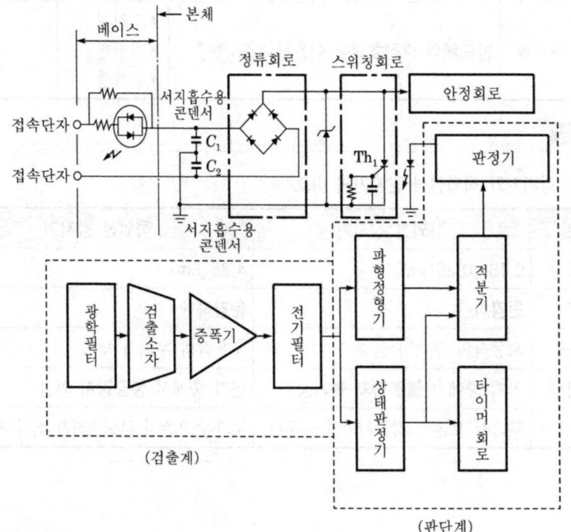

Key Point

※ 감지기의 인장시험
10[kg]의 인장하중을 가하는 경우 이상이 없을 것

※ 공기관식 감지기의 표시사항
① 공기관 길이
② 공기관 외경
③ 공기관 내경

Key Point

＊ 열전대식 감지기
열전대 단위 : [mA]

＊ 주음향장치의 설치
수신기의 내부 또는 그 직근

＊ 음향장치의 성능실험기준
음향장치의 중심으로부터 1[m] 떨어진 지점에서 음량계로 측정

② 적외선식 감지기의 감지방식

감지방식	설 명
탄산가스공명방사 검출방식	연소시 탄산가스분자는 약 4.3[μm]의 중간적외선 영역에서 **공명방사**가 일어나는데 이 공명선을 검출하는 방식
정방사 검출방식	0.72[μm] 이하의 가시광선을 차단하는 적외선필터에 의하여 적외선 파장영역 내에서 일정한 방사량을 광트랜지스터를 이용하여 검출하는 방식
2파장 검출방식	불꽃과 조명광이나 자연광의 분광특성분포는 서로 다르므로 **공명선**의 **파장**과 **다른 파장**의 **에너지 차이** 또는 대비를 검출하는 방식
플리커 검출방식	불꽃에서 발생되는 **플리커성분**을 검출하는 방식

③ 적외선 센서의 특징

형 식	원 리	동작모드	비 고
열형	**적외선 방사에너지**의 **흡수**에 따른 소자의 온도변화 감지	• 도전형 • 기전형 • 초전형	화재경보기용
양자형	**반도체**의 **광전효과**를 이용한 온도 측정	• 도전형 • 기전형 • 전자형	–

중요

자외선식 감지기와 적외선식 감지기의 비교

구 분	자외선 감지기	적외선 감지기
검출파장	0.18~0.26[μm]	4.35[μm]
감도	**민감**하다.	**둔감**하다.
오동작	오동작의 우려가 높다.	오동작의 우려가 낮다.
연기영향	연기 중에서 **불꽃감지 불가능**	연기 중에서 **불꽃감지 가능**
투과창관리	투과창 오손시 감도저하가 심하다.	투과창 오손시 감도저하가 심하지 않다.

2 아날로그식 감지기

종 류	설 명
열아날로그식 스포트형 감지기	일국소의 주위온도가 일정온도로 될 때 해당온도에 대응한 **화재정보신호**를 발신하는 것
아날로그 이온화식 스포트형 감지기	주위 공기가 연기를 포함하여 일정농도에 도달할 때 해당농도에 대응한 화재정보신호를 발신하는 것(**이온전류**의 **변화**)
아날로그 광전식 스포트형 감지기	주위공기가 연기를 포함하여 일정범위의 농도에 도달할 때 해당농도에 대응한 화재정보신호를 발신하는 것(**일국소**의 **광전소자 수광량 변화**)
아날로그 광전식 분리형 감지기	주위공기가 연기를 포함하여 일정범위의 농도에 도달할 때 해당농도에 대응하는 **화재정보신호**를 발신하는 것(**광범위한 광전소자 수광량 변화**)

(1) 아날로그식 감지기의 구성도

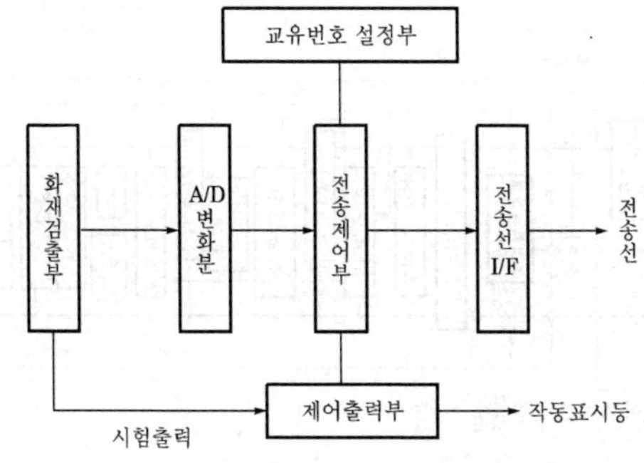

(2) 아날로그식 감지기의 단계별 경보출력

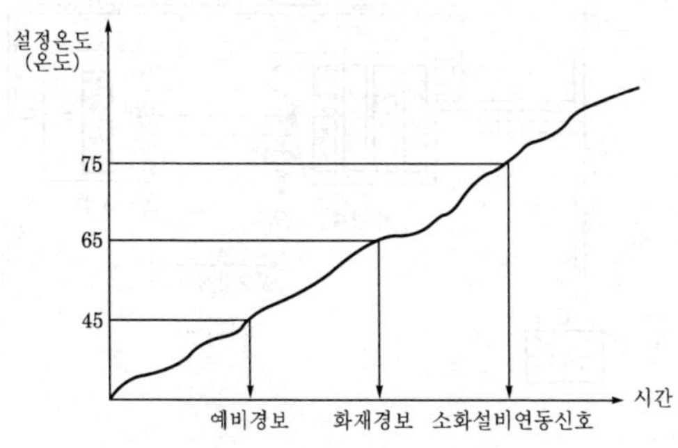

Key Point

✻ 아날로그식 감지기
① 열아날로그식 감지기
② 아날로그 이온화식 스포트형 감지기
③ 아날로그 광전식 스포트형 감지기
④ 아날로그 광전식 분리형 감지기

✻ 도로형 불꽃감지기
불꽃 검출범위가 180° 이상으로 방화대상물이 도로로 제한되어 사용되고 있는 감지기

Key Point

중요

1. 아날로그 이온화식 스포트형 감지기의 구성도

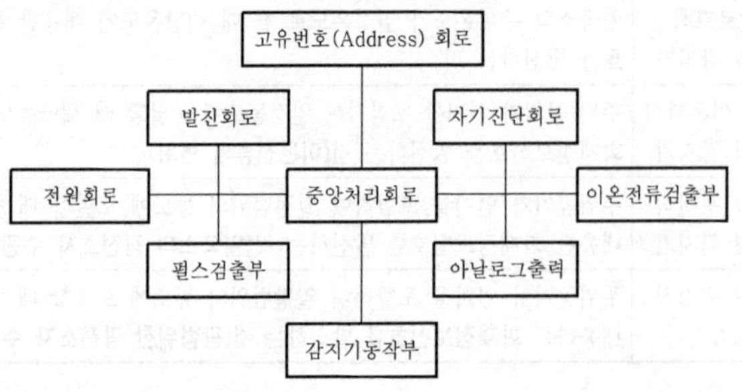

2. 아날로그 광전식 스포트형 감지기의 구성도

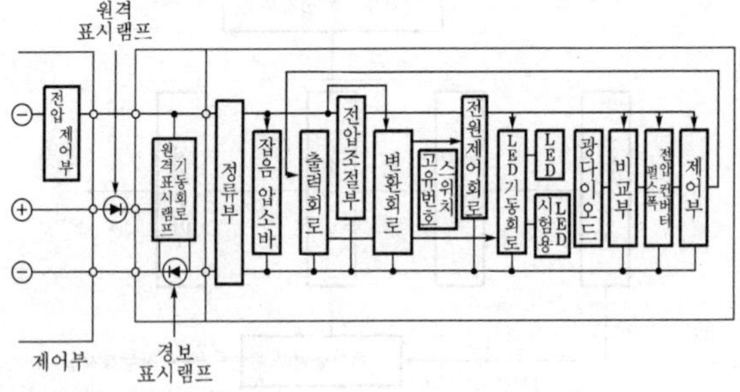

3. 아날로그 광전식 분리형 감지기의 구성도

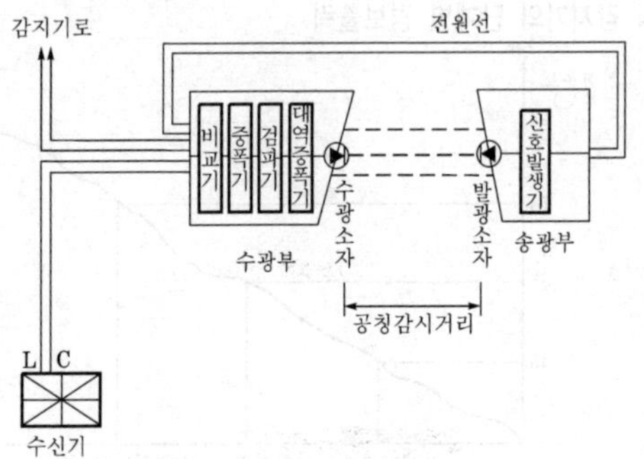

4. 아날로그 광전식 스포트형 감지기의 적합시험(KOFEIS 0301)

① 풍속을 20~40[cm/s] 이하로 하여 공칭감지농도의 최저농도값에서 최고농도값에 도달할 때까지 1[m] 감광률로 2.5[%/min] 이하의 일정한 간격으로 직선상승하는 연기기류를 가할 때 연기농도에 대응하는 **화재정보신호**를 발신하여야 한다.

* 아날로그 이온화식 스포트형 감지기의 구조

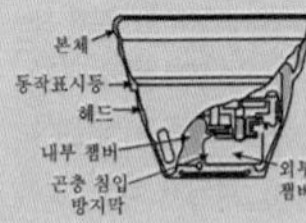

* L
'Line'의 약자로서 회로선을 의미한다.

* C
'Common'의 약자로서 공통선을 의미한다.

* **지하구·터널에 설치하는 감지기**
먼지·습기 등의 영향을 받지 아니하고 발화지점을 확인할 수 있는 감지기

Key Point

② 공칭감지농도범위의 임의의 농도에서 작동시험을 실시하는 경우 **30초** 이내에 작동하여야 한다.

5. 아날로그 광전식 분리형 감지기의 적합시험(KOFEIS 0301)

① 공칭감시거리는 5~100〔m〕 이하로 하여 5〔m〕 간격으로 한다.

② 송광부와 수광부 사이에 감광필터를 설치할 때 공칭감지농도범위(설계치)의 최저농도값에 해당하는 감광률에서 최고농도값에 해당하는 감광률에 도달할 때까지 공칭감시거리의 최대값까지 30〔%/min〕 이하로 일정하게 분할한 감광필터를 직선상승하도록 설치할 경우 각 감광필터값의 변화에 대응하는 **화재정보신호**를 발신하여야 한다.

③ 공칭감지농도범위의 임의의 농도에서 **30초 이내**에 작동하여야 한다.

※ **실드선 사용 감지기**
① 아날로그식 감지기
② 다신호식 감지기
③ R형 수신기용 감지기

(3) 아날로그식 감지기의 광전소자의 일반적인 특징

① **무접촉 검출**이 가능하다.

② **모든 물체**가 **검출대상**이 된다.

③ **고속검출**이 가능하며 **응답속도**가 빠르다.

④ 비교적 간단하게 **집광 · 확산 · 굴절**이 가능하며, 검출범위를 조정하기 쉽다.

⑤ **장거리 검출**이 가능하고 **판별력**이 뛰어나다.

⑥ **자석** 및 **진동**의 영향이 **적다.**

⑦ 수광한 빛의 변화에 따라 색의 판별 및 농도검출이 가능하다.

(4) 아날로그 감지기의 광원용 빛의 종류

빛의 종류	설 명	비 고
변조광	일정한 시간마다 일정한 변조폭의 빛을 방사하는 것 (그래프: 방사조도 – 시간)	**광전센서**에 가장 적합한 빛
직류광	**발열전구**를 정전압전원 등에 직류전원으로 점등시킬 때 얻는 빛 (그래프: 방사조도 – 시간)	–
맥류광	일정한 방사조도로 규칙적인 변화가 일어나며 백열전구를 일반 상용의 교류전원으로 점등시킬 때 얻는 빛 (그래프: 방사조도 – 시간)	–

※ **광원으로 사용되는 빛의 종류**
① 변조광
② 직류광
③ 맥류광

Key Point

중요

정온식 감지선형 감지기의 공칭작동온도의 색상

온 도	색 상
80[℃] 이하	**백색**
80[℃] 이상~120[℃] 이하	**청색**
120[℃] 이상	**적색**

※ 정온식 감지선형 감지기
일국소의 주위온도가 일정한 온도 이상이 되는 경우에 작동하는 것으로서 외관이 전선으로 되어 있는 것

‖ 정온식 감지선형 ‖

3 광전식 분리형 감지기

(1) 광전식 분리형 감지기의 구성도

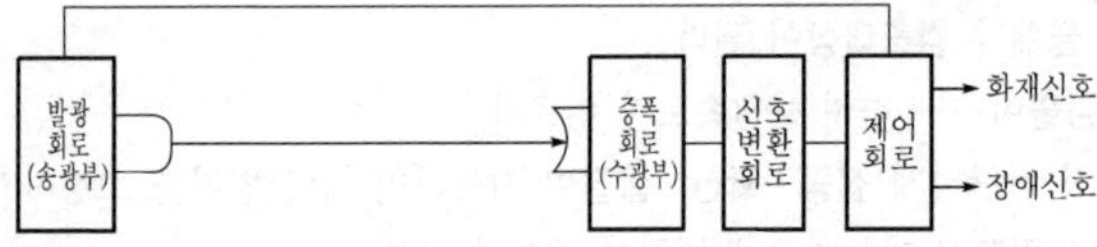

※ 광전식 분리형 감지기 · 불꽃감지기의 적응장소
① 화학공장
② 격납고
③ 제련소

(2) 광전식 분리형 감지기의 설치기준

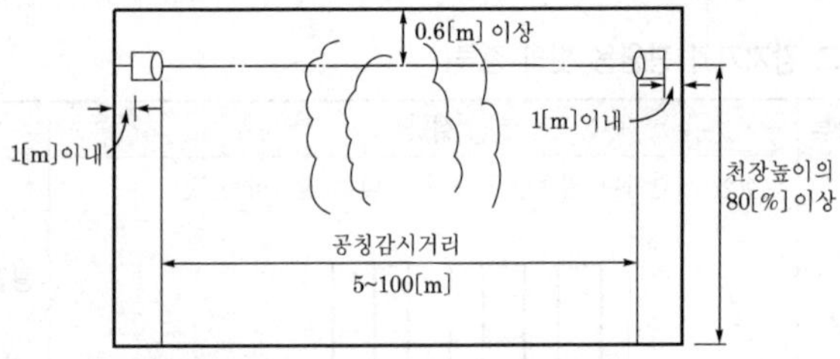

4 광전식 공기흡입형 감지기

(1) 광전식 공기흡입형 감지기의 동작원리

① 감지하고자 하는 공간의 **공기흡입**
② **챔버** 내의 **압력**을 **변**화시켜 응축
③ 광전식 **검지장치**로 측정
④ 수적(Water Droplet)의 **밀도**가 설정치 이상이면 **화재신호** 발신

※ 광전식 공기흡입형 감지기의 설치장소
① 전산실
② 반도체공장

(2) 광전식 공기흡입형 감지기의 공기흡입방식

① 표준흡입파이프 시스템(standard sampling pipe system)
② 모세관튜브흡입 방식(capillary tube sampling type)
③ 순환공기흡입 방식(return air sampling type)

※ 광전식 공기흡입형 감지기의 구성요소
① 흡입배관
② 공기흡입펌프
③ 감지부
④ 계측제어부
⑤ 필터

Key Point

(3) 연기이송시간(KOFEIS 0301 ⑲)

광전식 공기흡입형 감지기의 공기흡입장치는 공기배관망에 설치된 가장 먼 샘플링지점에서 감지 부분까지 120초 이내에 연기를 이송할 수 있어야 한다.

중요

1. 이온화식 감지기와 광전식 감지기의 비교

이온화식 감지기	광전식 감지기
B급화재에 유리	**A급화재**에 유리
표면화재에 유리	**훈소화재**에 유리
작은 연기입자(0.01~0.3[μm])에 유리	**큰 연기입자**(0.3~1[μm])에 유리
전자파의 영향이 **없다.**	전자파의 영향이 **있다.**
온도 · 습도 · 바람에 민감하다.	**빛**에 민감하다.

2. 연기입자의 크기에 따른 감도 비교

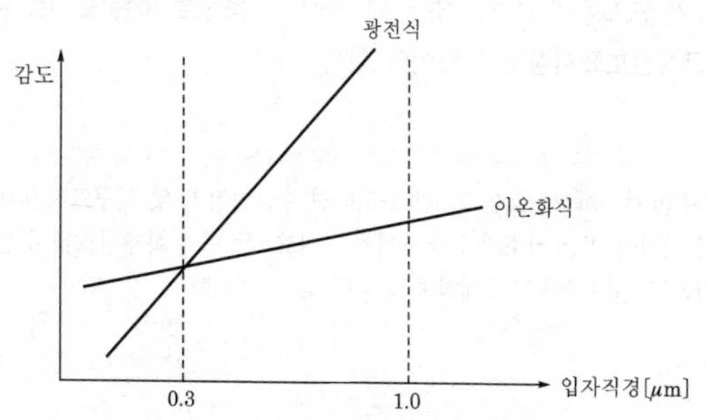

| 연기입자의 크기에 따른 감도 |

3. 연기의 농도에 따른 감도 비교

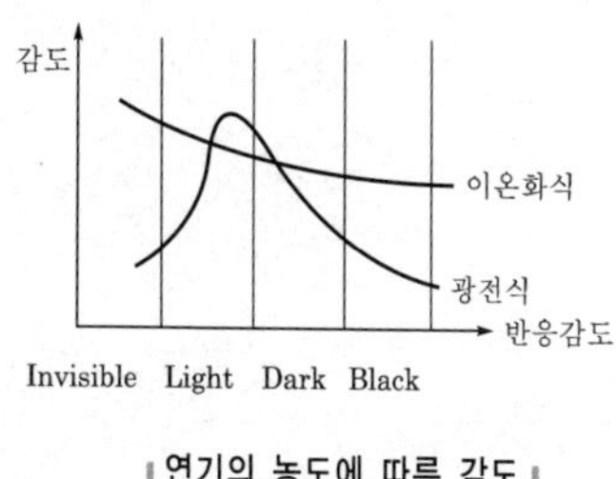

| 연기의 농도에 따른 감도 |

※ Invisible Light
희미하게 보이는 정도로서 연기농도가 옅은 상태를 나타낸다.

※ Dark
조금 어두운 느낌을 주는 정도로서 연기농도가 보통상태를 나타낸다.

※ Black
아주 캄캄한 정도로서 연기농도가 짙은 상태를 나타낸다.

※ **시분할 다중방식**
펄스를 사용하여 많은 전송로를 얻는 방식

※ **주파수분할 다중방식**
원래의 변조신호의 주파수 스펙트럼의 형태를 변화시키지 않고 주파수만을 일정한 값만큼 변위시켜 전송하는 방식

5 R형 수신기

(1) R형 수신기의 신호전송방식

① 시분할 다중방식(Time Division Multiplexing)

② PCM 방식(Pulse Code Modulation)

③ 주파수분할 다중방식(Frequency Division Multiplexing)

(2) R형 수신기의 기능

① **화재표시작동시험**을 할 수 있는 장치와 종단저항기에 연결되는 외부배선의 **단선** 및 수신기에서부터 각 중계기까지의 **단락**을 검출하는 장치가 있어야 하며, 이들 장치의 조작 중에 다른 회선으로부터 화재신호를 수신하는 경우 **화재표시**가 될 수 있어야 한다.

② 주전원이 정지한 경우에는 자동적으로 **예비전원**으로 전환되고, 주전원이 정상상태로 복귀한 경우에는 자동적으로 예비전원으로부터 주전원으로 전환되는 장치를 가져야 한다.

③ 중계기의 신호를 수신하는 경우 자동적으로 **음신호** 또는 **표시등**에 의하여 지시되는 **고장신호표시장치**가 있어야 한다.

비교

※ **2신호식 수신기** : 화재신호를 한 번 수신하면 주음향장치 및 지구표시장치를 작동시켜 수신기가 설치되어 있는 장소의 근무자에게 알리고, 두 번째 화재신호를 수신하는 시점을 화재발생이라고 판단하여 소방대상물 전역에 통보하는 것

Key Point

6 중계기

(1) 중계기의 종류

구 분		집합형	분산형
계통도		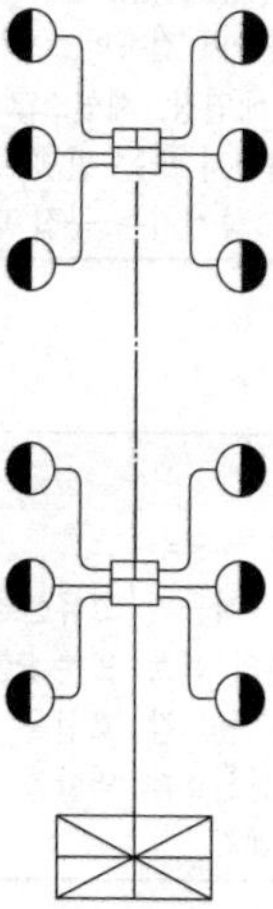 ∥R형 수신기∥	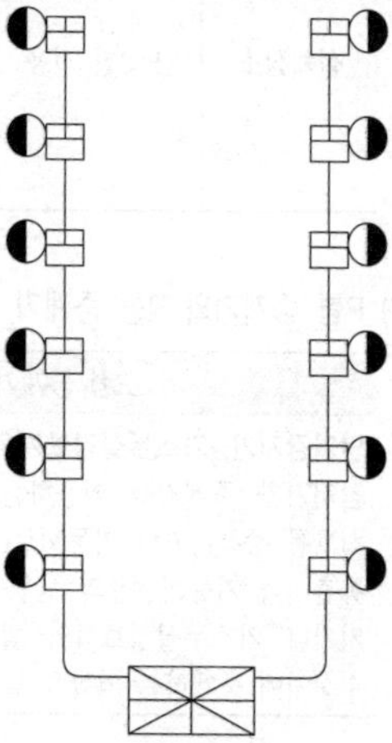 ∥R형 수신기∥
입력전원		외부전원(AC 220〔V〕)	수신기전원(DC 24〔V〕)
정류장치		있음	없음
전원공급사고		내장된 예비전원에 의해 정상적인 동작 수행	중계기 전원선로사고시 해당 계통 전체 시스템 마비
외형크기		**대형**	**소형**
회로수		대용량**(30~40회로)**	소용량**(5회로 미만)**
설치방식		전기피트(Pit) 등에 설치	발신기함에 내장하거나 별도의 중계기 격납함에 설치
적용대상		• 전압강하가 우려되는 대규모 건축물 • 수신기와 거리가 먼 초고층 건축물	• 대단위 아파트단지 • 전기피트(Pit)가 없는 건축물 • 객실별로 아날로그 감지기를 설치한 호텔
설치비용	중계기 가격	**적게** 소요	**많이** 소요
	배관·배선 비용	**많이** 소요	**적게** 소요

※ 중계기의 종류
① 집합형
: 전원장치를 내장하며 일반적으로 전기피트실 등에 설치
② 분산형
: 전원장치를 내장하지 않고 수신기의 전원을 이용하며 발신기함 등에 내장하여 설치

Key Point

※ E.P.S실
'전력시스템실'을 의미한다.

(2) 중계기의 설치장소

구 분	집합형	분산형
설치장소	E.P.S실 전용	① **소화전함** 및 단독 **발신기세트** 내부 ② 댐퍼 수동조작함 내부 및 조작스위치함 내부 ③ 스프링클러 접속박스 내 및 SVP 판넬 내부 ④ 셔터, 배연창, 제연스크린, 연동제어기 내부 ⑤ **할론패키지** 또는 판넬 내부 ⑥ 방화문 중계기는 근접 댐퍼 수동조작함 내부

(3) P형 중계기와 R형 중계기

P형 중계기	R형 중계기
연기감지기, 가스누설경보기의 **탐지부** 또는 **특수 감지기**가 중계기를 이용하는 형식으로, 이들의 신호를 증폭하거나 기동회로(구동회로)용의 신호 송출이나 기동회로용의 전원을 공급하는 등, 감지기나 가스누설경보기의 탐지부의 발신신호를 수신시에 중계하는 역할을 맡고 있는 중계기	**고유신호**를 갖고 있는 것으로 **감지기** 또는 **P형 발신기**의 신호를 공통의 신호선을 통해 **R형 수신기**에 발신하는 역할을 하는 중계기

(4) 축적식 중계기

※ 축적형 감지기를 사용하지 않는 장소
① 교차회로용 감지기를 사용하는 장소
② 유류취급 장소와 같이 급속한 연소 확대의 우려가 있는 장소
③ 축적가능용 수신기에 연결한 경우

설 명	장 점
일정한 축적시간 내에 감지기에서의 화재신호가 계속되고 있는가를 확인한 다음 수신을 개시하는 중계기	오동작 방지

(5) 중계기에 사용해서는 안 되는 회로방식

① **접지전극**에 **직류전류**를 통하는 회로방식
② **중계기**에 **접속**되는 **외부배선**과 **다른 설비**의 **외부배선**을 공용하는 회로방식(단, 화재신호, 가스누설신호 및 제어신호의 전달에 영향을 미치지 아니하는 것 제외)

(6) 중계기의 시험

※ 방수시험
물을 3〔mm/min〕의 비율로 전면 상방에 45° 각도로 1시간 이상 물을 주입하는 경우 기능에 이상이 없을 것

시험의 종류	설 명
주위온도시험	**-10~50〔℃〕 범위**의 주위온도에서 기능에 이상이 없을 것
반복시험	정격전압에서 정격전류를 흘리고 **2000회** 작동반복시험을 하는 경우 기능에 이상이 없을 것
절연저항시험	**직류 500〔V〕 절연저항계에서** 절연된 충전부와 외함간 및 절연된 선로간의 절연저항을 측정하여 **20〔MΩ〕** 이상일 것
절연내력시험	–
방수시험	–

Key Point

제 2 장 누전경보기

1 절연전선에 과대전류가 흐를 경우 발열 4단계

단 계	설 명
인화단계	허용전류의 **3배** 정도가 흐르는 변화
착화단계	대전류가 흐르는 경우 절연물은 탄화하고 절연된 심선이 노출
발화단계	심선 용단
순간용단단계	**대전류**가 순간적으로 흐를 때 심선이 용단되고 피복을 뚫고나와 동시에 비산(도선 폭발)

※ 누전경보기의 유도장애 원인이 되는 것
① 대전류회로
② 고주파 발생회로

2 단계별 전선 전류밀도

단 계	인화단계	착화단계	발화단계		순간용단단계
			발화 후 용단	용단과 동시발화	
전선 전류밀도	40~43 〔A/mm²〕	43~60 〔A/mm²〕	60~70 〔A/mm²〕	75~120 〔A/mm²〕	120 이상 〔A/mm²〕

※ 누설전류가 흐르지 않을 경우 누전경보기 경보시의 원인
누설전류의 설정치가 적당하지 않을 때

중요

변류기 표시사항

2-CT, 100/5, 50〔VA〕

- 50〔VA〕: 정격용량
- 5: 변류기 2차 전류
- 100: 변류기 1차 전류
- CT: 명칭(변류기)
- 2: 수량(2개)

제 3 장 비상방송설비

1 비상방송설비용 증폭기의 구성형태

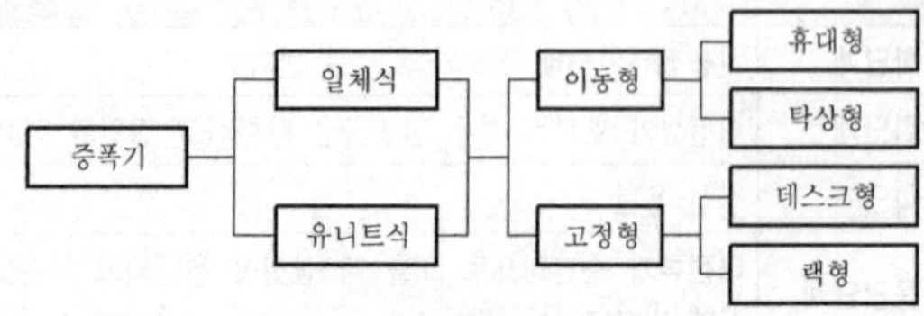

종 류	정격출력	특 징
휴대형	5~15[W]	경량의 증폭기로서 **소화활동**시에 **안내방송** 등에 이용
탁상형	10~60[W]	**소규모 방송설비**에 사용
데스크형	30~180[W]	**책상식**의 형태로 입력장치는 책형과 유사
책형	200[W] 이상	데스크형과 외형이 같으나 **교체 · 철거 · 신설이 용이**하고 **용량**의 **제한**이 **없다.**

※ 확성기의 동작원리에 따른 분류
① 마그네틱 확성기
② 다이내믹 확성기
③ 크리스털 확성기
④ 콘덴서 확성기

※ 가장 많이 사용되는 확성기
① 마그네틱 확성기
② 다이내믹 확성기

2 비상방송설비용 증폭기의 출력단자

종 류	설 명	비 고
정저항방식	증폭기 출력단자 저항을 4[Ω], 8[Ω], 16[Ω] 등의 정저항값으로 고정하여 확성기를 직접 증폭기에 접속하는 방식	–
정전압방식	증폭기 출력단자 전압을 **50**[V], **70**[V], **100**[V], **140**[V], **200**[V] 등의 정전압 또는 임피던스값을 **50~500**[Ω]의 고임피던스값으로 표시하고 확성기와 증폭기 출력단자 사이에 **출력변압기**를 설치하여 임피던스정합을 시키는 방식	비상경보설비용

VISION 연속 판매1위

교재 및 인강을 통한 합격 수기

"한번에! 빠르게! 합격하기!!"

대학생활을 마무리하며... 성안당에 감사합니다.

저는 소방 관련학과 4학년 2학기를 마치고 내년 졸업을 앞두고 있습니다. 학교에서 배운 전공내용으로 자격증 시험을 준비하는 것이 조금 부족하여 공하성 교수님의 강의로 부족한 면을 채워갔습니다. 공하성 교수님 덕분에 작년 3학년 때 소방설비산업기사(기계)를 취득하였으며, 올해 기사 1회차에 소방설비기사(전기), 4회차에 소방설비기사(기계)를 취득했습니다. 대학생활의 목표가 졸업 전까지 소방설비기사(전기, 기계) 모두 취득하는 것이었는데 이 모든 것이 공하성 교수님 덕분인 것 같습니다. 감사합니다. 현재는 올해 하반기에 취업을 성공해서 열심히 교육받고 있습니다. 여러분들은 저보다 더 잘 될 수 있습니다. 포기만 하지 마세요.

_ 김○윤님의 글

소방설비산업기사 합격!

50세에 비전공자로서 필기시험 합격 이후 자동화재탐지설비 약자인 자탐도 몰라서 엄청 고민하던 중에 회사 후배가 공하성 교수님의 강의를 추천하여 수강신청 이후 며칠 2시간 정도 공부하였습니다. 전기분야의 경우 2번 정도 들은 후에는 자동화재탐지설비 문제 및 교차회로 방식의 문제는 거의 완벽하게 이해하였고 시퀀스 문제는 처음에는 포기하였으나 강의 시청 이후에는 문제를 풀 수 있는 정도까지 되었습니다. 소방설비산업기사를 준비하시는 분들은 과년도 실기 패키지강의만 수강하시면 가장 빨리 합격할 수 있는 지름길이라 생각합니다. 합격자 발표 후 내년에는 소방설비기사 기계분야를 공하성 교수님 강의로 준비할까 합니다.

_ 유○종님의 글

너무 감사합니다!

공하성 교수님의 친절하고 알찬 강의 덕분에 합격했습니다. 필기, 실기 패키지강의를 들었는데 정말 많은 도움이 되었습니다. 필기는 강의를 들으면서 책에 필요한 부분을 체크하면서 전체적으로 다 꼼꼼히 읽었습니다. 그리고 책에 수록된 필기 과년도 부분을 처음부터 끝까지 세 번 공부하니 무난히 합격했습니다. 실기도 필기와 마찬가지로 공부했는데 막상 시험장에 가서 시험지를 보니까 너무 어려웠습니다. 실기는 필기와 달리 과년도도 중요하지만 이론부분도 꼼꼼히 공부해야 할 것 같습니다. 시험문제가 과년도에 나오지 않은 신기출이 많았으나 우선은 다 풀고 2시간 만에 시험장을 나오긴 했지만 확실히 합격했다고는 생각을 하진 못했습니다. 시험지를 제출하기 전 가채점을 하니 딱 60점이 나와서 정말 거의 불합격에 가깝다고 생각하며 시험장을 나왔습니다. 하지만 오늘 떨리는 마음으로 결과를 보니 67점으로 합격했습니다. 정말 기뻤습니다. 처음으로 취득한 산업기사 자격증으로 공부방법이 많이 미숙하고 부족했지만 공하성 교수님의 강의 덕분에 좋은 결과가 나온 것 같습니다. 진짜 처음에 결제할 때 '너무 비싼 거 아니야?' 하고 걱정 반 두려움 반으로 결제를 했지만 강의를 듣는 순간 그 마음이 싹 없어졌습니다. (확실히 비싸니까 공부의지가 더 잘 붙은 거 같아요. ㅎㅎ) 공하성 교수님 감사합니다.

_ 전○준님의 글

2025 최신개정판

12개년 과년도 | 소방설비기사 실기 전기 4-12

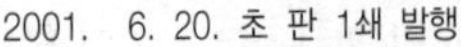

2001. 6. 20. 초 판 1쇄 발행
2017. 2. 3. 4차 개정증보 15판 1쇄(통산 46쇄) 발행
2017. 10. 13. 4차 개정증보 15판 2쇄(통산 47쇄) 발행
2018. 2. 1. 5차 개정증보 16판 1쇄(통산 48쇄) 발행
2018. 3. 20. 5차 개정증보 16판 2쇄(통산 49쇄) 발행
2019. 2. 28. 6차 개정증보 17판 1쇄(통산 50쇄) 발행
2020. 2. 10. 7차 개정증보 18판 1쇄(통산 51쇄) 발행
2020. 6. 25. 7차 개정증보 18판 2쇄(통산 52쇄) 발행
2020. 9. 10. 7차 개정증보 18판 3쇄(통산 53쇄) 발행
2021. 2. 15. 8차 개정증보 19판 1쇄(통산 54쇄) 발행
2021. 4. 5. 8차 개정증보 19판 2쇄(통산 55쇄) 발행
2021. 4. 10. 8차 개정증보 19판 3쇄(통산 56쇄) 발행
2022. 2. 7. 9차 개정증보 20판 2쇄(통산 57쇄) 발행
2023. 3. 15. 10차 개정증보 21판 1쇄(통산 58쇄) 발행
2023. 9. 27. 10차 개정증보 21판 2쇄(통산 59쇄) 발행
2024. 1. 24. 11차 개정증보 22판 1쇄(통산 60쇄) 발행
2024. 6. 26. 11차 개정증보 22판 2쇄(통산 61쇄) 발행
2025. 1. 15. 12차 개정증보 23판 1쇄(통산 62쇄) 발행

지은이 | 공하성
펴낸이 | 이종춘
펴낸곳 | BM (주)도서출판 성안당
주소 | 04032 서울시 마포구 양화로 127 첨단빌딩 3층(출판기획 R&D 센터)
10881 경기도 파주시 문발로 112 파주 출판 문화도시(제작 및 물류)
전화 | 02) 3142-0036
031) 950-6300
팩스 | 031) 955-0510
등록 | 1973. 2. 1. 제406-2005-000046호
출판사 홈페이지 | **www.cyber.co.kr**
ISBN | 978-89-315-1305-9 (13530)
정가 | **42,000원**(별책부록, 해설가리개 포함)

이 책을 만든 사람들
기획 | 최옥현
진행 | 박경희
교정·교열 | 김혜린, 최주연
전산편집 | 이지연
표지 디자인 | 박현정
홍보 | 김계향, 임진성, 김주승, 최정민
국제부 | 이선민, 조혜란
마케팅 | 구본철, 차정욱, 오영일, 나진호, 강호묵
마케팅 지원 | 장상범
제작 | 김유석